CHEMISCHES ZENTRALBLATT

VOLLSTÄNDIGES REPERTORIUM FÜR ALLE ZWEIGE DER REINEN UND ANGEWANDTEN CHEMIE

1830 gegründet
1897—1945 von der Deutschen Chemischen Gesellschaft fortgeführt

Im Auftrage der Deutschen Akademie der Wissenschaften zu Berlin,
der Chemischen Gesellschaft in der DDR,
der Akademie der Wissenschaften zu Göttingen
und der Gesellschaft Deutscher Chemiker (in der BRD)

herausgegeben von

Prof. Dr. **Heinrich Bertsch** und Prof. Dr. Dr. h. c. **Wilhelm Klemm**

130. JAHRGANG

1959

SEITE 13991—15238

Chefredakteure: Dr. Eugen Klever und Dr. Heinz Walter

1959

AKADEMIE-VERLAG GMBH · BERLIN
VERLAG CHEMIE · GMBH · WEINHEIM/BERGSTR.

Heft Nr.	Seitenzahl	Ausgabedatum
44	13991—14302	4. November 1959
45	14303—14610	11. November 1959
46	14611—14930	18. November 1959
47	14931—15238	25. November 1959

Herausgeber: Prof. Dr. Heinrich Bertsch, Berlin, u. Prof. Dr. Dr. h. c. Wilhelm Klemm, Münster.
Chefredakteure und verantwortlich für den Inhalt: Dr. Eugen Klever, Berlin SW 61, Dessauer Str. 28-31, Fernsprecher: 66 54 21, u. Dr. Heinz Walter, Berlin N 4, Schiffbauerdamm 19, Fernsprecher: 42 55 71.
©
Verlag: Akademie-Verlag GmbH, Berlin W 1, Leipziger Str. 3-4 (Fernsprecher: 22 04 41, Postscheckkonto Berlin 350 21), und Verlag Chemie, GmbH, Weinheim/Bergstr. (Fernsprecher: Weinheim 36 35 [Sammelnummer]; Fernschreiber: 04 655 16 chemieverl wnh; Postscheckkonten: Frankfurt/M. 1453 14 u. Berlin [West] 74 30). Bestellnummer: 1007/130. Das Chemische Zentralblatt erscheint wöchentlich. Preis des Jahrganges einschl. Autoren-, Patent-, Sach- u. Formelregister: DM 960,—; einseitig bedruckte Ausgabe: DM 1050,—. Abgabe der Zeitschrift nur mit sämtlichen Registern. Abbestellungen nur bis spätestens 6 Wochen vor Ablauf des Kalenderjahres.

Satz und Druck: VEB Leipziger Druckhaus, Leipzig, III/18/203. 11/59.
Veröffentlicht unter der Lizenznummer ZLN 5002 des Ministeriums für Kultur, Hauptverwaltung Verlagswesen.
Printed in Germany.

Namenregister

Patentregister

Chemisches Zentralblatt

1959 Nr. 47 25. November

Geschichte. Unterricht.

Rudolph Zaunick, *Frédéric Joliot-Curie. 1900—1958.* Würdigung der Arbeiten des am 19. 3. 1900 in Paris geborenen u. am 14. 8. 1958 gestorbenen Physikers FRÉDÉRIC JOLIOT-CURIE unter besonderer Berücksichtigung seiner Unterss. über die Entstehung der künstlichen Radioaktivität u. der Synth. von neuen radioakt. Elementen. (Pharmazie **13.** 723—25. Nov. 1958.) I. GEIBLER. 1

B. C. P. Jansen, *H. C. Sherman.* SHERMAN (1875—1955) war 60 Jahre an der Columbia-Univ. New York tätig u. maßgeblich an der Entw. der Ernährungswissenschaft beteiligt. (Voeding **19.** 241—43. 15/5. 1958.) W. WESLY. 1

Alexander S. Russell, *Frederick Soddy, Deuter der Atomstruktur.* Nachruf auf F. SODDY (geb. 1877 in Eastbourne, gest. 1956 in Brighton), zuletzt Professor für anorgan. u. physikal. Chemie am Exeter College, Oxford, u. Würdigung seiner Verdienste bes. auf dem Gebiete der Isotopenforschung. (Science [Washington] **124.** 1069—70. 30/11. 1956. Oxford, Christ Church.) GERHARD SCHMIDT. 1

T. G. B. Osborn, *Robert Brown (1773—1858).* Lebensbild des Botanikers ROBERT BROWN (geb. 21/12. 1773 in Montrose, gest. 10/6. 1858), der von einer Expedition nach Australien 1801—05 3200 Pflanzenbestimmungen mitbrachte. Er erkannte als erster die wahre Eigenart der Gymnospermen, beobachtete den Zellkern als notwendigen Bestandteil der Zelle u. beobachtete u. beschrieb die nach ihm benannten BROWNschen Bewegungen. (Austral. J. Sci. **21.** 127—30. 21/12. 1958. Adelaide, Univ., Dep. of Botany.) W. KUNTZ. 1

G. J. van Meurs, *Michel-Eugène Chevreul. 1786—1889.* Lebensbild von MICHEL-EUGÈNE CHEVREUL, geb. 31/8. 1786 in Angers, gest. 9/4. 1889, Professor der Chemie in Paris, u. Würdigung seiner wissenschaftlichen Bedeutung vor allem durch die Aufklärung der Chemie der tierischen Öle u. Fette. — Bild. (Voeding **18.** 675—81. 15/12. 1957.) W. KUNTZ. 1

Lauritz Gentz, *Wie sah C. W. Scheele aus?* Übersicht über den Beitrag von SCHEELE zur Entw. der Chemie. Stammbaum. Wiedergabe von Bildern u. Skulpturen, einschließlich Medaillen mit dem Bild von SCHEELE. (Svensk farmac. Tidskr. **62.** 373—94. 20/6. 405—21. 30/6. 1958.) R. K. MÜLLER. 1

W. Baier, *Über die Entdeckung der Solarisationserscheinungen.* Die Entdeckung der Solarisation ist nicht HERSCHEL oder dem Königsberger Physiker L. MOSER (1805 bis 1880) zuzuschreiben, der 1843 in POGGENDORFFS Annalen darüber berichtet, sondern DAGUERRE, der in einem Brief an NIEPCE vom 21. 5. 1831 „das Übermaß an Licht" als Ursache für die Bildumkehr hielt. Der Brief gehört zu einer Sammlung von 170 Dokumenten aus dem Briefwechsel DAGUERRES, die sich im Besitz des Mitgliedes der russ. Akademie der Wissenschaften J. H. HAMEL befand. Nach dessem Tode (1862) kam diese Sammlung in den Besitz der Akademie u. blieb dort, ohne identifiziert zu werden, liegen. JERMILOW, Mitglied der sowjet. Akademie in Moskau, veröffentlichte nun die ganze Sammlung im Urtext. (Fotografie **13.** 5—7. Jan. 1959. Rostock.) W. GÜNTHER. 2

A. K. F. Christiansen, *Über Medizinalgewichte und andere Gewichte in historischer Beleuchtung.* Übersicht über in Dänemark verwendete Gewichte seit 1683. (Arch. Pharmac. og Chem. **65 (115).** 887—92. 22/11. 1958.) R. K. MÜLLER. 2

Kurt Baerentsen, *Historische Notizen über Dispensatorium Hafniense 1658.* Die besprochene Veröffentlichung von 1658 von BARTHOLIN stellt das erste dän. Arzneibuch dar. (Arch. Pharmac. og Chem. **65 (115).** 1003—16. 20/12. 1958.) R. K. MÜLLER. 2

A. Allgemeine, physikalische und anorganische Chemie.

A_1. Kernphysik und Kernchemie.

Arthur Komar, *Kovariante Erhaltungssätze in allgemeiner Relativität.* Theoret. Abhandlung. (Physic. Rev. [2] **113.** 934—36. 1/2. 1959. Syracuse, N. Y., Syracuse Univ., Phys. Dep.) HERBERT WEBER. 80

P. S. Freier, E. P. Ney und **C. J. Waddington,** *Lithium, Beryllium und Bor in der primären Höhenstrahlung.* Zur Behebung bestehender Widersprüche über die Häufigkeit leichter Elemente ($3 \leqslant Z \leqslant 5$) in der prim. Höhenstrahlung wird in neuen Versuchsreihen (Oktober 1957) das Ladungsspektr. der Höhenstrahlung in einem Kernemulsionsstapel (ILFORD G 5) untersucht, das dem Gipfel der Atmosphäre näher (125000 ft) als bisher exponiert worden ist. Die Ergebnisse bestätigen, daß die leichten Elemente einen merklichen Anteil ($1{,}9 \pm 0{,}3$ Teilchen/m²sec Raumwinkel) aller jener Kerne mit $Z \geqslant 3$, die in der prim. Höhenstrahlung vorhanden sind, ausmachen. (Physic. Rev. [2] **113.** 921—27. 1/2. 1959. Minneapolis, Minn., Univ. of Minnesota.)
GERHARD SCHMIDT. 85

K. G. McCracken, *Änderungen im Höhenstrahl-Steifespektrum.* Unters. der Änderungen der Zählraten zweier verschied. Neutronenmonitoren, eines Mesonenteleskops (hoher Breite) u. eines Neutronenmonitors (niedriger Breite) für die Zeit vom August 1956 bis Januar 1958. (Physic. Rev. [2] **113.** 343—48. 1/1. 1959. Hobart, Univ. of Tasmania, Phys. Dep.) GERHARD SCHMIDT. 85

J. R. Storey, *Höhenstrahl-Breitenübersicht auf 145° Ost Länge unter Verwendung eines Neutronenmonitors in Flugzeugen.* Vf. gibt eine Übersicht der Nucleonenkomponente der Höhenstrahlung längs 145° Ost Länge zwischen geograph. Breiten 34° N u. 52° S. (Physic. Rev. [2] **113.** 297—301. 1/1. 1959. Hobart, Univ. of Tasmania, Phys. Dep.)
GERHARD SCHMIDT. 85

J. R. Storey, *Breitenabhängigkeit einer Höhenstrahlintensitätsabnahme vom Forbush-Typ, beobachtet in Höhen der Luftwaffenflüge.* (Vgl. vorst. Ref.) (Physic. Rev. [2] **113.** 302—04. 1/1. 1959.) GERHARD SCHMIDT. 85

Herman Yagoda, *Energiespektrum der durch Wechselwirkung von Höhenstrahlung mit Emulsionskernen erzeugten π-Mesonen.* G 5-Emulsionen wurden in der Stratosphäre exponiert. Eine Analyse von 958 π-Mesonen, die von Sternen emittiert werden, deren Reichweite in der Emulsion endet, zeigte ein Überwiegen von negativen Mesonen. Das mittlere Verhältnis aus allen Emulsionswechselwrkgg. über eine kinet. Pionenenergie $\leqslant 45$ MeV ist $\pi^-/\pi^+ = 5{,}17 \pm 0{,}41$. Dieses Verhältnis variiert mit der Ladung der Targetkerne u. ist stark abhängig von der kinet. Energie der emittierten Mesonen. 537 Pionen gehen von schweren Kernen (Ag, Br, J) u. 297 von leichten Kernen (N, C, O) aus. Die restlichen 124 stammen aus peripheren Stößen mit schweren oder leichten Targetkernen, Wechselwrkgg. mit H, Photomesonenerzeugung u. Zerfallsprozessen von Elementarteilchen. Das Energiespektr. der durch Höhenstrahlung von 1,5 bis 33 MeV erzeugten Mesonen ist mit früheren Messungen in Einklang. Die Form des differentiellen Energiespektr. ist weitgehend unabhängig von der geomagnet. Breite u. Höhe der Exposition, wenn die Mesonenausbeute in Einheiten von Teilchen pro Schauerstern pro MeV ausgedrückt wird. (Physic. Rev. [2] **112.** 2087—95. 15/12. 1958. Bedford, Mass., Air Force Cambridge Res. Center, Geophys. Res. Directorate, Ionosphär. Phys. Labor.)
HERBERT WEBER. 90

Richard Oehme und **John G. Taylor,** *Prüfung der Dispersionsbeziehungen für die Erzeugung von Pionen durch reelle und virtuelle Photonen und für verwandte Prozesse.* Vff. zeigen, daß die Amplituden für die Erzeugung von Pionen durch Photonen u. Elektronen (virtuelle Photonen) sowie für die elast. Photon-Proton- u. Photon-Deuteron-Streuung gewisse analyt. Eigg. als Funktionen von Energie- u. Impulsübertragung haben. Diese Eigg. werden auf der Basis der Axiome der Feldtheorie geprüft. (Physic. Rev. [2] **113.** 371—80. 1/1. 1959. Chicago, Ill., Univ. of Chicago, Enrico Fermi Inst. for Nucl. Stud. and Dep. of Phys.; College Park, Md., Univ. of Maryland, Dep. of Phys.)
HERBERT WEBER. 90

S. Gartenhaus und **C. N. Lindner,** *Nucleonenformfaktoren aus der Elektroerzeugung von Pionen.* Die Dispersionsbeziehungsanalyse von FUBINI, NAMBU u. WATAGHIN (vgl. C. **1959.** 3355) für Elektroerzeugung von Pionen wurde als unabhängige Meth. zur Unters. der Nucleonenstruktur auf die Experimente von PANOFSKY u. ALLTON (C. **1959.** 679) angewandt. Die Ergebnisse sind in qualitativer Übereinstimmung mit denen aus Verss. über elast. Streuung. Einige den Formfaktormessungen nach diesem Prozeß anhaftende Beschränkungen werden ebenfalls diskutiert. (Physic. Rev. [2] **113.** 917—20. 1/2. 1959. Stanford, Calif., Stanford Univ.) HERBERT WEBER. 90

David W. Joseph, *Zweipaarzerfall und der Spin des neutralen Pions.* Die seltene Zerfallsart $\pi^0 \to 2$ Elektronenpaare wird als mögliches Mittel zur direkten Messung des π^0-Spins untersucht. Die Hauptbetrachtung richtet sich auf den Fall von Spin 2, da das Auftreten des Zweiphotonenzerfalls einen Spin 0 oder $\geqslant 2$ erfordert. Wenn der Winkel zwischen den Ebenen der beiden Paare durch Φ gekennzeichnet wird, ist die Verteilung in Φ proportional zu $(1 + \lambda \cos 2\Phi)$. Für Spin 2^+ wird $\lambda = +0{,}001$ berechnet, für 2^-

ergibt sich $-0{,}19 < \lambda < 0$. (Physic. Rev. [2] **112.** 2107—11. 15/12. 1958. Chicago, Ill., Univ. of Chicago, Enrico Fermi Inst. for Nucl. Stud. and Dep. of Phys.)
Herbert Weber. 90

William B. Fowler, Richard L. Lander und **Wilson M. Powell,** *Neutrales K-Meson als eine Teilchenmischung.* Das Experiment diente zur Demonstration der vorausgesagten Teilchenmischungseigenschaften des neutralen K-Mesons. Es wird angenommen, daß das neutrale K-Meson eine kurzlebige Komponente Θ_1^0 u. eine langlebige Komponente Θ_2^0 enthält. Das Θ_2^0 sollte die Eigg. haben, daß es die kurzlebige Komponente regeneriert u. bei der Durchquerung von Materie auch Hyperonen erzeugt. Unter geeigneten Bedingungen zeigt die Beobachtung solcher Mesonen u. Hyperonen die Mischungseigenschaft. Die neutralen K-Mesonen wurden durch π^--Mesonen von 1,25 GeV/c an einem Al-Target von $4 \cdot 4 \cdot 12$ in. erzeugt. Die unter 5^0 zum π^--Bündel emittierten Teilchen wanderten 9,3 ft zu einer Propan-Blasenkammer, die in einem Magnetfeld von 12 kGauß betrieben wurde. Θ_2^0-Mesonen konnten in der Wand der Kammer oder im fl. Propan in Wechselwrkg. treten u. so Θ_1^0- u. Λ^0-Zerfälle im empfindlichen Bereich der Kammer bewirken. 20000 Aufnahmen (entspr. ca. $3 \cdot 10^8$ auf das Al-Target auftreffenden Pionen) wurden auf V^0-Ereignisse hin untersucht. Etwa 14 Λ^0- u. 12 Θ_1^0-Zerfälle wurden beobachtet. (Physic. Rev. [2] **113.** 928—34. 1/2. 1959. Berkeley, Calif., Univ. of California, Radiat. Labor.) Herbert Weber. 90

J. D. Good, *Pionenspektrum beim strahlenden K_π^+-Zerfall.* Bei der Berechnung des π^+-Energiespektr. für den Prozeß $K^+ \rightarrow \pi^+ + \pi^0 + \gamma$ werden die Prozesse der inneren Bremsstrahlung u. der direkten Dipolemission berücksichtigt, wobei E1- u. M1-Übergänge mit Paritätsnichterhaltung für schwache Zerfälle zugelassen sind. Für den π^+-Energiebereich von 55—75 MeV führt der Prozeß der inneren Bremsstrahlung allein zu einem Erwartungswert von 1,0 anomalen K_π^+-Zerfällen bei 8653 untersuchten K^+-Zerfällen, was mit experimentellen Daten verträglich ist. (Physic. Rev. [2] **113.** 352—55. 1/1. 1959. Chicago, Ill., Univ. of Chicago, Enrico Fermi Inst. for Nucl. Stud.)
Herbert Weber. 90

M. Sugawara, *K_{e3}- und $K_{\mu 3}$-Zerfallsmodi.* Wiedergabe einer Betrachtung, bei der einige Bosonenpaare zwischen anderen Teilchen enthalten sind, die universelle schwache Wechselwrkgg. aufeinander ausüben. Die Einschließung von K-Mesonenpaaren führt zu direkten Termen, die für die K_{e3}- u. $K_{\mu 3}$-Zerfallsmodi verantwortlich sind. (Physic. Rev. [2] **112.** 2128. 15/12. 1958. Lafayette, Ind., Purdue Univ.) Herbert Weber. 90

S. Okubo, R. E. Marshak und **E. C. G. Sudarshan,** *V–A-Theorie und der Zerfall des Λ-Hyperons.* Der Zerfall des Λ-Hyperons wird im Rahmen der chiralitätsinvarianten Vierfermionenwechselwrkg. untersucht. Vff. zeigen, daß das Verzweigungsverhältnis der geladenen u. neutralen Zerfallsarten, die s- u. p-Wellenemission sowie das Vorzeichen u. die Größe der Asymmetrieparameter der $p + \pi^-$-Zerfallsart auf der Basis der V–A-Theorie verstanden werden können. Diese Folgerungen scheinen bei Berücksichtigung der Pion–Nucleon-Wechselwrkg. nicht ungültig zu werden. (Physic. Rev. [2] **113.** 944—54. 1/2. 1959. Rochester, N. Y., Univ. of Rochester; Cambridge, Mass., Harvard Univ.) Herbert Weber. 90

W. A. Filimonow, *Λ-Nucleon-Kräfte und Bindungsenergie der Λ-Teilchen in Hyperkernen.* (Vgl. C. **1959.** 10785.) Um die Λ-Nucleon-Kräfte zu erhalten, wird von der Wechselwrkg. von Baryonen mit Pionen u. K-Mesonen ausgegangen. Die potentielle Energie der Λ-Teilchen in den Hyperkernen ^3H, ^{4}H, ^4He u. ^{5}He wird ermittelt. Wird $g^2 = 12{,}3$ gesetzt, so ergeben sich die Bindungsenergien des Λ in den betreffenden Hyperkernen in Übereinstimmung mit den experimentellen Werten. (Известия Академии Наук СССР, Серия Физическая [Nachr. Akad. Wiss. UdSSR, physik. Ser.] **22.** 1009—12. 1958. Moskau, Lomonossow-Univ., Lehrstuhl für statist. Phys. u. Mechanik der physik. Fak.) M. Wiedemann. 90

A. Pais und **R. Serber,** *Eine allgemeine Transformation der symmetrischen pseudoskalaren Theorie.* Die symm. pseudoskalare Theorie mit ausgedehnter Quelle wird einer solchen Transformation unterworfen, daß die transformierte Hamilton-Funktion explizit vom totalen Isotopenspin u. totalen Drehimpuls des Syst. abhängt. (Physic. Rev. [2] **113.** 955—58. 1/2. 1959. Princeton, N. J., Inst. for Advanc. Stud.; New York, N. Y., Columbia Univ., Dep. of Phys.) Herbert Weber. 90

S. Mandelstam, *Eindeutigkeit der Lösungen der Bethe–Salpeter-Gleichung für Streuung.* Vf. analysiert das asymptot. Verh. bei hohem Impuls der Lösungen der Bethe–Salpeter-Gleichung für Streuung u. untersucht bes., unter welchen alleinigen Bedingungen physikal. signifikante Lösungen bestehen. (Proc. Roy. Soc. [London], Ser. A **237.** 496—512. 20/11. 1956. Birmingham, Univ., Dep. of Math. Phys.)
Gerhard Schmidt. 90

Joseph David Harris, *Greensche Funktionen für Teilchen mit beliebigem Spin.* Vf. zeigt, daß die Greenschen Funktionen für Teilchen mit beliebigem Spin durch die Minimalgleichung für eine Matrix, die in den Feldgleichungen auftritt, bestimmt werden. (Physic. Rev. [2] **112.** 2124—26. 15/12. 1958. Göttingen, MPI for Phys.)
Herbert Weber. 90

R. A. Berg und **C. N. Lindner,** *Energiereiche Bremsstrahlung bei Elektron–Proton-Stößen.* Der Querschnitt für die Bremsstrahlung aus energiereichen Stößen von Elektronen mit Protonen wird berechnet. Dabei werden die Elektronen als extrem relativist. angesehen u. für das Proton der Rückstoß, das anomale magnet. Moment, Bremsstrahlung u. Formfaktoren berücksichtigt. Strahlungskorrekturen u. Resonanzeffekte infolge der Mesonenwechselwrkg. in den Diagrammen des virtuellen Coulomb-Effektes werden diskutiert. (Physic. Rev. [2] **112.** 2072—76. 15/12. 1958. Stanford, Calif., Stanford Univ.)
Herbert Weber. 90

Martin J. Berger, *Durchdringung von γ-Strahlung von einer ebenen einseitig gerichteten schrägen Quelle.* (Vgl. C. **1957.** 2104.) Anwendung der Meth. von Spencer u. Fano u. Diskussion des Kriteriums für die geeignete Wahl der „Gewichtsfunktion" Φ (x). Das Ergebnis wird an einer Berechnung für eine 0,66 MeV-Quelle in H_2O geprüft. (J. Res. nat. Bur. Standards **56.** 111—28. März 1956. Washington, D. C.) E. Hahn. 90

P. S. Farago, *Vorschlag einer Methode zur direkten Messung des g-Faktors der freien Elektronen.* Die Meth. beruht auf einem Vorschlag von Crane, Pidd u. Louisell (C. **1954.** 3619) u. besteht darin, die Spinpräzessionsfrequenz ω_L u. die Winkelgeschwindigkeit ω der Bahnbewegung polarisierter Elektronen zu vergleichen, die von einer β-akt. Quelle in gekreuzten homogenen elektr. u. magnet. Feldern emittiert werden. Da die Best. des g-Faktors nach dieser Meth. mit einer Genauigkeit von ca. $1:10^5$ möglich ist, müßte sich die Anomalie des magnet. Moments freier Elektronen beweisen lassen. Der Einfl. des elektr. Feldes ist bei den geschilderten experimentellen Bedingungen vernachlässigbar. Dasselbe Meßprinzip (unter Verwendung der Møller-Streuung anstelle der Coulomb-Streuung) läßt sich auch auf das Positron anwenden. (Proc. physic. Soc. **72.** 891—94. 1/11. 1958. Edinburgh, Univ., Dep. of Natural Philos.)
D. Jörchel. 90

Frederick Reines und **Clyde L. Cowan jr.,** *Freier Antineutrino-Absorptionsquerschnitt.* 1. Mitt. *Messung des freien Antineutrino-Absorptionsquerschnittes von Protonen.* Der Querschnitt für die Rk. p ($\bar{\nu}$, β^+) n wurde mit Antineutronen $\bar{\nu}$ aus einem leistungsstarken Spaltungsreaktor gemessen. Als Target dienten die Protonen in einem Scintillationsdetektor ($1{,}4 \cdot 10^3$ Liter), dessen Scintillatorlösung (Triäthylbenzol, Terphenyl u. POPOP) eine organ. Cd-Verb. (Cd-Salz der 2-Äthylhexansäure) zugesetzt war, um den Nachw. der Rk. durch das Verf. der Verzögerungskoinzidenz zu ermöglichen. Der 1. Impuls des Paares wurde durch die Abbremsung u. Vernichtung des Positrons ausgelöst, der 2. durch den Einfang des Neutrons in Cd nach Moderierung durch die Scintillatorprotonen. Ein 2. großer Scintillationsdetektor ohne Cd-Geh. war oberhalb des ersten angebracht, um ein Antikoinzidenzsignal gegen Höhenstrahlereignisse zu liefern. Die Antineutrinoimpulse wurden durch Messungen bei an- u. abgeschaltetem Reaktor dem Reaktor zugeschrieben. Andere Reaktorstrahlungen als $\bar{\nu}$ wurden mittels eines Signals durch ein differentielles Abschirmexperiment ausgeschaltet. Die Signalgeschwindigkeit betrug 36 ± 4 Ereignisse/Std. u. das Signal-Rausch-Verhältnis 1/5. Der Querschnitt pro Spaltungs-$\bar{\nu}$ (Annahme von 6,1 $\bar{\nu}$ pro Spaltung) für den inversen β-Zerfall des Protons wurde zu $(11 \pm 2{,}6) \cdot 10^{-44}$ cm²/$\bar{\nu}$ oder $(6{,}7 \pm 1{,}5) \cdot 10^{-43}$ cm²/Spaltung gemessen. Diese Werte sind mit Angaben nach der Zweikomponententheorie des Neutrinos in Einklang. (Physic. Rev. [2] **113.** 273—79. 1/1. 1959. Los Alamos, N. Mex., Univ. of California, Los Alamos Scient. Labor.)
Herbert Weber. 90

R. E. Carter, F. Reines, J. J. Wagner und **M. E. Wyman,** *Freier Antineutrino-Absorptionsquerschnitt.* 2. Mitt. *Erwarteter Querschnitt aus Messungen des Spaltfragment-Elektronenspektrums.* (1. vgl. vorst. Ref.) Die Messung des Elektronenspektr. aus der therm. Spaltung von ^{235}U wird beschrieben. Aus diesem Spektr. wird das Antineutrinospektr. berechnet u. nach der Zweikomponententheorie des $\bar{\nu}$ ein mittlerer Querschnitt für die Absorption des $\bar{\nu}$ durch Protonen von $(6{,}1 \pm 1) \cdot 10^{-43}$ cm²/Spaltung abgeleitet. Die Vierkomponententheorie des $\bar{\nu}$ würde $(3{,}05 \pm 0{,}3) \cdot 10^{-43}$ cm²/Spaltung ergeben. (Physic. Rev. [2] **113.** 280—86. 1/1. 1959.) Herbert Weber. 90

Howard C. Volkin, *Streuung langsamer Neutronen durch Rotatoren.* Die Meth. von Zemach u. Glauber zur Behandlung der Streuung von Neutronen niedriger Energie an Moll. wird für die Rotationsfreiheitsgrade zu jedem Rotatortyp erweitert. Das entwickelte Verf. ermöglicht die Verallgemeinerung der Ergebnisse auf symm. oder asymm. Moleküle. Die Meth. wird dann auf die Berechnung der direkten Streuung bis zur Genauigkeit der 1. quantenmechan. Korrektur zum klass. Querschnitt angewendet.

(Physic. Rev. [2] **113.** 866—74. 1/2. 1959. Cleveland, O., Nat. Advis. Committee for Aeronaut., Lewis Flight Propuls. Labor.) HERBERT WEBER. 90

H. M. Schey, *Streuung von Neutronen an nichtsphärischen Kernen.* Für die Streuung von 7 MeV-Neutronen an *Ta* besteht eine Diskrepanz zwischen dem Experiment u. Berechnungen von BZORKLUND u. FERNBACH (vgl. C. **1958.** 12006). Verf. untersucht die Möglichkeit, daß diese Diskrepanz der Quadrupoldeformation in Ta entspricht. Die Deformation wird durch einen zu P_2 (cos γ) proportionalen Term dargestellt, der zum spinabhängigen Potential von BJORKLUND u. FERNBACH addiert wird (γ = Winkel zwischen der angenommenen Kernsymmetrieachse u. dem Radiusvektor des gestreuten Teilchens). Der addierte Term wird als eine Störung behandelt. Die SCHRÖDINGER-Gleichung wird elektron. berechnet, um den differentiellen Querschnitt für die elast. Streuung von Neutronen zu erhalten. Die Ergebnisse werden auf die Streuung von 7 MeV-Neutronen an Ta angewendet. Parameter, die eine angemessene Übereinstimmung zwischen Experiment u. Theorie bringen, werden bestimmt. (Physic. Rev. [2] **113.** 900—03. 1/2. 1959. Livermore, Calif., Univ. of California, Radiat. Labor.) HERBERT WEBER. 90

L. Cranberg, R. K. Beauchamp und **J. S. Levin,** *Messung der Gesamtwirkungsquerschnitte schneller Neutronen.* Vff. beschreiben ein Syst. zur Messung der Gesamtwirkungsquerschnitte von Neutronen bei hoher Auflösung nach einer Transmissionsmeth. im Gebiet oberhalb 50 keV. Gemessen wurden mit dem App. die Gesamtwirkungsquerschnitte von S u. Al im Gebiet von 585 $\pm$ 25 keV. (Rev. sci. Instruments **28.** 89—92. Febr. 1957. Los Alamos, N. Mex., Los Alamos Scient. Labor.) C. GOTTFRIED. 90

B. N. Brockhouse, *Strukturelle Dynamik von Wasser durch Neutronenspektrometrie.* Ausführl. Wiedergabe der C. **1959.** 365 referierten Arbeit. (Suppl. del Nuovo Cimento Nr. 1 (zu [10] **9**). 45—71. 1958. Chalk River, Ont., Atom. Energy of Canada Ltd., General Phys. Branch.) C. GOTTFRIED. 90

Jack W. Burkig, J. Reginald Richardson und **Glen E. Schrank,** *Proton-Proton-Streuung bei 19,8 MeV.* Mit H_2-Gas als Streuer u. Scintillationszählern wurde die Winkelverteilung der p-p-Streuung bei 19,8 MeV gemessen. Der Querschnitt als Funktion des Schwerpunktssteuwinkels zeigt ein Minimum bei 26°, wo $d\sigma/d\omega$ = 22,6 $\pm$ 0,3 mbarn/Raumwinkel. Die Messungen erstrecken sich auf 15 Winkel von 14° ($d\sigma/d\omega$ = 59,7 $\pm$ 2,0) bis 90° ($d\sigma/d\omega$ = 24,6 $\pm$ 0,3). (Physic. Rev. [2] **113.** 290—93. 1/1. 1959. Los Angeles, Calif., Univ. of California, Dep. of Phys.) HERBERT WEBER. 90

Herbert N. Royden und **Byron T. Wright,** *Proton-Proton-Kleinwinkelstreuung bei 20 MeV.* Der differentielle Querschnitt für die Streuung von 19,8 MeV-Protonen an Protonen (H_2) wurde zwischen 18 u. 35° (Schwerpunktssyst.) mit in einer Streukammer angebrachten photograph. Emulsionen gemessen. Querschnitte wurden gleichzeitig bei allen Winkeln u. Azimuten gemessen. Die Genauigkeit der Querschnittsmessungen beträgt ca. 2,5%. (Physic. Rev. [2] **113.** 294—96. 1/1. 1959. Los Angeles, Calif., Univ. of California, Dep. of Phys.) HERBERT WEBER. 90

R. M. Kalbach, J. J. Lord und **C. H. Tsao,** *Elastische Proton-Proton-Stöße bei 6,2 GeV in Kernemulsionen.* ILFORD G 5-Emulsionen wurden dem 6,2 GeV-Protonenbündel des Bevatrons ausgesetzt. Von den Wechselwrkgg. wurden 31 als elast. Stöße der Beschußprotonen mit freien H-Kernen klassifiziert. Nach Korrekturen für den Wirkungsgrad der Durchmusterung u. für Backgroundereignisse wurde ein Querschnitt für elast. Streuung von 8,8 $\pm$ 2,0 mbarn erhalten. Die Winkelverteilung (Schwerpunktssyst.) der elast. gestreuten Protonen zeigt scharfe Spitzen in der Vorwärts- u. Rückwärtsrichtung u. ist in Einklang mit Angaben nach einem einheitlichen opt. Modell mit einem Radius von $0{,}94 \cdot 10^{-13}$ cm. (Physic. Rev. [2] **113.** 325—29. 1/1. 1959. Seattle, Wash., Univ. of Washington.) HERBERT WEBER. 90

R. M. Kalbach, J. J. Lord und **C. H. Tsao,** *Unelastische Proton-Proton-Stöße bei 6,2 GeV.* (Vgl. vorst. Ref.) Bei der Unters. der unelast. p-p-Stöße in Kernemulsionen bei 6,2 GeV im Bevatron lieferten Messungen der Vielfachstreuung, der Korndichte, der Reichweite u. der Winkel die Impulsspektren u. Winkelverteilungen der sek. Pionen u. Protonen zusammen mit den Querschnitten für die auftretenden Endzustände. Die Ergebnisse zeigten Querschnitte (in mbarn) von 7,3 $\pm$ 4,6 für Ereignisse mit 2 Zacken, 12,1 $\pm$ 2,4 für 4 Zacken, 2,7 $\pm$ 0,6 für 6 Zacken, 0,3 $\pm$ 0,3 für 8 Zacken u. 0,2 $\pm$ 0,2 für 10 Zacken, was einen totalen unelast. Querschnitt von 22,6 $\pm$ 5,3 mbarn ergibt. Die mittlere Multiplizität für geladene Pionen beträgt 1,9 $\pm$ 0,3 u. der K-Wert (mittlerer Grad an Unelastizität) 0,49 $\pm$ 0,05. Der Vgl. der beobachteten partiellen unelast. Querschnitte mit der statist. Theorie (FERMI) zeigt, daß die Theorie die relative Wahrscheinlichkeit für Zustände mit hoher Mesonenmultiplizität unterschätzt. Wesentliche Vorwärts- u. Rückwärtsspitzen wurden bei der Winkelverteilung (Schwerpunktssyst.) für sek. Protonen u. in schwächerem Maße für sek. geladene Pionen beobachtet. Impulsverteilungen (im Schwerpunktssyst.) für sek. geladene Pionen zeigen eine Spitze bei niedrigeren Impulsen als nach der statist. Theorie, während die Spitze für Protonen etwas höher liegt. (Physic. Rev. [2] **113.** 330—37. 1/1. 1959.) HERBERT WEBER. 90

Mira K. Jurić und **Silva D. Ćirilov,** *Polarisation von Protonen aus der Reaktion ^{12}C (d, p) ^{13}C mit 1060 keV-Deuteronen.* (Vgl. C. **1958.** 4083.) Die Polarisation der Protonen aus ^{12}C (d, p) ^{13}C für E_d = 1060 keV wurde bei Winkeln von 20 u. 140° gemessen. Elast. Streuung an C wurde zur Analyse der Polarisation benutzt. Als Protonendetektor dienten Kernemulsionen. Die beobachtete Größe der Polarisation betrug P = 54,3 ± 9,5% bei 20° u. P = 29,4 ± 12,6% bei 140°. Das positive Vorzeichen der Polarisation entspricht dem Vektorprodukt $\mathbf{K}_p \cdot \mathbf{K}_d$. (Physic. Rev. [2] **112.** 1224—26. 15/11. 1958. Belgrad, Boris Kidrich Inst. of Nucl. Sci.) HERBERT WEBER. 90

B. H. Bransden, K. Smith und **C. Tate,** *Nucleon-Deuteron-Streuung mit Tensorkräften.* Vff. berechnen mit Hilfe der Resonanzgruppenmeth. allg. Formeln für Radialgleichungen u. differentiellen Streuquerschnitt. (Proc. Roy. Soc. [London], Ser. A **247.** 73—91. 9/9. 1958. Glasgow, Univ., Dep. of Natural Philos.; London, Univ. Coll., Dep. of Phys.) D. GEISSLER. 90

J. L. Yntema, *Elastische Streuung von 21,6 MeV-Deuteronen.* Der absol. differentielle Querschnitt für die elast. Streuung von 21,6 ± 0,2 MeV (Cyclotron)-Deuteronen wurde für *Mg, Ni, Cu, Zn, Rh, Ag, Pt* u. *Au* gemessen. Die Querschnitte wurden für jedes Element mit einem 2°-Intervall zwischen 10 u. 42° sowie mit einem 5°-Intervall (oder kleiner) zwischen 45 u. 150° gemessen. Die geschätzte Standardabweichung erstreckte sich von 3% in Vorwärtsrichtung bis 6% in Rückwärtsrichtung. Die Deuteronen werden mit einem Doppel-NaJ(Tl)-Kristall mit einer Energieauflösung von ca. 2% nachgewiesen. In den meisten Fällen ist der Beitrag der unelast. gestreuten Deuteronen zum Querschnitt vernachlässigbar. Das Verhältnis des gemessenen Querschnitts zum RUTHERFORD-Querschnitt zeigt in allen Fällen einen ausgeprägten Beugungsverlauf. (Physic. Rev. [2] **113.** 261—67. 1/1. 1959. Lemont, Ill., Argonne Nat. Labor.) HERBERT WEBER. 90

Günter Vojta, *Overhauserscher Kernpolarisationseffekt und Spintemperaturen.* Theoret. Untersuchung. (Arch. des Sci. **11.** 269—71. 12/7. 1958. Leipzig.) C. GOTTFRIED. 95

A. I. Shernowoi und **G. D. Latyschew,** *Neue Methode zur Messung der Spin-Gitter-Relaxationszeit der Flüssigkeiten.* Es wird ein Verf. zur Messung der Amplitude des Signals der kernmagnet. Resonanz in Abhängigkeit vom Vol. empfohlen, das sich in einem starken polarisierenden Feld befindet, u. vom Vol. im Streufeld. Hieraus kann die Relaxationszeit > 0,05 sec mit einer Genauigkeit von einigen % bestimmt werden. (Известия Академии Наук СССР, Серия Физическая [Nachr. Akad. Wiss. UdSSR, physik. Ser.] **22.** 993. Aug. 1958. Leningrad, Obraszow-Inst. für Eisenbahningenieurwesen.) M. WIEDEMANN. 95

A. I. Shernowoi und **G. D. Latyschew,** *Neue Methode zur Messung der Spin-Spin-Relaxationszeit von Flüssigkeiten.* (Vgl. vorst. Ref.) Zur Messung der Zeit der Spin-Spin-Relaxation werden die Kerne der Fl. zunächst in einem starken Magnetfeld vollkommen polarisiert, dann strömt die Fl. in ein Vol. in einem schwachen gleichförmigen Magnetfeld. Beim Eintritt in dieses Vol. stellen sich die magnet. Momente der Kerne unter dem Einfl. des oscillierenden Resonanzfeldes senkrecht zum äußeren Magnetfeld, beim Austritt dann wieder parallel. (Известия Академии Наук СССР, Серия Физическая [Nachr. Akad. Wiss. UdSSR, physik. Ser.] **22.** 994. Aug. 1958.) M. WIEDEMANN. 95

G. O. Brink und **W. A. Nierenberg,** *Beobachtung von Doppelresonanz in einem Atomstrahl.* Zur Messung aller Übergänge mit $\Delta F = 0$, $\Delta M = \pm 1$ in ^{39}K wird eine Doppelresonanz-Atomstrahl-Meth. angewandt. Sie kann zum Messen der Kernmomente radioakt. Kerne verwendet werden. (J. Physique Radium **19.** 816—18. Nov. 1958. Berkeley, Calif., Univ., Dep. of Phys.) H. C. WOLF. 95

E. W. Teodorowitsch, *Volumenkorrekturen bei der Lamb-Verschiebung von Energieniveaus.* Die experimentell beobachtete LAMB-Verschiebung von 2 $S_{1/2}$—2 $P_{1/2}$ beträgt für *H* 1057,77 MHz u. für D 1059,00 MHz gegenüber den theoret. Werten 1057,82 bzw. 1058,47. Eine Volumenkorrektur ergibt die folgenden Werte S_H = 1057,90 ± 0,13; S_D = 1057,10 ± 0,13 u. S_T = 1058,99 ± 0,13. (Известия Академии Наук СССР, Серия Физическая [Nachr. Akad. Wiss. UdSSR, physik. Ser.] **22.** 985—87. Aug. 1958. Moskau, Lomonossow-Univ., Lehrstuhl für Phys. u. Mechanik.) M. WIEDEMANN. 95

D. M. Van Patter, *Vorgeschlagene Systematik für E2-Übergangswahrscheinlichkeiten von gerade-gerade-Kernen.* In Analogie zu den Verhältnissen bei E1-Übergängen wird auf einen ähnlichen Trend für die E2-Übergangswahrscheinlichkeit für das 1. Niveau von gg-Kernen geschlossen. Sämtliche zur Verfügung stehende Daten über Lebensdauern u. COULOMB-Anregungsquerschnitte aus Messungen für einige 90 Nuclide

von ^{12}C bis ^{238}U werden zusammengefaßt. Für Nuclide mit A = 46—132 wird ein formelmäßiger Ausdruck für die red. E2-Übergangswahrscheinlichkeit für Anregung des ersten 2^+-Niveaus aufgestellt. (J. Franklin Inst. **266.** 411—13. Nov. 1958.)
Gerhard Schmidt. 95

W. Ss. Schpinel, *Verschiedene Niveaus und Wahrscheinlichkeit der β- und γ-Übergänge in ungeraden Kernen.* Ausgehend vom Modell der unabhängigen Teilchen werden die empir. Daten über die Anregungsniveaus von ungeraden Kernen mit nahezu abgeschlossener Schale diskutiert. Kerne mit ähnlicher Konfiguration, die entweder eine gerade Anzahl von Protonen oder von Neutronen aufweisen, werden verglichen. Der Einfl. der Änderung der Zahl der Paare in der geraden Nucleonengruppe auf den Abstand der entsprechenden Niveaus wird erörtert. (Известия Академии Наук СССР, Серия Физическая [Nachr. Akad. Wiss. UdSSR, physik. Ser.] **22.** 995—1001. Aug. 1958.)
M. Wiedemann. 95

J. A. Evans, *Die Verdampfungstheorie bei Kernphotoreaktionen.* Um die Diskrepanzen zwischen der Theorie u. den Experimenten zu beseitigen, schlägt Vf. eine Verbesserung der Verdampfungstheorie vor, wobei genaue Daten der Nucleonen-Abtrennenergien benutzt werden. Ferner wird eine realistischere Annahme über die Kernoberfläche gemacht, die als stark diffus angenommen wird. Der Einfl. der Schalenstruktur wird in Verbindung mit den Termdichten der Restkerne diskutiert. (Proc. physic. Soc. **73.** 33—39. 1/1. 1959. Birmingham, Univ., Dep. of Math. Phys.) G. Kurdal. 95

I. M. Band, L. N. Syrjanowa und **Ju. P. Susslow,** *Tabelle der zur Bestimmung der Wahrscheinlichkeit des erlaubten und verbotenen L-Einfangs von Kernen notwendigen Funktionen.* (Известия Академии Наук СССР, Серия Физическая [Nachr. Akad. Wiss. UdSSR, physik. Ser.] **22.** 952—67. Aug. 1958. Leningrad, Shdanow-Univ.)
M. Wiedemann. 103

S. K. Allison, P. G. Murphy und **E. Norbeck jr.,** *Masse von ^{13}B aus der Reaktion ^{7}Li (^{7}Li, p) ^{13}B.* Vff. erzeugen ^{13}B mit Hilfe der Rk. ^{7}Li (^{7}Li, p) ^{13}B, wobei sie einen 2 MeV-Van de Graaff benutzen. Der Q-Wert der Rk. ist 5,97 ± 0,03 MeV, während (M–A) = 20,39 ± 0,03 MeV u. das physikal. At.-Gew. 13,02190 ± 0,00003 betragen. (Physic. Rev. [2] **102.** 1182—83. 15/5. 1956. Chicago, Ill., Univ. of Chicago, Enrico Fermi Inst. for Nucl. Stud.) E. Hahn. 103

Je. P. Grigorjew, B. Ss. Dshelepow, A. W. Solotawin und **W. Ja. Mischin,** *Spektrum der Konversionselektronen von ^{73}As.* Durch Beschuß von *Ge* mit 10,8 MeV-Deuteronen wurde ^{73}As erzeugt, das Spektr. der Konversionselektronen wurde untersucht. Energie u. relative Intensitäten der L- u. (M + N)-Linien des 13,5 keV-Übergangs u. der K-, L- u. (M + N)-Linien des 52,8 keV-Übergangs sowie die Übergänge mit 81 u. 66 keV wurden bestimmt. Für 52,8 keV ergab sich K/L = 7,2 u. L/(M + N) = 6,2, es handelt sich um einen M2-Übergang. Ferner wurde die Ausbeute an ^{73}As zu 0,8 ± 0,3 der an ^{74}As bestimmt. (Известия Академии Наук СССР, Серия Физическая [Nachr. Akad. Wiss. UdSSR, physik. Ser.] **22.** 927—30. Aug. 1958. Leningrad, Shdanow-Univ., Physik. Forsch.-Inst.) M. Wiedemann. 103

B. Ss. Dshelepow, B. K. Preobrashenski, I. M. Rogatschew und **P. A. Tischkin,** *Spektrum der Konversionselektronen der Cer-Fraktion.* Die Ce-Fraktion wurde chromatograph. aus der Ta-Spaltung abgetrennt u. 15 Elektronenlinien, verteilt auf 3 Halbwertszeiten, gefunden. Unterschieden werden der γ-Übergang bei 165 keV des ^{139}Ce (140 Tage), der γ-Übergang bei 252 keV des ^{137}Ce mit 33 Std., der γ-Übergang bei 265 keV u. 17 Std. Halbwertszeit sowie einige weitere schwache Linien. (Известия Академии Наук СССР, Серия Физическая [Nachr. Akad. Wiss. UdSSR, physik. Ser.] **22.** 931—34. Aug. 1958.)
M. Wiedemann. 103

E. Freiberg und **K. Goebel,** *Das Verzweigungsverhältnis des ^{142}Pr.* ^{142}Pr wird ohne Beimengungen anderer Isotope durch eine (n, γ)-Rk. aus dem Reinisotop ^{141}Pr erzeugt. Zur Herst. des Präp. diente spektroskop. reines Pr_6O_{11}; die Bestrahlungsdauer im Reaktor betrug 24 Stunden. Die β-Strahlung wurde mit einem üblichen Glockenzählrohr registriert. Zum Nachw. der γ-Strahlung diente ein Scintillationszähler mit NaJ(Tl)-Kristall von 1 · 1,5 in., der eine wesentlich genauere Messung der Intensität der γ-Strahlung erlaubt als ein Zählrohr. Die Scintillationsimpulse wurden direkt unterhalb der 1,57 MeV-Photonenlinie diskriminiert. Die Messungen wurden unter der Annahme ausgewertet, daß die Winkelkorrelation der γ-Strahlung mit der einem einfach verbotenen Übergang entsprechenden β-Strahlung isotrop ist. Für den Konversionskoeff. der E2-γ-Strahlung erhalten Vff. $1,0 \cdot 10^{-3}$. Das Verzweigungsverhältnis der beiden Komponenten der β-Strahlung ergibt sich zu (3,7 ± 0,4)%. (Z. Naturforsch. **14a.** 679. Juli 1959. Freiburg/Br., Univ., Physik. Inst.) Gerhard Schmidt. 103

N. M. Antonjewa, A. A. Baschilow, B. Ss. Dshelepow und **B. K. Preobrashenski,** *Spektrum der Konversionselektronen von ^{149}Gd.* Durch Beschuß von *Ta* wurde auch die Fraktion von ^{149}Gd erhalten, das mit 10 ± 1 Tagen Halbwertszeit in ^{149}*Eu* übergeht. Das Spektr. der Konversionselektronen wurde aufgenommen, hieraus wurden die γ-Energien, der Koeff. der inneren Konversion α_K u. das Verhältnis L:K bestimmt. Es wurde folgende Zuordnung getroffen: 149,8 keV M1, 272 keV M1 + E2, 298 keV 70% M1 + 30% E2, 346 keV M2, 497 keV E3, 517 keV M1 + E2 u. 535 keV M1 + E2. Das Termschema von ^{149}Eu umfaßt die Niveaus 150, 298, 422, 496, (795) u. 957 keV, denen Spin u. Parität zugeordnet werden. (Известия Академии Наук СССР, Серия Физическая [Nachr. Akad. Wiss. UdSSR, physik. Ser.] **22.** 895—905. Aug. 1958. Leningrad, Shdanow-Univ., Physik. Forsch.-Inst.) M. Wiedemann. 103

N. M. Antonjewa, A. A. Baschilow, B. Ss. Dshelepow und **B. K. Preobrashenski,** *Spektren der Konversionselektronen von ^{147}Gd und ^{147}Eu.* (Vgl. vorst. Ref.) Die Konversionslinien der Fraktionen von ^{147}Gd (35 Std.) u. seines Zerfallsprod. ^{147}Eu (25 Tage) aus der Ta-Spaltung wurden gemessen, hieraus wurden γ-Linien, ihre relative Intensität, die Koeffizienten der inneren Konversion u. die zugeordneten Multipolaritäten ermittelt. Für ^{147}Eu sind angeführt 229 keV M1, 370 keV M1, 396 keV M2 u. 485 keV M1 oder E1. Die Termschemata des Überganges ^{147}Gd zu ^{147}Eu u. ^{147}Eu zu ^{147}*Sm* sind wiedergegeben, das erste zeigt die Niveaus 229, 685, 778, 995, 1125, 1480, 1556 u. 1742 keV, das zweite die Niveaus 121, 198 u. 800 keV. (Известия Академии Наук СССР, Серия Физическая [Nachr. Akad. Wiss. UdSSR, physik. Ser.] **22.** 906—18. Aug. 1958.) M. Wiedemann. 103

W. K. Adamtschuk, A. A. Baschilow und **B. K. Preobrashenski,** *Koeffizienten der inneren Konversion einiger Kernübergänge in ^{147}Eu und ^{149}Eu.* (Vgl. vorst. Reff.) Für die Isotope ^{147}Eu u. ^{149}Eu, die aus den entsprechenden Isotopen des Gd entstehen, werden die Zahl der Konversionselektronen u. der γ-Quanten ermittelt u. daraus die Koeffizienten der inneren Konversion. Gefunden wurden folgende Werte ^{149}Eu 150 keV 0,53; 298 keV 0,066 u. 346 keV 0,18, M1, M1 u. M2; ^{147}Eu 229 keV 0,16, 370 keV 0,051 u. 396 keV 0,15, M1, M1 u. M2. Das Termschema von ^{147}Eu umfaßt die Niveaus bei 229, 624 u. 994 keV, das von ^{149}Eu die Niveaus bei 150, 496 u. 796 keV, denen Spins u. Paritäten zugeordnet werden. (Известия Академии Наук СССР, Серия Физическая [Nachr. Akad. Wiss. UdSSR, physik. Ser.] **22.** 919—26. Aug. 1958.) M. Wiedemann. 103

B. Ss. Dshelepow, B. K. Preobrashenski und **W. A. Ssergijenko,** *Koinzidenz der Konversionselektronen beim Zerfall ^{147}Eu → ^{147}Sm.* ^{147}Eu wurde beim Beschuß von Ta mit 660 MeV-Protonen erhalten u. chromatograph. abgetrennt. Mittels eines Doppellinsen-β-Spektrometers wurden für den Übergang ^{147}Eu → ^{147}Sm (25 Tage) Koinzidenzen zwischen 76,3 u. 121,0 keV gefunden, nicht aber zwischen 197,6 u. 121,0 keV u. auch nicht 76,3 keV, ferner Koinzidenzen mit Auger-Elektronen. (Известия Академии Наук СССР, Серия Физическая [Nachr. Akad. Wiss. UdSSR, physik. Ser.] **22.** 945—48. Aug. 1958. Leningrad, Shdanow-Univ., Physik. Forsch.-Inst.) M. Wiedemann. 103

B. Ss. Dshelepow, B. K. Preobrashenski und **W. A. Ssergijenko,** *Koinzidenz der Konversionselektronen beim Zerfall ^{167}Tm → ^{167}Er.* (Vgl. vorst. Ref.) Beim Beschuß von Ta mit 660 MeV-Protonen wurde ^{167}Tm erhalten u. der Übergang zu ^{167}Er (9,6 Tage) mit einem Doppellinsen-β-Spektrometer untersucht. Zwischen den Konversionselektronen von 208,1 u. 56,9 keV wurden infolge des metastabilen Charakters des 208,1 keV-Niveaus in ^{167}Er keine Koinzidenzen gefunden. Es wurden jedoch Koinzidenzen festgestellt zwischen K-208,1 keV u. K-Auger-Elektronen u. zwischen L-56,9 keV u. K-Auger-Elektronen Das Termschema von ^{167}Er ist wiedergegeben. (Известия Академии Наук СССР, Серия Физическая [Nachr. Akad. Wiss. UdSSR, physik. Ser.] **22.** 949—51. Aug. 1958.) M. Wiedemann. 103

I. Ss. Dneprowski und **G. M. Kolessow,** *Konversionselektronen einiger Ho- und Er-Isotope mit Neutronendefizit.* Chromatograph. wurde die Er-Fraktion aus der Ta-Spaltung abgetrennt. Bei der Unters. der Konversionselektronen wurde eine Halbwertszeit von 30 Std. erhalten mit den γ-Linien 59, 87, 197, 646 u. 728 keV, die dem Zerfall des ^{160}Ho folgen; ferner eine Halbwertszeit von 3,5 Std. mit den γ-Energien 67, 210 u. 826 keV, die zu dem auf den Zerfall von ^{161}Er u. ^{161}Ho folgenden Übergang gehören; weiter die γ-Linie von 98,6 keV mit 2,5 Std. Halbwertszeit, die einem Er-Isotop zugeordnet wird, u. die Linie mit 138 keV u. 1 Std. Halbwertszeit, die auf den Zerfall von ^{156}Ho folgt. (Известия Академии Наук СССР, Серия Физическая [Nachr. Akad. Wiss. UdSSR, physik. Ser.] **22.** 935—40. Aug. 1958. Vernadsky-Inst. für Geochem. u. analyt. Chemie der Akad. der Wiss. der UdSSR.) M. Wiedemann. 103

C. Mayer-Böricke, *Zum γ-Spektrum von RaC′ (^{214}Po).* Mit einem Scintillationspaarspektrometer mit Graukeilanalysator u. Energiediskriminierung wurden die γ-Übergänge von RaC′ (^{214}Po) untersucht u. die einzelnen Linien bzgl. Energie u. Intensität vermessen (^{222}Em-Quelle). Zur Auswertung der Graukeilspektren diente ein empfindliches photometr. Verfahren. Sämtliche von anderen Autoren bisher direkt nachgewiesenen γ-Linien mit $E_\gamma > 1150$ keV wurden bestätigt. Außerdem wurden noch eine Anzahl neuer, bes. schwacher hochenerget. γ-Übergänge gefunden. Insgesamt wurden 40 γ-Linien oberhalb 1 MeV beobachtet, von denen einige noch komplexe Struktur haben können. Das Konversionselektronenspektr. von RaC' wird aufgrund der gemessenen γ-Strahlungen analysiert. Spin u. Parität einzelner Niveaus werden diskutiert. Einige Niveaus werden als kollektive Vibrationszustände interpretiert, u. zwar als Ein-Phononen- u. Zwei-Phononenanregung einer Quadrupolschwingung. (Z. Naturforsch. **14a.** 609—27. Juli 1959. Heidelberg, MPI für Kernphys.) Gerhard Schmidt. 103

Wilfrid Sebaoun, *Eine neue Bestimmung der spezifischen Aktivität von Radium.* Nach einer Übersicht über die bisher bei der Best. der spezif. Aktivität des Ra angewandten Methoden u. die gefundenen Werte wird ein neues Verf. angegeben, das auf der absol. Messung der Zahl der pro Sek. durch 1 g Ra ausgesandten α-Teilchen beruht. Die Meßanordnung besteht aus einem evakuierten Kollimator mit einem Diaphragma, dessen Öffnung nur einen Durchmesser von $2{,}227_2 \pm 0{,}001_0$ mm hat, einem NaJ(Tl)-Scintillationskristall u. der notwendigen Elektronik zur Verstärkung, Impulshöhenanalyse u. Registrierung der Impulse. Die Meßbedingungen wurden mit der α-Strahlung des Po geprüft. Als Ra-Proben wurden Filme aus $RaCl_2$ auf einem Pt-Träger benutzt, die zur Verhinderung des Entweichens von Rn mit einer Glimmerfolie abgedeckt waren. Die Herstellungsweise wird ausführlich beschrieben. Vor der Herst. der Ra-Proben wurden Ra (D + E + F) abgetrennt, um die Zunahme der Po-Aktivität rechner. berücksichtigen zu können. Die Aktivitätsbest. erfolgte erst nach der Einstellung des radioaktiven Gleichgewichts zwischen dem Ra u. seinen kurzlebigen Folgeprodukten. Zur Best. der in den einzelnen Proben enthaltenen Ra-Menge wurde der durch ihre γ-Strahlung erzeugte Ionisationsstrom mit dem Ionisationsstrom eines Ra-Standards verglichen. Die spezif. Aktivität des Ra ergab sich zu $3{,}62 \cdot 10^{10}$ Zerfällen/sec/g mit einem Fehler von 0,7%. Diesem Wert entspricht eine Zerfallskonstante von $0{,}429 \cdot 10^{-3}$ $Jahr^{-1}$ u. eine Halbwertszeit von 1617 Jahren. (Ann. Physique [13] **1.** 680—718. Juli/Aug. 1956. Paris, Inst. du Radium, Labor. Curie.) L. Wiesner. 103

M. D. Jepson, *Über die beste Verwendung von Kernbrennstoffen.* Übersicht u. Diskussion über die Verwendbarkeit der in Reaktoren verschied. Typs erzeugten sek. Kernbrennstoffe ^{239}Pu u. ^{233}U. (Atomic World **10.** 14—17. Jan. 1959. U.K.A.E.A., Ind. Group.) Gerhard Schmidt. 110

F. S. Martin, *Über die Aufbereitung von Brennstoffen aus fortgeschrittenen Reaktoren.* Übersicht über die verschied. chem. Methoden zur Auflösung der mit Zr oder rostfreiem Stahl umhüllten Brennelemente aus Natururan oder UO_2. (Atomics World **10.** 18—21. u. 40. Jan. 1959. U.K.A.E.A., Springfield Works.) Gerhard Schmidt. 110

J. Cantel und **P. Cohen,** *Einfluß einiger dekontaminierender Stoffe auf die Aufbereitung radioaktiver Abwässer.* Vff. untersuchten die dekontaminierende Wrkg. mehrerer Netzmittel, einer Marseiller Seife, von *Versen* (*ÄDTA*), HF, Citronensäure u. NaOCl auf salpetersaure (p_H 1,6), Spaltprodd. enthaltende Abwässer sowie auf n. Industrieabflüsse. Ergebnisse: Ohne Wrkg. waren 2 Detergentien, günstige Wrkg. hatten die Seife u. 1 Netzmittel, ungünstige 5 Netzmittel, während 3 Netzmittel, Versen, HF, Citronensäure u. NaOCl, je nach der Zus. des Abwassers verschieden reagierten. Beschreibung der Arbeitsweise u. Zahlentafel. (Énergie nucléaire **1.** 138—40. Juli/Sept. 1957. Saclay, Centre d'Étud. Nucl.) H. Eckstein. 110

Robert Beringer und **Waldo Rall,** *Quecksilberdampfstrahltarget und Abstreifer.* Vff. beschreiben einen Überschallquecksilberdampfstrahl zum Abstreifen von Elektronen von einem Strom schwerer Ionen. Mit dem App. wurden Oberflächendichten von 2—20 $\mu g/cm^2$ erhalten. Die durch den Strahl verursachte Druckzunahme war $< 3 \cdot 10^{-7}$ mm Hg am Ende einer 10 in. langen Strahlröhre. (Rev. sci. Instruments **28.** 77—79. Febr. 1957. New Haven, Conn., Yale Univ., Phys. Dep.) C. Gottfried. 112

T. E. Bortner, G. S. Hurst und **W. G. Stone,** *Driftgeschwindigkeiten von Elektronen in einigen gewöhnlich gebrauchten Zählgasen.* Vff. entwickelten eine App. mit Ionisationskammer zur genauen Messung der Driftgeschwindigkeiten von Elektronen, die sich in einem elektr. Feld bewegen. Gemessen wurden die Elektronendriftgeschwindigkeit in Ar, N_2, Methan, CO_2, Äthylen, Cyclopropan sowie in Gemischen von Methan u. CO_2. Die Versuchsergebnisse sind graph. wiedergegeben. (Rev. sci. Instruments **28.** 103—08. Febr. 1957. Oak Ridge, Tenn., Oak Ridge Nat. Labor.) C. Gottfried. 112

H. A. Enge, M. A. Wahlig und **I. Aanderaa,** *α-Teilchen-Dickenmeßgerät.* Vff. beschreiben einen einfachen App. mit Po–α-Quelle u. Geiger-Müller-Zähler zur Messung der Dicke von dünnen Folien oder Filmen, z. B. Targets, die bei Kernrkk. verwendet werden. (Rev. sci. Instruments **28.** 145—46. Febr. 1957. Cambridge, Mass., MIT, Phys. Labor. and Labor. for Nucl. Sci.; Bergen, Univ.) C. Gottfried. 112

S. M. Shafroth, E. N. Strait und **R. T. Carpenter,** *Das Ansprechen eines NaJ(Tl)-Kristalls auf monoenergetische Neutronen.* Vff. untersuchen das Ansprechen eines $1^3/_4 \cdot 2$ in. NaJ(Tl)-Kristalls auf Neutronen im Impulshöhenbereich zwischen 2,5 u. 7 MeV-γ-Äquivalent. Die Rk. ^{7}Li(p, n)^{7}Be wird als Neutronenquelle verwendet, sie ist nur von relativ wenigen hochenerget. γ-Strahlen begleitet. Ansprechkurven monoenerget. Neutronen werden für Neutronenenergien von 166, 341 u. 469 keV erhalten. Die Impulshöhenverteilungen werden für eine feste Ausschlagszahl eines abgeschirmten Langzählers bei jeder Neutronenenergie gemessen. Die Impulshöhenverteilungen sind nahezu linear zwischen 4 u. 6,6 MeV. Die Extrapolationen dieser Verteilungen schneiden die γ-Äquivalent-Achsen angenähert bei der Bindungsenergie des letzten Neutrons in ^{128}J. (Nuclear Instruments [Amsterdam] **3.** 298—302. Nov. 1958. Evanston, Ill., Northwestern Univ.) GERHARD SCHMIDT. 112

D. E. Nagle, R. H. Hildebrand und **R. J. Plano,** *Eine Wasserstoff-Blasenkammer für Streuung von Mesonen niedriger Energie.* Eine 2,5 · 2,5 · 10 cm große Wasserstoff-Blasenkammer wurde für Streuverss. mit Teilchen aus einem 450 MeV-Synchrocyclotron entwickelt. 7500 Aufnahmen wurden mit einer Geschwindigkeit von 1 pro 2 sec gemacht u. mit einer Stückzahl von 2000 pro Tag abgetastet. Die durchschnittliche Bahnlänge betrug ca. 1 g/cm². (Rev. sci. Instruments **27.** 203—07. April 1956. Chicago, Ill., Univ. of Chicago, Enrico Fermi Inst. for Nucl. Stud. and Dep. of Phys.) W. KERNCHEN. 112

Larry O. Oswald, *Propan-Blasenkammer in einem starken Magnetfeld.* Vf. beschreibt eine mit fl. Propan gefüllte Kammer, die innerhalb eines Magnetfeldes von 22000 Gauß angebracht ist. Verss. mit der Kammer wurden am Bevatron im 6,2 GeV-Neutronenbündel durchgeführt. (Rev. sci. Instruments **28.** 80—83. Febr. 1957. Berkeley, Calif., Univ. of California, Radiat. Labor.) C. GOTTFRIED. 112

Helmut Steinwedel, *Hochenergie-Teilchenbeschleuniger.* Zusammenfassende Darst. über Teilchenbeschleuniger. — Literaturverzeichnis. (Naturwissenschaften **46.** 163—67. 1. März-H. 1959. Göttingen, Inst. für theoret. Phys.) GERHARD SCHMIDT. 112

L. Cranberg, W. P. Aiello, R. K. Beauchamp, H. J. Lang und **J. S. Levin,** *Energiemodulation für Teilchenbeschleuniger.* Das Verf. besteht in der Anlegung eines Wechselpotentials von 50 kV Amplitude an ein isoliertes Target. Als Anwendungsbeispiel wird die Unters. der Anregungsfunktion für die Rk. ^{7}Li(p,n)^{7}Be wiedergegeben. (Rev. sci. Instruments **28.** 84—88. Febr. 1957. Los Alamos, N. Mex., Los Alamos Sci. Labor.) C. GOTTFRIED. 112

Joseph Slepian, *Anwendung des Magneto-Ionenaufweiter-Isotopenseparators auf Uran.* Inhaltlich ident. mit der C. **1959.** 686 referierten Arbeit. (Nuclear Sci. Engng. **3.** 108—10. Jan. 1958. Pittsburgh, Pa.) C. GOTTFRIED. 112

John B. Huff, *Versuche über die Dekontaminierung von Stahl, Blei und Glas.* Es wurden verschied. Verff. zur Dekontaminierung von Stahl-, Pb- u. Glasgefäßen (> 1 r/Std.) geprüft. Bei den Verss. wurde die mit HNO_3 verd. HNO_3-Lsg. der Brennstoffelemente auf die Proben aufgebracht, eingedampft u. die Aktivität vor u. nach dem Dekontaminationsprozeß mit einem GEIGER-MÜLLER-Zähler gemessen. Bei rostfreiem Stahl wurden mit den verschied. Verff. Dekontaminationsfaktoren von 84 bis 16000, bei Pb von 100 bis 16000 u. bei Glas von 3 bis 9900 erhalten Die günstigsten Methoden (bei Stahl anod. Schaltung in heißer verd. H_2SO_4 über 4 Min. mit 150 A/ft²; bei Pb mehrmalige Schaltung als Anode in heißer 1 mol. KOH über 1 Min. mit 150 A/ft² gefolgt von Spülen mit heißer 1 mol. HNO_3 u. bei Glas 20 Min. Kochen in 1 mol. Weinsäure) werden beschrieben. (Nucleonics **15.** 106—10. Juni 1957. Idaho Falls, Id. Phillips Petrol. Co., Atom. Energy Div.) W. KARCHER. 112

W. F. Libby, *Fallout hilft bei Wetterstudien.* Es wurde festgestellt, daß künstliches (Bomben-) *Tritium* durch seinen Einbau in relativ große Eiskristalle weit schneller zur Erde absinkt, als das kosm. T. Die Unterss. ergaben ferner, daß außer ^{14}C u. T noch je 2 Isotope von *Be* u. *P* u. je ein Isotop *Cl* u. *S* kosm. Ursprungs sind. (Atomics **9.** 236—37. u. 245. Juli 1958. U. S. Atom. Energy Comm.) H. ECKSTEIN. 112

A₂. Optisches Verhalten der Materie.

Kâmuran Özembre, *Änderungen im Spektrum des Sternes HD 162 428.* In einer Reihe von Spektralaufnahmen des Sternes HD 162428 aus den Jahren 1953 bis 1957 wird ein Minimum der BALMER-Linien im Jahre 1954 festgestellt, das sich durch das Erscheinen einer ausgedehnten Wasserstoff-Hülle markiert. Dafür werden im Jahre 1955 Linien der Metallionen Fe^+ u. Ca^+ gefunden. Der Stern wird als B7V klassifiziert. Seine Periode könnte 5 Jahre oder Vielfache davon betragen. (C. R. hebd. Séances Acad. Sci. **246.** 704—07. 3/2. 1958.) C. REUBER. 113

T. M. Donahue, *Bestimmung der Natriumhäufigkeit der oberen Atmosphäre aus D_2/D_1-Messungen im Zwielicht.* Vf. nimmt Bezug auf Messungen des Intensitätsverhältnisses der beiden Na-Linien D_2/D_1 von JONES u. MCPHERSON (vgl. C. **1959**. 4037), die in Verbindung mit der Theorie von CHANDRASEKHAR u. ELBERT (vgl. Astrophysic. J. **115** [1952.] 269) verwendet worden waren, um die Na-Häufigkeit in der oberen Atmosphäre zu bestimmen. Die jahreszeitliche Änderung der auf diesem Wege erhaltenen Häufigkeit stimmt schlecht mit der überein, wenn man die gleiche Theorie auf absolute Intensitätsmessungen anwendet. Die Gründe für diese Diskrepanz werden erörtert. (Physic. Rev. Letters **1**. 287—88. 15/10. 1958. Pittsburgh, Pa., Univ.)
C. GOTTFRIED. 113

Milton Schwartz und **Leonard Muldawer,** *Angenähertes elastisches Spektrum von β-Au Zn aus der durch die Temperatur bedingten diffusen Streuung von Röntgenstrahlen.* Mit einem GEIGER-Zähler u. bei Verwendung monochromat. CuK_α-Strahlung wurde bei Zimmertemp. die temperaturbedingte diffuse Röntgenstrahlung an einem Einkristall von β-AuZn gemessen. Mit Hilfe der Theorien von LAVAL (vgl. Bull. Soc. franç., Minéralog. **64**. [1941.] 1) u. JAMES (vgl. The Optical Principles of the Diffraction of X-rays, London 1950. 222) wurden für die Symmetrieachsen die Kurven der akust. Frequenz u. der Geschwindigkeitsdispersion erhalten. Aus Intensitätsmessungen der BRAGG-Interferenzen ergeben sich für Au u. Zn die DEBYE-Tempp. 153 bzw. 220° K. Die Geschwindigkeit bei unendlicher Wellenlänge lieferten die elast. Konstanten $C_{11} = 5{,}3$; $C_{12} = 3{,}5$ u. $C_{44} = 3{,}0$ in Einheiten von 10^{11} dyn/cm. (J. appl. Physics **29**. 1561—68. Nov. 1958. Philadelphia, Pa., Frankford Arsenal, Pitman-Dunn Labor., Temple Univ., Phys. Dep.)
C. GOTTFRIED. 116

M. R. Padhye und **J. C. Patel,** *Das Absorptionsspektrum der Komplexverbindung aus Bortrifluorid und Pyridin im nahen Ultraviolett.* Vff. messen im nahen UV das Absorptionsspektr. der Additionsverb. (I) aus *Pyridin* u. *BF_3* in der Gasphase. Bei Wellenzahlen von 36332 bis 38297 cm^{-1} werden mehrere stärkere u. einige schwache, diffuse Banden gefunden, die sich von den Banden im Spektr. des freien Pyridin unterscheiden. Vff. diskutieren die Zuordnung dieser Banden zu einem n-π-Übergang, einem π-π-Übergang oder zu einer „charge transfer"-Bande u. halten durch Vgl. mit bekannten Spektren von Pyridin-Halogenkomplexen einen π-π-Übergang für den wahrscheinlichsten. Zu Vergleichszwecken wurden die Absorptionsspektren der zu **I** analogen Komplexe aus BF_3 mit α-, β- u. γ-Picolin untersucht. (J. sci. ind. Res. [New Delhi], Sect. B **16**. 47—51. Febr. 1957. Bombay, Univ. of Bombay, Dep. of Chem. Technol.)
H. J. BECHER. 118

U. Johnsen, *Spektrum und Zeeman-Effekt des dreiwertigen Thuliums im Thulium-Äthylsulfat.* Messung des Absorptionsspektr. von Tm^{3+} in hexagonalem $Tm(C_2H_5SO_4)_3 \cdot 9\,H_2O$ u. in isomorph verd. Mischkristallen zwischen 8000 u. 4500 Å mit polarisiertem Licht bei 4,2 u. 80° K sowie des ZEEMAN-Effektes an den Übergängen $^3H_6$—$^3F_4$ ($\bar{\nu} = 12700\ cm^{-1}$); $^3H_6$—$^3F_3$($\bar{\nu} = 14455\ cm^{-1}$); $^3H_6$—$^3F_2$ ($\bar{\nu} = 15080\ cm^{-1}$); $^3H_6$—$^1G_4$ ($\bar{\nu} = 21300\ cm^{-1}$). Daraus wurden die Drehimpulsquantenzahlen J, L u. S der Terme bestimmt. Übergänge, die im elektr. Kristallfeld verboten sind, werden durch starke äußere Magnetfelder erzwungen. Weiter wird Kristallhyperfeinstruktur beobachtet. (Z. Physik **152**. 454—69. 26/9. 1958. Darmstadt, TH, Inst. für techn. Phys.)
H. C. WOLF. 118

William F. Meggers und **Robert W. Stanley,** *Wellenlängen von Thoriumhalogenidlampen.* Vff. messen 222 Vakuum-Wellenlängen einer Thoriumjodid-Lampe, bezogen auf die Wellenlängen 5462,2705 u. 4047,7144 Å, die von ähnlichen Lampen mit ^{198}Hg emittiert werden. Der Th-Wellenlängenbereich reicht von 3288,7356 bis 6991,5839 Å im Vakuum u. von 3287,7885 bis 6989,6562 Å in Standard-Luft. Mit Hilfe dieser 222 Linien von Th ist es möglich, die komplexen Spektren von 3300—7000 Å zu messen u. damit die Best. der Spektren von 6600—14000 Å durchzuführen. (J. Res. nat. Bur. Standards **61**. 95—103. August 1958. Washington, D. C.) D. HAHN. 118

M. R. Null und **W. W. Lozier,** *Messungen der Reflexionsfähigkeit und der Emissionsfähigkeit von Graphit bei Bogentemperatur mit einem Kohlebogenbildofen.* Mit dem C. **1959.** 8988 beschriebenen Ofen stellten Vff. fest, daß die Krateroberfläche des Graphitstabes bei der Bogentemp. angenähert 2% des einfallenden Lichtes reflektiert. Dies Ergebnis entspricht einer Absorptions- u. Emissionsfähigkeit von 98%. (J. appl. Physics **29**. 1605. Nov. 1958. Parma, O., Nat. Carbon Co., Res. Labor.) C. GOTTFRIED. 119

Horace Winchell, *Optik in der Eosphorit–Childrenit-Reihe.* Vf. behandelt die Optik der Eosphorit–Childrenit-Reihe, $Mn_{1-x}Fe_xAl(PO_4)(OH)_2(H_2O)$. Bemerkenswert ist dabei der Wechsel der Ebene der opt. Achsen bei x = 0,6 bis 0,7. (Amer. Mineralogist **43**. 765—68. Juli/August 1958. New Haven, Conn., Yale Univ.) J.-E. HILLER. 119

Werner Pepperhoff, *Richtungsabhängigkeit und Polarisation der Strahlung an flüssigem Eisen und Stahl.* Die Strahlung blanker Metalle, die unter großen Winkeln gegen die Normale der Metalloberfläche ausgesendet wird, ist polarisiert. Der polarisierte Anteil der Metallstrahlung steigt mit zunehmendem Winkel stark an, u. zwar nimmt die Intensität der parallel polarisierten Komponente mit wachsendem Emissionswinkel ab, während umgekehrt die Energie der senkrecht polarisierten Strahlung größer wird. Diese Polarisation der Metallstrahlung offenbart sich an den Eisen- u. Stahlschmelzen, wenn die Schmelzen-Oberfläche unter einem flachen Winkel mit einem Polarisationsfilter betrachtet werden kann. An Hand photograph. Aufnahmen im polarisierten Licht werden diese Erscheinungen beschrieben. Da oxydierte Schmelzen-Oberflächen unter allen Winkeln unpolarisierte Strahlen aussenden, ermöglicht eine Beobachtung im polarisierten Licht eine bessere Differenzierung der Oberflächenstruktur als im natürlichen Licht. Als Anwendungsmöglichkeiten dieses Verf. werden erörtert: 1) die Best. der schwarzen Temp. von fl. Fe u. Stahl im senkrecht polarisierten Licht unter großen Emissionswinkeln, die weitgehend unabhängig vom Oberflächenzustand der Schmelze ist; 2) die Pyrometrie im parallel polarisierten Licht, die eine Vergrößerung der Unterschiede zwischen wahrer u. schwarzer Temp. bewirkt u. die Meßgenauigkeit erhöht; 3) die Ermittlung des Polarisationsgrades der Strahlung zwecks Kennzeichnung des Oberflächenzustandes von Metallschmelzen. (Arch. Eisenhüttenwes. **30.** 131—35. März 1959. Duisburg-Huckingen, Mannesmann AG.) H. Hochstein. 119

Paul A. Giguère und **Kenneth B. Harvey**, *Das Infrarotabsorptionsspektrum von Distickstoffmonoxyd im festen Zustande.* Das IR-Spektrum von festem N_2O bei — 175° wird von 2—25 μ aufgenommen u. in Abb. u. Frequenztabelle gebracht. Die Zuordnung der Banden zu 3 Grund-, 4 Ober- u. 6 Kombinationsschwingungen wird diskutiert. 4 sehr schwache Begleiter von ν_1 (1295 cm^{-1}) u. ν_3 (2244 cm^{-1}) werden den Isotopen $^{14}N^{15}NO$ u. $^{15}N^{14}N$ zugeordnet. (Spectrochim. Acta [London] **9.** 204—07. 1957. Quebec, Can., Laval Univ., Physic.-Chem. Labor.) A. Reuter. 120

Earle K. Plyler und **Robert S. Mulliken**, *Molekulare Komplexe und ihre Spektren. 9. Mitt. Infrarotabsorption des Jod in seinen Pyridinkomplexen und in Benzol.* (8. vgl. C. **1958.** 10844.) In gemeinsamen Lsgg. von J_2 u. Pyridin (Py) (a) in n-Heptan u. (b) in Bzl. werden starke IR-Absorptionsbanden bei 184 cm^{-1} (a) u. 174 cm^{-1} (b) sowie eine schwächere bei 204 cm^{-1} im Fall (b) beobachtet. Die starken Absorptionsbanden werden einem Py–J_2-Komplex oder möglicherweise einem Py–Bzl.–J_2-Komplex, die schwächere Bande einem Bzl.-J_2-Elektronenaustauschkomplex zugeordnet. (J. Amer. chem. Soc. **81.** 823—26. 20/2. 1959. Washington, D. C., Nat. Bur. of Stand.; Chicago, Ill., Univ., Labor. of Mol. Struct. and Spectra, Dep. of Phys.) J. Rudolph. 120

I. Nakagawa, R. B. Penland, S. Mizushima, T. J. Lane und **J. V. Quagliano**, *Infrarote Absorptionsspektren anorganischer Koordinationskomplexe. 11. Mitt. Infrarotuntersuchungen an Quecksilberamidobromid, $Hg(NH_2)Br$.* (10. vgl. C. **1958.** 1482.) Die IR-Spektren der kub. u. der rhomb. Form von $Hg(NH_2)Br$ werden von 2—35 μ in KBr-Preßtechnik u. in Paraffinöl aufgenommen. Mit dem $Hg(NH_2)^+$-Ionenmodell einer unendlichen Kette von Hg u. NH_2 mit gestrecktem Winkel am Hg u. Tetraederwinkel am NH_2 werden die Normalschwingungen berechnet. Die Differenzen zwischen den IR-Spektren der beiden Modifikationen können mit den röntgenograph. bestimmten Hg ... N Abständen (kub. 2,17 Å, rhomb. 2,07 Å) u. den entsprechend verschied. Kraftkonstanten erklärt werden. Die 1260 cm^{-1}-Banden werden einer Verunreinigung mit $Hg(NH_3)_2Br_2$ zugeschrieben. (Spectrochim. Acta [London] **9.** 199—203. 1957. Notre Dame, Ind., Univ., Dep. of Chem.) A. Reuter. 120

Andreas Rosenberg, *Die Infrarotabsorptionsspektren einiger Aminosäure-Metallchelate bei der Temperatur der flüssigen Luft.* Vf. untersuchte die IR-Spektren des *Na-*, *Ni-*(Dihydrat), *Cu-*(*Monohydrat*) u. *Pt-Salzes* (*cis-* u. *trans-*Form) von *Glycin* (**I**), des *Cu-*(*Monohydrat*) u. *Ni-*(*Dihydrat*)-Salzes von *Alanin*, des *Na-*, *Ni-* u. *Cu-*Salzes von *Leucin*, der Komplexe *$KPt[NH_2CH_2COO]Cl_2$* u. *$CuCl_2$-Äthylendiamin* sowie von *DL-Alanin, Glycylglycin* u. des *KMg-Salzes* von *Nitrilotriessigsäure.* Da die Spektren bei 3 u. 6 μ bei Zimmertemp. nur breite Absorptionsbanden zeigen, wurden die Verbb. auch bei — 170° (Aufnahmeapp. beschrieben), in KBr verteilt, untersucht. — Die NH_2-Valenzfrequenzen der Chelate liegen bei niedrigeren Frequenzen als die der Na-Salze, die Größe der Erniedrigung ist abhängig von der Stärke der kovalenten Bindung zwischen dem N-Atom u. dem Metallion. Auch die Carboxylfrequenzen zeigen Verschiebungen; z. B. bei den **I**-Salzen- Na^+ 1590 [cm^{-1}]; Ni^{++} 1590; Cu^{++} 1618 u. Pt^{++} (trans-Form) 1644. Vf. setzt diese Frequenzerhöhung in Beziehung zum Ausmaß, mit dem zwischen Metallion u. Carbonylgruppe eine kovalente Bindung ausgebildet wird. (Acta chem. scand. **10.** 840—51. 1956. Uppsala, Sweden, Inst. of Biochem.) G. KRESZE. 120

G. C. Hood, A. C. Jones und **C. A. Reilly,** *Ionisation starker Elektrolyte.* 7. Mitt. *Protonenmagnetische Resonanz und Ramanspektrum von Jodsäure.* (6. vgl. C. **1958.** 13738.) Zur Best. der Dissoziation der HJO_3 wurden von wss. Lsgg. der Säure verschiedener Konz. die kernmagnet. Resonanzverschiebungen bei 40 MHz sowie die Änderungen in den RAMAN-Spektren untersucht. Die Verschiebungen der Protonen in konzentrierteren Lsgg. erfolgt direkt mit Bezug auf W. bei 30°. Bei verdünnteren Lsgg. wurden die Verschiebungen relativ zu denen der Ringprotonen in Toluol gemessen. Die Verschiebungen dieser Protonen relativ zu W. bei 30° wurden zu 65,5 ± 0,1 Hz bestimmt. Hieraus wurden die Verschiebungen relativ zu W. berechnet. Die RAMAN-Spektren der konzentrierteren Lsgg. haben Banden mit RAMAN-Verschiebungen bei 330, 630 u. 780 cm^{-1} mit einer Schulter, was auf eine weitere Bande nahe 825 cm^{-1} hindeutet. Sinkt die Konz., dann verschiebt sich die 780 cm^{-1}-Bande nach 800 cm^{-1}; bei noch weiterer Verdünnung nimmt die Intensität dieser Bande relativ zu der Schulter bei 825 cm^{-1} zu u. bei den höchsten Verdünnungen besteht das Spektr. vorwiegend nur aus einer Bande bei 800 cm^{-1}. Die Verschiebung der Bande bei 780 cm^{-1} mit der Verdünnung entspricht der Gleichgewichtsverschiebung des assoziierten HJO_3 nach dem nicht dissoziierten Monomeren. Die folgende Intensitätszunahme der Bande bei 800 cm^{-1} relativ zu der bei 825 cm^{-1} entspricht der Dissoziation des HJO_3 zu Jodation. Die aus den beiden Meßreihen erhaltene thermodynam. Dissoziationskonstante bei 30° ist 0,18. Dieser Wert steht in guter Übereinstimmung mit den Ergebnissen der klass. Messungen. (J. physic. Chem. **63.** 101—03. Jan. 1959. Emeryville, Calif., Shell Development Co.) C. GOTTFRIED. 120

A. Lebrun und **R. Liebaert,** *Durchlässigkeitskomparatoren für die Frequenzen zwischen 0,1 Hz und 200 MHz.* Beschreibung der verschiedenen Komparatoren u. ihrer Empfindlichkeit. (Arch. des Sci., Sonderh. **11 (163).** 14—21. 12/7. 1958. Lille, Fac. des Sci., Labor. de Radioélectr. et Electronique.) C. GOTTFRIED. 121

A. Javan, *Mehrquantenübergänge und Maser-Verstärkung in Systemen mit zwei Niveaus.* Es wird gezeigt, daß ganz allg. in jedem quantenmechan. Syst. Mehrquantenübergänge möglich sind, wenn mindestens eines der beiden beteiligten Niveaus eine gewisse Schwankungsbreite hinsichtlich des elektr. oder magnet. Dipolmomentes besitzt. Man kann deshalb analog der RAMAN-Streuung immer dann eine induzierte Emission bei einer Frequenz w erzeugen, wenn der Energieabstand $\hbar\, w_0$ beträgt u. ein zusätzliches Strahlungsfeld mit der Frequenz $w' = w_0 + w$ vorhanden ist. Anwendung des Prinzips auf Maser mit Ferriten oder Molekeln wird diskutiert. (J. Physique Radium **19.** 806—08. Nov. 1958. New York, N. Y., Columbia Univ.) H. C. WOLF. 121

E. E. Schneider und **J. Weiss,** *Elektronische Resonanz in einem Kobaltkomplex.* Bei 9,5 u. 36 kMHz ($\lambda = 3$ cm u. 8 mm) untersuchten Vff. die elektron. Resonanz von $[Co(NH_3)_5O]_2HSO_4 \cdot 2\,SO_4 \cdot H_2O$. Die bei 9,5 kMHz kaum aufgelöste Resonanz besteht aus mehreren Maxima, deren Lage von der Orientierung der Kristalle mit Bezug auf das magnet. Feld abhängt. Dies ist leicht erklärlich, wenn man annimmt, daß in dem Elementarwürfel 2 Moll. mit verschiedenen Orientierungen mit Bezug auf die Kristallachsen vorhanden sind. Der g-Faktor parallel zur Molekülachse ist 2,12, der senkrecht zu dieser Achse 1,99. Die Messungen bei 8 mm, bei der die Abstände zwischen den Maxima sehr viel größer sind als bei 3,5 cm, bestätigen diese Werte. Die Ergebnisse stehen in Übereinstimmung mit theoret. Vorhersagen für eine Lokalisierung des positiven Lochs über dem Co. In diesem Fall sollte man eine beträchtliche Verschiebung des Faktors g parallel zur Molekülachse des g-Wertes des freien Elektrons wegen der starken Spin-Bahnkopplung des Lochs in Co^{5+} sowie eine Verbreiterung des Resonanzstrahls durch hyperfeine Wechselwrkg. mit dem Kernmoment des Co erwarten. Die beobachtete Änderung der Breite deutet auf eine starke Anisotropie dieser hyperfeinen Wechselwrkg. hin. (Arch. des Sci., Sonderh. **11 (163).** 153—55. 12/7. 1958. Newcastle-upon-Tyne, Univ. of Durham, King's Coll.) C. GOTTFRIED. 121

Dietrich Hahn, *Über den Effekt der Elektrothermoluminescenz.* Untersucht man die Temp.-Abhängigkeit der Elektroluminescenz, so findet man bei vielen Zinksulfiden ein Maximum bei Zimmertemp., einen flachen Abfall bei 100° u. einen starken Abfall unter 0°. Anders verhält sich eine zweite Gruppe, vor allem ZnO enthaltende Substanzen, bei ihnen steigt die Intensität mit sinkender Temp. u. der Kurvenverlauf ist beim Abkühlen u. beim Anwärmen verschieden. Diese Elektrothermoluminescenz zeigt sich beim Anwärmen durch eine Reihe von Maxima, die denen der Glow-Kurven ähneln. Zum Teil findet man sie bei den gleichen Tempp., allerdings wird ihre Höhe nicht von der Anheizgeschwindigkeit verändert. Spannung u. Frequenz an der Elektroluminescenz-Zelle sind ohne Einfl. auf die Lage der Maxima. Ihr Auftreten ist aber stark vom Dielektrikum der Zelle abhängig. (J. Physique Radium **17.** 748—53. Aug./Sept. 1956. Berlin-Charlottenburg, Phys.-Techn. Bundesanst., Inst. Berlin.) C. Reuber. 125

H. Gobrecht und **H.-E. Gumlich,** *Über Verstärkung und Auslöschung der Luminescenz von manganaktivierten Zinksulfiden durch elektrische Wechselfelder.* Bei *ZnS*(*Mn*)-Pulverschichten kann man durch ein Wechselfeld die Luminescenz verstärken oder schwächen. Vor allem bei Anregung mit Röntgenstrahlen ergibt sich eine Helligkeitszunahme durch das elektr. Feld, der Verstärkungsfaktor steigt mit der Primärintensität bei kleinen Intensitäten u. strebt bei höheren einem Sättigungswert zu. Bei UV-Anregung herrscht Schwächung durch das Feld vor. Die Unters. der Spektren zeigt, daß nur die Intensität der gelben Bande erhöht wird, gleichgültig ob man mit Röntgenstrahlung oder UV anregt. Verstärkung u. Schwächung wachsen langsamer als linear mit der Feldstärke. (J. Physique Radium **17.** 754—57. Aug./Sept. 1956. Berlin-Charlottenburg, TU, Phys. Inst.) C. Reuber. 125

E. Alexander, W. Low, I. T. Steinberger und **S. Z. Weisz,** *Wirkung elektrischer Gleichfelder auf die Helligkeit luminescierender Substanzen während der Anregung.* Proben von *ZnS–CdS*-Mischungen mit Cu- oder Ag-Aktivierung eingebettet in Araldit u. zwischen zwei durchsichtigen Elektroden wurden auf die Wrkg. von Gleichfeldern während der UV-Anregung mit 3650 Å untersucht. Sowohl beim Ein- als auch beim Ausschalten des Feldes entstehen erst ein Helligkeitsimpuls u. dann ein Helligkeitseinbruch. Ihre Höhe u. ihr Amplitudenverhältnis sind von der Richtung des Feldes relativ zur Einfallsrichtung des UV, der Dauer der Feldeinw., falls diese relativ kurz ist, u. der angelegten Spannung abhängig. Theoret. Deutungen werden diskutiert. (J. Physique Radium **17.** 737—41. Aug./Sept. 1956. Jerusalem, Hebrew Univ., Dep. of Phys.) C. Reuber. 125

D. A. Cusano und **F. E. Williams,** *Photoelektroluminescenz. — Von Strahlungen gesteuerte Elektroluminescenz.* Photoelektroluminescenz wird an *ZnS*(*Mn,Cl*)-Schichten beobachtet die durch Aufdampfung auf eine oberflächlich durch TiO_2 leitend gemachte Glasplatte hergestellt werden. Solche Schichten elektroluminescieren ohne Anregung kaum, unter UV-Anregung entspricht ihre Helligkeit aber einer wesentlichen Verstärkung, z. B. um den Faktor 7 bei einer Spannung von 100 V an einer 10 μ dicken Schicht. Der Zusammenhang zwischen anregender u. erregter Helligkeit ist für größere Intensitäten näherungsweise ein Quadratwurzel-Gesetz. Verstärkung tritt nur auf, wenn die metall. Deckelektrode aus der ZnS-Schicht negativ ist. Das Spektr. der Photoelektroluminescenz hat eine um ca. 100 μ gegenüber dem Luminescenz-Spektr. der gleichen Substanz nach kürzeren Wellen verschobene gelbe Bande. Theoret. läßt sich die Photoelektroluminescenz als eine auf Stoßanregung beruhende, von der äußeren Strahlung gesteuerte Elektroluminescenz deuten. (J. Physique Radium **17.** 742—47. Aug./Sept. 1956. Schenectady, N. Y., General Electric Res. Labor.) C. Reuber. 125

A$_3$. Elektrizität. Magnetismus. Elektrochemie.

Richard A. Ferrell, *Streng gültiges Kriterium zur Prüfung von Näherungen für die Elektronengas-Wechselwirkungsenergie.* Vf. gibt ein Kriterium an, das es erlaubt, Beziehungen für die Energie des Grundzustandes eines entarteten Elektronengases hinsichtlich ihrer Genauigkeit abzuschätzen. Das Kriterium liefert eine strenge untere Grenze für den Fehler der Wechselwirkungsenergie. Am Beispiel der Formel für die Grundzustandsenergie pro Elektron von Gell-Mann u. Brueckner (C. **1957.** 10677), wird die Meth. erläutert. (Physic. Rev. Letters **1.** 443—45. 15/12. 1958. College Park, Md., Univ. of Maryland.) G. Lehmpfuhl. 130

Haridas Banerjee, *Streuung eines longitudinal polarisierten Elektronenstrahls durch ein gleichförmiges magnetisches Feld.* Vf. diskutiert Polarisationseffekte bei der Streuung eines longitudinal polarisierten Elektronenstrahls durch ein gleichförmiges magnet. Feld. Der differentielle Wirkungsquerschnitt wird nach dem S-Matrix-Formalismus von Feynman u. Dyson für den Streuprozeß berechnet. Zwei spezielle Fälle werden eingehend betrachtet. Die Richtung des magnet. Feldes ist im Fall a) parallel u. im Fall b) senkrecht zum Impuls des einfallenden Strahls. Schließlich wird gezeigt, wie durch den Nachw. der Polarisation des gestreuten Strahls mit Hilfe eines Analysators das magnet. Moment eines freien Elektrons bestimmt werden kann. (Proc. nat. Inst. Sci. India, Part A **24.** 279—87. 26/9. 1958. Kharagpur, Res. Scholar, Indian Inst. of Technol., Dep. of Phys.) G. Lehmpfuhl. 131

Erich S. Weibel, *Stabile Bahnen geladener Teilchen in einem oscillierenden elektromagnetischen Feld.* Vf. untersucht die Bahnen im Feld eines zylindr. Wellenleiters im

TE_{01}-Betrieb. Die radiale Komponente der auf das Teilchen wirkenden LORENTZ-Kraft ist — ohne Rücksicht auf die Ladung — niemals positiv. Das Teilchen wird zur Achse des Wellenleiters hin angezogen, um die es sich auf einer komplizierten Bahn bewegt. Es werden hinreichende Bedingungen gegeben, unter denen die Bahnen stabil sind. (Physic. Rev. [2] **114.** 18—21. 1/4. 1959. Los Angeles, Calif., Space Technol. Labors., Inc., Phys. Res. Labor.) H. LIEPACK. 131

P. Molmud, *Langevin-Gleichung und die Wechselstromleitfähigkeit eines nicht-Maxwellschen Plasmas.* Vf. berechnet realen u. imaginären Teil des dissipativen Beitrags g in der LANGEVIN-Gleichung, der den Einfl. der Stöße zwischen Elektronen u. Moll. im Gas berücksichtigt, für die Grenzfälle hoher u. niedriger Druck für *Luft*, *He*, MAXWELLsches Gas u. *Wasser.* Der Realteil von g ist gleich der mittleren Stoßfrequenz, multipliziert mit einem numer. Faktor, dessen Größe von der Art des Gases u. der Druckgrenze abhängt. (Physic. Rev. [2] **114.** 29—32. 1/4. 1959. Los Angeles, Calif., Space Technol. Labors.) H. LIEPACK. 131

S. R. Mohanty und **T. R. Bhat,** *Die Temperatur als Bestimmungsgröße für das Umkehrpotential des Joshi-Effektes.* In Erweiterung früherer Unterss. von MOHANTY (C. **1956.** 8806) wird der JOSHI-Effekt in Abhängigkeit von der Temp. im Bereich von 30—105° untersucht. Der positive JOSHI-Effekt $+ \Delta i$ in Gasen u. Dämpfen ist bei niedrigen Potentialen V klein. Er wächst zunächst mit V bis zu einem Maximum bei $V_{+\Delta i\,max}$ u. nimmt danach wieder ab, um schließlich sein Vorzeichen beim Umkehrpotential V_i^1 zu wechseln. Bei Spannungen $> V_i^1$ wächst $-\Delta i$. Mit ansteigender Temp. des Entladungssyst. wird der Strom i größer, dagegen nehmen die Zündspannung V_m, $V_{+\Delta i\,max}$ u. V_i^1 ab. Der positive Effekt $+ \Delta i$ wächst mit t bei $V < V_{+\Delta i\,max}$ u. nimmt im Bereich $V_{+\Delta i\,max}$ bis V_i^1 ab. Der negative Effekt $- \Delta i$ wächst mit t. (Z. physik. Chem. Frankf. Ausg. [N.F.] **9.** 180—86. Nov. 1956. Benares Hindu Univ., Phys. Chem. Labor.) G. LEHMPFUHL. 131

S. Magun und **S. Woerner,** *Beobachtungen an Hochspannungsfunken.* Vff. untersuchten die Lichtemission von Kondensatorentladungen (450 kV, 300 pF) in N_2 u. *Ar* (20 at). Die Lichtemission erreichte unmeßbar schnell ihr Maximum, fiel in 2 bis $7{,}4 \cdot 10^{-7}$sec auf 1/10 des Maximalwertes u. zeigte dann ein langsam abklingendes Nachleuchten. Wachsender Druck und Elektrodenabstand erhöhten die Strahlungsdauer. Im Spektrographen beobachtete man sofort bis 0,2 μsec. das reine Kontinuum, danach bildeten sich bis ca. 1 μsec wohl die verbreiterten u. verschmolzenen Linien des Gases aus. (Z. angew. Physik **10.** 41—43. Jan. 1958. Stuttgart, TH, I. Phys. Inst.)
HELMUT SCHMIDT. 131

G. Schmidt, *Elektrische Entladungen im Hochvakuum.* Aufgrund von Unterss. des elektr. Durchschlags zwischen Stahlelektroden bei sehr niedrigen Drucken, bei denen die mittlere freie Weglänge der Elektronen größer ist als die Gefäßdimensionen, kommt Vf. zu nachst. Vorstellung vom Entladungsmechanismus: Kalte Emission von Elektronen führt zu einer Vorentladung, durch die die Elektroden an best. Punkten aufgeheizt u. in ihnen enthaltene Gase befreit werden. Darauf steigt der Druck im Entladungsraum, der Strom nimmt infolge Stoßionisation zu, weitere Gasmengen werden an den Elektroden freigemacht, so daß schließlich eine n. Gasentladung entsteht. (Acta physica Acad. Sci. hung. **9.** 1—12. 1958. Central Res. Inst. of Phys. Dep. of Atom. Phys.) P. WARNECK. 131

Karl Rademacher und **Karl Wojaczek,** *Beobachtungen an gekoppelten Niederdruckentladungen in Argon.* Das Stabilitäts-Verh. von zwei gekreuzten Niederdruckentladungen in Ar wird untersucht. Anod. Störungen der einen lassen sich durch Stabilisierung der anderen Entladung unterdrücken, während dies bei kathod. verursachten Plasmaschwingungen nicht gelingt. (Ann. Physik [7] **2.** 57—67. 1958. Berlin, Dtsch. Akad. der Wiss., Inst. für Strahlungsquellen.) P. WARNECK. 131

D. P. Jatar, *Raumladungsbeziehungen für die niederfrequente stille elektrische Entladung in Wasserstoff.* Die Strom-Spannungscharakteristik einer niederfrequenten stillen Entladung in H_2, die mittels eines Ozonisators untersucht wurde, ist durch drei Zonen gek., denen raumladungsfreier u. raumladungsbegrenzter Strom bzw. stationäre Corona zugeordnet werden. Das Gebiet des raumladungsbegrenzten Stromes läßt sich durch eine modifizierte TOWNSEND-WERNER-Gleichung beschreiben. (Canad. J. Physics **36.** 1551—56. Nov. 1958. Saugar, M. P., India, Univ. of Saugar, Dep. of Phys.) P. WARNECK. 131

Frances Dunkle Coffin, *Bildung von Atomen durch Glimmentladung in trockenem Wasserstoff.* Zur Klärung von Unstimmigkeiten in der Literatur über die Möglichkeit des Auftretens von H-Atomen in einer Glimmentladung in absol. trockenem H_2 werden Verss. angestellt, aus denen mit großer Wahrscheinlichkeit das Auftreten von H-Atomen hervorgeht u. die zur Klärung der Ursachen der in der Literatur festgestellten Unstim-

migkeiten in den Versuchsergebnissen beitragen. (J. chem. Physics **30.** 593—94. Febr. 1959. Cleveland, O., Nat. Aeronaut. and Space Administrat., Lewis Res. Center.)
W. NIEMITZ. 131

H. Schulze, *Nachleuchten von Stickstoff bei Atmosphärendruck.* Der Mechanismus des blauen Nachleuchtens hinter einer Bogenentladung in strömendem N_2 von Atmosphärendruck bei Tempp. von ca. 1500° K wurde untersucht. Die Nachleuchtdauer betrug 10^{-3} sec. Techn. reiner N_2 wurde in einem Wechselstrombogen (50 Hz) angeregt. Er strömte so durch ein Entladungsrohr, daß der Bogen in einem strömungsfreien Kanal brannte. Das Spektr. des Nachleuchtens wurde an der Gasaustrittsöffnung der Entladungsröhre beobachtet. Die Ausströmungsgeschwindigkeit betrug ca. 100 m/sec. Die Intensität des Nachleuchtens wuchs mit der Leistung im Bogen u. nahm mit zunehmender durch die Entladungsröhre strömender Gasmenge ab. Die in der Entladung aufgenommene Energie wird hauptsächlich als Dissoziationsenergie von Stickstoffatomen gespeichert. Die für das Nachleuchten akt. Substanz wird von den N-Atomen im Grundzustand $N(^4S)$ u. in den metastabilen Zuständen $N(^2D)$ u. $N(^2P)$ gebildet. Ihre Rekombination findet hauptsächlich in Dreierstößen statt, wobei entweder a) der dritte Stoßpartner angeregt wird oder b) die Energie bei dem neugebildeten Mol. bleibt, das durch eine inverse Prädissoziation stabil wird. Die Emissionen gehen im Fall a) vom dritten Stoßpartner u. im Fall b) vom neugebildeten Stickstoffmol. aus. (Z. physik. Chem. **210.** 176—95. März 1959. Berlin, Inst. für Strahlungsquellen der Deutschen Akad. der Wiss.)
G. LEHMPFUHL. 131

W. E. Burcham und **M. A. F. Alves,** *Die durch Strahlen von Kohlenstoff- und Stickstoffionen hervorgerufene Ionisation.* Beim Durchgang durch Materie ist der Energieverlust schwerer geladener Teilchen dem Quadrat ihrer effektiven Ionenladung proportional. Falls diese bekannt ist, läßt sich die Änderung der Ionisierung des durchsetzten Materials aus der entspr. spezif. Ionisation von Protonen berechnen. Dieser Zusammenhang wurde durch genaue Messungen an cyclotronbeschleunigten C u. N-Ionenstrahlen, ihres Energieverlustes u. ihrer Ionisationsrate in Ar bestätigt. (Proc. physic. Soc. **72.** 462—66. 1/9. 1958. Univ. of Birmingham; Univ. of Coimbra, Portugal, Dep. of Phys.)
P. WARNECK. 131

J. Peper, *Gasanalyse an abgeschmolzenen Kathodenstrahlröhren mit Hilfe des Omegatrons.* Es wird ein Omegatron beschrieben. In Restgasen von Bildröhren wurden CH_4, Ar, H_2, CO, CO_2 u. höhere KW-Stoffe als CH_4 nachgewiesen. (Philips' techn. Rdsch. **19.** 278—80. 1957/58.)
W. LUCHSINGER. 131

Arnold Heisen, *Über die Bildung dünner Kohleschichten in einer in Benzolatmosphäre brennenden Glimmentladung.* Die Bldg. von Kohleschichten auf den Elektroden einer in Bzl. brennenden Glimmentladung u. auf Objekten außerhalb des Entladungsraumes, die dort durch Aufprall von positiven u. negativen Ionen entstehen, wird durch Dickenmessung verfolgt. Der Befund, daß die schichtbildenden Radikale nicht im Gasraum sondern an der Oberfläche des Objektes entstehen, läßt vermuten, daß adsorbierte Bzl.-Moll. durch aufprallende Ionen gespalten u. zur festen Schicht umgewandelt werden. (Ann. Physik [7] **2.** 23—35. 1958. München, II. Physikal. Inst.)
P. WARNECK. 131

J. D. Morrison, *Anwendung des Massenspektrometers auf die Untersuchung der oberen Energieniveaus von Molekülen.* Es wird gezeigt, daß die häufig zu beobachtende schlechte Übereinstimmung der massenspektrometr. ermittelten Energiewerte mit den nach anderen Methoden gefundenen zum großen Teil auf unrichtige Deutung der experimentellen Daten zurückzuführen ist. Unter bestimmten Voraussetzungen über die Ionisationswahrscheinlichkeit verschied. Prozesse lassen sich aus den Ionisationsausbeutekurven die Wahrscheinlichkeiten für Elektronenübergänge zwischen Grundzustand u. einzelnen Ionenzuständen des Mol. ableiten. Aus diesen wiederum gewinnt man Aussagen über die Potentialenergiefunktionen dieser oberen Zustände. Um die Meth. voll auszuschöpfen, sind Ionenstrahlen mit möglichst geringer Energiestreuung nötig. Es wird eine krit. Zusammenstellung der verfügbaren Elektronenquellen gegeben u. Elektronenstoß mit Photonenstoß verglichen, wobei gezeigt wird, daß der letztere manche Vorteile bietet. (J. appl. Physics **28.** 1409—13. Dez. 1957. Chicago, Ill., Univ. of Chicago, Dep. of Phys.)
R. CONRAD. 131

Donald G. Miller, Edward V. Sayre und **Simon Freed,** *Effektive Symmetrien der elektrischen Felder um Ionen in Lösung.* Die opt. Dichte der Chloride einiger Seltener Erden wurde in alkoh. u. wss. Lsg. im Bereich von ca. 2500—6000 Å aufgenommen. Die Spektren deuten darauf hin, daß für das elektr. Feld des gelösten Eu^{+++}-Ions definierte Punktgruppensymmetrien anzunehmen sind. In Methanol oder A. wurde die Symmetrie C_{2v} u. in W. D_{2h} nachgewiesen. Wird das Lösungsm. A. durch W. ersetzt, so werden die Intensitäten einiger Banden reduziert, während andere unverändert bleiben. Die unveränderten Banden werden starken elektr. Dipolen zugeordnet. Die effektive Symmetrie ergibt sich aus den verschied. langen Verweilzeiten des elektr. Feldes in den möglichen Symmetrien. (J. chem. Physics **29**. 454—55. Aug. 1958. Upton, Long Island, N. Y., Brookhaven Nat. Labor., Chem. Dep.) K. Ross. 132

K. W. Böer, U. Kümmel und **G. Ksoll,** *Abhängigkeit des Felddurchschlages von der Realstruktur von CdS-Einkristallen.* In Erweiterung früherer Unterss. von Vf. u. Mitarbeitern (C. **1959**. 3374) wurde der Zusammenhang zwischen der Stromspannungscharakteristik im Durchschlagsbereich u. dem Störtermspektr. — bestimmt aus Leitfähigkeitsglowkurven — bei die Realstruktur verändernden Vorbehandlungen von CdS-Einkristallen untersucht. Durch Temperung im Vakuum u. anschließend schnelles Abkühlen wurde die Durchschlagsspannung vermindert. Für die Verschiebung der Durchschlagsspannung war eine von der Realstruktur des Kristalls abhängige Minimaltemp. zwischen 200 u. 280° notwendig. Bei Temperung in O_2-Atmosphäre u. anschließend langsamer Abkühlung wurde dagegen eine Erhöhung der Durchschlagsspannung beobachtet. Hierbei lag die Minimaltemp. bei ca. 200°. Mit wachsender Temperungstemp. oberhalb der Minimaltemp. nähert sich in beiden Fällen die Durchschlagsspannung Grenzwerten, die sich etwa um einen Faktor 50 unterscheiden. Die Leitfähigkeitsglowkurven zeigen jedoch nicht diese monotone Temperaturabhängigkeit. Hieraus wurde geschlossen, daß das durch Leitfähigkeitsglowkurven erfaßbare Termspektr. oberhalb der FERMI-Grenze keinen wesentlichen Einfl. auf den Durchschlagsvorgang hat. (Z. physik. Chem. **210**. 128—35. März 1959. Berlin, Humboldt-Univ., II. Physikal. Inst.) G. LEHMPFUHL. 132

Joseph Leismann, *Über die Dielektrizitätskonstanten und die Maxwell-Wagnerschen Verluste von heterogenen Gemischen.* Im Gegensatz zu der Tatsache, daß die Gültigkeit der von verschiedenen Seiten aufgestellten Formeln zur Berechnung der DK von Gemischen ohne Verluste aus den der Komponenten oft von mehreren Seiten nachgeprüft und bestätigt werden konnte, fehlen Verss., bei denen die Gemische Verluste zeigen. Vf. berichtet über derartige Verss. an Gemischen von *KCl* u. *Bzl.*, deren Ergebnisse graph. wiedergegeben sind. (Arch. des Sci., Sonderh. **11** (**163**). 65—69. 12/7. 1958. Univ. de la Sarre, Inst. de Phys.) C. GOTTFRIED. 132

A. Lebrun, R. Arnoult, A. Risbourg und **E. Constant,** *Betrachtungen über einige Untersuchungsmethoden an absorbierenden Dielektrika wechselnder Dicke im Zentimeter- und Millimeterwellenlängengebiet.* Theoret. Untersuchung. (Arch. des Sci., Sonderh. **11** (**163**). 8—13. 12/7. 1958. Lille, Fac. des Sci., Labor. de Radioélectricité et Electronique.) C. GOTTFRIED. 132

Marceau Felden und **Madeleine Felden,** *Untersuchung der Adsorption von Ammoniak an Kieselsäuregel durch Änderung der Durchlässigkeit bei 10000 MHz und 35000 MHz.* Vff. untersuchten zuerst die dielektr. Eigg. von reinem Kieselsäuregel, das jeweils 6 Std. im Vakuum bei Tempp. von 160—800° entgast worden war. Es wurde beobachtet, daß die Änderung von Σ' durch die Ggw. von W. bestimmt wird, u. zwar mit einer prakt. linearen Abhängigkeit für kleine Mengen Wasser. Bei den Unterss. der Adsorption von NH_3 wurde eine Abnahme von Σ' u. Σ'' bei steigender Menge adsorbierten NH_3 festgestellt. Dieser Einfl. tritt nicht ein, wenn NH_3 durch Wasserdampf, Methylchlorid oder Butan ersetzt wird. (Arch. des Sci., Sonderh. **11** (**163**). 74—76. 12/7. 1958. Nancy, Labor. de Chim. théoret.) C. GOTTFRIED. 132

Keniti Higasi, Isao Miyasita und **Yasutomo Ozawa,** *Dielektrische Untersuchungen an Kohlen.* 2. Mitt. *Mischungen von Kohlepulver und Paraffinwachs.* (1. vgl. C. **1959**. 3374.) Da die Herst. der zur Messung der DKK von Kohle nach dem beschriebenen Verf. nicht immer durchführbar ist, wird ein Verf. angegeben zur Messung der DK von in Wachs eingelagertem Kohlepulver. Die durch Einschmelzen bereiteten Stücke enthalten 5% Kohle. Zur Berechnung der DK der Kohle aus der Mischung wird eine Mischungsformel entwickelt. Die Ergebnisse dieser DK-Bestimmungen werden mit direkten Messungen der DK verglichen. Die Messungen lassen erkennen, daß alle Dipole in der Kohle vollständig rotationsbehindert sind. (Bull. chem. Soc. Japan **30**. 546—50. Juli 1957. Sapporo, Univ., Inst. of Appl. Electr. [Orig.: engl.]) K. L. WOLF. 132

Isao Miyasita, Keniti Higasi und **Masao Kugo,** *Dielektrische Untersuchungen an Kohlen.* 3. Mitt. *Über die Verschiedenheit von Kohlen.* (2. vgl. vorst. Ref.) Mit der l. c. beschriebenen Mischungsmeth. werden die DKK von japan. u. von 5 nichtjapan. Kohlesorten bestimmt. Die DKK von niederwertigen Kohlen sind allg. höher als diejenigen von bituminösen u. höherwertigen. Die Kohlen verschied. Herkunft weisen starke Unterschiede im dielektr. Verh. auf. (Bull. chem. Soc. Japan **30**. 550—55. Juli 1957. [Orig.: engl.]) K. L. WOLF. 132

Keniti Higasi, Yosie Higasi und **Isao Miyasita,** *Dielektrische Untersuchungen an Kohlen. 4. Mitt. Bemerkungen über das Dipolmoment.* (3. vgl. vorst. Ref.) Unter der Annahme glasig-polymerer Struktur der Kohle werden aus dielektr. Messungen nach der gleichen Art wie an Fll. Dipolmomente errechnet, wobei die DEBYE- und die ONSAGER-Gleichung die gleichen Werte ergeben. Unter 19 untersuchten Proben haben Braunkohlen ein Dipolmoment ähnlich dem der OH-Gruppe, bituminöse ein verschwindend kleines Moment. Das Ergebnis steht in Übereinstimmung mit der beobachteten Frequenzabhängigkeit der DK u. des Verlustwinkels. (Bull. chem. Soc. Japan **30.** 556—61. Juli 1957. [Orig.: engl.]) K. L. WOLF. 132

J. Meinnel und **J. Le Brumant,** *Phasenänderungen und dielektrische Eigenschaften von Mischkristallen NH_4Cl–NH_4Br.* Vff. untersuchten die dielektr. Eigg. von Mischkristallen des Syst. NH_4Cl–NH_4Br mit NH_4Br-Gehh. von 5; 10; 30; 50 u. 90 Mol.-%. Die Messungen wurden zwischen 150 u. 350° K beim Abkühlen u. Erhitzen u. bei den Frequenzen 10^2; 10^3; 10^4 u. 10^6 Hz durchgeführt. Es wurden für alle 5 Mischkristalle in dem obigen Temperaturbereich 2 Diskontinuitäten in der DK–Temp.-Kurve festgestellt. (Arch. des Sci., Sonderh. **11 (163).** 40—43. 12/7. 1958. Rennes, Fac. des Sci., Labor. de Phys.) C. GOTTFRIED. 132

J. Meinnel und **J. Le Brumant,** *Untersuchung der dielektrischen Eigenschaften von unreinen Ionenkristallen und Bestätigung der Theorie von Lidiard.* (Vgl. vorst. Ref.) Vff. berichten über Verss. an NaCl, die mit Pb^{++}-Ionen oder SO_4^{--}-Ionen aktiviert worden waren, um die Richtigkeit der Theorie von LIDIARD (Defects in crystalline solids, Bristol, 1954.) nachzuprüfen. Die Bedingung der elektr. Neutralität verlangt, daß in einem Ionenkristall (NaCl), der N_i zweiwertige Ionen pro Volumeneinheit enthält N_i zusätzliche Leerstellen enthält, u. zwar Na-Leerstellen □ für die zweiwertigen Kationen u. Cl-Leerstellen ○ für die zweiwertigen Anionen. Ein Bruchteil p der Verunreinigungsionen u. der Leerstellen liegen dicht zusammen u. bildet N_{ip} „dipolare Komplexe" vom Typ [C^{++}□] oder [A^{--}○]. Diese N_{ip}-Komplexe liefern einen teilweisen Beitrag ε_D'' zu den dielektr. Verlusten. Der Bruchteil $N_i(1 - p)$ der frei gebliebenen Leerstellen nimmt an der Leitfähigkeit im kontinuierlichen Strom teil u. zu einem Teil ε_C'', umgekehrt proportional zur Frequenz, an den Gesamtverlusten ε_T''. Die Verss. wurden mit NaCl durchgeführt, dem geringe Mengen $PbCl_2$ oder Na_2SO_4 zugesetzt worden waren. Die Gemische wurden geschmolzen u. auf Zimmertemp. abgeschreckt. Die Verss. wurden bei verschied. konstanten Tempp. u. Frequenzen zwischen 10^2 u. $3 \cdot 10^6$ Hz durchgeführt. Für beide Versuchsreihen wurde eine dipolare Absorption beobachtet, die auf die Komplexe Pb^{++}□ u. SO_4^{--}○ zurückzuführen ist. Die Aktivierungsenergien der Komplexe sind $\sim$ 0,68 eV bzw. $\sim$ 1,30 eV. In Übereinstimmung mit der Theorie nimmt $\varepsilon_{D\,Max.}''$ mit steigender Temp. ab. (Arch. des Sci., Sonderh. **11 (163).** 12/7. 1958.) C. GOTTFRIED. 132

Pierre Ducros, *Dielektrische Relaxationszeiten des Wassers in dem Chabasit.* (Vgl. C. **1959.** 2697.) Der Chabasit besitzt 2 Bereiche dielektr. Dispersion im km-Wellenlängengebiet, von denen Vf. den Hochfrequenzbereich untersuchte. Messungen von $\varepsilon = \varepsilon' - i\varepsilon''$ wurden zwischen den Frequenzen 100 Hz u. 100 kHz, Tempp. zwischen 20 u. 70° sowie bei 1 at u. 1 mm Hg durchgeführt. Die Aktivierungsenergie beträgt bei 1 at E = 16 kcal/Mol u. bei 1 mm Hg 22 kcal/Mol. Die beobachtete Relaxation ist auf die behinderte Rotation der Wassermoll. zurückzuführen, die nach WYART (1933) in 2 Gruppen in dem Gitter auftreten, von denen die eine Gruppe von Kationen, die andere nur von O-Atomen umgeben ist. Die Änderungen von E mit dem Druck lassen sich durch Änderungen des Wassergeh. des Kristalls erklären. (Arch. des Sci., Sonderh. **11 (163).** 31—36. 12/7. 1958. Paris, Fac. des Sci., Labor. de Minéral.-Cristallogr.) C. GOTTFRIED. 132

M.-L. Blanchard und **M. Martin,** *Dielektrische Eigenschaften des Zinkoxyds. Rolle der Aktivierung und der Behandlungsbedingungen.* (Vgl. C. **1959.** 9125.) Vff. nehmen Bezug auf dielektrische Messungen von BLANCHARD u. Mitarbeitern (vgl. C. **1958.** 2337) an mit W. angefeuchtetem ZnO (Frequenz 10 kHz), bei denen eine DEBYEsche Absorptionsbande bei $<$ 80° K u. eine Aktivierungsenergie nahe 0,04 eV gefunden worden war. 3 Mechanismen kommen nach Ansicht der Vff. für das Auftreten dieser Bande in Frage: Aktivierung des ZnO durch Kationen, die als Verunreinigung im W. enthalten sind, Rk. von im W. gelösten CO_2 mit dem Oxyd u. spätere Aktivierung durch Zn-Ionen, die von der Zers. des Carbonats herrühren u. drittens Aktivierung durch im W. vorhandene OH^--Ionen. Die erste Annahme wäre eigentlich auszuschließen, da doppelt destilliertes W. verwendet wurde; möglich wäre noch Aktivierung durch aus dem Pyrexglas herausgelöste Kationen. Durch Behandlung des ZnO mit W. unter O_2 verschwand die Bande nicht. Um den Einfl. von CO_2 auszuschließen, wurde das Anfeuchten mit W. in N_2-Atmosphäre mit über N_2 aufgefangenem doppeltdestilliertem W.

durchgeführt. Auch in diesem Fall trat die Bande auf. Hierauf wurde ZnO mit einer geringen Menge Carbonat versetzt, erhitzt u. hierauf untersucht. Es wurde eine Bande erhalten, deren Aktivierungsenergie sich mit der Konz. änderte, analog einer Bande, die auftritt, wenn das ZnO mit einem Zn-Salz aktiviert wurde; die Bande mit 0,04 eV trat nicht auf. Die beobachtete Bande ist demnach auf eine Assoziation Zn^+–Leerstelle zurückzuführen. Bei Behandlung des ZnO in H_2-Atmosphäre wurde eine Bande festgestellt, deren Aktivierungsenergie 0,044 eV betrug, in Übereinstimmung mit der mittels des Hall-Effektes erhaltenen Aktivierungesnergie. Letzterer Effekt wurde von Thomas u. Lander (vgl. C. **1957.** 10394) OH-Ionen zugeschrieben. Um dies nachzuprüfen, wurde ZnO mit Wasserdampf behandelt; in diesem Fall trat die Bande nicht auf. Als weitere Möglichkeit wurde die intermediäre Bldg. von $Zn(OH)_2$ untersucht. Wird ZnO mit einer sehr geringen Menge (etwa 10^{-6}) $Zn(OH)_2$ behandelt, dann erhält man wieder die Bande bei tiefer Temp., deren Aktivierungsenergie 0,04 eV war. (Arch. des Sci., Sonderh. **11** (**163**). 53—55. 12/7. 1958. Rennes, Fac. des Sci., Labor. de Phys.) C. Gottfried. 132

Jean Le Bot, Serge Le Montagner und **Gisèle Le Guern,** *Dielektrische Eigenschaften von Ammoniumthalliumarsenaten.* In Fortsetzung früherer Unterss. von Montagner u. Mitarbeitern (vgl. C. **1959.** 4370) untersuchten Vff. die dielektr. Eigg. von Arsenaten der allg. Formel $AsO_4H_2[(NH_4)_{1-x}\,Tl_x]$, mit spezieller Berücksichtigung der Verb. $AsO_4H_2[(NH_4)_{0,5}\,Tl_{0,5}]$. Wie bereits l. c. gefunden worden war, ergibt sich aus den dielektr. Messungen das Auftreten einer Phasenumwandlung erster Ordnung bei 216° K, die für das reine Ammoniumarsenat bekannt ist. Der Übergang kann bis zu $x \sim 0,5$ verfolgt werden. Die Temp. des Übergangs ist eine abnehmende lineare Funktion von x. Bei den Mischprodd. ist ein Maximum von ε'' von einer Inflexion von ε' bei 118° K begleitet, u. zwar unabhängig von der Frequenz u. der Konz. von Tl. Die beiden reinen Arsenatkomponenten geben keinerlei dielektr. Anomalie bei 118° K. Diese Anomalie tritt auch nicht auf, wenn die beiden Phasen, entsprechend $x = 0,5$, in fester Phase gemischt sind; sie tritt jedoch wieder auf, wenn das Gemisch etwa 10 Std. auf 80° C erhitzt wird. Aus den Beobachtungen folgt, daß ein Doppelsalz entsprechend der Zus. $x = 0,5$ mit neuen dielektrischen Eigg. auftritt. (Arch. des Sci., Sonderh. **11** (**163**). 37 bis 39. 12/7. 1958. Rennes, Fac. des Sci., Labor. de Phys.) C. Gottfried. 132

H. Gränicher, *Die dielektrischen Eigenschaften von Strontiumtitanat.* (Vgl. C. **1957.** 8729.) Vf. untersucht die dielektrischen Eigg. von sehr reinem $SrTiO_3$. Die mit Wechselfeldern geringer Intensität gemessene DK läßt sich durch das Curie-Weisssche Gesetz $\varepsilon = C/(T - \vartheta)$ im Gebiet $> 95°$ K mit $C = 83 \cdot 10^3 \cdot {}^0C$ u. einer extrapolierten Curie-Temp. $\vartheta = 38°$ K beschreiben. Unterhalb 95° weicht die DK progressiv von dem obigen Gesetz ab u. hängt nur von der Orientierung des Kristalls ab. Diese Beobachtungen zeigen, daß der Kristall in der kub. Phase die Tendenz hat bei etwa 40° K ferroelektrisch zu werden, ein spontaner Übergang findet nicht statt, auch wenn man die Temp. auf 1,6° K erniedrigt. Unterhalb 95° K entwickelt sich langsam nicht ferroelektrische tetragonale Symmetrie. Die Verschiebungen der Ionen in der tetragonalen Struktur verhindern, daß der Kristall ferroelektrisch wird, obwohl diese Phase energet. nahe bevorstehend zu sein scheint. Tatsächlich beobachtet man für Felder $< 130 \pm 10$ V/cm immer eine lineare Beziehung zwischen der Polarisation u. dem Feld. Die Ferroelektrizität des $SrTiO_3$ läßt sich gemäß der Theorie von Slater (vgl. C. **1951.** I. 161) durch eine Ionenpolarisierbarkeit des Ti erklären. (Arch. des Sci., Sonderh. **11** (**163**). 28—30. 12/7. 1958. Zürich, Eidgen. Techn. Hochsch., Inst. für Phys.) C. Gottfried. 132

Lewis E. Hollander jr., *Piezowiderstand in reduzierten Rutileinkristallen* (*TiO_2*). Vorläufige isotherme Messungen des longitudinalen Piezowiderstandskoeff. parallel u. senkrecht zur c-Achse wurden an reduzierten TiO_2-Kristallen ausgeführt. Die $1,5 \times 0,2 \times 0,2$ cm-Proben hatten einen Widerstand von 0,7 Ω cm in Richtung der c-Achse u. 2 Ω cm senkrecht zur c-Achse. Die Belastung betrug $2,5 \cdot 10^7$ dyn/cm². Von den vier longitudinalen Koeffizienten des Tensors wurde bestimmt: π_{33} (in der c-Achse) $(6 \pm 0,6) \cdot 10^{-12}$ cm²/dyn, in der Ebene senkrecht zur c-Achse war der Effekt (2 bis 4) $\cdot 10^{-12}$ cm²/dyn, π_{33} bei 77° K $20 \cdot 10^{-12}$ cm²/dyn. Mit zunehmendem Sauerstoffgeh. nimmt π_{33} proportional ab. In 100 Ω cm Material ist π_{33} $4 \cdot 10^{-12}$ cm²/dyn, in 0,1 Ω cm π_{33} 10^{-11} cm²/dyn. (Physic. Rev. Letters **10.** 370—71. 15/11. 1958. Palo Alto, Calif., Lockheed Missile Syst. Div.) H. K. Hofmeister. 133

T. A. Paris, T. J. Diesel und **W. I. Dobrov,** *Primäre Pyroelektrizität in Bariumtitanatkeramik.* Es wird die pyroelektr. u. piezoelektr. Beschaffenheit von polykrist. $BaTiO_3$-Keramik untersucht, um die Existenz eines prim. pyroelektr. Effekts aufzuzeigen. Es zeigt sich, daß der totale pyroelektr. Effekt infolge volumetr. Änderungen entgegengesetzt zum piezoelektr. Beitrag gerichtet ist. Dadurch wird der prim. pyroelektr. Effekt in $BaTiO_3$ bestätigt. Er ist bei Zimmertemp. etwa doppelt so groß wie der piezoelektr. Beitrag. Der Betrag des totalen pyroelektr. Koeff. stimmt mit dem überein, der für $BaTiO_3$-Einkristalle von CHYNOWETH (C. **1958.** 13423) angegeben wurde: Die Zeitkonstante für die Erzeugung elektr. Signale durch Wärmeimpulse beträgt weniger als 12 μsec. Wegen dieser geringen Ansprechzeit u. der hohen Empfindlichkeit eignet sich $BaTiO_3$ außerordentlich zur Messung von Wärmestrahlung mit großem Querschnitt. Die größte Empfindlichkeit erhält man beim Arbeiten dicht unterhalb des CURIE-Punktes. (J. appl. Physics **29.** 1297—1302. Sept. 1958. Palo Alto, Calif., Lockheed Missile Syst. Div.) W. KLEIN. 133

Jean Roux, *Beitrag zur Untersuchung der Elektronenfallen durch den photodielektrischen Effekt.* Vf. gibt eine versuchsweise Erklärung über die Beobachtungen von FREYMANN u. Mitarbeitern (vgl. C. **1959.** 1020) über die Änderungen von ε''_M bei der Erhitzung von polykristallinem *ZnO* u. zwar von reinem ZnO u. von mit Cu aktiviertem Oxyd, wonach diese Änderungen mit einem photodielektr. Effekt in Zusammenhang stehen dürften. (Arch. des Sci., Sonderh. **11** (**163**). 44—48. 12/7. 1958. Paris, Labor. de Luminescence.) C. GOTTFRIED. 134

S. Methfessel, *Messung der Energieverluste sehr langsamer Elektronen in Alkalimetallen mit Hilfe des äußeren lichtelektrischen Effektes.* Für dünne, unter saubersten Bedingungen aufgedampfte Schichten von *Cs, K* u. *Na* werden die Energieverteilungen der Photoelektronen bei Lichteinstrahlung verschied. Wellenlänge (265 bis 436 mμ) u. verschied. Schichtdicken mitgeteilt (vgl. auch C. **1958.** 2635) u. die experimentellen Kurven mit dem aus der Theorie des Volumeneffektes unter Vernachlässigung jeder Wechselwrkg. der Photoelektronen berechneten Verlauf verglichen. Aus dem Unterschied der Energieverteilungskurven ergeben sich die wirksamen Wechselwrkgg., die verschied. Art sein können: 1) Eine kollektive Wechselwrkg. der angeregten Elektronen mit der Gesamtheit des unangeregten Elektronengases (freie Weglänge λ ca. 4 Atomabstände) u. 2) eine individuelle Wechselwrkg. einzelner Elektronen untereinander (λ ca. 80 Atomabstände). (Helv. physica Acta **31.** 303—06. 15/7. 1958. Clausthal, Bergakad., Phys. Inst.; Zürich IBM. -Forschungsinst.) J. RUDOLPH. 134

Marie Freymann, Kan-ichi Kamiyoshi, Loriou, Michel Martineau und **Pierre Peyronnet,** *Photodielektrische Effekte des Cadmiumsulfids in Pulver- und Kristallform.* An 3 nicht aktivierten CdS-Einkristallen — einem prismat., einem nadelförmigen u. einem verzwillingten beobachteten Vff. 3 photodielektr. Effekte. Neben den beiden, bereits an CdS-Pulvern beobachteten Effekten, einen vom n. DEBYE-Typ unterhalb 50° K u. einen anomalen Typ oberhalb 150° K, wurde ein dritter Effekt beobachtet, der bei den Pulvern nicht auftrat u. zwar handelt es sich hierbei um eine plötzliche Diskontinuität der Kurven ε''—T u. ε'—T bei einer bestimmten Temperatur. Diese Anomalie tritt am häufigsten zwischen 210 u. 230° K auf u. hängt stark von der „Geschichte“ des Kristalls ab. Bei einigen Verss. wurde statt der plötzlichen Diskontinuität ein Maximum von ε'' u. ε' gefunden. Bei einer durch Aufdampfen erhaltenen dünnen Schicht von CdS wurde eine plötzliche Diskontinuität bei etwa 80° K beobachtet. Durch Bestrahlung mit Neutronen nimmt der photodielektr. Effekt der CdS-Kristalle beträchtlich zu. (Arch. des Sci., Sonderh. **11** (**163**). 49—52. 12/7. 1958. Paris, École polytechn., Paris u. Rennes, Fac. des Sci.) C. GOTTFRIED. 134

N. F. Mott, *Übergang vom metallischen zum nichtmetallischen Zustand.* Vf. zeigt den Gültigkeitsbereich der BLOCH-Funktionen. Die leitenden u. nicht leitenden Zustände u. der Übergang von nichtleitend zu leitend wird untersucht u. mittels der WANNIER-Funktionen u. dem SLATER-Modell diskutiert. Die Abhängigkeit des Überganges von den interatomaren Abständen wird behandelt. Vf. bespricht Verunreinigung (impuritiy)-Band-Leitung in Halbleitern u. die elektr. Eigg. der antiferromagnet. Oxyde. Die Natur der magnet. Elektronen in Metallen der Übergangselemente u. der Seltenen Erden wurde an Hand der magnet. u. elektr. Eigg. u. der Röntgenabsorptionskante diskutiert. (Suppl. del Nuovo Cimento Nr. 2 (zu [10] **7**). 312—27. 1958. Cambridge, Cavendish Labor.) H. K. HOFMEISTER. 135

J. M. Ziman, *Die Wirkung freier Elektronen auf die Gitterleitung.* Unter Annahme der üblichen Elektron–Phonon-Wechselwrkg. wird die Streuung von Phononen an Elektronen für ein parabol. Band berechnet, dessen Entartungstemp. mit der Gittertemp. vergleichbar ist. Der Beitrag zum therm. Widerstand wird durch eine exakte, nur von den Annahmen über die Phonon–Phonon-Wechselwrkg. abhängige Formel ausgedrückt. Mit steigender Temp. nimmt die scheinbare mittlere freie Weglänge der Phononen zunächst mit 1/T ab (oder im Falle sehr weniger Elektronen mit exp(a/T)), durchläuft dann ein Minimum u. steigt später mit T^2 an. Aufgrund der Energie- u. Impulserhaltung können nur Elektronen mit Impulsen, die zur äußeren Flanke der Elektronenimpulsverteilung gehören, zur Streuung beitragen. Das diskutierte Modell dürfte zur Deutung gewisser Beobachtungen an p-leitendem Ge, bestrahlten Saphiren u. leitenden Diamanten geeignet sein. (Philos. Mag. [8] **1**. 191—98. Febr. 1956. Cambridge, Univ., Cavendish Labor.) D. Jörchel. 135

R. Parker, *Elektrischer Widerstand von Verbindungen mit geordneter Spinanordnung.* Zusammenstellung veröffentlichter Daten über den elektr. Widerstand von Halbleitern, die unterhalb eines Curie- oder Néel-Punktes ausgerichtete Spinanordnungen zeigen. Es wurde allg. gefunden, daß elektr. Anomalien den Einsatz einer magnet. Ordnung nur dann begleiten, wenn der spezif. Widerstand bei der Transformationstemp. unter einem krit. Wert liegt. Die Folgerungen aus dieser Regel werden im Hinblick auf neue Theorien der elektr. Leitung in spontan magnetisiertem Material diskutiert. (Philos. Mag. [8] **3**. 853—61. Aug. 1958. Bangor, Univ. College of North Wales, Dep. of Phys.) D. Jörchel. 135

R. J. Elliott, T. P. McLean und **G. G. Macfarlane,** *Theorie über die Einwirkung eines Magnetfeldes auf die Absorptionskante in Halbleiter.* Es wird eine theoret. Betrachtung über die Aufspaltung der Energiebänder eines Festkörpers in eine Serie von Unterbänder durch ein Magnetfeld wiedergegeben. Infolge der Übergänge zwischen den einzelnen Unterbändern weist die Absorptionskante eine Struktur auf. Diese Struktur wird für direkte Übergänge zwischen den sphär., sphäroidalen u. entarteten Bändern betrachtet. Oft zeigt sich eine Reihe von Maxima, aus denen die effektiven Massen in den einzelnen Bändern bestimmt werden können, doch gibt es auch Fälle in denen das Feld sich weniger stark auswirkt u. nur eine Reihe von Stufen entsteht. Absorption durch indirekte Übergänge, einschließlich Phononen, äußert sich ebenfalls durch eine Reihe von Stufen. Die Aufspaltung ist von der Ordnung β Hm/m*, d. h. 10^{-4} (m/m*) cm^{-1} $Gauss^{-1}$. Es ist also ein starkes Magnetfeld erforderlich. Kleine effektive Massen begünstigen die Aufspaltung. Diese theoret. auseinandergesetzten Effekte sind von Zwerdling (C. **1957**. 10673. **1958**. 6458) u. Burstein u. Picus (C. **1958**. 2047) beobachtet worden. (Proc. physic. Soc. **72**. 553—65. 1/10. 1958. Oxford, Clarendon Labor.; Malvern, Worcs., Royal Radar Establ.) W. Klein. 135

Manuel Cardona Castro, *Ein neuer photomagnetoelektrischer Effekt in Germanium.* Während in Halbleitern ein zum photoinduzierten Ladungsträgerstrom senkrechtes Magnetfeld eine Hall-Spannung hervorruft, die der magnet. Feldstärke proportional ist, tritt eine quadrat. Abhängigkeit auf, wenn das Magnetfeld in Richtung des ungestörten Trägerstromes geneigt ist. Dieser Effekt wurde an Ge-Kristallen beobachtet u. theoret. behandelt. (An. Real Soc. españ. Física Quím., Ser. A **54**. 121—26. Mai/Juni 1958. Cambridge, Mass., Univ. de Harvard.) P. Warneck. 135

Solomon Zwerdling, Benjamin Lax, Laura M. Roth und **Kenneth J. Button,** *Exciton- und Magnetoabsorption der direkten und indirekten Übergänge in Germanium.* (Vgl. C. **1958**. 6458. 11146.) Vff. untersuchten in Magnetfeldern bis zu 38,9 kGauss bei einer Auflösung von 10^{-4} eV bei tiefen Tempp. die Feinstruktur des direkten Bandübergangs u. die Struktur des indirekten Übergangs. Der Bandabstand für den direkten Übergang betrug bei 1,5° K u. 4,2° K 0,898 $\pm$ 0,001 eV, bei 77° K 0,889 $\pm$ 0,001 eV u. bei 293° K 0,805 $\pm$ 0,001 eV. Die Bindungsenergie des „direkten" Excitons betrug 0,0025 $\pm$ 0,0005 eV. Die Magnetoabsorption bei etwas größeren Photonenenergien als der indirekte Bandabstand zeigt eine Reihe von Absorptionskanten, die von den in den direkten Fällen beobachteten verschieden ist. Die Interpolation der Darst. Photonenenergie der Mitte der Absorptionskante in Abhängigkeit vom Magnetfeld B nach B = 0 ergibt ein genaues Maß für das Minimum des Leitungsbandes. Nach Subtraktion der Energie der longitudinalen akust. Phononen folgt für den indirekten Bandabstand bei 1,5° K E_g = 0,744 $\pm$ 0,001 eV. Der „indirekte" Excitonengrundzustand spaltet in zwei Komponenten von jeweils 0,0011 eV mit einer mittleren Bindungenergie von 0,0025 $\pm$ 0,004 eV auf. Der Zeeman-Effekt der direkten u. indirekten Excitonabsorption zeigte ein quadrat. Verh. bzgl. des Magnetfeldes. (Physic. Rev. [2] **114**. 80—89. 1/4. 1959. Lexington, Mass., MIT., Lincoln Labor.) H. Liepack. 135

Laura M. Roth, Benjamin Lax und **Solomon Zwerdling,** *Theorie optischer Magneto-Absorptionseffekte in Halbleitern.* (Vgl. vorst. Ref.) Vff. entwickeln eine Theorie über den Einfl. eines Magnetfeldes auf die opt. Absorption in Halbleitern nach der Näherung von Luttinger u. Kohn (C. **1956**. 2374). Im Fall einfacher parabol. Leitungs- u. Valenzbänder u. eines direkten Übergang bei **k** = 0 treten Absorptionsmaxima auf, deren Abstand wegen der Auswahlregel Δn = 0 (n magnet. Quantenzahl) gleich der Summe der Cyclotronfrequenzen der beiden Bänder ist. Für den Übergang in *Ge* folgte unter Berücksichtigung der Bänderkrümmungen gute Übereinstimmung mit l. c. erhaltenen Ergebnissen. Neben der Übereinstimmung der Leitungsbandmasse für **k** = 0 mit der aus der Cyclotronresonanz im Valenzband ermittelten folgt ein gyromagnet. Verhältnis für Leitungselektronen von 2,6. Die Abweichung von g = 2,0 wird auf Spin-Bahn-Wechselwrkg. zurückgeführt. Für *InSb* folgt g = —50. Für Bänder, bei denen wahrscheinlich der Übergang bei **k** = 0 verschwindet, ergeben sich ebenfalls Absorptionsmaxima entsprechend $\Delta n = \pm 1$, jedoch Absorptionskanten für $\Delta n = 0$. Im Falle indirekter Übergänge weist die Absorption keine Oscillationen auf, sondern besteht aus einer Reihe von Stufen, wie sie an Ge beobachtet wurden. (Physic. Rev. [2] **114.** 90—104. 1/4. 1959.) H. LIEPACK. 135

W. Ruppel, *Raumladungsbegrenzte Ströme in ZnS-Einkristallen.* Die Strom-Spannungscharakteristik an dünnen ($5 \cdot 10^{-3}$ cm) ZnS-Einkristallplatten (Ga-Kontakte, Temperung bei 700°) zeigt bei kleinen Feldern ($E < 10^4$ V/cm) einen linearen Anstieg von J mit V, bei E ca. 10^4 V/cm einen sehr steilen Anstieg von J u. bei $E > 10^4$ V/cm einen Verlauf von J mit V^2. Bei Anlegen eines Gleich- oder Wechselfeldes — ohne gleichzeitige Lichteinw. — werden Raumladungsüberströme mit Abklingzeiten von ca. 10^{-1} sec beobachtet. Das Verh. des ZnS unterscheidet sich etwas von dem des CdS, was auf hohe Konzz. flacher Haftstellen im ZnS zurückgeführt wird. (Helv. physica Acta **31.** 311—13. 15/7. 1958. Zürich, Labor., RCA Ltd.) J. RUDOLPH. 135

K. W. Böer und **U. Kümmel,** *Zur elektrostatischen Aufladung von CdS-Einkristallen unter Wirkung hoher elektrischer Felder.* (Vgl. C. **1958.** 5569.) Es wird gezeigt, daß sich unbelichtete CdS-Einkristalle beim Stromdurchgang unter Verletzung der Quasineutralitätsbedingung negativ oder positiv aufladen. Mit wachsender Feldstärke nehmen diese Aufladungen zunächst zu, im Bereich der Durchschlagsfeldstärke jedoch wieder ab. Ihre Größe ist in 1. Näherung vom Elektrodenmaterial unabhängig. Die Erscheinungen lassen sich durch die Annahme einer räumlich inhomogenen Leitfähigkeit der Kristalle deuten. An den Grenzschichten zwischen verschieden leitenden Kristallbereichen bilden sich Raumladungen aus, die den Stromfluß durch den Kristall steuern u. die elektrostat. Aufladung bewirken. Kurz unterhalb der Feldstärke des Felddurchschlags tritt durch den Einsatz einer Feldanregung eine gewisse Homogenisierung der Leitfähigkeit auf. (Ann. Physik [7] **2.** 217—24. 1958. Berlin, Humboldt-Univ., Physik. Inst.; Deutsche Akad. der Wiss., Labor. für die Phys. des elektr. Durchschlags.) D. JÖRCHEL. 135

W. G. Spitzer und **J. M. Whelan,** *Infrarotabsorption und effektive Elektronenmasse in n-leitendem Galliumarsenid.* Die IR-Absorption zwischen 0,85 u. 25 μ wurde für n-leitende GaAs-Einkristalle in Abhängigkeit von der Trägerkonz. gemessen. In allen Proben lag eine Absorption durch freie Träger vor, die für $\lambda > 5$ μ mit λ^3 zunahm. In diesem Wellenlängenbereich war die Absorption nicht proportional der Trägerkonzentration. Die zwischen der Absorptionskante u. 5 μ beobachtete zusätzliche Absorption wird entsprechend dem Modell von CALLAWAY (C. **1958.** 10849) durch Elektronenübergänge vom Leitungsbandminimum bei **k** = 0 zu Minima in den [111]-Richtungen erklärt. Aus Messungen des IR-Reflexionsvermögens wurde die effektive Elektronenmasse für die Proben mit $n = 4{,}9 \cdot 10^{17}$—$1{,}12 \cdot 10^{18}$ cm^{-3} zu $m^* = (0{,}078 \pm 0{,}004)$ m bestimmt; bei der Probe mit der höchsten Trägerkonz. ($5{,}4 \cdot 10^{18}$ cm^{-3}) war $m^* = 0{,}089$ m. (Physic. Rev. [2] **114.** 59—63. 1/4. 1959. Murray Hill, N. J., Bell Telephone Labors.) H. LIEPACK. 135

I. G. Austin, *Die optischen Eigenschaften von Wismuttellurid.* Es wurde die Gestalt der Absorptionskante des Halbleiters Bi_2Te_3 aus Durchlässigkeitsmessungen bestimmt. Dabei wurden dünne Blättchen benutzt, die parallel zu der (0001)Fläche vom Einkristall abgespalten wurden. Die Absorptionskante hat die Form, wie man sie bei indirekten Übergängen erwartet. Jedoch ist eine Erklärung durch Phononen, die durch eine einzige Energie charakterisiert sind, nicht möglich. Der Bandabstand beträgt bei Zimmertemp. 0,13 eV mit einem Temp.-Koeff. von $-0{,}95 \cdot 10^{-4}$ eV/grad. Der Brechungsindex wurde im Bereich zwischen 8—14 μ zu 9,2 bestimmt u. ist damit der größte, der für Halbleiter bisher bekannt ist. Mit zunehmender Entartung der Proben tritt eine Verschiebung der Bandkante zu höheren Energien auf. Dazu wird eine einfache quantitative Diskussion wiedergegeben. Es zeigt sich, daß für die meisten Proben die beobachtete Verschiebung nicht so groß ist, wie aus den theoret. Überlegungen zu erwarten wäre. (Proc. physic. Soc. **72.** 545—52. 1/10. 1958. Wembley, Middlesex, Res. Labor. of The Gen. Electr. Comp. Ltd.) W. KLEIN. 135

D. G. Flom, *Kontaktwiderstandsmessungen bei niedrigen Belastungen.* Vf. beschreibt einige Änderungen, die er an der von SAVAGE u. FLOM (vgl. Ann. New York Acad. Sci. **58.** [1954] 946) entwickelten Technik zur Messung der Oberflächenkontaktwiderstände eingeführt hat. Statt des l. c. verwendeten Pt-Drahtes benutzt Vf. jetzt einen dünnen Quarzfaden, dessen Kontaktende entweder aus einer dünnen Pt-Drahtschleife oder einem kleinen Au-Kügelchen besteht. Eine weitere Verbesserung ist die, daß die zwischen Sonde u. Oberfläche angewandte Kraft mit einer bekannten Geschwindigkeit erhöht werden kann. Als Anwendungsbeispiele werden Messungen an Ag-plattierten Al-Kontakten, Au-plattierten Ag-Kontakten u. Cu-Teflonfilmen auf Cu beschrieben. (Rev. sci. Instruments [N. S.] **29.** 979—81. Nov. 1958. Schenectady, N. Y., General Electric Res. Labor.) C. GOTTFRIED. 136

S. D. Chatterjee und **S. K. Sen**, *Induzierte Leitfähigkeit an der Kontaktfläche zwischen Metallen.* Das Verh. der Leitfähigkeit an der Kontaktfläche zwischen *K* u. *Al* wurde experimentell untersucht. Die Beobachtung einer induzierten Leitfähigkeit auf Grund injizierter Impulse dürfte eine gute Meth. zur Unters. der Oberflächenzustände von Metallen sein. Die Ergebnisse lassen sich nach der Hypothese deuten, daß sich Zwischenoxydschichten bilden u. unter geeigneten elektr. Bedingungen zerreißen. Unter Oxydation wird dabei jeder Oberflächenprozeß verstanden, der von einer Abgabe von Elektronen an das Metall begleitet ist. (Philos. Mag. [8] **3.** 839—52. Aug. 1958. Calcutta, Jadavpur Univ., Dep. of Phys.) D. Jörchel. 136

R. Barrie, *Einfluß des Austauschs und der Korrelation auf den Elektronentransport in Metallen.* (Vgl. Blatt, C. **1957.** 1860.) Die l. c. mitgeteilten Rechnungen enthalten Fehler, die korrigiert werden. Es zeigt sich dann, daß sich die Leitfähigkeit, die sich unter Verwendung der Zustandsdichtekurve nach Bohm u. Pines berechnet, doch wesentlich gegenüber der Leitfähigkeit ändert, die man mit Hilfe der üblichen parabol. Kurve erhält. Als Verhältnisse der nach beiden Methoden berechneten Leitfähigkeiten bzw. thermoelektr. Energien erhält man für *Li*: 1,70 bzw. 0,81; für *Na*: 1,37 bzw. 0,91; für *K*: 1,22 bzw. 0,99; für *Rb*: 1,19 bzw. 1,01 u. für *Cs*: 1,11 bzw. 1,05. (Physic. Rev. [2] **103.** 1581—82. 1/9. 1956. Baldock, Hertfordshire, Services Electron. Res. Labor.) D. Jörchel. 136

E. Fawcett, *Cyclotronresonanz in Zinn und Kupfer.* Die in Sn u. Cu bei 4,2 °K für eine eben polarisierte Strahlung nahe 24 kMHz u. ein Magnetfeld parallel zur Metalloberfläche gemessenen Cyclotronresonanzabsorptionen (Widerstand als Funktion der Magnetfeldstärke) scheinen die Voraussagen von Azbel u. Kaner (C. **1957.** 6055) zu bestätigen, nach denen für $\omega\tau \gg 1$ (ω = Kreisfrequenz, τ = Relaxationszeit der Elektronen) der Widerstand eine Reihe von Resonanzspitzen aufweist, wenn die Cyclotronresonanzfrequenz in der Nähe der Unterharmon. der Mikrowellenfrequenz liegt, u. für alle $\omega\tau$ der Widerstand gleichförmig mit wachsender Feldstärke — bei hinreichend großen Feldern — abnimmt. (Physic. Rev. [2] **103.** 1582—83. 1/9. 1956. Ottawa, Nat. Res. Council, Div. of Pure Phys.) D. Jörchel. 136

Ernst Günter Hess und **Franz Pawlek**, *Beitrag zur elektrischen Leitfähigkeit reinen Kupfers und ihre Beeinflussung durch Beimengungen.* Verss. zur pulvermetallurg. Herst. von Drähten aus Reinstkupfer bei verschied. Verarbeitungsgang ergaben, daß hinsichtlich der elektr. Eigg. keine Unterschiede zwischen stranggepreßtem u. durch Walzen u. Ziehen verformtem Sinterkupfer festzustellen sind. Zur Unters. des Einfl. löslicher Anteile von *O, S, Se* u. *Te* auf die Leitfähigkeit von Cu wird eine Meth. beschrieben, mit der die atomaren Widerstandserhöhungen sowie unter bestimmten Bedingungen die Löslichkeiten dieser Elemente im Cu ermittelt werden. Danach ist den Beimengungen der VI. Hauptgruppe eine beträchtliche atomare Widerstandserhöhung gemeinsam, die sich jedoch infolge der sehr geringen Löslichkeit im techn. Cu kaum auswirkt. Widerstandserhöhung u. stark temperaturabhängige Löslichkeit von S, Se u. Te bedingen weitgehend den Leitfähigkeitsabfall von techn. Cu bei Glühtempp. oberhalb 450°. Oxydationsverss. an Se- u. Te-haltigem Cu ergeben in Übereinstimmung mit Berechnungen, daß Se u. Te vor Cu nicht oxydiert werden können. Für die Cu-Ecke des Systems *Cu—Fe—P* werden das Leitfähigkeitsverh. untersucht u. die Ergebnisse in einem Diagramm mit Linien gleichen Widerstandes dargestellt. Die bei entsprechendem Fe/P-Verhältnis auftretende Bldg. u. Ausscheidung von Fe_2P bewirkt bereits bei verhältnismäßig geringen Gehh. eine merkliche Widerstandserniedrigung. Für die Betrachtung des Leitvermögens von Cu-Mehrstofflegierungen mit reaktionsfähigen Komponenten folgt, daß auch durch neu auftretende Verbb. erfolgte Eigenschaftsänderungen berücksichtigt werden müssen. Zunehmender O-Geh. führt im System Cu—Fe—P durch Oxydausscheidung zu einer Leitfähigkeitssteigerung, wobei infolge der vernachlässigbaren Gleichgewichtskonzz. von Fe u. P im Cu der Widerstand des reinen Cu fast erreicht u. bei höheren Gehh. nur vom Volumeneffekt der ausgeschiedenen Oxyde bestimmt wird. In einem Diagramm mit Linien gleichen O-Geh. werden die O-Mengen angegeben, die zur Erzielung hoher Leitfähigkeiten erforderlich sind. 67 Schrifttumsstellen. (Z. Metallkunde **50.** 57—70. Febr. 1959. Berlin, TU.) H. Hochstein. 136

J. W. Hennel und **A. Z. Hrynkiewicz**, *Meßmethode langer Spin-Gitter-Relaxationszeiten in Flüssigkeiten.* Beschreibung der Meth., mit der Relaxationszeiten zwischen 0,5 u. 100 Sek. gemessen werden können. (Arch. des Sci., Sonderh. **11 (163).** 238—42. 12/7. 1958. Cracow, Polish Acad. of Sci., Inst. of Nuclear Res., Nuclear Resonance Labor.) C. Gottfried. 137

D. E. Kaplan und **E. L. Hahn**, *Beobachtungen doppelter Einstrahlung bei der magnetischen Impuls-Resonanzmethodik.* Die Echos der freien Kernpräzession eines Spinsest. A werden bei fester Frequenz beobachtet, während gleichzeitig die Resonanzfre-

quenz einer anderen Kernart B im gleichen Präp. angeregt wird. Wegen der Dipol–Dipol-Kopplung zwischen A u. B kann die Resonanzerregung von B aus der Änderung der Relaxationszeit von A gemessen werden. Messungen wurden durchgeführt an $KClO_3$, $NaClO_3$, $NaBrO_3$ mit Halogen als A u. Alkaliion als B, sowie bei anderen Verbindungen. Dabei werden verschied. Kopplungsmechanismen beobachtet. (J. Physique Radium **19.** 821—25. Nov. 1958. Berkeley, Calif., Univ., Miller Inst. for Basic Res. in Sci.)
H. C. Wolf. 137

Norman F. Ramsey, *Resonanzen in aufeinanderfolgenden Wechselfeldern.* Eine allg. Meth. zur Berechnung der Resonanzlinienform bei verschied. aufeinanderfolgenden Resonanzfrequenzen oder Resonanzfeldern wird auf Molekülstrahlresonanzen angewendet. Im einzelnen werden behandelt: 2, 3, 4 u. unendlich viele aufeinanderfolgende Wechselfelder verschied. Amplitude, Ggw. eines dritten, die Resonanz störenden Niveaus, Einfl. ungleichförmiger Magnetfelder u. Phasenabweichungen zwischen den Wechselfeldern. (J. Physique Radium **19.** 809—15. Nov. 1958. Cambridge, Mass., Harvard Univ.)
H. C. Wolf. 137

Henri Benoit und **Robert Klein,** *Überlagerungsmethode zum Nachweis der freien Präzession der magnetischen Kernresonanz.* Es wird ein Überlagerungsverf. zur Messung der Kernresonanz beschrieben. Die Grundfrequenz ν_0 betrug 8,05 MHz, $H_1 = 6 \cdot 10^{-2}$ Gauß, die Amplitude der Modulation 25 Gauß. Die Hilfsfrequenz ν_1 lag nahe zur Grundfrequenz. Die Messungen an Protonen des W. nach Zusatz von $Fe(NO_3)_3$ zeigten, daß bei $\nu_0 = \nu_1$ nur kleine Signale zu beobachten waren. Bei $\nu_0 \neq \nu_1$ sah man eine Gruppe von Signalen, die sich nach den Seiten verjüngten. Die Form dieser Signa gruppe hängt vom Verhältnis der Differenz der Frequenzen zur Amplitude, von der Relaxationszeit u. von der Inhomogenität des Feldes ab. Die Meth. erlaubt, diese Größen zu messen. (C. R. hebd. Séances Acad. Sci. **245.** 155—57. 8/7. 1957.) G. Schoffa. 137

François Lurçat, *Untersuchung von Übergängen mit mehreren Quanten in kernmagnetischer Resonanz mit Hilfe der Gleichungen von Bloch.* Theoret. Untersuchung. (Arch. des Sci., Sonderh. **11 (163).** 295—97. 12/7. 1958.) C. Gottfried. 137

André Charru, *Richtkoppler-Anordnung zur Messung der paramagnetischen Resonanz mit kreispolarisierten Wellen.* Die bereits früher (C. **1957.** 9577) beschriebene Anordnung zur Messung der paramagnet. Elektronenresonanz bei 3000 MHz wird dahingehend verbessert, daß die Diode nur die vom Hohlresonator kommende Mikrowellenenergie anzeigt. (C. R. hebd. Séances Acad. Sci. **244.** 2146—47. 15/4. 1957.) G. Schoffa. 137

E. R. Andrew, A. Bradbury und **R. G. Eades,** *Kernmagnetische Resonanzspektren in festen Körpern: Invarianz des zweiten Moments unter Molekülreorientierung.* In Abwesenheit von Quadrupoleffekten haben die kernmagnet. Resonanzspektren von nichtmetall. Kristallen Breiten, die durch die kernmagnet. Dipolwechselwirkungen bedingt sind. Behinderte Rotation soll nach Annahmen verschiedener Seiten eine Verengerung des Spektrums bewirken, die von einer Red. des zweiten Moments begleitet ist. Vff. zeigen auf theoret. Wege, daß eine behinderte Reorientierung das Auftreten schwacher seitlicher Satelliten verursacht; berücksichtigt man diese Satelliten, dann bleibt das zweite Moment konstant. Zur Bestätigung der Theorie wurde die ^{23}Na-Resonanz in einem Einkristall von $NaCl$ untersucht, der mit Geschwindigkeiten bis zu 50000 Umdrehungen pro Min. um die [001] gedreht wurde. Die ersten Seitenbanden wurden bei einer Umdrehungsgeschwindigkeit von 800 cm/sec beobachtet; sie hatten den theoret. zu erwartenden Abstand der Winkelfrequenz vom Zentrum des Spektrums. Die zweiten Momente der Spektren für verschiedene Werte der Winkelfrequenz erwiesen sich im Mittel als konstant. (Arch. des Sci., Sonderh. **11 (163).** 223—26. 12/7. 1958.)
C. Gottfried. 137

Joseph Depireux, *Wirkung von Neutronen auf Natriumchlorat durch Kernquadrupolresonanz.* Geschmolzenes $NaClO_3$ wurde mit einem Strom von $2 \cdot 10^{12}$ schnellen Neutronen | cm² | sec bestrahlt; der γ-Fluß erreichte nur $2 \cdot 10^2$ r/sec. Hierauf wurde die Intensität der bei 29,932 MHz liegenden Linie des ^{35}Cl bei 23° gemessen. Es wurde gefunden, daß durch Bestrahlungsdosen von $2 \cdot 10^{14}$; 10^{15} u. $2 \cdot 10^{15}$ schnellen Neutronen/cm² die Höhe der Linie um 25; 36 u. 52% red. wurde. Selbst für die stark red. Linien wurde eine merkliche Frequenzänderung nicht beobachtet. In ihrer Wirksamkeit zur Störung der Intensität der Resonanzlinien sind die Neutronen 30mal wirksamer als die γ-Strahlen. (Arch. des Sci. Sonderh. **11 (163).** 315—16. 12/7. 1958. Cointe-Clessin, Univ. de Liège, Inst. d'Astrophys.)
C. Gottfried. 137

Anatole Abragam, Jean Combrisson und **Ionel Solomon,** *Durch Overhauser-Effekt hervorgerufene Kernpolarisation in Lösungen der paramagnetischen Ionen.* Die Anwendung des Overhauser-Effekts für sehr genaue Messungen der magnet. Feldstärke wird durch Messung an *K-Peroxylamindisulfonat* $K_2(SO_3)_2NO$ ermöglicht. Es wird auch theoret. die Frage der Anwendung des Effekts für Mikrowellen-Molekularverstärker (MASER) diskutiert. (C. R. hebd. Séances Acad. Sci. **245.** 157—60. 8/7. 1957.) G. Schoffa. 137

André Bonnin, *Anreicherung von Isotopen durch elektrische Wanderung in wäßriger Lösung: Einfluß der Temperatur auf die relative Differenz der Beweglichkeiten der Ionen* $^{22}Na^+$ *und* $^{24}Na^+$. (Vgl. C. **1958.** 9131.) Mittels der Meth. der elektr. Wanderung auf Papierstreifen wird die relative Differenz der Beweglichkeiten der Ionen ^{22}Na$^+$ u. ^{24}Na$^+$ in wss. Lsg. untersucht. Dabei ergibt sich, daß sie sich mit der Temp. merklich verändert, u. zwar von 0,003 bei 1^0 bis auf 0,0085 bei 49^0. (C. R. hebd. Séances Acad. Sci. **244.** 2708—10. 27/5. 1957.) W. Niemitz. 138

A. Lodding, *Isotopenüberführung in geschmolzenem Rubidiummetall bei verschiedenen Temperaturen.* Mittels der früher (vgl. C. **1957.** 12964) beschriebenen Meth. wurde der Isotopieeffekt beim Fließen von Gleichstrom in geschmolzenem Rb bei 48 $\pm$ 5^0; 98 $\pm$ 5^0; 142 $\pm$ 6^0 u. 265 $\pm$ 12^0 untersucht. Der Masseneffekt μ = relativer Unterschied der Wanderungsgeschwindigkeiten/relativer Massenunterschied der Isotope zeigte eine deutliche Temperaturabhängigkeit: er stieg zwischen 50^0 u. 100^0 u. fiel oberhalb 150^0 wieder ab. (Z. Naturforsch. **14a.** 7—9. Jan. 1959. Göteborg, Chalmers TH, Physikal. Inst.) C. Gottfried. 138

Hussein Sadek und **Th. F. Tadros,** *Die optischen Eigenschaften von Salzsäure–Borsäure-Mischungen.* Vff. zeigen, daß die opt. Dichte von HCl-Lsgg. mit verschied. *Borsäure*(**I**)-Gehh. u. gefärbt mit *Tymolblau*, dessen Dissoziationskonstante auf spektrophotometr. Weg bei Zimmertemp. zu 1,688 $\pm$ 0,001 bestimmt wurde, bei niedrigen **I**-Konzz. linear abnimmt. Die Energie des Protonenüberganges zwischen W. u. **I** wird zu 0,0524 eV berechnet. Aus p_H-Messungen ergibt sich, daß die Werte der Säuremischungen durchweg höher sind als die der reinen HCl. Schließlich wird der als $H_4BO_3^-$-Ion gebundene Anteil an H$^+$-Ionen berechnet. (Z. physik. Chem. Frankf. Ausg. [N. F.] **19.** 193 bis 201. Febr. 1959. Alexandria, U. A. R., Alexandria Univ., Fac. of Sci., Chem. Dep.) W. Niemitz. 139

Masayasu Ohtani, *Aktivitäten von Mangan und Kohlenstoff in Fe–Mn–C-Schmelzen.* (Tetsu to Hagane [J. Iron Steel Inst. Japan] **43.** 1211—15. Nov. 1957. [Orig.: japan.; Auszug: engl.]) — C. **1959.** 12130.) W. Wesly. 140

Motoshichi Mori und **Ryôkichi Tsuchiya,** *Thermodynamische Untersuchungen der Kobaltkomplexe.* 1. Mitt. *Aktivitätskoeffizient des Hexaamminkobalt(III)-chlorids.* Aus Bestimmungen der EMK der reversibelen Kette (Pt)-Co | [Co(NH$_3$)$_6$]Cl$_3$(mol.) $\rightleftharpoons$ CoCl$_3$ + 6 NH$_3$ | KCl (3 mol.) | KCl (gesätt.) | HgCl$_2$ | Hg wurde der Aktivitätskoeff. von [Co(NH$_3$)$_6$]Cl$_3$ berechnet. Aus dem Vgl. dieser Daten mit den von Hexaamminkobalt(III)-tetranitrodiammincobalt(III) wurde der Aktivitätskoeff. des Erdmannschen Salzes abgeleitet. (J. chem. Soc. Japan, pure Chem. Sect. [Nippon Kagaku Zassi] **79.** 1164—66. Okt. 1958. Kanazawa, Daigaku. [Orig.: japan.]) E. Maekawa. 140

B. I. Medowar und **Ju. W. Latasch,** *Der Einfluß der Art und der Polarität des Stromes auf die Entschwefelung von flüssigem Metall beim Elektroschlackenprozeß.* Der Übergang von S in die Schlacke wurde beim Umschmelzen von Stahlelektroden (0,40% C; 2100 A, 44 V) verschied. Polarität unter Verwendung verschied. Flußmittel untersucht. Der größte Übergang von S in die Schlacke wurde bei Verwendung von Wechselstrom u. CaF$_2$ + CaO-Gemisch (von 0,032 auf 0,06% S im Metall) gefunden. Bei CaF$_2$ + MgO verblieben im Metall 0,09% S, bei CaF$_2$ + Al$_2$O$_3$ 0,013% u. bei reinem CaF$_2$ 0,017%. Wurde die Elektrode als Pluspol geschaltet, betrug der S-Geh. im Metall ca. 0,011—0,015%; bei der Schaltung der Elektrode als Minuspol wurde keine Entschwefelung beobachtet. (Автоматическая Сварка [Automat. Schweissen] **11.** Nr. 8. 27—31. Aug. 1958. Akad. der Wiss. der UkrainSSR, Paton-Inst. für Elektroschweißung.) H. Tůma. 141

V. Klemenčić und **I. Filipović,** *Eine polarographische Untersuchung der Monocarboxylatokomplexe von Blei.* Durch Aufnahme der polarograph. Strom–Spannungskurven des Pb^{2+} in Ggw. von Carbonsäuren wurden nach der Meth. von De Ford u. Hume (vgl. C. **1952.** 3610) die Bildungskonstanten der *Formiato-, Acetato-, Propionato-, Butyrato-, n-Valeriato-, Isovaleriato-, Monochloracetato-* u. *Glykokollato*-Komplexe des *Pb* bestimmt. Eine Verdrängung der obengenannten Liganden durch Zusatz anderer Anionen erfolgte in dem Maße, wie die Stabilität der neugebildeten Komplexe zunahm, d. h. in der Reihenfolge OH$^-$ > J$^-$ > Br$^-$ > Cl$^-$ > SO$_4^{2-}$ > NO$_3^-$. (Croat. chem. Acta **30.** 99—101. 1958. Zagreb, Univ., Zavod za Anorg. Kem.) E. Moisar. 142

Klaus Grasshoff und **Harry Hahn,** *Über das polarographische Verhalten der Heteropolysäuren des Molybdäns.* 1. Mitt. *Zur Polarographie der Molybdatokieselsäure.* Die β-Form der *Molybdatokieselsäure* (**I**) zeigt im Polarogramm 3 Stufen, deren 1. u. 3. dem Molybdän zugeschrieben werden müssen, während die mittlere für **I** charakterist.

ist. Das Halbstufenpotential ist vom p_H-Wert der Lsg. linear abhängig. Die Ausbildung der Stufe ist von der Zus. der Trägerlsg. abhängig u. wird am besten im Citrat–HCl-Puffer bei p_H 2,5 beobachtet. Ggw. von Methyläthylketon verbesserte die Form der Stufe. Ein Zusatz einer 0,01%ig. Lsg. eines Arylalkylsulfonats (gereinigtes *Pril*) erwies sich als ausgezeichneter Maximumdämpfer. Die Red. von **I** an der Tropfelektrode erfolgt reversibel u. ist zur quantitativen Best. kleiner *Si*-Mengen (0,125—4,167 μg Si/ml) geeignet. — **I** zerfällt beim Lösen in wss. Medium zu über 50% in Kiesel- u. Hexamolybdänsäure. Die Bldg. von **I** aus den Komponenten erreicht bei ca. p_H 2,6 ihr Maximum u. steigt mit steigender Molybdatkonzentration. Zur Best. von Silicat muß entspr. eine immer gleichbleibende Molybdatmenge zugesetzt werden. — Vff. errechneten die Unbeständigkeitskonstante von **I** zu $1{,}5 \cdot 10^{-11}$. — Vff. nehmen als Reduktionsschema an: $[SiMo_{12}O_{40}]^{4-} + 8\ H^+ + 4\ e^- \rightleftharpoons H_4[SiMo_{12}O_{36}(OH)_4.]$ (Z. analyt. Chem. **168.** 247—63. 1959. Kiel, Univ., Inst. für Anorg. Chem.) E. DEHMLOW. 142

P. Kivalo und **Riitta Luoto,** *Polarographische Bestimmung von Stabilitätskonstanten durch die Indicatormethode.* Die von RINGBOM u. ERIKSSON (Acta chem. scand. **7.** [1953.] 1105) theoret. vorausgesagte Möglichkeit, die Stabilitätskonstanten (K) einkerniger Komplexe polarograph. durch Verwendung solcher „Indicatorionen" zu ermitteln, die zur Komplexbldg. mit den gleichen Liganden befähigt sind, wurde zur Best. der K-Werte der Chlorokomplexe von *Zn* u. *Ni* angewandt. Voraussetzung für die Anwendbarkeit dieser Meth. ist, daß die Red. des zu untersuchenden Komplexions irreversibel, die des Indicatorkomplexes hingegen reversibel u. bei positiverem Potential erfolgt. Bei Kenntnis der aus der Verschiebung der Halbstufenpotentiale mit steigender Cl^--Konz. berechneten K-Werte für *Cd* ($K_1 = 26$; $K_2 = 83$; $K_3 = 58$) u. *Pb* (15,2; 14,0; 30,6) wurden mit letzterem als Indicatorion die entsprechenden Werte für Zn (0,32; 1,05; 0,86) u. Ni (0,56; 0,90) bestimmt. (Suomen Kemistilehti **30.** B 163—67. 1957. Helsinki, Finland Inst. of Technol.) E. MOISAR. 142

Kiyoshi Ninomiya und **Kumazô Sasaki,** *Stromverteilung und ihre Änderung während des elektrolytischen Polierens.* Während des elektrolyt. Polierens einer senkrecht gelegten Fe-Platte (als Kathode) in 75%ig. H_3PO_4 mit zwei seitlichen Anoden im Abstand d_1 u. d_2 werden die anod. Ströme i_1 (1. Anode) u. i_2 (2. Anode) gemessen. Am Anfang des Polierens — ca. 0,5 Min. — nimmt i_1 bei $d_1 < d_2$ zuerst ab u. dann rasch zu: nach etwa 0,6 Min. erreicht es einen etwa konstanten Wert $i_{1\infty}$, während i_2 nach umgekehrten Änderungen einen etwa konstanten Wert $i_{2\infty}$ erreicht. Das Verhältnis $i_{2\infty}/i_{1\infty}$ ist dem von d_1/d_2 ungefähr proportional. Wird der elektrolyt. Lsg. Gelatine zugesetzt, nimmt das Verhältnis $i_{2\infty}/i_{1\infty}$ bei einem bestimmten Verhältnis von d_1/d_2 stark zu. (J. chem. Soc. Japan, ind. Chem. Sect. [Kōgyō Kagaku Zassi] **61.** 816—18. Juli 1958. Nagoya, Univ., Techn. Fak. [Orig.: japan.]) E. MAEKAWA. 142

A_4. Thermodynamik. Thermochemie.

T. Wainwright und **B. J. Alder,** *Molekulardynamische Berechnungen eines strengen Kugelsystems.* Durchrechnung eines theoret. Vielkörperproblems (32 bis 500 Partikel) mit einfachen u. bekannten Wechselwirkungen mit Hilfe eines schnellen elektron. Computers. Vgl. einiger Gleichgewichts- u. Nichtgleichgewichtseigenschaften mit den Aussagen der statist. Theorie. (Suppl. del Nuovo Cimento Nr. 1 (zu [10] **9**). 116—32. 1958. Livermore, Calif., Univ. of California, Radiat. Labor.) W. WAGNER. 146

M. Blackman, *Über negative Volumenausdehnungskoeffizienten.* Vf. zeigt auf theoret. Wege, daß kub. Gitter einen negativen Ausdehnungskoeff. bei tiefen Tempp. haben können, wenn ein n. Typ von Potentialwechselwirkung verwendet wird. (Philos. Mag. [8] **3.** 831—38. Aug. 1958. London, Imp. Coll., Phys. Dep.) C. GOTTFRIED. 148

D. G. Doran, G. R. Fowles und **G. A. Peterson,** *Stoßwellenkompression von Aluminium.* Vff. beschreiben ein neues photograph. Verf. unter Verwendung von reflektiertem Licht u. schrägen Explosionsstoßwellen, welches es erlaubt, dynam. Druck-Kompressionsmessungen in dem Gebiet durchzuführen, welches zwischen den dynam. Messungen (50—500 Kilobar) u. dem elast. Bereich vorhanden ist. Messungen mit der neuen Technik an Al standen in guter Übereinstimmung mit experimentellen Ergebnissen von anderen Seiten. (Physic. Rev. Letters **1.** 402—04. 1/12. 1958. Menlo Park, Calif., Stanford Res. Inst., Poulter Labor.) C. GOTTFRIED. 148

F. W. Sheard, *Berechnung der Wärmeausdehnung von festen Körpern aus den elastischen Konstanten dritter Ordnung.* Vf. bringt zunächst die theoret. Grundlagen, auf denen eine Berechnung der Wärmeausdehnung aus den elast. Konstanten dritter Ordnung beruht. Unter Verwendung von Messungen von LAZARUS (vgl. C. **1950.** II. 1442) über die Druckvariation der elast. Moduln verschiedener kub. Kristalle (*Cu, Al, KCl, NaCl, CuZn*) u. unter Verwendung eines Kontinuummodells werden die GRÜNEISEN-Konstanten γ für die Grenzfälle hoher u. tiefer Tempp. berechnet. Die Ergebnisse sind tabellar. zusammengestellt. Für KCl u. NaCl stimmen die Hochtemperaturwerte mit denen überein, die man aus den Wärmeausdehnungen erhält; bei tiefen Tempp. läßt sich eine Abnahme von γ vorhersagen. (Philos. Mag. [8] **3.** 1381—90. Dez. 1958. Cambridge, Cavendish Labor.) C. GOTTFRIED. 148

J. G. Kirkwood und **S. A. Rice,** *Die statistisch-mechanische Grundlage der Enskog-Transporttheorie in dichten Gasen.* Kurze Darlegung des Weges zur Ableitung der ENSKOG-Gleichung. (Suppl. del Nuovo Cimento Nr. 1 (zu [10] **9**). 112—14. 1958 New Haven, Conn., Yale Univ., Sterling Chem. Labor.). W. WAGNER. 149

E. Kanda, *Experimentelle Forschung in Japan im Bereich extrem tiefer Temperaturen. — Das Tieftemperaturlaboratorium im Forschungsinstitut für Eisen, Stahl und andre Metalle an der Tohoku-Universität.* Übersicht mit App.-Skizzen u. 8 Fotos. (Kagaku [Science] **25.** 59—67. 1955. [Orig.: japan.]) L. SCHULER. 149

Richard H. Milburn, *Theorie turbulenter Verdampfungswolken.* In Fortsetzung einer früheren Arbeit (C. **1958.** 10281) wird eine mathemat. Theorie zur Beschreibung der Verdampfungsdynamik turbulenter Wolken von W.-Tröpfchen entwickelt. (J. Colloid Sci. **13.** 114—24. April 1958. Frederick, Md., Fort Detrick, Chem. Corps.) W. WAGNER. 150

A. Michels, *Ein Versuch zur Wechselwirkung ungleicher Moleküle.* Eine Unters. des Gleichgewichts des 2-Phasensyst. aus einer Mischung von NH_3, N_2 u. H_2 zwischen 0 u. ca. 120° u. Drucken bis 800 at ergab, daß sich bei Druckerhöhung der scheinbare Partialdampfdruck des NH_3 in einer nicht zu erwartenden Weise erhöhte. Diese Steigerung konnte auch nicht mehr als Abweichung vom RAOULTschen Gesetz gedeutet werden. Nähere Unterss. wurden mit der einfacheren Mischung NH_3–Ar angestellt. Hier war die Erhöhung des Partialdrucks des NH_3 noch größer. In beiden Fällen ergab sich aber auch eine parallellaufende Erhöhung der Löslichkeit des Gases in der Flüssigkeit. Vorläufige Abschätzungen der DD. beider Phasen führten zu dem Ergebnis, daß bei Druckerhöhung ein starker Anstieg der D. des NH_3 in der Gasphase auftritt. Dieser Anstieg ist der Konz. des in der fl. Phase gelösten Ar proportional. (Suppl. del Nuovo Cimento Nr. 1 (zu [10] **9**). 358—64. 1958. Amsterdam, Gemeente Univ., Van der Waals Labor.) W. WAGNER. 150

Georges Petit und **Mireille Jaeger,** *Die Bestimmung der Schmelzwärmen einiger Alkalimolybdate.* Vff. best. die Schmelzwärme unter Benutzung der Schmelzdiagramme von SCHMITZ-DUMONT u. WEEG (C. **1952.** 5704.) von folgenden Alkalimolybdaten: Li_2MoO_4 (L_f 11400 cal/Mol) Na_2MoO_4 (4600) K_2MoO_4 (11500) Rb_2MoO_4 (11000) u. Cs_2MoO_4 (13200). (C. R. hebd. Séances Acad. Sci. **244.** 1900—01. 1/4. 1957.) H. SACKMANN. 155

P. J. Antikainen, *Ionisation und einige thermodynamische Eigenschaften von Germaniumsäure in wäßrigen Lösungen.* (Vgl. C. **1958.** 13185.) Mit Hilfe potentiometr. Bestimmungen in wss. KCl-Lsgg. wurde die thermodynam. Ionisationskonstante von H_2GeO_3 bei 25° zu $pK_{1,0} = 8{,}730$ ermittelt. Die Parameter der DEBYE-HÜCKEL-Gleichung sind $\alpha = 2{,}180$ u. $B = 0{,}165$. Einen bemerkenswerten Einfl. auf die Ionisation hat die Temperatur. Zwischen 10 u. 45° steigt die erste thermodynam. Ionisationskonstante auf den fast 20-fachen Wert an ($pK_{1,0}^{10} = 9{,}045$; $pK_{1,0}^{45} = 7{,}900$). Für den Bereich von 0 bis 50° wurden ΔH, ΔG^0 u. ΔS^0 als Temp.-Funktionen berechnet. ΔS^0 steigt dabei sehr stark an, während ΔG^0 nahezu konstant bleibt (11,65 kcal/Mol $\pm$ 1,8%). (Suomen Kemistilehti **30.** B 123—28. 1957. Helsinki, Finland, Univ., Inst. of Chem.) W. WAGNER. 156

George J. Mullaney, *Temperaturmessung in Flammen durch Röntgenstrahlabsorption unter Verwendung einer radioaktiven Quelle.* Die mittlere Translationstemp. von Gasen wurde durch Dichtemessungen der Verbrennungsprodd. mittels Röntgenstrahlabsorption bestimmt, wobei als eindimensionale Strahlenquelle ^{55}Fe diente, das auf einen dünnen Pt-Draht aufgebracht war. Untersucht wurde die Hochtemp.-Verbrennung ($T = 1500$—$2500°$ K) in der 6,5 cm langen Hauptreaktionszone der über wassergekühlten porösen Metallbrennern stehenden Flammen bei 1 at von vorgemischten $Propan/O_2$-Gemischen, denen zur Erzeugung höherer Absorptionen Ar zugesetzt worden war. Die Temp.-Profile in der Vorheiz- u. Hauptreaktionszone werden angegeben, wobei die Meßgenauigkeit $\pm$ 60° K beträgt. Mögliche weitere Fehlerquellen werden diskutiert. (Rev. sci. Instruments [N. S.] **29.** 87—91. Febr. 1958. Schenectady, N. Y., Gen. Electric Res. Labor.) E. ROEDER. 157

Anna Foner Cohen, *Thermische Leitfähigkeit von Natriumfluoridkristallen bei tiefen Temperaturen.* Kurzer Bericht über Messungen der Wärmeleitfähigkeit eines NaF-Kristalls zwischen 3 u. 80° K. Bei etwa 17° tritt ein sehr steiles Maximum auf, oberhalb dieses ist der Abfall exponentiell. (J. appl. Physics **29.** 870. Mai 1958. Oak Ridge, Tenn., Oak Ridge Nat. Labor., Solid State Div.) W. WAGNER. 158

Norbert Segard, Joelle Cassette und **Fernand Cocquerez,** *Piezoelektrische Quarzsonde zur Messung der Ultraschalleistung und Untersuchung eines Ultraschallfeldes.* Beschreibung des Aufbaus einer Sonde mit Piezoquarz zur Ausmessung von US-Feldern. (Ann. Soc. sci. Bruxelles, Sér. I **72.** 179—84. 1958. Lille, Fac. Libre des Sci., Inst. Sup. d'Electr. du Nord.) H. C. WOLF. 159

S. Parthasarathy und **P. P. Mahendroo,** *Beziehung zwischen dem Wirkungsgrad eines Quarzgebers und dem Ultraschallabsorptionskoeffizienten von Flüssigkeiten.* 1. Mitt. Auf Grund systemat. Unterss. an 19 verschied. organ. Fll. finden Vff., daß der Wirkungsgrad eines US-Gebers um so besser ist, je viscoser die beschallte Fl. u. je niedriger die Schallfrequenz ist. (Z. Physik **147.** 573—76. 6/2. 1957. New Delhi, Nat. Phys. Labor. of India.) H. JACOB. 159

S. Parthasarathy und **P. P. Mahendroo,** *Beziehungen zwischen dem Wirkungsgrad eines Quarzgebers und dem Ultraschallabsorptionskoeffizienten von Flüssigkeiten.* 2. Mitt. (1. vgl. vorst. Ref.) Ergänzend zu vorst. Ref. wird an Stelle des gesamten Wirkungsgrades nur die abgestrahlte US-Energie bezogen auf die aufgewendete elektr. Energie betrachtet. Die Ergebnisse decken sich mit denen der 1. Mitteilung. (Z. Physik **147.** 577—81. 6/2. 1957.) H. JACOB. 159

Wolf-Udo Wagner, *Phasenkorrelation von Schalldruck und Sonoluminescenz.* Mit Hilfe eines Verf., das die gleichzeitige Aufzeichnung der Helligkeit der Sonoluminescenz in einer stehenden US-Welle sowie des Druckes an denselben Stellen maximaler Helligkeit gestattet, wird festgestellt, daß z. B. bei den mit *Kr* gesättigten Fll. *W.* u. *Äthylenglykol* das in den Druckbäuchen der stehenden Wellen lokalisierte Leuchten im Zeitpunkt des Schalldruckminimums erfolgt. Diese Beobachtung spricht gegen die Annahme einer Luminescenz infolge adiabat. Erhitzung von Gasbläschen u. läßt die beiden Hypothesen offen: (a) Gasentladung im Innern von Kavitationsbläschen u. (b) Luminescenz beim Zerreißen der Flüssigkeit ähnlich der Triboluminescenz von Festkörpern. Der Einfl. der Gassättigung der Fll., der Temp. u. des stat. Druckes auf Intensität u. Aussehen der leuchtenden Ebenen der stehenden Wellen wird näher untersucht. (Z. angew. Physik **10.** 445—52. Okt. 1958. Göttingen, Univ., III. Phys. Inst.) J. RUDOLPH. 159

Otohiko Nomoto und **Tadashi Kishimoto,** *Molekulare Schallgeschwindigkeit wässriger Zuckerlösungen.* Es wurde beobachtet, daß die RAOsche Formel $R = (M/\varrho)\,V^{1/3}$ für fl. Mischungen eine lineare Funktion des Molenbruches n wird. Hierbei sind M das mittlere Mol.-Gew., ϱ die D. u. V die Schallgeschwindigkeit. Für Lsgg. wurden Abweichungen von der Linearität beobachtet, die auf teilweise Zers. der Wasser-Assoziate zurückgeführt werden. Vff. ermitteln R für *Erythrose, Fructose, Mannose, Rhamnose, Saccharose, Lactose* u. *Raffinose* u. finden in allen Fällen linearen Verlauf von R. Durch Extrapolation der Geraden auf n = 100% ergibt sich $R_{exp.}$ der gelösten Komponente. Die nach der RAOschen Formel aus den Atomsummanden berechneten Werte $R_{cal.}$ liegen durchweg höher als die von $R_{exp.}$, das wird auf die Verzweigung der Zuckermoll. zurückgeführt. Weiter wird angenommen, daß bei diesen Lsgg. die Linearität dadurch erhalten bleibt, daß der Abbau der Assoziate des W. durch die Hydratation der Zuckermoleküle entsprechend nach außen kompensiert wird. (J. physic. Soc. Japan **12.** 311. März 1957. Tokyo, Kobayasi Inst. of Phys. Res. [Orig.: engl.]) H. JACOB. 159

A₅. Kolloidchemie. Grenzschichtforschung.

E. Matijević und **N. Pavković,** *Über Fällungs- und Koagulationserscheinungen an Uranylphosphaten und Natriumuranaten.* Es wurden die bei der Zugabe von NaOH, K_2HPO_4, $(NH_4)_2HPO_4$, KH_2PO_4, NaH_2PO_4, H_3PO_4 u. K_3PO_4 zu wss. Lsgg. von $UO_2(NO_3)_2$ zu beobachtenden Fällungs- u. Koagulationserscheinungen tyndallometr. untersucht u. die entsprechenden typ. Fällungskurven aufgenommen. Diese zeigten in ihrem Verlauf mehrere Maxima u. Minima, welche ihren physikal. u. chem. Eigg. entsprechend erklärt werden. Die durch Zus. neutraler Elektrolyte zu einem Teil der untersuchten Fällungssysteme bewirkte Koagulation wird auf die Bldg. geladener Primärteilchen zurückgeführt. (Kolloid-Z. **159.** 1—7. Juli 1958. Zagreb, Univ. of Zagreb, Fac. of Sci., Labor. of Phys. Chem.) D. FORST. 163

Hira Lal, *Wasserstoffionengleichgewichte und die Wechselwirkung zwischen Cu(II) und Co(II) und Rinderserumalbumin.* Die Wechselwrkg. zwischen Cu^{2+} bzw. Co^{2+} u. *Rinderserumalbumin* (RS) wurden titrimetr. (in 0,15 mol. $NaNO_3$) u. durch Dialysemessungen untersucht. Co^{2+} wird über die Imidazolreste an RS gebunden, u. zwar tritt bei p_H 6,5 eine Konkurrenz-Rk. zwischen H^+ u. Co^{2+} u. eine 1:1-Wechselwrkg. mit den Imidazolresten auf. — Die ersten 2 Cu^{2+}-Ionen werden unter Freisetzung von 4 H^+ an speziellen Bindungsstellen gebunden, dabei tritt keine Konkurrenz-Rk. mit zugegebenem Hg^{2+} auf. Für die innere Affinitätskonstante K_0 dieser Stellen gegen Cu^{2+} wird ein log K^0-Wert 6,8 ± 0,3 errechnet. Die Bindung von weiterem Cu^{2+} erfolgt im Verhältnis 1:1 durch die Imidazolreste. Im neutralen p_H-Bereich wird das Cu^{2+} wahrscheinlich partiell hydratisiert u. in diesem Zustand gebunden. — Die durch elektrophoret. Messungen gewonnenen Vorstellungen über die Bindung des Co^{2+} an Carboxylgruppen (vgl. RAO u. LAL, C. **1959**. 537) müssen nach Meinung des Vf. im Sinne obiger Auffassung revidiert werden. Vf. nimmt an, daß im Acetatpuffer $CoAc^+$- u. Co^{2+}-Ionen vorliegen u. daß die relativen Affinitäten dieser Ionen gegen RS verschied. sind. (J. Amer. chem. Soc. **81**. 844—48. 20/2. 1959. Poona, India, Nat. Chem. Labor., Physic. Chem. Div.) E. DEHMLOW. 164

S. Ono, *Zustandsgleichung und Oberflächenspannung von Flüssigkeiten.* Ableitung der Beziehungen zwischen den zwei bekannten Gittertheorien der Fl., der LENNARD-JONES-Theorie u. der Lochtheorie. Beide führen zu ident. Ausdrücken für die Oberflächenspannung. (Suppl. del Nuovo Cimento Nr. 1 (zu [10] **9**). 166—79. 1958. Tokyo, Univ. of Tokyo.) W. WAGNER. 166

G. Passoth, *Thermische Druckschwankungen in einem Gas als natürliche Grenze für Messungen der Oberflächenspannung nach der Blasendruckmethode.* Die infolge der therm. Druckschwankungen des in einer Capillare eingeschlossenen Gases bedingte Grenze der Meßbarkeit von Oberflächenspannungen wurde mit Hilfe einer für Relativmessungen zwischen der Oberflächenspannung von Lsg. u. Lösungsm. geeigneten Meßanordnung, bei der zwei miteinander verbundene Capillaren so tief in die Fl. eintauchen, daß der Abreißdruck an beiden Capillaröffnungen gleich groß ist, nachgewiesen, wobei die Druckschwankungen dann aus den in statist. Verteilung bald aus der einen, bald aus der anderen Capillaröffnung austretenden Gasblasen zu ersehen ist. (Ann. Physik [7] **2**. 13—22. 1958. Bonn, Inst. für Strahlen- u. Kernphysik.) D. FORST. 166

Shashanka Shekhar Mitra und **Dhirendra Nath Chakravarty,** *Die Temperaturabhängigkeit der Oberflächenspannung als Problem des freien Volumens.* Unter Benutzung der EYRING-Formel für das freie Vol. V_f einer Fl. u. der aus einem einfachen Fl.-Modell folgenden Beziehung für die Oberflächenspannung $\sigma = C/V_f^{n/3}$ (C, n = Konstanten) leiten Vf. ab, daß die Abhängigkeit σ (T) durch die Gleichung $\sigma = C \cdot [(T_c - T)/T]^n$ (T_c = krit. Temp.) wiedergegeben wird. Diese Beziehung ist für *W.*, *A.*, *Bzl.* u. *CS_2* erfüllt. (Naturwissenschaften **43**. 273. 2. Juni-H. 1956. Allahabad, India, Univ., Dep. of Phys. and Chem.) G. KRESZE. 166

Martin Blank und **Victor K. La Mer,** *Die Übertragung monomolekularer Schichten durch Oberflächenkanäle.* 2. Mitt. *Mechanismus.* (1. vgl. J. Colloid Sci. **11**. [1956.] 608. 688.) Vff. diskutieren den Prozeß der selektiven Übertragung monomol. Schichten u. prüfen die Annahmen, die bei der Ableitung von Ausdrücken für die Geschwindigkeit solcher Prozesse gemacht werden. Der Kontaktwinkel für den übertragenden Oberflächenfilm an den Wänden, die die Oberflächenkanäle begrenzen, wird für *Cyclohexylmyristat* berechnet u. die ebenfalls berechnete spezif. Geschwindigkeitskonstante mit der Oberflächenfluidität von *Cetylalkohol* verglichen. Aus den Betrachtungen geht hervor, daß bei dem Übertragungsprozeß die monomol. Schichten wesentlich dickere Schichten der unter der Oberfläche befindlichen (Wasser) Phase mit sich führen, u. zwar selbst gegen einen hydrostat. Gegendruck dieser Phase. (J. physic. Chem. **61**. 1611—14. Dez. 1957. New York, N. Y., Columbia Univ., Dep. of Chem.) W. NIEMITZ. 166

Leonard Eisner, *Stoffe mit großem Reibungskoeffizienten.* Vf. gibt eine Reihe von Stoffen an, deren stat. Reibungskoeff. > 1 sind. Folgende Stoffe werden angegeben (in Klammern der Reibungskoeff.): Feines Sandpapier auf mittlerem Sandpapier (1,4); plast. Schaumschwamm auf glattem Holz (1,7); Styroschaum auf Styroschaum (2,1); plast. Schaumschwamm auf Sperrholz (4,7); plast. Schaumschwamm auf mittlerem Sandpapier (29) u. plast. Schaumschwamm auf plast. Schaumschwamm (> 400). (Amer. J. Physics **27**. 58. Jan. 1959. Columbus, Ohio, Ohio State Univ.) C. GOTTFRIED. 166

R. T. Spurr, *Die Reibung von Mineralteilchen.* Vf. bestimmte den Reibungskoeff. von *Calcit, Augit* u. *Cölestin* zwischen Cu-Platten, zwischen Blöcken von Metallen u. Nichtmetallen u. einer polierten Cu-Platte sowie zwischen Perspex- u. Polythenplatten. In allen Fällen wurde eine lineare Beziehung zwischen der Teilchengröße u. der MOHSschen Härte sowie der Bruchfestigkeit u. der MOHSschen Härte festgestellt. (Brit. J. appl. Physics **9**. 486—87. Dez. 1958. Chapel-en-le-Frith, Fewds Ltd.) C. GOTTFRIED. 166

C. Weaver und **R. M. Hill,** *Adhäsion von aufgedampften Aluminiumfilmen.* Auf Glasblättchen wurde in einem Vakuum von 2—5 · 10^{-5} mm Hg nacheinander Cr u. Al derart aufgedampft, daß jedes Metall etwa 2/3 der Länge des Blättchens bedeckte; in der Mitte des Blättchens befand sich der Al-Film auf dem Cr-Film. Mit Hilfe der von HEAVENS (vgl. C. **1951**. II. 2844) entwickelten Meth. zur Messung der Adhäsion wurde die Adhäsion der Filme gemessen. Es wurde eine Erhöhung der Al-Filme gemessen, die auf der Cr-Unterlage aufgedampft worden waren. Ferner zeigte sich, daß sich die Adhäsion mit der Dicke des Cr-Film u. mit der Zeit änderte. Die Änderung mit der Zeit läßt vermuten, daß die Zunahme der Adhäsion primär auf Legierungsbildung an der metall. Grenzfläche u. anschließende Altershärtung zurückzuführen ist. (Philos. Mag. [8] **3**. 1402—10. Dez. 1958. Glasgow, Royal Coll. of Sci. and Technol., Dep. of Natural Philosophy.) C. GOTTFRIED. 166

R. Jeanneret und **F. Grün**, *Bestimmung des Diffusionskoeffizienten von Tristearin in Triolein nach der Capillarmethode.* Mittels der Capillarzellentechnik wurde der Diffusionskoeffizient des *Tristearins* (**I**) in *Triolein* (**II**) bei 21° zu 1,50 ± 0,88 · 10^{-7}cm²/sec bestimmt. Dabei wurde die Konz. des mit ^{14}C markierten **I** in **II** durch trockene Verbrennung u. anschließende Aktivitätsmessung des gebildeten $BaCO_3$-Nd. von unendlicher Dicke gemessen. Die Schwierigkeiten u. Grenzen der Meth. werden diskutiert, u. es wird gezeigt, daß nur das vom Syst. **I**/**II** stammende $BaCO_3$ bzgl. ^{14}C homogen ist, während das bei den Systemen *Octadecan* (**III**)/**II**, *Stearinsäure*/**II**, **I**/*Nonylphthalat* (**IV**), **I**/*Octyladipat* u. **III**/**IV** nicht der Fall ist. (Helv. chim. Acta **41**. 1304—09. 1/8. 1958. Basel, Univ., Physikal.-chem. Anst.) W. NIEMITZ. 171

Shigenari Suzuki, Kazurō Shimizu und **Hiroo Itō**, *Über Aggregation von Suspensionen durch hochmolekulare Polyelektrolyte.* Vff. untersuchen den Einfl. des Zusatzes von verschied. Mengen *Na-Polyacrylat, Na-Alginat, Poval* u. a. Bodenverbesserungsmitteln, in verschied. Medien, auf das Absitzvol. (AV) von wss. Kaolintonsuspensionen. Die Bldg. einer flockigen Struktur des Tons ist am stärksten bei einem gewissen Bereich der Suspensionskonz. u. bei Bedingungen, bei denen das Polyelektrolyt-Ion(**I**) sich durch das ganze Medium ausbreitet. Die Bldg. eines Strukturskeletts wird am meisten gefördert durch Polyelektrolyte mit hohem Polymerisationsgrad. Zusatz von Säuren, Alkalien oder Salzen beeinflußt das AV in unübersichtlicher Weise. Erörterungen über den Zustand des **I** u. des elektrokinet. Potentials des Tons. — 4 Diagramme. (J. chem. Soc. Japan, ind. Chem. Sect. [Kōgyō Kagaku Zassi] **58**. 742—44. Okt. 1955. Nagoya, Toa Synth. A.G. [Orig.: japan.]) L. SCHULER. 174

Hiroaki Okamoto und **Yutaka Tuzi**, *Adsorption von Wasserdampf an Glas und andere Materialien im Vakuum.* Vff. untersuchten die Adsorption von Wasserdampf an Bleiborosilicatglas, Natronkalkglas, Cu, Ni u. Al-haltige Keramik nach der von BARRER beschriebenen Verzögerungszeitmeth., bei der das zu adsorbierende Gas bei niederem Druck als KNUDSEN-Strömung durch eine den Adsorbenten enthaltende Capillare in einen Kolben hineindiffundieren muß, dessen Druck als Funktion der Zeit bestimmt wird; die infolge der Adsorption eintretende zeitliche Verzögerung des Druckanstieges kann dann zur Best. der Adsorptionsmengen herangezogen werden. Das zu Beginn der Messung herrschende Vakuum von $\geqq 10^{-8}$ Torr sank nach dem Gaseinlaß auf $2 \cdot 10^{-5}$ Torr. Die in dem Temperaturbereich von 273—403° K bestimmten Adsorptionsmengen ergaben eine Bedeckung des Adsorbenten von weniger als 1% einer monomol. Schicht. Die erhaltenen Ergebnisse lassen vermuten, daß es sich bei der unter den genannten Voraussetzungen vor sich gehenden Adsorption um keine physikalische Adsorption handelt. (J. physic. Soc. Japan **13**. 649—55. Juni 1958. Kawasaki, Tokyo Shibaura Electric Co., Massuda Res. Labor.) D. FORST. 176

Je. A. Leontjew, W. M. Lukjanowitsch, I. Je. Neimark und **M. A. Piontkowskaja**, *Untersuchung der Struktur von Titandioxyd durch unabhängige Methoden.* Verschied. Proben von fein- u. grobporigen TiO_2-Gelen, die durch Hydrolyse von $TiCl_4$ durch n NH_4OH-Lsg. erhalten wurden, wurden auf ihre Adsorptionsstruktur, elektronenmkr., röntgenograph. u. elektronograph. untersucht. Hierbei wurden 3 Proben bei 20°, dann bei 100° getrocknet; bei der 4. Probe wurde im Nd. des Hydrogels das W. als intermicellare Fl. durch n-Butylalkohol ersetzt, wobei die Trocknung auf dem W.-Bad erfolgte. Danach sind die Gele aus kugelförmigen Teilchen aufgebaut, die in erster Näherung als nichtporig angesehen werden können. Die Größe der spezif. Oberfläche ist im wesentlichen durch die Teilchengröße bedingt, der Charakter der Porigkeit durch Größe u. Packungsdichte der Teilchen. Wird im Hydrogel das W. durch eine Fl. mit geringerer Oberflächenspannung ersetzt, so erhält man Sorbentien mit größeren u. weniger dicht gepackten Teilchen. Solche Gele sind hinsichtlich der Adsorption ziemlich grobporig. Durch Verlängerung der Reifung des TiO_2-Hydrogels in der Mutterlsg. wird als Folge der dichteren Packung der Teilchen die Porigkeit vermindert. (Известия Академии Наук СССР, Отделение Химических Наук [Nachr. Akad. Wiss. UdSSR, Abt. chem. Wiss.] **1958**. 1037—44. Sept. Inst. für physikal. Chem. der Akad. der Wiss. der UdSSR; Pissarshewski-Inst. für physik. Chem. der Akad. der Wiss. der UkrainSSR) O. LEBTAG. 176

F. L. Hughes und **H. Levinstein,** *Mittlere Lebensdauer der Adsorption von Rb auf geätzten Wolframeinkristallen: Ionen.* (Vgl. C. **1959.** 14966.) Vff. ließen ein durch eine Unterbrecherscheibe getastetes Rb-Bündel auf einen geheizten W-Draht auftreffen u. bestimmten oscillograph. den auf einen Kollektor auffallenden Rb^+-Strom in Abhängigkeit von der Zeit. Die W-Oberfläche bestand zu ca. 90% aus mikrokrist. Facetten der gleichen kristallograph. Fläche. Die maximale Rb-Konz. betrug ca. 10^{10} Atome/cm^2. Im Bereich $1100 < T < 1300^0$ K genügte die mittlere Verweilzeit τ_i der Beziehung $\tau_i = \tau_i^0 \exp(Q_i/kT)$. — τ_i^0 ($1,5 \cdot 10^{-9}$ — $3,5 \cdot 10^{-12}$ sec) ist schwach temperaturabhängig u. wird anscheinend durch die Form der Potentialschwelle in der Nähe des Minimums beeinflußt. Der „saubere" Wert von Q_i für die polykrist. Oberfläche wurde zu 2,15 eV abgeschätzt, während Q_i für den sauberen geätzten Kristall 1,90 eV betrug. Durch eine Verunreinigungskonz. von 10^{12} Atomen/cm^2 änderte sich der Q_i-Wert um 0,01—0,02 eV. (Physic. Rev. [2] **113.** 1029—35. 15/2. 1959.) H. LIEPACK. 176

F. L. Hughes, *Mittlere Lebensdauer der Adsorption von Rb auf geätzten Wolframeinkristallen: Neutrale.* (Vgl. vorst. Ref.) Durch Verwendung eines zweiten W-Drahtes wurde der Anteil der neutral desorbierten Rb-Atome bestimmt. Die Verweilzeiten unterschieden sich mit $\tau_a^0 = 2,5 \cdot 10^{-13}$ sec stark von denen der desorbierten Ionen. Die Höhe der Potentialschwelle betrug $2,60 \pm 0,1$ eV. Es wird angenommen, daß in einem Oberflächenionisationsprozeß die adsorbierten Teilchen diskrete Zustände mit unterschiedlichem Bindungstyp besetzen können. Der Ionenzustand ist hauptsächlich mit Bildkräften verbunden, der atomare Zustand mit Austauschkräften. (Physic. Rev. [2] **113.** 1036—38. 15/2. 1959.) H. LIEPACK. 176

J. W. Fox, A. C. H. Smith und **E. J. Smith,** *Die Änderung der Rekombination von Wasserstoffatomen an metallischen Oberflächen mit der Temperatur.* Diskussionsbemerkungen zu einer Arbeit von WOOD u. WISE (J. chem. Physics. **29.** [1958.] 1416.). Vgl. auch Proc. Physic. Soc. **73.** [1959.] 533. (J. chem. Physics **31.** 265. Juli 1959. London, Univ. Coll., Dep. of Phys.) H. LIEPACK. 176

Bernard J. Wood und **Henry Wise,** *Katalytische Aktivität von Festkörpern für die Rekombination von Wasserstoffatomen.* Erwiderung auf die vorst. referierte Arbeit. (J. chem. Physics **31.** 265—65. Juli 1959.) H. LIEPACK. 176

Stefan Minc, *Adsorption von Kohlenoxyd auf mit Pt, Mn, Ni und Cu aktivierter Kohle.* Pt-, Ni-, Mn- u. Cu-Hydrosole, hergestellt nach BREDIG u. SVEDBERG, wurden auf Kohlegranalien aufgetragen. Im Sättigungszustand ist die Konz. der koll. Metallteilchen auf der Kohle in der Reihe Ni, Pt, Mn, Cu fallend. CO wird aus einem Gemisch mit Luft an Metall/Kohle bis 100⁰ nur adsorbiert. Die beste Adsorption zeigt Pt-, die schwächste Cu-Hydrosol. Von Gemischen wirkt Pt + Cu + Mn am besten. Mit steigender Temp. wird die Adsorption vermindert. Bei 300—400⁰ wird CO zu CO_2 oxydiert, wobei wiederum Pt oder die Kombination Pt + Cu + Mn-Hydrosol am wirkungsvollsten ist. (Roczniki Chem. [Ann. Soc. chim. Polonorum] **29.** 775—82. 1955. Warszawa.) F. URBAN. 176

Jacques Bénard, Jean Moreau und **Finn Grønlund,** *Neue Beobachtungen über die Rolle des adsorbierten Sauerstoffes auf die Modifikation des Gleichgewichtsprofiles metallischer Oberflächen bei erhöhten Temperaturen.* Bei 1200⁰ mit H_2, dem 1% H_2O beigefügt war, behandelte Fe-Oberflächen, die vorher sorgfältig elektrolyt. poliert waren, zeigen eine deutliche Riefung, deren Hauptrichtung von Kristall zu Kristall wechselt. Für eine H_2O-Beimischung von $5 \cdot 10^{-4}$ oder weniger verschwindet diese Struktur, dabei ist der Vorgang reversibel. Bei *Cu* wird eine ähnliche Streifung bei $1 \cdot 10^{-4}$ mm Hg Sauerstoff u. 1030⁰ beobachtet, sie verschwindet bei geringerem O_2-Druck nicht völlig. Diese Effekte lassen sich durch ein reversibles Gleichgewicht der Chemisorption von O_2 erklären, wobei freie Energie die Oberflächenwanderung erleichtert. (C. R. hebd. Séances Acad. Sci. **246.** 756—58. 3/2. 1958.) C. REUBER. 176

R. McNeill, E. A. Swinton und **D. E. Weiss,** *Kontinuierlicher Ionenaustausch.* Beschreibung einer Vorr. zum kontinuierlichen Gegenstrom-Ionenaustausch u. Ableitung von Gleichungen für die theoret. erreichbare höchste Austauschleistung. Beispiel: Bindung von Ca^{2+} u. laufende Regenerierung des Austausches mit NaCl-Lösung. (J. Metals **7.** AIME Trans. **203.** 912—21. Aug. 1955. Melbourne, Commonwealth Sci. and Ind. Res. Organizat., Div. of Ind. Chem.) W. WESLY. 177

K. R. May, *Bestimmung flüchtiger Tröpfchen in der Luft.* Beschrieben wird die Best. der Zahl u. Größe von Nebeltröpfchen durch mkr. Phasenkontrastaufnahmen. Bei Benutzung von Deckgläsern mit Gelatinefilm sind nach der Verdunstung der Tröpfchen charakterist. kraterförmige Ringe vom gleichen Durchmesser wie die Nebeltröpfchen zu erkennen. (Nature [London] **183.** 742—43. 14/3. 1959. Porton, Wiltshire, Ministry of Supply, Microbiol. Res. Establ.) W. LUCHSINGER. 180

A$_6$. Strukturforschung.

Kazimír Pospiech, *Gegenseitige Überführung von Gewichts-, Atom-, Mol- und Volumprozentwerten in binären, ternären und höheren Systemen.* In bin. Systemen ist die tabellar., in tern. u. höheren Systemen die Überführung mit Hilfe des Z-Nomogramms die vorteilhafteste. (Hutnické Listy **12.** 794—801. Sept. 1957. Bratislava, Výsk. úst. sváračský.) E. ROTTER. 181

W. E. Quinn, A. Pery, J. M. Baker, H. R. Lewis, N. F. Ramsey und **J. T. La Tourrette,** *Entdeckung von nichtkondensierbaren Molekularstrahlen durch Elektronenbeschuß.* Vff. beschreiben einen neu entwickelten Elektronenbeschußdetektor, der sowohl für kondensierbare wie nichtkondensierbare Molekularstrahlen anwendbar ist. Mit dem App. konnten Moll. wie *HD*, D_2 oder *Ne* nachgewiesen werden. (Rev. sci. Instruments [N. S.] **29.** 935—43. Nov. 1958. Cambridge, Mass., Harvard Univ., Lyman Labor.) C. GOTTFRIED. 181

R. Röhler, *Zur Definition und Messung der Unschärfe im Röntgenbild.* Zur Messung der Unschärfe eines Röntgenbildes bildet man im allg. eine scharfe Kante ab u. untersucht die Änderung des Schwärzungsgrades. Vf. zeigt, daß weder die vom Auge (subjektiv) empfundene Helligkeit noch die Schwärzung des Films ein objektives, von Versuchsbedingungen unabhängiges Unschärfemaß liefern, hierfür ist nur die Verteilung der Strahlungsdosis in der Filmebene brauchbar. Sie läßt sich aus der Schwärzung angenähert ermitteln. Aus den Werten der Dosisverteilung erhält man mit einer vom Vf. angegebenen mathemat. Definition ein objektives Unschärfemaß. Zur Erhöhung der Genauigkeit schlägt er die Benutzung verschieden feiner Strichraster vor. (Z. angew. Physik **10.** 43—47. Jan. 1958. München Univ., Inst. für Medizin. Optik.)
HELMUT SCHMIDT. 181

Jacques Méring und **Jacqueline Longuet-Escard,** *Anpassung von Beugungsmethoden auf die Untersuchung des Aufbaues zerteilter Körper.* Inhaltl. ident. mit der C. **1956.** 9374 referierten Arbeit. (Mém. Serv. chim. État **40.** 189—203. 1955. Centre Nat. de la Rech. Sci., Labor. Central des Services Chim. de l'État.)
C. GOTTFRIED. 181

G. A. Bassett, *Eine neue Technik zur Sichtbarmachung von Spaltflächen und Gleitstufen auf Oberflächen von Ionenkristallen.* Die von dem Vf. ausgearbeitete Meth. besteht darin, daß eine geringe Menge *Au*, die auf einer gegebenen Kristalloberfläche einen ca. 10Å dicken Film ergeben würde, auf die Kristalloberfläche im Vakuum aufgedampft wird. Auf diesen Au-Film wird hierauf nach der Meth. von BRADLEY (vgl. C. **1954.** 11132) ein C-Film niedergeschlagen. Der C-Film wird hierauf von der Unterlage durch Eintauchen in W. abgelöst, wobei der C-Film den Au-Film mitnimmt. Bei der geringen Dicke des Au-Nd. bildet sich nun kein kontinuierlicher Film, sondern nur eine große Anzahl kleiner Kerne auf der Kristalloberfläche. Kerne in größerer Zahl bilden sich bevorzugt entlang den Kanten von Stufen auf der Kristalloberfläche u. werden in dem Elektronenmikroskop als Ketten von Au-Teilchen sichtbar. Auf den Teilen der Kristalloberfläche, die frei von Stufen sind, sind die Kerne regellos angeordnet. Die Verss. wurden an *NaCl* durchgeführt. Verss. an anderen Substraten verliefen nur an Spaltflächen von *LiF* erfolgreich. Der Mechanismus der Technik ist noch unklar. (Philos. Mag. [8] **3.** 1042—45. Sept. 1958. Cambridge, Tube Investments Res. Labor.)
C. GOTTFRIED. 181

William Klemperer, *Zentralkraftfelder und Bindungsbewegung.* Es wird ein Zentralkraftansatz für die Molekülschwingungen versucht. Für ein lineares dreiatomiges Mol. erhält man eine Variation des Potentials quadrat. mit der Winkeländerung. (J. chem. Physics **30.** 594—95. Febr. 1959. Cambridge, Mass., Harvard Univ., Dep. of Chem.)
K. L. WOLF. 182

C. W. F. T. Pistorius, *Das klassische Schwingungsproblem für das pyramidenförmige XY_4-Molekül.* Es werden die Säkulargleichungen für die verschied. irreduziblen Darstellungen des pyramid. XY_4-Mol. (Symmetriepunktgruppe C_{4v}) nach der WILSONschen Meth. der F–G-Matrix unter Verwendung des allg. harmon. Potential-Feldes abgeleitet. Ferner werden die Gleichungen für den Fall des „Einfachen Valenzkraftfeldes" (SVFF) angegeben. (Z. physik. Chem., Frankf. Ausg. [N.F.] **17.** 292—99. Sept. 1958. Pretoria, Univ.) D. JÖRCHEL. 182

Yoshito Amako, *Das Austauschkraftmodell der Wasserstoffbindung.* Für den Spezialfall der O–H ...O-Wasserstoffbrückenbindung berechnet Vf. nach der Störungstheorie das Potential des Austauschkraftfeldes unter der Annahme, daß solche Kräfte zwischen dem H-Atom u. beiden O-Atomen in gleicher Weise wirksam sind. Es ergibt sich, daß die Austauschkräfte eine Anziehung bewirken, die bei Kernabständen in der Größenordnung von 10^{-8} an merkbar wird, dieser Wirkungsbereich sollte mit der M. des Zentralatoms abnehmen. (Sci. Rep. Tôhoku Univ., Ser. I **40.** 144—46. Dez. 1956. Tôhoku Univ., Fac. of Sci., Dep. of Chem. [Orig.: engl.]) G. KRESZE. 182

G. Herzberg, *Spektren von freien Radikalen.* Vortrag vor allem über eigene Arbeiten, bei denen vielatomige freie Radikale durch Blitzphotolyse erzeugt, spektroskop. nachgewiesen u. untersucht wurden. Besprochen wird die Struktur von C_3-, SiC_2-, NH_2-, *HCO*-, *HNO*-, *NCO*-, *NCS*-, CH_3-, CH_2- u. C_2H-Radikalen, ein Teil der Spektren ist abgebildet. (Proc. chem. Soc. [London] **1959.** 116—23. April. Ottawa, Canada, Nat. Res. Council.) G. KRESZE. 182

J. D. Craggs, R. Thorburn und **B. A. Tozer,** *Die Anlagerung langsamer Elektronen in Sauerstoff.* Der Querschnitt für die Bldg. von negativen Sauerstoffatomionen durch Resonanzeinfang von Elektronen wurde mit einer LOZIER-App. zu 2,25 ± 0,3 · 10^{-18} cm^2 bei 6,7 eV bestimmt u. daraus die zu erwartenden Anlagerungsquerschnitte in einem Elektronengas mit MAXWELL-Verteilung für verschied. mittlere Elektronenenergien berechnet. Alle früher gemessenen Werte des Anlagerungs-Koeff. sind mit der Annahme des Resonanzeinfangs verträglich. (Proc. Roy. Soc. [London], Ser. A **240.** 473—83. 16/7. 1957. Capenhurst, Cheshire, U. K. Atomic Energy Author.) P. WARNECK. 182

László Maros, Endre Körös, István Fehér und **Elemér Schulek,** *Untersuchung von Austauschreaktionen mit dem radioaktiven Schwefelisotop* ^{35}S. 2. Mitt. *Beiträge zur Strukturuntersuchung von Dithionit.* (1. vgl. C. **1958.** 7057.) Die für die Struktur des Dithionitions bzw. $H_2S_2O_4$ angenommenen Formeln veranlaßten Vff. zu Verss. mit radioakt. ^{35}S. Sie stellten aus akt. Hydrosulfit mit inakt. Formaldehydsulfoxylat Dithionit dar, in welchem ein S-Atom aktiv war. Durch Erwärmen der Dithionitlsg. erfolgte Disproportionierung, u. nach Zusatz von $AgNO_3$ u. Ansäuern der Lsg. schied sich aus dem gebildeten $S_2O_3^{2-}$ das sulfid. S-Atom als Ag_2S aus. Die Messung der spezif. Aktivität des Sulfid- u. Sulfitschwefels war innerhalb der Fehlergrenzen gleich, somit sind die S-Atome im Dithionit gleichwertig. Infolge Disproportionierung entstehen mit gleicher Wahrscheinlichkeit S-Verbb. mit S-Atomen der Oxydationszahl + 2 oder + 4. Es wird daher angenommen, daß im Dithionit die Oxydationszahl der S-Atome nicht verschied. sein kann. (Magyar Kémiai Folyóirat [Ung. Z. Chem.] **65.** 58—62. Febr. 1959. Budapest, Univ., Inst. für anorgan. u. analyt. Chem.) J. PLANK 182

S. J. Cyvin, *Berechnete mittlere Schwingungsamplituden in Bortrihalogeniden.* Neuberechnung der mittleren Schwingungsamplituden von $^{11}BF_3$, $^{11}BCl_3$, $^{11}BBr_3$ u. $^{11}BJ_3$ aus in der Literatur angegebenen spektroskop. Daten. Die neuen Werte korrigieren einen in den Berechnungen von BAKKEN (C. **1959.** 1031) für das Fluorid, Chlorid u. Bromid enthaltenen Fehler. (Acta chem. scand. **13.** 334—36. 1959. Trondheim, Norges tekn. høgskole, Inst. for teoret. kjemi.) W. WAGNER. 182

Heinrich Kriegsmann, *Spektroskopische Untersuchungen an Siliciumverbindungen.* 9. Mitt. *Über die Bindungsverhältnisse in der Siliciumchemie.* (8. vgl. C. **1959.** 13421.) Vf. diskutiert den Bindungszustand der Bindungen des Si mit anderen Atomen aufgrund der Atomabstände, Kraftkonstanten u. Valenzschwingungsfrequenzen. Aus den Bindungsabständen lassen sich schwer eindeutige Schlüsse über den ion. bzw. Doppelbindungscharakter ziehen. Die Kraftkonstanten werden durch ion. Anteile erniedrigt, durch Doppelbindungsanteile erhöht. Im Vgl. zu den für die idealen Einfachbindungen geltenden Kraftkonstanten sind die Werte bei den Bindungen des Si mit F, O, N u. Cl deutlich erhöht, bei Br zum Teil wenig erhöht. Die Si–C u. –S-Bindungen zeigen die Werte der Einfachbindungen, während die Si–H-Bindungen in allen Fällen schwächer sind. Die Bindungsverstärkung wird wahrscheinlich durch $p\pi$–$d\pi$-Bindungsanteile, die Abschwächung durch polare Anteile hervorgerufen. Stärker elektronegative Substitution am Si verstärkt alle anderen vom gleichen Si-Atom ausgehenden Bindungen. Bei der Si–H-Bindung wird die Polarität durch induktive Effekte vermindert, bei anderen Bindungen wirken auch Konjugations- u. Hyperkonjugationseffekte. Diese Tatsachen spiegeln sich auch in den chem. Eigg. u. in der therm. Stabilität der Moll. wieder. Die Kraftkonstanten der Monohalogensilane wurden nach der WILSONschen Meth. neu berechnet (in mdyn/Å): f_{SiX}: H_3SiF 5,95, H_3SiCl 3,04, H_3SiBr 2,94; f_{SiH}: 2,77, 2,80, 2,77; f'_{SiH}: 0,04, 0,04, 0,04; d_{HSiH}: 0,18, 0,22, 0,28; d'_{HSiH}: — 0,02, 0,01, 0,01; d_{XSiH} 0,34, 0,18, 0,13. Für $SiBr_4$ ergibt sich nach dem Ansatz von SIEBERT (vgl. Z. anorg. allg. Chem. **273.** [1953.] 21 f = 1,96, f' = 0,32 mdyn/Å. (Z. anorg. allg. Chem. **299.** 138—50. März 1959. Dresden, Inst. für Anorg. u. Anorg.-Techn. Chemie.) B. SCHRADER. 182

J. P. Elliott, B. R. Judd und **W. A. Runciman,** *Energieniveaus in Ionen Seltener Erden.* Mit Hilfe der von RACAH entwickelten gruppentheoret. Meth. werden die Energieterme von Ionen Seltener Erden berechnet. COULOMB-Wechsel-Wrkg., RUSSEL–SAUNDERS-Kopplung u. der Einfl. elektr. Felder, wie sie im Kristallgitter auftreten, werden untersucht. (Proc. Roy. Soc. [London], Ser. A **240.** 509—23. 16/7. 1957. Harwell, Berks., AERE.) P. WARNECK. 182

M. Bigorgne, *Untersuchung des Schwingungsspektrums des Nickelcarbonylmoleküls. Kraft und Natur der Bindungen.* Ausführlichere Darst. der C. **1958.** 10863 referierten Arbeit. (J. inorg. Nuclear Chem. **8.** 113—18. 1958. Paris, Fac. des Sci., Labor. de Chim. min.) E. KLEVER. 182

J. Chatt, G. A. Gamlen und **L. E. Orgel,** *Ligandenfeldaufspaltung bei organischen Aminen, Phosphinen, Arsinen, Sulfiden, Seleniden und Telluriden.* Vf. nahmen Spektren im UV u. sichtbaren Licht einer Reihe von Komplexen der allg. Formel trans-[A · Piperidin · $PtCl_2$] auf, in denen A ein aliphat. Amin, Phosphin usw. ist, wobei sie eine Abnahme der Ligandenfeldaufspaltung Δ in der Reihenfolge $P(OCH_3)_3 > P(n\text{-}C_3H_7)_3 >$ *Piperidin* $> As(n\text{-}C_3H_7)_3 > (C_2H_5)_2S > (C_2H_5)_2Se > (C_2H_5)_2Te$ feststellten. Sie schreiben der Reihe einen Zusammenhang mit der Fähigkeit der Zentralatome zu, π-Bindungen auszubilden. Die Aufspaltung des Feldes wird überlagert von der Energie des Überganges $d_{x,y}$ $d_{x^2-y^2}$, die von 33400/cm bei $P(OCH_3)_3$ bis 29400/cm bei $(C_2H_5)_2Te$ variiert. Außer A wurde in den Komplexen in einzelnen Fällen auch $PtCl_2$ gegen $PtBr_2$ u. PtJ_2 ausgetauscht, wobei wie gewöhnlich die schwereren Halogenide die niederen Δ-Werte und damit die niederere d-d-Übergangsenergie aufwiesen. (J. chem. Soc. [London] **1959.** 1047—49. März. Welwyn, Herts., Imp. Chem. Ind. Ltd.) G. MEINHARDT. 182

S. D. Stookey, *Die katalytisch eingeleitete Kristallisation von Glas in Theorie und Praxis.* Glaskeramiken haben ein polykrist. Gefüge mit Kristallitgrößen zwischen 100 Å u. 1 Mikron. Als Katalysatoren für die Kristallisation in üblicher Weise verformter Glaskörper werden mit UV oder Röntgenstrahlen gefällte *Au-*, *Ag-* oder *Cu-*Sole oder in der Glasschmelze lösl. TiO_2 verwendet. Die Fällung der Katalysatorkristalle erfolgt meistens etwa 100° unterhalb der Glühtemp., der Kristallisationsprozeß der Hauptphase etwa 50° unterhalb des Schmelzpunktes. Die krit. Mindestgröße von Goldkeimen für die Bldg. von heterogenen Keimen im glasigen *Lithiumsilicat* wird mit 80 Å angegeben u. entspricht der minimalen Keimgröße von 100 Å, wie sie für die Kondensation, Sublimation oder das Gefrieren von Wasser an Fremdkeimen bekannt ist. Es scheint sich also um eine Größe zu handeln, die für heterogene Keimbildungen von allg. Gültigkeit ist. Die Wrkg. der Katalysatorkeime ist spezif. u. durch eine Verwandtschaft in den Kristallparametern bedingt. Die Glaskeramiken „*Pyroceram*" sind opak, glänzend, weiß oder gefärbt. Ihre Festigkeit u. Härte übertrifft die der üblichen Keramiken. Die YOUNG-Moduln sind größer als bei Glas. Die Festigkeitseigg. bleiben auch bei hohen Tempp. erhalten. Die therm. Ausdehnungskoeffizienten reichen, je nach der chem. Zus., von negativen Werten über Null bis zu $200 \cdot 10^{-7}$/Grad. Während die üblichen Glaskeramiken die chem. Widerstandsfähigkeit des Glases haben, sind Lithiumsilicatkeramiken in bestimmten Lösungsmitteln gut löslich u. können daher „chem. bearbeitet" werden. Die dielektr. Eigg. der Glaskeramiken sind hervorragend. (Ind. Engng. Chem. **51.** 805—08. Juni 1959. Corning, N.Y., Corning Glass Works.) J. JASKOWSKY. 186

Oszkár Knapp, *Untersuchung der Kristallisationsverhältnisse industrieller Gläser.* Zwecks Erweiterung der Kenntnisse über die Kristallisationsverhältnisse von Glas untersuchte Vf. die Kristallbldg. von Magnesia-, Blei- u. Borosilicatglas in bezug auf Temp., Kristallisationsgeschwindigkeit, Kristallgröße u. Einfl. der Wärmebehandlung. Magnesiaglas kristallisiert im regulären Syst., die Kristalle wachsen regelmäßig während längerer Wärmebehandlung u. bilden schließlich eine oberflächliche Haut. Die höchste Kristallisationsgeschwindigkeit war 0,14 μ/min, diese wird bei 700° erreicht. Im Bleiglas entstehen keine Kristalle einheitlicher Form, nach längerer Wärmebehandlung erscheinen neue Kristalle. Die maximale Kristallisationsgeschwindigkeit beträgt bei 750° 0,12 μ/min. Bei Borosilicatgläsern ist die Kristallbldg. vom B-Geh. abhängig. Der Einfl. des berührenden Materials wurde bei 700° untersucht. Ist die Probe mit Pt in Berührung, so erscheinen Kristalle erst nach doppelter Zeitdauer, als wenn die Probe auf einer keram. Platte liegt. Im Gegensatz zu der Theorie von TAMMANN ist die Geschwindigkeit der Bldg. der Kristallkeime nicht charakteristisch. Die Wärmebehandlung vermindert die Geschwindigkeit des Anschießens der Kristalle, erniedrigt ihre Auflösungstemp. u. verlängert die Dauer der Auflösung. (Épitőanyag [Baumaterial] **10.** 239—49. Juli 1958.) J. PLANK. 186

Otto Litzman, *Lokalisierte Schwingungen in dreidimensionalen Gittern mit Fehlern.* Mit derselben Meth. (vgl. Czechoslov. 7. Phys. **7.** [1957.] 690 u. früher), mit der Vf. die Frequenz der lokalisierten Schwingungen einer zweiatomigen linearen Kette mit Fehlern berechnet hatte, berechnete Vf. die Schwingungen in einem willkürl. Kristallgitter. (Czechoslov. J. Physics **8.** 521—29. 1958. Prag, Charles Univ., Dep. of Theoret. Phys.) C. GOTTFRIED. 190

F. C. Frank, K. E. Puttick und **Eileeen M. Wilks,** *Ätzgrübchen und Trigone auf Diamant.* 1. Mitt. Vff. untersuchten mkr. die Flächen eines qualitätsmäßig guten „blauweißen" oktaedr. Diamanten vom Typ I. Auf jeder Fläche dieses Steins wurde eine ziemlich gut definierte Gruppe von Trigonen, wie die dreieckigen Grübchen genannt werden, beobachtet, deren angenähertes Zentrum in einer Linie senkrecht zur Fläche liegt, u. zwar mit dem entsprechenden Zentrum auf der entgegengesetzten Oktaederfläche. Die 4 Linien schneiden sich in einem Punkt innerhalb des Steins, der deutlich Doppelbrechung, d. h. Verformung zeigt. Die Form der Trigone läßt sich nur als das Ergebnis einer Oberflächenauflösung erklären, so daß man demnach die meisten Trigone als Ätzgrübchen ansehen muß, die an Versetzungen zentriert sind. (Philos. Mag. [8] **3.** 1262—72. Nov. 1958. Bristol, Univ., H. H. Wills Phys. Labor; Oxford, Clarendon Labor.)
C. GOTTFRIED. 190

F. C. Frank und **K. E. Puttick,** *Ätzgrübchen und Trigone auf Diamant.* 2. Mitt. (1. vgl. vorst. Ref.). Vff. beschreiben künstl. Ätzverss. an Diamanten. Bei den ersten Ätzverss. wurde der Stein in einer Quarzröhre auf 750° erhitzt, durch die kontinuierl. Wasserdampf geleitet wurde. Die Oberfläche war hiernach mit flachen dreieckigen Grübchen bedeckt, die leicht gerundete Ecken hatten, etwa 2 μ groß waren u. „positiv" orientiert waren, d. h. parallel zu den Kanten der Oktaederfläche u. entgegengesetzt der Orientierung der natürl. Trigone. Bei einer zweiten Ätzung wurde dem Dampf ein Desoxydationsmittel zugesetzt u. der Stein auf 820° erhitzt. In diesem Fall waren die Ätzgrübchen tiefer, aber wie im ersten Vers. orientiert. Die gleichen Grübchen mit der gleichen Orientierung wurden erhalten, wenn der Stein in einer Verbrennungsröhre, die Cl_2 unter einem Druck von etwa 1/2 at enthielt, 17 Std. auf 800° erhitzt worden war. Ätzverss. in feuchtem H_2 bei 820 u. 850° lieferten keine sicheren Ergebnisse. Schließlich wurde der Diamant in geschmolzenem Kimberlit auf etwa 1450° erhitzt. In diesem Fall hatten sich auf der Oberfläche scharfkantige dreieckige Grübchen in „negativer" Trigonorientierung gebildet, d. h. in der gleichen Orientierung wie die natürl. Trigone. (Philos. Mag. [8] **3.** 1273—79. Nov. 1958. Bristol, Univ., H. H. Wills Phys. Labor.)
C. GOTTFRIED. 190

Ernö Nemecz, *Modifikationen des Siliciumdioxydes.* Übersicht der neueren Forschungsergebnisse. (Épitőanyag [Baumaterial] **10.** 250—53. Juli 1958.) J. PLANK. 190

I. Ss. Delitzin, *Über die plastische Deformation von Quarzit.* Durch mkr. Unters. von Quarzitschliffen wird festgestellt, daß mit zunehmender Intensität des „Fließens" des Quarzmaterials die opt. Orientierung zunimmt. Die Deformation erfolgt ohne Unterbrechung der Kontinuität u. kann deshalb als plast. bezeichnet werden. Die plast. Deformation führt zu einer Änderung der Form u. einer Verringerung der Größe der Körner des den Quarzit bildenden Quarzes. Es ist somit erwiesen, daß die Veränderung der opt. Orientierung des Quarzes im Quarzit durch Deformation erfolgt. Damit wird die Hypothese der „Translation" über den Mechanismus der Umorientierung des Quarzes in ihrer Richtigkeit bestätigt u. die Hypothese der „Zertrümmerung" widerlegt. (Доклады Академии Наук СССР [Ber. Akad. Wiss. UdSSR] **122.** 691—93. 1/10. 1958. Inst. für Geol. der Erzvorkk., Petrograph., Mineral. u. Geochem.) O. LEBTAG. 190

G. W. Brindley und **M. Nakahira,** *Weitere Betrachtung über die Kristallstruktur von Kaolinit.* Vff. nehmen Bezug auf Unterss. von NEWNHAM u. BRINDLEY (vgl. C. **1957.** 12084) über die Strukturanalyse von Dickit, die Vff. nun benutzten, um die Schichtstruktur von Kaolinit genauer zu untersuchen. Es wurde hierdurch eine Erklärung für die trikline Symmetrie des Kaolinits gefunden u. ebenfalls damit eine bessere Übereinstimmung zwischen berechneten u. beobachteten Intensitäten. (Mineralog. Mag. J. mineralog. Soc. **31.** 781—86. März 1958. University Park, Pa., Pennsylvania State Univ., Dep. of Ceramic Technol.) C. GOTTFRIED. 195

A. McL. Mathieson, *Mg-Vermiculit: Verfeinerung und Neubestimmung der Kristallstruktur der 14,36 Å-Phase.* Die Verfeinerung der Kristallstruktur der 14,36 Å-Phase des Mg-Vermiculits ergab für die Silicatschichten keine neuen Gesichtspunkte. Jedoch muß angenommen werden, daß die W.-Moleküle asymm. schwingen oder daß die W.-Lagen regelmäßig fehlgeordnet sind nach der der bisher angenommenen entgegengesetzten Richtung. (Amer. Mineralogist **43.** 216—27. März/April 1958. Melbourne, Australia, Commonwealth Sci. and Ind. Res. Organizat.) J.-E. HILLER. 195

J. V. Smith und **P. Gay,** *Die Pulverdiagramme und Gitterparameter von Plagioklasfeldspäten.* 2. Mitt. (1. vgl. C. **1957.** 6070.) Aus Pulverdiagrammen einer großen Anzahl von analysierten Plagioklasen bestimmten Vff. die winkelmäßigen Abstände $[2\,\vartheta\,(131) + 2\,\vartheta\,(220) - 4\,\vartheta\,(1\bar{3}1)]$ u. $[2\,\vartheta\,(1\bar{1}\bar{1}) - 2\,\vartheta\,(\bar{2}01)]$. Bei der krit. Zusammenstellung der erhaltenen Werte wurde beobachtet, daß für Plagioklase mit An_0—An_{70} die petrolog. Umgebung einen großen Einfl. auf diese Abstände hat; ist der An-Geh. unabhängig be-

kannt so kann man den strukturellen Zustand (l. c. therm. Zustand genannt) sehr genau abschätzen. Für Plagioklase mit An_{70}—An_{100} treten nur geringe Änderungen in den Abständen u. dem strukturellen Zustand mit dem An-Geh. auf. Bei Feldspäten mit An_{85}—An_{100} wurden Widersprüche beobachtet, die darauf schließen lassen, daß andere Faktoren eine Deutung so stark beeinflussen, daß man nur qualitative oder halbquantitative Schlüsse ziehen kann. Betrachtungen über die Abstände u. Nebeninterferenzen von Na-Plagioklasen verschiedener geolog. Herkunft führten zu der Hypothese, daß sich in diesem Zusammensetzungsbereich auch Feldspäte pluton. Herkunft in einem metastabilen Zustand mit leicht regellosen Strukturen befinden. (Mineralog. Mag. J. mineralog. Soc. **31.** 744—62. März 1958. Cambridge, Univ., Dep. of Mineral. and Petrol.)
C. GOTTFRIED. 195

N. D. Lisgarten, *Eine Elektronenbeugungsuntersuchung von auf Silberjodid gebildeten Eisniederschlägen.* Mit dem von BLACKMAN u. LISGARTEN (vgl. C. **1958.** 645) beschriebenem App. u. der l. c. entwickelten Meth. erzeugte Vf. bei etwa — 100° durch Kondensation von Wasserdampf einen Nd. von hexagonalem Eis auf einem AgJ-Einkristallsubstrat u. untersuchte den Nd. mittels Elektronenbeugung. Es wurde beobachtet, daß sich das Eis orientiert auf dem AgJ abgesetzt hatte. Bemerkenswert war, daß auf den Diagrammen starke Interferenzen in den verbotenen Stellungen (hk*4) auftraten. Wurde die Substrattemp. auf etwa — 130° gebracht, wobei die Bldg. von kub. Eis zu erwarten war, dann konnten nur regellos angeordnete Kristallite von kub. Eis auf dem AgJ festgestellt werden. Bei einem dritten Vers. wurde das Substrat bei — 165°, dem Gebiet des „amorphen" Eises gehalten. Die Ndd. dieses Typs wurden hierauf langsam erwärmt, bis sich die kub. Form bildete. Auch in diesem Fall konnte keine Orientierung beobachtet werden. (Philos. Mag. [8] **3.** 1306—11. Nov. 1958. London, Imp. Coll., Phys. Dep.)
C. GOTTFRIED. 196

Jean Païdassi und **David Fuller,** *Über die Wachstums-Kinetik der oberflächlichen Oxydationsschicht auf Eisen in Wasserdampf bei erhöhten Temperaturen.* Es wurde der Oxydationsverlauf von Eisen in W.-Dampf bei Tempp. zwischen 700 u. 1250° durch Feststellung des jeweiligen Gewichtszuwachses untersucht. Die zeitliche Gewichtszunahme zeigt bei allen Tempp. erst ein lineares, dann ein parabol. Gesetz. Die Zeit, zu der der Übergang erfolgt, ist stark von der Temp. abhängig, sie fällt in dem genannten Intervall von 12 Std. auf einige Sek., etwa konstant bleiben dabei aber die Gewichtszunahme u. die Schichtdicke bis zu dieser Zeit mit ca. 10 mg/cm² u. 75 μ. Aus den in ihrer Temperaturabhängigkeit aufgetragenen Oxydationskonstanten läßt sich für beide Oxydationsprozesse keine Aktivierungswärme ableiten. (C. R. hebd. Séances Acad. Sci. **246.** 759—61. 3/2. 1958. Concepción, Univ., Dep. de Metallurgie.)
C. REUBER. 196

D. R. Brame und **T. Evans,** *Verformung von dünnen Filmen auf festen Unterlagen.* Auf Einkristalle von *Ag*, die bei einer Temp. von 270° gehalten wurden, wurden im Vakuum *Au, Pt, Rh* u. eine *Au-Pd*-Legierung mit 40% Au u. 60% Pd aufgedampft. Auf die gleiche Weise wurden auf großkörniges, polykristallines Pd Au- u. Rh-Filme aufgedampft u. schließlich wurden auf Ag-Einkristalle, die bei Zimmertemp. gehalten wurden, Pt, Rh u. die Au-Pd-Legierung aufgedampft. Die Dicke der Filme schwankte zwischen 300 u. 700 Å. Die Proben wurden hierauf durch Ziehen verformt (15% Verlängerung), die Filme durch Auflösen der Unterlage in 35%ig. HNO_3 isoliert u. elektronenmkr. nach der Transmissionsmeth. untersucht. Die beobachteten Verformungen, die in mehreren Reproduktionen wiedergegeben sind, werden ausführlich diskutiert. Es wird angenommen, daß die Art der Verformung durch die Leichtigkeit bestimmt wird, mit der Versetzungen aus dem Substrat in u. durch den Film eingeführt (injected) werden können. (Philos. Mag. [8] **3.** 971—86. Sept. 1958. Cambridge, Tube Investments Res. Labor.)
C. GOTTFRIED. 196

M. A. E. Nutkins, *Theorie der Phasenumwandlungen in Alkalimetallen.* Eine Theorie wurde vorgeschlagen, die die Phasenumwandlungen, die BARRETT in Li u. Na beobachtete, erklärt. Die elast. Konstanten für die flächenzentrierten u. raumzentrierten Strukturen sind berechnet u. für diese die freien Energien best. worden. Ein interessanter Schluß ist der, daß die elektrostat. u. ion. Terme nicht genügen, um die Phasenänderung zu erklären. Die FERMI-Energie der Leitungselektronen wird durch Scherung beeinflußt. Deshalb gibt dieser Teil der Gesamtenergie einen Beitrag zu den elast. Scherkonstanten. Der Unterschied zwischen den beiden kub. Strukturen wurde als nicht hinreichend für die beobachtete Phasenänderung gefunden. Eine Abschätzung der Übergangstemp. zeigt, daß diese im Bereich 40°—100° K liegt. (Proc. physic. Soc. **72.** 810—22. 1/11. 1958. London, Northern Polytechnic.)
H. K. HOFMEISTER. 197

I. Braun, F. C. Frank und **G. Meyrick,** *Korngrenzenätzung auf reinem Aluminium.* 99,99%ig. Al u. mittels der Zonenschmelzmeth. gereinigtes Al wurden nach 95%ig. Druckverformung 6—7 Tage bei — 45° rekristallisiert u. hierauf nach manuellem Polieren in einem Bad von 66% Essigsäureanhydrid u. 33% $HClO_4$ elektrolyt. poliert. Mit Hilfe des Ätzmittels von LACOMBE u. BEAUJARD (vgl. J. Inst. Metals **74.** [1948.] 7) wurden die Proben einmal direkt nach dem elektrolyt. Polieren geätzt, ein zweites Mal nach verschieden langem Aufbewahren bei Zimmertemp. u. schließlich zum ersten Mal nach Altern bei Zimmertemp. mit dem Ätzmittel behandelt. Es wurde beobachtet, daß die Korngrenzen direkt nach dem elektrolyt. Polieren von dem Ätzmittel nicht angegriffen wurden. Hatten die Proben jedoch einige Tage bei Zimmertemp. gelagert, dann wurden die Korngrenzen stark angegriffen. Es wird angenommen, daß dies Verh. auf Diffusion von Verunreinigungen entlang den Korngrenzen in den Oxydfilm zurückzuführen ist. (Philos. Mag. [8] **3.** 1312—17. Nov. 1958. Haifa, Inst. of Technol.; Bristol, Univ., H. H. Wills Phys. Labor.) C. GOTTFRIED. 197

R. Phillips und **N. C. Welsh,** *Untersuchung der Ätzstruktur auf Aluminium mittels Transmissionselektronenmikroskopie.* 2,5 μ dicke Folien von 99% Al wurden im Vakuum bei 350° angelassen u. durch Schwimmen auf 1%ig. HF auf eine Dicke von > 1000 Å gebracht, auf Cu-Gittern montiert u. elektronenmkr. in Transmission untersucht. Es wurde eine Cellularstruktur mit Abständen von 0,2 μ beobachtet, die der n. Subkonstruktur überlagert war. Diese Struktur war sehr ähnlich der, die von anderen Seiten auf den Abdrükken von chem. poliertem Al beobachtet u. als Kristallfehlorientierungen gedeutet worden war. Elektronenbeugungsaufnahmen zeigten jedoch keine Kristallfehlorientierung; die Cellularstruktur entsteht daher aus dem Oberflächenätzprozeß u. steht in keiner Beziehung zu der Verteilung von Versetzungen in dem Metall. (Philos. Mag. [8] **3.** 801—05. Aug. 1958. Aldermaston, Assoc. Electr. Ind. Ltd., Res. Labor.) C. GOTTFRIED. 197

P. B. Hirsch, J. Silcox, R. E. Smallman und **K. H. Westmacott,** *Versetzungsschleifen in abgeschrecktem Aluminium.* Vff. schreckten 0,075 mm dicke Proben von polykristallinem 99,995%ig. Al von etwa 600° in einer $CaCl_2$-Lsg. von — 45° ab, reduzierten die Dicke der Proben durch elektrolyt. Polieren in einer Lsg. von 20% $HClO_4$ u. 80% A. u. untersuchten die Blättchen elektronenmkr. nach der Transmissionsmethode. Beobachtet wurde eine größere Anzahl von Versetzungsschleifen mit Durchmessern von mehreren 100 Å. Einige der Schleifen hatten eine hexagonale Form, traten auf (111)-Ebenen auf u. hatten einen BURGERS-Vektor 1/2 [110], nicht in der Ebene der Schleife. Die Schleifen sind wahrscheinlich durch das Zusammenbrechen von Scheiben von Leerstellen entstanden, u. zwar bei einer Leerstellenkonz. von 10^{-4}. Einige der Schleifen verschwanden während der Beobachtung infolge prismat. Gleitens. In der Nähe von Korngrenzen treten von Schleifen leere Zonen auf. (Philos. Mag. [8] **3.** 897—908. Aug. 1958. Cambridge, Cavendish Labor.; Harwell, A. E. R. E., Metallurgy Div.) C. GOTTFRIED. 197

C. Panseri und **T. Federighi,** *Isochronales Anlassen von Leerstellen in Aluminium.* An 99,995%ig. Al verfolgten Vff. mit Hilfe von Messungen des elektr. Widerstandes bei der Temp. des fl. N_2 an etwa 1 mm starken Drähten das Ausheilen von durch Abschrecken eingeführten Leerstellen durch isochronales Anlassen. Die Abschrecktempp. lagen zwischen 600 u. 360°. Es wurde gefunden, daß der Anlaßprozeß in 2 Stufen verläuft, wobei die eine Stufe etwa bei Zimmertemp. liegt, u. zwar bei um so tieferer Temp., je höher die Abschrecktemp. lag. Es wurde weiter festgestellt, daß auch die beobachteten Wanderungsenergien von 0,37—0,58 eV u. die mittlere Anzahl von Sprüngen für die Auslöschung sehr empfindlich gegenüber der Anfangskonz. von Leerstellen, d. h. der Abschrecktemp. sind. Die zweite Stufe des Anlaßprozesses liegt bei etwa 160° u. nimmt ebenfalls mit der Abschrecktemp. zu; ihre Aktivierungsenergie beträgt 1,3 ± 0,2 eV. Die erste Stufe des Anlaßprozesses ist in der Hauptsache auf die Zusammenhaltung von Leerstellen zurückzuführen, die zweite Stufe auf darauffolgende Dispersion dieser Anhäufungen durch Selbstdiffusion. (Philos. Mag. [8] **3.** 1223—40. Nov. 1958. Novara, Italy, Ist. Sperimentale Metalli Leggeri.) C. GOTTFRIED. 197

A. P. Greenough, *Die Verformung von Metallen durch Selbstdiffusion.* Vf. untersuchte krit. experimentelle Ergebnisse aus der Literatur über die Verformung von *Cu, Ag, Au, Ni, Al* u. *Sn* beim Erhitzen der Metalle bis nahe an ihren Schmelzpunkt. Speziell wurde die Frage diskutiert, ob die Theorie von NABARRO (vgl. Rep. of a Conference on the Strength of Solids, London, Phys. Soc. [1948.] 75) u. HERRING (vgl. C. **1952.** 652) aufgrund der neueren experimentellen Ergebnisse noch Gültigkeit besitzt. Es scheint, daß bei einer gegebenen Spannung einer Anfangsperiode, in der die Verformungsgeschwindigkeit abnimmt, eine zweite Periode folgt, in der die Verformungsgeschwindigkeit konstant ist. Die letztere Beobachtung steht in Übereinstimmung mit der obigen Theorie. In der Anfangsperiode kann man die höhere Verformungsgeschwindigkeit nicht nur den Knicken an den Korngrenzen zuschreiben. Es wird angenommen, daß sich Kantenversetzungen um geeignete Knoten u. in Ebenen senkrecht zu ihren Gleitebenen drehen u. so als Quellen für Leerstellen während dieser Anfangsperiode wirken. (Philos. Mag. [8] **3.** 1032—41. Sept. 1958. Swansea, Univ. Coll.) C. GOTTFRIED. 197

Masanobu Sakamoto, *Diffusion von Kobalt in Kupfereinkristalle.* Messungen des Diffusionskoeff. von Co in Cu wurden im Temp.-Bereich von 950 bis 700° mit ^{60}Co als Indicator durchgeführt. Man erhält D = 5,7 exp(—55 200/RT) cm^2/sec. Daraus folgt, daß die Aktivierungsenergie größer ist als bei der Cu-Selbstdiffusion. Der negative Wert der Zusatzvalenz Z der Verunreinigung scheint die Theorie von den Abschirmungseffekten zu bestätigen. (J. physic. Soc. Japan **13.** 845—47. Aug. 1958. Sendai, Tohoku Univ., Res. Inst. for Iron, Steel and Other Metals. [Orig.: engl.])
H. K. HOFMEISTER. 197

J. Friedel, *Metallische Legierungen.* Vf. berichtet über Näherungsmethoden erster Ordnung, z. B. MOTTS (1934) Behandlung von *PdAu-* u. *Cr*-Legierungen u. Einfl. der Legierungspartner auf die Zonengrenzen (JONES, 1935). Ferner werden bessere Näherungsmethoden für kleine Störungen, hervorgerufen durch Zulegieren, vor allem die THOMAS-FERMI-Näherung, diskutiert. Schließlich wird über starke Störungen, die beim Zulegieren von Übergangselementen auftreten, z. B. AlNi u. anomale ferromagnet. Legierungen, die bei Ni u. Co auftreten, berichtet. — 40 Literaturzitate. (Suppl. del Nuovo Cimento Nr. 2 (zu [10] **7**). 287—311. 1958. Paris, Sorbonne.) H. K. HOFMEISTER. 197

C. W. Haworth und **W. Hume-Rothery,** *Eine Bemerkung über Legierungen der Übergangsmetalle.* An Hand von neuen Literaturdaten diskutieren Vff. die Zusammensetzungsgrenzen der verschiedenen Kristallstrukturen, die in den Legierungen der Übergangselemente der Gruppen V A—VIII C auftreten. Die Legierungen der Elemente der Gruppe VI umfassen die Legierungen von *Cr, Mo* u. *W* mit *Mn, Fe, Co, Ni, Tc, Ru, Rh, Pd, Re, Os, Ir* u. *Pt,* die der Elemente der Gruppe V die Legierungen von *V, Nb* u. *Ta* mit den gleichen Elementen wie oben. Die verschiedenen auftretenden Strukturen sind in Diagrammen wiedergegeben. Bei den Cr-Legierungen zeigen die σ-Phasenfelder die charakterist. Verschiebung in der Reihenfolge Mn → Fe → Co u. Re → Os. Die hexagonal dichtest gepackten oder ε-Phasen bewegen sich in der gleichen Richtung von Ru → Rh. Die β-W-Phasen haben angenähert dieselbe Zus. in den Legierungen mit Ru, Rh, Ir u. Pt. In den Mo-Legierungen verschieben sich die σ-Phasen in der Folge Mn → Fe → Co u. Re → Os → Ir, die ε-Phasen in der Reihenfolge Ru → Rh→ Pd u. Re → Os → Ir. Die Verschiebung der σ-Phasen in den W-Legierungen verläuft nach Fe → Co u. Re → Os → Ir, die der ε-Phasen nach Ru → Rh u. Os → Ir. In den V-Legierungen verlaufen die Verschiebungen in der Reihenfolge Mn → Fe → Co → Ni für die σ-Phasen u. in der Folge Ru → Rh für die ε-Phasen. Bei den Nb-Legierungen verschieben sich die σ-Phasen in der Reihenfolge Re → Os → Ir, obwohl nur eine geringe Änderung in den Zuss. der σ-Phasen in der Reihenfolge Rh → Pd u. Ir → Pt auftritt. Die α-Mn-Phasen folgen der Reihe Re → Os, obwohl sich die mittlere Zus. der primären festen Lsgg. ε gering in umgekehrter Richtung ändern können. Die Ta-Legierungen, die nur unvollkommen bekannt sind, zeigen eine Verschiebung der σ-Phasenfelder in der Reihenfolge (Re, Os) → (Ir, Pt). Ganz allgemein ergab sich, daß die Zuss. der β-W-Phasen stets nahe dem Verhältnis A_3B ist, wo A ein Element der Gruppe V oder VI u. B der Gruppe VIII ist. Mit sehr wenigen Ausnahmen verschieben sich die Zuss. der σ-, α-Mn- u. ε-Phasen in den Legierungen irgend eines Metalls der Gruppen V oder VI beim Übergang des zweiten Metalls in der Reihenfolge Gruppe VII → VIII A → VIII B → VIII C. Bei allen Legierungen verläuft die Reihenfolge der auftretenden Strukturen in dem folgenden Sinne: raumzentriert kub. → β-W → σ → α-Mn → ε → flächenzentriert kubisch. (Philos. Mag. [8] **3.** 1013—19. Sept. 1958. Oxford, Univ. Museum, Dep. of Metallurgy.)
C. GOTTFRIED. 197

Je. M. Ssawitzki und **W. F. Terechowa,** *Yttrium und dessen Legierungen.* Untersucht wurden Plastizität, Festigkeit, Mikrostruktur u. Legierungsfähigkeit von 96,5%ig. Y (F. 1500 ± 20°; D. 4,5). Beim Ätzen mit 0,5%ig. HNO_3 in A. erscheint eine Zweiphasenstruktur, wobei die in kleinerer Menge anwesende Phase dendrit. an den Korngrenzen gelagert ist. — Y u. Ce mischen sich in allen Verhältnissen; mit Al, Fe u. Cu bildet Y eutekt. Lsgg.; in Cr-, Ti- u. Zr-Legierungen ist Y nur in sehr kleinen Mengen löslich, zeigt peritektoide Rkk. in einem engen Konz.-Bereich u. bei größerer Konz. eine Entmischung. In V, Nb, Ta u. Mo ist Y prakt. unlöslich. Bei allen untersuchten Legierungen hat ein kleiner Y-Zusatz (0,1—0,2%) ein Verfeinern des Kornes u. bei Al- u. Mg-Legierungen auch eine Verfestigung zur Folge. (Цветные Металлы [Nichteisenmetalle] **32.** Nr. 1. 48—53. Jan. 1959. Moskau, Inst. für Metallurgie der Akad. der Wiss. der UdSSR.) H. TŮMA. 197

B. A. Rogers und **D. F. Atkins,** *Zirkonium–Niob-Diagramm.* Wiedergabe u. Deutung des Zr–Nb-Diagramms. (J. Metals **7.** Nr. 9, Sect. 2. AIME Trans. **203.** Ames, Io., Iowa State Coll., Inst. for Atomic Res. and Dep. of Chem.) W. WESLY. 197

Heinz Borchers und **Hans Jordan,** *Rekristallisationsuntersuchungen an einer sechsprozentigen Zinnbronze.* (Vgl. C. **1959.** 11160.) An einer 6%ig. Sn-Bronze wurde

das Rekristallisationsverh. bei Glühtempp. zwischen 450 u. 800° sowie Verformungsgraden von 5—95% durch Gefügebetrachtung, Planfilm-Röntgenrückstrahlaufnahmen u. Härtemessungen untersucht. Drei charakterist. Formen des Rekristallisationsablaufes konnten hauptsächlich festgestellt werden: a) ungestörter Rekristallisationsablauf mit anschließender mäßiger Kornvergrößerung ohne Auftreten von im Röntgenbild sichtbaren Spannungen oberhalb des Gebietes der krit. Verformung bis zu einer Glühtemp. von 600°; b) Rekristallisation hauptsächlich über Korngrenzenwanderung ohne eigentliche Kernbildg. im krit. Gebiet zwischen 5 u. 10% Verformung u. c) Rekristallisationsablauf unter Auftreten von im Röntgenbild sichtbaren Spannungen während der Kornvergrößerung im Bereich sehr schnellen Kornwachstums ab 700° Glühtemp. u. vorwiegend bei hohen Verformungsgraden. Rekristallisationsdiagramme u. eine Tabelle wurden entworfen, in denen 1) das zeitliche Intervall der Bearbeitungsrekristallisation in Abhängigkeit von Glühtemp. u. Verformungsgrad aufgetragen ist; 2) die mittlere Korngröße am Ende der Bearbeitungsrekristallisation, also die minimal bei dem betreffenden Verformungsgrad erzielbare mittlere Korngröße in Abhängigkeit von Glühtemp. u. Verformungsgrad mit an den Meßpunkten beigeschriebenen Glühzeiten aufgetragen ist u. 3) tabellar. in Abhängigkeit von Glühtemp. u. Verformungsgrad die zur Erreichung einer mittleren Korngröße von 20, 50, 100, 200, 500, 1000 u. 5000 μ^2 erforderlichen Glühzeiten aufgeführt sind. (Z. Metallkunde **50.** 75—80. Febr. 1959. München, T. H.)
H. HOCHSTEIN. 197

Horst Böhm, *Die diskontinuierliche Ausscheidung in Kupfer-Indium-Legierungen.* An Cu-Legierungen mit 4, 6, 10, 12,5 u. 15% In wurde die Ausscheidung der δ-Phase aus dem übersättigten α-Mischkristall im Temp.-Bereich von 200—480° untersucht. Im Bereich der lamellaren diskontinuierlichen Ausscheidung läßt sich die Ausscheidung durch die Ansätze von TURNBULL beschreiben. Aus Werten der Wachstumsgeschwindigkeit u. des Lamellenabstandes der Ausscheidungszellen berechnet sich die Aktivierungsenergie der Korngrenzendiffusion zu 20 kcal/g-At. bei 15(%) In, ansteigend auf 23 kcal/g-At. bei 6 In. Im Gebiet, in dem die diskontinuierliche Ausscheidung in Form lichtmkr. nicht auflösbarer Säume an den Korngrenzen auftritt, verläuft das Wachstum dieser Ausscheidungsbereiche langsamer, als sich aus der Berechnung ergibt. Der Übergang der diskontinuierlichen in die kontinuierliche Ausscheidung verschiebt sich mit steigendem In-Geh. etwas zu höheren Tempp., u. zwar in dem Maße, daß die beim Übergang vorhandene Übersättigung der Mischkristalle stark zunimmt. Eine Kaltverformung hat keine beachtbare Verschiebung des Übergangsbereiches zur Folge. Die Unters. des Einfl. einer Verformung auf die die Geschwindigkeit der Ausscheidung bestimmenden Größen ergab bei Verformungen bis 20% keine merkliche Abhängigkeit der Wachstumsgeschwindigkeit u. des Lamellenabstandes. Dagegen steigt die Keimzahl durch Kaltverformung stark an. Bei höheren Verformungsgraden läßt sich die Wachstumsgeschwindigkeit infolge der stark anwachsenden Keimzahl nur sehr schwer bestimmen. (Z. Metallkunde **50.** 87—93. Febr. 1959. Frankfurt/M., Metallges.) H. HOCHSTEIN. 197

S. S. Lu und **T. Chang,** *Kristallstrukturänderungen in der τ-Phase von Aluminium-Kupfer-Nickel-Legierungen.* — Vgl. C. **1958.** 5891. (Sci. sinica **6.** 431—66. Juni 1957. Inst. of Appl. Phys. of the Acad. Sinica.) H. K. HOFMEISTER. 197

Hermann Schenck, Hans Baumann und **Matthias Nacken,** *Ein eigenartiges Erstarrungsgebilde aus einer Eisenschmelze.* Dampfdruck u. Sättigungsgrad beeinflussen das Wachstum von Kristallen aus der Dampfphase. Die abgeschiedenen Kristalle zeigen mannigfache Formen. Bei eigenen Schmelzverss. unter Vakuum wurde ein stengeliges Erstarrungsgebilde beobachtet, das sich aus einem 48 g schweren Eisentropfen entwickelt hatte. Die unterschiedlich ausgebildeten Stifte waren innen hohl u. an der Spitze verschlossen. Schliffbilder des Gefüges zeigten unregelmäßig große Körner, die teils über die ganze Wandung der Stifte reichten. Wahrscheinlich haben sich Gase aus der Kokille, auf die der Tropfen gefallen war, durch die fl. Phase Zugang zum Vakuum schaffen wollen u. dabei die Stifte gebildet. Das an ihrer Oberfläche beobachtete Dendritengefüge hat seine Ursachen im unbehinderten Wachsen. An der Spitze der Stifte wurden kleine Splitter gefunden. Es wird angenommen, daß diese Teilchen die Oberflächenspannung an den betreffenden Stellen gemindert u. somit das Herauswachsen von Kristallstengeln aus dem Tropfen erleichtert haben. (Arch. Eisenhüttenwes. **29.** 773—74. Dez. 1958. Aachen, T. H.) H. HOCHSTEIN. 197

C. G. Dunn, (*110*) [*001*]-*Komponente vor sekundärer Rekristallisation in dreiprozentigem Siliciumeisen.* Vf. bespricht krit. Beobachtungen von FIEDLER (vgl. C. **1959.** 5054) im Zusammenhang mit eigenen früheren Beobachtungen (vgl. J. appl. Physics **25.** [1954.] 233.) (J. appl. Physics **29.** 1608—09. Nov. 1958. Schenectady, N. Y., General Electric Res. Labor.) C. GOTTFRIED. 197

Stanislav Drápal, *Einfluß von Silicium und Chrom auf Lage und Erstarrungsintervall der eutektoiden Temperatur.* Bei Überschreitung der unteren eutektoiden Temp. (ET) tritt in perlit. Gußeisen vorzüglich in den mittleren Dendritgebieten Austenitbldg. ein. Die Austenitmenge wächst im Erstarrungsintervall der ET linear mit steigender Temperatur. Die letzten Ferritteilchen scheiden sich in der Nähe der oberen ET in der Umgebung von Graphit aus. Mit steigendem Si-Geh. steigt die obere u. untere ET, das Intervall zwischen beiden wird größer. Ggw. von Cr führt zu Senkung der oberen u. Erhöhung der unteren ET; der Einfl. ist nicht linear u. hängt vom Si-Geh. ab (25 Mikrophotographien u. Diagramme). (Hutnické Listy **12.** 769—77. Sept. 1957. Praha, Výzk. úst. materiálu a technol.) E. ROTTER. 197

K. W. Andrews, *Die Berechnung der Umwandlungstemperaturen und der Austenit-Ferrit-Gleichgewichte in Stählen.* Die prakt., jedoch nur qualitative Einteilung der Legierungselemente in Stählen in Austenit- u. Ferrit-Bildner wird mit der Klassifizierung bin. Eisenlegierungen von WEVER sowie mit der quantitativen Behandlung von ZENER u. anderen in Verbindung gebracht. Eine thermodynam. Quantität, wie sie in den Gleichungen von ZENER enthalten ist, kann als die „relative Stärke" des Elementes in seiner Eig. als *Ferrit*-Bildner ($\Delta H > 0$) bzw. *Austenit*-Bildner ($\Delta H < 0$) betrachtet werden. Für Stähle, die Austenit u. Ferrit gleichzeitig enthalten, können bei einer gegebenen Temp. die Anteile dieser beiden Phasen sowie ihre Zus. berechnet werden. Es werden einige Anwendungsbeispiele von Stählen gegeben, wozu auch eine Reihe von *P*-haltigen Stählen gehört, bei denen die Löslichkeit von P bei der Wärmebehandlungstemp. abgeleitet wird. Hierbei ergibt sich, daß die P-Löslichkeit bei 930° in Stählen mit 0,5% *Mo* etwa 0,05% beträgt. Wenn das Gleichgewicht zwischen der γ-Phase u. dem Phosphid anstatt zwischen der $\alpha + \gamma$-Phase u. dem Phosphid berechnet wird, kann die Löslichkeit nicht größer als 0,05% sein. Die Ergebnisse stimmen mit den Festigkeitseigg. der Stähle überein. Untersucht wurden auch Stähle mit 7% *Cr* u. unterschiedlichen Gehh. an Mo u. anderen Elementen. Bei Lösungstempp. von 950—1050° enthielten diese Stähle sowohl Austenit als auch Ferrit. Eine gute Übereinstimmung wurde zwischen den berechneten Gleichgewichtsanteilen von Ferrit u. Austenit u. dem mkr. bestimmten Betrag festgestellt. Die Übereinstimmung ist am besten, wenn das gesamte Carbid in Lsg. ist. Die Berechnung wird unzuverlässig, wenn starke Carbidbildner, wie *Ti*, *Nb* u. dgl., vorhanden sind. (J. Iron Steel Inst. **184.** 414—27. Dez. 1956. Rotherham, United Steel Co. Ltd.) H. HOCHSTEIN. 197

Ivan Hrivňák, *Beitrag zur Untersuchung der Morphologie des lamellaren Perlits in Stahl mit 2,8% Kupfer.* Die Cu-reiche Phase in Stahl mit 0,1% C u. 2,8% Cu wird entweder an den ferrit. Korngrenzen am Rande des Perlits, im eigentlichen Perlit oder im Inneren der ferrit. Körner in feiner Dispersion ausgeschieden (9 Elektronenmikrogramme). Aufbau des perlit. Kornes. (Hutnické Listy **12.** 801—03. Sept. 1957. Bratislava, Výsk. úst. sváračský.) E. ROTTER. 197

Volker Schumacher, *Ausscheidungs- und Auflösungsvorgänge im System Kupfer-Eisen.* Als Meßgrößen dienten der elektr. Widerstand u. die Thermokraft, die beide auf kleine Mengen Fe im Mischkristall stark ansprechen. Der bei Cu-Drähten mit geringen Beimengungen bekannte Einfl. der Glühtemp. auf den elektr. Widerstand wird bestätigt u. mit Hilfe parallel laufender Thermokraftmessungen erörtert. Wie Glühverss. im Mischkristallgebiet zeigen, ist der Widerstand nicht unabhängig von der Glühtemperatur. Abschrecken von Tempp. weit oberhalb der jeweiligen Sättigungstemp. an Fe liefert einen kleineren Widerstandswert als Abschrecken von niedrigeren, auch im Mischkristallgebiet gelegenen Temperaturen. Die Beeinflussung der Thermokraft ist analog. Es wird hierzu angenommen, daß es während des Abschreckens von hoher Temp. gelingt, vor Erreichen der Löslichkeitslinie im Draht eine größere Fehlstellenkonz. zu erhalten, als wie sie sich bei Glühung kurz oberhalb der Löslichkeitslinie einstellt. Beim Abschrecken von hoher Temp. tritt daher nach Überschreiten der Löslichkeitslinie eine stärkere Diffusion ein als beim Abschrecken von niedrigerer, auch im Mischkristallgebiet gelegener Temperatur. Es wird gefolgert, daß auch nach Abschrecken aus dem Mischkristallgebiet Fe z. T. in ausgeschiedener Form vorliegt, was durch magnet. Messungen bestätigt wird. Wegen der kurzen Abschreck- u. damit Ausscheidungszeit muß das ausgeschiedene Fe in feinverteilter Form vorliegen. Auslagerungsverss. im Zweiphasengebiet lassen darauf schließen, daß sich dem zu erwartenden Ausscheidungsvorgang eine Auflsg. der durch den Fehlstellenmechanismus begünstigten kleinen Ausscheidungen überlagert. Ähnliche Verhältnisse werden bei Auslagerungsverss. hartgezogener Drähte gefunden. (Z. Metallkunde **50.** 81—86. Febr. 1959. Göttingen, Univ.) H. HOCHSTEIN. 197

Günter Wassermann und **Peter Wincierz,** *Einfluß von Abschreckspannungen auf die Änderung der Gitterkonstanten bei der Aushärtung von Eisen–Kupfer-Legierungen.* Den Ablauf von Aushärtungsvorgängen, die mit Ausscheidungen verbunden sind, kann man an der Änderung der Gitterkonstanten des übersättigten Mischkristalls verfolgen. Da die Gitterkonstante nicht nur von der Konz. des Mischkristalls, sondern auch von Spannungen beeinflußt werden kann, lassen sich nur aus spannungsfrei gemessenen Gitterkonstanten Rückschlüsse auf den Ausscheidungsverlauf ziehen. Nach einem von DURER vorgeschlagenen Verf. kann die Gitterkonstante des spannungsfreien Zustandes an verspannten Proben unmittelbar in der dehnungsfreien Richtung des ebenen Spannungszustandes gemessen werden. Die Aushärtung einer Fe–Cu-Legierung mit 2% Cu wurde an Proben verfolgt, die nach dem Abschrecken unter Eigenspannungen standen. An diesen Proben wurden die Änderungen der Gitterkonstanten im spannungsfreien u. verspannten Zustand sowie die Änderung der Eigenspannungen gemessen. Es zeigte sich, daß die aus den üblichen Rückstrahlaufnahmen mit senkrechter Einstrahlung entnommenen Gitterkonstanten spannungsbehafteter Proben keinen Zusammenhang mit dem Ausscheidungsverlauf erkennen ließen. Wegen ähnlicher Beobachtungen ist bereits früher die Gitterkonstante als eine zur Unters. von Aushärtungsvorgängen ungeeignete Meßgröße abgelehnt worden. Die mit Schrägaufnahmen in der dehnungsfreien Richtung des ebenen Spannungszustandes gemessenen Gitterkonstanten geben dagegen den Ausscheidungsverlauf deutlich wieder. (Arch. Eisenhüttenwes. **29.** 785—92. Dez. 1958. Clausthal, Bergakad.) H. HOCHSTEIN. 197

Erhard Hornbogen, *Aushärtung von abgeschrecktem Beta-Messing zwischen 200 und 300°.* Übersättigtes β-Messing mit etwa 60% *Cu* wurde im Temp.-Bereich zwischen 200 u. 300° ausgelagert. Beginn u. Verlauf der Ausscheidung u. der damit verbundenen Aushärtungserscheinungen wurden untersucht u. dabei festgestellt, daß sich nach einer Anlaufzeit bes. an Kleinwinkelkorngrenzen u. im Inneren der Körner neue Phasen bilden. Die Umwandlung vom kub. raumzentrierten ins flächenzentrierte Gitter geht über zwei tetragonale Zwischenzustände Z_β u. Z_α. Die Härtesteigerung ist mit dem Auftreten dieser Phasen verbunden. Im weiteren Verlauf der Auslagerung gehen diese Phasen in α-Messing über. Die Keimbldg. zu diesem Ausscheidungsvorgang kann durch von außen einwirkende Spannungen beeinflußt werden. Es handelt sich um einen bes. Fall einer Ausscheidung, bei der die neue Phase sehr leicht durch einen Schervorgang gebildet werden kann. (Z. Metallkunde **50.** 70—74. Febr. 1959. Clausthal, Bergakad.) H. HOCHSTEIN. 197

C. J. Maiden und **J. D. Campbell,** *Die statische und dynamische Festigkeit eines Kohlenstoffstahls bei tiefen Temperaturen.* Nach einem kurzen Überblick über Verss. von anderen Seiten über den Einfl. der Temp. auf die stat. u. dynam. Festigkeit von Stahl beschreiben Vff. eigene Verss., bei denen kleine Proben eines Stahls mit 0,32% C mit hohen Verformungsgeschwindigkeiten u. bei Tempp. von 15° bis — 121° Druckbeanspruchungen ausgesetzt wurden. Die aus diesen Verss. erhaltenen dynam. Druck-Verformungskurven wurden mit Kurven verglichen, die aus Verss. mit n. Verformungsgeschwindigkeiten u. bei Tempp. von 15° bis — 183° erhalten worden waren. Aus diesem Vgl. ergab sich, daß die Erhöhung der mittleren Verformungsgeschwindigkeit bis auf 600 sec^{-1} auf die Druck-Verformungskurve einen ähnlichen Einfl. ausübt wie die Erniedrigung der Temp. auf — 183°: Die obere Streckgrenze ist $2^1/_2$mal so groß, u. auch die untere Streckgrenze nimmt beträchtlich zu. Eine metallograph. Unters. der Proben zeigte, daß die Gleitung in dem Ferrit bei niedrigen Tempp. u. n. Verformungsgeschwindigkeiten feiner ist als die bei Zimmertemp. erhaltene Gleitung; auch mehrfache Gleitung tritt nur selten auf. Die gleichen Eigg. wurden auch bei hohen Verformungsgeschwindigkeiten beobachtet. Bei den stat. Verss. trat auch bei den tiefsten Tempp. Zwillingsbldg. nicht auf. Bei den dynam. Verss. wurden Zwillinge bei tiefen Versuchstempp. festgestellt. (Philos. Mag. [8] **3.** 872—85. Aug. 1958. Oxford, Univ., Engng. Labor.) C. GOTTFRIED. 200

W. D. Sylwestrowicz und **D. F. Gibbons,** *Über die Temperaturabhängigkeit der Streckgrenze für Aluminium.* Vff. untersuchten, ob das Verhältnis der Streckgrenze zu dem elast. Modul σ/G für Al unabhängig von der Temp. ist. Zu diesem Zweck wurde der Schermodul in der Gleitebene {111} mit Hilfe der 3 elast. Moduln für Kristalle kub. Symmetrie mit Hilfe der Daten von SUTTON (vgl. C. **1955.** 6471) bis zu Tempp. des fl. N_2 berechnet. Für das Verhältnis der Moduln bei Zimmertemp. u. der Temp. des fl. N_2 ergab sich der Wert 1,1, er ist damit kleiner, als notwendig wäre, um das Verhältnis σ/G unabhängig von der Temp. zu machen. (Philos. Mag. [8] **3.** 1326—27. Nov. 1958. Murray Hill, N. J., Bell Telephone Labors., Inc.) C. GOTTFRIED. 200

W. J. M. Tegart und **Oleg D. Sherby,** *Aktivierungsenergien für Hochtemperaturkriechen von polykristallinem Zink.* An polykristallinem Zn führten Vff. zwischen etwa 350° K u. etwa 680° K Kriechverss. unter Druckbelastung durch. Die Aktivierungsenergien Q_c wurden mit Hilfe der Beziehung $\dot{\varepsilon}_1/\dot{\varepsilon}_2 = \exp(-Q_c/RT_1)/\exp(-Q_c/RT_2)$ berechnet, wo $\dot{\varepsilon}_1$ die Kriechgeschwindigkeit für eine gegebene Kriechspannung u. -verformung bei der Temp. T_1 u. $\dot{\varepsilon}_2$ die Kriechgeschwindigkeit bei der gleichen Spannung u. Verformung bei der Temp. T_2 u. R die Gaskonstante bedeuten. Trägt man Q_c graph. gegen die Temp. auf, dann ist ersichtlich, daß 2 Prozesse mit verschied. Aktivierungsenergien vorhanden sind. Ein Prozeß mit einer niedrigen Aktivierungsenergie tritt unterhalb 0,6 Tm (Tm = absolute Schmelztemp.) auf, ein Prozeß mit hoher Aktivierungsenergie oberhalb 0,8 Tm. Der Wert von Q_c unterhalb 0,6 Tm beträgt etwa 21 kcal/Mol u. ist angenähert gleich dem Wert für Selbstdiffusion Q_d. Diese Gleichheit zwischen Q_c u. Q_d läßt vermuten, daß Kriechen von polykristallinem Zn in diesem Temperaturbereich durch irgendeine Art von Versetzungskletterprozeß bestimmt wird. Q_c in dem Temperaturbereich $>$ 0,8 Tm beträgt 38,0 kcal/Mol. Es wird angenommen, daß das Kriechen in diesem Temperaturbereich durch kristallograph. Fließen auf der Prismenfläche bestimmt wird. (Philos. Mag. [8] **3.** 1287—96. Nov. 1958. Sheffield, Univ., Dep. of Metallurgy; Stanford, Calif., Univ., Dep. of Metallurgical Engng.) C. GOTTFRIED. 200

P. Feltham, *Über die Ermüdungsgrenze von Metallen.* Unter Bezugnahme auf seine Annahme, daß eine enge Beziehung zwischen der Emüdungsgrenze σ_f bei Zug- u. Druckbelastungen u. der krit. Zugbeanspruchung σ_c, unterhalb der in flächenzentriert-kub. Metallen beim Zugvers. keine Gleitbanden auftreten, bestehen sollte, untersucht Vf. an Hand von experimentellen Daten, ob eine Temperaturabhängigkeit von σ_f/σ_c vorhanden ist, die zu erwarten wäre, wenn σ_f gleich oder proportional zu σ_c wäre. Aus den krit. untersuchten Versuchsergebnissen wird geschlossen, daß diese Temperaturabhängigkeit von σ_f/σ_c sehr wahrscheinlich ist. (Philos. Mag. [8] **3.** 806—10. Aug. 1958. Leeds, Univ., Dep. of Metallurgy.) C. GOTTFRIED. 200

J. W. Allen, *Über die Verzögerungszeit im plastischen Fließen von Indiumantimonid.* (Vgl. C. **1959**. 408.) Vf. belastete einachsig durch Druck zwischen 150 u. 350° rechteckige Einkristallblöcke von Indiumantimonid u. bestimmte die Zeit bis zum Beginn der plast. Verformung. Die angewandten Druckbelastungen betrugen 10^6—10^7 dyn/cm². Das Einsetzen der plast. Verformung war aus der Zunahme der Versetzungen erkennbar, die durch geeignetes Ätzen sichtbar gemacht wurden. Es konnte eine empir. Beziehung gefunden werden. (Philos. Mag. [8] **3.** 1297—1305. Nov. 1958. Baldock, Serv. Electron., Res. Labor.) C. GOTTFRIED. 200

John Handin und **Rex V. Hager jr.,** *Experimentelle Deformation von sedimentären Gesteinen unter allseitigem Druck: Versuche bei höherer Temperatur.* Die Verss. wurden mit Anhydrit, Dolomit, Kalk, Sandstein, Schiefer, Schieferton u. Steinsalzeinkristallen durchgeführt. Erhöhung des Drucks erhöht in allen Fällen die Druckfestigkeit, Erhöhung der Temp. erniedrigt sie. Erhöhung des Drucks bei konstanter Temp. erhöht die Zugfestigkeit. Durch Erhöhung der Temp. bei konstantem Druck kann bei selbsthärtenden Gesteinen sich die Zugfestigkeit erhöhen, sonst wird sie erniedrigt. Die Wrkg. der Temperaturerhöhung auf 300° auf die Druck- u. Zugfestigkeit bei Anhydrit, Dolomit, Sandstein u. Schiefer ist gering. Die Druckfestigkeit von Kalk, Tonschiefer u. Schieferton ist 50% geringer als bei Raumtemp. u. bei Steinsalz um das 7fache kleiner. (Bull. Amer. Assoc. Petroleum Geologists **42.** 2892—2934. Dez. 1958. Houston, Tex., Shell Developm. Corp.) F. ENSSLIN. 200

Peter Schiller, *Die mechanische Relaxation in reinen Eiseinkristallen.* Vf. untersuchte mit Hilfe der Eigenschwingungen zusammengesetzter Resonatoren eine mechan. Relaxation in Eiseinkristallen im Frequenzgebiet zwischen 800 u. 6000 Hz u. in dem Temperaturbereich zwischen 0° u. — 100°. Die Erscheinung, die abhängig vom Schwingungstyp u. der kristallograph. Orientierung ist, läßt sich durch eine durch die Diffusion von Fehlstellen in den PAULING-Konfigurationen hervorgerufene Umwandlung erklären. (Z. Physik **153.** 1—15. 27/10. 1958. Stuttgart, TH, I. Physikal. Inst.) C. GOTTFRIED. 200

R. Bass, *Zur Theorie der mechanischen Relaxation des Eises.* (Vgl. vorst. Ref.) Vf. untersuchte theoret. auf der Grundlage einer statist. Strukturauffassung die mechan. Relaxation des Eises. Die berechnete Größe des mechan. Effektes stimmte gut mit dem l. c. experimentell erhaltenen Wert überein. (Z. Physik **153.** 16—37. 27/10. 1958.) C. GOTTFRIED. 200

A₇. Gleichgewichte. Kinetik.

Otohiko Nomoto, *Die Beschreibung des Assoziationszustandes der Wassermoleküle in wäßrigen Lösungen mittels Werten der Schallgeschwindigkeiten.* Aus dem Verlauf der mol. Kompressibilität $W = (M/\varrho)\,\beta^{1/7}$ analog der RAOschen Formel $R = (M/\varrho)\,V^{1/3}$, wo M das mittlere Mol.-Gew., ϱ die D., β die adiabat. Kompressibilität u. V die Schallgeschwindigkeit bedeuten, in Abhängigkeit vom Molenbruch n lassen sich gewisse Rückschlüsse auf die Assoziation der Wassermoll. schließen, wenn man den aus experimentellen Werten gefundenen Verlauf mit dem Verlauf vergleicht, der sich aus den Atomsummanden berechnen läßt, falls man das W. als nicht assoziiert annimmt. (J.

physic. Soc. Japan **11.** 1146—52. Nov. 1956. Tokyo, Kobayasi Inst. of Physical Res. [Orig.: engl.]) H. JACOB. 223

P. Kivalo und **J. Rastas,** *Eine Methode zur Berechnung von Stabilitätskonstanten von Komplexen.* Das vorgeschlagene Rechenverf. zur Auswertung vor allem polarograph. Daten basiert auf der Meth. der kleinsten Quadrate u. gestattet die Berechnung der Konstanten schwacher Einkern-Komplexe für den Fall, daß die totale Ligandenkonz. groß ist gegen die des Zentralions u. in gleichmäßigen Intervallen variiert werden kann. (Suomen Kemistilehti **30.** B 128—34. 1957. Helsinki, Finland, Finland Inst. of Techn.) W. WAGNER. 223

Simonne Pelletier, *Einfluß der Temperatur auf die Dissoziationskonstanten des Arginins und seiner Komplexe mit verschiedenen Metallen.* Aus Titrationskurven des *Arginins* (**I**) mit HCl bei verschied. Tempp. wurden die Dissoziationskonstanten von **I** bestimmt; für pK'_A (NH_3^+) wurde bei 17° 9,27; bei 25° 9,05; bei 30° 8,92; bei 35° 8,80 u. bei 40° 8,67 u. für pK'_B (COOH) 1,98; 1,97; 1,97; 1,97 bzw. 1,96 erhalten. Daraus wurde für die Rk. $^+H_3N—R—COO^- \rightleftharpoons H_2N—R—COO^- + H^+$ ΔH_0 zu 11,00; ΔG_0 zu 12,35 kcal u. ΔS_0 zu — 4,5 cal · Mol^{-1} · $Grad^{-1}$ u. für die Rk. $^+H_3N—R—COOH \rightleftharpoons {}^+H_3N—R—COO^- + H^+$ zu 0,40 bzw. 2,69 kcal u. zu — 7,7 cal · Mol^{-1} $Grad^{-1}$ berechnet. Die Bldg.-Konstanten der Komplexe von **I** mit verschied. Metallionen wurden bei verschied. Tempp. bestimmt; in allen Fällen nehmen die Bldg.-Konstanten mit steigenden Tempp. ab. Bei 17° wurde für Ag^+ für log k'_1 4,12 u. für log k'_2 3,95; für Cu^{2+} 7,53 bzw. 6,54; für Cd^{2+} 3,31 bzw. 3,30; für Zn^{2+} 4,20 bzw. 3,99; für Pb^{2+} 4,65 bzw. 4,03; für Fe^{3+} (25°) 7,67 bzw. 7,52, für Al^{3+} 6,67 bzw. 6,38; für Mn^{2+} (35°) 2,64 bzw. 1,94; für Mg^{2+} (25°) für log k'_1 1,30; für Fe^{2+} für log k'_1 3,29 u. für Co^{2+} bzw. Ni^{2+} für log k'_1 3,79 bzw. 4,98; für log k'_2 3,10 bzw. 4,32 u. für log k'_3 2,10 bzw. 3,21 gefunden. Die Tendenz zur Komplexbldg. nimmt in der Richtung Fe^{3+}, Cu^{2+}, Al^{3+}, Ni^{2+}, Pb^{2+}, Zn^{2+}, Ag^+, Co^{2+}, Cd^{2+}, Fe^{2+}, Mn^{2+}, Mg^{2+} ab. (C. R. hebd. Séances Acad. Sci. **248.** 2567—68. 4/5. 1959. Paris, Fac. des Sci., Labor. d'Électrochim.) W. KARCHER. 223

Erich Thilo und **Anneliese Winkler** (unter Mitarbeit von **Horst Hofsäss**), *Kondensierte Phosphate als Ionenaustauscher.* 3. Mitt. *Einige orientierende Beobachtungen zum Kationenaustausch zwischen Polyphosphatniederschlägen mehrwertiger Kationen und ihren Mutterlaugen.* (2. vgl. C. **1956.** 6608.) Beim Zusetzen von Salzlsgg. mehrwert. Kationen zu *Alkalipolyphosphat*-Lsgg. entstehen nach Erreichen einer von Kation zu Kation verschied. Minimalkonz. Ndd.; diese Grenzkonz. hängt außer vom mehrwert. Kation von der mittleren Kettenlänge des Polyphosphats u. dessen Konz. ab. Die Nd.-Menge nimmt mit weiterem Zusatz des mehrwert. Kations kontinuierlich bis zu einem Maximum zu u. bleibt dann konstant. Gleichzeitig mit der Nd.-Menge steigt der prozentuale Geh. des Nd. an mehrwertigem Kation. Bei Fällung mit $CaCl_2$, $[Co(NH_3)_6]Cl_3$, $[Cr(H_2O)_6]Cl_3$ u. $[Cr(NH_3)_6]Cl_3$ ist das Verhältnis von mehrwertigem Kation zu P im Nd. u. in der Lsg. dauernd annähernd gleich. Ist die maximale Nd.-Menge gebildet, so entspricht die Zus. des Nd. im allg. der stöchiometr. Formel des entsprechenden Polyphosphates; beim Ca^{2+}-Nd. der Formel $[Ca(PO_3)_2]_x \cdot yH_2O$. Im $[Co(NH_3)_6]^{3+}$-Nd. ist pro Atom P ein Äquivalent Kation gebunden; beim $[Cr(H_2O)_6]^{3+}$ u. $[Cr(NH_3)_6]^{3+}$ je 0,81 Äquivalente pro P-Atom. In den Ndd., die weniger als die maximalen Gehh. an mehrwertigen Kationen enthalten, sind die restlichen Polyphosphatladungen durch Na^+ neutralisiert. Bei Fällung mit $BiO(ClO_4)$ u. $ThCl_4$ ist das Verhältnis mehrwertiges Kation : P im Nd. stets um einen annähernd konstanten Faktor größer als in der jeweiligen Mutterlauge. Beim Th ist der Faktor ca. 1,5 u. beim Bi ca. 3,5. Die Endzuss. entsprechen den Formeln $(BiO \cdot PO_3)_x \cdot yH_2O$ u. $[HOTh(PO_3)_3]_x \cdot yH_2O$. Die Fällung mit $La(NO_3)_3$ ergibt von Anfang an Ndd. der Zus. $[La(PO_3)_3]_x \cdot yH_2O$. Aus der Veränderlichkeit der Zus. der Ndd. in Abhängigkeit von der Zus. der Mutterlaugen ist zu folgern, daß sich zwischen den Ndd. u. den Ionen der Mutterlaugen Austauschgleichgewichte einstellen. Am Beispiel der Ca-Fällungen aus Li-, Na- u. K-Polyphosphatlsgg., denen wechselnde Mengen LiCl, NaCl bzw. KCl zugesetzt wurden, zeigte sich demzufolge, daß der Ca-Geh. der Ndd. mit steigendem Geh. der Lsg. an Alkaliionen fällt. Gleichzeitig sinkt beim Na u. Li mit zunehmendem Alkaligeh. der Ndd. die Nd.-Menge. Für eine Klärung der quantitativen Beziehungen der Austauschvorgänge reichen die bisherigen Verss. nicht aus, da allein für den Fall der NaCl-haltigen Lsgg. die Anwend. des MWG zu einem sinnvollen Ergebnis führt. (J. prakt. Chem. [4] **7 (279).** 46—59. 1958. Berlin, Deutsche Akademie der Wiss.) H. CORTE. 224

K. R. Kar und **Narendra Nath,** *Fällung von Schwefel als Bariumsulfat in der Gegenwart von Orthophosphationen.* Die Mitfällung von PO_4^{3-} bei der Fällung von SO_4^{2-} mit $BaCl_2$-Lsg. wurde unter Verwendung von ^{32}P untersucht. Die geringste Mitfällung wird unter folgenden Bedingungen erreicht: ca. 0,1 nLsgg., $p_H < 1$, Temp. der SO_4^{2-} -haltigen Lsg. u. der tropfenweise zugegebenen $BaCl_2$-Lsg. + 90°. Der Nd. soll nicht länger als 24 Std. in Kontakt mit der Mutterlauge bleiben. (J. sci. ind. Res. [New Delhi], Sect. B **16.** 563—66. Dez. 1957. Delhi, Univ., Dep. of Chem., Dep. of Phys.) H.-G. MOSLÉ. 224

R. I. Scace und **G. A. Slack,** *Löslichkeit von Kohlenstoff in Silicium und Germanium.* Es werden Messungen der Löslichkeit von C in Si im Temp.-Bereich 1560—2900° unter Ar von 35 at beschrieben. Die Lösungsenthalpie beträgt 29 ± 3 kcal/Mol. Die Ergebnisse werden in einem Phasendiagramm für das Syst. Si—C wiedergegeben, aus dem auch die Ergebnisse anderer Hochtemperaturunterss. an SiC hervorgehen. SiC besitzt bei 2830 ± 40° einen peritekt. Punkt. Für analoge Unterss. der Löslichkeit von C in Ge im Temp.-Bereich 2780—3170° bei Ar-Drücken bis zu 55 at wird ein vorläufiges Phasendiagramm angegeben. (J. chem. Physics **30.** 1551—55. Juni 1959. Schenectady, N. Y., General Electric Res. Labor.) H. HOFMANN. 224

Allen S. Russell, Junius D. Edwards und **Cyril S. Taylor,** *Löslichkeit und Dichte von wasserhaltiger Tonerde in NaOH-Lösungen.* Wiedergabe der Löslichkeit u. D. von $Al(OH)_3$ in NaOH-Lösungen. Die Gleichgewichtskonstanten der zu AlO_2^- führenden Rkk. stehen in Wechselbeziehung zu den Einfll. der NaOH-Konz. auf die Löslichkeit von $Al(OH)_3$. Die Temp.-Koeffizienten der Gleichgewichte führen zu Lsg.-Wärmen von 7,34 (4,76, 5,24) kcal für das α-Trihydrat (α-Monohydrat, β-Trihydrat). Mäßige Calcinierung verändert nicht (vergrößert) die Löslichkeit des α-Trihydrats (α-Monohydrats). Bei Lsg.-Tempp. > 100° gehen die Trihydrate rasch in α-Monohydrat über. (J. Metals **7.** AIME Trans. **203.** 1123—28. Okt. 1955. New Kensington, Pa., Aluminum Co. of America, Aluminum Res. Labors.) W. WESLY. 224

Irvin O. Winsch und **Leslie Burris jr.,** *Magnesiumextraktionsverfahren zur Trennung von Plutonium vom Uran.* Mit geschmolzenem Mg ist es möglich, *Pu* von *U* für Reaktorzwecke zu trennen, da fl. Mg sich mit fl. U nicht mischt. Pu verteilt sich zwischen U u. Mg oder den niedriger schm. U-Legierungen, z. B. mit Cr oder Fe, mit einem Verteilungs-Koeff. von 2 (nach Gewicht) zugunsten von Mg. Durch Verflüchtigen von Mg kann Pu vom Mg getrennt werden. Entspr. Vorrichtungen werden beschrieben. (Chem. Engng. Progr. **53.** 237—42. Mai 1957. Lemont, Ill., Argonne Nat. Labor.) F. VIER. 224

F. Umland und **K.-U. Meckenstock,** *Verteilung der Metall(II)-chelate von in 7-Stellung substituiertem 8-Hydroxychinolin zwischen Wasser und Chloroform.* Durch MANNICH-Rk. erhält man aus einem Amin R_1—NH_2, einem Aldehyd R_2—CHO u. *8-Hydroxychinolin* (**I**) Verbb. des Typs **II**, die mit zweiwertigen Kationen oktaedr. Komplexe bilden, wobei die NH-Gruppe eine dritte Koordinationsstelle besetzt. Bei ausreichend großen Gruppen R_1 u. R_2 werden extrahierbare Komplexe mit 3- u. höherwertigen Elementen nicht mehr gebildet. Z. B. bildet das aus Anthranilsäuremethylester Benzaldehyd u. **I** zu erhaltende *7-[α-(o-Carbomethoxyanilino)-benzyl]-8-hydroxychinolin* (**III**) nur noch extrahierbare Komplexe mit Me^{2+}-Ionen. Die p_H-Bereiche der Verteilung, die Lage der Absorptionsmaxima u. die Größe der Extinktionskoeffizienten der **III**-Chelate ähneln weitgehend denen der **I**-Chelate. Bei Ggw. von KCN ist **III** ein nahezu spezif. Reagens auf *Mg.* (Angew. Chem. **71.** 373. 7/6. 1959. Hannover, TH, Inst. für Anorg. Chem.) F. UMLAND. 224

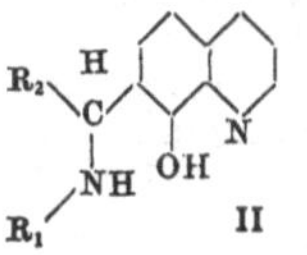

II

G. V. Schulz, G. Henrici-Olivé und **S. Olivé,** *Zur quantitativen Berücksichtigung veränderlicher Mittelwerte des Polymerisationsgrades bei der Bestimmung von Übertragungskonstanten.* Die Geschwindigkeitskonstante der Übertragungsrk. eines Stoffes X mit dem radikal. Ende eines wachsenden Polymermol. wird durch Messung der Verminderung des Polymerisationsgrades mit der Konz. [X] ermittelt. Bei der Ausrechnung der relativen Übertragungskonstante C_x aus solchen Messungen sind folgende Effekte zu beachten: 1) Die Änderung im Typus des Mol.-Gew.-Verteilung, wenn der n. Kettenabbruch durch Kombination erfolgt. 2) Die von der Meßmeth. abhängige Mittelwertsbldg. des Polymerisationsgrades. Vff. leiten Gleichungen für C_x unter Verwendung des Zahlen-, des Gewichts- u. des Potenzdurchschnitts (aus viscosimetr. Messungen) des Polymerisationsgrades ab. (Z. physik. Chem., Frankf. Ausg. [N. F.] **19.** 125—41. Febr. 1959. Mainz, Univ., Inst. für Physik. Chem.; Zürich, Monsanto Res. S. A.) E. DEHMLOW. 225

A. M. Goodall, *Einfache Kettenreaktionen unter vorstationären Bedingungen.* Für zweistufige Ketten-Rkk. wird eine Näherung des kinet. Gleichungs-Syst. gegeben, die während der Induktionszeit gilt u. zwei früher behandelte Fälle als Spezialfälle einschließt. Die Länge der Induktionsperiode wird berechnet u. die Pyrolyse einiger Chloralkane behandelt. (Trans. Faraday Soc. **54.** 195—200. Febr. 1958. London, Bedford College.) P. WARNECK. 225

Eugene Eichler und **Arthur C. Wahl,** *Elektronenaustauschreaktionen zwischen großen Komplexkationen.* Die Geschwindigkeiten des Elektronenaustauschs zwischen $[Fe(phen)_3]^{3+}$ u. $[Fe(phen)_3]^{2+}$ (Rk. 1) (phen = 1. 10-Phenanthrolin) bzw. zwischen $[Os(dipy)_3]^{3+}$ u. $[Os(dipy)_3]^{2+}$ (Rk. 2] (dipy = 2. 2'-Dipyridyl) wurden mittels Radio-

isotopen sowie durch Messung der Änderung der opt. Aktivität von *d*- u. *l*-$[Fe(phen)_3]^{2+}$ bzw. *d*- u. *l*-$[Os(dipy)_3]^{2+}$ ermittelt. Für die Geschwindigkeit von Rk. 1 wurden unter Annahme eines Reaktionsmechanismus 2. Ordnung die Grenzwerte $> 10^2$ Mol · sec^{-1} (25°) bzw. $> 10^5$ Mol · sec^{-1} (0°) sowie $> 10^3$ Mol · sec^{-1} (4°) bzw. $> 10^5$ Mol · sec^{-1} (0°) für Rk. 2 erhalten. Die kleineren Werte wurden aus Messungen an den opt. akt. Verbb. erhalten u. sind somit frei von trennungsinduzierten Austauschfehlern. Colorimetr. ergaben sich folgende Grenzwerte für die spez. Geschwindigkeit der Gesamtreaktion bei 0°: $> 3 \cdot 10^6$ Mol · sec^{-1} für die Systeme $[Os(dipy)_3]^{2+}$ – $[Fe(phen)_3]^{3+}$ bzw. $[Os(dipy)_3]^{2+}$ – $[Fe(dipy)_3]^{3+}$ bzw. $[Fe(phen)_3]^{2+}$ – $[Ru(dipy)_3]^{3+}$ sowie $> 5 \cdot 10^4$ Mol · sec^{-1} für $[Os(dipy)_3]^{2+}$ – $[Ru(dipy)_3]^{3+}$. Eine Verminderung der Reaktionsgeschwindigkeit im System $[Os(dipy)_3]^{2+}$ – $[Fe(phen)_3]^{3+}$ wurde nicht beobachtet, wenn an Stelle der opt. aktive Komponenten die Racemate verwendet wurden. (J. Amer. chem. Soc. **80.** 4145—49. 20/8. 1958. St. Louis, Mo., Washington Univ., Dep. of Chem.)
W. KUCHEN. 225

A_8. Präparative anorganische Chemie. Komplexverbindungen. Metallorganische Verbindungen.

Jindřich Nassler, *Carbide, Nitride und Boride.* Die Herst. u. Eigg. von Carbiden, Nitriden u. Boriden wird beschrieben u. diskutiert. 118 Literaturangaben (Chemie [Praha] **9.** 465—515. Aug. 1957. Praha, Karlova univ.) J. SCHNEIDER. 260

Hans Grohn und **Roman Paudert,** *Über die Umsetzung von Silicium und Tetrachlorkohlenstoff unter Schwingmahlung.* Si mit CCl_4 in der Schwingmühle mit Eisen- oder Porzellankugeln gemahlen reagiert zu $SiCl_4$ u. C_2Cl_6. (Chem. Techn. **10.** 307. Mai 1958. Potsdam, Pädag. Hochsch. Organ-chem. Inst.) K. L. WOLF. 261

R. V. Iyer und **J. K. Dwivedi,** *Über die Anwendung der Vortmann–Forbes-Reaktion auf Antimonoxyd und Thiosulfat.* Es wurde die Induktionszeit für die Rk. zwischen Sb_2O_3 u. $Na_2S_2O_3$ bei Ggw. von Säure gemessen. Dazu wurden Na-Tartrat-haltige Sb_2O_3-Lsgg. mit $Na_2S_2O_3$-Lsgg. u. verschied. Mengen n HCl oder H_2SO_4 versetzt u. die Zeit zwischen der Säurezugabe u. der beginnenden Trübung durch Sb_2S_3-Ausscheidung gemessen. Diese Zeiten liegen zwischen 47 u. 430 Sekunden (J. Indian chem. Soc. **35.** 295—96. April 1958. Ujjam, M. P., Madhav Coll., Chem. Labor.) H. PLUSKAL. 266

K. Seshadri und **J. Lobo,** *Polytherme des quaternären Systems Natriumchlorid–Natriumsulfat–Natriumcarbonat–Wasser.* Das Syst. wird bei — 5, 0, + 5, + 10° untersucht (3-dimensionales Phasendiagramm). Es wird gezeigt, daß alle Komponenten durch Abkühlung u. fraktionierte Kristallisation getrennt werden können. (J. sci. ind. Res. [New Delhi], Sect. B **16.** 531—38. Dez. 1957. Poona, Nat. Chem. Labor.)
H.-G. MOSLÉ. 274

Yuan-Lung Chang, *Neue Untersuchungen über die thermischen Reaktionen von Gibbsit.* Die therm. Umwandlungen von Gibbsit wurden mit DTA u. Pulveraufnahmen untersucht. Ein neuer exothermer „peak" bei 800° wurde beobachtet. Es wurde versucht, die Rk. durch bestimmte Strukturänderungen zu erklären. (Sci. sinica **6.** 501—41. Juni 1957. Acad. Sinica, Inst. of Geol.) H. K. HOFMEISTER. 294

Yuan-Lung Chang, *Die thermischen Reaktionen und die Kontrolle der Phasenänderungen von Kaolinit.* (Vgl. vorst. Ref.) Röntgen- u. DTA-Unterss. von Kaolinit verschied. Herkunft wurden durchgeführt. Beim ersten exothermen DTA-„peak" wurden nur γ-Al_2O_3 u. amorphes SiO_2 als Reaktionsprodukte gefunden. Die Kristallisation von γ-Al_2O_3 wurde als bestimmender Faktor angegeben. (Sci. sinica **6.** 543—67. Juni 1957.)
H. K. HOFMEISTER. 294

Richard K. McMullan und **John D. Corbett,** *Die niederen Oxydationsstufen des Galliums.* 3. Mitt. *Die Konstitution des Ga_2Cl_4 und seine Analogie mit $Ga[AlCl_4]$.* (2. vgl. C. **1959.** 2390.) Messungen der DK. von Lsgg. des Ga_2Cl_4 in Bzl. ergeben einen Wert von 8,9 Debye für unendliche Verdünnung. Lsgg. von Ga_2Cl_4 u. $Ag[GaCl_4]$ in Bzl. zeigen das gleiche RAMAN-Spektrum. Hieraus und aus den erhaltenen Molgewichtswerten kann geschlossen werden, das Ga_2Cl_4 in Bzl. als solvatisiertes $Ga^+ [GaCl_4]^-$ vorliegt, das mit steigender Konz. aggregiert. Offenbar wird durch starke LEWIS-Säuren die Disproportionierung niederer Oxydationsstufen verhindert u. das Ga(I) durch eine Säure–Base-Reaktion im $Ga[GaCl_4]$ bzw. $Ga[AlCl_4]$ stabilisiert. Die Ähnlichkeit dieser beiden Verbb. wird diskutiert.

Versuche: *Ga_2Cl_4*, aus Ga u. $GaCl_3$ während 12 Std. bei 180°. — *$Ga[AlCl_4]$*, aus $GaCl_3$ u. Al während 72 Std. bei 190°. — *$Ag[GaCl_4]$*, aus AgCl u. $GaCl_3$ bei 180°. (J. Amer. chem. Soc. **80.** 4761—64. 20/9. 1958. Ames, Io., Iowa State Coll., Inst. for Atomic Res. and Dep. of Chem.) W. KUCHEN. 295

Robert V. Horrigan, *Darstellung von sehr reinem $ZrCl_4$ aus Alkalichlorozirkonaten.* Durch therm. Zers. von Alkalichlorozirkonat (geschmolzene Mischungen von $ZrCl_4$,

NaCl u. KCl) bei 500—600° unter atmosphär. Druck erhält man sehr reines $ZrCl_4$ (25 bis 200 mg/kg metall. Verunreinigungen). Zustandsdiagramme der Systeme NaCl-$ZrCl_4$ u. KCl—$ZrCl_4$ werden wiedergegeben. (J. Metals **7**. Trans. AIME **203**. 1118—20. Okt. 1955. Niagara Falls, N. Y., Nat. Lead Co., Titanium Alloy Mfg. Div.) W. WESLY. 322

Antonio Cocco, *Untersuchungen über die Systeme BeO-TiO_2, BeO-ZrO_2 und ZrO_2-TiO_2*. Röntgenograph. u. mkr. werden die Systeme *BeO-TiO_2* (I), *BeO-ZrO_2* (II) u. *ZrO_2-TiO_2* (III) untersucht. Der untersuchte Konzentrationsbereich von **I** lag zwischen 97 u. 51,56 Gew.-% TiO_2. Zwischen 1200° u. der fl. Phase wurde keine Verb. zwischen den beiden Oxyden gefunden; ein Eutektikum liegt bei etwa 15 Gew.-% BeO. Eine Löslichkeit von BeO in TiO_2 konnte nicht beobachtet werden. Bei **II** wurden Gemische mit 97—50 Gew.-% ZrO_2 untersucht. Auch hier wurde keine Verbindungsbldg. festgestellt; Löslichkeit im festen Zustand trat ebenfalls nicht auf. Die Konzz. der Gemische von **III** lagen zwischen 91 u. 10 Gew.-% TiO_2. In diesem Syst. tritt bei 1700° bis zu einer ZrO_2-Konz. von 56 Gew.-% eine feste Lösung $ZrO_2 \cdot TiO_2$, zwischen 56 u. 64 Gew-%. ZrO_2 die Verb. *$ZrO_2 \cdot TiO_2$* auf. Auf Grund der Beobachtungen wurde für den Temperaturbereich von 100—56 Gew.-% ZrO_2 ein neues Gleichgewichtsdiagramm für die Zone zwischen ZrO_2 u. $ZrO_2 \cdot TiO_2$ angegeben. (Ann. Chimica **48**. 587—99. Aug./Sept. 1958. Trieste, Univ., Ist. di Chim. appl.) C. GOTTFRIED. 322

Antonio Cocco, *Untersuchungen über das ternäre System BeO-TiO_2-ZrO_2*. (Vgl. vorst. Ref.) Röntgenograph. u. mkr. untersuchte Vf. das tern. Syst. BeO-TiO_2-ZrO_2. Auf Grund der Ergebnisse wird die Isotherme des Syst. bei 1570 ± 20° zeichnerisch wiedergegeben. Die Beobachtungen decken sich nicht mit denen Untersuchungsergebnissen von LANG u. Mitarbeitern (vgl. C. **1950/54**. 4478 S). Festgestellt wurden in dem Gleichgewichtsdiagramm 2 Zonen, in denen 3 Phasen auftreten u. 3 Zonen, in den 2 Phasen im Gleichgewicht sind. Die Beobachtungen sind tabellar. zusammengestellt. (Ann. Chimica **48**. 600—07. Aug./Sept. 1958.) C. GOTTFRIED. 322

Edward Young und **Zalman S. Altschuler**, *Uranverteilung in Pseudowollastonitschlacke*. Opt., petrograph., röntgenograph. u. autoradiograph. untersuchten Vff. die bei der Verarbeitung von U-haltigem Phosphatgestein auf elementaren P anfallenden Schlakken. Unters. von Dünnschliffen ergab, daß etwa 65% der Schlacken aus leistenförmigen Pseudowollastonitkriställchen bestehen; 25% der Schlacken bestehen ebenfalls aus Pseudowollastonit während die restlichen 10% faserige, nahezu isotrope braune Kristalle bilden, die jedoch nicht mehr als Pseudowollastonit anzusprechen sind. Die Schlacke selbst enthält 1,2% P_2O_5 u. 0,018% U. Die Schlacke wurde hierauf mittels schwerer Fll. in mehrere Fraktionen zerlegt u. die einzelnen Fraktionen analyt. untersucht. Hierbei ergab sich, daß sich das U in der faserigen Endphase angereichert hatte, die jedoch gegenüber den Pseudowollastonitphasen durch einen höheren Al_2O_3-Geh. charakterisiert ist. Auch autoradiograph. konnte die Anreicherung des U in der faserigen Endphase nachgewiesen werden. Es werden Vorschläge gemacht, um die Anreicherung des U zu verbessern. (Ind. Engng. Chem. **50**. 793—96. Mai 1958. Denver, Colo., US. Geol. Survey; Washington, D. C., US. Geol. Survey.) C. GOTTFRIED. 339

R. D. Peacock, *Kaliumfluororhenat(IV)*. (Vgl. C. **1958**. 3259.) K_2ReF_6 entsteht in guter Ausbeute aus $(NH_4)_2ReJ_6$ u. KHF_2 bei 250°. Es löst sich gut in kaltem, noch besser in heißem W.; erst beim Kochen der Lsg. findet geringe Hydrolyse statt, die weder durch Säure noch durch Alkali erhöht wird. Langes Kochen mit NaOH u. H_2O_2 bewirkt teilweise Oxydation zu *Perrhenat*. K_2ReF_6 bildet weiße oder farblose trigonale Kristalle mit $a_0 = 5{,}86$, $c_0 = 4{,}60$ Å, die isotyp dem K_2MnF_6 sind. (Chem. and Ind. **1955**. 1453. 5/11. London, Imp. Coll. of Sci., Dep. of Chem.) G. BERGERHOFF. 352

Anil K. Mukherji und **Arun K. Dey**, *Spektralphotometrische und Leitfähigkeitsuntersuchungen bei der Bildung des Eisen(III)-ammoniumtricarboxylaurinchelatkomplexes.*

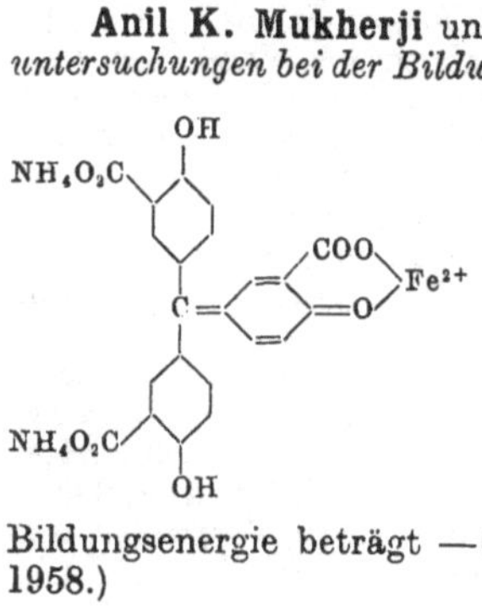

Vff. berichten über die Darstellung eines Chelatkomplexes aus Eisen(III)-chlori du. Ammoniumtricarboxylaurin. In Lsg. wird nur ein Komplex im Verhältnis 1:1 gebildet. Eine Zugabe von Alkali ist bei der Darst. zu vermeiden. Der Komplex zeigt ein Maximum bei $\lambda = 560$ mμ. p_H-Messungen zeigen, daß die phenolischen OH-Gruppen nicht an der Chelatblg. beteiligt sind. Es wird nebenst. Strukturvorschlag für den Komplex gemacht. Die Ergebnisse der spektralphotometr. u. Leitfähigkeitsunterss. sind graph. zusammengefaßt. Daraus ergibt sich eine Bildungskonstante von $4{,}8 \cdot 10^{-4}$ bei 25°, die freie Bildungsenergie beträgt —6,4 kcal bei 25°. (J. Indian chem. Soc. **35**. 237—42. April 1958.) K.-H. BIRR. 354

Antonio Cocco und **Pietro Batti**, *Untersuchungen über das ternäre System MgO –FeO–Fe_2O_3.* (Vgl. C. **1959.** 14976.) Röntgenograph. u. mkr. untersuchten Vff. das ternäre System MgO–FeO–Fe_2O_3. Daneben wurde das Syst. *MgO–FeO* sowie durch einige vorläufige Unterss. das Syst. *Fe–O* untersucht. Es wurde gefunden, daß in dem binären Syst. MgO–FeO, wenigstens bis zu einem Geh. von 60 Gew.-% FeO nur eine feste Lsg. auftritt; Versuchstemp. war in allen diesen Fällen 1300°. Bei höheren FeO-Gehh. besteht wahrscheinlich ein Gleichgewicht zwischen metall. Fe u. der festen Lösung. Die Gitterkonstante des MgO wächst linear mit steigendem FeO-Gehalt. In dem ternären Syst. treten 2 feste Lsgg. auf, von denen die eine aus MgO–FeO–MgO · Fe_2O_3, die andere aus MgO · Fe_2O_3–Fe_3O_4–Fe_2O_3 zusammengesetzt ist. Von beträchtlichem Einfl. ist die Ggw. von MgO auf die bei 1300 u. 1600° auftretende prozentige Zers. des gebundenen oder freien Fe_2O_3. (Ann. Chimica **48.** 608—21. Aug./Sept. 1958. Trieste, Univ., Ist. di Chim. appl.) C. GOTTFRIED. 354

A_9. Mineralogische und geologische Chemie.

R. I. Harker und **O. F. Tuttle**, *Experimentelle Daten über die P_{CO_2}–T-Kurve der Reaktion: Calcit + Quarz = Wollastonit + Kohlendioxyd.* Es wurde die univariante P_{CO_2}–T-Kurve für die Rk. Calcit + Quarz = Wollastonit + CO_2 experimentell bestimmt u. mit den berechneten Kurven verglichen. Die geolog. Bedeutung wird diskutiert, u. es scheint, daß bei Drucken von weniger als 40000 lbs/in² in der Erdkruste diese P_{CO_2}–T-Kurve bei niedrigeren Tempp. liegt als die für die Bldg. von *Periklas* + *Calcit* + CO_2 aus *Dolomit.* (Amer. J. Sci. **254.** 239—56. April 1956. University Park, Pa., Pennsylvania State Univ., Coll. of Mineral Ind.) J.-E. HILLER. 378

R. F. Youell, *Mineralveränderung in verwitterten sedimentären Eisenerzen.* Vf. behandelt Verwitterungsvorgänge an oolith. Eisenerz. Bei *Siderit–Chamosit*-Erzen beginnt die Veränderung mit dem Zerfall des Siderits in feine Teilchen u. anschließende Umwandlung in *Goethit.* Währenddessen beginnt als zweiter Schritt die Umwandlung des Chamosits in die Fe^{III}-Form. In manchen Proben existiert Chamosit u. oxydierter Chamosit zu gleichen Teilen. Schließlich verwandelt sich der oxydierte Chamosit in Goethit u. einen amorphen Rest, der aus Silicatschichten, aus denen alle oktaedr. Ionen entfernt sind, besteht. Da das Al, das in diesen Schichten Si vertritt, widerstandsfähiger ist als das oktaedr. Al, ist das Al/Si-Verhältnis dieses Restes geringer als für *Kaolin* u. für Chamosit. Dieser Rest wurde wahrscheinlich bisher als Kaolin beschrieben. Es gibt aber kein Anzeichen, daß Kaolin, *Sericit* oder Tonminerale bei der Verwitterung aus Chamosit entstehen. Die Frage, ob in oolith. Eisenerzen der Goethit prim. ist, kann bei Anwesenheit dieses Restes dahin beantwortet werden, daß er wahrscheinlich ein Verwitterungsprodukt des Chamosit ist. Wird der Rest nicht beobachtet, ist keine Entscheidung möglich. (Amer. Mineralogist **43.** 774—76. Juli/August 1958. Leeds, Univ.) J.-E. HILLER. 378

J. W. Pallister, *Mineralische Rohstoffe im Protektorat Somaliland.* Außer großen Gips- u. Anhydritlagern besitzt das Land gute Vorkk. von Asbest, Lignit, Graphit, Eisenerze, Kaolin, MoS_2, Ölschiefer, Rutil u. Vermiculit. Kleinere Vorkk. von Cu-Erzen, Bleiglanz, Baryt, Flußspat, Mangan, Monazit, Samarskit, Schwefel u. Talk sind vorhanden. Abgebaut werden kleine Vorkk. von Beryll, Zinnstein, Columbit, Glimmer, Guano u. Steinsalz. (Colonial Geol. Mineral Resourc. **7.** 154—65. 1958. Protectorate Somaliland, Geol. Surv. Dep.) F. ENSSLIN. 380

D. S. Nicholson, J. J. S. Cornes und **W. R. B. Martin**, *Ilmenitlagerstätten in Neuseeland.* An der Westküste der Südinsel liegen 1 Milliarde t Sand mit gewinnbaren Mengen Ilmenit, radioakt. Mineralien u. Gold. Das reichste Lager südl. des Bullerflusses enthält 90 Mill. t Sand mit 5,5% Ilmenit. Dieser enthält 44—45% TiO_2. (New Zealand J. Geol. Geophysics **1.** 611—16. Nov. 1958.) F. ENSSLIN. 380

T. W. Bloxam, *Pumpellyit von Süd-Ayrshire.* Vf. untersuchte u. beschreibt das Vork. von Pumpellyit aus den z. T. verwitterten spilit. Laven des Girwan-Ballantrae-Komplexes. Die Kristalle bilden nadelähnl. Bündel u. sind nach der b-Achse gestreckt; gute Spaltbarkeit nach {001}. Das mattgelbe Pulver hat die D. 3,23. Die chem. Analyse lieferte die folgenden Werte: SiO_2 37,20(%); TiO_2 0,18; Al_2O_3 24,84; Fe_2O_3 2,02; FeO 3,11; MnO 0,12; MgO 2,70; CaO 22,91; Na_2O 0,22; K_2O 0,00; H_2O^+ 6,60. Diese Zus. entspricht der folgenden Formel: $Ca_4R_6Si_6O_{23}(OH)_3 \cdot 2\,H_2O$ mit R = (Ti, Al, Fe^{3+}, Fe^{2+}, Mn, Mg) u. dem Verhältnis (Ti + Al + Fe^{3+}) : (Fe^{2+} + Mn + Mg) = 5 : 1. Die Brechungsindizes sind α 1,691 farblos, β 1,693 blaugrün, γ 1,701 farblos, $\gamma-\alpha = 0{,}010$, 2 $V\gamma$ 12—25°(starke Dispersion) u. $\sphericalangle$ (α,a) = 26°, β = b. (Mineralog. Mag. J. mineralog. Soc. **31.** 811—13. März 1958. Swansea, Univ. Coll.) C. GOTTFRIED. 380

—, *Das natürliche Vorkommen von Uran und Thorium.* Das Vork. der prim. u. sek. U- u. Th-Erze wird zusammenfassend beschrieben. Als bauwürdig gilt zur Zeit ein Geh. von 0,1% U_3O_8. Das größte einheitliche Vork. ist der Ozean mit $1{,}2 \cdot 10^{-6}$ gU/Liter, während n. Granite 4 gU/t u. 12 g Th/t enthalten u. bas. Primärgesteine noch weniger. Beschreibung der prim. u. sek. U- u. Th-Mineralien. — 96 Literaturzitate. (Proc. int. Conf. peaceful Uses Atomic Energy **6.** 5—59. 1956.) F. ENSSLIN. 380

—, *Das natürliche Vorkommen von Uran und Thorium in Australien.* Geograph. Aufzählung der Vorkommen. (Proc. int. Conf. peaceful Uses Atomic Energy **6.** 91—92. 1956. Commonwealth of Australia, Dep. of Nat. Developm.) F. ENSSLIN. 380

V. Angelelli, *Verteilung und Charakteristik der Uranlagerstätten und Vorkommen in der argentinischen Republik.* Die Uranmineralien sind an den tert. Eruptivcyklus des Landes gebunden. Als sek. Mineralien kommen sie in Sandsteinen, Schiefern, Asphaltschiefern in Fluoritgängen vor. Nach einer Beschreibung der Mineralien mit einer Reihe neuer Analysen wird das Vork. in Pegmatiten mit durchschnittlich 0,30—0,40% U_3O_8 beschrieben. Die hydrothermalen Lagerstätten enthalten 0,70% U_3O_8 neben 8% Ni als Nickelin in der Grube San Santiago. In Sañogosta kommt U mit Cu zusammen vor (Durchschnittsgehalt 1% U_3O_8). Der Grubenbezirk von La Marquesa liefert Erze mit 0,30—0,50% U_3O_8 u. die Gruben Presidente Perón, Soberania u. Independancia solche mit 0,3—0,7% U_3O_8. Kleinere hydrothermale Vorkk. liegen bei La Cieneguita, La Niquelina u. Esperanza. Verwitterungslagerstätten liegen im östlichen Mendoza. (Proc. int. Conf. peaceful Uses Atomic Energy **6.** 63—74. 1956. Comisión Nac. de la Energía Atómica, Argentina.) F. ENSSLIN. 380

E. Linares, *Die Lagerstätte „Eva Perón", Malargue, Mendoza.* Beschreibung der Geologie, Petrographie u. Mineralogie der U–Cu-Lagerstätte. Die Vererzung findet sich in den gelben Sandsteinen u. Sandsteinkonglomeraten des unteren Cretaceums. Sie ist linsenförmig ausgebildet u. hat Carnotit als Haupturanmineral. (Proc. int. Conf. peaceful Uses Atomic Energy **6.** 75—81. 1956. Comisión Nac. de la Energía Atómica, Argentina.) F. ENSSLIN. 380

A. Belluco, *Uranführende Quarzgänge der Lagerstätte „President-Perón", Mendoza.* Die Quarzgänge sind im oberen Tertiär in rötlichgrünen Bentonittonen gebildet worden. U-Mineralien sind Pechblende, Schröckingerit, Meta-Autunit u. Phosphuranylit. (Proc. int. Conf. peaceful Uses Atomic Energy **6.** 82—90. 1956. Comisión Nac. de la Energía Atómica, Argentina.) F. ENSSLIN. 380

Djalma Guimarães, *Geologisch geeignete Gebiete für das Vorkommen von Thorium und Uran in Brasilien.* (Proc. int. Conf. peaceful Uses Atomic Energy **6.** 129—33. 1956. Minas Gerais, Brazil, Inst. de Tecnol. Ind.) F. ENSSLIN. 380

Luciano Jacques de Moraes, *Bekannte Vorkommen von Uran und Thorium in Brasilien.* Die Vorkk. liegen fast alle an der Küste des atlant. Ozeans im Osten des Landes, wobei ein nördl. Gebiet in Rio Grande do Norte u. ein südl. in Bahia zu unterscheiden sind. Bemerkenswert sind die U-reichen Zirkonerze von Pocos de Caldas mit 1—2% U_3O_8. (Proc. int. Conf. peaceful Uses Atomic Energy **6.** 134—39. 1956. Rio de Janeiro, Dep. Nac. da Prod. Mineral.) F. ENSSLIN. 380

Max G. White, *Uran in der Serra de Jacobina, Staat Bahia, Brasilien.* Die Golderze enthalten 0,01—0,2% U. Eine Gewinnung des U scheint nach den heutigen Unterss. nur als Nebenprod. bei der Au-Gewinnung wirtschaftlich. (Proc. int. Conf. peaceful Uses Atomic Energy **6.** 140—42. 1956. Rio de Janeiro, Conselho Nac. de Pesquisas.) F. ENSSLIN. 380

D. Guimarães und **W. Belezkij,** *Die Zinn–Tantal–Uranführenden Lagerstätten und Vorkommen in der Gegend von São João del Rei, Minas Gerais, Brasilien.* In Pegmatiten kommt neben Spodumen mit 5,5—6,0% Li_2O *Djalmait* mit 1—2% U vor. Der Gesamtgeh. in Rohgut ist aber so niedrig, daß eine Gewinnung nur neben den übrigen Pegmatitmineralien (Feldspat, Spodumen) möglich ist. Die Zus. des Pegmatits beträgt 74,6% Feldspat, 22,0% Spodumen, 0,4% Cassiterit, Tantalit u. Djalmait. (Proc. int. Conf. peaceful Uses Atomic Energy **6.** 143—46. 1956. Minas Gerais, Brazil, Inst. de Tecnol. Ind. Belo Horizonte.) F. ENSSLIN. 380

J. J. Derriks und **J. F. Vaes,** *Die Uranlagerstätte Shinkolobwe: Gegenwärtiger Stand unserer geologischen und metallgenetischen Kenntnisse.* Nach einer allg. Übersicht über die geol. Verhältnisse von Katanga wird die Geologie der Grube Shinkolobwe eingehend beschrieben. Es wurden 30 verschiedene U-Mineralien gefunden, teils Oxyde, teils Silicate, Phosphate, Carbonate u. Molybdate. Als prim. Erze treten Sulfide u. Selenide des Co, Ni, Mo, Fe, Ge u. Pd neben gediegenem Cu u. Au auf. Sek. treten Sulfide von Cu, Ni, Pb u. Co, Wulfenit, Quarz, Oxyde, Garnierit auf. Die Uranmineralien wurden nach einer 1. hydrothermalen u. pneumatolyt. Phase mit Dolomit als 2. Phase vor den Seleniden, MoS_2 u. Monazit abgeschieden, denen später Co- u. Ni-Sulfide unter Zertrümmerung des Magnesits u. der Sulfide folgten. Als letzte Phase erschienen Cu-Mineralien. (Proc. int. Conf. peaceful Uses Atomic Energy **6.** 94—128. 1956. Haut-Katanga, Union Minière.) F. ENSSLIN. 380

J. T. Shen, *Gewinnung von Monazit und seinen Begleitmineralien in der Provinz Taiwan, China.* In Flußsanden kommt neben anderen Schwermineralien, wie Zirkon, Magnetit, Ilmenit usw., auch Monazit vor mit der Zus. 6,79(%) ThO_2, 0,05 UO_2, 29,06 CeO_2, 2,95 Yttererden, 27,36 La_2O_3 usw., 1,39 Fe_2O_3, 0,33 Al_2O_3, 0,55 TiO_2, Spur ZrO_2, 2,48 CaO, 0,01 MnO, 0,06 PbO, 1,52 SiO_2 u. 27,82 P_2O_5. (Proc. int. Conf. peaceful Uses Atomic Energy **6.** 147—51. 1956. Taiwan, China, Ministry of Economic Affairs, Union Ind. Res. Inst.) F. ENSSLIN. 380

D. N. Wadia, *Natürliche Vorkommen von Uran und Thorium in Indien.* Die Monazitsande von Travancore u. Madras enthalten 0,02 bis 0,46% U_3O_8 neben 5—11% ThO_2, während der Cheralith, eine Abart des Monazits, sogar 4—6% U_3O_3 u. 19—33% ThO_2 enthält. An prim. U-Vorkk. ist Indien verhältnismäßig arm. In archaischen Apatit-Magnetitgesteinen, Chloritschiefern u. Quarziten bei Singhbhum wurden durch Bohrungen U-Gehalte von 0,03 bis 0,1% festgestellt, mit Spitzen von 2—3% U_3O_8. Archaische Cu-Erze enthalten 0,04 bis 0,46 U_3O_8. In Pegmatiten kommt gelegentlich Thorianit vor. (Proc. int. Conf. peaceful Uses Atomic Energy **6.** 163—66. 1956. Bombay, Dep. of Atomic Energy.) F. ENSSLIN. 380

—, *Natürliche Vorkommen von Uran und Thorium in Japan.* Das Uran ist Nebenbestandteil von Graniten, als Mineral in Granit, Pegmatiten u. in den Verwitterungsrückständen der beiden Gesteine zu finden. Eine industrielle Gewinnung gibt es bis jetzt nicht. (Proc. int. Conf. peaceful Uses Atomic Energy **6.** 174—75. 1956. Japan, Geol. Survey.) F. ENSSLIN. 380

Amando Clemente und **Edgardo Reyes,** *Uranlagerstätten auf den Philippinen.* Das einzige bemerkenswerte U-Vork. ist an die Eisenerze von Larap gebunden. Der U-Geh. beträgt 0,029% mit Schwankungen zwischen 0 u. 1,5%. (Proc. int. Conf. peaceful Uses Atomic Energy **6.** 182. 1956.) F. ENSSLIN. 380

Tong Suk Yun, *Vorkommen von Uran und Thorium in Südkorea.* In Südkorea sind die Granite, ihre zugehörenden Pegmatite u. deren Verwitterungsprodd. Träger des U- u. Th-Gehalts. Als radioaktive Mineralien treten Allanit, Carnotit, Columbit, Fergusonit, Samarskit, Monazit, Tantalit, Torbernit, Uranophan u. Xenotim auf. (Proc. int. Conf. peaceful Uses Atomic Energy **6.** 176—77. 1956. Seul, Korea, Seul Nat. Univ., Coll. of Engng.) F. ENSSLIN. 380

—, *Natürliches Vorkommen von Uran und Thorium in Thailand.* In den Abgängen der Sn- u. W-Aufbereitung wurde ein bis jetzt unbekanntes Mineral gefunden. Es bildet runde, braunschwarze Körner mit glasigem Bruch, D. 5,8—6,0, u. enthält 7—16% U_3O_8. Es enthielt in 2 Analysen $Ta_2O_5 + Nb_2O_5$ 27,10 (26,30), ThO_2 1,30 (1,7), U_3O_8 13,20 (16,30), Seltene Erdoxyde 4,20 (3,20), TiO_2 25,30 (20,30), FeO 9,10 (10,60), MnO 6,50 (6,50), CaO 2,70 (1,90), MgO 0,03 (0,01), SnO_2 3,50 (2,60), WO_3 3,60 (3,10) u. SiO_2 1,60 (5,10). Als Th-Mineral kommt reichlich Monazitsand vor. (Proc. int. Conf. peaceful Uses Atomic Energy **6.** 201—03. 1956.) F. ENSSLIN. 380

Marcel Roubault, *Die Uranlagerstätten Frankreichs und der französischen Überseegebiete.* Uranmineralien werden in den französ. herzynischen Massiven gewonnen. Als einziges Überseegebiet kommt Madagaskar in Frage, wo U in Pyroxeniten in nennenswerten u. in Pegmatiten in geringen Mengen auftritt. (Proc. int. Conf. peaceful Uses Atomic Energy **6.** 152—61. 1956. Mining Committee of the C. E. A.) F. ENSSLIN. 380

C. F. Davidson, *Die radioaktiven Mineralreserven von Großbritannien.* Granit. Magmen haben in Spalten von devon.-karbon. Schiefern eine Sn–W-Vererzung u. anschließend eine Cu–U-Vererzung bewirkt. Die meisten Vorkk. in Cornwall u. Devon sind nicht bauwürdig. Ein Vork. von Pechblende bei South Croity in Granit hat genügend Vorräte, um einen Abbau zu rechtfertigen. Eine reiche Uranlagerstätte ist South Terra bei St. Stephen, in der Metatorbernit mit Quarz als Spaltenfüllung auftritt neben Pechblende, Autunit u. Zippeit. Geringere Vorkk. sind die Pb–Zn-Erze von Laxey (Insel Man) u. von Tyndrum (Perthshire). Sedimentäre Uranerze kommen verbreitet vor, ohne wirtschaftliche Bedeutung zu haben. (Proc. int. Conf. peaceful Uses Atomic Energy **6.** 204—06. 1956. Geol. Survey of Great Britain.) F. ENSSLIN. 380

C. F. Davidson, *Radioaktive Mineralien in der Zentralafrikanischen Föderation.* Nord-, Süd-Rhodesien u. Nyassaland haben nur wenige ausbeutbare U-Lagerstätten, obwohl das Element dort weit verbreitet ist. In Nkana ist der Cu-arme Schiefer das Untergestein für eine Uraninitgewinnung. Die Co–Cu-Erze selbst sind alle radioaktiv. Der Urangehalt beträgt aber nur 0,005—0,001 U_3O_8. (Proc. int. Conf. peaceful Uses Atomic Energy **6.** 207—09. 1956.) F. ENSSLIN. 380

C. F. Davidson, *Radioaktive Mineralien in den britischen Kolonien.* In den brit. Kolonien wurden bis jetzt keine Lagerstätten von U u. Th mit wirtschaftlicher Bedeutung entdeckt. (Proc. int. Conf. peaceful Uses Atomic Energy **6.** 210. 1956.) F. ENSSLIN. 380

—, *Natürliche Vorkommen von Uran in den Vereinigten Staaten.* Uran reichert sich in den Restschmelzen des Magmas an u. kommt dann in die Pegmatite oder sonstige Restschmelzen oder mit hydrothermalen Lsgg. in Gangfüllungen oder epigenet. Lagerstätten. Eine Konz. kann durch die Verwitterung, Erosion oder Sedimentation eintreten, wobei die komplexen U-reichen Oxyde verhältnismäßig schwer lösl. sind. U aus lösl. Mineralien wird mit dem Oberflächenwasser mitgeführt u. reichert sich in Schiefern u. Phosphoriten an. Der U-Gehalt der bas. Eruptivgesteine beträgt 0,3 g/t, der der mittelbas. 2,0 g/t u. der der Granite 5 g/t, einiger K_2O-reicher, CaO-armer Porphyre 140 g/t. Rhyolithe u. Dacite im Westen der USA sind reich an U_3O_8. Übersicht über die U-Vorkk. in Eruptivgesteinen, Kohlen, marinen Sedimenten u. Petroleum führenden Gesteinen der USA. (Proc. int. Conf. peaceful Uses Atomic Energy **6.** 211—16. 1956. US Geol. Survey and US Atomic Energy Comm.) F. ENSSLIN. 380

Felice Ippolito, *Der gegenwärtige Stand der Uranuntersuchungen in Italien.* Das U kommt in Italien vorwiegend in den oberen perm. Schiefern der Alpen vor. Ein weiteres Vork. ist an die Phyllite von Val Mongia gebunden. Bis jetzt wurden nur geringe Mengen gefördert. (Proc. int. Conf. peaceful Uses Atomic Energy **6.** 167—73. 1956. Comitato Naz. per le Ricerche Nucl.) F. ENSSLIN. 380

T. Siggerud, *Das Vorkommen von Uran und Thorium in Norwegen.* Die Granit-Pegmatite u. Nephelin–Syenit-Pegmatite sind arm an U u. Th. Die kambr. Schiefertone in der Gegend von Oslo enthalten neben Bitumen etwa 0,01% U_3O_8 mit Spitzen von 0,017%. Die Graphit-Glimmerschiefer von Rendalsvik enthalten 0,0035 bis 0,0147% U_3O_8, u. zwar geht der U-Geh. parallel zum Graphitgehalt. Da sich das Erz leicht aufbereiten läßt, können Konzz. mit 0,5% U gewonnen werden. Die Rentabilität ist aber immer abhängig vom Erlös der Hauptprodd. Graphit u. Glimmer. Die Aussichten, Lagerstätten mit nennenswerten Mengen an U u. Th zu finden, sind gering. (Proc. int. Conf. peaceful Uses Atomic Energy **6.** 178—81. 1956. Oslo, Geol. Survey of Norway.) F. ENSSLIN. 380

Rogério Cavaca, *Uranprospektierung in Portugal.* Die Haupturanträger sind die herzyn. Granitporphyse mit 2 Glimmern von Duoro u. Beiras silur. Alters. Es sind 3 Erzgebiete abzugrenzen. Das erste von Viseu–Nelas–Carregal do Sal, das zweite im Raum von Guarda–Belmonte–Sabugal u. das dritte zwischen Francoso–Aguiar–de Beira–Moimenta da Beira. In der Kolonie Angola tritt in den Pegmatiten von Dande Torbernit in geringen, nicht bauwürdigen Mengen auf, ebenso bei Caala an einer Bruchzone mit Quarziten, Sandsteinen u. Tonschiefern. In Mozambique sind es 2 Gebiete im nördl. Tete u. in den Departements Zambesi u. Nyassa, in denen in Pegmatiten Pechblende, Davidit u. andere U-Mineralien gefunden wurden. (Proc. int. Conf. peaceful Uses Atomic Energy **6.** 183—88. 1956.) F. ENSSLIN. 380

Erik Svenke, *Das Vorkommen von Uran und Thorium in Schweden.* Die hauptsächlichen Vorkk. sind an Tonschiefer gebunden, in denen zwischen 0,01 u. 0,04% U_3O_8 auftreten. Bemerkenswert ist der Ölschiefer von Närke mit 0,02% U_3O_8, dessen Hauptmenge im Tagebau zur Ölgewinnung (5% Öl) abgebaut wird. Die schwed. Pegmatite enthalten zwar radioakt. Mineralien, sind aber nicht abbauwürdig. Bemerkenswert ist das Tucholitvork. mit den Pb-Zn-Erzen in Mittel-Schweden. (Proc. int. Conf. peaceful Uses Atomic Energy **6.** 198—99. 1956. Stockholm, Aktiebolaget Atomenergi, Dep. of Chem.) F. ENSSLIN. 380

Manuel Alía, *Radioaktive Lagerstätten und Möglichkeiten in Spanien.* Die Lagerstätte von Hornachuelos gehört zu den Pegmatiten u. enthält Uraninit, Brannerit, Autunit u. Uranocker, welche abgebaut werden. Der hydrothermale Typ der Sierra Morena ist an Biotitgranite gebunden, deren Spalten mit Quarz, Kupferkies, Pyrit u. Haematit gefüllt sind u. U als Torbernit, Autunit u. Ocker enthalten mit durchschnittlich 0,75% U_3O_8. Die metasomat. Lagerstätte von Leòn enthält Cu- u. Co-Erze mit koll. Pechblende. Die sedimentären Lagerstätten des Plateaus sind Grauwacken mit 0,035 u. 0,07% U_3O_8. (Proc. int. Conf. peaceful Uses Atomic Energy **6.** 196—97. 1956. Madrid, Council of Nucl. Energy.) F. ENSSLIN. 380

R. Fernándes Cellini, T. Batuecas Rodriguez und **J. Vera Palomino,** *Untersuchungen über radioaktive Mineralien in Spanien. Calcium-Uranylphosphate und Kupfer-Uranylphosphate von Venta de Cardena (Cordoba).* Ein stark fluoreszierendes, tetragonal kristallisierendes, gelbes Mineral hatte die Zus. $Ca(UO_2)_2(PO_4)_2 \cdot 6,58\ H_2O$ u. gehört zu den Metaautuniten. Ein bläulichgrünes schwach leuchtendes Mineral hatte die Zus. $Cu(UO_2)_2(PO_4)_2$ 10,6 H_2O u. kristallisiert ebenfalls tetragonal. Es ist ein mit 10% Metaautunit verunreinigter Torbernit. (Proc. int. Conf. peaceful Uses Atomic Energy **6.** 189—95. 1956. Junta de Energia Nucl., Spain, Dep. of Anal. Chem.) F. ENSSLIN. 380

L. J. Spencer, *Drittes Nachtragsverzeichnis britischer Mineralien.* In Fortsetzung des 1931 erschienenen zweiten Nachtragverzeichnisses brit. Mineralien werden eine Reihe weiterer in England gefundener Mineralien aufgeführt. Angegeben sind chem. Zus., Fundort, Symmetrie u. Literaturstelle. Die folgenden Mineralien sind angeführt: *Adamin,* Zn_2AsO_4OH, rhomb.; *Afwillit,* $Ca_3(SiO_3OH)_2 \cdot 2\ H_2O$, monoklin; *Aikinit,* $CuPbBiS_3$, rhomb.; *Alabandin,* MnS, kub.; *Alleghanyit,* $2\ Mn_2SiO_4 \cdot Mn(OH, F)_2$, monoklin; *Antlerit,* $CuSO_4 \cdot 2\ Cu(OH)_2$, rhomb.; *Aphthitalit,* $(K,Na)_2SO_4$, rhomboedr.; *Arseniosiderit,* $Ca_3Fe_4(AsO_4)_4(OH)_6\ 3\ H_2O$; *Banalsit,* $Na_2BaAl_4Si_4O_{16}$, rhomb.; *Barbertonit,* $Mg_6Cr_2(OH)_{16}CO_3 \cdot 4\ H_2O$; hexagonal; *Basaluminit,* $2\ Al_2O_3 \cdot SO_3 \cdot 10\ H_2O$; *Bavenit,* $Ca_4(Be, Al)_4Si_9(O,OH)_{28}$, monoklin; *Beaverit,* $Pb(Cu, Fe, Al)_3(SO_4)_2(OH)_6$, rhomboedr.; *Bementit,* $2\ MnSiO_3 \cdot H_2O$(?); *Beudantit,* $PbFe_3AsO_4SO_4(OH)_6$, rhomboedr.; *Bieberit,* $CoSO_4 \cdot 7\ H_2O$, monoklin; *Böhmit,* AlO(OH), rhomb.; *Boracit,* $Mg_6Cl_2B_{14}O_{26}$, pseudokub.; *Boulangerit,* $Pb_5Sb_4S_{11}$, monoklin; *Brammallit,* Na-Illit; *Bravoit,* $(Fe, Ni)S_2$, kub.; *Bredigit,* α'-Ca_2SiO_4, rhomb.; *Bustamit,* $(Mn, Ca, Fe)SiO_3$, triklin; *Cancrinit,* $(Na, K, Ca)_{6-8}(Si, Al)_{12}O_{24}(SO_4, CO_3)_{1-2} \cdot nH_2O$, hexagonal; *Carnallit,* $KMgCl_3 \cdot 6H_2O$, rhomb.; *Karpholith,* $MnAl_2Si_2O_6(OH)_4$, monoklin; *Ceruleit,* $CuO \cdot 2\ Al_2O_3 \cdot As_2O_5 \cdot 8H_2O$; *Klinohumit,* $Mg_9Si_4O_{16}(F, OH)_2$, monoklin; *Kollophan,* $Ca_3(PO_4)_2 \cdot H_2O$; *Columbit,* $(Fe, Mn)\ (Nb, Ta)_2O_6$, rhomb.; *Konichalcit,* $CuCaAsO_4(OH)$, rhomb.; *Cookeit,* $LiAl_4Si_3AlO_{10}(OH)_8$, monoklin; *Corkit,* $PbFe_3(PO_4)(SO_4)(OH)_6$, rhomboedr.; *Cornubit,* $Cu_5(AsO_4)_2(OH)_4$; *Cosalit,* $CuPb_7Bi_8S_{22}$, rhomb.; *Crossit,* $(Na, K, Ca)_{2.2}(Mg, Fe, Al, Ti)_5\ (Si, Al)_8O_{23}(OH)$, monoklin; *Cubanit,* $CuFe_2S_3$, rhomb.; *Cuspidin,* $Ca_4Si_2O_7F_2$, monoklin; *Cyanotrichit,* $Cu_4Al_2SO_4(OH)_{12} \cdot 2\ H_2O$, rhomb.; *Cymrit,* $BaAlSi_3O_8(OH)$, hexagonal; *Dickit,* $Al_2Si_2O_5(OH)_2$, monoklin; *Duftit,* $PbCuAsO_4(OH)$, rhomb.; *Erythrosiderit,* $K_2FeCl_5 \cdot H_2O$, rhomb.; *Ettringit* $Ca_6Al_2(SO_4)_3(OH)_{12} \cdot 26\ H_2O$, hexagonal; *Euklas,* $BeAlSiO_4OH$, monoklin; *Eudialyt,* $Na_4(Ca, Fe)_2ZrSi_6O_{17}(OH, Cl)_2$, rhomboedr.; *Eudnophit,* $NaAlSi_2O_6 \cdot H_2O$, pseudokub.; *Ferrobrucit* $(Mg, Fe)\ (OH)_2$, rhomboedr.; *Fluoborit,* $Mg_3BO_3(F, OH)_3$, hexagonal; *Ganophyllit,* $Mn_7Al_2Si_8O_{26} \cdot 6\ H_2O$, monoklin; *Gedrit,* $(Mg, Fe^{2+}, Al)_7(Si, Al)_8O_{22}(OH)_2$, rhomb.; *Gehlenit,* $Ca_2Al_2SiO_7$, tetragonal; *Gonnardit,* $(Ca, Na)_{6-8}(Si, Al)_{20}\ O_{40} \cdot 12\ H_2O$, rhomb. (?); *Greenalith,* $3\ FeO \cdot 4\ SiO_2 \cdot 2H_2O$, isotrop; *Grovesit,* $(Mn, Mg, Al)_2\ (Si, Al)_2\ (O, OH)_9$; *Grunerit,* $Fe_7Si_8O_{22}(OH)_2$, monoklin; *Harkerit,* Ca-Mg-Carbonatborosilicat, kub.; *Hedenbergit,* $(Ca, Fe)SiO_3$, monoklin; *Herderit,* $CaBePO_4F$, rhomb.; *Hillebrandit,* $Ca_2SiO_4 \cdot H_2O$, rhomb.; *Hübnerit,* $MnWO_4$, monoklin; *Hydrobasaluminit,* $2\ Al_2O_3 \cdot SO_3 \cdot 41\ H_2O$; *Hydrobiotit*; *Hydrocalumit,* $4\ CaO \cdot Al_2O_3 \cdot 12\ H_2O$, monoklin, *Hydrogrossular,* $Ca_3Al_2[SiO_4, 4(OH)]$, pseudokub.; *Hydromuskovit*; *Illit,* monoklin; *Eisenwollastonit,* $(Ca, Fe)SiO_3$, monoklin; *Isostannin,* Cu_2FeSnS_4, kub.; *Jakobsit,* $(Mn, Fe, Mg)\ (Fe, Mn)_2O_4$, kub.; *Jarosit,* $KFe_3(SO_4)_2(OH)_6$, rhomboedr.; *Jordanit,* $Pb_{14}As_7S_{24}$(?); monoklin; *Kasolit,* $PbO \cdot UO_3 \cdot SiO_2 \cdot H_2O$, monoklin; *Kieserit,* $MgSO_4 \cdot H_2O$, monoklin; *Knebelit,* $(Fe, Mn)_2SiO_4$, rhomb.; *Langbeinit,* $K_2SO_4 \cdot 2\ MgSO_4$, kub.; *Larnit,* β-Ca_2SiO_4, monoklin; *Leucit,* $KAl(SiO_3)_2$, pseudokub.; *Liebigit,* $Ca_2U(CO_3)_4 \cdot 10H_2O$, rhomb.; *Lindgrenit,* $Cu_3(MoO_4)_2(OH)_2$, monoklin; *Lizardit,* $H_4Mg_3Si_2O_9$, monoklin; *Ludwigit,* $(Mg, Fe^{2+})_2Fe^{3+}BO_5$, rhomb.; *Manganfayalit,* $(Fe, Mn)_2SiO_4$, rhomb.; *Manganhedenbergit,* $(Ca, Fe, Mn, Mg)SiO_3$, monoklin; *Merwinit,* $Ca_3Mg(SiO_4)_2$, monoklin; *Metagreenalith,* $3\ FeO \cdot 4\ SiO_2 \cdot 2\ H_2O$, anisotrop; *Monticellit,* $CaMgSiO_4$, rhomb.; *Mossottit,* $(Ca, Sr)CO_3$, rhomb.; *Nakrit,* $Al_2O_3 \cdot 2SiO_2 \cdot 2\ H_2O$, monoklin; *Nadorit,* $PbSbO_2Cl$, rhomb.; *Natrojarosit,* $NaFe_3(SO_4)_2(OH)_6$, rhomboedr.; *Neptunit,* $(Fe,Mn)O(Na,K)O \cdot 4\ SiO_2 \cdot TiO_2$, monoklin; *Omphacit,* $(Ca, Mg, Fe)SiO_3$, monoklin; *Orpiment,* As_2S_3, monoklin; *Paracelsian,* $BaAl_2Si_2O_8$, pseudorhomb.; *Paratakamit,* $Cu_2Cl(OH)_3$, rhomboedr., *Pennantit,* $(Mn, Al)_6(Si, Al)_4O_{10}(OH)_8$; *Periklas,* MgO, kub.; *Pikromerit,* $K_2Mg(SO_4)_2 \cdot 6\ H_2O$, monoklin; *Pigeonit,* $(Mg, Fe, Ca)\ SiO_3$, monoklin; *Pinnoit*(?), $MgB_2O_4 \cdot 3\ H_2O$, tetragonal; *Pisanit* $(Fe,Cu)SO_4 \cdot 7\ H_2O$, monoklin; *Plombierit,* $CaO \cdot SiO_2 \cdot nH_2O$; *Polyhalit,* $K_2Ca_2Mg(SO_4)_4 \cdot 2\ H_2O$, monoklin; *Portlandit,* $Ca(OH)_2$, hexagonal; *Pumpellyit,* $Ca_4(Al,Mg,Fe)_6Si_6O_{23}(OH)_3 \cdot 2H_2O$, monoklin; *Pyrophanit,* $MnTiO_3$, rhomboedr.; *Pyroxmangit,* $(Fe, Mn)SiO_3$, triklin; *Rammelsbergit,* $NiAs_2$, rhomb.; *Rankinit,* $3\ CaO \cdot 2\ SiO_2$, monoklin; *Rashleighit,* $Cu(Al, Fe)_6(PO_4)_4(OH)_8\ 5\ H_2O$, triklin; *Realgar,* AsS, monoklin; *Rinneit,* $K_3NaFeCl_6$, rhomboedr.; *Rockbridgeit,* $(Fe^{2+}, Mn)Fe^{3+}_4(PO_4)_3(OH)_5$, rhomb.; *Römerit* (?), $Fe^{2+}Fe^{3+}_2(SO_4)_4 \cdot 14\ H_2O$, triklin; *Rosasit,* $(Cu,Zn)_2CO_3(OH)_2$; *Russellit,* $(Bi_2, W)O_3$, tetragonal (?); *Rutherfordin,* UO_2CO_3, rhomb.; *Sapphirin,* $(Mg, Fe)_2\ Al_4SiO_{10}$(?), monoklin; *Scawtit,* $Ca_7Si_6O_{16}CO_3(OH)_4$, monoklin; *Sepiolith,* $Mg_3Si_4O_{11} \cdot 5\ H_2O$(?); *Siderophyllit,* $H_4K_2Fe_3Al_4Si_6O_{24}$, monoklin; *Sphaerodialogit,* Varietät von Rhodochrosit, $MnCO_3$, rhomboedr.; *Spurrit,* $2\ Ca_2SiO_4 \cdot CaCO_3$, monoklin; *Stichtit,* $Mg_6Cr_2(OH)_{16}CO_3 \cdot 4\ H_2O$, rhomboedr.; *Sylvin,* KCl, kub.; *Szaibelyit,* $2\ MgO \cdot B_2O_3 \cdot H_2O$, rhomb. (?); *Tephroit,* Mn_2SiO_4, rhomb.; *Thucholith,* Pechblende + KW-stoff; *Tilleyit,* $3\ CaO \cdot 2\ SiO_2 \cdot 2\ CaCO_3$, monoklin; *Türkis,* $CuAl_6(PO_4)_4(OH)_8 \cdot 5\ H_2O$, triklin; *Varlamoffit,* $H_2SnO_3 + Fe_2O_3$; *Veatchit*;

$SrB_6O_{10} \cdot 2\,H_2O$, monoklin; *Xanthophyllit*, $Ca(Mg, Al)_3(Al, Si)_4(O, OH)_{12}$, monoklin; *Xonotlit*, $CaSiO_3 \cdot nH_2O$; *Zinckenit*, $PbSb_2S_4$ oder $Pb_6Sb_{14}S_{27}$, rhomb. (pseudohexagonal). (Mineralog. Mag. J. mineralog. Soc. **31.** 787—806. März 1958. London, British Museum.) C. GOTTFRIED. 380

G. L. Miller, *Zirkonium. Vorkommen, Extraktion und Eigenschaften.* Übersicht über Vorkk. von Zr-Erzen, Gewinnung, Bearbeitung, chem. u. mechan. Eigg. u. Anwendung von Zr. — 32 Schrifttumshinweise. (Iron and Steel **28.** 19—25. Jan. 1955.) W. WESLY. 380

J. J. Reed, *Weitere Angaben über die vulkanischen Argillite von Red Rock Point, Wellington.* (New Zealand J. Geol. Geophysics **1.** 635—40. Nov. 1958.) F. ENSSLIN. 386

Oliver A. Schaeffer und **David E. Fisher,** *Kosmogene Edelgase in dem Meteorit von Washington County.* Massenspektrograph. untersuchten Vff. den Geh. an Edelgasen in dem 1927 gefundenen u. wahrscheinlich 1916 gefallenen Washington County- oder Arickaree-Meteoriten. Die gefundenen Häufigkeiten in Einheiten von 10^{-8} cm²/g waren im Mittel ^{3}He 193; ^{4}He 2,900; ^{20}Ne 7; ^{21}Ne 2,06; ^{22}Ne 2,4; ^{36}Ar 5,4 u. ^{38}Ar 7,5. (Nature [London] **183.** 660—61. 7/3. 1959. Upton, Long Island, N.Y., Brookhaven Nat. Labor.) C. GOTTFRIED. 388

Frederick M. Swain, *Organische Materialien aus dem frühen Mitteldevon, Mt. Union Area, Pennsylvanien.* Die Tonschiefer enthalten 0,002 bis 0,24% bituminöse Materialien, welche chromatograph. als gesättigte KW-stoffe, aromat. KW-stoffe, asphaltene u. polare Verbb. bestimmt wurden. Nach der Gaschromatographie haben die meisten KW-stoffe mehr als 20 C-Atome. Der Gehalt an gesätt. KW-stoffen u. der Gehalt an Gesamt-KW-stoffen in Bitumen nimmt vom Ridgeley-Sandstein zu den verschiedenen Schiefern hin zu, während die aromat. KW-stoffe abnehmen. Freier S wird in den Schiefern gefunden. Die Humussubstanz mit der höchsten Konz. in den Schwarzen Schiefern hat pyridinartigen Bau. Ihre Konz. im Gestein beträgt 0,04 bis 2%. (Bull. Amer. Assoc. Petroleum Geologists **42.** 2858—91. Dez. 1958. Minneapolis, Minn., Univ.) F. ENSSLIN. 390

G. P. Jakobsson, *Über die Entstehung der Schwefelwasserstoffwässer von Kemeri* (Kemmern). Vf. vertritt die Auffassung, daß die H_2S-Wässer bei Kemmern sich in der Nähe von Kemmern bilden, u. zwar durch Sulfatreduktion. Die dabei benötigten Bakterien (Sporovibrio desulfuricans u. a.) sind nachgewiesen worden. Die H_2S-Bldg. erfolgt in der Salaspils-Schicht, in welcher ein Zusammenfluß von nährstoffhaltigen Wässern (aus den umliegenden Sümpfen) u. sulfathaltigen Wässern nachweisbar ist. Allerdings erfolgt dieser Zusammenfluß nicht durch Filtration sondern vorwiegend durch Abfluß. Die geolog. Bedingungen dieses Zusammen- u. Abflusses bilden den schwierigsten Teil des Nachweises, der durch die Beobachtung gestützt wird, daß ein erhöhter Geh. an H_2S mit einem verminderten Geh. an Sulfat oft parallel geht. — Bldg. von H_2S aus CH_4 (durch Bakterien) bzw. aus Eiweißstoffen ist möglich, kann jedoch nur zu geringen H_2S-Konzz. führen, die in Kemmern bis 90 mg/Liter ansteigen (Schwefelkurort). (Известия Академии Наук Латвийской ССР [Nachr. Akad. Wiss. LettSSR] **1957.** Nr. 6. 111—26. Inst. für Geol. u. nützliche Bodenschätze der Akad. der Wiss. der LettSSR.) A. v. WILPERT. 393

W. Kolb und **H. D. Schulz,** *Über die Natur eines Teilchens auffallend hoher Radioaktivität im atmosphärischen Niederschlag.* Auf einer gummierten Kunststoffolie, die 48 Std. lang in 46 m Höhe ausgespannt war, konnte ein kleines Gebiet von $1 \cdot 1$ mm² eingegrenzt werden, dessen Aktivität die aller anderen Teile der Folie um ein Vielfaches überstieg. Nach einer Messung der β-Strahlung betrug die Aktivität des kleinen Folienstückes $2 \cdot 10^{-10}$ Curie. Das γ-Spektrum des Teilchens wurde mit einem Scintillationsspektrometer untersucht. Es wurden 2 Spektren mit den dazugehörigen Nulleffektspektren aufgenommen, u. zwar eines im Energiebereich von 0,15—2 MeV in 16 Std. u. eines von 10—350 KeV in 4 Stunden. Die Spektren des Teilchens zeigten gut aufgelöste Photolinien bei den Energien 80; 135; 500; 740 u. 1600 keV mit den unkorrigierten relativen Intensitäten $4:10:\sim 4:37:<1$. Diese Linien werden in der angegebenen Reihenfolge den Isotopen ^{144}Ce, u. evtl. ^{141}Ce, ^{103}Ru, $^{95}Zr + {}^{95}Nb$, ^{140}La zugeschrieben. Für die Aktivität des Teilchens ist demnach ein n., etwa 2 Monate altes Spaltproduktgemisch verantwortlich. Das Vorhandensein von induzierten Aktivitäten, wie etwa ^{60}Co, wurde nicht beobachtet. (Naturwissenschaften **46.** 139—40. 2. Febr.-H. 1959. Braunschweig, Physikal.-Techn. Bundesanst.) C. GOTTFRIED. 396

B. Allgemeine und theoretische organische Chemie.

Asish Kumar Chandra und **Sadhan Basu**, *Spektrale Verschiebungen bei den Methylpyridinen.* Vff. untersuchen mittels der Störungsmeth. von LONGUET-HIGGINS u. SOWDEN (C. **1953**. 1781) die durch Einführung einer bzw. mehrerer Methylgruppen in den Pyridinkern verursachten spektralen Verschiebungen. Unter der Voraussetzung, daß die durch zwei bzw. mehrere Methylgruppen hervorgerufenen Effekte additiv sind, werden zunächst die Energieänderungen, die durch den Induktions- u. den Hyperkonjugationseffekt bewirkt werden, einzeln berechnet. Setzt man voraus, daß diese beiden Effekte in 1. Näherung additiv sind, so ergeben sich mit $\beta = -23000\ cm^{-1}$ Werte für die Verschiebungen der Spektralbanden in den Methylpyridinen, die in ziemlich guter Übereinstimmung mit den Beobachtungen stehen. Bes. der experimentelle Befund, daß die Verschiebungen mit Ausnahme beim *4-Methylpyridin* bathochrom sind, wird richtig vorausgesagt. Es wird gezeigt, daß die Größe der vorausberechneten Verschiebungen abhängig ist von dem Wert, der für das COULOMB-Integral des N angenommen wird. (J. chem. Soc. [London] **1959.** 1623—25. April. Calcutta, Univ. Coll. of Sci. and Technol., Dep. of Chem.) K. FRENKLER. B 114

D. P. Stevenson und **H. M. McConnell**, *Ultraviolettkriterien für Monoaromatencharakter.* Vff. fanden drei allg. Kriterien, die es erlauben, Substanzen oder Mischungen als spektroskop. reine monoaromat. KW-stoffe zu klassifizieren. Diese Kriterien beruhen auf der Art der Absorptionsspektren im Bereich 2000—4000 Å. Die drei Kriterien sind: a) der mol. Extinktionskoeff. ε_m bei Wellenlängen $\geqslant$ 3000 Å ist geringer als 10 Liter/Mol·cm; b) wird die Wellenlänge λ_m des Absorptionsminimums zwischen der α- u. p-Bande gegen den ε_m-Wert bei 2150 Å für monocycl. aromat. KW-stoffe aufgetragen, so ergibt sich eine S-Kurve, λ_m wächst gleichmäßig mit der Zahl der Substituenten am Benzolkern. Der λ_m-$\varepsilon_m{}^{2150}$-Wert eines reinen KW-stoffs muß auf der S-Kurve liegen; dieses Kriterium besitzt beschränktere Anwendung als das erste; c) der ε_m-Wert bei λ_m (ε') wächst gleichmäßig mit λ_m, es gilt $\ln \varepsilon_m = 0{,}00323\ \lambda_m - 6{,}141$ für 2275 Å $\leq \lambda_m \leq$ 2500 Å. Die Grundlagen u. Anwendungen dieser drei Kriterien, bes. auch bei der Reinheitsprüfung, werden besprochen. (Spectrochim. Acta [London] **12.** 262—74. Sept. 1958. Emeryville, Calif., Shell Developm. Comp.) M.-L. KLAAR. B 118

G. Milazzo und **E. Miescher**, *Absorptionsspektren heterocyclischer Verbindungen.* 5. Mitt. *Die Absorptionsspektren von Selenophen und N-Methylpyrrol im Schumann-Gebiet.* Inhaltlich ident. mit der C. **1950/54.** 2335 S referierten Arbeit. (Rend. Ist. super. Sanità **19.** 80—85. 1956. Roma, Ist. super. Sanità; Basel, Univ., Phys. Anst.) J. GOUBEAU. B 118

Giulio Milazzo, *Absorptionsspektren heterocyclischer Verbindungen.* 6. Mitt. *Versuch zur Erklärung der Spektren fünfatomiger Ringmoleküle.* (5. vgl. vorst. Ref.) Inhaltlich ident. mit der C. **1950/54.** 2335 S referierten Arbeit. (Rend. Ist. super. Sanità **19.** 86—95. 1956.) J. GOUBEAU. B 118

Leonello Paoloni, *Absorptionsspektren heterocyclischer Verbindungen.* 7. Mitt. *Das Absorptionsspektrum des 2.4.6-Trimethyltriazins.* (6. vgl. vorst. Ref.) Inhaltlich ident. mit der C. **1950/54.** 2335 S referierten Arbeit. (Rend. Ist. super. Sanità **19.** 96—100. 1956.) J. GOUBEAU. B 118

R. C. Hirt und **R. G. Schmitt**, *Ultraviolettabsorptionsspektren von Derivaten des symm.-Triazins.* 2. Mitt. *Oxotriazine und ihre acyclischen Analoga.* (1. vgl. C. **1954.** 10673.) Vff. vergleichen die UV-Absorptionsspektren von symm.-Triazinen mit O-Funktionen, ihren Ionen u. ihren acycl. Analogen u. stellen Beziehungen auf zwischen den Spektren u. der Mol.-Struktur der Verbb. (konjugierte Doppelbindungen zwischen C- u. N-Atomen des heterocycl. Rings sowie exocycl. O- u. N-Atomen). Auf Grund dieser Vergleiche wurde nebenst. Struktur für das positive Ion des *2.4.6-Triamino-symm.-triazins* (**I**, *Melamin*) abgeleitet. Außer der Lage der Absorptionsmaxima sowie deren Intensität in den verschied. p_H-Bereichen sind die spektrochem. bestimmten Ionisationskonstanten folgender Verbb. angegeben: **I**, p_H 1—4, 42550 [cm^{-1}] ($\varepsilon = 10200$); p_H 6—13, 42550 Schulter ($\varepsilon = 2820$); $pK_a = 5{,}1$. — *2.6-Diamino-4-hydroxy-* (*Ammelin*), p_H 1—3, 43480 (20300); p_H 6—8, 43480 (7650); p_H 11—13, 43480 Schulter (3580); $pK_{a_1} = 4{,}5$, $pK_{a_2} =$ 9,4. — *2-Amino-4.6-dihydroxy-* (*Ammelid*), p_H 3,5—5,5, 45050 (14080); p_H 8,5—13, 44250 (9730); $pK_{a_1} = 1{,}8$; $pK_{a_2} = 6{,}9$; $pK_{a_3} \sim 13{,}5$. — *2.4.6-Trihydroxy-symm.-triazin* (*Cyanursäure*), p_H 8—9, 46730 (10170); p_H 12—14, 45050 (6360); $pK_{a_1} = 6{,}5$; $pK_{a_2} =$ 10,6. — *Biuret*, $p_H > 14{,}5$, 46300 (5670), $pK_a = 13{,}2$. — *Guanylharnstoff*, p_H 10—13,

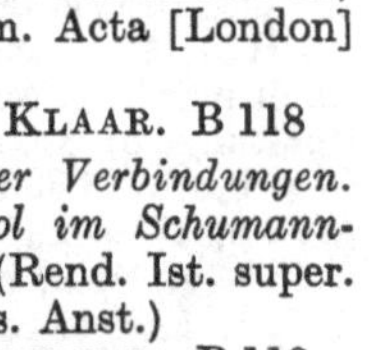

45870 (19380); $pK_a = 8,0$. — *Biguanid*, p_H 5—10, 43480 (12360); $p_H > 14,5$, 43480 (8900); $pK_{a_1} = 3,2$; $pK_{a_2} = 13,3$. (Spectrochim. Acta [London] **12.** 127—38. Sept. 1958. Stamford, Conn., Amer. Cyanamid Comp., Res. Div.) M.-L. KLAAR. B 118

B. Das Sarma und **John C. Bailar jr.**, *Teilweise Spaltung von Diaminen, Aminosäuren und Dicarbonsäuren durch Koordination mit optisch-aktiven Komplexen.* Wenn ein 100%ig. Überschuß einer rac. Mischung von *dl-Propylendiamin* (**I**), *dl-Alanin* (**II**) oder *dl-Weinsäure* (**III**) mit einem opt.-akt. Komplex von Cu(II), Ni(II) oder Co(III) reagiert, tritt eine teilweise Spaltung des rac. Gemisches ein, wahrscheinlich weil eine der akt. Formen bevorzugt koordiniert wird. Die Spaltung bleibt unter 5% bei Ni^{2+}- u. Cu^{2+}-Komplexen u. ist etwas höher (6—20%) bei Co^{3+}-Komplexen. Zur Spaltung werden akt. Komplexe der Metalle mit d-**III**, *l-Glutaminsäure* (**IV**), *d-Gluconsäure* (**V**) verwendet. In manchen Fällen kann auch das *l*-[Tris-(äthylendiamin)-dichlor-Co(III)]$^+$-Ion als opt.-akt. Komplex mit Erfolg angewendet werden.

Versuche ($[\alpha]_D$-Werte bei 30—31°, α_D-Wert im 1 dm-Rohr): *Co(III)-d-Gluconatkomplex*, durch Auflsg. von 4,2 g $Co(NO_3)_2 \cdot 6\,H_2O$ u. 4 g **V** in W. u. NaOH u. Oxydation mit Luft; grüne Lsg.; mit Ba^{2+} oder K^+ $Ba[Co(III)(C_6H_7O_7)] \cdot H_2O$ oder $K[Co(III) \cdot (C_6H_8O_7)] \cdot H_2O$ (**VI**); a) Spaltung von **I**: **VI** in W. mit **I** schütteln, nach 1 Std. mit Aceton u. A. versetzen u. kühlen, mit HCl ansäuern, **I**·HCl abtrennen u. dies nach Zusatz von NaOH im Vakuum dest.: $[\alpha]_D$ −0,7°; die vom **I**·HCl filtrierte Lsg. wird mit NaOH dest.; $[\alpha]_D$ +1,85°; 6,4%ig. Spaltung (Struktur des Gluconats u. Mechanismus der Rk. unbekannt). b) Spaltung von **II**: Ein Überschuß von **II** mit einer Lsg. von **VI** gibt violette Kristalle; α_D −12,0° (50%ig. H_2SO_4). — Spaltung von **III** mit (−)-Carbonatotriäthylentetramincobalt(III)-carbonat (vgl. C. **1956.** 9652): 0,65 g Komplex in W. u. 0,67 g **III** werden eingedampft, Rückstand mit A. aufnehmen u. mit NaOH versetzen; für 0,2 g dieses Na-Tartrats in 20 cm³ 0,5n NaOH ist α_D +0,040 ± 0,002° = 16%ig. Spaltung; der rote Rückstand gibt nach Reinigung über das Ba-Salz Na-Tartrat mit $[\alpha]_D$ −5,2° (0,5n NaOH) = 20%ig. Spaltung. — *Cu(II)-d-Weinsäurekomplex*, durch ½std. Kochen von $CuCO_3$ in W. mit d-**III** u. Versetzen mit KOH. a) Spaltung von **II**: zur blauen Lsg. des Komplexes 3,6 g **II** geben; blauviolette Kristalle von $Cu(C_6H_{12}N_2O_4) \cdot 1,5\,H_2O$; Abtrennen des Cu mit H_2S; 0,5 g **II** daraus hat in n-HCl $[\alpha]_D$ −0,56° = 3,8%ig. Spaltung; Lsg. analog behandeln; 0,5 g **II** daraus hat in n-HCl $[\alpha]_D$ +0,55° = 3,74%ig. Spaltung. b) Spaltung von **I**: analog mit **I** u. im Vakuum bei 50—55° dest.; $[\alpha]_D$ −1,0° (c = 0,3) = 3,33%ig. Spaltung; Rückstand mit KOH wie vorher dest.; $[\alpha]_D$ +1,01° (c = 0,31) = 3,4%ig. Spaltung. In analogen Verss. mit $NiCO_3$ statt $CuCO_3$ erhält man 2—3%ig. Spaltung. — *Cu(II)-l-Glutamatkomplex*, aus NaOH, **IV** in W. mit $CuCl_2 \cdot 2\,H_2O$; Lsg. tiefblau. a) Spaltung von **II**: Vorst. Lsg. mit **II** versetzen, Cu-Bis-alanin nach Reinigung mit H_2S zers.; 5%ig. Lsg. der gebildeten **II** in n-HCl hat $[\alpha]_D$ +0,48° = 3,3%ig. Spaltung. b) Spaltung von **I**: **I** in A. mit einer Suspension von Cu-Monoglutamat (vgl. C. **1959.** 14663) erwärmen, Nd. abfiltrieren, das Filtrat mit konz. HCl ansäuern u. das zur Trockne eingedampfte **I**-Dihydrochlorid mit verd. NaOH bei vermindertem Druck dest.; $[\alpha]_D$ +1,2° (c = 1%ig) = 4%ig. Spaltung. (J. Amer. chem. Soc. **78.** 895—97. 5/3. 1956. Urbana, Ill., Univ. of Illinois, Noyes Labor. of Chem.)

HELMUT KOCH. B 119

Børge Bak, Daniel H. Christensen, Jørgen Møller und **Snegulka Detoni**, *Darstellung und Infrarotspektren von $D_{(1)}$-, $D_{(2)}$-, $D_{(1.2)}$-, und $D_{(1.2.2)}$-Äthylfluorid und -bromid.* Durch Anlagerung von DBr an Äthylen wurde *$D_{(2)}$-Äthylbromid* dargestellt, die Darst. der anderen D-Äthylbromide erfolgte gemäß: $C_2H_2 + 2\,DBr \rightarrow CHDBrCHDBr \rightarrow CHD{=}CHD \xrightarrow{+HBr} CH_2DCHDBr$ bzw. $CH_2{=}CHBr + DBr \rightarrow CH_2BrCHDBr \rightarrow CH_2{=}CHD$, $2\,CH_2{=}CHD + 2\,HBr \rightarrow CH_2DCH_2Br + CH_3CHDBr$ bzw. $CHD{=}CHD + DBr \rightarrow CHD_2CHDBr$. Die entsprechenden Fluoride wurden nach HENNE u. RENOLL (J. Amer. chem. Soc. **60.** [1938.] 1060) durch Einw. von HgF bei 110° (20 Std.) erhalten. Die IR-Spektren der deuterierten u. D-freien Verbb. in gasförmigem Zustand wurden zwischen 400 u. 4000 cm^{-1} aufgenommen, die Daten werden denen der RAMAN-Spektren (vgl. LANGSETH u. BAK, Kgl. danske Vidensk. Selsk., mat.-fysiske Medd. **24.** [1947.] Nr. 3) gegenübergestellt. Vff. zeigen, daß bei den Bromiden Rotationsisomere existieren. (Acta chem. scand. **12.** 2021—27. 1958. Copenhagen, Univ., Chem. Labor.)

B. GNAUCK. B 120

Ichiro Nakagawa, *Näherungsberechnung der C–H-Deformationsschwingungen für mehrere mehratomige Moleküle und die Zuordnung dieser Schwingungen.* Unter Benutzung einer geringen Zahl von Kraftkonstanten (vgl. C. **1950/54.** 3804 S.) werden die C–H-Deformationsschwingungen von Halogenderivv. des Methans u. der entsprechenden Deuteriumverbb. berechnet, Die Frequenzen der C–H-Deformationsschwingungen in der Reihe der Verbb. CH_3X, CH_2X_2, CHX_3 (X = Halogen) nehmen in folgender Reihenfolge ab: entartete CH_3- (Deformation), CH_2-Kippschwingung, CH_3-symm. Deformations-CH_2-Pendelschwingung, CH-Deformations-, CH_2-Torsions-, CH_3-Schaukel-, CH_2-Schaukelschwingung, mit Ausnahme weniger Einzelfälle. Jede der verschied. Schwingungstypen zeigt für die Reihen von Verbb. mit verschied. Halogen einen relativ engen Frequenzbereich. F-Verbb. weichen von dieser Regel ab. — 11 Tabellen. (J. chem. Soc. Japan, pure Chem. Sect. [Nippon Kagaku Zassi] **76.** 540—44. Mai 1955. Tokyo, Univ. [Orig.: japan.]) L. SCHULER. B 120

B. A. Kasanski, M. Ju. Lukina, I. L. Ssafonowa, W. T. Alexanjan und **Ch. Je. Sterin,** *1.2-Diphenylcyclopropan und 1-Phenyl-2-cyclopropylcyclopropan.* Es wurden in die Stereoisomeren getrennt: *1.2-Diphenylcyclopropan, cis-Form,* $Kp._{4,8}$ 131,6 bis 131,7°, E. 36,7°; $D.^{20}{}_4$ 1,0290; n_D^{20} 1,5887. *trans-Form,* $Kp._{5,2}$ 144,1—144,2°, E. 15,3°; $D.^{20}{}_4$ 1,0346; n_D^{20} 1,5997. — *1-Phenyl-2-cyclopropylcyclopropan, cis-Form,* $Kp._{11}$ 100,2 bis 100,5°; $D.^{20}{}_4$ 0,9574; n_D^{20} 1,5330. *trans-Form,* $Kp._{13,8}$ 111,3—111,5°; $D.^{20}{}_4$ 0,9585; n_D^{20} 1,5371. — Die Unters. der RAMAN-Spektren zeigte, daß (im Vgl. mit den Alkylbenzolen) die integralen Intensitäten der charakterist. Linien des Benzolkerns (ca. 1200 u. 1600 cm^{-1}), bes. beim 1.2-Diphenylcyclopropan, stark erhöht sind. Dies zeigt eine starke Konjugation der Phenylkerne mit dem Cyclopropanring, die bei den niedriger sd. Isomeren infolge ster. Hinderung weniger stark ist. Nach Berechnungen sind ster. Hinderungen nur bei den cis-Formen möglich. Danach ergibt sich die obige Zuordnung entgegen der Regel von AUWERS-SKITA. (Известия Академии Наук СССР, Отделение Химических Наук [Nachr. Akad. Wiss. UdSSR, Abt. chem. Wiss.] **1958.** 1280. Okt. Zelinsky-Inst. für org. Chem. der Akad. der Wiss. der UdSSR u. Kommission für Spektroskopie der Abt. der phys.-math. Wiss. der Akad. der Wiss. der UdSSR.)
HELMUT SCHÄFER. B 120

L. M. Kaliberdo, W. P. Kusnetzowa und **N. I. Schergina,** *Darstellung der Hydrierungsprodukte von α- und β-Methylnaphthalin, ihre Raman-Spektren und Absorptionsspektren im Ultraviolett.* 1. Mitt. *Hydrierungsprodukte von β-Methylnaphthalin.* Die Hydrierung von β-Methylnaphthalin (I) in Ggw. von 20—30% RANEY-Ni (untersucht bei 100—250° u. 1—57 at) verläuft am schnellsten zwischen 210 u. 250° u. bei 27—57 at, die Ausbeute an Katalysat beträgt hier ca. 98%. Reaktionsprodd. sind *β-Methyldekalin* ($Kp._{20}$ 101,3—102°, $Kp._{715}$ 204,5—205,4°; $D.^{20}{}_4$ 0,8803; n_D^{20} 1,4752); *6-Methyl-1.2.3.4-tetrahydronaphthalin* ($Kp._{10}$ 106—107°, $Kp._{760}$ 228,5—229°; $D.^{20}{}_4$ 0,9529; n_D^{20} 1,5358) u. *2-Methyl-1.2.3.4-tetrahydronaphthalin* ($Kp._{10}$ 97—98°, $Kp._{713}$ 216,3—217°; $D.^{20}{}_4$ 0,9422; n_D^{20} 1,5275). Von den Verbb. wurden die RAMAN-Spektren, von den Tetralinen auch die UV-Absorption gemessen. — Bei Tempp. $<230°$ wird I zuerst im nichtsubstituierten Ring hydriert; bei 250° nimmt auch der substituierte Ring H_2 auf. (Известия Сибирского Отделения Академии Наук СССР [Nachr. sibir. Abt. Akad. Wiss. UdSSR] **1958.** Nr. 3. 77—83. Ostsibir. Filiale der Akad. der Wiss. der UdSSR.)
HELMUT SCHÄFER. B 120

W. A. Pilipowitsch und **B. Ja. Sweschnikow,** *Über die Möglichkeit der Existenz von mehreren Phosphorescenzniveaus bei Organoluminophoren.* Auf Grund einer Unters. der Kinetik des Abklingens der Phosphorescenz einiger Organoluminophoren ist anzunehmen, daß das (metastabile) Phosphorescenzniveau mindestens in 2 Zustände aufgespalten ist. Unterss. werden an mit *Carbazol* (I) u. *Äsculin* (II) dotiertem *Kandiszucker* u. mit *Fluorescein* (III) dotiertem *Borzucker* durchgeführt (mit I u. II bei 20 u. —180°, mit III nur bei —180°). Der Polarisationsgrad (P %) der langwelligen Phosphorescenz ändert sich im untersuchten Spektralbereich (600—400 mμ) sehr stark mit dem Übergang von dem einen Teil des Phosphorescenzgebiets zu dem anderen. Dadurch wird das Vorhandensein von mindestens 2 Phosphorescenzniveaus bestätigt. (Доклады Академии Наук СССР [Ber. Akad. Wiss. UdSSR] **119.** 59—61. 1/3. 1958.)
R. K. MÜLLER. B 125

Natalija N. Dogramadži, Vukica M. Radak und **Vladimir M. Vukanović,** *Verteilung der Wasserstoffisotope in Deuteromethanen bei elektrischen Entladungen und hohen Temperaturen.* Vff. untersuchen den H-D-Austausch in ursprünglich reinem CH_3D durch Anregung infolge elektr. Entladungen (Wechselstrom, 200—250 mA, 10 Min., 1—2 mm Hg) oder durch Erhitzen im Quarzrohr (1000°, 5—20 Min., 20 mm Hg). Neben der Austauschreaktion findet gleichzeitig Zers. der gebildeten Endprodd. statt. Bei der elektr. Entladung ist die Bldg. von CH_2D_2, im zweiten Falle die von CH_4 bevorzugt. (Bull. Inst. Nuclear Sci. „Boris Kidrich" **8.** 85—88. März 1958. Inst. of Nucl. Sci. „Boris Kidrich", Labor. of Phys. Chem.) E. MOISAR. B 131

W. R. Longworth und **P. H. Plesch,** *Die Dielektrizitästkonstante von Äthylchlorid.* Vff. bestimmen die DK. von *Äthylchlorid* (F. $-136{,}0 \pm 0{,}2°$) im Temperaturbereich —72 bis —2°. Die Ergebnisse werden durch die Beziehung $\varepsilon_t = 12{,}25 - 5{,}93 \cdot 10^{-2}\, t$ wiedergegeben. (J. chem. Soc. [London] **1959**. 1618. April. Keele, Staffordshire, Univ. Coll. of North Staffordshire.) K. FRENKLER. B 132

Joe W. Vaughn und **Paul G. Sears**, *Dielektrizitätskonstanten und Viscositäten von verschiedenen N-substituierten Amiden als Funktionen ihrer Struktur und der Temperatur.* Vff. bestimmen bei 25, 30, 35, 40, 45, 50 u. 55° die DKK. von *N-Äthyl-* (**III**), *N-n-Propyl-* (**IV**), *N-n-Butyl-* (**V**), *N-n-Amylacetamid* (**VI**), *N-Äthyl-* (**VII**), *N-n-Propyl-* (**VIII**), *N-n-Butylpropionamid* (**IX**), *N-Äthyl-* (**X**), *N-n-Propylbutyramid* (**XI**), *N-Methyl-* (**XII**), *N.N-Dimethylmethansulfonamid* (**XIII**), *N-Methyl-* (**I**) u. *N.N-Dimethylbenzolsulfonamid* (**II**) bei 1 u. 10 MHz. Ferner werden für die vorst. Verbb. die Viscositäten η u. DD. bei verschied. Temppp. bestimmt. Die Ergebnisse zeigen, daß mit Ausnahme der Verbb. **I** u. **II** alle untersuchten Amide DKK. aufweisen, die größer als die des W. bei der gleichen Temp. sind. Die gemessenen sehr hohen Werte werden durch das Vorliegen von kettenförmigen Assoziationspolymeren gedeutet. Bei den Amiden einer bestimmten Carbonsäure nimmt die DK. mit zunehmendem Mol.-Gew. ab. Ebenso nimmt die DK. bei den mono-N-substituierten Amiden eines bestimmten Amins mit zunehmender Mol.-Größe ab. Vergleicht man die DKK. von entsprechenden Propion- u. Buttersäurederivv. mit denen entsprechender Essigsäure- u. Propionsäurederivv., dann ist die Abnahme der DK. bei den ersten sehr viel größer. Daß die Größe der N-Alkylgruppe die Größe der DK. in stärkerem Umfange beeinflußt als die Größe der Säuregruppe, erhellt aus einem Vgl. von isomeren Amiden sowohl von entsprechenden Butter- u. Propionsäure- als auch Essigsäurederivaten. Es scheint, daß für das Auftreten einer hohen DK. das nichtsubstituierte H-Atom am Amidstickstoff der Carbonsäureamide notwendig ist. Aus dem geringen Unterschied der DKK. der N-Methyl- u. N.N-Dimethylsulfonamide kann geschlossen werden, daß für das Zustandekommen der hohen DKK. dieser Verbb. grundsätzlich eine andere Mol-Eig. verantwortlich ist als bei den Carbonsäureamiden. Vff. nehmen an, daß hierfür in erster Linie das permanente Dipolmoment der S—O-Bindung in Frage kommt. Aus der Dipol–Dipol-Anziehung resultiert die geordnete Flüssigkeitsstruktur u. die hohe Viscosität dieser Verbindungen. Während die DK. bei den Sulfonamiden nur wenig frequenzabhängig ist, zeigen die Carbonsäureamide z. T. erhebliche Abnahmen der DK. mit zunehmender Frequenz. Die Frequenzabhängigkeit nimmt mit steigender Temp. ab. Für die D. der untersuchten Amide gilt die Beziehung $d_t^t = d_4^{t_0} - k(t - t_0)$, worin d die D. in g/ml, t eine beliebige Temp. im Untersuchungsbereich, t_0 die Bezugstemp. bzw. k der Temperaturgradient in g/ml·Grad sind. Die Änderung von η (in Poise) mit der Temp. ist durch $\log \eta = A + B (1/T)$, worin A u. B der Ordinatenabschnitt bzw. die Neigung der Kurve im Diagramm $\log \eta - 1/T$ sind. Ergebnisse: **III**, n_D^{25} 1,4318; $D.^{25}_4$ 0,9204 (g/ml); k [$\cdot 10^4$ g/ml·Grad] 7,35; η_{25} 6,01 (cp); A −2,0870; B 1069; Aktivierungsenergie des Visositätsflusses E_{vis} (kcal/Mol) 4,9; DK. (25°; 1 MHz) 129,0. — **IV**, n_D^{25} 1,4356; $D.^{25}_4$ 0,9006; k 7,49; η_{25} 10,7; A −3,3239; B 1298; E_{vis} 5,9; DK. (25°; 1) 117,8. — **V**, n_D^{25} 1,4388; $D.^{25}_4$ 0,8961; k 6,87; η_{25} 14,0; A −3,4792; B 1378; E_{vis} 6,3; DK. (25°; 1) 100,3. — **VI**, n_D^{25} 1,4418; $D.^{25}_4$ 0,8898; k 6,59; η_{25} 19,7; A −3,8182; B 1524; E_{vis} 7,0; DK. (25°; 1) 89,9. — **VII**, n_D^{25} 1,4348; $D.^{25}_4$ 0,9055; k 707; η_{25} 7,29; A −2,9143; B 1126; E_{vis} 5,2; DK. (25°; 1) 126,8. — **VIII**, n_D^{25} 1,4377; $D.^{25}_4$ 0,8958; k 7,20; η 12,1; A −3,4070; B 1337; E_{vis} 6,1; DK. (25°; 1) 118,1. — **IX**, n_D^{25} 1,4401; $D.^{25}_4$ 0,8892; k 7,12; η_{25} 15,1; A −3,4048; B 1366; E_{vis} 6,3; DK. (25°; 1) 100,6. — **X**, n_D^{25} 1,4366; $D.^{25}_4$ 0,8923; k 7,00; η_{25} 11,8; A −3,2780; B 1297; E_{vis} 5,9; DK. (25°; 1) 107,0. — **XI**, n_D^{40} 1,4322; $D.^{40}_4$ 0,8761; k 7,25; η_{40} 11,2; A −3,6454; B 1470; E_{vis} 6,7; DK. (40°; 1) 90,8. — **XII**, n_D^{25} 1,4493; $D.^{25}_4$ 1,2757; k 8,96; η_{25} 9,17; A −2,9880; B 1177; E_{vis} 5,4; DK. (25°; 1 u. 10 MHz) 104,4. — **XIII**, n_D^{50} 1,4368; $D.^{50}_4$ 1,1632; k 9,60; η_{50} 3,15; A −2,4138; B 941; E_{vis} 4,3; DK. (50°; 1) 80,4. — **I**, n_D^{30} 1,5403; $D.^{30}_4$ 1,2569; k 7,55; η_{30} 52,5; A −5,9577; B 2327; E_{vis} 10,7; DK. (50°; 1) 60,1. — **II**, n_D^{50} 1,5223; $D.^{50}_4$ 1,1856; k 8,35; η_{50} 7,46; A−3,2649; B 1378; E_{vis} 6,3; DK. (50°; 1) 48,6. (J. physic. Chem. **62**. 183—88. Febr. 1958. Lexington, Ky., Univ., Dep. of Chem.) K. FRENKLER. B 132

A. R. Goldfarb, E. Hoffmann und **N. Gutstein**, *Das Absorptionsspektrum der Peptidbindung: Basische Eigenschaften von Peptiden und Proteinen.* Vff. ermittelten wie früher (C. **1956**. 8301) die pK_a-Werte der Peptide *Glycylglycin* (ε_m bei $\lambda = 205$ mμ 1400; pK_1 −3,80; pK_2 —), *Alanylalanin* (1910; −3,80; —), *Glycylphenylalanin* (11300; −3,60; —), *Leucylglycin* (2211; −3,66; —), *Triglycin* (2850; −3,90; —), *Leucylglycylglycin* (3880; −4,15; —), *Alanylglycylglycin* (3043; −4,20; —), *LDL-Trialanin* (3730; −3,67; −6,03), *Tetra-* (4250; −2,87; −4,87), *Penta-* (6540; −3,31; —), *Hexaglycin* (7720; −4,20; —), *LLD-Tetra-* (5945; −3,63; −6,90), *LLLLL-Penta-* (8020; −4,63; —), *LLLLLL-Hexaalanin* (9550; —; —), *Diketopiperazin* (4654; −2,16; −4,45) u. Proteine *Serumalbumin V* vom Mensch (29,9 bei der Konz. 1,0 g/Liter; −3,88; —) bzw. Rind (30,0; −4,37; —), *Eialbumin* (32,9; −3,87; —), *Gelatine* (—;

—; —) aus der Absorption bei 200, 205 u. 210 mμ in H_2SO_4 bzw. Essigsäure. Die pK_a-Werte der linearen Polypeptide u. Proteine sind einander also sehr ähnlich. Als Ursache für den zweiten pK_a-Wert wird wie l. c. ein Lösungsmitteleffekt angenommen. Die Ergebnisse werden im Hinblick auf die Theorie der Energieübertragung durch Peptidbindungen diskutiert. (Arch. Biochem. Biophysics **76**. 161—67. Juli 1958. Chicago, Ill., Chicago Med. School, Dep. of Biochem.) E. SCHWERDTFEGER. B 139

Giacomo Bionda und **Ettore Bruno**, *Elektrolytische Halogenierungen und elektrolytische Substitutionen in aromatischen Ringen.* 6. Mitt. *Zelle mit beweglicher Kathode.* (5. vgl. Ann. Chimica **43**. [1953.] 11.) Die in früheren Mitteilungen erwähnte Störmöglichkeit der Verdrängung der Halogenierung durch Oxydation wird durch eine neue Zellenkonstruktion vermieden, bei der die Halogenierung räumlich getrennt wird von der Entamalgamierung, so daß nur wenige OH^- sich in der Primärzelle ansammeln, daß aber der elektr. (ähnlich wie in der CASTNER-Zelle) u. der Materialstrom für die ganze App. einheitlich sind (Zeichnung). Die Primärzelle E besteht aus einem Glasgefäß mit seitlicher Ausflußöffnung nahe dem Boden. Darin befindet sich ein Zylinder aus plast. Material, in den ein spiralförmiger Kanal eingeschnitten ist, durch den das Hg, der Schwerkraft folgend, abfließt. Der Zylinder enthält zahlreiche Löcher, durch die der Elektrolyt frei strömt. Die Spirale umgibt, getrennt durch ein poröses Gefäß, z. B. ein LECLANCHÉ-Diaphragma, die gepastete Anode, die einen Kohlestab A umschließt (vgl. C. **1950/54**. 4502 S; **1953**. 3696). In der Primärzelle ist auch die zu halogenierende Lsg., die sich ebenso wie das Hg, getrennt durch eine organ. Phase ($CHCl_3$, CCl_4 usw., deren Notwendigkeit noch umstritten ist), unten ansammelt. Nur das Hg fließt in die Sekundärzelle u. sammelt sich dort unter einer Schicht dest. W. an, wenig unterhalb einer als Kathode fungierenden Fe-Masse. Das hier vom Na befreite Hg wird durch eine Pumpe wieder in die Spirale der Primärzelle befördert. So geht der elektr. Strom von der Kohleanode A durch das Hg, das in der Primärzelle als Kathode Na^+ bindet u. in der Sekundärzelle als Anode fungiert, zur Fe-Kathode, an der nur Na^+ entladen wird, so daß sich hier H + NaOH bilden, dessen OH^- weitere Na^+ dem Amalgam entziehen. Bldg. u. Zers. des Amalgams im gleichen Kreislauf setzen die kontinuierliche Strömung des Hg voraus. Da in der Sekundärzelle zur Entladung des H^+ an der festen Fe-Kathode ca. 3 V nötig sind, andererseits aber in der Primärzelle für die Entladung des Na^+ (statt des H^+ zur Vermeidung der OH^--Bldg.) am strömenden Hg nur 1 V erforderlich ist, ergibt sich die Gesamtspannung für die Elektrolyse in dieser Zelle zu ca. 4 V. Andererseits ist in der Primärzelle die hohe Stromdichte von 15 A/dm² nötig. Dadurch verursachte Nachteile können durch geringere Stromdichte u. längere Reaktionszeit oder besser durch 2 verschied. Stromdichten, eine geringere in der Primärzelle u. eine höhere in der Sekundärzelle gemildert werden. Auch der Nachteil, der dadurch entsteht, daß schon in der Primärzelle durch Rk. des W. oder Halogens ein wenig Na dem Amalgam entzogen wird, kann durch Nebenschaltung eines 2. Stromkreises zwischen Amalgam u. Fe-Kathode vermieden werden. (Atti Soc. Peloritana Sci. fisiche mat. natur. **2**. 183—91. 1955/56.) W. METZENER. B 141

P. Zuman und **R. Zumanová**, *Polarographische Untersuchung der Reaktionen des 2.3-Dimercaptopropanols (BAL) mit Schwermetallen und einigen Oxydationsmitteln.* Mit Hilfe der einer Hg-Salzbldg. entsprechenden anod. Stufe des *2.3-Dimercaptopropanols* (I) sowie mit Hilfe weiterer anod. u. kathod. Stufen der Prodd. wurde die Rk. des I mit Schwermetallen (*Sb, Hg, Bi, As, Tl, Cu*) u. verschied. Oxydationsmitteln untersucht (vgl. auch C. **1957**. 13002). Die Metalle der 1. analyt. Gruppe bilden unlösl. Bidentat-Chelat-Komplexverbb., die der As-Gruppe lösl. Monodentatverbindungen. Die Lockerung der Metalle aus ihrer Bindung an Eiweißstoffe durch Zugabe von I wurde bestätigt u. die Inaktivierung des größten Teils von I im Organismus durch Oxydations-Rkk. erklärt. Bei Oxydation durch H_2O_2 oder Cystin entsteht ein Disulfid, bei der Behandlung mit p-Benzochinon erfolgt — unter Teilnahme beider SH-Gruppen — eine Addition im Mol-Verhältnis 1:2. (Tetrahedron [London] **1**. 289—300. 1957. Prag, Tschechoslowak. Akad. der Wiss., Polarograph. Inst. u. Inst. für Arbeitshygiene u. -schutz.) W. NIEMITZ. B 142

Taro Sekine, *Elektrolytische Reduktion von Nitrobenzol zu Hydrazobenzol.* 2. Mitt. *Polarographische Analyse des Mechanismus der Bildung von Hydrazobenzol.* (1. vgl. C. **1956**. 12505, dort irrtümlich 2.) Die polarograph. Unters. der Umsetzung in alkal. Medium ergibt: Die Rkk. *Nitrobenzol* → *Azoxybenzol* → *Azobenzol* sind rein elektrochem. Redd.; die Rk. *Azobenzol* → *Hydrazobenzol*, die mit einer Zn-Kathode oder mit Zn-Salz durchgeführt wird, ist eine indirekte elektrochem. Reduktion. (J. chem. Soc. Japan, pure Chem. Sect. [Nippon Kagaku Zassi] **76**. 694—97. Juni 1955. Tokyo, TH. [Orig.: japan.]) L. SCHULER. B 142

Kazuhito Kusano, *Berechnung des Dampfdrucks von Lösungen der fetten Öle aus ihren Viscositätskonstanten.* Unter der Annahme, daß die physikal. Eigg. der Lsgg. der fetten Öle hauptsächlich durch Wechselwrkg. zwischen den Moll. der Lösungsmittel u. den Alkylresten der Öle bestimmt werden, wird der Dampfdruck der Lsgg. aus der freien Energie sowie Entropie des Mischens u. auch aus den Viscositätskonstanten der Öle theoret. abgeleitet. (J. chem. Soc. Japan, ind. Chem. Sect. [Kōgyō Kagaku Zassi] **61.** 1246—50. Okt. 1958. Miyazaki, Daigaku. [Orig.: japan.]) E. MAEKAWA. B 150

Ariyuji Aihara, *Untersuchung von Wasserstoffbindungen durch Messung der Dampfdrucke.* 5. Mitt. *Dampfdruck von Diphenyl, Acetanilid und N-Methylbenzamid.* (4. vgl. C. **1950/54.** 3084 S.) Die Dampfdrucke (Temperaturbereich 6,1—25,9°, 30,8—50,2°, 24,2—47,5°) werden mit einem Quarzfadenmanometer bestimmt; Dampfdruckgleichungen in obiger Folge: log p [mm Hg] = 11,168—3959,4/T; 10,244—4208,1/T bzw. 9,643—3917,2/T. Der Vgl. der Sublimationswärme (18,12 ± 0,14 kcal/Mol) von *Diphenyl* (F. 69,5°) mit der anderer aromat. KW-stoffe zeigt, daß das Gesetz der Additivität in erster Annäherung gilt. Die isomeren Verbb. *Acetanilid* (F. 115°) u. *N-Methylbenzamid* (F. 79,8°) zeigen die Werte 19,26 ± 0,11 u. 17,93 ± 0,17 kcal/Mol, die Verdampfungsentropien sind 37,92 ± 0,47; 33,69 ± 0,36 bzw. 30,92 ± 0,54 kcal/Grad·Mol. (J. chem. Soc. Japan, pure Chem. Sect. [Nippon Kagaku Zassi] **76.** 492—94. Mai 1955. Matsumoto, Shinshu Univ. [Orig.: japan.]) L. SCHULER. B 150

Ariyuki Aihara, *Untersuchung von Wasserstoffbindungen durch Messung der Dampfdrucke.* 6. Mitt. *Dampfdruck von Acetylglycinanilid, Acetylglycin-N-methylamid und Acetylprolin-N-methylamid.* (5. vgl. vorst. Ref.) Aus den Dampfdruckwerten (89,2 bis 91,3°; 75,6—89,9°; 35—61,5°) der Verbb. (Gleichungen: log p [mm Hg] = 13,786 bis 6380,2/T; 11,368—5109,2/T bzw. 8,647—3608,9/T bei Tempp. <45,4°, 7,268—3169,6/T bei Tempp. >45,4°) werden die Sublimationswärmen 29,2 ± 1,9 bzw. 23,38 ± 0,18 bzw. bei *Acetylprolin-N-methylamid* (F. 98°) 16,51 ± 0,09 (aus den Werten bei <45,4°) u. 14,50 ± 0,11 kcal/Mol (aus den Werten bei >45,4°) u. Sublimationsentropien 49,9 ± 8,8; 38,84 ± 0,50; 26,33 ± 0,87 bzw. 20,10 ± 0,35 cal/Grad·Mol errechnet u. die Mol.-Konfigurationen in krist. Zustand nach den Ergebnissen erörtert. — *Acetylglycinanilid,* F. 193°; *Acetylglycin-N-methylamid,* F. 157,5°. (J. chem. Soc. Japan, pure Chem. Sect. [Nippon Kagaku Zassi] **76.** 495—97. Mai 1955. [Orig.: japan.]) L. SCHULER. B 150

Ariyuki Aihara, *Untersuchung von Wasserstoffbindungen durch Messung der Dampfdrucke.* 7. Mitt. *Dampfdruck von Indol und Carbazol.* (6. vgl. vorst. Ref.) Dampfdruckgleichungen (Temperaturbereich 10,3—27,4° bzw. 68,6—89,1°): *Indol,* F. 52,5°, log p [mm Hg] = 10,334—3655,4/T; *Carbazol,* F. 244,5°, 9,722—4411,5/T; Sublimationswärmen 16,73 ± 0,11 bzw. 20,19 ± 0,14 [kcal/Mol]; Sublimationsentropien 34,11 ± 0,38 bzw. 31,3 ± 0,87 cal/Grad·Mol. (J. chem. Soc. Japan, pure Chem. Sect. [Nippon Kagaku Zassi] **76.** 497—99. Mai 1955. [Orig.: japan.]) L. SCHULER. B 150

Ralph Klein und **Louis J. Schoen,** *Die Rolle des Formaldehyds bei der Verbrennung.* Beschaffenheit u. Rkk. von Formaldehyd u. seine Rolle bei der Oxydation von KW-stoffen in den niedrigen sowie in den hohen Temperaturbereichen werden zusammenfassend besprochen. — 64 Literaturangaben. (Advances Chem. Ser. Nr. **20.** 58—68. Febr. 1958. New Haven, Conn., Olin Mathieson Chem. Corp.) G. CHALLIER. B 157

V. Narasimhan, *Ultraschallabsorption in Alkyljodiden.* Vf. wurde durch die große Differenz der bei der Best. der Ultraschallabsorptionskoeffizienten von *Methyljodid* einerseits durch PELLAM u. GALT [1946.] ($\alpha/v^2 = 290 \cdot 10^{-17}$ cm^{-1} sec^2 bei 13° u. $340 \cdot 10^{-17}$ cm^{-1} sec^2 bei 34,5° bei einer Frequenz von 15 MHz) u. andererseits durch VERMA (C. **1951.** II. 30) ($816 \cdot 10^{-17}$ cm^{-1} sec^2 bei 25° u. 1—4 MHz) mitgeteilten Werte zu Nachmessungen veranlaßt. Zur Messung wurde das Doppelkristallinterferometer benutzt. Die Messungen ergaben bei 6,8 MHz die Werte $140 \cdot 10^{-17}$ cm^{-1} sec^2 bei 13°; $195 \cdot 10^{-17}$ cm^{-1} sec^2 bei 34,5° u. $167 \cdot 10^{-17}$ cm^{-1} sec^2 bei 25° für α/v^2. Vf. kann für die Differenz keine Erklärung geben. Es wurden weiter die Absorptionskoeffizienten von *Äthyl-* u. *n-Propyljodid* bei verschied. Tempp. bestimmt. (J. acoust. Soc. America **28.** 723. Juli 1956. Providence, R. I., Brown Univ., Dep. of Phys.) W. BETCKE. B 159

Vlastimil Šanda, Želimír Procházka und **Henri Le Moal,** *Beziehungen zwischen der Konstitution und den R_F-Werten in der Reihe aliphatischer Dicarbonsäuren.* Vff. untersuchten das papierchromatograph. Verh. einer Reihe von Dicarbonsäuren, deren Methylhalbestern u. einigen Keto- bzw. Oxysäuren (Papier: WHATMAN Nr. 4, verwendet wurden 1%ig. methanol. Lsgg.). Als Lösungsmittelsysteme wurden wassergesätt. Butylacetat (S_1) u. CCl_4 unter Zusatz von 2% Essigsäure (I; S_2) verwendet. Für Gemisch S_1 bzw. S_2 wurden die folgenden R_F-Werte ($^+$ bedeutet Werte auf Papier, das durch Besprühen mit 1%ig. H_2SO_4 imprägniert worden war) für die S ä u r e n gefunden: *Oxal-* (**III**) 0,18$^+$, —; *Malon-* (**IV**) 0,25$^+$, —; *Bernstein-* (**V**) 0 31, 0,02; *Methylmalon-* 0,50$^+$, 0,03; *Glutar-* 0,48, 0,03; *Äthylmalon-* 0,72$^+$, 0,05; *Methylbernstein-* 0,55, 0,09;

Brombernstein- 0,47, 0,03; *Adipin-* (VII) 0,63, 0,09; *α-Methylglutar-* 0,71, 0,11; *β-Methylglutar-* 0,70, 0,10; *α.α-Dimethylbernstein-* 0,73, 0,12; *n-Propylmalon-* 0,89⁺, 0,11; *Pimelin-* 0,77, 0,24; *α-Methyl-α-äthylbernstein-* 0,84, 0,37; *α.α-Dimethylglutar-* 0.84, 0,40; *β.β-Dimethylglutar-* 0,83, 0,33; *Diäthylmalon-* 0,90⁺, 0,34; *n-Butylmalon-* 0,90⁺, 0,31; *Kork-* (VIII) 0,84, 0,42; *β.β-Dimethyladipin-* (II) 0,84, 0,42; *α.α-Dimethyladipin-* 0,89, 0,54; *α.α-Diäthylbernstein-* 0,87, 0,54; *Azelain-* (VI) 0,90, 0,66; *Dipropylmalon-* 0,95⁺, 0,68; *Sebacin-* 0,93, 0,80; *β.β-Dimethylkork-* 0,94, 0,80; *α.α-Dimethylkork-* 1,0, 0,83; *Isoamyläthylmalon-* 1,0⁺, 1,0. — Der R_F-Wert ist danach bei Substitution des α-ständigen C in beiden Systemen gesetzmäßig immer höher als der Wert der entsprechenden, isomeren Säure mit gerader Kette. Die R_F-Werte von III, IV, deren Derivv. u. einigen ungesätt. Säuren, bei denen die Dissoziationskonstante höher ist als bei I, wurden mit steigender Konz. größer, konstante R_F-Werte waren in den angewandten Systemen nicht zu erreichen. Durch das Besprühen des Papiers mit H_2SO_4 wird die Dissoziation auch von so starken Säuren wie III u. *Maleinsäure* (**IX**) unterdrückt, dann sind konstante R_F-Werte bestimmbar. **IX** u. **V** zeigen ident. R_F-Werte. — Das Besprühen ermöglichte die gute Abtrennung der *Glykolsäure* (**X**) von III auch bei Überschuß einer von beiden, änderte jedoch nicht die R_F-Werte von Säuren, die niedrigere Dissoziationskonstanten haben als I. — Ist der Substituent β-ständig, dann liegen die R_F-Werte der betreffenden Säuren zwischen denen der entsprechenden unverzweigten u. denen der α-substituierten Säuren. Bei den β.β-disubstituierten Säuren sind die Unterschiede kleiner, im Gemisch S_2 werden die R_F-Werte von höhermol. Verbb. als **II** mit jenen der isomeren, unverzweigten Säure (in diesem Fall VIII) identisch. — α-ständige Substituenten hindern also die hydrophile, den R_F-Wert erniedrigende COOH-Gruppe ster., der Einfl. des β-ständigen Substituenten ist erheblich geringer. Die gleiche Gesetzmäßigkeit gilt für die Beeinflussung des chromatograph. Verh. bei der α- bzw. β-Substitution auch im Falle von isomeren Halbestern. M o n o m e t h y l e s t e r (Gemisch S_2) von VII 0,68; *$HOOC \cdot CH_2 \cdot C(CH_3)_2 \cdot COOCH_3$* 0,70; *$CH_3OOC \cdot CH_2 \cdot C(CH_3)_2 \cdot COOH$* 0,78; von VIII 0,80; *$HOOC \cdot CH_2 \cdot C(CH_3)(C_2H_5)COO \cdot CH_3$* 0,81; *$CH_3OOC \cdot CH_2 \cdot C(CH_3) \cdot (C_2H_5) \cdot COOH$* 0,86; von VI 0,86; *$HOOC \cdot CH_2\, C(C_2H_5)_2 \cdot COOCH_3$* 0,89; *$CH_3OOC \cdot CH_2 \cdot C(C_2H_5)_2 \cdot COOH$* 0,90. — Weiter wurde das Verh. von cis- u. trans-Isomeren auf den n. bzw. besprühten Papierbögen im Gemisch S_1 untersucht: **IX** 0,26, 0,34; *Fumarsäure* 0,59, 0,67; *Citraconsäure* 0,11, 0,44; *Mesaconsäure* 0,73, 0,80; *Itaconsäure* 0,43, 0,49; *Glutaconsäure* 0,52, 0,54; *Muconsäure* 0,67, 0,75; *cis-Cyclohexan-1.2-dicarbonsäure* 0,81, 0,38 (in S_2), entsprechende *trans*-Säure 0,77, 0,31 (in S_2). Die trans-Formen haben danach bei den Säuren mit 4 u. 5 C-Atomen erheblich höhere R_F-Werte als die cis-Formen. Die von LUKEŠ angeführte Regel (C. **1956**. 9426), daß alicycl. Verbb. mit unbehinderten, hydrophilen Substituenten niedrigere R_F-Werte besitzen als die Isomeren mit Substituenten, die einander hindern, wurde bestätigt. — Durch Vgl. der R_F-Werte einiger Keto- u. Hydroxysäuren bei der Chromatographie im Gemisch S_1 auf den n. bzw. besprühten Papieren wurde der Einfl. der OH-Gruppe auf die R_F-Erniedrigung festgestellt: *Glyoxyl-* (**XI**) 0,05, 0,02; **X** 0,11, 0,13; *Brenztrauben-* (Doppelzone; Zers.), *Milch-* 0,24, 0,24; *Wein-* 0,01, 0,10, *Äpfel-* 0,04, 0,06; *Lävulinsäure* 0,58, 0,55. Der niedrigere R_F-Wert von **XI** bestätigt, daß diese Säure in der hydratisierten Form vorliegt. (Chem. Listy **52**. 1546—52. Aug. 1958. [Orig.: tschech.]; Collect. czechoslov. chem. Commun. **24**. 420—27. Febr. 1959. [Orig.: franz.]. Praha, Českoslov. akad. věd, Chem. ústav, Odd. přírod. látek; Rennes, Fac. des Sci., Labor. de Chim.) J. VANĚČEK/Prag. B 177

George Glockler, *Kohlenstoff–Sauerstoff-Bindungsenergien und Bindungsabstände*. Vf. untersucht die Beziehungen zwischen C—O-Bindungsenergien u. den C—O-Bindungsabständen. Die verwendete Meth. ist analog derjenigen, mit der die C—C- u. C—H-Bindungen (vgl. C. **1957**. 9611) bestimmt wurden. Es werden erhalten für *CO*: Bindungsenergie B(C≡O) 257,3 kcal; (Bindungsabstand R) 1,131 Å; *CO_2*: B(C=O) 192,1; R(C=O) 1,162; *Keten* B(C=O) 184,8; R(C=O) 1,17; *CH_2O* B(C=O) 160,0; R(C=O) 1,21; B(O...H) 5,0; R(O...H) 2,0; B(C—H) 96,2; R(C—H) 1,12; *Acetaldehyd, Propion-, Isobutyr-, Valer-* u. *Heptylaldehyd* weisen ähnliche B-Werte auf. *Glyoxal* B(C—C) 110,0; R(C—C) **1,44**; B(C—H) 100,0; R(C—H) 1,09; B(C=O) 160,0; R(C=O) 1,21; *Aceton* B(C=O) **160**,0; R(C=O) 1,21; B(C—C) 90,5; R(C—C) 1,52; B(C—H) 98,7; R(C—H) 1,10; B(O...H) 6,2; *Methyläthyl-, Diäthyl-, Methyl-n-butyl-* u. *Dipropylketon* weisen ähnliche Werte auf. B(O...H) für diese Verbb. 8,9; 10,2; 6,0 bzw. 8,8. *Ameisensäure* B(C=O) 160,0; R(C=O) 1,21; B(C—O) 106,0; R(C—O) 1,34; B(O—H) 109,0; R(O—H) 0,97; B(C—H) 99,9; R(C—H) 1,09. *Essigsäure* B(C=O) 160,0; R(C=O) 1,21; B(C—O) 106,0; R(C—O) 1,34; B(C—C) 93,0; R(C—C) 1,508; B(C—H) 98,9; R(C—H) 1,098; B(O...H) 9,0. *Aliphat. Säuren* B(C—C) 86,0; R(C—C) 1,543; B(C—H) 98,4; R(C—H) 1,102; die übrigen Werte wie vorst.; untersucht wurden *Propion-, n-Butter-, n-Valerian-, Capron-, Heptyl-, Pelargon-, Capryl-, Undecyl-, Laurin-, Myristin-*

Palmitin- u. *Stearinsäure. Oxalsäure* B(C=O) 160,0; R(C=O) 1,21; B(C—O) 106,0; R(C—O) 1,34; B(O—H) 109,0; R(O—H) 0,97; B(O...H) 10,0; R(O...H) ca. 2,0; B(C—C) 102,1; R(C—C) 1,468. *Methylalkohol* B(O—H) 109,4; R(O—H) 0,967; B(C—O) 81,2; R(C—O) 1,428; B(C—H) 98,9; R(C—H) 1,098. *Äthylalkohol* B(C—C) 86,0; R(C—C) 1,543; B(C—H, CH_3—) 98,4; R(C—H, CH_3—) 1,102; B(C—H, CH_2OH) 98,9; R(C—H, CH_2OH) 1,098; B(O—H) 109,4; R(O—H) 0,967; B(C—O) 82,9; R(C—O) 1,420. *n-Propylalkohol* B(C—O) 81,9; R(C—O) 1,424. *n-Butylalkohol* B(C—O) 81,3; R(C—O) 1,427. *n-Amylalkohol* B(C—O) 88,3; R(C—O) 1,412. *n-Heptyl-* u. *n-Octylalkohol* B(C—O) 80,2 bzw. 73,7. *Äthylenglykol* B(C—C) 91,0; R(C—C) 1,52; B(C—H) 98,6; R(C—H) 1,10; B(O—H) 109,4; R(O—H) 0,967; B(C—O) 82,6; R(C—O) 1,422. *Glycerin* B(C—O) 81,3; R(C—O) 1,43. *Dimethyläther* B(C—O) 83,0; R(C—O) 1,422. *Ae.* B(C—O) 83,0; R(C—O) 1,422. *Methyläthyläther* B(C—O) 83,7. *Diamyläther* B(C—O) 84,0; R(C—O) 1,428. *Methylformiat*, Bindung zwischen dem Alkohol u. der Säure B(C—O) 81,8; R(C—O) 1,424. *Methylacetat* B(C—O) 82,4; R(C—O) 1,44. *Äthylacetat* B(C—O) 81,5. *Äthylenoxyd* B(C—C) 85; R(C—C) 1,542; B(C—H) 100,8; R(C—H) 1,082; B(C—O) 67,5; R(C—O) 1,486. (J. physic. Chem. **62.** 1049—54. Sept. 1958. Durham, N. C., Duke Univ., Dep. of Chem.) K. Frenkler. B 182

Jan Thesing und **Gerd Michel,** *Nitron–Enhydroxylamin-Tautomerie beim Malondialdehyd-bis-phenylnitron.* 4. Mitt. *über Hydrazin- und Hydroxylaminderivate.* (3. vgl. C. **1958.** 6801.) Die UV-Absorptionsspektren von *Malondialdehyd-bis-phenylnitron* (**Ia,** F. 144,5°, rotviolette Nadeln aus absol. A.), dessen *Monohydrochlorid* [**Ib,** F. 184° (A.), aus 1 Mol Malondialdehydmethyltriäthylacetal (vgl. D. B. P. 821 201, C. **1952.** 3733), 2 Mol Phenylhydroxylamin u. 1 Mol 2n HCl in A. bei 80°; gelborange; 76% (Ausbeute)] u. seinem *Na-Salz* (**Ia**) unterscheiden sich untereinander u. von denen des Malondialdehyddianils (**IIa**) u. seines Hydrochlorids (**IIb**) kaum. Daraus wird geschlossen, daß **Ia** u. **Ib** ganz oder teilweise in den tautomeren „Enhydroxylamin"-Formen vorliegen, die — ebenso wie das Anion von **Ia** sowie **IIa** u. **IIb** — einer Mesomerie vom Amidintyp fähig sind. **Ia** verkörpert somit einen neuen Typ von amphoteren Polymethinfarbstoffen. (Angew. Chem. **67.** 516. 7/9. 1955. Darmstadt, TH, Inst. für organ. Chem.)
H. Pracejus. B 182

Robert Robinson, *Unwahrscheinlichkeit der intramolekularen N → O-Brückenbildung.* Die von Palit (Chem. and Ind. **1955.** 142) vertretene Auffassung, daß die intramol. Wechselwrkg. der —NR- u. —CO-Gruppe einer Aminoxydbldg. entspricht, wird durch Valenz-Elektronen-Betrachtungen widerlegt. Das Carbonyl-O kann nicht die Funktion eines neutralen O-Atoms ausüben, da dies eine Oktettaufweitung des O oder das Auftreten von freien Elektronen am Carbonyl-C oder in einer benachbarten konjugierten Gruppe bedeuten würde. (Chem. and Ind. **1955.** 324. 19/3. Oxford, Dyson Perrins Labor.) W. Liebscher. B 182

James L. Lauer und **William H. Jones jr.,** *Beziehung zwischen den Torsionswinkeln und den Valenzwinkeln sowie den Multiplizitäten der Hauptsymmetrieachsen in Ringmolekülen.* Vff. geben eine Matrixmeth. an, mit deren Hilfe auf einfache Weise die Beziehung zwischen dem Gleichgewichtswert der Torsionswinkel, der Valenzwinkel sowie der Rotationswinkel um die Hauptsymmetrieachsen in cycl. Moll. ausgedrückt werden kann. Die Anwendung der angegebenen Gleichungen ist sehr viel einfacher als bei den Einheitsvektormethoden. (J. chem. Physics **30.** 592—93. Febr. 1959. Marcus Hook, Pa., Sun Oil Comp., Res. and Developm. Dep., Basic Res. Div.; Newark, Del., Univ., Chem. Dep.) K. Frenkler. B 182

Gábor Vavrinecz, *Saccharose–Natriumacetat, eine neue Molekülverbindung des Zuckers.* Aus einer an *Na-Acetat* u. *Saccharose* gesätt. Lsg. scheiden sich bei Raumtemp. in einigen Monaten neben kleinen Saccharosekristallen bedeutend größere, luftbeständige Kristalle anderer Form u. Lichtbrechung aus. Die Kristalle sind scheinbar quadrat. Bipyramiden mit glänzenden Flächen, sie gehören der rhomb.-holoedr. Klasse an, Raumgruppe $D_{2h}^{1}{}^{3}$ = P n m m. An den Bipyramiden erscheinen die Prismen (1 0 1), 1 0 2), (0 1 1), (0 2 1), hier u. da auch (0 0 1). Die chem. Analyse ergab die Zus. $NaC_2H_3O_2 \cdot C_{12}H_{22}O_{11}$, F. ca. 116°, $D.^{20}{}_4$ 1,582. Es gelang auch, Natriumsaccharat kristallin in 10—30 mm langen Nadeln, von der Zus. $NaOH \cdot C_{12}H_{22}O_{11}$ herzustellen. Die Kristalle sind hart, durchscheinend, nicht zerfließlich. (Élelmezési Ipar [Lebensmittelind.] **13.** 65. Febr. 1959.) J. Plank. B 190

Akira Shimada, *Kristall- und Molekularstruktur von Mesoerythrit.* meso-Erythrit, $CH_2OH \cdot \overset{*}{C}HOH \cdot \overset{*}{C}HOH \cdot CH_2OH$, krist. tetragonal in der Raumgruppe C_{4h}^{6} — I 4_1/a u. der Elementarzelle a = 12,81 ± 0,03; c = 6,81 ± 0,02 Å u. Z = 8. Die (nicht angegebenen) Parameter wurden durch Elektronendichte- u.

Differenzelektronendichtesynthesen bestimmt. Aus den Parametern ergeben sich die Abstände $\overset{*}{C}$—C- u. $\overset{*}{C}$—$\overset{*}{C}$ zu 1,54 u. 1,55 Å u. die Abstände C—O u. $\overset{*}{C}$—O zu 1,47 u. 1,46 Å. Da das Mol. ein Symmetriezentrum besitzt u. infolgedessen entsprechende Atome u. Gruppen in jeder Hälfte des Mol. zueinander in bezug auf die $\overset{*}{C}$—$\overset{*}{C}$-Bindung in trans-Stellung stehen, benötigt man zur Beschreibung des ganzen Mol. nur die relative Orientierung der C—O-Bindung zu der $\overset{*}{C}$—C-Bindung. Die Richtungen der C—O-Bindung u. der $\overset{*}{C}$—$\overset{*}{C}$-Bindung haben in bezug auf die $\overset{*}{C}$—C-Bindung eine gauche-Konfiguration. Die 2 Hydroxyl-O-Atome stehen auch in gauche-Stellungen um die $\overset{*}{C}$—C-Bindung. Es ist daher sehr wahrscheinlich, daß das O-Atom in der äußeren OH-Gruppe angenähert in trans-Stellung zu dem an das asymm. C-Atom gebundene H-Atom steht. Das äußere Hydroxyl-O-Atom ist durch H-Bindung an 2 O-Atome der äußeren OH-Gruppen benachbarter Moll. oberhalb u. unterhalb mit einem Abstand von 2,66 Å gebunden. Auf diese Weise entsteht eine spiralartige Kettenanordnung von H-Bindungen parallel der C-Achse. Das innere Hydroxyl-O-Atom ist an 2 O-Atome der inneren OH-Gruppen benachbarter Moll. gebunden. Sie bilden ein Quadrat mit der Seitenlänge 2,77 Å u. den Diagonalen auf verschied. Ebenen um die durch die Symmetrie $\bar{4}$ gegebene Stellung. Diese 2 Typen von H-Bindungen verknüpfen alle Moll. in einer dreidimensionalen Art. (Acta crystallogr. [Copenhagen] **11.** 748—49. 10/10. 1958. Motoyama, Kobe, Konan Univ., Fac. of Sci., Dep. of Chem.) C. GOTTFRIED. B 195

E. J. Gabe, *Die Raumgruppen der drei Isomeren von Acoron.* Vf. untersuchte röntgenograph. die 3 Isomeren von Acoron, $C_{15}H_{24}O_2$, u. zwar von *Acoron* (I), *Isoacoron* (II) u. *Neoacoron* (III). I krist. monoklin mit den Zelldimensionen a = 6,2; b = 14,2; c = 8,4 Å; β = 96°. Raumgruppe ist P 2_1; Z = 2; ist opt.-aktiv. — II krist. in rhomb. Nadeln mit den Elementarzelldimensionen a = 6,2; b = 9,6; c = 23,7 Å; Raumgruppe ist P 2_1 2_1 2_1; Z = 4. — III krist. ebenfalls in langen rhomb. Nadeln, der Raumgruppe P 2_1 2_1 2_1, der Elementarzelle a = 6,4; b = 13,7; c = 32,4 Å u. Z = 8. (Acta crystallogr. [Copenhagen] **11.** 750—51. 10/10. 1958. Cardiff, Univ. Coll., Viriamul Jones Labor.) C. GOTTFRIED. B 195

Maria Przybylska und **F. R. Ahmed,** *Die Struktur von Annotininbromhydrin.* Zur Unters. geeignete Kristalle des Alkaloids Annotininbromhydrin, $C_{16}H_{22}BrNO_3$, wurden aus A. erhalten. Die Verb. krist. rhomb. u. hat die Elementarzelle a = 11,89 ± 0,03; b = 13,40 ± 0,03; c = 9,68 ± 0,02 Å. Raumgruppe ist D_4^2 — P 2_1 2_1 2_1. Die Struktur wurde mit Hilfe dreidimensionaler PATTERSON-Projektionen u. dreidimensionaler FOURIER-Synthesen aufgeklärt. Es wurden die folgenden Parameter festgelegt (wegen der Bezifferung vgl. nebenst. Figur): $N_{(1)}$: (x =) 0,517; (y =) 0,437; (z =) 1,149; $C_{(2)}$: 0,457; 0,451; 0,275; $C_{(3)}$: 0,486; 0,548; 0,360; $C_{(4)}$: 0,482; 0,639; 0,262; $C_{(5)}$: 0,560; 0,611; 0,146; $C_{(6)}$: 0,562; 0,504; —0,089; $C_{(7)}$: 0,660; 0,428; —0,100; $C_{(8)}$: 0,645; 0,345; 0,007; $C_{(9)}$: 0,621; 0,389; 0,151; $C_{(10)}$: 0,607; 0,697; 0,056; $C_{(11)}$: 0,680; 0,658; —0,052; $C_{(12)}$: 0,601; 0,607; —0,152; $C_{(13)}$ 0,444; 0,464; —0,126; $C_{(14)}$ 0,393; 0,528; —0,009; $C_{(15)}$ 0,510; 0,525; 0,059; $C_{(16)}$: 0,525; 0 688; —0,152; $C_{(17)}$: 0,397; 0,475; —0,274; $O_{(1)}$: 0,575; 0,739; —0,032; $O_{(2)}$: 0,453; 0,713; —0,249; $O_{(3)}$: 0,667; 0,395; —0,237; Br: 0,7791; 0,2628; 0,0121. Die 3 sechsgliedrigen Ringe sind in der Sesselform; die $C_{(2)}$—$C_{(3)}$-, $C_{(5)}$—$C_{(15)}$- u. $C_{(11)}$—$C_{(12)}$-Bindungen von zweien dieser Ringe sind nahezu in einer Ebene, während die restlichen Atome des dritten Ringes auf einer Seite jener Ebene mit den $N_{(1)}$—$C_{(9)}$- u. $C_{(6)}$—$C_{(7)}$-Bindungen senkrecht zu ihr u. die restlichen Atome der vier- u. fünfgliedrigen Ringe auf der entgegengesetzten Seite liegen. Die Winkel des fünfgliedrigen Ringes liegen zwischen 96 u. 112°; die Atome $C_{(10)}$, $O_{(1)}$, $C_{(16)}$ u. $C_{(12)}$ liegen nahezu in einer Ebene, während $C_{(11)}$ einen Abstand von ca. 6,7 Å von dieser Ebene hat. Die Winkel des viergliedrigen Ringes liegen zwischen 85 u. 90°. Der Ring ist nicht eben, die Abstände von $C_{(6)}$, $C_{(13)}$, $C_{(14)}$ u. $C_{(15)}$ von der mittleren Ebene betragen 0,19; —0,20; +0,13 u. —0,13 Å. Das C-Atom der CH_3-Gruppe ist nach dem Carbonyl-O zu gerichtet mit einem Abstand zwischen ihnen von 3,27 Å, angenähert gleich der Summe der VAN DER WAALSschen Radien. Die OH-Gruppe schließlich liegt in trans-Stellung zu dem Br-Atom. (Acta crystallogr. [Copenhagen] **11.** 718—24. 10/10. 1958. Ottawa, Ontario, Canada, Nat. Res. Council, Div. of Pure Chem. and Pure Phys.) C. GOTTFRIED. B 195

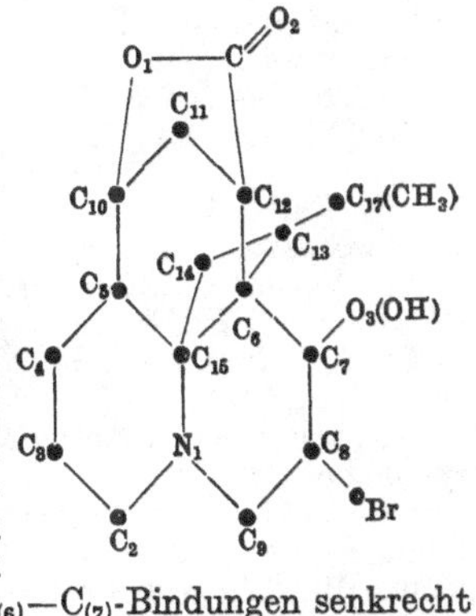

S. Marcinkiewicz und **J. Green,** *Molekülzustandsbehandlung von Verbindungen, die intramolekulare Wasserstoffbindungen enthalten.* Unter der Annahme, daß die Stärke der intramol. Wasserstoffbindung in *o-Hydroxyketonen, -aldehyden* u. *-estern* nicht nur von der Bindungsordnung der Bindungen zwischen den C-Atomen abhängig, die die chelatbildende Gruppe tragen, sondern auch von der Tendenz des Carbonyl-O-Atoms zur Bldg. einer H-Bindung u. damit von der freien Valenz des Ring-C-Atoms, das die CO-Gruppe trägt, sowie unter der Voraussetzung, daß $\Delta\nu$ (C=O) eine lineare Funktion der Bindungsordnung u. der freien Valenz des Stamm-KW-stoffs ist, geben Vff. einen allg. Ausdruck für die Beziehung zwischen $\Delta\nu$ (C=O) u. den vorst. quantenmechan. Größen. Diese Beziehung wird mittels der von HUNSBERGER u. Mitarbeitern (C. **1958.** 7408 u. früher) experimentell bestimmten $\Delta\nu$ (C=O)-Werte von aromat. Verbb. mit vic.-Hydroxy- u. Carbonylgruppen geprüft u. eine gute Übereinstimmung zwischen den theoret. u. den experimentellen Werten gefunden. (J. chem. Soc. [London] **1959.** 849 bis 850. Febr. Tadworth, Surrey, Vitamins Ltd., Walton Oaks Exp. Stat.) K. FRENKLER. B 223

Kazuo Kurosaki, *Lösungsmitteleffekt auf die Assoziation des 1-Phenylpyrazolidons-(3).* Nach den in CCl_4 gemessenen Dipolmomenten (1,70—1,98 D) existieren wahrscheinlich assoziierte Moll. von *1-Phenylpyrazolidon-(3).* Auch die Konzentrations- u. Temperaturabhängigkeit der Intensität der in CCl_4 gemessenen IR-Absorptionen ν(C=O) u. ν(NH) weisen auf die Existenz eines durch H-Brücken gebildeten Dimeren (I) hin. Der Energieunterschied zwischen dem Monomeren (II) u. I beträgt —10,0 ± 0,3 kcal/Mol. Das Dipolmoment des II muß einen Wert 3,5—3,6 D zeigen, da I ein Symmetriezentrum besitzt. Der Pyrazolidonkern trägt zum Dipolmoment des II ca. 2D in der Richtung $N^+ \rightarrow O^-$ durch Teilnahme polarer Strukturen bei. (J. chem. Soc. Japan, pure Chem. Sect. [Nippon Kagaku Zassi] **79.** 1339—43. Nov. 1958. Kanazawa-Asigara, Huzi-Syasin-Film. [Orig.: japan.]) E. MAEKAWA. B 223

Kazuo Kurosaki, *Lösungsmitteleffekt auf die Assoziation des 1-Phenylpyrazolidons-(3).* (Vgl. vorst. Ref.) Das IR-Absorptionsspektr. des *1-Phenylpyrazolidons-(3)* wird in Chlf. bei verschied. Konzz. sowie bei verschied. Tempp. gemessen. Wie in CCl_4 bildet es auch in Chlf. das Dimere; der Energieunterschied beträgt jedoch in Chlf. nur —4,4 kcal/Mol, was vermutlich auf die Polarität des Lösungsm., die die H-Brücken im Dimeren schwächt, u. auch auf die Stabilisierung des Monomeren durch Bldg. von H-Brücken zwischen der C=O-Gruppe u. dem H in Chlf. zurückzuführen ist. Die Absorption der freien C=O-Gruppe liegt bei 1771 cm^{-1} (in CCl_4 1735 cm^{-1}), die der assoziierten C=O-Gruppe verschiebt sich mit steigender Temp. sowie mit zunehmender Verdünnung von 1695 cm^{-1} auf ca. 1710 cm^{-1} zu größeren Wellenzahlen (in CCl_4 1702 cm^{-1}). Diese Temperatur- sowie Konzentrationsabhängigkeiten der ν(C=O)-Bande werden auf Grund der Wechselwrkg. mit Chloroformmoll. u. der geometr. Konfiguration der H-Brücken im Dimeren erklärt. (J. chem. Soc. Japan, pure Chem. Sect. [Nippon Kagaku Zassi] **79.** 1362—65. Nov. 1958. Huzi-Syasin-Film. [Orig.: japan.]) E. MAEKAWA. B 223

K. Bertil Sandell, *Über die Verteilung organischer Verbindungen zwischen Wasser und organischen Lösungsmitteln.* Es wurden die Verteilungskoeffizienten zahlreicher organ. Verbb. zwischen W. u. einer Reihe organ. Lösungsmittel verschied. Klassen (Klasse I: CCl_4, Hexan, Cyclohexan, CS_2; Klasse II: Benzotrifluorid, Chlorbenzol, m-Xylol, Toluol, Bzl., Trichloräthylen, n-Butylchlorid, 1.1.2.2-Tetrachloräthan, 1.2-Dichloräthan, Chlf., CH_2Cl_2; Klasse III: Di-n-butyl-, Diisopropyläther, Ae., Isoamyl-, Isobutyl-, Äthylacetat, Methyläthylketon, 1.4-Dioxan, Pyridin; Klasse IV: n-Hexyl-, n-Butylalkohol, W.), z. T. nach Literaturangaben, zusammengestellt. Die Papierchromatographie aromat. Verbb. zeigte, daß der chromatograph. Prozeß hauptsächlich ein Verteilungsvorgang ist u. für die Schätzung von Verteilungskoeffizienten verwendet werden kann. Mit Hilfe von Papierchromatographie u. Verteilungskoeffizienten werden Klassifizierungen von Lösungsmitteln u. gelösten Verbb. durchgeführt, denen die wasserstoffbindenden Eigg. der untersuchten Stoffe zugrunde gelegt sind. Werte sind angegeben für: *m-, p-Nitrophenol; o-, m-, p-Phenylendiamin; Vanillin* (VII); *Bourbonal* (VIII); *Benzaldehyd; Phenol; Benzamid; Hydrochinon; Resorcin; Brenzcatechin; m-* (I), *p-Hydroxybenzaldehyd* (II); *o-, m-* u. *p-Aminophenol; n-Butylamin; Acetophenon; Anilin; Propionamid; 3-Hydroxypyridin; Pyridon-(2); Phenylharnstoff; Veronal; N-Phenylthioharnstoff; Phloroglucin; Pyrogallol; m-, p-Hydroxybenzoe-, Salicyl-, Benzoe-, Mandel-, Phenylessig-, Essig-, Propion-, n-Butter-, Isovalerian-, n-Valerian-, Capronsäure; A.; n-Propylalkohol, Aceton; Äthylencyanid; Benzylamin; Piperidin; Pyridin; Methyl-, Dimethyl-, Trimethyl-, Äthyl-, Diäthyl-, Triäthylamin; Acetamid; Acetanilid; 3.4-* (III), *2.4-* (IV), *2.5-Dihydroxybenzaldehyd* (V); *Isovanillin* (VI); *Syringaaldehyd; 4-Nitrobrenzcatechin, -resorcin, -m-kresol, -orcin, -guajacol; Nitrohydrochinon; 3-Nitrobrenzcatechin; Orcin; Gallus-*

säure; 3.4-, 2.5-, 2.4-, 2.3-Dihydroxybenzoesäure; o-, p-Methoxyphenol; Methyl- u. *Methoxyhydrochinon* sowie für die Aldoxime von I—VIII. (Mh. Chem. **89.** 36—53. 21/3. 1958. Malmö, Schweden, AB Ferring.) M. SCHENK. B 224

J. Clark, L. Pijanowski, A. J. Silvestri und **H. Whalen,** *Die Extraktion von 8-Hydroxychinolin aus Chloroform durch wässerige Lösungen als Funktion des p_H-Wertes.* Vff. untersuchen das Ausmaß der Extraktion von *8-Hydroxychinolin* (I) aus einer 0,01 mol. Lsg. in $CHCl_3$ (II) mit wss. Lsgg. verschied. p_H-Wertes, aber gleicher Ionenstärke. Sie vergleichen ihre Ergebnisse mit denen von LACROIX (C. **1947.** E. 578). Im mittleren p_H-Bereich weichen die Werte voneinander ab, da LACROIX eine I–II-Lsg. höherer Konz. verwendete. (Mendel Bull. **1958.** 21—23. Villanova, Pa., Univ., Chem. Dep.) S. v. SCHIESZL. B 224

Petr Zuman, *Mechanismen homogener Reaktionen organischer Stoffe.* 1. Mitt. *Methodik der Reaktionskinetik.* (Vgl. C. **1959.** 13750.) Übersicht über physikal. u. chem. Meßmethoden kinet. Reaktionsgrößen. (Chemie [Praha] **10.** 349—62. Mai 1958.) F. URBAN. B 225

Y. Pocker, *Zwischenstufen der Allylumlagerungen.* 1. Mitt. *Die Anionotropie von 1- und 3-Phenylallyl-p-nitrobenzoat.* Es wird die Kinetik der anionotropen Umlagerung von *1-* (I) in *3-Phenylallyl-p-nitrobenzoat* in Chlorbenzol bei 155,5° untersucht. Der Unterschied der beiden Ester bei der UV-Absorption ermöglicht, die Isomerisation spektrophotometr. zu verfolgen. Die Umwandlung erfolgt bis zu 98%, sie ist 1. Ordnung in bezug auf I ($k_1 = 1{,}16 \cdot 10^{-5}$ sec^{-1}) u. wird durch zugefügte p-Nitrobenzoesäure (II), wenn [II] $\gg$ [I], katalysiert. Diese Katalyse ist linear abhängig von der stöchiometr. Menge an II, $k_1 = k_0 + k_x$ [II], worin $k_0 = 1{,}16 \pm 0{,}2 \cdot 10^{-5}$ u. $k_x = 6{,}62 \cdot 10^{-4}$ Liter · $Mol^{-1} \cdot sec^{-1}$ ist; für eine an II gesätt. Lsg. von $2{,}02 \cdot 10^{-4}$ Mol I beträgt $k_1 = 1{,}35 \cdot 10^{-5}$ sec^{-1}. Durch Zugabe von Pyridin bzw. Tetra-n-butylammonium-p-nitrobenzoat in Konzz. bis zu $4 \cdot 10^{-3}$ mol. wird die Isomerisationsgeschwindigkeit nicht beeinflußt, so daß in Abwesenheit jeglicher Säure wahrscheinlich ein unimol. Prozeß vorliegt.

Versuche: *1-Phenylallyl-p-nitrobenzoat* (I), F. 46° (CH_3OH/PAe.), aus 1-Phenylallylalkohol ($Kp._{0,2}$ 52°, aus Phenyl-MgBr u. Acrolein in Ae.; n_D^{25} 1,5393) u. p-Nitrobenzoylchlorid in Pyridin; ν_{max} 2585 Å ($\varepsilon = 14000$). — *3-Phenylallyl-p-nitrobenzoat,* F. 76,5° (A./PAe.), analog aus 3-Phenylallylalkohol (F. 36°, $Kp._{15}$ 130°); ν_{max} 2550 Å ($\varepsilon = 30500$). (J. chem. Soc. [London] **1958.** 4318—23. Dez. London, Univ. Coll., William Ramsay and Ralph Forster Labors.) R. UNGER. B 225

Y. Pocker, *Zwischenstufen der Allylumlagerungen.* 2. Mitt. *Geschwindigkeiten und Mechanismus des Austausches und der Umlagerung von 1- und 3-Phenylallylbenzoat.* (1. vgl. vorst. Ref.) Die (spektrophotometr. verfolgte) Isomerisation von *1-* (I) zu *3-Phenylallylbenzoat* (III) in Chlorbenzol bei 155,5° ist 1. Ordnung in bezug auf I ($k_0 = 0{,}99 \cdot 10^{-6}$ sec^{-1}) u. unabhängig von zugefügtem Pyridin, die während der Rk. gebildeten geringen Mengen an Benzoesäure (II) sind ohne Einfl. auf die Geschwindigkeit v. Bei Zusatz größerer Mengen an II ergibt sich lineare Abhängigkeit der v von [II], $k_1 = k_0 + 34{,}4 \cdot 10^{-6}$ Liter · $Mol^{-1} \cdot sec^{-1}$. Die Gesamtgeschwindigkeit des Aktivitätsverlustes von ^{18}O-II oder anorgan. ^{18}O-Benzoaten während der Umlagerung von I nähert sich der Isomerisationsgeschwindigkeit, während unter ähnlichen Bedingungen die Geschwindigkeit des Isotopenaustausches mit III zu vernachlässigen ist. Die Bildungsgeschwindigkeit von ^{18}O-III aus n. I u. markierten anorgan. Benzoaten beträgt nur 70—75%, die von ^{18}O-I nur 15—20% der Isomerisationsgeschwindigkeit. 25—30% der Isomerisation verlaufen also ohne Isotopenaustausch. Für die Rk. wird deshalb ein Mechanismus mit Ionenpaarzwischenstufen angenommen.

Versuche: *1-Phenylallylbenzoat* (I), $Kp._{10^6}$ 90°, n_D^{26} 1,5630, aus 1-Phenylallylalkohol u. Benzoylchlorid in Pyridin, 2tägiges Stehen bei Raumtemp.; ν_{max} 263 mμ ($\varepsilon = 1070$) u. 271,5 (1030). — *3-Phenylallylbenzoat* (III), $Kp._{10}$ 110°, F. 35°, analog vorst. Verb., ν_{max} 250 mμ ($\varepsilon = 21900$). — *^{18}O-Benzoesäure,* aus II mit 1,5—2,2%ig. $H_2{}^{18}O$. *Tetra-n-butylammoniumsalz,* $C_{23}H_{41}NO_2$, durch Neutralisation; krist. aus Bzl.–Petroläther. (J. chem. Soc. [London] **1958.** 4323—29. Dez.) R. UNGER. B 225

C. F. H. Tipper, *Elementarreaktionen bei der langsamen Verbrennung in der Gasphase.* Überblick über die bei der langsamen Verbrennung, bes. von KW-stoffen, bei Drucken <1 at u. ca. 100—500° auftretenden Elementar-Rkk., z. B. Start-Rkk. mit O_2, Atomen oder freien Radikalen, Rkk. der gebildeten Radikale, Rkk. angeregter Peroxyradikale, Rkk. der Alkylhydroperoxyde, Rkk. der Alkoxyradikale u. Kettenabbruchreaktionen. — 121 Literaturhinweise. (Quart. Rev. (chem. Soc., London) **11.** 313—38. 1957. Liverpool, Univ., Dep. of Inorg. and Physic. Chem.) K. PRCHAL. B 225

Motoichi Indô, *Untersuchungen über Ozonisierung.* 1. Mitt. *Ozonisierung des Isoeugenols in Chloroform.* 1. Teil. Die Ozonisierung von *Isoeugenol* (I) in Chlf. bei —13°

wird kinet. untersucht, wobei auch die IR-Absorptionsspektren der Reaktionsgemische bei 10—11 μ zur Best. der C=C-Doppelbindung mit der Absorption bei 10,4 μ als Schlüsselbande gemessen werden. Erst am Ende der Rk. tritt O_3 im Abgas deutlich auf u. verschwindet I gleichzeitig prakt. vollkommen, wobei die Ausbeute an Vanillin (II) ca. 60% u. die an Acetaldehyd (III) ca. 29% betragen. Die Menge an I, die an II sowie die an III während der Rk. stellen, gegen die Menge an eingeleitetem O_3 aufgetragen, Geraden dar. Die Bldg. des Ozonids ist nicht nachgewiesen. II sowie III werden als Primärprodd. gebildet. Daneben existiert auch ein Peroxyd, das jodometr. bestimmt werden kann u. durch Red. mit Zn-Staub u. Eisessig in II übergeht. Durch Red. des Reaktionsgemisches erhöht sich die Ausbeute an II um ca. 13%. (J. chem. Soc. Japan, pure Chem. Sect. [Nippon Kagaku Zassi] **79.** 1349—53. Nov. 1958. Tokyo-Ôta, Takasago-Kôryô. [Orig.: japan.]) E. MAEKAWA. B 225

G. J. Buist, C. A. Bunton und **J. H. Miles,** *Der Mechanismus der Oxydation von α-Glykolen durch Perjodsäure.* 5. Mitt. *Cyclohexandiole-(1.2).* (4. vgl. C. **1958.** 8589.) Wie früher (vgl. C. **1954.** 9966) wurde die Kinetik der Perjodatoxydation von *cis-* [I, F. 97—99° (Äthylacetat), durch Oxydation von Cyclohexen (III) mit tert.-Butylhydroperoxyd in Ggw. von OsO_4] u. *trans-Cyclohexandiol-(1.2)* [II, F. 101—103° (Äthylacetat), aus III über das Chlorhydrin] bei 0° zwischen p_H 0,98 u. 9,86 untersucht. Folgende k_2-Werte wurden bei Konzz. beider Reaktanten von ca. 10^{-3} Mol/Liter ermittelt: I 0,42 [Liter/Mol·Sek.] (p_H 0,98), 2,8 (4,30), 6,9 (7,30), 1,1 (8,80) u. 0,98 (9,86) bzw. für II 0,033, 0,58, 0,41, 0,007. — Als Zwischenstoff wird ein Komplex angenommen, der in alkal. Medium mit den Reaktanten im Gleichgewicht steht. Berechnet wurden ferner der k_1-Wert für den Zerfall des einfach negativ geladenen Komplexes (vgl. l. c.) sowie die Gleichgewichtskonstante für die Bldg. des doppelt negativ geladenen Komplexes (K'') u. die 1. u. 2. Dissoziationskonstante des Komplexes (K_1' u. K_2'): I [10^4 k_1] 3300 [sec^{-1}], [K''] 400 [Liter/Mol], [10^2 K_1'] 0,83, [10^7 K_2'] 0,48; II 165, 1000, 3,11, 0,85; *(—)-Butandiol-(2.3)* (V) 308, 8000, 3,4, 0,42; *meso-Butandiol-(2.3)* (IV) 182, 373, 2,6, 0,50. Während im doppelt negativen Komplex von II keine innere Abstoßung auftritt, ist bei dem von I eine ster. Behinderung zu verzeichnen, ebenso wie bei dem Komplex von IV. Entsprechend sind die K''-Werte für beide Verbb. ziemlich gleich. Andererseits ist der doppelt negativ geladene Komplex von II dem von V ähnlich. Daß der K''-Wert für II kleiner ist als für V, wird auf einen Bruch von intramol. H-Bindungen oder auf eine Verdrehung des Cyclohexanringes bei der Komplexbldg. zurückgeführt. Die hohe Reaktivität des einfach negativ geladenen Komplexes von I dürfte durch innere ster. Spannungen begründet sein. Die schnellere Oxydation von I im Vgl. zu II ist also nicht auf die Leichtigkeit der Bldg. des Zwischenstoffkomplexes zurückzuführen, sondern wird durch den schnelleren Zerfall des Komplexes verursacht. Man muß daher bei Konfigurationszuordnungen auf Grund kinet. Daten bes. bei Perjodatoxydationen vorsichtig verfahren. (J. chem. Soc. [London] **1959.** 743—48. Febr. London, Univ. Coll., William Ramsay and Ralph Forster Labors.) B. GNAUCK. B 225

Katsuhiko Ichikawa und **Yoshiichi Takeuchi,** *Oxydation organischer Verbindungen mit Bleitetraacetat.* 2. Mitt. *Mechanismus der Oxydation des Benzoins.* (1. vgl. C. **1956.** 4095.) Die Oxydation von *Benzoin* (I) durch Bleitetraacetat (II) in Eisessig verläuft mit einer der Konz. von I sowie der von II proportionalen Geschwindigkeit, die Konstante für eine Rk. 2. Ordnung beträgt bei 30° 0,302, bei 40° 0,703, bei 50° 1,66 u. bei 60° 3,43. Die Geschwindigkeit wird nicht durch die Enolisierung von I, sondern durch die Rk. des enolisierten I mit II bestimmt; auch die Addition von Br_2 an I verläuft nach demselben Mechanismus. Ein Vgl. mit den kinet. Daten der ähnlichen Oxydation des Stilbens zeigt, daß das I-Enol nicht durch Addition von zwei Acetoxygruppen an die Doppelbindung, sondern durch Bldg. eines Zwischenzustandes angegriffen wird. Bei Zusatz von W. bildet sich Benzoesäure, wobei die Addition eines Mol. W. an die Doppelbindung des I-Enols zuerst stattfindet, weil die Geschwindigkeitskonstante in diesem Fall mit der Konz. des W. in der Essigsäure linear zunimmt. (J. chem. Soc. Japan, pure Chem. Sect. [Nippon Kagaku Zassi] **79.** 1060—63. Sept. 1958. Sakai, Ōsakahuritu-Daigaku. [Orig.: japan.]) E. MAEKAWA. B 225

Tadashi Arai, Masabumi Yoshida und **Kiyonori Shinoda,** *Geschwindigkeit des Verbrauchs an Chlor bei der thermischen Chlorierung von Methan.* Die Geschwindigkeit der therm. Chlorierung von *Methan* sowie seiner *Chlorderivv.* bei 275—370° in Abwesenheit von Katalysatoren wird gemessen. Die Rkk. verlaufen komplex, nämlich mit einer dem [Prod.], dem [Ausgangsprod.] u. [Cl_2] proportionalen Geschwindigkeit, deren Konstante für CH_4 durch $4{,}12\cdot10^8\ e^{-28100/RT}$, für CH_3Cl $4{,}81\cdot10^4\ e^{-17200/RT}$, für CH_2Cl_2 $8{,}67\cdot10^3\ e^{-15600/RT}$ u. für *Chlf.* $7{,}96\cdot10^2\ e^{-14100/RT}$ (Mol/Std.·ml·at^2) ausgedrückt wird. Zwischen der Aktivierungsenergie A u. dem Dipolmoment μ des Ausgangsprod. besteht ein Verhältnis $1/A - 1/A_0 = B/\mu$. (J. chem. Soc. Japan, ind. Chem. Sect. [Kōgyō Kagaku Zassi] **61.** 1231—33. Okt. 1958. Hukusima-Nakoso, Kureha-Kagaku. [Orig.: japan.]) E. MAEKAWA. B 225

Tadashi Arai, Masabumi Yoshida und **Kiyonori Shinoda,** *Zusammensetzung der Produkte bei der thermischen Chlorierung von Methan.* (Vgl. vorst. Ref.) Die Zus. der Prodd. der therm. Chlorierung von *Methan* bzw. *Methylchlorid* durch Cl_2 bei 250 bis 500° in Ggw. von $CuCl_2$ wird bestimmt. Die Chlorierung verläuft ohne Katalysatoren bei ca. 400—450°, in Ggw. von $CuCl_2$ als Katalysator schon bei 350° glatt. In Ggw. von Aktivkohle bilden sich mehr höher chlorierte Produkte. (J. chem. Soc. Japan, ind. Chem. Sect. [Kōgyō Kagaku Zassi] **61.** 1233—36. Okt. 1958. [Orig.: japan.]) E. MAEKAWA. B 225

Melvin S. Newman und **Robert J. Harper jr.,** *Kinetische und Gleichgewichtsuntersuchungen der Bildung und Hydrolyse cyclischer Ketale.* Es wurden die cycl. Ketale von Cyclohexanon (I), Cyclopentanon (II) u. 2-Methylcyclopentanon (III) mit Äthylenglykol (IV), Propandiol-(1.3) (V), 2.2-Dimethyl- (VI, F. 128,4—129,4°, Bzl.), 2.2-Diäthyl- (VII, F. 61,4—61,8°, Skellysolve B) u. 2.2-Diisopropylpropandiol-(1.3) (VIII) dargestellt. Für alle Ketale wurden die Geschwindigkeitskonstanten pseudo-1. Ordnung für die säurenkatalysierte Hydrolyse bei 30° in 70%ig. wss. Dioxan bestimmt. Die relativen Geschwindigkeiten betragen für die Verb. aus IV mit I 1,0, II 13,0, III 8,02, aus V mit I 30,6, II 172, III 259, aus VI mit I 2,01, II 16,5, III 23,0 aus VII mit I 0,888, II 7,65, III 11,3, aus VIII mit I 0,335, II 2,67, III 3,28. V-Ketale hydrolysierten schneller, die von VI, VII u. VIII langsamer als solche von IV. Desgleichen ist die Hydrolysengeschwindigkeit der Ketale von II u. III größer als die von I. Bei der Ketalbldg. reagiert VI am schnellsten, alle anderen Diole benötigen etwa die gleiche Zeit wie IV. Die ungefähren Gleichgewichtskonstanten betragen für die Rk. von IV mit I 2, mit II 0,2, mit III 0,04.

V e r s u c h e: K e t a l e, durch Kochen des Ketons mit dem Glykol in Bzl. in Ggw. von 0,1 g p-Toluolsulfonsäure, Abscheidung des gebildeten W., Auswaschen des Bzl. mit K_2CO_3 u. Destillation. *Ketal aus* III *mit* IV, $Kp._{57}$ 86—88,5°, n_D^{20} 1,4480. *Ketal aus* III *mit* V, $Kp._{33}$ 100,2—100,8°, n^{20} 1,4617, *Ketal aus* I *mit* VI, $Kp._{19-20}$ 110,0—110,5°, n^{20} 1,4628. *Ketal aus* II *mit* VI, $Kp._{50}$ 112,0—114,0°, n^{20} 1,4546. *Ketal aus* III *mit* VI, $Kp._{30}$ 97,0—100,0°, n^{20} 1,4543. *Ketal aus* I *mit* VII, $Kp._{24-25}$ 146,0—149,0°, n^{20} 1,4687. *Ketal aus* II *mit* VII, $Kp._{30}$ 135,0—137,0°, n^{20} 1,4646. *Ketal aus* III *mit* VII, $Kp._{7}$ 110,0 bis 111,0°, n^{20} 1,4640. *Ketal aus* I *mit* VIII, $Kp._{7-8}$ 136,0—136,5°, n^{20} 1,4751. *Ketal aus* II *mit* VIII, $Kp._{6-7}$ 125,5—127,1°, n^{20} 1,4723. *Ketal aus* III *mit* VIII, $Kp._{4}$ 132,0—133,0°, n^{20} 1,4734. — *Diisopropylcyanessigsäureäthylester,* $Kp._{18-20}$ 123—125°, n_D^{22} 1,4362, durch Zufügen von Na-Alkoholat zu Äthylcyanacetat u. Versetzen mit Isopropyljodid, 3 std. Erhitzen, noch 2malige Zugabe von Alkoholat u. Isopropyljodid u. Dest. unter vermindertem Druck; 79% (Ausbeute). — *Diisopropylmalonamidsäuremethylester,* F. 104—105°. Vorst. Ester wird zur Cyansäure (F. 97—99°) hydrolysiert u. 13 Std. mit 80%ig. H_2SO_4 auf 80° u. 8 Std. auf 100° erhitzt [→ *Diisopropylmalonamidsäure,* F. 165 bis 166° (Ameisensäure; Zers.); 92%] u. diese mit Dimethylsulfat u. KOH behandelt; 69%. — *Diisopropylmalonsäuremethylester,* F. 108—110° (Skellysolve B), aus vorst. Verb. durch Einleiten von HCl in die äther. Lsg. u. Zugabe von Butylnitrit; 60%. — *2.2-Diisopropylpropandiol-(1.3),* $C_9H_{20}O_2$, $Kp._1$ 104,5—107,8°, $Kp._2$ 120,0—120.5°, n_D^{25} 1,4714, durch $LiAlH_4$-Red. vorst. Verb. in Ae.; *Bis-3.5-dinitrobenzoat,* $C_{23}H_{24}N_4O_{12}$, F. 157,3—157,7° (CCl_4). (J. Amer. chem. Soc. **80.** 6350—55. 5/12. 1958. Columbus, Ohio, Ohio State Univ., McPherson Chem. Labor.) R. UNGER. B 225

Pentti Salomaa und **Raili Linnantie,** *Über die Anwendbarkeit der H_0-Säurefunktion auf den Fall zweier konkurrierender Mechanismen.* Diskutiert werden die Verhältnisse bei Konkurrenz zwischen uni- u. bimol. Mechanismen der säurenkatalysierten Hydrolysenreaktionen. Da bei höheren Aciditäten der Beitrag des bimol. Mechanismus maskiert wird, sind die Kurven beim Auftragen von H_0 gegen log k nicht von denen einer rein unimol. verlaufenden Rk. zu unterscheiden. Nur bei Vorherrschen des bimol. Mechanismus in verd. sauren Medien tritt eine deutliche Inflexion der Kurve auf, wie z. B. bei der Hydrolyse von *β-Chloräthoxymethylformiat* (I). Für solche Fälle wird eine Meth. zur Abschätzung der relativen Beiträge gegeben, deren Genauigkeit davon abhängt, wie groß die Abweichungen von der Proportionalität zwischen k_2 u. der Säurekonz. sowie vom Wert 1 für die Steigung der Geraden log k_1 gegen $-H_0$ sind. Für die Rk. von I in wss. HCl bei 25° wurde für das Ausmaß der unimol. Hydrolyse der Wert 27 ± 9% gefunden (nach der Iterationsmeth. 39 ± 7%). Für den k_2-Wert ergibt sich 0,0022 ± 0,0005 Liter/Mol·Sek. bei 25°. (Acta chem. scand. **12.** 2051—52. 1958. Turku, Finland, Univ., Dep. of Chem.) B. GNAUCK. B 225

Y. Okamoto und **Herbert C. Brown,** *Solvolysengeschwindigkeiten von α- und β-Naphthyldimethyl- und -monomethylcarbinylchloriden. Sterische und elektronische*

Wirkungen des Naphthalinsystems. 11. Mitt. *über Richteffekte bei aromatischer Substitution.* (10. vgl. C. **1957.** 12711.) Es wurden α- (I) u. *β-Naphthyldimethylcarbinylchlorid* (II) u. α- (III) u. *β-Naphthylmonomethylcarbinylchlorid* (IV) synthetisiert u. ihre Solvolysengeschwindigkeit (SG) in 80- u. 90%ig. wss. Aceton bei 0—25° (I, II) u. 25—50° (III, IV) bestimmt. Die SG von II in 90%ig. Aceton bei 25° ist um den Faktor 4,0 größer als bei Phenyldimethylcarbinylchlorid (V). Dieser Anstieg wird auf die größere Kapazität des Naphthylsyst. zurückgeführt, einen Elektronenunterschuß auszugleichen. Dieselbe Wrkg. kann an IV beobachtet werden, das in 80%ig. Aceton eine 9,0fach größere SG zeigt als das entsprechende Phenylderivat. Zwischen I u. II besteht kein besonderer Unterschied in der SG. Es wird geschlossen, daß die ster. Hinderung der Resonanz durch die peri-Stellung die erwartete größere Kapazität von I red. muß, den Elektronenmangel im Übergangszustand zu stabilisieren. Im Falle der Derivv. III u. IV ist die ster. Wrkg. geringer u. die erwartete Erhöhung in der SG von III über IV ($k_\alpha/k_\beta = 2{,}5$) wird beobachtet. Folgende relativen Geschwindigkeitskonstanten für 25° k_2 bzgl. V ($k_1 = 12{,}6 \cdot 10^{-5}$ sec^{-1} in 90%ig. Aceton), Aktivierungsenthalpien $\Delta H^{\neq}$ (kcal/Mol) u. -entropien $\Delta S^{\neq}$ (cal/Grad·Mol) wurden gemessen: I $k_2 = 4{,}1$; $\Delta H^{\neq}$ 19,2; $\Delta S^{\neq}$ —9,2; II 4,0; 19,0; —10,0; III (bzgl. Phenylmethylcarbinylchlorid) 23; 21,3; —9,6; IV 9,0; 21,8; —9,6.

V e r s u c h e: *Phenyldimethylcarbinylchlorid* (V), $Kp._{1,5}$ 56—58°, aus α-Methylstyrol ($Kp._{742}$ 163—164°) mit HCl; n_D^{20} 1,5210. — *α-Naphthyldimethylcarbinylchlorid* (I), aus α-Acetonaphthon (VI, $Kp._4$ 158—160°) mit CH_3MgJ zum Carbinol (F. 86—87°, Hexan) u. dessen Rk. mit HCl. — *β-Naphthyldimethylcarbinol,* $C_{13}H_{14}O$, F. 63—64,5°, analog vorst. Verb. aus β-Acetonaphthon (VII); 71% (Ausbeute). *Chlorid* (II), Zers. bei 70° (Ligroin), mit HCl. — *Phenylmethylcarbinylchlorid,* $Kp._3$ 63—64°, aus Acetophenon ($Kp._{750}$ 203°) durch Red. mit $NaBH_4$ zum α-Phenyläthylalkohol ($Kp._8$ 77—78°; n_D^{20} 1,5274; 95%) u. Rk. mit HCl; n_D^{20} 1,5269. — *α-Naphthylmethylcarbinylchlorid,* $Kp._2$ 125 bis 126°, analog vorst. Verb. aus VI zum Carbinol (F. 62—64°; 72%) u. Rk. mit HCl; 75%. — *β-Naphthylmethylcarbinylchlorid,* F. 68—69°, analog aus VII über das Carbinol (F. 76—77°; 82%); 61%. (J. Amer. chem. Soc. **79.** 1903—05. 20/4. 1957. Lafayette, Ind., Purdue Univ., Dep. of Chem.) P. Wolf. B 225

Herbert C. Brown, Y. Okamoto und **George Ham,** *Solvolysengeschwindigkeiten der Halogenphenyldimethylcarbinylchloride. Die Wirkung der Halogensubstituenten auf die Geschwindigkeit elektrophiler Reaktionen.* 12. Mitt. *über Richteffekte bei aromatischer Substitution.* (11. vgl. vorst. Ref.) Verschied. Halogenbenzoesäuren werden in die Methyl- oder Äthylester umgewandelt u. mit CH_3MgJ in die Halogenphenyldimethylcarbinole übergeführt Die Solvolysengeschwindigkeiten (SG) dieser Verbb. in 90 Vol.-%ig. wss. Aceton bei verschied. Tempp., bes. 25 u. 40°, werden bestimmt. Innerhalb jeder der drei isomeren Serien ist die Reihenfolge der Reaktionsfähigkeit F > Cl > Br < J. Die beobachteten Werte der Geschwindigkeitskonstanten u. die Reihenfolge der Reaktionsfähigkeit führen zu Schlußfolgerungen über den induktiven Effekt, die Resonanz u. die ster. Hinderung der Resonanz. In den m-Reihen scheint der induktive Effekt vorzuherrschen mit einem geringen Resonanzbeitrag, der die Elektronendichte an der o-Stellung erhöht, von wo aus sie zum Reaktionszentrum durch Induktion weitergeleitet wird. In der p-Stellung scheinen Induktion u. Resonanz nahezu von gleicher (aber entgegengesetzter) Wrkg. zu sein. Die niedrigeren Geschwindigkeiten bei den o-Halogenverbb. werden auf einen gesteigerten induktiven Effekt u. red. Resonanzeffekt zurückgeführt, der durch teilweise ster. Hinderung der Resonanz der o-Substituenten mit der coplanaren Dimethylcarbinylgruppe zustande kommt. Folgende relativen Geschwindigkeitskonstanten k_r bei 25° bzgl. Phenyldimethylcarbinylchlorid ($k_1 = 12{,}4 \cdot 10^{-5}$ sec^{-1}; $\Delta H^{\neq}$ 18,8; $\Delta S^{\neq}$ —12,5), Aktivierungsenergien $\Delta H^{\neq}$ (kcal/Mol) u. -entropien $\Delta S^{\neq}$ (cal/Grad·Mol) wurden bestimmt: *o-Fluor-*, $k_r = 0{,}0502$; $\Delta H^{\neq}$ 20,3; $\Delta S^{\neq}$ —14,4; *o-Chlor-* 0,00786; 22,3; —11,1; *o-Brom-* 0,00606; 22,5; —11,1; *o-Jod-* 0,0110; 22,1; —11,4; *m-Fluor-* 0,0251; *m-Chlor-* 0,0156; 20,7; —15,1; *m-Brom-* 0,0144; 21,5; —12,7; *m-Jod-* 0,0233; 20,2; —16,1; *p-Fluor-* 2,14; 18,8; —11,7; *p-Chlor-* 0,305; 19,5; —13,6; *p-Brom-* 0,208; 19,2; —15,2; *p-Jodphenyldimethylcarbinylchlorid* 0,244; 18,8; —16,0.

V e r s u c h e: H a l o g e n b e n z o e s ä u r e e s t e r, durch Veresterung der Säure (S.); ca. 90% (Ausbeute). *o-Fluor-, Äthylester,* $Kp._8$ 85,5°; n_D^{20} 1,4920 (S., F. 128°). — *m-Fluor-, Äthylester,* $Kp._{9,2}$ 84°; n_D^{20} 1,4848 (S., F. 124,5°). — *p-Fluor-, Äthylester,* $Kp._{11}$ 87,5°; n_D^{20} 1,4860 (S., F. 183,5°). — *o-Chlor-, Methylester,* $Kp._{8,5}$ 99° (S., F. 141°). — *m-Chlor-, Methylester,* $Kp._{13}$ 106° (S., F. 154,5°). — *p-Chlor-, Methylester,* $Kp._8$ 112,5° (S., F. 240,5°). *Äthylester,* $Kp._1$ 65°; n_D^{20} 1,5239. — *o-Brom-, Äthylester,* $Kp._{15}$ 135°; n_D^{20} 1,5436 (S., F. 150°). — *m-Brom-, Äthylester,* $Kp._{17}$ 131°; n_D^{20} 1,5428 (S., F. 154°). — *p-Brom-, Äthylester,* $Kp._{15}$ 129°; n_D^{20} 1,5460 (S., F. 255°). — *o-Jod-, Methylester,* $Kp._1$ 103,5°; n_D^{20} 1,6052 (S., F. 163°). — *m-Jod-, Äthylester,* $Kp._{2,1}$ 114°; n_D^{20} 1,5830 (S.,

F. 187°). — *p-Jod-, Äthylester*, Kp.$_4$ 126,5°; n_D^{20} 1,5877 (S., F. 268°). — Halogenphenyldimethylcarbinole, durch Rk. von 0,55 Mol CH_3MgJ in Ae. mit 0,25 Mol des entsprechenden vorst. Esters in Ae., Zers. mit gesätt. NH_4Cl-Eis; 70—75%. *o-Fluor-*, Kp.$_8$ 74,8°; F. 29—30°. — *m-Fluor-*, Kp.$_7$ 87°; n_D^{20} 1,4995. — *p-Fluor-*, Kp.$_{8,2}$ 86°; F. 37,8°. — *o-Chlor-*, Kp.$_{2,2}$ 79,2°; F. 23,7°; n_D^{20} 1,5416. — *m-Chlor-*, Kp.$_{2,2}$ 88,0°; n_D^{20} 1,5370. — *p-Chlor-*, Kp.$_3$ 92,5°; F. 43,3°. — *o-Brom-*, Kp.$_{3,2}$ 104,5°; n_D^{20} 1,5602. — *p-Brom-*, F. 45,6°. — *o-Jod-*, Kp.$_{5,5}$ 121°; n_D^{20} 1,6017. — *m-Jod-*, F. 59—61°. — *p-Jod-*, F. 57—57,5°. — Halogenphenyldimethylcarbinylchloride, aus den Carbinolen mit gasförmigem HCl. (J. Amer. chem. Soc. **79**. 1906—09. 20/4. 1957.)
P. WOLF. B 225

Y. Okamoto und **Herbert C. Brown**, *Solvolysengeschwindigkeiten der Nitro- und der Methoxyphenyldimethylcarbinylchloride.* 13. Mitt. *über Richteffekte bei aromatischer Substitution.* (12. vgl. vorst. Ref.) *o-* (I), *m-* (II) u. *p-Methoxyphenyl-* (III) u. *m-* (IV) u. *p-Nitrophenyldimethylcarbinylchlorid* (V) wurden in wss. Aceton solvolysiert u. die erhaltenen Geschwindigkeiten zur Errechnung der Geschwindigkeitskonstanten in 90 Vol.-% ig. wss. Aceton bei 25° extrapoliert. **II** reagiert nur mit der 0,6fachen, **III** hingegen mit der 3360fachen Geschwindigkeit des unsubstituierten Deriv. (**VI**). Der enorme Geschwindigkeitszuwachs ist ein Maß für den hohen Resonanzbeitrag der p-Methoxygruppe. **IV** u. **V** setzen gegenüber **VI** die Geschwindigkeit um den Faktor 1150 bzw. 3900 herab. Das Verhältnis der Geschwindigkeitskonstanten von **III**/**V** ist 10^7, ein Zeichen für die hohe Empfindlichkeit dieser Rk. gegenüber Elektronenbeiträgen durch die Substituenten. Folgende relativen Geschwindigkeitskonstanten k_r bzgl. **VI** (k_1 = $12{,}4 \cdot 10^{-5}$ sec^{-1} bei 25°), Aktivierungsenthalpien ΔH^{+} (kcal/Mol) u. -entropien $\Delta S^{\ddagger}$ (cal/Grad·Mol) wurden bestimmt: **IV** (60% ig. Aceton) k_r 0,000871; $\Delta H^{\ddagger}$ 21,0; $\Delta S^{\ddagger}$ —10,0; **V** (60% ig) 0,000257; 21,9; —9,3; **I** (94,8% ig) 105; 15,0; —21,2; **II** (90 Vol.-% ig) 0,610; 19,9; —11,1; **III** (94,8% ig) 3360; 12,9; —21,1.

Versuche: *m-Methoxyphenyldimethylcarbinol*, $C_{10}H_{14}O_2$, F. 34—35° (PAe.), Kp.$_2$ 112—114°, aus m-Methoxybenzoesäure (F. 105—106°) über den Äthylester (Kp.$_2$ 94 bis 97°; n_D^{20} 1,5154) u. dessen Rk. mit CH_3MgJ; 78% (Ausbeute). Gibt mit HCl **II**. — *o-Methoxy-α-methylstyrol*, $C_{10}H_{12}O$, Kp.$_2$ 56,5—57°, analog vorst. Verb. aus o-Methoxybenzoesäure (F. 97—98°) über den Äthylester (Kp.$_4$ 120—122°; n_D^{20} 1,5213); n_D^{20} 1,5340; 53%. Gibt mit HCl **I**. — *p-Methoxy-α-methylstyrol*, $C_{10}H_{12}O$, Kp.$_{4,5}$ 99,5—101°, F. 33,0—33,8°, analog aus p-Methoxybenzoesäure (F. 183—184,5°) über den Äthylester (Kp.$_7$ 151—151,8°; n_D^{20} 1,5251); 45%. Gibt mit HCl **III**. — *p-Nitro-α-methylstyrol*, F. 51—52,5° (A.), Kp.$_3$ 121—130°, aus p-Nitrocumol (Kp.$_2$ 111—114°; n_D^{20} 1,5365) mit N-Bromsuccinimid u. Benzoylperoxyd in CCl_4 u. Dest.; 88%. Reagiert nur in Ggw. von $FeCl_3$ mit HCl zu **V**. — *m-Nitro-α-methylstyrol*, $C_9H_9NO_2$, Kp.$_3$ 98—99°, aus m-Nitrocumol (Kp.$_4$ 95—100°; n_D^{20} 1,5310) analog; n_D^{20} 1,5703; 60%. Reagiert nur in Ggw. von $FeCl_3$ mit HCl zu **IV**. (J. Amer. chem. Soc. **79**. 1909—12. 20/4. 1957.) P. WOLF. B 225

Herbert C. Brown und **Y. Okamoto**, *Substitutionskonstanten der aromatischen Substitution.* 14. Mitt. *über Richteffekte bei aromatischer Substitution.* (13. vgl. vorst. Ref.; 30. vgl. C. **1959**. 9522.) Trägt man den Logarithmus der Geschwindigkeitskonstanten der Solvolyse der *m-* u. *p*-substituierten *Phenyldimethylcarbinylchloride* gegen die HAMMETTschen σ-Konstanten auf, so ergibt sich für die m-Derivv. gute Übereinstimmung, dagegen erhält man für die p-Substituenten starke Abweichungen. Diese liegen so, daß bedeutende Resonanzwechsel-Wrkgg. zwischen dem p-Substituenten u. dem elektronenarmen Reaktionszentrum des sich bildenden Carboniumions im Übergangszustand angenommen werden müssen. Die m-Derivv. dienen zur Ermittlung der Reaktionskonstante ϱ (— 4,620). Aus diesem Wert u. den beobachteten Solvolysengeschwindigkeiten wird mittels der modifizierten HAMMETT-Gleichung eine neue Serie σ^{+}-Konstanten für die p-Substituenten ermittelt. Die verfügbaren Daten über die Geschwindigkeit der Nitrierung monosubstituierter Aromaten, der Halogenierung von Aromaten, der Bromolyse von Arylboronsäuren u. der Protonolyse von Aryltrimethylsilanen zeigen bedeutende Abweichungen bei Verwendung der σ-Werte, aber gute Übereinstimmung für σ^{+}-Werte, so daß deren Anwendung für eine quantitative Behandlung der Richteffekte bei der aromat. Substitution empfohlen wird. (J. Amer. chem. Soc. **79**. 1913—17. 20/4. 1957.) P. WOLF. B 225

Frank L. Pilar, *Errata*: *1.2- gegen 1.4-Addition zu 1.3-Butadien mittels einer einfachen LCAO–MO-Methode.* Vf. stellt einige in C. **1959**. 6756 enthaltene Fehler richtig. (J. chem. Physics **30**. 591. Febr. 1959. Durham, New Hampshire, Univ., Dep. of Chem.)
K. FRENKLER. B 225

Shizuyoshi Sakai und **Yoshio Ishii**, *Einfluß der Acidität oder Basizität der Katalysatoren auf die Geschwindigkeit der Additionsreaktionen von Äthylenoxyd.* Die Geschwindigkeit der Addition von *Äthylenoxyd* (I) an verschied. Verbb. wird in Ggw. von Na-tert.-Butylat bzw. Na-Isopropylat, -Äthylat, -Methylat, KOH, NaOH, Na-Acetat, HNO_3, p-Toluolsulfonsäure bzw. H_2SO_4 gemessen. Die Addition an *Dodecylalkohol* wird durch bas. Katalysatoren mehr als durch saure Katalysatoren beschleunigt, wobei die Geschwindigkeit mit steigender Basizität zunimmt. I addiert sich in Ggw. von sauren Katalysatoren an *Caprylsäure* ungefähr so schnell wie in Ggw. von bas. unter Bldg. der 1 : 1-Additionsverb., *Anilin* bildet selektiv das Addukt mit 2 Moll. I als Hauptprod. in Ggw. von sauren Katalysatoren, bei steigender Acidität mit zunehmender Geschwindigkeit, während es in Ggw. von bas. Katalysatoren das 1 : 1-Addukt als Hauptprod. gibt, wobei die Geschwindigkeiten der Haupt- sowie der Neben-Rkk. (Addition mehrerer Moll. I) mit steigender Basizität zunehmen. (J. chem. Soc. Japan, ind. Chem. Sect. [Kōgyō Kagaku Zassi] **61.** 1473—75. Nov. 1958. Nagoya, Univ., Techn. Fak. [Orig.: japan.]) E. MAEKAWA. B 225

A. F. Bogenschütz, G. Klipping und **I. N. Stranski,** *Die thermische Zersetzung von Hexamethylentetramin.* 2. Mitt. *Analytische Untersuchungen.* (1. vgl. Z. anorg. allg. Chem. **297.** [1958.] 23.) Vff. untersuchen die therm. Zers. von *Urotropin* (I) zwischen 195 u. 800°. Bei niedriger Temp. entsteht hauptsächlich NH_3 (Maximum bei 250°), oberhalb 330° daneben HCN u. bei höheren Tempp. Methan, H_2 u. N_2 neben festem Rückstand u. harzigem Öl, dessen Menge mit steigender Temp. abnimmt. Bei 195° erfolgt die NH_3-Entw. direkt aus dem I, bei höherer Temp. auch aus dem öligen Rückstand. Ein Reaktionsmechanismus kann noch nicht angegeben werden. (Z. anorg. allg. Chem. **299.** 69—77. Febr. 1959. Berlin-Dahlem, Max-Planck-Ges., Fritz-Haber-Inst.) K. BECKER. B 225

B. S. Rabinovitch und **R. W. Diesen,** *Unimolekulare Zersetzung von chemisch aktivierten sek.-Butylradikalen aus der Reaktion von H-Atomen mit cis-Buten-(2).* Vff. erzeugen in einem Syst., das der POLANYIschen Diffusionsflamme ähnelt, bei Tempp. zwischen —103 u. 25° chem. aktivierte *sek.-Butylradikale* (I) durch Rk. von *H*-Atomen mit *cis-Buten-(2)* (IX) bei einem **IX**-Druck von 0,1—1,2 mm Hg. Die Bldg. der I erfolgt in einer homogenen Gasphasen-Rk.; in erster Näherung sind die gebildeten I als monoenerget. anzusehen. Als Prodd. ihrer Rkk. werden erhalten Methan (III), Äthan, Äthylen (**X**), Propan (VIII), Propylen (VII), Isobutan (**XI**), n-Butan (IV), Isobuten, Buten-(1), Isopentan (II), 2.3-Dimethylpentan (VI) u. 3.4-Dimethylhexan (V). Der Mechanismus, für die ablaufenden Disproportionierungs- u. Rekombinations-Rkk. wird eingehend diskutiert. Als Verhältnis S/D (S = II + III + 2 V + 2 IV + VI, D = VII + VIII + **X** + **XI** + VI) wird in Ggw. von überschüssigem H_2 bei 25° 0,79 (H_2-Druck 0,40 mm Hg, **IX**-Druck 0,10 mm Hg) u. 3,0 (3,8; 0,17), bei —78° 2,90 (0,54; 0,26) u. 6,74 (2,7; 0,30) erhalten. In Ggw. von He beträgt S/D bei 25° 0,78 (He-Druck 0,68 mm Hg; **IX**-Druck 0,12 mm Hg) u. 0,93 (1,48; 0,13). Die Geschwindigkeitskonstante für die Zers. des **IX** beträgt ca. 10^7 sec^{-1}. Dieser Wert wird mit dem mittels der MARCUSschen Ansätze (vgl. MARCUS u. RICE, C. **1953.** 7053) erhaltenen theoret. Wert verglichen. (J. chem. Physics **30.** 735—47. März 1959. Seattle, Wash., Univ., Dep. of Chem.) K. FRENKLER. B 225

Jirô Araki, *Untersuchungen über die Verbindungen, die mit Ricinusöl zusammenhängen.* 1. Mitt. *Thermische Zersetzung der Undecylensäureester. Undecylensäure* (I)-*Methylester* zers. sich wenig beim Erhitzen auf 350—650°, während I-*Äthylester* unter denselben Bedingungen relativ rasch I u. Äthylen gibt. (J. chem. Soc. Japan, pure Chem. Sect. [Nippon Kagaku Zassi] **79.** 946—48. Aug. 1958. Tottori, Daigaku. [Orig.: japan.]) E. MAEKAWA. B 225

Kazuo Yamagishi, Toyosuke Tanaka und **Toshio Hoshino,** *Untersuchungen über die photochemischen Additionsreaktionen.* 4. Mitt. *Die Anlagerungen von Thioessigsäure an Propargylalkohol und einige Propargylester.* (3. vgl. C. **1958.** 8012.) Die Addition von Thiolessigsäure (I) an Propargylacetat (II) wird durch UV-Belichtung in Ggw. von Radikalbildnern, wie Azo-bis-isobuttersäurenitril (III) oder Azo-bis-cyclohexancarbonsäurenitril (IV), katalysiert. Durch 24std. Belichtung von I u. II im Verhältnis 2 : 1 in Ggw. von III wurde in 65%ig. Ausbeute *2.3-Bis-[acetylmercapto]-propylacetat* (V; λ_{max} 230 mμ in CH_3OH, $\varepsilon = 7980$) neben 10% *3-Acetoxypropen-(1)-ylthiolacetat* (VI; λ_{max} 250 mμ in CH_3OH, $\varepsilon = 8500$) erhalten. Durch Rk. von **VI** mit Phenylhydrazin (**XII**) entstand *3-Hydroxypropionaldehydphenylhydrazon* (**X**). **V** konnte auch aus Dibromhydrinacetat u. K-Thiolacetat dargestellt werden. **VI** polymerisiert sich beim Stehen an der Luft. Durch Rk. von **VI** mit **I** entstand in 31%ig. Ausbeute **V**. *2-Äthylmercapto-3-acetylmercaptopropylacetat* konnte in 37%ig. Ausbeute durch Addition von Äthylmercaptan ein **VI** dargestellt werden. Durch Behandeln von **V** mit 1%ig. methanol. HCl u. dann mit n NaOH-Lsg. wurde in 64%ig. Ausbeute *2.3-Bis-[mercapto]-propanol* (**VII**) erhalten. VII entstand in 75% ig. Ausbeute auch durch Rk. von V mit XII in Alkohol. Die Addition von I an Propargylalkohol (XI) ergab in 64% ig. Ausbeute *2.3-Bis-[acetylmercapto]-propanol* (VIII) neben 12% *3-Hydroxypropen-(1)-ylthiolacetat* (IX); durch Hydrolyse von VIII wurde in 67% ig. Ausbeute VII dargestellt. IX wurde mit XII in X übergeführt. Die Addition von I an Propargylborat ergab das Monoaddukt, das durch Hydrolyse IX lieferte.

Versuche: *Thiolessigsäure* (I), $Kp._{760}$ 86—88°, $Kp._{68}$ 29°, aus H_2S u. Acetanhydrid. — *Propargylacetat* (II), Kp. 122—123°, aus XI u. Acetylchlorid oder Acetanhydrid. *Borat*, $C_9H_9BO_3$, $Kp._2$ 68—69°, durch 3std. Kochen von XI, Borsäure u. Bzl. unter Abscheidung des Reaktionswassers u. Dest.; n_D^{15} 1,4564; 71% (Ausbeute). — *3-Acetoxypropen-(1)-ylthiolacetat* (VI), $C_7H_{10}O_3S$, $Kp._3$ 95—97°, a) durch 24std. Belichtung von 0,15 Mol I u. 0,075 Mol II in Ggw. von IV; 9%; b) analog a) in 48 Std. in Ggw. von III; 9%; c) durch 24std. Erwärmen von I u. II in Ggw. von III auf 60°; 13%; d) analog a) in 6 Std. in Ggw. von III; 46%; e) durch 24std. Erwärmen von I u. II in Ggw. von Piperidin auf 60°; 16%; f) analog a) in 24 Std. in Ggw. von Hg-Acetat; 5%; g) durch 24std. Erwärmen von I u. II auf 60°; 16%; h) analog g) bei 100°; 20%; i) durch 24std. Belichten von I u. II; n_D^{18} 1,5115; 4%. — *2.3-Bis-[acetylmercapto]-propylacetat* (V), $C_9H_{14}O_4S_2$, $Kp._{10^{-3}}$ 92—95°, neben VI nach a) 64%; nach b) 64%; nach c) 50%; nach d) 20%; neben e) 13%; neben f) 37%; neben g) 5%; neben h) 5%; nach i); n_D^{18} 1,5181; 37%; k) durch 24std. Belichten von VI u. I in Ggw. von III u. Dest.; 31%. — *2.3-Dimercaptopropanol* (VII), $C_3H_8OS_2$, $Kp._1$ 85—90°, a) durch 6std. Erwärmen von 10 g V in 1% ig. methanol. HCl auf 60°, Abdest. des CH_3OH, 2std. Schütteln mit n NaOH, Ae.-Extraktion, Ansäuern, Ae.-Extraktion u. Dest.; 3,2 g; b) durch 6std. Kochen von 2,5 g V mit 3,5 g XII in A., Abdest. des A., Extrahieren mit PAe. u. Dest.; 1,2 g; c) analog a) aus 15 g VIII; $Kp._{10^{-3}}$ 57°; 6 g. — *3-Hydroxypropionaldehydphenylhydrazon* (X), C_9H_{12}·N_2O, F. 119—120° (gelbe Nadeln aus Bzl.-PAe.), a) durch 24std. Erhitzen von 1,7 g VI mit XII in A., Abdest. des A. u. Ae.-Extraktion; 1,3 g; b) aus dem Aldehyd. — *3-Hydroxypropionaldehyd*, $Kp._{10}$ 70—75°, durch 10std. Erhitzen von 10 g Acrolein mit 14 g W. auf 100° im Rohr; n_D^{20} 1,4900; 5 g. — *2-Äthylmercapto-3-acetylmercaptopropylacetat*, $C_9H_{16}O_3S_2$, $Kp._1$ 110—115°, durch 24std. UV-Belichtung von VI, Äthylmercaptan u. III; n_D^{20} 1,5091; 37%. — *3-Hydroxypropen-(1)-ylthiolacetat*, $C_5H_8O_2S$, $Kp._{10^{-3}}$ 57°, a) durch 24std. UV-Belichtung von XI u. I in Ggw. von III; n_D^{11} 1,5280; 10%; b) analog a) aus 8,6 g Propargylborat u. 7,8 g I u. Hydrolyse mit W.; 8 g. — *2.3-Bis-[acetylmercapto]-propanol* (VIII), $C_7H_{12}O_3S_2$, $Kp._{10^{-3}}$ 85—90°, neben vorst. Verb. nach a); n_D^{25} 1,5159; 63%. (Bull. chem. Soc. Japan **30**. 455—58. Juli 1957. Ookayama Tokyo, TH, Inst. für organ. Chem.; Urawa, Saitama Univ., Inst. für Chem. [Orig.: deutsch.])

H. BERTSCH. B 226

R. S. Alger, T. H. Anderson und **L. A. Webb**, *Strahlungseffekte bei einfachen organischen Festkörpern.* Vff. untersuchen die Effekte, die bei einfachen organ. Verbb. durch Einw. von ionisierenden Strahlen (Elektronen- u. Röntgenstrahlen) bei 77° K hervorgerufen werden, durch Aufnahme der opt. Absorptionsspektren im Bereich 2000—8000 Å sowie der Elektronenresonanzspektren bei 300 u. 600 MHz sowie 9 kMHz. Untersucht werden Alkohole [*CH_3OH* (II), *CH_3OD, CD_3OH, C_2H_5OH* (III), *C_2H_5OD, n-Propyl-, Isopropyl-, n-Butyl-, Isobutyl-, sek.-Butyl-, tert.-Butyl-, n-Amyl-, Isoamyl-, n-Hexyl-, Benzylalkohol, Glycerin* u. *Äthylenglykol*], Äther [*Dimethyl-, Diäthyl-, Di-n-propyl-, Diisopropyl-* u. *Di-n-butyläther*], aromat. KW-stoffe [*Bzl., Toluol, Xylol*], Ester [*Methyl-* u. *Äthylformiat, Methyl-, Äthyl-, Amyl-* u. *Isoamylacetat*], Ketone [*Aceton* (I), *Diäthyl-* u. *Methyläthylketon* sowie *Heptanon-(4)*], Alkylhalogenide [*CCl_4, Chlf., Methylchlorid, Methylenchlorid*], Säuren [*Oxalsäure, Brenztraubensäure, Ameisensäure, Essigsäure*], Paraffine [*n-Pentan, n-Hexan, n-Heptan, n-Octan, n-Nonan, n-Decan, n-Undecan*], ferner *Cellulose, Saccharose, Acetamid, Natriummethylat* u. *Natriumacetat.* Nach erfolgter Bestrahlung bei 77° K zeigen die meisten Verbb. eine Färbung; bemerkenswert stabil gegenüber dem Einfl. ionisierender Strahlen ist Benzol. Im allg. treten bei chem. ähnlichen Verbb. auch ähnliche Färbungen auf. So sind die bestrahlten Alkohole mit wenigen Ausnahmen purpurrot bis gelb, die Äther grün bis gelb, Ester gelb bis orange u. Ketone blau bis violett gefärbt. In der Dunkelheit bei —196° lassen sich die bestrahlten Verbb. monatelang aufbewahren, ohne daß eine Änderung der Färbung eintritt. Bei den meisten Verbb. verblaßt die Färbung jedoch schnell, wenn sie weißem Licht ausgesetzt bzw. erwärmt werden. Bei den Alkoholen erreicht die Absorption im sichtbaren Gebiet ein Maximum bei 5400 Å u. erstreckt sich bis weit ins UV-Gebiet. Die Bandenbreite wächst mit zunehmender C-Kettenlänge. Eine Photoleitfähigkeit während des Ausbleichprozesses, deren Vorliegen der Photosensibilität der bestrahlten Verbb. wegen vermutet wurde, ließ sich nicht nachweisen. Die aliphat. Ketone zeigen bei Bestrahlung bei —196° eine starke kurzlebige Luminescenz

u. eine langlebige Phosphorescenz, deren Intensität temperaturabhängig ist. Bei —170° erfolgt das Abklingen der Phosphorescenz nach der Beziehung $I = CT^{1,75}$ (I = emittiertes Licht, T = Zeit). Auch die Unters. der paramagnet. Elektronenresonanz bei —196° zeigt, daß die bei der Bestrahlung gebildeten Verbb. unbegrenzt stabil sind. Die meisten Verbb. weisen Hyperfeinstrukturen mit einer ungeraden Anzahl von Linien auf, deren Abstand zwischen 18 u. 30 Gauß liegt. Die Säuren u. Ester zeigen Spektren mit gerader Linienzahl. Mehr als sieben Linien werden auch bei den größeren Moll. nicht beobachtet. Die Ergebnisse zeigen, daß bei chem. verwandten Verbb. die Elektronenresonanzspektren ähnliche Strukturen besitzen. Dieser Befund läßt darauf schließen, daß auch die durch die Bestrahlung erzeugten Radikale ähnliche Strukturen aufweisen müssen. Aus der Unters. der D-markierten Alkohole kann gefolgert werden, daß die Bldg. dieser Radikale durch Abspaltung eines ursprünglichen an einem C-Atom gebundenen H-Atoms erfolgt. Wird für die höheren Alkohole u. Paraffine der gleiche H-Abspaltungsmechanismus angenommen, dann läßt sich die beobachtete Linienzahl mittels der α.β-Hypothese (GIBSON u. Mitarbeiter, C. **1958**. 5898) deuten. Das gleiche gilt auch für die untersuchten Äther u. Ketone. Das Spektr. des I läßt auf die Bldg. zweier verschied. Radikale schließen. Bei längerer Bestrahlung erreichen die gebildeten Radikale eine Sättigungskonz., die beim I bei $2 \cdot 10^{19}$ Spins/cm³, beim II bei $9 \cdot 10^{19}$ Spins/cm³ liegt. Beim Sättigungswert kommt etwa ein Spin auf 240 Moll., d. h. zwischen den freien Radikalen liegen durchschnittlich ca. 6 Moleküle. Als Ursache für die beobachtete Sättigung nehmen Vff. eine Rk. zwischen den gebildeten Radikalen an. Beim II bzw. III ist für jedes gebildete Radikal ein Energieaufwand von 18 bzw. 12 eV erforderlich. (J. chem. Physics **30**. 695—706. März 1959. San Francisco, Calif., US Naval Radiologic. Defense Labor.)
K. FRENKLER. B 226

W. P. Uschakowa, G. P. Korneitschuk, W. A. Roiter und **Ja. W. Shigailo**, *Kinetik und Mechanismus der Oxydation von Naphthalin am Vanadinoxydkatalysator.* 1. Mitt. *Untersuchung des Einflusses der Zusammensetzung der Gasphase auf die chemische Zusammensetzung des Katalysators und seine katalytische Aktivität.* (Vgl. C. **1956**. 11960.) Bei der Oxydation von *Naphthalin* (I) mit Luft am V_2O_5-Katalysator geht die teilweise Red. des V_2O_5 zu V_2O_4 im I-Luftstrom bei 300—400° um so weiter, je höher die I-Konz. im Gemisch ist. Mit zunehmender V_2O_4-Konz. im V_2O_4-V_2O_5-Gemisch nimmt dessen elektr. Leitfähigkeit u. katalyt. Aktivität zu, die Selektivität nimmt aber mit steigender Temp. ab. Ein Gemisch mit 79% V_2O_4 ist katalyt. sehr wirksam, bewirkt aber eine mit steigender Temp. zunehmende Weiteroxydation des Phthalsäureanhydrids (II) zu CO_2 u. W., die durch die Ggw. von I gehemmt wird. In Abwesenheit von I wird II bei 335° an Cu zu 63%, an Messing zu 56%, an Al zu 32%, an Glas zu 26% oxydiert, in Ggw. von I an Cu (bei 350°) zu 20%, an Messing bei 380° u. an Glas bis 425° überhaupt nicht. Mit fortschreitender Oxydation der Metalle nimmt die Aktivität zu. Die selektive Oxydation von I zu II beruht auf der Hemmung der II-Oxydation durch I. (Украинский Химический Журнал [Ukrain. chem. J.] **23**. 191—99. 1957. Pissarshewski-Inst. für physik. Chem. der Akad. der Wiss. der UkrSSR.)
R. K. MÜLLER. B 227

W. Keith Hall und **P. H. Emmett**, *Die Hydrierung des Benzols über Kupfer–Nickel-Legierungen.* Vff. untersuchen die katalyt. Wirksamkeit von 11 Cu–Ni-Katalysatoren (Darst. durch Hydrierung entsprechend zusammengesetzter Ni- u. Cu-Oxydgemische bei 350°) bei der Hydrierung von *Benzol.* Die Verss. zeigen, daß bei 161,8° eine Ni–Cu-Legierung mit ca. 75% Ni die größte Aktivität besitzt; reines Ni weist eine Aktivität auf, die etwa der einer Legierung mit 45% Ni entspricht. Geht man von hochprozentigen Ni-Legierungen aus, dann tritt bei Katalysatoren mit weniger als 40% Ni ein abrupter Aktivitätsabfall ein (krit. Zus.). Die Aktivitätskurve bei 135° ist in der Gestalt ähnlich, jedoch wesentlich flacher. Der Aktivitätsunterschied zwischen reinem Ni u. der Legierung mit der maximalen Aktivität ist bei dieser Temp. unbedeutend. Der Mechanismus der Hydrierung wird eingehend diskutiert. (J. physic. Chem. **62**. 816—21. Juli 1958. Pittsburgh, Pa., Mellon Inst.)
K. FRENKLER. B 227

N. I. Schuikin, I. F. Belski und **R. A. Karachanow**, *Über den Mechanismus der katalytischen Hydrierung des Furanringes.* Bei der Hydrierung von Δ^2-Dihydrosilvan (I) bei 250—260° u. Atmosphärendruck bildet sich in Ggw. von Pt/Kohle (a) oder Ni/ZnO (b) vor allem *Tetrahydrosilvan* [Kp. 79—80°; $D.^{20}_4$ 0,7582; n_D^{20} 1,4060; a) 90% (Ausbeute), b) 50%] neben wenig *Methyl-n-propylketon* [II; Kp. 109—110°; $D.^{20}_4$ 0,7582; n_D^{20} 1,4060; a) 10%, b) 15—20%]. Silvan wird unter gleichen Bedingungen quantitativ zu II hydriert. Aus den Ergebnissen kann nicht eindeutig geschlossen werden, daß I einziges Zwischenprod. der Hydrierung von Silvan ist. (Доклады Академии Наук СССР [Ber. Akad. Wiss. UdSSR] **122**. 625—28. 1/10. 1958. Zelinsky-Inst. für organ. Chem. der Akad. der Wiss. der UdSSR.)
H. KÜHNE B 227

A. A. Balandin, G. W. Issaguljanz, Je. I. Popow, Ju. I. Derbenzew und **Ss. L. Winogradow,** *Anwendung von markiertem Kohlenstoff zur Untersuchung des Mechanismus der Dehydratation von Äthylalkohol an Aluminiumoxyd.* Zur Best. des Mechanismus der Dehydratation von *A.* an Al_2O_3 (2,8 g) wird die Rk. in Abwesenheit u. in Ggw. von 3,8 % $(^{14}C_2H_5)_2O$ durchgeführt u. die Reaktionsgeschwindigkeit (ω) der Teil-Rkk. A. $\underset{w'_1}{\overset{w_1}{\rightleftarrows}}$ Ae.; A. $\xrightarrow{w_2}$ C_2H_4 u. Ae. $\xrightarrow{w_3}$ C_2H_4 nach $\omega'_1 = d\,\alpha(-c_1)/d\,\tau(\alpha-\beta)$; $\omega_1 = d\beta \cdot c_2/d\tau(\alpha-\beta)$; $dc_3/d\tau = \omega_2 + \omega_3$ u. $\omega_3 = [c_3 \cdot d\gamma/d\tau + (\gamma+\alpha)\,dc_3/d\tau]/\beta - \alpha$ berechnet (c_1, c_2, c_3 entsprechen den Konzz. von A., Ae. u. C_2H_4; τ = Kontaktzeit; α, β, γ = relative Radioaktivität von A., Ae. u. C_2H_4). Die Änderung der c_1, c_2 u. c_3 wurde in Abhängigkeit von τ durch Oxydation mit $Na_2Cr_2O_7$ in H_2SO_4, α, β u. γ durch fraktionierte Dest. des Katalysats u. anschließende Trennung der $^{14}C_2H_5OH$/Ae.- (Kp. 76,5—78°) u. $(^{14}C_2H_5)_2O$/A.-Gemische (Kp. 33,4—34°) ermittelt. — Bei $\tau = 0{,}6 \cdot 10^3$ Sek. entsprechen die maximalen Umwandlungsgeschwindigkeiten $\omega'_1 = 8{,}8$ u. $\omega_3 = 1{,}85$ mMol$\cdot 10^3$/Sek. der maximalen Ätherkonz., ω_2 u. ω_3 sind annähernd gleich u. nur bei hinreichend großen c_1- u. c_2-Unterschieden voneinander verschieden. Analog ändern sich ω_1 u. ω'_1, wobei ihre absol. Werte größer als ω_2 u. ω_3 sind. Daraus folgt, daß A. u. Ae. mit etwa gleicher Geschwindigkeit in C_2H_4 umgewandelt werden u. sich zwischen A. u. Ae. sehr schnell ein Gleichgewicht einstellt. Daher stellt die Zers. von Ae. in A. u. C_2H_4 infolge $\omega_1 < \omega_3$ kein wichtiges Verf. zur Darst. von A. aus Ae. dar. (Известия Академии Наук СССР, Отделение Химических Наук [Nachr. Akad. Wiss. UdSSR, Abt. chem. Wiss.] **1958.** 233—35. Febr. Zelinsky-Inst. für organ. Chemie der Akad. der Wiss. der UdSSR.) W. KURTZMANN. B 227

Kôzô Hirota und **Tadaaki Ôtaki,** *Mechanismus der katalytischen Zersetzung der Ameisensäure am Silberkatalysator.* Die Rk. HCOOH → $H_2 + CO_2$, wird bei 81—130° u. bei 2—3 cm Hg (am Anfang der Rk.) in Ggw. eines Ag-Katalysators kinet. untersucht, wobei gefunden wird, daß die Primär-Rk. von nullter Ordnung ist u. mit einer Aktivierungsenergie 26,8 kcal/Mol verläuft. Das während der Rk. gebildete Gas enthält mehr H_2 als CO_2. Falls die App. nach einem Vers. nicht vollkommen evakuiert wird, dann beginnt die zweite Rk. in derselben App. mit größerer Anfangsgeschwindigkeit als die beim ersten Versuch. Die Rk. verläuft vermutlich über $HCOO^-$ oder $HCOO^+$ als Zwischenprodukt. (J. chem. Soc. Japan, pure Chem. Sect. [Nippon Kagaku Zassi] **79.** 1288—91. Nov. 1958. Ôsaka, Univ., Naturwiss. Fak. [Orig.: japan.]) E. MAEKAWA. B 227

C. Präparative organische Chemie. Naturstoffe.

Leslie Reggel, R. A. Friedel und **Irving Wender,** *Lithium in Äthylendiamin: Ein neues Reduktionssystem für organische Verbindungen.* (Vgl. Chem. Engng. News **33.** [1955.] 1525.) Li in Äthylendiamin (I) red. aromat. Verbb. zu *Cyclomonoolefinen* u. *-paraffinen,* red. Phenole, spaltet Äther, red. Ketone zu *Alkoholen* u. Acetylene sowie Olefine zu *Alkanen.*

V e r s u c h e: Allg. Meth.: 5,6 Mol **I** (wasserfrei durch mehrtägiges Erhitzen mit Na u. einmalige Dest. über Na) werden mit 0,4 bzw. 0,2 Mol einer Verb. mit 1 bzw. 2 Doppelbindungen unter N_2 auf 90—100° erhitzt, 1,6 g-Atom Li in 0,5—1,0 g-Portionen innerhalb von 1½—3 Std. bei 90—100° zugegeben, weitere 1—2 Std. zum Sieden bzw. bis kurz unter den Kp. erhitzt, mit Eis gekühlt, mit soviel W. versetzt, daß sich der ausfallende Nd. zum größten Teil löst, mit Bzl. oder Ae. extrahiert, dest. u. die Reaktionsprodd. durch IR-, UV- oder Massenspektroskopie analysiert. Bei der Red. von Phenol u. Anisol wird vor der Aufarbeitung angesäuert. Bei schwer reduzierbaren Substanzen wird die Menge an Li erhöht u. weiteres Amin zugegeben. — Bei der Red. von Tetralin (**II**) werden je nach den Versuchsbedingungen wechselnde Mengen *Oktalin* [**III**, maximal 96,9% (Ausbeute)] u. *trans-Dekalin* (**IV**, maximal 32,6%) erhalten. — Nachst. Verbb. werden mit Li in **I** zum größten Teil nach der allg. Meth. red.: $\Delta^{9,10}$-Oktalin (enthaltend 2,1% **IV**, 0,8% **II** u. 97,1% **III**, vorzugsweise das $\Delta^{9,10}$-Isomere) zu *trans-Dekalin* (**IV**), 36,9%. — Phenanthren zu *Dekahydro-* ($C_{14}H_{20}$) u. *Dodekahydrophenanthren* ($C_{14}H_{22}$); ca. 90%. — Anthracen zu *Dodekahydro-* ($C_{14}H_{22}$) u. *Tetradekahydroanthracen* ($C_{14}H_{24}$), ca. 95%. — Bzl. zu *Cyclohexen* (51,0%) u. *Cyclohexan* (1,4%). — Benzylalkohol zu *Hexahydrobenzylalkohol*; 38,5%. — Phenol zu *Cyclohexanon* (50,0%) u. *Cyclohexanol* (5,50%). — Anisol zu *Phenol* (53,9%), *Δ^2-Cyclohexenon* (6,5%), *Cyclohexanon* (1,6%), *Cyclohexanol* (1,1%), *Cyclohexen* (1,5%) u. *Cyclohexan* (1,6%). — Heptanon-(3) zu *Heptanol-(3)*; 29,6%. — Di-n-hexyläther zu *Hexen-(2)* oder -(*3*) (0,5%) u. *Hexanol* (8,4%). — Hepten-(1) zu *Heptan* (41%) u. *Hepten-(2)* (13%). — Decen-(1)

zu *Decan* (47,2%) u. *Decenen mit innerer Doppelbindung* (13,8%). — Hepten-(2) zu Heptan (81,8%) u. *Heptenen mit innerer Doppelbindung* (2,6%). — Heptin-(1) zu *Heptan*; 50,9%. — Octen-(1) zu *Octan* (76,5—84,8%) *neben Octenen mit innerer Doppelbindung* (3,4—12,5%). (J. org. Chemistry **22.** 891—94. Aug. 1957. Bruceton, Pa., Bureau of Mines, Div. of Solid Fuels Techn., Central Exp. Station.) K. TEICHMANN. 460

R. W. Kudrjawzew und **D. N. Kurssanow,** *Synthese von* ^{18}*O-markiertem Äthylalkohol.* Es wird eine Meth. zur Darst. von *A.* beschrieben, der einen hohen Geh. an ^{18}O besitzt. Durch Isotopenaustausch zwischen reinem trockenem Acetaldehyd u. $H_2{}^{18}O$ wird ^{18}*O-Acetaldehyd* (I) erhalten. Das Gleichgewicht stellt sich nach 1 Std. ein. I wird an Skelett-Ni bei 130° zu ^{18}*O-A.* reduziert. Es wird eine App. beschrieben, die es ermöglicht, I u. ^{18}O-A. mit der gleichen ^{18}O-Konz. zu erhalten, wie sie das verwendete $H_2{}^{18}O$ besaß. (Журнал Общей Химии [J. allg. Chem.] **26** (**88**). 2984—86. Nov. 1956.) C. KOZÁK. 480

Th. Posternak, W. H. Schopfer und **R. Huguenin,** *Untersuchungen in der Cyclitreihe.* 25. Mitt. *Synthese eines an bestimmter Stelle mit* ^{14}*C markiertem Mesoinosit. Die Darstellung von* $^{14}C_{(2)}$*-Mesoinosit.* (24. vgl. C. **1958.** 8085; 26. vgl. C. **1959.** 15019.) *1.2-Isopropyliden-5-desoxy-5-oxo-D-xylofuranose* (I), die aus 1.2-Isopropyliden-D-glucose durch Oxydation mit Pb-Tetraacetat oder HJO_4 gewonnen wird, kann mit ^{14}*C-Nitromethan* (II) in ein Gemisch von $^{14}C_{(6)}$*-1.2-O-Isopropyliden-6-nitro-6-desoxy-D-glucose* u. $^{14}C_{(6)}$*-1.2-O-Isopropyliden-6-nitro-6-desoxy-L-idose* verwandelt werden, das sich unter der Einw. von Alkali cyclisiert. Aus dem entstandenen Gemisch von Nitrodesoxyinositen wird $^{14}C_{(2)}$*-2-Nitro-2-desoxyscyllit* in 32%ig. Ausbeute isoliert u. durch Red. *Scylloinosamin* gewonnen. Nach ANDERSON u. LARDY (C. **1955.** 571) hergestelltes $^{14}C_{(2)}$*-Penta-O-acetylscylloinosamin* kann mit $AgNO_2$ in $^{14}C_{(2)}$*-Mesoinosit* verwandelt werden. Die radioakt. Ausbeute berechnet auf II beträgt 4,2%. Aus entsprechend markierter Glucose können auf dem gleichen Wege an anderer Stelle markierte Mesoinosite hergestellt werden.

Versuche: ^{14}*C-Nitromethan* (II) aus ^{14}C-Methyljodid u. $AgNO_2$, 55—60% (Ausbeute). — $^{14}C_{(6)}$*-1.2-O-Isopropyliden-6-nitro-6-desoxy-D-glucose* u. $^{14}C_{(6)}$*-1.2-O-Isopropyliden-6-nitro-6-desoxy-L-idose,* F. 105—120°, $[\alpha]_D$ —21—25° (W.), durch 20 std. Stehen von I in absol. A. mit II u. 2n CH_3ONa, Abdest. des überschüssigen A. u. II im Vakuum u. Erhitzen des Rückstandes (1 Min., 60°); das Dest. wird mit neuem I für weitere Ansätze verwendet (insgesamt 15, davon 8 mit zusätzlichem II u. 8 mit inakt. II) u. die gesammelten Rückstände in Chlf. aufgenommen; 26,6% (radioakt. Ausbeute). — $^{14}C_{(2)}$*-2-Nitro-2-desoxyscyllit,* F. 215° (Zers.), durch Erhitzen vorst. Gemisches mit 0,1 n H_2SO_4 (75 Min., 75—80°), 48 std. Stehen mit überschüssiger n-NaOH im Dunkeln (Raumtemp.), Ansäuern des Filtrats mit n-CH_3COOH u. n-H_2SO_4, Eindampfen im Vakuum, Extrahieren mit sd. A. u. Einengen des Extraktes; 32%. — $^{14}C_{(2)}$*-Scylloinosamin,* F. 293° (Zers.), durch Hydrieren vorst. Verb. in Ggw. von PtO_2; 100%. *N-Salicylidenderiv.,* F. 260—262°; 78—87%. — $^{14}C_{(2)}$*-N-Acetylsalicylidenpenta-O-acetylscylloinosamin,* F. 195—197°, 92—99%. — $^{14}C_{(2)}$*-Penta-O-acetylscylloinosamin,* F. 265° (korr.); 88—91%. — $^{14}C_{(2)}$*-Hexa-O-acetylmesoinosit,* F. 207—211° (A.), durch 3 std. Stehen vorst. Verb. in W. mit 0,1 n HCl u. langsam zugefügtem $AgNO_2$ bei 0° im Dunkeln, Eindampfen des Filtrats im Vakuum u. Acetylieren mit Essigsäureanhydrid u. wasserfreiem $ZnCl_2$; 71%. — $^{14}C_{(2)}$*-Mesoinosit,* F. 216—218° (wss. A.), aus vorst. Verb. durch Behandeln mit methanol. $Ba(OH)_2$; 89%. (Helv. chim. Acta **40.** 1875—80. 15/10. 1957. Genève, Univ., Labor. de Chim. biol. et org. spéciale; Berne, Univ., Inst. de Botanique.) H. ROSSOW. 480

E. A. Evans, ^{14}*C-markierte polycyclische aromatische Kohlenwasserstoffe.* 4. Mitt. *Eine Synthese von 1.2;3.4-Dibenz-*$^{14}C_{(9)}$*-anthracen und der Syntheseversuch von 1.2;3.4;-5.6-Tribenzanthracen.* (3. vgl. J. chem. Soc. **1957.** 2796; 2. vgl. C. **1958.** 9736.) Die GRIGNARD-Rk. des aus o-Brombenzaldehyd u. Phenanthryl-(9)-MgBr u. anschließende Red. erhaltenen *9-[o-Brombenzyl]-phenanthrens* (I) mit $^{14}CO_2$ liefert in nahezu quantitativer Ausbeute *9-[o-*$^{14}C_{(COOH)}$*-Carboxybenzyl]-phenanthren* (II). Die Cyclisierung von II mit HF u. die anschließende alkal. Zn-Staubred. führt zu *1.2;3.4-Dibenz-*$^{14}C_{(9)}$*-anthracen* (III). Das analog I zugängliche *9-[1-Bromnaphthyl-(2)-methyl]-phenanthren* liefert bei der GRIGNARD-Rk. mit $^{14}CO_2$ in geringer Ausbeute eine *Säure,* die bei der Cyclisierung u. anschließenden Red. zu keinen definierten Prodd. führt.

Versuche (FF. korr.): *9-[o-Brombenzyl]-phenanthren* (I), $C_{21}H_{15}Br$, F. 134—135° (Bzl. + Bzn.), aus o-Brombenzaldehyd u. Phenanthryl-(9)-MgBr in Ae. + Bzl. bei 20° (1 Std.) u. Dehydratisieren des rohen *Carbinols* in sd. 90%ig. Essigsäure in Ggw. von Jod u. rotem P (27 Std.); nach der chromatograph. Reinigung Tafeln; 41,5%. — *9-[o-*$^{14}C_{(COOH)}$*-Carboxybenzyl]-phenanthren* (II), $C_{22}H_{16}O_2$, F. 189—190° (Bzl. + Cyclohexan), aus der GRIGNARD-Verb. von I [aus I, Mg, Jod u. CH_3J in sd. Ae./Bzl.] u. $^{14}CO_2$ [aus $Ba^{14}CO_3$ u. konz. H_2SO_4] im Vakuum unter Kühlen mit fl. N_2, später bei 20°

(30 Min.); Tafeln; 80%. — *1.2;3.4-Dibenz-$^{14}C_{(9)}$-anthracen* (III), F. 199—201° (Eisessig), aus 2,128 g II [ca. 100 µC/mMol] in HF bei 20° (1 Std.), Fällen mit W. u. Red. des Cyclisierungsprod. mit Zn-Staub (mit $CuSO_4$ aktiviert) u. 5n NaOH in sd. Toluol; Nadeln; 42%. Aktivität 92,4 µC/mMol; 99%. — *9-[o-Carboxybenzoyl]-phenanthren*, F. 176—177° (Xylol; Bzl. + Hexan), durch Zutropfen von Phenanthryl-(9)-MgBr in Ae. u. Bzl. zu Phthalsäureanhydrid in Bzl. u. Zers. mit Eis u. H_2SO_4 nach 2std. Kochen; Tafeln. Liefert durch Red. mit amalgamierter Zn-Wolle u. konz. HCl in sd. Toluol (18 Std.) *9-[o-Carboxybenzyl]-phenanthren*, F. u. Misch-F. mit II 189—190° (Bzl. + Cyclohexan), Tafeln. — *1.2;3.4-Dibenzanthracen*, F. 202—203° (Essigsäure), wie III; hellgelbe Nadeln; 45%. — *9-[1-Bromnaphthyl-(2)-methyl]-phenanthren*, F. 155—157°, analog I u. Reinigen durch Chromatographie; Tafeln. — *9-[1-Carboxynaphthyl-(2)-methyl]-phenanthren*(?), $C_{26}H_{18}O_2$, F. 243—244° (Bzl. + Cyclohexan), aus 1 g vorst. Verb. analog II; Tafeln; 0,5 g. Wird in HF zersetzt. — *9-[Naphthyl-(2)-methyl]-phenanthren*, $C_{25}H_{18}$, F. 175° (A.), neben vorst. Verb. als Neutralanteil; 0,4 g. (J. chem. Soc. [London] **1958**. 3737—39. Okt. Amersham, Bucks., Radiochem. Center.) H. GOLD. 480

Yohei Hashimoto und **Isao Agata**, *Biosynthetische Untersuchungen über den Zusammenhang zwischen Steroiden und Triterpenoiden.* Übersicht, bes. über die Verwendung von radioakt. Isotopen als Indicatoren. — 48 Literaturangaben. (Kagaku-no-Ryôiki [J. Jap. Chem.] **12**. 115—22. Febr. 1958. Kyôto, Univ., Med. Fak. [Orig.: japan.]) E. MAEKAWA. 480

A. A. Petrow, N. A. Rasumowa und **M. L. Genussow**, *Untersuchungen auf dem Gebiet konjugierter Systeme.* 90. Mitt. *Anlagerung von 2-Chlorpenten-(3) an Divinyl.* (89. vgl. C. **1959**. 13755.) Bei der Rk. von Divinyl mit 2-Chlorpenten-(3) in Methylenchlorid in Ggw. von $SnCl_2$ entstehen neben *höheren Telomeren 3-Chlor-5-methyloctadien-(1.6)* (I) u. *1-Chlor-5-methyloctadien-(2.6)* (II) in etwa gleichem Verhältnis. Daneben wird wenig *1-Methyl-2-[α-chloräthyl]-cyclohexen-(4)* (III) gebildet. II u. III werden nicht in reiner Form isoliert. III entsteht vermutlich durch Cyclisierung u. Hydrierung von II. I liefert bei der Ozonolyse *Ameisen-* u. *Essigsäure*, bei erschöpfender Hydrierung in Ggw. von Pd/$CaCO_3$ *4-Methyloctan* (IV; nachgewiesen mit Hilfe von RAMAN- u. IR-Spektren) u. bei partieller Hydrierung unter Isomerisierung ein Gemisch von *5-Methyloctadien-(2.6)* u. dessen Hydrierungsprodukten. Die II enthaltende Fraktion gibt bei der Rk. mit Urotropin nach SOMMELET *5-Methyloctadien-(2.6)-al* u. bei der Ozonolyse *Essig-, Chloressig-* u. *Methylbernsteinsäure.* Nach der Umsetzung der II enthaltenden Fraktion mit Urotropin werden die nicht umgesetzten Anteile der Fraktion hydriert. Hierbei werden IV u. *1-Methyl-2-äthylcyclohexan* isoliert u. spektroskop. nachgewiesen.

V e r s u c h e: Zu 0,5 Mol Divinyl u. 0,5 Mol 2-Chlorpenten-(3) gibt man bei 0—10° 20%ig. $SnCl_2$-Lsg. in Methylenchlorid (2—4 ml je Mol Divinyl), unterbricht die Rk. nach Zunahme der D. des Reaktionsgemisches um 0,087 durch Zugabe von 1,5 ml Diäthylamin u. fraktioniert: *3-Chlor-5-methyloctadien-(1.6)* (I), $C_9H_{15}Cl$, Kp.$_{10}$ 58—62°; D.$^{20}_4$ 0,8977; n_D^{20} 1,4575; 23 g (Ausbeute). Bei der Hydrierung von 9,38 g I in Methanol in Ggw. von Pd/$CaCO_3$ (H_2-Aufnahme 3638 ml) erhält man 4,5 g *4-Methyloctan* [IV; Kp. 141—143°; D.$^{20}_4$ 0,7249; n_D^{20} 1,4082], durch Hydrierung von 15,7 g I in 100 ml Methanol in Ggw. von Pd/$CaCO_3$ (H_2-Aufnahme 2520 ml) 6,5 g *5-Methyloctadien-(2.6)* [C_9H_{16}, Kp.$_{753}$ 138—139°; D.$^{20}_4$ 0,7427; n_D^{20} 1,4280; nachgewiesen mit Br_2; gibt bei der Ozonolyse *Essig-* u. *Methylbernsteinsäure*, $C_5H_8O_4$, F. 109° (Bzl.)]. Neben I erhält man bei der Fraktionierung 37,2 g einer Fraktion Kp.$_{10}$ 69—72°, die zu 65% aus *1-Chlor-5-methyloctadien-(2.6)* (II), $C_9H_{15}Cl$, besteht. 10 g der Fraktion geben bei 19std. Erhitzen mit 10 g Urotropin nach SOMMELET u. Dest. der wss. Schicht mit Formalin 4 g *5-Methyloctadien-(2.6)-al*, $C_9H_{14}O$, Kp.$_{20}$ 94—95°; D.$^{20}_4$ 0,8659; n_D^{20} 1,4710 [*Semicarbazon*, $C_{10}H_{17}N_3O$, F. 149,5—150,5° (wss. A.); *2.4-Dinitrophenylhydrazon*, $C_{15}H_{18}N_4O_4$, F. 120,5 bis 121°; aus A. orangefarbene Kristalle]. Aus den nicht umgesetzten Anteilen der II enthaltenden Fraktion werden 2 g *1-Methyl-2-[α-chloräthyl]-cyclohexen-(4)* (III), Kp.$_{10}$ 69—70°; D.$^{20}_4$ 9595; n_D^{20} 1,4732, isoliert. Bei der Hydrierung von 7,25 g nicht in Rk. getretener Bestandteile der Fraktion in Ggw. von Pd/$CaCO_3$ u. Dest. der Hydrierungsprodd. mit Wasserdampf erhält man 2 g *1-Methyl-2-äthylcyclohexan*, C_9H_{18}, Kp. 152 bis 157°; D.$^{20}_4$ 0,8014; n_D^{20} 1,4380. (Журнал Общей Химии [J. allg. Chem.] **28** (**90**). 2132—38. Aug. 1958. Leningrad, Technol. Lensowjet-Inst.) W. KURTZMANN. 520

A. A. Petrow und **N. A. Rasumowa**, *Untersuchungen auf dem Gebiet konjugierter Systeme.* 91. Mitt. *Anlagerung von Prehnylchlorid an Divinyl.* (90. vgl. vorst. Ref.) Bei der Rk. von Divinyl mit Prehnylchlorid [1-Chlor-3-methylbuten-(2)] in Methylenchlorid in Ggw. von $SnCl_2$ entstehen in Abhängigkeit von dem Telomerisationsgrad (50 oder 100%) hauptsächlich *höhere Telomere* u. 35 bzw. 20% eines Gemisches von *Monoadditionsprodd.* (I). Dieses Gemisch besteht hauptsächlich aus *3-Chlor-*

7-methyloctadien-(1.6) (II), *1-Chlor-7-methyloctadien-(2.6)* (III), *Dimethylcyclohexen-(3)-ylchlormethan* (IV) u. anderen, nicht identifizierten Verbindungen. Das I-Gemisch reagiert mit Urotropin nach SOMMELET zu 7—10% unter Bldg. von *7-Methyloctadien-(2.6)-al*, das als *2.4-Dinitrophenylhydrazon* isoliert wird, u. bildet bei der Ozonolyse *Formaldehyd, Aceton, Chloressig-, Bernstein-* u. *α-Chlorglutarsäure*. Bei erschöpfender Hydrierung des I-Gemisches in Ggw. von $Pd/CaCO_3$ konnten durch Unters. der RAMAN-Spektren der gebildeten Hydrierungsprodd. hauptsächlich *2-Methyloctan* (V) u. daneben noch *3.3-Dimethylheptan* u. wenig *Isopropylcyclohexan* nachgewiesen werden. Dagegen entsteht bei der partiellen Hydrierung des I-Gemisches ein *Dien-KW-stoff*, der IR-spektroskop. Unterss. zufolge keine endständigen, sondern mittelständige Doppelbindungen (vgl. vorst. Ref.) enthält. Verss., II u. III durch fraktionierte Dest. des I-Gemisches in reiner Form zu erhalten, blieben erfolglos. IV wurde auch aus 1-Acetylcyclohexadien-(1.4) u. CH_3MgJ u. Rk. des gebildeten Dimethylcyclohexen-(3)-ylcarbinols mit PCl_3 synthetisiert u. spektroskop. untersucht.

V e r s u c h e: I-*Gemisch*, $C_9H_{15}Cl$, $Kp._{10}$ 60—80°; a) durch Zugabe von 1,5 ml 10%ig. $SnCl_2$ u. 37 ml Methylenchlorid zu 26 g Divinyl u. 50 g Prehnylchlorid, 6std. Rühren bei 8—10°, Unterbrechen der Rk. durch Zugabe von 1,5 ml Diäthylamin, Abdest. von Methylenchlorid u. nichtumgesetztem Prehnylchlorid im Vakuum bei 100 mm u. Fraktionieren der Reaktionsprodd.; 23 g (Ausbeute), daneben 45 g Rückstand, hauptsächlich *höhere Telomere*; b) analog Vorst. durch 2std. Rühren; 15 g I-Gemisch u. 21 g Rückstand. Bei der Ozonolyse des I-Gemisches werden erhalten: *Aceton* [*2.4-Dinitrophenylhydrazon*, F. 125—126°], *Chloressigsäure*, F. 61—62° (PAe.), *Bernsteinsäure*, F. 184—185° (Bzl.), *Glutarsäure*, F. 96—97° (W.) u. *Formaldehyd* [*Dinaphtholmethan*, F. 186°]. — Durch erschöpfende Hydrierung von 5,4 g I-Gemisch in Ggw. von $Pd/CaCO_3$, Dest. der Reaktionsprodd. mit Wasserdampf, Zugabe von gesätt. $CaCl_2$-Lsg. u. Dest. *2-Methyloctan* (V), C_9H_{20}, Kp. 141—143°; $D.^{20}{}_4$ 0,7235; $n_D{}^{20}$ 1,4075. — *3-Chlor-7-methyloctadien-(1.6)* (II; nicht rein isoliert), $Kp._{10}$ 64—66°; durch mehrfache fraktionierte Dest. des I-Gemisches; $D.^{20}{}_4$ 0,9244; $n_D{}^{20}$ 1,4630; gibt bei partieller Hydrierung *2-Methyloctadien-(2.6)*, Kp. 142—144°; $D.^{20}{}_4$ 0,7460; $n_D{}^{20}$ 1,4250; bei erschöpfender Hydrierung V. — Neben II werden bei der fraktionierten Dest. des I-Gemisches 4,5 g eines Gemisches aus *1-Chlor-7-methyloctadien-(2.6)* (III) u. ca. 46% II, $Kp._{10}$ 76—77°, u. 3,5 g *Dimethylcyclohexen-(3)-ylchlormethan* [IV; $Kp._{10}$ 75—76°; $D.^{20}{}_4$ 0,9951; $n_D{}^{20}$ 1,4828] erhalten. IV gibt bei der Hydrierung in Methanol in Ggw. von $Pd/CaCO_3$ u. Dest. der Reaktionsprodd. mit Wasserdampf *Isopropylcyclohexan*, C_9H_{18}, Kp. 154—156°; $D.^{20}{}_4$ 0,8108; $n_D{}^{20}$ 1,4452. — *7-Methyloctadien-(2.6)-al-2.4-dinitrophenylhydrazon*, $C_{15}H_{18}N_4O_4$, F. 95—96°; nach SOMMELET durch 4std. Erhitzen von 21 g I-Gemisch mit 20 g Urotropin in 50 ml Methylenchlorid, 2maliges Behandeln mit je 75 ml W., Abdest. der wss. Schicht u. Formalin, Extraktion des Destillats mit Ae. u. Rk. mit 2.4-Dinitrophenylhydrazin; aus A. orangerote Nadeln; 2,8 g. (Журнал Общей Химии [J. allg. Chem.] **28** (**90**). 2138—45. Aug. 1958.) W. KURTZMANN. 520

Emil H. White und **William J. Considine**, *Die Acylierung von Salzen sekundärer Nitroparaffine.* Bei —80° liefert Benzoylchlorid (I) mit dem Na- oder NH_4-Salz von 2-aci-Nitropropan (II; Propan-2-nitronsäure) instabiles *O-Benzoyl-2-acinitropropan* (III), dessen Konst. aus dem IR-Spektr. u. durch Ammonolyse bei —80° zu *Benzamid* (F. 128 bis 130°) u. zum *NH_4-Salz* von II folgt. Beim Erwärmen auf Raumtemp. lagert sich III zu *2-Nitroso-2-benzoyloxypropan* (IV) um, das bei —45° auch als *Dimeres* krist. erhalten wurde. Mit p-Nitrobenzoesäure (V) liefert III IV u. *2-Nitroso-2-[p-nitrobenzoyloxy]-propan* im Verhältnis 1:1, während IV gegenüber V stabil ist. IV konnte nicht der Ammonolyse unterworfen werden, gibt bei der Hydrolyse *Benzoesäure, Aceton* u. *N_2O* u. wurde unabhängig durch Spaltung von Acetonoxim (VI) mit Pb-Tetrabenzoat (VII) synthetisiert. Analog wurde *1-Nitroso-1-benzoyloxycyclohexan* gewonnen. Durch CrO_3-Oxydation von 1-Phenyl-2-nitro-2-methylpropanol (VIII) wurde *2-Benzoyl-2-nitropropan* erhalten.

V e r s u c h e (FF. korr.): *O-Benzoyl-2-aci-nitropropan* (III), F. —30 bis —15°, durch 24std. Rühren von Na-II mit I in absol. CH_2Cl_2 bei —80° unter N_2. — *2-Nitroso-2-benzoyloxypropan* (IV), $C_{10}H_{11}NO_3$, a) aus I mit Na-II in A.-freiem Chlf. oder mit NH_4-II in CH_2Cl_2 bei —10°; blaues Öl; 61% (Ausbeute); b) durch 45 Min. Zugeben von VI zu VII in CH_2Cl_2 bei 0°, 15 Min. Rühren u. Zugeben von W.; 69%. *Dimeres*, F. 61 bis 62,5°. — *2-Nitro-2-benzoylpropan*, $C_{10}H_{11}NO_3$, durch 2std. Rühren von VIII (F. 65 bis 67° aus Hexan) mit CrO_3/wss. Essigsäure bei 0°, 48std. Rühren bei Raumtemp., Ausäthern, Chromatographie an Silicagel u. Eluieren mit Ae.–Hexan; gelbe Fl., $n_D{}^{22}$ 1,5282; 72%. — *2-Nitroso-2-[p-nitrobenzoyloxy]-propan*, $C_{10}H_{10}N_2O_5$, F. 78,5—79,5° (Pentan; sublimiert bei 70°/0,1 mm), a) durch 3std. Rühren von p-Nitrobenzoylchlorid mit Na-II in absol. CH_2Cl_2 unter Eis–NaCl-Kühlung; blaugrüne Platten; 71%; b) aus III u. V in CH_2Cl_2 bei —80° durch Erwärmen auf Raumtemp.; 5,5%. — *1-Nitroso-1-benzoyloxycyclohexan*, $C_{13}H_{15}NO_3$, a) aus dem Na-Salz der Cyclohexannitronsäure u. I in CH_2Cl_2 in 3 Std. bei —10°; blaues Öl, das sich bei der Dest. zers., n_D^{26} 1,5250; 68%; b) aus Cyclohexanonoxim u. VII; 86%. — *α-Phenylnitroäthan*, $Kp._{0,65}$ 78—80°, durch 45std. Rühren von α-Phenyläthylbromid, Harnstoff, Phloroglucin u. $NaNO_2$ in Dimethylformamid bei Raumtemp., Gießen in Eiswasser, Extrahieren mit Pentan, Einengen u. Entfernen der Ketonfraktion; n_D^{25} 1,5202—1,5208; 21%. — *1-Benzoyloxy-1-nitroso-1-phenyläthan*, aus dem Na-Salz vorst. Verb. u. I. — Die UV- u. IR-Maxima der meisten Verbb. sind angegeben. (J. Amer. chem. Soc. **80**. 626—30. 5/2. 1958. Baltimore, Md., Yale Univ. u. Johns Hopkins Univ., Dep. of Chem.) K. DOMMAIN. 560

J. Büchi, H. R. Füeg und **A. Aebi**, *Synthese und pharmakologische Wirkung von substituierten Sulfonalen.* Bei der Rk. von mol. Mengen β.β'-Dichlorsulfonal (I; 2.2-Bis-[chloräthylsulfonyl]-propan) mit Aminen in Bzl. ergaben nur die ersten Glieder Substitution zu den *Bis-[alkylamino]-sulfonalen.* Mit Dipropylamin, Di-n-butylamin bzw. Diisobutylamin entstehen schon 40, 50 bzw. 70% *„Diäthylensulfonal“* (II; *2.2-Bis-[vinylsulfonyl]-propan*) als Nebenprod., mit Diamylaminen entsteht nur II. Bei Verwendung von A. als Lösungsm. u. der doppelten Menge Amin erfolgte quantitativ Substitution. II wurde glatt aus I mit Pyridin gewonnen. Die Hydrierung von II in Ggw. von RANEY-Ni führt zu *Sulfonal*, die HCl-Addition zu I, die Addition sek. Amine zu den *Diaminosulfonalen.* Bei großer Verdünnung entstehen mit prim. Aminen *cycl. Aminosulfonale.* Während I mit Na-Alkoholaten nicht reagierte, wurden die *2.2-Bis-[β-alkoxyäthylsulfonyl]-propane* durch Rk. von II mit Na-Alkoholaten erhalten. Die Verseifung von I bzw. die Anlagerung von W. an II zu *β.β'-Dihydroxysulfonal* gelang nicht. Die Synth. erfolgte aus II mit $Ba(OH)_2$ bei 70—90° u. HCl-Behandlung des intermediären bas. Ba-Alkoholats. Die Verbb. sind weder spasmolyt. noch hypnot. wirksam, II zeigt eine ausgeprägte analget. Wirkung.

Versuche: *2-Chloräthylmercaptan*, aus Äthylensulfid u. HCl. — *Dichlormercaptol*, aus vorst. Verb. mit Aceton u. HCl <20°. — *β.β'-Dichlorsulfonal* (I), F. 69,5—70,5° (Ae.–PAe.) bzw. 77—78° (96%ig. A.), durch 2std. Rühren vorst. Verb. in Bzl. mit wss. $KMnO_4/H_2SO_4$ bei 25—30°; 81% (Ausbeute). — *2.2-Bis-[vinylsulfonyl]-propan* (II), *¼-Hydrat*, $C_7H_{12}O_4S_2 \cdot 1/4\ H_2O$, F. 123° (A.), durch Rk. von I mit Pyridin bei 80° in Ggw. von W. u. Verdünnen mit W. u. Na_2CO_3; 93%. — Sulfonale: *β.β'-Bis-[phthalimid]-*, $C_{23}H_{22}N_2O_8S_2$, Doppel-F. 218—219° u. 235° (Dioxan/Ae.), durch 2std. Erhitzen von I u. Phthalimid-K in Dimethylformamid auf 100—120° unter Rückfluß; 57%. — *β.β'-Diamino-*, F. 84—85° (PAe.–A.), durch 24std. Erhitzen vorst. Verb. mit 36%ig. HCl auf 150—160° im Rohr, Alkalisieren u. Ausäthern; 60%. *Dihydrochlorid*, F. 233—234° (A.). — *β.β'-Bis-[dimethylamino]-*, F. 73° (PAe.), durch Zugeben von $(CH_3)_2NH$ zu I in Ae./A. (1:2) bei —15°, Stehen über Nacht, Einengen bei 60°, 1std. Erwärmen mit 2n NaOH im Vakuum auf 50° u. Verteilen zwischen 2n HCl u. Chlf.; 82%. *Dihydrochlorid*, $C_{11}H_{28}Cl_2N_2O_4S_2$, F. 213—214°. — *β.β'-Bis-[diäthylamino]-*, F. 0°, a) aus I; 81%; b) aus II; 95%. *Dihydrochlorid*, F. 192—194°. — *β.β'-Bis-[n-propylamino]-*, aus I; 55% (daneben 40% II); Öl. *Dihydrochlorid*, F. 177—178°. — *β.β'-Bis-[isopropylamino]-*, aus I oder II nur Spuren neben 80% II. — *β.β'-Bis-[n-butylamino]-*, a) aus I; 43% (daneben 48% II); Öl; b) aus II; 92%. *Dihydrochlorid*, F. 159—161°. — *β.β'-Bis-[isobutylamino]-*, F. 69—70°, aus I; 31% (daneben 66% II). *Dihydrochlorid*, F. 177—179°. — *β.β'-Bis-[sek.-butylamino]-*, aus I oder II nur in Spuren neben 92% II. — *β.β'-Bis-[isoamylamino]-*, aus II; Öl; 90%. *Dihydrochlorid*, F. 118—119°. — *β.β'-Dipyrrolidino-*, F. 93—93,5°, a) aus I; 93%; b) aus II; 92%. *Dihydrochlorid*, F. 212—214°. — *β.β'-Dipiperidino-*, F. 74—76°, aus I; 94%. *Dihydrochlorid*, F. 212—214°. — *β.β'-Bis-[2-methylpiperidino]-*, nur in Spuren. — *β.β'-Dimorpholino-*, F. 186°, aus I; 67% (daneben 20% II). *Dihydrochlorid*, F. 213—214°. — *β.β'-Dihydroxy-*, $C_7H_{16}O_6S_2$, F. 70—72° (Chlf.), durch 30 Min. Erwärmen von II mit wss. $Ba(OH)_2$ auf 60—80°, Neutralisieren mit 2n HCl, Einengen u. Extrahieren mit Chlf.; 86%. — *β.β'-Dimethoxy-*, $C_9H_{20}O_6S_2$, F. 81—82° (CH_3OH), durch 48std. Stehen von II mit $NaOCH_3/CH_3OH$; 97%. — *cycl.-Butylaminosulfonal* (*1-[n-Butyl]-5.5-dimethyl-1-aza-4.6-dithiacyclooctan-4.4.6.6-tetroxyd*), durch 24std. Schütteln von II mit n-Butylamin in viel Bzl. bei Raumtemp., Extrahieren mit 2n HCl, Alkalisieren u. Ausäthern; Öl; 42%. *Hydrochlorid*, $C_{11}H_{24}ClNO_4S_2$, F. 142 bis 144°. (Helv. chim. Acta **42**. 1368—74. 15/6. 1959. Zürich, ETH, Pharmazeut. Inst., Pharmazeut.-chem. Abt.) R. PASEDAG. 600

Bo Hallgren, *Quasi-racemische Verbindungen zwischen optisch-aktiven Stellungsisomeren von methylsubstituierten Octadecansäuren.* Es wurden 2 neue quasiracem. Verbb. (vgl. FREDGA [1944]) gefunden. Ein äquimol. Gemisch aus (+)-*9-D-Methyloctadecansäure*

u. (+)-*10-L-Methyloctadecansäure* schmilzt bei 18,6—18,7°, aus (+)-*9-D-Methyloctadecansäure* u. (—)-*10-D-Methyloctadecansäure* schm. bei 5°. (Acta chem. scand. **9**. 1040. 1955.)
W. Liebscher. 810

S. Masuyama, *Untersuchungen über höhere Alkohole der Fettreihe.* 10. Mitt. *Über Acrylsäure- und Methacrylsäureester der ungesättigten höheren Alkohole der Fettreihe.* (9. vgl. J. agric. chem. Soc. Japan, Trans. **28**. [1954.] 432.) Mit konz. H_2SO_4 (**III**) als Katalysator werden verschied., durch Red. bei n. Druck gewonnene *ungesätt. Alkohole* mit Acrylsäureäthylester (**X**) bzw. Methacrylsäuremethylester (**XI**) umgeestert. Die entstehenden *Ester* sind in Bzl. mit Benzoylperoxyd als Katalysator polymerisierbar u. geben schnelltrocknende, wasser- u. alkaliresistente Firnisse.

Versuche: *Alkohol* I *vom Kp.*$_{3,0}$ *145—178°*, JZ. 113,6, aus Oleum gossypii durch Red. mit Na in Äthylenglykolmonoäthylenäther u. Vakuumdest. unter CO_2. *Acroylderiv.*, Kp.$_{3,0}$ 170—195°, VZ. 147, JZ. 124,4, aus 26 g **I**, 30 g **X**, 0,5 g Hydrochinon (**II**) u. 0,09 g konz. H_2SO_4 (**III**); 22,0 g (Ausbeute). — *Alkohol* **IV** *vom Kp.*$_{3,5}$ *160—179°*, JZ. 141, aus Mohnöl analog **I**. *Acroylderiv.*, Kp.$_{0,5}$ 190—204°, VZ. 165,5, JZ. 150,5, aus 26 g **IV**, 30 g **X**; 0,7 g **II** u. 0,09 g **III**; 20,0 g. *Methacroylderiv*, Kp.$_{3,0}$ 175—195°, VZ. 161,5, JZ. 134 0, aus 53,2 g **IV**, 60,0 g **XI**; 0,8 g **II** u. 0,18 g **III**; 49,0 g. — *Alkohol* **V** *vom Kp.*$_{4,0}$ *160—187°*, JZ. 181,5, aus Leinöl. *Acroylderiv.*, Kp.$_{2,0}$ 175—190°, VZ. 157,0, JZ. 175,0, aus 20 g **V** 24 g **X**, 0,5 g **II** u. 0,09 g **III**; 18,0 g. — *Linolalkohol* (**VI**), Kp.$_{5,5}$ 167—168°, JZ. 189,0, aus **IV** durch die Harnstoffmethode. *Acroylderiv.*, Kp.$_{2,5}$ 190—192°, VZ. 168,5, JZ. 192,0, aus 15,6 g **VI**, 18,0 g **X**, 0,4 g **II** u. 0,05 g **III**; 14,5 g. — *Alkohol* **VII** *vom Kp.*$_{2,5}$ *160—180°*, JZ. 172,0, aus Sojaöl nach der Harnstoffmethode. *Acroylderiv.*, Kp.$_{2,0}$ 165—171°, VZ. 136,5, JZ. 165,0, aus 39,0 g **VII**, 45 g **X**; 0,75 g **II** u. 0,13 g **III**; 18,0 g. *Methacroylderiv.*, Kp.$_{3,0}$ 175—195°, VZ. 151,8, JZ. 123,2, aus 26,0 g **VII**, 30 g **XI**, 0,4 g **II** u. 0,09 g **III**; 24,0. — *Alkohol* **VIII** *vom Kp.*$_{3,5}$ *173—174°*, JZ. 144,0, aus Sojaöl durch Vakuumdestillation. *Acroylderiv.*, Kp.$_{2,0}$ 175—190°, VZ. 144,3, JZ. 131,8, aus 25,0 g **VIII**, 30 g **X**; 0,5 g **II** u. 0,09 g **III**; 22,5 g. *Methacroylderiv.*, Kp.$_{3,0}$ 175—190°, VZ. 115,8, JZ. 129,5, aus 26,6 g **VIII**, 30 g **XI**, 0,4 g **II** u. 0,09 g **III**; 24,0 g. — *Alkohol* **IX** *vom Kp.*$_{3,5}$ *150—182°*, JZ. 101,0, durch 1 std. Erhitzen von red. Alkohol aus Sojaöl in Diäthylenglykol mit NaOH auf 190°. *Acroylderiv.*, Kp.$_{2,0}$ 170—185°, VZ. 142,8, JZ. 85,8, aus 25 g **IX**, 30 g **X**; 0,5 g **II** u. 0,09 g **III**; 17,0 g. *Methacroylderiv.*, Kp.$_{2,5}$ 175—190°, VZ. 150,0, JZ. 101,5, aus 26,6 g **IX**, 30,0 g **XI**, 0,4 g **II** u. 0,09 g **III**; 25,0 g. (J. agric. chem. Soc. Japan [Nippon Nôgeikagaku Kaishi] **30**. 290—92. 15/5. 1956. Ōsaka Shiritsu Kōgyō-Kenkyusho. [Orig.: japan.])
F. Mossner. 810

Karl Ernst Schulte und **Kurt Philipp Reiss**, *Zur Kenntnis der Acetylencarbonsäuren.* 4. Mitt. *Lactonbildung durch Decarboxylierung propargylsubstituierter Malonsäuren.* (3. vgl. C. **1956**. 9417; 7. vgl. C. **1959**. 6763.) Die Decarboxylierung von Mono- (**I**) u. Dipropargylmalonsäure (**II**) verläuft in N_2-Atmosphäre bei 160—180° unter fast quantitativer Bldg. von *Pentin-(4)-säure* bzw. *Dipropargylessigsäure* (F. 47°, Kp.$_{11}$ 125 bis 127°). Bei 250° erhält man dagegen aus **I** vorwiegend *α-Angelicalacton* (*Anisalderiv.*, F. 99,5—100°) u. analog aus **II** bei 210° wahrscheinlich *α-Propargyl-α-angelicalacton* (**III**; Kp.$_7$ 86—91°, n_D^{25} 1,476). In Ggw. von Zn-Verbb. decarboxyliert **II** schon bei gelindem Erwärmen explosionsartig. Diese Rk. ergibt bei vorsichtiger Steuerung etwa je 30% an **III** u. einem *Dilacton* [F. 108 bis 109° (A.), Kp.$_7$ 135—139°], dem wahrscheinlich die spirocycl. Struktur **IV** zukommt. (Angew. Chem. **67**. 516—17. 7/9. 1955. Berlin, FU, Pharmazeut. Inst., Technolog. Abteilung.)

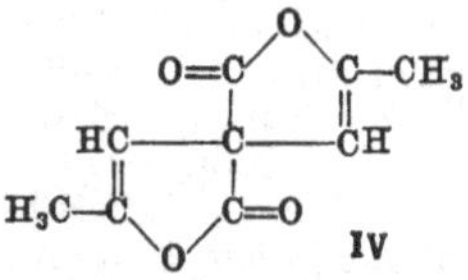

IV

H. Pracejus. 850

Rudolf Griot, *Über die α-Hydroxyadipinsäure.* Vf. stellt auf mehreren voneinander unabhängigen Wegen *α-Hydroxyadipinsäure* (**VI**) dar u. führt durch Abbau-Rkk. u. Red. zu *Hexantriol-(1.2.6)* den Strukturbeweis, der durch das IR-Spektr. bestätigt wird. Statt des in der Literatur angegebenen F. 151° wird als F. 102—103° gefunden. Der R_F-Wert von **VI** auf Whatman Nr. 1 mit der organ. Phase des Gemisches von 4 Teilen Essigester, 1 Teil Eisessig u. 5 Teilen W. wird mit 0,5 angegeben.

Versuche: *Adipinsäuremonoäthylester*, $C_8H_{14}O_4$, Kp.$_1$ 151—154°, nach Org. Syntheses Coll. Vol. **II**. 277; n_D^{20} 1,4395; 65% (Ausbeute). — *α-Bromadipinsäurediäthylester*, $C_{10}H_{17}BrO_4$, Kp.$_5$ 135°, nach Schwenk u. Papa (J. Amer. chem. Soc. **70**. [1948.] 3626); n_D^{20} 1,4605; 82%. *Freie Säure* (**II**), $C_6H_9BrO_4$, F. 126—127° (absol. A.), durch Verseifen mit HBr in der Siedehitze. — *α-Acetoxyadipinsäurediäthylester* (**I**), $C_{12}H_{20}O_6$, Kp.$_5$ 132—133°, aus vorst. Ester u. K-Acetat nach Staudinger u. Ruzicka [1924]; n_D^{20} 1,4370. — *α-Phthalimidoadipinsäurediäthylester* (**III**), $C_{18}H_{21}NO_6$, F. 52,5—53,5° (95% ig. A.), Kp.$_{0,25}$ 180—190°, aus vorvorst. Ester u. K-Phthalimid bei 130—135° in 2 Std., dann 4½ std. Erhitzen auf 160—165° u. Extrahieren mit Benzol. — *α-Chloradipinsäuredimethylester*, $C_8H_{13}ClO_4$, Kp.$_{12}$ 145°, nach Treibs u. Holbe (C. **1953**. 9448); n_D^{20} 1,4510.

Freie Säure (IV), $C_6H_9ClO_4$, F. 98,5—99,5° (Essigester). — *α-Hydroxyadipinsäure* (VI), $C_6H_{10}O_5$, F. 102—103° (Essigester), a) durch 1 std. Kochen von I mit KOH, Ansäuern u. Ätherextraktion; b) aus II u. K_2CO_3; c) aus III u. konz. HCl bei 110° in 2½ Std. im Rohr, Verdünnen mit W., Filtrieren (→ *Phthalsäure*), Zugabe von $NaNO_2$, Ansäuern u. Ätherextraktion; d) aus IV in sd. 2n Na_2CO_3 in 2 Std.; e) durch 24 std. Stehen von Cyclohexantrion-(1.2.3)-dihydrat (V) (nach PECHERER J. Amer. chem. Soc. **70**. [1948.] 2587) in 1,5n NaOH, Versetzen mit H_2SO_4, Sättigen mit NaCl, 14 std. kontinuierliche Ätherextraktion u. Abdest. des Ae.; f) durch $NaBH_4$-Red. des Na-Salzes der α-Ketoadipinsäure (aus V) in 60 Std., Ansäuern, Sättigen mit NaCl u. Ätherextraktion; g) durch Lösen nachst. Lactons in W., Einengen u. Stehen über $CaCl_2$. VI-*δ-Lacton*, $C_6H_8O_4$, F. 76—78° (Essigester), durch Dest. von VI bei 160°/0,4 mm; hygroskop.; IR-Spektrum. — *Hexantriol-(1.2.6)*, $C_6H_{14}O_3$, Kp.$_{0,3}$ 145°, durch $LiAlH_4$-Red. vorst. Lactons bzw. von I in Tetrahydrofuran; n_D^{20} 1,477. — *Adipinsäure*, F. 150—151° (Essigester), durch Red. von VI mit 57%ig. HJ/rotem P. — *Bernsteinsäure*, F. 185° (Essigester), durch CrO_3/H_2SO_4-Oxydation von VI; daneben *Glutarsäure*. — *β-Formylpropionsäure-2.4-dinitrophenylhydrazon*, $C_{10}H_{10}N_4O_6$, F. 199—200° (A.), in geringer Menge durch Oxydation von VI mit CrO_3/Eisessig bzw. CrO_3/H_2SO_4 u. Versetzen mit 2.4-Dinitrophenylhydrazin. (Helv. chim. Acta **41**. 2236—41. 1/12. 1958. Zofingen, Siegfried AG., Forschungsabt.)

R. WISSLER. 850

S. Akabori, *Asymmetrische Synthese von Aminosäuren und das Auftreten des Urproteins.* Übersicht über asymm. Synth. u. deren Mechanismen u. Folgerungen. (Kagaku [Science] **25**. 54—58. 1955. [Orig.: japan.]) L. SCHULER. 950

A. N. Nessmejanow, R. Ch. Freidlina und **Je. Z. Tschukowskaja**, *Thermische Telomerisation von Olefinen mit Silanen, die eine Si—H-Bindung haben.* (Vgl. C. **1959**. 9524.) Bei der therm. Telomerisation von Äthylen (I) mit Triäthylsilan (II) im Autoklaven ohne Katalysator wurden *Tetraäthylsilan, Triäthylbutylsilan* u. *Hexyl-* u. *Octyltriäthylsilan* erhalten. Die Telomerisation von I mit Phenyldichlorsilan (III) ergibt *Phenyläthyl-, Phenylbutyl-* u. *Phenylhexyldichlorsilan.* Bei der Rk. von I mit Triäthoxysilan bei 300° konnten vermutlich infolge Disproportionierung keine Alkyltriäthoxysilane identifiziert werden.

Versuche: *Tetraäthylsilan*, $C_8H_{20}Si$, Kp. 153°; durch Einleiten von I in 90 g II (Kp. 108—109°; n_D^{20} 1,4115) unter N_2 u. 4 std. Erhitzen im Autoklaven auf 300—310°; $D.^{20}_4$ 0,7665; n_D^{20} 1,4246; 15 g (Ausbeute). Daneben 8 g *Triäthylbutylsilan* ($C_{10}H_{24}Si$, Kp.$_{30}$ 89—93°; $D.^{20}_4$ 0,7810; n_D^{20} 1,4360) u. 18,5 g einer *Hexyl-* u. *Octyltriäthylsilan* enthaltenden Fraktion. — Aus 35 g III mit I bei 280—300° u. 90 at (3 Std.) entstanden 43 g Prodd.; Dest. lieferte *Phenyläthyldichlorsilan*, Kp.$_7$ 84°; $D.^{20}_4$ 1,1490; n_D^{20} 1,5180; ca. 14 g; *Phenylbutyldichlorsilan*, Kp.$_3$ 90—91°; $D.^{20}_4$ 1,1181; n_D^{20} 1,5140; ca. 4,7 g u. *Phenylhexyldichlorsilan*, Kp.$_3$ 115—118°; $D.^{20}_4$ 1,0832; n_D^{20} 1,5100; 3 g. (Доклады Академии Наук СССР [Ber. Akad. Wiss. UdSSR] **115**. 734—36. 1/8. 1957. Inst. für metallorgan. Verbb. der Akad. der Wiss. der UdSSR.) O. POLLAK V. EMHOFEN. 980

A. N. Nessmejanow und **O. W. Nogina**, *Reaktion von Dialkoxytitanoxyden mit Tetraalkoxysilanen.* Di-n-Propoxytitanoxyd (I) reagiert mit 1 Mol bzw. ½ Mol Tetra-n-propoxysilan (II) unter Bldg. von [*Tri-n-propoxytitanoxy*]-*tri-n-propoxysilan* (III) bzw. *Bis*-[*tri-n-propoxytitanoxy*]-*di-n-propoxysilan* (IV). — Diisobutoxytitanoxyd (V) reagiert analog mit Tetraisobutoxysilan (VI) zu [*Triisobutoxytitanoxy*]-*triisobutoxysilan* u. einer Verb. unbekannter Struktur. — Bei der Rk. von Diäthoxytitanoxyd mit Tetraäthoxytitan bzw. von I mit Tetra-n-propoxytitan wurden 2 Verbb. erhalten, bei denen es sich nach der Analyse wahrscheinlich um *Bis*-[*triäthoxytitanoxy*]-*diäthoxytitan* bzw. [*Tri-n-propoxytitanoxy*]-*tri-n-propoxytitan* handelt. Ihre Unters. wird fortgesetzt.

Versuche: [*Tri-n-propoxytitanoxy*]-*tri-n-propoxysilan* (III), $C_{18}H_{42}O_7SiTi$, Kp.$_1$ 125—126°, Kp.$_{10^{-5}}$ 66—69°, man kocht 0,03 Mol I u. 0,03 Mol II in n-Hexan 4 Std. unter Ausschluß von Feuchtigkeit, dampft das Lösungsm. u. unverändertes II ab u. dest.; n_D^{20} 1,4647; 29% (Ausbeute). — *Bis*-[*tri-n-propoxytitanoxy*]-*di-n-propoxysilan* (IV), $C_{24}H_{56}O_{10}SiTi_2$, Kp.$_{10^{-5}}$ 78—81°, aus 0,038 Mol I u. 0,019 Mol II analog Vorst.; n_D^{20} 1,4910; 36%. — [*Triisobutoxytitanoxy*]-*triisobutoxysilan*, $C_{24}H_{54}O_7SiTi$, Kp.$_{10^{-5}}$ 75—78°, aus 0,039 Mol V u. 0,039 Mol VI; n_D^{20} 1,4610 (daneben eine *Verb.* F. 193—195°; zers. sich bei der Dest. bei 1 mm zu *Tetraisobutoxytitan*, $C_{16}H_{36}O_4Ti$, Kp.$_1$ 123—124°. (Доклады Академии Наук СССР [Ber. Akad. Wiss. UdSSR] **117**. 249—51. 11/11. 1957.)

HELMUT SCHÄFER. 980

Michael Sribney und **Eugene P. Kennedy**, *Die enzymatische Synthese von Sphingomyelin. Sphingomyelin* (I) entsteht durch Cholinphosphorylierung von N-Acetylsphingosin (II; Ceramid) mit Cytidindiphosphatcholin (III) unter der Einw. der in Kückenleber (KL) enthaltenen Phosphorylcholinceramidtransferase, wobei Cytidinmonophosphat verbleibt. Der Nachw. erfolgt mittels $^{14}C_{[Cholin_{(1.2)}]}$-III (0,8 μMol) durch Incubation

(2 Std. bei 37°) in 50 μMol Trispuffer (p_H 7,4), 20 μMol Cystein, 4 μMol $MnCl_2$, 5 mg Polyhydroxyäthylensorbitanmonolaurat (Tween-20) u. 0,25 ml der Suspension von Partikeln eines 0,25 mol. Saccharosehomogenisates aus KL. (vgl. KENNEDY u. WEISS, C. **1957**. 3844) mit 4 μMol der nachst. Verbb. unter Bldg. von I (in $^1/_{1000}$ μMol, aus dem methanol. Lipoidextrakt nach Hydrolyse in 0,4n methanol. KOH, 2 Std. bei 37°, Aufnahme in Chlf. u. Messung der ^{14}C-Aktivität): Sphingosin 2; N-Acetyldihydrosphingosin 1, N-Acetylphytosphingosin 1, II (Isomerengemisch) 85, II (aus krist. Triacetylsphingosin) 17, II (nach Behandlung mit Essigsäure–H_2SO_4) 155, N-Acetyl-DL-erythro-trans-sphingosin 4—5, N-Acetyl-DL-threo-trans-sphingosin 83—105, N-Acetyl-DL-erythro-cis-sphingosin 1, N-Acetyl-DL-threo-cis-sphingosin 1. (J. Amer. chem. Soc. **79**. 5325—26. 5/10. 1957. Chicago, Ill., Univ. of Chicago, Dep. of Biochem.)

F. J. MEYER. 980

W. R. Cullen und **H. J. Emeléus**, *Ammonolyse und Aminolyse von Trifluormethylarsenverbindungen.* Chlor-bis-[trifluormethyl]-arsin (I) reagiert mit NH_3 u. mit Aminen; die dabei gebildeten As-Verbb. $(CF_3)_2AsNH_2$ (II), $[(CF_3)_2As]_2NH$ (III), $(CF_3)_2 \cdot As \cdot NHCH_3$ (IV), $(CF_3)_2As \cdot NHC_2H_5$ (V) u. $(CF_3)_2As \cdot N(CH_3)_2$ (VI) werden charakterisiert. Tris-[trifluormethyl]-arsin (VII) reagiert ebenfalls mit NH_3 u. mit Aminen, u. zwar in der gleichen Weise wie die entsprechende Sb-Verb.; Vff. kommen zu der Ansicht, daß die Ammonolysegeschwindigkeit der Verbb. $(CF_3)_3X$ (X = P, As, Sb) in der Reihenfolge P < As < Sb zunimmt.

Versuche: *Diperfluorkakodylamin* (III), $C_4HAs_2F_{12}N$, Kp. 126,5 ± 0,5°, aus I u. trockenem NH_3 bei —64° (45 Min.) u. wiederholte fraktionierte Kondensation in Kältefallen von 0, —23 u. —64°; III kondensiert sich bei —23°. Bei der Rk. von 0,913 g I mit 0,127 g NH_3 in der Gasphase wurde verunreinigtes III (0,425 g) u. eine bei —78° kondensierbare Fraktion (0,140 g), die aus II bestand, erhalten. Wurde die Rk. mit einem Überschuß an NH_3 (1 g auf 0,312 g I) durchgeführt, so erfolgte innerhalb von 5 Tagen bei 20° quantitative Ammonolyse zu CHF_3. — *Methylamino-bis-[trifluormethyl]-arsin* (IV), $C_3H_4AsF_6N$, Kp. 84 ± 0,5°, aus I u. CH_3NH_2 in der Gasphase bei 20° u. anschließende Fraktionierung; 92% (Ausbeute); reagiert nicht mit Na bei 50°; 0,588 g zerfallen beim Erhitzen auf 120° innerhalb von 15 Std. in 0,18 g CHF_3, 0,07 g VII u. einen schwarzen Rückstand von elementarem As. — *Äthylamino-bis-[trifluormethyl]-arsin* (V), $C_4H_6AsF_6N$, Kp. 98,5 ± 0,5°, aus I u. $C_2H_5NH_2$ in der Gasphase; 78%. — *Dimethylamino-bis-[trifluormethyl]-arsin* (VI), $C_4H_6AsF_6N$, Kp. 89 ± 0,5°, aus I u. $(CH_3)_2NH$ in der Gasphase; 80%. VI reagiert mit O_2 bei 20° nicht, mit HCl erfolgt bei Raumtemp. sofortige Rk. zu I u. $(CH_3)_2NH \cdot HCl$, beim Erhitzen im CARIUS-Rohr ist VI bis 250° beständig, bei 250 bis 280° erfolgt Zers. in CHF_3 u. einen schwarzen Rückstand, der elementares As enthält. VI wird durch W. zu CHF_3, $(CH_3)_2NH$ u. As_2O_3 hydrolysiert. — *Amino-bis-[trifluormethyl]-arsin* (II), $C_2H_2AsF_6N$, Kp. 89 ± 1°, aus 0,566 g VII u. 0,15 g NH_3 bei —64°; 0,2 g (neben 0,063 g CHF_3). Bei der Rk. von 1,584 g VII mit ca. 1 g NH_3 im CARIUS-Rohr sind nach einer Woche 92% der CF_3-Gruppen in CHF_3 übergeführt, bei Anwendung von 2 g NH_3 erfolgt 97%ig. Ammonolyse. 3,029 g VII reagieren mit 0,293 g NH_3 bei 20° in 2 Tagen unter Bldg. von 0,33 g CHF_3, 0,34 g III u. 0,228 g II. 6,13 g VII reagierten mit 0,17 g NH_3 innerhalb von 4 Tagen nicht bei —78°, bei 20° wurden innerhalb von 7 Tagen 0,047 g CHF_3 gebildet, 0,161 g NH_3 wurden zurückerhalten. — Bei der Aminolyse von VII (0,67 g) mit CH_3NH_2 (0,24 g) bildete sich in 7 Tagen bei 20° 0,2 g CHF_3, bei der Rk. mit einem großen Überschuß an $C_2H_5NH_2$ im CARIUS-Rohr wurden in 1 Woche 40% der CF_3-Gruppen in CHF_3 übergeführt, daneben bildeten sich 2 feste Phasen u. vermutlich *Äthyltrifluormethylamin.* VII reagiert innerhalb von 14 Tagen mit Anilin nicht. — 0,521 g *Dichlortrifluormethylarsin* reagieren mit 0,169 g NH_3 im CARIUS-Rohr in 8 Tagen bei 20° unter Bldg. von 0,113 g CHF_3 (66% Solvolyse); mit einem großen NH_3-Überschuß werden in 4 Tagen bei 20° 90% der CF_3-Gruppen als CHF_3 freigesetzt. — 0,424 g Tris-[trifluormethyl]-stibin (VIII) reagieren mit 1 g NH_3 in einem CARIUS-Rohr in 24 Std. unter 98%ig. Solvolyse zu CHF_3 u. einem gelben Körper, vermutlich SbN. 1,137 g VIII reagieren bei 20° in 28 Tagen mit 4 g $(CH_3)_2NH$ unter Bldg. von 0,663 g CHF_3. — Tris-[trifluormethyl]-phosphin (0,229 g) bildet mit 1 g NH_3 bei 20° in 48 Std. 0,074 g CHF_3 (37%ig. Ammonolyse), eine feste Phase bildet sich bei der Rk. nicht. — Tetrakis-[trifluormethyl]-diarsin (0,244 g) reagiert mit 1,5 g NH_3 bei niederen Tempp. unter Bldg. einer grünen Lsg. u. eines weißen Nd., der allmählich braun wird, die Farbe der Lsg. verblaßt allmählich, nach 28 Tagen bei 20° waren 89% der CF_3-Gruppen als CHF_3 vorhanden, ein Fluorid bildet sich bei der Rk. nicht. — Chlordimethylarsin (IX) (0,551 g) reagiert mit 0,5 g NH_3 bei —46° unter Bldg. von festen Prodd., die unlösl. sind in Bzl. u. Ae.; Verss., durch Fraktionierung unumgesetztes IX zurückzuerhalten, mißlangen. IX reagiert mit $(CH_3)_2NH$ unter Bldg. einer Substanz, die sich bei —64° kondensieren läßt, sie besitzt ein IR-Spektr., das mit der Struktur *Dimethylaminodimethylarsin* vereinbar ist. Die Substanz wurde durch Hahnfett zersetzt. — Für die Verbb. II—VI sind Dampfdruckgleichungen, Verdampfungswärmen, TROUTONsche Konstanten u. IR-Banden angegeben. (J. chem. Soc. [London] **1959**. 372—75. Jan. Cambridge, Univ., Chem. Labor.) L. SCHWIEGK. 980

Tatuo Katumura, *Darstellung von Chlornitrophenolen.* Der Rückstand der Extraktion von γ-Benzolhexachlorid (BHC) aus dem Rohprod. gibt beim Kochen mit wss. NaOH *1.2.4-Trichlorbenzol,* das durch Mischsäure zu *2.4.5-Trichlornitrobenzol* (I; F. 57°) nitriert wird. 800 g I werden 20 Std. mit wss. NaOH gekocht; das Filtrat gibt beim Ansäuern mit HCl 230 g *4-Chlor-6-nitroresorcin* (II)-*Monohydrat,* $C_6H_4ClNO_4 \cdot H_2O$, F. 86—87°, gelbe Prismen aus W., das beim azeotrop. Entwässern mit Bzl. II, $C_6H_4Cl \cdot NO_4$, F. 116,5°, gelbe Nadeln aus Ligroin, liefert; aus dem wss. Auszug des unlösl. Rückstandes werden durch Ansäuern mit HCl 350 g gelbe Kristalle erhalten, von denen 50 g beim Umkristallisieren aus Ligroin 29 g *2.5-Dichlor-4-nitrophenol* (III), F. 116,5—117°, Nadeln, u. aus wss. Methanol 14 g *3.4-Dichlor-6-nitrophenol* (IV), F. 66,5—67,5°, gelbe Platten, geben. III u. IV geben in wss. NaOH mit CH_3J *2.5-Dichlor-4-nitro-*, F. 98—99°, bzw. *3.4-Dichlor-6-nitroanisol,* F. 86—86,5°. II wird aus III oder aus IV durch 10std. Kochen mit wss. NaOH hergestellt u. gibt mit CH_3J *4-Chlor-6-nitroresorcindimethyläther* (V), F. 125—125,5°. Mit NaOH in wss. Methanol u. CH_3J gibt I *6-Chlor-4-nitroresorcinmethyläther-(1),* $C_7H_6ClNO_4$, F. 94—95°, gelbe Nadeln aus A., *4-Chlor-6-nitroresorcinmethyläther-(1),* $C_7H_6ClNO_4$, F. 150—151°, gelbe Nadeln aus Bzl., daneben V. Behandeln von I mit NaOH in wss. tert.-Butylalkohol gibt II, III u. IV. II unterdrückt das Wachstum von *Penicillium glaucum, E. coli* u. *B. subtilis.* (J. chem. Soc. Japan, pure Chem. Sect. [Nippon Kagaku Zassi] **79**. 1323—27. Nov. 1958. Osaka, Nitro-Kasei. [Orig.: japan.]) E. MAEKAWA. 1060

Ryuzaburo Nozu, Taichiro Osaka, Hisao Kitano und **Kenichi Fukui,** *Untersuchungen über aromatische Fluorverbindungen.* 1. Mitt. *Darstellung von p-Fluorbenzolsulfonsäure und verwandten Verbindungen.* Vff. stellen eine Reihe von halogenierten Diphenylsulfonen u. Benzolsulfonamiden dar.

Versuche: p-Fluorbenzol-*Verbb.*: *-sulfonsäure, Na-Salz,* durch 3std. Behandeln von Fluorbenzol (I) mit Oleum unter Eiskühlung u. anschließendes 1std. Erwärmen auf 60°; 95% (Ausbeute). — *-sulfochlorid* (II), F. 36° (Bzl.), $Kp._9$ 106—107°, a) aus vorst. Verb. u. PCl_5 in 30 Min. bei 40°; 96%; b) durch 1std. Rühren von Chlorsulfonsäure (III) u. I bei —5° u. 2std. Stehen; 95%. — *-sulfinsäuredihydrat, Na-Salz,* durch 5std. Erwärmen von II mit wss. Na_2SO_3-Lsg. auf 80°; 80%. Gibt nach HANN (J. Amer. chem. Soc. **57**. [1935.] 2166) *p-Fluorphenylphenacylsulfon* (F. 151°) bzw. *p-Fluorphenyl-p'-nitrobenzylsulfon* (F. 185°). — Phenylsulfone: *p-Fluorphenyl-* (IV), F. 113°, aus II u. Bzl. nach LICHTENBERGER u. THERMET (Bull. Soc. chim. France, Mém. [5] **18**. [1951.] 318); 90%. — *p.p'-Difluordi-* (V), F. 101° (Ligroin–Bzl.), a) analog IV; 92%; b) durch 40 Min. Rühren von III mit 60 g I bei 50—60° u. 1std. Stehen bei n. Temp.; 65 g. — *p-Fluor-p'-chlordi-*, F. 113°, analog IV; 86%. — *p-Fluor-p'-bromdi-*, F. 115°, analog; 84%. — *p-Fluorphenyl-p'-methoxy-*, F. 88—89° (A.), aus 10 g V u. K-Methylat in Methanol; 7 g. — *p-Fluorphenyl-p'-amino-*, F. 200—201° (Bzl.), aus 7,5 g V u. einer 2,5n Lsg. von NH_3 in Methanol; 5 g. — p-Fluorbenzolsulfonamide: *-methylamid* (VI), F. 78° (A.), aus 30%ig. wss. Methylaminlsg. u. II in 10 Min.; 92%. — *-dimethylamid,* F. 76°, analog VI; 90%. — *-äthylamid,* F. 59°, analog; 89%. — *-diäthylamid,* F. 42°; 86%. — *-n-propylamid,* F. 44°; 85%. — *-isopropylamid,* F. 69°; 90%. — *-n-butylamid,* F. 37°; 91%. — *-n-amylamid,* F. 31°; 87%. — *-n-hexylamid,* Öl. — *-anilid,* F. 113°, aus Anilin u. II in Ae. in 30 Min.; 94%. — *-o-toluidid,* F. 102°; analog vorst. Verb.; 92%. — *-m-toluidid,* F. 112°; 93%. — *-p-toluidid,* F. 100°; 92%. — *-methylanilid,* F. 67°; 90%. — *-äthylanilid* F. 48°; 85%. — *-α-phenyläthylamid,* F. 70°; 90%. — *-äthanolamid,* F. 98°; 86%. — *-2-äthylhexylamid,* Öl. — *-p-nitranilid,* F. 175°, aus p-Nitranilin u. II in Pyridin in 1 Std.; 84%. — *-2.4-dichloranilid,* F. 135°, analog vorst. Verb.; 86%. — *α-naphthylamid,* F. 189°; 89%. — *-pyridyl-(2)-amid,* F. 153°; 90%. — *-p-bromanilid,* F. 154°; 91%. — *-p-jodanilid,* F. 144°; 93%. — *-p-fluoranilid,* F. 101°, analog VI mit 30 Min. Kochen; 93%. — *-p-chloranilid,* F. 145°, analog vorst. Verb.; 91%. — *-m-chloranilid,* F. 85,5°; 86%. — *-p-anisidid,* F. 106°; 87%. — *-cyclohexylamid,* F. 84°; 90%. — *-piperidid,* F. 92°; 94%. — *-m orpholid,* F. 100°; 92%. (J. chem. Soc. Japan, pure Chem. Sect. [Nippon Kagaku Zassi] **76**. 775—78. Juli 1955. Kyoto, Univ. [Orig.: japan.]) L. SCHULER. 1090

Stanisław Malinowski und **Stanisław Benbenek,** *Über Reaktionen von Diazoniumsalzen mit ungesättigten aliphatischen Verbindungen.* 5. Mitt. *Reaktionen mit α.β-ungesättigten aliphatischen Aldehyden.* (4. vgl. Roczniki Chem. [Ann. Soc. chim. Polonorum] **29**. [1955.] 37.) Acrolein, α-Methylacrolein u. α-Äthylacrolein reagieren nach Art der MEERWEIN-Rk. mit

Diazoniumchlorid, wobei elektronegative Substituenten im Phenylkern die Umsetzung begünstigen. Die Struktur der entstehenden Chlorpropionaldehyde wurde durch Abspaltung von HCl mit Piperidin (nicht mit KOH, Alkoholat oder Pyridin) bewiesen. Peressigsäure oxydiert die Aldehyde zu Carbonsäuren, die auch durch Verseifung der entsprechenden Nitrile (aus Diazoniumsalz u. Acrylonitril) erhalten werden können.

Versuche: Durch Zugabe einer aceton. Lsg. des Acroleins zur wss. Lsg. des Diazoniumsalzes in Ggw. von $CuCl_2$ wurden ölige Reaktionsprodd. erhalten, die nach 24 std. Stehen durch Vakuumdest. gereinigt wurden: *3-Phenyl-2-chlorpropionaldehyd*, C_9H_9ClO, $Kp._2$ 79—80°; 10% (Ausbeute). — *3-[p-Chlorphenyl]-2-chlorpropionaldehyd* (I), $C_9H_8Cl_2O$, $Kp._7$ 136—137°; 37,7%. — *3-[m-Chlorphenyl]-2-chlorpropionaldehyd*, $C_9H_8Cl_2O$, $Kp._3$ 106—107°; 26,7%. — *3-[p-Nitrophenyl]-2-chlorpropionaldehyd*, $C_9H_8ClNO_3$, $Kp._3$ 103—104°; 11%. — *3-[p-Chlorphenyl]-2-chlor-2-methylpropionaldehyd*, $C_{10}H_{10}Cl_2O$, $Kp._3$ 113,5—114°; 42,7%. — *3-[p-Chlorphenyl]-2-chlor-2-äthylpropionaldehyd*, $C_{11}H_{12}Cl_2O$, $Kp._2$ 119—120°; 32,6%. — *p-Chlorzimtaldehyd*, C_9H_7ClO, F. 61—62°, aus I u. Piperidin nach 20 std. Kochen am Rückfluß u. anschließende Wasserdampfdest.; Kristalle aus Methanol u. Ae.; 34%. — *3-[p-Chlorphenyl]-2-chlorpropionsäure*, $C_9H_8Cl_2O_2$, F. 98,5 bis 99,5°, durch Oxydation von I mit Peressigsäure in Essigsäure bei gewöhnlicher Temp.; 52%, oder durch 20 std. Kochen von nachst. II mit 15% ig. HCl u. Eisessig; 39%. — *3-[p-Chlorphenyl]-2-chlorpropionsäurenitril* (II), $C_9H_7Cl_2N$, $Kp._1$ 162°, aus diazotiertem p-Chloranilin u. Acrylonitril in Ggw. von $CuCl_2$; 53%. (Roczniki Chem. [Ann. Soc. chim. Polonorum] **30**. 1121—27. 1956.) F. URBAN. 1120

M. S. Kharasch und **George Sosnovsky**, *Die Reaktionen von tert.-Butylperbenzoat und Olefinen. Eine stereospezifische Reaktion.* Perbenzoesäure-tert.-butylester (I) liefert in stereospezif. Rk. mit Olefinen in Ggw. von Salzen der Übergangsmetalle (Cu^{I}-Halogenide, Cu^{II}- oder Co^{II}-2-Äthylhexoat) α-substituierte *Benzoesäureallylester*. Die Rkk. von I mit Cyclohexen (II) in Ggw. von CuBr bei 80° führt nur zu 70% *Benzoesäurecyclohexen-(1)-yl-(3)-ester*, $C_{13}H_{14}O_2$, mit Octen-(1) (III) entsteht nur *Benzoesäureocten-(1)-yl-(3)-ester*, $C_{15}H_{20}O_2$, u. mit Hexen-(1) *Benzoesäurehexen-(1)-yl-(3)-ester*, $C_{13}H_{16}O_2$. Unter vergleichbaren Bedingungen führt die Rk. zwischen II u. Benzolyperoxyd (IV) zu einem durch Ozonolyse untersuchten 35:65-Gemisch von *Benzoesäurecyclohexylester*, $C_{13}H_{16}O_2$ u. *Benzoesäurecyclohexenylestern*, $C_{13}H_{14}O_2$. III reagiert mit IV zu substituierten *Benzoesäureallylestern* u. anderen Produkten. (J. Amer. chem. Soc. **80**. 756. 5/2. 1958. Chicago, Ill., Univ. of Chicago, Inst. of Org. Chem.) G. MARQUARDT. 1210

Teiichi Kanazawa, Eturo Owada, Makoto Yoshida und **Tetsuo Sato**, *Untersuchungen über Amidoximabkömmlinge.* 1. Mitt. *Alkylierung von 3.4-Dimethylbenzamidoxim. 3.4-Dimethylbenzamidoxim* (I), $C_9H_{12}N_2O$, F. 150,5—151° (A.), a) aus 3.4-Dimethylbenzamidinhydrochlorid u. Hydroxylaminhydrochlorid (II) in verd. NaOH durch Stehen über Nacht u. Neutralisieren; 96% (Ausbeute); b) durch 5 std. Erwärmen von 3.4-Dimethylbenzonitril (III) mit II in 95% ig. Methanol in Ggw. von Na_2CO_3 auf 40—50° u. anschließendes 6 std. Kochen; 86%. Bleibt bei 1 std. Kochen mit 5% ig. NaOH fast unverändert. *Na-Salz* (IV), aus I u. Na-Äthylat in A.-Benzol. — 3.4-Dimethylbenzamidoxime: *O-Methyl-* (V), F. 88° (verd. A.), durch 20 Min. Erwärmen von Methyljodid u. IV in Methyläthylketon (MÄK) im Rohr auf 75° (Rk. bei 80°: in absol. Bzl. in 8 Std., in 99,8% ig. wss. Bzl. in $3^1/_2$ Std., in absol. Toluol in 2 Std. in absol. MÄK in 20 Min.). — *O-Äthyl-* (VI), F. 48—48,5° (verd. A.), durch 56 Min. Erwärmen von Äthyljodid mit IV in MÄK auf 75°. — *O-n-Propyl-*, F. 56—57° (verd. A.), in 114 Min. analog VI. — *O-Isopropyl-*, F. 95—96°, in 480 Min. analog. — *3.4-Dimethylphenylharnstoff*, F. 152° (A.), durch 1 std. Kochen von 5 g I mit Äthyljodid u. $CaCO_3$ in MÄK neben VI (1,3 g); 2,6 g. — 3.4-Dimethylbenzamidoxime: *N^1-Methyl-*, $Kp._2$ 133—135°, a) aus I u. Dimethylsulfat (VII) in 20% ig. NaOH u. Methanol in 5 Min. bei 35° neben V (76%) 9,2%; b) aus I u. VII in Methanol bei 25° bei p_H 5,6—5,8 (Borsäure–NaOH; je höher der p_H-Wert, um so schneller verläuft die Rk. u. um so mehr V entsteht) neben V (11,1%); 79% (*p-Nitrobenzolsulfonat*, $C_{16}H_{19}N_3O_6S$, F. 173°; *Hydrochlorid*, $C_{10}H_{15}ClN_2O$, F. 115 bis 120°). 1 std. Hydrolyse mit 10% ig. HCl bei 80° → *3.4-Dimethylbenzoesäure* (VIII; Red. des Filtrats mit Sn u. HCl → *Methylaminhydrochlorid*, F. 215—225°). 12 std. Hydrolyse mit 5% ig. HCl bei 40° → *3.4-Dimethylbenzamid* (IX; F. 110—112°). — *N^1-Äthyl-* (X), $C_{11}H_{16}N_2O$, $Kp._{12}$ 142—145°, durch 30 Min. Kochen von I mit Diäthylsulfat in Methanol u. 20% ig. NaOH (Innentemp. 78—80°) neben VIII (F. 157—159°; 17,5%) u. VI [55%; auch analog in 2 Std. bei p_H 6,6—7 neben VIII (60%); 16%]; 0,6%; Hydrolyse von VI → III. — Alkal. Hydrolyse von 2 g X → IX (0,4 g) u. VIII (1 g). (J. chem. Soc. Japan, pure Chem. Sect. [Nippon Kagaku Zassi] **76**. 654—57. Juni 1955. Tokyo, TH. [Orig.: japan.]) L. SCHULER. 1210

• **Teiichi Kanazawa** und **Tetsuo Sato**, *Untersuchungen über Amidoximabkömmlinge.* 2. Mitt. *Reaktion von p-Acetamidobenzolsulfochlorid mit Amidoximen.* (1. vgl. vorst. Ref.)

3.4-Dimethylphenylharnstoff, $C_9H_{12}N_2O$, F. 162—163° (A.), a) durch 4std. Stehen von 5 g 3.4-Dimethylbenzamidoxim (I) mit 7,7 g p-Acetamidobenzolsulfochlorid (II) u. wasserfreiem Na_2CO_3 in Aceton neben *3.4-Dimethylphenylcyanamid* [$C_9H_{10}N_2$, F. 78° (verd. A.); 2,5 g (Ausbeute); auch aus 3.4-Dimethylanilin (III) u. Chlorcyan in absol. Ae.]; 3,7 g; b) aus 10 g des HCl-Salzes von III u. K-Isocyanat in W. in 1 Std.; 9,5 g. — N²-[p-Acetamidobenzolsulfonyl]-3.4-dimethylbenzamidoxime; *O-Methyl-*, F. 175—176°, durch 4std. Kochen von 0.3.4-Trimethylbenzamidoxim mit II u. Na_2CO_3 in Aceton; 4%. — *O-Äthyl-*, F. 189—190°, analog vorst. Verb. neben *N²-[p-Acetamidobenzolsulfonyl]-3.4-dimethylbenzamid* [IV; F. 239—240° (Methanol); 0,9%; auch analog aus N¹-Methyl-3.4-dimethylbenzamidoxim (V); 87%]; 26%. — *O-n-Propyl-*, F. 187—188°, analog neben IV (10%); 20%. — *O-Isopropyl-*, F. 178—179°, analog neben IV (4%); 25%. — *N¹-Äthyl-*, F. 190° (Methanol), analog; 59%. 1std. Erwärmen in Methanol u. 10%ig. HCl auf 50—55° → IV (16%). — *N¹-Methyl-*, $C_{18}H_{21}N_3O_4S$, F. 148° (verd. Methanol), durch 6std. Kochen von 3,6 g V mit II in absol. Aceton; 3,8 g. — *O-Acetyl-3.4-dimethylbenzamidoxim*, $C_{11}H_{14}N_2O_2$, F. 125° (A.), durch 30 Min. Kochen von 6,2 g des Na-Salzes von I mit Acetylchlorid in absol. Ae.; 6,9 g. (J. chem. Soc. Japan, pure Chem. Sect. [Nippon Kagaku Zassi] **76**. 990—93. Sept. 1955. [Orig.: japan.])

L. SCHULER. 1210

Sverre Öksne, *Synthese von o-Phthalsäurediestern des Cholins und verwandter Verbindungen.* o-Phthalsäure wurde mit 2-Dimethylaminoäthanol (I), 1-Dimethylaminopropanol-(2) (II) u. 1-Diäthylaminopropanol-(2) (III) verestert; die Diester wurden mit CH_3J u. C_2H_5J quaternisiert.

Versuche: *Phthaloylchlorid* (IV), $Kp._4$ 119—122°, aus Phthalsäureanhydrid u. $SOCl_2$. — *β-Dimethylaminoäthylphthalat*, $Kp._{0,55}$ 168—169°, durch Zutropfen von 0,04 Mol IV in Ae. zu 0,1 Mol I in Ae. unter Rühren u. Kühlen, 2std. Kochen, Stehen über Nacht, Abdest. des Ae. im Vakuum, Lösen des Rückstandes in W., Zugabe von gekühlter K_2CO_3-Lsg. u. Ätherextraktion; 59% (Ausbeute). *Bis-methojodid*, F. 230° (Zers.), durch Stehen mit CH_3J in Aceton über Nacht, Lösen des Nd. in heißem CH_3OH, Zugabe von PAe. bis zur Trübung u. Stehen über Nacht im Kühlschrank. *Bis-äthojodid*, F. 217° (Zers.), analog. — *α-Methyl-β-dimethylaminoäthylphthalat*, $Kp._{0,1}$ 132—134°, wie vorst. aus IV u. II; 52,5%. *Dipikrat*, $C_{30}H_{34}N_8O_{18}$, F. 136—146° (absol. A.), in absol. Alkohol. *Bis-methojodid*, F. 249° (Zers.). *Bis-äthojodid*, F. 222° (Zers.), durch 3std. Kochen mit C_2H_5J in Aceton. — *α-Methyl-β-diäthylaminoäthylphthalat*, $Kp._{0,05}$ 145—147°, aus IV u. III. *Dipikrat*, $C_{34}H_{42}N_8O_{18}$, F. 148—149,5° (absol. A.). *Bis-methojodid*, F. 190° (Zers.), durch 3tägiges Stehen mit CH_3J in Aceton bei 37°. *Bis-äthojodid*, F. 207° (Zers.), durch 8tägiges Stehen mit C_2H_5J in Aceton bei Raumtemperatur. (Acta chem. scand. **13**. 195—96. 1959. Lilleström, Norwegian Defence Res. Establ., Toxicol. Group.) H. BERTSCH. 1220

Tôsi Irie, Etsurô Kurosawa und **Takeyoshi Hanada,** *Reaktion von Salicylamid mit Orthoestern.* Der aus Salicylamid (I) u. Orthoameisensäuretriäthylester (II) hergestellte *Salicylylformiminoäthyläther* gibt beim Erhitzen in Xylol in Ggw. von HCl *N-Formylsalicylamid.* Aus I u. Orthoessigsäuretriäthylester (III) wird beim Erhitzen in Xylol in Ggw. von HCl *2-Methyl-4H-1.3-benzoxazinon-(4)* erhalten.

Versuche: *Salicylylformiminoäthyläther*, $C_{10}H_{11}NO_3$, F. 120—121° (Prismen aus verd. A.) aus I u. II (40std. Erhitzen unter Ausschluß von Feuchtigkeit); ν_{max} 3350, 3220, 3130 u. 1670 cm^{-1}; gibt bei kurzem Erhitzen in 2n HCl I zurück. — *N-Formylsalicylamid*, $C_8H_7NO_3$, F. 162° (Zers.), aus vorst. Verb., a) in Xylol durch 1¹/₂std. Erhitzen unter Einleiten von HCl-Gas; gib bei kurzem Kochen in 2n NaOH I; ν_{max} 3350, 3300, 1710, 1680 u. 1645^{-1}; b) durch Erhitzen oberhalb des F.; c) mit konz. HCl in der Kälte, mit konz. H_2SO_4 bei Raumtemp., durch kurzes Erhitzen in Acetanhydrid oder durch Erhitzen in Xylol mit P_2O_5. — *2-Methyl-4H-1.3-benzoxazinon-(4)*, $C_9H_7NO_2$, F. 217° (gelbe Prismen aus Bzl.), aus I u. III in Xylol unter Einleiten von HCl-Gas (5 Std. bei 150—160°); 54% (Ausbeute). — *N-Acetylsalicylamid*, $C_9H_9NO_3$, F. 147° (Platten aus verd. A.), aus I u. III (5 Std. bei 160°). (J. chem. Soc. Japan, pure Chem. Sect. [Nippon Kagaku Zassi] **79**. 1401—03. Nov. 1958. Sapporo, Hokkaidô-Univ., Naturwiss. Fak. [Orig.: japan.]) E. MAEKAWA. 1250

L. Ch. Winograd und **N. Ss. Wulfsson,** *Nitrobenzaldehyde in der Reformatski-Reaktion.* Unter Anwendung der von SIEGEL u. KECKEIS (Mh. Chem. **84**. [1953.] 910) für Chinole gefundenen Abwandlung der REFORMATSKI-Rk. erhielten Vff. aus o-, m- u. p-Nitrobenzaldehyd u. Bromessigester die entsprechenden *β-Hydroxy-β-[nitrophenyl]-propionsäureäthylester.* Damit wird die Vermutung erhärtet, daß bei n. Führung der REFORMATSKI-Rk. die Nitrogruppe der Carbonylverb. die Ausbldg. des intermediären zinkorgan. Komplexes verhindert.

Versuche: β-Hydroxypropionsäureäthylester: *β-[o-Nitrophenyl]-*, $Kp._5$ 170—175°, zu 8 g Zn in 100 ml Ae. fügt man 5 Tropfen einer äther.

CH_3MgJ-Lsg. u. 10 g Bromessigester u. erhitzt 2—2½ Std. zum Sieden; man dekantiert vom ungelösten Zn auf 4,5 g o-Nitrobenzaldehyd ab, kocht 1 Std., rührt die erkaltete Lsg. 1½ Std. mit 50 ml 10%ig. Essigsäure, schüttelt die äther. Schicht ½ Std. mit $NaHSO_3$-Lsg., dampft die äther. Schicht ein u. fraktioniert; 41,9% (Ausbeute). — *β-Hydroxy-β-[o-nitrophenyl]-propionamid*, F. 197° (A.). — *β-[m-Nitrophenyl]-*, $Kp._{2,5}$ 179 bis 182°, F. 58° (A.); 48,9%. — *β-[p-Nitrophenyl]-*, $Kp._3$ 184—186°, F. 46,5—47° (Ae.); 50,3%. (Доклады Академии Наук СССР [Ber. Akad. Wiss. UdSSR] **123.** 97—98. 1/11. 1958. Wiss. Woroschilow-Inst. für organ. Zwischenprodd. u. Farbstoffe.)

H. KÜHNE. 1250

Emilio Testa, Luigi Fontanella, Gianfranco Christiani und **Franco Fava,** *Auf das Zentralnervensystem wirkende Substanzen.* 8. Mitt. *Darstellung α.α-disubstituierter β-Lactone: Eine neue Synthese von α-substituierten Tropasäuren.* (7. vgl. Liebigs Ann. Chem. **616.** [1958.] 148.) Eine neue Synth. von *α-substituierten Tropasäuren* wird beschrieben. α-substituierte α-Phenyl-β-aminopropionsäuren werden durch Diazotierung in die entsprechenden *α.α-disubstituierten Lactone* übergeführt, die im Gegensatz zu unsubstituierten β-Lactonen außerordentlich stabil sind. Alkal. Hydrolyse führt glatt zu den entsprechenden *Tropasäuren,* die mit $LiAlH_4$ in *1.3-Diole* übergeführt werden können.

V e r s u c h e : α - P h e n y l - β - a m i n o p r o p i o n s ä u r e n , aus den Äthylestern durch Kochen mit konz. HCl, Einengen im Vakuum, Aufnehmen in W. u. Einstellen mit NaOH auf p_H 6: *α-[n-Propyl]-*, $C_{12}H_{17}NO_2$, F. 242—244°. — *α-Isopropyl-*, $C_{12}H_{17}NO_2$, F. 290—295° (W.). — α - P h e n y l - β - p r o p i o l a c t o n e , aus den entsprechenden α-substituierten α-Phenyl-β-aminopropionsäuren durch Diazotieren mit einer wss. Lsg. von $NaNO_2$ in verd. Essigsäure bei 0—5° u. Extraktion mit Ae.: *α-Methyl-* (I), $C_{10}H_{10}O_2$, $Kp._{0,6}$ 91°; 56% (Ausbeute). — *α-Äthyl-*, $C_{11}H_{12}O_2$, $Kp._{0,8}$ 105°. — *α-[n-Butyl]-*, $C_{13}H_{16}O_2$, $Kp._1$ 118—120°; 65%. — *α-Benzyl-*, $C_{16}H_{14}O_2$, F. 124—125° (Ligroin); 55%. — *α-Phenyl-*, $C_{15}H_{12}O_2$, F. 94—96° (Ligroin); 15% [neben *α-Hydroxy-α.β-diphenylpropionsäure*, $C_{15}H_{14}O_3$, F. 170—172° (Bzl./PAe.)]. — *α-[n-Propyl]-*, $C_{12}H_{14}O_2$, $Kp._{0,5}$ 100 bis 110°; 78%. — *α-Isopropyl-*, $C_{12}H_{14}O_2$, $Kp._{0,6}$ 95—105°; 35%. — T r o p a s ä u r e n , durch Erwärmen vorst. Lactone mit 5%ig. NaOH auf 100°, Ansäuern mit 20%ig. CH_3COOH u. Extraktion mit Ae.: *α-Methyl-* (II), $C_{10}H_{12}O_3$, F. 87—88° (Bzl./PAe.); 95%. — *α-Äthyl-*, $C_{11}H_{14}O_3$, F. 96—98° (Bzl./PAe.); 94,5%. — *α-[n-Butyl]-*, $C_{13}H_{18}O_3$, F. 76—78° (Bzl./PAe.); 87%. — *α-Benzyl-*, $C_{16}H_{16}O_3$, F. 191—193° (A.); 65%. — *α-Phenyl-*, $C_{15}H_{14}O_3$, F. 156—157° (Ae.); 80%. — *α-[n-Propyl]-*, $C_{12}H_{16}O_3$, F. 104—107° (Bzl./PAe.); 88%. — *α-Isopropyl-*, $C_{12}H_{16}O_3$, F. 138—140° (Bzl.); 85%. — *α-Benzylmilchsäure*, $C_{10}H_{12}O_3$, F. 96—97° (Bzl./PAe. u. Ligroin), a) als Nebenprod. bei der Darst. von I; b) durch Ansäuern einer Lsg. von 5 g α-Methyl-α-phenyl-β-aminopropionsäure u. NaBr in W. mit konz. H_2SO_4, Diazotieren bei 80° mit $NaNO_2$ u. Extraktion mit Ae. nach dem Abkühlen; 3,5 g. — *2-Phenyl-2-methylpropandiol-(1.3)*, $C_{10}H_{14}O_2$, F. 85—88°, aus 15 g II in Ae. u. $LiAlH_4$ in Ae. durch 3std. Kochen u. Zers. bei 0° mit NH_4Cl-Lsg.; 4,5 g. (Liebigs Ann. Chem. **619.** 47—53. 1958; herausgeg. 2/2. 1959. Milano, Lepetit S. p. A. Forschungsabt.)

H.-P. FARO. 1250

Richard Dahlbom und **Lars-Eric Österberg,** *Ester und Amide der 2.6-Dimethyl- und 2.4.6-Trimethylphenylcarbaminsäure.* Durch Rk. verschied. Alkohole bzw. Amine mit 2.6-Dimethyl- (I) bzw. 2.4.6-Trimethylphenylisocyanat (**IV**) werden die entsprechenden *Carbaminsäureester* (**A**) bzw. *-amide* (**B**) dargestellt u. auf lokalanästhet. Wirksamkeit geprüft. Die Wirksamkeit der **A** liegt in der Größenordnung von Xylocain, sie sind toxischer als Xylocain u. besitzen beim Menschen eine geringere Wirkungsdauer als dieses. Die **B** sind unwirksam. — Vgl. C. **1959.** 12523.

V e r s u c h e : *2.6-Dimethylphenylisocyanat* (I), C_9H_9NO, $Kp._{12}$ 87—89°, n_D^{20} 1,5360, a) durch Zugabe von 2.6-Xylidin (II) u. Pyridin zu Phosgen in Toluol unter Kühlung, 2std. Stehen bei 0° u. 3 Std. bei 25°, Behandeln mit 2n HCl, Abtrennen der Toluollsg. u. Fraktionieren im Vakuum; haut- u. tränenreizend; 68% (Ausbeute); b) durch 10 Min. langes Erhitzen von 2.6-Dimethylphenylcarbaminsäureäthylester mit P_2O_5 auf 100°/10 mm u. Dest.; 84%. — *2.4.6-Trimethylphenylisocyanat* (**IV**), $C_{10}H_{11}NO$, $Kp._{10}$ 100 bis 102°, F. 44—45°, a) aus Mesidin (**V**) u. Phosgen wie vorst. nach a); 52%; b) aus 2.4.6-Trimethylphenylcarbaminsäureäthylester u. P_2O_5 wie vorst. nach b); 64%. — *2.6-Dimethylphenylcarbaminsäureäthylester*, $C_{11}H_{15}NO_2$, F. 82—83° (PAe.), a) durch Zutropfen von Chlorameisensäureäthylester (**III**) zu **II** in Bzl., ½std. Stehen bei n. Temp., Erhitzen zum Sieden, Ausschütteln mit n-HCl u. Eindampfen; 94%; b) durch ¼std. Kochen von I in A. u. Eindampfen; 90%. — *2.4.6-Trimethylphenylcarbaminsäureäthylester*, $C_{12}H_{17}NO_2$, F. 89—90° (PAe.), a) aus **V** u. **III** wie vorst. nach a); 81%; b) aus **IV** u. A.; 93%. — *2.6-Dimethylphenylcarbaminsäure-β-chloräthylester*, $C_{11}H_{14}ClNO_2$, F. 80—81° (Toluol), durch 2std. Kochen von I u. Äthylenchlorhydrin (**VI**) in Toluol u. Einengen der Mutterlauge; 60%. — *2.4.6-Trimethylphenylcarbaminsäure-β-chloräthylester*, $C_{12}H_{16}ClNO_2$,

F. 89—90° (Toluol), aus IV u. VI wie vorst.; 71%. — *N-[2.6-Dimethylphenyl]-harnstoff*, $C_9H_{12}N_2O$, F. > 300° (Methanol), durch 2std. Einleiten von NH_3 in die Lsg. von I in Toluol; 88%. — *N.N-Diäthyl-N'-[2.6-dimethylphenyl]-harnstoff*, $C_{13}H_{20}N_2O$, F. 178 bis 179,5° (PAe.-A., 5 : 1), durch 2std. Kochen von I u. Diäthylamin (VII) in Toluol; 95%. — *N.N-Diäthyl-N'-[2.4.6-trimethylphenyl]-harnstoff*, $C_{14}H_{22}N_2O$, F. 122—123° (30% ig. Methanol), aus IV u. VII wie vorst.; 71%. — *N-Äthyl-N'-[2.6-dimethylphenyl]-harnstoff*, $C_{11}H_{16}N_2O$, F. 226—228° (Zers.; PAe.-A., 2 : 1), durch mehrstd. Stehen von I u. Äthylamin in Toluol bei n. Temp. im verschlossenen Gefäß; 69%. — *N.N'-Bis-[2.6-dimethylphenyl]-harnstoff*, $C_{17}H_{20}N_2O$, sublimiert bei 330° (Eisessig), durch 2std. Kochen von I u. II in Toluol; 97%. — *N.N'-Bis-[2.6-dimethylphenylcarbamoyl]-äthylendiamin*, $C_{20}H_{26}N_4O_2$, sublimiert bei 310°, aus I u. Äthylendiamindihydrat in Toluol wie vorst. u. Extraktion mit heißem A.; 97%. — Nachst. Verbb. werden dargestellt durch 2std. Kochen des entsprechenden Isocyanats mit einem Aminoalkohol in Toluol, Extrahieren mit 2n HCl, Alkalisieren der HCl-Lsg. mit wss. Na_2CO_3 u. Abfiltrieren oder Isolieren aus Ae. als Hydrochlorid oder Oxalat neben wenig *N.N'-Bis-[2.6-dimethylphenyl]-* bzw. *N.N'-Bis-[2.4.6-trimethylphenyl]-harnstoff*: *2.6-Dimethylphenylcarbaminsäure-β-diäthylaminoäthylester, Oxalat*, $C_{17}H_{26}N_2O_6$, F. 112—114° (Zers.; Aceton-PAe.); 66%. — *2.4.6-Trimethylphenylcarbaminsäure-β-diäthylaminoäthylester*, $C_{16}H_{26}N_2O_2$, F. 44—45° (PAe.); 81%. — *2.6-Dimethylphenylcarbaminsäure-β-dimethylaminoisopropylester, Oxalat*, $C_{16}H_{24}N_2O_6$, F. 156—157° (Zers.; Aceton); 85%. — *2.4.6-Trimethylphenylcarbaminsäure-β-dimethylaminoisopropylesterhydrochlorid*, $C_{15}H_{25}ClN_2O_2$, F. 211—212° (Zers.; A.); 63%. — *2.6-Dimethylphenylcarbaminsäure-β-morpholinoäthylesterhydrochlorid*, $C_{15}H_{23}\cdot ClN_2O_3$, F. 185—187° (Zers.; A.); 71%. — *2.6-Dimethylphenylcarbaminsäure-β-piperidinoäthylester*, $C_{16}H_{24}N_2O_2$, F. 85—86° (PAe.); 71%. — *2.4.6-Trimethylphenylcarbaminsäure-β-piperidinoäthylester*, $C_{17}H_{26}N_2O_2$, F. 87—88° (PAe.). *Oxalat*, $C_{19}H_{28}N_2O_6$, F. 153—154° (Zers.; Aceton); 74%. — Nachst. *Harnstoffe* werden dargestellt durch 2std. Kochen von 0,025 Mol des entsprechenden Isocyanats mit 0,038 Mol eines Dialkylaminoalkylamins in Toluol u. Abfiltrieren oder Fällen mit Oxalsäure in Äther: *γ-Diäthylaminopropylamin*, durch Red. von β-Diäthylaminopropionitril mit $LiAlH_4$ nach AMUNDSEN u. NELSON (J. Amer. chem. Soc. **73**. [1951.] 242); ca. 90%. — *γ-Piperidinopropylamin*, aus β-Piperidinopropionitril wie vorst.; ca. 90%. — *N-[β-Diäthylaminoäthyl]-N'-[2.6-dimethylphenyl]-harnstoff*, $C_{15}H_{25}N_3O$, F. 105—106° (Methanol); 87%. — *N-[β-Diäthylaminoäthyl]-N'-[2.4.6-trimethylphenyl]-harnstoff*, $C_{16}H_{27}N_3O$, F. 129—130° (70% ig. Methanol); 80%. — *N-[γ-Diäthylaminopropyl]-N'-[2.6-dimethylphenyl]-harnstoff*, $C_{16}H_{27}N_3O$, F. 105 bis 106° (PAe.), aus dem Oxalat; 65%. — *N-[γ-Diäthylaminopropyl]-N'-[2.4.6-triphenyl]-harnstoff*, $C_{17}H_{29}N_3O$, F. 121—122° (PAe.), aus dem Oxalat; 65%. — *N-[γ-Piperidinopropyl]-N'-[2.6-diphenyl]-harnstoff*, $C_{17}H_{27}N_3O$, F. 127—128° (A.-PAe., 1 : 2); 71%. — *N-[γ-Piperidinopropyl]-N'-[2.4.6-trimethylphenyl]-harnstoff*, $C_{18}H_{29}N_3O$, F. 168—170° (A.-PAe., 2 : 1); 97%. (Acta chem. scand. **9**. 1553—56. 1955. Södertälje, Sweden, AB Astra, Centrallabors.) W. LIEBSCHER. 1280

Kazimierz Bednarz, *Synthese und biologische Eigenschaften einiger neuer aromatischer Thioharnstoffderivate.* Durch Kondensation von p-Nitrobenzoylisothiocyanat mit dem entsprechenden Amin wurden nachst. N'-[p-Nitrobenzoyl]-thioharnstoffe dargestellt: *N-[p-Tolyl]-*, $C_{15}H_{13}N_3O_3S$, F. 161—163° (A.); 82% (Ausbeute). — *N-[p-Methoxyphenyl]-*, $C_{15}H_{13}N_3O_4S$, F. 155—156° (Methanol); 78,5%. — *N-[p-Äthoxyphenyl]-*, $C_{16}H_{15}N_3O_4S$, F. 167—168° (Bzl.); 85%. — *N-[p-Dimethylaminophenyl]-*, $C_{16}H_{16}N_4O_3S$, F. 209—210° (Aceton); 80,4%. — *N-[p-Chlorphenyl]-* (I), $C_{14}H_{10}\cdot ClN_3O_3S$, F. 178—180° (Methanol); 83%. — *N-[p-Bromphenyl]-* (II), $C_{14}H_{10}BrN_3O_3S$, F. 189—190° (Methanol); 79,9%. — *N-[-p-Jodphenyl]-* (III), $C_{14}H_{10}JN_3O_3S$, F. 209—210° (Methanol); 84,6%. — *N-[Pyridyl-(2)]-* (IV), $C_{13}H_{10}N_4O_3S$, F. 226—227° (Methanol); 72,3%. — *N-[Thiazolyl-(2)]-* (V), $C_{11}H_8N_4O_3S$, F. 273—274° (A.); 73,5%. — *1-Isonicotinoyl-4-[p-nitrobenzoyl]-thiosemicarbazid* (VI), $C_{14}H_{11}N_5O_4S$, F. > 300° (Aceton); 69,4%. I—VI hemmen das Wachstum pathogener Tuberkulosebakterien (TBC Rv/47) noch in einer Konz. von 10 γ/ml, sie wirken jedoch schwächer als Isonicotinsäurehydrazid. Mycobacterium Phlei, Smegmae u. BCG sowie Staphylococcus aureus, Escherichia coli u. Bacillus subtilis werden von allen dargestellten Verbb. erst in einer Konz. von 100—200 γ/ml vollständig gehemmt. (Dissertat. pharmac. [Warszawa] **10**. 1—6. 1958. Kraków, Akad. Med., Zakł. Farmakolog.) F. URBAN. 1280

H. B. Henbest, *Oxydation tertiärer Amine.* Tert. Amine können leicht durch zahlreiche Reagentien oxydiert werden, wobei als erste Reaktionsprodd. *N-Oxyde, Enamine* oder *Carbinolamine* erhalten werden. Je nach Struktur u. Bedingungen der Rk. können dann die letztgenannten Verbb. weiter zum Amid oxydiert oder zu einem Gemisch aus *sek. Amin* u. *Carbonylverb.* gespalten werden. — Hg-Acetat erweist sich als gutes Oxydationsmittel für viele cycl. tert. Amine; bei der Rk. entstehen *Enamine*, die als krist.

Perchlorate isoliert werden können. — Die Seitenkettenalkylgruppen vieler Mono- u. Dialkylaniline werden zweckmäßig mit MnO_2 in Chlf. oxydiert. Die Rk. verläuft dabei unter 1. *Amid*-Bldg., 2. Desalkylierung unter Bldg. eines *aliphat. Aldehyds* oder 3. Dehydrierung u. anschließende oxydative Spaltung des entstehenden Enamins. Beispiel für 1 ist die Oxydation von Dimethylanilin zu *N-Methylformanilid* oder die entsprechende Oxydation des Monomethylanilins. — Beispiel für 2 ist die Oxydation von Diäthylanilin zu *Formanilid.* Dabei findet als Neben-Rk. eine Umsetzung nach 3 zu *N-Äthylformanilid* statt. Daß Enamine durch MnO_2 gespalten werden, zeigt auch die Oxydation von N.N-Dibenzylstyrylamin zu *N.N-Dibenzylformamid* u. *Benzaldehyd.* Wenn die Alkylgruppe durch 2 NH_2-Gruppen flankiert ist, wird 3 zur Haupt-Rk., wie die Oxydation von 1.4-Diphenylpiperazin zu *N.N'-Diformyl-N.N'-diphenyläthylendiamin* zeigt. Die Rk. zwischen mol. Mengen Tri-[n-propyl]-amin u. N-Bromsuccinimid in Dioxan/W. (9 : 1) führt zu 80% *Di-[n-propyl]-amin* u. 63% *Propionaldehyd,* die entsprechende Oxydation von Tribenzylamin zu 90% *Benzaldehyd* u. 90% *Dibenzylamin.* (Proc. chem. Soc. [London] **1958.** 47—48. Febr. London, King's Coll.) Walter Simon. 1310

A. P. Terentjew und **Ja. D. Mogiljanski,** *Der Komplex Pyridin–Cuprochlorid als Autoxydationskatalysator.* 1. Mitt. *Darstellung von Azoverbindungen aus primären aromatischen Aminen.* Die Oxydation einer Reihe von aromat. Aminen mit Luft oder O_2 in Pyridin in Ggw. von CuCl führt in ausgezeichneter Ausbeute zu den entsprechenden *Azoverbindungen,* die ohne Verunreinigungen anfallen u. aus der Reaktionslsg. auskristallisieren. Andere Salze wie CuBr, $FeCl_3$ usw. katalysieren die Rk. nicht; ferner tritt sie nicht in anderen Lösungsmitteln (Alkohole, Dioxan) ein. Den eigentlichen Katalysator stellt die Komplexverb. $Cu_2Cl_2 \cdot 6C_5H_5N$ dar, die sich in geschlossener Ampulle unter H_2 ausfrieren ließ. Der Komplex absorbiert genau 1 Mol O_2; das Oxydationsprod. dehydriert unter N_2 z. B. p-Toluidin in quantitativer Ausbeute zu *p-Azotoluol.* Bei Raumtemp. u. mit mol. O_2 werden die günstigsten Ergebnisse erhalten; die Katalysatormenge ist prakt. ohne Einfluß.

Versuche: *Azobenzol* (I), F. 68°, durch Einleiten von O_2 in das Gemisch von Anilin, Pyridin u. CuCl; 87,9% (Ausbeute). — *p-Azotoluol,* F. 144° (A.), analog I aus p-Toluidin; 95%. — *p-Hydrazotoluol,* F. 132—133° (A.), durch Sättigen der alkoh. Lsg. von 1 g vorst. Verb. mit NH_3 u. Einleiten von H_2S; 0,8 g. — *4.4'-Dimethoxyazobenzol,* F. 162°, analog I; 80%. — *2.4.2'.4'-Tetramethylazobenzol,* F. 129°; 66,4%. — *4.4'-Diaminoazodiphenyl,* F. 285—286°; 72,5%. (Журнал Общей Химии [J. allg. Chem.] **28** (**90**). 1959—62. Juli 1958. Moskau, Univ.; Witebsk, Pädagog. Inst.)

H.-E. Toussaint. 1310

Ken-ichi Fukui, Chikayoshi Nagata, Yoshiaki Inamoto, Katushi Kanai und **Hisao Kitano,** *Untersuchungen über carcinogene Verbindungen.* 1. Mitt. *Darstellung von p-Monomethylaminoazobenzol.* Vff. untersuchen die Bldg. von *p-Methylamino-* u. *p-Äthylaminoazobenzol* bei verschied. Tempp., Reaktionszeiten u. Konzz. aus Diazoaminobenzol (I), dem entsprechenden Alkylanilin u. dessen Hydrochlorid. Die besten Ausbeuten entstehen nach den hier beschriebenen Verfahren.

Versuche: Aminoazobenzole: *p-Methyl-,* $C_{13}H_{13}N_3$, F. 88°, aus I, N-Methylanilin u. dessen HCl-Salz durch 1 std. Erwärmen auf 35—40°, 3½ std. Erwärmen auf 55—60°, 20 std. Stehen bei n. Temp., Reinigung über das Hydrochlorid; aus A. orangegelbe Kristalle; 78—85% (Ausbeute). — *p-Äthyl-,* F. 87°, aus I, N-Äthylanilin u. dessen HCl-Salz durch 1 std. Erwärmen auf 40° u. 4 std. Erwärmen auf 60°; orangefarbene Kristalle aus A.; 50%. (J. chem. Soc. Japan, pure Chem. Sect. [Nippon Kagaku Zassi] **76.** 811—13. Juli 1956. Kyoto, Univ. [Orig.: japan.]) L. Schuler. 1310

Yujiro Nomura, *Molekularstruktur von Azoverbindungen und östrogene Wirkung.* Azobenzole: *2-Methyl-2'.4.4'-trihydroxy-,* $C_{13}H_{12}N_2O_3$, F. 204°, durch Diazotieren von 4-Amino-m-kresol [I; F. 178—179° (Zers.), nach Smith u. Irwin (J. Amer. chem. Soc. **63.** [1941.] 1038; 54% (Ausbeute)] in konz. HCl-W. (10 : 25) bei 0° u. Rk. des Prod. mit Resorcin (II), Reinigung durch Chromatographie an Al_2O_3; aus Bzl. orangefarbene Kristalle. — *2.4.4'-Trihydroxy-,* $C_{12}H_{10}N_2O_3$, F. 205—212°, durch Diazotieren von p-Aminophenol (III) in konz. HCl-W. (5 : 20) u. Rk. des Prod. mit II bei 0°, chromatograph. Reinigung. — *2.2'-Dimethyl-4.4'-dihydroxy-,* $C_{14}H_{14}N_2O_2$, F. 196—206° (Zers.), vorst. Verb. analog aus I u. m-Kresol (IV); aus Bzl. orangefarbene Kristalle. — *2-Methyl-4.4'-dihydroxy-,* $C_{13}H_{12}N_2O_2$, F. 164—165°, analog aus III u. IV; aus Bzl. orangegelbe Kristalle. (J. chem. Soc. Japan, pure Chem. Sect. [Nippon Kagaku Zassi] **76.** 702—03. Juni 1955. Tokyo, Univ. [Orig.: japan.]) L. Schuler. 1320

Shigemi Kohama und **Sadaomi Fukugawa,** *Darstellung der p-Bromphenylderivate von Methylchlorsilanen.* Durch Rk. von p-Bromphenyl-MgBr (I) mit den berechneten Mengen verschied. Methylchlorsilane in Ae. werden die entsprechenden *p-Bromphenyl-*

methylsilane hergestellt. Aus 1 Mol Dimethyldichlorsilan (II) u. 2 Mol I wird das dimorphe *Bis-[p-bromphenyl]-dimethylsilan* erhalten. Ähnlich wird aus 2 Mol Trimethylchlorsilan (III) u. dem aus p-Dibrombenzol mit 2 Mol Mg bereiteten GRIGNARD-Reagens (IV) *p-Bis-[trimethylsilyl]-benzol* in Nadeln vom F. 96° dargestellt, das vielleicht ein Polymorphes der von CLARK (vgl. C. **1953.** 1635) erhaltenen Verb. ist.

Versuche: *p-Bromphenylmethyldichlorsilan*, $C_7H_7BrCl_2Si$, Kp. 249—251°, aus I u. Methyltrichlorsilan (V) durch 6std. Kochen; n_D^{20} 1,5628, D^{20}_{20} 1,5716; 63% (Ausbeute). — *Bis-[p-bromphenyl]-methylchlorsilan*, $C_{13}H_{11}Br_2ClSi$, $Kp._6$ 197—200°, aus I mit V; n_D^{20} 1,6115, D^{20}_{20} 1,6011; 28%. — *p-Bromphenyldimethylchlorsilan*, $C_8H_{10}BrClSi$, Kp. 238—240°, aus I u. II; n_D^{20} 1,5532, D^{20}_{20} 1,4227; 53%. — *p-Bromphenyltrimethylsilan* (VI), $Kp._{128}$ 158—159°, aus I u. 47 g III, n_D^{20} 1,5302, D^{20}_{20} 1,2219; 71 g. — *Bis-[p-bromphenyl]-dimethylsilan*, $C_{14}H_{14}Br_2Si$, F. 74° (Prismen aus A.) u. F. 75° (lange Nadeln aus Ae.), aus I u. II; 13%. — *p-Bis-[trimethylsilyl]-benzol*, $C_{12}H_{22}Si_2$, F. 96° (Nadeln aus A.), a) aus III u. IV; 68%; b) aus 10 g VI mit 1,06 g Mg u. 5 g III; 6,5 g; c) aus VI, Na u. III in Xylol; d) aus 10 g p-Chlorphenyltrimethylsilan mit Na u. 6 g III; 7 g. (J. chem. Soc. Japan, pure Chem. Sect. [Nippon Kagaku Zassi] **79.** 1307—09. Nov. 1958. Ôsaka, Siritu-Kôgyôkenkyûzyo. [Orig.: japan.]) E. MAEKAWA. 1380

Je. Ss. Lewtschenko und **I. N. Shmurowa,** *Isothiocyanatophosphorsäure- und Isothiocyanatothiophosphorsäureester.* Nach SAUNDERS u. Mitarbeitern [1948] stellen Vff. durch Rk. von Phosphor- oder Thiophosphorsäuredialkyl(aryl)esterchloriden mit Na-Rhodanid in Aceton *Isothiocyanatophosphor* (I) bzw. *-thiophosphorsäuredialkyl(aryl)-ester* (II) dar: $(RO)_2P(:O)Cl + NaCNS \rightarrow (RO)_2P(:O)NCS + NaCl$. Phosphor- u. Thiophosphorsäuredimethylesterchlorid reagieren mit NaCNS nach dem vorst. Schema, jedoch sind die entstehenden Isothiocyanate unbeständig u. polymerisieren leicht. Isothiocyanatothiophosphorsäuredimethylester ließ sich durch Behandeln mit Anilin in *ω-Phenylthioureidothiophosphorsäuredimethylester* überführen. Die I u. II sind Fll. mit unangenehmem Geruch, die sich beim Stehen an der Luft zersetzen. Durch W. werden sie langsam hydrolysiert. Die II sind beständiger als die I. Mit Anilin reagieren I u. II leicht unter Bldg. der entsprechenden *ω-Phenylthioureidoderivv.* $[(RO)_2P(:O)NHC(:S)NH\cdot C_6H_5]$, die farblose, krist. Verbb. darstellen u. in organ. Lösungsmitteln gut lösl. sind. Sie besitzen saure Eigg. u. geben mit Alkalien in W. lösl. Salze. Mit NH_3 reagieren die I u. II unter Bldg. von *Thioureidophosphor-* bzw. *-thiophosphorsäuredialkyl(aryl)estern*, mit Na-Alkoholaten unter Bldg. von *Dialkyl(aryl)phosphoryl-* bzw. *-thiophosphorylthiocarbaminsäureestern*, $(RO_2P(:O)NHC(:S)OR')$.

Versuche: Isothiocyanatophosphorsäureester: Man läßt äquimol. Mengen Phosphorsäuredialkyl(aryl)esterchlorid u. NaCN in Aceton über Nacht stehen, filtriert u. fraktioniert im Vakuum. Bei den Isocyanatothiophosphorsäureestern wird das Reaktionsgemisch mit W. verd. u. das ausgefallene Öl mit Bzl. aufgenommen. *Diäthylester*, $C_5H_{10}NO_3PS$, $Kp._7$ 94°; D^{20}_{20} 1,1694; n_D^{20} 1,4749; 93% (Ausbeute). — *Diisopropylester*, $C_7H_{14}NO_3PS$, $Kp._5$ 105—107°; D^{20}_{20} 1,1039; n_D^{20} 1,4635; 82%. — *Di-n-butylester*, $C_9H_{18}NO_3PS$, $Kp._2$ 135—137°; D^{20}_{20} 1,0792; n_D^{20} 1,4712; 53%. — *Diisobutylester*, $C_9H_{18}NO_3PS$, $Kp._{18}$ 145—146°; D^{20}_{20} 1,0771; n_D^{20} 1,4680; 60%. — *Isothiocyanatothiophosphorsäurediäthylester* (wurde nicht rein erhalten), $Kp._{10}$ 108—110°; 25%. — *Isothiocyanatothiophosphorsäurediphenylester*, $C_{13}H_{10}NO_2PS_2$, F. 30—32°; 88%. — ω-Phenylthioureidophosphorsäureester: Durch Stehenlassen von I oder II in Ae. mit Anilin. In einigen Fällen fallen die ω-Phenylthioureidoderivv. in krist. Form aus. Andernfalls wird das Reaktionsgemisch nach Stehen über Nacht mit n-NaOH ausgezogen u. die alkal. Schicht angesäuert. *Diäthylester*, $C_{11}H_{17}N_2O_3PS$, F. 107 bis 108° (A.); 86%. — *Diisopropylester*, $C_{13}H_{21}N_2O_3PS$, F. 124—125° (verd. A.); 86%. — *Di-n-butylester*, $C_{15}H_{25}N_2O_3PS$, F. 72—74° (PAe.); 98%. — *Diisobutylester*, $C_{15}H_{25}N_2O_3PS$, F. 127—128° (A.); 91%. — *Diphenylester*, $C_{19}H_{17}N_2O_3PS$, F. 143—144° (A.); 81%. — *ω-Phenylthioureidothiophosphorsäuredimethylester*, $C_9H_{13}N_2O_2PS_2$, F. 93—94° (verd. A.); geringe Ausbeute. — *ω-Phenylthioureidothiophosphorsäurediäthylester*, $C_{11}H_{17}N_2O_2PS_2$, F. 95° (verd. A.); 88%. — *ω-Phenylthioureidothiophosphorsäurediphenylester*, $C_{19}H_{17}\cdot N_2O_2PS_2$, F. 84—85° (PAe.); 80%. — Thioureidophosphorsäureester: Durch Zugabe von überschüssigem NH_4OH zu I unter Eiskühlung u. Ansäuern. *Diäthylester*, $C_5H_{13}N_2O_3PS$, F. 146—147° (Bzl.); 55%. — *Diisopropylester*, $C_7H_{17}N_2O_3PS$, F. 148 bis 149° (A.); 62%. — *Di-n-butylester*, $C_9H_{21}N_2O_3PS$, F. 79—80° (verd. A.); 70%. — *Diisobutylester*, $C_9H_{21}N_2O_3PS$, F. 116—117° (verd. A.); 76%. — *Diphenylester*, $C_{13}H_{13}\cdot N_2O_3PS$, F. 151—152° (A.); 61%. — *Thioureidothiophosphorsäurediäthylester*, $C_5H_{13}\cdot N_2O_2PS_2$, F. 89—90° (PAe. oder CCl_4); 87%. — *Thioureidothiophosphorsäurediphenylester*, $C_{13}H_{13}N_2O_2PS_2$, F. 136—137° (verd. A.); 87%. (Украинский Химический Журнал [Ukrain. chem. J.] **22.** 623—26. 1956. Inst. für organ. Chem. der Akad. der Wiss. der UkrainSSR.) G. FROELICH. 1380

I. N. Shmurowa, *[N-Alkylthioncarbamato]-phosphorsäure- und [N-Alkylthioncarbamato]-thiophosphorsäureester.* (Vgl. vorst. Ref.) Durch Rk. von Isothiocyanatophosphorsäure- oder -thiophosphorsäuredialkyl(aryl)estern mit Na-Alkoholaten werden *N-[Dialkyl(aryl)phosphoryl-* bzw. *-thiophosphoryl]-thioncarbaminsäurealkylester [(N-Alkylthioncarbamato)-phosphor-* bzw. *-thiophosphorsäureester,* $(RO_2)P(:O)NHC(:S)OR']$ dargestellt. Bei der Dest. im Vakuum werden die N-[Dialkyl(aryl)phosphoryl]-thioncarbaminsäureester in den entsprechenden Alkohol u. den Ausgangsisothiocyanatophosphorsäureester gespalten. Infolge der schwierigen Reindarst. werden die Thioncarbaminsäureester daher als Na-Salze identifiziert. Diese sind in W. u. A. gut, in Dioxan schlechter u. in Bzl. u. Ae. nicht löslich.

Versuche: Thioncarbaminsäureester: Zu der Lsg. oder Suspension des Na-Alkoholats (0,02 g-Atom Na) gibt man unter Kühlung 0,02 Mol Isothiocyanatophosphorsäureester in 10 ml des entsprechenden Alkohols u. versetzt mit 300 ml absol. Ae.; das ausgeschiedene Na-Salz befreit man von geringen Beimengungen an mitgefälltem Na-Rhodanid durch Kochen in wenig Dioxan, Abkühlen u. Filtrieren. Aus dem Filtrat wird durch Fällen mit absol. Ae. reines Na-Salz erhalten. Die freien Säuren werden aus den Na-Salzen durch Behandeln der wss. Lsgg. mit HCl erhalten: *N-[Diäthylphosphoryl]-, -methylester, Na-Salz,* $C_6H_{13}NNaO_4PS$, F. 144—145° (Zers.); 55% (Ausbeute). — *N-[Diäthylphosphoryl]-, -äthylester, Na-Salz,* $C_7H_{15}NNaO_4PS$, F. 177—178° (Zers.); 53%. — *N-[Diisopropylphosphoryl]-, -methylester, Na-Salz,* $C_8H_{17}NNaO_4PS$, F. 183—184° (Zers.); 65%. — *N-[Diisopropylphosphoryl]-, -äthylester, Na-Salz,* C_9H_{19}·$NNaO_4PS$, F. 182—183° (Zers.); 74%. — *N-[Diisopropylphosphoryl]-, -isopropylester, Na-Salz,* $C_{10}H_{21}NNaO_4PS$, F. 173—174° (Zers.); 50%. — *N-[Di-n-butylphosphonyl]-, -isopropylester, Na-Salz,* $C_{12}H_{25}NNaO_4PS$, F. 190—191° (Zers.); 45%. — *N-[Di-n-butylphosphoryl]-, -n-butylester, Na-Salz,* $C_{13}H_{27}NNaO_4PS$, F. 169—170° (Zers.); 51%. — *N-[Diisobutylphosphoryl]-, -methylester, Na-Salz,* $C_{10}H_{21}NNaO_4PS$, F. 197° (Zers.); 62%. — *N-[Diisobutylphosphoryl]-, -äthylester, Na-Salz,* $C_{11}H_{23}NNaO_4PS$, F. 192—193° (Zers.); 61%. — *N-[Diisobutylphosphoryl]-, -isopropylester, Na-Salz,* $C_{12}H_{25}NNaO_4PS$, F. 202—203° (Zers.); 51%. — *N-[Diisobutylphosphoryl]-, -isobutylester, Na-Salz,* $C_{13}H_{27}$·$NNaO_4PS$, F. 181—190° (Zers.); 60%. — *N-[Diphenylphosphoryl]-, -methylester,* $C_{14}H_{14}$·NO_4PS, F. 132—134° (PAe.); 64%. — *N-[Diphenylphosphoryl]-, -äthylester,* $C_{15}H_{16}NO_4PS$, F. 69—71° (PAe.); 57%. — *N-[Diphenylphosphoryl]-, -isopropylester,* $C_{16}H_{18}NO_4PS$, F. 82—84° (Bzl.-PAe.-Gemisch); 24%. — *N-[Diphenylthiophosphoryl]-, -methylester,* $C_{14}H_{14}NO_3PS_2$, F. 75—77° (Bzl.-PAe.-Gemisch); 67%. — *N-[Diphenylthiophosphoryl]-, -äthylester,* $C_{15}H_{16}NO_3PS_2$, F. 47—49° (Bzl.-PAe.-Gemisch); 65%. (Украинский Химический Журнал [Ukrain. chem. J.] **22.** 627—29. 1956. Inst. für organ. Chem. der Akad. der Wiss. der UkrainSSR.) G. FROELICH. 1380

R. Stephens, J. C. Tatlow und **E. H. Wiseman,** *Fluorcyclohexane.* 4. Mitt. *1H:2H/4H- und 1H:2H:4H/-Nonafluorcyclohexan und verwandte Verbindungen.* (3. vgl. Tetrahedron [London] **2.** [1958.] **193.**) Aus einer Mischung von cycl. Polyfluorverbb., dargestellt durch Einw. von gasförmigem Bzl. auf CoF_3 bei ca. 150°, wurden 2 neue isomere Nonafluorcyclohexane (**II** u. **III**) u. ein Heptafluorcyclohexen (**I**) mittels präparativer u. analyt. Gaschromatographie isoliert u. identifiziert. Der stereochem. Bau wurde durch Dehydrofluorierung mittels wss. Alkali, Oxydation der Dehydrofluorierungsprodd. mit $KMnO_4$, weitere Dehydrofluorierung, Fluorierung u. Oxydation der Ausgangsverbb. aufgeklärt. Die durch Oxydation erhaltenen Säuren wurden als Dianilinium- u. Di-[S-benzylthiuronium]-Salze identifiziert. Die IR-Spektroskopie wurde zur Festlegung des Typs der Doppelbindungen u. zum Nachw. von ≡CH-Gruppen verwendet. Fluorierung von Bzl. mit MnF_3 ergab Verbb., die mit den CoF_3-Reaktionsprodd. ident. waren. Bisher unveröffentlichte Arbeiten zeigten, daß sich cycl. Fluordiene-(1.3) u. -diene-(1.4) in Ggw. von Metall oder Metallfluoriden bei erhöhter Temp. ineinander umwandeln. Eine solche Isomerisierung scheint auch hier vorzuliegen.

Versuche: Für die Gaschromatographie wurden eine analyt. u. 2 präparative Säulen, beschickt mit Dinonylphthalat–Kieselgur 1 : 2 (A: 488 cm × 30 mm, Volumengeschwindigkeit bei 100° 10 Liter N_2/Std.; B: 488 cm × 75 mm, bei 100° 49 Liter N_2/Std.) verwendet. Nach Trennung wurde jede Fraktion durch Vakuumdest. aus der Vorlage erhalten. Aufnahme der IR-Spektren in der Dampfphase in einer 10,1 cm-Zelle mit einem PERKIN-ELMER-Doppelstrahlspektrometer mit NaCl-Prismen über einen Bereich von 650—3500 cm^{-1}. — Trennung von 4,0 g (ca. 5% der Mischung) der Fraktion Kp. 106 bis 107° in Säule A lieferte *1H:2H:4H-Heptafluorcyclohexen* (**I**), $C_6H_3F_7$, Kp. 106°, n_D^{21} 1,3362; 0,12 g (Ausbeute) u. *1H:2H/4H-Nonafluorcyclohexan* (**II**), $C_6H_3F_9$, Kp. 107°, F. 34—35°, n_D^{44} 1,3090; 3,60 g. — Fraktion Kp. 107,5—120° besteht hauptsächlich aus *1H:4H/2H:5H-Oktafluorcyclohexan,* Kp. 118°. — Aus Fraktion 120—127° (ca. 0,5%)

wurde isoliert: *1H:2H:4H/-Nonafluorcyclohexan* (**III**), Kp. 124°, F. 24—26°, n_D^{29} 1,3231. — Dehydrofluorierung von 3,52 g **I** durch 4std. Kochen mit KOH u. W., 2,69 g, Trennung in Säule A lieferte *1H:2H-Hexafluorcyclohexadien-(1.4)* (**IV**), $C_6H_2F_6$, Kp. 83 bis 84°, n_D^{19} 1,3417; 1,14 g, *1H:2H-Hexafluorcyclohexadien-(1.3)* (**V**), n_D^{22} 1,3529; 0,64 g, Zers. an Luft, u. 0,63 g **I**. Durch längeres Kochen völlige Zers. von **I**. — *Difluormalonsäure* (**VI**), durch ½std. Schütteln von **IV** mit $KMnO_4$ u. Aceton; 78%. — *Tetrafluorbernsteinsäure* (**VII**), aus **V** in Aceton mit $KMnO_4$; 60%. — *3H-Heptafluoradipinsäure* (**VIII**), durch 23std. Kochen von 5,62 g **I** in W. mit $KMnO_4$. *Dianiliniumsalz*; 7,33 g. — Dehydrofluorierung von 50,0 g **II** durch 7std. Schütteln mit KOH u. W. bei 15° ergab 41,6 g; Trennung von 17,50 g in Säule B lieferte a) 0,05 g *1H-Heptafluorcyclohexadien-(1.4)* (**IX**); b) 0,02 g *1H-Heptafluorcyclohexadien-(1.3)* (**X**), Kp. 71,5—72,5°; c) 0,03 g *2H-Heptafluorcyclohexadien-(1.3)* (**XI**), Kp. 76°; d) 4,65 g *1H:5H-Oktafluorcyclohexen-(1)* (**XII**), $C_6H_2F_8$, Kp. 85°, n_D^{21} 1,3260, e) 2,55 g *4H:5H/-Oktafluorcyclohexen* (**XIII**), $C_6H_2F_8$, Kp. 99°, n_D^{21} 1,3234; f) 0,55 g unverändertes **II**; g) 6,01 g *3H:4H/-Oktafluorcyclohexen* (**XIV**), Kp. 116°, n_D^{21} 1,3390. Änderung der Reaktionsbedingungen ändert Mengenverhältnisse, kräftigere Bedingungen zers. alles **II** u. erhöhen die Ausbeuten von **IX**—**XI** auf Kosten von **II** u. **XIV**, geringe Mengen *Hexafluorbenzol* (**XX**) werden aus diesen Cyclohexenen gebildet. **XII** ist relativ beständig gegen weitere Dehydrofluorierung. — **VIII** aus 0,53 g **XII** mit $KMnO_4$ in Aceton; 54%. — Dehydrofluorierung von 2,31 g **XII** durch 7std. Kochen mit KOH u. W. ergaben 1,37 g, die in Säule A (96°, 9,6 Liter N_2/Std.) 0,61 g **IX**, 0,28 g **XI**, 0,24 g **XII** lieferten. — Fluorierung von 4,5 g **XII** im CoF_3-Reaktionskessel (vgl. Evans u. Mitarbeiter, Tetrahedron [London] **2**. [1958.] 183) bei 60—65° im N_2-Strom (5 Liter/Std.), Auffangen in einer Kühlfalle (Trockeneis) ergaben 4,70 g; Trennung in Säule A lieferte a) 0,11 g *Dodekafluorcyclohexan* (**XV**); b) 2,02 g *Undekafluorcyclohexan* (**XVI**); c) 1,46 g *1H/3H-Dekafluorcyclohexan*; d) 0,60 g *1H:3H/-Dekafluorcyclohexan* (**XVII**). — *Meso-3H:4H-Hexafluoradipinsäure* (**XVIII**), $C_6H_4F_6O_4$, F. 163—165°, Kp.$_{0,5}$ bei 160° (Bad), aus 3,78 g **XIII** u. $KMnO_4$ in Aceton, sehr hygroskop.; 3,88 g. *Dianiliniumsalz*, $C_{18}H_{18}F_6N_2O_4$, F. 200—201° (Aceton–Chlf.); 60%. *Di-[S-benzylthiuronium]-Salz*, $C_{22}H_{24}F_6N_4O_4S_2$, F. 228—229° (W.); 71%. *Dibrucinsalz*, $C_{52}H_{56}F_6N_4O_{12}$, F. 205—207° (W.), mit (—)-Brucin in A.; 30%. — Fluorierung von 3,6 g **XIII** bei 50° (5 Liter N_2/Std.) ergab 2,0 g, Trennung in Säule A lieferte 0,9 g **XVI** u. 0,7 g *1H:2H/-Dekafluorcyclohexan* (**XIX**). — Dehydrofluorierung von 0,81 g **XIII** durch 3½std. Kochen mit KOH u. W. ergab 0,29 g, Trennung lieferte 0,18 g **IX** u. 0,05 g **XX**. — **VI** durch 16std. Kochen von **XVIII** mit $KMnO_4$, KOH u. W.; 73%. — (±)-*erythro-2H:3H-Hexafluoradipinsäure* (**XXI**), $C_6H_4F_6O_4$, F. 107—109°, Kp.$_{0,1}$ 135° (Bad), aus 3,22 g **XIV** mit $KMnO_4$ in Aceton, sehr hygroskop.; 2,86 g. *Dianiliniumsalz*, $C_{18}H_{18}$·$F_6N_2O_4$, F. 169—171° (Aceton–Chlf.); 60%. *Di-[S-benzylthiuronium]-salz*, F. 216—217° (W.), aus 0,36 g vorst. Verb. in W. mit S-Benzylthiuroniumchlorid; 0,29 g. — Fluorierung von 3,3 g **XIV** ergab 2,60 g, Trennung von 0,43 g in Säule A bei 80° lieferte 0,09 g **XVI** u. 0,18 g **XIX**. — Dehydrofluorierung von 40,4 g **XIV** durch 2std. Kochen mit KOH u. W. ergab 29,4 g, Trennung von 27,6 g in Säule B lieferte a) 4,1 g **X**; b) 9,7 g **XI**; c) 0,4 g **XX**; d) 0,1 g *3H:6H-Oktafluorcyclohexen*; e) 9,9 g unverändertes **XIV**. — *Tetrafluorbernsteinsäure* (**VII**), durch 20std. Kochen von **XXI** mit $KMnO_4$, KOH u. W.; 40%. — Fluorierung von 15,0 g **II** bei 175—180° im N_2-Strom ergab 14,0 g, Trennung von 4,43 g in Säule A lieferte a) 0,03 g **XVI**; b) 0,50 g Mischung aus *1H/4H-* (**XXII**) u. *1H/3H-Dekafluorcyclohexan*; c) 0,03 g **XIX**; d) 3,01 g unverändertes **II**. — Fluorireung von 7,5 g **X** bei 55—65° (5 Liter N_2/Std.) ergab 7,1 g. Trennung von 6,13 g in Säule A (75°, 9,4 Liter N_2/Std.): lieferte a) 0,11 g Mischung aus **XV** u. *Dekafluorcyclohexen*; b) 2,27 g **XVI**; c) 0,60 g Mischung aus **XVI** u. nachst. Verb.; d) 1,80 g *1H-Nonafluorcyclohexen-(1)* (**XXIII**); e) 0,16 g **IX**; f) 0,08 g *4H-Nonafluorcyclohexen-(1)* (**XXIV**), Kp. 69°; g) 0,21 g *3H-Nonafluorcyclohexen-(1)* (**XXV**). — Fluorierung von 4,2 g **XI** ergab 6,2 g, Trennung wie vorst. lieferte a) 0,01 g **XV**; b) 3,51 g **XVI**; c) 0,69 g Mischung aus **XVI** u. nachst. Verb.; d) 0,75 g **XXIII**; e) 0,03 g **IX** verunreinigt mit **XXIII**; f) 0,1 g Mischung aus **XXIV** u. **XXV**. — Durch 20std. Belichten mit UV von 7,0 g **XXIV** mit überschüssigem Cl_2 im Rohr ergab 7,5 g, Aufnehmen in Ae., Waschen mit Na-Metabisulfitlsg. u. W.; Red. in 3 Portionen von 2,5 g Mischung in Ae. durch Zugabe zu je 0,6 g $LiAlH_4$ in Ae. bei 0° unter 3½std. Rühren, Zugabe von H_2SO_4, Ausäthern, Einengen, Trennung in Säule A lieferte a) 2,20 g Diäthyläther; b) 0,03 g *1H:4H/2H-Nonafluorcyclohexan*; c) 0,46 g **II**; d) 0,30 g *1H/2H:4H-Nonafluorcyclohexan*; e) 0,51 g **III**. — Dehydrofluorierung von 13,0 g **III** durch 1¾std. Schütteln mit KOH u. W. bei 15° ergab 8,6 g, Trennung von 8,5 g in Säule A lieferte a) 1,05 g **IX**; b) 0,63 g Mischung aus **IX** u. **X**; c) 0,25 g **XI**; d) 0,93 g **XII**; e) 1,08 g *1H:4H-Oktafluorcyclohexen-(1)* (**XXVI**), Kp. 86°, n_D^{21} 1,3260; f) 1,53 g **XIII**; g) 1,38 g **XIV**. — **VIII**, durch Oxydation von **XXVI**. — Dehydrofluorierung von 7,1 g **XXVI** durch 5std. Kochen mit KOH u. W. ergab 6,4 g, Trennung von 5,0 g in Säule A (85°, 9,4 Liter N_2/Std.)

lieferte 2,0 g **IX**, 1,2 g **X** u. 1,1 g **XXVI**. — Fluorierung von 7,5 g **XXVI** bei 45—55° ergab 8,0 g, Trennung von 5,80 g in Säule A (87°, 9,6 Liter N_2/Std.) lieferte 1,01 g **XXII** u. 3,29 g Mischung aus **XXII**, Kp. 86°, u. **XXVI**. — Fluorierung von 7,5 g **III** bei 205° ergab 9,8 g, Trennung von 8,8 g in Säule A lieferte a) 0,01 g **XV**; b) 3,1 g **XVI**; c) 2,1 g **XXII**; d) 0,5 g **XIX**; e) 0,7 g **XVII**; f) unverändertes **III**. — Durch Fluorierung von 100 cm³ Bzl. mit MnF_3 bei 20—250° wurden 170 g erhalten; Fraktionieren von 800 g aus mehreren Ansätzen lieferte 180 g **XXVI** u. 80 g **I**. (J. chem. Soc. [London] **1959**. 148—58. Jan. Edgebaston, Birmingham, Univ., Chem. Dep.) W. LIEBSCHER. 1810

Donald B. Denney und **Gerald Feig**, *Die Reaktionen von N.N'-Dicyclohexylcarbodiimid mit Benzoylperoxyd und Perbenzoesäure-tert.-butylester.* Durch 12 std. Kochen von N.N'-Dicyclohexylcarbodiimid (**I**) mit Benzoylperoxyd (**II**) in Isopropanol entsteht *N-Benzoyl-N.N'-dicyclohexylharnstoff, Aceton, Bzl.* u. CO_2. Bei der Rk. von **I** mit **II** in CCl_4 wird durch 71 std. Kochen *N-Cyclohexylbenzamid* (**IV**), *Chlorbenzol, Cyclohexylisocyanat* u. CO_2 erhalten. 120 std. Kochen von **I** mit tert.-Butylperbenzoat (**III**) in n-Butanol liefert **IV**, *2-Äthylhexen-(2)-al* u. *n-Butyl-N-cyclohexylcarbamat.* Ein möglicher Reaktionsmechanismus, der zur Bldg. der einzelnen Verbb. führt, wird diskutiert.

V e r s u c h e: *N-Benzoyl-N.N'-dicyclohexylharnstoff*, $C_{20}H_{28}N_2O_2$, F. 164—164,5° (Methanol/W.), a) durch 21 std. Kochen von **I** mit **II** in Methanol u. Zugeben von W.; 79% (Ausbeute); b) durch 12 std. Kochen von **I** mit **II** in absol. Isopropanol; 92%; daneben 52% *Aceton* u. 60% *Benzol.* — *N-Cyclohexylbenzamid* (**IV**), F. 147,5—149° (Aceton/Hexan), a) durch 71 std. Kochen von **I** mit **II** in absol. CCl_4, Einengen u. Digerieren mit W.; 70%. Durch Rk. des CCl_4-Destillats mit Cyclohexylamin → *N.N'-Dicyclohexylharnstoff* (F. 230—232°) u. *Chlorbenzol* (Kp. 120—126°); b) durch 98 std. Kochen von **I** mit **III** in Isopropanol; 81%; c) durch 120 std. Kochen von **I** mit **III** in absol. n-Butanol, Einengen u. Digerieren mit Hexan; 90%; daneben aus dem Hexanextrakt *n-Butyl-N-cyclohexylcarbamat* [$C_{11}H_{21}NO_2$, F. 51,5—54° (Pentan oder Sublimation bei 0,01 mm); 44%] u. aus dem n-Butanoldestillat *2-Äthylhexen-(2)-al* (*2.4-Dinitrophenylhydrazon*, F. 123—123,5°). (J. Amer. chem. Soc. **81**. 225—28. 5/1. 1959. New Brunswick, N. J., State Univ., Rutgers School of Chem.) E. SCHRÖDER. 2080

Daniel Lednicer und **Charles R. Hauser**, *Die Struktur der durch anomale Leuckart-Reaktion von β-Ferrocenyläthylamin erhaltenen Verbindung. Ein Weg zu 1.2-disubstituierten Ferrocenen.* Für das aus β-Ferrocenyläthylamin, Ameisensäure u. Formaldehyd unter den Bedingungen der ESCHWEILER-CLARKE-Modifikation der LEUCKART-Rk. gebildete *tert.-Amin* (vgl. LEDNICER, LINDSAY u. HAUSER, J. org. Chemistry **23**. [1958.] 653) wird auf Grund einiger Abbau-Rkk. die bereits vermutete Konst. I bewiesen. Die Rk. des Methojodids von I mit KNH_2 liefert *1-Dimethylaminomethyl-2-vinylferrocen* (**II**), dessen Konst. durch die UV- u. IR-Spektren bestätigt u. das zu *1-Dimethylaminomethyl-2-äthylferrocen* (**III**) hydriert werden kann. Es ist bekannt (vgl. l. c. bzw. LINDSAY u. HAUSER, C. **1957**. 10418), daß das Methojodid von N.N-Dimethylaminoferrocen mit Hydroxyl- bzw. Cyanidionen unter Abspaltung von Trimethylamin Hydroxymethyl- bzw. Cyanmethylferrocen bildet. Die homologe Verb., das Methojodid (**V**) von β-Dimethylaminoäthylferrocen, wird von Cyanidionen nicht angegriffen u. erleidet in Ggw. von Hydroxylionen β-Elimination unter Bldg. von *Vinylferrocen.* Der „Benzyltyp" der Dimethylaminogruppe in **III** wird durch die Rk. seines Methojodids mit wss. KOH bewiesen: Es bildet sich *1-Hydroxymethyl-2-äthylferrocen* (**IV**). Analog entsteht aus dem Methojodid von **II** *1-Hydroxymethyl-2-vinylferrocen,* dessen katalyt. Red. zu **IV** führt. Die Rk. des Methojodids von **II** mit KCN liefert *2-Vinylferrocenylacetonitril,* das durch katalyt. Hydrierung u. anschließende Hydrolyse in sd. wss.-alkal. Äthylenglykol *2-Äthylferrocenylessigsäure* bildet. Durch die beschriebenen Rkk. ist bewiesen, daß **II** eine Vinyl- sowie eine Dimethylaminomethylgruppe besitzt, die beide direkt an denselben Ring im Ferrocen gebunden sind, u. zwar in benachbarter Stellung, was auch durch das IR-Spektr. bewiesen werden kann.

I

V e r s u c h e: *1-Dimethylaminomethyl-2-äthylferrocen* (**III**), $C_{15}H_{21}FeN$, durch 15 Min. langes Rühren von **II** u. 10%ig. Pd/Holzkohle in Methanol unter H_2 bei Atmosphärendruck; 98% (Ausbeute). *Pikrat*, $C_{21}H_{24}FeN_4O_7$, F. 162—162,5°, aus A. rote Nadeln. *Methojodid*, F. 172—175° (Schwarzfärbung ab 150°); hellgelbe Körnchen; 70%. — *1-Hydroxymethyl-2-vinylferrocen*, $C_{13}H_{14}FeO$, Kp.$_2$ 149—153°, durch 2½ std. Kochen des **II**-Methojodids in 10%ig. wss. NaOH unter $(CH_3)_3N$-Entw.; dunkelrote Fl.; 44%; daneben nichtflüchtige Schmieren. — *1-Hydroxymethyl-2-äthylferrocen* (**IV**), $C_{13}H_{16}FeO$, F. 55—57°, a) analog vorst. Verb. aus dem **III**-Methojodid; 47%; b) durch 20 Min. langes Rühren vorst. Verb. in Methanol über Pd/Holzkohle unter H_2 bei Atmosphärendruck; aus Hexan lange, feine, orangefarbene Nadeln; 84%. — *2-Vinylferrocenylacetonitril*, $C_{14}H_{13}FeN$, Kp.$_{1,4}$ 156—159°, durch 6½std. Kochen des II-Methojodids in wss. KCN-Lsg.; während der Rk. Geruch nach $(CH_3)_3N$; 72%. — *2-Äthylferrocenylacetonitril*, durch ½std. starkes Rühren vorst. Verb. in Methanol mit 10%ig. Pd/Holzkohle unter H_2 bei Atmosphärendruck; dunkles Öl. — *2-Äthylferrocenylessigsäure*, $C_{14}H_{16}FeO_2$, F. 124—125°, durch ½std. Kochen vorst. Verb. mit 50%ig. wss. KOH in A., Zugabe von Äthylenglykol u. Entfernung des Lösungsm. durch Dest., wobei starke NH_3-Entw. erfolgt, Gießen der Lsg. in Eiswasser, Waschen mit Ae. u. Ansäuern der alkal. Schicht mit Phosphorsäure unter einem N_2-Strom; aus Bzl./Hexan dicke, bernsteinfarbene, rutenförmige Kristalle; 70%. — *Vinylferrocen*, F. 46—52°, durch 20std. Kochen von V in n-NaOH, Abfiltrieren des Ausgangsmaterials (74%) u. Extrahieren des Filtrats mit Äther. (J. org. Chemistry **24**. 43—46. Jan. 1959. Durham, N. C., Duke Univ., Dep. of Chem.) U. KRÜGER. 2110

Th. Posternak, *Untersuchungen in der Cyclitreihe*. 26. Mitt. *Gewinnung cyclischer Inositphosphorsäurediester und Umlagerung von Inositphosphorsäuremonoestern*. (25. vgl. C. **1959**. 15002.) Bei der Behandlung von Mesoinosit-2-dihydrogenphosphat (I) u. Scylloinositdihydrogenphosphat (II) mit N.N'-Dicyclohexylcarbodiimid (III) in Ggw. von wss. Pyridin entstehen cycl. *Mesoinositcyclohydrogenphosphat* (IV) bzw. *Scylloinositcyclohydrogenphosphat* (V) u. *N-Inositphosphoryl-N.N'-dicyclohexylharnstoff* (VI). IV kann als *Ba-Salz* isoliert werden, das durch milde Alkali- oder Säurebehandlung in I u. *Mesoinosit-1(3)-2-cyclohydrogenphosphat* (VII) im Verhältnis 1 : 2,5—3 umgewandelt wird. Das gleiche Gemisch von I u. VII wird durch energ. Säurebehandlung von I oder von 1.3.4.5.6-Penta-O-acetyl-2-diphenylphosphorylmesoinosit (VIII) erhalten, während alkal. Hydrolyse von VIII ein Gemisch mit umgekehrtem Verhältnis gibt. Durch milde Säurebehandlung wird I im Gegensatz zu IV nicht umgelagert. Die chromatograph. Analyse von Inositphosphaten aus Soja zeigt das Vorhandensein von I u. VII im Verhältnis 1 : 2,5—3.

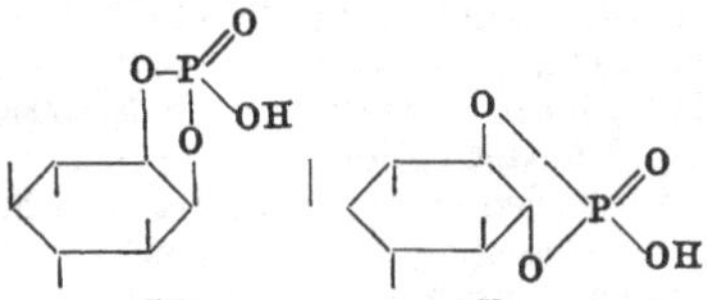
IV V

V e r s u c h e : *Mesoinosit-2-dihydrogenphosphat* (I), durch enzymat. Hydrolyse von Inosithexaphosphat. — Chromatographie auf WHATMAN-4-Papier mit n-Propylalkohol/konz. NH_3/W. 6 : 3 : 1. Papierchromatograph. Nachw. von IV, V u. VI durch Behandeln von I u. II in W. mit Pyridin u. III (72—96 Std.), Verdünnen mit W., Extrahieren mit Ae. u. Papierchromatographie der wss. Lsg. (vgl. Tabelle im Original). — *Mesoinosit-1(3).2-cyclohydrogenphosphat* (VII), *Ba-Salz*, $C_6H_{10}Ba_{0,5}O_8P$, durch 48std. Stehen von 100 mg I in W. mit Pyridin u. III, Extrahieren mit Ae., Einengen der wss. Lsg. (p_H 7,5), Zugabe von 20%ig. Ba-Acetat, Ausfällen mit A., Aufnehmen in W., Zugabe von 1 Vol. A. u. Versetzen des Filtrats mit 8 Voll. A.; Harz; 60 mg (Ausbeute). Bei Hydrolyse des vorst. Ba-Salzes durch 5std. Einw. von 0,5n H_2SO_4 oder 0,5n KOH bei 32° u. chromatograph. Trennung werden I u. ein Prod. mit 13% niedrigerem R_F (VII) im Verhältnis 1 : 2,5—3 nachgewiesen. Das gleiche chromatograph. trennbare Gemisch von I u. VII wird erhalten a) durch 3maliges Erhitzen von I mit 6n HCl (30 Min.; b) durch Erhitzen von VIII in CH_3OH mit 6n HCl (30 Min.). — I : VII = 2,5 —3 :1, durch Erhitzen von VIII mit 1n $Ba(OH)_2$. (Helv. chim. Acta **41**. 1891—98. 15/10. 1958. Genève, Univ., Labor. de Chim. biol. et org. spéciale.) H. ROSSOW. 2180

Nicolai Marekov und **Nikolai Petsev,** *Darstellung von arylsubstituierten β-Arylaminoäthansulfonsäuren aus Schiffschen Basen und Na-α-Lithiumbenzylsulfonat*. Das aus Na-Benzylsulfonat u. Phenyl-Li erhaltene Na-α-Lithiumbenzylsulfonat (I) reagiert mit der Azomethindoppelbindung von SCHIFFschen Basen unter Bldg. von substituierten *Taurinen*; z. B. wird aus I u. Benzalanilin nach dem Ansäuern *1.2-Diphenyl-2-phenylaminoäthansulfonsäure* erhalten. Mit Benzophenon gibt I in 80%ig. Ausbeute *1.2.2-Triphenyl-2-hydroxyäthansulfonsäure*.

V e r s u c h e : Ä t h a n s u l f o n s ä u r e n : *1.2-Diphenyl-2-phenylamino-*, $C_{20}H_{19}$·NO_3S, F. 300° (Zers.), durch Zutropfen von Brombenzol zu Li in absol. Ae., Zugeben von fe ngepulvertem Na-Benzylsulfonat, 6std. Kochen, Zutropfen von Benzalanilin in Ae., 4.td. Kochen u. Zers. mit Eis/HCl oder wss. NH_4Cl; 81%. *S-Benzylisothiuroniumsalz*, $C_{28}H_{29}N_3O_3S_2$, F. 201—202°. — *1-Phenyl-2-[p-methoxyphenyl]-2-phenylamino-*, $C_{21}H_{21}$·NO_4S, F. 314° (Zers.); 70%. *S-Benzylisothiuroniumsalz*, $C_{29}H_{31}N_3O_4S_2$, F. 177—178°. — *1.2-Diphenyl-2-p-tolylamino-*, $C_{21}H_{21}NO_3S$, F. 256° (Zers.); 72%. *S-Benzylisothiuroniumsalz*, $C_{29}H_{31}N_3O_3S_2$, F. 189—190°. — *1.2-Diphenyl-2-α-naphthylamino-*, $C_{24}H_{21}NO_3S$, F. 252° (Zers.); 64%. *S-Benzylisothiuroniumsalz*, $C_{32}H_{31}N_3O_3S_2$, F. 201—202°. — *1.2-Diphenyl-2-β-naphthylamino-*, $C_{24}H_{21}NO_3S$, F. 252° (Zers.). *S-Benzylisothiuroniumsalz*, F. 70—80°. (Доклады Болгарской Академии Наук [C. R. Acad. bulg. Sci.] **10**. 473 bis 476. Nov./Dez. 1957.) H.-E. TOUSSAINT. 2290

Yujiro Nomura, *Synthese der östrogen wirkenden meso-α.β-Bis-[p-hydroxyphenyl]-bernsteinsäure und ihrer Derivate.* Alle dargestellten Verbb. zeigen an kastrierten Mäusen bei subcutaner Injektion östrogene Wirkung.

Versuche: *p.p'-Dimethoxy-α-cyanstilben,* F. 107—108°, aus Anisaldehyd u. p-Methoxybenzylcyanid nach NIEDERL u. ZIERING (J. Amer. chem. Soc. **64.** [1942.] 885); 91% (Ausbeute). — Bernsteinsäuredinitrile: *α.β-Bis-[p-methoxyphenyl]-* (I), $C_{18}H_{16}N_2O_2$, F. 240—241° (Eisessig), durch 2std. Kochen von 10 g vorst. Verb. mit 95%ig. KCN in wss. A.; 7 g. — *α.β-Bis-[p-hydroxyphenyl]-*, $C_{16}H_{12}N_2O_2$, F. 276° (A.), durch 6std. Erhitzen von 2 g I mit Pyridinhydrochlorid auf 200°; 1,5 g. — *α.β-Bis-[p-hydroxyphenyl]-bernsteinsäure,* $C_{16}H_{14}O_6$, F. 307,5—308° (verd. HCl), durch 30std. Kochen von 2 g I mit 48%ig. HBr u. Eisessig unter CO_2; 0,4 g. (J. chem. Soc. Japan, pure Chem. Sect. [Nippon Kagaku Zassi] **76.** 704—06. Juni 1955. Tokyo, Univ. [Orig.: japan.]) L. SCHULER. 2450

A. F. Plate und **N. A. Belikowa,** *Isomerisierung von 2-Vinylbicyclo-[2.2.1]-hepten-(5) in das System des Tetrahydroindens. 2-Vinylbicyclo-[2.2.1]-hepten-(5)* (I), C_9H_{12}, Kp. 140,4°; $D.^{20}{}_4$ 0,8884; $n_D{}^{20}$ 1,4808, wurde durch Diensynth. aus Cyclopentadien u. Butadien dargestellt (145°, 3 Std.; 19% Ausbeute). I wird beim Erhitzen auf 300° zu *Tetrahydroinden* (II), C_9H_{12}, Kp. 160,3°; $D.^{20}{}_4$ 0,9261; $n_D{}^{20}$ 1,4978, isomerisiert. — II wird an Pt bei 20° zu *Hydrindan* hydriert u. bei 300° an Pt zu *Indan* dehydriert. Nach der IR-Absorption handelt es sich bei II um ein Gemisch von 2 oder 3 isomeren Tetrahydroindenen, die sich durch die Stellung der beiden Doppelbindungen unterscheiden. — Die Isomerisierung von I erfolgt durch Spaltung der Endomethylenbrücke, Bldg. eines neuen Ringes u. Stabilisierung des Biradikals. Wesentlich ist die Vinylgruppe, denn 5-Äthylbicyclo-[2.2.1]-hepten-(2) oder 2-Äthylbicyclo-[2.2.1]-heptan gehen die Isomerisierung nicht ein. (Известия Академии Наук, Отделение Химических Наук [Nachr. Akad. Wiss. UdSSR, Abt. chem. Wiss.] **1958.** 1279. Okt. Zelinsky-Inst. für organ. Chem. der Akad. der Wiss. der UdSSR.) HELMUT SCHÄFER. 2650

Henri Christol, Robert Jacquier und **Max Mousseron,** *Säurekatalysierte Umlagerungen.* 7. Mitt. *Untersuchung einiger Dienon–Phenol-Umlagerungen.* (6. vgl. C. **1959.** 14082; vgl. auch MARVELL u. GEISZLER, C. **1953.** 2435.) *2.2-Dimethyl-* (I), *2.2-Tetramethylen-* (II) u. *2.2-Pentamethylen-1-oxo-1.2-dihydronaphthalin* (III), die aus den entsprechenden α-Tetralonen erhältlich sind, lagern sich in Essigsäureanhydrid in Ggw. von 85%ig. H_2SO_4 in die *Acetate* von *3.4-Dimethylnaphthol-(1)* (IV), *1.2.3.4-Tetrahydrophenanthrol-(9)* bzw. *3.4-Cycloheptenonaphthol-(1)* um; die gleichen Naphtholacetate entstehen auch bei der analogen Umlagerung der den I—III isomeren *1.1-Dimethyl-* (V), *1.1-Tetramethylen-* (VI) u. *1.1-Pentamethylen-2-oxo-1.2-dihydronaphthol* (VII) (vgl. auch ARNOLD u. Mitarbeiter, C. **1950.** I. 533). Die UV-Absorption von V, VI u. VII in A. zeigt 6 Maxima (bei 226, 262, 271, 281, 315 u. 329 mμ) u. in 2.2.4-Trimethylpentan 4 Maxima (bei 230, 236, 294 u. 300 mμ). Für den Mechanismus der Umlagerung wird angenommen, daß sich an das

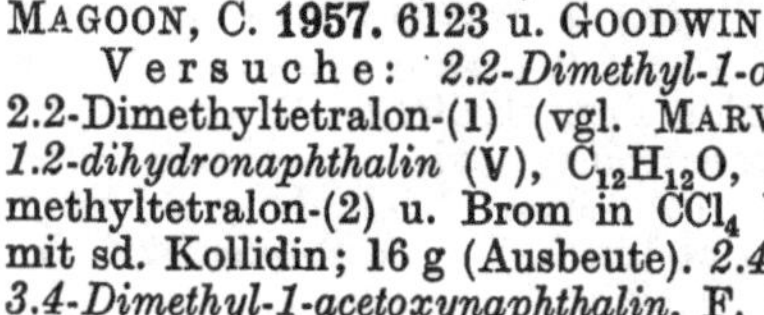

VIII IX

Oxodihydronaphthalin, z. B. I, ein CH_3CO-Kation addiert u. die Umlagerung des entstandenen Kations (VIII) dann über die Zwischenstufe **IX** erfolgt (vgl. MARVELL u. MAGOON, C. **1957.** 6123 u. GOODWIN u. WITKOP, J. Amer. chem. Soc. **79.** [1957.] 179).

Versuche: *2.2-Dimethyl-1-oxo-1.2-dihydronaphthalin* (I), $Kp._{0,7}$ 106°, aus 2.2-Dimethyltetralon-(1) (vgl. MARVELL u. GEISZLER, l. c.). — *1.1-Dimethyl-2-oxo-1.2-dihydronaphthalin* (V), $C_{12}H_{12}O$, $Kp._{0,5}$ 100°, F. 72—73° (PAe.), aus 22 g 1.1-Dimethyltetralon-(2) u. Brom in CCl_4 bei 70° (1 Std.) u. Behandeln des rohen Bromids mit sd. Kollidin; 16 g (Ausbeute). *2.4-Dinitrophenylhydrazon,* F. 223—224° (Bzl./A.). — *3.4-Dimethyl-1-acetoxynaphthalin,* F. 88—89° (Bzl., PAe.), a) aus 15 g I in Essigsäureanhydrid u. wenig 85%ig. H_2SO_4 bei 20° (6 Std.); 16 g; b) aus 16 g IV analog (5 Tage); 16 g. — *3.4-Dimethylnaphthol-(1)* (IV), F. 121,5—122,5° (Bzl., PAe.), aus vorst. Verb. a) mit $LiAlH_4$ in Ae., b) mit sd. 5%ig. methanol. KOH (1 Std.). *Pikrat,* F. 164—165° (Bzl.). — *2.2-Tetramethylen-1-oxo-1.2-dihydronaphthalin* (II), analog I. *Oxim,* F. 109,5 bis 111° (CH_3OH). — *1.1-Tetramethylen-2-oxo-1.2-dihydronaphthalin* (VI), $C_{14}H_{14}O$, $Kp._{0,5}$ 132°, F. 70—71° (PAe.), analog V. *2.4-Dinitrophenylhydrazon,* $C_{20}H_{18}N_4O_4$, F. 183 bis 184° (Bzl. + A.). — *1.2.3.4-Tetrahydrophenanthrol-(9),* F. 105° (PAe.), a) aus II wie IV u. Red. der *Acetylverb.* (F. 80—81°) mit $LiAlH_4$; b) aus V u. Verseifen der Acetylverb. mit sd. methanol. KOH. — *2.2-Pentamethylen-1-oxo-1.2-dihydronaphthalin* (III), $Kp._{0,5}$ 142—145°, aus 2.2-Pentamethylentetralon-(2) wie V. *2.4-Dinitrophenylhydrazon,* $C_{21}H_{20}N_4O_4$, F. 143—144° (A. + Bzl.). *Oxim,* $C_{15}H_{17}NO$, F. 149—150° (Bzl. + PAe.). — *1.1-Pentamethylen-2-oxo-1.2-dihydronaphthalin* (VII), $C_{15}H_{16}O$, $Kp._{0,3}$ 137—140°, F. 70

bis 71° (PAe.), aus 1.1-Pentamethylentetralon-(2). *2.4-Dinitrophenylhydrazon*, F. 156 bis 157° (Bzl. + A.). — *3.4-Cycloheptenonaphthol-(1)*, $C_{15}H_{16}O$, F. 133—134° (Bzl., PAe.), aus **III** oder **VII** wie **IV** u. Verseifen der *Acetylverb.* [F. 73—74° (PAe.)] mit sd. methanol. KOH (30 Min.). (Bull. Soc. chim. France [5] **1959**. 11—15. Jan. Montpellier, École Nat. Sup. de Chim.) H. GOLD. 2700

H.-W. Wanzlick und **Marianne Lehmann-Horchler**, *Die Blaufärbung des β-Tetralons.* Inhaltlich ident. mit der C. **1958**. 5659 referierten Arbeit. (Angew. Chem. **67**. 517. 7/9. 1955. Berlin-Charlottenburg, TU, Organ.-chem. Inst.) H. PRACEJUS. 2700

N. P. Buu-Hoï, Denise Lavit und **Jeannine Collard**, *Orientierung bei der Friedel-Crafts-Acetylierung von Nerolin und seinen 6-Alkylhomologen.* Aus β-Methoxynaphthalin, Acetylchlorid (I) u. $AlCl_3$ in Nitrobenzol (II) werden in Abhängigkeit von den Reaktionsbedingungen *2-Methoxyacetonaphthon-(1)* (V) bzw. *2-Methoxyacetonaphthon-(6)* neben *1.6-Diacetyl-2-methoxynaphthalin* erhalten. 6-Propyl-2-methoxynaphthalin reagiert mit I u. $AlCl_3$ in II oder CS_2 zu *2-Methoxy-6-propylacetonaphthon-(1)*, das bei der PFITZINGER-Rk. mit Isatin *2-[2-Methoxy-6-propylnaphthyl-(1)]-cinchoninsäure* gibt, die auch aus 2-Methoxy-6-propylnaphthaldehyd-(1) durch DOEBNER-Kondensation mit Brenztraubensäure u. Anilin erhalten wird. — Das von Vff. verwendete 6-Propylnaphthol-(2) (III, F. 97°) zeigt andere Eigg. als das von DESAI u. WARAVDEKAR (Proc. Indian Acad. Sci., Sect. A **24**. [1946.] 382) beschriebene vom F. 120—121°, bei dem es sich wahrscheinlich um β-Naphthol handelt. Für *6-Butylnaphthol-(2)* (IV) wurde der F. 105° statt 97—98° gefunden. III u. IV lassen sich durch Kondensation mit 2.3-Dichlornaphthochinon-(1.4) (VI) zu *6″-Propyl-* (VII) bzw. *6″-Butyldinaphtho-[2′.3′:2.3;1″.2″:4.5]-furanchinon-(1′.4′)* charakterisieren. — Aus 6-Äthyl-2-methoxy-1-methylnaphthalin, I u. $AlCl_3$ in II entsteht wahrscheinlich *6-Äthyl-2-methoxy-1-methylacetonaphthon-(8)*, aus dem durch PFITZINGER-Rk. vermutlich *2-[6-Äthyl-2-methoxy-1-methylnaphthyl-(8)]-cinchoninsäure* erhalten wird. 1-Methyl-6-propylnaphthol-(2) gibt mit Octansäure ausschließlich *1′.1″-Dimethyl-6′.6″-dipropyldinaphtho-[2′.3′:2.3;2″.3″:5.4]-furan.*

Versuche: *2-Methoxyacetonaphthon-(1)* (V), F. 59—60° (PAe.), a) durch Zugabe von $AlCl_3$ zu 200 g Nerolin u. I in II unter Eiskühlung, 12 std. Stehen bei Raumtemp. u. fraktionierte Dest.; 76 g; liefert durch Kochen mit Pyridin·HCl *2-Hydroxyacetonaphthon-(1)*, F. 65°. — *2-Methoxyacetonaphthon-(6)*, F. 110°, a) neben V; 6 g; b) aus 192 g Nerolin u. $AlCl_3$ in II durch Zugabe von I unter Eiskühlung in 20 Min. u. 12 Std. bei Raumtemp.; 80 g; liefert mit sd. Pyridin·HCl *2-Hydroxyacetonaphthon-(6)*, F. 172°. Daneben *1.6-Diacetyl-2-methoxynaphthalin*, $C_{15}H_{14}O_3$, F. 155° (A.), Nadeln; 4 g. — *2-Methoxy-6-propylacetonaphthon-(1)*, $C_{16}H_{18}O_2$, F. 52° (PAe.), $Kp._{15}$ 214°, durch Zugabe von $AlCl_3$ zu 2-Methoxy-6-propylnaphthalin [durch KISHNER-WOLFF-Red. von 17,8 g 2-Methoxypropionaphthon-(6)] u. I in II oder CS_2 unter Eiskühlung u. 12 std. Stehen bei Raumtemp.; Nadeln; 15 g. — *2-[2-Methoxy-6-propylnaphthyl-(1)]-cinchoninsäure*, $C_{24}H_{21}NO_3$, F. 209° (Methanol), a) aus 2 g vorst. Verb., Isatin u. KOH in A. durch 24 std. Kochen; gelbliche Nadeln; 2 g; b) aus 3 g 2-Methoxy-6-propylnaphthaldehyd-(1), Anilin u. Brenztraubensäure in A. durch 24 std. Kochen; 0,8 g. — *2-[2-Methoxy-6-propylnaphthyl-(1)]-chinolin*, durch Erhitzen vorst. Säure. *Pikrat*, $C_{29}H_{24}N_4O_8$, F. 214° (Zers.), aus A. gelbe Nadeln. — *6-Äthyl-2-methoxy-1-methylacetonaphthon-(8?)*, $C_{16}H_{18}O_2$, F. 64° (PAe.), $Kp._{11}$ 212°, durch Zugabe von $AlCl_3$ zu 28 g 6-Äthyl-2-methoxy-1-methylnaphthalin u. I in II unter Eiskühlung; Nadeln; 9,5 g. — *1′.1″-Dimethyl-6′.6″-dipropyldinaphtho-[2′.3′:2.3;2″.3″:5.4]-furan*, $C_{28}H_{28}O$, F. 207° (Cyclohexan), aus 15 g 1-Methyl-6-propylnaphthol-(2), Octansäure u. $ZnCl_2$ in 28 Std. bei 165—175° u. Dest. bei 320°/0,5 mm; schwachgelbe Nadeln; unlösl. in wss. Alkali; 0,5 g. — *6-Propylnaphthol-(2)* (III), $C_{13}H_{14}O$, F. 96° (Cyclohexan), $Kp._{12}$ 185°, durch ½ std. Kochen von 42 g 2-Methoxy-6-propylnaphthalin in Pyridin·HCl; Blättchen; 30 g. — *6″-Propyldinaphtho-[2′.3′:2.3;-1″.2″:4.5]-furanchinon-(1′.4′)* (VII), $C_{23}H_{16}O_3$, F. 222° (Xylol), aus VI u. 0,4 g III in wasserfreiem Pyridin durch 1 std. Kochen; goldgelbe Nadeln; gibt mit H_2SO_4 eine grünlichblaue Halochromie; 0,7 g. — *6-Butylnaphthol-(2)* (IV), F. 105°, aus 6-Butyl-2-methoxynaphthalin analog **III**; Blättchen. — *6″-Butyldinaphtho-[2′.3′:2.3;1″.2″:4.5]-furanchinon-(1′.4′)*, $C_{24}H_{18}O_3$, F. 223°, aus **IV** u. **VI** analog **VII**; goldgelbe Nadeln. (Croat. chem. Acta **29**. 291—95. 30/12. 1957. Paris, Univ., Radium Inst.) D. KIRSTEIN. 2700

Russell Gaertner, *Reduktive Acetylierung von Dien–Halogenbenzochinon-Addukten.* Die Darst. von *2.3-Dichlor-1.4-diacetoxy-5.8-dihydronaphthalinen* (**A**) aus 2.3.9.10-Tetrachlor-5.8.9.10-tetrahydronaphthochinonen, den Addukten aus Chloranil (I) u. Dienen, gelingt durch „reduktive Acetylierung", d. h. durch Behandlung mit Zn-Staub in Acetanhydrid u. Pyridin als Katalysator. Auf diese Weise werden aus den Addukten von I mit Isopren, 2-Methylpentadien-(1.3), 2.3-Dimethylbutadien u. Cyclopentadien das *6-Methyl-*, *5.7-* u. *6.7-Dimethyl-* sowie das *5.8-Methylenderiv.* von **A** dargestellt. Die

Struktur dieser Verbb. wird durch Hydrierung zu den entsprechenden *Tetrahydroderivv.* u. durch Oxydation mit Chromsäure zu den bekannten aromat. *Diacetaten* bewiesen. In gleicher Weise reagieren die Addukte von Dienen mit 2.5-Dichlorbenzochinon zu *2-Chlor-1.4-diacetoxy-5.8-dihydronaphthalinen*, die mit Schwefel bei 230—240° zu den aromat. *Diacetaten* dehydriert werden können. An Stelle von Pyridin können auch andere tert. Amine (Dimethylanilin u. Tri-n-hexylamin) als Katalysatoren verwendet werden, ohne die Ausbeute zu verringern. In Abwesenheit von Katalysatoren wird bei der reduktiven Acetylierung ein Agglomerat des Zn-Staubs erhalten, das bei der Zugabe von Pyridin zerstört wird. Vermutlich findet die Rk. an der Oberfläche des Zn statt: diese wird mit dem Zn-Salz des Hydrochinons überzogen, das nicht mit Acetanhydrid reagieren kann, bevor dieses durch Komplexbldg. mit einem tert. Amin aktiviert wird. Die Synth. von *5.8-Dihydro-1.4-diacetoxynaphthalinen* (**B**) aus einfachen Dien–Benzochinon-Addukten wird untersucht. Die Bldg. der *5.8.9.10-Tetrahydronaphthochinone* erfolgt glatt in Acetanhydrid oder Isopropenylacetat. Bei Zugabe von Pyridin zu dem Reaktionsgemisch in Acetanhydrid ohne vorherige Isolierung der entstandenen Addukte findet eine exotherme Isomerisierungsacetylierung zu **B** statt. Aus dem Reaktionsgemisch von Isopren u. Benzochinon in Isopropenylacetat wird nach der Behandlung mit wenig H_2SO_4 *Aceton* u. in 72,5%ig. Ausbeute das *6-Methylderiv.* (II) von **B** isoliert. Die Anwendung dieser Meth. auf die Addukte von Toluchinon u. Butadien oder 2-Methylpentadien liefert nur 22—38%ig. Ausbeuten der entsprechenden *2-Methylderivv.* von **B**. Pyridin katalysiert diese Rk. nicht. Die Synth. von *1.4-Diacetoxynaphthalinen* gelingt glatt durch Darst. der **B** u. anschließende Oxydation mit Schwefel. Diese Meth. erzielt bessere Ausbeuten als die direkte Oxydation der Benzochinon–Dien-Addukte zu den entsprechenden Naphthochinonen u. deren reduktive Acetylierung.

Versuche: 1.4-Diacetoxy-2.3-dichlor-5.8-dihydronaphthaline (**A**), durch Zugabe von 5 Tropfen Pyridin zu einem Gemisch des I–Dien-Addukts mit einem 50%ig. Überschuß von Zn-Staub in einem 5fachen Überschuß von Acetanhydrid unter Rühren, Kühlen bzw. langsames Erhitzen auf 50—60° je nach Ablauf der Rk. u. vorsichtige Zugabe von W. zur Hydrolyse des überschüssigen Acetanhydrids; 74—98%ig. Ausbeuten. Die Reinigung erfolgt durch Umkristallisation aus Methanol/Chlf. u. Sublimation bei 1 mm: *5.8-Methano-*, F. 131—132°; 98%. — *6-Methyl-*, F. 166—167°; 95%. — *5.7-Dimethyl-*, F. 136—137°; 74%. — *6.7-Dimethyl-*, F. 239 bis 241°; 98%. — *1.4-Diacetoxy-2.3-dichlor-5.8-dihydronaphthalin*, F. 197—199°; 100%. — *1.4-Diacetoxy-2.3-dichlornaphthalin*, F. 236—238° (Chlf./A.), a) durch tropfenweise Zugabe von Chromsäure in wenig W. zu vorst. Verb. in Essigsäure unter Kühlen bei einer Temp. von 90—100°; b) durch reduktive Acetylierung von 2.3-Dichlornaphthochinon-(1.4); 55%. — *2-Chlor-1.4-diacetoxy-5.8-dihydronaphthalin*, F. 138—139°, analog den 2.3-Dichlorverbb.; 88%. — *2-Chlor-1.4-diacetoxy-5.8-dihydro-6.7-dimethylnaphthalin*, F. 159—160°; 84%. — *2-Chlor-1.4-diacetoxy-6.7-dimethylnaphthalin*, $C_{16}H_{15}ClO_4$, F. 141,5 bis 142,5° (Methanol), durch 50 Min. langes Erhitzen vorst. Verb. mit Schwefel auf 230—240°; 47%. — 1.4-Diacetoxy-5.6.7.8-tetrahydronaphthaline, durch Hydrierung der entsprechenden Dihydroverbb. bei Zimmertemp. u. 3—4 at über Adams Pt-Oxydkatalysator: *2.3-Dichlor-*, $C_{14}H_{14}Cl_2O_4$, F. 181—182° (Methanol). — *2.3-Dichlor-5.8-methano-*, $C_{15}H_{14}Cl_2O_4$, F. 139—140° (Methanol). — *2-Chlor-*, $C_{14}H_{15}ClO_4$, F. 115,5—116,5° (Methanol). — 1.4-Diacetoxy-5.8-dihydronaphthaline (**B**), durch 2—4 Tage langes Stehen von Benzochinon u. den entsprechenden Dienen in Acetanhydrid bei Zimmertemp. im Dunkeln, Erhitzen auf 40—70° u. dabei tropfenweise Zugabe von Pyridin, gegebenenfalls Kühlen u. Hydrolyse des Acetanhydrids mit Wasser. Die Reinigung erfolgt durch Umkristallisation aus Methanol u./oder Sublimation im Vakuum: *6-Chlor-*, F. 107—109°; 98%. — *2-Methyl-* (III), F. 104—105,5°; 91%. — *6-Methyl-* (II), F. 104,5—106°; 100%. — *5.8-Methano-* (verunreinigt mit dem entsprechenden *Anthrahydrochinondiacetat*), F. 86—88°; 62%. — *5.7-Dimethyl-* (verunreinigt mit dem entsprechenden *Anthrahydrochinondiacetat*), F. 56—59°; 57%. — *6.7-Dimethyl-* (V), F. 126—128°; 100%. — *2.6.7-Trimethyl-*, F. 138—139°; 97%. — *2.6-* u. *2.7-Dimethyl-* (IV), F. 100—120°; 88%. — *6-* u. *7-Chlor-2-methyl-*, F. 92—100°; 83%. — *1.4-Diacetoxy-5.8-dihydronaphthalin*, F. 130,5—131,5°; 99%. — Durch 4 Tage langes Stehen der Komponenten in Isopropenylacetat u. anschließende Zugabe von konz. H_2SO_4 können II (72,5%; daneben *Aceton*), IV (22%) sowie III (38%) dargestellt werden. Die so isolierten Verbb. sind wesentlich unreiner als die nach der Acetanhydrid/Pyridin-Meth. dargestellten Verbindungen. — *1.4-Diacetoxy-6.7-dimethyl-5.6.7.8-tetrahydronaphthalin*, $C_{16}H_{20}O_4$, F. 78,5—80°, durch Hydrierung von V; 96%. — *1.4-Diacetoxy-6-methylnaphthalin*, $C_{15}H_{14}O_4$, F. 102—103,5°, a) aus II durch Erhitzen mit Schwefel bei 230—240°; 92%; b) aus 6-Methylnaphthochinon-(1.4) durch reduktive Acetylierung; 77%. — *1.4-Diacetoxy-5.7-dimethylnaphthalin*, $C_{16}H_{16}O_4$, F. 105—108°, aus 5.7-Di-

methylnaphthochinon-(1.4); 66%. — 2.3.9.10-Tetrachlor-5.8.9.10-tetrahydronaphthochinone: *6.7-Dichlorid*, $C_{10}H_6Cl_6O_2$, F. 137—138,5°, durch Einleiten von Cl_2 in eine Lsg. des I–Butadien-Addukts in CCl_4 in Ggw. eines Jodkristalls; aus Methanol/Chlf. cremefarbene Prismen; 59%. — *6.7-Dibromid*, $C_{10}H_6Br_2Cl_4O_2$, F. 174—176°, aus Methanol flache Nadeln. — *6.7-Epoxyd*, $C_{10}H_6Cl_4O_3$, F. 167,5—169,5°, durch 12std. Stehen eines Gemisches des I–Butadien-Addukts mit 29%ig. H_2O_2 in 87%ig. HCOOH, 1std. Erhitzen auf 55—60° unter Rühren, weitere Zugabe von H_2O_2 u. kurzes Erhitzen auf 75°; nach Verdünnen mit W. entsteht ein zäher Körper (63%), der wiederholt aus Methanol/Chlf. umkrist. wird; Rhomben. (J. org. Chemistry **24**. 61—63. Jan. 1959. Dayton, Ohio, Monsanto Chem. Co., Res. Dep., Res. and Engng. Div.)
U. KRÜGER. 2700

J. A. Barltrop und **M. L. Burstall,** *Die Synthese von Tetracyclinen.* 1. Mitt. *Einige Modelldienreaktionen.* 2.5-Diacetoxybenzochinon (I) reagiert mit Butadien (II) zu *cis-2.10-Diacetoxy-1.4.5.8.9.10-hexahydro-1.4-dioxonaphthalin* (III), aus dem durch Luftoxydation in heißer alkal. Lsg. *2-Hydroxynaphthochinon-(1.4)* entsteht. Analog wird aus Cyclopentadien (IV) u. I *cis-2.10-Diacetoxy-1.4.5.8.9.10-hexahydro-5.8-endomethylen-1.4-dioxonaphthalin* gebildet. Weitere Einw. von II auf I oder III führt zu *cis.cis-11.13-Diacetoxy-1.4.5.8.11.12.13.14-oktahydroanthrachinon* (V), aus dem durch Luftoxydation *Anthrachinon* (VI) entsteht. Unter energ. Bedingungen wird statt V *1.4.5.8-Tetrahydroanthrachinon* erhalten. II reagiert träge mit 2-Hydroxynaphthochinon-(1.4) zu dem nicht isolierten *11-Hydroxy-1.4.11.12-tetrahydroanthrachinon*, aus dem durch Oxydation VI erhalten wird, das analog auch aus II u. 2-Methoxynaphthochinon-(1.4) über *11-Methoxy-1.4.11.12-tetrahydroanthrachinon-(1.4)* entsteht. Aus 2-Acetoxynaphthochinon-(1.4) (VII) u. II wird bei 100° *11-Acetoxy-1.4.11.12-tetrahydroanthrachinon* erhalten, bei 130° ausschließlich *1.4-Dihydroanthrachinon.* VII u. IV reagieren zu *11-Acetoxy-1.4.11.12-tetrahydro-1.4-endomethylenanthrachinon.*

Versuche (z. T. mit **B. N. Chukwudebe**): *2.5-Dihydroxybenzochinon*, $C_6H_4O_4$, F. 210—215° (Zers.; Eisessig), aus Resorcin u. 11%ig. Peressigsäure in Essigsäure unter Kühlung; orangefarbene Nadeln; 69% (Ausbeute). *Diacetat* (I), $C_{10}H_8O_6$, F. 151 bis 152°, mit Acetanhydrid u. 10%ig. Perchlorsäure; citronengelbe Nadeln; 65%. — *cis-2.10-Diacetoxy-1.4.5.8.9.10-hexahydro-1.4-dioxonaphthalin* (III), $C_{14}H_{14}O_6$, F. 120 bis 121° (Ae.), aus I u. II in Bzl. durch 7std. Erhitzen auf 110° im Rohr; 69%. — *2-Hydroxynaphthochinon-(1.4)*, $C_{10}H_6O_3$, F. 190—191° (Zers.), aus III u. Na-Äthylat in Methanol durch 4std. Kochen; nach Sublimation gelbe Nadeln; 41%; liefert mit II in A. bei 135—140° in 65 Std. ein gummiartiges Prod. u. daraus durch 4std. Kochen mit alkoh. KOH *Anthrachinon* (VI), $C_{14}H_8O_2$; 32%, das analog auch aus 2-Methoxynaphthochinon u. II erhalten wird; 33%. — *cis-2.10-Diacetoxy-1.4.5.8.9.10-hexahydro-5.8-endomethylen-1.4-dioxonaphthalin*, $C_{15}H_{14}O_6$, F. 112—113° (Tetrahydrofuran), aus I u. IV in Bzl. im Rohr in 7 Std. bei 130°; 68%. — *cis.cis-11.13-Diacetoxy-1.4.5.8.11.12.13.-14-oktahydroanthrachinon* (V), $C_{18}H_{20}O_6$, F. 211° (Zers.), a) aus III u. II in Bzl. bei 120° im Rohr in 275 Std.; 100%; b) aus I u. II analog a); liefert durch 16std. Kochen in methanol. KOH VI, F. 285°; 32%. — *1.4.5.8-Tetrahydroanthrachinon*, $C_{14}H_{12}O_2$, F. 210 bis 211° (Zers.), aus III u. II in Bzl. in 40 Std. bei 170°; gelbe Nadeln, die im Licht schnell dunkel werden; 14%; liefert analog V in 2 Std. VI; 100%. — *11-Acetoxy-1.4.11.12-tetrahydroanthrachinon*, $C_{16}H_{14}O_4$, F. 146—147°, aus VII u. II in Bzl. in 150 Std. bei 100°; sublimiert im Vakuum, Nadeln; 83%; liefert analog V in 12 Std. VI; 33%. — *1.4-Dihydroanthrachinon*, $C_{14}H_{10}O_2$, F. 215—217° (Zers.; PAe.), aus VII u. II in Bzl. bei 130° in 150 Std.; gelbe, an der Luft dunkel werdende Nadeln; 32%; liefert VI. — *11-Acetoxy-1.4.11.12-tetrahydro-1.4-endomethylenanthrachinon*, $C_{17}H_{14}O_4$, F. 197—199° (Bzl.), aus VII u. IV in Bzl. bei 130° in 74 Std.; läßt sich unverändert unter n. Druck dest.; 63%. (J. chem. Soc. [London] **1959**. 2183—86. Juni. Oxford, Dyson Perrins Labor.)
D. KIRSTEIN. 2800

Jacques J. Panouse und **Charles Sannié,** *Untersuchungen über die Totalsynthese des Sterinkerns.* 7. Mitt. *Synthese von Ketonen mit einem hydrierten Cyclopentanonaphthalinkern.* (6. vgl. C. **1958**. 4769.) Durch Rk. von 2-Methyl-1-[2-diäthylaminoäthyl]- (I) bzw. -1-[2-morpholinoäthyl]-cyclohexen-(1)-on-(3) (VIII) mit 2-Methylcyclopentandion-(1.3) (II) entsteht direkt unter Abspaltung des entsprechenden Amins *1-[2-Methyl-1.3-diketocyclopentyl-(2)]-2-[2-methyl-3-ketocyclohexen-(1)-yl-(1)]-äthan* (III). Die Stabilität von I beim Erhitzen mit tert.-Amylalkohol–Bzl. auf 80° spricht gegen eine intermediäre Bldg. von 1-Vinyl-2-methylcyclohexen-(1)-on-(3) (IV). III entsteht in Übereinklang damit auch bei Rk. von IV mit II in Ggw. von $(C_2H_5)_2NH$ oder Morpholin (VI). In Ggw. von Pyrrolidin wird III nicht erhalten. 2-Methyl-1-morpholinocyclopenten-(1)-on-(3) (V), das sich bei der Rk. von IV mit VI u. II aus VI u. II als Nebenprod. bildet, gibt mit **IV** bei 115° *4.13-Dimethyltricyclo-[7.4.0.0⁴·⁸]-tridecen-(1,13)-ol-(8)-dion-(5.12)* (**VII**) vom F. 144°. Aus **V** u. **VIII** werden nur rotgefärbte Prodd. erhalten, die chromatograph. mit den Nebenprodd. bei der **III**-Darst. aus **VIII** u. **II** bzw. aus **IV**, **VI** u. **II** ident. sind. Die Ausbeuten an **III** sind durch einen **I**- oder **IV**-Überschuß, Zugabe von Essigsäure, Variation der Temp. oder der Lösungsmittel nicht zu erhöhen. Eine direkte MICHAEL-Addition von **IV** an **II** ist aber mit ausgezeichneten Ausbeuten an **III** in Pyridin möglich. Ein *isomeres* **VII** vom F. 159° entsteht bei der Kondensation von **IV** mit **II** in Ggw. von $(C_2H_5)_2NH$ bei 110°, mitunter auch als Nebenprod. der Rk. von **I** mit **II**. **III** wird durch sein IR- u. UV-Spektr., sein *Tris-[2.4-dinitrophenylhydrazon]* sowie durch Überführung mit wss. Na_2CO_3 in *7-[2-Methyl-3-ketocyclohexen-(1)-yl]-4-keto-5-methylheptansäure* charakterisiert. **VII** vom F. 144° u. sein Isomeres vom F. 159° werden durch IR- u. UV-Spektren charakterisiert, wobei ersterem eine trans-Hydrindan-, letzterem eine cis-Hydrindankonfiguration an der 4 → 8-Bindung zugeordnet wird. **III** reagiert nicht mit N-Methylanilino-MgBr.

Versuche: *1-[2-Methyl-1.3-diketocyclopentyl-(2)]-2-[2-methyl-3-ketocyclohexen-(1)-yl-(1)]-äthan* (**III**), $C_{15}H_{20}O_3$, F. 85° (Ae., Isopropyläther u. Aceton–Hexan), a) durch 52std. Erhitzen von **II** u. **I** in Eisessig/tert.-Butanol/absol. Bzl. auf 80°, Einengen u. Aufnehmen mit Ae./wss. $NaHCO_3$; 35% (Ausbeute); b) durch 144std. Kochen von **IV** u. **II** in absol. Pyridin u. Toluol in Ggw. von Hydrochinon (**IX**) unter N_2; 60%. — *4.13-Dimethyltricyclo-[7.4.0.0⁴·⁸]-tridecen-(1,13)-ol-(8)-dion-(5.12)* (**VII**), $C_{15}H_{20}O_3$, F. 144° (Ae.) a) neben **III** nach a) durch Chromatographie an Al_2O_3; b) durch 25tägiges Erhitzen von **IV** u. **V** in tert.-Amylalkohol/absol. Toluol auf 115° im Rohr in Ggw. von **IX**, Abfiltrieren einer *Verb. vom F. 176—179°* (*Additionsprod.* von **IX** u. **V**), Einengen u. Chromatographie (daneben ein *Polymeres vom F. 200°*, $[(C_9H_{12}O_4)_4 \cdot O_5]_n$). *Isomeres vom F. 159°* (wss. A.), durch 65std. Erhitzen von **II**, **IV** u. $(C_2H_5)_2NH$ in tert.-Butanol/absol. Bzl. in Ggw. von **IX** im Rohr auf 110° u. Chromatographie (daneben **III**). — *7-[2-Methyl-3-ketocyclohexen-(1)-yl]-4-keto-5-methylheptansäure*, $C_{15}H_{22}O_4$, F. 252—254° (95%ig. A.), durch 2½std. Kochen von 0,5 g **III** mit 10%ig. Na_2CO_3-Lsg., Filtrieren, Ausäthern, Ansäuern u. Ausäthern; kleine Nadeln; 0,15 g. (Bull. Soc. chim. France [5] **1956.** 1429 bis 1435. Okt. Paris, Muséum Nat. d'Histoire Natur., Labor. de Chim.) O. UNGER. 2950

Charles Sannié und **Jacques J. Panouse** (unter techn. Mitarbeit von **Colette Neuville**), *Untersuchungen über die Totalsynthese des Sterinkerns.* 8. Mitt. *Synthese von Ketonen mit hydriertem Cyclopentanonaphthalinkern.* (7. vgl. vorst. Ref.) Während 1-[2-Methyl-1.3-diketocyclopentyl-(2)]-2-[2-methyl-3-ketocyclohexen-(1)-yl]-äthan (**I**) bei Einw. von Amberlite IR-120 nicht cyclisiert wird, entsteht bei kurzer Rk. (<2 Std.) mit p-Toluolsulfonsäure (**II**)/Essigsäure (**V**) bei 100° fast quantitativ *4.13-Dimethyltricyclo-[7.4.0.0⁴·⁸]-tridecadien-(1,13.8)-dion-(5.12)* (**III**). Bei verlängerter Einw. von **II**/**V** auf **I** oder **III** werden *trans-4.13-Dimethyltricyclo-[7.4.0.0⁴·⁸]-tridecatrien-(1,13.9.11)-ol-(12)-on-(5)* (trans-**IV**) u. sehr wenig *cis*-**IV** erhalten. Bei Behandlung von **I** mit **II**/Acetanhydrid (**VI**) entsteht glatt das *trans*-**IV**-*Acetat*, das mit 2%ig. methanol. KOH zu trans-**IV** verseift wird. **III** wird als *Bis-[2.4-dinitrophenylhydrazon]*, trans-**IV** als *Mono-[2.4-dinitrophenylhydrazon]* charakterisiert. Die Konstitutionszuordnung für **III** u. trans-**IV** erfolgt durch Diskussion ihrer UV- u. IR-Spektren. Die von MARTIN u. ROBINSON (J. chem. Soc. [London] **1943.** 497; **1949.** 1866) als cis- bzw. trans-**IV** beschriebenen Verbb. werden in trans- bzw. cis-**IV** umerkannt.

Versuche: *4.13-Dimethyltricyclo-[7.4.0.0⁴·⁸]-tridecadien-(1,13.8)-dion-(5.12)* (**III**), $C_{15}H_{18}O_2$, F. 91° (Isopropyläther), durch 2std. Erhitzen von **I** (F. 82°), Hydrochinon, **II** u. **V** auf dem Wasserbad unter N_2, Neutralisieren mit Na_2CO_3 u. Ausäthern; 76% (Ausbeute). *Bis-[2.4-dinitrophenylhydrazon]*, $C_{27}H_{26}N_8O_8$, F. > 300°, zinnoberrot. — *trans-4.13-Dimethyltricyclo-[7.4.0.0⁴·⁸]-tridecatrien-(1,13.9.11)-ol-(12)-on-(5)* (trans-**IV**), $C_{15}H_{18}O_2$, F. 193° (absol. Ae./Isopropyläther u. A.), a) durch 24std. Kochen von **I** mit **II** u. **V**; Blättchen; 18%; b) aus **III** in 17 Std.; 20%; c) aus dem Acetat; 82%. *trans-Acetat*, $C_{17}H_{20}O_3$, F. 122° (wss. CH_3OH), durch 6std. Stehen von **I** mit Hydrochinon, **II** u. **VI** in der Kälte unter N_2, 1std. Erwärmen auf 50°, Zugeben von Eis u. Na_2CO_3 u. Ausäthern; Nadeln; 26%. *trans-2.4-Dinitrophenylhydrazon*, $C_{21}H_{22}N_4O_5$, F. 210° (Zers.; 95%ig. A./Essigester), gelb. *cis*-**IV**, F. 230°, in Spuren neben trans-**IV** nach a) u. b) durch Chromatographie. (Bull. Soc. chim. France [5] **1956.** 1435—38. Okt.)

O. UNGER. 2950

T. P. C. Mulholland, *Gibberellsäure.* 9. Mitt. *Die Struktur von Allogibbersäure.* (8. vgl. J. chem. Soc. [London] **1958.** 2536; 5. vgl. C. **1958.** 11798.) Die tetracycl., eine COOH-, eine alkoh. OH-Gruppe u. eine Äthylendoppelbindung enthaltende *Allogibbersäure* (**I**) liefert bei der Ozonolyse 0,4—0,5 Mol *HCHO* u. Ketone mit einem C-Atom weniger als **I**; demnach besitzt **I** eine endständige Methylengruppe. Die KUHN-ROTH-

Best. ergibt für I u. für Dihydroallogibbersäure (II) je 1,1 C-Methylgruppen, da I wahrscheinlich während der Best. zu *Gibbersäure* (III) isomerisiert wird. Die alkoh. OH-Gruppe in I ist tert., da die Acetylierung nur unter drast. Bedingungen erfolgt (unter analogen Bedingungen ergibt II kein p-Toluolsulfonat oder Acetat) u. außerdem keine Oxydation der OH-Gruppe zur Ketogruppe mit CrO_3/Pyridin oder $KMnO_4$/Aceton eintritt. Bei der $KMnO_4$-Oxydation von II bleibt die OH-Gruppe erhalten, es entsteht aber die *Dehydroverb.* $C_{18}H_{20}O_3$ (IV) durch Bldg. einer Doppelbindung in Konjugation zum Benzolring. IV kann durch katalyt. Hydrierung wieder in II verwandelt werden. Bei der Einw. von OsO_4 auf den nichtkrist. IV-Methylester entsteht das krist. *Diol* V. Die Ozonolyse von I ergibt das *einbas. Ketol* VI u. eine *zweibas. Ketosäure* VII; ersteres entsteht ebenfalls

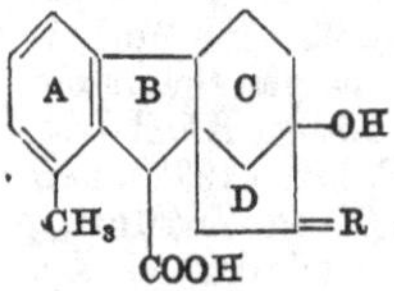

I R = CH_2
VI R = O

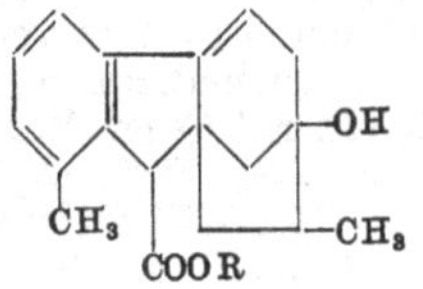

IV R = H

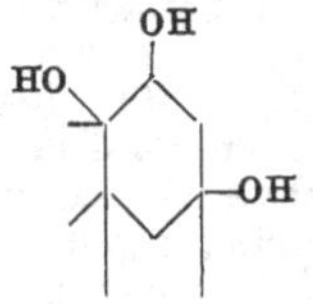

V R = CH_3

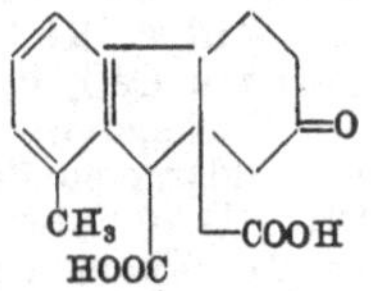

VII

in geringer Ausbeute durch $KMnO_4$-Oxydation von I. Entsprechend ergibt die Ozonolyse des I-Methylesters den VI-*Methylester* u. VII-*Monomethylester*. Letzterer liefert bei der alkal. Hydrolyse nicht VII, sondern eine *isomere* zweibas. *Säure*. VII u. ihr Monomethylester lassen sich zum gleichen VII-*Dimethylester* verestern. Die gleichen Oxydationsprodd. wie bei der Ozonolyse von I werden bei der Oxydation des I-Methylesters mit $Zn(MnO_4)_2$ oder über das *Glykol* VIII durch Aufspaltung mit Na-Wismutat erhalten. Nach letzterer Meth. entsteht auch aus VI u. deren Methylester die *Säure* VII bzw. deren *Monomethylester*. VII läßt sich leicht zum *Anhydrid* dehydratisieren, welches sich auch als Nebenprod. bei der Wismutat-Rk. von VI bildet. Auf Grund der Wismutat-Rkk. müssen VI u. deren Methylester α-Ketole sein. Ihre Beständigkeit gegenüber Bi_2O_3/Essigsäure läßt eine tert. OH-Gruppe vermuten. Eine IR-Bande bei 1750 cm^{-1} deutet auf eine Ketogruppe in einem gesätt. Fünfring hin, zu der sich in α-Stellung eine OH-Gruppe befindet. Die Lage der OH-Gruppe wird durch Dehydrierung von VII bzw. II mit Se zu *7-Hydroxy-1-methylfluoren* sichergestellt. Die Isomerisierung von I zu III in sd. verd. HCl erfolgt wahrscheinlich nach einem WAGNER-MEERWEIN-Mechanismus.

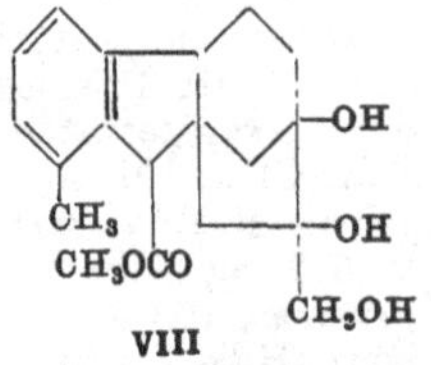

VIII

V e r s u c h e: *Allogibbersäure* (I), *Methylester*, $C_{19}H_{22}O_3$, F. 98—99°, aus I u. CH_2N_2, aus Ae./PAe. Nadeln. *Freie Säure* (I), *Acetylverb.*, $C_{20}H_{22}O_4$, F. 200—204° (Verfärben), aus 99 mg I u. Acetanhydrid/Pyridin in 7 Tagen bei 37°, Gießen auf Eis/HCl u. Ausäthern; aus Ae. Prismen; 54 mg (Ausbeute). — *Ketol* VI, $C_{17}H_{18}O_4$, F. 258—260° (Zers.), a) durch ½std. Zutropfen von 5%ig. wss. $KMnO_4$ zu 284 mg I in $NaHCO_3$-Lsg. bei 0—5°, Klären mit SO_2, Ansäuern mit HCl u. Ausäthern; aus Äthylacetat Nadeln; 29 mg; b) durch ½std. Einleiten von O_3 bei 22° in 284 mg I in Essigsäure, Verdünnen, Dampfdest., Ausschütteln des Destillierrückstandes mit Bzl. u. fraktionierte Kristallisation des gebildeten Nd. aus Methyläthylketon/Äthylacetat; $[\alpha]_D^{18}$ $-69 \pm 3°$ (c = 1,11; A.). *Methylester*, $C_{18}H_{20}O_4$, F. 130—132°, a) aus VI u. CH_2N_2; aus Ae./PAe. Prismen u. Nadeln; $[\alpha]_D^{19}$ $-57 \pm 3°$ (c = 0,56; A.); b) durch Ozonolyse von 200 mg I-Methylester in Essigsäure (18 Min. bei 24°), Verdünnen mit W., Dampfdest., Ausziehen des Destillierrückstandes mit Bzl. u. Chromatographie an Al_2O_3; 31 mg [*2.4-Dinitrophenylhydrazon*, $C_{24}H_{24}N_4O_7$, F. 250—254° (Bzl./Ae.)]. — VII-*Anhydrid*, $C_{17}H_{16}O_4$, F. 279 bis 281° (Zers.), a) durch ½std. Zutropfen von 6,9%ig. $Zn(MnO_4)_2$-Lsg. zu 284 mg I in Aceton, Zers. des überschüssigen $Zn(MnO_4)_2$ im Filtrat mit A. u. Vakuumeinengen bei 25°; aus Methyläthylketon Nadeln oder Prismen; b) durch Erhitzen von VII bei 220°; c) durch 1std. Kochen von 100 mg VII mit Acetanhydrid; 61 mg; d) durch 25std. Schütteln von 250 mg VI in Essigsäure mit Na-Wismutat, Verdünnen mit W. u. Ausäthern; 75 mg (daneben VII). — *Ketosäure* VII, $C_{17}H_{18}O_5$, F. 217—219° (nach Erstarren F. 280° Zers.), a) durch Ozonisieren von I wie oben, Isolieren von VI u. Stehen des aus der benzol-wss. Mutterlauge erhaltenen gummiartigen Prod. mit Äthylacetat; aus Methyläthylketon/Äthylacetat Prismen; $[\alpha]_D^{23}$ $-112 \pm 3°$ (c = 1,27; A.); b) durch Ansäuern des in warmer Na_2CO_3-Lsg. gelösten VII-Anhydrids. *Dimethylester*, $C_{19}H_{22}O_5$, F. 205—207°, aus VII oder dem Monoester u. CH_2N_2; aus CH_3OH Prismen. — *Gibbersäure* (III), *Methyl-*

ester, F. 109—111°, a) durch 2std. Erhitzen von 40 mg **I**-Methylester in CH_3OH unter Einleiten von HCl, Verdünnen u. Ausäthern; aus PAe. Platten; b) durch 1std. Kochen von 124 mg **I**-Methylester in verd. HCl; 112 mg. — **VII**-*Monomethylester*, $C_{18}H_{20}O_5$, F. 239—241° (Zers.), a) neben dem **VI**-Methylester unter b) durch Ausziehen des Reaktionsprod. mit Na_2CO_3-Lsg., Ansäuern u. Ausäthern; aus PAe. Prismen; 43 mg; b) durch kurzes Kochen u. 1std. Stehen von 100 mg **VIII** u. Pb-Tetraacetat in Bzl., Ausziehen des Filtrats mit Sodalsg., Ansäuern u. Ausäthern; 14 mg; c) durch 5½std. Schütteln von 700 Hg **VIII** mit Na-Wismutat wie oben, Verdünnen mit W., Ausziehen mit Bzl. u. Chromatographie an Al_2O_3; 61 mg (daneben der **VI**-*Methylester*). *Oxim*, $C_{18}H_{21}NO_4$, F. 244° (Zers.), aus A. Nadeln. — *Isomere zweibasige Säure* von **VII**, $C_{17}H_{18}O_5$, F. 247 bis 249° (Zers.), durch 4tägiges Stehen von 50 mg **VII**-Methylester in 20%ig. KOH, Ansäuern u. Ausäthern; aus Methyläthylketon/PAe. Prismen; $[\alpha]_D{}^{1}{}_{9}$ $-67 \pm 3°$ (c = 0,54; A.). — *Glykol* **VIII**, $C_{19}H_{24}O_5$, F. 192—194,5°, durch 13tägiges Stehen von 92 mg **I**-Methylester mit OsO_4 in Pyridin im Dunkeln, Vakuumeindampfen, 15 Min. langes Schütteln des Rückstandes in Methylenchlorid mit einer 10%ig. Mannit- u. 1%ig. KOH-Lsg. u. Eindampfen der isolierten organ. Schicht. — *Verb.* $C_{18}H_{20}O_4$, F. 195—197° (Ae./CH_3OH), a) durch 1½std. Behandlung von 1,14 g **I**-Methylester mit 6,7%ig. $Zn(MnO_4)_2$ bei 21°, Vakuumeindampfen des Filtrats unterhalb von 30°, Ausziehen mit Bzl. u. Ae. u. Behandeln der neutralgewaschenen Fraktion mit Ae.; aus Methyläthylketon/PAe. Nadeln; 16 mg; b) durch Behandeln von 150 mg **VI**-Methylester mit $Zn(MnO_4)_2$ wie oben; 41 mg. — *Dihydroallogibbersäure* (**II**), $C_{18}H_{22}O_3 \cdot H_2O$, F. 204—207° (bei 130—140° Entwässerung), durch ½std. Hydrieren von 3 g **I** in CH_3OH über ADAMS-Katalysator; aus CH_3OH Prismen; $[\alpha]_D{}^{21}$ $-67 \pm 3°$ (c = 0,96; A.); 2,61 g. *Acetylderiv.*, $C_{20}H_{24}O_4$, durch 7tägiges Stehen von 104 mg **II** u. Acetanhydrid bei 35° u. Behandeln mit kalter HCl; Glas; 101 mg. — *Dehydroverb.* **IV**, $C_{18}H_{20}O_3 \cdot CH_3OH$, F. 170—172° (nach vorübergehendem Erweichen bei 115—125°), durch 20 Min. langes Zutropfen von 5%ig. $KMnO_4$ zu 572 mg **II** in $NaHCO_3$-Lsg. bei 0—3°, Einleiten von SO_2 u. Ansäuern; aus CH_3OH Prismen; 198 mg. *Hydrat*, $C_{18}H_{20}O_3 \cdot {}^2/_3\, H_2O$, schm. langsam bis 150° klar; löst sich in konz. H_2SO_4 gelb → purpur → rosa. Der *Methylester* ist gummiartig u. liefert durch Behandlung mit OsO_4 analog **VIII** das *Diol* **V**, $C_{19}H_{24}O_5$, F. 169—171° (aus Bzl./PAe. Nadeln). — *1.7-Dimethylfluoren*, F. 101—102°, durch 2std. Erhitzen von 700 mg **I** u. Se unter N_2 auf 360°, Dest. u. Chromatographie in PAe. an Al_2O_3; 26 mg. — *7-Hydroxy-1-methylfluoren*, $C_{14}H_{12}O$, F. 166—168°, a) durch Se-Dehydrierung von 50 mg **VII** wie vorst. u. Chromatographie; aus PAe. Nadeln; 3,5 mg; b) durch Se-Dehydrierung von **II**; 51 mg. *Benzoylderiv.*, $C_{21}H_{16}O_2$, F. 160—161°, aus verd. Essigsäure Platten. *Acetylderiv.*, $C_{16}H_{14}O_2$, F. 131—132°, aus CH_3OH Platten. — Angaben über IR- u. UV-Spektren vgl. Original. (J. chem. Soc. [London] **1958**. 2693—2701. Aug. Frythe, Welwyn, Herts., Imp. Chem. Ind., Akers Res. Labors.) H. LEHWALD. 2950

A. Morrison und **T. P. C. Mulholland**, *Gibberellsäure*. 10. Mitt. *7-Hydroxy-1-methylfluoren*. (9. vgl. vorst. Ref.) Beim Nitrieren von m-Methoxytoluol entsteht ein Gemisch aus vorwiegend *5-Methoxy-2-nitrotoluol* (**I**), wenig *3-Methoxy-4-nitrotoluol* (**II**) u. *3-Hydroxy-2.4.6-trinitrotoluol*. Die Oxydation von **I** mit $KMnO_4$ liefert *5-Methoxy-2-nitrobenzoesäure* (**III**), von der ebenfalls entstehenden *3-Methoxy-4-nitrobenzoesäure* (**IV**) durch fraktionierte Kristallisation abtrennbar. Wird ein Gemisch aus **I** u. **II** in Ggw. von $MgSO_4$ oxydiert, so entsteht nur **IV**. **III** wird durch katalyt. Hydrierung in *5-Methoxy-2-aminobenzoesäure* verwandelt, welche mit Acetanhydrid *6-Methoxy-2-methyl-4-oxo-3.1-benzoxazin* bildet. Die anschließende Einw. von o-Tolyl-MgBr ergibt *2-Acetamido-5-methoxy-2'-methylbenzophenon*, welches entacetyliert u. dann durch Diazotierung u. Ringschluß in *7-Methoxy-1-methylfluorenon* verwandelt wird. Dieses wird zu *7-Hydroxy-1-methylfluorenon* entmethyliert oder aber gleich zu *7-Hydroxy-1-methylfluoren* entmethylierend reduziert. Letzteres ist mit dem in vorst. Mitt. durch Abbau von Allogibbersäure erhaltenen Prod. u. mit dem bei der Dehydrierung von Gibbersäure erhaltenen „Phenol C" (vgl. J. chem. Soc. [London] **1958**. 2520) identisch.

V e r s u c h e (FF. korr.): *5-Methoxy-2-nitrotoluol* (**I**), F. 45—47°, Kp.$_4$ 116—120°, durch Nitrieren von 780 g (in Anteilen von ca. 110 g) m-Methoxytoluol nach COOK u. Mitarbeitern (vgl. C. **1950**. II. 47), Ausschütteln der äther. Lsg. mit $NaHCO_3$-Lsg., Abdest. des Ae. u. Dest.; 58% (Ausbeute); geringfügig verunreinigt durch *3-Methoxy-4-nitrotoluol* (**II**). — *3-Hydroxy-2.4.6-trinitrotoluol*, $C_7H_5N_3O_7$, F. 106,5—109°, durch Ansäuern der bei vorst. Rk. erhaltenen $NaHCO_3$-Lsg.; aus Bzl./PAe. gelbliche Nadeln; 31 g. — *5-Methoxy-2-nitrobenzoesäure* (**III**), $C_8H_7NO_5$, F. 135—136°, durch mehrfache Oxydation des **I**/**II**-Gemisches nach SCHIEMANN (vgl. Ber. dtsch. chem. Ges. **62**. [1929.] 1794) unter jeweiligem Aufarbeiten der nichtoxydierten Ausgangsverb. bis zu einem Rohprod. von 298 g u. fraktionierte Kristallisation aus Bzl./CH_3OH; Prismen u. Nadeln;

220 g. *Methylester*, $C_9H_9NO_5$, F. 55—57°; aus PAe. gelbliche Nadeln. Daneben 15 g *3-Methoxy-4-nitrobenzoesäure* (IV), F. 231—233°; aus A. Nadeln. — *2-Amino-5-methoxybenzoesäure*, $C_8H_9NO_3$, F. 148—150,5°, durch $^3/_4$ std. Hydrieren von 7,6 g III in A. an 5%ig. Pd-Kohle, Vakuumeindampfen des Filtrats u. Sublimation; aus verd. CH_3OH Nadeln; 6,5 g. — *2-Methyl-6-methoxy-4-oxo-3.1-benzoxazin*, $C_{10}H_9NO_3$, F. 119—120°, durch Zutropfen von Acetanhydrid zu 99 g vorst. Verb. bei 130—140° u. Einengen; aus Acetanhydrid Nadeln; 95 g. — *2-Acetamido-5-methoxybenzoesäure*, $C_{10}H_{11}NO_4$, F. 165—166°, durch wss. Hydrolyse vorst. Verb. bei 100°; aus W. Nadeln. *Methylester*, $C_{11}H_{13}NO_4$, F. 96—97°; aus PAe. Prismen. — *2-Acetamido-5-methoxy-2'-methylbenzophenon*, $C_{17}H_{17}NO_3$, F. 123—124°, durch Zutropfen von o-Tolyl-MgBr in Ae. zu einer turbinierten Lsg. aus 11,7 g vorvorst. Verb. in Bzl. bei 0°, 1std. Erwärmen auf 30°, Zers. mit Eis/3n H_2SO_4, Dampfdest. der neutralgewaschenen äther. Lsg., Chromatographie an Al_2O_3 u. Eluieren des im UV-Licht fluorescierenden Bandes; aus CH_3OH Prismen; 7,5 g. — *2-Amino-5-methoxy-2'-methylbenzophenon*, $C_{15}H_{15}NO_2$, F. 62—63°, durch 3½ std. Kochen von 1 g vorst. Verb. mit alkoh. HCl; aus verd. CH_3OH Prismen; 885 mg. — *7-Methoxy-1-methylfluorenon*, $C_{15}H_{12}O_2$, F. 84—85,5°, durch Diazotieren von 2 g vorst. Verb. in 25%ig. HCl bei 0—5° mit wss. $NaNO_2$, 4½ std. Kochen, Ausäthern, Eindampfen u. Chromatographie an Al_2O_3 in Ae./PAe.; aus CH_3OH orangegelbe Nadeln; 538 mg. *Oxim*, $C_{15}H_{13}NO_2$, F. 185—186,5°, aus Nitrobenzol/Essigsäure rote Nadeln. — *7-Hydroxy-1-methylfluoren*, $C_{14}H_{12}O$, F. 166—168°, durch 96std. Erhitzen von 908 mg vorst. Verb. mit rotem P u. konz. HJ in Essigsäure, Ausäthern, Auswaschen mit $Na_2S_2O_4$, Chromatographieren u. Sublimieren; aus Bzl./PAe. Nadeln; 402 mg. *Acetylverb.* $C_{16}H_{14}O_2$, F. 131—132°; aus CH_3OH Platten. *Benzoylverb.*, $C_{21}H_{16}O_2$, F. 159—160,5°; aus verd. Essigsäure oder PAe. Platten. *Methyläther*, $C_{15}H_{14}O$, F. 111—112,5°; aus A. Platten. *1.3.5-Trinitrobenzolat des Methyläthers*, $C_{15}H_{14}O \cdot C_6H_3N_3O_6$, F. 97—98°; aus A. rote Platten. *Addukt des Methyläthers mit 3-Hydroxy-2.4.6-trinitrotoluol*, $C_{15}H_{14}O \cdot C_7H_5N_3O_7$, F. 128,5 bis 130°; aus A. bronzefarbene Nadeln. — *7-Hydroxy-1-methylfluorenon*, $C_{14}H_{10}O_2$, F. 183—184°, durch 3½ std. Kochen von 1 g vorvorst. Fluorenons mit 48%ig. HBr u. Essigsäure u. Chromatographie des isolierten Nd. an Al_2O_3; aus A. rote Nadeln; 640 mg. *Acetylverb.*, $C_{16}H_{12}O_3$, F. 138—140; aus CH_3OH gelbe Nadeln. *Oxim*, $C_{14}H_{11}NO_2$, F. 228,5—230°; aus Toluol gelbgrüne Nadeln. (J. chem. Soc. [London] **1958.** 2702—05. Aug.) H. LEHWALD. 2950

Louis Chardonnens und **Henri Chardonnens**, *Fluorenacene und Fluorenaphene. Synthesen in der Indenofluorenreihe.* 7. Mitt. *cis-Fluorenacen oder Indeno-[2'.1':2.3]-fluoren.* (6. vgl. Helv. chim. Acta **41.** [1958.] 1254; 5. vgl. C. **1957.** 7343; vgl. auch DEUSCHEL, 1. Mitt., C. **1951.** I. 3334.) Für *cis-Fluorenacen* (*Indeno-[2'.1':2.3]-fluoren*) wird eine neue Synth. aus Chalkon (I) u. Diäthylketon (II) beschrieben; die Gesamtausbeute beträgt 37%.

V e r s u c h e (FF. korr.): *2.6-Dimethyl-3.5-diphenylcyclohexen-(2)-on-(1)*, $C_{20}H_{20}O$, F. 80—82° (CH_3OH), aus einer Mischung von I u. II mit 1 Mol Na-Äthylat in sd. A. u. Zers. mit verd. H_2SO_4; erstarrendes goldgelbes Öl, Kp.$_{0,08}$ 165—170°; 81%. — *2.6-Dimethyl-3.5-diphenylcyclohexanol*, Kp.$_{0,1}$ 150—160°, aus vorst. Verb. in mit W. gesätt. Ae. durch Red. mit Na u. A.; transparentes Wachs; 86%. *Acetylverb.*, $C_{22}H_{26}O_2$, Kp.$_{0,06}$ 138—143°, F. 140,5—141,5° (PAe.), mit Acetylchlorid in Essigsäureanhydrid; Nadeln. — *4.6-Diphenyl-1.3-dimethylbenzol*, $C_{20}H_{18}$, F. 65,5—67° (A.), durch Behandeln vorst. Verb. mit Pd-Kohle bei 280—300° unter N_2 (1½ Std.) u. Extrahieren mit Ae.; Blättchen; 72%. — *4.6-Diphenylisophthalsäure*, $C_{20}H_{14}O_4$, F. 224—225° (wss. Essigsäure; Sublimation bei 200°/0,05 mm Torr), durch Oxydation vorst. Verb. mit $KMnO_4$ in wss. Pyridin bei 90—95°; Nadeln; 82,5%. — *cis-Fluorenacendion-(10.12)*, F. 356—357° (Pyridin; Sublimation bei 250°/0,05 mm Torr), aus vorst. Verb. in konz. H_2SO_4 bei 70—80°; goldgelbe Nadeln; 100%. — *cis-Fluorenacen*, F. 220—221° (Bzn.; Sublimation bei 200°/0,05 mm Torr), durch Red. vorst. Verb. nach WOLFF-KISHNER mit Hydrazin u. KOH in sd. Diäthylenglykol; Blättchen; 89%. (Helv. chim. Acta **41.** 2109—11. 1/12. 1958. Freiburg, Schweiz, Univ., Chem. Inst.) H. GOLD. 2950

Louis Chardonnens und **Jean Rody**, *Fluorenacene und Fluorenaphene. Synthesen in der Indenofluorenreihe.* 8. Mitt. *3-Methyl-, 1.4-Dimethyl-, 1.3-Dimethyl- und 1.3.4-Trimethyl-cis-fluorenacen.* (7. vgl. vorst. Ref.) Aus dem Chlorid der *2.4-Dibrom-5-benzoylbenzoesäure* (I), die durch FRIEDEL-CRAFTS-Rk. von 3-Methyl-4.6-dibrombenzoesäure (II) mit Bzl. u. Oxydation des erhaltenen *2.4-Dibrom-5-methylbenzophenons* zugänglich ist, entstehen mit Toluol, p-Xylol, m-Xylol oder Pseudocumol nach FRIEDEL-CRAFTS *4.6-Dibrom-1-benzoyl-3-aroylbenzole.* Der Austausch der Br-Atome gegen NH_2, die Tetrazotierung der Diamine u. die anschließende Cyclisierung liefert CH_3-substituierte *cis-Fluorenacendione*, aus denen durch WOLFF-KISHNER-Red. *3-Methyl-, 1.4-Dimethyl-, 1.3-Dimethyl-* bzw. *1.3.4-Trimethyl-cis-fluorenacen* entstehen; die Gesamtausbeuten betragen 36—43%. Die KW-stoffe lösen sich in konz. H_2SO_4 mit blauer Farbe.

V e r s u c h e (FF. korr.): *2.4-Dibrom-5-methylbenzophenon*, $C_{14}H_{10}Br_2O$, Kp.$_{0,05}$ 152°, F. 95° (A.), aus *4.6-Dibrom-3-methylbenzoylchlorid* [Kp.$_{15}$ 170°, aus II u. $SOCl_2$] u. $AlCl_3$ in Bzl. bei 50°; Prismen; 87,5%. — *2.4-Dibrom-5-benzoylbenzoesäure* (I), $C_{14}H_8$·Br_2O_3, F. 183° (wss. A. u. Bzl.), aus vorst. Verb. u. HNO_3 (D. 1,075) bei 200° im Autoklaven; Nadeln; 92%. — 4.6 - D i b r o m - 1 - b e n z o y l - 3 - a r o y l b e n z o l e: *-3-[4'-methylbenzoyl]-* (III), $C_{21}H_{14}Br_2O_2$, F. 109° (A.), aus I u. $SOCl_2$ u. Behandeln des erhaltenen *Chlorids* mit Toluol u. $AlCl_3$ in CS_2 bei 25—30° u. 50° (1 Std.); Tafeln; 92%. — *-3-[2'.5'-dimethylbenzoyl]-*, $C_{22}H_{16}Br_2O_2$, F. 132°; 90%. — *-3-[2'.4'-dimethylbenzoyl]-*, $C_{22}H_{16}Br_2O_2$, F. 129°; 90%. — *-3-[2'.4'.5'-trimethylbenzoyl]-*, $C_{23}H_{18}Br_2O_2$, F. 164° (Aceton), Tafeln oder Prismen. — 4.6 - D i a m i n o - 1 - b e n z o y l - 3 - a r o y l - b e n z o l e: *-3-[4'-methylbenzoyl]-* (IV), $C_{21}H_{18}N_2O_2$, F. 209° (A.), aus III u. fl. NH_3 im Autoklaven bei 105—110° (8 Std.; 65—70 at); hellgelbe Tafeln; 80%. — *-3-[2'.5'-dimethylbenzoyl]-*, $C_{22}H_{20}N_2O_2$, F. 201°, hellgelbe bipyramidale Kristalle; 78%. — *-3-[2'.4'-dimethylbenzoyl]-*, F. 195°, hellgelbe Prismen; 75%. *Diacetylverb.*, $C_{26}H_{24}N_2O_4$, F. 185° (A.), Nadeln. — *-3-[2'.4'.5'-trimethylbenzoyl]-*, $C_{23}H_{22}N_2O_2$, F. 207°, hellgelbe Prismen; 87%. — A l k y l - c i s - f l u o r e n a c e n d i o n e - (10. 12): *3-Methyl-* (V), $C_{21}H_{12}O_2$, F. 351° (Pyridin, Sublimation bei 270°/0,03 mm Torr), durch Tetrazotieren von IV in verd. H_2SO_4 bei 0°, Erwärmen der Lsg. auf dem Wasserbad (30—40 Min.), Fällen mit W. u. Behandeln des Nd. mit heißer verd. NaOH; goldgelbe Tafeln; 72,5%. *Bis-phenylhydrazon*, $C_{33}H_{24}N_4$, F. 212—214° (A. + Aceton, Zers.), orangebraune Kristalle. — *1.4-Dimethyl-*, $C_{22}H_{14}O_2$, F. 306°; 78%. *Bis-phenylhydrazon*, F. 232—234° (Zers.), braune Nadeln. — *1.3-Dimethyl-*, F. 314°, goldgelbe Nadeln; 73%. *Bis-phenylhydrazon*, $C_{34}H_{26}N_4$, F. 234—236° (Zers.). — *1.3.4-Trimethyl-*, $C_{23}H_{16}O_2$, F. 308°, goldgelbe Tafeln oder Nadeln; 77%. *Bis-phenylhydrazon*, F. 222—225° (Zers.), gelbbraune Nadeln. — A l k y l - c i s - f l u o r e n a c e n e: *3-Methyl-*, $C_{21}H_{16}$, F. 199° (Sublimation bei 180°/0,02 mm Torr), durch Red. von V mit Hydrazinhydrat u. KOH in sd. Diäthylenglykol (200°); Nadeln, 83%. — *1.4-Dimethyl-*, $C_{22}H_{18}$, F. 216° (Sublimation bei 200°/0,03 mm Torr), Nadeln; 89%. — *1.3-Dimethyl-*, $C_{22}H_{18}$, F. 240° (Sublimation bei 220°/0,03 mm Torr), hellgelbe Nadeln; 91%. — *1.3.4-Trimethyl-*, $C_{23}H_{20}$, F. 257,5° (Sublimation), Nadeln; 92%. (Helv. chim. Acta **41.** 2436—40. 1/12. 1958.) H. GOLD. 2950

Ch. Ivanov, L. Jelyaskov, M. Dodova und **M. Agova,** *Über die Darstellung von Nitrofuranderivaten mit möglicher antituberkulöser Wirkung. 5-Nitrofurfurylidenisonicotinoylhydrazin* (I) wird durch direkte Nitrierung von Furfurylidenisonicotinoylhydrazin (II) erhalten. I ist bei geringer Toxizität stark in vivo u. vitro antituberkulös akt. u. wirkt auch gegen *Staphylococcus aureus, Bacterium coli* u. *Bacillus subtilis. Cyanacetylhydrazid* u. *Cyanacetyl-5-nitrofurfurylidenhydrazin* (III) sind in vivo u. in vitro gegen Tuberkeln inaktiv. Es werden ferner *Salicyloyl-* u. *Benzylcyanacetyl-5-nitrofurfurylidenhydrazin* dargestellt. Verss., 5-Nitrofuran-2-carbonsäureäthylester mit Salicylaldehydhydrazon umzusetzen, mißlangen.

V e r s u c h e: *5-Nitrofurfurylidenisonicotinoylhydrazin* (I), F. 245—250° (Zers.; A.). *Nitrat*, $C_{11}H_9N_5O_7$, F. 155° (Zers.), a) aus Isonicotinoylhydrazid u. 5-Nitrofurfural; b) man tropft bei $<25°$ zu 57,1 g Acetanhydrid 18 g 70%ig. HNO_3 u. dann die Suspension von 21,5 g II in 50 ml Acetanhydrid u. rührt ½ Std.; 40% (Ausbeute). — *Salicyloyl-5-nitrofurfurylidenhydrazin*, $C_{12}H_9N_3O_5$, F. 246—250° (Zers.), aus 5-Nitrofurfural u. Salicylsäurehydrazid in A.; aus A. goldgelbe Kristalle; 80,3%. — *5-Nitrofurfurylidenbenzylcyanacetylhydrazin*, $C_{15}H_{12}N_4O_4$, F. 181—185° (Zers.), aus 5-Nitrofurfural u. Benzylcyanacetylhydrazid; aus A. gelbe Kristalle; 64%. — *5-Nitrofurfurylidencyanacetylhydrazin* (III), $C_8H_6N_4O_4$, F. 197—201° (Zers.), aus Cyanacetylhydrazid u. 5-Nitrofurfural; gelblich; an der Luft oder beim Umkristallisieren tritt Verfärbung bzw. teilweise Zers. ein; 81,1%. (Доклады Болгарской Академии Наук [C. R. Acad. bulg. Sci.] **10.** Nr. **4.** 313—16. Juli/Aug. 1957. Sofia, Inst. of Chem. Techn., Chair of Org. Chem., Scient. Inst. for Pharmac. Res.) HELMUT SCHÄFER. 3061

Chavdar Ivanov und **Maria Dodova,** *Über die Darstellung von 5-Bromfuranderivaten mit möglicher tuberkulostatischer und bakteriostatischer Aktivität.* Im Hinblick auf die biol. Eigg. von 5-substituierten Furanderivv. u. Hydraziden stellten Vff. durch Zusammengeben des Säurehydrazids mit der Ketoverb. in Ggw. von Eisessig eine Reihe von *N^2-Acyl-5-bromfurfurolhydrazonen* u. *N^2-[5-Bromfuroyl-(2)]-aldehydrazonen* dar.

V e r s u c h e (alle FF. unter Zers.): N^2 - [5 - B r o m f u r f u r y l i d e n - (2)] - h y d r a z i d e: *Pyridin-4-carbonsäure-*, F. 210—214°; 68% (Ausbeute). — *Cyanessigsäure-*, F. 170—173°; 78,1%. — *Salicylsäure-*, F. 228—232°; 64,9%. — *5-Bromfuran-2-carbonsäure-*, F. 175—179°; 55%. — *Palmitinsäure-*, F. 88—91°; 66,2%. — N^2 - [5 - B r o m f u r o y l - (2)] - h y d r a z o n e: *Benzaldehyd-*, F. 162—165°; 40,9%. —

p-Tolualdehyd-, F. 159—162°; 65,1%. — *Salicylaldehyd-*, F. 194—197°; 71,5%. — *p-Acetamidobenzaldehyd-*, F. 276—280°; 96,9%. — *p-Dimethylaminobenzaldehyd-*, F. 153 bis 155°; 59,5%. — *Zimtaldehyd-*, F. 208—210°; 78,4%. — *Furfurol-*, F. 197—200°; 73,6%. — *5-Nitrofurfurol-*, F. 225—228°; 61%. — *Acetophenon-*, F. 158—160°. — *Glucose-*, F. 178—183°; 65%. — *5-Bromfurfurolthiosemicarbazon, Trihydrat*, F. 166—168° (W.); 73,2%. (Доклады Болгарской Академии Наук [C. R. Acad. bulg. Sci.] **10.** Nr. 6. 477—79. Nov./Dez. 1957. Lehrstuhl für org. Chemie, Chem.-technol. Inst.)

H.-E. Toussaint. 3061

Yoshiteru Hata, Saburô Senoh und **Masuo Murakami,** *Eine neue Methode zur Ringöffnung von Furanderivaten.* 5. Mitt. *Ringöffnungsreaktion von 2.5.5-Trimethoxy-2.5-dihydrofurancarbonsäureestern.* (4. vgl. J. chem. Soc. Japan, pure Chem. Sect. [Nippon Kagaku Zassi] **77.** [1956.] 1048.) 5-Bromfurancarbonsäure (**I**)-ester geben in Methanol bei der elektrolyt. Oxydation *2.5.5-Trimethoxy-2.5-dihydrofurancarbonsäureester*, die beim Erhitzen in verd. Säuren unter CO_2-Entw. in *Bernsteinsäure* übergehen, während die entsprechenden Tetrahydrofurancarbonsäureester unter denselben Bedingungen *α-Ketoglutarsäure* geben.

Versuche: *2.5.5-Trimethoxy-2.5-dihydrofurancarbonsäure, Methylester*, $C_9H_{14}O_6$, Kp.$_{11}$ 131—133,5°, aus **I**-Methylester in absol. Methanol in Ggw. von H_2SO_4 durch elektrolyt. Oxydation nach Clauson-Kaas u. Mitarbeitern (C. **1954.** 5037) unter Kühlung mit Kältegemisch; n_D^{25} 1,4508; 38,5% (Ausbeute). *Äthylester* (**II**), Kp.$_9$ 124 bis 134°, analog aus **I**-Äthylester in A.; 57%. — *Ketoglutaconsäuremethyläthylester, 2.4-Dinitrophenylhydrazon*, $C_{14}H_{14}N_4O_8$, F. 138—139° (aus Methanol gelbe Nadeln), aus **II** mit 2.4-Dinitrophenylhydrazin (**III**) in methanol. H_2SO_4; 43%. — *Bernsteinsäure*, F. 185—186°, aus **II** mit sd. 25%ig. H_2SO_4 (1 Std.); 17%; daneben *Acetaldehyd* (*2.4-Dinitrophenylhydrazon*, $C_8H_8N_4O_4$, F. 146,5—147°). — *2.5.5-Trimethoxytetrahydrofurancarbonsäureäthylester*, Kp.$_7$ 117—118°, aus **II** unter 106 kg/cm² H_2 über Raney-Ni bei Raumtemp.; n_D^{25} 1,4349; 71%. — *α-Ketoglutarsäure, 2.4-Dinitrophenylhydrazon*, $C_{11}H_{10}\cdot N_4O_8$, F. 207° (Zers.), aus vorst. Verb. mit sd. 25%ig. H_2SO_4 u. Rk. mit **III**; 74,7%. *Diäthylester, 2.4-Dinitrophenylhydrazon*, $C_{15}H_{18}N_4O_8$, F. 89—90° (Methanol), aus 500 mg vorst. Verb. durch 1std. Kochen in alkoh. H_2SO_4 mit **III**; 170 mg; daneben 110 mg *Methyläthylester-2.4-dinitrophenylhydrazon*, $C_{14}H_{16}N_4O_8$, F. 123,5—124° (Methanol). *Dimethylester-2.4-dinitrophenylhydrazon*, $C_{13}H_{14}N_4O_8$, F. 130—130,5° (Methanol), analog aus 500 mg, aber in Methanol; 200 mg; daneben 20 mg *Methyläthylester-2.4-dinitrophenylhydrazon.* (J. chem. Soc. Japan, pure Chem. Sect. [Nippon Kagaku Zassi] **79.** 1447—50. Nov. 1958. Sakai, Univ.-Ôsaka, Sanken. [Orig.: japan.])

E. Maekawa. 3061

Yoshiteru Hata, Saburô Senoh und **Masuo Murakami,** *Eine neue Methode zur Ringöffnung von Furanderivaten.* 6. Mitt. *Darstellung von 2.5-Dimethoxy-2.5-dihydrofurylacrylsäuremethylester.* (5. vgl. vorst. Ref.) Furylacrylsäureäthylester (**I**) gibt in Methanol bei der elektrolyt. Oxydation *2.5-Dimethoxy-2.5-dihydrofurylacrylsäureäthylester*, der mit verd. Säuren in Methanol in *3.6-Dioxohexadien-(1.4)-carbonsäure-(1)-äthylester* übergeht.

Versuche: *2.5-Dimethoxy-2.5-dihydrofurylacrylsäureäthylester*, $C_{11}H_{16}O_5$, Kp.$_{10}$ 141—143°, aus **I** in absol. Methanol durch elektrolyt. Oxydation nach Clauson-Kaas u. Mitarbeitern (C. **1954.** 5037) unter Zusatz von H_2SO_4; n_D^{25} 1,4642; 51% (Ausbeute). — *3.6-Dioxohexadien-(1.4)-carbonsäure-(1)-äthylester-bis-2.4-dinitrophenylhydrazon*, $C_{21}H_{18}\cdot N_8O_{10}$, F. 214° (Zers.), aus 0,9 g vorst. Esters in Methanol mit wss.-methanol. 2.4-Dinitrophenylhydrazin u. H_2SO_4; gelbe Kristalle aus Nitromethan; 200 mg. (J. chem. Soc. Japan, pure Chem. Sect. [Nippon Kagaku Zassi] **79.** 1450—52. Nov. 1958. [Orig.: japan.])

E. Maekawa. 3061

Erling Bernatek und **Inge Bø,** *Ozonolyse und Struktur einiger Benzofurane.* 2-Methyl-3-carbäthoxy-5-hydroxybenzofuran (**I**) gibt bei der Ozonolyse einen peroxydhaltigen explosiven Sirup, während das **I**-Acetat ein krist. *stabiles Ozonid* liefert. Analog verhalten sich 2.7-Dimethyl-3-carbäthoxy-5-hydroxybenzofuran (**II**) u. dessen Acetylderiv., während 2-Methyl-3-acetyl-5-hydroxybenzofuran (**III**) u. dessen Acetylderiv. peroxydhaltige Sirupe liefern, aus denen *Gentisinsäure* bzw. deren *Diacetylverb.* isoliert werden konnte. Das durch Umsetzung von Toluchinon mit Acetylaceton u. anschließende Acetylierung erhaltene *2.7-Dimethyl-3-acetyl-5-acetoxybenzofuran* gab mit O_3 ebenfalls einen peroxydhaltigen Sirup, aus dem sich nach längerem Stehen *2.5-Diacetoxy-3-methylbenzoesäure* abschied. Dadurch wurde ebenso wie durch Abbau des aus dem **II**-Acetat erhaltenen *krist. Ozonids* zu *2.5-Dihydroxy-3-methylbenzoesäure* die 7-Stellung der 2. Methylgruppe bewiesen. Die Ergebnisse sprechen für einen n. Verlauf der Ozonisierung; die Zers. der 5-Hydroxyderivv. u. die Abspaltung der 3-Acetylgruppe sind als Sekundär-Rkk. anzusehen.

Versuche: *1-Methyl-5-carbäthoxy-4'-acetoxy-3.4-benzo-2.6.7.8-tetroxabicyclo-[3.2.1]-octan*, $C_{14}H_{14}O_8$, F. 105° (A.), aus 3,0 g I-Acetat u. O_3 in Äthylacetat bei 0° (1 Std.), Einengen im Vakuum u. mehrtägiges Stehen des gelben sirupösen Rückstandes im Kühlschrank; 1,2 g (Ausbeute). — *Gentisinsäure*, F. 199° (W.), aus III u. O_3, Lösen des braunen sirupösen Prod. in Na_2CO_3-Lsg. u. Ansäuern. *Diacetylderiv.*, $C_{11}H_{10}O_6$, F. 122° (Äthylacetat–PAe.), aus 3 g III-Acetat u. O_3 u. Stehen des braunen sirupösen Prod. im Kühlschrank über Nacht; 0,35 g. — *Oxalsäure, Dihydrat*, $C_2H_2O_4 \cdot 2\,H_2O$, F. 102° (W.), aus 1,5 g II u. O_3 u. 2tägiges Stehen des sirupösen Prod. im Kühlschrank; 0,05 g. — *1.6'-Dimethyl-5-carbäthoxy-4'-acetoxy-3.4-benzo-2.6.7.8-tetroxabicyclo-[3.2.1]-octan*, $C_{15}H_{16}O_8$, F. 112° (A.), aus 2,5 g II-Acetat u. O_3 u. Einengen im Vakuum; 1,7 g. — *2-Hydroxy-3-methyl-5-acetoxyphenylglyoxylsäure*, $C_{11}H_{10}O_6$, F. 132°, durch 1std. Kochen von 0,20 g Äthylester mit Na-Acetat u. Eisessig, Eindampfen im Vakuum u. Zers. des gelben Na-Salzes mit HCl; aus Bzl. orangegelbe Nadeln; 0,15 g. *2.4-Dinitrophenylhydrazon*, roter Niederschlag. *Äthylester*, $C_{13}H_{14}O_6$, F. 69°, aus vorst. Ozonid u. NaJ in Eisessig u. Red. des J_2 mit wss. Na_2SO_3; aus verd. A. gelbliche Nadeln. *2.4-Dinitrophenylhydrazon des Äthylesters*, orangefarbener Niederschlag. — *2.5-Dihydroxy-3-methylbenzoesäure*, F. 216°, a) durch 2std. Rühren vorst. Säure mit 1%ig. H_2O_2, 17std. Stehen bei n. Temp. u. ½std. Kochen des Nd. [F. 146° (verd. A.)] mit n-HCl; b) aus o-Kresotinsäure u. $K_2S_2O_8$; aus W. Nadeln. — *2.7-Dimethyl-3-acetyl-5-hydroxybenzofuran*, $C_{12}H_{12}O_3$, F. 235° (Aceton), aus 4 g Toluchinon, Acetylaceton u. $ZnCl_2$ in sd. Aceton (½ Std.); 4 g; mit heißer konz. H_2SO_4 rot. *Acetylderiv.*, $C_{14}H_{14}O_4$, F. 97° (50%ig. A.), aus 3 g u. sd. Acetylchlorid (¼ Std.); 2,7 g. *2.4-Dinitrophenylhydrazon*, F. 255°, rot. — *2.5-Diacetoxy-3-methylbenzoesäure*, $C_{12}H_{12}O_6$, F. 148° (verd. A.), aus vorst. Acetylderiv. u. O_3 u. mehrtägiges Stehen des gelben sirupösen Prod. im Kühlschrank. (Acta chem. scand. **13**. 337—41. 1959. Blindern-Oslo, Norway, Univ., Kjem. Inst.) F. Heller. 3061

A. B. Sen und **M. S. Saxena**, *Synthese von substituierten Aroylbenzofuranen*. 1. Mitt. Nach der Meth. von Rap [1895] werden durch Kondensation der K-Salze substituierter 2-Hydroxyphenylalkylketone mit Phenacylhalogeniden verschied. *2-Aroylbenzofurane* dargestellt.

Versuche: *2-Hydroxy-3-chloracetophenon*, $C_8H_7ClO_2$, F. 84° (A.), aus o-Chlorphenylacetat u. $AlCl_3$ bei 110° (2 Std.) u. Zers. mit verd. HCl; 40%. *Semicarbazon*, F. 196°. — *2-Hydroxy-3-chlorpropiophenon*, $C_9H_9ClO_2$, F. 72°, wie vorst. aus o-Chlorphenylpropionat; aus verd. A. gelb; 35%. *Semicarbazon*, F. 130°. — *2-Hydroxy-3-chlorbutyrophenon*, $C_{10}H_{11}ClO_2$, F. 118° (A.), wie vorst. (4 Std.); 36,5%. *Semicarbazon*, F. 142°. — Benzofurane, durch Zugeben von 1 Mol Hydroxyketon zu 1,25 Mol KOH in A., Zugeben von 1 Mol Phenacyl- bzw. 4-Chlorphenacylbromid u. 2½std. Kochen: *3-Methyl-5.7-dichlor-2-benzoyl-*, F. 140°; mit H_2SO_4 tiefbraun → gelb. *Oxim*, F. 198°. — *3-Methyl-5.7-dichlor-2-[p-chlorbenzoyl]-*, F. 218°; mit H_2SO_4 rötlichbraun → gelb. *Oxim*, F. 195°. — *3-Äthyl-5.7-dichlor-2-benzoyl-*, F. 90°; mit H_2SO_4 gelb. *Oxim*, F. 137°. — *3-Äthyl-5.7-dichlor-2-[p-chlorbenzoyl]-*, F. 135°; mit H_2SO_4 rot → gelb. *Oxim*, F. 162°. — *3-Propyl-5.7-dichlor-2-benzoyl-*, F. 93°; mit H_2SO_4 rot → gelb. *Oxim*, F. 130°. — *3-Propyl-5.7-dichlor-2-[p-chlorbenzoyl]-*, F. 135°; mit H_2SO_4 rot → gelb. *Oxim*, F. 160°. — *3-Methyl-7-chlor-2-benzoyl-*, F. 110°; mit H_2SO_4 tiefrötlich → braun. *Oxim*, F. 157°. — *3-Methyl-7-chlor-2-[p-chlorbenzoyl]-*, F. 140°; mit H_2SO_4 dunkelrot → braun. *Semicarbazon*, F. 190°. — *3-Äthyl-7-chlor-2-benzoyl-*, F. 80°; mit H_2SO_4 orangefarben → gelb. *Oxim*, F. 134°. — *3-Äthyl-7-chlor-2-[p-chlorbenzoyl]-*, F. 114°; mit H_2SO_4 rot → gelb. *Oxim*, F. 147°. — *3-Propyl-7-chlor-2-benzoyl-*, F. 82°; mit H_2SO_4 gelb. *Oxim*, F. 145°. — *3-Propyl-7-chlor-2-[p-chlorbenzoyl]-*, F. 130°; mit H_2SO_4 violett → gelb. *Oxim*, F. 151°. (J. Indian chem. Soc. **35**. 136—38. Febr. 1958. Lucknow, Univ., Chem. Dep.)

F. Heller. 3061

K. W. Bentley und **R. Robinson**, *Eine Synthese von α-Anhydrotrimethylbrasilon*. Vff. erhalten aus 1.3-Dimethoxybenzol u. Veratroylchlorid mit $AlCl_3$ *2-Hydroxy-4.3'.4'-trimethoxybenzophenon*, das mit Chloraceton in Ggw. von NaJ oder besser Bromaceton u. Alkali *2-Acetyl-3-[3.4-dimethoxyphenyl]-6-methoxycumaron* (I) ergibt. Durch Bromieren von I mit N-Bromsuccinimid entsteht ein nicht krist. Prod., das mit $AlCl_3$ in Bzl. *α-Anhydrotrimethylbrasilon* in geringer Ausbeute liefert.

Versuche: *2-Hydroxy-4.3'.4'-trimethoxybenzophenon*, F. 141°, durch Zugabe von Veratroylchlorid zu 1.3-Dimethoxybenzol u. $AlCl_3$ in sd. Bzl., 1½std. Kochen u. Zers. mit Eis–HCl; 87% (Ausbeute). *2.4-Dinitrophenylhydrazon*, $C_{22}H_{20}N_4O_8$, F. 230°. — *2-Acetyl-3-[3.4-dimethoxyphenyl]-6-methoxycumaron* (I), $C_{19}H_{18}O_5$, F. 153,5°, durch 2½std. Kochen vorst. Verb. mit Bromaceton u. K_2CO_3 in absol. Methyläthylketon u. 1std. Schütteln des Eindampfrückstandes mit warmer 10%ig. NaOH; 88%. *2.4-Dinitrophenylhydrazon*, $C_{25}H_{22}N_4O_8$, F. 192°. — *α-Anhydrotrimethylbrasilon* (*2.3.9-Trimethoxy-6-hydroxynaphtho-[2.1:h]-cumaron*), F. 197°, durch 24std. Erhitzen von 150 mg I mit

N-Bromsuccinimid u. Benzoylperoxyd in absol. CCl_4 unter 2std. UV-Bestrahlung, kurzes Erhitzen des Reaktionsprod. mit $AlCl_3$ in Bzl., 5std. Stehen bei Raumtemp. u. Zers. mit Eis–HCl; 25 mg. (Tetrahedron Letters **1959**. 11—14. März. Aberdeen, Univ.; Oxford, Dyson Perrins Labor.) H. Kampfer. 3061

Sven-Olov Lawesson, *Thiophenchemie.* 2. Mitt. *Eine neue Methode zur Darstellung von 2.4-Dibromthiophen und seiner Grignard- und Lithiumverbindung. Zweistufenmechanismus der Metallierung von 2.4-Dibromthiophen mit Butyllithium.* (1. vgl. C. **1958**. 10926.) Die l. c. beschriebene Umsetzung von 2.3.5-Tribromthiophen (**III**) mit Butyl-Li bei —40° führte zur Bldg. von *3.5-Dibromthienyl-(2)-Li* (**I**), das durch Rk. mit CO_2 in *3.5-Dibromthiophen-2-carbonsäure* (**II**) übergeführt wurde. **II** wurde nun auch durch Bromierung von 3-Bromthiophen-2-carbonsäure dargestellt. Durch Hydrolyse von **I** mit W. konnte in guter Ausbeute *2.4-Dibromthiophen* (**IV**) dargestellt werden. Wurde die Rk. von **III** mit Butyl-Li bei Raumtemp. durchgeführt u. das Reaktionsprod. mit CO_2 umgesetzt, so entstand ein Gemisch von *4.5-Dibromthiophen-2-carbonsäure* u. **II**. **IV** konnte in Ggw. von Äthylbromid als Schleppmittel mit Mg umgesetzt werden. Die höchste Ausbeute an *4-Bromthiophen-2-carbonsäure* (**V**) wurde durch Grignard-Rk. von **IV** in Ggw. von 5 Mol Äthylbromid u. folgende Rk. mit CO_2 erzielt. Durch Behandlung von **IV** mit 1 Mol Butyl-Li bei —60° u. folgende Rk. mit CO_2 wurde **V** erhalten; die analoge Rk. bei Raumtemp. führte zur Bldg. von **II**. Es wird angenommen, daß bei tiefer Temp. durch Halogen-Li-Austausch *4-Bromthienyl-(2)-Li* (**VI**) entsteht, das mit CO_2 zu **V** reagiert; bei Raumtemp. erfolgt wahrscheinlich die Metallierung von noch vorhandenem **IV** durch bereits gebildetes **VI** schneller, als der Halogen-Li-Austausch verläuft. Die IR-Spektren von **II**, **IV**, **V** u. 3-Bromthiophen-2-carbonsäure sind angegeben.

Versuche: *2.4-Dibromthiophen* (**IV**), $Kp._{9-10}$ 83—85°, durch rasche Zugabe von Butyl-Li in Ae. zu **III** in Ae. bei —40°, 4 Min. Rühren, Gießen in Eiswasser, Ae.-Extraktion u. Dest.; 75% (Ausbeute). — *4-Bromthiophen-2-carbonsäure* (**V**), $C_5H_3BrO_2S$, F. 122—124° (wss. A.), a) durch Zugabe von **IV** u. 5 Mol Äthylbromid in Ae. zu Mg in Ae. unter exothermem Sieden, 20std. Kochen, Kühlen, Gießen auf Trockeneis in Ae., Verdampfen des CO_2, Hydrolyse mit W., Ae.-Extraktion, Reextraktion mit wss. NaOH u. Ansäuern des Extraktes; 51%; b) durch Zugabe von Butyl-Li in Ae. zu **IV** in Ae. bei —70° innerhalb ½ Min., 3 Min. Rühren, Zugabe von Trockeneis in Ae. u. Aufarbeitung wie bei a); 69%. *Amid,* C_5H_4BrNOS, F. 148—150° (wss. A.). — *3.5-Dibromthiophen-2-carbonsäure* (**II**), $C_5H_2Br_2O_2S$, F. 210—211° (gelbliche Kristalle aus wss. A.), a) durch Zugabe von Butyl-Li zu **IV** in Ae. bei Raumtemp., 10 Min. Rühren u. Rk. mit CO_2 analog **V**; 28%; b) durch Zugabe von Br_2 in Eisessig zu 3-Bromthiophen-2-carbonsäure in Eisessig, 10std. Rühren, Gießen in Eiswasser u. Filtrieren. (Ark. Kemi **11**. Nr. 34. 317—24. 12/8. 1957. Uppsala, Univ., Chem. Inst., Dep. of Organ. Chem.) H. Bertsch. 3071

Sven-Olov Lawesson, *Thiophenchemie.* 3. Mitt. *Über die Darstellung von 3.4-Dibromthiophen und seiner Grignard- und Lithiumverbindung. Zweistufenmetallierung von 3.4-Dibromthiophen. Substitutionsreaktionen von 4-Bromthiophen-3-carbonsäure.* (2. vgl. vorst. Ref.) Durch Überführen von Tetrabromthiophen (**I**) in die Bis-Grignard-Verb. u. Hydrolyse wurde *3.4-Dibromthiophen* (**II**) dargestellt. Die Rk. von **I** mit Mg gelingt nur in Ggw. eines Schleppmittels u. wurde mit Äthylbromid durchgeführt; in Ggw. von 5 Mol Äthylbromid wurde die beste Ausbeute an **II** erzielt. Durch Rk. von **I** mit 1 Mol Butyl-Li bzw. 2 Mol Butyl-Li u. Hydrolyse wurden *2.3.4-Tribromthiophen* bzw. **II** erhalten; die dargestellten Prodd. sind isomerenfrei, da der Li-Halogenaustausch immer an einem zum Heteroatom mit einsamem Elektronenpaar o-ständigen Halogen erfolgt. Der Reaktionsmechanismus des Li-Halogenaustausches wird diskutiert. Als erster Schritt wird eine heterolyt. Spaltung der Li-Alkylbindung u. folgende koordinative Bindung des Metallkations an ein Heteroatom oder einen Substituenten mit einsamem Elektronenpaar angenommen. Verss., **II** unter n. Bedingungen in die Mono-Grignard-Verb. überzuführen, schlugen fehl. In Ggw. von Äthylbromid ließ sich **II** ebenso wie **I** mit Mg umsetzen; auch hier stieg die Ausbeute mit steigendem Mol-Verhältnis Äthylbromid zu **II** von 24% bei 1:1 auf 38% bei 5:1. *4-Bromthiophencarbonsäure-(3)* (**III**) wurde in guter Ausbeute durch kurzzeitige Rk. von **II** mit Butyl-Li bei —70° u. folgende Behandlung mit CO_2 erhalten. Wurde die Reaktionszeit verlängert u. die Rk. bei Raumtemp. durchgeführt, so entstand *3.4-Dibromthiophen-2-carbonsäure* (**IV**). Bei sehr kurzer Reaktionszeit wurde trotz Raumtemp. unter Anwendung eines großen Butyl-Li-Überschusses **III** erhalten; die Ausbeute an **III** war niedrig u. bei längerer Reaktionszeit unter sonst gleichen Bedingungen entstand ein Gemisch von **III** u. **IV**; gebildetes 4-Bromthienyl-(3)-Li kann also **II** schneller metallieren als Li-Halogenaustausch zwischen **II** u. Butyl-Li erfolgt, oder die α-H-Atome in **II** sind durch den induktiven Effekt des β-ständigen Bromatoms so aktiviert, daß eine „ZEREWITINOFF"-Rk. zwischen II u. Butyl-Li möglich ist. Die Bromierung von III mit 1 Mol Br_2 in Eisessig ergab *4.5-Dibromthiophen-3-carbonsäure* (**V**); durch Bromierung von **V** oder **III** mit überschüssigem Br_2 wurde *2.4.5-Tribromthiophencarbonsäure-(3)* erhalten; die Säuren wurden als *Amide* charakterisiert. **III** lieferte durch Nitrierung mit Mischsäure *4-Brom-5-nitrothiophencarbonsäure-(3)*; eine Dinitrierung gelang nicht. Die IR-Spektren von **II, III** u. **IV** sind angegeben.

Versuche: *3.4-Dibromthiophen* (**II**), $Kp._{10}$ 93—95°, a) durch Zugabe von 40 g **I** u. 55 g Äthylbromid in Ae. zu Mg unter Ae., 14 std. Kochen, Kühlen, Gießen in verd. HCl, Ae.-Extraktion u. Dest.; 29% (Ausbeute); b) durch Zugabe von Butyl-Li in Ae. zu **I** in Ae. bei 0° innerhalb 60 Min., 15 Min. Rühren unter Kühlen mit Eiswasser, Gießen in kaltes W., Ae.-Extraktion u. Dest.; 74%. — *4-Bromthiophen-3-carbonsäure* (**III**), F. 157—159° (wss. A.), a) durch Zutropfen von 12 g **II** u. 28 g Äthylbromid in Ae. zu Mg unter Ae. unter exothermem Sieden, 19 std. Kochen, Kühlen, Gießen in ein Gemisch von Trockeneis u. Ae., Verdampfen des CO_2, Hydrolyse mit W., Ae.-Extraktion, Reextraktion mit verd. NaOH u. Ansäuern des Extraktes; 38%; b) durch Zugabe von 45 cm³ 1,1 mol. äther. Butyl-Li-Lsg. zu 12,1 g **II** in Ae. innerhalb ½ Min. bei —70°, 2½ Min. Rühren, Zugabe von Trockeneis in Ae. u. Aufarbeitung wie bei a); 73%. *Amid*, C_5H_4BrNOS, F. 136—138° (wss. A.), durch 45 Min. Kochen von **III** mit $SOCl_2$, Verdampfen des $SOCl_2$ u. Zutropfen zu kaltem konz. NH_4OH. — *3.4-Dibromthiophen-2-carbonsäure* (**IV**), $C_5H_2Br_2O_2S$, F. 201—203° (wss. A.), a) durch langsame Zugabe von 45 cm³ 1,1 mol. äther. Butyl-Li-Lsg. zu 12,1 g **II** in Ae. bei Raumtemp., 8 std. Rühren, Rk. mit Trockeneis u. Aufarbeitung analog **II** nach b); 31%; b) durch Zugabe von n-Butyl-Li in Ae. zu 2.3.4-Tribromthiophen in Ae. bei —20°, 4 Min. Rühren, Rk. mit Trockeneis u. Aufarbeitung analog **II** nach b); 62%. — *4.5-Dibromthiophen-(3)-carbonsäure* (**V**), $C_5H_2Br_2O_2S$, F. 192—194° (wss. A.), durch Zugabe von 1,5 g Br_2 in Eisessig zu 2 g **III** in Eisessig, 18 std. Rühren, Gießen in Eiswasser u. Filtrieren; 72%. *Amid*, $C_5H_3Br_2NOS$, F. 166—168° (wss. A.), wie oben. — *2.4.5-Tribromthiophen-(3)-carbonsäure*, $C_5HBr_3O_2S$, F. 202—204° (wss. A.), a) durch Zugabe von 4 g Br_2 zu 2 g **V** in Eisessig, Kochen, Gießen in W., Zugabe von Bisulfit u. Filtrieren; 77%; b) analog aus **III**. *Amid*, $C_2H_2Br_3ONS$, F. 219—221° (wss. A.). — *4-Brom-5-nitrothiophencarbonsäure-(3)*, $C_5H_2BrNO_4S$, F. 236—238° (gelbe Nadeln aus wss. A.), durch portionsweise Zugabe von **III** zu konz. HNO_3–konz. H_2SO_4 (1:1) bei —10° unter Rühren, 10 Min. Rühren u. Gießen in Eiswasser; 57%. *Amid*, $C_5H_3BrN_2O_3S$, F. 188—190° (gelbe Platten aus wss. A.). (Ark. Kemi **11**. Nr. 35. 325—36. 12/8. 1957.) H. BERTSCH. 3071

Sven-Olov Lawesson, *Thiophenchemie.* 4. Mitt. *Die Darstellung von Grignard-Verbindungen bromsubstituierter Thiophene durch „Mitschleppen" und Transmetallierung. Ein Anzeichen für die Gültigkeit des Urion-Austauschmechanismus.* (3. vgl. vorst. Ref.). Bei Verss., Dibromthiophene unter den üblichen Bedingungen in die Mono-GRIGNARD-Verbb. überzuführen, wobei Br_2 als Aktivator benutzt wurde, reagierte nur 2.5-Dibromthiophen (**I**). Die Ausbeute wurde durch Behandlung mit CO_2 u. Isolierung der entsprechenden Carbonsäure bestimmt. 5-Bromthienyl-(2)-MgBr ist in Ae. unlösl. u. bedeckt die Oberfläche des Mg. Trotz langer Reaktionszeit in der Wärme konnte nur eine 15—20%ig. Umsetzung von **I** erzielt werden. Wurde Äthylbromid (**II**) als Schleppmittel benutzt, also ein Gemisch von **I** u. **II** mit Mg zur Rk. gebracht, so stieg die Ausbeute an MgBr-Verb. um so mehr, je mehr **II** das Gemisch im Verhältnis zu **I** enthielt. In Ggw. von 5 Mol **II** pro Mol Bromthiophen wurden durch 19—20 std. Kochen in Ae. aus 2.3- (**III**), 2.4- (**IV**), 3.4-Dibrom- (**V**), 2:3.4-Tribrom- (**VI**) bzw. 2.3.4.5-Tetrabromthiophen (**VII**), 41, 51, 38, 54 bzw. 50% Mono-MgBr-Verb. gebildet. **I** reagierte analog in 15 Std. zu 60% mit Mg zur Mono-MgBr-Verbindung. Diese Ergebnisse werden als Stütze für die Annahme von URION (C. R. hebd. Séances Acad. Sci. **198**. [1934.] 1244) angesehen, daß die Überführung eines reaktionsträgen Halogenids in die GRIGNARD-Verb. mit Hilfe der gleichzeitig verlaufenden Rk. eines akt. Halogenids auf einem Halogen-Mg-Austausch $RMgX + R'X \rightleftharpoons R'MgX + RX$ beruhe. Die Beobachtungen, daß die Ausbeute an bromsubstituiertem Thienyl-MgBr um so höher war, je mehr **II** gleichzeitig zur Rk. gebracht wurde, wäre damit auf eine Gleichgewichtsverschiebung durch Erhöhung der Konz. einer Komponente zurückzuführen. Um die Austausch-Rk. zu beweisen, wurde 0,1 Mol 2-Bromthiophen (**VIII**) mit 0,1, 0,3 bzw. 0,5 Mol Äthyl-MgBr 4 Std. gekocht u. das Reaktionsgemisch mit CO_2 umgesetzt; es wurden 11, 49 bzw. 64% *Thiophen-2-carbonsäure* isoliert. 3-Bromthiophen (**IX**) u. **V** reagierten durch Kochen mit Äthyl-MgBr nur dann unter Austausch, wenn die Temp. durch Verwendung von Bzl. an Stelle von Ae. als Lösungsm. erhöht wurde. Durch 4 std. Kochen mit 5 Mol Äthyl-MgBr in Ae. ergaben **VIII** 64%, **III** 21%, **IV** 29%, **I** 73%, **VI** 54% u. **VII** 75% der entsprechenden Mono-MgBr-Verb.; 2-Jodthiophen ergab analog durch 2 std. Kochen

76% *Thienyl-(2)-MgJ*; **IX** u. **V** ergaben durch 20std. Rk. mit 5 Mol Äthyl-MgBr in sd. Bzl. in 10- bzw. 7%ig. Ausbeute die Mono-MgBr-Verb., während 2.3.4.5-Tetrajodthiophen durch 24std. Kochen in Ae. nur 4% Mono-MgJ-Verb. bildete, wahrscheinlich wegen der Unlöslichkeit der Tetrajodverb. in Äther. Unabhängig von der Menge Äthyl-MgBr wurde in allen Fällen nur die Mono-GRIGNARD-Verb. gebildet, wobei α-ständiges Brom sehr schnell reagierte. Der Einfl. des Lösungsm., die Möglichkeit einer lösungsvermittelnden Wrkg. des Äthyl-MgBr u. Reaktionsvorstufen mit koordinativer Bindung von Äthyl-MgBr an das S-Atom des Thiophenderiv. werden diskutiert.

Versuche: *3.4.5-Trijodthiophen-2-carbonsäure*, $C_5HJ_3O_2S$, F. 240—243° (Zers.; gelbe Kristalle aus wss. A.), durch Zugabe von 0,02 Mol 2.3.4.5-Tetrajodthiophen zu 0,1 Mol Äthyl-MgBr in Ae., 4std. Kochen, Kühlen u. Zugabe von Trockeneis in Äther. (Ark. Kemi **11**. Nr. 36. 337—43. 12/8. 1957.) H. BERTSCH. 3071

Sven-Olov Lawesson, *Thiophenchemie*. 5. Mitt. *Enthalogenierung bromsubstituierter Thiophencarbonsäuren mit Butyllithium. Ein Anzeichen für einen nucleophilen Mechanismus des Brom–Lithium-Austausches.* (4. vgl. vorst. Ref.) 3.4.5-Tribrom- (**I**), 3.4-Dibromthiophen-2-carbonsäure (**II**), 2.5-Dibrom- (**III**), 2.4.5-Tribrom- (**IV**) u. 4.5-Dibromthiophen-3-carbonsäure (**V**) wurden bei —70° in Ae. mit 2 Mol Butyl-Li zur Rk. gebracht u. nach Hydrolyse die entsprechenden substituierten Thiophencarbonsäuren isoliert. **I** lieferte dabei **II**; da durch das Heteroatom die α-Stellungen sowohl für elektrophile als auch nucleophile Substitution aktiviert werden können, zeigt die Bldg. von **II**, daß die Substitution von Thiophen hauptsächlich durch das Heteroatom beeinflußt wird. **II** ergab *4-Bromthiophencarbonsäure-(2)*, **III** *5-Bromthiophencarbonsäure-(3)* u. **IV** lieferte **V**. Da die eingesetzten Thiophencarbonsäuren mit 1 Mol Butyl-Li sofort das in Ae. kaum dissozierte Li-Salz bilden, ist der induktive Effekt des Carboxylations gegenüber dem tautomeren Effekt der Carboxylgruppen zu vernachlässigen, da das undissoziierte Carbonsäuresalz die Substitution wie eine freie Carboxylgruppe beeinflußt. Die Substitution nach einem nucleophilen Mechanismus muß also in o- u. p-Stellung zur Carboxylgruppe erfolgen, was mit den Versuchsergebnissen übereinstimmt. **V** gab durch Rk. mit Butyl-Li *4-Bromthiophencarbonsäure-(3)*, die Substitution erfolgte also in m-Stellung zur Carboxylgruppe, aber in der durch das Heteroatom aktivierten α-Stellung.

Versuche: *3.4.5-Tribromthiophen-2-carbonsäure* (**I**), F. 258—261° (Ameisensäure), durch Zugabe von Butyl-Li in Ae. zu 2.3.4.5-Tetrabromthiophen in Ae. bei —20°, 10 Min. Rühren, Gießen auf Trockeneis, Verdampfen des CO_2, Hydrolyse mit verd. Säure, Ae.-Extraktion, Reextraktion mit verd. NaOH u. Ansäuern; 73% (Ausbeute). — *3.4-Dibromthiophen-2-carbonsäure* (**II**), $C_5H_2Br_2O_2S$, F. 201—203° (wss. A.), durch rasche Zugabe von Butyl-Li-Lsg. zu **I** in Ae. bei —70°, 3 Min. Rühren, Gießen in verd. Säure, Ae.-Extraktion, Reextraktion mit verd. NaOH u. Ansäuern; 57 g. — *4-Bromthiophen-2-carbonsäure*, F. 122—124°, analog **II** aus **II**; 50%. — *5-Bromthiophen-3-carbonsäure*, F. 117—119°, analog **II** aus **III**; 49%. — *4.5-Dibromthiophen-3-carbonsäure* (**V**), F. 192—194°, analog aus **IV**; 47%. — *4-Bromthiophen-3-carbonsäure*, F. 157—159°, analog aus **V**; 53%. (Ark. Kemi **11**. Nr. 37. 345—48. 12/8. 1957.) H. BERTSCH. 3071

Sven-Olov Lawesson, *Thiophenchemie*. 6. Mitt. *Bromierung von Thiophen und Bromthiophenen.* (5. vgl. vorst. Ref.; 7. vgl. C. **1959**. 11550.) Die Bromierung von Thiophen (**I**) mit Br_2 ohne Katalysator verläuft schnell bis zur Substitution der beiden α-Stellungen; für die weitere Bromierung sind höhere Temp. oder längere Reaktionszeit notwendig, die höherbromierten Prodd. sind aber in guter Ausbeute zugänglich. Bromadditionsprodd. konnten auch unter milden Reaktionsbedingungen nicht isoliert werden; die Bromierung von **I** oder seinen Bromderivv. erfolgt unter stürm. HBr-Entwicklung. Die sukzessive Bromierung von **I** verläuft unter Bldg. von *2-Brom-* (**II**), *2.5-Dibrom-* (**III**), *2.3.5-Tribrom-* (**IV**) u. *2.3.4.5-Tetrabromthiophen* (**V**). *3-Bromthiophen* (**VI**) wurde durch Debromierung von **IV** mit 2 Mol Butyl-Li dargestellt. Isomerenfreies **III** wurde durch Bromierung von **II** mit N-Bromsuccinimid erhalten. *3.4-Dibromthiophen* konnte aus **V** durch Behandlung mit Butyl-Li dargestellt werden. Die Debromierung von **IV** bei tiefer Temp. mit Butyl-Li lieferte *2.4-Dibromthiophen* (**IX**). Durch Bromierung von Thiophen-2-carbonsäure zu 4.5-Dibromthiophencarbonsäure-(2) u. Decarboxylierung als HgCl-Verb. konnte *2.3-Dibromthiophen* (**VII**) dargestellt werden. Die Bromierung von **VI** mit 2 Mol Br_2 ergab **IV**, während die 1. Reaktionsstufe **VII** darstellt. *2.3.4-Tribromthiophen* (**VIII**) wurde durch Behandlung von **V** mit Butyl-Li u. Hydrolyse erhalten. Die bromierten Prodd. müssen nicht durch Erhitzen mit NaOH oder KOH in A. stabilisiert werden, es genügt, mehrere Std. in Lsg. auf 100° zu erhitzen. Die Bromierung von **I** verläuft nicht analog der Chlorierung. Die IR-Spektren von **III**, **VII**, **IV** u. **VIII** sind angegeben.

Versuche: *3-Bromthiophen* (**VI**), Kp.$_{11}$ 44—46°, durch Zugabe von 0,7 Mol Butyl-Li in eiskaltem Ae. zu 0,31 Mol **IV** in Ae. bei 0° unter Rühren unter N_2 innerhalb 60 Min., 30 Min. Rühren, Gießen in W. u. Ae.-Extraktion; 84% (Ausbeute); daneben 2 g eines Gemischs von **VII** u. **IX**. — *2.5-Dibromthiophen* (**III**), Kp.$_9$ 79—81°, a) durch 30std. Kochen von 32,6 g **II** mit 44 g N-Bromsuccinimid in CCl_4, Kühlen, Filtrieren, Abdestillieren des CCl_4, Zugabe von PAe., Filtrieren u. Eindampfen; 76%; b) durch 22std. Rk. von **I** mit 3 Mol Br_2 bei 20°; 0,27 Mol; c) neben **IV** nach d) (0,48 Mol), nach b) (0,17 Mol) nach c) (0,18 Mol), nach a) (0,08 Mol) u. nach e) (0,37 Mol); d) durch 10std. Rk. von 0,5 Mol Br_2 mit 0,25 Mol **II** bei 0°; 0,04 Mol. — *2.3-Dibromthiophen* (**VII**), Kp.$_{13}$ 89—91°, durch Zugabe von 16 g Br_2 in Bzl. zu 16,3 g **VI** in Bzl. bei 0° innerhalb 90 Min. unter Rühren, 8std. Rühren, 15 Min. Kochen, Gießen in W., Ae.-Extraktion u. Schütteln des Extrakts mit 10%ig. NaOH; 76%. — *2.3.5-Tribromthiophen* (**IV**), F. 28—29° (PAe.), a) durch Zutropfen von 110 g Br_2 zu 153 g **III** innerhalb 90 Min. unter Rühren, 15std. Erwärmen auf 50°, 1std. Erwärmen auf 100° u. Gießen in W.; 157 g; b) durch 3std. Rk. von 1 Mol **I** mit 1 Mol Br_2 bei 20°, 3std. Erwärmen auf 90° u. 12std. Erhitzen mit alkoh. NaOH; 0,01 Mol; c) durch 2std. Rk. von 0,25 Mol **I** mit 0,25 Mol Br_2 bei 20°; 0,01 Mol; d) durch 48std. Rk. von 3 Mol Br_2 mit 1 Mol **I** bei 20° in Bzl. u. 24std. Erhitzen des Reaktionsprod. mit alkohol. NaOH; 0,3 Mol; e) durch 36 std. Rk. von 1 Mol **III** mit 1 Mol Br_2 bei 20°; 0,51 Mol; f) neben **III** nach b); 0,66 Mol; g) neben **V** nach c); 0,02 Mol; h) durch Zutropfen von 32 g Br_2 in Eisessig zu 16,3 g **VI** in Eisessig bei 0°, 16std. Rühren bei Raumtemp., 35 Min. Erhitzen auf 100°, Abdestillieren von Eisessig im Vakuum u. Lösen in Ae.; Kp.$_{11}$ 120—122°; 71%. — *2.3.4-Tribromthiophen* (**VIII**), F. 42—44° (PAe.), durch Zugabe von 85 cm³ äther. 1mol. Butyl-Li zu 34 g **V** in Ae. bei 0° unter N_2 innerhalb 10 Min. unter Rühren, 25 Min. Rühren, Gießen in Eiswasser u. Ae.-Extraktion; Kp.$_{11}$ 132—134°; 85%. — *2.3.4.5-Tetrabromthiophen* (**V**), Kp.$_9$ 159—163°, a) neben **III** nach b); 0,01 Mol; b) neben **IV** nach a) (0,01 Mol) u. nach e) (0,04 Mol); c) durch 10std. Rk. von 0,66 Mol Br_2 mit 0,33 Mol **III** u. 5std. Rk. bei 90°; 0,027 Mol. — *2-Bromthiophen* (**II**), neben **IV** nach b) (0,19 Mol) u. nach d) (0,26 Mol). (Ark. Kemi **11**. Nr. 40. 373—86. 12/8. 1957.) H. BERTSCH. 3071

M. Ss. Kondakowa und **Ja. L. Goldfarb**, *Synthese einiger bifunktioneller Derivate von 2.5-Dimethylthiophen.* Aus 2.5-Dimethyl-3.4-bis-[chlormethyl]-thiophen (**I**) werden durch entsprechende Rkk. *2.5-Dimethyl-3.4-bis-[acetoxymethyl]-*, *-3.4-bis-[hydroxymethyl]-*, *-3.4-bis-[cyanmethyl]-*, *-3.4-bis-[äthoxymethyl]-* u. *-3.4-bis-[carboxymethyl]-thiophen* erhalten. Das aus **I** u. Urotropin erhaltene Salz liefert bei der Hydrolyse *2.5-Dimethyl-3-aminomethyl-4-methylaminomethylthiophen* (**II**). Intermediär entsteht dabei *2'.5'.3-Trimethyl-1-formylthiopheno-[3'.4':5.6]-1.3-diazocycloheptan* [**III**; *2-Formyl-4.6.8-trimethylthiopheno-[3.4:d]-1.2.4.5.9.10-hexahydro-2.4-diazepin*]. **III** wird durch Formylierung von **II** oder 2'.5'.3-Trimethylthiopheno-[3'.4':5.6]-1.3-diazacycloheptan [**IV**; 4.6.8-Trimethylthiopheno-[3.4:d]-1.2.4.5.9.10-hexahydro-2.4-diazepin] erhalten. Umgekehrt gibt **III** bei der Hydrolyse **II**. **III**-Jodmethylat gibt bei der Hydrolyse *tri-* oder *dimeres 2.5-Dimethyl-3-dimethylaminomethyl-4-methylenaminomethylthiophen* u. *2.5-Dimethyl-3-dimethylaminomethyl-4-aminomethylthiophen.* Ein Reaktionsschema wird angegeben.

Versuche: Thiophene: *2.5-Dimethyl-3.4-bis-[acetoxymethyl]-*, $C_{12}H_{16}O_4S$, F. 57—58° (A.), man erhitzt 10,6 g Na-Acetat, 42 ml Eisessig u. 12,6 g **I** 6 Std. auf dem Wasserbad auf 60°, läßt über Nacht stehen, dampft ein u. gibt W. zu; 81% (Ausbeute). — *2.5-Dimethyl-3.4-bis-[hydroxymethyl]-*, $C_8H_{12}O_2S$, F. 76—77° (Heptan), man läßt das Gemisch aus 0,2 g Na + 60 ml absol. A. u. 8,7 g vorst. Verb. 60 Std. stehen; 6,5 g. — *2.5-Dimethyl-3.4-bis-[cyanmethyl]-*, $C_{10}H_{10}N_2S$, F. 125—125,5° (Heptan), man erhitzt 3,3 g KCN, 4,5 ml Aceton, 4,5 ml W. u. 5 g **I** 4 Std. auf 80—90°; 33%. — *2.5-Dimethyl-3.4-bis-[äthoxymethyl]-*, $C_{12}H_{20}O_2S$, Kp.$_{20}$ 155—161°, man erhitzt 4 g **I** u. 100 ml A. + 100 ml W. 4 Std. auf dem Wasserbad; 2,5 g. — *2.5-Dimethyl-3.4-bis-[carboxymethyl]-*, $C_{10}H_{12}O_4S$, F. 182—183° (W.-A.), man erhitzt 1,3 g 2.5-Dimethyl-3.4-bis-[cyanmethyl]-thiophen, 1,5 g KOH, 7,5 ml W. u. 7,5 ml A. 12 Std. auf dem Wasserbad, dampft ein u. säuert mit HCl an; 0,5 g. — *2.5-Dimethyl-3-aminomethyl-4-methylaminomethyl-* (**II**), $C_9H_{16}N_2S$, Kp.$_8$ 137°, Kp.$_{20}$ 158—164°, a) man erhitzt 18 g des aus 7,5 g **I** + 11 g Urotropin erhaltenen quartären Salzes in 75 ml A. u. 25 ml konz. HCl 4 Std. auf dem Wasserbad; 50%; b) man kocht 6,7 g **III** in 50 ml verd. HCl (1:1) 3½ Std.; Öl; 4,5 g. *Dihydrochlorid*, $C_9H_{18}Cl_2N_2S$, F. 265—268° (Zers.; A.). *Dipikrat*, $C_{21}H_{22}N_8O_{14}S$, F. 182 bis 183° (Zers.; A.). *N.N'-Bis-[p-toluolsulfonat]*, $C_{23}H_{28}N_2O_4S_3$, F. 142—145° (A.). Wird methyliert zu einer *Verb.* $C_{24}H_{30}N_2O_4S_3$, F. 153—154,5° (A.). — *2'.5'.3-Trimethyl-1-formylthiopheno-[3'.4': 5.6]-1.3-diazacycloheptan* (**III**), $C_{11}H_{16}N_2OS$, F. 132—132,3° (n-Heptan oder Aceton), a) man dest. 20 g Salz aus **I** u. Urotropin mit Wasserdampf; 3,8 g; b) man läßt 1,07 g **IV** u. 0,7 g Methylformiat über Nacht in 3 ml Methanol stehen u. erhitzt 2 Std. auf dem Wasserbad; 0,4 g; c) man erhitzt das Gemisch aus 4,5 g **II** u.

0,6 g einer Paste, die durch Eindampfen von Formalin erhalten wird, mit 2,3 g 96%ig. Ameisensäure 2 Std. auf dem Wasserbad u. fraktioniert im Vakuum; 0,9 g. *Jodmethylat*, $C_{12}H_{19}JN_2OS$, F. 216—218° (W.-A.). — *2'.5'.3-Trimethylthiopheno-[3'.4' : 5.6]-1.3-diazacycloheptan* (IV), $C_{10}H_{16}N_2S$, Kp.$_5$ 125—128°, man erhitzt 5,5 g III u. 2 g NaOH in 80 ml A. + 10 ml W. 18 Std. auf dem Wasserbad; 4,5 g. *Dipikrat*, $C_{22}H_{22}N_8O_{14}S$, F. 183° (Zers.; A.). — *tri- oder dimeres 2.5-Dimethyl-3-dimethylaminomethyl-4-methylenaminomethylthiophen*, $[C_{11}H_{18}N_2S]_{3\,(oder\,2)}$, F. 123—124° (A.), man löst 5 g III-Jodmethylat in heißem W., gibt zu der erkalteten Lsg. 8%ig. NaOH bis zur alkal. Rk. u. extrahiert mit Ae.; 3,3 g. Gibt beim Behandeln mit HCl nachst. Dihydrochlorid. — *2.5-Dimethyl-3-dimethylaminomethyl-4-aminomethylthiophen*, $C_{10}H_{18}N_2S$, man kocht 3,6 g III-Jodmethylat in 25 ml verd. HCl (1 : 1) 2 Std.; Öl; 1,7 g. *Dihydrochlorid*, $C_{10}H_{20}Cl_2N_2S$, F. 256—258° (Zers.). — *2.5-Dimethyl-3.4-bis-[dimethylaminomethyl]-thiophen*, $C_{12}H_{22}N_2S$, Kp.$_8$ 110°, F. 29,5—30,5°. *Dihydrochloridhydrat*, $C_{12}H_{24}Cl_2N_2S \cdot H_2O$, F. 255—256° (Zers.; Methanol), man vermischt unter Kühlen 15,4 g Benzolsulfonsäuremethylester u. 5,5 g II u. erhitzt 1 Std. auf 155—165°; 3,4 g. *Bis-Jodmethylat*, $C_{14}H_{28}J_2N_2S$, schmilzt nicht bis 360°. (Известия Академии Наук СССР, Отделение Химических Наук [Nachr. Akad. Wiss. UdSSR, Abt. chem. Wiss.] **1958**. 590—99. Mai. Zelinsky-Inst. für org. Chem. der Akad. der Wiss. der UdSSR.) HELMUT SCHÄFER. 3071

D. M. MacDonald und **S. F. MacDonald**, *Die Synthese von Opsopyrroldicarbonsäure*. Durch Halogenierung von 2-Methyl-3-[2-carbäthoxyäthyl]-4-carbäthoxymethyl-5-carbäthoxypyrrol (I) u. 2-Methyl-3-carbäthoxymethyl-4-[2-carbäthoxyäthyl]-5-carbäthoxypyrrol (IV) mit 2 Mol SO_2Cl_2 in Ae. werden die *α-Dichlormethylverbb.* dargestellt, die ohne vorherige Reinigung zu den entsprechenden *Aldehyden* hydrolysiert werden. I gibt mit 3 Mol SO_2Cl_2 die *α-Trichlormethylverb.* u. durch deren Hydrolyse *3-[2-Carbäthoxyäthyl]-4-carbäthoxymethyl-5-carbäthoxypyrrolcarbonsäure-(2)* (II). Durch therm. Decarboxylierung von II entsteht *2-Carbäthoxy-3-carbäthoxymethyl-4-[2-carbäthoxyäthyl]-pyrrol*, das durch Hydrolyse *3-Carboxymethyl-4-[2-carboxyäthyl]-pyrrolcarbonsäure-(2)* gibt. *3-Carboxymethyl-4-[2-carboxyäthyl]-pyrrol* (III; *Opsopyrroldicarbonsäure*) wird durch alkal. Decarboxylierung von II dargestellt. Der III-*Dimethylester* ist ein Öl u. gibt kein krist. Pikrat. Die Struktur von III wird durch therm. Abbau zu *β-[3-Methylpyrrol-(4)]-propionsäure* bewiesen. III gibt mit Chlordimethyläther oder Ameisensäure keine Porphyrine, jedoch durch Kochen mit Formaldehyd u. HCl ein *Uroporphyrin*. Der Einfl. von Verunreinigungen im Ae. auf die Darst. von *2-Formyl-3-[2-carbäthoxyäthyl]-4-carbäthoxymethyl-5-carbäthoxypyrrol* u. II ist noch unbekannt; bei der Chlorierung von IV mit 2 Mol SO_2Cl_2 in mit P_2O_5 vorgetrocknetem Ae. entsteht nach Hydrolyse in 70—90%ig. Ausbeute *3.3'-Bis-[carbäthoxymethyl]-4.4'-bis-[2-carbäthoxyäthyl]-5.5'-dicarbäthoxydipyrrylmethan.*

Versuche: Ae. wurde mit H_2SO_4 dest. u. über Na getrocknet, Aceton über K_2CO_3 dest. u. 2 Std. mit N_2 ausgekocht. — *3-[2-Carbäthoxyäthyl]-4-carbäthoxymethyl-5-carbäthoxypyrrolcarbonsäure-(2)* (II), $C_{17}H_{23}NO_8$, F. 140—141°, durch Zugabe von 10 cm³ SO_2Cl_2 zu 12,95 g I in Ae. unter Rühren bei $\leq 4°$ u. Feuchtigkeitsausschluß, 5 Min. langes Rühren, dann $^1/_2$ Std. ohne Kühlung, Eindampfen im Vakuum bei $\leq 20°$ unter Zugabe von weiterem Ae., 3 Min. langes Kochen mit Na-Acetat u. W., Lösen in $NaHCO_3$, Extrahieren mit Ae. u. Sättigen der wss. Phase bei 20° mit SO_2 u. 1 weitere Std. bei 0°; aus A./W. (1 : 7) Nadeln; 62% (Ausbeute). EHRLICHS-Rk. (ER): kalt —; heiß rot. — *2-Carbäthoxy-3-carbäthoxymethyl-4-[2-carbäthoxyäthyl]-pyrrol*, $C_{16}H_{23}NO_6$, F. 51 bis 52°, durch Erhitzen von II unter N_2 auf 240°, Sublimation bei 160—220°/10 mm, Kristalle aus Ae.–Hexan u. Eindampfen der Mutterlauge, Sublimieren, Adsorption in Methanol an Al_2O_3 u. Eluieren mit Ae.; aus Pentan Platten; 25%. ER: kalt blaurot. — *3-Carboxymethyl-4-[2-carboxyäthyl]-pyrrolcarbonsäure-(2)*, $C_{10}H_{11}NO_6$, F. 178° (Zers.), durch 1 std. Kochen vorst. Esters mit einer 5%ig. Lsg. von KOH in 5%ig. A., Adsorbieren an Amberlite IR-120 (H^+-Form), Eluieren mit W., Einengen im Vakuum bei 20° u. Erwärmen auf 100° bis zur Kristallisation; aus Aceton Nadelbüschel; 47%. ER: kalt blaurot. — *3-Carboxymethyl-4-[2-carboxyäthyl]-pyrrol* (III), $C_9H_{11}NO_4$, F. 139—140°, durch 2std. Erhitzen von II mit 10%ig. NaOH unter N_2 im CARIUS-Rohr auf 175—180°, Adsorbieren an Amberlite IR-120 (H^+-Form), Eluieren mit W., Einengen im Vakuum bei 20°, Erwärmen auf 100°, Gefriertrocknung, Extrahieren mit Ae. u. Fällen durch Zugabe von Hexan; aus Ae.–Hexan Nadeln; 83%. ER: kalt blaurot. — *3-Carbomethoxymethyl-4-[2-carbomethoxyäthyl]-pyrrol*, $C_{11}H_{15}NO_4$, Kp.$_{10^{-4}}$ 135—137° (Bad), durch $^1/_4$std. Stehen von III u. überschüssigem Diazomethan in Ae. u. Fraktionieren; 90%. — *β-[3-Methylpyrryl-(4)]-propionsäure*, $C_8H_{11}NO_2$, F. 118,5—120° ($CHCl_3$–Hexan u. Sublimation), durch 2std. Erhitzen von 275 mg III mit W. im CARIUS-Rohr auf 150°, Gefriertrocknung, Extrahieren mit Ae., allmähliche Zugabe von Hexan zur sd. Lsg., Abfiltrieren des roten Prod. u. Kühlen der schwach trüben Lsg.; 65 mg. — *Uroporphyrin-*

oktamethylester, $C_{48}H_{54}N_4O_{16}$, F. 252—258°, durch 20 Min. langes Kochen von 100 mg **III** mit 0,5%ig. HCl u. 1%ig. Formaldehyd, mehrstd. Luftdurchleiten, Verestern mit methanol. HCl, Aufnehmen in $CHCl_3$, Waschen mit 50%ig. Resorcinlsg. u. W., Adsorbieren an Al_2O_3 u. Eluieren mit $CHCl_3$ + 5% Methanol; aus Methanol Säulen; 9 mg. — *Uroporphyrin*, durch Hydrolyse vorst. Esters u. Papierchromatographie mit 2.4-Lutidin-W. in einer NH_3-Atmosphäre. — *2-Formyl-3-[2-carbäthoxyäthyl]-4-carbäthoxymethyl-5-carbäthoxypyrrol*, $C_{17}H_{23}NO_7$, F. 83,5—84°, aus 0,477 cm³ SO_2Cl_2 u. 1 g **I** in Ae. analog **II**; aus A./W. (1 : 4) Nadeln; 77%. ER: heiß rot. — *2-Formyl-3-carbäthoxymethyl-4-[2-carbäthoxyäthyl]-5-carbäthoxypyrrol*, $C_{17}H_{23}NO_7$, F. 80,5—81°, aus 10,8 g **IV** u. 5,35 cm³ SO_2Cl_2 in Ae. wie vorst.; aus A./W. (1 : 4,5) Nadeln; 88%. ER: heiß rot. — *2-Formyl-3-carboxymethyl-4-[2-carboxyäthyl]-pyrrolcarbonsäure-(5)*, $C_{11}H_{11}$·NO_7, Zers. bei 240°, durch 2std. Erwärmen vorst. Esters mit 10%ig. NaOH unter N_2 auf 100°, Adsorbieren an Amberlite IR-120 (H^+-Form), Eluieren mit W., Einengen, Gefriertrocknung, Extrahieren mit Aceton, allmähliche Zugabe von Ae., Abfiltrieren des gefärbten Prod. u. Einengen; aus Aceton cremefarbene Nadeln; 74%. ER: heiß rot. — *2-Hydroximinomethyl-3-carboxymethyl-4-[2-carboxyäthyl]-pyrrolcarbonsäure-(5)*, $C_{11}H_{12}N_2O_7$, F. 204° (Zers.), durch 18std. Stehen von 8,99 g vorst. Säure, 8,4 g NaOH u. 4,7 g Hydroxylaminhydrochlorid in 500 cm³ W. bei n. Temp., 1½std. Erwärmen auf 100°, Adsorbieren an Amberlite IR-120 (H^+-Form), Eluieren mit W., Einstellen mit NaOH auf p_H 4 u. Einengen im Vakuum unter N_2 ($p_H > 2$); aus Aceton cremefarbene Nadeln; 86%. ER: heiß violett. — *Acetondicarbonsäurediäthylester*, $Kp._{0,8}$ 93—96°, n_D^{25} 1,4391, a) durch Zugabe von 15—18%ig. Oleum zu wasserfreier Citronensäure < 40°, 3std. Stehen bei 35—40°, Kühlen mit Trockeneis auf — 15°, Zugabe von absol. A. von — 15° unter Rühren, mehrstd. Stehen bei 0°, Gießen in Eiswasser, Extrahieren mit Bzl. u. Fraktionieren; 68%; b) analog aus Citronensäuremonohydrat ohne 4std. Stehen bei 40—45°; 62%. (Canad. J. Chem. **33.** 573—79. April 1955. Ottawa, Canada, National Res. Council, Div. of Pure Chem.)
W. LIEBSCHER. 3081

Shigeki Horiie, *Indol und seine Derivate.* 3. Mitt. *Eine neue Bestimmung des Indols.* (2. vgl. C. **1958.** 13771.) Die saure wss. Lsg. des Indols wird durch Zusatz von 2%ig. $NaNO_2$-Lsg. orangerot gefärbt. Das Absorptionsmaximum liegt bei ca. 475 mμ; diese Färbung beruht vermutlich auf der Bldg. von *Isonitrosoindol* oder seiner niederen Polymerisate. Obgleich einige Indolderivv. unter denselben Bedingungen gelbe oder braune Färbungen geben, läßt sich ca. 0,000001 g/ccm Indol colorimetr. oder spektrophotometr. mit der Fehlergrenze ± 5% bestimmen. (J. chem. Soc. Japan, pure Chem. Sect. [Nippon Kagaku Zassi] **79.** 225—27. Febr. 1958. Sakai, Ōsaka-Univ., Sanken. [Orig.: japan.])
E. MAEKAWA. 3081

Shigeki Horiie, *Indol und seine Derivate.* 4. Mitt. *Zum Mechanismus der Bildung des Indols.* (3. vgl. vorst. Ref.) Vf. nimmt an, daß bei der Bldg. von *Indol* aus Anilin (**I**) u. Acetylen das aus diesem entstandene freie Radikal —C≡CH nicht das N-Atom, sondern die o-Stellung des Benzolkerns von **I** angreift. Obgleich o-Aminophenylacetylen kaum Zwischenprod. der Bldg. von Indol sein kann, gibt es beim Erhitzen auf 500 bis 700° auch Indol.

Versuche: *o-Aminophenylacetylen*, C_8H_7N, F. 87—88°, aus Benzoesäure über *β-o-Nitrophenylacrylsäure*, deren *Dibromid* u. *β-o-Nitrophenylpropiolsäure* (F. 155°), deren Erhitzen in Chinolin in Ggw. von Cu-Pulver → *o-Nitrophenylacetylen* u. dessen Reduktion. (J. chem. Soc. Japan, pure Chem. Sect. [Nippon Kagaku Zassi] **79.** 227—29. Febr. 1958. [Orig.: japan.])
E. MAEKAWA. 3081

A. T. Troschtschenko und **A. A. Petrow,** *Reaktion von Vinylacetylen mit Diazomethan.* Diazomethan reagiert mit Vinylacetylen nur an der Doppelbindung zu *3-Äthinylpyrazolin* (**I**). Zur Strukturaufklärung werden die IR-Spektren von **I** u. Pyrazolin herangezogen.

Versuche: *3-Äthinylpyrazolin* (**I**), $C_5H_6N_2$, $Kp._5$ 54—55°, man gibt zu einer äther. Lsg. von 5 g CH_2N_2, die auf — 5° gekühlt ist, eine auf — 5° gekühlte Lsg. von 3,9 g Vinylacetylen in 20 ml Ae. u. läßt 24 Std. bei Zimmertemp. im Dunkeln stehen; farbloses Öl mit kakaoartigem Geruch; $D._4^{20}$ 1,019; n_D^{20} 1,4830; 6,3 g = 89,5% Ausbeute. (Доклады Академии Наук СССР [Ber. Akad. Wiss. UdSSR] **119.** 292—93. 11/3. 1958. Leningrad, Technol. Lensowjet-Inst.)
U. WÖRFFEL. 3122

Yujiro Nomura, *Östrogene Wirkung von Pyrazolonabkömmlingen. Anisoylessigsäureäthylester*, durch Kondensation von Anisoylchlorid mit Acetessigsäureäthylester u. Rk. des Prod. mit NH_4OH; 90% (Ausbeute). — [p-Methoxyphenyl]-pyrazolone-(5): *1.3-Bis-* (**I**), $C_{17}H_{16}N_2O_3$, F. 138,5—139°, durch 1std. Kochen von 8 g vorst. Verb. mit 5 g p-Methoxyphenylhydrazin in wenig A.; aus Chlf.-A. blaßgelbe Schuppen; 6 g. — *2-Methyl-1.3-bis-*, $C_{18}H_{18}N_2O_3$, F. 152,5° (Toluol–PAe.), durch 3std. Erhitzen von 2,5 g I mit Dimethylsulfat im Rohr in Ggw. von 10%ig. NaOH auf 140°; 2,2 g (roh). — *2-Äthyl-1.3-bis-*, $C_{19}H_{20}N_2O_3$, F. 162,5—163° (Toluol–PAe.), durch 2std. Erhitzen von 1,6 g I mit Äthyljodid in A. u. 10%ig. NaOH im Rohr auf 120°; 1,2 g (roh). — Subcutane Injektion der dargestellten Verbb. zeigte bei kastrierten Mäusen keine östrogene Wirkung. (J. chem. Soc. Japan, pure Chem. Sect. [Nippon Kagaku Zassi] **76.** 700—01. Juni 1955. Tokyo, Univ. [Orig.: japan.]) L. SCHULER. 3122

A. Ebnöther, E. Jucker und **A. Lindenmann,** *Über neuartige, basisch substituierte Pyrazolonderivate. Untersuchungen über synthetische Arzneimittel.* 3. Mitt. (2. vgl. C. **1959.** 12212.) Durch Rk. 35 verschied. β-Ketocarbonsäureester, u. a. auch von 2-[Thenoyl-(2)]-penten-(4)- bzw. -pentin-(4)-säureäthylester oder 2-Benzoylpentin-(4)-säureäthylester, mit bas. substituierten Hydrazinen, bes. N-Alkylpiperidyl-(4)-hydrazinen, werden neue *1-[N-Alkylpiperidyl-(4)]-* bzw. *1-Dialkylaminoalkylpyrazolone-(5)* dargestellt, die mit anorgan. u. organ. Säuren wasserlösl. *Salze* bilden. Aus den in 4-Stellung unsubstituierten Verbb. können *Nitroso-* u. *Halogenderivv.* synthetisiert werden, z. B. *1-[N-Methylpiperidyl-(4)]-3-phenyl-4-nitrosopyrazolon-(5)*. Letzteres kann durch reduktive Alkylierung mit Benzaldehyd (III) in Ggw. von $Pt/BaSO_4$ in *1-[N-Methylpiperidyl-(4)]-3-phenyl-4-benzylaminopyrazolon-(5)* übergeführt werden. Einige Verbb. zeigen gute antipyret. u. analget. Eigenschaften.

V e r s u c h e: *2-[Thenoyl-(2)]-penten-(4)-säureäthylester*, $C_{12}H_{14}O_3S$, Kp.$_{,1}$ 136 bis 137°, durch Zutropfen von α-Thenoyl-(2)-essigsäureäthylester (I) u. Allyljodid zu $NaOC_2H_5$/A. bei 0—3°, 1std. Rühren bei Raumtemp., 4std. Erhitzen im Rohr auf 100°, Verdünnen mit W. u. Ausäthern; n_D^{22} 1,5322. — *2-[Thenoyl-(2)]-pentin-(4)-säureäthylester*, $C_{12}H_{12}O_3S$, Kp.$_1$ 147°, analog aus I u. Propin-(2)-ylbromid (II); n_D^{20} 1,5437. — *2-Benzoylpentin-(4)-säureäthylester*, $C_{14}H_{14}O_3$, Kp.$_{0,9}$ 130°, aus Benzoylessigsäureäthylester u. II; n_D^{21} 1,5252. — *2-[4-Chlorbenzoyl]-pentin-(4)-säureäthylester*, $C_{14}H_{13}ClO_3$, Kp.$_{0,03}$ 125—126°, aus 4-Chlorbenzoylessigsäureäthylester u. II; n_D^{21} 1,5390. — 1 - [N - M e t h y l p i p e r i d y l - (4)] - p y r a z o l o n e - (5): *3-[Thienyl-(2)]-4-äthyl-*, $C_{15}H_{21}N_3OS$, F. 177—178° (Zers.; Isopropanol), durch 1std. Stehen von 8,6 g N-Methylpiperidyl-(4)-hydrazin u. 15,1 g α-Thenoylbuttersäureäthylester bei Raumtemp., 3½std. Erhitzen auf 150°, 15 Min. Erhitzen auf 150°/12 mm u. Verreiben mit Ae.; 7,8 g (Ausbeute). — *3-Methyl-*, $C_{10}H_{17}N_3O$, F. 146—147° (Essigester). *Hydrobromid*, $C_{10}H_{17}N_3O \cdot HBr$, F. 218—222° (Isopropanol/Ae.). — *3-Methyl-4-isopropyliden-*, F. 125—128° (Zers.; CH_3OH/Aceton u. Aceton/Ae.), durch 6std. Kochen von 10 g vorst. Verb. mit Aceton; 9,3 g. — *3-Methyl-4-isopropyl-*, $C_{13}H_{23}N_3O$, Kp.$_{0,04}$ 180°, durch 15std. Hydrieren von 3 g vorst. Verb. in A. über RANEY-Ni bei 80° u. 15 at, Einengen, Aufkochen mit Ae. u. Stehen über Nacht. *Monohydrat*, $C_{13}H_{23}N_3O \cdot H_2O$, F. 90—97° (feuchter Ae. oder Essigester); 1,0 g. — *3.4-Dimethyl-*, $C_{11}H_{19}N_3O$, F. 149—152° (Essigester). *Monohydrat*, $C_{11}H_{19}N_3O \cdot H_2O$, F. 80°. — *3-Methyl-4-äthyl-*, $C_{12}H_{21}N_3O$, F. 100—125° (Essigester oder Aceton), hygroskopisch. — *3-Methyl-4-n-propyl-*, $C_{13}H_{23}N_3O$, F. 109—125° (Aceton). — *3-Methyl-4-n-butyl-*, $C_{14}H_{25}N_3O$, hygroskop.; *Monohydrat*, $C_{14}H_{25}N_3O \cdot H_2O$, F. 75 bis 80° (feuchter Ae.). — *3.4-Diäthyl-*, *Hydrobromid*, $C_{13}H_{23}N_3O \cdot HBr$, aus Isopropanol/Aceton; *Monohydrat*, $C_{13}H_{23}N_3O \cdot HBr \cdot H_2O$, F. 120—126°. *Hydrochlorid*, $C_{13}H_{23}N_3O \cdot HCl$, F. 116—123° (Isopropanol/Ae.), hygroskopisch. — *3-n-Butyl-4-äthyl-*, *Dihydrat*, $C_{15}H_{27}N_3O \cdot 2H_2O$, F. 60—70° (feuchter Ae.). *Hydrobromid*, $C_{15}H_{27}N_3O \cdot HBr$, hygroskop., aus Aceton; *Trihydrat*, $C_{15}H_{27}N_3O \cdot HBr \cdot 3H_2O$, F. 60—75°. — *3-Benzyl-4-äthyl-*, *Hydrobromid*, $C_{18}H_{25}N_3O \cdot HBr$, F. 165—170° (A./Ae.); *Monohydrat*, $C_{18}H_{25}N_3O \cdot HBr \cdot H_2O$, aus Isopropanol. — *4-Phenyl-*, $C_{15}H_{19}N_3O$, F. 240° (Zers.; CH_3OH). — *3-Methyl-4-phenyl-*, $C_{16}H_{21}N_3O$, F. 220—227° (CH_3OH). *Hydrochlorid*, $C_{16}H_{21}N_3O \cdot HCl$, F. 260—270° (Zers.; CH_3OH). — *3-Äthyl-4-phenyl-*, $C_{17}H_{23}N_3O$, F. 189—193° (Isopropanol). *Hydrochloridhemihydrat*, $C_{17}H_{23}N_3O \cdot HCl \cdot {}^1/_2 H_2O$, F. 238—245° (Zers.; Isopropanol). — *3-n-Propyl-4-phenyl-*, *1⅓ Hydrat*, $C_{18}H_{25}N_3O \cdot 1^1/_3 H_2O$, hygroskop., aus feuchtem Essigester. *Hydrochloridhemihydrat*, $C_{18}H_{25}N_3O \cdot HCl \cdot {}^1/_2 H_2O$, F. 240—250° (Zers.; Isopropanol). — *3-Phenyl-*, $C_{15}H_{19}N_3O$, F. 221—224° (Zers.; A.). *Hydrobromid*, $C_{15}H_{19}N_3O \cdot HBr$, F. 230—233° (Zers.; CH_3OH/Ae.), hygroskopisch. *Dihydrochlorid*, $C_{15}H_{19}N_3O \cdot 2HCl$, F. 210° (Zers.; CH_3OH–Ae.), hygroskopisch. — *3-Phenyl-4-nitroso-*, *Hydrochlorid*, $C_{15}H_{18}N_4O_2 \cdot HCl$, F. 211—214° (Zers.; CH_3OH/Ae.), durch 25 Min. Zutropfen von wss. $NaNO_2$ zu 10,3 g vorst. Verb. in wss. HCl bei 0°, 1½std. Rühren bei 2°, azeotrope Abdest. des W. mit Aceton, Lösen in absol. CH_3OH, Filtrieren u. Versetzen mit Ae.; 12,8 g. — *3-Phenyl-4-benzylamino-*, *Hydrochlorid*, $C_{22}H_{26}N_4O \cdot HCl$, F. 239—241° (Zers.; CH_3OH–Ae.), durch 6std. Hydrieren von 1,5 g vorst. Verb. u. III in A. u. 20%ig. wss. Essigsäure in Ggw. von Pt—$BaSO_4$ bei 70° u. 3 at; 1,1 g. — *3-Phenyl-4-methyl-*, $C_{16}H_{21}N_3O$, F. 205—207° (Zers.; CH_3OH). *Hydrobromid*, $C_{16}H_{21}N_3O \cdot HBr$, F. 172—175°

(Zers.; CH_3OH/Ae.). *Dihydrochlorid*, $C_{16}H_{21}N_3O \cdot 2\,HCl$, F. 219—222° (Zers.; CH_3OH-Ae.). — *3-Phenyl-4-äthyl-*, $C_{17}H_{23}N_3O$, F. 162—163° (Zers.; Essigester, Isopropanol, Aceton oder CH_3OH/Ae.). *Hydrobromid*, $C_{17}H_{23}N_3O \cdot HBr$, F. 194—197° (Zers.; CH_3OH/Ae.). *Oxalat*, $C_{17}H_{23}N_3O \cdot C_2H_2O_4$, F. 196—198° (Zers.; A.). *Tartrat*, $C_{17}H_{23}N_3O \cdot C_4H_6O_6$, F. 145—147° ($CH_3OH$). — *3-Phenyl-4-n-propyl-*, $C_{18}H_{25}N_3O$, F. 155—156° (Zers.; Bzl.-PAe.). — *3-Phenyl-4-propargyl-*, $C_{18}H_{21}N_3O$, F. 134—136° (Zers.; A.). *Naphthalindisulfonatdihydrat*, $2\,C_{18}H_{21}N_3O \cdot C_{10}H_8O_6S_2 \cdot 2\,H_2O$, F. 180° (Zers.; CH_3OH). — *3-Phenyl-4-allyl-*, $C_{18}H_{23}N_3O$, F. 129—131° (Zers.; Isopropanol). — *3-Phenyl-4-benzyl-*, $C_{22}H_{25}$· N_3O, F. 181—183° (Zers.; A.). — *3-[m-Nitrophenyl]-*, $C_{15}H_{18}N_4O_3$, F. 191—193° (Zers.; A.). — *3-[p-Nitrophenyl]-*, $C_{15}H_{18}N_4O_3$, F. 220—222° (Zers.; A., W.). — *3-[p-Chlorphenyl]-*, $C_{15}H_{18}ClN_3O$, F. 205—207° (Zers.; Isopropanol). — *3-[p-Tolyl]-*, $C_{16}H_{21}N_3O$, F. 158—160° (Zers.; Isopropanol, A.). — *3-Carboxy-*, *Hydrochlorid*, $C_{10}H_{15}N_3O_3 \cdot HCl$, F. 243—246° (A./Ae.). *Methylester*, $C_{11}H_{17}N_3O_3$, F. 226—228° (Zers.; A.). — *4-Carboxy-*, *Äthylester*, $C_{12}H_{19}N_3O_3$, F. 242—245° (CH_3OH). — *3-[Thienyl-(2)]-4-allyl-*, $C_{16}H_{21}N_3OS$, F. 133—136° (Zers.; Isopropanol). — *3-[Thienyl-(2)]-4-propargyl-*, *Hemihydrat*, $C_{16}H_{19}$· $N_3OS \cdot {}^1/_2\,H_2O$, F. 150—152° (Zers.; A.). — *3-[Thienyl-(2)]-4-benzyl-*, *Hemihydrat*, $C_{20}H_{23}N_3OS \cdot {}^1/_2\,H_2O$, F. 201—203° (Zers.; A.). — *4-[Indolyl-(3)]-*, $C_{17}H_{20}N_4O$, F. 245 bis 248° (Zers.; A.). — *3-[Pyridyl-(4)]-*, $C_{14}H_{18}N_4O$, F. 233—237° (Zers.; A.). *Dihydrobromid*, $C_{14}H_{18}N_4O \cdot 2\,HBr$, F. 185—189° (Zers.; CH_3OH/Ae.). — *3-[Pyridyl-(4)]-4-äthyl-*, *Dihydrobromid*, $C_{16}H_{22}N_4O \cdot 2\,HBr$, F. 214—217° (Zers.; CH_3OH/Ae.). — *3-[Pyridyl-(3)]-*, $C_{14}H_{18}N_4O$, F. 200—202° (Zers.; A.). — *3-[Thienyl-(2)]-*, $C_{13}H_{17}N_3OS$, F. 217—218° (Zers.; Isopropanol). — *3-[Furyl-(2)]-*, $C_{13}H_{17}N_3O_2$, F. 213—216° (Zers.; A.). — Pyrazolone-(5): *1-[N-Isopropylpiperidyl-(4)]-3-phenyl-4-äthyl-*, $C_{19}H_{27}N_3O$, F. 140 bis 142° (Bzl./PAe.). — *1-[N-n-Butylpiperidyl-(4)]-3-phenyl-4-äthyl-*, $C_{20}H_{29}N_3O$, F. 136 bis 138° (Bzl./PAe.). — *1-[N-n-Butylpiperidyl-(4)]-3-[thienyl-(2)]-*, $C_{16}H_{23}N_3OS$, F. 178 bis 180° (Zers.; Isopropanol). — *1-[2-Diäthylaminoäthyl]-3-phenyl-4-äthyl-*, *Monohydrat*, F. 111—112° (feuchter Ae.), Kp.$_{0,9}$ 181—183°. — *1-[2-Diäthylaminoäthyl]-3-phenyl-*, $C_{15}H_{21}N_3O$, F. 114—115°, Kp.$_{0,03}$ 175—179°. — *1-[2-Dimethylamino-1-methyläthyl]-3-phenyl-4-äthyl-*, $C_{16}H_{23}N_3O$, F. 98—100° (Zers.; PAe.), Kp.$_{0,2}$ 145—150°. — *1-[2-Diäthylamino-1-methyläthyl]-3-phenyl-4-äthyl-*, *Monohydrat*, $C_{18}H_{27}N_3O \cdot H_2O$, Kp.$_{0,1}$ 158 bis 161°. — *1-[3-Dimethylamino-1-methylpropyl]-3-phenyl-4-äthyl-*, *¹/₄-Hydrat*, $C_{17}H_{25}$· $N_3O \cdot {}^1/_4\,H_2O$, Kp.$_{0,005}$ 155—157°. — *1-[2-Diäthylaminoäthyl]-3-[thienyl-(2)]-*, $C_{13}H_{19}N_3OS$, Kp.$_{0,05}$ 200—201°. — *1(oder 2)-[N-Methylpiperidyl-(4)]-2(oder 1).3-dimethyl-4-äthyl-*, *Hydrobromid*, $C_{13}H_{23}N_3O$ HBr, F. 230—235° (Zers.; Isopropanol); *Monohydrat*, $C_{13}H_{23}$· $N_3O \cdot HBr \cdot H_2O$. — *1(oder 2)-[N-Methylpiperidyl-(4)]-2(oder 1).3-dimethyl-4-isopropyl-*, *Hydrochloridhemihydrat*, $C_{14}H_{25}N_3O \cdot HCl \cdot {}^1/_2\,H_2O$, F. 254—259° (Zers.; Chlf./Aceton).— *1(oder 2)-[N-Methylpiperidyl-(4)]-2(oder 1).3-dimethyl-4-isopropyl-*, *Hydrobromid*, $C_{14}H_{25}$· $N_3O \cdot HBr$, F. 215—219° (Zers.; Isopropanol/Aceton/Ae. 1 : 1 : 1). — *1(oder 2)-[N-Methylpiperidyl-(4)]-2(oder 1)-methyl-3-phenyl-*, $C_{16}H_{21}N_3O$, F. 120—122° (Zers.; Bzl./Ae.). *Hydrochlorid*, $C_{16}C_{21}N_3O \cdot HCl$, F. 255—257° (Zers.; CH_3OH/Ae.). *Hydrobromid*, $C_{16}H_{21}$· $N_3O \cdot HBr$, F. 237—241° (Zers.; CH_3OH/Ae.). — *1(oder 2)-[N-Methylpiperidyl-(4)]-2(oder 1)-methyl-3-[thienyl-(2)]-*, *Hydrobromid*, $C_{14}H_{19}N_3OS \cdot HBr$, F. 224—228° (Zers.; CH_3OH/Ae.). (Helv. chim. Acta **42**. 1201—14. 15/6. 1959. Basel, Sandoz, Pharmazeut.-chem. Labor.) R. PASEDAG. 3122

Peter L. de Benneville, Leo S. Luskin und **Homer J. Sims**, *Umesterung von Methylmethacrylat mit Aminoalkoholen. Darstellung eines primären Aminoalkylmethacrylates und von 2-Isopropenyl-4.4-dimethyloxazolin.* Die Umsetzung von 7-Amino-3.7-dimethyloctanol (**XI**) mit Methylmethacrylat (I) in Ggw. von Al-Isopropylat (**II**) lieferte *7-Amino-3.7-dimethyloctylmethacrylat*, das in Ggw. von Pd 1 Mol H_2 aufnimmt, ein dem tert.-Butylaminoäthylmethacrylat ähnliches IR-Spektr. hat u. in Ggw. von Azoinitiatoren polymerisiert. Dagegen führt die Rk. zwischen 2-Amino-2-methylpropanol (**III**) als einem prim. Aminoalkohol mit funktionellen Gruppen an benachbarten C-Atomen mit I in Ggw. von Alkoholaten der Metalle der mittleren Gruppen des Period. Syst. über den *Aminoalkylester* zu *4.4-Dimethyl-2-isopropenyloxazolin* (**IV**), das mit metall. Na oder Äthylisocyanat (**V**) gereinigt wurde. **IV** hat pyridinähnlichen Geruch, läßt sich bei n. Druck destillieren, ist teilweise mit W. mischbar u. lösl. in den üblichen organ. Lösungsmitteln. Seine Struktur wurde durch Analyse, IR-Spektr. u. Red. zu dem aus Isobuttersäure (**VI**) u. **III** erhältlichen *4.4-Dimethyl-2-isopropyloxazolin* (**VII**) bewiesen. **IV** wurde auch durch Erhitzen des Salzes von **III** mit Methacrylsäure (**VIII**) auf 190° ähnlich der Darst. von **VII** (etwas verunreinigt durch *2-Äthyl-4.4-dimethyloxazolin*) gewonnen oder durch Dehydratisierung (175—180°, konz. H_2SO_4) des aus **III** mit Methacryloylchlorid (**IX**) erhältlichen *N-[1.1-Dimethyl-2-hydroxyäthyl]-methacrylamids* (**X**) erhalten. Die Pyrolyse von N-[2-Hydroxy-2-methylpropyl]-methacrylamid führte zu polymeren Produkten. 4.4-Dimethyl-2-isopropenyloxazolin (**IV**) wurde fest oder in

Lsg. durch Erhitzen in Ggw. von Azoinitiatoren zu einem Harz polymerisiert, das lösl. in kaltem, unlösl. in warmem W. ist u. ein IR-Spektr. mit einer Bande bei 1660 cm^{-1} hat.

Versuche: *7-Amino-3.7-dimethyloctylmethacrylat*, $C_{14}H_{27}NO_2$, $Kp._{0,8}$ 115—120°, durch 10std. Kochen von **XI**, **I**, **II** u. Di-β-naphthol (**XII**) (VIGREUX-Kolonne) u. Dest. (65—98°); $D.^{25}{}_{25}$ 0,9215, $n_D{}^{25}$ 1,4570; 92% (Ausbeute); polymerisiert beim Erhitzen mit 1% Dimethylazoisobutyrat (16 Std. 70°). — *4.4-Dimethyl-2-isopropenyloxazolin* (**IV**), $C_8H_{13}NO$, Kp. 149°, $Kp._{35}$ 64—67°, $Kp._{30}$ 62—63°, a) aus **I**, **III** u. **XII** durch 1std. Kochen mit Tetraisopropyltitanat (**XIII**) auf 70° (Zusatz weiterer **XIII**-Mengen nach 4 u. 11 Std.) u. Dest. [81% Methanol, 59 g **I**, 19,5 g vom $Kp._{22}$ 61—56° (**A**), 82,3 g vom $Kp._{21}$ 56—88° (**B**), 7,3 g vom $Kp._{20}$ 83—103° (**C**) u. 22 g Rückstand], Behandeln von **A**, **B** u. **C** mit **V** in Pentan zur Entfernung von **III** u. W. u. Dest. beider Schichten; b) analog bei < 110°/400 mm; c) aus **III** u. **VIII** analog der Darst. von nachst. **VII**; d) durch Dehydratisierung von **X** (175—180°, 4 Std.) u. Dest. in Ggw. von wenig konz. H_2SO_4 ($1^1/_2$ Std., 180—190°); 45%, 60%, 43% (wenig rein) u. 67%; $n_D{}^{25}$ 1,4492—1,4543, $D.^{25}{}_{25}$ 0,9181. *Pikrat*, $C_{14}H_{16}\cdot N_4O_8$, F. 115—116°, durch Zusatz von überschüssigem Na-Pikrat zu 1,39 g **IV** in 0,5n HCl; Nadeln; 2,6 g. — *4.4-Dimethyl-2-isopropyloxazolin* (**VII**), $C_8H_{15}NO$, $Kp._{35}$ 56°, $Kp._{29}$ 50—53°, a) durch Hydrierung von **IV** (4 Std. mit ADAMS-Katalysator unter Schütteln), Zusetzen von frischem Katalysator u. 24std. Schütteln; b) aus **III** u. **VI** (5 Std., 106—142°); 62%, 66%; $n_D{}^{25}$ 1,4210—1,4218, $D.^{25}{}_{25}$ 0,8770—0,8797. *Pikrat*, $C_{14}H_{18}N_4O_8$, F. 190—191°. — *N-[1.1-Dimethyl-2-hydroxyäthyl]-methacrylamid* (**X**), $C_8H_{15}NO_2$, $Kp._{0,15}$ 97°, aus **IX** u. **III** in Bzl. (10—15°, $5^1/_2$ Std. rühren, Stehen über Nacht bei 0° u. Dest. des Filtrates in Ggw. von p-Hydroxydiphenylamin); Öl, $n_D{}^{25}$ 1,4785; 89%. — *N-[2-Hydroxy-2-methylpropyl]-methacrylamid*, $C_8H_{15}NO_2$, F. 70—75°, analog **X** aus 1-Amino-2-methylpropanol-(2) u. **IX**, Lösen in W. u. Extrahieren mit Chlf.; 75%. — *Substanz* vom $n_D{}^{25}$ 1,4532, durch Erhitzen vorst. Verb. (180—250°) mit wenig konz. H_2SO_4; 1,5 g Öl neben 2,5 g W. u. 27 g Harz. — *Harz*, durch Polymerisation von **IV** durch Erhitzen (75°, 24 Std.) in Ggw. von Dimethylazoisobutyrat. (J. org. Chemistry **23**. 1355—57. Sept. 1958. Philadelphia, Pa., Rohm & Haas Co.) G. MARQUARD. 3132

Helmut Zinner, Herbert Herbig, Irmgard Wistup und **Heinz Wigert**, *Benzazole*. 9. Mitt. *Über das chemische Verhalten der Nitrobenzoxazolone*. (8. vgl. C. **1959**. 2446.) *7-Nitrobenzoxazolon* (**IV**) wird aus 6-Nitro-2-aminophenol u. $COCl_2$, *4-Nitrobenzoxazolon* (**I**) analog aus 3-Nitro-2-aminophenol gewonnen. **I**, 5-Nitro- (**II**), 6-Nitrobenzoxazolon (**III**) u. **IV** reagieren ausschließlich in der Lactamform. Mit CH_2N_2 entstehen nur die *3-Methylnitrobenzoxazolone* (**A**), wobei die Acidität in der Reihe 5.7-Dinitrobenzoxazolon > **IV** > **III** > Benzoxazolon (**V**) > **II** > **I** abnimmt. Parallel zur NH-Acidität nimmt die hydrolyt. Spaltbarkeit des Heteroringes in den **A** ab. Unter CO_2-Abspaltung entstehen hierbei die entsprechenden *Nitro-2-methylaminophenole*, die durch Kondensation mit $COCl_2$ die **A** zurückliefern. Die Umsetzung von **II**, **III** u. **IV** mit Acetanhydrid (**VI**) führt nur zu den *Nitro-3-acetylbenzoxazolonen*. **I** ist infolge ster. Hinderung nicht acetylierbar. Eine unabhängige Synth. der Acetylverbb. erfolgte aus den Nitro-2-acetamidophenolen mit $COCl_2$, wobei nur die 3-Nitroverb. aus ster. Gründen nicht reagierte. Während **I** auch mit p-Toluol-, Benzol- u. Methansulfochlorid nicht reagiert, liefern **II**, **III** u. **IV** damit die *Nitro-3-arylsulfonyl-* bzw. *-3-alkylsulfonylbenzoxazolone*, deren Konst. nicht exakt bewiesen werden konnte. Einerseits erfolgt bei Behandlung mit konz. Laugen oder Säuren vor der Ringsprengung erst die Abspaltung der Sulfonsäuregruppen, andererseits gelang eine Synth. aus Nitro-2-arylsulfonamidophenolen mit $COCl_2$ nicht. Nur **II**, **III** u. **IV** bilden mit CH_2O u. Piperidin (**VII**) bzw. Morpholin (**VIII**) MANNICH-*Basen*, **I** ist ster. gehindert. **I**, **II**, **III** u. **IV** zeigen gegenüber *Fusarium culmorum*, *Sclerotium*, *Alternaria tenuis*, *Trichothecium roseum* u. 15 Dermatophyten eine wesentlich schwächere fungistat. Wrkg. als **V**.

Versuche: *3-Nitro-2-aminophenol*, F. 210—212° (10%ig. HCl), durch Nitrieren von 2-Acetamidophenolacetat mit Acetylnitrat, 30 Min. Kochen des Gemisches von *3-* u. *5-Nitro-2-acetamidophenolacetat* mit halbkonz. HCl u. Verdünnen mit W.; rote Nadeln; 20% (Ausbeute). — *4-Nitrobenzoxazolon* (**I**), $C_7H_4N_2O_4$, F. 227—228° (A./W. 1:1), durch Zutropfen von $COCl_2$ in Toluol zu vorst. Verb. in 4n NaOH < 5°, 60 Min. Rühren bei 5° u. 6 Min. bei 20°; hellgelbe Nadeln; 62%. — *2.6-Dinitrophenol*, F. 64°, durch Zugeben von HNO_3 (D. 1,4) zu o-Nitrophenol in Eisessig/konz. H_2SO_4 in 20 Min. bei 55—60°, 25 Min. Rühren bei 55°, Gießen auf Eis u. Abtrennen von 2.4-Dinitrophenol über das *Ba-Salz*; 23%. — *6-Nitro-2-aminophenol*, F. 112° (25%ig. wss. A.), durch Zugeben von Na_2S zu vorst. Verb. u. NH_4Cl in konz. NH_4OH bei 60°, 50 Min. Rühren bei 60°, Ausfällen mit HCl u. Ausäthern; 68%. — *7-Nitrobenzoxazolon* (**IV**), $C_7H_4N_2O_4$, F. 225° (W. u. Eisessig), aus vorst. Verb.; gelbe Nädelchen; 70%. — 3-Methylbenzoxazolone (**A**): *4-Nitro-*, $C_8H_6N_2O_4$, F. 109° (A.), a) aus **I** u. CH_2N_2 in Ae.; hellgelbe Nadeln; 82%; b) aus 3-Nitro-2-methylaminophenol (NaOH u. $COCl_2$/Toluol; 55%. — *5-Nitro-*,

F. 157° (A.), nach a) 77%, nach b) 73%; gelbe Nadeln. — *6-Nitro-*, F. 186°, nach a) 86%, nach b) 82%; hellgelbe Nadeln. — *7-Nitro-*, F. 206° (A. u. Eisessig), nach a) 80%, nach b) 77%; hellgelbe Nadeln. — 2-Methylaminophenole: *6-Nitro-*, C_7H_8·N_2O_3, F. 78° (A.), durch 2std. Kochen vorst. Verb. mit n-NaOH u. Neutralisieren; rote Nadeln; 56%. — *5-Nitro-*, F. 188° (A.), in 5 Std. mit n-NaOH; orangerote Nädelchen; 60%. — *3-Nitro-*, $C_7H_8N_2O_3$, F. 102—104° (W.), mit 36%ig. HCl im Rohr bei 120° in 4 Std.; dunkelrote Nädelchen; 57%. — *4 Nitro-*, F. 109—110°/W.), mit 36% ig. HCl im Rohr; orangerote Nädelchen; 67%. — 3-Acetylbenzoxazolone: *5-Nitro-*, $C_9H_6N_2O_5$, F. 182° (A.), a) durch 30 Min. Erhitzen von II mit VI auf dem Wasserbad u. Gießen in W.; hellgelbe Schuppen; 73%; b) durch 2std. Rühren von 4-Nitro-2-acetamidophenol in 3nNaOH mit $COCl_2$ in Toluol bei 0—5°; 73%. — *6-Nitro-*, F. 175° (Essigester/A. oder CH_3OH), a) aus III; hellgelbe Nadeln; 78%; b) aus 5-Nitro-2-acetamidophenol; 76%. — *7-Nitro-*, F. 161°, a) aus IV; citronengelbe Nadeln; 76%; b) aus 6-Nitro-2-acetamidophenol; 70%. — Durch 1std. Rühren der Nitrobenzoxazolone mit den Sulfochloriden in Pyridin bei 5°, 5std. Stehen bei 20°, Einengen, Ausfällen mit W. u. Umkristallisieren aus Eisessig nachst. Benzoxazolone: *3-[p-Toluolsulfonyl]-5-nitro-*, $C_{14}H_{10}N_2O_6S$, F. 200°, hellgelbe Schuppen; 72%. — *3-Benzolsulfonyl-5-nitro-*, $C_{13}H_8N_2O_6S$, F. 208°, gelbe Nadeln; 75%. — *3-Methansulfonyl-5-nitro-*, $C_8H_6N_2O_6S$, F. 191°, hellgelbe Schuppen; 62%. — *3-[p-Toluolsulfonyl]-6-nitro-*, $C_{14}H_{10}N_2O_6S$, F. 213°, hellgelbe Schuppen; 76%. — *3-Benzolsulfonyl-6-nitro-*, $C_{13}H_8N_2O_6S$, F. 182,5°, hellgelbe Schuppen; 73%. — *3-Methansulfonyl-6-nitro-*, $C_8H_6N_2O_6S$, F. 193°, gelbe Schuppen; 65%. — *3-[p-Toluolsulfonyl]-7-nitro-*, $C_{14}H_{10}N_2O_6S$, F. 184—187°, hellgelbe Nadeln; 76%. — *3-Benzolsulfonyl-7-nitro-*, $C_{13}H_8$·N_2O_6S, F. 182—183°, hellgelbe Nadeln; 77%. — *3-Methansulfonyl-7-nitro-*, $C_8H_6N_2O_6S$, F. 253°, hellgelbe Kristalle; 60%. — Durch Schütteln des Nitrobenzoxazolons in CH_3OH mit VII oder VIII u. 35% ig. CH_2O nachst. Benzoxazolone: *3-Piperidinomethyl-5-nitro-*, $C_{13}H_{15}N_3O_4$, F. 150—151° (Chlf./PAe.), gelbliche Prismen. — *3-Morpholinomethyl-5-nitro-*, $C_{12}H_{13}N_3O_5$, F. 156—157° (Chlf./PAe.), gelbliche Kristalle; 77%. — *3-Piperidinomethyl-6-nitro-*, $C_{13}H_{15}N_3O_4$, F. 119° (Essigester), gelbliche Kristalle; 85%. — *3-Morpholinomethyl-6-nitro-*, $C_{12}H_{13}N_3O_5$, F. 167—169° (Zers.; Essigester), gelbliche Kristalle; 77%. — *3-Morpholinomethyl-7-nitro-*, $C_{12}H_{13}$·N_3O_5, F. 169—171° (Essigester), gelbliche Kristalle; 81%. (Chem. Ber. **92**. 407—14. 14/2. 1959. Rostock, Univ., Inst. für Organ. Chem.) R. PASEDAG. 3132

H. Rinderknecht, *Neue Lokalanästhetica.* Nach der Meth. der gemischten Anhydride wurden *Nicotinamid, Isonicotinoylhydrazin, Nicotinoyltryptophan, -phenyläthylamin, -tyramin* bzw. *-thiosemicarbazid* u. andere aus Nicotinsäure (I) bzw. Isonicotinsäure (II) dargestellt. Im letzten Fall wurde als Nebenprod. *Carbäthoxythiosemicarbazid* isoliert. Aus I u. Aminotetrazol (IV) wurden *Nicotinoylaminotetrazol* u. ein nicht identifiziertes Prod. (F. >300°) erhalten. Ebenso wurden *Picolinoyl-, Nicotinoyl-, Isonicotinoyl-2.6-xylidin* u. *p-Äthoxyisonicotinoylanilin* dargestellt. Die *Methojodide* wurden in die *Methochloride* übergeführt u. diese katalyt. zu den *N-Methylpiperidincarbonamiden* hydriert. Letztere zeigen ausgezeichnete lokalanästhet. Wirkung.

Versuche: *Nicotinamid,* F. 127—129° (Essigester), durch 10 Min. Zutropfen von Äthylchlorcarbonat (III) zu 4,9 g I in absol. Dioxan u. $(C_2H_5)_3N$ bei 10°, 15 Min. Stehen bei 10°, Einleiten von NH_3 u. mehrstd. Stehen; 3,5 g (Ausbeute). — *Isonicotinoylhydrazin,* F. 161—164° (A.), aus 4,9 g II u. III in Dioxan/$(C_2H_5)_3N$ durch mehrstd. Rühren mit 100% ig. $N_2H_4 \cdot H_2O$ bei Raumtemp.; 3,2 g. *Vanillinderiv.*, F. 224—226°. — *DL-Nicotinoyltryptophan,* $C_{17}H_{15}N_3O_3$, F. 237° (Essigester), aus 2,46 g I, III u. $(C_4H_9)_3N$ in Dioxan mit DL-Tryptophan in wss. NaOH; 3,6 g. — *L-Nicotinoylphenylalanin,* F. 177—179° (W.), $[\alpha]_D^{25}$ —42° (c = 0,68 in CH_3OH). — *N-[β-Phenyläthyl]-nicotinamid,* $C_{14}H_{14}N_2O$, F. 80—82° (Bzl.-PAe.), $Kp._{1-2}$ 195°, aus 4,9 g I, III, $(C_2H_5)_3N$ u. Phenyläthylamin in Dioxan; 5,6 g. — *Nicotinoyltyramin,* $C_{14}H_{14}N_2O_2$, F. 183—184° (CH_3OH); 7,4 g aus 4,9 g. — *Nicotinoylthiosemicarbazid,* $C_7H_8N_4OS$, F. 182—184° (W.), mit Thiosemicarbazid in Dioxan bei 70° u. 4std. Kochen; 1,5 g aus 4,9 g. — *Carbäthoxythiosemicarbazid,* C_4H_9·N_3O_2S, F. 184—186° (Bzl. u. W.), neben vorst. Verb.; 1,25 g. — *Nicotinoylaminotetrazol,* $C_7H_6N_6O$, F. >300° (W.), aus 4,9 g I u. III in Tetrahydrofuran mit IV in wss. Aceton; 2,4 g. — *Nicotinoyl-2.6-xylidin,* $C_{14}H_{14}N_2O$, F. 108—110° (A.), aus 2.6-Xylidin. *Methojodid,* $C_{15}H_{17}JN_2O$, F. 213—215° (A.). *Methochlorid,* F. 197—198° (Zers.). — *N-Methylnipecotinoyl-2.6-xylidinhydrojodid,* $C_{15}H_{23}JN_2O$, F. 224—226° (A.), durch Hydrierung vorst. Methochlorids in Essigsäure in Ggw. von Pt bei n. Temp. u. n. Druck; Verreiben des *Hydrochlorids* mit Bzl. u. Erhitzen mit A./KJ. — *Picolinoyl-2.6-xylidin,* $C_{14}H_{14}N_2O$, F. 105—106° (Cyclohexanon). *Methojodid,* $C_{15}H_{17}JN_2O$, F. 218° (Zers.; 75% ig. A.). — *Pipecolinoyl-2.6-xylidinhydrochlorid,* $C_{14}H_{21}ClN_2O$, F. 267—268° (A.), durch Hydrierung vorst. Verb. über Pt in A./HCl. — *N-Methylpipecolinoyl-2.6-xylidinhydrojodid,* $C_{15}H_{23}J$·N_2O, F. 217—218° (Isopropanol), durch Hydrieren vorvorst. Methojodids in 50% ig.

Essigsäure über Pt. — *Isonicotinoyl-2.6-xylidin*, $C_{14}H_{14}N_2O$, F. 161—162° (Bzl.). *Methojodid*, $C_{15}H_{17}JN_2O$, F. 198—200° (A.). *Methochlorid*, F. 227—229° (Zers.; A.–Aceton–Ae.). — *N-Methylisonipecotinoyl-2.6-xylidinhydrochloridmonohydrat*, $C_{15}H_{23}ClN_2O \cdot H_2O$, F. 278 bis 279° (Aceton–A.), aus vorst. Methochlorid in Essigsäure. — *Picolinoylphenetidin*, $C_{14}H_{14}N_2O_2$, F. 120—122° (Aceton oder A.). *Methojodid*, $C_{15}H_{17}JN_2O_2$, F. 167° (A.). *Methochlorid*, F. 187—188° (Isopropanol). — *N-Methylpipecolinoylphenetidinhydrochlorid*, $C_{15}H_{23}ClN_2O_2$, F. 188—189° (Isopropanol). (Helv. chim. Acta **42**. 1324—27. 15/6. 1959. London, Crookes Labors. Ltd., Res. Dep.) R. PASEDAG. 3231

Chiomatsu Hamada, Kôji Isogai und **Masuo Kaizu**, *Reimer-Tiemannsche Reaktion: Darstellung von 5-Methyl-5-dichlormethyl-5H-chinolon-(8)*. (Vgl. J. chem. Soc. Japan, pure Chem. Sect. [Nippon Kagaku Zassi] **77**. [1956.] 1107.) 8-Hydroxychinolin gibt in 10% ig. NaOH bei der REIMER-TIEMANNschen Rk. unter Zutropfen von Chlf. bei 65—70° nur *5-Methyl-5-dichlormethyl-5H-chinolon-(8)*, $C_{11}H_9Cl_2NO$, F. 182°, aus Methanol Nadeln. *Phenylhydrazon*, $C_{17}H_{15}Cl_2N_3$, F. 166°, aus A. gelbe Kristalle. *Semicarbazon*, $C_{12}H_{12}Cl_2N_4O$, F. 225—227°, aus A. Nadeln. *Oxim*, $C_{11}H_{10}Cl_2N_2O$, F. 193—194°, aus A. Nadeln. (J. chem. Soc. Japan, pure Chem. Sect. [Nippon Kagaku Zassi] **79**. **1446**—47. Nov. 1958. Nagaoka, Niigata-Daigaku. [Orig.: japan.]) E. MAEKAWA. 3231

Jean M. Tyler, *Die vermeintlichen Dihydroindolreduktionsprodukte des α-Cyan-o-nitrozimtsäureamids*. Das bei der Red. von α-Cyan-o-nitrozimtsäureamid (I) entstehende „2-Carbamoyl-2-cyandihydroindol" u. „N-Hydroxyderiv." wird als *2-Amino-3-carbamoylchinolin* (II) u. *2-Amino-3-carbamoylchinolin-N-oxyd* identifiziert. Verd. Alkali gibt aus II unter Bldg. von *2-Aminochinolincarbonsäure-(3)* (III) eine äquivalente Menge NH_3 frei. Aus dem III-*Methyl-* (IV) u. *Äthylester* entsteht durch Ammonolyse II. Mit nitrosen Gasen entsteht aus II bei 60° *2-Hydroxy-3-carbamoylchinolin* (V), bei 100° V u. *2-Hydroxychinolincarbonsäure-(3)* (VI) u. < 30° II.

Versuche: *2-Amino-3-carbamoylchinolin-N-oxyd*, $C_{10}H_9N_3O_2$, F. 303° (Zers.; schnelles Erhitzen), a) durch Red. von I mit Zn-Staub u. verd. Essigsäure u. Verdünnen; aus 50% ig. A. gelbe Nadeln; daneben II (in Lsg.); b) durch Hydrieren von 2 g I in Ggw. von Platinoxyd in Essigester–A. (1:4) bei n. Temp. u. n. Druck, Verdünnen mit Essigester/A./Pyridin/W. (1:1:1:1), Zentrifugieren u. Eindampfen; 1,10 g (Ausbeute). — *2-Amino-3-carbamoylchinolin* (II), $C_{10}H_9N_3O$, F. 237°, a) durch Red. vorst. Verb. mit Zn u. wss. NH_4OH bei 80°; aus 50% ig. A. schwachgelbe Nadeln; b) durch 18 tägiges Stehen von 200 mg IV in A. mit der äquivalenten Menge NH_4OH (D. 0,880) im CARIUS-Rohr, Eindampfen u. Extrahieren der Nebenprodd. mit Bzl. u. 0,5% ig. NaOH; 79 mg. — *2-Aminochinolincarbonsäure-(3)* (III), $C_{10}H_8N_2O_2$, F. 326—328° (W. oder 1% ig. Essigsäure), a) durch 45—55 Min. langes Erhitzen von 500 mg II mit 40 ml 0,25 n NaOH u. Ansäuern mit Essigsäure; 490 mg; b) durch Zutropfen von 0,5 n $NaNO_2$-Lsg. in eine Lsg. von 300 mg II in 90% ig. H_2SO_4 bei < 30°, Verdünnen, 1 std. Stehen, Extrahieren mit 5% ig. NaOH u. Ansäuern mit 50% ig. Essigsäure; 207 g. *Methylester* (IV), $C_{11}H_{10} \cdot N_2O_2$, F. 140—141°, aus Methanol gelbe Blättchen, a) mit Methanol u. HCl; 70%. b) mit Methanol u. H_2SO_4; 52%. *Äthylester*, $C_{12}H_{12}N_2O_2$, F. 135°, mit A. u. HCl; aus A. gelbe Blättchen; 80%. *N-Oxyd*, $C_{10}H_8N_2O_3$, F. 318—320° (Zers.; schnelles Erhitzen), durch Red. von 2,5 g α-Cyan-o-nitrozimtsäure in verd. Essigsäure mit Zn-Staub bei 30—40°, $^1/_2$ std. Rühren, Zugabe von W., Extrahieren mit 5% ig. NaOH u. Ansäuern mit 50% ig. Essigsäure; aus 10% ig. Na-Acetatlsg. gelbes Prod.; 1,99 g [*Methylester*, $C_{11}H_{10} \cdot N_2O_3$, F. 168,5—169°, aus 0,80 g N-Oxyd durch 18 std. Kochen mit H_2SO_4 in Methanol; aus Methanol gelbe Blättchen; 0,45 g. *Äthylester*, $C_{12}H_{12}N_2O_3$, F. 137—138° (A.), wie vorst. u. Extrahieren mit Ae.]. — *2-Hydroxychinolincarbonsäure-(3)-methylester*, $C_{11}H_9 \cdot NO_3$, F. 186—186,5°, a) durch 7 std. Kochen von 100 mg VI mit Methanol u. H_2SO_4; aus Methanol Blättchen; 75 mg; b) durch Verestern von 150 mg nachst. Verb. mit Methanol u. H_2SO_4; 117 mg. — *2-Hydroxy-3-carbamoylchinolin* (V), $C_{10}H_8N_2O_2$, F. 290°, a) durch 2 tägiges Stehen von 120 mg vorst. Esters in Methanol mit 5 ml NH_4OH (D. 0,880) im CARIUS-Rohr u. Eindampfen; aus W. cremefarbene Nadeln; 91 mg; b) durch 2 bzw. 10 Min. langes Einleiten von nitrosen Gasen in eine Suspension von 300 mg II in W. bei 60°, 3 std. Stehen, Extrahieren mit 5% ig. NaOH u. Ansäuern mit 10% ig. Essigsäure; 49% bzw. 74%; c) durch 10 Min. langes Einleiten von nitrosen Gasen in eine Suspension von 300 mg II in W. bei 100° u. Waschen mit 2% ig. K_2CO_3; 128 mg. Daneben durch Ansäuern der K_2CO_3-Lsg. mit 10% ig. Essigsäure 89 mg *2-Hydroxychinolincarbonsäure-(3)* (VI), $C_{10}H_7NO_3$, F. 330—331° (W.). (J. chem. Soc. [London] **1955**. 203—06. Jan. Englefield Green, Surrey, Univ. of London, Royal Holloway College.)

W. LIEBSCHER. 3231

B. A. Nelson, R. C. Minsek, J. I. Simon und **D. L. Underwood**, *Darstellung von 2-Cyan-1.4-dioxan und Derivaten*. Die Darst. von *2-Cyan-1.4-dioxan* (I) in verschied. Lösungsmitteln (Ae., Diisopropyläther, 1.4-Dioxan, Aceton, o-Dichlorbenzol, Toluol,

Eisessig), bei verschied. Tempp. u. Reaktionszeiten (3 Std. bis einige Tage) aus 2-Chlor-1.4-dioxan u. verschied. Metallcyaniden (Zn, Hg, Cu, Ag) wird untersucht. Isocyanid entsteht nicht. *2-Benzoyl-1.4-dioxan* wird durch umgekehrte GRIGNARD-Rk. dargestellt. *N^1-[1.4-Dioxanylmethyl]-4-aminobenzolsulfonamid* ist in vitro gegen Proteus vulgaris u. in vivo gegen hämolysierende Streptokokken physiol. inaktiv.

Versuche: *2-Cyan-1.4-dioxan* (I), $C_5H_7NO_2$, Kp.$_{20}$ 98°, D.$^{20}_4$ 1,1474, n_D^{20} 1,4493, durch Zutropfen von 2-Chlor-1.4-dioxan (aus 1.4-Dioxan in Toluol u. trokkenem HCl) zu AgCN in Toluol unter Rühren, 4 std. Kochen u. Dest. im Vakuum; 42% (Ausbeute). — *1.4-Dioxancarbonsäure-(2)*, $C_5H_8O_4$, F. 83,5—85° (CCl_4), durch 4 std. Kochen von I mit wss. KOH, Ansäuern mit 6n H_2SO_4 u. Ausäthern; 46% — *2-Benzoyl-1.4-dioxan*, $C_{11}H_{12}O_3$, Kp.$_{25}$ 182—183,5°, D.$^{20}_4$ 1,1915, n_D^{20} 1,5487, durch Zutropfen von Phenyl-MgBr in Ae. zu I in Ae. unter Rühren in der Kälte, mehrstd. Stehen, Gießen auf Eis u. 6n HCl, Ausäthern u. Fraktionieren im Vakuum; 64%. *2.4-Dinitrophenylhydrazon*, $C_{17}H_{16}N_4O_6$, F. 153—154°. — *2-Aminomethyl-1.4-dioxan* (II), $C_5H_{11}NO_2$, Kp.$_{18}$ 84°, D.$^{20}_4$ 1,0798, n_D^{20} 1,4660, durch Zutropfen von I in Ae. zu $LiAlH_4$ in Ae. bei 0° während ½ Std., ½ std. Stehen, Zugabe von W. u. 6n NaOH, Dekantieren, Auskochen des Salzes mit Ae. u. Fraktionieren im Vakuum; 42%. — *N-[1.4-Dioxanylmethyl]-benzolsulfonamid*, $C_{11}H_{15}NO_4S$, F. 77—78°, aus A. Nadeln. — *N^1-[1.4-Dioxanylmethyl]-4-aminobenzolsulfonamid*, $C_{11}H_{16}N_2O_4S$, F. 98—101°, Zers. bei 205°, durch Zugabe von p-Acetaminobenzolsulfochlorid zu II in Pyridin, 1 std. Erwärmen auf 100°, Gießen in verd. HCl, 1½ std. Kochen des Rückstands mit 2n NaOH u. Neutralisieren des Filtrats mit konz. HCl; aus W. Schuppen; 43%. (J. Amer. chem. Soc. **77**. 1695—96. 20/3. 1955. Wheaton, Ill., Wheaton Coll., Dep. of Chem.) W. LIEBSCHER. 3252

R. H. Horning und **E. D. Amstutz,** *Die Darstellung einiger Dialkylpyridazine.* Durch Rk. substituierter 1.2-Dicarbonsäureanhydride mit Hydrazinhydrat in Bzl. wurden *3.4-* u. *4.5-Dimethyl-*, *3.4-* u. *4.5-Trimethylen-* (**X**) sowie *3.4-* u. *4.5-Tetramethylenpyridazin* dargestellt. Nach VAUGHAN (Chem. Reviews **43**. [1948.] 447) entstehen aus schwer darstellbaren Anhydriden ausschließlich die entsprechenden *Pyridazine*, dagegen aus leichter darstellbaren Anhydriden sowohl *N-Aminopyrrolderivv.* als auch *Pyridazine.* In *3.6-Dichlor-4.5-trimethylenpyridazin* (**IX**) ist ein Chloratom leichter hydrolysierbar. Bei der Red. von *3.6-Dichlorpyridazinen* mit P u. HJ wird in Ggw. von Jod ein Chloratom unter Bldg. von in W. unlösl. *6-Jodpyridazinen* substituiert. *4.5-Trimethylen-3-jodpyridazin* u. *3.4-Dimethyl-6-jodpyridazin* machen beim Stehen in Isooctan Jod frei. Die *Pyridazine* bilden wahrscheinlich durch Oxydation beim Stehen Spuren einer violetten, in den gebräuchlichen Lösungsmitteln unlösl. Verbindung. *3.4-Tetramethylen-6-chlorpyridazin* zerfällt beim Stehen in ein rotes Öl u. eine krist. Substanz.

Versuche: *Cyclopenten-(1)-dicarbonsäure-(1.2)-anhydrid* (I), durch Addition von HCN an Cyclopentanoncarbonsäure-(2)-äthylester, Dehydratisierung mit $SOCl_2$, saure Hydrolyse u. Dehydratisierung mit Acetanhydrid. — *Dimethylmaleinsäureanhydrid* (II), F. 92—94° (PAe.), Kp.$_{12}$ 105—110°, aus Methylacetessigsäureäthylester wie vorstehend. — *Δ^1-Tetrahydrophthalsäureanhydrid*, F. 71—72°, durch Isomerisierung des cis-Δ^4-Isomeren nach SEMENTSOW. — *Cyclopentanonessigsäure-(2)-äthylester* (III), Kp.$_{20}$ 132 bis 135°, nach SCHÜLER [1906]. — *β-Methyllävulinsäureäthylester*, nach BLAISE [1900] u. BISCHOFF [1880]. — *Cyclohexanonessigsäure-(2)-äthylester*, Kp.$_{11}$ 131—133°, nach SCHÜLER (l. c.). — *Cyclopenten-(1)-dicarbonsäure-(1.2)-dimethylester* (VII), $C_9H_{12}O_4$, Kp.$_{11}$ 120—125°, durch Zugabe von Diazomethan in Ae. zu Cyclopenten-(1)-dicarbonsäure-(1.2) in Ae. u. Eindampfen; 72% (Ausbeute). — *N-Aminodimethylmaleinimid* (IV), $C_6H_8N_2O_2$, F. 101—102°, durch Zugabe von Hydrazinhydrat in A. zu einer sd. Lsg. von II in A. unter Rühren, Eindampfen im Vakuum u. Extrahieren mit warmem PAe. neben *4.5-Dimethylpyridazindion-(3.6)*; aus PAe. gelbe Kristalle; 80%. *Acetylderiv.*, $C_8H_{10}N_2O_3$, F. 189—193° (W.). *Benzolsulfonylderiv.*, $C_{12}H_{12}N_2O_4S$, F. 197—199° (A.). — *Cyclopenten-(1)-dicarbonsäure-(1.2)-monohydrazid* (V), durch Zutropfen von Hydrazinhydrat zu einer sd. Lsg. von I in Bzl. unter Rühren u. ½ std. Kochen; 99%. — *4.5-Trimethylenpyridazindion-(3.6)* (VI), $C_7H_8N_2O_2$, F. 324—327° (Sublimation), a) durch 20 Min. langes Erhitzen von V in Nujol auf 225° u. heiß Filtrieren; hellbraunes Pulver, durch Sublimation weiß; 94%; b) durch mehrstd. Kochen von VII mit überschüssigem Hydrazinhydrat in Bzl., Zugabe von Xylol u. Eindampfen; >63%; c) durch Erhitzen von V u. Sublimieren; 59%. — *4.5-Dimethylpyridazindion-(3.6)*, $C_6H_8N_2O_2$, F. 347 bis 351°, a) durch Zugabe von II zu sd. wss. Hydrazindihydrochlorid u. 4 std. Kochen; 85%; b) durch 4 std. Kochen von IV mit Na-Äthylat; 50%. — *4.5-Tetramethylenpyridazindion-(3.6)* (VIII), $C_8H_{10}N_2O_2$, F. 295—298° (A.); 76%. — *3.6-Dichlor-4.5-trimethylenpyridazin* (**IX**), $C_7H_6Cl_2N_2$, F. 83° (PAe.), a) durch ½ std. Erwärmen von **VI** u. $POCl_3$ auf 80°, Gießen auf Eis, Neutralisieren mit konz. NaOH-Lsg. unter Kühlung u. Ausäthern (Meth. **A**); Nadeln; 85%; b) durch ½ std. Erwärmen von **V** mit PCl_5 u.

$POCl_3$ in Bzl. auf 100°; 30%. — *6-Chlor-4.5-trimethylenpyridazon-(3)*, $C_7H_7ClN_2O$, F. 204 bis 207° (Sublimation; Bzl.), nach **A** u. Zugabe von Eis zur Mischung während der Neutralisation. — *3.6-Dichlor-4.5-dimethylpyridazin*, F. 119—120° (PAe.), nach **A**; 100%. — *3.6-Dichlor-4.5-tetramethylenpyridazin*, F. 158,5—159° (A.), durch 2std. Erhitzen von **VIII** u. $POCl_3$ auf 80—85° u. Gießen auf Eis; 84%. — *3.4-Trimethylen-6-chlorpyridazin*, F. 93—94° (PAe.), nach **A**; 60%. — *3.4-Dimethyl-6-chlorpyridazin*, F. 47—48° (PAe.), nach **A**; 60%. — *3.4-Tetramethylen-6-chlorpyridazin*, $Kp._2$ 135 bis 137°, nach **A**; farbloses, beim Stehen sich rot färbendes Öl; 65%. — *4.5-Trimethylenpyridazin* (**X**), $C_7H_8N_2$, F. 85—87° (Vakuumsublimation), durch 14std. Kochen von **IX** mit rotem P u. frisch dest. HJ, Verdünnen mit W., Eindampfen im Vakuum, Neutralisieren in W. mit wss. NaOH u. Extrahieren mit $CHCl_3$ (Meth. **B**); aus PAe. Nadeln; 72%. *Pikrat*, F. 156,5—158°. — *4.5-Dimethylpyridazin*, F. 58—59°, nach **B**; 55%. *Pikrat*, F. 166,5—167°. — *4.5-Tetramethylenpyridazin*, F. 88,5—89°, nach **B**; 39% neben 11% nächst. Verbindung. *Pikrat*, F. 167,5—168°. — *4.5-Tetramethylen-3-jodpyridazin*, $C_8H_9JN_2$, F. 174—174,5° (Zers.). — *4.5-Trimethylen-3-jodpyridazin*, $C_7H_7JN_2$, F. 141 bis 142° (Zers.; A.), durch Red. von **IX** mit nicht dest. HJ analog **X**; 50%. — *3.4-Trimethylenpyridazin*, F. 66—67°, nach **B**; 68%. *Pikrat*, F. 135—136°. — *3.4-Dimethylpyridazin*, F. 33—34°, nach **B**; 66%. *Pikrat*, F. 174—175°. — *3.4-Tetramethylen-6-jodpyridazin*, $C_8H_9JN_2$, F. 181—183° (Zers.; A.), nach **B**; 75%. Daneben wenig *3.4-Tetramethylenpyridazin*, Öl. *Pikrat*, F. 156—157°. — *4.5-Dihydro-3.4-trimethylenpyridazon-(6)*, F. 139 bis 140° (PAe.-Bzl., 1:1), durch 4std. Kochen von **III** in A. mit Hydrazinhydrat u. Essigsäure in A. u. Eindampfen im Vakuum (Meth. **C**); 93%. — *4.5-Dihydro-3.4-dimethylpyridazon-(6)* (**XI**), F. 108—110° (A.), nach **C**; 74%, weitere 12% durch Einengen der Mutterlauge. *4.5-Dihydro-3.4-tetramethylenpyridazon-(6)*, F. 114—115°, nach **C**; 75%. — *3.4-Dimethylpyridazon-(6)-hydrobromid* (**XII**), F. 183—185° (Essigsäure), durch Zugabe von Br_2 zu **XI** in warmer Essigsäure unter Rühren; 88%. *Freie Base* (**XIII**), F. 230 bis 231°, durch Neutralisieren von **XII** in heißem W. mit konz. NaOH; 93%. — *3.4-Trimethylenpyridazon-(6)-hydrobromid*, F. 183—186° (Essigester), analog **XII**; 84%. *Freie Base*, F. 218—220° (W.), analog **XIII**; 93%. — *3.4-Tetramethylenpyridazon-(6)-hydrobromid*, F. 193—199°, analog **XII**; 82%. *Freie Base*, F. 192—194°, analog **XIII**. (J. org. Chemistry **20**. 707—13. Juni 1955. Bethlehem, Pa., Lehigh Univ., William H. Chandler Chem. Labor.) W. LIEBSCHER. 3272

R. R. Hunt, J. F. W. McOmie und **E. R. Sayer**, *Pyrimidine*. 10. Mitt. *Pyrimidine, 4.6-Dimethylpyrimidin und ihre 1-Oxyde*. (9. vgl. C. **1957**. 13654.) Durch Kondensation von Acetylaceton (**I**) mit Thioharnstoff (**II**) zu *2-Mercapto-4.6-dimethylpyrimidin* (**III**), Desulfurierung zu *4.6-Dimethylpyrimidin* (**IV**), Oxydation zu *Pyrimidin-4.6-dicarbonsäure* (**V**) u. Pyrolyse wurde *Pyrimidin* (**VI**) dargestellt. Die Kondensation von **I** mit **II** nach EVANS [1893] ergab ein Gemisch von **III**-*Hydrochlorid* u. einem 1:1-Komplex von **III** u. **II**; unter modifizierten Reaktionsbedingungen wurde **III**-Hydrochlorid in 90%ig. Ausbeute erhalten. Die Desulfurierung von **III** mit RANEY-Ni in neutraler Lsg. u. Wasserdampfdest. ergab ein Destillat, das in 68—72%ig. Ausbeute **IV** enthielt; bei Verss., **IV** in dieser Lsg. zu oxydieren, wurde weit mehr als die theoret. Menge $KMnO_4$ verbraucht u. **V** in niedriger Ausbeute erhalten. Nach Desulfurierung von **III** in A. konnte **IV** in 45—60%ig. Ausbeute durch Dest. isoliert werden; die Überführung von **III** in *4.6-Dimethyl-2-methylmercaptopyrimidin* u. folgende Desulfurierung brachte keine Ausbeuteverbesserung. **V** konnte in 43—72%ig. Ausbeute durch alkal. $KMnO_4$-Oxydation von **IV** erhalten werden. In wesentlich schlechterer Ausbeute wurde **IV** durch Bromierung zu *4.6-Bis-[tribrommethyl]-pyrimidin* (**XI**) u. Hydrolyse mit $AgNO_3$ in Essigsäure gebildet. **V** konnte in geringen Mengen durch trockene Dest. in **VI** übergeführt werden; in größeren Mengen gelang die Darst. von **VI** in 60%ig. Ausbeute durch Decarboxylierung von **V** in heißem Diphenyläther. Durch Kondensation von 1.1.3.3-Tetraäthoxypropan (**VII**) mit **II** in Ggw. von HCl wurde *2-Mercaptopyrimidin* (**VIII**) erhalten; die Desulfurierung von **VIII**, 2-Methylmercaptopyrimidin bzw. *Pyrimidyl-(2)-mercaptoessigsäure* (**XII**) verlief unbefriedigend. **VII** ließ sich leicht mit Harnstoff zu *2-Hydroxypyrimidin* kondensieren; die Kondensation mit Benzamidin gelang nicht. Durch Rk. von **VII** mit Formamid entsteht **VI** in 30%ig. Ausbeute. 1-Methoxybuten-(1)-in-(3) konnte mit **II** in Ggw. von HCl zu *2-Mercapto-4-methylpyrimidinhydrochlorid* umgesetzt werden, das durch Desulfurierung mit RANEY-Ni in niedriger Ausbeute *4-Methylpyrimidin* lieferte. *4.6-Dimethylpyrimidin-1-oxyd* (**IX**) konnte durch Oxydation von **IV** mit H_2O_2 in guter Ausbeute dargestellt werden; *Pyrimidin-1-oxyd* (**X**) wurde analog nur in 9%ig. Ausbeute erhalten. 2-Benzyloxy-, 2-Chlor-, 2-Hydroxy- u. 2-Phenyl-4.6-dimethylpyrimidin gaben kein N-Oxyd. Die Rk. von **IX** mit p-Toluolsulfonylchlorid ergab wahrscheinlich *4-Chlormethyl-6-methylpyrimidin*. Durch Erhitzen von **IX** u. Acetanhydrid entstand wahrscheinlich *4-Acetoxymethyl-6-methylpyrimidin*. Verss., **X** zu nitrieren, schlugen fehl; die Rk. von **IX** mit Phenyl-MgBr, mit Benzoylchlorid u. KOH oder mit Benzoylchlorid–KCN ergab keine definierten Produkte. Die UV-Spektren der dargestellten Verbb. werden diskutiert.

Versuche: *2-Mercapto-4.6-dimethylpyrimidin* (**III**), *Hydrochlorid*, durch Zugabe von konz. HCl zu 1 Mol **II** u. 1,2 Mol **I** in A., 2std. Kochen, Kühlen, Filtrieren, Zugabe von 1 Mol **II**, 110 g **I**, A. u. konz. HCl zur Mutterlauge, 2std. Kochen, Kühlen u. Filtrieren; 85% (Ausbeute). — *4.6-Dimethylpyrimidin* (**IV**), F. 24—26°, a) durch Zugabe von RANEY-Ni u. konz. HCl zu **III**-Hydrochlorid in A. bei 50°, 4std. Kochen unter Rühren, Heißfiltration, Einengen, Zugabe von Ae., portionsweise Zugabe von NaOH unter Verreiben bis zur alkal. Rk., Dekantieren, mehrmaliges Verreiben des Rückstands mit Ae. u. Dekantieren u. Filtrieren; $Kp._{758}$ 154°; 45—55%; b) durch Behandeln von **III** in wss. $NaHCO_3$-Lsg. mit $(CH_3)_2SO_4$, 2std. Kochen des erhaltenen *4.6-Dimethyl-2-methylmercaptopyrimidins* (F. 21—24°, $Kp._{18}$ 123—126°; 61%) mit RANEY-Ni in wss. A., Filtrieren, Wasserdampfdest., Zugabe von gesätt. wss. $HgCl_2$-Lsg. u. Isolierung des Addukts $C_6H_8N_2 \cdot 2\,HgCl_2$; 77%. *Methojodid*, $C_7H_{11}JN_2$, F. 220—222° (Zers.; A.). *Pikrat*, F. 143°. — *Pyrimidin-4.6-dicarbonsäure* (**V**), F. 218° (Zers.), a) durch Zugabe heißer wss. $KMnO_4$-Lsg. zu **IV** in wss. NaOH innerhalb 3 Std. bei 70—80°, Filtrieren, Einengen, Zugabe von konz. HCl bis p_H 2—3, Kühlen, Filtrieren u. einwöchiges Trocknen des erhaltenen *Dihydrats* [F. 210—211° (Zers.); 43—72%] bei 60°; b) durch 3std. Kochen von **XI** mit $AgNO_3$ in Essigsäure, Heißfiltration u. Kühlen; 24%. — *Pyrimidin* (**VI**), Kp. 124—128°, durch portionsweise Zugabe von **V** zu Diphenyläther bei 240° unter Abdest. des entstehenden **VI** unter schwachem Vakuum; 60%. *Mercurichlorid-addukt*, $C_4H_4N_2 \cdot HgCl_2$, F. 230—232°, durch Desulfurierung von **VIII** nach BOARLAND u. Mitarbeitern (C. **1954**. 9289) u. Rk. mit $HgCl_2$; 25%. *Pikrat*, F. 152—155°, a) durch 2std. Kochen von **XII**, Na_2CO_3 u. RANEY-Ni in A., Filtrieren, Destillieren u. Zugabe gesätt. alkoh. Pikrinsäure zum Destillat; 14%; b) durch Zutropfen von 6%ig. H_2O_2 zu **VIII** in eiskalter 2n NaOH innerhalb 1 Std., 1½std. Rühren, Ansäuern mit Essigsäure, Filtrieren, Eindampfen im Vakuum, Zugabe von konz. HCl, Zugabe von Na_2CO_3-Lsg. bis zur alkal. Rk. u. 2std. SOXHLET-Extraktion in äther. Pikrinsäurelsg.; 39%. — *4.6-Bis-[tribrommethyl]-pyrimidin* (**XI**), $C_6H_2Br_6N_2$, F. 125—126° (PAe.), durch Zutropfen von Br_2 in Eisessig zu **IV** u. Na-Acetat in Essigsäure–Acetanhydrid innerhalb 2 Std. unter Rühren bei 70—80°, 5std. Erwärmen auf 80—85°, Abdestillieren von Br_2 u. Essigsäure, Gießen in Eiswasser u. Filtrieren; 39%. — *Pyrimidin-4.6-dicarbonsäure-dimethylester*, $C_8H_8N_2O_4$, F. 82—83° (Sublimation), durch 30 Min. Kochen von **V**-Dihydrat in CH_3OH in Ggw. von konz. HCl u. Eindampfen im Vakuum; 80%. — *2-Mercaptopyrimidin* (**VIII**), $C_4H_4N_2S$, F. 229—230° (Zers.; wss. A.), durch Zugabe von **VII** zu **II** in heißem A. in Ggw. von konz. HCl unter Rühren, 10 Min. Kochen, Kühlen, Filtrieren, Zugabe von Ae. zum Filtrat u. Filtrieren; 66%. — *Pyrimidyl-(2)-mercaptoessigsäure* (**XII**), $C_6H_6N_2O_2S$, F. 199—200° (W.), durch 30 Min. Kochen von **VIII** mit Chloressigsäure in W. u. Kühlen; 60%. — *2-Hydroxypyrimidin*, F. 179—181°, durch Zugabe von 5,5 g **VII** zu 1,5 g Harnstoff in warmem A. u. konz. HCl, 1std. Rühren bei 30—40°, Kühlen auf 0°, Filtrieren, Fällen mit Ae., Filtrieren, Lösen der vereinigten Ndd. in wss. Na_2CO_3-Lsg., Zugabe von 5n H_2SO_4 bis p_H 5, Eindampfen u. Extraktion mit sd. Äthylacetat; 73%. *Hydrochlorid*, F. 210°. — *2-Mercapto-4-methylpyrimidinhydrochlorid*, gelbbraun, durch Zugabe von konz. HCl u. 29 g 1-Methoxybuten-(1)-in-(3) zu 25,5 g **II** in A., 6std. Kochen, Stehen über Nacht u. Filtrieren; 43,8 g. — *4-Methyl-2-methylmercaptopyrimidin*, $Kp._{21}$ 116—119°, durch Lösen vorst. Verb. in wss. $NaHCO_3$-Lsg. u. Behandeln mit $(CH_3)_2SO_4$; 60%. *Pikrat*, F. 108—110°. — *4-Methylpyrimidyl-(2)-mercaptoessigsäure*, $C_7H_8N_2O_2S$, F. 191° (blaßbraunes Pulver aus W.), durch Zugabe vorvorst. Verb. in wss. NaOH zu einer mit Na_2CO_3 neutralisierten Lsg. von Chloressigsäure in W., 4tägiges Stehen u. Ansäuern mit verd. HCl; 41%. — *4-Methylpyrimidin*, $Kp._{763}$ 139—140°, durch Neutralisieren einer Lsg. von drittvorst. Verb. in W. mit Na_2CO_3, Zugabe von wasserfeuchtem RANEY-Ni, 3std. Kochen unter Rühren, Heißfiltration, Dest. u. Ae.-Extraktion des Destillats; 20%. *$HgCl_2$-Addukt*, F. 198—200°. *Pikrat*, F. 130 bis 131°. — *4.6-Dimethylpyrimidin-1-oxyd* (**IX**), $C_6H_8N_2O$, F. 113—115°, durch 3std. Stehen von **IV**, Essigsäure u. 30%ig. H_2O_2 bei 70—80°, Zugabe von H_2O_2, 9std. Erwärmen, Einengen im Vakuum, Zugabe von W., Einengen, Alkalisieren des Rückstands mit K_2CO_3, 3std. SOXHLET-Extraktion mit Chlf., Einengen u. Fällen mit PAe.; 57%. *Pikrat*, $C_{12}H_{11}N_5O_8$, F. 86° (A.). *$HgCl_2$-Addukt*, $(C_6H_8N_2O)_2(HgCl_2)_3$, F. 158° (W.). — *4-Chlormethyl-6-methylpyrimidin*, *Pikrat*, $C_{12}H_{10}ClN_5O_7$, F. 115°, durch 30 Min. Stehen vorst. Verb. mit p-Toluolsulfonylchlorid in Bzl., Abdestillieren des Bzl. im Vakuum, 1std. Erhitzen auf dem Wasserbad, Kühlen, Ae.-Extraktion, Zugabe von wss. $NaHCO_3$-Lsg. zum Rückstand, Chloroformextraktion, Hochvakuumdest. u. Rk. mit Pikrinsäure in Alkohol. — *4-Acetoxymethyl-6-methylpyrimidin*, $C_8H_{10}N_2O_2$, $Kp._{15}$ 100—110° (Bad), durch 10 Min. Stehen von **IX** mit Acetanhydrid, 15 Min. Erwärmen auf dem Wasserbad, Dest. nach Beendigung der exothermen Rk. u. Redest. der bei 130—150°/0,1 Torr sd. Anteile. *Pikrat*, $C_{14}H_{13}N_5O_9$, F. 135—136° (gelbe Kristalle aus A.). — *Pyrimidin-1-oxyd* (**X**), $C_4H_4N_2O$, F. 89—91° (PAe.), durch 3std. Erwärmen von **VI**, Eisessig u. 36%ig. H_2O_2 auf 70—80°, Zugabe von H_2O_2, 9std. Erwärmen, Einengen im Vakuum, Alkalisieren des Rückstands mit Na_2CO_3, SOXHLET-Extraktion mit Chlf. u. Sublimation des Extrakts; 9%. *Pikrat*, $C_{10}H_7N_5O_8$, F. 84—85°. *$HgCl_2$-Addukt*, F. 161—162°. — *2-Benzyloxy-4.6-dimethylpyrimidin*, $C_{13}H_{14}N_2O$, Kp.$_{2,5}$ 160—165°, durch Zugabe von 15 g 2-Chlor-4.6-dimethylpyrimidin zu einer Lsg. von Na in Benzylalkohol, 4std. Kochen, Kühlen, Gießen in W., Ae.-Extraktion u. Dest.; 14,7 g. — *2-Hydroxy-4.6-dimethylpyrimidindihydrat*, F. 198°, durch 20 Min. Kochen vorst. Verb. mit 20%ig. HCl, Kühlen, Neutralisieren u. Chloroformextraktion; 60%. (J. chem. Soc. [London] **1959.** 525—30. Febr. Bristol, Univ.) H. BERTSCH. 3272

D. Isbecque, R. Promel, R. C. Quinaux und **R. H. Martin**, *Synthese von Pyrimidinen. Untersuchung der Kondensation von Äthoxycarbonyldithioessigsäuremethylester mit Amidinen.* Die Kondensation von Guanidin (**I**) mit Äthoxycarbonyldithioessigsäuremethylester (**II**) in Ggw. von $NaOC_2H_5$/A. führt zu *2-Amino-4-hydroxy-6-mercaptopyrimidin* (**III**), das mit Na-Butylat/Butanol zwar in besserer Ausbeute, aber weniger rein entsteht. **III** wird zum Konstitutionsbeweis einerseits mit RANEY-Ni zu *Isocytosin* desulfuriert, andererseits aus 2-Amino-4-chlor-6-hydroxypyrimidin (**IV**) mit NaHS in CH_3OH oder Äthylenglykol synthetisiert. Formamidin reagiert nicht mit **II**. *4-Hydroxy-6-mercaptopyrimidin* konnte aber aus 4.6-Dichlorpyrimidin (**V**) mit $NaOCH_3$, Entmethylierung des gebildeten *4-Chlor-6-methoxypyrimidins* mit HCl u. Rk. des *4-Chlor-6-hydroxypyrimidins* mit NaHS in Äthylenglykol synthetisiert werden. Die UV-Spektren der Verbb. sind tabellar. u. graph. angegeben.

Versuche: *2-Amino-4-hydroxy-6-mercaptopyrimidin* (**III**), $C_4H_5N_3OS$, F. >240° (Zers.; W. in Ggw. von $Na_2S_2O_4$), a) durch 48std. Kochen von **I** u. **II** mit $NaOC_2H_5$ in A. u. Einstellen auf p_H 4; kleine Nadeln; 39% (Ausbeute); b) durch 8std. Erhitzen von **IV** mit NaHS in absol. CH_3OH auf 120° im Rohr; 53%; c) durch 6std. Erhitzen von **IV** u. NaHS in Äthylenglykol auf 125°; 45%. — *Isocytosin*, $C_4H_5N_3O$, F. 276—278° (Zers.; W.), durch 1std. Kochen von **III** mit RANEY-Ni in wss. NH_4OH; 80%. — *4-Chlor-6-methoxypyrimidin*, $C_5H_5ClN_2O$, F. 31—32° (korr.; sublimiert), durch ½std. Erwärmen von **V** mit $NaOCH_3$ in CH_3OH bei 30—40°; 77%. — *4-Chlor-6-hydroxypyrimidin*, $C_4H_3ClN_2O$, F. 192—193° (korr.; A.; sublimiert bei 110°/10^{-3} mm), durch 15 Min. Erhitzen vorst. Verb. mit konz. HCl auf 100°; 84%. — *4-Hydroxy-6-mercaptopyrimidin*, $C_4H_4N_2OS$, F. 240—242° (Zers.; W.), durch 2std. Erhitzen vorst. Verb. mit NaHS in Äthylenglykol auf 130—140° u. Einstellen mit A.-Essigsäure auf p_H 5; 86%. — *4-Hydroxy-6-methylmercaptopyrimidin*, $C_5H_6N_2OS$, F. 233—234° (korr.; A.; sublimiert bei 120—130°/0,06 mm), aus vorst. Verb. mit CH_3J in wss. NaOH; 98%. (Helv. chim. Acta **42.** 1317—23. 15/6. 1959. Bruxelles, Univ. Libre, Fac. des Sci., Serv. de Chim. Organ.) R. PASEDAG. 3272

Ph. Gold-Aubert und **A. Locher**, *Synthese einiger N.N'-Bis-[acyloxyalkyl]-piperazine mit antispasmodischen Eigenschaften. N.N'-Bis-[2-(α-phenylacyloxy)-äthyl]-piperazindihydrochloride* werden entweder durch Rk. der entsprechenden α-Phenylacylchloride mit N.N'-Bis-[β-hydroxyäthyl]- (**I**) bzw. -[β-hydroxy-α-methyläthyl]-piperazin (**II**; Meth. **A**) oder durch Umsetzung der α-Phenylcarbonsäure-[β-chloräthylester] mit Piperazin (**III**; Meth. **B**) oder durch Rk. der α-Phenylcarbonsäuren mit N.N'-Bis-[β-chloräthyl]-piperazin (**VI**; Meth. **C**) synthetisiert. Die *α-Phenylcarbonsäuren* werden durch Überführung der Benzylcyanide in die Na-Verbb. mit $NaNH_2$, Alkylierung mit Jodiden u. Verseifung gewonnen u. können mit $SOCl_2$ in die *Säurechloride* übergeführt werden. **I** u. **II** werden durch Rk. von **III** mit Äthylen- (**IV**) bzw. Propylenoxyd (**V**) erhalten. Schließlich werden durch Rk. von Benzoylchloriden mit **I** (Meth. **D**) einige *N.N'-Bis-[2-benzoyloxyäthyl]-piperazindihydrochloride* synthetisiert. Alle Substanzen, bes. die *α-Phenylbutyryloxyverbb.*, besitzen antispasmod. Eigg., *N.N'-Bis-[2-(α-phenylbutyryloxy)-äthyl]-piperazin* zeigt auch starke lokalanästhet. Wirkung.

Versuche: Piperazine: *N.N'-Bis-[β-hydroxyäthyl]-* (**I**), Kp.$_{10}$ 180°, durch Stehen von **III** u. **IV** in CH_3OH bei —10° über Nacht; 80% (Ausbeute). — *N.N'-Bis-[β-hydroxy-α-methyläthyl]-* (**II**), Kp.$_{12}$ 174°, aus **III** u. **V**; 75%. — *N.N'-Bis-[2-(α-phenylpropionyloxy)-äthyl]-*, *Dihydrochlorid*, $C_{26}H_{36}Cl_2N_2O_4$, F. 210° (A.), durch 4std. Kochen von **I** mit Phenylmethylessigsäurechlorid in absol. Bzl. u. $NaHCO_3$ u. Stehen über Nacht (Meth. **A**); 48%. — *α-Phenylbuttersäure-[β-chloräthylester]*, Kp.$_{12}$ 180°, aus Phenyläthylessigsäurechlorid u. Glykolchlorhydrin; 84%. — *N.N'-Bis-[2-(α-phenylbutyryloxy)-äthyl]-piperazindihydrochlorid*, $C_{28}H_{40}Cl_2N_2O_4$, F. 223° (A.), durch 8std. Kochen vorst. Verb. mit **III**-Hydrat u. $NaHCO_3$ in A. (Meth. **B**); 60%. — *α-[p-Chlorphenyl]-buttersäure*,

Kp.$_{34}$ 182°, aus p-Chlorbenzylcyanid. *Chlorid*, Kp.$_{20}$ 130°; 66—90%. — Piperazin-dihydrochloride: *N.N'-Bis-[2-(α-p-chlorphenylbutyryloxy)-äthyl]-*, $C_{28}H_{38}Cl_4N_2O_4$, F. 218° (A.), durch 18 std. Kochen vorst. Verb. mit **VI**-Dihydrochlorid u. K_2CO_3 in Bzl., Filtrieren, Einengen, Lösen in absol. A., Einleiten von HCl u. Zugeben von Ae. (Meth. **C**); 40%. — *N.N'-Bis-[2-(phenylacetoxy)-äthyl]-*, $C_{24}H_{32}Cl_2N_2O_4$, F. 228—230° (A.–Ae.), nach **A**; 55%. — *N.N'-Bis-[2-(p-methoxyphenylacetoxy)-äthyl]-*, $C_{26}H_{36}Cl_2N_2O_6$, F. 210° (A.–Ae.), nach **A**; 40%. — *N.N'-Bis-[2-(α-phenylbutyryloxy)-1-methyläthyl]-*, $C_{30}H_{44}$·$Cl_2N_2O_4$, F. 210° (Zers.; A.–Ae.), nach **A**; 20%. — *N.N'-Bis-[2-(α-phenylvaleryloxy)-äthyl]-*, $C_{30}H_{44}Cl_2N_2O_4$, F. 216° (A.), nach **B**; 50%. — *N.N'-Bis-[2-(α-phenylisovaleryloxy)-äthyl]-*, $C_{30}H_{44}Cl_2N_2O_4$, F. 220° (A.–Ae.), nach **A**; 57%. — *N.N'-Bis-[2-(α-phenylcaproyloxy)-äthyl]-*, $C_{32}H_{48}Cl_2N_2O_4$, F. 205° (A.), nach **C**; 30%. — *N.N'-Bis-[2-(α-phenylisocaproyloxy)-äthyl]-*, $C_{32}H_{48}Cl_2N_2O_4$, F. 228° (A.), nach **C**; 38%. — *N.N'-Bis-[2-(α-phenylisoheptanoyloxy)-äthyl]-*, $C_{34}H_{52}Cl_2N_2O_4$, F. 220° (A.), nach **A**; 35%. — *N.N'-Bis-[2-(α-phenylacetacetoxy)-äthyl]-*, $C_{28}H_{36}Cl_2N_2O_6$, F. 228° (Zers.; A.), nach **A**; 43%. — *N.N'-Bis-[2-(α.β-diphenylpropionyloxy)-äthyl]-*, $C_{38}H_{44}Cl_2N_2O_4$, F. 257—259° (A.), nach **A**; 42%. — *N.N'-Bis-[2-(α.α-diphenylacetoxy)-äthyl]-*, $C_{36}H_{40}Cl_2N_2O_4$, F. 250° (A.), nach **A**; 75%. — *N.N'-Bis-[2-(p-chlorbenzoyloxy)-äthyl]-*, $C_{22}H_{26}Cl_4N_2O_4$, F. 210° (Zers.; A.), nach **D**; 32%. — *N.N'-Bis-[2-(2.4-dichlorbenzoyloxy)-äthyl]-*, $C_{22}H_{24}Cl_6N_2O_4$, F. 230° (Zers.; W.), nach **D**; 55%. — *N.N'-Bis-[2-(p-methoxybenzoyloxy)-äthyl]-*, $C_{24}H_{32}Cl_2N_2O_6$, F. 251° (Zers.; W.), nach **D**; 80%. (Helv. chim. Acta **42**. 1156—59. 15/6. 1959. Genève, Sapos S. A., Dep. Sci.) R. Pasedag. 3272

R. N. Iyer, Nitya Anand und **M. L. Dhar**, *Untersuchungen an potentiellen Amöbiciden. 5. Mitt. Synthese von 3-Alkyl-8-hydroxy- und -8-methoxy-3.4-dihydrochinazolinen.* (4. vgl. Gopalchari, C. **1959**. 12544.) Da sich 3-substituierte Chinazolone weder nach Clemmensen oder Huang-Minlon noch mit $LiAlH_4$ in die 3.4-Dihydrochinazoline überführen lassen u. auch nicht mit Äthylmercaptan reagieren, wurde eine neue Synth. ausgearbeitet. Aus 2-Nitro-3-methoxybenzaldehyd (**I**) wird durch Meerwein-Ponndorf-Red. bzw. durch gekreuzte Cannizzaro-Rk. mit CH_2O *2-Nitro-3-methoxybenzylalkohol* erhalten, der mit $SOCl_2$ in das *Chlorid* übergeführt wurde. Dieses liefert mit Alkylaminen die entsprechenden *2-Nitro-3-methoxybenzylalkylamine*, die sich über Pd–Kohle zu den entsprechenden *Diaminen* hydrieren lassen. Die Cyclisierung mit HCOOH bzw. Orthoameisensäuretriäthylester (**V**) führt zu *3-Alkyl-8-methoxy-3.4-dihydrochinazolinen.* Die ω-Dialkylaminoalkylamine konnten nicht cyclisiert werden. Mit Pyridinhydrochlorid (**VI**) erfolgt Entmethylierung zu den entsprechenden *8-Hydroxyverbindungen.*

Versuche: *2-Nitro-3-methoxybenzylalkohol*, F. 71° (W.), a) durch Zugeben von 50%ig. wss. NaOH zu 25 g **I** u. 40%ig. CH_2O in CH_3OH bei 70—75° u. 1½ std. Kochen; 21 g (Ausbeute); b) durch 30 std. langsame Dest. von 18 g **I** u. Al-Isopropylat in absol. Isopropanol bis zur Beendigung der Acetonbldg., Einengen u. Erwärmen mit 10%ig. HCl auf 50°; 16 g. — *2-Nitro-3-methoxybenzylchlorid*, $C_8H_8ClNO_3$, F. 76° (PAe.), aus 20 g vorst. Verb. mit $SOCl_2$ unter Eiskühlung, 1 std. Kochen u. Gießen auf Eis; 16 g. — 2-Nitro-3-methoxybenzylamine: *n-Butyl-* (**II**), $C_{12}H_{18}N_2O_3$, Kp.$_4$ 158°, durch 10 std. Erhitzen von 3 g vorst. Verb. mit n-Butylamin auf 120—130°, Verdünnen, Alkalisieren mit 10%ig. NaOH u. Extrahieren mit Bzl.; 2,9 g. — *Äthyl-*, $C_{10}H_{14}N_2O_3$, Kp.$_4$ 162°. — *n-Propyl-*, $C_{11}H_{16}N_2O_3$, Kp.$_6$ 183°. — *Isopropyl-*, $C_{11}H_{16}N_2O_3$, Kp.$_4$ 166°. — *Isobutyl-*, $C_{12}H_{18}N_2O_3$, Kp.$_3$ 157°. — *n-Amyl-*, $C_{13}H_{20}N_2O_3$, Kp.$_4$ 183°. — *Benzyl-*, $C_{15}H_{16}$·N_2O_3, Kp.$_4$ 220°. — *β-Phenyläthyl-*, $C_{16}H_{18}N_2O_3$, Kp.$_4$ 225°. — *β-Diäthylaminoäthyl-*, $C_{14}H_{23}N_3O_3$, Kp.$_4$ 193°. — *5-Diäthylaminopentyl-(2)-*, $C_{17}H_{29}N_3O_3$, Kp.$_5$ 207°. — 2-Amino-3-methoxybenzylamine: *n-Butyl-* (**III**), $C_{12}H_{20}N_2O$, Kp.$_4$ 154°, durch 10 std. Hydrieren von 3 g **II** in A. bei 40 lbs/sq.in. in Ggw. von Pd–Kohle; 2,5 g. — *Äthyl-*, $C_{10}H_{16}N_2O$, Kp.$_4$ 141°. — *n-Propyl-*, $C_{11}H_{18}N_2O$, Kp.$_6$ 151°. — *Isopropyl-*, $C_{11}H_{18}$·N_2O, Kp.$_2$ 126°. — *Isobutyl-*, $C_{12}H_{20}N_2O$, Kp.$_3$ 144°. — *n-Amyl-*, $C_{13}H_{22}N_2O$, Kp.$_3$ 162°. — *Benzyl-*, $C_{15}H_{18}N_2O$, Kp.$_3$ 195°. — *β-Phenyläthyl-*, $C_{16}H_{20}N_2O$, Kp.$_4$ 207°. — *β-Diäthylaminoäthyl-*, $C_{14}H_{25}N_3O$, Kp.$_3$ 175°. — *5-Diäthylaminopentyl-(2)-*, $C_{17}H_{31}N_3O$, Kp.$_4$ 194°. — 8-Methoxy-3.4-dihydrochinazoline: *3-n-Butyl-* (**IV**), $C_{13}H_{18}N_2O$, F. 113° (Bzl.–PAe.), a) durch 3 std. Erhitzen von 1 g **III** mit **V** auf 140—145° u. Steigern der Temp. auf 200° (Meth. **A**); 0,8 g; b) durch 4 std. Erhitzen von 1 g **III** mit 98%ig. HCOOH auf dem Wasserbad u. Fällen mit NH_4OH (Meth. **B**); 0,7 g. — *3-Äthyl-, Hydrat*, $C_{11}H_{14}N_2O·H_2O$, F. 70° (PAe.), nach **A**. — *3-n-Propyl-*, $C_{12}H_{16}N_2O$, F. 114° (PAe.), nach **A**. — *3-Isopropyl-, Hydrat*, $C_{12}H_{16}N_2O·H_2O$, F. 141° (Bzl.–PAe.), nach **A**. — *3-Isobutyl-*, $C_{13}H_{18}N_2O$, F. 146° (Bzl.–PAe.), nach **A**. — *3-n-Amyl-*, $C_{14}H_{20}N_2O$, F. 97° (Bzl.–PAe.), nach **A**. — *3-Benzyl-*, $C_{16}H_{16}N_2O$, F. 118° (Bzl.–PAe.), nach **B**. — *3-[β-Phenyläthyl]-*, $C_{17}H_{18}$·N_2O, F. 141° (Bzl.), nach **B**. — 8-Hydroxy-3.4-dihydrochinazoline: *3-n-Butyl-*, $C_{12}H_{16}N_2O$, F. 109° (PAe.), durch 10 std. Erhitzen von 0,4 g **IV** mit **VI** auf

150—160°, Lösen in W., Zugeben von festem K_2CO_3 u. Aufnehmen in Bzl.; 0,3 g. — *3-Äthyl-*, $C_{10}H_{12}N_2O$, F. 163° (Bzl.–PAe.). — *3-n-Propyl-*, $C_{11}H_{14}N_2O$, F. 127° (Bzl.–PAe.). — *3-Isopropyl-*, $C_{11}H_{14}N_2O$, F. 126° (PAe.). — *3-Isobutyl-*, $C_{12}H_{16}N_2O$, F. 126° (Bzl.–PAe.). — *3-n-Amyl-*, *Hydrochlorid*, $C_{13}H_{18}N_2O \cdot HCl$, F. 173° (Aceton–PAe.). — *3-Benzyl-*, $C_{15}H_{14}N_2O$, F. 197° (Bzl.–PAe.). — *3-[β-Phenyläthyl]-*, $C_{16}H_{16}N_2O$, F. 161° (Bzl.–PAe.). (J. sci. ind. Res. [New Delhi], Sect. C **16.** 157—61. Aug. 1957. Lucknow, India, Central Drug Res. Inst.) K. DOMMAIN. 3272

R. E. Hagenbach und **H. Gysin,** *Über 6-[Pyridyl-(4')]-3-mercapto-1.2.4-triazinon-(5).* Bei der Spaltung von [Pyridyl-(4)]-glyoxylsäureoxim in Ggw. von Thiosemicarbazid mit verd. Mineralsäure (vgl. C. **1955.** 3865) wird die Säure teilweise decarboxyliert, wobei sich neben *6-[Pyridyl-(4')]-3-mercapto-2.5-dihydro-1.2.4-triazinon-(5)* (**I**), F. 308° (Zers.; wss. Pyridin), *Isonicotinaldehydthiosemicarbazon* (**II**) bildet. Aus dem Gemisch läßt sich **I** mit schwachen Basen nur schwer abtrennen. **II** ist Hauptträger der tuberkulostat. Wirksamkeit. (Experientia [Basel] **11.** 314—15. 15/8. 1955. Basel, J. R. Geigy AG.) W. LIEBSCHER. 3313

Francis H. Case und **Emil Koft,** *Die Synthese einiger substituierter 1.3.5-Triazine mit der Ferroingruppe.* Durch Trimerisation von 2-Cyanpyridin (**I**) in Ggw. von NaH wird *2.4.6-Tris-[pyridyl-(2)]-1.3.5-triazin* synthetisiert. Entsprechend werden 4-Methyl-, 4-Äthyl- (**II**) u. 4-Phenyl-2-cyanpyridin (**III**) bzw. 2-Cyanchinolin (**IV**) zu den *Triazinen* trimerisiert, die je nach den Substituenten verschieden hoch hydratisiert kristallisieren. Das aus 2-Chlorpyrimidin (**VII**) zugängliche *2-Cyanpyrimidin* gibt nur bei mehrmonatigem Stehen wenig *2.4.6-Tris-[pyrimidyl-(2)]-1.3.5-triazin.* Die Umsetzung von **I, II** oder **III** mit Guanidin (**VI**) führt zu den entsprechenden *2-Amino-4.6-bis-[pyridyl-(2)]-1.3.5-triazinen.* Aus **IV** wird *2-Amino-4.6-bis-[chinolyl-(2)]-1.3.5-triazin* erhalten. **I, II** u. **III** liefern mit Dicyandiamid (**V**) die *2.4-Diamino-6-[pyridyl-(2)]-1.3.5-triazine. 2.5-Bis-[pyridyl-(2)]-pyrazin* wird durch Selbstkondensation von [Pyridyl-(2)]-aminomethylketon (**VIII**) u. Dehydrierung dargestellt.

Versuche: Durch 4std. Kochen von **I, II** oder **III** mit **V** u. KOH in Methylcellosolve u. Gießen in W. nachst. 2.4-Diamino-1.3.5-triazine: *6-[Pyridyl-(2)]-*, $C_8H_8N_6$, F. 297—298° (W.); 73,8% (Ausbeute). — *6-[4-Äthylpyridyl-(2)]-*, $C_{10}H_{12}N_6$, F. 246—247° (W.). — *6-[4-Phenylpyridyl-(2)]-*, $C_{14}H_{12}N_6$, F. 265—266° (Äthylcellosolve–W.); 78,9%. — Durch Lösen von Na in einer Lsg. von **VI**-Hydrochlorid in absol. A., Entfernen von NaCl u. 15std. Kochen mit **I, II, III** oder **IV** nachst. 2-Amino-1.3.5-triazine: *4.6-Bis-[pyridyl-(2)]-*, $C_{13}H_{10}N_6$, F. 306—308° (Methylcellosolve); 31,6%. — *4.6-Bis-[4-äthylpyridyl-(2)]-*, $C_{17}H_{18}N_6$, F. 334—336° (Zers.; Äthylcellosolve); 17,9%. — *4.6-Bis-[4-phenylpyridyl-(2)]-*, $C_{25}H_{18}N_6$, F. 376—378° (Zers.; Dimethylformamid); 45,0%. — *4.6-Bis-[chinolyl-(2)]-*, $C_{21}H_{14}N_6$, F. 355—356° (Dimethylformamid); 38,3%. — *2-Cyanpyrimidin*, $C_5H_3N_3$, F. 41—42° (PAe.), $Kp._7$ 105—112°, durch 5tägiges Stehen von 17,6 g **VII** u. $(CH_3)_3N$ in absol. Bzl., Erhitzen des *Pyrimidyl-(2)-trimethylammoniumchlorids* mit KCN u. Acetamid auf 80—90° bis zur Beendigung der Gasentw., Lösen in W. u. Ausäthern; 6,8 g. — *2.4.6-Tris-[pyrimidyl-(2)]-1.3.5-triazin*, $C_{15}H_9N_9$, F. 450—455° (W.), durch 3monatiges Stehen von 13,8 g vorst. Verb.; 0,8 g. — *2.5-Bis-[pyridyl-(2)]-pyrazin*, $C_{14}H_{10}N_4$, F. 226—227° (Bzl.), durch Alkalisieren einer wss. Lsg. von 12 g **VIII** mit NaOH, Ausäthern, Einengen, 4std. Stehen mit CH_3OH u. 30%ig. H_2O_2 bei 0°, Stehen mit Pd–Kohle über Nacht u. Extrahieren mit Chlf.; 0,5 g. — 1.3.5-Triazine: *2.4.6-Tris-[pyridyl-(2)]-*, *Trihydrat*, $C_{18}H_{12}N_6 \cdot 3\,H_2O$, F. 244 bis 245° (A.–W.), durch 5std. Erhitzen von **I** mit NaH auf 160—165° unter N_2 u. Extrahieren mit heißem Bzl.; 55,7%. — *2.4.6-Tris-[chinolyl-(2)]-*, *Sesquihydrat*, $C_{30}H_{18}N_6 \cdot 1\frac{1}{2}\,H_2O$, F. 270—271° (A.–W.), aus **IV**; 22,4%. — *2.4.6-Tris-[4-äthylpyridyl-(2)]-*, $C_{24}H_{24}N_6$, F. 136—137°. *Dihydrat*, $C_{24}H_{24}N_6 \cdot 2\,H_2O$, F. 105—106° (Bzl.–PAe.), aus **II** bei 120—130° in 23 Std. u. Extrahieren mit PAe.; 15,1%. — *2.4.6-Tris-[4-methylpyridyl-(2)]-*, *Sesquihydrat*, $C_{21}H_{18}N_6 \cdot 1\frac{1}{2}\,H_2O$, F. 213—214° (Bzl.–PAe. u. A.–W.), in 6 Std. bei 120—130°; 12,3%. — *2.4.6-Tris-[4-phenylpyridyl-(2)]-*, $C_{36}H_{24}N_6$, F. 244—245° (Bzl.), in 6 Std. bei 120—130°; 40,5%. (J. Amer. chem. Soc. **81.** 905—06. 20/2. 1959. Philadelphia, Pa., Temple Univ., Dep. of Chem.) R. PASEDAG. 3313

A. Bertho, *Cyclisierungsreaktionen.* 1. (vorl.) Mitt. *Synthesen in der Homochinolinreihe.* In Ggw. von H^+-Donatoren (Aminhydrochloride, NH_4Cl, H^+-Dowex-50) lassen sich γ-Ketosäuren mit in o-Stellung unsubstituierten prim. aromat. Aminen therm. zu 5-substituierten Derivv. des *Δ^4-Homocarbostyrils* [*1-Aza-6.7-benzocycloheptadien-(4.6)-on-(2)*] kondensieren, deren 4.5-Doppelbindung katalyt. hydriert werden kann. Die Cyclisierung gelingt unter ähnlichen Bedingungen auch mit den Aniliden der γ-Ketosäuren sowie mit α-Angelicalacton u. Aminen. *5-Methyl-Δ^4-homocarbostyril* wird durch $LiAlH_4$ n. zu *1-Aza-5-methyl-6.7-benzo-Δ^4-cycloheptadien* red., die 5-Phenylverb. reagiert komplizierter. Das nach obiger Rk. aus Cyclopentanon-2-essigsäure bes. gut (20% Ausbeute) zugängliche *4.5-Cyclopenteno-Δ⁴-homocarbostyril* u. sein $LiAlH_4$-Desoxydationsprod. gibt mit konz. H_2SO_4 eine intensiv blaustichigrote Halochromie, für die wahrscheinlich die unebene Anordnung der Ringe verantwortlich ist. — *1-Aryl-4.5-cyclopentanopyrrolidone-(2)* entstanden aus dem Lacton der Cyclopentanol-2-essigsäure u. aromat. Aminen. (Angew. Chem. **67**. 515. 7/9. 1955. München, Univ., Inst. für organ. Chem.) H. PRACEJUS. 3370

R. Jaques, A. Rossi, E. Urech, H. J. Bein und **K. Hoffmann,** *Über Dibenzothiazepinderivate und ihre pharmakologische Wirkung.* Durch Kondensation von o-Nitrohalogenbenzolen mit o-Thiosalicylsäuremethylestern in alkal. Medium, Red. der *2-Nitro-2'-carbomethoxydiphenylsulfide* u. therm. Cyclisierung der entsprechenden *Aminoverbb.* (**B**) werden *Dibenzo-[b;f]-[1.4]-thiazepinone-(11)* (**A**) synthetisiert. Durch Umsetzung der **A** mit Aminoalkylhalogeniden in Ggw. von $NaNH_2$ bzw. analog auch direkt aus den **B** werden *10-Aminoalkyldibenzo-[b;f]-[1.4]-thiazepinone-(11)* erhalten. Letztere ließen sich mit $LiAlH_4$ zu den *10-Aminoalkyldibenzo-[b;f]-[1.4]-thiazepinen* red., die auch durch Red. der **A** mit $LiAlH_4$ u. Alkylierung der *Dibenzo-[b;f]-[1.4]-thiazepine* gewonnen wurden. Die Verbb. zeigen starke Antihistamin- u. Antiserotoninwrkg., wobei die Dimethylaminoäthylgruppe den günstigsten Einfl. hat. Die Ggw. eines Cl-Atoms in 7-Stellung ergibt ein Optimum an Histaminantagonismus, die Ggw. einer CH_3Gruppe in 8-Stellung ein Optimum an Antiserotoninwrkg. in vivo. Die Thiazepine sind weniger wirksam als die Thiazepinone.

Versuche: *3-Methylthiosalicylsäuremethylester*, $Kp._{0,08}$ 80—85°, hellgelb. — 2-Nitro-2'-carbomethoxydiphenylsulfide: *4-Methyl-* (**I**), $C_{15}H_{13}$·NO_4S, F. 104—106° (CH_3OH, Essigester oder Isopropyläther), durch 2³/₄std. Kochen von Thiosalicylsäuremethylester, Na u. 1-Chlor-2-nitro-4-methylbenzol in CH_3OH; orangegelbe Kristalle; 78% (Ausbeute). — *4'-Methyl-*, F. 115—117°, aus vorvorst. Verbindung. — *6'-Methyl-*, F. 93—95°, aus 5-Methylthiosalicylsäuremethylester. — *6-Methyl-*, F. 100—102°, mit 1-Chlor-2-nitro-6-methylbenzol. — *5-Methyl-*, F. 86—88°, mit 1-Chlor-2-nitro-5-methylbenzol. — *4.4'-Dimethyl-*, $C_{16}H_{15}NO_4S$, F. 101—103°. — *4.5-Dimethyl-*, F. 93—95°, mit 1-Chlor-2-nitro-4.5-dimethylbenzol. — *4-Methoxy-*, $C_{15}H_{13}NO_5S$, F. 105—106°. — *4'-Chlor-*, $C_{14}H_{10}ClNO_4S$, F. 91—93°, mit 5-Chlorthiosalicylsäuremethylester. — *6-Chlor-*, F. 109—110°. — *5-Chlor-*, F. 90—92°, mit 1.3-Dichlor-6-nitrobenzol in Dioxan in Ggw. von NaH. — *4-Chlor-*, F. 80—81°. — *4'.6'-Dichlor-*, $C_{14}H_9Cl_2NO_4S$, F. 124—125°, mit 3.5-Dichlorthiosalicylsäuremethylester. — *2-Nitro-2'-carbomethoxydiphenylsulfid*, $C_{14}H_{11}NO_4S$, F. 94—96°. — 2-Amino-2'-carbomethoxydiphenylsulfide (**B**): *4-Methyl-* (**II**), $C_{15}H_{15}NO_2S$, F. 90—91° (Essigester–PAe. oder Isopropyläther), durch Hydrierung von **I** in Essigester über RUPE- oder RANEY-Ni bei 30—35°; 94%. — *4'-Methyl-*, $C_{15}H_{15}NO_2S$, Öl. — *6'-Methyl-*, F. 94—96°. — *6-Methyl-*, F. 86—87°. — *5-Methyl-*, F. 82—84°. — *4.4'-Dimethyl-*, $C_{16}H_{17}NO_2S$, F. 88—90°. — *4.5-Dimethyl-*, F. 130—132°. — *4-Methoxy-*, $C_{15}H_{15}NO_3S$, F. 134—135°. — *4'-Chlor-*, $C_{14}H_{12}ClNO_2S$, F. 97—99°. — *6-Chlor-*, F. 123 bis 125°. — *5-Chlor-*, F. 143—144°. — *4-Chlor-*, F. 136—137°. — *4'.6'-Dichlor-*, $C_{14}H_{11}$·Cl_2NO_2S, F. 74—76°. — *2-Amino-2'-carbomethoxydiphenylsulfid*, $C_{14}H_{13}NO_2S$, F. 95 bis 97°. — Dibenzo-[b;f]-[1.4]-thiazepinone-(11) (**A**): *8-Methyl-* (**III**), $C_{14}H_{11}NOS$, F. 288—290° (A., Dimethylformamid, Dioxan oder Eisessig), durch 1std. Erhitzen von **II** auf 215—230° unter N_2 unter Abdestillieren von CH_3OH, 30 Min. Erhitzen auf 230° u. 1std. Kochen mit absol. CH_3OH; 90%. — *2-Methyl-*, F. 235 bis 238°. — *4-Methyl-*, F. 252—254°. — *6-Methyl-*, F. 257—258°. — *7-Methyl-*, F. 272 bis 274°. — *2.8-Dimethyl-*, $C_{15}H_{13}NOS$, F. 244—247°. — *7.8-Dimethyl-*, F. 303—305°. — *8-Methoxy-*, $C_{14}H_{11}NO_2S$, F. 218—219°. — *2-Chlor-*, $C_{13}H_8ClNOS$, F. 255—257°. — *6-Chlor-*, F. 291—293°. — *7-Chlor-*, F. 318—321°. — *8-Chlor-*, F. 295—296°. — *2.4-Dichlor-*, $C_{13}H_7Cl_2NOS$, F. 281—283°. — *Dibenzo-[b;f]-[1.4]-thiazepinon-(11)* (**IV**), $C_{13}H_9$·NOS, F. 258—260°. — 10-[β-Dimethylaminoäthyl]-dibenzo-[b;f]-[1.4]-thiazepinone-(11): *8-Methyl-*, $C_{18}H_{20}N_2OS$, F. 109—110° (Isopropanol–PAe.), $Kp._{0,03}$ 185—190°, a) durch 3—4std. Kochen von **III** mit $NaNH_2$ in Dioxan oder Toluol bis zur Beendigung der NH_3-Entw., Zutropfen von β-Dimethylaminoäthylchlorid (**VI**) bei 60—80° in 30—60 Min., 4std. Kochen, Zers. mit CH_3OH, Filtrieren, Einengen, Lösen in Essigester, Extrahieren mit verd. HCl, Fällen mit NH_4OH oder NaOH u. Extrahieren mit Essigester oder Ae.; 88%; b) analog aus 27,3 g **II**; 28,7 g. *Hydrochlorid*, F. 225—227° (A.–Ae.), in Methyläthylketon mit HCl. — *2-Methyl-*, *Hydrochlorid*, $C_{18}H_{21}ClN_2OS$, F. 232—234°. — *4-Methyl-*, $C_{18}H_{20}N_2OS$, F. 116—118°. *Hydrochlorid*, F. 240—242°. — *6-Methyl-*, F. 105—107°. *Hydrochlorid*, F. 240—241°. — *7-Methyl-*, F. 75—76°. *Hydrochlorid*, F. 236—237°. — *2.8-Dimethyl-*, $C_{19}H_{22}N_2OS$, F. 123—125°. *Hydrochlorid*, F. 238—240°. — *7.8-Dimethyl-*, F. 114—115°. *Hydrochlorid*, $C_{19}H_{23}ClN_2OS$, F. 255—257°. — *8-Methoxy-*, *Hydrochlorid*, $C_{18}H_{21}ClN_2O_2S$, F. 189—192°. —

2-Chlor-, $C_{17}H_{17}ClN_2OS$, Kp.$_{0,13}$ 182—184°. *Hydrochlorid*, F. 240—242°. — *6-Chlor-*, F. 98 bis 100°, *Hydrochlorid*, F. 242°, — *7-Chlor-*, F. 87—89°. *Hydrochlorid*, F. 259—261°. — *8-Chlor-*, F. 92—94°. *Hydrochlorid*, F. 236—238°. — *2.4-Dichlor-*, $C_{17}H_{16}Cl_2N_2OS$, F. 115 bis 117°. *Methansulfonat*, F. 176—178°. — Dibenzo-[b;f]-[1.4]-thiazepinone-(11): *10-[β-Dimethylaminoäthyl]-* (V), $C_{17}H_{18}N_2OS$, F. 139—140°. *Hydrochlorid*, F. 233—235°. — *10-[2-Diäthylaminoäthyl]-8-methyl-*, $C_{20}H_{24}N_2OS$, F. 72—73°. *Hydrochlorid*, F. 197 bis 199°. — *10-[2-Dimethylaminopropyl]-8-methyl-*, $C_{19}H_{22}N_2OS$, F. 100—102°. *Hydrochloridmonohydrat*, $C_{19}H_{23}ClN_2OS \cdot H_2O$, F. 108—110°. — *10-[3-Dimethylaminopropyl]-8-methyl-*, $C_{19}H_{22}N_2OS$, F. 83—85°. *Hydrochlorid*, F. 170—172°. — *10-[2-(4-Methylpiperazino)-äthyl]-8-methyl-*, $C_{21}H_{25}N_3OS$, F. 100—102°. *Dihydrochlorid*, F. 252—254°. — *Dibenzo-[b;f]-10.11-dihydro-[1.4]-thiazepin*, F. 114—115° (Essigester–PAe.), durch 4std. Kochen von **IV** mit $LiAlH_4$ in absol. Dioxan u. Zers. mit W.; 85%. — Dibenzo-[b;f]-10.11-dihydro-[1.4]-thiazepine: *10-[β-Dimethylaminoäthyl]-*, $C_{17}H_{20}N_2S$, F. 58° (Hexan), Kp.$_{0,08}$ 150—160°, a) aus **V** u. $LiAlH_4$ in Dioxan in 6 Std.; 65%; b) aus vorst. Verb. u. $NaNH_2$ in Dioxan (1 Std.), Zutropfen von **VI** in Toluol bei 80° in 50 Min., 1std. Kochen, Zugeben von A., Filtrieren, Einengen u. Verteilen zwischen Ae./n-H_2SO_4; 80%; c) durch 24std. Rühren u. Kochen vorst. Verb. mit **VI**-Hydrochlorid, K_2CO_3 u. NaJ in Methyläthylketon; 77%. *Hydrochlorid*, F. 209—210°. — *10-[β-Diäthylaminoäthyl]-7-chlor-*, $C_{19}H_{23} \cdot ClN_2S$, Kp.$_{0,17}$ 180—186°, mit $LiAlH_4$ in Ae. in 5 Std.; 91%. *Methansulfonat*, F. 136 bis 138°. — *10-[β-Dimethylaminoäthyl]-8-chlor-*, *Monohydrat*, $C_{17}H_{19}ClN_2S \cdot H_2O$, F. 74 bis 76°. *Hydrochlorid*, F. 182—183°. — *10-[β-Dimethylaminoäthyl]-8-methyl-*, $C_{18}H_{22}N_2S$, Kp.$_{0,01}$ 150—155°. *Hydrochloridmonohydrat*, $C_{18}H_{23}ClN_2S \cdot H_2O$, F. 173—195°. (Helv. chim. Acta **42**. 1265—78. 15/6. 1959. Basel, Ciba AG., Forschungslabors., Pharmazeut. Abt.) R. PASEDAG. 3370

Hisashi Manami, Jirô Koyama und **Shun'ichirô Nishizaki**, *Polydimethylcyclopolysiloxane*. Bei der Darst. von Oktamethylcyclotetrasiloxan aus Dimethyldichlorsilan durch Hydrolyse bilden sich als Nebenprodd. höhersd. *Polydimethylcyclopolysiloxane* (**A**), die beim Erhitzen auf 300—430° in Luft in *Hexamethylcyclotrisiloxan* (**I**) in je nach den Bedingungen verschied., auf **A** bezogen, 30—40%ig. Ausbeute übergehen. **I**, F. 64,5°, Kp. 133°, D. 1,12, gibt in Bzl. bei Zimmertemp. in Ggw. von konz. H_2SO_4 bei kräftigem Schütteln „*Silicongummi*". Die aus **A** durch Depolymerisieren hergestellten *höheren cycl. Polymeren* (**B**) geben in Ggw. von konz. H_2SO_4 „*Siliconöle*". Als **B** sind folgende Verbb. beschrieben: *Oktamethylcyclotetrasiloxan*, F. 17,5°, Kp. 175°, n_D^{20} 1,3958, D.^{20} 0,9558. — *Oktamethylbicyclo-[5.3.1]-pentasiloxan*, F. 118°, Kp. 203°. — *Oktamethylspiro-[5.5]-pentasiloxan*, F. 121°, Kp. 204°. — *Dekamethylcyclopentasiloxan*, F. —44°, Kp. 204,5°, n_D^{25} 1,3958, D.^{25} 0,9531. — *Dodekamethylcyclohexasiloxan*, F. —3°, Kp. 236°, n_D^{25} 1,3996, D.^{25} 0,9613. — *Verb.* $(CH_3)_8Si_6O_8$, F. 119°, Kp. 220°. — *Dekamethylbicyclo-[5.5.1]-hexasiloxan* oder *Bis-[1.3.3.5.5-pentamethylcyclotrisiloxanyl-(1)]-äther*, F. 51°, Kp. 232°. (J. chem. Soc. Japan, ind. Chem. Sect. [Kōgyō Kagaku Zassi] **61**. 219—23. Febr. 1958. [Orig.: japan.]) E. MAEKAWA. 3390

Friedhelm Korte, *Zur chemischen Klassifizierung von Pflanzen*. 11. Mitt. *Zur Konstitution des Kondurangins und Vincetoxins*. (10. vgl. C. **1959**. 8207.) Die glykosid. Bitterstoffe aus *Marsdenia Condurango* u. *Cynanchum vincetoxicum*, *Kondurangin* (**I**) u. *Vincetoxin* (**II**) sind trotz papierchromatograph. Einheitlichkeit Gemische vom Mol.-Gew. ca. 900. **I** krist. teilweise beim Stehen, liefert ein krist. *Acetat* u. spaltet mit NaOH *Zimtsäure* ab, deren Geh. bei verschied. **I**-Präpp. verschieden ist. **I** wird durch β-Glucosidasen nicht hydrolysiert, liefert jedoch mit methanol. n-HCl *D-Glucose*, *D-Thevetose*, *D-Cymarose* u. *Kondurangobiose* (**IV**). Diese Zucker werden mit Ausnahme von **IV** auch aus Drevosid C (**III**) u. **II** erhalten, in dem noch *Diginose* nachgewiesen wird. Das Hydrierungsprod. von **I** ergibt bei der Dehydrierung, ebenso wie **III**, *1.2-Benzofluoren* (?). Als Säurekomponente findet man in **III** neben *Zimtsäure Isovaleriansäure*.

Versuche: *Kondurangin* (**I**), F. 120—140° (Rohprod.), aus 10 kg der mit Bzn. extrahierten Rinde durch Extraktion mit Chlf. in der Kälte u. Fällung mit PAe.; 120 g (Ausbeute); gibt durch Stehen in Dioxan–PAe. ein *Prod. vom F. 184—188°*. *Acetat vom F. 135—138°* aus **I** mit Acetanhydrid in Pyridin. — *Zimtsäure*, F. 136°, aus 1 g **I** mit 2n NaOH u. Methanol bei 37° in 3 Tagen; 70 mg. — *Isovaleriansäure* aus **III** wie vorst.; *Anilid*, F. 112—113°. — *Kondurangobiose* (**IV**), $C_{13}H_{24}O_{10}$, F. 202—204° (Zers.), bei der Spaltung von 100 g **I** nach MANNICH u. SIEWERT (vgl. C. **1942**. II. 1691); $[\alpha]_D^{20}$ +20° (W.); 0,1 g. *Hexaacetylderiv.*, $C_{25}H_{36}O_{16}$, F. 188° (A.). — *D-Cymarose*, durch Spaltung von **I** mit n/50 HCl in absol. Methanol (24 Std. bei 25°) u. Chromatographie an Cellulosepulver; R_F 0,71 (Butanol–Pyridin–W. 3:1:3) u. 0,77 (Essigester–W.–Pyridin 2:2:1); gibt mit Br_2 u. dann Phenylhydrazin *Cymaronsäurephenylhydrazid* [$C_{13}H_{20}N_2O_4$, F. 252—253°, $[\alpha]_D$ +1° (Methanol)]. Daneben *D-Thevetose* (F. 126°, $[\alpha]_D$ +26°), (W.),

R_F 0,56 u. 0,57), *D-Glucose* (R_F 0,20 u. 0,23) u. IV (R_F 0,35 u. 0,43). *KW-stoff vom F. 146 bis 152°* (*1.2-Benzofluoren ?*), durch Hydrieren von 3 g I in Eisessig an PtO_2, Verseifung mit methanol. n-HCl u. n-NaOH, Dehydrierung mit Se u. Chromatographie an Al_2O_3; 3 mg. — *Vincetoxin* (II), F. 194—198°, aus 100 kg Trockenpflanzen analog I; 9 g. *Acetat*, F. 154—158°. (Chem. Ber. **88**. 1527—34. 1/10. 1955. Hamburg, Univ., Chem. Inst., Biochem. Abt.) K. ZOPFF. 3450

Friedhelm Korte und **Hans-Gerd Schicke,** *Zur chemischen Klassifizierung von Pflanzen.* 12. Mitt. *Zur Kenntnis des Amarogentins.* (11. vgl. vorst. Ref.) Aus Chirettakraut wird *Amarogentin* isoliert, das nicht krist., ein sehr leicht verseifbares *Tetraacetat* liefert u. weder freie Carboxy- noch Methoxylgruppen enthält. Dagegen liegt eine Lactongruppierung vor, die bei der Titration 2 Mol NaOH verbraucht. Die Hydrierung erfolgt nur langsam, entsprechend einer α,β-ungesätt. Lactongruppierung. Die Glykosidspaltung verläuft uneinheitlich wie bei Gentiopikrin u. liefert *Glucose.* — UV- u. IR-Spektren sind angegeben.

Versuche: *Amarogentin*, $C_{20}H_{24}O_{10}$, F. 174° (Aceton–Bzl.), aus 100 kg *Swertia chirata*, durch Extraktion mit Methanol nach Vorbehandlung mit PAe., Einengen, Überführen in W.–Methanol, Befreien von Chlorophyll mit PAe. u. Chlf., Einengen u. Extrahieren mit wassergesätt. Essigester u. Chromatographie an neutralem Al_2O_3 u. Cellulosepulver; R_F 0,8 (wassergesätt. Butanol; amorph; $[\alpha]_D$ $-67°$ (Methanol); 0,5 g (Ausbeute). *Tetraacetat*, $C_{28}H_{32}O_{14}$, F. 89—92° (Chlf.–Cyclohexan), mit Acetanhydrid u. Pyridin bei 40°; Pulver, R_F 0,9 (wassergesätt. Butanol), gibt mit $KHCO_3$ oder Na-Methylat in Methanol bei Raumtemp. in 40 Std. I. (Chem. Ber. **89**. 2404—08. 3/10. 1956. Bonn, Univ., Chem. Inst.) K. ZOPFF. 3450

Friedhelm Korte und **Horst Weitkamp,** *Zur chemischen Klassifizierung von Pflanzen.* 13. Mitt. *Zur Konstitution des Kondurangins.* (12. vgl. vorst. Ref.) *Kondurangin* (I) wird von Vff. als ein *Dodekahydrofluorenonglykosid* angesprochen, wobei 3 Zucker in der Reihenfolge *D-Cymarose*, *D-Thevetose* u. *D-Glucose* mit dem Genin verknüpft sind. Das Glykosid ist zur Hälfte mit Zimtsäure verestert, die sich mit 0,5n NaOH in Methanol abtrennen läßt unter Bldg. von *Descinnamylkondurangin.* Im sauren Medium entsteht aus I *Descinnamylkondurangogenin*, das rein, jedoch nicht krist., erhalten wird u. nach der Analyse einem *Dihydroxymethoxydodekahydrofluorenon* (II) entspricht. Acetylierung von II ergibt unter Wasserabspaltung u. Dimerisierung ein *Tetraacetylderiv.*, während mit Benzoylchlorid unter Wasseraustritt nur eine Dimerisierung auftritt. Das Vorhandensein von Glykosiden mit Benzofluorengerüst in I ließ sich nicht nachweisen. UV- u. IR-Spektren vgl. Original. I hat cytostat. Wirksamkeit gegenüber n. u. cancerogenen Zellen.

Versuche: *Descinnamylkondurangin*, durch 4std. Stehen von Roh-I in methanol. NaOH bei 50° unter Einleiten von CO_2, Einengen, Zugeben von W., Ausschütteln mit Chlf.-A.-Gemischen u. Chromatographie an Al_2O_3. — *Descinnamylkondurangogenin* (II), $C_{14}H_{22}O_4$, F. 113—115°, durch 40std. Stehen vorst. Verb. in 0,01n HCl/Methanol bei Raumtemp., Eindampfen bei 50°, Aufnehmen in W., Ausschütteln mit Ae., Chromatographie an Al_2O_3 u. Dest. bei 0,03 Torr. II gibt durch 20std. Stehen bei 30—35° in Pyridin mit Acetanhydrid ein *dimeres Tetraacetylderiv.* $C_{36}H_{50}O_{11}$ u. mit Benzoylchlorid in Pyridin in 24 Std. bei 25° ein *Dimerisierungsprod.* $C_{28}H_{42}O_7$. (Chem. Ber. **89**. 2669—75. 3/11. 1956.) E. SCHRÖDER. 3450

Friedhelm Korte und **Otto Behner,** *Zur chemischen Klassifizierung von Pflanzen.* 14. Mitt. *Zur Konfiguration der Tiglin- und Angelicasäure.* (13. vgl. vorst. Ref.) Zur Feststellung der Konfiguration von Tiglinsäure (I; trans-Form, bezogen auf $-CH_3$ u. $-COOH$) u. der Angelicasäure (IV; cis-Form) auf chem. Wege wurde I-Methylester mit N-Bromsuccinimid (II) in γ-Stellung bromiert, Br gegen $-OCOCH_3$ ausgetauscht, die Acetylgruppe nach ZEMPLEN abgespalten u. der entstandene *γ-Hydroxy-α-methylcrotonsäuremethylester* in Ae.–Methanol mit NaOH verseift. Beim Ansäuern entstanden *trans-γ-Hydroxy-α-methylcrotonsäure* (III) u. nicht das cis-Lacton. Die gleiche Reaktionsfolge mit IV führte ebenfalls zu III. Der Vgl. der IR-Spektren der einzelnen Stufen zeigt, daß bei Austausch von Br gegen den Acetoxyrest eine Umlagerung erfolgt.

Versuche: *γ-Bromangelicasäuremethylester*, $Kp._{11}$ 83—95,5°, durch 2½std. Erhitzen von IV-Methylester in CCl_4 mit II; n_D^{20} 1,5001; 61% (Ausbeute). — *γ-Acetoxytiglinsäuremethylester*, $C_8H_{12}O_4$, $Kp._{11}$ 106—107°, durch Rk. von γ-Bromtiglinsäuremethylester mit einer heiß gesätt. Lsg. von K-Acetat in Methanol u. 1std. Kochen; n_D^{20} 1,4540; 39%. — *γ-Acetoxyangelicasäuremethylester*, analog vorst. Verb.; 39%. — *γ-Hydroxytiglinsäuremethylester*, $C_6H_{10}O_3$, $Kp._{0,06-0,09}$ 65,5—66°, durch Stehen der Acetoxyverb. in methanol. NaOH über Nacht u. Ansäuern mit Eisessig; n_D^{20} 1,4537; 26%. — *γ-Hydroxytiglinsäure* (III), $C_5H_8O_3$, F. 81,5—83,5° (Chlf.), durch Stehen vorst.

Verb. in Ae. mit n-NaOH in absol. Methanol über Nacht; Filtrieren, Aufschlämmen von 1,38 g des Na-Salzes in Ae. u. Zugaben von HCl/absol. Ae.; Nadeln; 0,725 g (roh). (Chem. Ber. **89**. 2675—77. 3/11. 1956.) E. Schröder. 3450

Friedhelm Korte und **Hans Machleidt,** *Zur chemischen Klassifizierung von Pflanzen.* 15. Mitt. *Zur Konstitution des Gentiopikrins.* (14. vgl. vorst. Ref.) Vff. beschreiben die Synth. von *3.3.5-Trimethyl-8-oxo-2.9-dioxabicyclo-[0.3.4]-nonan* (I), dessen Ringsyst. dem Hexahydrogentiogenin zugrunde liegt. 2-Methoxy-4.6.6-trimethyltetrahydropyrancarbonsäure-(3)-chlorid (III) wird nach Arndt-Eistert in *2-Methoxy-4.6.6-trimethyltetrahydropyranyl-(3)-essigsäuremethylester* übergeführt, aus dem bei Dest. im Vakuum in Ggw. von Polyphosphorsäure unter Abspaltung von 1 Mol Methanol *4.6.6-Trimethyl-5.6-dihydropyranyl-(3)-essigsäuremethylester* (II) entsteht. II liefert durch alkal. Verseifung die *freie Säure,* die in Ggw. von H^+ zu I cyclisiert wird. Mit n-NaOH tritt Ringöffnung des Lactonringes von I ein. Das aus 2-Methyl-4.5-dihydrofurancarbonsäure-(3)-chlorid (IV) mit CH_2N_2 dargestellte *2-Methyl-3-diazoacetyl-4.5-dihydrofuran* kann nicht nach Wolff umgelagert werden.

Versuche: *3-Hydroxymethyl-4.6.6-trimethyl-5.6-dihydro-4H-pyran,* $C_9H_{16}O_2$, Kp.$_{0,01}$ 51°, durch Versetzen der entsprechenden 3-Carbomethoxyverb. in absol. Ae. bei —20° mit $LiAlH_4$, 4 std. Stehen bei 25°, 5 Min. langes Kochen, Zugeben von Ae./W. u. Einengen in Ggw. von Hydrochinon; 78% (Ausbeute). — *2-Methoxy-3-diazoacetyl-4.6.6-trimethyltetrahydropyran,* $C_{11}H_{18}N_2O_3$, F. 91,5—92,5°, durch 24 std. Stehen von III mit CH_2N_2 in Ae. bei 0°, 48 std. Stehen bei 25°; gelbe Prismen aus Cyclohexan/PAe.; 68%. — *2-Methoxy-4.6.6-trimethyltetrahydropyranyl-(3)-essigsäuremethylester,* $C_{12}H_{22}O_4$, Kp.$_{0,05}$ 54°, durch 2 std. Kochen vorst. Verb. in Methanol mit Ag_2O; 69,5%. — *3.3.5-Trimethyl-8-oxo-2.9-dioxabicyclo-[0.3.4]-nonan* (I), $C_{10}H_{16}O_3$, Kp.$_{0,03}$ 76°, durch Dest. vorst. Verb. bei 65—71°/4—6 mm in Ggw. von Polyphosphorsäure, 8 std. Stehen des Destillats in Methanol mit KOH bei 25°, Extrahieren mit Ae., Ansäuern bei 0° (p_H 3,0—4,2), Extrahieren mit Ae., Einengen, Erwärmen des Rückstandes auf 80° u. Dest. in Ggw. von konz. H_2SO_4; 45%. — *2-Methyl-4.5-dihydrofurancarbonsäure-(3)-chlorid* (IV), Kp.$_{0,05}$ 51—52°, durch 1 std. Stehen von 2-Methyl-4.5-dihydrofurancarbonsäure-(3) mit $SOCl_2$ in absol. Cyclohexan u. 5 Min. langes Kochen; 93%. — *2-Methyl-3-diazoacetyl-4.5-dihydrofuran,* $C_7H_8N_2O_2$, F. 74—74,5°, durch 12 std. Stehen von IV mit CH_2N_2 in Ae. bei 0° u. 3 tägiges Stehen bei 25°; gelbe Nadeln aus absol. Bzl./PAe.; 72,5%. (Chem. Ber. **90**. 2276—79. 28/10. 1957. Bonn, Univ., Chem. Inst.; Hamburg, Chem. Staatsinst., Biochem. Abt.) E. Schröder. 3450

Friedhelm Korte, Karl-Heinz Büchel und **Ludolf Schiffer,** *Zur chemischen Klassifizierung von Pflanzen.* 16. Mitt. *Zur Kenntnis des Gentiopikrins.* (15. vgl. vorst. Ref.) Die Konst. von Gentiopikrin (VI) wird durch die Synth. des vollständigen Grundskeletts *8-Oxo-3-isopropyl-2.9-dioxabicyclo-[0.3.4]-nonan* (I), gestützt. Zur Darst. von I wird γ.γ-Dimethylacetessigester (II) an Acrylsäureäthylester (III) nach Michael zu *α-Isobutyrylglutarsäurediäthylester* (IX) addiert, aus dem über *γ-Isobutyrylbuttersäureäthylester* (X) *δ-Isopropyl-δ-valerolacton* (IV) entsteht. Kondensation von IV mit Ameisensäureäthylester (VII) u. anschließende Hydroxyalkylidenlactonumlagerung liefert *2-Methoxy-6-isopropyl-3-carbomethoxytetrahydropyran* neben *6-Isopropyl-3-carbomethoxy-5.6-dihydro-4H-pyran,* die gemeinsam zu *2-Methoxy-6-isopropyltetrahydropyrancarbonsäure* verseift u. über das *Säurechlorid* durch Arndt-Eistert-Rk. in *2-Methoxy-6-isopropyltetrahydropyranyl-(3)-essigsäuremethylester* (V) umgewandelt werden. Erhitzen von V mit Polyphosphorsäure, Verseifung des entstehenden *6-Isopropyl-5.6-dihydro-4H-pyranyl-(3)-essigsäuremethylesters* u. Dest. in Ggw. von H^+ liefert schließlich I. Die Reindarst. von VI aus Radix Gentiana gelingt durch Gegenstromverteilung. Das von Pesonen u. Ramstad (vgl. C. **1958**. 11820) beschriebene „Oxydationsprod." von VI soll [2-Hydroxy-6-isopropenyl-3.6-dihydro-2H-pyranyliden-(3)]-glykolsäureglucosid sein.

Versuche: *Isobutyrylacetessigester,* Kp.$_{16}$ 114—118°, durch Zutropfen von Isobutyrylchlorid (VIII) zu Na-Acetessigester in absol. Ae. u. Rühren; 54% (Ausbeute). — *γ.γ-Dimethylacetessigester* (II), $C_8H_{14}O_3$, Kp.$_{13}$ 83—86°, Kp.$_{16}$ 89—92°, a) aus vorst. Verb. durch Zugabe zu absol. A. u. Na bei 10°, 1 std. Rühren, 3 tägiges Stehen bei Raumtemp., Einengen u. Neutralisieren mit verd. HCl; 64%; b) durch Zugeben von Mg-Spänen zu absol. A. u. wenig CCl_4, Kochen, Zutropfen von Malonsäureäthylester-tert.-butylester (Kp.$_{16}$ 94—95°) u. absol. A., 3 std. Kochen, Zutropfen von VIII in absol. A., ½ std. Erhitzen, Ansäuern mit 0,5n H_2SO_4, Ausäthern, 1 std. Kochen des rohen(*Isobutyrylmalonsäureäthylester-tert.-butylesters* mit Bzl. u. 8 std. Kochen mit p-Toluolsulfonsäure; 48%. — *α-Isobutyrylglutarsäurediäthylester* (IX), $C_{13}H_{22}O_5$, Kp.$_{0,05}$ 95—99°, durch Zutropfen von II zur Lsg. von Na in absol. A., Zutropfen von III bei 100°, 3 std. Rühren u. Ansäuern mit verd. H_2SO_4; 72%. — *γ-Isobutyrylbuttersäureäthylester* (X), $C_{10}H_{18}O_3$,

Kp.$_{0,05}$ 60—62°, durch 12std. Erhitzen von **IX** mit verd. H_2SO_4 auf 100°, Sättigen mit $(NH_4)_2SO_4$ u. 12std. Erhitzen des Ae.-Extraktes mit absol. A. u. konz. H_2SO_4; 89%. — *γ-Isobutyrylbuttersäure*, $C_8H_{14}O_3$, Kp.$_{0,05}$ 97°, durch Erhitzen von **IX** mit verd. H_2SO_4 unter Abdestillieren von A.; 81,5%. *Semicarbazon*, $C_9H_{17}N_3O_3$, F. 185°, aus Methanol Nadeln. — *δ-Hydroxy-δ-isopropyl-n-valeriansäureäthylester*, $C_{10}H_{20}O_3$, Kp.$_{0,1}$ 68—71°, durch Hydrieren von **X** in A. in Ggw. von RANEY-Ni u. Triäthylamin bei 100°/120 at; 92%. — *δ-Isopropyl-δ-valerolacton* (IV), $C_8H_{14}O_2$, Kp.$_{12}$ 110—112°, durch Dest. vorst. Verb. bei 12 mm in Ggw. von Polyphosphorsäure; 89%. — *δ-Isopropyl-α-hydroxymethylen-δ-valerolacton* (**XI**), $C_9H_{14}O_3$, F. 100—101°, durch Zutropfen von **IV** u. **VII** in absol. Ae. zu Na-Pulver in Ae., mehrstd. Rühren, Zers. mit W. u. Ansäuern mit HCl bei —5° auf p_H 2; Nadeln; aus Aceton/PAe.; 90%. — *2-Methoxy-6-isopropyl-3-carbomethoxytetrahydropyran*, $C_{11}H_{20}O_4$, Kp.$_{0,01}$ 58—59°, durch 50std. Stehen von 7,7 g **XI** in absol., 6% HCl enthaltendem Methanol bei Raumtemp.; 8,2 g; enthält 20% der nachst. Verbindung. — *6-Isopropyl-3-carbomethoxy-5.6-dihydro-4H-pyran*, $C_{10}H_{16}O_3$, F. 71—72° (A./W.), durch 4std. Erwärmen vorst. Verb. mit KOH in Methanol/W., Einengen u. Ansäuern; 91%. *Chlorid*, $C_9H_{13}ClO_2$, Kp.$_{0,4}$ 69°, durch 2—3std. Erhitzen vorst. Säure mit $SOCl_2$ u. Einengen; 80%. *p-Toluidid*, $C_{16}H_{21}NO_2$, F. 107°, durch 24std. Stehen von 740 mg des Säurechlorids mit p-Toluidin in absol. Ae.; aus Bzl./PAe. Nadeln; 790 mg. — *2-Methoxy-6-isopropyl-3-carboxytetrahydropyran*, $C_{10}H_{18}O_4$, F. 120—125° (PAe.), durch 24std. Schütteln des Umlagerungsprod. von **XI** mit KOH in Methanol/W. 1:1 bei Raumtemp.; 45%. *Chlorid*, $C_{10}H_{17}ClO_3$, Kp.$_{0,1}$ 56—58°, durch Zutropfen von $SOCl_2$ zu vorst. Verb. in absol. Ae., Bzl. u. Pyridin u. 5std. Rühren bei Raumtemp.; 71%. *p-Toluidid*, $C_{17}H_{25}NO_3$, F. 151°; aus PAe. Nadeln. — *2-Methoxy-6-isopropyl-3-diazoacetyltetrahydropyran*, $C_{11}H_{18}N_2O_3$, F. 73—74°, durch 8std. Stehen vorst. Säurechlorids mit CH_2N_2 in Ae. bei 0° u. 10std. Stehen bei Raumtemp.; aus absol. PAe. gelbe Kristalle; 73%. — *2-Methoxy-6-isopropyltetrahydropyranyl-(3)-essigsäuremethylester* (V), $C_{12}H_{22}O_4$, Kp.$_{0,1}$ 64—66°, durch 3std. Erhitzen vorst. Diazoketons mit Ag_2O in absol. Methanol; 69%. — *6-Isopropyl-5.6-dihydro-4H-pyranyl-(3)-essigsäuremethylester*, $C_{11}H_{18}O_3$, Kp.$_{0,1}$ 68—70°, durch 1std. Erwärmen von **V** in Ggw. von Polyphosphorsäure auf 75° unter N_2; 89%. — *8-Oxo-3-isopropyl-2.9-dioxabicyclo-[0.3.4]-nonan* (I), $C_{10}H_{16}O_3$, Kp.$_{0,2}$ 88—90°, durch 6std. Schütteln vorst. Verb. mit KOH in Methanol/W., Einengen, Ansäuern bei 0° mit HCl, Extrahieren mit Ae. u. Dest. in Ggw. von konz. H_2SO_4; 73%. — *δ-Isopropyl-δ-valerolacton-α-essigsäuremethylester*, $C_{11}H_{18}O_4$, Kp.$_{0,1}$ 93—95°, durch 2std. Erwärmen von **I** in verd. KOH mit 10%ig. H_2O_2, Einengen, 50std. Stehen des *K-Salzes* mit methanol. HCl bei 25°, Erwärmen auf 50° u. ½std. Erwärmen des *Hydroxyesters* auf 80°; 64%. — *Gentiopikrin* (VI), F. 179° (absol. A.), aus 1 kg Radix Gentianae Luteae mit Methanol unter N_2; 2,3 g. (Chem. Ber. **91**. 759—68. 30/4. 1958. Jena, Univ., Inst. für Organ. Chem. u. Biochem.) E. SCHRÖDER. 3450

N. K. Abubakirow, W. A. Masslennikowa und **M. B. Gorowitz**, *Untersuchung der Juteglykoside.* 1. Mitt. *Olitorisid.* Unter Vermeidung von Tempp. über 45° u. der Einw. saurer oder bas. Agentien isolierten Vff. aus den Samen von *Corchorus olitorius* L. ein neues Herzglykosid „*Olitorisid*" (I). Infolge der Ggw. von **I** in den Samen haben deren Aufgüsse in 70%ig. A. eine biol. Aktivität von 500 Froscheinheiten je g Samen. Das Diglykosid **I** hydrolysiert außerordentlich leicht; das Aglykon erwies sich als *Strophanthidin* (II). Weiter konnte die Identität des aus spezif. Juteglykosiden isolierten *Corchorins* mit **II** nachgewiesen werden. Die leichte Hydrolysierbarkeit von **I** deutet darauf, daß als eine Zuckerkomponente ein 2-Desoxyzucker vorliegt.

V e r s u c h e: *Olitorisid* (I), $C_{35}H_{52}O_{14}$, F. 204—206° (Zers.; A.-Ae.), durch Extrahieren von 5 kg Samen mit PAe. bis zur vollständigen Entfärbung, Trocknen, Ausziehen mit Methanol in der Kälte, Einengen, Verdünnen mit Aceton (→ *Raffinose*, F. 72°), Schütteln mit bas. Pb-Acetat in Methanol–Aceton, Entfernen der überschüssigen Pb-Ionen mit gesätt. alkoh. NaCl-Lsg., Einengen, Verdunsten an Luft, Lösen in A. u. Chromatographieren an Al_2O_3; $[\alpha]_D^{22}$ —4,5 ± 1° (c = 4,8; Methanol); 12 g Ausbeute. *Pentaacetylderiv.*, $C_{45}H_{62}O_{19}$, F. 229° (Zers.; A.), aus **I** u. Pyridin–Essigsäureanhydrid auf dem Wasserbad; $[\alpha]_D^{22}$ +1,7 ± 1° (c = 1,344; Methanol). — *Strophanthidin* (II), *Semihydrat*, $C_{23}H_{32}O_6 \cdot \frac{1}{2} H_2O$, F. 178°, durch 25 Min. langes Kochen von **I** mit 0,1 n H_2SO_4 in Methanol; $[\alpha]_D^{25}$ +40,3 ± 0,5° (c = 2,603; Methanol). *Acetylderiv.*, $C_{25}H_{34}O_7$, F. 241 bis 242°; $[\alpha]_D^{20}$ +34,0 ± 0,3° (c = 0,696; Methanol). *Phenylhydrazon*, $C_{29}H_{38}N_2O_5$, F. 241—243° (Zers.). — *Isostrophanthidin*, F. 244—246°, durch 3std. Stehen von aus **I** gewonnenem **II** in 5%ig. alkoh. KOH, Verdünnen mit W., schwaches Ansäuern mit HCl, kurzes Erwärmen auf 40—50° u. Stehen über Nacht; aus A. Blättchen; $[\alpha]_D^{20}$ +23,3 ± 2° (c = 0,978; Chlf.). (Журнал Общей Химии [J. allg. Chem.] **28** (90). 2279—83. Aug. 1958. Inst. für die Chem. pflanzlicher Stoffe der Akad. der Wiss. der UsbekSSR.) H.-E. TOUSSAINT. 3450

L. N. Jachontow und **M. W. Rubzow**, *Reduktion von Harminderivaten zu Py-Tetrahydroharminderivaten mit Natriumborhydrid.* (Vgl. C. **1958.** 12116.) Vff. untersuchen die Red. von Harminderivv. zu *Py-Tetrahydroharminderivaten.* Die Darst. von *Py-Tetrahydroharmin* (II) aus Harmin (I) gelingt am besten durch Red. mit $NaBH_4$, wobei I nur in Form seiner quaternären Salze mit $NaBH_4$ reagiert. Durch Überführung von I in das Py-N-Chlorbenzylat, Red. mit $NaBH_4$ zur Py-Tetrahydroverb. u. Abspaltung der Benzylgruppe durch Hydrierung über Pd wurde II in guter Ausbeute dargestellt. II ist auch durch Red. von I mit Na u. A. zugänglich. Verss., Norharmin-3-carbonsäure (IV) mit Benzylchlorid (III) zu quaternisieren, lieferten unter Decarboxylierung *Norharmin-Py-N-chlorbenzylat;* dieses wird mit $NaBH_4$ zu *Py-B-Benzyltetrahydronorharmin* reduziert.

Versuche: *Harmin-Py-N-chlorbenzylat,* $C_{20}H_{19}ClN_2O$, F. 237–238° (Isopropanol), durch 12 std. Erhitzen von 2,1 g I u. 1,3 g III in 80 ml $C_6H_5CH_2OH$ auf 120°; farblose Kristalle; 95% (Ausbeute). – *Py-N-Benzyltetrahydroharmin, Hydrochlorid,* $C_{20}H_{22}N_2O \cdot HCl$, F. 224–225° ($CH_3OH$), a) durch Red. vorst. Verb. mit $NaBH_4$ in CH_3OH; 90%; b) durch 4 std. Erhitzen von 2,12 g II u. 1,3 g III mit 2 g K_2CO_3 in 30 ml Toluol auf 110–120°; farblose Kristalle; UV-Spektr.; 78%. – *Py-Tetrahydroharmin* (II), F. 199°, durch Hydrierung von 0,5 g vorst. Verb. in 30 ml A. bei 18–20° über Pd; 96,4%. – *Norharmin-Py-N-chlorbenzylat,* $C_{19}H_{17}ClN_2O$, F. 225–226° (umgefällt aus CH_3OH/Aceton), 2,52 g IV u. 1,3 g III werden in 100 ml $C_6H_5CH_2OH$ 5 Std. auf 160° erhitzt; 53%. – *Py-N-Benzyltetrahydronorharmin,* $C_{19}H_{20}N_2O$, F. 170–170,5° (CH_3OH); 95%. (Журнал Общей Химии [J. allg. Chem.] **28** (**90**). 3108–12. Nov. 1958. Chem.-pharmazeut. Ordshonikidse-Unions-Forschungsinst.) WOLFGANG MÜLLER. 3500

Teresa Ostachowska, *Yohimbinester.* Durch Umsetzung von 3.4.5-Trimethoxyzimtsäurechlorid (I) bzw. 3.4.5-Trimethoxybenzoylchlorid (II) mit Yohimbin in absol. Pyridin bei n. Temp. wurden *3.4.5-Trimethoxyzimtsäureyohimbinester* [$C_{33}H_{38}N_2O_7$, F. 123° (W. + Aceton); 22,5% (Ausbeute)] u. *3.4.5-Trimethoxybenzoesäureyohimbinester* [$C_{31}H_{36}N_2O_7$, F. 245–250° (A.); 6,6%] dargestellt. I (F. 98°; 95%) wurde durch Umsetzung von Gallussäure mit Dimethylsulfat zu *3.4.5-Trimethoxybenzoesäuremethylester* [III; F. 80°; 53%], Überführung in das *Hydrazid* (F. 58–60°; 83%) u. *Benzolsulfonylhydrazid* (F. 240–242°; 62,5%), Umsetzung der letzteren Verb. mit Na_2CO_3 in Glykol bei 120° zu *3.4.5-Trimethoxybenzaldehyd* (F. 76°; 65%), Kondensation mit Malonsäure zu *3.4.5-Trimethoxyzimtsäure* (F. 125–127°; 75%) u. Rk. mit $SOCl_2$ erhalten. II (F. 78°; 53%) wurde aus III über *3.4.5-Trimethoxybenzoesäure* (F. 167°; 80%) u. deren Umsetzung mit $SOCl_2$ dargestellt. (Dissertat. pharmac. [Warszawa] **10.** 7–11. 1958. Kraków, Polska Akad. Nauk, Zakł. Farmakolog.) F. URBAN. 3500

Keizo Hayashiya, Zen'ichi Yoshida, Ryohei Oda und **Yasuji Hamamura**, *Über das Ausbleichen von Chlorophyll durch Licht.* Das Ausbleichen von an Silicagel adsorbiertem Chlorophyll (I) wird durch Bestrahlung mit einer MATSUDA-W-Fadenlampe a) in feuchter, b) in trockener Luft, c) in feuchtem u. d) in trockenem N_2 untersucht. Bei a) wird Ausbleichen u. Blaufärbung von KJ-Stärkepapier beobachtet. Sonst zeigt nur noch b) eine geringe Bleicherscheinung. Der Vorgang verläuft nach: $I + h\nu \rightarrow I^*$ (angeregtes I); $I^* + O_2 \rightarrow I + O_2^*$; $O_2^* + H_2O \rightarrow H_2O_2$; $H_2O_2(HO^-) + I^* \rightarrow$ oxydiertes $I + H_2O$. Das Ausbleichen von I durch sichtbares Licht ist danach auf die Wrkg. von H_2O_2 zurückzuführen. Wird I in Ggw. von Cu-Chlorophyllin (II) an Silicagel adsorbiert, so wird das Ausbleichen von I bei Bestrahlung durch sichtbares Licht beträchtlich gehemmt, da H_2O_2 durch II katalyt. zers. wird. (J. agric. chem. Soc. Japan [Nippon Nôgeikagaku Kaishi] **29.** 45–49. Jan. 1955. Kyoto, Univ. [Orig.: japan.; Auszug: engl.]) L. SCHULER. 3550

Siegfried Beckmann und **Gerhard Eder**, *Über innermolekulare Umlagerungen in der Bicyclo-[1.2.2]-heptan-Reihe.* 6. Mitt. *Umlagerung von 7.7-Dimethyl-, syn-7-Methyl- und exo-5-Methylnorborneol-(2-exo) durch Ameisensäure.* (5. vgl. C. **1958.** 3297.) *7.7-Dimethylnorborneol-(exo-2) Isoapoborneol,* I) wird bei der Veresterung mit HCOOH zu 50% in *5.5-Dimethylnorborneol-(exo-2)* (*β-Isofenchocamphorol*) umgelagert. Dabei handelt es sich um eine WAGNER-MEERWEIN-Umlagerung (WM) mit nachfolgender 2.6-Verschiebung. Aus *syn-7-Methylnorborneol-(exo-2)* (III) werden bei gleicher Behandlung die Formiate von *1-Methylnorborneol-(exo-2)* (IV) u. von *exo-5-Methylnorborneol-(exo-2)* (II) erhalten. Die Bldg. von IV wird durch WM-Umlagerung, nachfolgende 2.3-Verschiebung u. erneute WM-Umlagerung erklärt. Eine 2.3-Verschiebung konnte bisher in der Bicyclo-[1.2.2]-heptanreihe nicht beobachtet werden. II entsteht aus III durch eine mit der 2.3-Verschiebung konkurrierende 2.6-Verschiebung. II kann auch aus 2-Methylnorbornen-(5) dargestellt werden, IV außerdem durch Umlagerung von endo- bzw. exo-2-Methylborneol-(exo-2 bzw. endo-2). Die Konst. von II wird sowohl durch Abbau mit konz. HNO_3 zu *cis-4-Methylcyclopentandicarbonsäure-(cis.cis-1.3)*, die auch durch $KMnO_4$-Oxydation von 2-Methylnorbornen-(5) entsteht, als auch durch Abbau mit $KMnO_4$ zu *trans-4-Methylcyclopentandicarbonsäure-(cis.cis-1.3)* sichergestellt. Beim Verestern von endo-Alkoholen tritt keine Umlagerung ein.

Versuche: *Phthalsäuremono-β-isofenchocamphorylester*, F. 130° (Bzl./Ligroin), durch 6std. Erwärmen von I in HCOOH auf 95°, Verseifen der entstehenden *Formylderivv.* mit methanol. KOH u. Erwärmen mit Phthalsäureanhydrid in Pyridin neben etwa der gleichen Menge *Phthalsäuremonoisoapobornylester*, F. 174—175° (Bzl./Ligroin). — *Phthalsäuremono-exo-5-methylnorbornyl-(exo-2)-ester*, F. 95—96°, durch 3std. Erwärmen von Phthalsäuremono-syn-7-methylnorbornyl-(exo-2)-ester mit HCOOH auf 95°, 160 Min. lange fraktionierte Verseifung der *Phthalate* mit ½n NaOH bei 30°, Ausäthern des leicht verseifbaren Anteils, Ansäuern u. Überführen ins Phthalat; aus Bzl./Ligroin Nadeln; 41,7% (Ausbeute). — *1-Methylnorborneol-(exo-2)* (**IV**), F. 76°. *Saures Phthalylderiv.*, F. 115—116° (Bzl./Ligroin), a) als schwer verseifbarer Anteil neben vorst. Verb.; 58,3%; b) durch 5std. Erhitzen von Phthalsäuremono-exo-5-methylnorbornyl-(exo-2)-ester mit HCOOH auf 95°, Verseifen der *Formiate* u. Überführen in die sauren Phthalylverbb.; c) aus endo-2-Methylnorborneol-(exo-2) bzw. exo-2-Methylnorborneol-(endo-2) durch 6std. Erwärmen mit HCOOH auf 95°, Verseifen der *Formiate* u. Überführen in die sauren Phthalylderivate. *Phenylurethan*, F. 110°. — *trans-4-Methylcyclopentandicarbonsäure-(cis.cis-1.3)*, $C_8H_{12}O_4$, F. 82°, aus **II** durch 24std. Rk. mit alkal. $KMnO_4$-Lsg. unter öfterem Umschütteln, 3std. Erwärmen auf 50° u. Ansäuern; aus Bzl. u. wenig Ligroin Nadeln. — *cis-4-Methylcyclopentandicarbonsäure-(cis.cis-1.3)*, F. 94° (Bzl. u. wenig Ligroin), aus endo-5-Methylnorbornylen-(2) durch 4std. Schütteln mit alkal. $KMnO_4$-Lösung. (Chem. Ber. **91**. 2878—82. 19/12. 1958. Stuttgart-Hohenheim, Landwirtsch. Hochsch., Chem. Inst.) H.-P. FARO. 3600

Hideyuki Kozima und **Humiaki Gosima**, *Zur Isomerisierung von α-Pinen. — Bildung von Isopyronen.* Dampf von α-Pinen wird durch eine auf 350° erhitzte Säule (1 cm Durchmesser × 10 cm) aus geformter (3 mm Durchmesser × 4 mm) japan. Säureerde, Al_2O_3–Säureerde (9 : 1) oder Al_2O_3 geleitet. Die zwischen *Camphen* u. *Dipenten* sd. Fraktion enthält *Isopyronen*, das als das *Addukt mit Maleinsäureanhydrid* (F. 63 bis 65°; *Dicarbonsäure*, $C_{14}H_{20}O_4$, F. 150°) sowie durch Rk. mit α-Naphthochinon zu *Methylisopropylanthrachinon*, $C_{18}H_{16}O_2$, F. 166°, gelbe Nadeln aus Ae.–Methanol, identifiziert wird. (J. chem. Soc. Japan, pure Chem. Sect. [Nippon Kagaku Zassi] **79**. 1347—48. Nov. 1958. Gihu, Daigaku. [Orig.: japan.]) E. MAEKAWA. 3600

A. J. Birch und **K. M. C. Mostyn**, *Ein neuer Sesquiterpenalkohol aus Himantandra baccata Bail.* Vff. isolierten aus der *Himbaccol* (**I**)-Fraktion des Ae.-Extrakts aus der Rinde von *Himantandra baccata* BAIL (*Galbulimima baccata*) einen krist. *Sesquiterpenalkohol* **I**, $C_{15}H_{26}O$, F. 76°; seine chem. u. physikal. Rkk. sprechen für die Formeln **Ia** oder **Ib**. Dehydrierung über Pd/Kohle gab *Guajazulen*, Oxydation mit CrO_3 in Essigsäure ein *Keton* $C_{12}H_{18}O$ u. *Aceton*.

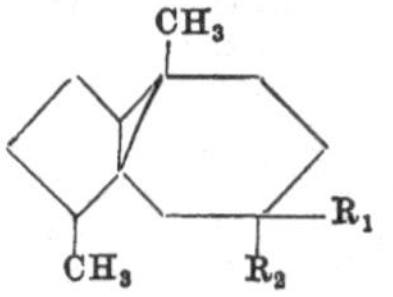

Ia $R_1 = H$, $R_2 = -C(CH_3)_2OH$
Ib $R_1 = OH$, $R_2 = -CH(CH_3)_2$

Versuche: *Himbaccol* (I), $C_{15}H_{26}O$, F. 76° (wss. CH_3OH), aus der rohen auf Ton abgepreßten I-Fraktion durch Chromatographieren in PAe. (Kp. 40—60°) an Al_2O_3, Eluieren mit PAe. unter steigendem Ae.-Zusatz (bis 1:1) u. Reinigen der ersten Eluate durch 12std. Behandlung mit $KMnO_4$ in Aceton. — *Guajazulen*, F. u. Misch-F. 149,5 bis 150° (CH_3OH, fast schwarze Nadeln), aus I durch 2std. Erhitzen mit 10%ig. Pd/Tierkohle auf 225—235°, Chromatographieren der PAe.-Lsg. an Al_2O_3, Trennen der tiefblauen Azulenschicht von der benachbarten Cadalen-freien Schicht, wiederholtes Auskochen der ersteren mit Hexan u. Kristallisation des Ungelösten. — *Keton* $C_{12}H_{18}O$, aus 2 g I mit CrO_3 in Essigsäure durch 4std. Rühren, Zusatz von W. u. Überführung des Ae.-Auszugs (süßlich riechendes Öl) nach Reinigung über die *Bisulfitverb.* (0,25 mg Öl) in das *2.4-Dinitrophenylhydrazon* (DNP), $C_{18}H_{22}N_4O_4$, F. 94—95° (CH_3OH, blaßgelbe Kristalle); daneben aus dem Vorlauf einer Dest. des Reaktionsprod. *Aceton-DNP*, F. 123 bis 124° (A.); 145 mg (Ausbeute). (Austral. J. Chem. **8**. 550—51. Nov. 1955. Sydney, Univ., Dep. of Organ. Chem.) W. SCHULENBURG. 3600

Robert E. Wolff und **Edgar Lederer**, *Synthese von racemischem 2-Methylambreinolid.* 22. Mitt. *über terpenartige Substanzen.* (21. vgl. C. **1958**. 7473.) Dihydroiso-α-iron (**II**) wird nach REFORMATSKI mit Bromessigsäureäthylester (**III**) in den entsprechenden *Hydroxyester* übergeführt, dessen *Acetat* bei der Pyrolyse ein *cis–trans-Gemisch* der *6-Methyldihydro-α-jonylidenessigsäureäthylester* liefert. Das Gemisch der *isomeren freien Säuren* wird durch seine UV-Absorption u. durch Hydrierung charakterisiert. Bei der

Cyclisierung in HCOOH–H_2SO_4 entstehen neben einem neutralen *Lacton* $C_{16}H_{26}O_2$ *2-Methylallobicyclofarnesylsäure*, die durch Veresterung mit CH_3OH/H_2SO_4 abgetrennt werden konnte, u. ein *Gemisch* von *2-Methyl-α-* u. *-β-bicyclofarnesylsäure* (I). Das Gemisch läßt sich selektiv mit $LiAlH_4$ zu *2-Methyl-α-bicyclofarnesol* red., wonach I rein isoliert werden konnte. Die Bromierung des Alkohols mit PBr_3/Pyridin u. nachfolgende Kondensation mit Na-Malonsäurediäthylester (IV) führt zu *1.1.2.4a.6-Pentamethyl-5-methylen-Δ⁶-oktalin* u. *2-Methyl-α-bicyclofarnesylmalonsäurediäthylester*. Letzterer gibt bei Verseifung u. Decarboxylierung ein *γ-Lacton* $C_{18}H_{30}O_2$ u. *2-Methyl-α-bicyclofarnesylessigsäure*, die mit HCOOH zu *2-Methylambreinolid* cyclisiert wird. Dieses liefert mit $LiAlH_4$ *2.5.5.6.9-Pentamethyl-1-[ω-hydroxypropyl]-dekalol-(2)*, das sich mit β-Naphthalinsulfonsäure zu 2 *isomeren Äthern* dehydratisieren läßt.

V e r s u c h e (FF. korr.): *6-Methyldihydro-α-jonylidenessigsäure* (*cis–trans-Gemisch*), $C_{16}H_{26}O_2$, $Kp._{0,1}$ 132—140°, durch Rk. von 100 g II (Semicarbazon, F. 140—142°) mit III u. Zn in absol. Bzl., Hyrolyse, Acetylierung des Hydroxyesters, Pyrolyse bei 350° u. Verseifen des Estergemisches ($Kp._{0,1}$ 90—120°) mit wss.-äthanol. KOH; 70 g (Ausbeute). — *Lacton* $C_{16}H_{26}O_2$, $Kp._{0,05}$ 110—120°, durch 45 Min. Erwärmen von 61 g vorst. Gemisches mit absol. HCOOH/konz. H_2SO_4 auf 60° als neutraler Anteil nach Verseifen mit wss.-alkoh. Na_2CO_3 u. Ansäuern; n_D^{20} 1,5010; 850 mg. — *2-Methylallobicyclofarnesylsäuremethylester*, $C_{17}H_{28}O_2$, $Kp._{0,05}$ 90—100°, durch Veresterung des sauren Anteils bei der Darst. vorst. Verb. mit CH_3OH/konz. H_2SO_4; n_D^{22} 1,4853; 17 g. — *Gemisch von 2-Methyl-α-* u. *-β-bicyclofarnesylsäure* (I), $C_{16}H_{26}O_2$, $Kp._{0,05}$ 150°, neben vorst. Verbb.; 20 g. — *2-Methyl-α-bicyclofarnesol*, $C_{16}H_{28}O$, $Kp._{0,1}$ 100—110°, aus 20 g vorst. Gemisches mit $LiAlH_4$ in Ae.; n_D^{23} 1,5150; 9,4 g [daneben 10 g I, F. 168—170° (PAe.; sublimiert), u. eine *Säure vom F. 195—197°*). — *1.1.2.4a.6-Pentamethyl-5-methylen-Δ⁶-oktalin*, $C_{16}H_{26}$, $Kp._{0,1}$ 85°, durch Rk. von 9 g vorst. Verb. mit PBr_3/Pyridin in PAe. u. Zugeben des Bromids zu IV; n_D^{22} 1,5110; 4,3 g. — *2-Methyl-α-bicyclofarnesylmalonsäurediäthylester*, $Kp._{0,06}$ 135°, neben vorst. Verb.; n_D^{34} 1,4870; 3,5 g. — *2-Methyl-α-bicyclofarnesylessigsäure*, $C_{18}H_{30}O_2$, $Kp._{0,05}$ 135°, durch 3 std. Kochen von 3 g vorst. Verb. mit 10%ig. alkoh. KOH u. 30 Min. Erhitzen auf 135°/1 mm; 1,67 g. — *γ-Lacton* $C_{18}H_{30}O_2$, F. 142—144° (Aceton/Hexan; sublimiert), neben vorst. Verb.; 0,47 g. — *2-Methylambreinolid*, $C_{18}H_{30}O_2$, F. 139—141° (Aceton/Hexan; sublimiert), durch 30 Min. Kochen von 510 mg vorvorst. Verb. in absol. HCOOH; prismat. Kristalle; 236 mg. — *2.5.5.6.9-Pentamethyl-1-[ω-hydroxypropyl]-dekalol-(2)*, $C_{18}H_{34}O_2$, F. 140—141° (Ae./PAe.), durch 1½ std. Kochen von 84 mg vorst. Verb. mit $LiAlH_4$ in absol. Ae.; 81 mg. 30 Min. Erhitzen mit β-Naphthalinsulfonsäure auf 100° u. Chromatographie an Al_2O_3 → 2 Isomere des entsprechenden *Äthers* $C_{18}H_{32}O$ vom F. 64—66° u. 92—94°. (Bull. Soc. chim. France [5] **1956**. 772—76. Mai. Paris, Inst. de Biol. Physico-Chim.) K. F. MÜLLER. 3600

Dorothy Crowfoot Hodgkin, *Röntgenstrahlenanalyse und Struktur von Vitamin* B_{12}. Vf. gibt einen vollständigen Überblick über den histor. Verlauf der Konstitutionsermittlung von *Vitamin* B_{12} (I, $C_{63}H_{90}CoN_{14}O_{14}P$) seit dessen Entdeckung 1926. Es wird eine übersichtliche Erläuterung der röntgenograph. Methoden zur Strukturaufklärung speziell für I gegeben, die kristallograph. Eigg. unter Berücksichtigung des Trocknungsgrades von I werden beschrieben. Für die charakterist. I-Gruppen wie CN, Dimethylbenzimidazol u. den porphyrinähnlichen Ring werden die zur Aufklärung herangezogenen Meßergebnisse vorgelegt; die bei der Konstitutionsermittlung benutzten chem. Rkk. von I werden geschildert. Die Bedeutung von *Faktor B* als Ausgangsstoff für unnatürliche I-Analoga wird unterstrichen, zahlreiche Vorschläge für die biochem. Funktion von I werden unterbreitet. — 46 Literaturzitate. (Fortschr. Chem. org. Naturstoffe [Wien] **15**. 167—220. 1958. Oxford.) L. TRÄGER. 3800

Hans Herloff Inhoffen, Joachim Kath, Wolfgang Sticherling und **Klaus Brückner,** *Studien in der Vitamin-D-Reihe.* 18. Mitt. *Partialsynthese des 5.6-trans-Vitamins* D_2. (17. vgl. C. **1958**. 4198.) Vff. erhalten durch Umsetzung von C_{27}-Keton (IV)-3-acetat (vgl. Chem. Ber. **87**. [1954.] 1) mit Triphenylphosphinmethylen (V) über das Acetat *5.6-trans-Vitamin* D_2 (I). Die Konst. von I wird durch IR- u. UV-Spektren sowie durch Oxydation zu *Vitamin-*D_2*-keton* bewiesen, dessen Semicarbazon mit dem aus cis-Vitamin D_2 (II) erhaltenen ident. ist. I u. II sind demnach $C_{(3)}$-Epimere. Synthet. I zeigt ca. 0,8% der antirachit. Wrkg. von II. UV-Bestrahlung der I-Lsg. erhöht die Wrkg. ca. 6fach.

V e r s u c h e: *C_{27}-Keton-3-acetat*, $C_{29}H_{44}O_3$, aus Abbaualdehyd $C_{21}H_{34}O$ (F. 56,5 bis 58°; vgl. WINDAUS u. RIEMANN, Hoppe-Seyler's Z. physiol. Chem. **274**. [1942.] 206) u. p-Acetoxycyclohexanon in absol. A. mit Na-Äthylat durch 2½ std. Stehen bei —20°, Chromatographie an Al_2O_3, 1 std. Erhitzen mit Acetanhydrid in Pyridin auf dem Wasserbad unter N_2 u. Chromatographie an Al_2O_3; goldgelbes Öl. — *C_{27}-Keton* (IV), F. 138° (wss. Methanol), aus 413 mg vorst. Verb. mit methanol. KOH durch 23 std. Stehen bei 20° unter N_2; hellgelb; 275 mg (Ausbeute). — *5.6-trans-Vitamin-D_2-acetat*, $C_{30}H_{46}O_2$, aus vorst. Verb. in absol. Ae. durch langsames Zutropfen einer durch (Suspendieren von Triphenylmethylphosphoniumbromid in absol. Ae., Zutropfen von Li-Phenyl in Ae. u. 2std. Rühren bei 20° bereiteten) Lsg. von **V** in 45 Min. unter Rühren, 1std. Rühren bei 20°, 3std. Rühren unter Kochen u. Chromatographie an Al_2O_3; 64,6%. Daneben *Diphenyl*. — *5.6-trans-Vitamin D_2* (**I**), $C_{28}H_{44}O$, F. 125—126°, aus vorst. Verb. u. Ae. durch 22std. Stehen bei 20° mit methanol. KOH u. Eindampfen des Ae.-Extrakts <40°; Rosetten aus Aceton, $[\alpha]_D^{20}$ +74,8 ± 1° (Bzl.); 82,5% (roh). *p-Phenylazobenzoat*, $C_{41}H_{25}N_2O_2$, F. 114—117° (Aceton), aus 567 mg **I** in Pyridin mit p-Phenylazobenzoylchlorid durch 40std. Stehen bei Zimmertemp., Chromatographie mit PAe./Bzl. an Al_2O_3; $[\alpha]_D^{20}$ —25,5 ± 1,5° (Chlf.); 812 mg. — *Vitamin-D_2-keton*, aus 950 mg **I** in Toluol/Cyclohexanon durch ³/₄std. Kochen mit Al-Isopropylat u. 1std. Erhitzen des isolierten Rohprod. auf 90°/0,005 Torr; 853 mg (roh). *Semicarbazon*, $C_{29}H_{45}N_3O$, F. 209° (Chlf./Methanol); $[\alpha]_D^{20}$ +24 ± 1° (Chlf.). — *C_{27}-Ketontetrahydropyranyläther* (**VI**), aus **IV** u. Dihydropyran (**VII**) mit $POCl_3$, 2std. Stehen bei Zimmertemp., 3maliges Abdampfen des isolierten Öls mit wenig absol. Bzl. im Vakuum u. Chromatographie an Al_2O_3; Öl; 99%. — *α-[Äthoxy]-äthyläther des C_{27}-Ketons* (**VIII**), aus **IV** u. Vinyläthyläther im Rohr unter N_2 in 18 Std. bei 125—135° u. Chromatographie an Al_2O_3; gelbliches Öl; 66%. Spaltung von 100 mg durch 3std. Kochen in Dioxan mit 1%ig. wss. $(COOH)_2$-Lsg. liefert 62 mg **IV**. — *α-[Äthoxy]-äthyläther des cis-Vitamins D_2*, aus **II** analog **VIII** in 15 Std. bei 100° u. Chromatographie an Al_2O_3; Öl; 70%. 3 Std. Kochen mit $(COOH)_2$ in wss. Dioxan liefert 54% *Isovitamin D_2* (**III**) u. 24% **II**. — *Tetrahydropyranyläther des cis-Vitamins D_2*, $C_{33}H_{52}O_2$, aus **II** u. **VII** im Rohr in 18 Std. bei 120° u. Chromatographie an Al_2O_3; gelbliches Öl; 75%. Durch 18std. Durchleiten von CO_2 bei ca. 20° oder 100° durch eine Lsg. in wss. Dioxan erfolgt keine Spaltung. — *Tetrahydropyranyläther des 5.6-trans-Vitamins D_2*, $C_{33}H_{52}O_2$, aus **VI** in absol. Ae. durch Zutropfen zu **V**-Lsg. u. 90 Min. Erhitzen auf 60° in einer Druckflasche, 15std. Stehen bei 20° u. Chromatographie des isolierten Rohprod. (66%) aus PAe./Bzl. an Al_2O_3; Öl; 28%. 30 Min. Kochen mit $(COOH)_2$ in wss. Dioxan liefert **III**. — *α-[Äthoxy]-äthyläther des 5.6-trans-Vitamins D_2*, aus **VIII** u. **V** analog vorst. Äther; Öl; 34%. 130 Min. Erhitzen auf dem sd. Wasserbad mit $(COOH)_2$ in wss. Dioxan liefert 39% **III**. (Liebigs Ann. Chem. **603**. 25—36. 1957. Braunschweig, TH, Organ.-Chem. Inst.) K. PRCHAL. 3800

Hans Herloff Inhoffen, Gerhard Quinkert, Siegismund Schütz, Dieter Kampe und **Götz Friedrich Domagk**, *Studien in der Vitamin-D-Reihe*. 21. Mitt. *Hydrindanverbindungen aus Vitamin D_3*. (20. vgl. Naturwissenschaften **44**. [1957.] 11; 18. vgl. vorst. Ref.) Durch Ozonabbau von Vitamin D_3 (**I**) u. anschließende $LiAlH_4$-Red. des Ozonids wird *trans-C/D-Vitamin-D_3-Abbaualkohol* (**II**) erhalten, der durch schonende Oxydation mit CrO_3/Pyridin ohne merkliche Isomerisierung in *trans-C/D-Vitamin-D_3-Abbauketon* (**III**) übergeht. Durch WITTIG-Kondensation von **III** mit Triphenylphosphinmethylen (**IV**) wird der *trans-C_{19}-KW-stoff* **V** erhalten. Die Erhaltung der $C_{(14)}$-trans-Struktur wird durch Rückumwandlung in **II** durch Ozonolyse mit anschließender $LiAlH_4$-Red. bewiesen. Verschied. Bedingungen einer irreversiblen Umlagerung von **III** zu *cis-C/D-Vitamin-D_3-Abbauketon* (**VI**) werden an Hand der Änderung der Drehwerte der Ketone sowie der FF. ihrer Semicarbazone u. 2.4-Dinitrophenylhydrazone untersucht. Es gelang nicht, durch $LiAlH_4$-Red. von **VI** krist. Derivv. von *cis-C/D-Vitamin-D_3-Abbaualkohol* zu erhalten.

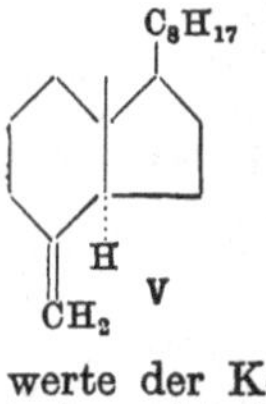

V

Versuche: ($[\alpha]$ = $[\alpha]_D^{20}$ in Chlf.) *trans-C/D-Vitamin-D_3-Abbaualkohol* (**II**), $C_{18}H_{34}O$, Kp.$_{6\cdot10^{-4}}$ 112—118°, aus **I** in PAe. mit überschüssigem O_3 in O_2 unter Eis/NaCl-Kühlung, Einrühren in äther. $LiAlH_4$-Suspension, 40 Min. Kochen, Chromatographie an Al_2O_3 u. Kugelrohrdest.; Öl, $[\alpha]$ +49,0°; 72% (Ausbeute). *p-Phenylazobenzoat*, $C_{31}H_{42}N_2O_2$, F. 97,5° (Aceton), in Bzl./Pyridin durch 3std. Erwärmen (Wasserbad) u. Filtration in Bzl. über Al_2O_3; $[\alpha]$ +113,3°. *3.5-Dinitrobenzoat*, $C_{25}H_{36}N_2O_6$, F. 164° (Aceton/Bzl./Essigester); $[\alpha]$ +66,5°; 91% (roh). — *trans-C/D-Vitamin-D_3-Abbauketon* (**III**), Kp.$_{5\cdot10^{-4}}$ 105—110°, a) aus **II** in Pyridin bei 8° durch Eintropfen in bei 15° bereitete CrO_3-Suspension in Pyridin, 3std. Rühren unter Kühlung u. Stehen über Nacht; Öl; $[\alpha]$ +8,9°; 88%; b) aus 1,33 g **I** durch Ozonisierung bei 0° in Essigester u. Spaltung durch Einrühren in RANEY-Ni-Suspension in Essigester/Eisessig, 2std. Kochen, weitere Ni-Zugabe u. 1std. Kochen; $[\alpha]$ +17,8°; 362 mg; $LiAlH_4$-Red. von **III** in Ae. bei Raumtemp. u. 1std. Kochen liefert 80% **II**. *Semicarbazon*, $C_{19}H_{35}N_3O$, F. 215—216° (A.), $[\alpha]$ +58,0°. — *2.4-Dinitrophenylhydrazon*, $C_{24}H_{36}N_4O_4$, F. 124° (A.), aus 600 mg **III** in A. mit H_3PO_4-saurer 2.4-Dinitrophenylhydrazinlsg. durch sofortiges Abdekantieren vom sirupösen Nd. u. Filtration des Nd. in Bzl. über SiO_2; $[\alpha]$ +122° (Bzl.); 300 mg. — *cis-C/D-Vitamin-D_3-Abbauketon* (**VI**), *Semicarbazon*, F. 197°, a) durch 12std. Schütteln vorst. Semicarbazons in Methanol/PAe. mit 2n H_2SO_4 u. wss. Glyoxallsg. bei Raumtemp.; b) durch 10 Min. Erwärmen vorst. Semicarbazons mit 2n H_2SO_4 in Eisessig auf dem Wasserbad. *2.4-Dinitrophenylhydrazon,* F. 107°, durch 30 Min. Erwärmen vorst. Dinitrophenylhydrazons in Eisessig mit konz. H_2SO_4 u. Glyoxal auf dem Wasserbad. — *cis-C/D-Vitamin-D_3-Abbaualkohol* (?), durch Isomerisierung von III durch Filtrieren über Al_2O_3 oder Kochen mit alkoh. $NaOCH_2H_5$ u. anschließende $LiAlH_4$-Red. in absol. Ae. durch ½std. Kochen; [α] +50°. — *trans-C_{19}-KW-stoff* V, $C_{19}H_{34}$, durch 1½std. Rühren von III mit IV-Lsg. (durch 4std. Rühren von n-Butyl-Li mit Methyltriphenylphosphoniumbromid in absol. Ae. in einer Druckflasche) in A. bei Raumtemp., 3½std. Erwärmen auf 65°, Stehen über Nacht u. Chromatographie aus PAe. an Al_2O_3; 67%. Ozonisierung von 365 mg V in PAe. bei −8° u. anschließende $LiAlH_4$-Red. liefert 370 mg II. (Chem. Ber. **90**. 664—73. 25/5. 1957.) K. PRCHAL. 3800

Hans Herloff Inhoffen, Gerhard Quinkert und **Siegismund Schütz,** *Studien in der Vitamin-D-Reihe.* 23. Mitt. *Aufbau des trans-Hydrindanketons aus Vitamin D_3 zum vinylogen Aldehyd.* (22. vgl. Angew. Chem. **69**. [1957.] 236; 21. vgl. vorst. Ref.) Die für Vitamin-D-Partialsynthesen benötigten *Abbaualdehyde* I (in D_2-Reihe C_9H_{17} an Stelle von C_8H_{17} der D_3-Reihe) können — wie Vff. näher in der Vitamin-D_3-Reihe untersuchen — aus den entsprechenden trans-Abbauketonen (Hydrindanketonen) II durch WITTIG-Kondensation mit dem Ylen aus Allylbromid unter Erhaltung der trans-C/D-Struktur

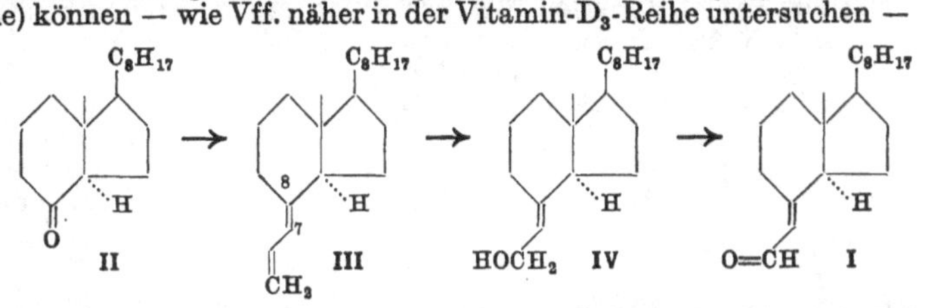

des II dargestellt werden, wobei anscheinend bevorzugt die *7.8-trans-Allylidenverb.* III entsteht. Das überzählige C-Atom des III wird durch partielle Ozonisierung u. reduktive $LiAlH_4$-Spaltung zum *Alkohol* IV eliminiert u. IV schließlich mit MnO_2 zu I oxydiert. Die Konst. von I u. die unveränderte trans-C/D-Struktur werden einerseits durch Analyse, UV- u. IR-Spektr., F. u. Misch-F. u. andererseits durch $O_3/LiAlH_4$-Abbau des I-Semicarbazons u. Veresterung zum 3.5-Dinitrobenzoat des kürzlich beschriebenen (vgl. vorst. Ref.) trans-C_{18}-Abbaualkohols (V) bewiesen.

V e r s u c h e: *Allylidenverb.* III, $C_{21}H_{36}$, aus 3,84 g II in absol Ae. unter N_2 durch Zugabe zu einer aus Allyltriphenylphosphoniumbromid u. Li-Butyllsg. in Ae. durch 2std. Rühren bereiteten Mischung, 48std. Rühren bei Zimmertemp. u. Chromatographie des Rohprod. (4,6 g) in PAe./Bzl. an Al_2O_3; 1,64 g (Ausbeute). — *Alkohol* IV, aus 1,027 g III in absol. PAe. durch Durchleiten von O_3 bei −10° u. Eintropfen der Ozonidlsg. in $LiAlH_4$-Suspension in absol. PAe. unter Rühren u. Eiswasserkühlung, Rühren über Nacht bei Zimmertemp.; hellgelbes Öl, dessen UV-Spektr. noch 9,6% III anzeigt; 835 mg (roh). — *Abbaualdehyd* I, aus 835 mg rohem IV in absol. PAe. durch Schütteln über Nacht mit MnO_2 unter N_2; gelbliches Öl; 653 mg. *Semicarbazon,* $C_{21}H_{37}N_3O$, F. 219 bis 220° (Methanol); $[\alpha]_D^{20}$ +145,5° (Chlf.); 350 mg. Ozonisierung von 217 mg Semicarbazon in absol. Tetrahydrofuran bei 0°, Red. mit $LiAlH_4$ in absol. Ae.; 30 Min. Kochen, Aufarbeitung u. Dest. ($Kp._{0,001}$ 120—135°) liefern 140 mg Öl das mit 3.5-Dinitrobenzoylchlorid in absol. Pyridin 118 mg eines Rückstandes ergibt, aus dessen Lsg. in Aceton-Methanol beim Anspritzen mit W. ca. 5 mg *trans-C_{18}-Abbaualkohol V-3.5-Dinitrobenzoat,* F. 162—165° (PAe.), kristallisieren. (Chem. Ber. **90**. 1283—86. 16/7. 1957.)
K. PRCHAL. 3800

Hans Herloff Inhoffen, Gerhard Quinkert Hans-Jürgen Hess und **Horst Hirschfeld,** *Studien in der Vitamin-D-Reihe.* 24. Mitt. *Photoisomerisierung der trans-Vitamine D_2 und D_3 zu den Vitaminen D_2 und D_3.* (23. vgl. vorst. Ref.) Ausführlicher Versuchsteil zu der C. **1957**. 13360 referierten kurzen Mitt. über die Photoisomerisierung der 5.6-trans-Vitamine D_2 u. D_3 zu den *5.6-cis-Vitaminen D_2* u. *D_3*. Da die gebildeten cis-Vitamine nur um ca. 7—8 mμ kürzerwellig absorbieren als die trans-Vitamine, werden sie vor der irreversiblen photochem. Weiterumlagerung zu den Suprasterinen dadurch geschützt, daß durch Bestrahlung in Glas nur langwelliges UV-Licht zur Einw. gebracht wird.

V e r s u c h e: *5.6-trans-Vitamin D_2*, aus cis-Vitamin-D_2-p-phenylazobenzoat durch Isomerisierung in Ggw. von J_2/Pyridin im Tageslicht, Kristallisation des Esters (F. 98°), Verseifung, 2malige Chromatographie des Isomerengemisches (2,98 g) an neutralem Al_2O_3 u. Kristallisation der ersten Eluatfraktionen aus Aceton; 1,17 g (Ausbeute). — *5.6-cis-Vitamin D_2*, aus 0,92 g vorst. Verb. in Bzl. in Glasröhrchen (durchlässig ab 290 mμ) unter N_2 (+ NH_3-Spuren) durch 4std. Bestrahlung mit wassergekühlter Hg-Hochdrucklampe u. Chromatographie an Al_2O_3; 0,235 g. *3.5-Dinitrobenzoat,* F. 144° (Aceton). — *5.6-trans-Vitamin D_3,* $C_{27}H_{44}O$, F. 90,5—91,5° (Aceton), aus 6,85 g cis-Vitamin D_3 in absol. Ae. in Ggw. von Pyridin u. J_2 unter N_2 u. Rühren durch a) 15 Min. Bestrahlung mit einer oder b) 12 Min. Bestrahlung mit 3 PHILIPS-Argarphotolampen (je 500 W), sofortiges Ausschütteln mit wss. $Na_2S_2O_3$-Lsg. u. Chromatographie; 2,924 (a) bzw. 3,497 g (b); c) aus 10,57 g 5.6-cis-Vitamin-D_3-p-phenylazobenzoat durch 12 Min. Bestrahlung mit 3 PHILIPS-Lampen, nach Aufarbeitung Verseifung der eingeengten äther. Lsg. durch 45 Min. Kochen mit 6%ig. methanol. KOH u. Chromatographie; $[\alpha]_D^{20}$ +212° (Bzl.); 2,07 g. — *5.6-cis-Vitamin-D_3-p-phenylazobenzoat,* $C_{40}H_{52}N_2O_2$, F. 144—145° (Aceton), aus a) 330, b) 303 oder c) 653 mg vorst. Verb. [als 1%ig. (a u. b) bzw. 2%ig. (c) Lsgg. in Bzl.] unter N_2 bei Raumtemp. durch 4- (a) bzw. 6std. (b u. c) Bestrahlung in einem aus RA-Normalglas als Mantel um einen wassergekühlten Hg-Hochdruckbrenner S 81 (Hanau) konstruierten Gefäß, Stehen über Nacht, Vakuumeindampfen, Chromatographie u. Veresterung der Fraktionen; rote Nadeln; 36 (a); 103 (b) bzw. 199 mg (c). (Chem. Ber. **90.** 2544—53. 30/11. 1957.) K. PRCHAL. 3800

Hans Herloff Inhoffen, Gerhard Quinkert, Siegismund Schütz, Gerhard Friedrich und **Edith Tober,** *Studien in der Vitamin-D-Reihe.* 25. Mitt. *Abbau der Vitamine D_2 und D_3 zum 8-Methyl-trans-hydrindanol-(4)-on-(1).* (24. vgl. vorst. Ref.) Durch folgenden mehrstufigen Abbau des Vitamins D_2 bzw. des Dihydrovitamins D_2 I (**I**), für das die angegebene Struktur vorgeschlagen wird, oder zweistufigen Abbau des Vitamins D_3 erhalten Vff. *8-Methyl-trans-hydrindanol-(4)-on-(1)* (**II**), das ein wesentliches Zwischenglied der Vitamin-D-Synth. ist. Partieller bzw. vollständiger O_3/$LiAlH_4$-Abbau von **I** liefert den dem in der 21. Mitt. (vgl. drittvorst. Ref.) beschriebenen trans-C/D-Vitamin-D_3-Abbaualkohol (**III**) entsprechenden *trans-Vitamin-D_2-Abbaualkohol* (**IV**) u. das *C_{13}-Diol* (**V**). Ozonisierung des **IV**-Acetats u. Spaltung mit desaktiviertem RANEY-Ni führen zum Acetat des dem **V** entsprechenden *Aldehyds* (**VI**); akt. RANEY-Ni red. teilweise zur Alkoholstufe weiter. Bromierung zum rohen *α-Bromierungsprod.* (**VII**), HBr-Abspaltung zum *α,β-ungesätt. C_{13}-Aldehydacetat* (**VIII**) u. dessen O_3-Abbau geben schließlich in 1%ig. Ausbeute (bezogen auf **IV**) **II**. Ein ident. **II**-Präp. wird in höherer Ausbeute durch CrO_3-Oxydation des **III**-3.5-Dinitrobenzoats erhalten. Aus der Identität der beiden **II**-Präpp. u. der l. c. bewiesenen trans-Struktur von **III** ergibt sich auch für **II, V, VI, VII, VIII** u. **IV** die trans-Struktur. Durch SARETT-Oxydation von **II** wird *8-Methyl-trans-hydrindandion-(1.4)* u. durch dessen Isomerisierung das *cis-Dion* erhalten, das das gleiche IR-Spektr. zeigt wie das früher (vgl. Chem. Ber. **87.** [1954.] 684) beschriebene Racemat.

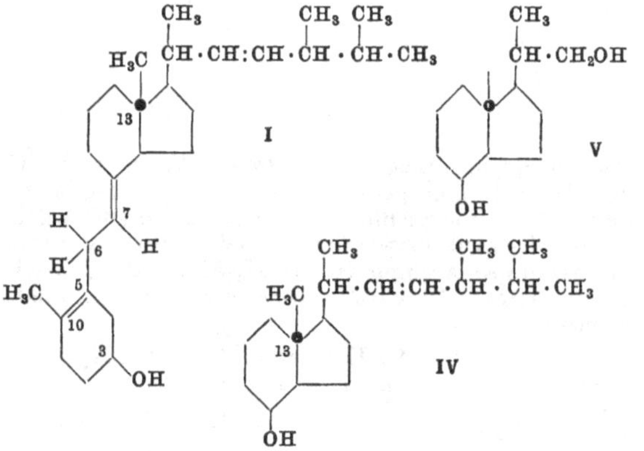

V e r s u c h e: *trans-Vitamin-D_2-Abbaualkohol* (**IV**), $C_{19}H_{34}O$, Kp.$_{0,01}$ 118—125°, aus **I** in absol. Ligroin mit O_3 bei —60° in 4½ Std., Verdrängen des O_3-Überschusses mit N_2, Zutropfen von $LiAlH_4$ in Ae. u. Durchmischen mit N_2-Strom, Stehen über Nacht unter Erwärmen auf Raumtemp., 30 Min. Erwärmen auf dem Wasserbad, Dest. bei 150—170°/0,01 mm u. Chromatographie an SiO_2 mit Bzl.; hochviscos; 42% (Ausbeute). *Acetat,* $C_{21}H_{36}O_2$, Kp.$_{0,01}$ 123—130°. *3.5-Dinitrobenzoat* (**IX**), $C_{26}H_{36}N_2O_6$, F. 145° (Aceton). *Epoxyd,* $C_{26}H_{36}N_2O_7$, F. 122—124° (Methanol, aus **IX** a) in absol. Ae. mit Perbenzoesäure in Chlf. in 80 Std.; 89%; b) in 99%ig. HCOOH mit 30%ig. H_2O_2 u. etwas Chlf. durch 7std. Erwärmen auf dem sd. Wasserbad; gelbliche filzige Nadeln; wird in Dioxan von 0,1n H_2SO_4 beim Erwärmen nicht angegriffen. — *C_{13}-Diol* (**V**), $C_{13}H_{24}O_2$, F. 109 bis 110° (Ligroin), aus 12 g **I** als Nebenprod. der **IV**-Darst. bei der Chromatographie durch Elution mit Chlf.; 0,5—0,8 g. *Bis-3.5-dinitrobenzoat,* $C_{27}H_{28}N_4O_{12}$, F. 238,5—239,5° (Essigester), gelbliche verfilzte Nadeln. *Diacetat,* $C_{17}H_{28}O_4$, F. 48° (Ligroin). CrO_3-Oxydation von **V** in Eisessig liefert die entsprechende *Ketosäure, Semicarbazon,* $C_{14}H_{23}N_3O_3$, Zers. bei 219°. — *Abbaualdehyd* (**VI**)*-acetat,* Kp.$_{0,01}$ 88—95°, aus 4,03 bzw. 3,25 g **IV**-Acetat in absol. CH_2Cl_2 mit O_3 bei —60°, Verdrängen des O_3 mit N_2 u. a) Zugabe zu RANEY-Ni-Suspension in absol. CH_2Cl_2 u. 4std. Kochen unter Rühren; 2,3 g; b) Ein-

tragen von Ascorbinsäure in Chlf. u. 30 Min. Kochen unter Rühren; Chromatographie an SiO_2; 1,41 g. *2.4-Dinitrophenylhydrazon*, $C_{21}H_{28}N_4O_6$, F. 172—173° (Methanol); hellgelbe verfilzte Nadeln. — *α,β-ungesätt. C_{13}-Aldehydacetat* (VIII), aus 1,14 g VI-Acetat in Chlf. mit Br_2 in Chlf. in 2 Std., 15 Min. Durchblasen von N_2, Vakuumeindampfen, Lösen des *Bromierungsprod.* (VII) in Kollidin, 1 std. Erwärmen auf dem sd. Wasserbad unter N_2 u. Chromatographie an Al_2O_3; viscoses Öl; 536 mg. *2.4-Dinitrophenylhydrazon*, $C_{21}H_{26}$·N_4O_6, F. 206,5—207,5° (Methanol); rote Nadeln. — *4-Acetoxy-8-methyl-trans-hydrindanon-(1)*, aus 536 mg VIII in Essigester mit O_3 bei —60° in ca. 15 Min., Vakuumeindampfen, Lösen in wss. Dioxan u. 3 std. Erwärmen auf dem sd. Wasserbad; 269 mg. — *8-Methyl-trans-hydrindanol-(4)-on-(1)* (II), $C_{10}H_{16}O_2$, F. 85—87° (PAe.), a) aus 268 mg vorst. Verb. mit 3%ig. methanol. KOH durch 2 std. Kochen; 67 mg; b) aus 1,19 g II-Dinitrobenzoat in Äthylenchlorid/Eisessig mit kalter Oxydationslsg. aus CrO_3 in wss. Eisessig u. konz. H_2SO_4 bei 12—15° in 10 Min., 24 Std. Rühren bei Zimmertemp., Verseifung von 1,4 g des so erhaltenen rohen II-*Dinitrobenzoats* [amorph aus Ae./PAe. oder A./W.; 393 mg; *Semicarbazon*, $C_{18}H_{21}N_5O_7$, F. 236—238° (Zers.)] mit 3%ig. methanol. KOH durch 2 std. Kochen; lange Nadeln; $[\alpha]_D^{20}$ +109—110° (CH_2Cl_2); 140 mg. — *8-Methyl-trans-hydrindandion-(1.4)*, $C_{10}H_{14}O_2$, F. 41—42,5° (PAe.), Kp.$_3$ 110—115°, aus 197 mg II in absol. Pyridin durch Eintragen in gerührte u. eisgekühlte CrO_3-Lsg. in Pyridin, 4 std. Rühren bei Zimmertemp. u. Stehen über Nacht; $[\alpha]_D^{20}$ +112,6° (CH_2Cl_2); 178 mg. *Dioxim*, $C_{10}H_{16}N_2O_2$, F. 218—220° (Zers.; Essigester/PAe.). — *8-Methyl-cis-hydrindandion-(1.4)*, aus 100 mg vorst. trans-Isomeren mit 5%ig. methanol. KOH durch 2 std. Kochen; $[\alpha]_D^{20}$ +120,8° (CH_2Cl_2); 44 mg. (Chem. Ber. **91**. 781—91. 30/4. 1958.)
K. PRCHAL. 3800

E. E. van Tamelen, F. M. Strong und **U. Carol Quarck,** *Die Chemie von Antimycin A. 4. Mitt. Untersuchungen über die Struktur des Antimycinlactons.* (3. vgl. C. **1955**. 4363.) Bei der milden alkal. Spaltung des Antibioticums Antimycin A entsteht neben *Ameisensäure* u. *Antimycinsäure* eine neutrale farblose, wasserunlösl., opt.-akt. Fl., deren allg. Struktur durch Unters. ähnlicher Modellverbb. geklärt werden konnte; es handelt sich entweder um ein β- oder ein γ-Acyloxylacton.

Versuche: *β-Hydroxy-γ-valerolacton* (I), $C_5H_8O_3$, Kp.$_{0,6}$ 139—141°, 64 g Δ^3-Pentensäure fügt man zu 40,8 g $Ba(ClO_3)_2$ in 150 ml W., rührt ½ Std., gibt 8 ml einer 0,2%ig. wss. Lsg. von OsO_4 hinzu, nach 36 bzw. 60 std. Rühren weitere 15 bzw. 8 ml; Einengen der Mischung im Vakuum < 50°, Extraktion des Rückstands mit A. u. Dest.; n_D^{25} 1,4632. *p-Nitrobenzoat*, $C_{12}H_{11}NO_6$, F. 134—135° (wss. A.), aus I u. p-Nitrobenzoylchlorid in Pyridin; gelbe Kristalle. *Benzoat*, $C_{12}H_{12}O_4$, F. 81,5—83° (wss. A.). Liefert bei 2 std. *Hydrolyse mit sd. 10%ig. NaOH Benzoesäure* u. *Lävulinsäure* (*Semicarbazon*, F. 184,5 bis 185°. *2.4-Dinitrophenylhydrazon*, F. 206,5—207°). *O-Butyrat des β-Hydroxy-γ-butyrolactons*, $C_8H_{12}O_4$, Kp.$_{28}$ 173—178°, aus β-Hydroxy-γ-butyrolacton u. Butyrylchlorid in Pyridin; Kp.$_{0,4-0,6}$ 106—108°, n_D^{25} 1,4478. IR-Spektren vgl. Original. (J. Amer. chem. Soc. **81**. 750—51. 5/2. 1959. Madison, Wis., Univ., Dep. of Chem. and Biochem.)
CH. SASS. 3900

Hans Brockmann und **Gottfried Pampus,** *Actinomycin $X_{0\beta}$.* Aus „Actinomycin X" (Gemisch mehrerer Actinomycine) wurde eine als *Actinomycin X_0* bezeichnete Nebenkomponente durch Adsorption aus Bzl. an Al_2O_3 abgetrennt u. durch Verteilungschromatographie an Cellulosesäulen gereinigt. Das reine Prod., *Actinomycin $X_{0\beta}$* [I, F. 245—247°, gelbrote Nadeln, $[\alpha]_D^{20}$ —261 ± 10° (c = 0,22 in Aceton)] ist mit keinem der früher beschriebenen Actinomycine identisch. Es gibt — anders als jene — mit Pyridin/Acetanhydrid ein krist., gelbrotes *Acetat* (F. 229°) u. unterscheidet sich von jenen auch durch seinen Geh. an Hydroxyprolin u. relativ größeren Mengen an Threonin. (Angew. Chem. **67**. 519. 7/9. 1955. Göttingen, Univ., organ.-chem. Inst.) G. PRACEJUS. 3900

J. M. Waisvisz und **M. G. van der Hoeven,** *Die Chemie und Teilstruktur von Bottromycin.* 4. Mitt. (3. vgl. C. **1959**. 492.) Das von *Streptomyces bottropensis* produzierte Antibioticum *Bottromycin* (I), $C_{38}H_{57-61}N_7O_{7-8}S$, liefert bei milder alkal. Hydrolyse eine gegen *B. subtilis* ATCC 6633 biol. inakt. krist. *Verb. $C_{37}H_{57}N_7O_7S$* (II). Diese liefert bei Veresterung mit methanol. HCl eine biol. akt. amorphe Verb., die als I identifiziert wird. II kann auch mit anderen Alkoholen (A., n-Butanol) unter Bldg. biol. akt. Verbb. verestert werden. Der n-Butylester wies nur ca. 30% der mikrobiol. Aktivität von I auf.

Versuche: *Hydrolyseprod. $C_{37}H_{57}N_7O_7S$* (II), F. 185,5—187° (Essigester bzw. Aceton), durch Hydrolyse von I in Aceton mit 0,1 n NaOH durch 2½ std. Stehen im Eisschrank, Einstellen auf p_H 6,0 bzw. 6,2—6,3 mit HCl u. Einengen im Vakuum. *Hydrat*, $C_{37}H_{57}N_7O_7S \cdot H_2O$, F. 195—196° [Hydrolyse von II mit konz. HCl (72 Std. 110°) liefert papierchromatograph. die gleichen 7 ninhydrinpositiven Verbb. wie I]. *Methylester*, aus II in 0,1 n wasserfreier methanol. HCl (41 Std., n. Temp.) durch 2 maliges Einengen im Vakuum, Aufnehmen in Methanol, Verdünnen mit W. u. Zugeben von NaOH-Lsg.; [*Salicylsäuresalz*, $C_{38}H_{59}N_7O_7S \cdot C_7H_6O_3$, F. 158—160° (Zers.; Essigester) aus 1 g II-Methylester u. Salicylsäure in Ae.; 734 mg (Ausbeute)]. *Äthylester*, amorph [Salicylsäuresalz, $C_{39}H_{61}N_7O_7S \cdot C_7H_6O_3$, F. 152—156° (Zers.; Essigester)]. *n-Butylester*, amorph [*Salicylsäuresalz*, $C_{41}H_{65}N_7O_7S \cdot C_7H_6O_3$, F. 150—160° (Zers.; Essigester)]. (J. Amer. chem. Soc. **80.** 383—85. 20/1. 1958. Delft, Holland, Kon. Ned. Gist.- en Spiritusfabriek, Res. Labor.) E. SCHWERDTFEGER. 3900

David Lavie und **Shlomo Szinai**, *Die Inhaltsstoffe von Ecballium elaterium L.* 2. Mitt. *α-Elaterin.* (1. vgl. Chem. and Ind. **1956.** 466.) Vff. isolierten aus *Ecballium elaterium α-Elaterin* (I) u. führten damit einige Abbau-Rkk. durch. I, welches ein Tris-2.4-dinitrophenylhydrazon u. ein Chinoxalinderiv. liefert, gab mit alkoh. Lauge unter Abspaltung von Essigsäure das Phenol *Elateridin* (II). Nach der UV-Absorption besitzt I Diosphenolstruktur. Die bei längerer Einw. von Lauge auf I erfolgende Umwandlung zu *Ecballsäure* (III) verläuft wahrscheinlich nach Art einer Benzilsäureumlagerung. Red. von III-*Methylester* mit $LiAlH_4$ liefert ein *Glykol* (IV), das bei Behandlung mit KJO_4 in ein *Cyclopentanonderiv.* (IV) übergeht. II besitzt nach den Ergebnissen der KUHN-ROTH-Oxydation 3-, I 4-C-Methylgruppen. Bei der Pyrolyse von I entsteht ein *Pyroelaterin* (VI) benanntes Prod. mit Peroxydgruppierung. Der Aufbau des der Diosphenolstruktur von I angegliederten Ringsyst. ist noch unbekannt. I zeigt bei intraperitonealer Verabreichung an mit Sarkom 37 geimpften Mäusen Antitumoraktivität.

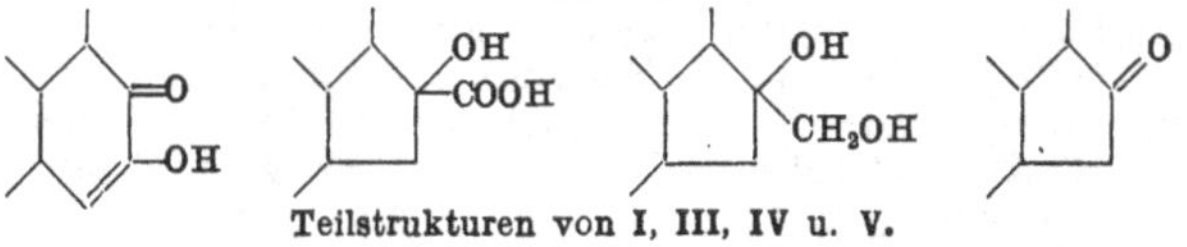

Teilstrukturen von I, III, IV u. V.

Versuche: *Elaterium* (**A**), dicke schleimige M. aus 100 kg Früchten von *Ecballium elaterium* durch Zerkleinern, Abpressen, Stehenlassen des dunkelgrünen Saftes, Abzentrifugieren des Bodensatzes, Trocknen u. Zerreiben; 190 g (Ausbeute). — *α-Elaterin* (I), $C_{32}H_{44}O_8$, F. 232—233° (Zers.; Methanol), aus 50 g **A** durch Extrahieren mit Chlf. im SOXHLET, Einengen, Versetzen mit PAe., Abfiltrieren des krist. Nd., Entfärben in Methanol u. Einengen; $[\alpha]_D$ — 59° (Chlf.; c = 0,7); braune Farb-Rk. mit alkoh. $FeCl_3$. *Tris-2.4-dinitrophenylhydrazon*, $C_{50}H_{56}N_{12}O_{17}$, rotes Pulver. *Chinoxalinderiv.*, durch 3std. Kochen von 100 mg I mit 50 mg p-Phenylendiamin u. wenig H_2SO_4 in Alkohol. *Methyläther*, $C_{33}H_{46}O_8 \cdot H_2O$, F. 116—118° (verd. A.), durch 3tägiges Kochen von I mit CH_3J u. wasserfreiem K_2CO_3 unter N_2. *Diacetat*, $C_{36}H_{48}O_{10} \cdot ½H_2O$, F. 124—126° (verd. A.), aus I mit Acetanhydrid. — *Elateridin* (II), $C_{30}H_{42}O_7 \cdot H_2O$, F. 134—135° (verd. A.), aus 2 g I mit alkoh. NaOH bei Raumtemp. (12 Std.), Ansäuern mit Essigsäure, Einengen u. Ausäthern; $[\alpha]_D$ + 7°; 1,8 g; Färbung mit $FeCl_3$. *Bis-2.4-dinitrophenylhydrazon*, $C_{42}H_{50}N_8O_{13}$, F. 222° (Zers.; A.), orangefarben. *Chinoxalinderiv.*, rotbraunes Pulver, *Diacetat*, $C_{34}H_{46}O_9$, F. 136—138° (verd. A.), aus II mit Acetanhydrid/Pyridin bei Raumtemperatur. — *Ecballsäure* (III), $C_{26}H_{38}O_7$, F. 251—252° (Zers.; verd. Methanol), a) durch 3std. Kochen von 5 g I mit 2%ig. wss. NaOH; $[\alpha]_D$ — 58° (Aceton; c = 1,0), 1,5 g; b) analog a) aus II. *Methylester*, $C_{27}H_{40}O_7$, F. 210—212° (Ae.-PAe.), Nadeln. — Bei der Red. von 450 mg des Esters mit $LiAlH_4$ in Ae. entstehen 350 mg *Glykol* IV, F. 149—150° (wss. A.). 50 mg IV liefern mit KJO_4 in verd. A. (12 Std.) 35 mg amorphes *Cyclopentanonderiv.* V. — *Pyroelaterin* (VI), $C_{30}H_{40}O_8$, F. 292—294° (verd. Methanol), aus I beim Erhitzen auf 260° unter Abspaltung von *Essigsäure* (Kp. 116—118°; *Bromphenacylester*, F. 85,5°); $[\alpha]_D$ — 21° (Chlf.; c = 0,28); Färbung mit $FeCl_3$, J_2-Abscheidung mit KJ-Lösung. *Bis-2.4-dinitrophenylhydrazon*, $C_{42}H_{48}N_8O_{14}$, F. 285—287° (verd. A.), gelb. *Dioxim*, $C_{30}H_{42}N_2O_8$, F. 219—221° (verd. A.). (J. Amer. chem. Soc. **80.** 707—10. 5/2. 1958. Rehovoth, Israel, Weizmann Inst. of Sci., Daniel Sieff Res. Inst.) K. ZOPFF. 3950

David Lavie und **David Willner**, *Die Inhaltsstoffe von Ecballium elaterium L.* 3. Mitt. *Elatericin A* und *B*. (2. vgl. vorst. Ref.) Aus dem nach der Abscheidung von Elaterium aus dem Extrakt von *Ecballium elaterium* verbleibenden Filtrat isolierten Vff. als neue Substanzen mit Antitumoraktivität (Maus; Sarkom 37) *Elatericin A* (I) u. *Elatericin B* (II). Bei dem hier bevorzugt untersuchten II scheint es sich auf Grund der Absorptionsspektren u. der chem. Rkk. wie bei Elaterin um eine Verb. mit Diosphenolstruktur bzw. um ein α,β-ungesätt. Keton zu handeln. Bei Einw. von Alkali entsteht aus II nach Art der Benzilsäureumlagerung *Elatericinsäure* (III). Der III-*Methylester* liefert mit $LiAlH_4$ das Glykol

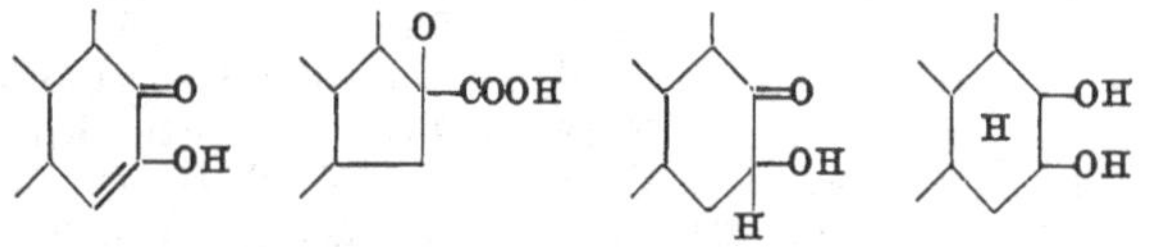

Teilstrukturen von II, III, VII u. VIII.

Elatericinol (**IV**), das mit HJO_4 in *Norelatericinon* (**V**), ein 5gliedriges Ringsyst., übergeht. Die katalyt. Hydrierung von **II** über Pd-Aktivkohle ergibt je nach Reaktionsdauer *Dihydro-* (**VI**) bzw. *Tetrahydroelatericin B* (**VII**). Vollständige Hydrierung an RANEY-Ni liefert *Hexahydroelatericin B* (**VIII**) mit 1.2-Cyclohexandiolsyst., das in den anellierten Ringen noch eine lediglich nach WOLFF-KISHNER reduzierbare Carbonylgruppe enthält. Im ganzen Ringsyst. von **II** sind 7 O-Atome enthalten, die auf 4 acetylierbare, eine nicht acetylierbare OH-Gruppe, eine Äthergruppe u. einen Furanring entfallen dürften.

Versuche: *Elatericin A* (I), $C_{28}H_{42}O_7$, F. 150—152° (Zers.; Essigester–Bzl.), aus dem von Elaterium befreiten Saft (40 Liter) von *Ecballium elaterium* durch kontinuierliche Extraktion mit Ae. (7 Tage), Waschen des Extrakts mit $NaHCO_3$-Lsg. u. W., Einengen, Aufnehmen in Essigester u. Fällen mit der gleichen Menge Bzl. über ein Gemisch von **I** u. **II** [0,37% (Ausbeute, berechnet auf frischen Saft)] u. Trennung von 10 g Gemisch durch Ausschütteln einer äther. Lsg. mit kalter 4%ig. KOH oder Chromatographie; Nadeln; $[\alpha]_D$ +46° (c = 1,40; Chlf.); 5,2 g; keine Färbung mit alkoh. $FeCl_3$. Daneben 3,3 g *Elatericin B* (II), F. 148—149° (Zers.; Essigester–Bzl.), Nadeln; $\alpha]_D$ —52° (c = 1,56; Chlf.), starke Färbung mit $FeCl_3$. — II-*Diacetat*, $C_{32}H_{46}O_9$, F. 249 bis 250° (rote Schmelze; Chlf.–PAe.), aus **II** mit Acetanhydrid + Pyridin bei Raumtemp. (12 Std.); Nadeln; $[\alpha]_D$ —78° (c = 0,7; Chlf.), schwache Färbung mit $FeCl_3$. — II-*Triacetat*, $C_{34}H_{48}O_{10}$, F. 140—142° (verd. Methanol), aus **II** mit Acetanhydrid + Na-Acetat durch 5std. Kochen; $[\alpha]_D$ +48° (c = 1,10; Chlf.). — II-*Methyläther*, $C_{29}H_{44}O_7$, F. 217—218° (Aceton–PAe.), Blättchen; $[\alpha]_D$ —62° (c = 1,70; Chlf.). — II-*Methylätherdiacetat*, $C_{33}H_{48}O_9$, F. 251—252° (Chlf.–PAe.), aus vorst. Verb. mit Acetanhydrid + Pyridin bei Raumtemp.; Nadeln. — II-*Chinoxalinderiv.*, aus **II** mit o-Phenylendiamin in A. durch 24std. Kochen u. Chromatographie an Al_2O_3. — *Dihydroelatericin B* (**VI**), $C_{28}H_{44}O_7$, F. 140—143° (Zers.; Bzl.-PAe.), aus **II** durch 7 Min. lange Hydrierung über Pd-Aktivkohle in A. bei Raumtemp.; $[\alpha]_D$ —22° (c = 0,9; Chlf.), Färbung mit $FeCl_3$. *Tris-2.4-dinitrophenylhydrazon*, $C_{46}H_{56}N_{12}O_{16}$, F. 186—188° (Zers.; Butanol), orangefarben. — *Tetrahydroelatericin B* (**VII**), $C_{28}H_{46}O_7$, F. 113—116° (Xylol–PAe.), mikrokristallin u. $C_{28}H_{46}O_7 \cdot 0,5H_2O$, F. 174—176° (verd. Methanol), prismat. Nadeln; wie vorst. Verb. durch längere Hydrierung; $[\alpha]_D$ +32° (c = 1,5; Chlf.), keine Färbung mit $FeCl_3$. — *Hexahydroelatericin B* (**VIII**), $C_{28}H_{48}O_7 \cdot 2H_2O$, F. 156—157° (verd. Methanol), aus **II** durch Hydrieren über RANEY-Ni in A. bei 4,5 at (72 Std.); Nadeln; $[\alpha]_D$ +49° (c = 1,55; Chlf.). *Tetraacetat*, $C_{36}H_{56}O_{11}$, F. 135—140° (Zers.; verd. Methanol), durch Acetylierung mit Acetanhydrid + Pyridin bei Raumtemperatur. Bei der Red. von **VIII** mit $LiAlH_4$ in Ae. (24std. Kochen) entsteht ein amorphes Produkt. Die Red. von **VIII** mit Na u. Hydrazin in Äthylenglykol bei 180° (24 Std.) u. Chromatographie liefert ein amorphes Prod., das nach der IR-Absorption keine Carbonylfunktion mehr enthält. — *Elatericinsäure* (**III**), $C_{28}H_{44}O_8$, F. 140—143° (Zers.; Toluol–PAe.), durch Kochen von **II** mit verd. alkoh. NaOH unter N_2. *Methylester*, aus **III** mit CH_2N_2 in Äther. — *Elatericinol* (**IV**), F. 127—130° (Xylol), durch Red. von **III** mit $NaAlH_4$ in Äther. — *Norelatericinon* (**V**), aus **IV** durch Oxydation mit Perjodsäure in verd. A. bei Raumtemperatur. (J. Amer. chem. Soc. **80**. 710—14. 5/2. 1958.) K. ZOPFF. 3950

Ján Polčin, *Charakteristik des Chlors in Chlorligninen*. 2. Mitt. (1. vgl. Chem. Zvesti **10**. [1956.] 450.) Aus Unterss. über die Kinetik der Chlorabspaltung aus chloriertem *AS-Lignin* folgt, daß Cl in Ligninpräpp. aliphat. u. aromat. gebunden ist. In den aliphat. Ketten kommt Cl vermutlich als wenig, mittelmäßig u. sehr reaktives Cl vor. Zur orientierenden Best. dieser verschied. Arten werden Verff. angegeben. (Chem. Zvesti **12**. 60—66. Jan. 1958. Bratislava, Výskumný ústav priemyslu celulózy.) H. WEJNAR. 3950

D. Makromolekulare Chemie.

Marguérite Lautout und **Michel Magat**, *Beitrag zur Thermodynamik von Mischpolymerisaten in Lösung*. 1. Mitt. *Löslichkeit von Mischpolymerisaten*. Nach einer einleitenden Betrachtung der Theorie der Löslichkeit von Hochpolymeren wird die Löslichkeit von statist. Mischpolymerisaten, von Pfropf- u. Periodenmischpolymerisaten theoret. behandelt, wobei diese Lsgg. als reguläre Lsgg. angesehen werden, deren Mischungswärme durch die SCATCHARD-HILDEBRAND-Beziehung u. deren Mischungsentropie mittels der FLORY- u. HUGGINS-Beziehungen für Lsgg. von Homopolymeren ausgewertet werden können. (Z. physik. Chem., Frankf. Ausg. [N. F.] **16**. 292—301. Juni 1958. Paris, Fac. des Sci., Labor. Chim. Phys.) R. SCHÄFF. 4000

Tôru Kawai, *Viscosität konzentrierter Lösungen von Makromolekülen*. Es wird eine Anwendung der Theorie von BUECHE (vgl. J. chem. Physics **20**. [1952.] 1959) auf konz. Lsgg. von Makromoll. versucht u. die theoret. abgeleiteten Ergebnisse mit experimentellen Daten verglichen. (J. chem. Soc. Japan, pure Chem. Sect. [Nippon Kagaku Zassi] **79.** 1335–39. Nov. 1958. Tokyo-Meguro, TH. [Orig.: japan.]) E. MAEKAWA. 4000

Yûkichi Gô und **Akira Shinohara,** „*Uneinheitlichkeitsgrad*" *der Polymerisationsgradverteilung.* Die statist. Bedeutung des „Uneinheitlichkeitsgrades" der Polymerisationsgradverteilung wird theoret. diskutiert. (Kagaku [Science] **28.** 581. Nov. 1958. [Orig.: japan.]) E. MAEKAWA. 4000

Masayoshi Oiwa, *Kinetische Untersuchungen über Vernetzungsreaktionen.* 2. Mitt. *Molekulargewichtsverteilung und Gelbildungsmechanismus durch Vernetzung unter Verspeilung.* (1. vgl. C. **1950/54.** 4662 S.) Die Struktur der Kettenpolymerisationsprodd. unter der Annahme einer Verspeilung (Verspleißung) der hochpolymeren Ketten wird mathemat. untersucht. (J. chem. Soc. Japan, pure Chem. Sect. [Nippon Kagaku Zassi] **76.** 508–12. Mai 1955. Osaka, Städt. Univ. [Orig.: japan.]) L. SCHULER. 4000

Masayoshi Oiwa und **Wasaburo Kawai,** *Kinetische Untersuchungen über Vernetzungsreaktionen.* 3. Mitt. *Kettenpolymerisationsreaktion von polyfunktionellen Monomeren* (*Molekulargewichtsverteilung der Polymeren*). (2. vgl. vorst. Ref.) Die Polymerisation von Monomeren mit isolierten Doppelbindungen wird mathemat. kinet. erörtert. Die Beziehungen zwischen dem Ausmaß der Rk., der Ausbeute an Polymerisaten u. dem durchschnittlichen Polymerisationsgrad werden in Formeln erfaßt. (J. chem. Soc. Japan, pure Chem. Sect. [Nippon Kagaku Zassi] **76.** 684–87. Juni 1955. [Orig.: japan.]) L. SCHULER. 4000

Masayoshi Oiwa und **Wasaburo Kawai,** *Kinetische Untersuchungen über Vernetzungsreaktionen.* 4. Mitt. *Über die Polymerisationsgeschwindigkeit von Cyanursäuretriallylester.* (3. vgl. vorst. Ref.) Für den Polymerisationsvorgang wird auch die mit Abbau verbundene Kettenübertragung in Betracht gezogen u. die Anwendbarkeit der daraus gezogenen Schlüsse auf die Polymerisation von *Cyanursäuretriallylester,* $Kp._{12}$ 156 bis 158°; n_D^{23} 1,3048 (aus Cyanurchlorid + Allylalkohol), untersucht. (J. chem. Soc. Japan, pure Chem. Sect. [Nippon Kagaku Zassi] **76.** 687–91. Juni 1955. [Orig.: japan.]) L. SCHULER. 4000

S. M. Atlas und **H. Mark,** *Fortschritte auf dem Gebiet der Hochpolymeren in USA.* Darst. ster. regelmäßiger Polymerisate mit ZIEGLER-NATTA-Katalysatoren oder mit Li-Alkylen, Grenzflächenkondensation, Strukturunterss. (bes. Best. des „Taktizitäts"-Grades), Eigg. von Block- u. Pfropfpolymeren u. von isotakt. Polybutadien u. verschied. Copolymeren aus Olefinen, neue kautschukelast. Stoffe (Viton A, Coral Rubber, Amperiol SN, Olefincopolymere, Hypalon, F-haltiger Kautschuk, Kel-F, Kel-F-200-Wachse, Polyurethane, Adiprene C), Polyäthylene (Anwendung, Produktion, Epolene C, Irrathene), Profax u. andere Polyolefine, Polyvinylchlorid, Polyvinylacetat, schlagfestes Polystyrol, Acrylpolymere (Anwendung), Polyäther (Polyox, Penton, Eponharze), Delrin, Pfropfpolymerisate aus Styrol u. Polyestern, Polycaprolactam, Terycol, Niax, Ploronics, Polycarbonate, Lexan, nichtgewebte Textilien aus Cellulose, Cellulosederivv. u. synthet. Polymeren, Bindemittel für nichtgewebte Textilien. (Angew. Chem. **71.** 110–19. 7/2. 1959. Brooklyn, Polytechn. Inst., Polymer Res. Inst.) O. FUCHS. 4010

R. Mihail, I. Chicos und **P. Corlăteanu,** *Über die Polymerisation des Äthylens mit oxydischen Katalysatoren in Abwesenheit von Lösungsmitteln.* In einen Autoklaven (300 cm^3) wurden 100 g Hochdruckpolyäthylen u. 5 g Katalysator (CrO_3 auf SiO_2–Al_2O_3-Träger mit $LiAlH_4$ aktiviert) eingefüllt. Nach dem Erwärmen auf 140° wurde *Äthylen* (I) von 40 at aufgedrückt, wobei sofort eine Polymerisation von I stattfand. Nach 2 Std. wurde die I-Zufuhr abgestellt. Nach dem Erkalten wurde ein halbzylindr. inhomogener Block von 125 g erhalten. Diese Art der I-Polymerisation bietet technolog. Vorteile. (Angew. Chem. **71.** 125–26. 7/2. 1959. Bukarest, Forschungsinst. für Chem.) O. FUCHS. 4010

Hj. Sinn, C. Lundborg und **K. Kirchner,** *Komplexpolymerisiertes Isopren und Styrol.* 2. Mitt. *Komplexpolymerisation.* (1. vgl. C. **1959.** 215.) Die Polymerisation von *Isopren* (I) mit Li-Alkylen (II) in Bzl. findet in homogener Phase statt. Bei 0–40° u. II-Konzz. von 0,01 Mol/Mol I werden Polymere ohne 1.2-, mit ca. 8% 3.4- u. über 90% 1.4-Verknüpfungen erhalten. Das cis/trans-Verhältnis hängt von den Reaktionsbedingungen ab (Li-Alkoholat in Mengen bis zu 25% des Alkyls erhöht den trans-Geh.). Die nach den verschied. Verff. zu erhaltenden Polymerisattypen werden in einer Tabelle zusammengestellt. Die Ergebnisse der homogenen Polymerisation in unpolaren Lösungsmitteln lassen sich durch den von Vff. vorgeschlagenen Komplexmechanismus deuten (vgl. 1. Mitt.). Ferner wurde *Styrol* in homogener Benzollsg. mit II zu relativ niedermol. Prodd. (zum größten Teil amorph; der kristalline Anteil zeigt einen Geh. an takt. Strukturen an) polymerisiert (Polymerisationsgeschwindigkeit bei 5° entspricht etwa der der therm. Polymerisation bei 120°). (Angew. Chem. **70.** 744. 21/12. 1958. München, TH, Inst. für chem. Technol.) R. SCHÄFF. 4010

Je. M. Alexandrowa und **N. Ss. Rasumichina,** *Sorption von Polystyrollatexen in Abhängigkeit vom Vorzeichen der Ladung der Teilchen und des Sorbenten.* Die Unters. der stabilisierenden Wrkg. von kationenakt. Stoffen auf die nach dem Emulsions-Polymerisations-Verf. erhaltenen *Polystyrollatices* (I) führt im Falle von *Ausgleicher A* (II) bzw. von *Octadecyloxymethylpyridiniumchlorid* (III) zu folgenden Ergebnissen: a) Die Sorptionsisothermen von II u. III auf dem an der Grenze mit W. negativ geladenen Filterpapier, sowie die Sorptionsisotherme von II auf Aktivkohle mit negativ aufgeladener Oberfläche weisen auf eine bedeutende Oberflächenaktivität von II u. III an der Grenze Sorbent–wss. Lsg. hin. b) Das mit II stabilisierte I ist positiv geladen (elektrokinet. Potential von 42 mV) u. erweist sich gegenüber der Verdünnung wie auch bei Zugabe von größeren Elektrolytmengen (K_2SO_4, $BaCl_2$, K_3PO_4 usw.) als beständig. Sein Trockenrückstand betrug 168 g/Liter. Das mit III stabilisierte I (elektrokinet. Potential + 40 mV, Trockenrückstand 52,8 g/Liter) erweist sich gegenüber mäßigen Elektrolytzusätzen beständig. c) Die Sorption des mit II stabilisierten I auf Filterpapier bzw. auf Aktivkohle erfolgt ohne Zugabe von Elektrolyten, wobei nicht nur die Hetero-, sondern auch die Homokoagulation (vor allem bei niedrigen Konzz.) auftritt. Die Sorption des mit III stabilisierten I auf Filterpapier verläuft analog. Die Sorption auf Aktivkohle nimmt beim Vorliegen von überschüssigem III stark ab. Die Sorption des mit III stabilisierten I auf Papier mit einer ebenfalls positiv geladenen Oberfläche findet nur nach Elektrolytzusätzen statt. (Коллоидный Журнал [Kolloid-J.] **19.** 148–53. März/April 1957. Moskau, Chem.-technol. Mendelejew-Inst.) W. Dawydoff. 4010

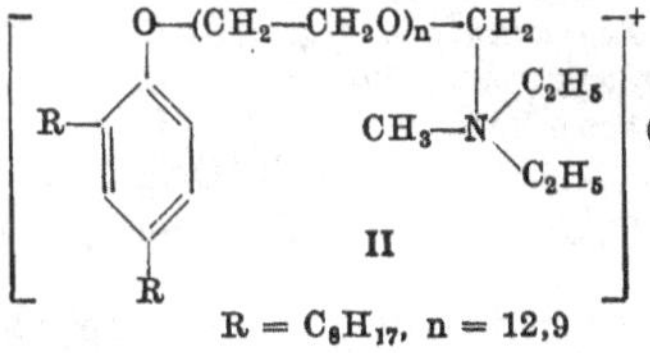

II

$R = C_8H_{17}$, $n = 12{,}9$

Hajime Miyama, *Die durch 2.2'-Azo-bis-propan sensibilisierte Photopolymerisation von Styrol.* Die Sensibilisierung bei Bestrahlung mit Licht von 3660 Å wird untersucht. Die Photopolymerisationsgeschwindigkeit ist proportional der Quadratwurzel aus der absorbierten Lichtmenge u. aus der Konz. des Sensibilisators. Die Aktivierungsenergien für die Geschwindigkeit der therm. Polymerisation u. für die der Photopolymerisation sind 23,3 bzw. 5,8 kcal/Mol. (J. chem. Soc. Japan, pure Chem. Sect. [Nippon Kagaku Zassi] **76.** 658–61. Juni 1955. Yokosuka, Boei Univ. [Orig.: japan.]) L. Schuler. 4010

Yasushi Yano, *Untersuchung über die Hygroskopizität von Polyvinylalkohol bei hohen Feuchtigkeitsgraden.* Mit einer Quarzfederwaage wird bei 30° u. relativen Feuchtigkeitsgraden von 10–98% die Beziehung zwischen Wasseradsorptionsgeschwindigkeit u. relativer Feuchtigkeit für *Polyvinylalkohol* u. *-acetat* untersucht. Erörterung der Ergebnisse in 6 Diagrammen. (J. chem. Soc. Japan, pure Chem. Sect. [Nippon Kagaku Zassi] **76.** 668–72. Juni 1955. Tokyo, Waseda Univ. [Orig.: japan.]) L. Schuler. 4010

Junji Ukida und **Ryūnosuke Naitō,** *Über den Quellungsgrad von Polyvinylalkohol unter verschiedenen Polymerisationsbedingungen.* (Vgl. C. **1959.** 11592.) Weitere Verss. zeigen, daß der Quellungsgrad von *Polyvinylalkohol*-Filmen in W. der Polymerisationstemp. annähernd proportional ist. Dies gilt sowohl für die Blockpolymerisation als auch für die Polymerisation in CH_3OH-Lösung. (J. chem. Soc. Japan, ind. Chem. Sect. [Kōgyō Kagaku Zassi] **58.** 717–18. Sept. 1955. Toyama, Kurashiki Reyon A. G. [Orig.: japan.]) L. Schuler. 4010

Shōji Seto, Akio Takahashi und **Hikaru Horiuchi,** *Untersuchungen über die Bildung von Phenolharzen.* 14. Mitt. *Synthese von 4- bis 6-kernigen Novolaken und Papierchromatographie von höheren Kondensaten.* (13. vgl. J. chem. Soc. Japan, ind. Chem. Sect. [Kōgyō Kagaku Zassi] **57.** [1954.] 892.) Vff. beschreiben folgende 5 polynucleare *Novolake:* *2.4.6-Tris-[4'-hydroxybenzyl]-phenol,* $C_{27}H_{24}O_4$, F. 173–174°; *Bis-[2-hydroxy-5-(4'-hydroxybenzyl)-phenyl]-methan,* $C_{27}H_{24}O_4$, F. 145,5–146°; *2.6-Bis-[2'-hydroxy-3'-(2''-hydroxybenzyl)-benzyl]-phenol,* $C_{34}H_{30}O_5$, F. 145–146°; *2.6-Bis-[2'-hydroxy-5'-(4''-hydroxybenzyl)-benzyl]-phenol,* $C_{34}H_{30}O_5$, F. 145°, u. *4.4'-Dihydroxy-3.5.3'.5'-tetrakis-[4''-hydroxybenzyl]-diphenylmethan,* $C_{41}H_{36}O_6$, F. 201–202°. Bei der zweidimensionalen papierchromatograph. Trennung dieser Verbb. wird zur 1. Trennung W. bei 80° bzw. sehr verd. NH_4OH bei 25°, bei der 2. dazu senkrechten Trennrichtung ein Gemisch aus Bzl., Essigsäure u. W. verwendet. (J. chem. Soc. Japan, ind. Chem. Sect. [Kōgyō Kagaku Zassi] **58.** 378–81. Mai 1955. Osaka, Städt. Ind. Forschungsinst. [Orig.: japan.]) L. Schuler. 4010

Shōji Seto, Kōichi Ozaki und **Hikaru Horiuchi,** *Untersuchungen über die Bildung von Phenolharzen.* 15. Mitt. *Papierchromatographie von 4.4'-Dihydroxydiphenylmethan und dessen Methylolderivate.* (14. vgl. vorst. Ref.) 4.4'-Dihydroxydiphenylmethan (I) wurde nach dem früheren Verf. aus Phenol u. CH_2O in Ggw. von Alkali dargestellt

u. mittels zweidimensionaler Papierchromatographie erst mit W., dann mit einem Gemisch aus Bzl.–Essigsäure–W. in 6 Flecken aufgeteilt (Farbentw. mit diazotiertem p-Nitranilin). Aus Farbe u. Stellung der Flecken läßt sich durch direkten Vgl. die Ggw. folgender Verbb. nachweisen: I, *4-[4'-Nitrophenylazo]-phenol*, F. 213°; *4-[4'-Nitrophenylazo]-2-hydroxymethylphenol*, F. 161,5°; *4-[4'-Nitrophenylazo]-2.6-dimethylolphenol*, F. 147°; *4.4'-Dihydroxydiphenylmethan-3.3'-dialdehyd*, F. 143—144°, u. *4.4'-Dihydroxy-3.3'-dimethyloldiphenylmethan*, F. 173°. (J. chem. Soc. Japan, ind. Chem. Sect. [Kōgyō Kagaku Zassi] **58.** 382—84. Mai 1955. [Orig.: japan.]) L. Schuler. 4010

Akio Takahashi und **Shōji Seto,** *Untersuchungen über die Bildung von Phenolharzen.* 16. Mitt. *Bildung Schiffscher Basen aus 2-Hydroxybenzylamin.* (15. vgl. vorst. Ref.) Aus 0,3 g 2-Hydroxybenzylamin (F. 126—127°) in 7 cm³ 70%ig. A. werden in 40 Std. bei 50° 0,25 g *2-Hydroxy-N-[2-hydroxybenzyliden]-benzylamin* [$C_{14}H_{13}NO_2$, F. 181 bis 182° (Zers.)] erhalten. In ähnlicher Weise bilden *2-Hydroxy-5-methyl, -tert.*-butyl- bzw. *-tert.-butylmethylbenzylamin* in 20—70% Ausbeute die entsprechenden Schiffschen Basen. Es wird nachgewiesen, daß die Rk. durch Luftoxydation verursacht wird. (J. chem. Soc. Japan, ind. Chem. Sect. [Kōgyō Kagaku Zassi] **58.** 796—98. Okt. 1955. [Orig.: japan.]) L. Schuler. 4010

Yoshirō Nakamura, *Untersuchungen über organische Hochmolekulare mit funktionellen Gruppen.* 10. Mitt. *Direkte Erzeugung von unschmelzbaren Harzen des Benzyltyps durch Chlormethylierung von Benzol unter Verwendung von $TiCl_4$.* (9. vgl. J. chem. Soc. Japan, ind. Chem. Sect. [Kōgyō Kagaku Zassi] **57.** [1954.] 894.) Aus 45 g Bzl. u. 17,2 g Paraformaldehyd werden bei 60—70° in Ggw. von 15 g $TiCl_4$ 13 g eines gelben, unschmelzbaren *Kettenpolymerisats* erhalten, das ähnliche Struktur besitzt wie ein früher aus *Benzylchlorid* in Ggw. von $AlCl_3$ erhaltenes Harz. (J. chem. Soc. Japan, ind. Chem. Sect. [Kōgyō Kagaku Zassi] **58.** 196—97. März 1955. Morioka, Iwate Univ. [Orig.: japan.]) L. Schuler. 4010

W. A. Kargin, A. I. Kitaigorodski und **G. L. Slonimski,** *Über die Struktur von linearen Polymeren.* Die Vorstellung von den amorphen linearen Polymeren als einem Syst. von chaot. verknäuelten bzw. verdrillten Kettenmoll. bedarf einer Revidierung. Neueste, darunter solche mit dem Elektronenmikroskop durchgeführte Unterss. sprechen dafür, daß die amorphen Polymeren aus verknäuelten oder aus zu Schwärmen vereinigten Ketten aufgebaut sind. Der Ordnungsgrad von kristallinen Polymeren soll weitgehend vom Bau der Schwärme abhängen, während der Ordnungsgrad eines Schwarmes von der seitlichen Orientierung der Moll. u. von den mit mechan. Spannungen innerhalb des Schwarmes eng zusammenhängenden geordneten u. ungeordneten Bereichen abhängig ist. (Коллоидный Журнал [Kolloid-J.] **19.** 131—32. März/April 1957. Moskau, Lomonossow-Univ.; Inst. für elementorgan. Verbb.) W. Dawydoff. 4010

W. A. Kargin und **N. F. Bakejew,** *Form der Moleküle und Strukturbildung in Polyacrylatlösungen.* Die bei Unters. der Konfiguration bzw. des Aggregations- u. Strukturcharakters von *Polyacrylsäure* (I) mit Mol.-Geww. $1,0 \cdot 10^6$—$3 \cdot 10^6$ bzw. deren Salze (in wss. Lsg.) erhaltenen elektronenmkr. Aufnahmen (250000fache Vergrößerung) zeigen, daß **I** in verd. Lsg. in Form symm. aufgebauter, sphär. Gebilde von ca. 100 bis 150 Å Durchmesser bzw. in Form von kugelförmigen Aggregaten vorliegt. Die Berechnung ergibt, daß die in isolierter Form vorliegenden Kugeln jeweils aus einem geknäuelten Makromol. bestehen. Bei steigender Konz. der Lsg. wird die Bldg. der sek. Strukturen begünstigt, was auch für die **I**-Ba-Salze sehr charakterist. ist. Die Aufnahmen mit **I**-Na-Salzen zeigen das Vorliegen zweier Strukturtypen (ohne Zwischentypen), u. zwar globulärer bzw. fibrillärer. Die Querschnittbreite der noch stark gekrümmten Fibrillen liegt zwischen 60—120 Å, wobei an der Bldg. einer Fibrille 8—16 zu Schwärmen vereinigte Makromoll. beteiligt sind. Die bei Unters. von Cs- bzw. Tetramethylammonium- bzw. Triäthylphenylammonium-**I**-Salzen beobachteten, aus 5—11 Moll. zusammengebauten Fibrillen (Querschnittsbreite 40—80 Å) zeichnen sich bereits durch eine stärker ausgeprägte lineare Gestalt aus. (Коллоидный Журнал [Kolloid-J.] **19.** 133—37. März/April 1957. Moskau, Univ., Chem. Fak.) W. Dawydoff. 4010

Hiroo Itō, Shōji Shimizu und **Shigenari Suzuki,** *Untersuchungen über die Polymerisation von Acrylaten.* 5. Mitt. *Über den Einfluß von Metallionen und organischen Lösungsmitteln auf die Polymerisation von Acrylsäure in wässeriger Lösung.* (4. vgl. J. chem. Soc. Japan, ind. Chem. Sect. [Kōgyō Kagaku Zassi] **58.** [1955.] 627.) In Ggw. von $(NH_4)_2S_2O_8$ wird *Acrylsäure* (I) unter Zusatz von 4,6—18,4 Mol Methanol/Liter I bzw. 2,5—18,4 Mol Aceton/Liter I oder 0—0,02 mol. Al^{3+}, Cr^{3+}, Mn^{2+}, Fe^{2+}, Co^{2+}, Ni^{2+}, Cu^{2+}, Zn^{2+} bzw. Cd^{2+} polymerisiert u. der Polymerisationsgrad (PG) u. die innere Viscosität der Prodd. in 2n NaOH bestimmt. CH_3OH oder Aceton scheinen als Hemmstoffe u. (oder) Kettenüberträger zu wirken, so daß mit stärkerem Zusatz dieser Lösungsmittel die Reaktionsgeschwindigkeit zugleich mit der inneren Viscosität der Prodd. nachläßt. Bei der Polymerisationsdauer von 20—60 Min. zeigt der PG ein scharfes Maximum bei 0,003 mol. Fe^{2+}. Bei längerer Reaktionsdauer (bis 6 Std.) aber verschwindet das Maximum u. der PG nimmt linear mit der Fe^{2+}-Konz. ab. Die Hemmwrkg. von Cu^{2+} ist bes. deutlich. (J. chem. Soc. Japan, ind. Chem. Sect. [Kōgyō Kagaku Zassi] **58.** 693—95. Sept. 1955. Nagoya, Toa Synth. A.-G. [Orig.: japan.]) L. SCHULER. 4010

B. Vollmert, *Modellversuche zur Sedimentation von Knäueln. Ein Beitrag zum Problem der Molekülgestalt makromolekularer Verbindungen.* Auf Grund von Literaturdaten (Sedimentations- u. Viscositätsmessungen an Lsgg. von *Polymethacrylsäuremethylester* (I) wird gezeigt, daß das Verhältnis $\beta = (\overline{h^2})^{1/2}/d_{äqu} > 1$ ist [$(\overline{h^2})^{1/2}$ = die durch Lichtstreuungsmessungen bestimmte mittlere Länge des I-Knäuels, $d_{äqu}$ = Teilchendurchmesser für äquivalente Kugeln]; daraus folgt, daß eine erhebliche Durchspülung der Knäuel nicht vorliegen kann (Vorliegen von „Gelknäueln"), da andernfalls $\beta < 1$ wäre. β steigt mit dem Mol.-Gew. M von I nur sehr wenig an (z. B. ist $\beta = 1{,}94$ für $M = 0{,}5 \cdot 10^6$ u. 1,99 für $M = 7 \cdot 10^6$). β stellt ein relatives Maß für die Abweichung der Knäuel von der Kugelgestalt dar; für Ellipsoide berechnet sich für $\beta = 2$ ein minimales Achsenverhältnis von 4,5:1 u. ein maximales von 7:1. Unter der Annahme, daß die Makromoll. als kompakte Kugeln vorliegen u. daß sich die Knäueldichte nach FOX u. FLORY gemäß $\varrho = KM^{-a}$ mit M ändert, folgt aus dem EINSTEINschen Viscositätsgesetz zunächst die Beziehung $[\eta] = KM^a$; hieraus ergeben sich für $(\overline{h^2})^{1/2}$, die Sedimentationskonstante [s] u. die Diffusionskonstante [D] die Gleichungen: $(\overline{h^2})^{1/2} = KM^{(1+a)/3}$, $[s] = KM^{(2-a)/3}$ u. $[D] = KM^{-(1+a)/3}$. An Hand bekannter Messungen an I u. an *Cellulosenitrat* wird die Gültigkeit dieser Beziehungen gezeigt. (Angew. Chem. **71.** 119—25. 7/2. 1959. Ludwigshafen/Rh., Bad. Anilin- & Soda-Fabrik.) O. FUCHS. 4010

Koretaka Yamaguchi, Motowo Takayanagi und **Sutezō Kuriyama,** *Synthese von Hydrochinonpolyestern und einige Eigenschaften von Polyhydrochinonadipat als Fasergrundstoff. Untersuchungen über Polyester.* 4. Mitt. (3. vgl. J. chem. Soc. Japan, ind. Chem. Sect. [Kōgyō Kagaku Zassi] **57.** [1954.] 876.) Ein Faserpolymeres, *Polyhydrochinonadipat,* F. ca. 235°, farblos u. elast., wird aus 7,87 g Adipinsäuredichlorid, 4,73 g Hydrochinon u. 19,4 cm^3 Nitrobenzol durch allmähliches Erhitzen (in 160 Min.) auf 147° in einem inerten Gas u. 7 std. Weitererhitzen, wobei ein Höchstwert an Viscosität erreicht wird, u. Trocknen bei 147° im Vakuum hergestellt. Eine Probe mit der höchsten inneren Viscosität von 1,574 [in Nitrobenzol–Phenol (1:1) bei 25°] hat F. 235,7°. Der Logarithmus der Viscosität im geschmolzenen Zustand ist proportional der inneren Viscosität. Bei 240 bzw. 274° tritt eine starke Abnahme der Schmelzviscosität auf, was auf eine Hitzeunbeständigkeit hinweist. Bei 103—106° liegt ein sek. Umwandlungspunkt. Röntgenbeugungsdiagramme gestreckter Proben zeigen Faserproben mit einer Zugfestigkeit 3—4, einer $D.^{15}{}_4$ von ca. 1,27 u. einer Wärmeschrumpfung bei 200—210° von maximal 4,8%. Nach 1½ Jahren tritt ein merklicher Rückgang der mechan. Festigkeit ein. (J. chem. Soc. Japan, ind. Chem. Sect. [Kōgyō Kagaku Zassi] **58.** 358—65. Mai 1955. Fukuoka, Kyushu Univ. [Orig.: japan.]) L. SCHULER. 4010

C. S. Marvel und **J. F. Porter,** *Dimethyldithiolfumarat und einige Copolymerisationsreaktionen.* Vff. beschreiben die Darst. von *Dimethyldithiolfumarat* (I) aus α.α'-Dibrombernsteinsäure über *α.α'-Dibromsuccinyldichlorid* u. *Dimethyl-α.α'-dibromdithiolsuccinat.* I läßt sich nicht polymerisieren, es bildet jedoch mit *Butadien* (II) u. *Styrol* (III) *Copolymerisate.* Durch Emulsionspolymerisation (5 Std. bei 50°) gewinnt man ein Copolymerisat aus 7 (Teilen) II u. 3 I (Ausgangsverhältnis 1:9). Weiterhin werden die Reaktivitätsverhältnisse nach MAYO u. LEWIS (J. Amer. chem. Soc. **66.** [1944.] 1594) für I u. II ($r_1 = -0{,}0014 \pm 0{,}027$; $r_2 = 0{,}0106 \pm 0{,}0175$) sowie für I u. III ($r_1 = 0{,}0163 \pm 0{,}013$; $r_2 = 0{,}698 \pm 0{,}013$) bestimmt. — *Dimethyl-α.α'-dibromdithiolsuccinat,* F. 171 bis 172° (Ae.), durch Bromierung von Na-Fumarat, Behandeln der freien *α.α'-Dibrombernsteinsäure* mit PCl_5 u. Zutropfen des erhaltenen *α.α'-Dibromsuccinyldichlorids* zu Methylmercaptan unter Trockeneiskühlung; 56% (bezogen auf das Chlorid). — *Dithiolfumarsäuredimethylester* (I), F. 78—79° (Ae.), durch tropfenweise Zugabe von NaJ in Aceton zu vorst. Verb. in Aceton unter 4 std. Rühren, Einengen u. Ausäthern; 45%. (J. org. Chemistry **24.** 137—39. Jan. 1959. Urbana, Ill., Univ., Noyes Chem. Labor.) O. KRAMM. 4010

J. Parrod und **J. Elles,** *Polyacrylamidderivate cyclischer Amide.* Die durch Zutropfen eines äquimol. Gemisches von Piperidin (I), Morpholin (II), Thiomorpholin (**III**) bzw. Pyrrolidin (**IV**) u. von Triäthylamin (**V**) zu einer 20%ig. benzol. Lsg. von Acrylsäurechlorid (**VI**) bei Tempp. <10° erhaltenen cycl. *Acrylamide* wurden als 40%ig. Lsgg. in Dimethylformamid (**VII**) 8 Std. bei 50—60° in Ggw. von 0,5% α.α'-Azoisobuttersäurenitril erhitzt. Die Unters. des Einfl. der Struktur des Amidringes auf die Eigg.

der hierbei erhaltenen Polymeren zeigt, daß *Polyacrylpiperidid* (**VIII**) u. *Polyacrylpyrrolidid* in Bzl. u. Toluol lösl., in W. unlösl., *Polyacrylmorpholid* (**IX**) in Bzl. u. Toluol unlösl., in W. lösl., *Polyacrylthiomorpholid* in Bzl., Toluol u. W. unlösl. sind. Für die Beziehung $[\eta] = K \cdot M^{\alpha}$ wurden auf Grund von Mol.-Gew.-Bestimmungen nach der Lichtstreuungs- u. nach der viscosimetr. Meth. folgende K- bzw. α-Werte ermittelt: Für **VIII** in **VII** bei 25° $K = 3{,}2 \cdot 10^{-2}$ u. $\alpha = 0{,}56$; für **IX** in **VII** bei 25° $1{,}8 \cdot 10^{-2}$ u. 0,65; für **IX** in 0,1n NaCl bei 20° $6{,}4 \cdot 10^{-2}$ u. 0,68.

Versuche: *Thiomorpholin* (**III**), durch 18tägiges Stehen eines äquimol. Gemisches aus Na_2S u. 2.2'-Dichlordiäthylamin in wss.-alkoh. Lsg. bei 18°; 40% (Ausbeute). — *Acrylpiperidid*, $C_8H_{13}NO$, Kp.$_{15}$ 114°, $D.^{20}{}_4$ 1,023; $n_D{}^{20}$ 1,5060, aus **I** u. **VI** in Ggw. von von **V**; reagiert mit **I** unter Bldg. von *N-[β-Piperidinopropionyl]-piperidin* ($C_{13}H_{24}N_2O$, F. 45°), mit **II** unter Bldg. von *N-[β-Morpholinopropionyl]-piperidin* ($C_{12}H_{22}N_2O_2$, F. ca. 0°). — *Acrylmorpholid*, $C_7H_{11}NO_2$, Kp.$_{16}$ 135°, $D.^{20}{}_4$ 1,114, $n_D{}^{20}$ 1,5080, aus **II** u. **VI** in Ggw. von **V**; liefert mit **I** *N-[β-Piperidinopropionyl]-morpholin*, $C_{12}H_{22}N_2O_2$, F. ca. 25°, Prismen, mit **II** *N-[β-Morpholinopropionyl]-morpholin*, $C_{11}H_{20} \cdot N_2O_3$, F. 91—92°, mit **IV** (*N-[β-Pyrrolidinopropionyl]-morpholin*, $C_{11}H_{20}N_2O_2$, F. 67°, Nadeln. — *Acrylthiomorpholid*, $C_7H_{11}NOS$, Kp.$_{13}$ 150°, $D.^{20}{}_4$ 1,165, $n_D{}^{20}$ 1,5602, aus **VI** u. **III** in Ggw. von **V**. — *Acrylpyrrolidid*, $C_7H_{11}NO$, Kp.$_{14}$ 115°, $D.^{20}{}_4$ 1,030, $n_D{}^{20}$ 1,4990, aus **VI** u. **IV** in Ggw. von **V**. (J. Polymer Sci. **29**. 411—16. Juni 1958. Strasbourg, France, Centre de Rech. sur les Macromol.) W. DAWYDOFF. 4010

E. Haim, *Die kinetischen Theorien der Elastizität des Kautschuks. 1. Mitt. Die Elastizität fadenförmiger Makromoleküle.* Übersicht über die Probleme der Elastizität von Makromoll.: Statist. Best. der Kettenlänge, Behandlung dreidimensionaler Probleme, Entropie einer einzelnen Kette, Spannung in einer Kette, Makromoll. mit getrennten Köpfen (KUHN u. GRÜN). — 8 Literaturhinweise. (Rev. Chim. [Bucureşti] **8**. 171—77. März 1957.) R. K. MÜLLER. 4030

Wesley E. Shelberg und **Lewis H. Gevantman,** *Röntgenstreuungsmessung des Bestrahlungsschadens in gedehntem Kautschuk.* Vff. stellten eine sehr große Empfindlichkeit von gedehntem *Kautschuk* gegenüber Bestrahlung fest. Es treten Spannungsrelaxationen mit gleichzeitigen Änderungen der Röntgenstreuintensität u. vorzeitigem Bruch ein. Vff. folgern, daß Kettenspaltung für diese Effekte verantwortlich ist. (Nature [London] **183**. 456—57. 14/2. 1959. San Francisco, Calif., US Naval Radiol. Defense Labor.) R. SCHÄFF. 4030

A. G. Chitale, *Viscosität von Nitrocelluloselösungen in Lösungsmittel und Lösungsmittel–Nichtlösungsmittel-Mischungen: Abhängigkeit der Viscosität vom Scherungsgrad.* Die Viscosität von Lsgg. von *Nitrocellulose* in Äthylacetat (**I**) u. **I**-Methanolmischungen ist unabhängig vom Scherungsgrad (Sch), dagegen müssen Korrekturen für den Sch angebracht werden, wenn die zur Berechnung der inneren Viscosität nötigen Viscositätsmessungen bei nur einer Konz. vorgenommen werden. Die Möglichkeit, bei Messungen des Polymerisationsgrades zur Vermeidung einer Extrapolation einen willkürlich gewählten Sch als Standard ansetzen zu können, wurde bestätigt. Die Unterss. im Lösungsmittel–Nichtlösungsm.-Gemisch ergaben, daß bei diesen Mischungen der Scherungseffekt wesentlich geringer ist, daß also hier die Abweichung der Viscosität bei Vernachlässigung der Korrektur kleiner ist als in reinem Lösungsmittel. (J. sci. ind. Res. [New Delhi], Sect. B **17**. 60—63. Febr. 1958. Ahmedabad, Ahmedabad Textile Ind., Res. Assoc.) R. SCHÖLLHORN. 4050

Kazuyuki Maekawa und **Kyôko Ishimoto,** *Aminosäurederivate der mit Natriumperjodat oxydierten Stärke.* Die aus gereinigter Kartoffelstärke durch 72std. Stehen in 5%ig. $NaJO_4$ bei 15° hergestellte „*oxydierte Stärke*" (**I**) (84,6%ig. Oxydation der Glucoseeinheiten zur Dialdehydstufe) gibt mit Thioharnstofflsg. bei 50° in Ggw. von konz. HCl ein *Thioharnstoffderiv.* als gelbes Pulver, das beim 10tägigen Stehen in A. mit Äthylbromid bei Zimmertemp. in das *S-Äthylisothioharnstoffderiv.* (**II**) von **I** übergeht. **II** gibt in 0,5n NaOH unter Eiskühlung mit wss. Glycin (**III**), Alanin (**IV**), Glutaminsäure (**V**), Leucin (**VI**), Arginin (**VII**)-Hydrochlorid, Tyrosin (**VIII**) bzw. Asparagin (**IX**) *Guanylaminosäurederivv.*, die durch 8—24std. Erhitzen auf 100° in 6n HCl hydrolysiert werden; die Prodd. werden durch Elektrophorese in n-Essigsäure unter 600 V identifiziert [in () Prodd.]: **III**-*Deriv.* (**III**, *Glykocyamin* u. *Glykocyamidin*); **IV**-*Deriv.* (**III**, **IV** u. *Guanylalanin*); **V**-*Deriv.* (**III** u. **V**); **VI**-*Deriv.* (**III**, **VI**, *Guanylleucin* u. **VI**-*Lactam*); **VII**-*Deriv.* (**III**, **VII** u. *Guanylarginin*); **VIII**-*Deriv.* (**III**, **VIII** u. *Guanyltyrosin*); **IX**-*Deriv.* (**III**, **IX** u. *Guanylasparaginsäure*). (J. chem. Soc. Japan, pure Chem. Sect. [Nippon Kagaku Zassi] **78**. 601—04. Mai 1957. Matuyama, Ehime-Daigaku. [Orig.: japan.]) E. MAEKAWA. 4050

John A. Thoma und **Dexter French,** *Die Dissoziationskonstante des Cyclohexaamylosejodkomplexes.* Durch spektralphotometr. Verfolgung der Änderung der opt. Dichte bei 480 mμ, wenn 2,45·10^{-4}mol. J_2-Lsgg., die zur Vermeidung des Auftretens von freiem J^- mit HJO_3 (0,2mol.) versetzt waren, mit Lsgg. von *Cyclohexaamylose* (I) titriert wurden, konnte die Dissoziationskonstante des *I-J_2-Komplexes* zu 1,07 ± 0,10·10^{-4} bei Raumtemp. ermittelt werden. (J. physic. Chem. **62**. 1603. Dez. 1958. Ames, Iowa, Iowa State Coll., Dep. of Chem.) E. ÜHLEIN. 4050

J. Marchal, Ch. Lapp und **G. Spach,** *Dielektrische Eigenschaften bei 1 MHz von Lösungen von Poly-DL-phenylalanin und von Poly-L-γ-phenylglutamat.* Vff. untersuchten die Änderung der DK. von *Poly-DL-phenylalanin* (I) u. *Poly-L-γ-benzylglutamat* (II) in verschied. Lösungsmitteln als Funktion der Konz. des Lösungsmittels. Untersucht wurden Proben von I mit Mol.-Geww. von 26000—140000, von II von 75000—375000. Lösungsmittel für I waren Bzl., Bzl. + 1% Dimethylformamid, Dioxan, Chlf. u. Chlf. + 1% Formamid, für II Dioxan + 1% Formamid, Chlf. u. Chlf. + 0,5% Formamid. Zunächst wurde gefunden, daß für jedes Lösungsm. der Wert von d 2/d ω (ω = Konz.) mit zunehmendem Mol.-Gew. abnimmt. Man kann diese Änderung dem Einfl. der polaren Endgruppen der Makromoll. zuschreiben u. annehmen, daß diese Abnahme zeigt, daß die Frequenz 1 MHz an der Grenze eines dielektr. Absorptionsbereiches liegt. Ganz allg. wurde gefunden, daß die dielektr. Eigg. beider Verbb. in Lsg. ähnlich sind. (Arch. des Sci., Sonderh. **11 (163)**. 96—101. 10/12. 7. 1958. Strasbourg, Centre de Rech. sur les Macromol.) C. GOTTFRIED. 4070

Junzo Noguchi, Tadao Hayakawa, Tomizo Motoi, Jiro Suzuki und **Mituo Ebata,** *Untersuchungen über die Synthese von Proteinanalogen.* 9. Mitt. *Herstellung von Polycapronamid und Poly-ε-aminocaproyl-D-phenylalanin.* (8. vgl. J. chem. Soc. Japan, pure Chem. Sect. [Nippon Kagaku Zassi] **76**. [1955.] 457.). Die bisher erprobten Verff. werden auf *ε-Aminocapronsäure* angewandt.

Versuche: *N-[Phenylmercaptocarbonyl]-ε-aminocapronsäureäthylester,* aus ε-Aminocapronsäureester [aus dem Hydrochlorid mit NaOH in Ae. bei —5°; 80% (Ausbeute)] u. Chlorkohlensäurethiophenylester in Ae. bei —5° in 30 Min.; hellorangefarbener Sirup; 84%. *Freie Säure* (I), $C_{13}H_{17}NO_3S$, F. 97—98° (Ae.), durch 30 Min. Erhitzen des Esters mit konz. HCl u. Aceton im Rohr auf 100°; 88%. — *Polycapronamid,* $(C_6H_{11}NO)_{230}$, durch 23std. Erhitzen von I im Rohr auf 130°, 3std. Erhitzen im Vakuum auf 160° u. Auskochen des Prod. mit Aceton; Grenzviscosität in Eisessig-Chloressigsäure (1:1) bei 30 ± 0,01°: 0,194; 81,1%. — N-[Phenylmercaptocarbonyl]-ε-amino-verbb.: *-capronsäurechlorid,* aus I u. $SOCl_2$ in Chlf. bei 40—50°. — *-caproyl-L-phenylalaninäthylester,* aus vorst. Verb. u. d-Phenylalaninäthylester (aus dem Hydrochlorid u. NaOH in Chlf.; 86,6%) in Ae.-Chlf. bei —10 bis —7° in 30 Min.; Sirup; 88,7%. *Freie Säure* (II), $C_{22}H_{26}N_2O_4S$, F. 130—131° (Äthylacetat), durch 30 Min. Erhitzen des Esters mit 8n HCl u. Aceton im Rohr auf 100°; $[\alpha]_D^{27}$ 24,1° (absol. A.); 61,3%. — *Poly-ε-aminocaproyl-L-phenylalanin,* $(C_{15}H_{20}N_2O_2)_{197}$, durch 30std. Erhitzen von II in Dioxan im sd. Xylolbad im geschlossenen Rohr u. Auskochen des Prod. mit Aceton; Grenzviscosität in Eisessig bei 30 ± 0,01°: 0,253; 78,8%. (J. chem. Soc. Japan, pure Chem. Sect. [Nippon Kagaku Zassi] **76**. 646—48. Juni 1955. Kanazawa, Univ. [Orig.: japan.]) L. SCHULER. 4070

Junzo Noguchi, Tadao Hayakawa, Tomizo Motoi, Jiro Suzuki und **Mituo Ebata,** *Untersuchungen über die Synthese von Proteinanalogen.* 10. Mitt. *Herstellung von Proteinanalogen mit der Eigenschaft einer durch Wärme umkehrbaren Denaturierung (Poly-ε-aminocaproyl-DL-alanin).* (9. vgl. vorst. Ref.) Vff. beobachteten, daß wss. Lsgg. von Poly-ε-aminocaproyl-DL-alanin beim Erwärmen auf über 20—50° trübe, beim Abkühlen wieder klar werden. Sie führen dieses Phänomen auf eine reversible Denaturierung zurück u. errechnen eine Denaturierungswärme von 45 kcal/Mol.

Versuche (vgl. l. c.): *N-[Phenylmercaptocarbonyl]-ε-aminocaproyl-DL-alaninmethylester* (I), $C_{17}H_{24}N_2O_4S$, F. 80—82° (Bzl.), durch Kondensation von N-[Phenylmercaptocarbonyl]-ε-aminocapronsäurechlorid (aus der freien Säure u. Thionylchlorid in Chlf.) mit DL-Alaninmethylester in Ae.-Chlf. bei —5° in 30 Min.; 60% (Ausbeute). *Freie Säure* (II), $C_{16}H_{22}N_2O_4S$, F. 133—134° (Methanol), durch Verseifung von I mit 8n HCl in Aceton bei 100° im geschlossenen Rohr in 30 Min.; 64%. — *Poly-ε-aminocaproyl-DL-alanin,* $(C_9H_{16}N_2O_2)_n$ (n = 350 in W.; n = 480 in Eisessig), durch 26std. Erhitzen von II in Dioxan im sd. Xylolbad im geschlossenen Rohr; Grenzviscosität in W. bei 9 ± 0,01°: 0,02; in Eisessig bei 30 ± 0,01°: —0,41°; 78,8%. (J. chem. Soc. Japan, pure Chem. Sect. [Nippon Kagaku Zassi] **76**. 648—51. Juni 1955. [Orig.: japan.]) L. SCHULER. 4070

Junzo Noguchi, Tadao Hayakawa, Tomizo Motoi, Jiro Suzuki und **Mituo Ebata,** *Untersuchungen über die Synthese von Proteinanalogen.* 11. Mitt. *Herstellung von Poly-L-leucyl-L-phenylalanin.* (10. vgl. vorst. Ref.) *N-[Phenylmercaptocarbonyl]-L-leucyl-*

L-phenylalaninäthylester, $C_{24}H_{30}N_2O_4S$, F. 105—106° (A.), durch Kondensation von L-Phenylalaninäthylester [aus dem Hydrochlorid mit NH_3 in Chlf. in 10 Min.; 90% (Ausbeute)] mit N-[Phenylmercaptocarbonyl]-L-leucylchlorid (aus der freien Säure u. Thionylchlorid in Chlf. bei 30—40°) in Ae. bei —10 bis —7° in 30 Min.; $[\alpha]_D^{27}$ —39,8° (c = 2,23; absol. A.); 70%. *Freie Säure* (I), $C_{22}H_{26}N_2O_4S$, F. 147—148° (Äthylacetat-PAe.), durch 30 Min. Erhitzen vorst. Verb. mit 8n HCl in Aceton im Rohr auf 100°; $[\alpha]_D^{27}$ —30,8° (c = 1,95; absol. A.); 46,6%. — *Poly-L-leucyl-L-phenylalanin*, $(C_{15}H_{20}N_2O_2)_{52}$, durch 1500 std. Erhitzen von I mit Dioxan im Rohr auf 60—70° u. Auskochen des Prod. mit Aceton u. Ae.; Grenzviscosität in Dichloressigsäure bei 40 ± 0,01°: 0,107; 23%. (J. chem. Soc. Japan, pure Chem. Sect. [Nippon Kagaku Zassi] **76**. 651—54. Juni 1955. [Orig.: japan.]) L. SCHULER. 4070

Isao Kamiya, *Elektrische Leitfähigkeit von Gelatinefilmen*. Bei 10, 25, 40 u. 60° wird die Zunahme der elektr. Leitfähigkeit (Δ) von *Gelatine* unter IR-Bestrahlung untersucht. Die Kurven für die Versuchsergebnisse lassen eine Zunahme von Δ bei steigender relativer Feuchtigkeit erkennen. Die Photoleitfähigkeit wird dem in Gelatine gebundenen W. zugeschrieben, welches eine kristalline Struktur fördert. (J. chem. Soc. Japan, pure Chem. Sect. [Nippon Kagaku Zassi] **76**. 576—79. Mai 1955. Nagoya, Univ. [Orig.: japan.]) L. SCHULER. 4070

S. Blackburn und **G. R. Lee**, *Chromatographie an Ionenaustauscherharzen, angewandt auf die Reaktion von Wollkeratin mit Alkali*. Das Lanthionin (I) enthaltende Aminosäuregemisch bzw. Hydrolysat wird an einer Dowex 50-Säule (100 × 0,9 cm) durch Entw. mit Puffer (p_H 3,42) bei 37,5° fraktioniert. Hierbei tritt I zwischen Serin u. Glutaminsäure aus. Die quantitative Best. erfolgt colorimetr. mit Ninhydrin bei p_H 1; I gibt eine gelbe Färbung, die bei 455 mμ gemessen wird. In Hydrolysaten von Alkali-behandelter *Wolle* lassen sich 2 I-Gipfel nachweisen, die nach Ansicht der Vff. durch das Auftreten von diastereomeren Formen bedingt sind. Der mögliche Bildungsmechanismus von I bei der Alkalibehandlung der Wolle wird diskutiert. Neben Veränderungen im Cystingeh. sinken als Folge der Alkalibehandlung auch die Gehh. an Serin u. Threonin. (Proc. int. Wool Textile Res. Conf., Australia, Vol. C **1955**. C-137 bis C-141, herausgeg. 1956. Torridon, Headingley, Leeds, Wool Ind. Res. Assoc.) E. SCHWERDTFEGER. 4070

H. Zahn und **F. Osterloh**, *Neue Methoden der Lanthioninbildung bei Wolle*. Verschied. *Wollproben* mit einem Cystingeh. von 11,3% wurden in wss. Borax- bzw. $NaHCO_3$-Lsg. im p_H-Bereich zwischen 9 u. 11 in Ggw. von mindestens 60 Vol.-% verschied. organ. Lösungsmittel (A., Propanol, Aceton, Dimethylformamid, Tetrahydrofuran, Dioxan) 0,67—20 Std. im Thermostat auf 64° erwärmt. Nach dieser Behandlung ließen sich in den Wollhydrolysaten Lanthionin (I) u. I-Sulfoxyd papierchromatograph. nachweisen u. isolieren, während der Cystingeh. stark abnimmt. Wasserunlösl. Lösungsmittel (Bzl., PAe.) waren ohne Wirkung. I tritt auch in Wolle auf, die trocken 28 Std. auf Tempp. >150° erhitzt wurde. (Proc. int. Wool Textile Res. Conf., Australia, Vol. C **1955**. C-18 bis C-24, herausgeg. 1956. Heidelberg, Univ., Chem. Inst.) E. SCHWERDTFEGER. 4070

L. K. Ramachandran und **Duane T. Gish**, *Untersuchungen über die Aminosäurefolge des Tabakmosaikvirus (TMV)-Proteins*. 2. Mitt. *Die Aminosäurefolge von 6 Peptiden eines tryptischen Abbaus*. Vff. isolierten nach Einw. von Trypsin auf *TMV-Protein* durch Gegenstromverteilung sowie anschließende Papierchromatographie bzw. Elektrophorese an Cellulosepulver 6 Peptide u. untersuchten die Aminosäurefolge nach der SANGERschen Fluor-2.4-dinitrobenzolmeth., teilweise nach vorausgegangener partieller Hydrolyse. Als Sequenzen wurden gefunden: *Asp* (NH_2)·*arg*, *Val·tyr·arg*, *Thr·val·glu*(NH_2)·*val·arg*, *Phe·pro·asp·phe·ser·lys*, *Gly·thr·ser·gly·tyr·asp* (NH_2)·*arg* u. *Arg·val·asp·asp·ala·thr·val·ala·ileu·arg*. Diese Peptide enthalten 33 der 164 Aminosäurereste der Untereinheit des TMV-Proteins. Die Menge der isolierten Peptide läßt darauf schließen, daß es sich nicht um Prodd. einer Transpeptidation oder um sonstige Verunreinigungen handelt. (J. Amer. chem. Soc. **81**. 884—90. 20/2. 1959. Berkeley, Calif., Univ. of California, Virus Labor.) E. SCHWERDTFEGER. 4070

K. Dimroth, H. Witzel, G. Neubauer und **D. Matheka**, *Zur Konstitution der Ribonucleinsäuren aus Hefe*. *Heferibonucleinsäure* (I) wird durch Kochen mit $Bi(OH)_3$ bei p_H ≤7 unter vorwiegender Bldg. von *Di-* u. *Oligonucleotiden* gespalten. Vff. erhielten aus den Hydrolysaten durch Kombination verschied. Trennverff. zahlreiche *Dinucleosidphophate, Dinucleotide* u. höhere Spaltprodd. analysenrein. Bei p_H 7 u. kurzen Reaktionszeiten entstehen durch Umesterung cycl. 2'.3'-Phosphate, deren 5-Ring bei längerer Hydrolyse an beiden möglichen O—P-Bindungen aufgespalten wird. Im sauren Milieu werden auch die prim. Phosphorsäureestergruppen der Dinucleotide verseift. Man erhält ein Gemisch von Dinucleosidphosphaten aus den Bausteinen Adenin (**A**), Guanin (**G**), Cytosin (**C**) u. *Uracil* (**U**), von denen jeweils 2 in 5'.3' (oder 5'.2')-Stellung durch einen Phosphorsäurerest (**P**) verknüpft sind. Von den 16 möglichen Kombinationen dieser Art wurden nur 3, nämlich **C–P–G**, **U–P–A** u. **U–P–G**, nicht im Hydrolysat aufgefunden. Daraus folgt, daß in der Polynucleotidkette nach einem Uridin- kein Purin- u. nach einem Cytidin- kein Guanosinnucleotid in 3.5-Verknüpfung folgen kann. Diesen Befund sowie Erkenntnisse anderer Autoren über die Nucleotidkettenverzweigungen an den Pyrimidinkomponenten legen Vff. einem neuen Strukturvorschlag für **I** zugrunde, der dem Original zu entnehmen ist. (Angew. Chem. **67**. 518—19. 7/9. 1955. Marburg/Lahn, Univ., Chem. Inst.) H. PRACEJUS. 4090

E. Biologische Chemie. Physiologie. Medizin.

E_1. Allgemeine Biologie und Biochemie.

Thomas Alderson, *Bedingte Antimutagenese bei Drosophila melanogaster.* Nach einer früheren Beobachtung (vgl. C. **1958**. 1029) hängt die antimutagene Aktivität von Adenin gegenüber als Mutagen wirksamen Formaldehyd von Art u. Konz. des im Kulturmedium benutzten Hefestammes ab. Es wurde nunmehr gefunden, daß die Mutagenkonz., bei der die antimutagene Wirksamkeit geprüft wird, ein weiteres Beispiel für eine bedingte Antimutagenese darstellt. (Nature [London] **182**. 508—10. 23/8. 1958. Edinburgh, Univ., Inst. of Animal Genetics.) K. MAIER. 4130

François Mergen, *Durch Colchicin induzierte Polyploidie bei Kiefern. Colchicin*-Behandlung von Samen, Sämlingen, Agarkulturen sowie männlichen Strobili verschied. Kiefernarten ruft Polyploidie hervor. (J. Forestry **57**. 180—90. März 1959. New Haven, Conn., Yale Univ., School of Forestry.) J. DITTMANN. 4130

Philippe F. Bourdeau und **François Mergen,** *Photosynthese und Atmung von Sämlingen von Pinus elliottii mit Colchicin-induzierter Polyploidie.* Wachstums- u. Photosyntheserate von Kiefernsämlingen mit durch *Colchicin* induzierter Polyploidie (vgl. vorst. Ref.) sind verringert, die Atmung ist unverändert. (J. Forestry **57**. 191—93. März 1959. New Haven, Conn., Yale Univ., School of Forestry.) J. DITTMANN. 4130

Federica Trezzi und **Laura Balin,** *Spektrophotometrische Untersuchungen über die „in vitro"-Wirkung von Colchicin auf Proteinextrakte.* Vff. untersuchten spektrophotometr. die Einw. von *Colchicin* (**I**) auf Proteinextrakte aus Stielen u. Wurzeln von Erbsen (*Pisum sativum* var. Alaska), die 8 Tage im Dunkeln im Thermostaten bei 25° kultiviert worden waren. Das Material wurde im Mörser mit 0,05 mol. Citronensäure u. 0,1 mol. Na_2HPO_4 bei p_H 7,4 zerrieben, schnell filtriert u. zentrifugiert. In der überstehenden Fl. wurde das Protein ausgefällt; in einigen Fällen wurde die Ausfällung fraktioniert (30, 60, 90% Ammoniumsulfat) durchgeführt. Die zahlreichen Versuchsergebnisse sind tabellar. u. graph. zusammengestellt. Aus den Daten ist klar ersichtlich, daß **I** mit den Plasmaproteinen des Extraktes reagiert, u. zwar ist diese Einw. stärker in leicht alkal. Medium u. bei den Proteinen, die fraktioniert ausgefällt worden waren. Es hat den Anschein, als ob **I** leichter mit leichtlösl. Proteinen u. solchen von niedrigem Mol.-Gew. reagiert. *Ascorbinsäure* verhindert die Rk. der Proteine mit **I**; wahrscheinlich wird diese Schutzwrkg. von *Dehydroascorbinsäure* ausgeübt. (Atti Accad. naz. Lincei, Rend., Cl. Sci. fisiche, mat. natur. [8] **20**. 60—71. Jan. 1956. Milano, Univ., Ist. Botan.) C. GOTTFRIED. 4150

Helmut Widmann, *Die Wirkung von Demecolcin und Colchicin auf die Leukocytenbewegungen der Maus. Demecolcin* (**I**), ein Nebenalkaloid von Colchicum autimnale, führt innerhalb der ersten 10 Std. nach subcutaner Injektion im Vgl. zu *Colchicin* (**II**) bei Mäusen zu unterschiedlichen Leukocytenbewegungen. Die nach großen **II**-Gaben regelmäßig nachweisbare leukopen. Phase, die vor allem auf einem Granulocytenabfall beruht, tritt nach **I** nur stark abgeschwächt u. statist. nicht ausreichend signifikant auf. Die leukocytot. Wrkg. von **I** ist ausgeprägter u. übertrifft bei Dosen von 5 u. 15 mg/kg die Steigerungen nach **II**. Sie ist mit 5,2 σ (5 mg **I**/kg) u. 3,5 σ (15 mg **I**/kg) gegenüber dem Effekt von 5 mg **II**/kg signifikant. Die in den ersten 10 Std. beobachteten Leukocytenveränderungen werden auf eine Wrkg. von **I** u. **II** auf die Regulationsmechanismen der Leukopoese, nicht auf die mitoseakt. Eigg. der Alkaloide, zurückgeführt. (Folia haematol. [Leipzig] **75**. 130—37. 1957. Tübingen, Univ., Med. u. Poliklinik.) K. MAIER. 4150

H. Sakai und **K. Dan,** *Untersuchungen über Sulfhydrylgruppen während der Zellteilung des Seeigeleies.* 1. Mitt. *Glutathion.* Red. u. oxydiertes *Glutathion* (**I**) wurde während früher Zellteilungen des Seeigeleies quantitativ bestimmt. Es wurde festgestellt, daß die

SH-Gruppen, welche während der Zellteilung fluktuieren, trichloressigsäurelösl. Proteinen angehören. Dagegen bleiben die Mengen von freiem I u. von *Ascorbinsäure* während der Zellteilung konstant. (Exp. Cell Res. **16.** 24—41. Jan. 1959. Tokyo, Tokyo Metropolitan Univ., Dep. of Biol.; Miura, Misaki Marine Biol. Stat.) WOLFGANG ALBRECHT. 4150

S. Bieber, J. A. Spence und **G. H. Hitchings,** *Nucleinsäuren und ihre Derivate und die Entwicklung von Rana pipiens.* 1. Mitt. *Oogenese.* Bei n. u. Hungerweibchen von *Rana pipiens* wurde der Geh. der Oocyten an *Pentose* (I), *Desoxypentose* (II) u. *Nucleinsäuren* (III) in verschied. Stadien der Oogenese bestimmt. Der *Desoxyribose*-Geh. ist mehrere 1000mal höher als im Spermium u. setzt sich aus III selbst, säurelösl. Derivv., einer mit NaCl extrahierbaren, mit A. nicht fällbaren Fraktion u. einer Fraktion, welche kein UV-Licht absorbierendes Material enthält, zusammen. Der Hauptanteil der II-Derivv. ist im Cytoplasma zu finden. *Ribose*-Derivv. finden sich in allen Fraktionen. — Die III-Synth. geht gleichmäßig während der Oogenese vonstatten, während das in kalter *Trichloressigsäure* lösl. Material ein Zweiphasenbild der Vermehrung ergibt: Langsame Initialvermehrung während der Periode der Dotterbldg., schnellere Vermehrung in den späteren Entwicklungsstadien. Der I-Geh. der Zellen weicht von diesem Verh. ab, mit einem vorübergehenden Abfall während der Zwischenstadien der Oogenese. — Hunger setzt den Geh. aller gemessenen Bestandteile wachsender Oocyten herab, das Wachstum der Oocyten ist gegenüber Oocyten n. Tiere begrenzt. (Exp. Cell Res. **16.** 202—14. Jan. 1959. Tuckahoe, N. Y., Wellcome Res. Labors.)
WOLFGANG ALBRECHT. 4150

L. Levenbook, E. C. Travaglini und **J. Schultz,** *Durch das Y-Chromosom in Drosophila melanogaster veränderte Nucleinsäuren und deren Komponenten.* 1. Mitt. *Konstitution und Menge von Ribonucleinsäure in unbefruchteten Eiern.* Unbefruchtete Eier vom n. Wildtyp XX (A) u. vom Stamm XXY^{sc8} (B) von *Drosophila melanogaster*, der das Y-Chromosom enthält, werden durch A.–Ae.-Extraktion entfettet. Dann wird durch heiße 10%ig. NaCl-Lsg. oder heiße Perchlorsäurelsg. die *Ribonucleinsäure* (I) extrahiert, die noch ca. 0,5% *Desoxyribonucleinsäure* enthält. I wird anschließend mit 0,3n KOH bis zu den Ribonucleotiden abgebaut, die papierchromatograph. aufgetrennt u. spektralphotometr. gemessen werden. I wird so zu 93—97% abgebaut. Außerdem werden in getrennten Proben der I-Geh. selbst u. der anorgan. u. Gesamtphosphor bestimmt. Das mol. Verhältnis von N/P in I aus B beträgt 3,9. Das Verhältnis von Purinribosiden/P beträgt 0,54 für A u. 0,58 für II; das Verhältnis Purine/Pyrimidine beträgt in A 0,97 u. in B 1,13, was auf den erhöhten Geh. an *Adenylsäure* in B zurückgeführt wird. Vff. finden in A 0,199 γ u. in B 0,182 γ I/Ei. Das Y-Chromosom beeinflußt daher nicht den I-Geh., sondern die I-Zus. in B. (Exp. Cell Res. **15.** 43—61. Aug. 1958. Philadelphia, Pa., Inst. for Cancer Res.) L. TRÄGER. 4150

E. C. Travaglini, L. Levenbook und **J. Schultz,** *Durch das Y-Chromosom in Drosophila melanogaster veränderte Nucleinsäuren und deren Bestandteile.* 2. Mitt. *Nucleoside und abgeleitete Verbindungen in der säurelöslichen Fraktion unbefruchteter Eier.* (1. vgl. vorst. Ref.) Unbefruchtete Eier vom Wildstamm XX (A) u. vom Stamm XXY^{sc8} (B) von *Drosophila melanogaster* wurden mit 1% wss. Lsg. von Perchlorsäure extrahiert u. die darin enthaltenen Vorläufer der Nucleinsäuren identifiziert. Dazu wurden die Extrakte chromatograph. aufgetrennt u. die Eluate der Flecken im UV-Licht spektrophotometr. vermessen. Es wurden keine Nucleotide in den Extrakten gefunden, sondern vielmehr Riboside u. Desoxyriboside u. wenig freie Basen. Mit Ausnahme von *5-Methylcytosin* u. *5-Hydroxymethylcytosin* wurden alle üblichen Basen festgestellt. Der Geh. an *Adenin* in Extrakten aus B ist 4mal so groß als aus A, der an *Guanin* etwa doppelt so groß. B enthält ca. 3mal so viel Purine wie A. Dagegen ist der Gesamtgeh. an Pyrimidinen in A oder B etwa gleich. B enthält prakt. kein *Cytosin*, während A *Cytosin* zu einem Drittel der Gesamtpyrimidine aufweist. Umgekehrt enthält nur B kleinere Mengen an *Thymin*. Es wurden noch weitere nicht identifizierte Basen gefunden. Die Extrakte enthielten ferner freie *Desoxyribose*. (Exp. Cell Res. **15.** 62—79. Aug. 1958.) L. TRÄGER. 4150

Carlos Barrio Cuadrillero, *Die Imprägnierung der Geschlechtschromosomen vermittels Silbercarbonat.* Detaillierte Beschreibung einer histolog. Meth., bei der mit Silbercarbonat die Geschlechtschromosomen imprägniert u. sichtbar gemacht werden. (Medicamenta [Madrid] **21** (**11**). Nr. 182. 214—18. 16/4. 1959. Sevilla, Fac. de Med., Inst. de Histol. y Anatomia Patol.) HEINRICH HERMANN. 4150

O. Suschny, G. Kellner, E. Broda, B. Figdor und **W. Rücker,** *Radiochemische Untersuchung der Glucoseverwertung in Gewebekulturen.* Vff. incubieren Kulturen von Fibroblasten (a, aus dem Plasma des Hühnchens u. HeLa-Zellen; b, aus Carcinom–Cervix-Gewebe) in einem aus Hühnchenembryonalextrakt, menschlicher Ascites-Fl. (bzw. bei b: menschlichem Rückenmarkserum) u. isoton. gepufferter Salzlsg. von GEY im Verhältnis

4:40:56 bestehenden Substrat mit ^{14}*C-Glucose* (I, 0,02 μC) u. bestimmen die gebildete $^{14}CO_2$-Menge bzw. den Geh. an ^{14}*C-Milchsäure* (II) nach Entfernung der Proteine u. bas. Stoffwechselprodd. (Aminosäuren) durch Behandlung des Substrats mit Kationenaustauschharz (Dowex-50), Adsorption der sauren Bestandteile (einschließlich II) an schwach bas. Anionenaustauscher (Dowex-3), Elution mit n-NH_4OH, Verbrennung des zur Trockne eingedampften Extrakts nach VAN SLYKE u. FOLCH (J. biol. Chemistry **136.** [1940.] 509) u. Best. der Aktivität des gebildeten CO_2. Die Verteilung der Radioaktivität zwischen den verschied. Säuren, unter denen II vorherrscht, wird auf papierchromatograph. Wege (Lösungsm. Propanol/NH_3–$(NH_4)_2CO_3$-Puffer 3:1) ermittelt. Die in Blindverss. erhaltenen CO_2- u. II-Aktivitäten werden von den in Ggw. von a u. b festgestellten Werten subtrahiert. Das Verhältnis zwischen gebildeter ^{14}C-II u. $^{14}CO_2$ (in %) wird als q-Wert bezeichnet. Es ergeben sich bei a unter den Bedingungen des Wachstums (Versuchszeit 15—17 Tage) niedrige q-Werte. Nach Explantation (Überführung in ein anderes Medium) ist q zunächst hoch u. sinkt entsprechend der Anpassung des Gewebes an die neuen Substratbedingungen nach einigen Tagen ab. Dieser Befund zeigt, daß die Atmung stärker inhibiert wird als die Glykolyse. Die Menge der gebildeten II wird durch die I-Konz. des Substrats (2—42 mg/2 ml) kaum beeinflußt, während die Aktivität von CO_2 stärker absinkt als die der I, so daß q ansteigt u. ein Rückgang der Respiration resultiert. Gleiche Ergebnisse werden in Ggw. konstanter I-, aber unterschiedlicher Gewebemengen erhalten. Bei I-Mangel (a in isoton. Salzlsg.) geht q auf äußerst niedrige Werte zurück. Durch Einw. von *Trypsin* (p_H 8,5, 45 Min., 37°) abgetötete a oder b erzeugen aus exogener I keine II, beeinflussen wahrscheinlich aber den Stoffwechsel lebender Zellen. Bei b existieren keine Substratbedingungen, bei denen die Respiration über die Glykolyse dominiert. Der q-Wert steigt auch bei b mit steigender I-Konz. an, sinkt aber, im Gegensatz zu a, bei I-Mangel nicht unter einen gewissen hohen Wert ab. Steigerung der Anzahl an b-Zellen beeinflußt q nur unwesentlich. Die Ergebnisse zeigen, daß q stark von den Versuchsbedingungen abhängig u. die Respiration in a von größerer Bedeutung für den Stoffwechsel ist als in b. (Exp. Cell Res. **14.** 316—28. April 1958. Wien, Univ., Inst. of Histol. and Embryol., 1. Chem. Inst.)

P. FAHRNLAENDER. 4150

A. Ficq, *Autoradiographische Untersuchung des Stoffwechsels der Oocyte von Asterias rubens.* Der Stoffwechsel der Nucleinsäuren u. Proteine der Oocyte wird bei wachsenden Asterias rubens mit Hilfe von $^{14}C_{(8)}$-*Adenin* u. $^{14}C_{(2)}$-*Phenylalanin* untersucht. Der Stoffwechsel des Nucleolus hat eine größere Stoffwechselaktivität als das Plasma u. der Kern. Im Verlauf des Wachstums der Oocyte nimmt die Stoffwechselaktivität der Nucleinsäuren ab. (Arch. de Biol. **66.** 509—24. 1955. Brüssel, Univ. libre, Fac. des Sci., Labor. de Morphol. animale.) G. KIMMERLE. 4150

Filippo M. Gerola und **Maria Grilli,** *Beziehung zwischen der Absorptionskurve der Pyronine und ihrer Anfärbfähigkeit für die Ribonucleinsäure.* Vff. beobachteten bei der spektrophotometr. Unters. verschied. im Handel erhältlicher *Pyronine* z. T. beträchtliche Unterschiede. Diese Ergebnisse erklären die zuweilen unbefriedigenden Ergebnisse bei histochem. Unterss. der *Ribonucleinsäure.* (Rend. Ist. lombardo Sci. Lettere, Cl. Sci. mat. natur. **88** ([3] **19**). 231—39. 1955. Milano, Univ., Ist. Botan.) C. GOTTFRIED. 4150

Mary Elmore Sauer und **A. C. Chittenden,** *Der Desoxyribonucleinsäuregehalt der Zellkerne im Neuralrohr des Hühnerembryos: Beweis für die Zellkernwanderung zwischen Mitosen.* Der *Desoxyribonucleinsäure* (DNS)-Geh. verschied. Kerne im Neuralrohr 3 Tage alter Hühnerembryonen wurde mikrophotometr. an Schnitten, welche nach FEULGEN angefärbt waren, bestimmt. Der unterschiedliche DNS-Geh. der Zellkerne in der Tiefe u. in den Randpartien des Neuralrohrs spricht für eine intermitot. stattfindende Wanderung embryonaler Epithelzellkerne. (Exp. Cell Res. **16.** 1—6. Jan. 1959. Galveston, Tex., Univ. of Texas, Med. Branch, Dep. of Anatomy.)

WOLFGANG ALBRECHT. 4150

E. Pisi und **G. Cavalli,** *Gehalt an Desoxyribonucleinsäure und mitotische Aktivität im Herzen der weißen Ratte unter verschiedenen Versuchsbedingungen.* Es wird der Geh. an *Desoxyribonucleinsäure* (I) der interkinet. Kerne u. der Elemente der Metaphase bei der Mitose mittels der histophasometr. Meth. von LISON (Acta Anat. **10.** [1950.] 333) in Herzmuskelzellen von n. weißen Ratten u. solchen, die mit *Thyroxin* (II) behandelt wurden oder eine unilaterale Nephrektomie oder beides zusammen hatten, untersucht. Am Herzen bewirkt eine Behandlung mit II oder eine Nephrektomie eine Hypertrophie u. eine Erhöhung der mitot. Aktivität. Die Erhöhung der mitot. Aktivität durch II scheint den Geh. an I der interkinet. Kerne nicht zu beeinflussen, wie dieses durch Nephrektomie der Fall ist. Eine Erhöhung der mitot. Aktivität braucht also nicht mit einer Vermehrung des I-Geh. in den interkinet. Kernen einherzugehen. Diese Ergebnisse werden diskutiert u. die Faktoren, die zu einer Steigerung der mitot. Aktivität führen, besprochen. (Arch. de Biol. **66.** 439—82. 1955. Gent, Belg., Univ., Labor. d'Anatomie humaine; Centre Nat. pour l'Etude de la Croissance.) G. Kimmerle. 4150

T. S. Foster und **Herbert Stern,** *Lösliche Desoxyriboseverbindungen im Zusammenhang mit der Verdoppelung der Desoxyribonucleinsäure.* Staubbeutel von *Lilium longiflorum var. Croft* werden auf ihren Geh. an Desoxyriboseverbb. (I) untersucht. Den mit den biol. Entwicklungsschritten gleichlaufenden Perioden maximaler Desoxyribonucleinsäure (II)-Synth. läuft eine jeweilige Anhäufung von I auf das 25fache parallel. Vff. diskutieren die zur II-Synth. nach Anhäufung von I möglichen enzymat. Reaktionen. (Science [Washington] **128.** 653—54. 19/9. 1958. Ottawa, Ontario, Canada, Chem. Div., Sci. Serv., Canada Dep. of Agric.) L. Träger. 4150

F. Gavosto, A. Pileri und **G. Maraini,** *Einbau von tritiummarkiertem Thymidin durch zirkulierende Zellen bei infektiöser Mononucleose.* Vff. untersuchten den Einbau von ^{3}*H-Thymidin* in das periphere Blut bei 3 Fällen von infektiöser Mononucleose (i.M.) u. bei 2 gesunden Versuchspersonen; der Einbau bei den Kranken wurde während der verschied. Stadien der Krankheit bis zur vollständigen Genesung verfolgt. — Der Prozentsatz markierter Zellen bei n. Versuchspersonen betrug 0,06%, bezogen auf die Gesamtzahl an Leukocyten: Als markierte Zellen traten alle großen Lymphocyten u. Monocyten auf. Bei den an i. M. Erkrankten hingegen wurden wesentlich höhere Werte (im 1. Stadium der Krankheit 4,44%) an markierten Zellen gefunden; im 4. Stadium, also nach vollständiger Genesung, lag der Wert bei 0,063%. Diese Ergebnisse zeigen eindeutig, daß bei i.M. die Zellen des peripheren Blutes eine größere Tendenz entwickeln, *Desoxyribonucleinsäure* zu synthetisieren als n. Lymphocyten. Diese Synth. könnte als Vorbereitung für eine nachfolgende Mitose der Zellen angesehen werden. (Nature [London] **183.** 1691—92. 13/6. 1959. Turin, Univ., Med. School, Clin. Med. generale.) H. Kockert. 4150

J. M. Mitchison und **P. M. B. Walker,** *Ribonucleinsäuresynthese während des Zelllebenscyclus einer Spalthefe Schizosaccharomyces pombe.* Lebende u. fixierte Zellen von wachsenden Kulturen der Spalthefe *Schizosaccharomyces pombe* wurden bei 2530 Å spektrophotometriert, um den Geh. an *Ribonucleinsäure* (RNS) plus *Nucleotiden* der lebenden Zelle u. der RNS der fixierten Zellen nach Extraktion zu ermitteln. Die Synthesekurven der RNS wurden rechner. ermittelt, u. es wurde festgestellt, daß RNS u. wahrscheinlich auch Nucleotide während des Lebenscyclus dieser Zellen stetig zunehmen. (Exp. Cell Res. **16.** 49—58. Jan. 1959. Edinburgh, Univ., Dep. of Zool.; London, King's Coll., Med. Res. Council, Biophys. Res. Unit.) Wolfgang Albrecht. 4150

W. A. Engelgardt, A. A. Bajew und **T. W. Wenkstern,** *Die Umwandlung der Nucleotide in den Kernerythrocyten im Zusammenhang mit der Atmung.* In Verss. mit Erythrocyten der Taube wird festgestellt, daß die Anaerobiose u. die Entkoppelung der Atmung u. Phosphorylierung zu einem Zerfall von *Adenosintriphosphorsäure* (I) u. *Guanyltriphosphorsäure* (II) führt. Es kommt zu einer Anreicherung der entsprechenden Di- u. Monophosphate u. der Prodd. ihres weiteren Zerfalls. Mit Hilfe der Chromatographie auf Papier wird die erstmals von Engelgardt (Biochem. Z. **1.** [1932.] 8) beobachtete Koppelung der Atmung mit der Phosphorylierung bei Wiederherst. der Atmung nach vorangegangener Anaerobiose qualitativ u. quantitativ untersucht. Als Prodd. der aeroben Resynth. treten hierbei I u. II auf, die durch oxydierende Phosphorylierung entstehen. Unter den Zerfallsprodd. beobachtet man große Mengen *Inosin.* Der Gesamtgeh. an *Adenyl-* u. *Inosinnucleotiden* nimmt bei der Anaerobiose zu, während der aeroben Resynth. ab. Ähnlich verändert sich der Geh. an Gesamt-N u. Gesamt-P im Trichloressigsäureextrakt. Vff. nehmen an, daß die überschüssigen Nucleotide bei der Anaerobiose durch Depolymerisation des durch Trichloressigsäure gefällten Polynucleotides entstehen u. daß bei der Resynth. der gegenläufige Prozeß des Einbaues der freien Nucleotide in die Polynucleotide erfolgt. (Биохимия [Biochemie] **24.** 157—70. Jan./Febr. 1959. Moskau, Bach-Inst. für Biochem. der Akad. der Wiss. der UdSSR.) O. Lebtag. 4150

Yoshiaki Miura, *Biosynthese der Polynucleotide.* Übersicht. — 50 Literaturangaben. (Kagaku-no-Ryôiki [J. Jap. Chem.] **12.** 745—53. Okt. 1958. Tokyo, Univ., Medizin. Fak. [Orig.: japan.]) E. Maekawa. 4150

Bohdan Bakay, Louise B. Kirschner und **Gerrit Toennies,** *Dialysierbarkeit von Histonen.* Vff. untersuchten 2 Histon (I)-Präpp., die aus gereinigtem Kalbsthymus-*Nucleoprotein* nach den Methoden von Bakay u. Mitarbeiter (C. **1956.** 10027) bzw. Davison u. Mitarbeiter (Biochim. biophysica Acta [Amsterdam] **15.** [1954.] 415) erhalten wurden. Die I-Präpp. wurden in einer modifizierten App. nach Stegemann u. Toennies (C. **1957.** 4198), die im einzelnen beschrieben ist, unter starkem Rühren gegen 0,01 mol. Citronensäure (p_H 2,6), W. oder 0,01 mol. Na-Boratpuffer (p_H 9,0) dialysiert. Das dialysierbare I-Material, charakterisiert durch N-Geh., Ninhydrinfärbung u. UV-Absorption, nimmt mit steigendem p_H u. fortschreitender Zeit rasch ab. Die Ergebnisse zeigen, daß die Zus. der I aus Kalbsthymusnucleoprotein stark von der Dauer u. den Bedingungen der Dialyse abhängig ist. (Biochim. biophysica Acta [Amsterdam] **24**. 329—33. Mai 1957. Philadelphia, Pa., Lankenau Hosp. Res. Inst. and Inst. for Cancer Res.) E. SCHWERDTFEGER. 4150

R. E. Kane und **R. T. Hersh,** *Isolierung und vorläufige Charakterisierung eines größeren löslichen Proteins des Seeigeleies.* Die lösl. Proteinfraktion der Eier von *Arbacia punctulata* u. *Strongylocentrotus purpuratus* wurde mit physikal. Meth. untersucht u. festgestellt, daß sie sich aus 2 mit der Ultrazentrifuge trennbaren Komponenten zusammensetzt, welche Sedimentationskonstanten von 7 u. 20 S (unkorr.) aufweisen. Zusatz von *Calcium* bewirkt Bldg. eines Gels, welches durch Abdialysieren des Calciums wieder in Lsg. gebracht werden kann u. nur die 7 S-Komponente enthält. Diese Komponente hat bei neutralem p_H ein Mol.-Gew. von ca. $3{,}5 \cdot 10^5$ u. eine Asymmetrie von ca. 15 : 1. Die Gelbldg. ist nicht spezif. für Ca u. findet auch mit anderen alkal. Erdmetallen statt, doch ist die notwendige Konz. bei Ca am geringsten. — Der hohe Geh. dieses Proteins in der Zelle sowie die Rk. mit Ca lassen den Schluß zu, daß es von Bedeutung für die strukturelle Organisation der Zelle ist. (Exp. Cell Res. **16**. 59—69. Jan. 1959. Baltimore, Md., Johns Hopkins Univ., Dep. of Biol.; Berkeley, Calif., Univ. of California, Dep. of Zool.) WOLFGANG ALBRECHT. 4150

Prabhat R. Pal und **Halvor N. Christensen,** *Wechselwirkungen bei der cellulären Aufnahme von Aminosäuren und Metallen.* Verss. mit EHRLICHschen Ascitestumorzellen ergaben eine verstärkte Aufnahme von $^{54}Mn^{2+}$ (jedoch nicht von $^{65}Zn^{2+}$, $^{59}Fe^{3+}$ oder $^{64}Cu^{2+}$) in Ggw. von *Lysin* (I) oder *2.4-Diaminobuttersäure* (II). Die Aufnahme erfolgte schneller, wenn die Zellen mit II vorbehandelt worden waren. Penicillamin (III) hemmt nur die Aufnahme der Metalle, wobei D-III in geringerem Umfang in die Zellen eintritt als L-III u. die Mn-Aufnahme stärker hemmt. Red. *Glutathion* (IV) stimuliert (bei geringen Mn-Konzz.) die Mn-Aufnahme. Das von den Zellen aufgenommene IV sowie ein Teil des Mn ist leicht eluierbar, während es das unter dem Einfl von I aufgenommene nicht ist. *Pyridoxal* (V; 2 mmol.) stimulierte die Mn-Aufnahme, jedoch erst nach 15 Min.; wird V 45 Min. vor dem Metall zugeführt, so erfolgt eine Hemmung der Aufnahme. Die gleichzeitige Ggw. von Glycin, I oder II u. V führte zu einer weiteren Stimulierung der Mn-Aufnahme. Die Ergebnisse werden im Hinblick auf eine Beteiligung von Mn u./oder V bei dem Aminosäuretransport diskutiert. (J. biol. Chemistry **234**. 613—17. März 1959. Ann Arbor, Mich., Univ., Dep. of Biol. Chem.) E. SCHWERDTFEGER. 4150

P. C. Rajam und **Anne-Louise Jackson,** *Verteilung und Valenzgrad von Radiochrom in damit intracellulär markierten Ascitescarcinomzellen.* Ascitestumorzellen werden in Salzlsg., die 0,02 mg Na_2CrO_4 pro ml als Trägersubstanz u. 0,9 μC $Na_2{}^{51}CrO_4$ enthält, mit ^{51}Cr markiert. Nach dem Waschen werden die Zellen homogenisiert u. fraktioniert zentrifugiert. Die aufgenommene Aktivität an ^{51}Cr verteilt sich folgendermaßen auf die Zellbestandteile: Kernfraktion 17%, Mitochondrien u. Mikrosomen 12%, lösl. Eiweiß 36% u. der eiweißfreie Überstand 29% der Aktivität des Gesamthomogenats. Durch Zusatz von Träger-Cr^{3+} zu dem proteinfreien Zellsaft, anschließende Fällung mit Ammoniak u. Best. der Radioaktivität des Nd. zeigen Vff., daß das von den Zellen aufgenommene ^{51}Cr in 3wertigem Zustande vorliegt. (Proc. Soc. exp. Biol. Med. **99**. 210—13. Okt. 1958. Ann Arbor, Mich., Univ. of Michigan, Med. School, Dep. of Bacteriol.) L. KIESOW. 4160

Irving Lieberman und **Peter Ove,** *Katalasebedarf von Säugetierzellen in Kultur.* Getestet wurde mit gealterten Nieren- sowie Blinddarm- u. HeLa-Zellen. Bei geringer Aussaat (100 Zellen pro 4 ml Nährlsg.) ist Zusatz von *Katalase* (I) (ca. 0,02 γ pro ml) erforderlich, um Koloniebldg. u. ausreichende Vermehrung zu ermöglichen. Auch *Meerrettichperoxydase, Hämoglobin, Natriumascorbat, Natriumthioglykolat* u. $Na_2S_2O_3$ ersetzen in bestimmten Konzz. die schützende I-Wrkg. bei niedrigen Aussaaten. Die gleiche Wrkg. hat Fehlen bzw. Mangel von O_2. Hämin, Cytochrom c, L-Cystein, red. Glutathion, $NaNO_2$, red. Diphosphopyridinnucleotid, Natriumformiat, A., L-Äthionin, Vitamin B_{12}, krist. Sojabohnen–Trypsin-Hemmstoff, Milchsäure- n. Alkoholdehydrogenase, Kollagenase u. Fötuin sind dagegen ohne schützende Wrkg. auf die Zellkulturen. Andererseits heben diese Verbb. nicht die I-Wrkg. auf. (J. exp. Medicine **108**. 631—37. 1/11. 1958. Pittsburgh, Pa., Univ., School of Med., Dep. of Microbiol.) J. DITTMANN. 4160

W. I. Agol, W. N. Gerschanowitsch und **R. N. Etingof,** *Zur vergleichenden Charakteristik des Stoffwechsels in den Kulturen von normalen und Geschwulstzellen.* (Vgl. C. **1959**. 838.) Die in vitro kultivierten n. Zellen aus der Nierenrinde von Macacus rhesus, die Krebszellen (Stamm HEP-2) u. die Herzzellen von Macacus cynomalcus (CO-Zellen) zeigen nach einer Reihe von Kennzahlen des Stoffwechsels sehr große Ähnlichkeiten auf. In allen Fällen ist die Kette der Atmungskatalysatoren sowohl im Cytochrom- als auch im Succindehydrasebereich gestört. Bei allen 3 untersuchten Zellarten beobachtet man einen umgekehrten PASTEUR-Effekt. Die aerobe u. die anaerobe Glykolyse ist überall sehr intensiv, am stärksten in der n. Zelle, am schwächsten bei HEP-2. In der gleichen Reihenfolge verändert sich die Aktivität der Hexokinase. Die gleichzeitige Störung des Atmungsapp. u. hohe glykolyt. Aktivität sind keine spezif. Eigg. der Geschwülste, sondern sind auch Merkmale für das Wachstum von n. u. Tumorzellen in vitro. (Биохимия [Biochemie] **24.** 101—09. Jan./Febr. 1959. Moskau, Inst. zur Erforschung der Poliomyelitis der Akad. der med. Wiss. der UdSSR, Labor. für Biochemie.) O. LEBTAG. 4160

J. S. Colter, R. A. Brown und **D. Kritchevsky,** *Physikalische Eigenschaften von Desoxyribonucleinsäure, die aus Ehrlich-Ascitestumorzellen durch verschiedene Methoden isoliert wurde.* Zur Isolierung von hochpolymerer Desoxyribonucleinsäure (I) wurden Albinomäusen ca. 10^7 Tumorzellen intraperitoneal implantiert. 9 Tage darauf wurden die Asciteszellen seziert, mit physiol. NaCl-Lsg. gewaschen u. homogenisiert. Die Zellextrakte (isoton. Lsg. von NaCl, 0,0001 mol. Na-Citrat) wurden durch Zentrifugieren fraktioniert. Aus den Nuclei wurde I nach 5 Methoden isoliert, u. zwar hauptsächlich nach der Na-Xylolsulfonatmeth. von SIMMONS u. Mitarbeitern (Federat. Proc. **11.** [1952.] 390) u. der Na-Dodecylsulfatmeth. von KAY u. Mitarbeitern (C. **1953.** 4542) sowie 3 weiteren bekannten Methoden. Getrocknete, reine I wurde analysiert: 13,11—14,9% N; 7,95—8,77% P; N/P = 1,62—1,77. Physikal. Konstanten: Die $E_{1\,cm}^{1\%}$ (260 mμ)-, $S_{20^0}^{H_2O}$ (Sedimentationskonstante einer 0,1%ig. wss. Lsg.)-Werte sowie die Viscositäten [η], extrapoliert auf die Konz. c = 0, von nach 4 Methoden erhaltenen I-Präpp. sind angegeben. Die nach der Na-Xylolsulfonatmeth. isolierte I scheint am stärksten polymerisiert zu sein. (Experientia [Basel] **13.** 38—39. 15/1. 1957. Pearl River, N. Y., Amer. Cyanamid Comp., Lederle Labors.) H. BÜTTNER. 4160

Daniel L. Azarnoff, George L. Curran und **William P. Williamson,** *Der in vitro-Einbau von $^{14}C_{(1)}$-Acetat in Cholesterin durch menschliche intracraniale Tumoren.* $^{14}C_{(1)}$-*Acetat* wird in vitro nicht durch menschliches Hirn in *Cholesterin* (I) eingebaut. Dagegen können Gehirntumoren, wie Glioblastoma multiforme, Astrocytome, Meningiome, Neurofibrome, Neurinome des Acusticus u. Ependymome, die operativ durch Craniotomie gewonnen wurden, diesen Einbau bewerkstelligen. Der I-Aufbauweg in den Tumoren entspricht etwa dem in n. Lebergewebe. Durch orale Applikation von *Vanadium* in Form von *Diammoniumoxytartratovanadat* vor der Operation wird die Biosynthese von I in diesen Tumoren gehemmt. (J. nat. Cancer Inst. **21.** 1109—15. Dez. 1958. Kansas City, Univ. of Kansas, Medical Center, Dep. of Medicine and Surgery.) WOLFGANG ALBRECHT. 4160

Susheela S. Waravdekar und **Kamal J. Ranadive,** *Biologische Testung von 3.4;9.10-Dibenzpyren. 3.4;9.10-Dibenzpyren* (I) wurde an der Maus auf carcinogene Eigg. getestet. Bei subcutaner Applikation war die carcinogene Wrkg. nach einmaliger Injektion sehr stark ausgeprägt (100% Tumorentstehung), die Latenzperiode war kurz u. betrug 74 Tage. Dagegen konnte durch das I-Deriv. *1.2-Diaza-3.4;9.10-dibenzpyren* bei gleicher Applikationsart innerhalb 14 Monaten kein Krebs erzeugt werden. — Die Bedeutung einer aktivierten Phenanthrenbrücke (K-Region) für die Carcinogenese wird diskutiert. (J. nat. Cancer Inst. **21.** 1151—55. Dez. 1958. Parel, Bombay, Indian Cancer Res. Center, Dep. of Exp. Biol.) WOLFGANG ALBRECHT. 4160

Giuseppe Pietra, Kathryne Spencer und **Philippe Shubik,** *Reaktion neugeborener Mäuse auf eine carcinogene Verbindung.* Vff. untersuchten die Wrkg. kleiner Dosen (30 μg/Tier) des gereinigten carcinogen wirkenden KW-stoffs *9.10-Dimethyl-1.2-benzanthracen* (I) nach subcutaner Injektion einer koll. Suspension auf weniger als 12 Std. alte Swiss-Mäuse. Die Tiere wurden kurz vor dem Verenden getötet u. die inneren Organe untersucht. — Es wurde eine starke Vergrößerung des Thymus festgestellt; die Milz u. die peripheren Lymphknoten waren teilweise unverändert, in der Regel jedoch vergrößert. Histolog. sind die Geschwülste als maligne Lymphoma anzusprechen. Mkr. wurden Infiltrationen der Lungen, Nieren, Skelettmuskeln, Lymphknoten, Speicheldrüsen, des Knochenmarks u. der Milz festgestellt. Diskussion hinsichtlich der Rk. junger tier. Organismen als empfindliche biol. Systeme auf carcinogen wirkende chem. Verbindungen. (Nature [London] **183.** 1689. 13/6. 1959. Chicago, Ill., Chicago Med. School, Div. of Oncol.) H. KOCKERT. 4160

Damazy Jerzy Tilgner und **Kazimierz Müller,** *Vorkommen einiger cocancerogenen Substanzen im Räucherrauch* (*3.4-Benzpyren, 1.2;5.6-Dibenzanthracen, 20-Methylcholanthren*). Rauch u. Teer aus Räucherkammern wurden chromatograph. an Al_2O_3 in PAe. als Lösungsm. in ihre Bestandteile getrennt u. diese UV-spektroskop. identifiziert. 1 m^3 Rauch enthält bei 60—100° ca. 5,6 γ *3.4-Benzpyren* (I) u. 7,1 γ *1.2;5.6-Dibenz-*

anthracen (II). Im Teer ist 14mal weniger I u. 9mal weniger II enthalten. 20-Methylcholanthren konnte nicht nachgewiesen werden. — 23 Literaturangaben. (Roczniki Technol. Chem. Żywności **2.** 21—33. 1957. Gdańsk, Politechn., Kat. Techn. Prod. zwięrz.) F. Urban. 4160

M. A. O'Neal, Howard E. Hoffman, B. G. Dodge und **A. C. Griffin,** *Die Bedeutung der Hypophyse bei der Krebsentstehung durch 2-[Diacetylamino]-fluoren.* Bei Rattenmännchen wird durch Hypophysektomie die Entstehung von Lebertumoren nach Verabreichung von *2-[Diacetylamino]-fluoren* (I) im Futter verhindert. Dieser Effekt ist durch *ACTH* u. *Insulin* nicht aufzuheben. Ebenso wird durch Hypophysektomie die Entstehung von Gehörgangstumoren nach I-Behandlung gehemmt, doch entwickeln diese Tiere in hohem Prozentsatz Tumoren, die von den HARDERschen Drüsen ausgehen. — Die Ergebnisse werden dahingehend interpretiert, daß die Carcinomentstehung durch I u. Azofarben durch verschied. Hypophysenfunktionen beeinflußt wird. (J. nat. Cancer Inst. **21.** 1161—68. Dez. 1958. Houston, Texas, Baylor Univ., Coll. of Med.; Univ. of Texas, M. D. Anderson Hosp., Deps. of Biochem.) WOLFGANG ALBRECHT. 4160

H. Isler, C. P. Leblond und **A. A. Axelrad,** *Der Einfluß des Alters und der Jodaufnahme auf die Entstehung von Schilddrüsentumoren bei der Ratte.* An 1, 4 u. 14 Monate alten Ratten wurde der Einfluß jodarmer Diät u. einer Kost mit Jodzusatz (Fütterungsdauer 12 Monate) auf die Entstehung von Knoten in der Schilddrüse histolog. untersucht. Knoten vom β-Typ fanden sich nur bei Jodmangeltieren, eine Abhängigkeit vom Alter war nicht festzustellen. Knoten vom γ-Typ fanden sich bei 3 Tieren mit Jodzusatz u. bei 30 Jodmangelratten, was dafür spricht, daß Jodmangel u. der dadurch bedingte hohe Spiegel an zirkulierendem thyreotropem Hormon zur Entstehung dieser Knoten nicht unbedingt notwendig ist, aber ihre Bildung begünstigt. Hier fand sich auch eine mit dem Alter ansteigende Befallshäufigkeit. (J. nat. Cancer Inst. **21.** 1065—75. Dez. 1958. Montreal, Quebec, Can., McGill Univ., Dep. of Anatomy.) WOLFGANG ALBRECHT. 4160

John G. Kidd, *Die Wirkungen von Arsenik-azoproteinen auf Mäuselymphomzellen, mit Beobachtungen über die Wirkungen anderer „Antilymphom"-Wirkstoffe und über die Empfindlichkeit verschiedener Typen von Lymphomzellen gegenüber diesen Wirkungen.* Durch Kupplung von *diazotierter Arsanilsäure* mit verschied. Proteinen wurden Konjugate hergestellt, die nach intraperitonealer Injektion völligen Rückgang von 6 C 3HED-Lymphomen in Mäusen verursachen. Histolog. wurde nachgewiesen, daß die Lymphomzellen absterben. Bei den Lymphomen E 9514, AKRL 1, L 1210 u. L 4946 wurde diese Wrkg. nicht erreicht. Gemische von Arsanilsäure mit denselben Proteinen, p-Sulfonsäurephenylazoproteine, p-Arsenophenyldiazotat, K_3AsO_3, K_3AsO_4, H_3AsO_4, Carbarsone, „Mapharsen", Amethopterin, Chlorambucil, 6-Mercaptopurin, 8-Azaguanin, Triäthylenthiophosphamid, Azaserin, 6-Azauracil, 5-Fluoruracil u. Diazooxonorleucin sind ohne hemmende Wrkg. auf Zellen des Lymphoms 6 C 3 HED in Mäusen, selbst wenn sie in den höchstverträglichen Dosen gegeben werden. (J. exp. Medicine **108.** 665—84. 1/11. 1958.) J. DITTMANN. 4160

Abraham Goldin, John M. Venditti, Stewart R. Humphreys, Don Dennis und **Nathan Mantel,** *Faktoren, die die Wirkspezifität eines leukämischen Mittels (Aminopterin) beeinflussen: Wirtsalter und -gewicht.* Die antileukäm. spezif. Wrkg. von *Aminopterin* (I) erwies sich bei Mäusen vom Alter u. Gewicht abhängig. I erhöhte die Überlebensdauer von Mäusen mit implantierter lymphoider Leukämie bei älteren Tieren stärker als bei jungen. Dieser Effekt ist durch eine Erhöhung der I-Toleranz bei älteren Mäusen bedingt. (J. nat. Cancer Inst. **16.** 709—21. Dez. 1955. Bethesda, Md., Nat. Cancer Inst., Labor. of Chem., Pharmacol., Epidemiol. and Biometry Branch.) W. A. SCHÄFER. 4160

E$_2$. Enzymologie. Gärung.

Barry Commoner, Barbara B. Lippincott und **Janet V. Passonneau,** *Elektronenspinresonanzuntersuchungen von freien Radikalen als Zwischenprodukten in Oxydation–Reduktion-Enzymsystemen.* Mit Hilfe eines ESR (Elektronenspinresonanz)-Spektrometers nach TOWNSEND konnte die Vorstellung von MICHAELIS bestätigt werden, wonach bei allen Oxydationen von organ. Moll. freie Radikale als Zwischenprodd. auftreten. Untersucht wurden: oxydative Decarboxylierung von Milchsäure, ferner *Alkoholdehydrogenase, Milchsäuredehydrogenase, Glucose-6-phosphatdehydrogenase, 3-Phosphoglycerinsäuredehydrogenase, Bernsteinsäuredehydrogenase, D-α-Aminosäurenoxydase,* WARBURGS *altes gelbes Ferment, DPNH-Cytochrom-c-Reduktase, Cytochrom-c-Oxydase.* (Proc. nat. Acad. Sci. USA **14.** 1099—1110. Nov. 1958. St. Louis, Mo., Washington Univ., Henry Shaw School of Botany.) A. HESSE. 4200

Barry Commoner und **Barbara B. Lippincott,** *Lichtinduzierte freie Radikale in Flavinmononucleotid und in Flavoproteinenzymen.* (Vgl. auch vorst. Ref.) Aus Verss. mit dem ESR-Spektrometer konnte gezeigt werden, daß flavinhaltige prosthet. Gruppen sowie Flavoprotein-Oxydations-Reduktions-Enzyme bei Einw. von sichtbarem Licht freie Radikale bilden, die mit den als Zwischenprodd. im biolog. Geschehen auftretenden Radikalen ident. sind. Untersucht wurden *Flavinmononucleotid* (I; auch nach Red. mit H_2, Pd-Schwarz, Borhydrid, DPNH) sowie *oxydative Milchsäuredecarboxylase* (nach SUTTON), welche I enthält. (Proc. nat. Acad. Sci. USA **14.** 1110—16. Nov. 1958.)
A. HESSE. 4200

K. Wallenfels und **H. Sund,** *Zum Wirkungsmechanismus der Alkoholdehydrogenase aus Hefe.* Vff. beobachteten einen streng linearen Zusammenhang zwischen der Zahl der freien SH-Gruppen pro Mol. nativer, krist. *Alkoholdehydrogenase* (ADH)-Präpp. u. ihrer katalyt. Aktivität. Bei 4 SH/ADH geht diese Aktivität auf Null zurück. Der Mechanismus der H-Übertragung mittels ADH wird mit dem der MEERWEIN-PONNDORF-Red. verglichen. Wahrscheinlich handelt es sich hier wie dort um eine H^--Verschiebung, bei der die in ADH enthaltenen 4 Zn die Rolle des Al übernehmen. Die SH-Gruppen binden einerseits Zn u. andererseits Diphosphopyridinnucleotid (DPN) u. A. (bzw. Acetaldehyd) in der richtigen räumlichen Anordnung. Sinkt ihre Zahl auf 4 ab, so sind sie durch Zn völlig blockiert u. vermögen weder DPN nach A. zu fixieren. (Angew. Chem. **67.** 517. 7/9. 1955. Freiburg/Br., Univ., Chem. Labor.) G. PRACEJUS. 4210

Kōzō Yamada, Shunzi Sawaki, Chūya Yazaki und **Akira Tatematu,** *Über Hemmung von Bernsteinsäuredehydrogenase durch Chlorthiazid.* Es wurde der inhibitor. Einfl. von *Chlorthiazid* (I) auf *Bernsteinsäuredehydrogenase* (II; 5 mg Leber- u. Nierenhomogenisat von Ratten) mit folgendem Ergebnis untersucht: $1{,}8 \cdot 10^{-3}$ mol. I hemmt die II-Aktivität des Leberhomogenisats zu 83,7% [*Formazan* (III)-Bldg. 6 γ], $1{,}5 \cdot 10^{-3}$ mol. I die des Nierenhomogenisats zu 87,8% (III-Bldg. 5 γ). Im Vgl. hierzu erwies sich *Acetazolamid* als unwirksam, $0{,}5 \cdot 10^{-4}$ mol. *p-Chlormercuribenzoat* hemmte die II-Aktivität des Nierenhomogenisats zu 52,2% (III-Bldg. 20 γ). Nur $2{,}1 \cdot 10^{-2}$ mol. *Malonat* hemmte stärker als I (92,6%, III-Bldg. 3 γ). (Med. and Biol. [Tokyo] **50.** 237—39. 20/3. 1959. Nagoya Daigaku, Igaku-Bu, Naikagaku-Kyōshitsu. [Orig.: japan.]) F. MOSSNER. 4210

Helen A. Stafford, *Weinsäuredehydrogenaseaktivität in höheren Pflanzen.* In Extrakten von *Pisum sativum, Phaseolus vulgaris* u. Weizenkeimen konnte eine Dehydrogenaseaktivität festgestellt werden, durch die (—)- oder Mesotartrat zu (enol- oder keto-) Dihydroxyfumarat oxydiert wurde. Die Aktivität wurde gemessen, indem man im Substrat die DPN^+ Menge photospektrometr. bestimmte oder colorimetr. über Berlinerblau Kaliumferrocyanid nachwies, das aus dem als terminaler Elektronenacceptor dienenden Kaliumferricyanid entstand. Unter den gegebenen Bedingungen beeinträchtigten weder Mg^{2+} noch Äthylendiamintetraessigsäure die Enzymaktivität. Die Red. von Dihydroxyfumarat (I) zu Tartrat ließ sich in Ggw. von DPNH unter anaeroben Bedingungen photospektrometr. nachweisen. Die Identifizierung der durch die Dehydrogenaseaktivität entstehenden Prodd. wurde durch drei Neben-Rkk. erschwert: Die Decarboxylierung von I zu Glykolaldehyd; die Autoxydation von I zu Diketobernsteinsäure mit nachfolgender Decarboxylierung zu Hydroxymalonat; die mögliche Dehydrierung von Tartrat zu Oxalacetat. Signifikante Mengen von Glyoxylat u. Hydroxypyruvat konnten nicht festgestellt werden. Die Dehydrogenaseaktivität wurde bei den Erbsen sowohl in den Samen als auch in den Wurzeln u. Schößlingen gefunden. Bei der Sedimentfraktionierung blieb die Dehydrogenaseaktivität hauptsächlich auf die oberste Fraktion beschränkt, aber auch in der untersten Fraktion ließ sie sich definitiv nachweisen. Es konnte jedoch die Möglichkeit nicht ausgeschlossen werden, daß diese Enzymaktivität auf der ähnlich verteilten Äpfelsäuredehydrogenase (II) beruht. Wie Hydroxymalonat hemmt auch Tartrat die Aktivität von II. Die mögliche Schlüsselstellung von I im Stoffwechsel der Pflanze wird erörtert. — 36 Literaturangaben. (Plant Physiol. **32.** 338—45. Juli 1957. Portland, Ore., Reed Coll., Biol. Dep.)
W. KREIPE. 4210

Hisateru Mitsuda, *Katalase.* Übersicht über neuere Entwicklungen der *Katalase*-Untersuchungen. — 90 Literaturangaben. (Kagaku-no-Ryôiki [J. Jap. Chem.] **12.** 659—69. Sept. 1958. Kyôto, Univ., Landw. Fak. [Orig.: japan.]) E. MAEKAWA. 4210

Margaret A. Kelsall, *Die Bedeutung der Peroxydase in Eosinophilen.* Übersicht über die Funktion der Eosinophilen hinsichtlich Bldg., Speicherung u. Transport von *Peroxydase* (I) zur Oxydationskatalyse. I-Granula, I in Zellen, Tieren, Verteilung der Eosinophilen, Fe, Lipide u. Histamin in Granula, I-Funksionen, I u. Katalase, Eiweissabbau, Lymphopenie, Cortison u. ACTH, Adrenalin, Fieber, Scharlach, Fremdeiweiß-Rk., Parasiten, Röntgenbestrahlung, Strahlungsschutz. — Zahlreiche Literaturangaben. (Univ. Colorado Stud., Ser. Biol. **1958.** 62—92. April. Boulda, Col., Univ.) K. MAIER. 4210

J. Darányi, *Die Peroxydase in der Hämatologie.* Es wird ein leicht durchzuführender Peroxydase (I)-Nachw. angegeben, bei dem die I-positiven u. -negativen Elemente gleichzeitig mit einem aus alkal. H_2O_2–Benzidin–Methylenblau bestehenden, stets frisch zubereiteten Gemisch gefärbt werden (je 6 Min. Fixierung u. Färbung). (Folia haematol. [Leipzig] **75.** 158—65. 1957. Budapest, XX. Bezirksgesundheitsanst. u. Sport-Hygiene-Inst.) K. MAIER. 4210

Jacob W. Dubnoff und **Mildred Dimick,** *Die Stabilität des adaptiven Enzyms Tryptophanperoxydase.* Der Geh. an *Tryptophanperoxydase* (I) der Rattenleber kann sowohl durch Fütterung bzw. Injektion von Tryptophan (II) als auch durch Zufuhr von Cortison (III) erhöht werden. I ist auch bei 0^0 instabil; durch II-Zusatz kann die Inaktivierungsgeschwindigkeit vermindert werden. Da die stabilisierende Wrkg. von II sowohl bei II- als auch bei III-induziertem I-Anstieg auftritt, nehmen Vff. an, daß I in der Leber ständig auf- u. abgebaut wird u. durch die Ggw. von II teilweise vor dem Abbau geschützt wird. Die Wrkg. von III auf den I-Anstieg beruht nicht auf stabilisierenden Eigg. von III. Da der II-Spiegel durch III-Zufuhr nicht beeinflußt wird, scheint das Substrat für die Erhöhung von Enzymkonzz. nicht erforderlich zu sein. (Biochim. biophysica Acta [Amsterdam] **31.** 541—42. Febr. 1959. Pasadena, Div. of Biol.; Berkeley, Calif., Univ., Inst. of Technol. and Dep. of Poultry Husbandry.) E. SCHWERDTFEGER. 4210

Frederick L. Crane, *Innere Verteilung von Coenzym Q in höheren Pflanzen. Coenzym* Q_{10} (I; 10 Isopreneinheiten in der Seitenkette) u. *Coenzym* Q_{254} (II; Absorptionsmaximum bei 254 mμ) wurden durch Messung der Extinktionen bei 275 bzw. 254 mμ vor bzw. nach Zugabe von KBH_4 (Red. zu Hydrochinonen) spektrophotometr. bestimmt: In Spinatblättern besteht gute Korrelation zwischen der Verteilung von Bernsteinsäuredehydrogenase u. I sowie zwischen Chlorophyll u. II auf die einzelnen Fraktionen. — In den weißen Bereichen der Blätter von *Pandanus vetchii* sind I u. II etwa in gleicher Konz. vorhanden, in den grünen Teilen ist jedoch II in etwa der 10fachen, I dagegen nur in etwa der 3fachen Menge enthalten. — Die Wurzeln von Maissämlingen enthalten doppelt soviel I wie II, die Schosse dagegen 1,4mal soviel II wie I. — Aus diesen Befunden wird gefolgert, daß I am mitochondr., II jedoch am photosynthet. Elektronentransport teilnimmt. (Plant Physiol. **34.** 128—31. März 1959. Madison, Wisc., Univ. of Wisconsin, Inst. for Enzyme Res.) J. DITTMANN. 4210

N. M. Ssissakjan, A. A. Krassnowski, Je. Ss. Michailowa und **G. P. Brin,** *Die Photoreaktivierung der Cytochromoxydase der Gewebe von Pflanzen, die Chlorophyll enthalten oder nicht.* Untersucht wurde der Einfl. von CO auf die *Cytochromoxydase* (I)- u. photochem. Aktivität der Gewebehomogenate aus Blättern von Bohne, Rübe, Klee, Weizen, Kartoffel, Melde u. Kapuzinerkresse u. die Möglichkeit der Reaktivierung der durch CO gehemmten Prozesse durch „weißes“ Licht, das von I u. Chlorophyll (II), u. durch rotes Licht, das nur von II absorbiert wird. Es zeigte sich, daß das weiße Licht die durch CO unterdrückte I-Aktivität der II-freien u. der grünen Suspensionen wiederherstellt. Das rote Licht zeigt diese Fähigkeit nur in den grünen Suspensionen. Die photochem. Aktivität wird durch CO nicht unterdrückt. (Биохимия [Biochemie] **24.** 3—8. Jan./Febr. 1959. Moskau, Bach-Inst. für Biochem. der Akad. der Wiss. der UdSSR.) O. LEBTAG. 4210

F. Moss, *Adaptation der Cytochrome von Aerobacter aerogenes als Reaktion auf die Sauerstofftension des Milieus.* In einem automat. kontinuierlich arbeitenden Kulturapp. wurde der Geh. von *A. aerogenes* an *Cytochrom* a_2 (I) u. b_1 (II) bei verschied., mehrere Std. aufrechterhaltenen O_2-Konzz. verfolgt. Die Cytochrombest. erfolgte durch Reflexionsspektrophotometrie in situ im Bakterienbrei. Sich bei mehrstd. Belüftung entwickelndes I nahm mit einer auf 10^{-6}mol. absinkenden O_2-Konz. zu. Bei dieser Konz. war die Atmung stark O_2-konzentrationsabhängig. Züchtung bei $< 10^{-6}$mol. O_2 näherte sich die I-Konz. dem anaeroben Wert. II, das sich bei 5std. Belüftung $> 10^{-6}$mol. O_2 entwickelte, war von der O_2-Konz. fast unabhängig. Bei $< 10^{-6}$mol. O_2 sank II auf den anaeroben Wert ab. (Austral. J. exp. Biol. med. Sci. **34.** 395—405. Okt. 1956. Sidney, Univ., Dep. of Bacteriol.) K. MAIER. 4210

Eugene H. Bernstein und **W. W. Wainio,** *Eine weitere Reinigung und Charakterisierung von Cytochrom b.* Bei Verss. über die Reinigung der nach EICHEL u. Mitarbeitern (vgl. C. **1950.** II. 1962) aus Rinderherzmuskelmitochondriensuspensionen erhältlichen Cytochrom b (I)-haltigen Fraktionen fanden Verff., daß Zentrifugieren (25000 g) mit Zusatz von 0,6 Vol.-% *Na-Desoxycholat* (II) u. anschließende gleiche Zentrifugation des Nd. aus der ersten Fraktionierung mit 0,8 Vol.-% II I-Lsgg. lieferte. Diese Fraktionen waren frei von anderen Cytochromen, enthielten jedoch eine bei 553 mμ absorbierende Substanz. Die I-Suspensionen wiesen geringe *Cytochromoxydase* (III)-Aktivität auf, die nach einigen Tagen bei 4^0 verschwand. Nach Red. mit $Na_2S_2O_4$ zeigte I Absorptionsmaxima bei 562, 528 u. 428 mμ; im oxydierten Zustand zeigte II bei 413 mμ ein Maximum u. eine breite Bande bei 520—570 mμ. Zur Entfernung der II modifizierten Vff. die Meth. von TSOU (Biochem. J. 50. [1953.] 493). 20 ml 0,1 mol. Na_2HPO_4-KH_2PO_4-Puffer (p_H 7,4) wurde zu jedem Gramm des feuchten unlösl. Präp. vor der Extraktion zugefügt, die Suspension homogenisiert u. bei 4° 20 Std. gerührt. Der unlösl. Rückstand wurde durch Zentrifugieren vom III enthaltenden Puffer getrennt. Der Nd. wurde gekühlt, mit obigem Puffer versetzt u. dann der II-Extraktion ausgesetzt. I war ziemlich stabil. Eine Lyophilisierung bewirkte eine gewisse Denaturierung von I, was sich durch eine leichte Verringerung der Absorption bei 562 mμ bemerkbar machte. Die *Bernsteinsäuredehydrogenase*-Aktivität blieb stets erhalten. Vff. konnten auch ein *Pyrimidinhämochromogen* (IV) der prosthet. Gruppe von I beobachten. Im red. Stadium zeigte IV Absorption bei 557, 526 u. 419 mμ. (J. biol. Chemistry **233.** 361—64. Aug. 1958. New Brunswick, N. J., Rutgers Univ., Bureau of Biol. Res.) H. DÖLLE. 4210

Nathar Penn und **Bruce Mackler,** *Mikrosomale DPNH–Cytochrom-c-Reduktase.* Es wird ein Verf. zur Reindarst. der *Dihydrodiphosphopyridinnucleotid* (DPNH)-*Cytochrom-c-Reduktase* aus Rinderleber beschrieben. Das gereinigte Präp. besaß eine 80- bis 100mal größere Aktivität, gemessen an der Katalysierung von DPNH u. Ferricyanid oder Cytochrom c, als das Ausgangsmaterial. In den einzelnen Reinigungsstufen wurde der Protein-, der Eisen- u. der Lipidgeh. ermittelt. (Biochim. biophysica Acta [Amsterdam] **27.** 539—43. März 1958. Madison, Wis., Univ. of Wisconsin, Inst. for Enzyme Res.) HEINZ SCHULZ. 4210

Karl A. Schellenberg und **Leslie Hellerman,** *Oxydation von reduziertem Diphosphopyridinonucleotid.* Spirocyclohexylporphyrexid (*Spiro-*[*cyclohexyl-4-*(*1-hydroxyhydantoindiimid*)]; I), FENTONs Reagens, Jodosobenzoat u. andere Oxydationsmittel wurden mit red. Diphosphopyridinnucleotid (DPNH) gemischt u. spektrophotometr. die Abnahme der opt. Dichte in der Zeit bei 340 mμ bestimmt. Nach Erreichung eines Gleichgewichtszustandes wurde das Oxydationsmittel durch Zugabe von Glutathion völlig red. u. das restliche DPNH enzymat. durch Hefedehydrogenase ermittelt. Ergebnis: Durch I wird DPNH fast im Augenblick der Zugabe zu 88% oxydiert. — Auch andere I-Elektronacceptoren oxydieren DPNH in kurzer Zeit zu einem hohen Prozentsatz. — Dagegen läßt sich mit 2-Elektronacceptoren wie Jodosobenzoat u. anderen starken Oxydationsmitteln DPNH nicht oxydieren. — Diese Ergebnisse legen den von den Vff. diskutierten Schluß nahe, daß die Oxydation von DPNH schrittweise in der Folge DPNH → DPN → DPN^+ verläuft. (J. biol. Chemistry **231.** 547—556. März 1958. Baltimore, Md., Johns Hopkins Univ., Dep. of Physiol. Chem.) H. KRAN. 4210

K. Wallenfels und **Hans Schüly,** *Isomere Dihydrostufen eines Cozymasemodells. 1-*[*2.6-Dichlorbenzyl*]*-nicotinsäureamidhydrobromid* wird wie die natürlichen Pyridinnucleotide durch Dithionat zur *1.4-Dihydroverb.* reduziert. Mit $NaBH_4$ erhält man dagegen ein Isomeres, das im UV neben dem langwelligen (340—360 mμ) noch ein kurzwelliges Absorptionsmaximum bei 266 mμ zeigt u. das als *1.2-* oder *1.6-Dihydroverb.* formuliert werden muß. Beide Dihydroverbb. liefern bei der katalyt. Hydrierung sowie bei der Oxydation mit Diphenylpikrylhydrazyl u. HBr ident. Produkte. Allg. (mit 1 Ausnahme) scheint $Na_2S_2O_4$ Pyridiniumsalze in γ- u. $NaBH_4$ in α-Stellung zu reduzieren. (Angew. Chem. **67.** 517—18. 7/9. 1955. Freiburg/Br., Univ., Chem. Labor.) G. PRACEJUS. 4210

K. K. Reddi, *Die Wirkung von Tabakblattribonuclease auf Polyuridyl- und Cytidylsäure. Tabakblätterribonuclease* (T-I) spaltet im Gegensatz zu *Pankreas*-I alle Diesterbindungen unter Bldg. von Purin- u. Pyrimidin-cycl.-nucleotiden. Während diese weiterer T-I-Einw. unzugänglich sind, werden jene langsam zu Nucleosid-3'-phosphaten hydrolysiert. Cytidin-3'-phosphatbindungen werden anscheinend im Anfangsstadium des Abbaus weniger rasch angegriffen. Nach 1 std. Incubation von synthet. Uridylsäure (II) u. *Cytidylsäure* (III)-Polymeren mit T-I waren 45% Poly-II in Uridin-2'.3'-cycl.-phosphat u. nur ca. 9% Poly-III in Cytidin-2'-3'-cycl.-phosphat übergeführt (nach 7 Std. 100 bzw. 66%). (Biochim. biophysica Acta [Amsterdam] **30.** 638. Dez. 1958. Berkeley, Calif., Univ., Virus Labor.) K. MAIER. 4210

James L. Way und **R. E. Parks jr.,** *Enzymatische Synthese von 5'-Phosphatnucleotiden aus Purinanalogen. 8-Azaguanosin-5'-phosphat* (I) u. andere Purinnucleotidanaloge wurden nach 2 Methoden dargestellt: a) Das aus einem Reaktionsgemisch von Ribose-1-phosphat, 8-Azaguanin u. einer aus Rindsleber gewonnenen Purinnucleosidphosphorylase nach 24 Std. Incubation bei 30° hervorgegangene 8-Azaguanosin wurde mit Phenylphosphat in Ggw. von Gerstenmalzphosphatase zu I phosphoryliert. — Der Prozeß war nicht sehr ergiebig. — b) 8-Azaguanin wurde versetzt mit 5-Phosphoribosyl-(1)-pyrophosphat (II), $MgCl_2$, Trisoxymethylaminomethan–HCl-Puffer u. Schweineleberacetonextrakt, bei 37° bebrütet, kurz auf 95° erhitzt, abgekühlt u. zentrifugiert. Durch mehrfachen Ionenaustausch konnte aus dem Überstand I konz. gewonnen werden. — Verss. mit anderen Purinanalogen zeigten, daß auch diese durch Rk. mit II die entsprechenden Nucleotide bilden können. Jedoch ist die Substratspezifität bemerkenswert. Mit Schweineleberextrakt ließen sich nur aus Guanin- u. Hypoxanthinanalogen Nucleotide aufbauen. Die Rk. mit *6-Aminopyrazolo-[3'.4' : d]-pyrimidin, 2-Amino-6-hydroxypyrazolo-[3'.4' : d]-pyrimidin, 6-Hydroxyparazolo-[3'.4' : d]-pyrimidin* u. 6-Mercaptopurin dagegen fand nur in Ggw. von Rindsleber- u. Hefeextrakt statt. — Diese Befunde scheinen auf die Existenz von 2 Purinnucleotidpyrophosphorylasen hinzudeuten, deren eine eine OH-Gruppe am $C_{(6)}$-Atom des Purinringes verlangt. — Die p_H-Optima für diese Rkk. waren sehr unterschiedlich. Die Rkk. wurden mit schon geringen Konzz. von Orthophosphat, Adenosintri- u. diphosphat gehemmt. Der mögliche Mechanismus des Hemmeffektes wird erläutert. Vff. diskutieren, wie die erwiesene carcinostat. Wrkg. von einigen der untersuchten Analogen mit den beschriebenen chem. Prozessen zusammenhängen könnte. (J. biol. Chemistry **231.** 467—80. März 1958. Madison, Wis., Univ. of Wisconsin, Med. School, Dep. of Pharmacology.) K. KRAN. 4210

B. Sells und **Nicole Six,** *Adenosintriphosphatase in der Membran von Amoeba proteus.* Zur Klärung des biochem. Mechanismus der Zellteilung bei den Amöben u. im Hinblick auf die Rolle der *Adenosintriphosphatase* (I) bei verwandten biol. Vorgängen wurde die Ggw. einer *ekto*-I in der Amöbenmembran nach 2 Methoden wahrscheinlich gemacht, deren Aktivität in den zellkernfreien Fragmenten noch 24 Std. nach der Sektion anhält. — 6 Literaturangaben. (Arch. int. Physiol. Biochim. **67.** 123—25. Febr. 1959. Brüssel, Univ., Labor. de Morphol. animale.) W. SCHULENBURG. 4210

Gene Miller und **Harold J. Evans,** *Der Einfluß von Salzen auf die Brenztraubensäurekinase in den Geweben höherer Pflanzen.* Die zur völligen Ausnutzung von *Brenztraubensäurekinase* (I), die man aus dialysiertem Extrakt von Erbsensamen isolierte, erforderlichen Konzz. von Adenosindiphosphat (II) u. Phosphoenolbrenztraubensäure(III) wurden bestimmt u. danach die entsprechenden MICHAELIS-Konstanten (K_A) berechnet. Die I-Aktivität verhielt sich gegenüber der Konz. von II u. III sowie der Reaktionszeit proportional. Durch Zusatz der Chloride von K^+, Rb^+ oder Na^+ ließ sich bei einer jeweiligen Konz. von 0,05 mol. u. durch NH_4^+ bei einer Konz. von 0,035 mol. eine maximale I-Aktivität erzielen, wobei mit Na^+ nur etwa 20% der I-Aktivität erreicht werden konnten als mit K^+. Höhere Konzz. hatten eine Aktivitätsabnahme zur Folge. Li^+ erwies sich als völlig wirkungslos. Verss. mit den Anionen Cl^-, NO_3^-, SO_4^{2-} u. dem Phosphationengemisch von $HPO_4^{2-} + H_2PO_4^-$ in Form ihrer K-Salze zeigten, daß sie die I-Aktivität in keiner Weise beeinflussen. Lediglich J^- u. Br^- wirkten in Konzz. über 0,05 mol. hemmend auf die I-Aktivität. Mit den Cl-Salzen von Mg^{2+}, Mn^{2+} oder Co^{2+} konnte bei einer Konz. von $5 \cdot 10^{-3}$ mol. eine maximale I-Aktivität erreicht werden, die jedoch für Co^{2+} nur etwa 87% der mit Mg^{2+} oder Mn^{2+} erzielbaren betrug. Bei Be^{2+} ließ sich nur bei einer Konz. von ca. 10^{-3} mol. eine geringe I-Aktivität beobachten. Ni^{2+} u. Ca^{2+} zeigten bei Konzz. bis zu 0,2 mol. keine aktivierende Fähigkeit. In Extrakten aus Samen von Weizen, Baumwolle, Hafer, Mais u. Rübe sowie aus den Blättern von Tabak u. Erbse u. aus den Blattstielen des Sellerie war I-Aktivität festzustellen, die in allen Fällen durch KCl stimuliert werden konnte. Wenig oder gar keine I-Aktivität wurde in den Wurzelextrakten verschied. Pflanzen gefunden. — 24 Literaturangaben. (Plant Physiol. **32.** 346—54. Juli 1957. Raleigh, N. C., North Carolina State Coll., Botany Dep.) W. KREIPE. 4210

Hugh T. Freebairn und **Lemar F. Remmert,** *Oxydative Phosphorylierung durch subcellulare Partikeln des Kohls.* Unter verschied. Bedingungen wurde bei subcellularen Teilchen des Kohls die Aufnahme von O_2 u. anorgan. Phosphat untersucht u. das Verhältnis von P/O bestimmt. Teilchen von frischem Kohl wiesen ein höheres P/O-Verhältnis auf als solche von älteren oder welkeren Kohlpflanzen. Durch Zusatz von Hexokinase oder Cytochrom c ließen sich in Präpp. mit geringem P/O-Wert die O_2- u. Phosphataufnahme stimulieren, so daß der P/O-Wert stieg. In Präpp. mit hohem P/O-Wert konnte dieser durch derartige Zusätze jedoch nicht weiter erhöht werden. Diese Beziehungen beruhen wahrscheinlich auf unterschiedlicher Teilchengröße. Kurze Incubationszeiten führten im allg. zu höheren P/O-Werten als längere. 30° wirkten jedoch schädigend auf das Phosphorylierungssystem. Lag die anfängliche Phosphatkonz. in den ersten 60 Min. der Incubation unter 0,031 mol., so trat eine signifikante Verringerung der O_2-Aufnahme ein. Es wird daher eine Anfangskonz. von 0,047 mol. empfohlen. Die höchste O_2- u. Phosphataufnahme wurde durch Zusätze von DPN, TPN, ATP, Glutathion sowie Mg^{2+}- u. Mn^{2+}-Ionen erreicht. 0,01 mol. Malonat (I) hemmte zu 90%, die durch Succinat induzierte O_2-Aufnahme u. die durch α-Ketoglutarat (II) induzierte zu 48%. Der mit II als Substrat ermittelte P/O-Wert ließ sich aber durch I-Zusatz trotzdem nicht signifikant verändern. Wurde die Incubation unter N_2 durchgeführt, so konnte kein Phosphat verestert werden. Die Phosphataseaktivität war in allen Präpp. gering. Die mit Oxalacetat, Fumarat, Succinat u. Glutamat als Substrat erzielten P/O-Werte lagen zwischen 2 u. 3. Nur mit II konnte ein P/O-Wert von 3,8 erreicht werden. (Plant Physiol. **32**. 374—76. Juli 1957. Corvallis, Oreg., Oregon Agric. Exp. Station, Dep. of Agric. Chem.; Oregon State Coll., Dep. of Chem.) W. KREIPE. 4210

Marjorie R. Stetten, *Transglucosylierung durch ein Enzym der Säugetierleber.* Untersucht wird die durch Enzympräpp. aus Rattenleber katalysierte Transglucosylierung: 2 *Maltose* ($\rightleftharpoons$) *Glucose* (II) + *Maltotriose*, wobei auch höhere Oligosaccharide gebildet werden. Ein rohes Präpp. der *Transglucosylase* (III) wurde durch Zusatz von A. zu der überstehenden Lsg. von Leberhomogenat u. Extraktion des Nd. mittels Phosphatpuffer p_H 5,0 bei 37° erhalten. Die Präpp. zeigen bei p_H 7,0, nicht aber bei p_H 5,0, eine geringe *Amylase*-Wrkg., die durch erschöpfende Dialyse entfernt werden kann. Best. der II erfolgte durch Einw. von *Glucoseoxydase*, Rk. des gebildeten H_2O_2 mit o-Dianisidin in Ggw. von Peroxydase u. Colorimetrieren des gebildeten Farbstoffes bei 390 mμ. Die III-Wrkg. wurde mit ^{14}C-Kohlenhydraten, chromatograph. Trennung der Reaktionsprodd. u. Best. der Radioaktivität verfolgt. — ^{14}C-Glucose (II*) wird durch III nur in den reduzierenden endständigen Zucker der I u. der Oligosaccharide aufgenommen. Die Reaktionsstufen sind (IV = Glucosylrest): IV—II* + III $\rightleftharpoons$ IV—III + II*; IV—III + IV—II* $\rightleftharpoons$ IV—IV—II* + III; IV—III + H_2O $\rightarrow$ II + III. — Während die IV-Übertragung auf Oligosaccharide reversibel ist, ist die Übertragung von IV auf H_2O irreversibel. — Die Wrkg. der III verläuft sehr langsam; Mitwrkg. von Phosphat oder anderen dialysierbaren Cofaktoren ist nicht erforderlich. — Auch *Glykogen* kann vermutlich als IV-Quelle dienen, wobei Übertragung von IV auf II nachgewiesen wurde. — Glucose-1-phosphat ist weder Donator noch Acceptor von IV. (J. Amer. chem. Soc. **81**. 1437—41. 20/3. 1959. Bethesda, Md., Nat. Inst. of Health, Nat. Inst. of Arthritis and Metabol. Diseases.) A. HESSE. 4210

T. A. Douglas und **H. N. Munro,** *Das Vorkommen einer inaktiven Amylase in den Pankreaszellen und ihre Bedeutung.* In Homogenaten von Taubenpankreas konnte durch zusätzliche Zerkleinerung mit Glasperlen eine Zunahme des *Amylase* (I)-Geh. erzielt werden. Dieser I-Zuwachs stammte hauptsächlich aus der Mikrosomenfraktion, die bei 18000·g in 0,25mol. Rohrzucker sedimentierte, nur wenig wurde in der Ultramikrosomenfraktion, Sedimentation bei 105000·g gefunden. Elektronenmkr. wurden in der Mikrosomenfraktion zahlreiche, wahrscheinlich vom endoplasmat. Reticulum abstammende Bläschen festgestellt. Bei Behandeln mit W. wurde die in den Bläschen enthaltene I durch Zerreißung derselben freigesetzt, doch blieb das aktivierte Enzym an die Zelltrümmer gebunden. — Die Aufnahme von *^{14}C-Glycin* durch die Mikrosomenfraktion ist hoch, bes. durch die Proteine, welche nicht mit *Ribosenucleinsäure* verknüpft sind, d. h. die Proteine der Bläschenwand. Es erscheint möglich, daß der Bindungsort von I an der Bläschenwand gleichzeitig der Ort der I-Bldg. ist. (Exp. Cell Res. **16**. 148—64. Jan. 1959. Glasgow, Univ., Dep. of Biochem.) WOLFGANG ALBRECHT. 4210

Wendell W. Kilgore und **Mortimer P. Starr,** *Stoffwechsel der Hexuronate und 5-Ketohexonate in Erwinia carotovora.* Nach Incubation einer gereinigten *Uronsäureisomerase*, gewonnen aus *Erwinia carotovora* (I) in Galakturonat bzw. Glucuronat, mit *D-Glucuronat*, erhielten Vff. eine Verb., die in der typischen Weise der 5-Ketohexonate mit Carbazol reagierte. Nach Red. mit $NaBH_4$ waren papierchromatograph. die Lactone von *D-Mannonsäure* u. *L-Gulonsäure* nachweisbar. Vff. schließen daher auf die Umwandlung des D-Glucuronat zu *5-Keto-L-Gulonat* durch I. Durch enzymatische Red. des *5-Keto-L-gulonat* mit DPNH oder TPNH entstand *D-Mannonat*. Aus *5-Keto-L-galactonat* entstand unter der Einw. gereinigter Ketouronsäurereduktase aus I u. Dihydrodi- oder -triphosphopyridinnucleotid (DPNH oder TPNH) *D-Altronat*. Bei höheren Konzz. von DPN^+ war diese Rk. umkehrbar. (Biochim. biophysica Acta [Amsterdam] **30**. 652—53. Dez. 1958. California, Univ., Dep. of Bact.) R. TIMMLER. 4210

F. Pasquinelli, *Coenzym A.* Ausführliche Übersicht über Struktur, Biosynth., Vork. u. Verteilung, Funktionen (Transacetylierung, Ketoglutarsäurestoffwechsel, Beziehung zum KREBS-Cyclus, Fettsäurestoffwechsel u. Proteinstoffwechsel) des *Coenzyms A* u. seine Beziehungen zu patholog. Zuständen. — 400 Literaturangaben. (Sperimentale, Sez. chim. biol. **5**. 67—125. 15/3. 1955. Florenz, Univ., Ist. di Patol. Gener.) P. LOCH. 4210

G. de la Haba und **G. L. Cantoni,** *Die enzymatische Synthese von S-Adenosyl-L-homocystein aus Adenosin und Homocystein.* 12. Mitt. *der Reihe über enzymatische Mechanismen der Transmethylierung.* Ein in Rattenleber vorkommendes *Enzym* (I) wurde durch $(NH_4)_2SO_4$-Fällung, Adsorption an Ca-Phosphat-Gel, A.-Fällung u. Adsorption an Al_2O_3-C_γ angereichert. I katalysiert die Kondensation von Adenosin (II) u. L-Homocystein (III) zu S-Adenosyl-L-homocystein (IV). IV wurde chromatograph., durch Methylierung zu S-Adenosyl-L-methionin (V) sowie durch Elementaranalyse u. F. der krist. Verb. u. des Pikrates identifiziert. I katalysiert auch die Spaltung von IV, wenn II u. III enzymat. entfernt werden. Es wird eine Meth. zur enzymat. Synth., Isolierung u. Kristallisation von III (in 70%ig. Ausbeute) beschrieben. Eine spektrophotometr. Meth. zur Best. von III wurde entwickelt. I ist spezif. auf II u. III eingestellt. Durch Methylierung von IV erhaltenes V weist bei der enzymat. Methylierung von Guanidoessigsäure zu Kreatin nur 50% der Wirksamkeit des natürlich vorkommenden V auf.

Versuche: *S-Adenosyl-L-homocystein*, $C_{19}H_{20}N_6O_5S$, F. 202° (Zers.). *Pikrat* F. 170°. — *S-Adenosyl-L-methionin* aus vorst. Verb. durch Methylierung mit CH_3J in Ameisensäure, 5 Tage bei n. Temp. im Dunkeln, lyophilisieren, Aufnehmen in 0,1n HCl, ausäthern u. über das Reineckat isolieren. (J. biol. Chemistry **234**. 603—08. März 1959. Bethesda, Md., US Public Health Serv., Nat. Inst. of Health, Nat. Inst. of Mental Health, Labor. of Cell. Pharmacol.) E. SCHWERDTFEGER. 4210

Shotaro Kitagawa und **Yuji Tonomura**, *Kontraktile Proteine der Pectenadduktoren.* 3. Mitt. *Fehlschlag eines Nachweises von Adenylsäuredesaminaseaktivität.* (2. vgl. C.**1957.** 7420.) Vff. untersuchten die *Adenosinmonophosphatdesaminase* (I)-Aktivität von Muskelhomogenaten u. Myosin B der schnellen Adduktoren von P. yessoensis in Ggw. von zugesetztem Adenosinmonophosphat (II) bei 36° u. verschied. Zeitdauer (0—60 Min.) im p_H-Bereich von 5,0—8,5. Unter allen Versuchsbedingungen ließen sich weder eine signifikante NH_3-Bldg. noch die Umwandlung von II in Inositmonophosphat nachweisen. Auf den Gegensatz dieser Ergebnisse zu der bei Myosin u. Actomyosin von Kaninchenmuskeln gefundenen hohen I-Aktivität wird hingewiesen. (J. Biochemistry [Tokyo] **44.** 317—20. Mai 1957. Sapporo, Hokkaido Univ., Fac. of Sci., Chem. Dep. and Res. Inst. for Catalysis. [Orig.: engl.]) E. SCHWERDTFEGER. 4210

Fritz Lipmann, *Symposium über Aminosäureaktivierung.* Vf. gibt an Hand der neueren Literatur eine Übersicht über den Stand der Kenntnisse über die für den Einbau in Proteine notwendige Aktivierung der *Aminosäuren.* (Proc. nat. Acad. Sci. USA **44.** 67—73. Febr. 1958. New York City, N. Y., Rockefeller Inst. für Med. Res.) K. HEYNS. 4210

P. C. Zamecnik, M. L. Stephenson und **L. I. Hecht**, *Zwischenstufen beim Einbau von Aminosäuren.* Der Einbau von *Aminosäuren* in Proteine erfordert wahrscheinlich folgende Schritte: 1. Aktivierung: Adenosintriphosphat + Aminosäure ⇌ Aminoacyladenosinmonophosphat + Pyrophosphat. 2. Übertragung des Aminoacylrestes auf eine lösl. Ribonucleinsäure (LRNS). 3. Einbau des Aminoacrylrestes in ein Ribonucleoprotein der Mikrosomen. Durch Fraktionierungsverss. an zellfreien Systemen aus EHRLICH-Ascitestumoren der Maus u. aus Rattenleber, bei denen der Einbau von ^{14}C-Leucin in Ribonucleoproteine der Mikrosomen verfolgt wurde, wurden die einzelnen Schritte teilweise getrennt. Die Ergebnisse deuten darauf hin, daß die Schritte 1, 2 u. 3 durch verschied. Enzyme E_1, E_2 u. E_3 katalysiert werden. E_1 wurde in einer bei p_H 5 unlösl. Fraktion des Überstandes (a) u. in den Mikrosomen nachgewiesen, E_2 im bei p_H 5 lösl. Anteil des Überstandes (b), in a u. in den Mikrosomen u. E_3 in a u. b. Die mit Leucin markierte LRNS konnte isoliert werden. (Proc. nat. Acad. Sci. USA **44.** 73—78. Febr. 1958. Harvard Univ., Massachusetts General Hospital, Huntington Memor. Hosp.) K. HEYNS. 4210

P. Berg und **E. J. Ofengand**, *Ein enzymatischer Mechanismus für die Bindung von Aminosäuren an Ribonucleinsäure.* An Extrakten aus *Escherichia coli* wurde die Aktivierung von *Aminosäuren* (I) u. ihre Bindung an lösl. Ribonucleinsäure (LRNS), die dem Einbau in Proteine vorangeht (vgl. vorst. Ref.), näher untersucht. Bei der Bebrütung von I mit aus den Extrakten isolierten Enzymen, LRNS, ATP u. Mg^{2+} werden sie an die LRNS gebunden u. lassen sich mit Säure fällen. Die so gebundenen I unterscheiden sich von den an Proteine gebundenen durch folgende Kriterien: Abspaltung durch heiße 5%ig. $HClO_4$, durch 0,01n Alkali bei 25°, durch Hydroxylamin u. durch Ribonuclease. Die an LRNS gebundene Menge einer bestimmten I ist eine lineare Funktion der LRNS-Menge, u. zwar wird an ca. 400 Nucleotidbausteine ein Mol. I gebunden. Durch andere ebenfalls gebundene I wird diese Beziehung nicht geändert; es bestehen also für die einzelnen I verschied. Bindungsorte. Zwei Enzymsysteme, die den Einbau von Valin bzw. Methionin katalysieren, konnten so weit gereinigt werden, daß keine Aktivität gegenüber anderen I mehr vorhanden war. Mißt man die Aktivierung durch den Austausch von markiertem Pyrophosphat mit ATP u. die Einbaugeschwindigkeit in die LRNS, so findet man während einer 100fachen Anreicherung ein konstantes

Verhältnis, d. h. beide Schritte werden durch das gleiche Enzym katalysiert (vgl. dagegen vorst. Ref.). Es wird die Möglichkeit diskutiert, daß es sich bei der LRNS um die Matrix handelt, welche die Reihenfolge der I im Protein bestimmt. (Proc. nat. Acad. Sci. USA **44.** 78—86. Febr. 1958. St. Louis, Mo., Washington Univ., School of Med., Dep. of Microbiol.) K. HEYNS. 4210

G. David Novelli, *Einige Probleme bei der Aktivierung von Aminosäuren.* Die Messung der Aktivierung von *Aminosäuren* erfolgt gewöhnlich nach zwei Methoden: Best. des Austausches von markiertem Pyrophosphat mit Adenosintriphosphat u. die Best. der mit einem Überschuß von Hydroxylamin gebildeten Aminoacylhydroxamsäuren. Vf. weist auf einige Beobachtungen hin, die gegen uneingeschränkte Anwendung der beiden Methoden sprechen u. die mit der Allgemeingültigkeit der Aminosäureaktivierung über Pyrophosphatabspaltung aus ATP nicht vereinbar sind. Es gibt Aminosäuren, die in Extrakten aus Bakterien, Säugetierorganen u. Pflanzen den Pyrophosphataustausch nicht katalysieren, obwohl Hydroxamsäuren gebildet werden. Eine andere Gruppe von Aminosäuren katalysiert nur den Austausch von Pyrophosphat, während eine dritte Gruppe in beiden Rkk. ein konstantes Aktivitätsverhältnis zeigt. In bezug auf die Einordnung in diese drei Gruppen bestehen bei den einzelnen Mikroorganismen u. Organen gewisse Unterschiede. Bei einem gereinigtem, Glycin aktivierenden Enzym aus *Achromobacter fisheri,* das nur die Hydroxamsäurebldg. katalysiert, wurde gefunden, daß bei der Aktivierung aus ATP ein Mol Orthophosphat pro Mol Hydroxamsäure abspaltet. In einer Diskussion über den Mechanismus des Pyrophosphataustausches wird darauf hingewiesen, daß Enzyme, die den Austausch nur mit einer Aminosäure katalysieren, aus sehr vielen Aminoacyladenylaten mit Pyrophosphat ATP bilden. Als Deutung für diesen Mangel an Spezifität bei der Rück-Rk. des Aktivierungsschrittes wird eine besonders feste Bindung der spezif. Aminosäure angenommen. Diese bildet in einem unspezif. Anhydridaustausch mit dem unspezif. Aminoacyladenylat das spezif., das dann unter Einw. des Enzyms ATP bildet. (Proc. nat. Acad. Sci. USA **44.** 86—92. Febr. 1958. Oak Ridge National Labor., Biology Div.) K. HEYNS. 4210

P. D. Boyer und **M. P. Stulberg,** *Die Verfolgung des Weges von der Aminosäure zum Protein in vivo.* An Hand der neueren Literatur wird eine Übersicht über Unterss. der Acylaktivierung mit ATP gegeben, bei denen mit ^{18}O markierten Carboxylgruppen der Weg des Carboxylsauerstoffs verfolgt wurde. Die Aktivierung verläuft entweder unter Bldg. von markiertem Orthophosphat u. ADP oder von markiertem AMP u. Pyrophosphat. Zur letzten Gruppe gehören auch die *Aminosäuren.* Es wird über Verss. mit *Leuconostoc mesenteroides* berichtet, bei denen das Wachstum in Lsgg. stattfand, die Aminosäuren mit ^{14}O-markierter Carboxylgruppe enthielten. Dabei wurden 35—37% des ^{18}O-Überschusses im Zellprotein wiedergefunden u. 62—67% in der Carboxylgruppe des Lactats. Anorgan. Phosphat des Mediums u. das Phosphat der Zellen enthielten $<$ 0,5% des ^{18}O-Überschusses. Diese Ergebnisse werden so gedeutet, daß bei der Aktivierung der Aminosäuren Bldg. einer anhydridartigen Verb. mit einem Phosphorsäurederiv. erfolgt. Nach Einbau des Aminoacylrestes erfolgt Austausch des markierten Nucleotidphosphates mit anorgan. Phosphat der Zelle, das dann mit Hilfe der Glycerinaldehyddehydrogenase u. Phosphoglycerinsäurekinase den markierten Sauerstoff auf die Carboxylgruppe der Glycerinsäure überträgt, die dann in Milchsäure übergeht. Daß dabei prakt. kein Sauerstoff an das freie Phosphat des Mediums u. der Zelle übergeht, spricht für ein enges Zusammenspiel u. eine genaue Lokalisierung der beteiligten Enzyme innerhalb der Zelle. Der hohe Geh. an ^{18}O in den Aminosäuren des Zellproteins zeigt, daß beim Übergang der Aminosäuren durch Membranen keine Rkk. mit Sauerstoffaustausch stattfinden u. daß Hydrolyse u. Resynth. der Zellproteine relativ gering sind. (Proc. nat. Acad. Sci. USA **44.** 92—97. Febr. 1958. Minneapolis, Minn., Univ. of Minnesota, Dep. of Physiol. Chem.) K. HEYNS. 4210

D. E. Koshland jr., *Anwendung einer Theorie der Enzymspezifität auf die Proteinsynthese.* Vf. stellt eine Theorie der Enzymspezifität mit folgenden charakterist. Punkten auf: a) genaue Orientierung der katalyt. Gruppen ist für die Wirksamkeit notwendig; b) das gebundene Substrat kann in der Sekundärstruktur des Enzyms Änderungen in der Nähe des akt. Zentrums induzieren; c) durch diese Änderungen wird die für die Wirksamkeit notwendige Orientierung erst hergestellt. Man kann annehmen, daß die für die Anordnung der *Aminosäuren* bei der Proteinsynth. erforderliche Matrix ein Enzym ist. Vf. diskutiert nun verschied. Möglichkeiten, wie eine Peptidkette aus aktivierten Aminosäuren an dieser Matrix schrittweise aufgebaut werden kann. Gemeinsam ist diesen Vorstellungen, daß die Peptidkette nur am wachsenden Ende an die Matrix gebunden ist, so daß mehrere Ketten gleichzeitig aufgebaut werden können u. daß die am wachsenden Ende gebundene Aminosäure Veränderungen in der Matrix induziert, die zu einer spezif. Bindung u. Verknüpfung der nächsten Aminosäure führen. (Proc. nat. Acad. Sci. USA **44.** 98—104. Febr. 1958. Upton, N. Y., Brookhaven National Labor., Biol. Dep.) K. HEYNS. 4210

Richard S. Schweet, Freeman C. Bovard, Esther Allen und **Edward Glassman,** *Der Einbau von Aminosäuren in Ribonucleinsäure.* Ein Aminosäuren aktivierendes Enzymsyst. aus Meerschweinchenleber wurde durch Fällung bei p_H 5, Adsorption an Ca-Phosphatgel u. Fällung mit $(NH_4)_2SO_4$ fraktioniert. Das Syst. besteht aus einem aktivierenden Enzym u. lösl. Ribonucleinsäure (RNS) u. katalysiert den Einbau von Aminosäuren in Proteine der Mikrosomen. Eine Bindung der Aminosäuren an die RNS wurde nachgewiesen durch ihre Abspaltbarkeit mit Ribonuclease u. verd. Alkali. Zwei für *Tyrosin* bzw. *Leucin* spezif. Enzyme konnten isoliert werden. Es wurden Anhaltspunkte dafür erhalten, daß auch die RNS für die einzelnen Aminosäuren spezif. sind. (Proc. nat. Acad. Sci. USA **44.** 173—77. Febr. 1958. Pasadena, Calif., California Inst. of Technol., Biol. Div.; Duarte, Calif., City of Hope Med. Center, Biochem. Dep.) K. HEYNS. 4210

Samuel B. Weiss, George Acs und **Fritz Lipmann,** *Aminosäureeinbau in Fraktionen aus Taubenpankreas.* An zellfreien Präparationen aus Taubenpankreas wird der Einbau von ^{14}C-Aminosäuren untersucht. Erforderlich für den Einbau sind ein ATP-abhängiges Enzymsyst. sowie lösl., hitzestabile u. nicht dialysierbare Polynucleotide, die als Überträger dienen. Im Gegensatz zu ähnlichen Präpp. aus Leber (vgl. KELLER u. ZAMECNIK, C. **1957.** 1706) wird jedoch der Hauptanteil des aktivierenden Enzyms bei p_H 5 nicht gefällt. (Proc. nat. Acad. Sci. USA **44.** 189—96. Febr. 1958. New York City, N. Y., Rockefeller Inst. of Med. Res.) K. HEYNS. 4210

H. A. Barker, H. Weissbach und **R. D. Smyth,** *Ein Pseudovitamin B_{12} enthaltendes Coenzym.* Die Umwandlung von *Glutaminsäure* (I) über *β-Methylasparaginsäure* (II) zu *Mesaconsäure* (III) durch teilchenfreie Extrakte aus *Clostridium tetanomorphum* benötigt für die Rk. I → II ein *Coenzym* (IV), das aus den Rohextrakten mittels Kohle entfernt werden kann; Zusatz von gekochtem Extrakt oder gereinigtem IV reaktiviert. Die Rk. wird spektrophotometr. bei 240 mμ verfolgt, wobei dem Syst. ein Überschuß an *β-Methylaspartase* zugesetzt wird, wodurch die Rk. II → III katalysiert wird. — Reinigung von IV in mikromol. Mengen gelingt an Kolonnen mit $Al(OH)_3$, Dowex-1 u. Dowex-2. Das beste I-Präp. ist orangegelb; sein Absorptionsspektr. hat Maxima bei 263, 303, 374 u. 457 mμ; bei Einw. von Licht schlägt die Farbe in Rot um u. die Maxima liegen dann bei 261, 351, 407, 495 u. 525 mμ. Diese Änderung des Spektr. ist mit Inaktivierung von I verbunden. — Zusatz von 0,1 mol. KCN führt zu purpurroter Farbe; das Spektr. ist dann außer im Gebiet von 263—276 mμ prakt. gleich dem der Dicyanidform von *Vitamin-B_{12}* (III). — I-KCN enthält annähernd äquimolekulare Mengen von *Kobalt* u. KCN; bei Säurehydrolyse liefert es ebenso wie II: Adenin, Ribose, NH_3 u. Phosphat. (Proc. nat. Acad. Sci. USA **14.** 1093—97. Nov. 1958. Berkeley, Calif., Univ. of California, Dep. of Agric. Biochem.) A. HESSE. 4210

Ss. Je. Ssewerin und **Wei-Min U,** *Umwandlungen von β-Alanin im Nierengewebe von Ratten.* (Vgl. C. **1959.** 9953.) An einem Brei der Rindenschicht der Nieren von Ratten wird nach Incubation mit Phosphat-Salz-Lsg. ohne Ca^{2+} (300 mg + 1,7 ml, p_H 7,1) in O_2 bzw. N_2 bei 37° (20 Min. bis 4 Std.) NH_3 nach CONWAY bestimmt; *β-Alanin* (I), *α-Alanin* (II) u. *Glutaminsäure* (III) werden papierchromatograph. verfolgt, die Cu-Komplexe der Aminosäuren photoelektrocolorimetr. bestimmt. Überschüssiges NH_3 bildet sich aus I in O_2-Atmosphäre nach 40 Min., unter N_2 erst nach 4 std. Incubation. II u. III sind (in O_2- u. N_2-Atmosphäre) bei Proben mit I-Zusatz schon nach 20 Min. nachweisbar. In O_2 entstehen nach 160 Min. 5,17 (μMol) NH_3, 1,20 II u. 0,48 III unter Verschwinden von 7,62 I. Durch bes. Verss. wird gezeigt, daß aus I durch Umaminierung direkt II u. III entstehen, die dann unter NH_3-Bldg. desaminiert werden. Vergiftung mit Isonicotinoylhydrazin unterdrückt die NH_3-Bildung. (Доклады Академии Наук СССР [Ber. Akad. Wiss. UdSSR] **120.** 364—67. 11/5. 1958. Moskau, Lomonossow-Univ.) R. K. MÜLLER. 4210

Fabio Sereni, Francis T. Kenney und **Norman Kretchmer,** *Faktoren, die die Entwicklung von Tyrosin-α-Ketoglutarat-Transaminaseaktivität in der Rattenleber beeinflussen.* Vff. untersuchten die Aktivität der *Tyrosin-α-Ketoglutarat-Transaminase* (I) in der Leber foetaler (a), neugeborener (b) u. ausgewachsener (c) Ratten. Die I-Aktivität von a beträgt nur 10—20% der von c. 2 Std. nach der Geburt setzt ein starker Anstieg der I-Aktivität ein, der nach ca. 12 Std. ein Maximum erreicht, das doppelt so hoch wie die Aktivität von c liegt. Injektionen von *Amphenon B* (*1.2-Bis-[p-aminophenyl]-2-methylpropanon-(1)-dihydrochlorid*) bei der Geburt verzögerten den I-Anstieg um ca. 4 Std., Adrenalektomie um mindestens 12 Std. (längere Beobachtungen waren nicht möglich). Injektionen von *Hydrocortison* (II) heben die Wrkg. der Adrenalektomie auf. II, adrenocorticotropes Hormon oder Tyrosin wirken in utero nicht auf den Leber-I-Spiegel von a; der bei c beobachtete Anstieg tritt bei b erst nach einigen Tagen auf. — Die Ergebnisse zeigen, daß zur Entw. der Leber-I-Aktivität die Beteiligung von Nebennierenrindensteroiden notwendig, aber allein noch nicht ausreichend ist. (J. biol. Chemistry **234**. 609—12. März 1959. New York City, N. Y., Hosp., Cornell Med. Center, Dep. of Pediatrics.) E. SCHWERDTFEGER. 4210

F. Sereni, F. T. Kenney und **N. Kretchmer,** *Faktoren, die die Entwicklung von Tyrosintransaminaseaktivität in der Rattenleber beeinflussen.* Kurze Mitt. über die vorst. referierte Arbeit. (Boll. Soc. ital. Biol. sperim. **35**. 128—31. 15/2. 1959. New York, N. Y., Cornell Med. School, Dep. of Pediatrics; Ferrara, Univ., Ist. di Clin. Pediatrica.) C. GOTTFRIED. 4210

Uwe Stave, *Transaminasen und glykolytische Fermente im Serum Frühgeborener.* Bei Frühgeburten werden im Serum die Aktivitäten von *Glutamat–Oxalacetat-Transaminase* (I), *Glutamat–Pyruvat-Transaminase* (II), *Aldolase* (III) u. *Milchsäuredehydrogenase* (IV) bestimmt. I u. II werden niedriger als bei Normalgeburten gefunden, III u. IV dagegen höher. Die Höhe des *Bilirubinspiegels* (V) geht mit I u. II nicht parallel, da letztere fallen u. V sich erhöht. (Z. Kinderheilkunde **81**. 675—82. 1958. Marburg/Lahn, Univ., Kinderklin.) H. STRUCK. 4210

Sten Madsen, Niels Bang, Kurt Iversen und **Tove Jagt,** *Der Einfluß der Kost auf die Serum–Glutaminsäure–Oxalessigsäure-Transaminase bei akuten Intoxikationen chronischer Alkoholiker. A.* hat offenbar einen direkten hepatotox. Effekt auf die Leber schlecht oder auch n. ernährter chron. Alkoholiker, da bei akuter A.-Belastung großteils eine Erhöhung der *Serum–Glutaminsäure–Oxalessigsäure-Transaminase* (I)-Aktivität (bei n. Thymoltest u. n. Serumproteinen) für einige Std. bis Tage nachweisbar wird. Nur bei sehr eiweißreicher Kost kommt es nicht zur Erhöhung der I-Aktivität nach entsprechender A.-Belastung. (Dan. med. Bull. **6**. 33—38. März 1959. Beilage zu: Ugeskr. Laeger. Kopenhagen, Central Labor., Med. Dep. II and III; Municipal Hosp., Clinic for Alcoholics; Søonderbro Hosp., Med. Dep.) U. TAUSENDFREUND. 4210

Je. F. Jefimotschkina, *Über die Wege der Desaminierung von natürlichen Aminosäuren in den Geweben der Leber und Niere von Vögeln.* (Vgl. C. **1959**. 5515.) Untersucht wurde der Einfl. von $4 \cdot 10^{-3}$ mol. *Hydroxylamin* (I), $5 \cdot 10^{-3}$ mol. *Fluoracetat* (II), $1 \cdot 10^{-2}$ mol. *Mesoweinsäure* (III) u. $1 \cdot 10^{-2}$ mol. *Na-Benzoat* (IV) auf die Desaminierung von *α-Aminosäuren* u. *Glycin* (V) im Leber- u. Nierengewebe von Tauben, Küken u. Truthennen. Die Geschwindigkeit der direkten Desaminierung von *α-Glutaminsäure* durch die α-Glutamindehydrase im Gewebe wird durch I, II u. III erhöht, durch eine B_6-Avitaminose nicht verändert. Die Desaminierung von *α-Alanin* (VI) u. *α-Asparaginsäure* (VII) erfolgt durch Transdesaminierung. Die Desaminierung von VI wird durch I im Mittel zu 100%, durch II zu 66%, durch III zu 40—50% in der Leber u. zu 40—100% in der Niere inhibiert. Die Desaminierung von VI wird durch I zu 100%, durch II zu 45%, durch II nicht oder zu 25% unterdrückt. Die Desaminierung von *α-Phenylalanin* u. *α-Leucin* erfolgt auf direktem u. indirektem Wege. Die Inhibierung der Transdesaminierung durch I, II u. III schwankt zwischen 0,0 u. 100%. Die Desaminierung der übrigen α-Aminosäuren u. des V ist unempfindlich gegenüber den Inhibitoren der Transdesaminierung. Eine schwache Desaminierung von V (Leber der Truthenne > Niere der Truthenne > Leber u. Niere der Taube) beobachtet man nur bei Erhaltung der Zellstruktur. Sie wird teilweise durch III gehemmt. (Биохимия [Biochemie] **24**. 53—62. Jan./Febr. 1959. Moskau, Inst. für biol. u. med. Chem. der Akad. der chem. Wiss. der UdSSR, Labor. für den Stoffwechsel der Stickstoffverbb.) O. LEBTAG. 4210

A. Saran, *Eigenschaften und partielle Reinigung von Kynureninase.* Die Aktivität der aus *Neurospora crassa* (Em 5256 A) erhaltenen Kynureninase (I)-Lsg. (bestimmt als die aus 1 mg *Protein* (III) gebildete Menge *Anthranilsäure* in μ Mol) nimmt in Ggw. von 0,5 ml 0,05 mol. *2-Amino-2-hydroxymethylpropandiol-(1.3)*-Puffer (Tris-Puffer; IV; p_H 7,7), 0,203 μMol *Pyridoxalphosphat* (II) u. 4,8 μMol *DL-Kynurenin* (V) bei 37° linear mit der Zeit (bis zu 1 Std.) zu. Auch für *Borat-, Universal-, Citrat-* u. *Phosphat* (VI)-Puffer liegt das Optimum der I-Wrkg. bei p_H 7,7, wobei I in Ggw. von 10 mMol IV ein Aktivitätsmaximum von 78,4% erreicht. Zur Erreichung des Maximums ist die Ggw. von 2,4 μMol V u. 0,0406 μMol II je ml erforderlich. Konzz. bis zu 4,8 mMol V/ml sowie 0,2 mMol II/ml hemmen die Aktivität nicht, wohl aber höhere Konzz. — bes. von II. 0,1 mol. *NaCl, KCl, NH_4Cl* u. *RbCl* sind ohne Einfl.; > 0,01 mMol *$CoCl_2$, $MgSO_4$, $FeSO_4$* oder *$ZnSO_4$* hemmen sowohl in Ggw. als auch in Abwesenheit von II die I-Aktivität; dagegen wird dieselbe durch > 0,01 mMol *$CaCl_2$* sowohl in Ggw. wie Abwesenheit von II u. durch 5 μMol bis 0,5 mMol *$MnSO_4$* in Ggw. von II erhöht. Konzz. > 0,5 mMol *$MnSO_4$*

in Ggw. u. > 10 μMol allein wirken hemmend. Wie durch Unters. einer $^3/_4$ Std. bei 37° incubierten Probe nachgewiesen wird, beeinflußt *Pyridoxal* die I-Aktivität nicht. 25 μg *Pyridoxamin*/ml verursacht 14% ig. I-Hemmung, während II u. *Pyridoxaminphosphat* 104 bzw. 150% ig. I-Aktivierung bedingen. Durch Zugabe von *p-Chlormercuribenzoesäure*, das I wie SH-Gruppen enthaltende Enzyme inaktiviert, wird bewiesen, daß I gleichfalls eine SH-Gruppe enthält. Die Inhibierung wird durch Zugabe von *L-Cystein* oder *Glutathion* teilweise aufgehoben.

Versuche: Zwecks Reinigung des aus Neurospora crassa gewonnenen Roh-I vermischt man dasselbe (100 g; Feuchtgewicht) mit 300 ml 0,1 mol. VI-Puffer (p_H 7,8), fällt das zellfreie Präp. (235 ml; mit einem III-Geh. von 2256 mg; spezif. Aktivität 0,013), fraktioniert mit $(NH_4)SO_4$, löst die Ndd. mit einem Zusatz von 42—54% $(NH_4)_2SO_4$ in 40 ml 0,1 mol. VI-Puffer, dialysiert 2 Std. gegen 4 Liter dest. W., zentrifugiert, gibt zu 40 ml Dialysat 68,4 mg Protaminsulfat, zentrifugiert u. dialysiert abermals 2 Std. gegen 4 Liter dest. Wasser. 40 ml der erhaltenen Enzymlsg. behandelt man nach JACOBY u. BONNER (vgl. J. biol. Chemistry **205.** [1953.] 699) mit A. bis zu einem Geh. von 70 Vol.-%, löst den gebildeten Nd. in 18 ml 0,05 mol. VI-Puffer (p_H 7,7) u. dialysiert wieder 2 Std. gegen 4 Liter Wasser. Das erhaltene I-Präp. (18 ml) enthält nur noch 15 mg III bei einer Aktivität von 0,032. (Biochem. J. **70.** 182—88. Okt. 1958. Leeds, Med. School, Dep. of Biochem.) W. KURTZMANN. 4210

A. H. Schein, *Über das Fehlen der uricolytischen Aktivität in der menschlichen Ohrspeicheldrüse.* Zur Erforschung von Purinstoffwechsel u. Gicht untersucht Vf. frische menschliche Ohrspeicheldrüsen. Drüsensuspensionen werden mit *Uraten* unter geeigneten Bedingungen incubiert u. anschließend die Uratkonz. photometr. bestimmt. Im Gegensatz zu STERN u. IGLESIAS (Abstr. XIX Int. Physiol. Congress, Montreal, Sept. 1953, 803) kann Vf. keine Uricase nachweisen. (Experientia [Basel] **13.** 89. 15/2. 1957. Burlington, Vt., Univ. of Vermont, Coll. of Med. Dep. of Biochem.) R. LENSCHAU. 4210

D. Bagdy und **I. Banga,** *Über Adsorption von Elastase an synthetischem Natriumaluminiumsilicat. Elastase* (I), die BANGA (C. **1950/54.** 4007 S) krist. erhalten hatte, läßt sich aus *Pankreatin* (RICHTER, Budapest) mit Acetatpuffer, p_H 4,7, extrahieren, an synthet. Natriumaluminiumsilicat zu 85—95% adsorbieren u. aus der Kolonne mittels 40—45% ig. A. oder CH_3OH (8—12% Ammoniumacetat enthaltend) eluieren u. schließlich mit absol. A. bei —2 bis —6° ausfällen; die in 0,01 mol. Acetatpuffer, p_H 5,0, gelöste I wird dann gefriergetrocknet. Die Präpp., welche wirksamer als die krist. Präpp. sind, enthalten 40—70 E./mg; Ausbeute 30—50%. Das Präp. ist elektrophoret. nicht homogen. (Experientia [Basel] **14.** 64. 15/2. 1958. Budapest, Forschungsinst. für Pharm. Ind., u. Med. Univ., I. Inst. für pathol. Anatomie u. experim. Krebsforschung.) A. HESSE. 4210

Sam Seifter, Paul M. Gallop, LeRoy Klein und **Edward Meilman,** *Untersuchungen am Kollagen.* 2. Mitt. *Eigenschaften von gereinigter Kollagenase und ihre Inhibierung.* (1. vgl. C. **1958.** 2172.) Durch Fraktionierung mit $(NH_4)_2SO_4$ u. Adsorption an Aluminiumoxyd-C_γ-Gel (SIGMA CHEMICAL COMP., Lot 46—295) gereinigte *Kollagenase* (I) besitzt ein Mol.-Gew. von 109000, eine Sedimentationskonstante von 5,4 S u. eine Diffusionskonstante von $4{,}3 \cdot 10^{-7}$ cm²/sec. I wird inhibiert durch SH-Gruppen enthaltende Verbb.; die Inhibierung durch *Cystein* (II) wird durch Dialyse nicht aufgehoben. Weder durch II noch durch Mercaptoäthanol wurde eine Spaltung des I-Mol. bewirkt. Daher scheint der wirksame Angriffspunkt der SH-Gruppen in einer Metallkomponente von I zu suchen sein, die jedoch nicht Ca ist. Die Inhibierung tritt auch auf bei Zusatz von metallbindenden Verbb., wie o-Phenanthrolin, $\alpha.\alpha'$-Dipyridyl u. 8-Hydroxychinolin-5-sulfonat. Demgegenüber inhibiert Diisopropylfluorphosphat in einer Konz. von 0,03 mol. nicht. Der Abbau von *Kollagenen* (III) u. *Gelatinen* (IV) von Kalb u. Fisch durch I führt zu durchschnittlichen Mol.-Geww. von ca. 500. Ca. 30 solcher Peptide ließen sich im 2dimensionalen Papierchromatogramm feststellen. Während III u. IV gleichermaßen von I angegriffen wird, ist sie gegen eine ganze Anzahl geprüfter synthet. Verbb., wie Di- u. Tripeptide, durch den Benzoyl- oder Carbobenzoxy-Rest N-blockierte Peptide, Polyprolin, gemischtes Polypeptid aus Prolin u. Sarkosin, Ester verschied. Aminosäuren inaktiv. Die enzymat. Abbaugeschwindigkeit ist gegenüber III bei IV etwa die 10fache. Die hier beschriebene I-Reinigung ist im Gegensatz zur früheren Meth. (J. biol. Chemistry **227.** [1957.] 891) für größere Ansätze geeignet: Zu der 2% ig. wss. Rohenzymlsg. gibt man gesätt. u. mit NH_3 auf p_H 7,5 gestellte $(NH_4)_2SO_4$-Lsg. (V) bis zur 40% ig. Sättigung zu, entfernt den Nd. u. gibt weitere V-Lsg. bis zur 60% ig. Sättigung zu. Das in W. gelöste Sediment wird bei 5° gegen W. dialysiert. Nach Zugabe von $^1/_{20}$ des Vol. 0,1 mol. Acetatpuffer von p_H 5,3 wird das Enzym durch Einrühren von Aluminiumoxyd-C_γ-Gel (VI), gewichtsmäßig entsprechend der in Lsg. befindlichen Proteinmenge, an diesem adsorbiert. Inakt. Proteine u. Pigmente werden mit 0,02mol. Phosphatpuffer, p_H 7,5, I mit 0,2mol. der gleichen Pufferlsg. von VI eluiert. Aus 1 g Rohenzym mit 18000 E. wurden 45,4 mg I mit einer Aktivität von 5900 E. erhalten (Aktivitätsausbeute 33%). Bei trockener Aufbewahrung bei 5° trat im Verlauf eines Jahres, in wss. eingefrorener Lsg. über mehrere Monate kein Aktivitätsverlust ein. Das Verf. eignet sich ebenso gut für 20 g-Ansätze. (J. biol. Chemistry **234**. 285—93. Febr. 1959. New York, N. Y., Yeshiva Univ., Albert Einstein Coll. of Med., Dep. of Biochem., u. Long Island Jewish Hosp., Dep. of Med.) W. KÖNIGSDORF. 4210

Artur Czyżyk, *Untersuchungen der Serumcholinesterase* (*Pseudocholinesterase*) *und der Serumprocainesterase.* Bei den von verschied. Autoren (80 Literaturangaben) hergestellten, angeblich verschied. *Esterasen*, nämlich *Serumlipase* (*Tributyrinase*), *Pseudocholinesterase* (I) u. *Procainesterase* (II) handelt es sich höchstwahrscheinlich um dieselbe unspezif. *Serumesterase* (III). Diese ist von Phosphatase u. Pankreaslipase verschieden. — Bei Lebererkrankungen (prim. u. sek. Lebercirrhose; Hepatitis; Cholelithiasis; Krebs; Icterus) verhalten sich I u. II gleichlaufend; wenn die eine erhöht bzw. erniedrigt ist, trifft das auch bei der anderen zu. — Bei Lebercirrhose erfährt III eine erhebliche Verminderung, die von prognost. Bedeutung bei Beurteilung des Übergangs des akuten oder subakuten Entzündungszustandes ist. Die Best. von III ist behilflich bei der Differenzierung des Stauungsicterus infolge von Cholelithiasis oder eines Neubildungsprozesses. — Bei Hyperthyreose ist die III-Aktivität erhöht, wenn der Krankheitsverlauf mäßig intensiv ist; bei schwerer Thyreotoxikose kann III bis unter die Norm vermindert sein. (Z. ges. inn. Med. Grenzgebiete **11**. 1085—91. 1/12. 1956. Warschau, Univ., III. Klin. für innere Krankheiten.) A. HESSE. 4210

Charles M. Radding, Joseph H. Bragdon und **Daniel Steinberg,** *Die Synthese von Lipoproteinen mit niedriger und hoher Dichte durch Rattenleber in vitro.* Vff. berichten über Verss. zur Herst. von markierten Lipoproteinen durch selektive Kombination von Lipiden u. Proteinen verschied. D. durch Rattenleberschnitte, die entweder in Rattenserum (unter O_2) oder in KREBS-Bicarbonatpuffer (unter 95% O_2 u. 5% CO_2) mit $^{14}C_{(1)}$-Leucin 3—4 Std. incubiert wurden. Die gebildeten Lipoproteine wurden durch Zentrifugieren in solche von verschied. D. (d $<$ 1,063, d 1,063—1,21 u. d $>$ 1,21) fraktioniert, anschließend gefällt u. in Trichloressigsäure gewaschen. Der Leucineinbau wurde durch Zusatz von 2.4-Dinitrophenol oder p-Fluorphenylalanin teilweise gehemmt. Bei Verwendung von KREBS-Puffer wurde nur $^1/_5$ der Radioaktivität gefunden, die mit Serum als Medium zu erreichen war. — Grundsätzlich zu gleichen Ergebnissen führten Verss., bei denen die intakte Leber in situ mit $^{14}C_{(1)}$-Leucin perfundiert wurde. Die Fraktionen mit kleineren Dichten wiesen jeweils die höchste Aktivität auf. — Die Leber zeigt somit die Fähigkeit, Lipoproteine zu bilden u. auszuscheiden. (Biochim. biophysica Acta [Amsterdam] **30**. 443—44. Nov. 1958. Bethesda, Md., Nat. Heart Inst., Sect. on Metabolism.) WOLFGANG SIMON. 4210

Bernard W. Agranoff, Roy M. Bradley und **Roscoe O. Brady,** *Die enzymatische Synthese von Inositphosphatid.* Es wird eine spektrophotometr. Meth. zur Inosit (I)-Best. beschrieben (Red. von Perjodat). Auf Grund von in vitro-Verss. verwertet Nierengewebe von Meerschweinchen akt. I. Verss. mit $^3H_{(2)}$-I zeigen, daß in vivo nach intraperitonealer Gabe $^3H_{(2)}$-I in die Lipide aller untersuchten Gewebe eingebaut wird. Der unlösl. Rückstand von Meerschweinchennierenmitochondrien enthält ein Enzymsyst., das in Ggw. von Mg^{2+} (Mn^{2+} weniger wirksam; Ca^{2+} hemmt Mg^{2+}) u. *Cytidindiphosphat-Cholin* oder *Cytidin-5'-phosphat* den I-Einbau in I-Phosphatid (II) katalysiert (K_m 7,2 · 10^{-4}mol.). Letzter wird durch Zusatz von Phosphatidsäuren, z. B. *Dimyristoyl-* u. *Dioleoyl-L-α-glycerophosphat*, nicht aber durch *Diglyceride*, aktiviert. Ein Mechanismus der I–II-Synth. wird diskutiert. (J. biol. Chemistry **233**. 1077—83. Nov. 1958. Bethesda, Md., US Public Health Serv., Nat. Insts. of Health, Nat. Inst. of Neurolog. Diseases and Blindness.) K. MAIER. 4210

Jacqueline Clément und **Guy Clément,** *Über den chemischen Mechanismus der enzymatischen Hydrolyse von natürlichen Ölen und Fetten.* 3. Mitt. *Vergleichende Untersuchung der Lipolyse mittels Pankreassaft und Pankreasextrakten* (*Pankreatin*); *Einfluß von Natriumtaurocholat und von einigen Elektrolyten.* (2. vgl. C. **1957**. 8550.) Während die Wrkg. der *Lipase* (I) auf natürliche Fette bzw. Öle (Soja, Sonnenblume, Karité) bei Pankreassaft keiner Aktivatoren bedarf, ist bei Pankreatin der Zusatz von Gallensalzen oder Elektrolyten unerläßlich. — In beiden Fällen werden zunächst die am meisten gesätt. Fettsäuren als erste vom Triglycerid abgetrennt; die gebildeten Seifen sind immer gesättigter als die freibleibenden Fettsäuren. — Optimum der I-Wrkg.: p_H 8 (wirksam zwischen p_H 4 u. 9). — Außer durch $CaCl_2$ u. *Natriumtaurocholat* wird die I-Wrkg. durch Na_2CO_3, $NaHCO_3$, K_2CO_3, $KHCO_3$ aktiviert. — Zwischen der Menge von gebildeten Seifen u. der Menge der freigesetzten Fettsäuren besteht keine Proportionalität.

(Bull. Soc. Chim. biol. **40.** 923—37. 21/7. 1958. Paris, Univ., Inst. de Rech. scient. sur de Cancer du C.N.R.S., Dep. de Physiol. et Biochim. cellulaires.) A. Hesse. 4210

Kei Nagano, Ikuzō Okudera und **Hakaru Satō,** *Die Wirkung der Lecithinase A auf das Enzymsystem von Gehirn- und Lebermitochondrien.* 1. Mitt. 16 µg *Lecithinase A* (I) aus *Agkistrodon blomhoffii* Boie hemmten die O_2-Aufnahme des *Bernsteinsäureoxydasesyst.* (II) aus Hirnmitochondrien (a) von Mäusen in 70 Min. zu 50%, von II aus Lebermitochondrien (b) von Mäusen in 25 Min. zu 90% (80 µg I hemmten II aus a in 25 Min. zu 69%). — 430 µg I aus *Trimeresurus flavoviridis* Hallowell (c) hemmten die O_2-Aufnahme von II aus a nach 60 Min. zu 77%, die von II aus b zu 97%. *Bernsteinsäuredehydrogenase* aus a u. b wird jedoch durch 8,5 u. 85 µg I aus c nicht vollständig gehemmt. — Abhängig vom Grad der Hemmung wird aus a u. b *Lysolecithin* freigesetzt. — Nach der enzymat. Best. wurden a u. b erneut zentrifugiert; die Überstände wirken nach 2 Std. auf Erythrocytensuspensionen hämolytisch. (Med. and Biol. [Tokyo] **49.** 36—41. 5/10. 1958. Gumma Daigaku, Igaku-Bu, Seikagaku-Kyōshitsu. [Orig.: japan.]) F. Mossner. 4210

Kōhei Hayashi, Akira Ōhashi und **Takeshi Moteki,** *Über Lecithinoxydation durch die Brustmuskulatur der Biene.* Homogenat aus 200 mg Bienen-Flugmuskulatur wurde auf seine oxydierende u. dehydrierende Wrkg. gegenüber *Eierlecithin* (I; ca. 10 µmol.) mit folgendem Ergebnis untersucht: In Ggw. von *Diphosphopyridindinucleotid* (3 mmol.) nimmt der O_2-Verbrauch um 10—15%, in Ggw. von *Methylenblau* (0,5 cm³) um 25% zu. — Trotz Verwendung von Stoffwechselinhibitoren nimmt die Gewebeatmung nach I-Zugabe zu; sie beträgt über das 2fache, bes. bei *NaF* u. *Monojodessigsäure.* — Das Homogenat ist auch eine starke Dehydrogenase für I. Auf Grund des starken I-Oxydierungsvermögens des Bienen-Brustmuskelhomogenats ist an Beziehungen zwischen Flugbewegungen u. Stoffwechsel zu denken. (Med. and Biol. [Tokyo] **50.** 239—44. 20/3. 1959. Gumma Daigaku, Igaku-Bu, Ikagaku-Kyōshitsu. [Orig.: japan.]) F. Mossner. 4210

Gottfried Leonhardi und **Gerd Klaus Steigleder,** *Biochemie und Histochemie der Enzyme in der Haut.* 1. Teil. *Die physiologische und pathologische Chemie der Enzyme der Haut.* Zusammenfassender Bericht über die Glykolyse, den Citronensäurecyclus, die Atmungskette u. energieliefernde Prozesse in der Haut sowie im einzelnen über das Vork. von Diastase, Carboxylase, Glykogensynth., β-Glucuronidase, Endo- u. Ektopeptidasen, Aminosäureoxydasen, Transaminasen, Arginase, Lipasen, Lecithin- auf- u. abbauende Enzyme, wachsspaltende Enzyme, Enzyme zur Cholesterin- u. Squalensynth., Fettsäureoxydase, Tyrisinase, Auf- u. Abbau von Histamin, Monoaminooxydase, Cholinesterasen, Phosphatasen, Adenosindesaminase, Guanosindesaminase, Guanase, Xanthinoxydase, Sulfatasen, Hyaluronidase u. Katalase. — 116 Literaturangaben. — 2. Teil. *Die Histotopochemie der Enzyme in der Haut.* Zusammenfassender Bericht über die seit Anfang 1956 erschienene Literatur über die Histochemie der Enzyme in der Haut, nach morpholog. Gesichtspunkten geordnet, wobei die Enzyme der verschied. Hautschichten gewürdigt werden. — 122 Literaturangaben. (Akt. Probl. Dermatol. [Basel] **1959.** 47—106. Frankfurt/M., Univ., Hautklin.) U. Tausendfreund. 4210

James R. Fouts, Jerome J. Kamm und **Bernard B. Brodie,** *Enzymatische Reduktion von Prontosil und anderen Azofarbstoffen. Prontosil, Neoprontosil, Orange III, Orange IV, Scharlach R, Buttergelb, Azoviolett* u. *Azobenzol* werden im Kaninchenkörper reduktiv durch ein *Azoreduktase* (I)-Syst. gespalten, das vorwiegend in der lösl. Fraktion der Leberzellen u. in den Mikrosomen, aber auch in anderen Organgeweben (Niere, Lunge, Herz, Hirn), nicht jedoch in Milz u. Muskel, vorkommt. Als Spaltprodd. konnten die entsprechenden Amine nachgewiesen werden. I benötigt red. Triphosphopyridinnucleotid (TPNH) als H-Donator; red. Diphosphopyridinnucleotid (DPNH) ist inaktiv. Die I-Aktivität wird durch Zugabe von überschüssigem *Riboflavin, Riboflavin-5-phosphat* (FMN) u. *Flavinadenindinucleotid* (FAD) merklich gesteigert. I ist demnach wahrscheinlich ein Flavoprotein. — Vff. nehmen an, daß die Flavine auf wenigstens zweierlei Art an den Rkk. des I-Syst. beteiligt sind: einmal als prosthet. Gruppe u. zum anderen als nichtgebundenes H-Transportsyst. ähnlich den Coenzymen TPN u. DPN. Es ist sehr wahrscheinlich, daß I u. Nitroreduktase trotz vieler ähnlicher Eigg. 2 verschied. Enzymsysteme darstellen. (J. Pharmacol. exp. Therapeut. **120.** 291—300. Juli 1957. Bethesda, Md., Nat. Heart Inst., Nat. Inst. of Health, Publ. Health Serv., US Dep. of Health, Educat. and Welfare, Labor. of Chem. Pharmacol.) Walter Schäfer. 4210

E_3. Mikrobiologie. Bakteriologie. Immunologie.

J. E. S. Greenstreet und **K. P. Norris,** *Die Existenz von Unterschieden zwischen den Infrarotabsorptionsspektren von Bakterien.* Die IR-Spektren von 5—15 µ von 136 Bakterienstämmen werden untersucht. Herkunft, Wachstum, Präparation u. Isolierung der Bakterien von den Nährböden wird beschrieben. Zur Erzeugung der IR-Spektren mit 10—20% Durchlässigkeit bei 6,1 μ (Amidbande) werden je 0,06 ml wss. Suspensionen mit $4 \cdot 10^{10}$ Zellen/ml auf AgCl-Platten von 23×6 mm Fläche eingetrocknet. Die Spektren zeigen, daß die Bakteriengattungen sich stark unterscheiden, daß die Unterschiede der Species erheblich schwerer u. die der Stämme in den Spektren nicht zu erkennen sind. Wegen des starken Protein- u. Kohlenhydratuntergrundspektr. sind die Unterschiede nur bei peinlich genau standardisierten Präparationsmethoden zu erkennen. Änderungen im Spektr. des *Bacillus megatherium* mit der Incubationszeit werden gezeigt u. diskutiert. (Spectrochim. Acta [London] **9.** 177—98. 1957. Porton, Wilts, Min. of Supply, Microbiol. Res. Establ.) A. REUTER. 4300

Ivan Málek, Mikuláš Burger, Libuše Hejmová, Jan Říčida, Zdeněk Fencl und **Karel Beran,** *Assimilation von Zuckern und Säuren bei kontinuierlicher Fermentation unverdünnter Sulfitablaugen.* Bei 2 Stämmen von *Torulopsis utilis* u. 1 Stamm von *Monilia murmanica* wurden die Grenzdurchlaufgeschwindigkeiten [maximale Durchlaufgeschwindigkeiten, bei denen es zur vollständigen Assimilation der Zucker (I) u. Säuren kam] bei kontinuierlicher Fermentation unverdünnter *Sulfitablaugen* untersucht, bei welchen unter Laboratoriumsbedingungen der Geh. an SO_2 u. Furfurol unverändert blieb. Bei *T. utilis,* Stamm 4, der wie *M. murmanica* alle I mit Ausnahme der Arabinose aus den Sulfitablaugen verwertet, war die Grenzdurchlaufgeschwindigkeit mindestens 3mal größer als bei *M. murmanica.* Bei dieser Durchlaufkultivierung auf Sulfitablaugen kam es zur Adaptation der Mikroorganismen an den verhältnismäßig hohen Geh. an tox. Bestandteilen. Unter den gegebenen Bedingungen erfolgte jedoch keine Adaptation an solche I, an die die Mikroben vorher nicht adaptiert worden waren. (Českoslov. Mikrobiol. **2.** 203—12. Juli 1957. Praha, Českoslov. akad. věd, Biol. ústav, Mikrobiol. odd.) M. EBERT. 4310

G. N. Saitzewa, A. N. Beloserski und **T. P. Afanassjewa,** *Die Chemie des Azotobacters.* 7. Mitt. *Untersuchung der drei Polysaccharidarten des Azotobacters in Abhängigkeit von der Zusammensetzung des Nährbodens und der Stickstoffquelle.* (6. vgl. C. **1959.** 1826.) Untersucht wurden die Polysaccharide der Bakterienmasse von *Azotobacter agile* (Az.ag.), *Azotobacter vinelandii* (Az.vin.) u. *Az. chroococcum* (Az.chr.) beim Wachstum auf Nährböden, die den N als N_2 (A), NH_4^+ (B) oder NO_3^- (C) enthielten. In der A-Reihe ist der Geh. an reduzierenden Stoffen (I) bei Az.ag am höchsten. Einige Unterschiede zeigen sie hier auch im Geh. an *Hexosaminen* (II) u. schwerhydrolysierbaren *Pentosanen* (III). In der B-Reihe ist der I-Geh. bes. hoch bei Az.ag u. Az.vin., während in der C-Reihe Az.ag. relativ wenig I enthält. Die qualitative Zus. der summar. Polysaccharide ist wenig abhängig von der Art des Az. u. von der Zus. des Nährbodens. Eine starke Abhängigkeit beobachtet man bei deren quantitativer Zus., bes. von der N-Quelle. Chromatograph. lassen sich im Gesamt-Polysaccharid nachweisen: *Galaktose, Glucose, Mannose* (III), *Fructose* (IV), *Arabinose, Rhamnose* (V) u. *Ribose.* Außerdem zeigen die Chromatogramme die Ggw. von 3 unbekannten I (X_1, X_2, X_3) an, die weder Ketosen noch Pentosen sind. In der B-Reihe fehlen bei Az.vin. völlig V, X_1 u. X_2. Der IV-Geh. ist stark erhöht, der von Galaktose stark vermindert. Az.ag. der B-Reihe enthält mehr III u. IV (2,5mal) als in der A-Reihe, dagegen fast die gleichen Mengen Galaktose, Mannose, X_1, X_2 u. X_3. Der Geh. an Arabinose u. V ist gegenüber der A-Reihe stark vermindert. In der C-Reihe enthält Az.ag. weniger III u. IV u. mehr Galaktose als in der A-Reihe. (Микробиология [Mikrobiologie] **28.** 58—63. Jan./Febr. 1959. Moskau, Lomonossow-Univ., Fak. für Bodenbiol.) O. LEBTAG. 4315

G. N. Saitzewa und **A. N. Beloserski,** *Elektrophoretische Untersuchung der Eiweißkomponenten von Azotobacter in Abhängigkeit von Art und Alter der Kultur und von der Stickstoffquelle der Ernährung.* Vff. untersuchten elektrophoret. die *Proteine* von *Azotobacter agile 22-D* (Az.ag.) in der 3 Tage alten Kultur, in der 10 Std.-Langphase, in der 28std. logarithm. Phase u. in der 48std. stationären Phase, von Az.ag. in der stationären Phase beim Wachstum auf N_2 bzw. NH_4^+ sowie von Az.ag., *Az. vinelandii* (Az.vin.) u. *Az. chroococcum* (Az.chr.) in der stationären Phase. Durch Elektrophorese auf Stärkegel wurden 12 Eiweißfraktionen nachgewiesen, die eine verschied. Aminosäure (I)-Zus. aufwiesen. Die I-Zus. der Eiweißfraktionen mit der gleichen elektrophoret. Beweglichkeit war in den verschied. Entwicklungsstadien kaum verschieden. Die Art der N-Versorgung war ohne wesentlichen Einfl. auf die qualitative u. quantitative I-Zus. der Eiweißstoffe. Bei der Berechnung jeder Eiweißfraktion in % vom Gesamt-Eiweiß zeigten sich bei Az.ag., Az.vin. u. Az.chr. keine nennenswerte Unterschiede. Die Veränderungen in der I-Zus. der Eiweißfraktionen in Abhängigkeit von der Entwicklungsphase werden eingehend erörtert. (Биохимия [Biochemie] **24.** 133—43. Jan./Febr. 1959. Moskau, Lomonossow-Univ., Fak. für Bodenbiol.) O. LEBTAG. 4315

L. Rzucidło, J. Kubica und **J. Biel,** *Chemischer Aufbau und biologische Eigenschaften des cellulären Rückstandes von Salmonella typhi.* Aus 5 Stämmen von S. typhi wurden nach der Meth. von WESTPHAL u. Mitarbeitern (vgl. Z. Naturforsch. **7b.** [1952.] 32) die *Lipopolysaccharide* extrahiert. Die cellulären Rückstände enthielten nach gründlichem Waschen 0,11—0,27% *Hexosamin,* 12—14% Gesamt-*N.* Nach saurer Hydrolyse fand sich nur bei 2 Stämmen *Glucose.* Bzgl. der papierchromatograph. ermittelten Aminosäurekomposition (*Leucin, Phenylalanin, Valin, Prolin, Threonin, Glycin*) stimmten die Stämme qualitativ überein. Wurde Mäusen eine Suspension der Zellrückstände intraperitoneal eingespritzt, zeigte sich keine tox. Rk., auch nicht bei Kombination mit lebendem *Staphylococcus aureus.* Bull. Acad. polon. Sci., Sér. Sci. biol. **5.** 425—29. 1957. Warsaw, Central Military Labor. of Sanitation and Hygiene.)
H. FRANK. 4315

Tullio Terranova, Paolo de Gregorio, Franco Feo und **Jole Terranova,** *Oxydative Aktivität der L-Form von Proteus.* Die globuläre u. L-stabile Form von *Proteus* P_{18} zeigen sowohl in synthet. (Caseinhydrolysat) als auch in natürlichen (Serum) Nähr-Lsgg. verminderte endogene Atmung. Auch bei Substratzusatz (Glucose, Milchsäure oder Bernsteinsäure) ist der O_2-Verbrauch geringer als der der n. Form. Trotz des geringeren Stoffwechsels bleibt das Verhältnis der Verwertung dieser 3 Substrate bei der L-Form unverändert, bei der globulären Form wird Milchsäure bevorzugt veratmet. (Giorn. Batteriol. Immunol. **52.** 128—33. März/April 1959. Turin, Univ., Ist. di Patol. Gener.)
P. LOCH. 4320

Chozo Mitoma und **Esmond E. Snell,** *Die Rolle der Purinbasen als Histidinvorläufer in Lactobacillus casei.* Es wird in das Kulturmedium von *Lactobacillus casei* $^{14}C_{(4)}$*-Guanin,* $^{14}C_{(2)}$*-Guanin* oder $^{14}C_{(8)}$*-Guanin* u. ^{14}C*-Formiat* gegeben u. später daraus das *Histidin* isoliert. Nur das $^{14}C_{(2)}$-Guanin wird in größeren Mengen in Histidin umgewandelt. Eine Umwandlung von Formiat in Histidin geschieht scheinbar nur bei Zellen, denen Folsäure angeboten worden ist. (Proc. nat. Acad. Sci. USA **41.** 891—94. Nov. 1955. Bethesda, Md., Nat. Inst. of Health, Nat. Heart Inst., Labor. of Chem. Pharmacol; Austin, Texas, Univ., Dep. of Chem.) G. KIMMERLE. 4320

Sydney Brenner, *Tryptophanbiosynthese bei Salmonella typhimurium.* Aus einer Reihe von *Tryptophan* benötigenden Mutanten von *Salmonella typhimurium* werden 4 verschied. Mutanten gefunden, die verschied. im Tryptophanstoffwechsel vorkommende Prodd. anhäufen. Diese 4 Gene wirken als Umwandler der Vorstufen (Anthranilsäure, Verb. B, Indol) zu Tryptophan. (Proc. nat. Acad. Sci. USA **41.** 862—63. Nov. 1955. Cold Spring Harbor, N. Y., Carnegie Inst. of Washington, Dep. of Genetics.)
G. KIMMERLE. 4320

R. J. Britten, R. B. Roberts und **E. F. French,** *Aminosäureadsorption und Proteinsynthese bei Escherichia coli.* Mittels radioakt. Aminosäuren (^{14}C*-Prolin*) wird bei wachsenden *Escherichia coli* beobachtet, daß diese leicht von den Bakterien aufgenommen werden u. zum Aufbau von Proteinen verwendet werden. Dabei kann durch spätere Behandlung der Bakterien mit 5%ig. Trichloressigsäure, durch die die noch nicht zu Peptidketten gebundenen Aminosäuren freigesetzt werden, die Theorie bestätigt werden, daß die Aminosäuren zunächst an ein großes Mol. adsorbiert werden u. sich dann durch Polypeptidketten fester binden. (Proc. nat. Acad. Sci. USA **41.** 863—70. Nov. 1955. Washington, D. C., Carnegie Inst., Dep. of Terrestrial Magnetism.)
G. KIMMERLE. 4320

H. Yokoyama, C. O. Chichester, T. Nakayama, A. Lukton und **G. Mackinney,** *Carotin,* $^{14}C_{(3)}$*- und* $^{14}C_{(4)}$*-Leucin.* $^{14}C_{(3)}$- u. $^{14}C_{(4)}$-*dl*-Leucin (I) wird aus $^{14}C_{(COOH)}$-Isobuttersäure u. $^{14}C_{(CO)}$-Aceton nach den üblichen Methoden hergestellt u. einer Nährlsg. zugesetzt, in der *Phykomyces blakesleeanus* gezüchtet wurde. Die Kulturen wurden 7 Tage bei Raumtemp. gezüchtet, dann geerntet u. extrahiert, der Extrakt verseift u. chromatographiert. — Ausbeute an *β-Carotin* (II) 5,8 bzw. 6,0 mg. Die Bldg. von II wird durch Ggw. von I angeregt. $C_{(1)}$ u. $C_{(2)}$ wird nicht oder nur wenig in II eingebaut, wodurch die Aufnahme von C_5-Einheiten aus I unwahrscheinlich wird. Aus den spezif. Aktivitäten ergab sich für $C_{(3)}$ u. $C_{(4)}$ des I eine 3,6- bzw. 8,7fache Anreicherung im II. — Die gesteigerte Bldg. von II in Ggw. von I wird durch den Einbau von Leucinfragmenten erklärt. (J. Amer. chem. Soc. **79.** 2029—30. 20/4. 1957. Davis u. Berkeley, Calif., Univ., Dep. of Food Technol.) H. SEIFERT. 4320

Miroslav Bomar, *Ein Beitrag zur Bestimmung der fungistatischen Wirkung fungitoxischer Verbindungen. Prüfung der fungistatischen Aktivität, die vegetative Formen der Mikroorganismen in Populationen hemmt.* Zur Best. minimaler Konzz. fungitox. Verbb., die das Wachstum vegetativer Formen der Mikroben in Kultur hemmen, wurde folgende Meth., die auf dem Überwachsen der Kultur auf Kontaktnährböden beruht, entwickelt: Der Testorganismus (*Aspergillus flavus* u. *A. niger*) wurde auf einem entsprechenden Agarnährboden auf einem Deckgläschen kultiviert u. mit diesem als ausgewachsene Kultur in die Mitte einer PETRI-Schale mit geeignetem Nährboden u. bestimmtem Hemmstoffgeh. gebracht. Bei schnellen Testen wurde die Hemmwrkg. mkr., bei Unterss. der Wrkg. auf ältere Mycelien oder dort, wo nach 48 Std. der mkr. Befund nicht ausreichte, makroskop. abgelesen. In entsprechenden Testen über bakteriostat. Wrkg. erfolgte die Best. makroskopisch. Die Ergebnisse kamen denen nach der Meth. von SCHAMBERG u. KOLMER an Genauigkeit gleich. Im Hinblick darauf, daß vegetative Formen der Mikroorganismen in Kultur widerstandsfähiger sind, erscheint die entwickelte Meth. durchaus gerechtfertigt. (Československ. Mikrobiol. **2.** 228—33. Juli 1957. Praha, Výzkumný ústav obalový.) M. EBERT. 4330

Vladimír Vinter, *Sporulation von Bacillen.* 5. Mitt. *Hemmung der Sporenbildung durch Cystin bei einigen Vertretern der Gattung Bacillus.* (4. vgl. C. **1958.** 13817.) Wie in den Unterss. mit *Bacillus megatherium* hemmte *Cystin* (I; Endkonz. $1 \cdot 10^{-4}$mol.), dem Nährmedium vor der Sporulation zugesetzt, die Ausbldg. von Sporen u. den Ca-Transport in die sporulierenden Zellen bei *B. mycoides, B. anthracoides,* 2 Stämmen von *B. cereus* u. *B. mesentericus.* Bei den beiden ersten Stämmen war der Grad der Hemmung abhängig vom Zeitpunkt des I-Zusatzes zur Kultur, was auf die Fähigkeit der Zellen, I abzubauen, zurückzuführen sein dürfte. Bei *B. cereus* wurde die Sporenbldg. vollkommen unterdrückt. Wahrscheinlich handelt es sich bei dieser Hemmung um eine für alle Vertreter der Gattung Bacillus gültige Gesetzmäßigkeit. (Československ. Mikrobiol. **2.** 246—47. Juli 1957. Praha, Českoslov. akad. věd, Biol. ústav, Mikrobiol. odd.) M. EBERT. 4330

K. Sivarama Sastry, A. Ramaiah und **P. S. Sarma,** *Der Einfluß der Giftwirkung von Molybdän auf den Stoffwechsel der schwefelhaltigen Aminosäuren bei Neurospora crassa.* Die Hemmwrkg. von 1,7 mg *Mo* je ml (als Ammoniummolybdat) auf das Wachstum von *Neurospora crassa* wird durch 1,2 mg/ml Na_2SO_4, 0,16 mg/ml $Na_2S_2O_3 \cdot 5\,H_2O$, 64 µg/ml *l-Cystathionin* oder 5 µg/ml *Methionin* (I) vollständig aufgehoben. *l*-Cystein u. *dl*-Homocystein wirken nur teilweise enthemmend. Auf Grund der hohen Wirksamkeit von I wird angenommen, daß durch Mo dessen Synth. gehemmt wird. (Biochim. biophysica Acta [Amsterdam] **30.** 438—39. Nov. 1958. Madras, India, Univ., Biochem. Labor.) F. RADLER. 4330

G. Meyer, *Wirkungsabnahme von p-Hydroxybenzoesäureestern durch 7-Hydroxyäthyltheophyllin.* Im Gegensatz zu bisherigen Anschauungen, nach denen die Wrkg. von *p-Hydroxybenzoesäureestern* (I) weitgehend unabhängig von der Zus. der zu konservierenden Präpp. sei, konnte von Vf. eine Abschwächung der keimtötenden u. konservierenden Wrkg. von I durch *Hydroxyäthyltheophyllin* (II) um das 6—8fache gesehen werden. Es wird eine Komplexbindung zwischen I u. II angenommen. (Arzneimittel-Forsch. **8.** 196—97. April 1958. Hamburg, Beiersdorf u. Co., Bakteriol. Labor.) U. TAUSENDFREUND. 4330

Josef Rokos und **Pavel Procházka,** *Die Beziehung des Stoffwechsels verschiedener Kohlenwasserstoffe zur Produktion von Chlortetracyclin durch Streptomyces aureofaciens.* Die Produktion von *Chlortetracyclin* (I) durch *Streptomyces aureofaciens* erreichte in Nährmedien mit *Fructose* (II) an Stelle von *Saccharose* (III) als C-Quelle fast die gleichen, manchmal sogar höhere Werte als mit III. In Ggw. von *Glucose* (IV) an Stelle von III war die I-Produktion wesentlich niedriger. Das Wachstum der Mikroben war jedoch in allen Verss. etwa gleich. Die stärkeren Schwankungen der p_H-Werte bei Verwendung von IV werden durch den schnelleren Substratverbrauch hervorgerufen. Die unterschiedliche Zus. wirkte sich auch auf die Pigmentierung der Mikroorganismen aus. Der II-Stoffwechsel scheint auf oxydativem Wege zu erfolgen. Während *Monojodessigsäure* (Endkonz. $2 \cdot 10^{-4}$mol.) die I-Produktion in IV-haltigem Medium erhöhte, steigerte sie *NaF* (10^{-2}mol.) in III-haltigem Medium. (Československ. Mikrobiol. **2.** 251—53. Juli 1957. Praha, Českoslov. akad. věd, Biol. ústav, Mikrobiol. odd.) M. EBERT. 4340

Robert A. Turner, *Chemische Untersuchungen an Bacillomycin.* Das aus *B. subtilis* gewonnene Bacillomycin (I) wurde über Amberlite IR-4B gereinigt u. das Rohprod. in 3 Fraktionen (A, B, C) aufgeteilt; nach Lyophilisation wurden die Rückstände hydrolysiert u. einer papierchromatograph. Analyse unterworfen: A ist ein Peptid, das sich aus 9 oder 10 Aminosäuren zusammensetzt, B wahrscheinlich eine einzelne, nicht identifizierbare Substanz u. C I selbst. C wurde krist. erhalten. Durch Säurehydrolyse von I u. papierchromatograph. Analyse wurde gefunden, daß sich I aus *Asparaginsäure, Threonin, Serin, Glutaminsäure* u. *Tyrosin* (II) zusammensetzt; nicht einmal Spuren von Alanin, Valin oder Isoleucin wurden gefunden. Ionenaustauscherchromatographie (Kationenaustauscherharz) lieferte die gleichen Resultate. Als einzige flüchtige Base wurde NH_3 identifiziert. Als C-terminaler Rest wurde II ermittelt. Ein I-Dinitrophenylderiv. konnte nicht dargestellt werden, noch gelang der Abbau von I nach der Meth.

von EDMAN (C. **1950/54.** 3126 S). Die Rkk. mit Ninhydrin u. auf VAN SLYKE-N waren negativ. Im UV-Absorptionsspektr. zeigte sich ein breiter Gipfel bei 276 mμ (n-Butanol–W.–Eisessig–95%ig. A., 10:10:2:2), in alkal. Lsg. (alkoh. NaOH) bei 296 mμ. Mit Hilfe opt. Methoden wurde für I ein maximales Mol.-Gew. von 960 ermittelt. (Arch. Biochem. Biophysics **60.** 364—92. Febr. 1956. Brooklyn, N. Y., State Univ., Coll. of Med., Dep. of Biochem.) H. DÖLLE. 4340

D. Pramer, *Resorption von Antibioticis durch Pflanzenzellen.* 4. Mitt. *Chloramphenicol.* (3. vgl. C. **1958.** 13268.) Die Aufnahme von *Chloramphenicol* (I) durch Zellen von *Mitella clavata* wurde nach einer schon beschriebenen Meth. (vgl. C. **1958.** 13268) verfolgt. Die Permeabilitätskonstante betrug $1{,}5 \cdot 10^{-7}$ cm/sec. Die Schnelligkeit der I-Aufnahme war durch Konz. u. Temp. zu beeinflussen, nicht durch p_H oder 2.4-Dinitrophenol. N. u. Hungerzellen resorbierten I etwa gleich schnell, behandelte Zellen gaben resorbiertes I in einer der Aufnahme entsprechenden Geschwindigkeit wieder ab. — Nach diesen Resultaten dürfte I in die Algenzelle durch einfache Diffusion eindringen. (Exp. Cell Res. **16.** 70—74. Jan. 1959. New Brunswick, N. J., State Univ., Rutgers, Dep. of Agric. Microbiol.) WOLFGANG ALBRECHT. 4340

A. Ferrata und **O. Zangaglia,** *Beitrag zur Bewertung der Ureaseprobe bei der Identifizierung des Corynebacterium diphtheriae.* 280 Stämme von Corynebakterien der Gruppen A, B u. C wurden mkr., im Tiervers. u. auf Grund des physiol. Verh. gegenüber *Glucose, Saccharose* u. *Harnstoff* (I) geprüft. Die I-Spaltung (Nachw. von NH_3 direkt, oder qualitativ durch Ansteigen des p_H-Wertes) tritt nur bei den nichtpathogenen Stämmen der Gruppe C ein (bei *Corynebacterium v. Hoffmann* zu 63%, bei *C. xerosis* zu 89%), während von den pathogenen Diphtheriestämmen der Gruppen A u. B niemals Urease gebildet wird. Auf die dignost. Bedeutung dieses Ergebnisses wird hingewiesen. (Giorn. Batteriol. Immunol. **48.** 29—38. Mai/Juni 1955. Pavia, Univ., Ist. di Clin. Med. Gen. e Terap. Med.) E. SPEYER. 4350

Mutsuo Sekiguchi und **Yasuyuki Takagi,** *Synthese von Desoxyribonucleinsäure in phageninfizierten Escherichia coli in Gegenwart von Mitomycin C.* Wird E. coli in Ggw. von 10 γ/ml Mitomycin C kultiviert, so wird die Bldg. von Desoxyribonucleinsäure (I) total gehemmt, während die Biosynth. von *Protein* u. *Ribonucleinsäure* nicht beeinflußt wird. Werden die Bakterien jedoch in Ggw. des Antibioticums durch die Bakteriophage T 2r infiziert, so steigt der I-Geh. auf das Doppelte an. Vff. vermuten, daß in den phageninfizierten Zellen ein zweiter Biosyntheseweg für I, der resistent gegen Mitomycin C sein muß, besteht. (Nature [London] **183.** 1134—35. 18/4. 1959. Osaka, Univ., Med School, Dep. of Biol., Fac. of Sci. and Dep. of Genetics.) L. TRÄGER. 4374

E_4. Pflanzenchemie. Pflanzenphysiologie. Pflanzenpathologie.

Paul Heinz List, *Basische Pilzinhaltsstoffe.* 2. Mitt. *Biogene Amine und Aminosäuren des Schopftintlings, Coprinus comatus Gray.* (1. vgl. C. **1959.** 6188.) Aus frischen jungen Exemplaren von Coprinus comatus GRAY wurden *Ergothionein, Guanin, Adenin, Herzynin, Histidin, Arginin, Histamin, Tyrosin, Tyramin, Cholin, Betain, Spermidin, Dimethylhistamin, Lysin* u. eine *Verb. vom F. 157°* isoliert. Papierchromatograph. wurden *Glykokoll, Alanin, Phenylalanin, Leucin, Isoleucin, Valin, Prolin, Serin, Threonin, Cystein, Cystin, Methionin, Tyrosin, Asparaginsäure* u. *Glutaminsäure* nachgewiesen. — Trennungsvorgang vgl. Original.

V e r s u c h e: *Guanin, Pikrat,* $C_5H_5N_5O \cdot C_6H_3N_3O_7 \cdot H_2O$, Zers. ab 190°, aus 25 kg frischen, mit A. konservierten Schopftintlingen; 43,6 mg (Ausbeute). — *Adeninhydrochlorid,* R_F 0,07 (Butanol–Eisessig–W.; 6:1:2), 0,45 (Butanol–Eisessig–W.; 4:1:5) 0,75 (Phenol–W.–NH_4OH; 80:20:0,1), 0,27 (Butanol–HCOOH–W.; 77:10:13); 18,5 mg; mit Diazobenzolsulfonsäure in Na_2CO_3-Lsg. rotorange, Rk. mit Ninhydrin positiv. — *Arginin, Flavianat,* 2,5 g. *Cu(NO_3)$_2$-Verb.,* F. 228—229°, dunkelblausamtige Drusen. — *Histamin, Dipikrat,* $C_5H_9N_3 \cdot (C_6H_3N_3O_7)_2$, F. 238—240°, hellgelbe, rautenförmige Kristalle; 11 mg. — *Histidin, Pikrolonat,* Zers. bei 260—268°; 155 mg. — *Tyrosin,* $C_9H_{11}NO_3$, F. 265° (Zers.), aus W. kleine verfilzte Nädelchen; 1,9 g. *Hydrochlorid,* $C_9H_{11}NO_3 \cdot HCl$. *Cu-Salz,* $(C_9H_{10}NO_3)_2 \cdot Cu$. — *Tyramin,* $C_8H_{11}NO$, F. 158°; 292 mg, MILLON- u. PAULYsche Diazo-Rk. positiv. *Flavianat,* $C_8H_{11}NO \cdot C_{10}H_6N_2O_8S$. *Diliturat,* $C_8H_{11}NO \cdot C_4H_3N_3O_5$. — *Spermidin,* R_F 0,02; —; —; —. *Pikrat,* $C_7H_{19}N_3 \cdot (C_6H_3N_3O_7)_3$, F. 205 bis 208°; 554 mg. *Hydrochlorid,* $C_7H_{19}N_3 \cdot 3\,HCl$, F. 245—248°. *Chloroaurat,* $C_7H_{19}N_5 \cdot 3\,HAuCl_4$, F. 220—222°. — *Cholin,* R_F 0,18; 0,43; —; —; mit DRAGENDORFF-Reagens stark violett. *Dipikrylaminat,* F. 231—232°; 6,5 g. — *Betain,* R_F 0,16; 0,38; —; —; mit DRAGENDORFF-Reagens rosa. — *Dimethylhistamin, Hydrochlorid,* $C_7H_{13}N_3 \cdot 2\,HCl$, F. 245—250° (teilweise Sublimation bei 185—190°). *Chloroaurat,* $C_7H_{13}N_3 \cdot 2\,HAuCl_4$, F. 200—206° (verd. HCl), a) aus dem Pilzextrakt; 15 mg; b) aus Histamin, HCOOH u.

CH_2O-Lsg. bei 80°, Zugeben von HCl, Eindampfen u. Umsetzen des Chlorids mit $HAuCl_4$; 41%. *Pikrat*, $C_7H_{13}N_3\cdot(C_6H_3N_3O_7)_2$, F. 225—228°. — *Lysin. Pikrat*, F. 261° (Zers.); 1,25 g. — *Verb. vom F. 157°*, MILLON- u. Diazo-Rk. positiv. *Diliturat*, $C_{12}H_{16}N_2OS\cdot C_4H_4N_4O_5$ (?), ockerfarbene Kristalle. — *Herzynin*, R_F 0,05; 0,19; —; —; mit PAULYs Reagens rot. — *Ergothionein*, R_F 0,08; 0,30; —; —; mit PAULYs Reagens orangerot, nach Zugeben von NaOH → violett. (Arch. Pharmaz. Ber. dtsch. pharmaz. Ges. **291/63**. 502—13. Okt. 1958. Würzburg, Univ., Inst. für Pharmazie u. Lebensmittelchemie.)
F. HELLER. 4420

G. W. Lasurjewski und **D. A. Nowochatka**, *Die Gerbstoffe von Scumpia.* Chromatograph. wurden die Gerbstoffe von *Scumpia*-Blättern in die Fraktionen der Polyphenole u. Tannine getrennt. Durch Chromatographie in der Säule mit Papierpulver wurden aus der Polyphenolfraktion 3 Fraktionen erhalten. Aus Fraktion 1 konnte eine krist. Substanz isoliert werden, die sich nach Umkristallisation aus 70% A. u. Vakuumtrocknung bei 100° über P_2O_5 als *Myricetin* erwies; F. 355—357° (Zers.). Aus Fraktion 3 wurden Kristalle von *Gallussäure* erhalten; F. 235°. Auf Grund des Geh. an OH-Gruppen (im Mittel 23,3 bzw. 20,9 bzw. 16,9%), des UV-Absorptionsspektr. (2 völlig gleiche Maxima bei 217 u. 280 mμ), des Mol.-Gew. der erschöpfend mit Diazomethan methylierten Verbb. (955 bzw. 728 bzw. 503) u. des UV-Absorptionsspektr. der Methylderivv. (nur ein Maximum bei 270 mμ; opt. Dichte im Maximum 1,15 bzw. 0,898 bzw. 0,607) sind die 3 Komponenten der Tanninfraktion als *Tetra-*, *Tri-* u. *Digalloylglucose* anzusprechen. (Биохимия [Biochemie] **24**. 9—14. Jan./Febr. 1959. Kischinew, Moldauische Zweigstelle der Akad. der Wiss. der UdSSR, Abt. für organ. Chemie.)
O. LEBTAG. 4420

Anna-Nina Wagenbreth, *Das Vorkommen zweier Flavonoidgarnituren in der Gattung Pyrus.* In den Blättern von 30 Birnenwildarten wurden papierchromatograph. (Butanol/Eisessig/W.; 6:1:2; 15%ig. Essigsäure) 2 Typen von *Flavonoid*-Garnituren nachgewiesen. Typ I enthält als Hauptflavanol *Hyperin* (R_F 0,54/0,29) u. 6 andere Flavonoidglykoside; R_F-Werte: A = 0,64/0,45; B = 0,53/0,52; C = 0,42/0,45; D = 0,43/0,52; E = 0,31/0,64; F = 0,52/0,39. C, D, E sind wahrscheinlich ebenfalls Quercetinderivate. C ist papierchromatograph. ident. mit Rutin. Typ II enthält außer den Substanzen des Typs I 5 weitere Flavonoide; R_F-Werte: Hauptsubstanz (α) = 0,38/0,10; β = 0,30/0,22; γ = 0,55/0,19; δ = 0,51/0,14; ε = 0,75/0,04. Die Verteilung der Typen stimmt mit der morpholog. Gliederung der Gattung Pyrus überein. (Flora [Jena] **147**. 164—66. 20/3. 1959. Dresden-Pillnitz, Inst. für Gartenbau der Dtsch. Akad. der Landwirtschaftswiss.)
W. UDE. 4420

E. Haack, M. Gube, F. Kaiser und **H. Spingler**, *Glucoverodoxin aus den Samen von Digitalis purpurea.* 13. Mitt. *über Herzglykoside.* (12. vgl. C. **1959**. 3533.) Aus den Samen von Digitalis purpurea erhaltener Extrakt wurde durch Verteilungschromatographie an mit der wss.-alkoh. Phase des Gemischs Chlf.–Bzl.–A.–W. (3:1:2:2), dann an mit dem gleichen Gemisch (1:1:1:1) gesätt. Silicagel getrennt, das rohe *Glucoverodoxin* (I) durch Filtration in Aceton über Silicagel u. Umfällen aus Aceton mit Ae. u. PAe. gereinigt. I wird durch Strophanthobiase in *Glucose* u. *Verodoxin* gespalten; Rk. mit wss. Pb-Acetat liefert unter Abspaltung der Formylgruppe an $C_{(16)}$ *Digitalinum verum* u. *HCOOH*, die gaschromatograph. nachgewiesen wurde. Durch saure Hydrolyse von I werden *Dianhydrogitoxigenin*, *Digitalose* u. *Glucose* erhalten. — I, $C_{37}H_{56}O_{15}$, F. 179 bis 183°; $[\alpha]_D^{20}$ $-1{,}0\pm0{,}8°$ (Pyridin); λ_{max} 217 mμ (log ε = 4,13). (Naturwissenschaften **45**. 338—39. 2. Juli-H. 1958.)
F. HELLER. 4420

E. A. M. Asselbergs, *Untersuchungen über die Bildung von Ascorbinsäure in abgetrennten Blättern des Apfelbaums.* Von Apfelbäumen abgetrennte Blätter wurden mit verschied. Konzz. (0,1 u. 0,5%) von D-Glucose (**I**), D-Fructose (**II**), L-Sorbose (**III**), Saccharose (**IV**), Fructose-1.6-diphosphat (**V**), D-Sorbit, D-Glucuronsäure (**VI**) u. ihrem K-, Ca- u. Na-Salz, L-Gulonolacton (**VII**), D-Glucuronolacton (**VIII**), 2-Keto-*l*-gulonsäure (**IX**) u. ihrem Na-Salz, D-Galakturonsäure (**X**) sowie Glucosecycloacetoessigsäure (**XI**) u. ihrem Äthylester isoliert versorgt u. 24 u. 48 Std. einer geringen (600 ft-c) u. einer hohen (1700 ft-c) Lichtintensität ausgesetzt, um die prim. Vorstufe für die *Ascorbinsäure* (**XII**)-Synth. u. den Lichteinfl. festzustellen. Bei hoher Lichtintensität erhöhten **III, IV, V, VI** u. ihr K-, Ca- u. Na-Salz, **IX** u. ihr Na-Salz, **X** sowie **XI** u. ihr Äthylester den **XII**-Geh. der Blätter nicht. Die 0,1- u. 0,5%ig. Lsgg. der K-, Ca- u. Na-Salze der Zuckersäuren wirkten toxisch. 0,1%ig. Lsg. von **VIII** verursachte eine signifikante Erhöhung des **XII**-Geh. nach 24std. Belichtung mit 1700 ft-c. **VII** u. **X** bedingten eine geringere **XII**-Synth. als die mit H_2O angesetzten Kontrollen. Die Erhöhung der **XII**-Konz. durch **I** u. **II** lag nicht signifikant über den H_2O-Kontrollen. Nach 48std. Belichtung (1700 ft-c) ließ sich weder mit **VIII** noch mit **I, II, VII** oder **X** eine signifikante Erhöhung der **XII**-Synth. gegenüber den H_2O-Kontrollen feststellen. Eine ausgeprägte Korrelation zwischen dem **XII**-Geh. des Blattes u. der Blattfläche bewies die enge Beziehung zwischen der photosynthet. Aktivität u. dem **XII**-Geh. der Blätter. Bei verschied. Belichtungsintensitäten (600 u. 1700 ft-c) in $^{14}CO_2$-Atmosphäre bis zu 6 Std. gehaltene Blätter, die anschließend verschied. Lichtverhältnissen oder Dunkelheit bei n. Luftbedingungen verschieden lange Zeit ausgesetzt wurden, bauten in dieser Zeit, sowohl im Licht als auch im Dunkeln, noch ^{14}C in die **XII** ein, was bedeutet, daß nur einige Stufen der **XII**-Synth. im abgetrennten Blatt lichtempfindlich sind. — 15 Literaturangaben. (Plant Physiol. **32**. 326—29. Juli 1957. Ottawa, Ontario, Canada, Canada Dep. of Agric.) W. Kreipe. 4425

Keith E. Richardson und **Bernard Axelrod,** *Veränderungen des Inositgehaltes während der Keimung und des Wachstums bei einigen höheren Pflanzen.* Alle untersuchten Pflanzen: *Pisum sativum* (L.) *var. Alaska* (a); *Phaseolus aureus* Roxb. (b); *Glycine Max* (L.) *Merr., var. Hawkeye; Zea Mays* (L.), *var. 813 US 13 Hybrid; Triticum aestivum* (L.), *var. Knox* u. *Brassica oleracea* (L.) zeigten zu Beginn der Keimung u. des Wachstums im Licht eine Abnahme des Gesamt-*Inosit* (I)-Gehalts. Die gleiche Erscheinung wurde bei a u. b auch im Dunkeln beobachtet. Während a nach einigen Tagen im Licht nur einen geringen Geh. an freiem I aufwies, war der Geh. an gebundenem I bei b im Vgl. zum freien I-Geh. gering. Die anfängliche Abnahme des I-Geh. beruhte nicht auf einer Diffusion von I aus den Wurzeln in die umgebende Erde. Bei weiterer Entw. aller Pflanzen im Licht stieg ihr Inositgeh. an. 10 Tage im Dunkeln gewachsene Sämlinge sowie unreife Schoten von a zeigten, dem Licht ausgesetzt, in einer $^{14}CO_2$-Atmosphäre, daß ^{14}C in freiem I eingebaut werden kann. Ob auch im Dunkeln ein Einbau stattfindet, wurde nicht untersucht. — 14 Literaturangaben. (Plant Physiol. **32**. 334—37. Juli 1957. West Lafayette, Ind., Purdue Univ., Dep. of Biochem.) W. Kreipe. 4450

Gillian N. Thorne, *Die Aufnahme radioaktiven Phosphors durch die Blätter und seine Weiterleitung an andere Pflanzenteile beeinflussende Faktoren.* Die Geschwindigkeit der Aufnahme von ^{32}P aus markierten NaH_2PO_4-Lsgg. nach Aufsprühen auf ein Blatt von *Brassica napus* oder *Phaseolus vulgaris* war während der ersten Std. hoch, fiel jedoch nach 4 Tagen auf 0 ab. In der Wurzel ließ sich ^{32}P nach 3 Std. nachweisen u. wurde noch 6 Tage von dem behandelten Blatt abgegeben. Bei wiederholtem Aufsprühen wurde mehr ^{32}P aufgenommen. *Brassica* nahm bei Behandlung der Blattunterseite mehr ^{32}P auf als bei Besprühen der Oberseite. Bei Verdoppelung der ^{32}P-Konz. wurde ein höherer %-Satz resorbiert. Die Resorption durch Bohnenblätter nahm leicht ab, wenn die doppelte Blattfläche mit der gleichen Menge ^{32}P besprüht wurde, ebenso mit zunehmendem Blattalter. ^{32}P-Behandlung der Wurzel beeinflußte bei *Brassica* weder die anfängliche Geschwindigkeit noch die Gesamthöhe der Aufnahme durch das Blatt, verminderte jedoch die Abgabe aus dem behandelten Blatt. Mit Zunahme der relativen Luftfeuchtigkeit in der Umgebung der Pflanze stieg die ^{32}P-Aufnahme an. Schatten bewirkte meist Verminderung der Aufnahme, stets jedoch der Weiterleitung. Wiederanfeuchten des behandelten Blattes mit W. oder Saccharoselsg. wirkte sich unterschiedlich aus. (Ann. Botany [N. S.] **22**. 381—98. Juli 1958. Harpenden, Herts.; Rothamsted Exp. Stat.) Hans Thiele. 4450

I. I. Schewzowa, *Die Wirkung der Gewebesäfte der Leguminosenwurzeln auf die Knöllchenbakterien.* Die Unters. der Veränderlichkeit der Knöllchenbakterien von Rotklee u. Luzerne unter der Einw. der Gewebesäfte der Wurzeln ergab, daß der unverd. Gewebesaft sowohl gegenüber den spezif. als auch den unspezif. Knöllchenbakterien bakterieid wirkt. Der Grad der baktericiden Wrkg. ist abhängig vom Alter der Pflanze. Die Knöllchenbakterien des Rotklees erwerben unter der Einw. des Luzernesaftes die Fähigkeit, auf Maltose u. Raffinose Säure zu bilden; die von Luzerne vermögen nach dieser Einw. auf Galaktose, Säure zu bilden. Unter der Einw. des Gewebesaftes von Rotkleewurzeln verlieren Rotklee u. Luzerne die Fähigkeit, Saccharose zu vergären. Die Virulenz der Knöllchen wird durch die Gewebesäfte der gleichen oder anderen Art gesteigert. Die Aktivität der Knöllchenbakterien wird nach den Verss. mit 30 Tage alten Pflanzen durch die Behandlung mit den Wurzelsäften nicht wesentlich verändert. Hieraus ergibt sich die Möglichkeit, durch Behandlung mit Wurzelsäften der Leguminosen die Knöllchenbakterien zu verändern. (Микробиология [Mikrobiologie] **28**. 75—79. Jan./Febr. 1959. Kiew, Schewtschenko-Univ.) O. Lebtag. 4450

A. M. Kusin und **W. I. Tokarskaja (Merenowa),** *Vollständige Markierung der organischen Stoffe von Pflanzen mit Kohlenstoff als Methode zur Untersuchung der Stoffwechselstörungen.* Zur Erzielung einer für die Radiochromatographie ausreichenden Aktivität aller Metabolite einer Pflanze genügt nach den Versuchsergebnissen eine 20 Tage lange Photosynth., wenn die Pflanze $^{14}CO_2$ bei einer Aktivität von 300 μC/100 g

Frischgewebe aufnimmt. Dieses Verf. wird bei der Unters. des Einfl. einer ionisierenden Strahlung auf den Stoffwechsel verschied. Pflanzen angewandt. Es zeigt sich, daß bei den bestrahlten Pflanzen eine Intensivierung der Exosmose der organ. Stoffe stattfindet. Die unter der Einw. der ionisierenden Strahlen vor sich gehenden Veränderungen des Stoffwechsels in den Blättern u. Wurzeln verschied. Pflanzen werden ausführlich beschrieben. Das Verf. unterrichtet zuverlässig über das Auftreten u. Verschwinden verschied. Stoffwechselprodd. in den Pflanzenorganen. (Биохимия [Biochemie] **24.** 80—86. Jan./Febr. 1959. Moskau, Inst. für biol. Physik der Akad. der Wiss. der UdSSR.)
O. LEBTAG. 4460

E. D. H. El-Shishiny und **M. A. Nosseir,** *Die Beziehung zwischen der optischen Form und der Ausnutzung der Aminosäuren. 1. Mitt. Ausnutzung der stereoisomeren Formen der Glutaminsäure durch Wurzelscheiben der Karotte.* Mit Hilfe von Wurzelscheiben der Karotte wurden die Aufnahme u. Assimilation der *L-* u. *D-Glutaminsäure* allein u. kombiniert mit Ammoniumsulfat (I) durch die Wurzelzellen der Karotte untersucht. Dabei resorbieren u. assimilieren innerhalb von 24 Std. die Zellen mehr *L-Glutamat* (II) als *D-Glutamat* (III). Durch Kombination von II mit I ließ sich die Ausnutzung von II noch erhöhen. Eine Verwertung von III findet kaum oder gar nicht statt. Aufnahme u. Assimilation von I wurden durch II stimuliert, während III in beiden Fällen hemmend wirkte. Ein Zusatz von III zu II neutralisierte die stimulierende Wrkg. von II bei der NH_4—N-Aufnahme u. -Assimilation. — 17 Literaturangaben. (Plant Physiol. **32.** 360—64. Juli 1957. Egypt, Alexandria Univ., Fac. of Science, Botany Dep.) W. KREIPE. 4460

W. L. Kretowitsch und **Sh. W. Usspenskaja,** *Synthese des Phenylalanins und Umwandlungen der Phenylbrenztraubensäure in der reifenden Weizenähre.* Mit Hilfe der Papierchromatographie wird nachgewiesen, daß bei Einführung von *Phenylpyruvat* (I) in die Weizenähre in verschied. Stadien der Reife die Synth. von *Phenylalanin* (II) gegenüber der Kontrolle um 530% erhöht wird. Bei Verwendung eines NH_4-Salzes ist die II-Synth. um 17—26% intensiver als bei Verwendung des Na-Salzes. Neben II wird in der Ähre auch Tyrosin aus I synthetisiert, jedoch mit geringerer Intensität. Es erfolgt eine intensive Bldg. von γ-Aminobuttersäure. In den frühen Reifestadien erfolgt bei der I-Zufuhr eine Synth. der Aminosäuren der Leucin-, Valin-, Threonin- u. Alaningruppe. In den späteren Reifestadien geht diese Fähigkeit verloren. Hier erfolgt sogar ein Verbrauch dieser Aminosäuren während der Umaminierung mit I. Die II-Synth. bei Zufuhr von I ist von einem Verbrauch an Glutamin u. Glutaminsäure begleitet, die mit I eine Umaminierungs-Rk. eingehen. Bei Einführung von NH_4Cl in die Ähre beobachtet man eine intensive Synth. von Glutamin, durch welches das zugeführte NH_4-Salz gebunden u. unschädlich gemacht wird. (Биохимия [Biochemie] **24.** 116—22. Jan./Febr. 1959. Moskau, Bach-Inst. für Biochem. der Akad. der Wiss. der UdSSR.)
O. LEBTAG. 4460

Sh. A. Medwedew, *Über die Verwertung der Peptide bei der Biosynthese von Eiweiß.* (Vgl. C. **1957.** 5045.) Die Unterss. über die Ausnutzung des Vollhydrolysats (A) des ^{14}C-Eiweißes der Bohne, des Pepsinhydrolysats (B) des Plastideneiweißes u. des Pepsinhydrolysats des Cytoplasmaeiweißes (C) nach 6 bzw. 12 Std. zur Eiweißsynth. der Plastiden u. des Cytoplasmas u. über die Intensität der Oxydationsprozesse in den Blättern ergaben, daß bei einer Hydrolysatradioaktivität von 7000 Impulse/Min.·ml eine Selektivität des Peptideinbaus in die einzelnen Fraktionen fehlt. In allen Fällen ist der Isotopeneinbau beim Cytoplasma intensiver als bei den Plastiden. Bei A ist der Peptideinbau wesentlich geringer als bei B u. C. Die Oxydationsumwandlungen erfolgen bei A 2—3mal schwächer als bei B u. C. Dies zeigt, daß nur ein Teil der Verbb. von A bis zu den Aminosäuren gespalten wird. Diese Verbb. werden überwiegend direkt für die Eiweißsynth. verwertet. Weder die Konz. des Hydrolysats noch die Ggw. von Glucose verändern das Verhältnis der Gesamtaktivität des Eiweißes zur Gesamtaktivität der bei der Oxydation von der Pflanze ausgeschiedenen $^{14}CO_2$. In allen Fällen ist die Assimilation der Peptide durch einen stärkeren Einbau der Aktivität in die Eiweißstoffe im Vgl. zur Verwertung bei der Oxydation ausgezeichnet. Hierin unterscheidet sich A-Reihe fast nicht von den Reihen B u. C. Die Ergebnisse bestätigen, daß die durch verschied. Spaltung des gleichen Eiweißes erhaltenen Peptide einen verschied. Umsatz aufweisen. (Биохимия [Biochemie] **24.** 94—100. Jan./Febr. 1959. Moskau, Timirjasew-Akad. für Landwirtsch.-Wiss., Lehrstuhl für biol. u. Agrochemie.)
O. LEBTAG. 4460

J. Giovanelli und **P. K. Stumpf,** *Fettstoffwechsel in höheren Pflanzen.* 10. Mitt. *Modifizierte β-Oxydation von Propionaten durch Erdnußmitochondrien.* (9. vgl. C. **1959.** 3525.) Aus den Kotyledonen keimender Erdnüsse präparierte Mitochondrien oxydieren Propionat ausschließlich über eine modifizierte β-Oxydation. Durch Tracertechnik wird gezeigt, daß, zum Unterschied von der konventionellen β-Oxydation, die COOH-Gruppe von β-Hydroxypropionat, das als erstes stabiles Intermediärprod. des Propionatabbaus identifiziert werden konnte, nicht in die COOH-Gruppe des Acetats übergeführt wird, sondern in $^{14}CO_2$. — Die für die Oxydation von $^{14}C_{(2)}$-Propionat in $^{14}CO_2$ erforderlichen Cofaktoren werden eingehend untersucht: Adenosinmono-, -di- u. -triphosphat (AMP, ADP, ATP) stimulieren mit gleicher Wirksamkeit den Abbau, wobei ADP u. AMP als solche unwirksam sind u. erst durch oxydative Phosphorylierung oder durch die durch Adenylsäurekinase katalysierte Rk. 2 ADP $\rightleftharpoons$ AMP + ATP in ATP übergeführt werden müssen. Es wird vermutet, daß α-Ketoglutarsäure u. Citronensäure, die ebenfalls die Propionatoxydation signifikant stimulierten, nicht nur als Acceptoren für Acetat-Einheiten erforderlich sind, sondern auch durch oxydative Phosphorylierung ATP bilden. Die Stimulierung durch Mg^{2+}, Mn^{2+} u. Co^{2+} soll möglicherweise mit der prim. Aktivierung von Propionat zu Propionyl–Coenzym A verknüpft sein. Die stimulierende Wrkg. von red. Glutathion, das in dieser Hinsicht durch Thioglykolat, Cystein, Na_2S, 2.3-Dimercaptopropanol-(1) oder Thiomalat nicht ersetzt werden konnte, beruht vermutlich darauf, daß es Co A im red. Zustand erhält. — Durch DPN wird die Oxydation von $^{14}C_{(1)}$-Propionat in $^{14}CO_2$ weitgehend inhibiert, während Fluorid u. Malonat nahezu unwirksam waren. (J. biol. Chemistry **231**. 411—26. März 1958. Berkeley, Calif., Univ. of California, Dep. of Agric. Biochem.) WILFRIED WERNER. 4460

Clive Bradbeer und **P. K. Stumpf,** *Fettstoffwechsel in höheren Pflanzen.* 11. Mitt. *Die Umwandlung von Fett in Kohlenhydrat in Erdnuß- und Sonnenblumenkeimlingen.* (10. vgl. vorst. Ref.) Excisierte Kotyledonen etiolierter Erdnuß- u. Sonnenblumenkeimlinge bauten Acetat-$^{14}C_{(1,2)}$ rasch in freie Zucker u. Zwischenstufen des Tricarbonsäurecyclus ein. Die Verteilung von ^{14}C in Äpfelsäure (I) u. der Glucosehälfte von Saccharose sprechen für die Beteiligung des Glyoxalatcyclus an der Umwandlung von Fett in Kohlenhydrat in diesen Geweben. In lösl. Enzympräpp. aus Erdnuß- u. Sonnenblumenkotyledonen wurden mehrere Enzyme des Glyoxalatcyclus nachgewiesen (I-Synthetase, Isocitritase, „kondensierendes" Enzym, Fumarase). (J. biol. Chemistry **234**. 498—501. März 1959. Berkeley, Calif., Univ., Dep. of Agric. Biochem.) K. MAIER. 4460

Friedrich Weygand und **Heinz Wendt,** *Über die Biosynthese des Cumarins.* Vff. berichten über die Biosynth. von Cumarin (I) in isoliert wachsenden Wurzelkulturen von *Melilotus officinalis.* — Während $^{14}C_{(1)}$-Na-Acetat in Ggw. von Zucker nicht für die I-Synth. verwertet wird, konnte mit einheitlich ^{14}C-markiertem *L-Phenylalanin* gezeigt werden, daß dessen C-Gerüst ohne Veränderung, d. h. ohne intermediäre Aufspaltung, in I umgewandelt wird. Nach Einbau von $^{14}C_{(1)}$-*Glucose* (II) wurde durch chem. Abbau des isolierten I im Benzolkern eine Verteilung der Radioaktivität gefunden, wie sie DAVIS in der aus E. coli isolierten Shikimisäure (III) nach Verfütterung von II fand. Durch diesen Befund ist der Beweis erbracht, daß der Benzolkern von I auch im pflanzlichen Organismus aus Kohlenhydraten über 5-Dehydrochinasäure, 5-Dehydroshikimisäure, III u. Prephensäure synthetisiert wird, während die Verteilung der Radioaktivität in der Seitenkette die Herkunft dieses C_3-Bausteins, der auf der Stufe der III unter Bldg. von Prephensäure angelagert wird, aus der Glykolyse der Hexosen beweist. — Vff. schlagen für den Biosyntheseweg von I u. anderen Phenylpropanderivv. ein Schema vor u. diskutieren dieses Schema. (Z. Naturforsch. **14b**. 421—27. Juli 1959. Berlin, Techn. Univ., Organ.-chem. Inst.) H. KOCKERT. 4460

D. I. Ssaposhnikow, A. N. Majewskaja, T. A. Krassowskaja-Antropowa, L. L. Prialgausskaite und **W. Ss. Turtschina,** *Einfluß der Anaerobiose auf die Veränderung des Verhältnisses der wichtigsten Carotinoide des grünen Blattes.* Verss. mit Blättern der Pferdebohne (Vicia faba L.) ergaben, daß in der Dunkelheit die Anaerobiose ohne Einfl. auf den Geh. an *Lutein* (I) u. *Violaxanthin* (II) ist: 31,1 (in % der Gesamtcarotinoide) I u. 25,2 II gegenüber 31,2 bzw. 24,4 bei Aerobiose. Die Licht-Rk., bei welcher der Geh. an I zu-, der an II abnimmt, verläuft auch in Abwesenheit von O_2. In H_2-Atmosphäre nimmt bei Belichtung die I–II-Differenz zu u. erreicht bei Zusatz von CO_2 bis zu 18,3%, ohne CO_2-Zusatz bis zu 33%. Die Dunkel-Rk. (Abnahme der I–II-Differenz) wird bei Anaerobiose fast völlig unterdrückt. Ein Zusatz von O_2 nach der anaeroben Belichtung fördet die Dunkelreaktion. (Биохимия [Biochemie] **24**. 39—41. Jan./Febr. 1959. Leningrad, Botan. Komarow-Inst. der Akad. der Wiss. der UdSSR.) O. LEBTAG. 4460

Ann Allen und **R. E. Alston,** *Bildung von Purpurpigment in Kulturen von Spirogyra pratensis.* Subkulturen von *Spirogyra pratensis Transeau* zeigten bei der Konjugation in WARIS-Medium, das *Fe-Sequestrin* enthielt, Bldg. von purpurfarbenen Fäden, deren Verh. gegenüber NH_3 u. HCl für eine Analogie zu dem bei Zygogonium ericetorum auftretenden *Fe-Gallotannin* (I)-Komplex spricht. Bei Belichtung (20°, 16 Std.) tritt die I-Bldg. sowohl bei geschlechtlicher als auch bei vegetativer Vermehrung auf, jedoch nur in WARIS-Medium. Die Algen mit Purpurpigment waren nicht in einem physiol.

n. Zustand. Die Chromatophoren waren noch grün, besaßen aber nicht die spiralige Form gesunder Zellen. (Nature [London] **183.** 1064—65. 11/4. 1959. Austin, Texas, Univ., Plant Res. Inst.) W. A. SCHÄFER. 4460

N. G. Doman, *Zur Frage der Wechselbeziehungen von Photosynthese und Atmung der Pflanzen.* Aus der Unters. der Bldg. von organ. Säuren, vor allem Bernstein-, Äpfel- u. Citronensäure, in den Blättern von Bohne u. Tabaken bei verschieden langer Exposition in Ggw. von $^{14}CO_2$ u. verschied. Lichtverhältnissen vor der Exposition geht hervor, daß mit beginnender Photosynth. auch Prodd. entstehen, die als Atmungssubstrat ausgenutzt werden können. Die Bldg. der Di- u. Tricarbonsäuren erfolgt bei Belichtung vorwiegend gegen, ohne Lichtzutritt vorwiegend in der Uhrzeigerrichtung. Die Ausnutzung der ausgeatmeten $^{14}CO_2$ vor der Ausscheidung aus dem Blatt erreicht bei schwacher Belichtung (ca. 200 Lux) 59,4%, bei starker Belichtung (ca. 600 Lux) 70,7%. Die Radioaktivität von $^{14}CO_2$ verteilt sich in Verss. mit Bohnenblättern 1 Min. nach der Exposition zu 29% auf die Monophosphate, zu 3% auf die Saccharose, nach 5 Min. zu 5 bzw. 7%. Auf Grund der Versuchsergebnisse u. des Literaturmaterials wird die Beziehung zwischen Photosynth. u. Atmung theoret. erörtert. (Биохимия [Biochemie] **24.** 19—24. Jan./Febr. 1959. Moskau, Bach-Inst. für Biochem. der Akad. der Wiss. der UdSSR.) O. LEBTAG. 4460

A. A. Krassnowsky, *Speicherung der Lichtenergie bei photochemischen Reaktionen des Chlorophylls und seiner Analogen.* Inhaltlich ident. mit der C. **1958.** 468 referierten Arbeit. (J. Chim. physique Physico-Chim. biol. **55.** 968—79. Nov./Dez. 1958.) O. LEBTAG. 4460

J. Reinert, *Morphogenese und ihre Kontrolle an Gewebekulturen aus Karotten.* Karottengewebekulturen wurden auf synthet. Medium (REINERT u. WHITE, Physiol. Plantarum **9.** [1956.] 177) zur Knospen- u. Wurzelbldg. gebracht. Nach 2—3 Monaten trat Differenzierung der Gewebeteile auf. Organbldg. wurde erst nach Entzug des Wuchsstoffes (*β-Indolylessigsäure* oder *2.4-Dichlorphenoxyessigsäure*) beobachtet. Für die Bldg. von Knospen war mindestens 3monatige Vorbehandlung mit auxinhaltigem synthet. Medium Voraussetzung. Verkürzung dieser Periode führte zur verstärkten Wurzelbildung. Es ist anzunehmen, daß die synthet. Nährlsg. außer Auxin noch andere knospenbildende Verbb. enthält (Purine u. Aminosäuren). (Naturwissenschaften **45.** 344—45. 2. Juli-H. 1958. Tübingen, Univ., Bot. Inst.) K. MAIER. 4485

Margaret Radley, *Verteilung gibberellsäureähnlicher Substanzen in höheren Pflanzen.* Zur Auffindung *Gibberellsäure* (I)-ähnlicher Substanzen wurden Abschnitte des 1. Blattes etiolierter Weizenschößlinge auf den verschied. Abschnitten des Chromatogramms kultiviert. I stimuliert das Wachstum, *Kinetin* dagegen nicht, u. *Indolylessigsäure* nur in relativ hohen Konzentrationen. Außerdem wurden die Extrakte verschied. Pflanzengewebe an intakten Buscherbsen getestet. — I-ähnliche Substanzen wurden in Mengen von 0,1—0,3 γ (berechnet als I)/100 Pflanzen (100—200 g Frischgewicht) in hohen u. Buscherbsen gefunden, ferner in reifen Samen dieser Pflanzen sowie von Buschbohnen u. Weizen. Unterschiede im Geh. an I-ähnlichen Substanzen bestehen zwischen hohen u. Buscherbsen offenbar nicht. Unreife Samen von Stangenbohnen (runnerbeans) enthielten größere Mengen akt. Stoffe, u. zwar mindestens 0,25 γ I-ähnlicher Verbb. (als I)/g Frischgewicht verteilt zwischen Schale, Kotyledonen u. Embryo. Mögliche Zusammenhänge mit dem Längenwachstum der Pflanzen werden diskutiert. (Ann. Botany [N. S.] **22.** 297—387. Juli 1958. Welwyn, Herts., Frythe, Imp. Chem. Ind. Ltd. Akers Res. Labors.) HANS THIELE. 4485

Howard G. Applegate, *Polarität und Gibberellsäure bei intakten Pflanzen.* Geprüft wurde an Sämlingen von Zinnia elegans der Einfl. von *2.3.5-Trijodbenzoesäure* (I) + *Gibberellsäure* (II), da durch I der polare Transport von Auxin verändert wird, wodurch bei wachsenden Pflanzen eine stärkere Entw. von Seitensprossen auf Kosten der Spitze verursacht wird. (vgl. NIEDERGANG-KAMIEN u. SKOOG, Physiol. Plantarum **9.** [1956.] 60), während durch II das Wachstum stimuliert wird. Es wurde jedoch kein Synergismus zwischen I u. der durch II hervorgerufenen Zellverlängerung beobachtet; eher scheint durch II der wachstumshemmende Einfl. von I aufgehoben zu werden. (Bot. Gaz. **119.** 76—78. Dez. 1957. Storrs, Conn., Univ. of Connecticut, Dep. of Plant Sci.) G. KLESSE. 4485

Hussein Elarosi, *Pilzgesellschaften.* 3. Mitt. *Die Bedeutung der pektischen Enzyme für die synergistischen Beziehungen zwischen Rhizoctonia solani Kühn und Fusarium Snyder und Hansen bei der Kartoffelknollenfäule.* (2. vgl. Ann. Botany [N. S.] **21.** [1957.] 569.) *Protopektinase* (I) aus Kulturen von *Rhizoctonia solani* (R) u. *Fusarium solani* (F.s.) auf autoklavierten Kartoffelscheiben zeigte bei p_H 6,5 größte Aktivität. Das p_H-Optimum des viscositätsvermindernden Enzyms von R lag ebenfalls bei 6,5, das des entsprechenden Ferments von F.s. bei p_H 8,3. I aus Mischkulturen von F.s. oder R oder Gemische deraus F.s. u. R einzeln isolierten Enzyme zeigten größere Aktivität als dieEinzelfermente. Das entsprechende Enzym aus *Cylindrocarpon radicicola* (C.r.) dagegen war bes. akt., wenn es aus Reinkulturen isoliert worden war. Auch im Gemisch mit R-Enzym war hier Aktivitätsverlust festzustellen. Allg. ähnelte das R-Enzym dem C.r.-Ferment, nicht jedoch dem von F. solani. Durch Papierverteilungschromatographie wurden aus dem R-Rohenzym zwei Substanzen isoliert, die das F.s.-Enzym stimulierten, während nur eine Substanz aus dem F.s.-Rohenzym des R-Ferment stimulierte. Das gereinigte R-Enzym baute *Pektin* zu *Galakturonsäure* (II) ab, das gereinigte F.s.-Enzym jedoch nur bis zu einer Zwischenstufe. Ein Gemisch beider führte zu **II**, wobei die Zwischenstufe nicht nachzuweisen war. Die aus diesen Ergebnissen sich ergebende Bedeutung der pekt. Enzyme für die synergist. Wrkg. von R u. F.s. bei der Kartoffelknollenfäule wird diskutiert. (Ann. Botany [N. S.] **22.** 399—416. Juli 1958. Manchester, Univ., Dep. of Cryptogamic Botany.) HANS THIELE. 4490

E₅. Tierchemie. Tierphysiologie. Tierpathologie.

R. L. Cort und **J. H. Cort,** *Die Uteruselektrolyte während Schwangerschaft und Entbindung.* Die Unters. von Biopsieproben aus Uterus u. Skelettmuskel ergab bei Schwangerschaft eine signifikante Abnahme des myometrialen *K* u. eine Zunahme an Zell-*Na*, W. u. Gesamtbase (I) im Uterus. Gleichsinnige geringe Veränderungen bestanden in Skelettmuskel (Rectus abdominis). N. Wehentätigkeit rief einen *K*-Verlust u. eine Erhöhung von Na, W. u. I im Myometrium hervor. Langanhaltende, erfolglose Wehen bewirkten die gleichen Veränderungen in sehr verstärktem Maße. Bei n. Entbindung trat häufig eine Stoffwechselacidose auf. (Lancet **272.** 718—20. 6/4. 1957. Prague, Inst. for Mother and Child Care and Inst. for Cardiovascular Res.) K. MAIER. 4510

D. S. Po-Chedley, *Pherogramme von Mehlwurmproteinen.* Bei der Elektrophorese von Proteinpräpp., die aus Eiern, Larven, Puppen u. aus erwachsenen Exemplaren des Mehlwurms (Tenebrio molitor) jeweils in verschied. Entwicklungsstadien durch Homogenisieren u. Zentrifugieren gewonnen wurden, ergeben sich deutliche Unterschiede hinsichtlich der Konz. u. der Trennbarkeit der beiden auftretenden Fraktionen. (Nature [London] **183.** 62. 3/1. 1959. Buffalo, N. Y., D'Youville Coll.) U. WÖRFFEL. 4520

A. P. Bresstkin und **A. G. Shironkin,** *Über die Diffusion von Stickstoff durch die menschliche Haut während der Sauerstoffatmung.* Vff. stellten in Selbstverss. mittels einer speziell konstruierten spirometr. Einrichtung fest, daß die Diffusion des N_2 durch die Haut während der O_2-Atmung bei n. atmosphär. Druck u. einer Außentemp. von 17—18° 26—34 u. bei 24—25° 42—57 ml/Std. pro m² Körperoberfläche beträgt. Die Zunahme der Diffusion bei Erhöhung der Temp. hängt mit der Intensität des peripher. Blutumlaufs zusammen. Bei Erhöhung des atmosphär. Drucks während der O_2-Atmung auf 2,5 atü stieg die Geschwindigkeit der N_2-Diffusion von 50—60 auf 110—125 ml/Std. pro m² an (die Außentemp. betrug 16—18 bzw. 18—20°). (Физиологический Журнал СССР имени И. М. Сеченова [Ssetschenow J. Physiol. UdSSR] **45.** 597—604. Mai 1959. Leningrad, Militärmed. Kirow-Akad., Lehrst. für Physiol.) E. RENTZ. 4550

A. Je. Gurwitsch, R. B. Kapner und **R. Ss. Neslin,** *Isolierung reiner Antikörper mit Hilfe von an Cellulose fixierten Antigenen und Untersuchung ihrer Eigenschaften.* Als Modellsubstanz für den Mechanismus der Fixierung von Eiweiß an Cellulose wird die nebenst. Verb. vorgeschlagen. Die so fixierten Antikörper u. Antigene behalten ihre immunolog. Eigenschaften. Mit Hilfe des fixierten Antigens können aus dem Immunserum alle Antikörper gegen dieses Antigen ohne Veränderung des Geh.

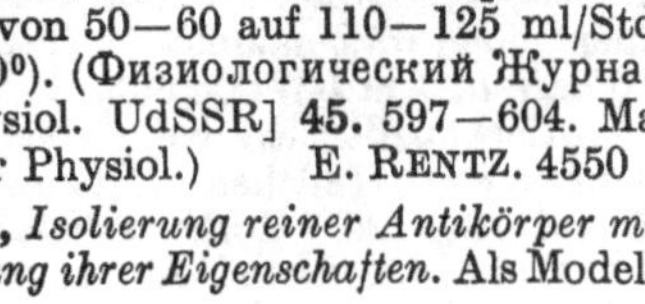

an anderen Antikörpern entfernt werden. Mit Hilfe dieser Meth. werden reine Antikörper durch Spaltung des Komplexes Antikörper-fixiertes Antigen erhalten. Es werden aus dem Kaninchendarm reine Antikörper gegen das Serumalbumin des Pferdes, das Serumalbumin des Menschen u. das Eialbumin des Huhns erhalten. Die so erhaltenen Antikörper bewahren ihre biol. Aktivität u. sind bei der Sedimentations- u. elektrophoret. Unters. homogen. Die einzelnen Antikörper sowie die Antikörper u. unspezif. γ-Globuline besitzen verschied. elektrophoret. Beweglichkeiten. Bei der Rk. zwischen dem reinen Antikörper u. dem entsprechenden Antigen in Ggw. des Serums vom nicht immunisierten Kaninchen (30 Min. auf 56° erwärmt) beträgt der Geh. an unspezif. Proteinen im Präzipitat 1,7% gegenüber 8% im nicht erhitzten Serum. (Биохимия [Biochemie] **24.** 144—56. Jan./Febr. 1959. Moskau, Inst. für Virusol. der Akad. der med. Wiss. der UdSSR, Labor. für Biochem.; Inst. für biol. u. med. Chem.; Labor. für physiol. Chemie.) O. LEBTAG. 4551

Georges Sandor, *Immunochemische Analyse des γ_1-Makroglobulins in menschlichem Serum und einige Betrachtungen über seine Natur.* Vf. untersuchte mit der Geldoppeldiffusionsmeth. nach OUCHTERLONY das Verh. von 3 verschied. Serumproben mit angereichertem γ_1-*Makroglobulin* (I) gegen Kaninchenantiserum (sowohl Anti-γ-Globulin, als auch Anti-I). Die Ergebnisse zeigen, daß I u. γ-Globulin immunochem. sehr ähnlich sind. Vf. schließt, daß I eine polymere Form des γ-Globulins darstellt, wobei durch die Bindung zwischen den Monomeren ein neues immunolog. „Motiv" auftritt. (C. R. hebd. Séances Acad. Sci. **246**. 3547—49. 23/6. 1958.)
E. SCHWERDTFEGER. 4551

Jean-Jacques Pérez und **Cécile Sergent,** *Wirkung von Formalin und Wärme auf die immunologischen Eigenschaften des Ovalbumins.* Vff. untersuchten die Wrkg. von HCHO u. Erwärmung auf die immunolog. Eigg. von krist. *Ovalbumin* (I). Während HCHO allein die immunolog. Eigg. von I nicht beeinflußt, werden diese durch nachfolgende Erwärmung auf 100° stark verändert; nach 1 Std. Erwärmung erfolgt keine Fällung mit Kaninchen-Anti-I-Serum mehr. Die Unterss. von Immunseren gegen HCHO- u. wärme-behandeltes I ergaben, daß keine Fällung mit I oder HCHO-behandeltem I erfolgt, jedoch gibt denaturiertes (Säure, Harnstoff, Wärme) I eine Fällung. Nach Ansicht der Vff. ist daher HCHO- u. wärme-behandeltes I als denaturiert zu betrachten, wenn es auch unter der Wrkg. des HCHO in Lsg. bleibt. Die unterschiedliche Wrkg. von HCHO u. Wärme auf I u. krist. Serumalbumin wird diskutiert. (C. R. hebd. Séances Acad. Sci. **246**. 3550—52. 23/6. 1958.) E. SCHWERDTFEGER. 4551

G. Gasser, K. Brauner und **A. Preisinger,** *Die Konkrementbildung der Blase und das Harnsteinproblem.* 1. u. 2. Mitt. Bei Blasen- bzw. Fremdkörpersteinen finden sich die gleichen anorgan. (Weddellit, Struvit, Carbonatapatit, Whewellit, Apatit, Brushit; vom jeweiligen Harn-p_H abhängig!) u. organ. Verbb. sowie der gleiche Wachstumsmechanismus. Papierchromatograph.waren Cystin, Cystein, Asparagin, Glycin, Glutathion, Lysin, Tyrosin, Valin, Leucin, Prolin, Arginin, Histidin u. andere Aminosäuren nachweisbar. Der Geh. an hochpolymerem organ. Material betrug z. B. 3,2%. Die organ. Gerüstsubstanz zeigte in allen untersuchten Konkrementbildungen der Blase die gleiche qualitative Zusammensetzung. (Z. Urol. **49**. 148—59. 1956. **50**. 445—54. 1957. Wien, Krankenhaus der Stadt, Urolog. Abt., u. Univ., Mineralog. Inst.)
K. MAIER. 4552

C.-E. Alken, G. Hermann und **B. Weber,** *Zur Frage der Beziehung von Schutzkolloiden und Oberflächenspannung im menschlichen Harn.* Die Beziehungen zwischen Schutzkolloiden (I), Salzkonz. u. Oberflächenspannung (σ) wurde an Harn von 84 n. Personen u. 2 Urolithiasispatienten untersucht u. eine Meth. der Harnstabilitätsmessung (Kongorubintest) ausgearbeitet. Zwischen σ u. I bestehen nur scheinbar direkte Beziehungen. σ u. I sind in erster Linie von spezif. Gew. des Harns abhängig. σ u. I-Wrkg. hängen von Zahl u. Größe der Kolloidteilchen ab. Niedrige Teilchenzahl entspricht einer hohen σ, Zunahme der Teilchen bis zur Bldg. einer optimalen Mizellengröße vermindert σ. Die I-Wrkg. nimmt bis zu einem Grenzwert der Teilchenzahl u. -größe zu. Die Niere paßt sich bei steigenden Salzbelastungen durch Ausschüttung steigender Mengen von I-Teilchen an (Schutzfunktion der Mucoproteidkolloide im Urin). (Z. Urol. **50**. 423—39. 1957. Homburg/Saar, Univ. des Saarlandes, Urol. Klin.) K. MAIER. 4552

H. Fairbairn und **J. Williamson,** *Die Zusammensetzung des Tsetsefliegenspeichels.* 1. Mitt. *Eine histochemische Analyse.* Die histochem. Unters. von *Glossina palpalis*-Speichel ergab positive Rkk. für Ggw. von Protein oder Mucoprotein (mit neutraler Mucopolysaccharidkomponente) oder beide, Glykolipid (mit Doppelbindungen) u. ionisiertes *Ca*. Der Verlust der Speichelanfärbbarkeit nach GIEMSA, wie er bei stark mit polymorphen Trypanosomen infizierten Tsetsefliegen eintritt, ist von einem Verschwinden der positiven Rk. auf die genannten Substanzen begleitet. Die Befunde werden im Hinblick auf den Stoffwechsel der metacycl. Formen u. die Natur des Speichelantikoagulans besprochen. (Ann. trop. Med. Parasitol. **50**. 322—33. Sept. 1956. Vom, Northern Nigeria, West African Inst. for Trypanosomiasis Res.) K. MAIER. 4555

J. Williamson, *Die Zusammensetzung des Tsetsefliegenspeichels.* 2. Mitt. *Papierverteilungschromatographische Analyse von Aminosäuren und Zuckern.* (1. vgl. vorst. Ref.) In *Glossina palpalis*-Speichel wurden nach Hydrolyse mit 6n HCl bzw. 0,5n H_2SO_4 folgende Aminosäuren bzw. Zucker nachgewiesen: β-Alanin, Arginin, Asparagin, Asparaginsäure, Cysteinsäure, Cystin, Glutaminsäure, Glycin, Histidin, Isoleucin, Methionin, Serin, Taurin, Threonin, Tyrosin, Valin, Inosit u. möglicherweise Arabinose. (Ann. trop. Med. Parasitol. **50**. 334—44. Sept. 1956. Vom, Northern Nigeria, West African Inst. for Trypanosomiasis Res.) K. MAIER. 4555

W. Jadassohn, R. Paillard und **R. Brun,** *Experimentelles zur Frage der Wirkung von Hormonen auf die Haut.* Zusammenfassung bisheriger Untersuchungsergebnisse

der Verfasser. Die durch Auftropfen von 0,005—0,2 γ *Östron* (I)/ml enthaltende I-Lsg. hervorgerufene Verlängerung von Meerschweinchenzitzen kommt durch direkte I-Wrkg. ohne Umweg über die Hypophyse zustande. Auch Milchdrüsenvergrößerungen lassen sich auf diese Weise u. ohne Mitwrkg. von Progesteron (II) erzielen. *Testosteronpropionat* kann die Zitzenvergrößerung vermindern, II ist ohne Einfl. auf die Zitzen. 1 Tropfen einer 0,01 γ I/ml enthaltenden Lsg./Tag führt zur Akanthose mit östrogenem Mitoseschub; dabei läßt sich alkal. Phosphatase in der Cutis nachweisen. Östrogene Pigmentierungen lassen sich unter Umständen durch lokale Applikation reduzierender Substanzen, z. B. Hydrochinonbenzyläther angehen. *Cortison* (III)-CIBA, welches beim Auftropfen keinen I-Effekt auf die Meerschweinschenzitze zeigte, wurde nach 6 Monate Stehenlassen in W.–Aceton-Lsg. bei Zimmertemp. „östrogen"; III-MERCK, welches 1,5% Benzylalkohol enthält, wurde auf diese Weise nicht „östrogen". Die Meerschweinchenmykose, -tuberkulose, Tuberkulin-Ophthalmo-Rk. tuberkulöser Rinder, die Rattenhauttuberkulose, Herpes simplex- u. Vaccineinfektionen der Kaninchencornea, die SCHICK-Rk. beim Meerschweinchen, urticarielle Rkk. im PRAUS-KÜSTNER-Vers., die urticarielle Morphin-Rk. des Menschen, die Rk. der Meerschweinchenhaut auf Crotonöl u. die Rk. des Menschen auf UV-Licht konnten entgegen den Erwartungen durch III oder Hydrocortison nicht beeinflußt werden. Die Beeinflussung von Mitosen durch III wurde geprüft, wobei I-bedingte Mitosen nicht gebremst wurden, eher noch solche nach 1% Dinitrochlorbenzol. Bei Talgdrüsensekretion u. Schweißsekretion werden endokrine Abhängigkeiten in gewissen Grenzen für möglich gehalten. — 24 Literaturangaben. (Akt. Probl. Dermatol. [Basel] **1959.** 107—22. Genf, Univ., Dermatol. Klinik.)
U. TAUSENDFREUND. 4558

Ernest J. Umberger und **George H. Gass,** *Der Einfluß des* p_H-*Wertes auf die biologische Aktivität von Choriongonadotropin.* Werden wss. Lsgg. von Choriongonadotropin (I; 0,6 E./Tier eines Internationalen I-Standards) mit verschied. hohem p_H-Wert (3,0—10,8) per injectionem an nicht geschlechtsreife ♀ Ratten verabfolgt, so nimmt mit steigendem p_H-Wert der Lsg. das Uterusgewicht der Tiere um ein Mehrfaches zu, u. die Zahl der positiven Vaginalabstriche steigt von 0 (p_H 3,0 bzw. 3,2) auf 78% (p_H 10,8) an. Die n. biol. Aktivität einer bei p_H 2,6 u. 24 Std. bei einer Temp. von 5° gehaltenen I-Lsg. in 10%ig. A. konnte durch Neutralisieren mit verd. NaOH vollständig wiederhergestellt werden. (Science [Washington] **129.** 1738. 26/6. 1959. Washington, D. C., Bureau of Biol. and Physical Sciences, Food and Drug Admin.) H. KOCKERT. 4559

Lars Ph. Bengtsson, *Die Wiederauffindung injizierten Progesterons und seine Beziehungen zum Wehenbeginn beim Menschen.* In den ersten 36 Schwangerschaftswochen werden 19—38%, Mittelwert 27%, des injizierten *Progesterons* im Harn als *Pregnandiol* wiedergefunden. (Meth. JENSEN, C. **1958.** 14364.) Vor dem Geburtstermin, in der 39.—40. Schwangerschaftswoche werden nur 0—13% wiedergefunden. Vff. halten eine verminderte Pregnandiolausscheidung u./oder eine Veränderung im Progesteronstoffwechsel für möglich. (Nature [London] **183.** 405—06. 7/2. 1959. Lund, Schweden, Univ., Obstetr. and Gynecol. Clin.) U. LASCHET. 4559

W. Schneider und **H. Rauscher,** *Tierexperimentelle Untersuchungen über die biologische Wirksamkeit von 19-Nortestosteronverbindungen. 17-Äthinyl-19-nortestosteron* (I) u. *17-Methyl-19-nortestosteron* (II) weisen bzgl. ihrer östrushemmenden Eigg. bei Ratten keine Unterschiede auf; mit peroralen Dosen von 2—4 mg/Tag kann das Schollenstadium kastrierter, mit Östradiol behandelter weiblicher Tiere noch nicht verhindert werden, eine Wrkg. tritt erst ab 10 mg täglich auf. Bei Prüfung der androgenen Wrkg. war in den Dosierungen von 7mal 2 mg II wirksamer als I. Durch 10 mg I/Tag ist es nicht möglich, Schwangerschaften von Ratten nach Kastrationen aufrechtzuerhalten. (Arch. int. Pharmacodynam. Thérap. **119.** 345—51. 1/4. 1959. Wien, Univ., I. Frauenklinik.) U. TAUSENDFREUND. 4559

Frederick Kuipers, Robert S. Ely, Edwin R. Hughes und **Vincent C. Kelley,** *Steroidstoffwechsel.* 2. Mitt. *Halbwertszeit verschiedener Steroide beim Hund.* Für *Cortisol* (I), *Cortison* (II), *Corticosteron* (III) u. Δ^1-*Cortisol* („Δ^1-F_3"; IV) wird nach intravenöser Gabe (jeweils 2 mg/kg/10 Min.-Infusion) das Verschwinden aus dem peripheren Kreislauf von Hunden ermittelt (Plasmasteroidkonz.; Best. von I, II u. IV als 17-Hydroxycorticosteroide nach NELSON u. SAMUELS, modifiziert von EIK-NES; Best. von III fluorimetr. nach SWEAT). Die Halbwertszeiten staffeln sich abnehmend: IV (67 [Min.]), I (52), II (45), III (34). Sie sind im Vgl. zu Befunden beim Menschen, die sämtlich einer Rk. 1. Ordnung folgen (Verschwinden: Plasmakonz. = proportional), verschieden: die Halbwertszeiten außer für III sind hier deutlich kürzer, u. das Verhältnis IV/I von 1,3 (Mensch 1,8) deutet auf einen schnelleren Ablauf der $C_{(1)}$-Red. für IV beim Hund hin. (Proc. Soc. exp. Biol. Med. **95.** 187—89. Mai 1957. Salt Lake City, Utah, Utah State Dep. of Health; Univ., Coll. of Med., Dep. of Pediatrics.) HEINZ WALTER. 4561

I. E. Bush und **V. B. Mahesh,** *Der Stoffwechsel weiterer 11-Oxosteroide.* (Vgl. C. **1958.** 1337; Experientia [Basel] **12.** [1956.] 325.) Es wurden die im Harn erscheinenden Metabolite nach oraler Verabreichung von *2α-Methyladrenosteron* (I), *allo-Tetrahydrocortison* (II), *Tetrahydrocortison* (III) u. *Prednison* (IV) an junge Männer ermittelt. I (40 mg) gab *2α-Methyl-11β-hydroxyandrostendion* (V), I, *2α-Methyl-17β-hydroxy-Δ^4-androsten-3-on, 2α-Methyl-3α-hydroxy-5α-androstan-11.17-dion* u. ein *Diol* (insgesamt 12 mg, I:V-Verhältnis 1,45); II (50 mg) → II (1,1 mg), *allo-Tetrahydrocortisol* (9,2 mg) u. *11β-Hydroxyandrosteron* (0,97 mg); III (60 mg) → III (10,7 mg), *Tetrahydrocortisol* (0,6 mg) u. *11-Oxoätiocholanolon* (0,87 mg); IV (50 mg) → u. a. IV (1,0 mg) u. *Prednisolon* (1,2 mg). Das 11-Keto/11β-Hydroxyverhältnis war stets in Plasma u. Harn gleich. Die Ergebnisse sprechen dafür, daß der Hauptfaktor, der die Red. von Steroid-11-ketogruppen beim Menschen bestimmt, die räumliche Anordnung des AB-Ringsyst. ist, weniger Ggw. oder Fehlen einer Δ^4-3-Ketogruppierung. (Biochem. J. **69.** 21P—22P. Juni 1958. Oxford, Radcliffe Infirmary.) K. MAIER. 4561

G. Senft, *Qualitative und quantitative Beziehungen zwischen Nebennierenrinde und Neurohypophyse bei Regulation des Wasser- und Salzhaushaltes.* An ♂ Albinoratten wurde der Einfl. von *dl-Aldosteron* (I) u. *Prednisolon* (II) auf die pharmakol. Wrkgg. von *Vasopressin* (III) untersucht. Die Ratten erhielten eine orale Dauerinfusion von dest. W. (8 ml/Std.). Bei den Verss. mit dest. W. erniedrigen 5 mE. III die Flüssigkeitsausscheidung u. erhöhten die Na-Konzentration. Bei Vorbehandlung mit 50 γ I blieb der antidiuret. Effekt von 5 mE. III unverändert, die Na-Konz. wurde nicht erhöht. 100 γ I verringerten die antidiuret. Wrkg. von 25 mE. III. Dies spricht für einen Antagonismus zwischen I u. III, der sich aber offenbar nur auf den Na-Stoffwechsel bezieht. 8 mg II schwächten die antidiuret. Wrkg. von 5 mE. III deutlich ab, verringerten aber bei 25 u. 50 mE. III die Flüssigkeitsretention nicht. II verstärkt die natriuret. Wrkg. von I deutlich. Es üben also nicht alle Nebennierenrindenhormone qualitativ gleiche antagonist. Wrkgg., unabhängig von ihrem Effekt auf den Mineralstoffwechsel, gegenüber dem III aus. Offenbar bestehen qualitativ verschied. Mechanismen in dem funktionellen Syst. Neurohypophyse–Nebennierenrinde. Der Antagonismus zwischen den Halocortinen u. dem antidiuret. Hormon dient der Regulation des Na-Stoffwechsels, der Antagonismus zwischen den Glucocortinen u. dem III der Steuerung des Wasserhaushaltes. (Naunyn-Schmiedebergs Arch. exp. Pathol. Pharmakol. **232.** 256—59. 1957. Berlin-Dahlem.) K. BÖHM. 4561

J. J. Barlow und **A. E. Kellie,** *Eine quantitative Methode zur chromatographischen Trennung von 17-Ketosteroidsulfaten und 17-Ketosteroidglucuroniden: mit Beobachtungen über das Verhalten konjugierter Corticosteroide in demselben System.* Die *Steroidkonjugate* (I) werden aus dem Urin nach EDWARDS u. Mitarbeiter (vgl. Mem. Soc. Endocrinol. **2.** [1953.] 53) extrahiert. I werden mit Ochsenleber-*β-Glucuronidase* („*Ketodase*", WARNER-CHILEOTT Labors. N. Y., 750 FISHMAN-Einheiten/ml Urin) hydrolysiert. Zur Inhibierung etwa vorhandener Sulfatasen wird *Patella vulgata*-Pulver als Substrat verwendet. Die freigesetzten *17-Ketosteroide* (II) werden mit Bzl. extrahiert, diese Extrakte neutral gewaschen u. mit Hilfe der ZIMMERMANN-Rk. bestimmt. Die freigesetzten *Corticosteroidstoffwechselprodd.* (III) werden mit Chlf. aus der Hydrolysenmischung gelöst u. diese Extrakte neutral gewaschen. Unter der Voraussetzung, daß III aus *17α-Hydroxycorticosteroiden* bestehen, sind III dadurch bestimmbar, daß nach Oxydation mit *Na-Bismutat* der Gesamtgeh. an II mit Hilfe der ZIMMERMANN-Rk. festgestellt wird, der nach Abzug der Werte aus der ursprünglichen II-Best. zu dem Geh. an ursprünglichen III führt. Die *Steroidsulfate* (IV) schließlich werden in wss. Lsg. bei p_H 1 hydrolysiert u. mit Ae. extrahiert. Die neutralen Extrakte dienen zur Best. durch die ZIMMERMANN-Reaktion. Der Gesamt-I-Geh., ohne Rücksicht auf die Bindungsart, wird durch Hydrolyse mit HCl (10 ml wss. Lsg. + 3 ml konz. HCl) 3 Min. auf dem Wasserbad u. Extraktion mit CCl_4 erhalten. Best. des neutralen Extraktes wie vorstehend. Die chromatograph. Trennung des Ae.–A.-Extraktes (3:1) vom Urin an Al_2O_3 (neutral, WOELM) führt zu einem Filtrat, das <5% Gesamt-I enthält, jedoch nicht-Steroide u. wenig II. Elution mit W.–A. (1:1) ergibt die IV, etwas Pigmente, III u. nicht-Steroide. Elution mit 5 mol. Acetatpuffer (p_H 5,0) ergibt I u. 95—100% der III-Glucuronide. Zur Best. der Bindungsweise der einzelnen Chromatogrammfraktionen wird in Pyridin mit Essigsäureanhydrid der Glucuronidrest acetyliert. Die Glucuronide werden dadurch unlösl. u. von den wasserlösl. IV durch Verteilung zwischen W. u. Bzl. abtrennbar. Die *Glucuronsäure* kann nach PAUL bestimmt werden (vgl. MEAD, C. **1959.** 10991). (Biochem. J. **71.** 86—91. Jan. 1959. London, Middlesex Hosp., Med. School, Courtauld-Inst.) B. RÄSSLER. 4561

Jack Madsen, Alan K. Done, Robert S. Ely und **Vincent C. Kelley,** *Bewertung des wasserlöslichen Hemisuccinatesters von Hydrocortison und Prednisolon.* Bei jungen Personen werden nach intravenöser Injektion gleicher Mengen (Basis 1 mg Hydrocortison äquivalent/kg) von *Hydrocortison-21-hemisuccinat* (*Solu-Cortef*, UPJOHN & CO.), *Prednisolon-21-hemisuccinat* (*Delta Cortef Hemisuccinat*, UPJOHN & CO.), *Hydrocortison* u. *Prednisolon* die zirkulierenden Konzz. von freien, nicht veresterten 17-Hydrocorticosteroiden (I) bestimmt. Bei den Hemisuccinaten sind die I-Konzz. im Serum niedriger als bei den freien Steroiden in alkoh. Lösung. Diese niedrigen I-Werte bei den Estern sind wohl auf einen geringen Abbau der 17.21-Dihydroxy-20-ketostruktur vor der Spaltung zurückzuführen. Man muß also die Ester in etwas höherer Dosierung geben, um den gleichen I-Blutspiegel wie bei den freien Steroiden zu erhalten. (A. M. A. J. Diseases Children **97**. 66—71. Jan. 1959. Salt Lake City, Utah, Univ. of Utah, Coll. of Med., Dep. of Pediatrics.) G. KIMMERLE. 4561

Mary McMillan, *Die Ausscheidung einzelner Brenzcatechinderivate im Harn. Untersuchung mittels einer chemischen Methode.* Zur getrennten Best. der Brenzcatechinderivv. (I) *Noradrenalin, Adrenalin, Hydroxytyramin* u. *Dihydroxyphenylessigsäure* im Harn werden I an Al_2O_3 bei p_H 8,7 adsorbiert, durch schwaches Ansäuern mit 0,5n H_2SO_4 eluiert, die Eluate bei p_H 4,0 in Ggw. von A.–Aceton zentrifugiert, die Eindampfrückstände mit angesäuertem Aceton extrahiert u. die Extrakte papierchromatographiert (wasser- u. SO_2-gesätt. Phenol). Die Mengen werden auf Grund der Fluorescenz der mit gepufferter $K_3Fe(CN)_6$–CH_2O-Lsg. erhaltenen Oxydationsprodd. halbquantitativ bestimmt (Dauer ca. 24 Std.). Es wurden 2 unbekannte Substanzen gefunden, von denen die eine regelmäßig in großen Mengen, die andere sehr reichlich bei einem Fall von Phaeochromocytom vorkam. (Lancet **272**. 715—18. 6/4. 1957. Sheffield, Royal Infirmary.) K. MAIER. 4561

Takio Shimamoto, *Der dritte Weg medizinischer Erforschungen von Erkrankungen und die klinische Bedeutung des Adrenalinsensibilisators.* Als 3. Weg zur ätiolog. Klärung von Krankheiten (neben demjenigen, welcher zum entsprechenden Krankheitsbild das spezif. Agens sucht u. neben der Analyse einer Erkrankung mit Hilfe des Generaladaptationsyndroms von SELYE) wird vom Vf. die Suche nach Substanzen vorgeschlagen, welche die Sensibilität lebender Organismen gegenüber Hormonen bzw. biol. wirksamen Stoffen steigert. Als eine solche Substanz kann der sogenannte Adrenalinsensibilisator gelten, der in der Polysaccharidfraktion von *Shigella flexneri 2b, Shigellia sonnei* u. *Salmonella potsdam* von Patienten nachweisbar ist, welche an dem [durch Dauerinfusion von 4 γ L-Noradrenalin (I)/kg/Min. nachahmbaren] in Japan nicht seltenen, malignen Syndrom „Ekiri" litten. Diese Substanz wurde auch im Blut solcher Patienten während des „akuten" Stadiums gefunden. Die Kombination von I u. Adrenalin, induziert durch den „Stress" der Infektion u. dem Adrenalinsensibilisator, freigesetzt aus einem der obigen Bacillen, mag demnach für das „Ekiri"-Syndrom sowie für die patholog.-anatom. Veränderungen (Folgen von Arteriolenconstrictionen) verantwortlich sein. (Proc. Japan. Acad. **33**. 498—503. Okt. 1957. Tokio, Med. and Dental Univ., Dep. of Clin. Physiol. [Orig.: engl.]) U. TAUSENDFREUND. 4561

Takio Shimamoto, Hiroh Yamazaki, Michiro Inoue, Toji Konishi, Shigeo Iwahara und **Hiroshi Tajimi,** *Identifizierung des bakteriellen Adrenalinsensibilisators aus dem Blut von Patienten mit bacillärer Dysenterie und seine Bedeutung beim „Ekiri"-Syndrom.* (Vgl. auch vorst. Ref.) Der sogenannte bakterielle Adrenalinsensibilisator läßt sich im Blut durch folgendes Verf. nachweisen: 5 ml Blut werden in 15 ml W. hämolysiert u. mit 0,6%ig. Trichloressigsäure versetzt, Beseitigung der Proteinbestandteile durch Filtration, 48 Std. Dialyse des Filtrats gegen strömendes W. (Cellophanmembran), Erwärmung der Lsg. im kochenden Wasserbad für 5 Min., Abkühlung in W., Filtrierung u. Lyophilisierung des gefällten Materials, Lsg. in 0,5 ml physiol. NaCl-Lsg., Erwärmung u. Zentrifugierung, Entfernung des gefällten Materials, zur Lsg. erneut 0,5 ml NaCl-Lösung. Es handelt sich bei der gefundenen Substanz um ein (thermostabiles, wasserlösl.) Polysaccharid, das auch im Zellkörper von *Shigella*-Bakterien, *Escherichia coli* u. *Salmonella*-Stämmen nachweisbar ist u. welches die Empfindlichkeit der Blutgefäße u. Großhirnrindensynapsen gegenüber *Noradrenalin* (I) u. *Adrenalin* (II) steigert. Es lassen sich in den ersten Krankheitstagen des malignen „Ekiri"-Syndroms sowie bei bacillärer Dysenterie mäßige bis reiche Mengen (2—10 γ/ml) der Substanz im Blut nachweisen. Das Zusammenwirken der Substanz mit I u. II, welche durch den Stress der Infektion freigesetzt werden, spielt sicher eine wichtige Rolle bei der Manifestierung eines malignen Syndroms, wie es bei der (in Japan nicht selten vorkommenden) „Ekiri"-Krankheit auftritt. (Proc. Jap. Acad. **33**. 504—09. Okt. 1957. Tokio, Med. and Dental Univ., Dep. of Clin. Physiol.; Nat. Hyg. Labor., Dep. of Bacteriol.; Tokio Municipal Honjo Hosp. for Inf. Disease. [Orig.: engl.]) U. TAUSENDFREUND. 4561

C. J. Shellabarger und **Rosalind Pitt-Rivers,** *Die biologische Aktivität einiger halogenierter Thyronine und Thyroessigsäuren in Amphibien.* Es wurden *Tetrabrom-*

thyroessigsäure (I) u. *Tribromthyroessigsäure* (II) synthetisiert, ihre beschleunigende Wrkg. auf die Metamorphose von Kaulquappen (*Rana temporaria*) untersucht u. verglichen mit Jodthyroninen, Bromthyroninen (III) u. Jodthyroessigsäuren (IV), wobei *dl*-Thyroxin (V) als Standardverb. diente. Es zeigte sich, daß die Substitution von J durch Br in den halogenierten Thyroninen die Aktivität verringert, speziell bei Tetrabromthyronin (nur 4% der Aktivität von V). Wie früher festgestellt wurde, erhöht die Substitution der Essigsäure u. Seitenkette die Aktivität von jodierten Derivaten. Bei Kombination der beiden Modifikationen, z. B. in den Bromthyroessigsäuren, wurden in der Mitte liegende Wirkungsstärken zwischen den entsprechenden III u. IV beobachtet. In allen Fällen zeigten sich die trihalogenierten Formen aktiver als die tetrahalogenierten. Hierzu nur zwei Ausnahmen, nämlich, daß 3.5-Dijod-3'.5'-dichlorthyronin aktiver ist als 3.5-Dijod-3'-chlorthyronin in Säugetieren u. Amphibien u. daß in Vögeln Tetrajodthyroninhomologe gleiche oder etwas höhere Wirkungsstärken besitzen als Trijodthyroninhomologe. Die Beobachtung, daß I u. II eine Mittelwrkg. besitzen zwischen der der entsprechenden III u. Jodthyroessigsäuren stützt die Annahme, daß spezif. Veränderungen im V-Mol. gewöhnlich seine biol. Wrkg. in einer vorausbestimmbaren Weise verändern. (Biochim. biophysica Acta [Amsterdam] **30.** 425—26. Nov. 1958. London G. B., Nat. Inst. for Med. Res.) H. AMAN. 4562

M. Anbar, S. Guttmann und **Z. Lewitus,** *Wirkung von Monofluorsulfonat-, Difluorphosphat- und Fluorborationen auf die Jodaufnahme der Schilddrüse.* Vff. verabfolgten an junge, mit *Propylthiouracil* (intraperitoneal) behandelte Ratten 15 Min. nach einer Injektion von 0,1 ml einer trägerfreien $^{131}J^-$-Lsg. (40 mC/ml) per injectionem 0,5 ml einer 25 μMol $KClO_4$ (I) bzw. NH_4SO_3F (II) bzw. $NH_4PO_2F_2$ (III) bzw. UBF_4 (IV) enthaltenden physiol. NaCl-Lsg. u. töteten die Tiere in verschieden langen Zeitintervallen (30, 60, 90, 120 Min.) nach der Jodidinjektion. — Die Radioaktivität von Schilddrüsengewebe u. Blut wurde mit Hilfe eines Scintillationszählers bestimmt. — Alle 4 verabreichten Verbb. setzen im Vgl. zu Kontrollen die Bldg. von proteingebundenem Jod im Schilddrüsengewebe merklich herab; am aktivsten erweisen sich I u. IV, am schwächsten wirkt II. Der Anstieg der Jodidaufnahme in Schilddrüsengewebe mit der Zeit nach III-Gabe ist wahrscheinlich auf eine zunehmende Hydrolyse des $PO_2F_2^-$-Ions in die nicht als Inhibitoren der Jodidaufnahme effektiven Ionen F^- u. HPO_4^{2-} zurückzuführen. (Nature [London] **183.** 1517—18. 30/5. 1959. Petah Tikra, Israel, Beilinson Hosp., Isotope Dep. u. Rehovoth, Weizmann Inst. of Science, Isotope Dep.) H. KOCKERT. 4562

O. Pflugfelder, *Beeinflussung der Thyreoidea und anderer Organe des Haushuhnes durch Kaliumperchlorat, mit vergleichenden Untersuchungen an niederen Wirbeltieren.* Nach Verfütterung von $KClO_4$ in hohen Dosen (20 u. 40 mg/kg Körpergewicht) treten sowohl bei Küken als auch bei niederen Wirbeltieren (*Lebistes reticulatus, Rana temporaria* u. *Xenopus laevis*) z. T. schwerwiegende, ausführlich beschriebene Veränderungen auf, die im Sinne einer maximalen Hemmung der Schilddrüsentätigkeit zu werten sind. (Roux' Arch. Entwicklungsmechan. Organismen **151.** 78—112. 1959. Stuttgart-Hohenheim, Landwirtschaftl. Hochschule, Zoolog. Inst.) H. P. FIEDLER. 4562

William V. Shaw und **Donald F. Tapley,** *Oxalacetat in den Lebern von Ratten mit Alloxandiabetes. Alloxanmonohydrat* in 5%ig. wss. Lsg. (50 mg/kg) wurde Ratten intravenös verabreicht. Nach 1—4 Wochen wurden die Tiere als diabet. angesehen, wenn der Nüchternblutzucker mehr als 200 mg/100 ml Serum betrug. Blutzucker von 12 getöteten Tieren im Durchschnitt 430 mg/100 ml (240—900). Da Ratten mit chron. Alloxandiabetes nicht dazu neigen, eine schwere Ketosis zu entwickeln, überrascht es nicht, daß der Acetoacetat (I)-Spiegel beträchtlich niedriger ist als der nach 24std. Fasten. Dagegen entspricht die Tatsache, daß die Lebern von diabet. Ratten einen 6fachen Anstieg in den I-Spiegeln erleiden ohne einen Abfall an Oxalacetat (II), den Beobachtungen mit Hungertieren. Die Auffindung n. Konzz. von II in den Lebern diabet. u. 24 Std. fastender Ratten scheint mit der Beobachtung übereinzustimmen, daß Succinat u. andere II-Vorstufen Ketosis in diabet. Ratten oder Menschen nicht unterbrechen können. Ähnlich läßt der Beweis, daß die Umwandlung von ^{14}C*-Acetat* in $^{14}CO_2$ in gleichem Maße bei n., fastenden u. diabet. Ratten vor sich geht, vermuten, daß Ketogenese nicht die Auswrkg. einer absol. Red. der Umsatzgeschwindigkeit im Tricarbonsäurecyclus ist. Eine kürzliche Unters. führt zur Annahme, daß die Nutzung von ^{14}C*-Pyruvat* in der Rattenleber auf 2 Wegen verläuft von quantitativ gleicher Wichtigkeit, nämlich Carboxylierung von Pyruvat zu II (oder Malat) u. Decarboxylierung zu Acetyl-CoA. Die Ergebnisse werden besprochen. (Biochim. biophysica Acta [Amsterdam] **30.** 426—27. Nov. 1958. New York, N. Y., Columbia Univ., Coll. of Physicians and Surgeons; Presbytherian Hosp.) H. AMAN. 4564

G. Voss, *Über die Fructosetoleranz bei Diabetes mellitus.* Bei Diabetikern, die mit Insulin, Nadisan oder Diabeteskost eingestellt waren, wurden täglich 50—100 g *Fructose* gegeben. Eine Stoffwechselentgleisung trat dadurch nicht auf. Diese Ergebnisse entsprechen auch den neuen Forderungen, den Zuckerkranken eine kohlenhydratreiche u. fettarme Diät zu verabreichen. (Aerztl. Wschr. **12.** 637—40. 19/7. 1957. Neumünster, Fr.-Ebert-Krankenhaus, Innere Abt.) G. KIMMERLE. 4564

M. C. Nath und **R. M. Behki,** *Verhinderung des durch Acetoacetat hervorgerufenen Diabetes durch das Kondensationsprodukt von Glucose und Acetoacetat und dessen Schonwirkung auf den Blutglutathiongehalt.* Durch Applikation eines Kondensationsprod. von *Glucose* u. *Acetoacetat* (I), einem *Glucosecycloacetoacetat* (II) 3 Min. vor Verabreichung von I wird bei Verwendung äquimol. Mengen die I-bedingte Hyperglykämie u. der Abfall von red. *Glutathion* im Blut von Kaninchen verhindert. Hydrolysiertes II red. in vitro *Dehydroascorbinsäure* zu *Ascorbinsäure.* (Arch. Biochem. Biophysics **73.** 65—71. Jan. 1958. Nagpur India, Univ., Dep. of Biochem.) WOLFGANG ALBRECHT. 4564

V. Lachnit, *Über peroral wirksame blutzuckersenkende Substanzen.* Übersicht. — 86 Literaturangaben. (Wiener klin. Wschr. **68.** 146—50. 2/3. 1956. Wien, II. Med. Univ.-Klin.) K. MAIER. 4564

Viljo Antila, A. N. Kuusisto und **G. Härtel,** *Über die Wirkung des peroralen Antidiabeticums N-[4-Methylbenzolsulfonyl]-N'-butylharnstoff auf Schilddrüsenfunktion und Serumcholesterin der Ratte.* Ratten erhielten mit dem Futter 30 Tage täglich 0,25 bzw. 0,5 g *N-[4-Methylbenzolsulfonyl)-N'-butylharnstoff* (*Artosin,* BOEHRINGER, *D 860*)/kg, ein orales Antidiabeticum. Dadurch kam es zu einer deutlichen Erhöhung des Serumcholesterins. Im Gegensatz zu MILLER u. DULIN (C. **1957.** 12816) ergaben sich hinsichtlich Schilddrüsengewicht, des an Eiweiß gebundenen Serumjods u. der prozentualen Verteilung in Epithel, Stroma u. Kolloid der Schilddrüse zwischen Kontroll- u. Versuchstieren keine Unterschiede. (Ann. Med. exp. Biol. fenn. **35.** 272—76. 1957. Helsinki, Arzneimittelfabrik „Lääketehdas Orion Oy.", Wiss. Abt. u. Wihuri-Forschungsinst.) G. KIMMERLE. 4564

Viljo Antila, *Wirkung von oralen antidiabetischen Stoffen auf die Schilddrüsenaktivität. Eine experimentelle Untersuchung an Kaulquappen.* (Vgl. vorst. Ref.) Kaulquappen von gleicher Größe werden in W. gebracht, das 1:100000 *N^1-Sulfanilyl-N^2-butylcarbamid* (*BZ 55*) oder *N^1-[p-Toluolsulfonyl]-N^2-n-butylcarbamid* (*D 860*) enthält. Die Metamorphose der Tiere wurde in beiden Fällen wie durch strumigene Substanzen verzögert. Die mkr. Unters. der Schilddrüsen ergab zwischen behandelten Kaulquappen u. den Kontrollen keinen Unterschied. (Ann. Med. exp. Biol. fenn. **35.** 277—80. 1957. Helsinki, Pharmaceut. Manufactures Orion Oy., Res. Labor.) G. KIMMERLE. 4564

O. Peter Schumacher, Beverly A. Fee, E. Perry McCullagh und **Leslie L. Kovacs,** *Chlorpropamid, ein neues Arzneimittel für Diabetes mellitus: Klinische Untersuchungen. Vorläufiger Bericht.* 53 diabet. Patienten wurden 1—7 Monate mit *Chlorpropamid* (*1-[p-Chlorbenzolsulfonyl]-3-propylharnstoff*) behandelt (durchschnittlich 285 mg täglich). In 28 von 31 Fällen mit dauerhaftem Diabetes war die Behandlung erfolgreich. In einem von 4 Fällen mit nicht dauerhaftem Diabetes erfolgte Abnahme des Insulinbedarfs. 6 von 18 jungen diabet. Patienten konnten zeitweilig ohne Insulin auskommen, u. in einem Fall konnte ein n. Blutzuckerwert ohne Insulinverabreichung hergestellt werden. Stärkere Nebenwrkgg. traten nur bei 2 Patienten auf, die mehr als 1 g *Chlorpropamid* täglich erhielten. (Cleveland clin. Quart. **26.** 12—14. Jan. 1959. Cleveland, Ohio, Dep. of Endocrinol.) K. PREUSS. 4564

Margaret A. Kelsall, *Thymus und Nucleohistonstoffwechsel.* Übersicht. Thymusinvolution, Gefäßstruktur des Thymus, Erschöpfung, ernäherungsbedingte Mangelerscheinungen, Nucleinsäuresynth., Histone, Eiweißspeicherung, andere lymphoide Strukturen, Beziehungen zwischen Thymus u. Gonaden, Wrkg. der Thymektomie. — Zahlreiche Literaturangaben. (Univ. Colorado Stud., Ser. Biol. **1958.** 93—108. April. Boulder, Colo., Univ.) K. MAIER. 4566

Ss. N. Nisstratowa und **T. M. Turpajew,** *Über die Reaktion des Acetylcholins mit den Cholinreceptoren im Gewebehomogenat.* Zwecks Klärung der Frage, ob die Senkung der Reaktivität der SH-Gruppen im Homogenat unter dem Einfl. von *Acetylcholin* (I) auf der Rk. zwischen I u. dem Cholinoreceptor u. nicht auf einer Neben-Rk. von I beruht, wurden Verss. am Herzventrikel des Frosches durchgeführt. Es zeigte sich, daß bei der mercurometr. Titration der SH-Gruppen in Ggw. von I eine Abnahme der Reaktivität eines Teiles der SH-Gruppen zu beobachten ist. Der I-Effekt ist abhängig von der I-Konzentration. Unterhalb 10^{-6} g/ml ist I ohne Einfluß. Bei Abkühlung des Homogenates auf 1^0 wird ebenfalls ein Teil der SH-Gruppen in der Reaktivität vermindert. I ist hier ohne Einfl. auf die Reaktivität. Sowohl bei der Abkühlung wie in Ggw. von I findet demnach eine Herabsetzung der Reaktivität der Cholinoreceptoren statt. (Биохимия [Biochemie] **24.** 171—76. Jan./Febr. 1959. Moskau, Ssewerzow-Inst. für Morphol. der Tiere der Akad. der Wiss. der UdSSR, Lab. für allg. u. vergleichende Physiol.) O. LEBTAG. 4569

Evangelos T. Angelakos und **Earl R. Loew**, *Histamintoxizität bei Mäusen und Ratten nach der Behandlung mit Histaminaseinhibitoren.* Die intraperitoneale DL_{50} von *Histamindiphosphat* (I) beträgt bei Albinomäusen (Swiss-Stamm) 6,7 u. bei Albinoratten (WISTAR-Stamm) 5,8 mMol/kg. Eine Std. vor der I-Gabe werden den Tieren subcutan Histaminaseinhibitoren injiziert: *Aminoguanidin* (II): DL_{50} Maus 13 [mMol/kg]; Ratte 17; *Hydroxylamin:* —; 0,89; *Imidazol* (III): 12; 9,2; *Iproniazid* (HOFFMAN-LAROCHE; IV): 7; 3,0; *Isoniazid* (HOFFMAN-LAROCHE; V): 1,1; 2,4; *Phenylhydrazin* (VIII): —; 1,5; *Chinacrin* (PARKE, DAVIS & CO.; IX): 0,6; —; *Semicarbazid* (VI): 1,4; 2,3; *Stilbamidin* (MERRELL CO.; VII): 1,2; 2,7; *Thiamin* (X): 1,0; —; Nach Vorbehandlung (V) der Maus mit 6,5 mMol II/kg beträgt das Verhältnis der DL_{50} von I von Tieren ohne V zu solchen mit V 1,1; Ratte: V 8,5 [mMol/kg]: 1,2; V 5,0, 1,0; V 1,0, 0,9. III: Maus: V 6,0, 2,3; V 2,0, 1,9; V 1,0, 1,1; Ratte: V 5,0, 13; V 4,6, 3,5; V 2,3, 1,4; V 1,0, 1,5. V: Maus: V 0,55, 1,1; Ratte: V 1,2, 0,9. IV: Maus: V 3,5, 1,3; Ratte: V 1,5, 1,1. VI: Maus: V 0.7, 0,7; Ratte: V 1,15, 1,0. VII: Maus: V 0,6, 1,9. Die Mortalität nach Verabreichung der I-DL_{50} wird durch zusätzliche Dosen von 0,1—1,0 mMol/kg nachst. Verbb. bei Ratten um 10—40 (durchschnittlich 20)%, bei Mäusen um 0—50 (durchschnittlich 10) % erhöht: II, *n-Decylamin, Diaminotoluol, Guanylharnstoff, Hydroxylamin,* IV, III, V, VIII, *Piperazin, Pyridoxamin,* IX, VI, VII, X. (J. Pharmacol. exp. Therapeut. **119.** 444—51. März 1957. Boston, Mass., Univ. School of Med., Dep. of Physiol.) G. KIMMERLE. 4569

Edward Drane Crabb, *Serotonin als ein Produkt der Mastzellen.* Übersicht. *Serotonin* (I)-Abspaltung, I-Hemmung, Antihistaminica, I-Analoge u. Antimetabolite, Reserpin, Lysergsäurediäthylamid, I-Vork. (Magen-Darm, Zentralnervensyst., Blutplättchen), Verhältnis zwischen Synth. u. Verteilung, pharmakophysiol. Wrkg., vasomotor. Beziehungen, Wrkgg. auf den Blutdruck (Steigerung, Senkung), antidiuret. Wrkg., I u. Histamin (II), I-Nachw., Stoffwechsel, Harn-I u. -II, Beziehungen zwischen Niere u. I. — Zahlreiche Literaturangaben. (Univ. Colorado Stud., Ser. Biol. **1958.** 36—61. April. Boulder, Colo., Univ.) K. MAIER. 4569

E. Westermann (unter Mitarbeit von **P. Holtz, H. Balzer** und **E. Wezler**), *Beeinflussung der Serotoninwirkung durch Hemmung der Monoaminoxydase (Beziehungen zum Mechanismus der Reserpinwirkung).* 1 mg *Reserpin* (I)/kg subcutan 2—4 Std. vor *Evipan* (II), 20 bis 50 mg *Serotonin* (III)/kg intraperitoneal 5 Min. vor II u. 15 mg *5-Hydroxytryptophan* (IV)/kg intravenös 5 Min. vor II gegeben verlängern bei Mäusen die II-Narkose. Nach Blockierung der *Aminooxydase* (V) ist die narkoseverlängernde Wrkg. des I aufgehoben. IV wirkt jetzt erregend u. verhindert die Narkose, u. die III-Wrkg. ist verstärkt. *l-Dihydroxyphenylalanin (Dopa),* 20 mg/kg intravenös u. *Hydroxytyramin,* 20 mg/kg intraperitoneal, sind ohne Einfl. auf die Narkosedauer. Nach Blockierung der Monoaminooxydase wirkt *Dopa* jedoch ähnlich wie IV erregend u. verhindert die Narkose. Für die Art der Wrkg., ob narkoseverlängernd oder verkürzend, scheint ausschlaggebend zu sein, in welcher Menge u. an welchen Stellen im Gehirn freies Amin zur Wrkg. gelangt. Die aminabbauende V kommt in allen Gehirnpartien vor, die aminbildende Aminosäuredecarboxylase nur in subcorticalen Anteilen u. nicht im Cortex. Unter diesen Voraussetzungen bedeutet die corticale Hemmwrkg. des III Narkoseverlängerung, seine stimulierende Wrkg. im Bereich der Formatio reticularis Narkoseverkürzung. (Naunyn-Schmiedebergs Arch. exp. Pathol. Pharmakol. **232.** 282—84. 1957. Frankfurt/M.) K. BÖHM. 4569

D. J. Bell, W. M. McIndoe und **D. Gross**, *Gewebebestandteile des Huhns.* 3. Mitt. *Der Nichtproteinstickstoff von Plasma und Erythrocyten.* (2. vgl. C. **1958.** 3664.) Der Nichtprotein-N (I) wurde nach Enteiweißung mit Trichloressigsäure bestimmt. Der Erythrocyten-I (Ia) liegt ca. 5—6 mal höher, als der Plasma-I (Ib). Schwankungen des I-Geh. von Gesamtblut beruhen in der Hauptsache auf Schwankungen des dazugehörigen Erythrocytenvolumens. Die Ia-Konz. liegt bei jungen Hühnern höher als bei ausgewachsenen, die Ib-Konz. bei nichtlegenden Hennen höher als bei legenden u. bei Jungtieren höher als bei nichtlegenden Hennen. Im Vgl. der freien Aminosäuren von Ia u. Ib wurden von Arginin, Asparaginsäure, Cystin/Cystein, Glycin, Histidin, Leucin/Isoleucin u. Lysin höhere Konzz. bei Ia gefunden. Taurin tritt bei Ia in hohen Konzz. auf, während Glutamin im Blut fehlt; 4-Aminobuttersäure konnte im Plasma des Hahns nachgewiesen werden. Ia u. Ib wurden in „Ninhydrin-N" u. „Rest-N" unterteilt u. das Verh. beider Fraktionen bei verschied. physiol. Zuständen verfolgt. Nach Ansicht der Vff. bilden die Erythrocyten des Geflügels einen Teil des N-Pools. (Biochem. J. **71**. 355—64. Febr. 1959. Edinburgh, Poultry Res. Centre, Agric. Res. Council; Keston, Kent, Tate and Lyle Ltd., Res. Labor.) E. SCHWERDTFEGER. 4572

R. Rama Rao, K. Nagarajan, A. S. Ramaswamy und **M. Sirsi**, *Beobachtungen über die Rolle von Methionin bei experimenteller Malaria (P. gallinaceum bei Hühnermalaria).* Während der Incubationszeit der Hühnermalaria konnte im Gesamtblut ein Abfall des *Methionin* (I)-Geh. (in gebundener Form) gefunden werden, der auf der Höhe der Infektion in einen I-Anstieg übergeht. Aufgeteilt in Plasma- u. Erythrocyten-I-Geh. zeigt sich, daß im Plasma der I-Geh. ständig abfällt, während der I-Geh. in den Erythrocyten vom Zeitpunkt der Infektion an ständig ansteigt. Der Geh. an freiem I steigt im Gegensatz dazu im Gesamtblut im Verlaufe der Infektion allmählich an; das freie Plasma-I steigt anfangs ebenfalls, um dann zu fallen; das freie Erythrocyten-I sinkt anfangs u. steigt dann. Nach Zufuhr von 70 mg I/100 g verläuft eine derartige Infektion schwerer, durch Gabe von 10 mg *Äthionin* (II)/100 g wird die Infektion abgeschwächt, da II als essentieller Antimetabolit von I wirkt. (Current Sci. **27**. 390—92. Okt. 1958. Bangalore, Indian Inst. of Sci., Pharmacol. Labor.)
U. TAUSENDFREUND. 4572

A. T. James, J. E. Lovelock, J. Webb und **W. R. Trotter**, *Die Fettsäuren des Bluts bei Erkrankung der Kranzarterien.* Der Geh. an C_6—C_{20}-*Fettsäuren* (I) wurde im Blut von 12 Patienten mit Erkrankung der Kranzarterien gaschromatograph. untersucht u. mit dem n. Personen entsprechenden Alters u. Geschlechts verglichen. In Erythrocyten- u. Plasmaphospholipidfraktion (A, B) bestand kein nachweisbarer Unterschied im I-Verhältnis. In A, B u. acetonlösl. Fraktion (C) des Plasmas war die Relation essentieller I (Linolsäure, Arachidonsäure) bei Patienten u. Kontrollen ungefähr gleich, d. h. ein Mangel an diesen scheint bei der Entstehung der Erkrankung keine Rolle zu spielen. In C (Cholesterinester, Glyceride) scheint gegenüber den Kontrollen eine Zunahme des Anteils einfach ungesättigter C_{14}-, C_{16}- u. C_{18}-I zu bestehen (größeres Ölsäure–Stearinsäure-Verhältnis als bei den Kontrollen). (Lancet **272**. 705—08. 6/4. 1957. London, Nat. Inst. for Med. Res. and Univ. Coll., Hospital Med. School.) K. MAIER. 4572

R. Schuppli, *Porphyrin und Porphyrinkrankheiten.* Überblick über den heutigen Stand der theoret. Erforschung der *Porphyrine* (I), soweit er für die klin. Medizin u. speziell für die Dermatologie von Bedeutung sein könnte. Zwar haben sich die die idiopath. Porphyrinkrankheiten verursachenden Störungen des I-Stoffwechsels mit verschied. Methoden lokalisieren lassen, doch blieben die Ursache u. die Rolle der einzelnen I-Stufen noch unklar, so daß eine Aufklärung erst von künftigen Unterss. erwartet werden kann. — 28 Literaturangaben. (Akt. Probl. Dermatol. [Basel] **1959**. 411—27. Basel, Univ., Dermatologische Klinik.) U. TAUSENDFREUND. 4572

Joseph C. Turner, Helen M. Anderson und **Charles P. Gandal**, *Gattungsdifferenzen zwischen den Phosphatiden der roten Blutkörperchen, getrennt durch Säulen- und Papierchromatographie.* Die Phosphatide des Erythrocytenstromatins verschied. Säugetiere weisen Unterschiede auf. Beim Menschen werden *Lecithin* (I), *Sphingomyelin* (II) u. *Cephalin* (III), bei Wiederkäuern II u. III, aber gewöhnlich kein I gefunden. Beim Hund u. Meerschweinchen findet man I sowie geringe Mengen II. Da die Zellen der Wiederkäuer beständig gegenüber dem Hämolysin des Cobragiftes sind, stellt dieses Protein wahrscheinlich eine Lecithinase dar. (Biochim. biophysica Acta [Amsterdam] **30**. 130—34. Okt. 1958. New York, N. Y., Columbia Univ., Coll. of Physicians and Surgeons, Dep. of Med., and New York Zool. Soc.) W. UDE. 4573

Seiken Suzuki, *Ein einfaches Verfahren zur Bestimmung des Glucoseverbrauchs der Erythrocyten im Einheitsvolumen.* Zwischen dem *Glucose* (I)-Verbrauch von Gesamtblut u. Blutkörperchen-Lsgg. besteht kein großer Unterschied, dagegen verbrauchen Erythrocytensuspensionen weniger I; nach 6 Std. ist das Verhältnis 100:100:83. Für die Leukocyten (3900—8400/mm³) ist der durchschnittliche I-Verbrauch $29 \cdot 10^{-3}$ mg/cm³/Stunde. Dies entspricht einem durchschnittlichen I-Verbrauch von 12,5% des Gesamtblutes. Da 87% des I-Verbrauchs des Bluts auf die Erythrocyten fällt, berechnet Vf. den I-Verbrauch (mg) der Erythrocyten (0,5 cm³) nach dem Bruch (a — b) (mg/100 cm³)/Hämotokritwert, in dem a u. b die I-Konzz. der Substratpufferlsg./100 cm³ Gesamtblut vor u. nach 6 std. Erhitzung auf 37° bedeuten. Die so gefundenen Durchschnittswerte waren bei 32 Männern 1,57 mg I/0,5 cm³ Erythrocyten/6 Std., bei 23 Frauen 1,72. (Med. and Biol. [Tokyo] **49**. 31—36. 5/10. 1958. Yamaguchi Kenritsu Ika-Daigaku, Rinshō Byōrigaku-Kyōshitsu. [Orig.: japan.]) F. MOSSNER. 4573

Klaus Betke, Ursula Maas und **Enno Kleihauer**, *Die Ausnutzung von Formaldehyd im Stoffwechsel der Erythrocyten von Neugeborenen, Erwachsenen und hypochromanämi-*

schen Kleinkindern. Die von MATTHIES (Biochem. Z. **329.** [1957.] 421) entdeckte Ausnutzung von *Formaldehyd* (I) zur fermentativen Red. von *Methämoglobin* (II) in Kaninchenerythrocyten wurde für menschliche Erythrocyten Neugeborener u. Erwachsener bestätigt. In einer II-Suspension mit 5 g% *Hämoglobin*-Geh. bei p_H 7,0 wurde II durch $5 \cdot 10^{-3}$mol. I red., u. zwar 5mal schneller, durch $11{,}1 \cdot 10^{-3}$mol. *Glucose* (III) nur 3—4mal schneller als ohne I oder III. Neugeborenenerythrocyten zeigten bei qualitativer Übereinstimmung mit Erythrocyten Erwachsener quantitativ eine Minderleistung. In hypochromen Erythrocyten war die II-Rückbldg. durch I wie durch III oder durch Lactat gesteigert. (Klin. Wschr. **36.** 609—11. 1/7. 1958. Freiburg/Breisgau, Univ., Kinderklin.) H. CARLS. 4573

P. C. Vincent und **C. R. B. Blackburn,** *Die Wirkungen von Schwermetallionen auf menschliche Erythrocyten.* 1. Mitt. *Vergleiche der Wirkungen verschiedener Schwermetalle.* Pb^{2+}, Hg^{2+}, Au^{3+}, Cu^{2+}, Cd^{2+} u. Zn^{2+} in Konzz. von nicht mehr als 1 μMol/ml gewaschener Erythrocyten, suspendiert in isoton. Lsg., bewirken ohne Hämolyse einen Verlust an K^+ aus den Erythrocyten. Mn^{2+}, Co^{2+}, Ni^{2+}, Fe^{3+}, $NaAs_3O_2$ u. $NaHAsO_3$ in Konzz. bis zu 2 μMol/ml Erythrocyten sind ohne Wrkg. auf K^+. Gewisse Thiolinhibitoren, wie Natriumjodacetat, Natriumtetrathionat, Natriumarsenit u. Natriumarsenat, verändern die Permeabilität der Erythrocyten für K^+ nicht. Pb^{2+} u. Hg^{2+} wirken verschieden auf die Erythrocyten, bes. im Hinblick auf W. u. Elektrolytveränderungen. (Austral. J. exp. Biol. med. Sci. **36.** 471—78. Okt. 1958. Sydney, Univ., Dep. of Medicine and Camperdown, Clin. Res. Unit of Royal Prince Alfred Hospital.) K. BÖHM. 4573

John J. Kenny und **William C. Moloney,** *Alkalische Phosphatase in Leukocyten. Verhalten während längerdauernder Incubation und Infektion bei normalen sowie leukämischen Leukocyten.* Bei der großen Mehrzahl n. segmentkerniger Leukocyten steigt während 24std. Incubation bei 37° der Geh. an *alkal. Phosphatase* (I), sowohl was die Zahl der Zellen mit I-Geh. (von ca. 25% auf 80% der Zellen ansteigend) anbetrifft als auch bzgl. der Stärke der I-Aktivität der einzelnen Zellen, stark an; im Gegensatz dazu kann anfangs bei 95% u. nach Incubation bei 75% der segmentkernigen Leukocyten in Fällen von myeloischer Leukämie überhaupt kein I-Geh. festgestellt werden (sei es, daß ein wirklicher I-Mangel in diesen Leukocyten besteht oder daß der Mangel durch die Anwesenheit eines wirksamen I-Hemmstoffes bedingt ist), die I-Aktivität der übrigen Leukocyten steigt während 24std. Incubation auch nur geringfügig an. Pyogene Infektion führt bei n. Leukocyten zur Steigerung des I-Geh. der einzelnen Zellen u. auch zu einer Ausdehnung der I-Aktivität auf fast alle Zellen; bei myeloischer Leukämie führen z. B. Pneumonien oder Abscesse zwar auch zu einer, wenn auch mäßigen Steigerung des I-Geh. der Zellen, die Zahl der Zellen, welche I-Aktivität aufweisen, steigt jedoch nicht über das bereits nach 24std. Incubation beobachtete Maß von 25% an. Behandlung mit Myleran (1.4-Dimethansulfonyloxybutan) ändert an dem I-Geh. der Leukocyten nichts. (Blood **12.** 295—302. März 1957. Boston, Mass., Boston City Hosp., I & III Med. Serv., Hematol. Labor.) U. TAUSENDFREUND. 4573

I. L. Pschetakowski, *Über den diagnostischen Wert der Sulfhydrylbestimmung im Serum bei Rheumatismus.* Bei 30 Gesunden u. 52 Patienten mit Rheumatismus wurden die Sulfhydrylgruppen (I) im Serumeiweiß amperometr. titriert ($AgNO_3$). Bei 12 Kranken mit Rheumatismus im inakt. Stadium mit Herzfehler ohne Kreislaufdekompensation lag der I-Geh. des Serums zwischen 26 u. 30 μMol/100 ml (bei den Gesunden zwischen 27 u. 33). Dagegen wiesen die 40 Kranken mit Rheumatismus im akt. Stadium (ohne Kreislaufdekompensation, 33 mit Klappenfehlern) nur Werte zwischen 12 u. 23 μMol auf. Beim Übergang der rheumat. Erscheinungen vom akt. ins inakt. Stadium stieg der I-Geh. wieder an. (Терапевтический Архив [Therap. Arch.] **31.** Nr. 5. 40—45. Mai 1959. Odessa, Med. Pirogow-Inst., Lehrstuhl für Propädeutik innerer Krankheiten.) K. RINTELEN. 4574

H. Rastetter und **R. Clotten,** *Die quantitative Bestimmung der freien Aminosäuren des Serums mit Hilfe der Hochspannungselektrophorese unter normalen und pathologischen Verhältnissen. Freie Aminosäuren* des Serums lassen sich in alkal. Lsg. nach Komplexbldg. der Carboxylgruppen des α-Amino-N (bzw. der Iminogruppen) mit dem Cu eines fast unlösl. Cu-Salzes durch jodometr. Best. des von den Aminosäuren gelösten Cu oder über das intensiv gelb gefärbte Cu-Diäthyldithiocarbamat colorimetr. bestimmen. Nach Hochspannungselektrophorese (60 V/cm) u. Anfärbung in 0,5%ig. Ninhydrinlsg. wurden von Vff. die Aminosäuren mit einer Lsg. aus 1 ml gesätt. $Cu(NO_3)_2$ + 0,02 ml HNO_3 p. a., ca. 65%ig., ad 100 ml Aceton behandelt; nach Elution in Methanol photometr. Best. bei 530 mμ. Die bei Gesunden erhaltenen Werte stimmen außer denen für die bas. Aminosäuren im wesentlichen mit den in der Literatur angegebenen überein. Bei Lebererkrankungen konnten charakterist. Befunde erhoben werden, wobei es bei der Hepatitis epidemica, beim Coma hepaticum u. bei Lebercirrhosen zu einem deutlichen Anstieg der bas. u. neutralen Aminosäuren im Serum kam. Beim Verschlußikterus dagegen lagen die Werte im Bereich der Norm. Es wurde festgestellt, daß offenbar Erkrankungen, welche mit erhöhter Eiweißsynth. einhergehen, auch zu einer Vermehrung des Geh. an freien Aminosäuren im Plasma führen. (Aerztl. Wschr. **14.** 153—61. 20/2. u. 27/2. 1959. Freiburg/Br., Univ., Med. Klinik.) U. TAUSENDFREUND. 4574

I. Herbert Scheinberg, Anatol G. Morell, Ruth S. Harris und **Agnes Berger,** *Konzentration von Ceruloplasmin im Plasma schizophrener Patienten.* Der Ceruloplasmin (I)-Geh. im Plasma erscheint nicht geeignet zur Unterscheidung gesunder u. schizophrener Personen, da sich die I-Werte in beiden Serentypen etwa in den gleichen Grenzen bewegen. Die von AKERFELDT (Science [Washington] **125.** [1957.] 117) nachgewiesene höhere N.N-Dimethyl-p-phenylendiaminoxydationsfähigkeit schizophrener Seren dürfte demnach nicht, wie ursprünglich angenommen, auf den unterschiedlichen I-Geh. der Seren zurückzuführen sein. (Science [Washington] **126.** 925—26. 1/11. 1957. New York, N. Y., Albert Einstein Coll. of Med.-Bronx Municipal Hosp. Center, New York State Psych. Inst., Dep. of Med.; Columbia School of Public Health and Admin. Med.) U. TAUSENDFREUND. 4574

W. M. McIndoe, *Ein an die Erzeugung von Eigelb gebundener Lipophosphoproteinkomplex im Hühnerplasma.* Bei der Verdünnung mit W. (bis 1:12) kann aus Hühnerplasma ein *Lipophosphoproteinkomplex* (I) gefällt werden, der nur bei legenden Tieren auftritt. Auf 100 ml Plasma entfallen ungefähr 2 g. Er setzt sich folgendermaßen zusammen: 20% Protein, 80% Lipid (davon 25% Phosphoproteid, 4% Cholesterin u. Triglycerid). Der P-Geh. beläuft sich auf 0,75%. Analysen mit der Ultrazentrifuge zeigen, daß I aus zwei Komponenten besteht: Einem Überstand (70%) u. einem Sediment (in NaCl-Lsg. von D. 1,006). Es ist möglich, daß I den Transport von Plasmalipid u. Plasmaphosphoprotein zum Eigelb übernimmt. (Biochem. J. **72.** 153—59. Mai 1959. Edinburgh; Agric., Res. Council Poultry Res. Centre.) U. GERHARDT. 4574

A. Ja. Kulberg, *Die Komplexierung der Blutserumproteine bei der Reduktion durch Cystein in der sauren Lösung.* In Verss. mit n. Stierserum u. den daraus durch Aussalzen mit $(NH_4)_2SO_4$ gewonnenen Fraktionen von *Albumin* (I) u. *γ-Globulin* (II), Antidiphtherieserum des Pferdes u. Anti-FLEXNER-Serum wird gezeigt, daß bei Einw. von *Cystein* in saurer Lsg. die physikal.-chem. Eigg. der Proteine weitgehend verändert werden. Gleichzeitig erfolgt die Bldg. des Komplexes I:II. Bei der Einw. von Monojodacetat auf den I-II-Komplex läßt sich elektrophoret. eine Zunahme von I um 6% u. eine Zunahme von II um 42% nachweisen. Bei der Komplexbldg. kommt den bei der Red. von I u. II frei werdenden SH-Gruppen die Hauptrolle zu. Ob die Moll. von I u. II mit Hilfe der bei der Wiederoxydation der SH-Gruppen entstehenden Disulfidgruppen miteinander verbunden werden, ist ungeklärt. (Биохимия [Biochemie] **24.** 46—52. Jan./Febr. 1959. Moskau, Gamaleja-Inst. für Epidemiol. u. Mikrobiol., Abt. Biochemie.) O. LEBTAG. 4574

Erik Mårtensson, Aino Raal und **Lars Svennerholm,** *Sialsäuren im Blutserum. N-Acetylsialsäure* u. *N-Glykoloylsialsäure* (I) wurden aus Plasmaproteinen von Blutseren krist. erhalten. Der Anteil von I beträgt (in %) beim Menschen 1, Schwein 15—16, Pferd 14—18, Rind 64—65, Schaf 13—14. Nieren u. Blutserum des Rindes weisen den gleichen Geh. von I auf. Das Verhältnis zwischen den Sialsäuren ist wahrscheinlich bei allen Glykoproteinen des Plasmaproteintyps dasselbe. Die Isolierung der Sialsäuren aus Blutserum erfolgt durch Kochen mit A., Abfiltrieren der Proteine, Waschen mit 0,01n H_2SO_4 bei 4°, einstd. Hydrolysieren mit 0,03n H_2SO_4 bei 80°, Entfernen der H_2SO_4 (p_H 5—6) durch Dowex-50 (H^+-Form), danach durch Dowex-1 (Acetatform), Eluieren mit 0,3n Ameisensäure (diese i. V. entfernen) u. Umkristallisation aus W./Ae./Methanol. Best. von I nach C. **1957.** 13093 bzw. C. **1958.** 2833 u. durch quantitative Papierchromatographie (n-Butanol/n-Propanol/0,1n HCl = 1:2:1). (Biochim. biophysica Acta [Amsterdam] **30.** 124—29. Okt. 1958. Gothenburg, Univ., Dep. of Med. Biochem.) W. UDE. 4574

Goetz W. Richter, *Die celluläre Umwandlung von injizierten kolloidalen Eisenkomplexen in Ferritin und Hämosiderin bei Versuchstieren.* Die Umwandlung von intraperitoneal verabreichtem *Eisen-Dextran-(Imferon,* LAKESIDE LABOR.) u. *Eisenoxyd-Saccharose-Komplex* oder subcutan injizierten koll. *Ferrihydroxyd* in *Ferritin* u. *Hämosiderin* wird bei Mäusen elektronenmkr. beobachtet. — 40 Literaturangaben. (J. exp. Medicine **109.** 197—216. 1/2. 1959. New York, N. Y., New York Hosp., Cornell Med. Center, Dep. of Pathol.) G. KIMMERLE. 4576

H. Südhof, D. Krieger und **E. Schultz,** *Über das Harnmucoprotein.* Das *Harnmucoprotein* (I), das physiol. von der Niere ausgeschieden wird, ist eine hochmol. Substanz, die sehr reich an Kohlenhydraten ist. I wird durch Zusatz des gleichen Vol.

1,16mol. NaCl zum Urin gefällt, vor dem Abschleudern wird mit HCl angesäuert u. der Nd. mit absol. A. nachgewaschen. Das im Mol. vorkommende Hexosamin wird dann bestimmt. Fehler der Meth. 3%. Bezogen auf den Hexosaminanteil wurde bei 22 gesunden Personen im Alter zwischen 17 u. 37 Jahren eine mittlere I-Tagesausscheidung von 4,3 ± 0,9 mg festgestellt. Unterschiede zwischen den Geschlechtern fanden sich nicht, wohl aber eine erhebliche Abhängigkeit vom Lebensalter. So nimmt der Mucoproteingeh. im Harn mit zunehmendem Alter laufend ab. Bezogen auf das Körpergewicht schieden Säuglinge etwa 6mal mehr I aus als Erwachsene über 58 Jahre. Die I-Ausscheidung ist bei Nierensteinträgern nicht verändert. (Dtsch. Arch. klin. Med. **205.** 285—91. 1958. Göttingen, Med. Univ.-Klinik.) G. KIMMERLE. 4577

W. Pigman, E. Gramling, D. Platt und **H. L. Holley,** *Elektrophoretische Untersuchungen an menschlichem Synovialmucin.* Vff. untersuchten menschliches *Synovialmucin* aus n., postmortalen u. patholog. Flüssigkeiten. Elektrophoret. Unterss. bei p_H 8,6 ergaben, daß die Hauptbestandteile *Albumin* u. eine langsam wandernde Komponente sind, bei der es sich um *Hyaluronsäure* (I) oder den von OGSTON u. STANIER (C. **1951.** I. 3514) beschriebenen Komplex handeln dürfte. In Fll. von Personen mit Arthritis können geringe Mengen *α*- u. *β-Globulin* vorkommen; *γ-Globulin* wurde nicht gefunden. I wurde durchweg in Mengen von 15—18% gefunden; dies weist auf ein konstantes I-Protein-Verhältnis hin. (Biochem. J. **71.** 201—05. Jan. 1959. Birmingham, Ala., USA, Univ. of Alabama, Med. Centre, Dep. of Biochem. and Med. Arthritis and Rheumatism. Res. Labor.) H. GOEBEL. 4578

S. Bäckström, *Untersuchungen über Sulfhydrylgruppen enthaltende Substanzen an Seeigelembryonen verschiedener Entwicklungsstadien.* In Gesamthomogenaten, der Proteinfraktion u. der lösl. Nichteiweißfraktion von Seeigellarven wurden die SH-Gruppen bestimmt. Während der Teilung u. im Gastrulastadium bestanden cycl. Veränderungen des SH-Geh., welche von einem Abfall während der späteren Differenzierung gefolgt waren. Dieser Abfall war bei Larven mit vergrößertem Entoderm bes. ausgeprägt, bei Larven mit hypertrophiertem Ektoderm am geringsten. — Die Veränderungen im SH-Spiegel sind möglicherweise an Prozesse der Determination gebunden u. spiegeln Unterschiede in der animalen u. vegetativen Entw. wider. (Exp. Cell Res. **16.** 165—73. Jan. 1959. Stockholm, Univ., Wenner-Gren Inst. for Experimental Biol.) WOLFGANG ALBRECHT. 4583

Ss. Ja. Kaplanski und **L. K. Starosselzewa,** *Die Veränderung der elektrophoretischen und immunologischen Eigenschaften der Eiweißstoffe der Organe und des Blutserums bei Eiweißhunger und einige Schädigungen von Leber und Niere der Ratte.* (Vgl. C. **1957.** 12219.) Bei eiweißarmer Ernährung (2—6 Monate Diät mit 3% Casein) treten im Rattenvers. starke Veränderungen der immunolog. Eigg. der Proteine von Leber, Niere, Gehirn u. Blutserum ein. In der Leber u. in der Niere nimmt die Menge der immunolog. dem *Serumalbumin* (I) ident. Proteine stark ab. Es verschwinden in der Niere die mit den *β-Globulinen* (II) ident. Proteine, im Gehirn die den *γ-Globulinen* (III) ident. Proteine. Bei Schädigung der Leber durch CCl_4 oder $CHCl_3$ nehmen die den I ident. Proteine in der Leber u. in der Niere ab. Im Gehirn nehmen die I ident. Proteine zu. Bei der Leberschädigung durch Chlf. nehmen in der Leber die II zu; im Gehirn nehmen sie ab. Die III nehmen hierbei in der Leber ab, in der Niere u. im Gehirn zu. Bei der Leberschädigung durch Uranylnitrat oder spezif. cytotox. Serum nehmen die II in der Niere u. in der Leber ab. Bei allen patholog. Zuständen verändern sich auch die immunolog. Eigg. der Eiweißfraktionen, bes. die von I. Die elektrophoret. Beweglichkeit der einzelnen Eiweißfraktionen der Organe u. des Blutserums werden hierbei kaum verändert. (Биохимия [Biochemie] **24.** 87—93. Jan./Febr. 1959. Moskau, Inst. für biol. u. med. Chem. der Akad. der med. Wiss. der UdSSR, Labor. für physiol. Chemie.) O. LEBTAG. 4585

H. P. Kaufmann und **G. Schmidt,** *Fettnahrung und Kreislauferkrankungen.* Es wird, da die Kreislauferkrankungen z. Zt. die häufigsten Todesursachen sind u. dieses als Folge unzweckmäßiger Fetternährung in Beziehung gesetzt wird, dieser Frage an Hand der Literatur nachgegangen. Ein direkter Zusammenhang war nicht immer erkennbar. — 60 Literaturangaben. (Fette, Seifen, Anstrichmittel **58.** 879—85. Okt. 1956. Münster, Westf., Deutsches Inst. für Fettforschung.) G. KIMMERLE. 4585

W. Schrade, R. Biegler und **E. Böhle,** *Über Veränderungen des Blutfettsäurengehaltes bei der Arteriosklerose und ihre Bedeutung für die Therapie.* (Vgl. C. **1959.** 9301.) Neben einer relativ schwierigen Ernährungsumstellung durch Bevorzugung hochungesätt. Fettsäuren kann eine Prophylaxe oder Behandlung von Hyperlipämien mit Hilfe einer an Linolsäure reichen, aus Sojabohnen dargestellten *Phospholipid*-Fraktion (*Lipostabil*, NATTERMANN) durchgeführt werden. Unter Einw. von Polyensäuren kommt es neben einem Abfall des *Cholesterins* auch zu einem Abfall der Neutralfette im Serum u. bei Zufuhr der Phospholipidfraktion neben dem Anstieg des Linolsäureanteils auch zu einem solchen des Arachidonsäureanteils. An der Sonderstellung der Polyensäuren im Stoffwechsel kann kein Zweifel bestehen, da ihr blutlipidsenkender Effekt auch beim Gesunden besteht. (Dtsch. med. Wschr. **83.** 1396—99. 15/8. 1958. Frankfurt/M., Univ., I. Med. Klinik.) U. TAUSENDFREUND. 4585

E. M. Scott und **Isabelle V. Griffith,** *Wechselwirkungen von B-Vitaminen beim Rattenwachstum.* Eine Unters. der Wechsel-Wrkgg. zwischen *Thiamin* (I), *Riboflavin* (II), *Pyridoxin* (III) u. *Pantothenat* (IV) durch Vgl. des Wachstums junger Ratten bei Ernährung mit einer Diät, der 1 bzw. 2 Vitamine fehlten, ergab keine antagonist. Beziehungen. I + II u. I + III zeigten auf das Wachstum einen gewissen synergist. Effekt, einen stärkeren gaben nur III + IV. Zwischen den 4 Hauptvertretern der B-Vitamine u. Niacin, Biotin, Inosit, p-Aminobenzoesäure, Folsäure, Cholin, Vitamin B_{12} u. Vitamin K bestand keine Wechselwirkung. Penicillin steigerte das Wachstum bei allen einfachen u. kombinierten Mangeldiäten, während 5% Ascorbinsäure dies in allen Fällen, ausgenommen bei I- u. I + IV-Mangel, bewirkte. (J. of Nutrit. **65.** 419—28. 10/7. 1958. Anchorage, Alaska, Arctic Health Res. Center.) K. MAIER. 4587

Taketami Sakuragi und **Fred A. Kummerow,** *Die biologische Verwertung von N-Pyridoxylaminen.* Bei Ratte u. bei Mikroorganismen werden *N-Pyridoxyl-p-aminobenzolsäureäthylester* (I) u. der *m-Aminobenzoesäureäthylester* (II) relativ leicht als Quelle von *Vitamin* B_6 verwertet, für das Wachstum der Ratte betrug die Aktivität der Aminobenzoesäureäthylester 100% von freiem *Pyridoxin* (mol. Basis). Für das Wachstum von *Saccharomyces carlsbergensis* betrug die Aktivität für I 20%, für II 41%. Bei Ratten wurde I nur via *Pyridoxal* verwertet, während *N-Pyridoxyl-β-phenyläthylamin* via *Pyridoxal* u. *Pyridoxamin* verwertet wurde. (Arch. Biochem. Biophysics **73.** 43—51. Jan. 1958. Urbana, Ill., Univ. of Illinois, Dep. of Food Technology.) WOLFGANG ALBRECHT. 4587

M. J. Fraser und **E. S. Holdsworth,** *Vitamin* B_{12} *und Biosynthese in Kükenleber.* Küken werden 4 Wochen lang mit einer Vitamin-B_{12} (I)-Mangeldiät gefüttert unter Zusatz von *^{14}C-Aminosäuren.* Aus der Leber der Tiere werden durch fraktionierte Zentrifugation verschied. Zellfraktionen gewonnen. Der I-Geh. der Leber sinkt bei I-Mangel im Futter von 90 mγ auf 15 mγ I/g Frischleber. Um die I-Verteilung festzustellen, wird *^{60}Co-I* angeboten. Dabei nimmt die Mangelleber zum „natürlichen" I-Vorrat von 15 mγ noch weitere 20 mγ ^{60}Co-I auf; davon die p_H 5-Enzymfraktion (II) nur 5,9%. Der Einbau der ^{14}C-Aminosäuren wird durch I nicht oder kaum beeinflußt. Ferner wird der Austausch von *^{32}P-Phosphat* in den Nucleotiden als Funktion von II verfolgt. Es läßt sich in Ggw. von *^{14}C-L-Leucin* oder *^{14}C-DL-Alanin* kein Unterschied in der Wirksamkeit zwischen n. II u. I-Mangel-II feststellen. (Nature [London] **183.** 519—23. 21/2. 1959. Shinfield, Nat. Inst. for Res. in Dairying.) L. TRÄGER. 4587

H. R. V. Arnstein und **J. L. Simkin,** *Vitamin* B_{12} *und Biosynthese in der Rattenleber.* Albinoratten werden mit einer Vitamin-B_{12} (I)-Mangeldiät gefüttert. Die Kontrollen erhalten 5 γ I/Tag. Die Leber der I-Mangelratte enthält 25 mγ I/g Frischleber, die der Kontrollen 160 mγ. Die I-Mangelleber nimmt wesentlich weniger *^{14}C-L-Valin* oder *^{14}C-L-Phenylalanin* auf als die n. Leber. Nachträgliche I-Gabe verstärkt die Aufnahme nur wenig. In zellfreien Leberextrakten wird weniger Radioaktivität aufgenommen. Vff. schließen nicht aus, daß die Proteinsynth. bei I-Mangel erniedrigt ist, glauben aber, daß dieser Effekt gegenüber anderen biochem. I-Funktionen sek. Natur ist. (Nature [London] **183.** 523—25. 21/2. 1959. Mill Hill, Nat. Inst. for Med. Res.) L. TRÄGER. 4587

Irene Boll und **Hans-Georg Mehl,** *^{58}Co-markiertes Vitamin* B_{12} *zum Schilling-Test. Technische und klinisch-hämatologische Erfahrungen.* Zur Durchführung des SCHILLING-Testes wurde ^{58}Co-Vitamin B_{12} (0,5 μC; I) verabreicht u. der I-Belastungstest wie üblich durchgeführt. Bei uräm. Zuständen ist der Test aussichtslos. Die Meßergebnisse einer großen Zahl von Patienten mit anäm. Formen, Leukämie u. Magen–Darm-Schäden werden tabelliert. (Dtsch. med. Wschr. **84.** 789—92. 17/4. 1959. Berlin, FU, Strahleninst., Krhs. Moabit, II. Inn. Klinik.) L. TRÄGER. 4587

Vera Fišerova-Bergerova, *Die Wirkung von Ascorbinsäure auf den Stoffwechsel des Benzols. Ascorbinsäure* (I) oxydiert in reinen Puffer-Lsgg. Bzl. zu Phenol. Blut u. Aminosäuren haben eine hemmende Wrkg. auf die Oxydation. Zusatz von I ist ohne Einfl. auf die Oxydation von Bzl. durch Homogenate von Organen (Herz, Muskeln, Lunge, Milz), nur bei Leber u. Niere wurde eine geringfügige Vermehrung des Phenols nach I-Zugabe beobachtet. (Arhiv Hig. Rada Toksikol. **9.** 1—9. 1958. Praha, Inst. za higiejenu rada i profess. bolesti.) S. BECKMANN. 4587

H. Matsumuro, S. Kitagawa, K. Itō, R. Hayashi und **K. Matsuzaki,** *Biochemische Untersuchungen über die Resorption von Carotin.* 5. Mitt. *Die Wirkung des Lecithins auf die Speicherung von Vitamin A und Carotin in der Rattenleber.* 4 Gruppen von je 5 Albinoratten erhielten 60 Tage lang neben ihrer Grundkost [Casein 18, Dextrin 60, Lactose 5, anorgan. Salze 4, Leinöl 10, Trockenhefe 3; dazu pro Tag 400 I.E. *Vitamin A* (I) peroral] 0; 0,158; 1,58 u. 15,83 mg% *Lecithin* (II; Soyabohnen-II u. KJ 76:24). Nach II-Zusatz von 15,83 mg% enthielt die Leber 193 I.E. I/g. In einem zweiten Vers. wurden je 15,83 mg%-Vitamin-A-Palmitat u. ein Gemisch von 10% α- u. 90% *β-Carotin* (III) gegeben. III steigert jedoch die I- u. III-Speicherung nicht so gut wie I. (Jap. J. Nutrit. **16.** 5—6. 28. Febr. 1958. Kokuritsu Eiyō-Kenkyūsho, Bitamin-Shitsu. [Orig.: japan., Auszug: engl.])

F. MOSSNER. 4587

H. Bekemeier, *Versuche zur erschöpfenden Ultraviolettaktivierung des Provitamins D in der Haut von Ratten, Kaninchen und Meerschweinchen.* In der Rattenhaut konnten durch UV-Aktivierung maximal 5—15, in der Kaninchenhaut 2—5 u. in der Meerschweinchenhaut bis zu 3 I.E. *Vitamin D* pro cm³ erzeugt werden. Die Unterschiede der Aktivierbarkeit verschied. Hautarten betrugen bis zu 300%. In der Rattenhaut konnten ca. 15—30% der Gesamtprovitamine D aktiviert werden, höchstens 30—60% konnten von den UV-Strahlen erreicht werden. (Hoppe-Seyler's Z. physiol. Chem. **314.** 125—29. 4/3. 1959.)

W. FELDHEIM. 4587

John G. Bieri, George M. Briggs und **Clifford J. Pollard,** *Die Steigerung des Vitamin-E-Mangels durch Torulahefe.* 2. Mitt. *Wirkung der Asche und des Fettes aus Torulahefe.* (1. vgl. C. **1959.** 12304.) Vff. geben New Hampshire-Küken eine an *Vitamin E* (I) freie Kost, bestehend aus Sojabohnenprotein (28%), Cerelose (61%), I-freiem Speck (4%), Mineralsalzgemisch (6%), *DL-Methionin* (0,8%) u. Vitamingemisch (0,2%) sowie Torulahefe (TH, 15%) bzw. TH-Asche (1,05%) oder TH-Fett [1%, aus TH durch Extraktion mit 95%ig. A./6 n HCl (1:5) am Rückfluß (1½ Std.) u. Ausschütteln mit Bzl./PAe. (1:1)] u. beobachten die Bldg. einer durch I-Mangel auftretenden exsudativen Diathese. Es wird festgestellt, daß TH-Asche die Entw. patholog. Symptome fördert. Spurenelemente [Al (1 u. 20 p.p.m.), As (10; 50; 100), Cd (10), Mo (10), Sb (10), Tl (10), Sr (5), Si (20; 40) u. Zn (25; 50)] oder ein Gemisch [Al, B, Br, As, Cr, Co, F, Mo, Ni, Sr, V (5 u. 10)] derselben haben keinen Einfl. auf die Entw. der patholog. Erscheinungen. Mit $MgCO_3$ oder MgO (als Adsorbens für flüchtige Elemente) vermischte TH-Asche (2,2%) steigert die Exsudatbldg. etwas stärker als TH-Asche allein, während MgO per se unwirksam ist. Auch Asche von Bierhefe (BH, 1,2—1,8%) fördert, wenn auch in geringerem Grad als TH, infolge ihres Geh. an biol. akt. Se die patholog. Symptome. Synthet. Salzgemische, die in ihrer Zus. der TH-Asche entsprechen [z. B. $CaSO_3 \cdot 2\,H_2O$ (0,12; 0,44%), KH_2PO_4 (0,35; 1,3%), $K_2S_2O_5$ (1,5 u. 3,0%), $Ca_3(PO_4)_2$ (1,65%)] sind ohne Wrkg. auf die Diathese. TH enthält 6% an Fetten (BH: 3%), von denen 3% in gebundener Form vorliegen. Der Geh. an polyungesätt. (dienol.) Fettsäuren beträgt in TH 45,4% (BH: 3,8%). Fütterung mit TH-Fett allein oder in Kombination mit nativer oder synthet. TH-Asche [$CaSO_3 \cdot 2\,H_2O$ (22,2 g); K_2HPO_4 (74,0 g), $MgCl_2 \cdot 6\,H_2O$ (10,9 g), 24 Std. auf 550° erhitzt] fördert die exsudative Diathese in gleicher Weise wie n. TH. Auch ein Gemisch aus synthet. oder natürlicher TH-Asche u. Tallöl (1%), das aus 48% Linol- u. 50,0% Ölsäure besteht, ist stark wirksam, während Tallöl allein eine etwas geringere Aktivität besitzt. Aus den Ergebnissen wird geschlossen, daß die Anti-I-Eigg. von TH auf ihren Geh. an ungesätt. Fettsäuren in Verbindung mit gewissen Mineralsalzen zurückzuführen sind, wobei die Kombination verschied. Elemente in der Asche die prooxydierende Eig. der Hefe unterstützt. (Proc. Soc. exp. Biol. Med. **99.** 262—65. Okt. 1958. Bethesda, Nat. Inst. of Arthritis and Metabol. Diseases, Labor. of Nutrition and Endocrin.)

P. FAHRNLAENDER. 4587

B. De Biasio, *Der Vitamin-K-Komplex: Koagulationsvitamine.* Übersicht; Konst. der *K-Vitamine,* Definition verschied. Einheiten, Vorkommen in Pflanzen u. Tieren, Bedarf für den Menschen, biol. Wrkg., K-Avitaminosen, Antagonismus zwischen Vitamin K u. Antikoagulantien vom Typ Dicumarin u. Indandion, Anwendung des Vitamins zur Leberfunktionsprüfung. (Minerva med. [Torino] **46. II.** 652—54. 19/9. 1955. Venedig.)

P. LOCH. 4587

Fujio Ōbo und **Toshio Suehiro,** *Untersuchungen über die biologische Wirkung von Vitamin K_3.* 2. Mitt. *Über den Einfluß des Vitamins K_3 auf den Blutzucker und auf Glutathion in den Organen.* In bestimmten Zeiträumen nach subcutaner Injektion von *Olivenöl* wurde bei Ratten der Geh. an *Blutzucker* (I) sowie an red. (IIa), gesamtem (IIb) u. oxydiertem (IIc) *Glutathion* (II) in Blut, Pankreas u. Leber bestimmt. I ist 3 Std. nach der Injektion maximal gestiegen (ca. 10%) u. zeigt 8 Std. danach wieder n. Werte. IIa nimmt 1—8 Std. nach der Injektion in Blut u. Pankreas um ca. 10%, in der Leber um ca. 5% ab; 24 Std. nach der Injektion sind die Normalwerte wieder erreicht. IIb bleibt in Blut, Pankreas u. Leber fast unverändert. IIc nimmt zunächst zu, um nach 24 Std. wieder zur Norm zurückzukehren. — Erhalten die Tiere 30 mg *Vitamin K_3*

(1%ig in Olivenöl)/kg, dann steigt I in 1—3 Std. um ca. 30%, kehrt aber nach 2 Tagen zur Norm zurück. **IIa** steigt im Blut in 3—8 Std. um ca. 15%, im Pankreas in 1—3 Std. um ca. 25%, während es in der Leber in 1—3 Std. um ca. 30% abnimmt; in allen diesen Fällen sind nach 6 Tagen die Normalwerte erreicht. **IIb** nimmt ab, u. zwar im Blut in 3—8 Std. um ca. 10%, im Pankreas in 1—8 Std. um ca. 20% u. in der Leber nach 3 Std. um ca. 25%; Normalwerte nach 6 Tagen. **IIc** nimmt zu, u. zwar im Blut in 1 bis 8 Std. um 10%, im Pankreas in 1—8 Std. um ca. 10—40%, in der Leber nach 1 Std. maximal um 20%; die Normalwerte sind nach 4—6 Tagen wieder erreicht. (Med. and Biol. [Tokyo] **50.** 207—09. 20/3. 1959. Kagoshima Daigaku, Igaku-Bu, Seikagaku-Kyōshitsu. [Orig.: japan.]) F. MOSSNER. 4587

Göran Lundh, *Darmverdauung und -resorption nach Gastrektomie.* Nach subtotaler u. totaler Gastrektomie wurden Darmverdauung u. -resorption untersucht. Gegenüber n. Personen war die Resorption von ^{131}J-Humanserumalbumin am stärksten, die von Fett schwächer, die von Glucose nur geringfügig herabgesetzt. Die schlechte Durchmischung der Nahrung mit Enzymen wirkt sich bei der Resorption vermutlich stärker aus als schnelle Darmpassage. (Acta chirurg. scand. **1958.** Nr. 231. 3—83. Lund, Swedish Med. Res. Council and Univ., Dep. of Surgery, Labor. of Clin. Chem.) K. MAIER. 4594

G. W. Taylor, J. B. Kinmoth, E. Rollinson, J. Rotblat und **G. E. Francis,** *Untersuchung der Lymphzirkulation mit radioaktivem Plasmaprotein.* Bei n. Personen u. Patienten mit Lymphödem sowie bei n. Kaninchen u. solchen mit Lymphgefäßdurchtrennung eines Gliedes wurde die Resorption ^{131}*J*-markierten Plasmaproteins (I) aus subcutanen Geweben (subcutane Injektion) untersucht. Das Verh. von injiziertem I spricht für dessen Abtransport auf dem Lymphwege. Eine direkte I-Aufnahme in den Blutkreislauf erfolgte nur nach akuter traumat. Zerstörung des Lymphweges. Der I-Abtransport verläuft bei Patienten mit Lymphödemen langsamer als bei n. Personen. Bei letzten wird dieser durch körperliche Tätigkeit beschleunigt. (Brit. med. J. **1957.** I. 133—37. 19/1. London, St. Bartholomew's Hosp. and Med. Coll., Dep. of Physics and Biochem.) K. MAIER. 4594

Martin Rodbell und **Donald S. Fredrickson,** *Die Natur der in Hunde- und menschlichen Chylomikronen gebundenen Proteine.* Vff. isolierten durch Ultrazentrifugieren die Chylomikronen (Ch) sowie die Lipoproteine hoher u. niederer D. von Mensch u. Hund, entfernten die Lipide mit Chlf.–Methanol u. A.–Aceton u. untersuchten die *Proteine* auf ihre elektrophoret. Beweglichkeit, nach SANGER auf die N-endständigen Reste sowie papierchromatograph. auf die nach Einw. von Trypsin (1½ Std. bei 25°) u. Chymotrypsin (1½ Std.) auftretenden Peptide. Die Ergebnisse zeigen, daß die Ch 3 verschied. *Proteine* (*A*, *B* u. *C*) enthalten. Eins davon (A) ist dem Hauptprotein der Lipoproteine (D. 1,063—1,21) chem. sehr ähnlich, während ein anderes (B) wahrscheinlich mit dem Protein ident. ist, das im gesamten Dichtebereich der menschlichen Plasmalipoproteine auftritt. Nach Ansicht der Vff. dürften diese beiden Proteine eine wesentliche Rolle beim Transport u. Stoffwechsel der exogenen Triglyceride spielen. (J. biol. Chemistry **234.** 562—66. März 1959. Bethesda, Md., US Publ. Health Serv., Nat. Inst. of Health, Nat. Heart Inst., Labor. of Cell. Phys. and Metabol.) E. SCHWERDTFEGER. 4594

Martin Rodbell, Donald S. Fredrickson und **Katsuto Ono,** *Stoffwechsel der Chylomikronenproteine beim Hund.* Vff. untersuchten in vivo u. in vitro den Einbau von ^{14}C-Aminosäuren (aus einem Hydrolysat von Chlorellaprotein) in die Lipoproteine von Plasma u. Lymphe u. verfolgten das Schicksal von injizierten ^{14}C-markierten Chylomikronen beim Hund. Aus dem Vgl. der spezif. Aktivitäten ist zu schließen, daß der Hauptteil des *A-Proteins* (vgl. vorst. Ref.) sowie des Proteins der Lipoproteine hoher D. nicht aus dem Plasma stammt. Die in vitro-Verss. mit Darmmucosa zeigen, daß hier ein möglicher Syntheseort der A- u. B-Proteine der Chylomikronen sowie des Proteins der Lipoproteine hoher D. liegt. Aus dem Verbleib der ^{14}C-Aktivität nach Injektion von ^{14}C-Chylomikronen folgt, daß das A-Protein in einem schnellen Gleichgewicht mit den Proteinen der Lipoproteine hoher D. steht, während die Aktivität des B-Proteins im Plasma in einem kleinen pool lösl. Lipoproteine erscheint. (J. biol. Chemistry **234.** 567—71. März 1959.) E. SCHWERDTFEGER. 4594

G. M. Komrower, V. Schwarz, A. Holzel und **L. Golberg,** *Eine klinische und biochemische Untersuchung der Galaktosäure. Eine Erklärungsmöglichkeit für das Wesen dieser biochemischen Störung.* Beschreibung zweier Fälle von Galaktosämie u. der Wrkg. einer 8- oder 10tägigen Milch- oder Galaktose (I)-Zufuhr (Blutzucker, I-Spiegel, I-Ausscheidung, Nierenfunktion, Blut- u. Plasma-P-Spiegel). Vff. diskutieren die Möglichkeit, daß die verschied. Manifestationen der Krankheit auf einer I-1-Phosphatspeicherung innerhalb der Gewebe beruhen u. die Schwere derselben durch das Verhältnis der örtlichen Konz. der an den ersten Stufen des I-Stoffwechsels beteiligten Enzyme bestimmt wird. (Arch. Disease Childhood **31.** 254—64. Aug. 1956. Manchester, Univ., Deps. of Child Health and Pathol., and St. Mary's Hosp.) K. MAIER. 4596

H. J. Ybema, *Laboratoriumsdiagnose von congenitaler Galaktosämie bei der Geburt.* Das im einzelnen beschriebene Verf. beruht auf der Best. der Galaktose-1-phosphat-uridyltransferase u. der Uridindiphosphatglucosepyrophosphorylase nach den von ISSELBACHER (Science [Washington] **126.** [1957.] 652) u. LELOIR u. Mitarbeitern (Proc. 3. Internat. Congr. Biochem. Brüssel **1955.** 154) angegebenen Reaktionen. (Pharmac. Weekbl. **94.** 40—44. 24/1. 1959. Rotterdam, Coolsingel Ziekenhuis, Biochem. Labor.) W. WESLY. 4596

R. W. Ash, R. J. Pennington und **R. S. Reid,** *Die Wirkung kurzkettiger Fettsäuren auf den Blutzucker bei Schafen.* Der nach Verabreichung von 0,25 Millimol *Na-Butyrat* (oder *-Propionat*)/kg bei Schafen innerhalb von 10 Min. feststellbare Anstieg des Blutzuckerspiegels von ca. 40 mg% (vgl. POTTER, C. **1954.** 370) dürfte kaum auf eine Gluconeogenese aus kurzkettigen Fettsäuren zurückzuführen sein; die mit $^{14}C_{(1)}$-Butyrat bzw. -Propionat gewonnenen Ergebnisse zeigen, daß nur ca. 1% der zusätzlichen Glucose von den verabreichten Fettsäuren herstammt, u. daß nur 2% der injizierten Radioaktivität in der säurelösl. Fraktion der Leber zu finden war. (Biochem. J. **71.** 9P—10P. Jan. 1959. Bucksburn, Aberdeenshire, Scotland, Rowett Res. Inst.) U. TAUSENDFREUND. 4596

M. M. Barnes, Sybil P. James und **P. B. Wood,** *Die Bildung von Mercaptursäuren.* 1. Mitt. *Bildung von Mercaptursäure und der Glutathionspiegel in Geweben.* Vff. untersuchten an Ratten u. Kaninchen die Möglichkeit einer Beteiligung von *Glutathion* (I) bei der Bldg. von *Mercaptursäuren* (II) in vivo. Der I-Geh. der Leber fällt bei Ratten nach Zufuhr von II-Vorstufen, während der I-Geh. von Blut, Niere u. Darm keine Veränderungen aufweist. I-Injektionen hatten keinen Einfl. auf die Geschwindigkeit der II-Ausscheidung. Für verschied. II-Vorstufen (Chlorbenzol, Benzylchlorid, p-Chlorbenzylchlorid, 1-Brombutan, 1-Nitrobrombutan, 3.4-Dichlornitrobenzol, 3.4.5- u. 2.4.6-Trichlornitrobenzol, 2.3.4.6- u. 2.3.5.6-Tetrachlornitrobenzol) werden die durch die Ratte ausgeschiedenen II-Mengen angeführt. Die aus den II-Ausscheidungsgeschwindigkeiten u. dem I-Spiegel der Leber vor u. nach Zufuhr von II-Vorstufen errechnete turnover-Geschwindigkeit von I stimmt mit den nach anderen Methoden ermittelten gut überein. Butylchloralhydrat, das keine II-Vorstufe ist, beeinflußt den I-Spiegel der Leber nicht, bewirkt jedoch ein Absinken des Blut-I-Gehalts. (Biochem. J. **71.** 680—90. April 1959. Birmingham, Univ., Med. School, Physiol. Dep.) E. SCHWERDTFEGER. 4596

H. G. Bray, T. J. Franklin und **Sybil P. James,** *Die Bildung von Mercaptursäuren.* 2. Mitt. *Die mögliche Rolle der Glutathionase.* (1. vgl. vorst. Ref.) Vff. untersuchten die Wrkg. von Leberpräpp. u. angereicherter Glutathionase (I) auf *S-[p-Chlorbenzyl]-glutathion* (II). II wird durch Meerschweinchenleberschnitte, Homogenate von Meerschweinchen-, Ratten- u. Kaninchenleber u. I (aus Schweineniere) zu *S-[p-Chlorbenzyl]-cystein* (III) hydrolysiert, unter gleichzeitiger Freisetzung von Glycin. Die Ergebnisse stehen im Einklang mit der Annahme, daß die Hydrolyse von II zu III einen Schritt bei der in vivo-Bldg. von *Mercaptursäure* (IV) aus p-Chlorbenzylchlorid bildet. II wird auch durch Extrakte des Rattendünndarms hydrolysiert. Die möglichen Gründe für die geringere IV-Ausscheidung von Meerschweinchen trotz des höheren I-Geh. der Leber im Vgl. mit Ratte u. Kaninchen werden diskutiert.

Versuche: *S-[p-Chlorbenzyl]-glutathion*, $C_{17}H_{22}ClN_3O_6S$, Zers. beim Erhitzen auf 200°, aus Glutathion (0,43 g) u. p-Chlorbenzylchlorid in wss.-alkal. Lsg., Entfernung von überschüssigem Chlorid durch Ausäthern, Ansäuern (p_H 6,0) der wss. Phase u. Stehen bei 0°; 250 mg (Ausbeute). — *S-[p-Chlorphenyl]-glutathion*, $C_{16}H_{20}ClN_3O_6S$, F. 218° (Zers.), aus diazotiertem p-Chloranilin u. Glutathion-Cu-Mercaptid; 325 mg aus 1 g Glutathion. — *S-[p-Chlorbenzyl]-L-cystein*, F. 202°. — *S-[p-Chlorphenyl]-L-cystein*, F. 193°. (Biochem. J. **71.** 690—96. April 1959.) E. SCHWERDTFEGER. 4596

H. W. Spier und **G. Pascher,** *Physiologie der Hautoberfläche.* Ein sich auf neuere Literatur stützender Bericht über das Gebiet der Physiologie u. Biochemie der Hautoberfläche u. des Stratum corneum, wobei dessen wasserlösl. Inhaltsstoffe gewürdigt werden. — 103 Literaturangaben. (Akt. Probl. Dermatol. [Basel] **1959.** 1—46. München, Univ., Dermatol. Klin.) U. TAUSENDFREUND. 4597

L. Scarpioni, *Beziehung zwischen dem Gehalt an Oligosacchariden und Glykogen in der Leber der Ratte.* Erwachsene Ratten mit einem Gewicht von 150—200 g wurden mit 100 mg Nicotinamid/100 g Lebendgewicht behandelt, 2 bzw. 12 Std. nach der Injektion getötet u. die Leber in kaltem W. homogenisiert. Nach Deproteinisierung wurde der Geh. an *Glykogen* u. der der *Oligosaccharide* nach der Meth. von SIE u. FISCHMAN (vgl. C. **1959**. 12607) bestimmt. Es wurde gefunden, daß der Geh. an Glykogen u. Oligosacchariden nach der Nicotinamidinjektion abgenommen hatte, u. zwar angenähert in den gleichen, prozentualen Mengenverhältnissen. (Boll. Soc. ital. Biol. sperim. **35**. 108—09. 15/2. 1959. Genova, Univ., Ist. di Chim. Biol.; Parma, Univ., Ist. di Patologia Spec. Medica.) C. GOTTFRIED. 4597

Ivar Sperber, *Ausscheidung organischer Anionen bei der Bildung des Harns und der Galle.* Übersicht, behandelt werden: intracelluläre Aufnahme der auszuscheidenden Stoffe, Ausscheidungsgeschwindigkeit, Konkurrenzphänomene, Reabsorption, Gallebldg., Galletransport, galletreibende Wrkg. der mit der Galle ausgeschiedenen Substanzen, Hippursäureausscheidung. — 155 Literaturangaben. (Pharmacol. Rev. **11**. 109—34. März 1959. Uppsala, Royal Coll. of Agric.) K. PREUSS. 4597

Willem J. Kolff, *Die hochdruckvermindernde Funktion der Niere.* Chron. experimenteller Hochdruck kann durch Zufuhr von *Antirenin* (I), das die Hemm-Wrkgg. von *Angiotonin* beseitigt, geheilt werden. I wirkt nur, wenn im Körper gutes Nierengewebe vorhanden ist. Chron. Nierenhochdruck ist beim Versuchstier u. Menschen durch Entfernen der Reninbildungsquelle, wenn noch ausreichend funktionstüchtiges Nierengewebe vorliegt, oder Transplantation einer n. Niere zu beseitigen oder zu vermindern. Wahrscheinlich hängt die blutdrucksenkende Funktion der Niere von einer in den Kreislauf abgegebenen Substanz ab. (Cleveland clin. Quart. **24**. 141—59. Juli 1957. Cleveland, Ohio, Clin., Div. of Res.) K. MAIER. 4597

Akimasa Imai, *Der Aminosäurestoffwechsel des Gehirns.* Eine vergleichende Unters. über die Transaminierung in den Gehirnen von Welsen (a), Clemmys japonica (b) u. Mäusen (c) zeigte, daß an der *Glutaminsäure*-Bldg. aus Ketoglutarsäure folgende 16 Aminosäuren in abnehmender Reihe beteiligt sind: *l-Asparaginsäure, dl-Alanin, l-Leucin, dl-Valin, dl-Isoleucin, l-Tyrosin, dl-Norvalin, dl-Threonin, dl-Serin, l-Methionin, Glycin, l-Phenylalanin, dl-Norleucin, l-Prolin, l-Hydroxyprolin* u. *l-Histidin.* Hierbei ist die Verteilung fast durchweg a > c > b. *l-Histidin* u. *l-Phenylalanin* kommen am meisten im c-Gehirn vor. — An ω-Aminosäuren unterlagen (bei c > a > b) der Transaminierung *γ-Aminobuttersäure, β-Hydroxy-γ-aminobuttersäure, β-Alanin* u. *ε-Aminocapronsäure;* ferner *l-Cysteinsäure* (c > a > b), *Taurin* (b > a > c), *l-Arginin* (b > c > a), *dl-Ornithin* (a > c > b) u. *l-Lysin* (c > a > b). (Med. and Biol. [Tokyo] **49**. 25—28. 5/10. 1958. Okayama Daigaku, Igaku-Bu, Shinkei-Seishin-Igaku-Kyôshitsu. [Orig.: japan.]) F. MOSSNER. 4598

Wolfgang Oehlert, Brigitte Schultze und **Werner Maurer**, *Autoradiographische Untersuchung der Größe des Eiweißstoffwechsels der verschiedenen Zellen des Zentralnervensystems (untersucht beim Kaninchen mit ^{35}S-Thioaminosäuren).* 3 Kaninchen erhielten durch Magensonde 37,6, 40,0 bzw. 44,5 mC ^{35}S pro kg in Form von Hefeeiweiß. Nach 3 bzw. 8 Std. wurde entblutet, Gehirne fixiert, in Paraffin eingebettet u. frontal in verschied. Schnitte von ca. 5 μ Stärke zerlegt. Die entparaffinierten Schnitte wurden mit 2,3 μ dicker 0,5%ig. Gelatine + 0,05% Chromalaun überzogen u. nach Bedecken mit entsprechendem Film 2—6 Wochen lang autoradiographiert. Neben direkten Messungen der ^{35}S-Aktivität von Schnitten wurden die relativen Werte durch Vgl. der Belichtungszeiten verschied. Autoradiogramme mit gleicher Silberkorndichte ermittelt. — Die Ergebnisse werden durch 17 Abb. dargestellt u. mit 61 Literaturangaben diskutiert. (Beitr. pathol. Anatom. allg. Pathol. **119**. 343—76. 1958. Köln, Inst. für Medizin. Isotopenforsch.) J. DITTMANN. 4598

N. M. Poljakowa und **K. Ss. Kabak**, *Über das Albumin der peripheren Nerven.* Extrakte aus dem Ischiasnerv des Rindes mit physiol. NaCl-Lsg. werden elektrophoret. untersucht. Zum Unterschied von Eiweißstoffen des Hirns u. des Rückenmarks enthalten die Eiweißstoffe aus den Nerven einen Bestandteil, der sich nach der Kathode bewegt. Das Bindegewebe enthält diesen Eiweißstoff nicht. Ein Vgl. der in den Nerven gefundenen Albumine mit denen des Serums durch Aussalzen mit $(NH_4)_2SO_4$ u. Elektrophorese zeigt, daß das Nervenalbumin dem des Blutserums ähnlich ist. (Доклады Академии Наук СССР [Ber. Akad. Wiss. UdSSR] **122**. 275—77. 11/9. 1958. Kiew, Biochem. Inst. der Akad. der Wiss. der UkrainSSR.) F. DU MANS. 4598

P. Correale, *Vergleichende Untersuchungen über Anwesenheit und Verteilung der Substanz P im Zentralnervensystem der Vertebraten.* Im Zentralnervensyst. verschied. Wirbeltiere (Säugetiere, Vögel, Reptilien, Amphibien u. Fische) konnte ein Faktor mit den gleichen Eigg. wie die *Substanz P* von EULER u. GADDUM nachgewiesen werden (gleiche Fällungsmöglichkeit durch Ammonsulfat u. gleiche Inaktivierung durch Chymotrypsin). Die Aktivität entsprechender Hirnextrakte gegenüber dem Meerschweinchen- oder Kaninchendarm (gemessen in EULER-Einheiten) ließ sich folgendermaßen definieren: Hund 15, Ratte 20—25, Möve 15, Huhn 5, Eule 12, Lerche 10, Eidechse 200,

Schildkröte 100, Tropidonotus natrix 40, Kröte 200, Frosch 250, Bombinator pachypus 190, Box salpa 30, Mustelus mustelus 25. (Arch. int. Pharmacodynam. Thérap. **119.** 435—42. 1/4. 1959. Bari, Italien, Univ., Ist. di Farmacol.) U. TAUSENDFREUND. 4598

Ernest Schoffeniels, Irwin B. Wilson und **David Nachmansohn,** *Überschießen und Blockierung der Leitung durch fettlösliche Acetylcholinanaloge.* Fettlösl. quartäre Ammoniumverbb., Analoge des Acetylcholins (I) werden an 3 reizleitenden Geweben u. a. am Krebs- u. Hummernerv auf ihre Fähigkeit untersucht, die motor. Endphase zu durchdringen u. Wrkgg. hervorzurufen, die unter physiol. Bedingungen dem I zukommen sollen. *Pyridin-2-aldoximdodecyljodid, β-Acetoxyäthyldimethyldodecylammoniumjodid* (*Noracetylcholindodecyljodid* u. *Pyridinmethjodiddodecyljodid* dringen als fettlösl. Verbb. in die Endphase ein, blockieren die Übertragung der Reize in relativ geringen Konzz. u. rufen eine Umkehrung der elektr. Polarität der Endplatte (Überschießen) hervor, ein für physiol. Prozesse kennzeichnendes Merkmal. Die Wrkg. dieser Verbb. wird den entsprechenden fettunlösl. Verbb. gegenübergestellt. Quartäre Amine blockieren die Reizleitung mit Depolarisation, tert. ohne Potentialänderung. Vff. bestätigen mit obigen Ergebnissen die Rolle des I bei der Reizleitung. (Biochim. biophysica Acta [Amsterdam] **27.** 629—33. März 1958. New York, N. Y., Columbia Univ., Coll. of Physic. and Surg., Dep. of Neurol.) CH. FOLESKY. 4598

E_6. Pharmakologie. Therapie. Toxikologie. Hygiene.

B. Svetličić und **M. Vandekar,** *Faktoren, die die Variabilität der Ergebnisse bei der Ermittlung der akuten Toxizität beeinflussen.* Diskussion der Zuverlässigkeit der Toxizitätsprüfung, bes. bei organ. P-Verbb., u. der Faktoren, welche die Ergebnisse beeinflussen. (Arhiv Hig. Rada Toksikol. **9.** 11—24. 1958. Zagreb, Vet. fak., Zav. za farmakol. i toksikol. u. Inst. za med. istraživanja.) S. BECKMMNN. 4600

K. Sommermeyer und **K. Philipp,** *Die Bedeutung und Berechnung der primären Ionisationen in der Treffertheorie.* Auf Grund experimenteller Unterss. über die prim. Ionisation in H_2-haltigen Dämpfen muß angenommen werden, daß in der biol. Substanz der mittlere Energieaufwand pro prim. Ionisation um mindestens 30% kleiner ist als der von POLLARD u. Mitarbeitern (C. **1956.** 3600) mit 110 eV angegebene Wert. Sehr wahrscheinlich besitzen jedoch die energiearmen prim. Ionisationen (einzeln in den biol. Strukturen erzeugt) nur eine verschwindende Wirkungswahrscheinlichkeit. (Z. Naturforsch. **14b.** 33—37. Jan. 1959. Freiburg/Br., Univ., Radiolog. Inst.) W. NIEMITZ. 4601

S. Mustakallio, A. Voutilainen, E. Ahos und **M. Viikeri,** *Gesundheitsschäden durch ionisierende Strahlung in Finnland.* Übersicht u. statist. Angaben über Strahlenschäden bei Ärzten u. medizin. Personal in Finnland. (Suomen Lääkärilehti [Finlands Läkartidning] **14.** 807—19. 15/6. 1959.) S. BECKMANN. 4601

G. A. Kritski, *Über den Nucleotidumsatz im Knochenmark in der Norm und nach Röntgenbestrahlung.* Im Kaninchenvers. wurde nach einer 21 Min. langen Bestrahlung mit 2000 r im Knochenmark der Geh. an Nucleotiden u. die fermentative Aktivität untersucht. Die in der Norm u. nach Bestrahlung vorliegenden niedermol. *Purin-* (I) u. *Pyrimidin*-Verbb. (II) wurden in 8 Fraktionen zerlegt. Die am stärksten vertretene 6. Fraktion entspricht der Muskeladenylsäure. 2 Tage nach der lokalen Bestrahlung ist der Geh. an I u. II um 60% gegenüber der Norm vermindert. Die enzymat. Aktivität des Knochenmarkhomogenates gegenüber der Abspaltung von I u. II aus Desoxyribonucleinsäure wird in diesem Zeitraum durch die Bestrahlung im Orthophosphatpuffer um 20% vermindert. Vf. nimmt an, daß die Abnahme von I u. II nach der Bestrahlung darauf beruht, daß infolge der Hemmung der oxydativen Phosphorylierung die Nucleosidmonophosphate in Nucleosiddi- u. Nucleosidtriphosphate umgewandelt werden. (Биохимия [Biochemie] **24.** 73—79. Jan./Febr. 1959. Moskau, Bach-Inst. für Biochem. der Akad. der Wiss. der UdSSR.) O. LEBTAG. 4601

A. Forssberg, Chr. Lingen, L. Ernster und **O. Lindberg,** *Beeinflussung des Röntgenbestrahlungssyndroms durch Lycopin.* Bei der Maus hat *Lycopin* (I) bei i.p.-Applikation eine mäßige Heilwrkg., gleichgültig, ob es vor oder kurz nach der Röntgenbestrahlung von 725 r gegeben wird, wie aus der Überlebensrate hervorgeht. Die Wirkungsweise von I hinsichtlich Injektionszeit, Dosis sowie Geschlecht der Tiere wird erörtert u. eine mögliche Beziehung zur Wrkg. von *Zymosan* (*Properdin*-Syst.) diskutiert. (Exp. Cell Res. **16.** 7—14. Jan. 1959. Stockholm, Univ., Inst. of Radiophys.; Wenner-Gren Inst. of Exp. Biol.) WOLFGANG ALBRECHT. 4601

M. A. van Dilla, B. J. Stover, R. L. Floyd, D. R. Atherton und **D. H. Taysum,** *Radium* (^{226}*Ra*)*- und Radon* (^{222}*Em*)*-Stoffwechsel bei Hunden.* Zur Sicherung der höchsten zulässigen Belastung des Menschen mit ^{239}Pu wurden zunächst Unterss. mit 5 verschied. einmaligen Gaben von ^{226}Ra bei Hunden durchgeführt. Die Arbeitsweise u. Versuchsanordnung, bes. die Atemsammlung u. Rn-Messung werden ausführlich beschrieben. Es wurde gefunden, daß die fraktionelle Ra-Retention als $R = 0{,}787\ t^{-0{,}198}$ ausgedrückt werden kann, wobei t = Tage nach der Injektion ist. Da Rn erheblich ausgeatmet wird, ist der Rn-Geh. des Tieres immer geringer als der Ra-Geh., in 2 Monaten bis zu einem Verhältnis von 0,2 ansteigend u. bis zu 3 Jahren bei diesem Wert bleibend. Ra-Plasma-Spiegel u. -Ausscheidung wurden festgestellt. Rn-Exhalation beim Hund wurde mit der bei anderen Tierarten verglichen. Die Unters. des Ra- u. ^{45}Ca-Stoffwechsels ergab beträchtliche Unterschiede der Ausscheidung im Harn, der Plasmaspiegel u. der Bindung im Skelett. Trotz dieser Unterschiede war aber die Retention nach 100 Tagen gleich. Die Ra-Retention sinkt mit dem Alter entsprechend dem Knochenstoffwechsel. Auf das Auftreten von Knochenschädigungen beim Menschen bei vergleichbaren Ra-Belastungen wird hingewiesen; solche Schädigungen wurden auch bei einem Teil der Versuchstiere beobachtet. (Radiation Res. **8.** 417—37. Mai 1958. Salt Lake City, Univ., Coll. of Med., Radiobiol. Labor.) J. SCHWAIBOLD. 4601

J. Lackner, *Röntgenologische Dickdarmuntersuchung unter Verwendung des Kontaktlaxans La 96a.* 300 röntgenolog. Dickdarmunterss. mit dem Kontaktlaxans *La 96a* (THOMAE, Biberach/Riß) als Zusatz zum Kontrastmittel wurden mit der gleichen Anzahl Unterss. ohne Zusatz eines Kontaktlaxans verglichen. Die Dosierung betrug 7,5 mg Trockensubstanz oder 2 cm³ einer 1%ig. Lösung. Das Mittel ermöglicht eine verbesserte u. saubere Schleimhautdarst., das Cöcum entleert sich häufiger, die Untersuchungsdauer ist kürzer u. dadurch die Strahlenbelastung geringer. Einzige Nebenwrkg. war eine gewisse Irritation des Schleimhautreliefs, die jedoch bzgl. der diagnost. Beurteilung ohne Bedeutung ist. (Münchener med. Wschr. **100.** 910—11. 6/6. 1958. Bremen, Städt. Krankenanst., Zentralröntgeninst.) W. LAUER. 4601

Martin Herrmann und **Fauzi Rozeik,** *Zur Toxizitätsfrage des Fluors. Tierexperimentelle Studie.* Erhalten gerade geborene Ratten in der Kost 500 bzw. 1000 p.p.m. *NaF*, so kommt es durch diese hohen Fluordosen zu einer Verzögerung des Zahnens, zur Minderung der Härte des Zahnes, zur Verringerung des P-Geh. des Zahnes, zur Reduzierung des Aschegeh. der Knochen, zur Hyperämie in der Zahnpulpa, zur Hemmung des Wachstums des Nagezahnes u. zur Störung in der Knochenbruchteilung. Hohe Fluormengen bewirken also erhebliche Stoffwechselstörungen, bes. im Zahn u. Knochen. (Dtsch. zahnärztl. Z. **14.** 337—47. 15/2. 1959. Mainz, Univ., Caries-Forschungsinst.; Klinik u. Poliklinik für Zahn-, Mund- u. Kieferkrankheiten.) G. KIMMERLE. 4606

Louis Sokoloff, *Die Wirkung von Arzneimitteln auf den Gehirnkreislauf.* Übersicht. — 402 Literaturangaben. (Pharmacol. Rev. **11.** 1—85. März 1959. Bethesda, Md., US Dep. of Health, Educat. and Welfare.) K. PREUSS. 4607

R. I. Weksler, *Bestimmung des Dithizons im Blut von Tieren.* Defibriniertes Blut wird mit einer *Dithizon* (I)-Lsg. in 0,5% NH_4OH-Lsg. bei 37° versetzt. 2 ml des Gemisches werden mit 5 ml Chlf. 15 Min. geschüttelt u. im Scheidetrichter getrennt. Nach Auffüllung bis zur Marke mit Chlf. wird bei 619 mμ photometriert. Nach dieser Meth. wurde die I-Bindung im Organismus des Kaninchens nach intravenöser Zufuhr (Hervorrufung von Diabetes) nach 3—20 Min. untersucht. Es zeigte sich, daß bei Zufuhr von 40000 bis 56000 γ I schon nach 20 Min. im Körper nur noch 1,2—1,5 γ gefunden werden. Dies wird damit erklärt, daß im Organismus sehr rasch Metalldithizonate entstehen. (Биохимия [Biochemie] **24.** 42—45. Jan./Febr. 1959. Gorki, Med. Inst., Lehrstuhl für anorgan. u. analyt. Chemie.) O. LEBTAG. 4607

Siegfried Börngen, *Beitrag zur Frage der toxischen Wirkung verbrennenden Perlongewebes.* Verss. an Mäusen u. Meerschweinchen zeigten, daß die bei der Verbrennung von *Perlon* (I) entstehenden Dämpfe eingeatmet (Einwirkungszeit 10 Min.) oder als 10%ig. Lsg. in Polydiol (II) in die Haut eingerieben, nicht tox. wirken. Eine I-Schmelze auf die Haut aufgetropft oder als Lsg. eingerieben, war ebenfalls ungiftig. Dagegen wirkten 0,5 ml einer in II gelösten I-Schmelze intravenös bei Kaninchen u. die gleiche Menge intraperitoneal bei Meerschweinchen tödlich. (Dtsch. Gesundheitswes. **13.** 841—42. 3/7. 1958. Leipzig, Karl-Marx-Univ., Pharmakol. Inst.) W. LAUER. 4607

M. Hebbelinck, *Einfluß von Muskelarbeit auf den Stoffwechsel von radioaktiv markiertem Äthylalkohol bei Mäusen.* Durch Messung des abgegebenen $^{14}CO_2$ nach intraperitonealer Injektion von 0,15 ml $^{14}C_{(1)}$-*Äthylalkohol* konnte nachgewiesen werden, daß bei angestrengter muskulärer Tätigkeit (Laufrolle) der A.-Stoffwechsel bei Mäusen innerhalb der ersten 30 Min. fast n. bleibt, um dann allerdings die Norm um 8—9% zu übersteigen. (Arch. int. Pharmacodynam. Thérap. **119.** 495. 1/4. 1959. Ghent, Univ., Dep. of Pharmacol.) U. TAUSENDFREUND. 4607

W. Schoetensack und **G. Schreiber,** *Zur Physiologie und Pharmakologie der Veratraminerregung.* Veratrumalkaloide führen beim Tier zu Erregungserscheinungen, die in Abhängigkeit von der chem. Konst. der einzelnen Alkaloidgruppen charakterist. Unterschiede aufweisen. Beim Kaninchen lösen 0,25 mg *Veratramin* (I)/kg intravenös injiziert Tremor u. 1 mg/kg Krämpfe aus, 2 mg I/kg können schon tödlich wirken. Als tremor- bzw. krampferzeugende u. als tödliche Dosen wurden an Ratten nach intravenöser Injektion 0,46; 1,35 u. 7,05 mg/kg u. an der Maus 0,63; 1,0 u. 2,68 mg/kg ermittelt. Der Ablauf des I-Krampfes ist nicht mit dem nach Cardiazol-, Coramin- oder Strychningaben zu beobachtenden vergleichbar. Charakterist. für I sind eigenartige Rollkrämpfe. *5-Phenyl-5-äthyl-* u. *5-Methyl-5-cyclohexenylbarbitursäure, 5.5-Diphenyl-* u. *3-Methyl-5-phenyl-5-äthylhydantoin* u. *3.5.5-Trimethyloxazolidindion-(2.4)* konnten bei der Maus bis in den Bereich tödlicher Dosen den I-Krampf nicht u. den I-Tremor nur teilweise hemmen. *Carbaminsäure-1-äthinylcyclohexylester, 1-Bromäthinylcyclooctanol, Phenylacetylharnstoff* u. *Reserpin* heben den Krampf, nicht aber den Tremor auf, die demnach auf verschied. Mechanismen zu beruhen scheinen. *Myanesin* u. die Interneuronenblocker *Benzimidazol, 2-Aminobenzthiazol* u. *2-Amino-5-chlorbenzoxazol* unterdrücken bei Ratten u. Mäusen im Bereich paralyt. Dosen die I-Erregung vollständig. Diese Befunde lassen vermuten, daß I die Anteile des Hirnstamms aktiviert, die die Kontraktionsbereitschaft der Muskulatur — möglicherweise über die γ-Fasern — fördern. (Naunyn-Schmiedebergs Arch. exp. Pathol. Pharmakol. **232.** 335—37. 1957. Konstanz.) K. BÖHM. 4608

G. S. Christie, *Leberschädigung bei akuter Heliotrinvergiftung.* 1. Mitt. *Strukturelle Veränderungen.* Vf. injizierte Ratten 320 mg *Heliotrin*/kg intraperitoneal u. untersuchte die histolog. Veränderungen in der Leber. Schon nach 1 Std. treten Koagulationsnekrosen auf, die an Sitz u. Zahl zunehmen, u. um die 20. Std. herum sind die mittleren u. inneren Zonen der Lobuli nekrotisch. Das Zellplasma zeigt Schwellungen u. feine, fettige Vakuolenbldg., u. die Destruktion der Sinus bewirkt Hämorrhagien in die Nekrosen. Regeneration u. „Megalocytosis" wurden nicht beobachtet. (Austral. J. exp. Biol. med. Sci. **36.** 405—12. Okt. 1958. Melbourne, Univ., Dep. of Pathol.) K. BÖHM. 4608

G. S. Christie, *Leberschädigung bei akuter Heliotrinvergiftung.* 2. Mitt. *Biochemische Veränderungen.* (1. vgl. vorst. Ref.) Vf. injizierte Ratten 320 mg *Heliotrin*/kg intraperitoneal u. untersuchte einige biochem. Veränderungen. Das Lebergewicht, bezogen auf 100 g Körpergewicht, stieg nach einem initialen Abfall mit Maximum um die 10. Std. zunehmend an. Um die 16. Std. nach der Injektion kam es zu einem Verlust der Aktivität von DPN-abhängigen Atmungsenzymen u. zu Störungen des KREBS-Cyclus. Diese wurden durch „Mangel" an Mitochondriendiphosphopyridinnucleotid eingeleitet. Ausgedehnte histolog. Nekrosen folgten schnell. Succinoxydase- u. Cholinoxydaseaktivität u. anaerobe Glykolyse blieben in einem unerwartet hohen Ausmaß erhalten, obwohl histolog. die Nekrose schon weit fortgeschritten war. (Austral. J. exp. Biol. med. Sci. **36.** 413—23. Okt. 1958. Melbourne, Univ., Dep. of Pathol.) K. BÖHM. 4608

Theodor Wieland und **Otto Wieland,** *Chemie und Toxikologie der Toxine von Amanita Phalloides.* Übersicht über Isolierung u. Struktur der tox. Bestandteile von Amanita Phalloides sowie deren Toxizität. — 93 Literaturangaben. (Pharmacol. Rev. **11.** 87—107. März 1959. Frankfurt/M., Univ., Abt. für Organ. Chem.; München, Univ., II. Med. Klinik.) K. PREUSS. 4608

Hideo Nishimura und **Kazuo Nakai,** *Entwicklungsanomalien bei Sprößlingen trächtiger, mit Nicotin behandelter Mäuse.* Durch subcutane oder intraperitoneale Injektion von 0,025 mg *Nicotin* (in 0,1% ig. wss. Lsg.)/g kann bei graviden Mäusen in gewissem %-Satz eine letale, in den übrigen Fällen eine verstümmelnde Wrkg. auf die Foeten ausgeübt werden. Der Tod der Frucht tritt meist bald nach der Injektion ein, die Mißbildungen betreffen vorwiegend des Skelettsyst. u. die Gelenke bei allg. retardierter Osteogenese; es kann auch zu Teratombildungen kommen. Die höchste Frequenz für solche Schädigungen ist nach Injektionen zwischen dem 7. u. 12. Tag festzustellen. Die Placenta erweist sich als normal. (Science [Washington] **127.** 877—78. 18/4. 1958. Kyoto, Univ., Dep. of Anatomy.) U. TAUSENDFREUND. 4608

M. Schoog, *Zur Resorption und Ausscheidung von Sulfamethoxypyridazin.* Nach oraler Verabreichung von 1 g *Sulfa-6-methoxypyridazin* (*Lederkyn*; I) kommt es zu einem freien Sulfonamidblutspiegel von 6,5 mg% u. einem nur allmählichen Absinken innerhalb 24 Std. auf 4,3 mg%, was einem nur 34% ig. Abfall entspricht. Die Acetylwerte im Blut betragen ca. 10%. Die Ausscheidung im Urin macht nach 24 Std. erst ca. 15% aus, wovon 40% acetyliert vorliegen, was auf die hohe Nierenclearance der Acetylfraktion zurückzuführen ist. (Arzneimittel-Forsch. **8.** 197—99. April 1958. Köln, Univ., Hautklinik.) U. TAUSENDFREUND. 4610

Ernest Paulini, Rostan R. Soares und **José Pedro Pereira,** *Die Konzentration und Ausscheidung von Chlorochin in Organflüssigkeiten von Patienten unter Chlorochinsalzbehandlung. Chlorochin* ist im Urin von Patienten, die es als Salz erhalten haben, nach

1—6 Tagen nachweisbar. Seine Konz. ist im Nüchternurin am größten, zeigt aber starke individuelle u. Tagesschwankungen. Bei niedrigen Dosen (20 mg/Tag) ist der täglich ausgeschiedene Anteil größer als bei hohen Dosen (45 mg/Tag). 7 Tage nach dem Absetzen ist noch ein Nachw. möglich. (Rev. Quím. Farmác. Rio de Janeiro **22.** Nr. 2. 19—30. Febr. 1957.) R. K. MÜLLER. 4610

Rostan Soares, Ernest Paulini, José Pedro Pereira und **Raymundo Mendes Soares,** *Konzentration und Ausscheidung von Chlorochin über den Placentakreislauf und in der Muttermilch von Patienten unter Chlorochinsalzbehandlung.* Bei Verabreichung von *Chlorochinsalz* an Schwangere ist die Konz. im Nabelschnurblut meist derjenigen im Blut der Mutter gleich, teilweise auch geringer (11 : 4). In der Muttermilch ist Chlorochin meist nicht nachweisbar (256 von 273 Fällen). Die Anwendung zur Malariaprophylaxe ist demnach auch bei Schwangeren möglich. (Rev. Quím. Farmác. [Rio de Janeiro] **22.** Nr. 2. 33—39. Febr. 1957.) R. K. MÜLLER. 4610

R. P. Weltman, *Benzthiazolderivate mit möglicher antituberkulöser Aktivität.* Aus 2-Aminothiazolen wurden mit Phenylisothiocyanat (I) *2-Phenylthiocarbamidobenzthiazole,* aus 2-Chlorbenzthiazolen mit Hydrazin *2-Hydrazinobenzthiazole* dargestellt. Speziell *4-Methyl-2-phenylthiocarbamido-, 4-* u. *6-Methyl-* u. *5-Methoxy-2-hydrazinobenzthiazol* besitzen eine starke bakteriostat. Aktivität gegenüber tuberkulösen Mikrobakterien.

V e r s u c h e: *2-Phenylthiocarbamidobenzthiazol,* F. 197°, aus I u. 2-Aminothiazol in Methanol; 21% (Ausbeute). — *4-Methyl-*, $C_{15}H_{13}N_3S_2$, F. 195°, man kocht 1 g 4-Methyl-2-aminobenzthiazol in 3 ml Methanol 3 Std.; 20%. — *5-Methyl-*, $C_{15}H_{13}N_3S_2$, F. 199° (Zers., aus A. oder W.-Aceton), aus 2-Amino-5-methylbenzthiazol u. I durch 3 Std. Kochen in Chlorbenzol; 66% (roh). — *6-Methyl-*, $C_{15}H_{13}N_3S_2$, F. 204—206°, aus 2-Amino-6-methylbenzthiazol u. I in Methanol; 11%. — *7-Methyl-*, $C_{15}H_{13}N_3S_2$, F. 182°, aus 2-Amino-7-methylbenzthiazol u. I in Chlorbenzol auf dem sd. Wasserbad; aus viel Methanol Körnchen; 33%. — *6-Methoxy-*, $C_{15}H_{13}N_3OS_2$, F. 190°, aus 2-Amino-6-methoxybenzthiazol u. I in Methanol; 21%. — *6-Brom-*, $C_{14}H_{10}BrN_3S_2$, F. 227° (Zers.), aus 2-Amino-6-brombenzthiazol u. I in Methanol; feine Nadeln; 5%. — 2 - C h l o r b e n z - t h i a z o l e: Entsprechende 2-Aminobenzthiazole wurden diazotiert, die Diazoniumsalzlsg. wurde in CuCl + konz. HCl gegossen u. das Reaktionsprod. mit Dampf dest. oder mit Chlf. extrahiert. *4-Methyl-* (II), F. 42—43°; 8%. — *6-Methyl-* (III), F. 47—49°; 9%. — *7-Methyl-* (IV), F. 0—2°; 11%. — *5-Methoxy-* (V), F. 48—50°; 12%. — *6-Methoxy-*, F. 52—54°; 8%. — 2 - H y d r a z i n o b e n z t h i a z o l e: *4-Methyl-*, $C_8H_9N_3S$, F. 168—169°, aus 0,9 g II u. 8 ml Hydrazinhydrat 1 Std. in 10 ml A. durch 1 std. Kochen; aus A. Plättchen; 61%. — *6-Methyl-*, $C_8H_9N_3S$, F. 214° (Zers.); wie vorst. aus **III**; Nadeln; 77%. — *7-Methyl-*, $C_8H_9N_3S$, F. 181° (Zers.), aus **IV**; aus A. Nadeln; 80%. — *5-Methoxy-*, $C_8H_9N_3OS$, F. 206° (Zers.), aus **V**; aus A. Körner; 38%. (Украинский Химический Журнал [Ukrain. chem. J.] **24.** 351—53. 1958. Ukrain. Wiss. Janowski-Forsch.-Inst. für Tuberkulose.) HELMUT SCHÄFER. 4610

Michel Brous, *Eine Methode zur Bestimmung freier und acetylierter Sulfonamide oder von p-Aminosalicylsäure im Urin.* EHRLICHs Aldehydreagens (I) reagiert mit *Sulfonamiden* (II) in hoher Verdünnung unter Bldg. einer leuchtendgelben Färbung. Es reagiert aber nicht mit der acetylierten Fraktion, die erst nach Hydrolyse mit 4n HCl reaktionsfähig wird. Auch *Na-p-Aminosalicylat* (PAS) reagiert ähnlich. Meth.: Zu 2 ml Urin werden 5 ml 4n HCl zugegeben, mit dest. W. auf 50 ml verd., durchgeschüttelt u. weitere 50 ml W. zugefügt. Zu 10 ml dieses Gemisches werden 0,3 ml I zugesetzt. Die entstehende gelbe Färbung wird bei 460 mμ colorimetriert u. gibt den Betrag an freier II oder PAS an. Zur Best. der Gesamt-II oder PAS-Ausscheidung erhitzt man 10 ml des Gemisches 1 Std. im Wasserbad, ergänzt mit dest. W. u. läßt abkühlen. Zugabe von 0,3 ml I u. Ablesen der Konz. der Gesamt-II oder PAS bei gleicher Wellenlänge wie oben. Bei der benutzten Verdünnung reagiert I nicht mit Urobilinogen. (Amer. J. clin. Pathol. **26.** 552. Mai 1956. Adelaide, South Australia.) K. BÖHM. 4610

A. Balogh und **H. O. Suess,** *Chemotherapie der Lungentuberkulose mit p-Aminosalol (Tebanyl-Leo). p-Aminosalol (Tebanyl-Leo,* LEO PHARMAC. PROD., Kopenhagen, I) wurde klin. an 85 Tuberkulosekranken untersucht. Es war z. T. besser verträglich als p-Aminosalicylsäure. (Wiener med. Wschr. **108.** 499—501. 14/6. 1958. Wien-Lainz, Krankenhaus, Abt. für Tuberkulose u. Lungenkrankheiten.) W. LAUER. 4610

G. Zbinden, H. Besendorf und **A. Pletscher,** *Über die Bedeutung des endogenen 5-Hydroxytryptamin für die pharmakologische Wirkung von Iproniazid auf Magen und Darm.* Bei Ratten verursacht eine intraperitoneale Injektion von 100 mg *Iproniazid* (N^2-*Isopropylisonicotinsäurehydrazid, Marsilid,* I)/kg eine ca. 24 Std. dauernde Obstipation. I hemmt den bei verschied. Tierarten durch große Dosen *Reserpin* bewirkten Durchfall u. die Hypersekretion des Magens. Die laxative Wrkg. von *$MgSO_4$* wird durch I bei Ratten nicht gehemmt, wohl aber der durch *Diacetyldiphenolisatin* (*Isacen*) bedingte

Durchfall. Es wird geschlossen, daß die pharmakol. Wrkgg. von Reserpin u. I auf die Darmmotilität möglicherweise durch Beeinflussung des *5-Hydroxytryptamin-* (*Serotonin-*) Stoffwechsels zustande kommen. Die Wrkgg. auf die Hypersekretion scheinen dagegen eher über Störungen des Histaminstoffwechsels zu entstehen. — 38 Literaturangaben. (Gastroenterologia [Basel] **90.** 382—92. 1958. Basel, Hoffmann-La Roche u. Co., Abt. für exp. Med.) G. KIMMERLE. 4610

A. Moiraghi-Ruggenini, *Antibiotische Aktivität eines neuen Dihydrostreptomycinsalzes* (*Dihydrostreptomycin–Diphenylazonaphthylaminosulfonat*) *in vitro und in vivo.* Die antibiot. Wirksamkeiten von *Dihydrostreptomycinsulfat* (I) u. dem alkal. lösl. *Dihydrostreptomycin–Diphenylazonaphthylaminosulfonat* (II) wurden in Röhrchenverdünnungstesten an 15 darmpathogenen Keimen verglichen. Bezogen auf die reine Streptomycinbase wurde höhere Aktivität von II gegen *Staph. aureus Oxford ISM, Staph. aureus, Salmonella parathyphi A* u. *Eberthella typhi* gefunden. Wirkungsgleich waren I u. II bei *Escherichia coli 36,* 2 Stämme *Eberthella typhi, Salmonella paratyphi B, Shigella dysenteriae ISM* u. *Brucella melitensis ISM.* Bei *Streptococcus faecalis M 19 PCI, Staphylococcus GT Sclavo* (enterotox. ?), *Proteus vulgaris LP, Salmonella Paratyphi B* u. *Shigella paradysenteriae* war I dem II überlegen. Über mehrere Tage laufende qualitative u. quantitative Keimbestimmungen im Kot einheitlich ernährter Meerschweinchen, die anfangs in Intervallen von 10—12 Std. 4 orale Gaben von jeweils 100 mg I bzw. II/kg erhielten, zeigten eine gewisse Überlegenheit von II bei den Aerobiern, Anaerobiern u. den Bacteriaceen. Bei *Str. faecalis,* Hefen u. aeroben u. anaeroben Sporenbildnern scheint I höher wirksam zu sein. Die gute Wrkg. von II wird durch einen Synergismus seiner Komponente, aber auch durch die Molekülgröße erklärt, die eine Darmresorption verhindert u. die Adsorption an die Mucosa begünstigt. (Giorn. Batteriol. Immunol. **48.** 11—18. Mai/Juni 1955. Turin, Univ., Ist. di Igiene e Microbiol.) E. SPEYER. 4611

T. Laursen und **B. Borup Svendsen,** *Glutaminsäure–Brenztraubensäure-Transaminase im Serum während Chlorpromazinbelastung.* Nachweis erhöhter *Glutaminsäure-Brenztraubensäure-Transaminase* (I)-Aktivität während Behandlung mit *Chlorpromazin* (II) braucht nicht zur Absetzung von II zu führen, da die I-Aktivität ein zu empfindlicher Gradmesser zu sein scheint, um auf eine bevorstehende Leberschädigung hinzuweisen; es kommt bei Patienten mit erhöhter I-Aktivität nur selten zu einem Icterus. (Dan. med. Bull. **6.** 38—42. März 1959. Beilage zu: Ugeskr. Laeger. Kopenhagen, Univ., Rigshosp., Dep. of Clin. Chem. and Psychiatry.) U. TAUSENDFREUND. 4620

Otto Nieschulz, Irmgard Hoffmann und **Kurt Popendiker,** *Pharmakologische Untersuchungen über N-Methylpiperazinyl-N'-propylphenothiazin. N-Methylpiperazinyl-N'-propylphenothiazin* (*P 725*; I) wirkt hemmend auf das parasympath. u. (stärker noch) auf das sympath. Nervensystem. Es kommt durch I zu Blutdrucksenkungen. I wirkt spasmolyt. u. antihistamin.; die Serotoninwrkg. an isolierten Organen wird nur kurzfristig beeinflußt. I besitzt mäßige lokalanästhet. Eigg. u. verlängert die Leitungs- u. Periduralanästhesie nach Procain. Narkot. Effekte werden verlängert, die analget. Wrkg. von Morphin (II) wird nicht beeinflußt. Abgeschwächt wird die erhöhte Motilität von Mäusen nach II, die erregende Wrkg. von Nicotin sowie audiogene Krämpfe; die Krampfschwelle für Pentamethylentetrazol wird erniedrigt. Die n. Reaktionsfähigkeit bleibt erhalten, der Stoffwechsel ist unverändert. Die meist unter I-Einw. auftretende Indifferenz läßt sich leicht durchbrechen. Bedingte Rkk. lassen sich durch I nicht beeinflussen, emotionelle Rkk. lassen sich abschwächen. (Arzneimittel-Forsch. **8.** 199—210. April 1958. Hamburg, Promonta GmbH, Pharmakol. Abt.) U. TAUSENDFREUND. 4620

E. Arrigoni-Martelli und **M. Kramer,** *Pharmakologische Prüfung eines neuen Phenothiazinderivates, Perphenazin.* Die DL_{50} von *Perphenazin* (I) ist bei oraler oder intravenöser Anwendung an Ratten 2—3mal größer als die von *Chlorpromazin* (II) u. 3—4mal größer als die von *Promazin* (III). Eine 50% ig. Hemmung bedingter Reflexe an Ratten ist bereits durch 0,250 mg I/kg möglich gegenüber 2,5 mg II/kg. Eine 50% ig. Verringerung der Spontanmotilität von Mäusen kann durch 0,15 mg I/kg gegenüber 1,9 mg II/kg u. 4,4 mg III/kg erzielt werden. Bei Verlängerung der narkot. Wrkg. von Evipan u. Pentothal bei Ratten u. Mäusen sind I u. II (mit je 4 mg/kg) gleich wirksam. Krampfhemmung ist weder durch I noch II möglich. Auf den Blutdruck u. an der Nickhaut von Katzen wirkt I stark adrenolyt., ohne die pressor. Wrkg. von Noradrenalin zu beeinflussen. Auch die Nickhautkontraktionen nach prä- u. postganglionärer elektr. Reizung werden durch I abgeschwächt, der Vagusreizeffekt bleibt jedoch unverändert. Es wird deshalb angenommen, daß I am intakten Organismus keine gangliopleg. Eigg. besitzt. Die sonstigen pharmakol. Eigg. von I ähneln denen von II, lediglich seine blutdrucksenkende Wrkg. ist geringer. (Arch. int. Pharmacodynam. Thérap. **119.** 311—33. 1/4. 1959. Mailand, Schering Prod., Labor. Farmacol. della Soc. Italiana.)
U. TAUSENDFREUND. 4620

B. Kovitz, J. T. Carter und **W. P. Addison,** *Ein Vergleich von Chlorpromazin und Reserpin bei chronischer Psychose.* Bei schwerer chron. Schizophrenie wurde durch Behandlung mit Reserpin (I), Chlorpromazin (II) bzw. Placebos (indifferentes Mittel) in 53, 58 bzw. 24% ähnlicher Fälle eine Besserung erzielt. Elektroschocktherapie ist wirksam mit I oder II kombinierbar. (A. M. A. Arch. Neurol. Psychiatry **74.** 467—71. Nov. 1955. Columbus, Ohio, State Hosp.) K. MAIER. 4620

Richard C. Cowden, Melvin Zax und **J. A. Sproles,** *Reserpin. Allein und kombiniert mit Psychotherapie in der Schizophreniebehandlung.* Vergleichende Unterss. an schweren Fällen chron. Schizophrenie, die a) mit Reserpin (I) u. psychotherapeut., b) mit einem Placebo (indifferentes Mittel) u. psychotherapeut bzw. c) mit I behandelt wurden, wobei eine weitere Gruppe als Kontrolle diente, ergaben nach 6 Monaten bei psycholog. Tests keine signifikante Besserung, jedoch eine deutliche bei der Verhaltensprüfung. (A. M. A. Arch. Neurol. Psychiatry **74.** 518—22. Nov. 1955. Gulfport, Miss.) K. MAIER. 4620

A. Shulman und **E. R. Trethewie,** *Die Wirkung von Amiphenazol auf Atmung und Blutdruck der hirnlosen Katze.* Die Atmung der anästhesierten hirnlosen Katze wird durch intravenöse Injektion von 2—15 mg *Amiphenazol* (*2.4-Diamino-5-phenylthiazol*; I)/kg erhöht, wobei der blutdrucksenkende Effekt nicht für Zunahme verantwortlich ist. Die Stimulierung durch I ist größer als die von *Nikethamid* bewirkte u. tritt auch bei aussetzender Atmung ein. Die Injektion größerer I-Dosen ist mit einer allg. Zunahme der Muskelaktivität verbunden. Die I-Wrkg. verläuft anscheinend nicht über die höhere Rindentätigkeit, sondern möglicherweise wenigstens teilweise über eine periphere Beeinflussung an der Atmung beteiligter Muskeln. (Austral. J. exp. Biol. med. Sci. **34.** 315—22. Okt. 1956. Melbourne, Univ., Dep. of Physiol.) K. MAIER. 4622

F. N. Fastier und **M. A. McDowall,** *Analgetische Wirksamkeit von 4-Methyl-2-aminopyridin und einiger verwandter Verbindungen. 4-Methyl-2-aminopyridin* (*W-45*; I) besitzt bei Mäusen in verschied. Testen gute analget. Wirksamkeit, die ca. $^1/_{10}$ der des Morphins vergleichbar ist. I wirkt auch leicht lokalanästhetisch. *4-Aminopyridin* ist wirksamer als I, *2-Aminopyridin, 3-Aminopyridin, 3-Methyl-2-aminopyridin, 5-Methyl-2-aminopyridin, 6-Methyl-2-aminopyridin* u. *Dimethyl-2-aminopyridin* sind weniger wirksam als I. Die Kreislauf-Wrkgg. von I ähneln denen von *2-Aminopyridin.* (Austral. J. exp. Biol. med. Sci. **36.** 491—98. Okt. 1958. Dunedin, New Zealand, Otago Univ., Dep. of Med.) K. BÖHM. 4627

A. H. Beckett und **A. F. Casy,** *Neuere Entwicklungen bei pethidinähnlichen Analgetica.* Es wird ein Überblick über die Synthesewege zur Herst. von 73 Analgeticis vom Typ des Pethidin gegeben. Zusammenhänge zwischen Konst. u. Wrkg. werden diskutiert. — 73 Literaturangaben. (Bull. on Narcotics **9.** Nr. 4. 37—54. Okt./Dez. 1957. London, Chelsea Coll. of Sci. and Technol., School of Pharmacy.) E. CARSTENS. 4627

Robert Kalvoda und **Jaroslav Zyka,** *Die Anwendung der oscillographischen Polarographie bei der Bestimmung von Narcoticis.* Die von den Vff. erprobte oscillograph.-polarograph. Meth. (vgl. C. **1956.** 12629 u. C. **1958** 12488) erlaubt eine Best. der Alkaloide, bes. von Morphin u. Cocain, in wenigen Sekunden. (Bull. on Narcotics **9.** Nr. 2. 41—45. April/Juni 1957. Prag, Inst. für Polarographie der tschechoslovak. Akad. der Wiss.; Karls-Univ., Inst. für analyt. Chem.) F. v. GIZYCKI. 4627

Harold P. Cohen, Maynard M. Cohen, Sping Lin und **A. B. Baker,** *Die Gewebekonzentrationen von Trichloräthylen nach akuter oder chronischer Verabreichung.* Es wird die Konz. von *Trichloräthylen* nach akuter, chron.-akuter u. chron. Gabe von *Trichloräthylen* (I) in Nebenniere, Blut, Gehirn, Fett, Herz, Niere, Leber, Lunge, Muskel, Pankreas, Rückenmark, Liquor, Milz u. Schilddrüse bestimmt. (Anesthesiology **19.** 188—96. März/April 1958. Minneapolis, Minn., Univ. of Minnesota, Med. School, Div. of Neurol.) E. CARSTENS. 4627

Harry W. Linde, *Die Bestimmung von Äthylvinyläther* (*Vinamar*) *im Blut. Vinamar,* ein Gemisch aus 97% *Äthylvinyläther* (I), 3% A. u. 0,01% *N-Phenyl-1-naphthylamin,* wird dadurch bestimmt, daß man I unter Stickstoff mit Wasserdampf dest. u. im Destillat I in Ggw. von A. mit Jod zum Jodacetaldehydmethyläthylacetal umsetzt. Der Überschuß an Jod wird zurücktitriert. (Anesthesiology **19.** 254—57. März/April 1958. Murray Hill, N. J., Ohio Chemical and Surgical Equipment Co.) E. CARSTENS. 4627

John W. Severinghaus und **Stuart C. Cullen,** *Die Verschlechterung der Herzmuskeltätigkeit und die Herabsetzung des Sauerstoffverbrauches des Körpers nach Fluothane.* Nach Verabreichung von 1,5% *Fluothane* (*α.α.α-Trifluor-β-chlor-β-bromäthan,* AYERST LABORS., New York) in 75% Lachgas fiel der arterielle Druck um 25%, das Herzminutenvol. um 31% u. das Schlagvol. um 35%. Der periphere Widerstand stieg um 18% u. der Sauerstoffverbrauch sank um 15—20%. Atropin hob die Erscheinungen teilweise auf. (Anesthesiology **19.** 165—77. März/April 1958. Iowa, State Univ., Coll. of Med., Dep. of Surg., Div. of Anesthesiol.) E. CARSTENS. 4627

C. R. Stephen, John H. Lawrence, L. W. Fabian, M. Bourgeois-Gavardin, S. Dent und **D. C. Grosskreutz,** *Klinische Erfahrungen mit Fluothane. — 1400 Fälle. Fluothane* (AYERST LABORS, New York) erwies sich als ein stark wirksames, nichtexplosives Anästheticum, das das Atemvol. herabsetzt u. bei der Einleitung der Narkose zu Blutdrucksenkungen führt. Für eine sichere Narkose ist eine sehr genaue Dosierung notwendig. Es sind weitere experimentelle u. klin. Arbeiten notwendig. (Anesthesiology **19.** 197—207. März/April 1958. Durham, N. C., Duke Univ., Med. Center, Div. of Anesth.) E. CARSTENS. 4627

G. H. F. Seiflow, *Die Nichtentflammbarkeit von Fluothane. Halothane* (*Fluothane*; I)-Sauerstoff-Gemische mit 0,1—100% I sind nicht entflammbar, ebenso nicht Gemische von I mit Sauerstoff-Lachgas (50 : 50) bei einer Konz. von 0,1—10% I. (Brit. J. Anaesthesia **29.** 438—39. Okt. 1957. Imperial Chem. Ind. Ltd., General Chem. Div., Res. Dep.) E. CARSTENS. 4627

C. A. Cravetto und **M. P. Marini,** *Verhalten des in der Schilddrüse enthaltenen Thyroxins während einer Pentothalmedikation.* Die Verss. wurden an Hunden durchgeführt; nach Verabreichung von *Pentothal* (I) wurde 15, 30 u. 60 Min. später der *Thyroxin* (II)-Geh. der Threoidea bestimmt. Während in der Hypnose keine Veränderung beobachtet werden konnte, wurde in der Narkose bei 2 von 5 Tieren eine deutliche Zunahme des II-Geh. festgestellt. Während der Hypnose bleibt daher die II-Synth. u. die Hormonausschüttung unbeeinflußt, während in der Narkose offensichtlich die Jodproteinsynth. durch I gefördert wird. (Arch. Scienze med. **106.** 623—31. Nov. 1958. Torino, Univ., Ist. di Clin. Med. Gen. e Terapia Med.) H. P. FIEDLER. 4627

J. D. Abernethy und **F. N. Fastier,** *Wirkungen von Amarin, 4-Methyl-2-aminopyridin (W-45), Tetraäthylharnstoff und Bemegrid auf Mäuse, die toxische Dosen von Pentobarbitalnatrium erhalten hatten.* Die Überlebensrate von Mäusen, die ungefähr die DL_{50} an *Pentobarbitalnatrium* (I) erhalten hatten, wurde durch subcutane oder intraperitoneale Gaben von *Bemegrid* (*β-Äthyl-β-methylglutarimid*; II) wesentlich erhöht, wenn 100 mg II/kg 10—20 Min. nach der I-Gabe verabfolgt wurden. *Amarin* (III; 25, 50, 75 mg/kg), *Tetraäthylharnstoff* (IV; 100, 150, 200 mg/kg) oder *4-Methyl-2-aminopyridin* (V; 50, 70, 100, 150 mg/kg) waren ohne Einfl. auf die Wrkg. der I-Gabe. Die Überlebensrate von Ratten, die ungefähr eine DL_{80} von I erhalten hatten, wurde durch 50—75 mg III/kg mehr als verdoppelt. III, IV u. V können in ihren Wrkgg. aber nicht an II heranreichen. (Austral. J. exp. Biol. med. Sci. **36.** 487—89. Okt. 1958. Dunedin, New Zealand, Orago Univ., Dep. of Med.) K. BÖHM. 4627

E. F. O'Riordan und **A. D. Breward,** *Ein Vergleich der Barbituratantagonisten bei der Thiopentonnarkose. Megimid* (*β-Äthyl-β-methylglutarimid*) u. 50—100 mg *Megimid* + 15 mg *Daptazol* (*2.4-Diamino-5-phenylthiazol*) erwiesen sich in 30 Fällen als der beste Antagonist gegenüber *Thiopenton.* 5 Fälle wurden mit Pikrotoxin, 10 mit Nikethamide behandelt u. 10 blieben zum Vgl. unbehandelt. (Anesthesia Analgesia, current Res. **37.** 126—29. Mai/Juni 1958. Boston, Mass., Boston City Hosp.) E. CARSTENS. 4627

G. Endres, *Klinische Erfahrungen mit den Narkosebarbituraten des VEB Chemische Fabrik v. Heyden, Radebeul.* Es werden klin. Erfahrungen mit den Narkosemitteln (Barbiturate) *Basinarcon, Hexobarbital* u. *Brevinarcon* (VEB CHEMISCHE WERKE RADEBEUL) mitgeteilt. (Dtsch. Gesundheitswes. **12.** 501—05. 18/4. 1957. Erfurt, Med. Akad., Chirurg. Klinik.) E. CARSTENS. 4627

Bernard R. Margolius und **Edith R. Kepes,** *Meperidine-Levallorphan in der Narkose. Untersuchungen über den Wert solcher Mischungen in Verbindung mit der Lachgas-Sauerstoff-Thiopental-Narkose.* Je 100 Patienten erhielten neben der Thiopental-Lachgas-Narkose einer Dauerinfusion von 100 : 1, 100 : 1,5, 100 : 2 *Meperidin* (I)-*Levallorphantartrat* (*Lorfan*) oder I allein. Es ergab sich eine signifikante Verringerung der Atemdepression durch Levallorphan, ohne daß dabei das Mischungsverhältnis von Bedeutung war. (Amer. J. Surgery **95.** 787—92. Mai 1958. New York, N. Y., Montefiere Hosp., Dep. of Anesthesiol.) E. CARSTENS. 4627

W. H. Hughes und **H. C. Stewart,** *Antimikrobielle Wirkung von einigen Lokalanästheticis.* Während *Procain* u. *Lignocain* keine baktericide u. fungicide Wrkg. zeigten, war eine solche bei *Amethocain* u. *Amylocain* vorhanden. (J. Pharmacy Pharmacol. **9.** 431. Juni 1957. London, St. Mary's Hosp. Med. School, Dep. of Bacteriol. and Pharmacol.) E. CARSTENS. 4627

H. Remmer, *Der Einfluß von Steroidhormonen auf den Abbau von Evipan bei der Ratte.* In vitro oxydieren Leberschnitte von ♂ Ratten *Evipan* (I) doppelt so schnell wie solche von ♀ Ratten. Erhielten ♀ Ratten 1 mg *Cortison* (II)/kg, so wurde schon nach 3 Tagen Vorbehandlung die Dauer der I-Narkose auf die Hälfte verringert. In in vitro-

Verss. wurde der Abbau von I durch 1 mg *Prednisolon* (III)/kg signifikant um 56% gesteigert. Die Nebennierenrindenhormone sind bei der Ratte offensichtlich viel wirksamer als Testosteron. Wurde 7 Tage nach der Adrenalektomie bei ♂ Ratten die Fähigkeit der Leber geprüft, I in vitro abzubauen, so war die Oxydation schlechter als bei Leberschnitten von Kontrollratten. Erhielten adrenalektomierte Ratten II oder III zur Substitution, so bauten sie I noch schneller ab als die n. ♂ Ratten. Die fördernde Wrkg. der Steroidhormone erstreckt sich nicht nur auf den oxydativen Abbau von I, sondern auch auf die Demethylierung von Dolantin. (Naunyn-Schmiedebergs Arch. exp. Pathol. Pharmakol. **232**. 268—69. 1957. Berlin-Dahlem.) K. BÖHM. 4627

Gerhard Hohmann, *Analysen von Kreislauf und Atmung bei der Einleitung von Narkosen mit Hydroxydion (Dihydrodesoxycorticosteronhemisuccinatnatrium).* Die Anregung der Blutzirkulation nach *Hydroxydion* (*Presuren*; SCHERING, Berlin) wird von einem vorübergehenden systol. Blutdruckabfall abgelöst. Parallel dazu geht eine Stimulation der Atmung, der eine Depression folgt. (Anaesthesist **7**. 15—18. Jan. 1958. Berlin-Neukölln, Städt. Krankenhaus.) E. CARSTENS. 4627

H. S. Bedson, *Coma durch Meprobamatintoxikation. Bericht über einen Fall, der durch chemischen Nachweis bestätigt wurde.* Nach Einnahme von *Meprobamat* (I) konnte ein subcomatöser Zustand mit Dilatation der Hautgefäße, Hypotension u. verringerter Harnausscheidung festgestellt werden. Mit der gering abgewandelten Nachweismeth. für I in Körper-Fll. von AGRANOFF u. Mitarbeitern (C. **1959**. 9993) konnte durch Analyse von Mageninhalt, Blut u. Urin eine I-Überdosierung als wahrscheinlichste Ursache für diesen Zustand nachgewiesen werden. (Lancet 288—90. 7/2. **1959** (I). London, London Hosp., Med. Unit.) U. TAUSENDFREUND. 4627

Harold L. Engel, Samuel I. Joseph und **J. S. Denson,** *Die Wirkung von Tensilon auf die verlängerte Apnoe nach der Anwendung von Succinylcholin. Tensilon (Edrophoniumhydrochlorid, 3-Hydroxyphenyldimethyläthylammoniumchlorid,* HOFFMANN-LA ROCHE, INC.) verkürzte bei 50 Fällen signifikant die Zeit zwischen der ersten Atembewegung u. einer hinreichenden Atmung nach einer Atemlähmung (AL), die absichtlich durch Dauerinfusion von ca. 500 mg *Succinylcholin* (I) während einer Narkose hervorgerufen worden war. In 30 Fällen von unbeabsichtiger AL wurde ebenfalls die Wirkungsdauer von I bis auf 3 Fälle verkürzt. In einem Falle trat Verlängerung auf. Es wird angenommen, daß I sowohl durch Depolarisierung als auch durch Blockierung (Curaretyp) wirken kann. (Anesthesia Analgesia, current Res. **37**. 87—90. Mai/Juni 1958. Los Angeles, Calif., County Hosp.) E. CARSTENS. 4628

M. Fóti und **L. Friedrich,** *Vergleichende pharmakodynamische, gastroskopische und Röntgenuntersuchungen mit Tris.* Vom Ganglienblocker *Tris-[β-dimethylaminoäthyl]-amin-tris-hydrochlorid* (*Tris*) wurden bei Personen 1 cm³ einer 5% ig. Lsg. intramuskulär injiziert u. dessen Wrkg. auf den Verdauungskanal radiolog. u. gastroskop. untersucht. Tris wirkt nach 15 Min. bis zu 2—3 Std., setzt den Magentonus herab u. löst die funktionellen Spasmen des Verdauungskanals. Tris eignet sich zur Differentialdiagnose von organ. u. funktionellen Veränderungen im Verdauungskanal. (Gastroenterologia [Basel] **90**. 101—09. 1958. Budapest, Korányi-Krankenhaus, röntgenolog. u. II. internist. Abt.) G. KIMMERLE. 4628

Lewis J. Doshay und **Kate Constable,** *Behandlung der Paralysis agitans mit Orphenadrine (Disipal-)Hydrochlorid. Orphenadrinehydrochlorid ([β-Dimethylaminoäthyl]-2-methylbenzhydrylätherhydrochlorid, Disipal,* RIKER LABOR. INC., I) wurde in einer Tagesdosis von 150 mg an 176 Patienten mit Paralysis agitans (PARKINSON) oral gegeben. Bei 98 Patienten war der therapeut. Erfolg gut. Es verschwanden meist Sialorrhoe, Diaphoresis, Oculogyrie, Blepharaspasmus, Rigidität u. Tremor. Bei Patienten mit starkem Tremor war I weniger wirksam. Die Besserungen waren bei den Postencephalitikern häufiger als bei den idiopath. u. arteriosklerot. Gruppen. (J. Amer. med. Assoc. **163**. 1352—57. 13/4. 1957. New York, N. Y., Presbyterian Hosp., Neurolog. Inst.; Columbia Univ., Coll. of Phys. and Surg., Dep. of Neurol.) G. KIMMERLE. 4628

Desmond S. O'Doherty und **Charles D. Shields,** *Methocarbamol. Neues Agens bei der Behandlung von neurologischen und neuromuskulären Erkrankungen. Methocarbamol* (I; *Robaxin*; *3-[o-Methoxyphenoxy]-2-hydroxypropyl-(1)-carbamat*; A. H. ROBINS COMP., INC., Richmond, Va.) wurde von Vff. an 70 Patienten mit Sklerosen, Rückenmarksverletzungen, erblichen degenerativen Nervenveränderungen, PARKINSONscher Krankheit, Muskelspasmen bei Poliomyelitis, Fibromyositis u. Bandscheibenschäden sowie mit akuten Muskelspasmen erprobt. Bei täglichen oralen Gaben von 1—4 g wurden akute Muskelspasmen zu 100% behoben. Die auf Nervendegeneration beruhenden Leiden wurden durch Beseitigung der Muskelhyperaktivität u. der Muskelkontraktionen sowie durch Normalisierung der Tenogramme subjektiv gebessert. Die n. Nervenreflexe blieben während der Anwendung von I erhalten. (J. Amer. med. Assoc. **167.** 160—63. 10/5. 1958. Washington, D. C.) K. ZOPFF. 4628

John C. Kranzt, Augusto Esquibel, Edward B. Truitt jr., Alfred S. C. Ling und **Albert A. Kurland,** *Hexafluordiäthyläther (Indoklon), ein inhalierbares Convulsivum. Seine Anwendung in der Psychiatrie.* 75 Patienten mit akuter oder chron. Schizophrenie wurden mit Elektroschock oder *Hexafluordiäthyläther* (I) behandelt. I wurde von den Patienten lieber genommen, da es inhalierbar ist u. seine Wrkg. langsam einsetzt. Die therapeut. Wrkg. war dieselbe wie nach Elektroschockbehandlung. (J. Amer. med. Assoc. **166.** 1555—62. 29/3. 1958. Catonville, Md., Univ., School of Med.) E. CARSTENS. 4628

Joseph E. Hawkins jr. und **Lewis H. Sarett,** *Über die Wirksamkeit von Asparagin, Glutamin, γ-Aminobuttersäure und 2-Pyrrolidon in vorbeugenden Mitteln gegen plötzliche Anfälle, die bei Mäusen durch Chemikalien hervorgerufen wurden.* Niedrige Dosen von *γ-Aminobuttersäure* u. ihres *Lactam-2-pyrrolidon* schützten Mäuse gegen Krämpfe, die man mittels *β-Methyl-β-äthylglutarimid (Megimid)* hervorrief, jedoch nicht gegen Konvulsionen zufolge Elektroschocks. *Asparagin* u. *Glutamin* sind weniger wirksam. *γ-Aminobuttersäure* u. *2-Pyrrolidon* weisen bei Tier u. Mensch geringe Toxizität auf. Ihre klin. Wrkg. als Antiepileptica wurde untersucht. (Clin. chem. Acta [Amsterdam] **2.** 481—84. Dez. 1957. Rahway, N. Y., Merck Inst. for Therapeutic. Res.) D. KRIEN. 4628

C. Benelli und **G. Rougier,** *Toxische Reaktionen im Verlauf der durch ein Thiophaniumderivat hervorgerufenen Blutdrucksenkung; experimentelle Untersuchung.* (Vgl. C. **1958.** 5744.) *Arfonad, D-3.4-[1'.3'-Dibenzyl-2'-ketoimidazolido]-1.2-trimethylenthiophan-D-camphersulfonat,* weist neben seinen blutdrucksenkenden Eigg. eine beim Hunde tödliche Wrkg. auf (tödliche Dosis 3 mg). Diese Toxizität beruht, abgesehen von einer Histaminausschüttung, anscheinend auf einer Wrkg. auf das Atemzentrum (Atemstillstand). Hierfür sprechen der günstige Effekt von künstlicher Atmung u. CO_2-reicher Luft, die den Tod verhindern können. (Anesthésie, Analgésie Réanimat **14.** 503—10. Mai/Juli 1957. Bordeaux, Fac. de Méd., Labor. de Physiol.) K. MAIER. 4630

Arthur Kitchin, Clifton P. Lowther und **Richard W. D. Turner,** *Mecamylamin, ein ganglienblockierendes Arzneimittel zur Behandlung der Hypertension. Mecamylamin (3-Methylaminoisocamphanhydrochlorid, Inversine,* MERCK, SHARP & DOHME LTD.; I), das durch Ganglienblockade den erhöhten Blutdruck senkt, wurde bei Personen oral u. parenteral gleich schnell resorbiert. Bei 36 Patienten wurde I 2mal täglich in Dosen von 2,5 mg oral verabreicht. Der blutdrucksenkende Effekt begann 1—2 Std. nach der Einnahme u. war zwischen der 3. u. 6. Std. maximal. Bei 16 Personen war ein guter therapeut. Erfolg vorhanden. Eine Resistenz gegen I u. Intoleranzerscheinungen auf Grund parasympath. Nebenwrkgg. konnten beobachtet werden. Hauptsächlich traten als Nebenerscheinungen Müdigkeit, Trockenheit im Mund, Obstipation oder Diarrhoen auf. Ein Zusatz von *Serpasil* oder *Rauwiloid* war günstig. (Lancet **1957 (II).** 605—09. 28/9. Edinburgh, Western General Hosp.) G. KIMMERLE. 4630

Winifred G. Nayler, *Die Wirkung von Strophanthin G und Digoxin auf die Energiebildung im isolierten Krötenherzen.* Die Unters. der Wrkg. von *Ouabain (Strophanthin-G)* u. *Digoxin* auf das isolierte, spontan schlagende Krötenherz (*Bufo marinus*) mit Hilfe einer modifizerten WARBURG-App. ergab in beiden Fällen eine beträchtliche Atmungssteigerung, die mit einer Zunahme von Leistung u. Wirkungsgrad verknüpft war. Im Unterschied zu Adrenalin u. Noradrenalin riefen beide Glykoside keine Änderung der Atmungsquotientwerte hervor, sie steigern also nicht die Energieproduktion, sondern die Verwertung der verfügbaren Energie in nutzbare Arbeit. (Austral. J. exp. Biol. med. Sci. **34.** 377—88. Okt. 1956. Melbourne, Baker Med. Res. Inst. and Alfred Hosp., Clin. Res. Unit.) K. MAIER. 4630

H. W. Raudonat und **R. Engler,** *Ausscheidungsprodukte des K-Strophanthin-γ und des Thevetins nach oraler Verabfolgung bei Ratten.* Weißen Ratten wurde *k-Strophanthin-γ (Strophanthosid;* I) bzw. *Thevetin* (II) in W. gelöst oral verabfolgt, u. zwar 5—10 mg/100 g insgesamt innerhalb von 24—48 Std. in 5 Einzeldosen. 4 Std. nach der letzten Fütterung wurden die Ratten getötet u. der während des Vers. aufgefangene Urin u. der Kot zusammen mit dem Darminhalt aufgearbeitet. Von I erscheinen im Harn 2,7% als *Cymarin* (III), 1,4% als unbekannter Metabolit, im Darm u. Kot 6,0% als III u. 4,7% als unbekannter Metabolit. Von II wurden im Urin 0,9%, im Darm 2,6% als *Neriifolin* (IV) ausgeschieden. Von den oral verabfolgten Glykosiden I u. II muß demnach also ein kleiner Teil unter Zuckerabspaltung abgebaut werden. Wo diese Hydrolyse erfolgt, kann nicht gesagt werden. Wahrscheinlich erfolgt sie aber schon im Darm. Dafür spricht, daß es nach subcutaner Injektion von I bei Ratten zu einer Kaliurie kommt, deren Maximum schon nach 2 Std. erreicht ist. Bei oraler Verabfolgung setzt die Kaliurie erst nach

4 Std. ein u. erreicht ihr Maximum erst nach 6 Stunden. Das glucosefreie Spaltstück III bewirkt auch bei oraler Verabreichung ohne Latenz Kaliurie mit einem Maximum nach 2 Stunden. Auch für II u. IV trifft ein ähnliches Verh. zu. (Naunyn-Schmiedebergs Arch. exp. Pathol. Pharmakol. **232.** 295—98. 1957. Frankfurt/M.) K. BÖHM. 4630

Calvin Hanna, *Die Verwendung von Polyvinylpyrrolidonen bei der Prüfung von coronaraktiven Stoffen.* Durch Zufügung von 1—2% *Polyvinylpyrrolidon* (I) kann die Viscosität O_2-gesätt. LOCKE-Lsg. gesteigert werden, so daß am isolierten, nach LANGENDORFF durchströmten Rattenherzen der Coronardurchfluß in Abhängigkeit zur I-Konz. verringert werden kann. Geringe Mengen (bis zu 1 ml) dieser I-LOCKE-Lsg. bleiben allerdings ohne Einfl.; wiederholte Dosen oder Dauerinfusionen führen beim Hunde schließlich zu Hypotension u. Tod. Die I-LOCKE-Lsg. eignet sich zur Prüfung coronardilatierender Stoffe, da die Steigerung des Durchflusses z. B. nach Papaverin größer ist als bei Verwendung einfacher LOCKE-Lösung. (Arch. int. Pharmacodynam. Thérap. **119.** 305—10. 1/4. 1959. Burlington, Vt., Univ. of Vermont, Coll. of Med., Dep. of Pharmacol.) U. TAUSENDFREUND. 4630

Henry H. Swain und **Charles L. Weidner,** *Untersuchung von Substanzen, die die intraventriculäre Leitung am isolierten Hundeherzen ändern.* Beschreibung einer Meth. zur Best. der Geschwindigkeit der myocardialen sowie der PURKINJE-Leitung im rechten Ventrikel des Hundeherzens nebst Unters. der Wrkgg. der Leitungsgeschwindigkeit bei Änderung der Parameter der Stimulation, bei Temperaturänderungen u. bei Zusatz einiger chem. Substanzen wie Na^+, K^+, Ca^{2+}, Ba^{2+}, Mg^{2+}, *Epinephrin, Levarterenol, Acetylcholin, Ouabain* (I), *Chinidin, Veratrin* (II), *Protoveratrin* (III) u. *Andromedotoxin* (IV). I, II, III u. IV setzten die PURKINJE-Leitung herab, ließen aber die myocardiale Leitung unverändert oder wenig verstärkt bestehen. In Mengen von µg zugeführt, konnten die Substanzen I—IV im Herz-Lungen-Präp. ventriculäre Fibrillation hervorrufen. Erörterung der Beziehung zwischen Änderungen in der intraventriculären Leitung u. Entw. ventriculärer Fibrillation. (J. Pharmacol. exp. Therapeut. **120.** 137—46. Juni 1957. Ann Arbor, Mich., Univ., Med. School, Dep. of Pharmacol.) CARL FREESE. 4630

F. Krück, *Wirkungsmechanismus und Indikationsbereich der Anionendiuretica bei oraler Verabreichung. (Organische Quecksilberpräparate, Carboanhydraseinhibitoren, Chlorothiacid.)* Der Wirkungsmechanismus von *Hg-Diureticis,* Carboanhydrasehemmern u. Chlorothiazid wird erörtert u. die sich daraus ergebenden Möglichkeiten für die Therapie diskutiert. (Ärztl. Wschr. **13.** 1058—64. 28/11. 1958. Heidelberg, Med. Universitätsklinik.) E. CARSTENS. 4634

G. Kühn, *Die Wirkung des N-p-Chlorphenyl-2.4-diamino-symm.-triazins auf die Kochsalzausscheidung der Ratte.* An ♂ Albinoratten, die unter Standardbedingungen gehalten wurden, wurde die Wrkg. des *N-p-Chlorphenyl-2.4-diamino-symm.-triazins* (I) auf die Kochsalzausscheidung geprüft. Die Ratten erhielten bei gleichzeitigem Nahrungs- u. Wasserentzug 16 Std. vor u. bei Versuchsbeginn je 5 ml 0,9% NaCl-Lsg./100 g Körpergewicht oral verabreicht. Die Versuchsdauer betrug 8 Stunden. I wirkt lange auf die Nierenausscheidung, 4 mg/kg Ratte sind noch nach 48 Std. wirksam. Die Ausscheidung von Na erreicht den höchsten Wert bei 4,05 mg I/kg Ratte mit 295% gegenüber den Kontrollen, die von Cl erreicht ihr Maximum bei 2,03 mg I/kg Ratte mit 251%, während die K-Ausscheidung bei der gleichen Dosis 155% beträgt u. bei 4,05 mg I/kg auf 66% absinkt, also kleiner wird als die der Kontrolltiere. Nach Gaben von *2-Benzolsulfonamido-1.3.4-thiodiazol-5-sulfonamid,* eines hochwirksamen Carboanhydrasehemmers, konnte gezeigt werden, daß die Wrkg. des I nicht über Carboanhydrasehemmung zustande kommt. Der Wirkungsmechanismus des I muß noch geklärt werden. (Naunyn-Schmiedebergs Arch. exp. Pathol. Pharmakol. **232.** 263—65. 1957. Berlin.) K. BÖHM. 4634

S. Rocchietta, *Pharmakologische und klinische Prüfung von Cinarin.* Übersicht. Vgl. auch C. **1959.** 2543. (Minerva med. [Torino] **49.** 2720—21. 7/7. 1958.) R. K. MÜLLER. 4640

R. Cavier, J. Savel und **G. Rugart,** *Beitrag zur pharmakologischen Untersuchung eines trichomonaciden Medikamentes: 2-Acetylamino-5-nitrothiazol. 2-Acetylamino-5-nitrothiazol* (I) besitzt in vitro eine ausgezeichnete chemotherapeut. Wirksamkeit gegen Trichomonas vaginalis. Die akute orale u. intraperitoneale DL_{50} beträgt für I bei weißen Mäusen 0,31 bzw. 0,94 g/kg. Länger dauernde orale Verabreichungen von täglich 0,025 g I/kg bewirken bei Meerschweinchen keine äußerlich erkennbaren Vergiftungserscheinungen, u. auch die inneren Organe findet man bei der histolog. Unters. normal. (Thérapie **13.** 502—07. 1958. Paris, Fac. de Pharm., Labor. de Parasitol.) G. KIMMERLE. 4649

Paul M. Lish, Kendrick W. Dungan und **Sherman R. Robbins,** *Gastrointestinale Pharmakologie antipyretisch-analgetischer Stoffe.* 1. Mitt. *Wirkungen auf Säuresekretion* *und Ulcusbildung bei der Shay-Ratte.* In vgl. Unterss. erwiesen sich *Acetylsalicylsäure* (I), *Salicylamid* (II) u. *N-Acetyl-p-aminophenol* (III) als fähig, Menge u. Acidität der Magensekretion von Ratten (deren Magen am Ausgang abgeschnürt wurde) sowohl nach intragastraler, intraduodenaler oder auch subcutaner Verabreichung von je 300 mg/kg für die Dauer von 3 Std. zu vermindern. Über eine längere Zeitdauer (18 Std.) konnte allerdings nur I nach peroraler Verabreichung die Magensekretion u. das Auftreten von Magengeschwüren hemmen, so daß an eine starke örtliche Wrkg. von I gedacht werden muß. Da I in vitro im Gegensatz zu II u. III in Konzz. von $1{,}36 \cdot 10^{-4}$ bis $1{,}82 \cdot 10^{-4}$ zu einer 48—90% ig. Hemmung der Carboanhydraseaktivität von Rattenerythrocyten führt, wird vermutet, daß die örtliche Wrkg. von I auf die Magenschleimhaut mit ihrer Fähigkeit der Carboanhydrasehemmung in Zusammenhang steht. (Arch. int. Pharmacodynam. Thérap. **119.** 389—97. 1/4. 1959. Evansville, Ind., Mead Johnsohn & Comp., Res. Div., Dep. of Pharmacol.) U. TAUSENDFREUND. 4670

John H. Weikel jr. und **Paul M. Lish,** *Gastrointestinale Pharmakologie antipyretisch-analgetischer Stoffe.* 2. Mitt. *Resorption und Wirkung auf glatte Muskulatur.* (1. vgl. vorst. Ref.) In vgl. Resorptionsprüfungen an der Ratte werden *Acetylsalicylsäure* (I) u. *Salicylamid* (II) rasch in den oberen Dünndarmteilen resorbiert, I teilweise auch bereits im Magen. Die Resorption von *N-Acetyl-p-aminophenol* (III) geht im Gegensatz dazu im Magen u. Dünndarm langsam vor sich u. ist auch teilweise noch im Dickdarm nachweisbar, wodurch sich der langanhaltende III-Blutspiegel erklären läßt. I, II u. III beeinflussen die Magenentleerung im Sinne einer Verzögerung. Ganglienblockierende Eigg. auf den isolierten Dünndarm konnte in vitro für keinen der Stoffe nachgewiesen werden. Als Antagonisten gegenüber Acetylcholin-, Histamin- oder Dimethylphenylpiperazinjodidspasmen war II am wirksamsten, seine Wirksamkeit ist dabei aber immer noch wesentlich schwächer (120—250mal) als die von Adiphenin. (Arch. int. Pharmacodynam. Thérap. **119.** 398—408. 1/4. 1959. Evansville, Ind., Mead Johnson & Comp., Res. Div., Dep. of Pharmacol). U. TAUSENDFREUND. 4670

S. William Becker jr., *Wirkungen von 8-Methoxypsoralen und Ultraviolettlicht bei menschlicher Haut.* Die bei gleichzeitiger Einnahme von 20 mg *8-Methoxypsoralen*/Tag u. Sonnenlichtexposition erzielbare tiefere Bräunung der Haut beruht auf stärkerer Pigmentansammlung bzw. -retention in der Basalzell- u. Hornschicht ohne stärkere Neubldg. von Pigment. (Science [Washington] **127.** 878. 18/4. 1958. Chicago, Ill., Univ. of Illinois, Coll. of Med., Dep. of Dermatol.) U. TAUSENDFREUND. 4670

H. Reinfried, *Über tödliche Vergiftungen durch Trinken 1.2-dichloräthanhaltiger Einreibemittel.* Vf. berichtet über eine tödliche Vergiftung eines 23 jährigen Mannes nach der Einnahme eines *1.2-Dichloräthan*-enthaltendes Einreibemittel („HEILPUNKT-NERVENBALSAM"). Der Tod trat nach 8 Std. ein. Die Obduktion ergab hauptsächlich Zeichen der Allgemeinintoxikation. Vorheriger Biergenuß könnte die Resorption beschleunigt haben. (Dtsch. Gesundheitswes. **13.** 778—79. 19/6. 1958. Lichtenstein, Kreiskrankenh., Innere Abt.) W. LAUER. 4675

W. K. Berby, D. R. Davies und **A. L. Green,** *Oxime von α.ω-bis-quartären Alkansalzen als Gegenmittel für Organophosphatanticholinesterase.* Im Anschluß an POZIOMEK, HACKLEY u. STEINBERG (J. org. Chemistry **23.** [1958.] 714), welche fanden, daß Oxime aus 2 Mol Pyridin-4-aldoxim + einem α.ω-Dibromalkan bessere Gegenmittel als Pyridin-2-aldoxim gegen Organphosphatanticholinesterasen sind, wurden 30 (nicht näher beschriebene) Verbb. der allg. Formel $HO \cdot N{:}CH \cdot C_5H_4N^+ \cdot [CH_2]_nR^+$, 2 Br^- synthetisiert. Die Geschwindigkeit, mit der diese Verbb. ($2 \cdot 10^{-5}$ mol.) die durch *Tetraäthylphosphat* (I) gehemmte *Cholinesterase* reaktivieren, entspricht gut ihrer Fähigkeit, das Leben von Mäusen zu retten, denen sie subcutan (5 mg/kg) zusammen mit Atropinsulfat (17,4 mg/kg) 10 Min. vor subcutaner Anwendung von I verabreicht wurden. Die beste Wrkg. zeigen *1.3-Di-(4-hydroxyiminomethylpyridinium)-propandibromid* (POZIOMAK, l. c.) u. *1.6-Di-(2-hydroxyiminomethylpyridinium)-hexandibromid.* (Biochem. J. **71.** 15 P—16 P. Febr. 1959. Porton Down, Wilts., Chem. Defence Experim. Establishment.) A. HESSE. 4675

Sadasuke Yokoyama, Hiroshi Shirado, Yūji Abe und **Katsumi Takada,** *Über Leberfunktionsprüfungen bei Arbeitern einer Calciumcyanamidfabrik und die Wirkung von verabfolgter Glucuronsäure (Guronsan) hierauf.* Zur Klärung der Frage, wie weit Leberstörungen durch erhöhten Alkoholgenuß als Folge der durch $CaCN_2$ gesenkten Resistenz gegen A. vorliegen, wurde der Harn von 59 Arbeitern aus den verschied. Produktionsabteilungen in Abständen von ca. 3 Monaten 2mal auf Urobilinogen (I) untersucht. Ein Teil der Versuchspersonen (34) hatte 2000 mg *Glucuronsäure* (2 Guronsantabletten) bekommen. Bei diesen fiel die I-Probe bei der 1. Unters. 12mal, bei der 2. 15mal positiv aus. Bei den anderen 25 Arbeitern fiel sie bei der 1. Unters. 10mal, bei der 2. ebenfalls 10mal positiv aus. Die unter gleichen Bedingungen angestellte *Bromsulphalein*-Probe fiel bei der Glucuronsäuregruppe (34 Personen) bei der 1. Unters. 3mal, bei der 2. (32 Personen) 10mal positiv aus. Bei den 25 anderen Arbeitern gab es bei der 1. Unters. n. Reaktionsausfall, bei der 2. (23 Personen) 9mal ein positives Resultat. (Med. and Biol. [Tokyo] **49.** 28—30. 5/10. 1958. Fukushima Kenritsu Ika-Daigaku, Eiseigaku-Kyōshitsu. [Orig.: japan.]) F. Mossner. 4681

F. Pharmazeutische Chemie. Desinfektion.

Bela Spergely, *Methoden zur Untersuchung der Haltbarkeit von Heilmitteln in ungarischen pharmazeutischen Fabriken.* Übersicht über angewandte physikal.-chem. Methoden, über beschleunigte Alterungsunterss. u. über Unters. des Einfl. der Lagerung u. Verpackung. (Acta polon. pharmac. **15.** 155—59. 1958. Budapest.) F. Urban. 4750

A. I. K. Lloyd, *Radioaktive Isotope.* Die Aufgaben verschied. Zweige der Pharmazie im Umgang u. bei der Kontrolie radioakt. Präpp. für Forschung, Diagnostik u. Therapie werden besprochen. (Australas. J. Pharmacy [N. S.] **39.** 1107—09. 30/10. 1958. Victoria, Coll. of Pharamcy.) H. W. Gramm. 4750

Ju. A. Blagowidowa, *Suppositorien.* Neben einer Übersicht über die Ausgangsmaterialien für die Herst. von *Suppositorien* u. deren Zus. nach den verschied. internationalen Pharmakopöen (32 Literaturangaben) berichtet Vf. über die Ergebnisse vergleichender Bestimmungen des F. von Kakaobutter, ihrer Schmelzen mit Wachs u. der Suppositoriengrundlagen (verschied. Gemische von Paraffin, gehärtetem techn. Fett u. Hydrofett) nach den Vorschriften der 8. Sowjet. u. der Brit. Pharmakopöe u. nach den techn. Vorschriften für Pflaster. Hiernach ergibt sich bei Gemischen von Kakaobutter u. Wachs nach dem 1. u. 3. Verf. ein Unterschied der Werte, der damit zu erklären ist, daß nach der 8. Sowjet. Pharmakopöe nur der Beginn des Schmelzens angezeigt wird. Aus der Best. des Penetrationskoeff. geht hervor, daß bei Zusatz von 1 bzw. 2 bzw. 3% Wachs der Koeff. zunimmt, bedingt durch die Bldg. eines Eutektikums. Bei Zusatz von 6,5 u. 10% Wachs ist der Penetrationskoeff. fast der gleiche wie bei reiner Kakaobutter. 48 std. Lagerung erhöht die Festigkeit als Folge der Kristallisation. (Аптечное Дело [Apothekenwesen] **5.** Nr. 6. 35—42. Nov./Dez. 1956.) O. Lebtag. 4766

A. Ss. Prosorowski und **N. A. Kudakowa,** *Die Stabilisierung von Injektionslösungen.* Da in Apotheken vielfach Lsgg. von *Novocain* (I) in physiol. NaCl-Lsg. zur Injektion hergestellt werden, untersuchen Vff., ob u. in welcher Menge ein Stabilisatorzusatz erforderlich ist. Bei der Sterilisation einer 1—2%ig. Lsg. von I in physiol. NaCl-Lsg. (1 Std. bei 100°) wurden 0,008% p-Aminobenzoesäure gefunden. Die Menge des zers. I betrug 0,82%; nach Aufbewahrung stieg sie auf 1,23%. Werden 5 ml 0,1n HCl zugesetzt, sind nach der Sterilisation nur 0,4% I zersetzt. Der Wert erhöht sich nach Aufbewahrung nicht. Eine so stabilisierte Lsg. mit einem p_H von 4,2—4,5 ist für die Peridural- u. Lumbalanästhesie nicht geeignet, da die Nervenzellen einem p_H-Wert unter 5 nicht vertragen. Vf. fordern die Unters. der Frage, ob durch Stabilisatorzusatz I-Lsgg. für diese Zwecke bereitet werden können, u. die Aufstellung hierfür verbindlicher Anweisungen. Für die intramuskuläre Injektion von I sollen Lsgg. mit einem p_H von 4,5 Verwendung finden. (Аптечное Дело [Apothekenwesen] **7.** Nr. 6. 44—48. Nov./Dez. 1958. Moskau, Pharmaz. Inst., Lehrstuhl für Technol. der Arzneimittel u. galen. Präpp.) K. Wolff. 4766

Stefania Czyszewska, *Gewinnung der Saponine aus Wurzeln des buschigen Gipskrautes (Gypsophila paniculata L.) und der Seifenwurz (Saponaria officinalis L.).* Durch 4malige, je 2 Std. dauernde Extraktion der pulverisierten Wurzeln des Gipskrautes mit Methanol u. Fällung mit absol. A. werden Saponine mit dem hämolyt. Faktor 25000 mit 30% Ausbeute erhalten. Dieselbe Meth. liefert bei der Seifenwurz nur 17,5% Ausbeute (hämolyt. Faktor 6000). (Biul. Inst. Roślin leczniczych **4.** 225—29. Sept. 1958. Poznań.) F. Urban. 4782

A. N. Schiwrina, Je. W. Lowjagina und **Je. G. Platonowa,** *Zur Frage der Natur und des Ursprunges des vom Tschagapilz gebildeten wasserlöslichen Pigmentkomplexes.* (Vgl. C. **1958.** 7154; 12185.) Zwecks Klärung der Natur der Ausgangsstoffe für die von Inonotus obliquus (Pers.) Pil. in einer Menge von 16% der Trockensubstanz angereicherten amorphen Pigmentstoffe wurden die Hydrolysenprodd. dieses Pigmentkomplexes, der Huminsäuren des Torfes u. der Schwarzerde, des Lignins sowie des gesunden u. des pilzbefallenen Holzes der Birke, des wss. Birkenrindenextraktes u. des wss. Extraktes der oberen Birkenrindenschicht untersucht. Durch Papier- u. Säulenchromatographie konnte nachgewiesen werden, daß sie die gleichen aromat. Hydroxysäuren enthalten. Es sind dies: *Syringasäure* (I), *Vanillinsäure* (II) u. *p-Hydroxybenzoesäure* (III). Der Pigmentkomplex enthält 16,68—17,04 (in % der Trockensubstanz) I, 4,28—9,31 II u. 1,00—2,04 III. Der amorphe, in W. lösl. Pigmentkomplex ist demnach ein Prod. der sek. Synth. aus Bruchstücken des Ligninmoleküls. Die Synth. erfolgt wahrscheinlich aus den teilweise demethoxylierten u. oxydierten monomeren Ligninmolekülen. Nach der Löslichkeit in W. u. der Zahl der funktionellen Gruppen nimmt der Komplex eine Zwischenstellung zwischen dem vollkommen methoxylierten Lignin u. den völlig demethoxylierten Huminsäusen ein. Auf Grund der chem. u. physikal. Eigg. kann der Komplex als hochmol. Säure vom Humintyp angesehen werden. Es wird der vom Birkenpilz „Tschaga" abgeleitete Name „*Tschagasäure*" vorgeschlagen. (Биохимия [Biochemie] **24.** 67—72. Jan./Febr. 1959. Leningrad, Botan. Inst. der Akad. der Wiss. der UdSSR, Labor. für neue Antibiotica.) O. LEBTAG. 4782

A. Scherm, *Vergleichende Untersuchung der durch Mikrosublimation aus den Wurzeln von Pimpinella magna L. beziehungsweise saxifraga L. und Heracleum sphondylium L. erhaltenen Cumarine.* Bei der Mikrosublimation von *Radix Pimpinellae* (I) entsteht ein Sublimat, das *Pimpinellin* (II), Isopimpinellin, Isobergapten u. Sphondin enthält. Die genannten Cumarinderivv. treten auch bei der Mikrosublimation von Radix Heraclei sphondylii auf, die gelegentlich zur Verfälschung von I benutzt werden. Eine Unterscheidung beider Drogen ist durch Unters. der Mikrosublimate daher nicht möglich. II u. die anderen Cumarinderivv. lassen sich papierchromatograph. mit Bzn.–Bzl.–Methanol 30:15:10 auf SCHLEICHER & SCHÜLL-Papier 2043 b trennen u. haben in der vorst. Reihenfolge folgende R_F-Werte: 0,81, 0,68, 0,76 u. 0,57. Die Stoffe können durch Fluorescenz im UV-Licht, durch Besprühen mit 1% ig. KOH in A. oder Besprühen mit Diazo-Lsgg. I u. II (DAB. 6) sichtbar gemacht werden. (Dtsch. Apotheker-Ztg. **99.** 511. 28/5. 1959. Frankfurt/M.) E. LÜCK. 4782

Bogusław Borkowski, Zdzisław Kowalewski und **Jerzy Lutomski,** *Der Colchicinertrag aus Samen der Herbstzeitlose (Colchicum autumnale L.) und Bewertung der Droge.* Die Extraktion von *Colchicin* (I) aus dem Samen der Herbstzeitlose nach WALASZEK, KELSEY u. GEILIN [1952] liefert 0,13% (Ausbeute) (F. 134°, 4 papierchromatograph. nachweisbare Nebenprodd.), nach ZEISEL [1886] u. CHEMNITIUS [1928] 0,20% (F. 135°, 1 Nebenprod.), mit Essigsäureäthylester 0,21% (F. 135°, ohne Nebenprodd.) u. mit Bzl. 0,33% (F. 135°, ohne Nebenprodd.). Im Zwiebeltest erwiesen sich alle Präpp. als biol. aktiv. Für die colorimetr. Best. von I im Samen wird ebenfalls Bzl. als Extraktionsmittel vorgeschlagen. (Biul. Inst. Roślin leczniczych **4.** 177—85. Sept. 1958. Poznań.) F. URBAN. 4782

Antoni Golenia, Ewaryst Pawełczyk und **Henryk Speichert,** *Der Anbau des Mutterkorns (Claviceps purpurea Tul.) auf Winter- und Sommerroggen auf Grund 3jähriger Versuche.* (Vgl. C. **1959.** 5231.) Die Mutterkornernte an mit Claviceps purpurea Tul. infiziertem Winterroggen ist wesentlich größer (247 kg/ha) als bei Sommerroggen (148), da die größere Ähre des Winterroggens eine mehrfache Injektion gestattet u. die Sklerotien größer werden können. Der Alkaloidgeh. der Sklerotien ist von der Witterung abhängig. (Biul. Inst. Roślin leczniczych **4.** 204—18. Sept. 1958. Poznań.) F. URBAN. 4782

R. Voigt, *Über ein neues wasserlösliches Mutterkornalkaloid.* Bei der papierchromatograph. Auftrennung von Roggenmutterkornalkaloiden wurde in der wasserlösl. Fraktion ein neues Alkaloid (I) aufgefunden (R_F 0,77, Ae.–Aceton–W., 2:4:2), das im Gegensatz zu den Lyserg- u. Isolysergsäurealkaloiden in wss.-weinsaurer Lsg. im UV keine Fluorescenz zeigt, mit p-Dimethylaminobenzaldehydreagens Blaufärbung, KELLERsche Ring-Rk. u. Fällungen mit MAYER-Reagens, DRAGENDORFF-Reagens, Phosphorwolframsäure u. REINECKE-Salzlsg. gibt. I war in 30 Proben Wildmutterkorn (Deutschland) u. in Zuchtmutterkorn nachweisbar. Der I-Anteil der wasserlösl. Alkaloide betrug 9—45%. (Naturwissenschaften **46.** 77. 2. Jan.-H. 1959. Berlin, Humboldt-Univ., Pharmazeut. Inst.) K. MAIER. 4782

Haruyo Asahina, Toyohiko Kawatani, Masako Ōno und **Sanaenosuke Fujita,** *Untersuchungen an Mohn und Opium.* Opium (I) von *Papaver setigerum DC.* enthält im Vgl. zu dem von *P. somniferum L.* relativ wenig *Morphin* (II), *Kodein* u. *Narcotin,* dagegen relativ viel Thebain u. Papaverin. Bei einem Hybriden beider Arten entsprach der Geh. des I an einigen Alkaloiden dem väterlichen, an anderen dem des mütterlichen Elternteils. Es wird weiter über die Unters. zahlreicher japan. u. europäischer Herkünfte von *P. somniferum* auf den Geh. ihres I an Alkaloiden, bes. an II u. „*Porphyroxin-Meconidin*" (III) berichtet. Japan. I enthielt im allg. nicht über 18% II. Die Schwankungen im Geh. an III bei wiederholtem Ritzen der Kapseln scheinen nicht regelmäßig zu sein, doch war er in 8 von 9 Fällen im I von der ersten Ritzung größer als in dem bei der zweiten Ritzung gewonnenen. (Bull. on Narcotics **9.** Nr. 2. 20—33. April/Juni 1957.) F. v. GIZYCKI. 4782

Bruno J. C. Cristini und **Eugênio Aquarone,** *Verhalten der Samen von Arachis hypogaea und Bertholletia excelsa bei den Methoden der idealen Feuchtigkeit und der vor-*

ausgehenden Stabilisierung. Der ideale Feuchtigkeitsgeh. beim Ölpressen beträgt bei der Paranuß 9,0%, bei der Erdnuß 18,1%. Durch Einhaltung dieser Bedingungen wird eine Verbesserung der Ausbeute beim Kaltpressen bis zu 10% erzielt, bei der Erdnuß durch zusätzliche Stabilisierung 37%. Farbe, Geruch u. Geschmack werden durch diese Behandlung nicht beeinflußt. Durch die Stabilisierung werden enzymat. Veränderungen auch bei längerem Lagern verhütet. (An. Fac. Farmác, Odontol. Univ. São Paulo **14.** 55—64. 1956. São Paulo, Univ., Fac. Farmác. Odontol., Cad. Quím. ind. farmac.) R. K. Müller. 4786

P. Modrzejewski, S. Cepelewicz, M. Gałczyńska, K. Komorowska, M. Kwiatkowska und **T. Kuczyński,** *Aufgüsse und Absude.* 2. Mitt. (1. vgl. C. **1959.** 10661.) Vgl. u. Überprüfung allg. u. spezieller Vorschriften nach dem dän., russ. u. ungar. Arzneibuch u. nach Vorschlägen von Kress [1953] u. Kwaśniewski [1951]. (Farmacja polska **14.** 391—95. 15/12. 411—17. 31/12. 1958.) F. Urban. 4790

A. M. Alijew, *Herstellung und Charakterisierung von galeno-pharmazeutischen Präparaten aus dem Blattwerk von Stachys lanata und Stachys Balansi.* Durch Perkolation mit 70 bzw. 90%ig. A. wurden aus *Stachys lanata* bzw. *Stachys Balansi* alkaloidhaltige alkoh. Extrakte sowie trockene Präpp. (unter Zusat von Milchzucker) gewonnen, welche blutdrucksenkende Wrkg. besitzen u. deren Eigg. sich innerhalb eines Jahres nicht verändern. Aus St. lanata wurde außerdem ein galen. Präp. (Alkaloidgeh. 0,6%) hergestellt, dem zur Konservierung Trikresol oder Chloreton zugesetzt wurde. (Доклады Академии Наук Азербайджанской ССР [Ber. Akad. Wiss. AserbaidshanSSR] **13.** 917—21. 1957. Aserbaidshan. Med. Inst.) H.-J. Grasshoff. 4790

Włodzimierz Kędzia, *Untersuchung der Sterilität der Antibiotica.* 1. Mitt. *Inaktivatoren der Antibiotica.* Übersicht: Zur Unters. der Sterilität von Antibioticis wird die Inaktivierung bisher prakt. nur mit Penicillinase u. $NH_2OH \cdot HCl$ bei Penicillin u. mit Cystein bei Streptomycin durchgeführt. — 32 Literaturangaben. (Farmacja polska **14.** 397—98. 15/12. 1958.) F. Urban. 4810

J. M. Rhodes, *Zonenelektrophorese von Tuberkelproteinen.* Vf. wendet zur Trennung von Tuberkelprotein eine kombinierte Stärke–Glas-Meth. an: 100 mg des Antigens werden mit wenig Stärke verrieben u. in einen Stärkeblock eingebracht. Ein Strom von 15—16 mA wird für 24 Std. angelegt. Die Erkennung der Zonen erfolgt durch Auflegen eines Filterpapiers u. Färben mit Bromphenolblau. Die einzelnen Zonen werden herausgetrennt u. in einem Glaspulverblock nochmals 24 Std. bei 15 mA getrennt. Das Glaspulver wird mit Salzlsg. eluiert. Mit angegebener Meth. kann man reinere Fraktionen erhalten als mit den früher beschriebenen, bzw. nach anderen Methoden erhaltene Fraktionen noch weiter auftrennen. — 31 Literaturzitate. (Dansk Tidsskr. Farmaci, Suppl. **II,** Festskr. Svend Aage Schou 246—53. 1956. Kopenhagen, Statens Seruminst., Tuberculosis Immunization Res. Centre.) S. Erbe. 4812

R. A. Anderson und **B. H. Stock,** *Die baktericide Wirkung einiger ophthalmologischer Vehikel. Vorläufige Untersuchung.* Die baktericide Wrkg. von Cetrimide 1:20000, Benzalkoniumchlorid 1:20000, Chlorhexidinacetat 1:10000, Dequaliniumchloride 1:2000, Phenylmercurinitrat 1:10000, Phenyläthylalkohol 0,6% u. Chlorbutanol 0,5% wurde untersucht u. festgestellt, daß keines dieser Vehikel befriedigende Ergebnisse zeigte. Abweichende Resultate früherer Unterss. werden vor allem auf die Anwendung zu geringer Mengen für die bakteriolog. Prüfung zurückgeführt. (Australas. J. Pharmacy [N. S.] **39.** 1110—12. 30/10. 1958.) H.-W. Gramm. 4832

V. Suk, O. Koldinský und **M. Malat,** *Komplexometrische Titrationen in der pharmazeutischen Analyse.* 18. Mitt. *Bestimmung von Wismut in Gemischen.* (17. vgl. C. **1959.** 11343.) Bi enthaltende Pulver, Tabletten u. Salben werden nach Entfernen der Trägerstoffe in Einwaagen von 150—200 mg der Substanz in Titrierkolben in 5 ml W. u. 1 ml konz. HNO_3 zur Lsg. erwärmt, abkühlen gelassen u. auf 100 ml mit W. verd., 3—5 Tropfen Brenzcatechinindicator (0,1 Brenzcatechinsulfonphthalein in 100 ml W. gelöst) zugefügt. Stark blaue Farbe muß auftreten, sonst mit NH_4OH verd., bis blaue Farbe eintritt. Mit 0,05 mol. Komplexon (I) nach Gelb titrieren. 1 ml I = 11,65 mg Bi_2O_3 oder 10,45 mg Bi. Bi neben Mg bestimmen, so daß Bi wie oben bestimmt wird, zur gelben Lsg. 20 ml I zusetzen u. NH_4OH bis zur blauen Farbe (A). Eriochrom T u. Pufferlsg. zusetzen mit 0,05 mol. $Mg(NO_3)_2$-Lsg. nach Rotviolett titrieren (B). Mg = A—B. Hg in Bi indirekt titrieren. (Českoslov. Farmac. **7.** 249—51. Juni 1958.) E. Vevera. 4880

H. J. Pazdera, W. H. McMullen, L. L. Ciaccio, S. R. Missan und **T. C. Grenfell,** *Qualitätskontrolle von Pharmazeutica. Anwendungen der quantitativen Papierchromatographie in Verbindung mit instrumentellen Methoden.* Für eine Anzahl pharmazeut. Präpp. werden papierchromatograph. Trennungsmethoden angegeben, mit denen die reinen

Wirkstoffkomponenten ausgesondert u. nach geeigneter Extraktion aus dem Papier durch UV- oder IR-Spektrophotometrie, durch Colorimetrie, Titration in nichtwss. Lösungsm. oder Polarographie bestimmt werden. *Hydrocortison* (I): Trennung: Formamid–Methanol (1:1) als immobile Phase, mit Formamid gesätt. Chlf. als mobile Phase. Lokalisierung an Hand der UV-Absorption vor einem Zn-Silicatschirm. Extraktion mit Methanol. Best. durch Messung der Absorption bei 242 mμ. — *Reserpin* (II): Trennung: Bzl.–Cyclohexan (1:1) gesätt. mit Propylenglykol als mobile Phase, Propylenglykol-Methanol-Essigsäure (50:50:1) als immobile Phase. Lokalisierung durch UV-Absorption oder Fluorescenz. Extraktion mit Chloroform. Best. durch Messung der Absorption bei 268 mμ. — *Hydroxyzin–Hydrochlorid* (III; 1-[p-Chlorbenzhydryl]-4-[β-(β′-hydroxyäthoxy)-äthyl]-piperazindihydrochlorid). Trennung: Äthylacetat–Essigsäure–W. (99:1:5) (organ. Phase) als mobile Phase, 1% ig. wss. Essigsäure als immobile Phase. Lokalisierung durch UV-Absorption. Extraktion mit 0,01 n HCl für die UV-spektrophotometr. Best. oder mit 0,01 n Essigsäure für die polarograph. Bestimmung. Best.: Messung der Absorption bei 232 mμ oder Polarographie in Na-Acetatpuffer bei p_H 5,2. — *Na-Hydroxydion-Hemisuccinat* (IV; Pregnan-21-ol-3.20-dion-Hemisuccinat). Trennung: Bzl.–Cyclohexan (1:1) gesätt. mit Propylenglykol als mobile Phase, Propylenglykol–Methanol (1:1) als immobile Phase. Lokalisierung durch Spray mit Tetrazoliumblaureagens auf einem Leitchromatogramm. Extraktion mit Alkohol. Best.: Colorimetr. mit Tetrazoliumblaureagens oder Messung der IR-Absorption bei 5,9 μ. — *Carbetapentancitrat* (V; Citrat des Diäthylaminoäthoxyäthyl-1-phenyl-1-cyclopentylacetats): Trennung wie bei III. Lokalisierung mit Pt-Jodidreagens auf einem Leitchromatogramm. Extraktion mit Chlf., Best. durch potentiometr. Titration mit 0,01 n $HClO_4$ in Dioxan u. Acetanhydrid als Lösungsmittel. (Analytic. Chem. **29.** 1649—54. Nov. 1957. Brooklyn, N. Y., Chas. Pfizer & Co.) K. PAVEL. 4880

Louis Domange und **Jean Guy,** *Infrarotabsorption einiger organischer Zinnderivate. Versuche zur quantitativen Bestimmung.* Die IR-Spektren von *Monojodtriäthyl-Sn* (I), *Dijoddiäthyl-Sn* (II) u. *Triäthylzinnhydroxyd* wurden mit reinen Substanzen u. ihren Lsgg. in Chlf. u. CS_2 aufgenommen. Obwohl sehr ähnlich, erlauben die Chloroformspektren, graph. registriert mit den Logarithmen der Konzz. auf der Abscisse u. den zugehörigen Werten auf der Ordinate, die Aufstellung von Kurven, die durch ihren deutlich unterschiedenen Verlauf bei 8,12, 8,48 u. 9,80 μ die Ggw. von $<$ 10% I in II erkennen lassen. Die analyt. Auswertung des IR-Spektr. von *Trijodmonoäthyl-Sn* scheitert an seiner Zersetzlichkeit. (Ann. pharmac. franç. **16.** 161—69. März 1958.. Fac. de Pharm., Lab. Nat. de Contrôle des Médicaments.) W. SCHULENBURG. 4880

Kazimierz Kalinowski und **Henryk Baran,** *Nephelometrische Bestimmung von Luminal (5-Äthyl-5-phenylbarbitursäure). Luminal* (0,1—0,35 mg) läßt sich nach Fällen mit 0,005 mol. $HgClO_4$-Lsg. ohne Schutzkolloidzusatz nephelometr. bestimmen. Für einen Vgl. der Ergebnisse, die mit verschied. Nephelometern gewonnen werden, ist eine Umrechnung der relativen auf absol. Trübungswerte notwendig. (Acta polon. pharmac. **15.** 327—31. 1958. Łódź, Akad. Med., Zakł. Chem. farmac.) F. URBAN. 4880

Luciana Morisio und **Giacinto Negro,** *Über die quantitative Bestimmung der Anthrachinone in den flüssigen Extrakten von Rhamnus frangula L. und Rhamnus purshiana DC.* Die genaue Best. des *Anthrachinon* (I)-Titers in fl. Extrakten von *Rhamnus frangula* u. *Rh. purshiana* wird wie folgt durchgeführt: 20 ml Extrakt werden im Scheidetrichter 3mal mit je 30 ml Ae. extrahiert. Die Ätherfraktionen werden abgetrennt, vereinigt u. bei 45—50° auf dem Wasserbad eingedampft. Die Wägung ergibt (in % ausgedrückt) den Geh. an freiem I. — 20 ml Extrakt werden mit HCl (Endkonz. 10%) bei 100° für 20 Min. am Rückflußkühler hydrolysiert. Weiterbehandlung wie vorher beschrieben. Das Ergebnis ergibt (in % ausgedrückt) die Menge des heterosid. gebundenen u. hydrolyt. abspaltbaren I. — Zur opt. u. gegebenenfalls colorimetr. Kontrolle kann man die gewogenen Rückstände in 5% ig. KOH lösen u. erhält je nach I-Geh. eine mehr oder weniger intensive kirschrote Färbung. (Giorn. Batteriol. Immunol. **48.** 73—82. Mai/Juni 1955. Turin, Univ., Ist. di Igiene e Microbiol.; Ospedale Maria Vittoria, Farmacia.) E. SPEYER. 4880

T. J. Betts, J. W. Fairbairn und **V. K. Mital,** *Pflanzliche Abführmittel mit Anthracenderivaten.* 8. Mitt. *Die Papierchromatographie verschiedener Anthrachinone und ihrer Glykoside.* (7. vgl. C. **1956.** 9527.) Qualitative aufsteigende Papierchromatographie von *Chrysophanol, Aloe-Emodin, Aloe-Emodinanthranol, Emodin, Rhein, Sennosid A* u. *B* sowie deren Na-Salze mit WHATMAN-Papier Nr. 1, 20 bzw. 3 MM. Lösungsm. ist Toluol (Laufzeit 1 Std.) bzw. die untere Phase eines Gemisches aus W., Aceton u. Bzl. im Verhältnis 2:1:4. Sichtbarmachung erfolgt durch Besprühen mit 0,5% ig. Lsg. von Mg-Acetat in Methanol u. anschließendes Erhitzen für einige Min. auf 90° (rote Flecke). Extrakte aus Rhabarber- u. Sennesblättern sowie aus Cascararinde (Rhamnus purshiana

D. C.) ließen sich mit Hilfe der genannten Methoden chromatographieren. (J. Pharmacy Pharmacol. **10.** 436—41. Juli 1958. London, Univ., School of Pharmacy, Pharmacognosy Res. Labor.) R. REISS. 4880

Wanda Debska, *Quantitative Bestimmung von Chamazulen in Pharmakopöedrogen.* 1. Mitt. *Anthodium Chamomillae.* Das im DEHRING-App. abdest. Öl–Xylol-Gemisch aus 20 g der getrockneten Droge wird mit wasserfreiem Na_2SO_4 getrocknet u. mit dem PULFRICH-Photometer colorimetriert. Die Meth. liefert gegenüber der Best. nach KAISER u. FREY u. nach SPENGLER u. WEISSFLAG höhere Ergebnisse. Auf Grund der Bestimmungen von Chamazulen in Anthodium chamomillae verschied. Standorte in Polen werden für die Droge folgende Normen gefordert: 0,5 % Ölgeh., 4% Chamazulen im Öl, entsprechend 26 mg% in der Droge. (Biul. Inst. Roślin leczniczych **4.** 186—93. Sept. 1958. Poznań.) F. URBAN. 4880

P. Tuzson und **G. Vastagh,** *Schnelle und einfache Methode zur papierchromatographischen Untersuchung von Digitalis- und Strophanthusglykosiden.* Vff. haben von reinen Digitalis- u. Strophanthusglykosiden auf der Längsseite eines 25×13 cm großen MACHEREY-NAGEL 214-Papiers 15 Punkte (mit 10—100 g Glykosid) aufgetragen u. das zylinderförmig zusammengerollte Papier in eine mit Lösungsm. (Äthylacetat–Chlf.–W. 10:8:5 oder 10:2:5) gefüllte Petrischale getaucht. Mit Glaszylinder bedecken u. 15 Min. lang chromatographieren. Nach Trocknen u. Behandlung mit $SbCl_3$-Lsg. treten die Flecke der einzelnen Glykoside im UV-Licht gesondert hervor. (Acta Pharm. Hung. **28.** 19—23. 1958. Budapest, Staatl. Hygien. Inst.) G. LIGETI. 4880

Henryk Speichert, *Quantitative Bestimmung des Alkaloidgehaltes im Mutterkorn.* (Vgl. C. **1959.** 4899.) 10 g feinpulverisiertes Mutterkorn werden 5 Std. mit 150 ml PAe. unter Zusatz von 0,1 ml konz. HCl entfettet. Das getrocknete Pulver wird dann mit 20 ml Ae. u. 1 ml 25% ig. NH_4OH durchfeuchtet u. schließlich mit 150 ml Ae. u. 1 ml 25% ig. NH_4OH 5 Std. extrahiert. Der Extrakt wird über Al_2O_3 gereinigt u. mit Ae. auf 200 ml aufgefüllt. In 100 ml wird die Summe der Alkaloide mit 1% ig. Weinsäure (15, 10, 10, 10 ml je 5 Min.) ausgezogen u. nach Zusatz der ALLPORT-Lsg. colorimetriert. In den anderen 100 ml Extrakt werden zunächst die wasserlösl. Alkaloide mit äthergesätt. W., das mit NH_4OH auf p_H 8 gebracht wurde, extrahiert. Die zurückgebliebenen unlösl. Alkaloide werden wiederum mit 1% ig. Weinsäure herausgelöst u. colorimetr. bestimmt. Aus der Differenz beider Bestimmungen ergibt sich der Geh. an wasserlösl. Alkaloiden, wenn das Ergebnis mit 0,55945 (Umrechnung von Ergotamin auf Ergometrin) multipliziert wird. (Biul. Inst. Roślin leczniczych **4.** 194—203. Sept. 1958. Poznań.) F. URBAN. 4880

W. Kamp und **J. A. Fresen,** *Die Bestimmung des Chiningehaltes von Chinetum, Totaquina, Extractum chinae aquosum liquidum und cortex Chinae mit Ionenaustauscherharzen.* Zur Best. von *Chinin* (I) in Cinchonaalkaloiden verwendet man einen Anionenaustauscher in der Chromatform (Dowex-1X2), wobei man den Austauscher mit einer neutralen Lsg. der Gesamtalkaloide (GA) in Sulfatform belädt. Durch Eluieren mit W. wurden alle GA außer I entfernt. Man eluiert dann mit n-NH_4OH oder n-HCOOH in 96% ig. A. das I. (Pharmac. Weekbl. **94.** 33—39. 24/1. 1959. Utrecht, Rijksuniv., Farmaceut. Labor.) W. WESLY. 4880

C. H. Liberalli und **Clara Aisic,** *Über die Hydrastinbestimmung im flüssigen Extrakt aus „St. Johanniswurzel" Berberis laurina (Billb.) Thumb.* (Vgl. An. Fac. Farmác. Odontol. Univ. São Paulo **12.** [1954.] 93.) Der äther. Extrakt aus Berberis laurina wird durch H_2SO_4- u. Florisilbehandlung u. Elution mit ammoniakal. A. gereinigt u. eingedampft, der Trockenrückstand mit ca. 10 cm^3 0,1 n H_2SO_4 auf dem Wasserbad aufgenommen, die Lsg. auf 25 cm^3 aufgefüllt, 1 cm^3 mit 4 cm^3 1% ig. $K_2Cr_2O_7$-Lsg. u. 5 cm^3 konz. H_2SO_4 versetzt, geschüttelt, 5 Min. stehengelassen, im Eisbad abgekühlt u. auf 25 cm^3 bei 20° aufgefüllt; die spektrophotometr. Best. des Hydrastins (I) bei 600 mμ erfolgt im Vgl. mit einer Standardkurve, die mit reinem I aufgenommen ist. Während die zum Vgl. durchgeführte Best. nach einer volumetr. u. nach einer gravimetr. Meth. stark streuende Werte liefert, werden nach dem beschriebenen spektrophotometr. Verf. erheblich niedrigere, aber einheitliche Werte von der Größenordnung 0,20% gefunden. (An. Fac. Farmác. Odontol. Univ. São Paulo **14.** 21—29. 1956. São Paulo, Fac. Farmác. Odontol., Cad. Farmác. galén.) R. K. MÜLLER. 4880

Richard O. Brooke, *Bericht über Phenothiazin und Nicotin.* Die Nachprüfung der zur Best. von *Nicotin* (I) u. *Phenothiazin* (II) angegebenen Verff. (Official Methods of Analysis, 8. Ausgabe, 5. 105 u. 32. 257) sowie des von WILLITS u. Mitarbeitern (C. **1954.** 4911) abgewandelten Verf. ergab, daß die für I erhaltenen Werte nur teilweise befriedigend sind. Die für II gefundenen Werte sind vergleichbar, wenn auch etwas niedriger, als der Theorie entspricht. (J. Assoc. off. agric. Chemists **41.** 338—41. Mai 1958. Washington, Mass., Wirthmore Res. Labor.) W. WESLY. 4880

J. H. Helou, *Beitrag zur Prüfung von Tinctura Opii benzoica des brasilianischen Arzneibuchs.* Vf. beschreibt die Technik der Best. folgender Bestandteile von Tinctura Opii benzoica: Morphin; bei 98° nicht flüchtige Anteile; A.; $CaCl_2$; freie Säure; Wasserzahl; ferner werden folgende physikal. Werte ermittelt: Tropfenzahl/g, D., n_D^{20}, Viscosität. Die im brasilian. Arzneibuch angegebene Best. auf Grund der Rk. von Meconsäure ist zu streichen; statt dessen ist die Morphinbest. einzuführen. Die Best. der äther. Öle (Anisessenz, Anetol, Campher) gab keine befriedigenden Werte. (An. Fac. Farmác. Odontol. Univ. São Paulo **14.** 31—48. 1956. São Paulo, Univ., Fac. Farmác. Odontol., Cad. Farmác. galén.) R. K. MÜLLER. 4880

G. Machek und **F. Lorenz,** *Die colorimetrische Bestimmung des Chloramphenicol-cinnamates.* Zur colorimetr. Best. im Spektrophotometer wird das *Chloramphenicol* (I) bzw. I-Cinnamat in A. gelöst, die Nitrogruppe in 0,5n HCl mit Zn-Staub zur Aminogruppe red. u. mit $NaNO_2$ diazotiert. Nach Zers. überschüssigen Nitrits mit Ammoniumsulfamat wird mit Naphthyläthylendiamin gekuppelt u. bei 545 mμ photometriert. Die Meth. wurde mit Erfolg zur Best. von I-Cinnamat in galen. Zubereitungen (Sirup u. Pulver) angewendet. In I-Palmitat ließ sich mit der beschriebenen Meth. I nicht bestimmen. (Scientia pharmac. **26.** 52—58. 31/3. 1958. Kundl, Tirol, Biochem. Ges. m. b. H.) W. SCHÖNBORN. 4880

I. I. Beloussowa und **L. A. Popowa,** *Methode zur Bestimmung des Verhältnisses von Tetracyclin zu Chlortetracyclin in der Kulturflüssigkeit.* Die beschriebene Meth. beruht auf der papierchromatograph. Trennung von *Tetracyclin* (I) u. *Chlortetracyclin* (II), Extraktion der getrennten Antibiotica u. nachfolgenden quantitativen colorimetr. Bestimmungen derselben. Als Lösungsm. dient das Gemisch n. Butanol–Essigsäure–W. (2:1:1), als unbewegliche Phase. 0,1—0,3 mol. Phosphatlsg. vom p_H 2,4—2,53. Mittels der dargestellten Meth. kann das prozentuale Verhältnis von I u. II nicht nur in Gemischen reiner Lsgg. der Antibiotica, sondern auch in der Kultur-Fl. bei der Fermentation von *Actinomyces aureofaciens* bestimmt werden. (Антибиотики [Antibiotika] **3.** Nr. 6. 24—27. Nov./Dez. 1958. Allunions Wiss. Forsch.-Inst. für Antibiotica.) E. RENTZ. 4880

Arnold Gaerny, Schweiz, *Isolierung von Zahnmulagen.* Zur Verhinderung der zerstörenden Wrkg. des Sulfations u. der Feuchtigkeit überzieht man eine Gipsform zur Herst. von Zahnersatzteilen auf dem Wege der kalten Polymerisation, bes. von Methacrylaten, mit einer Lsg. aus ca. 20% koll. Graphit. Als Lösungsm. verwendet man eine 5%ig. wss. Na-Alginat- oder Na-Silicatlsg. bzw. eine Mischung aus verschied. Alkoholen u. Polyamiden. — Ausführungsbeispiele. (**F. P. 1 171 440** vom 17/1. 1957, ausg. 26/1. 1959. Schwz. Prior. 17/1. 1956.) G. WELTZIEN. 4799

Gebr. De Trey Akt.-Ges., Zürich, Schweiz, *Material zur Durchführung von Polymerisationsreaktionen.* Man polymerisiert mit einer Mischung aus einem Metallsulfinat als Beschleuniger, einer Perverb. u. gegebenenfalls einem Polymeren ein Monomeres, das eine quaternäre Verb. oder ein Metallhalogenid als Lösungsvermittler für das Sulfinat enthält. — Verwendung für *zahntechnische Zwecke.* — Man geht von einer Mischung von 100 cm^3 Methylmethacrylat u. 1,5 g Tetra-n-butylammoniumchlorid einerseits u. einer solchen aus 100 g Polymethylmethacrylat (unter Zusatz von 15% n-Butylmethacrylat u. 2% Benzoylperoxyd polymerisiert) 1 Na-p-Toluolsulfinat u. 0,05 g $Cu_2Cl_2 \cdot 6\ NH_2 \cdot CS \cdot NH_2$ andererseits aus u. verreibt 1 cm^3 der 1. mit 1,7 g der 2. Mischung. Erhärtung bei 37° mit 4—4½ Minuten. (**Oe. P. 199 870** vom 19/11. 1956, ausg. 25/9. 1958. A. Prior. 15/12. 1955.) M. PANKOW. 4799

Chimie et Atomistique, Frankreich (Erfinder: **David Libermann**), *Herstellung monosubstituierter Hydrazinäther* der Formel $R—C(OR_1) = NNHR_1$ (R, R_1 = organ. Reste), dad. gek., daß man Alkyl-, Aryl-, Aralkyl- oder heterocycl. Halogenide in A. mit der Na-Verb. eines Hydrazids $R—CO—NH—NH_2$ umsetzt. — *Benzoylpropylhydrazinopropyläther,* F. 100°, aus Benzoylhydrazid, Na in A. u. n-Propylbromid. — *Benzoyl-n-butylhydrazino-n-butyläther,* F. 104°, aus n-Butylbromid. — *Isonicotinyl-n-butylhydrazino-n-butyläther,* F. 122°, *-isoamylhydrazinoisoamyläther,* F. 119,5°, *-n-heptylhydrazino-n-heptyläther,* F. 71°, *-n-laurylhydrazino-n-lauryläther,* F. 74°, *-n-propylhydrazino-n-propylätherdihydrochlorid,* F. 208—209°, u. *-benzylhydrazinobenzyläther,* F. 148°, aus Isonicotinhydrazid. — *Therapeutica.* (**F. P. 1 159 157** vom 27/4. 1953, ausg. 24/6. 1958.) S. BÖTTCHER. 4807

Chas. Pfizer & Co., Inc., Brooklyn, N. Y., V. St. A., *N-Substituierte 2-Phenylcyclohexylamine* erhält man durch Erhitzen von 2-Phenylcyclohexanon mit einem prim. Amin (Alkyl- u. Hydroxyalkylamine mit höchstens 10 C-Atomen) u. HCOOH. — Es werden hergestellt: *N-Methyl*-I (I = 2-Phenylcyclohexylamin), $Kp._{1-2}$ 85—88°; 45% (Ausbeute); *Hydrochlorid,* F. 147—170° (wahrscheinlich Isomerengemisch). — *N-Äthyl*-I,

$Kp._{1-2}$ 87—89°; 32,5%; *Hydrochlorid*, F. 211—213°, erweicht bei 206°. — *N-Isopropyl*-I; *Hydrochlorid*, F. (aus A.-Ae.) 247—248°. — *N-(n-Butyl)*-I, $Kp._8$ 140—150°; *Hydrochlorid*, F. 137—145°, weißes krist. Pulver. — *N-(2-Hydroxyäthyl)*-I, $Kp._7$ 160—165°; F. (aus Heptan u. wss. A.) 90—93°. — *Stabile Therapeutica.* (**E. P. 758 143** vom 10/6. 1954, ausg. 3/10. 1956. A. Prior. 15/6. 1953.) R. LINK. 4807

Sterling Drug, Inc., New York, N. Y., V. St. A., *Chlorierte Hydroxyindane* erhält man durch Chlorieren von 4- oder 5-Indanol mit SO_2Cl_2 bes. in Ggw. einer kleinen Menge J_2, in einem inerten Lösungsm., bes. Eisessig, unterhalb 65—70°. — Z. B. erhält man aus 54 (g) 4-Indanol (I) in 100 cm³ Eisessig in Ggw. von J_2 u. 34 cm³ SO_2Cl_2 unter 55° nach alkal. Aufarbeitung u. anschließender Zugabe von Säure 31 *7-Chlor*-I, weiße Nadeln aus PAe., F. 91—93°. — Aus der Mutterlauge wenig *5-Chlor*-I, F. 71—72°. — Analog: *6-Chlor-5-indanol*, weiße Kristalle aus PAe., F. 37—40°; neben den 4- u. 7-Chlorderivv., $Kp._{0,04}$ des Gemisches 83—84°; n_D^{25} 1,5763. — Mit überschüssigem SO_2Cl_2 erhält man *5.7-Dichlor-4-indanol*, weiße Kristalle aus PAe., F. 54—57°. — Diese Verb. auch durch Behandeln von 7-Chlor-4-indanol mit 1 Mol SO_2Cl_2. — *Baktericide* u. *Bakteriostatica*, bes. wirksam gegen *Staphylococcus aureus*, *Eberthella typhi*, *Pseudomonas aeruginosa*, *Escherichia coli* u. *Escherichia enteritidis*. (**E. P. 770 593** vom 23/5. 1955, ausg. 20/3. 1957. A. Prior. 22/7. 1954.) R. LINK. 4807

Ciba Pharmaceutical Products, Inc., Summit, N. J., V. St. A., übert. von: **Hellmut Ueberwasser**, Chrischonaweg, Schweiz, *1-Aminoalkylindene beziehungsweise -indane* erhält man durch Kondensation eines 1- bzw. 3-Cyanoindens oder -indans mit einem reaktionsfähigen Ester eines Aminoalkohols, z. B. den Hydrohalogeniden, bes. in Ggw. inerter Lösungsmittel (Bzl., Toluol, Xylol) u. eines alkal. Kondensationsmittels (Alkalimetalle, -amide, -hydride oder KW-stoffverbb.) oder durch Kondensation von geeigneten Indenen mit Acrylsäurenitril, vorteilhaft in Ggw. von tert. Butanol u. einer starken organ. Base, z. B. Benzyltrimethylammoniumhydroxyd, Red. der erhaltenen 1-Cyanäthylindene mit H_2 in Ggw. von RANEY-Ni u. gegebenenfalls Alkylierung der erhaltenen prim. 1-Aminopropylindene zu den entsprechenden tert. 1-Aminopropylindenen, die dann gegebenenfalls zu Indanen red. werden können. — Z. B. löst man 21 (g) 1-Phenyl-3-methylinden in 100 cm³ Toluol, fügt 6 feingemahlenes $NaNH_2$ u. dann 15 β-Chloräthyldiäthylamin zu, erhitzt das Gemisch zuerst auf 50—60°, dann 1 Std. unter Rückfluß, fügt W. zu, trennt die wss. Schicht ab, schüttelt die Toluolschicht mit verd. HCl, behandelt die salzsaure Lsg. mit Ae., macht sie mit Sodalsg. alkal., nimmt die rohe Base in Ae. auf, trocknet den Ätherextrakt mit K_2CO_3 u. erhält nach dem Eindampfen *1-(β-Diäthylaminoäthyl)-1-phenyl-3-methylinden*, $Kp._{0,03}$ 127°. — 10 davon werden in 15 cm³ A. gelöst u. mit H_2 in Ggw. eines Ni-Katalysators (Helv. Chim. Acta, Bd. 1, 1918, 453—55) bei 10 at u. 90—100° zu *1-(β-Diäthylaminoäthyl)-1-phenyl-3-methylindan*, $Kp._{0,03}$ 121°, reduziert. — Analog: *1-(β-Piperidinoäthyl)-1-phenyl-3-methylinden*, farbloses Öl; $Kp._{0,03}$ 141°. — *1-(β-Piperidinoäthyl)-1-phenyl-3-methylindan*, $Kp._{0,04}$ 135°. — *1-(β-Morpholinoäthyl)-1-phenyl-3-methylinden*, $Kp._{0,045}$ 160°. — *1-(β-Morpholinoäthyl)-1-phenyl-3-methylindan*, $Kp._{0,03}$ 149°. — *1-(β-Diäthylaminoäthyl)-1-phenyl-3-methyl-5.6-dimethoxyinden*, $Kp._{0,17}$ 182°; F. (aus PAe.) 82°. — *1-(β-Diäthylaminoäthyl)-1-phenyl-3-methyl-5.6-dimethoxyindan*, farbloses Öl, $Kp._{0,08}$ 162°; *Hydrochlorid*, F. (aus A.-Essigester oder W.) 210°. — *1-(β-Diäthylaminoäthyl)-1-(3'.4'-dimethoxyphenyl)-3-methyl-5.6-dimethoxyinden*, prakt. farbloses Öl, $Kp._{0,1}$ 187°; *Pikrat*, F. 154°. — *1-(β-Diäthylaminoäthyl)-1-(3'.4'-dimethoxyphenyl)-3-methyl-5.6-dimethoxyindan*; *Hydrochlorid*, farblose Kristalle, F. (aus 80% ig. A.) 271°. — *1-(β-Diäthylaminoäthyl)-1-thienyl-3-methylinden*, $Kp._{0,04}$ 127°. — *1-(β-Diäthylaminoäthyl)-1-(2'-chlorphenyl)-3-methylinden*, $Kp._{0,035}$ 140—141°. — *1-(β-Diäthylaminoäthyl)-1-(2'-chlorphenyl)-3-methylindan*, farbloses Öl, $Kp._{0,04}$ 140°. — *1-(β-Diäthylaminoäthyl)-1-(4'-chlorphenyl)-3-methylinden*, $Kp._{0,05}$ 150°. — *1-(β-Diäthylaminoäthyl)-1-(4'-chlorphenyl)-3-methylindan*, $Kp._{0,03}$ 138°. — *1-(β-Diäthylaminoäthyl)-1-methyl-3-benzylinden*, prakt. farbloses Öl, $Kp._{0,05}$ 134°. — *1-(β-Diäthylaminoäthyl)-1-methyl-3-benzylindan*, farbloses Öl, $Kp._{0,05}$ 131°. — *1-(β-Diäthylaminoäthyl)-1-phenyl-3-isopropylinden*, gelbliches Öl, $Kp._{0,03}$ 131°. — *1-(β-Diäthylaminoäthyl)-1-phenyl-3-isopropylindan*, $Kp._{0,03}$ 129°. — *1-(β-Diäthylaminoäthyl)-1-phenyl-3-benzylinden*, $Kp._{0,035}$ 170°. — *1-(β-Diäthylaminoäthyl)-1-phenyl-3-benzylindan*, farbloses, viskoses Öl, $Kp._{0,035}$ 176°. — *1-(β-Diäthylaminoäthyl)-1.3-dibenzylinden*, gelbliches Öl, $Kp._{0,05}$ 190°; *Hydrochlorid* (kristallwasserhaltig), F. 94—96°. — *1-(β-Diäthylaminoäthyl)-1.3-dibenzylindan*, farbloses Öl, $Kp._{0,03}$ 180°. — *1-(β-Diäthylaminoäthyl)-1-benzyl-3-furfurylinden*, viskoses, gelbliches Öl, $Kp._{0,04}$ 168°. — *1-(β-Diäthylaminoäthyl)-1.3-diphenylinden*, $Kp._{0,05}$ 181°. — *1-(β-Diäthylaminoäthyl)-1.3-diphenylindan*, farbloses Öl, $Kp._{0,05}$ 171°. — *1-(β-Diäthylaminoäthyl)-1-phenyl-2.3-dimethylinden*, hellgelbes Öl, $Kp._{0,05}$ 127°. — *1-(β-Diäthylaminoäthyl)-1-phenyl-2.3-dimethylindan*, $Kp._{0,04}$ 126°; *Hydrochlorid*, farblose Kristalle, F. 217°. — *1-(γ-Aminopropyl)-1-phenyl-3-methylinden*, $Kp._{0,02}$ 126°. — *1-(γ-Aminopropyl)-1-phenyl-*

3-methylindan (I), Kp.$_{0,03}$ 126°. — *1-(γ-Dimethylaminopropyl)-1-phenyl-3-methylindan*, farbloses Öl, Kp.$_{0,08}$ 133°. — Durch Behandeln von 18 I mit 5,5 $NaNO_2$ in 40 cm³ 50% ig. Essigsäure bei 80—90° erhält man *1-(γ-Hydroxypropyl)-1-phenyl-3-methylindan*, Kp.$_{0,09}$ 145°. — 11 davon ergeben beim Erhitzen mit 5,2 cm³ $SOCl_2$ u. 4 ccm Pyridin aus 110° *1-(γ-Chlorpropyl)-1-phenyl-3-methylindan*, Kp.$_{0,035}$ 131°. — 8 davon liefern beim Erhitzen mit 50 cm³ Piperidin nach 5 Std. *1-(γ-Piperidinopropyl)-1-phenyl-3-methylindan*, farbloses Öl, Kp.$_{0,05}$ 147°. — *1-(β-Diäthylaminoäthyl)-1-cyclohexenyl-3-methylinden*, Kp.$_{0,04}$ 125°. — *1-(β-Diäthylaminoäthyl)-1-cyclohexyl-3-methylindan*, farbloses Öl, Kp$_{0,05}$ 122°. — *1-(β-N-Piperidinoäthyl)-1-cyclohexenyl-3-methylinden*, Kp.$_{0,03}$ 144°. — *1-(β-N-Piperidinoäthyl)-1-cyclohexyl-3-methylindan*, farbloses Öl, Kp.$_{0,05}$ 140°. — *1-(β-Diäthylaminoäthyl)-1-methyl-3-(2′-äthylbutyl)-inden*, Kp.$_{0,045}$ 112°. — *1-(β-Diäthylaminoäthyl)-1-methyl-3-(2′-äthylbutyl)-indan*, Kp.$_{0,03}$ 115°. — *1-(β-Diäthylaminoäthyl)-1-(α-pyridyl)-3-methylinden*, gelbliches Öl, Kp.$_{0,03}$ 130—133°. — *1-(β-Diäthylaminoäthyl)-1-(α-pyridyl)-3-methylindan*, farbloses Öl, Kp.$_{0,05}$ 128°. — *1-(β-Dimethylaminoäthyl)-1-phenyl-3-methylinden*, Kp.$_{0,05}$ 130°. — *1-(β-Dimethylaminoäthyl)-1-phenyl-3-methylindan*, Kp.$_{0,05}$ 126°. — *1-(β-Diäthylaminoäthyl)-1-phenyl-3-äthylinden*, Kp.$_{0,035}$ 133°. — *1-(β-Diäthylaminoäthyl)-1-phenyl-3-äthylindan*, Kp.$_{0,04}$ 127°. — 130 cm³ α-Allylbenzylcyanid werden portionsweise zu 170 feinkörnigem $AlCl_3$ u. 120 cm⁴ n. Hexan gegeben, das Gemisch wird auf 50—60° erwärmt, auf dieser Temp. gehalten, auf Eis gegossen, mit Chlf. versetzt, die Chloroformschicht mit W. u. verd. Na_2CO_3-Lsg. gewaschen, getrocknet u. dest.; man erhält *3-Methylindan-1-carbonsäurenitril*, farbloses Öl, Kp.$_{0,05}$ 72°. — 38 davon werden mit 36 β-Chloräthyldiäthylamin, 180 cm³ Toluol u. 16 feingemahlenem $NaNH_2$ zuerst auf 65—75° erwärmt, dann $^1/_4$ Std. auf 100°, nach dem Abkühlen 10 ccm A. zugefügt, das Gemisch wird mit W. zers., u. aus der Toluolschicht *1-(β-Diäthylaminoäthyl)-3-methylindan-1-carbonsäurenitril* (II) durch Dest. erhalten, Kp.$_{0,09}$ 114°. — 18,5 davon werden mit 12 cm³ W. u. 27 konz. H_2SO_4 1 Std. auf 145—150° erhitzt, 1500 cm³ 99,8% ig. A. bei 103—108° in den unteren Teil des Reaktionsgefäßes eingeführt u. A. fortlaufend abdest., das Gemisch kurze Zeit auf 125° erhitzt, nach dem Abkühlen mit 300 cm³ Ae. verd., NH_3 bis zur alkal. Rk. eingeleitet u. aus der Ätherschicht *1-(β-Diäthylaminoäthyl)-3-methylindan-1-carbonsäureäthylester* durch Dest. gewonnen, farbloses Öl, Kp.$_{0,04}$ 102°; Hydrochlorid, F. (aus Aceton) 162—164°. — Werden 13 II in 50 cm³ Toluol gelöst u. zu einer GRIGNARD-Lsg. aus 3,5 Mg u. 10,5 C_2H_5Br in 50 cm³ Ae. gefügt, das Gemisch unter Abdest. von Ae. u. Toluol u. schließlich auf 140° erhitzt, so erhält man *1-(β-Diäthylaminoäthyl)-1-propionyl-3-methylindan*, Kp.$_{0,03}$ 99,5°. — Analog: *1-(β-Diäthylaminoäthyl)-1-benzoyl-3-methylindan*, Kp.$_{0,03}$ 142°. — Die Ausgangsverbb. können wie folgt hergestellt werden: 86 3-Phenylindanon werden in 130 cm³ Toluol gelöst, die Lsg. wird allmählich zu einer GRIGNARD-Lsg. aus 12 Mg-Spänen u. gasförmigem CH_3Br in 400 cm³ Ae. gegeben, das Gemisch $^1/_2$ Std. unter Rückfluß erhitzt, mit Eis u. 30 cm³ konz. H_2SO_4 zers., Ae. zugefügt, die organ. Schicht mit W. gewaschen, vom Ae. durch Dest. befreit, die zurückbleibende Toluollsg. mit 8 2.5-Dichlorbenzolsulfonsäure höchstens 15 Min. auf höchstens 140° erhitzt, der nach dem Abdest. des azeotropen Gemisches aus Toluol u. W. erhaltene Rückstand in Bzl. gelöst. mit 2n Na_2CO_3-Lsg. gewaschen, das Bzl. abgedampft u. *1-Phenyl-3-methylinden* durch Dest. gereinigt, Kp.$_{0,04}$ 89—92°. — Analog: *1-(2′-Chlorphenyl)-3-methylindan*, Kp.$_{0,09}$ 112°. — *1-Phenyl-2.3-dimethylinden*, Kp.$_{0,04}$ 87°; F. (aus verd. A.) 52°. — *1-Phenyl-3-äthylinden*, Kp.$_9$ 184°. — *1-Thienyl-3-methylinden*, fast farbloses Öl, Kp.$_{0,03}$ 93°. — 900 Zimtsäure u. 1860 cm³ Veratrol werden auf 90° erhitzt, ein Gemisch aus 110 Eis u. 340 cm³ konz. H_2SO_4 zugefügt, so daß die Temp. der Mischung ca. 104° beträgt, das Gemisch auf 80° abgekühlt, in eine Mischung aus 2000 Eis u. 4000 cm³ W. gegossen, mit Ae. extrahiert, der Ätherextrakt mit 2n NaOH verrührt u. aus der alkal. Lsg. durch Ansäuern mit konz. HCl die *β-Phenyl-β-veratrylpropionsäure* gewonnen, Kp.$_{0,1}$ 175—195°; F. (aus Bzl.–Hexan) 106°. — 775 davon werden mit 600 cm³ $SOCl_2$ in 1500 cm³ Bzl. 3 Std. auf 65° erwärmt, das rohe Säurechlorid in der 1,3fachen Menge Bzl. gelöst, mit 1100 $SnCl_4$ unter Kühlen mit einer Eis–NaCl-Mischung behandelt, das Gemisch mit Eis–HCl zers. u. aus der Benzolschicht *3-Phenyl-5.6-dimethoxyindanon* gewonnen, Kp.$_{0,025}$ 153°; Kp.$_{0,18}$ 174°; F. (aus A.) 108°. — 330 davon werden in 1000 cm³ Bzl. gelöst, zu einer GRIGNARD-Lsg. aus 46 Mg, 1000 cm³ Ae. u. CH_3Br gegeben, das Gemisch $^1/_2$ Std. auf 45° erwärmt, mit 1000 2n H_2SO_4 zers., die Benzolschicht eingedampft (Abspaltung von W.) u. *1-Phenyl-3-methyl-5.6-dimethoxyinden* durch Dest. gewonnen, Kp.$_{0,03}$ 132°; Kp.$_{0,15}$ 153°. — Analog: *1-(3′.4′-Dimethoxyphenyl)-3-methyl-5.6-dimethoxyinden*, Kp.$_{0,1}$ 187°. — Ein Gemisch aus 8 KOH, 110 cm³ 90% ig. Methanol, 33 3-Methylinden u. 35 cm³ Benzaldehyd wird bei 38—40° umgesetzt, mit verd. H_2SO_4 angesäuert, die ölige Schicht in Bzl. aufgenommen, aufgearbeitet, 40 des erhaltenen *1-Benzal-3-methylindens*, Kp.$_{0,06}$ 126°, in 100 cm³ Dioxan gelöst, mit 11 KOH in 100 cm³ Methanol versetzt, mit H_2 in Ggw. von

RUPE-Ni hydriert u. durch übliche Aufarbeitung *1-Methyl-3-benzylinden*, $Kp._{0,03}$ 93°, gewonnen. — Analog: *1-Phenyl-3-isopropylinden*, $Kp._{0,03}$ 102°. — 1-Phenyl-3-benzylinden, $Kp._{0,04}$ 153°. — 1-Benzyl-3-furfurylinden, $Kp._{0,08}$ 92°. — 1-Cyclohexyliden-3-methylinden, F. (aus Hexan) 72—73°. — Aus 120 1-Methylinden, 53 α-Brompyridin u. 16 fein gemahlenem $NaNH_2$ in 100 cm^3 Toluol erhält man durch Erhitzen auf 75 bis 78°, anschließend 110° nach üblicher Aufarbeitung 1-(α-Pyridyl)-3-methylinden, $Kp._{0,2}$ 107°. — *Spasmolytica* u. *herzkranzgefäßerweiternde* Mittel. (**A. P. 2 798 888** vom 11/8. 1953, ausg. 9/7. 1957. Schwz. Prior. 12/8. 1952.) R. LINK. 4807

E. Merck Akt.-Ges. (Erfinder: **Clemens Schöpf, Dietrich Erdmann** und **Kurt Otte**), Darmstadt, *Herstellung substituierter 1.2-Diaryl-3-methylpyrazolon-(5)-carbonsäuren-(4)*, dad. gek., daß in Abänderung des Hauptpatentes an Stelle von Hydrazobenzol im Benzolkern durch Halogen, Alkyl, Alkoxy u./oder Methylendioxyresten substituierte Hydrazobenzole eingesetzt werden. Analog kann dann mit Chlorameisensäureester u. Diketen in Ggw. von tert. Aminen eine CLAISEN-Kondensation herbeigeführt werden. Diese Cyclisierung erfolgt bes. in Ggw. von Alkoholaten in Alkoholen, wie von Na-Äthylat in Äthanol. — Hydrazophenetol in Bzl. u. Pyridin + Chlorameisensäureäthylester (bei 5—7°) → Kondensat, das in Bzl. mit Diketen, in Ggw. von Triäthylamin zur Rk. gebracht u. schließlich am Rückfluß Na in A. zu *1.2-Di-(p-äthoxyphenyl)-3-methylpyrazolon-(5)-carbonsäure-(4)*, F. 189—190°, cyclisiert werden kann. Dessen *Äthanolaminsalz*, F. 200°. — Analog: *1.2-Di-(p-tolyl)-3-methylpyrazolon-(5)-carbonsäure-(4)*, F. 216—217°. Ausbeute 40% der Theorie. — *Pharmazeutica* mit analget. u. antiphlogist. Wirksamkeit. (**D. A. S. 1 049 386** Kl. 12p vom 23/2. 1957, veröff. 29/1. 1959. **Zusatz zu D. A. S. 1 034 181; C. 1959. 565.**) K. GÄBELEIN. 4807

J. R. Geigy Soc. An., Schweiz, *Herstellung 4-substituierter 1.2-Diphenyl-3.5-dioxopyrazolidine* der allg. Formel I, worin Ar_1 u. Ar_2 = (auch substituierte) Phenylreste, n = 2—4 u. R = heterocycl. Ring, dad. gek., daß man Malonsäurederivv. in Ggw. alkal. Kondensationsmittel mit Hydrazobenzolen umsetzt. — 1.2-Diphenyl-3.5-dioxopyrazolidine: *4-[3′-(Benzthiazolyl-(2″)-mercapto)-n-propyl]-*, F. 156°, aus [γ-Benzthiazolyl-(2)-mercapto-n-propyl]-malonsäurediäthylester u. Hydrazobenzol in A. in Ggw. von Na. — *4-[3′-(Pyridyl-(2″)-mercapto)-n-propyl]-*, F. 127—128°, aus [γ-Pyridyl-(2)-mercapto-n-propyl]-malonsäurediäthylester ($Kp._{0,04}$ 151—152°). — *4-[β-Thienylmercaptoäthyl]-* aus [β-Thienylmercaptoäthyl]-malonsäurediäthylester. — *4-[3′-(4″-Methylthiazolyl-(2″)-mercapto)-n-propyl]-* u. *4-[2′-(2″.6″-Lutidyl-(4″)-mercapto)-äthyl]-*, aus γ-[4-Methylthiazolyl-(2)-mercapto]-n-propyl- bzw. [β-(2.6-Lutidyl-(4)-mercapto)-äthyl]-malonsäurediäthylester. — Als Ausgangsprodd. werden ferner genannt: 2-Mercaptothiophen, -imidazol, -1-methylimidazol, -4-methyl- u. -1-phenylimidazol, -benzimidazol, -1-methylbenzimidazol, -benzoxazol, -5-chlorbenzoxazol, -4-methyl- u. -4-phenylthiazol, -benzthiazol, -5-chlorbenzthiazol, 3-Mercaptobenzisothiazoldioxyd, 2-Mercapto-1.3.4-triazol, -1-äthyl-1.3.4-triazol, 3-Phenyl-5-mercapto-1.2.4-oxdiazol u. -1.2.4-thiodiazol, 5-Mercaptotetrazol, -1-phenyltetrazol, 2- u. 4-Mercaptopyridin, 4-Mercapto-2.6-lutidin, 2-Mercaptochinolin, -4-methylchinolin, 2-Mercapto-4.5-benzo-1.3-oxazin, 2-Mercapto-4.6.6-trimethyl-1.3-thiazin, -4.5-benzo-1.3-thiazin, 3-Mercapto-6-methylpyridazin, 4-Mercaptocinnolin, 1-Mercaptophthalazin, 4-Methyl- u. 2.4-Dimethyl-6-mercapto-, 2-Mercapto-4.6-dimethyl-, 2-Methyl-4-chlor-6-mercapto-, 2-Methylmercapto-4-methyl-6-mercaptopyrimidin, 2-Thio-4-methyluracil, 2-Thioalloxan, 2-Äthyl-4-mercaptochinazolin, Mercaptopyrazin, 2-Mercapto-3-methylchinoxalin, 3-Mercapto-6-phenyl-1.2.4-triazin, 3-Mercapto-6-methyl-1.2.4-triazinon-(5); 4-Chlor-, 2.2′-, 3.3′-, 4.4′ u. 2.4-Dichlor-, 4-Brom-, 2.2′-, 3.3′-, 4.4′- u. 3.5-Dibrom-, 2-, 3- u. 4-Methyl-, 2.2′-, 3.3′- u. 4.4′-Dimethyl-, 4-Methyl-4′-chlor-, 2.4-Dimethyl-, 2.4.2′.4′- u. 3.4.3′.4′-Tetramethyl-, 4.4′-Bis-[tert.-butyl]-, 2-, 3- u. 4-Äthoxy-, 4-Methoxy-, 4-Methoxy-4′-methyl-, 4-Äthoxy-4′-brom- u. -4′-methyl-, 3.3′- u. 4.4′-Diäthoxy-, 2.2′- u. 4.4′-Bis-[methylmercapto]-, 4.4′-Bis-[äthylmercapto]-hydrazobenzol. — *Therapeutica*. (**F. P. 1 161 360** vom 18/5. 1955, ausg. 28/8. 1958. Schwz. Prior. 22/5. 1954.) S. BÖTTCHER. 4807

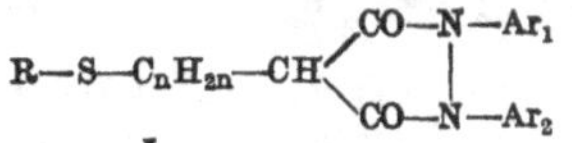
I

G. D. Searle & Co., Skokie, übert. von: **William W. Jenkins**, Wilmette, Ill., V. St. A., *Basische Ester und Estersalze von 3.4-Dihydro-α-pyran-5-carbonsäuren* der allg. Formel **I** (R = niedriger KW-stoffrest, R′ = H oder niedriger KW-stoffrest, A = Alkylenrest, B = Dialkylamino oder über N gebundener gesätt. monocycl. heterocycl. Rest). Die Herst. erfolgt nach üblichen Veresterungsmethoden, z. B. aus der freien Säure u. dem ω-Halogenalkyldialkylamin. Hergestellt werden: *6-Methyl-3.4-dihydro-α-pyran-5-carbonsäure-β-diäthylaminoäthylester* (**I**, R′ = H,

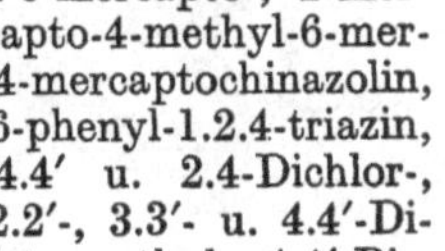

R = CH_3, B—A = $(C_2H_5)_2N—C_2H_4$), Kp.$_1$ 120—123°; *Hydrochlorid*, F. 147—148°; *Methobromid*; I, *R'* = *H*, *R* = CH_3, *B—A* = (*iso*-$C_3H_7)_2N—C_2H_4$, Kp.$_{0,3}$ 125—128°; *Hydrochlorid*, F. 147°; *Methobromid*, F. 130—131°; I, *R'* = *H*, *R* = C_6H_5, *B—A* = $(C_2H_5)_2N—C_2H_4$, Kp.$_{0,7-0,9}$ 160—165°; *Hydrochlorid*, F. 122—123°; *Methojodid*, F. 124 bis 125°; I, *R'* = *H*, *R* = C_6H_5, *B—A* = (*iso*-$C_3H_7)_2N—C_2H_4$, Kp.$_{0,25-0,3}$ 158—163°; *Hydrochlorid*, F. 92—94°; *Methobromid*, F. 127—128°; I, *R'* = *H*, *R* = C_6H_5, *B—A* = *β-Piperidinoäthyl*, Kp.$_{3,5-4}$ 185—195°; *Methobromid*; I, *R* = *R'* = CH_3, *B—A* = $(C_2H_5)_2N—C_2H_4$, Kp.$_1$ 128—132°; *Hydrochlorid*, F. 148—149,5°; *Methobromid*, F. 105,5 bis 106,5°; I, *R* = *R'* = CH_3, *B—A* = (*iso*-$C_3H_7)_2N—C_2H_4$, Kp.$_{0,5}$ 129—131°; *Hydrochlorid*, F. 168,5—170°; *Methobromid*, F. 130,5—131°; I, *R'* = CH_3, *R* = C_6H_5, *B—A* = $(C_2H_5)_2N—C_2H_4$, Kp.$_{0,3-0,4}$ 153—157°; *Hydrochlorid*, F. 128—129°; *Methojodid*, F. 99 bis 100°; I, *R'* = CH_3, *R* = C_6H_5, *B—A* = (*iso*-$C_3H_7)_2N—C_2H_4$, Kp.$_{0,2-0,3}$ 163—165°; *Hydrochlorid*, F. 143,5—144,5°; *Methobromid*, F. 120,5—121°; I, *R'* = CH_3, *R* = C_6H_5, *B—A* = *β-Morpholinoäthyl*, Kp.$_3$ 210°; *Hydrochlorid*, F. 148—150°; I, *R'* = *H*, *R* = $CH(CH_3)_2$, *B—A* = $(CH_3)_2N—CH_2CH_2CH_2CH_2$; I, *R'* = *H*, *R* = *p-Tolyl*, *B—A* = *γ-Pyrrolidinopropyl*. — *Therapeutica*, zum Teil auch *Parasiticide*. (**A. P. 2 776 300** vom 31/8. 1951, ausg. 1/1. 1957.) K. FABEL. 4807

Farbwerke Hoechst Akt.-Ges., vormals Meister Lucius & Brüning, Deutschland, *Herstellung von 3-Aminopropanen* der allg. Formel I, worin R_1 = heterocycl. Rest, R_2 = aromat. oder heterocycl. Rest, R_3 u. R_4 = H oder Alkylgruppe, —N< = prim., sek. oder tert. N-Atom, X = H, CN oder Carboxyalkylgruppe,

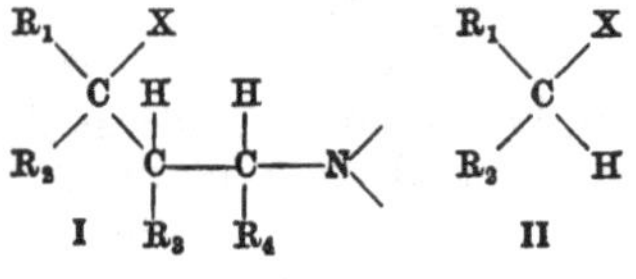

dad. gek., daß man Verbb. der allg. Formel II in Ggw. eines bas. Kondensationsmittels < 50° mit einem Alkylenoxyd umsetzt, die gebildeten Propanole in die Sulfate überführt u. diese mit NH_3 oder Aminen umsetzt. — *1-Phenyl-1-[pyridyl-(2')]*-(III), Kp.$_{0,5}$ 153 bis 156°, u. *-[pyridyl-(4')]-propanol-(3)*, Kp.$_{0,5}$ 166 bis 170°, aus 2- bzw. 4-Benzylpyridin u. Äthylenoxyd in Bzl. in Ggw. von $NaNH_2$. — *1-[p-Chlorphenyl]-1-[pyridyl-(2')]-propanol-(3)* (IV), Kp.$_{0,2}$ 165—168°, F. 62—64°, aus 2-[p-Chlorbenzyl]-pyridin. — *3-Phenyl-3-[chinolyl-(2')]-propanol*, F. 162—163°, aus 2-Benzylchinolin. — *1-Phenyl-1-[4'-methylthiazolyl-(2')]-propanol-(3)*, Kp.$_{10}$ 190—195°, aus 2-Benzyl-4-methylthiazol. — *α-Phenyl-α-[pyridyl-(2)]-γ-hydroxybuttersäurenitril*, Kp.$_{2-3}$ 185—190°, aus Phenylpyridyl-(2)-acetonitril. — *1-Phenyl-1-[thiazolyl-(2')]-propanol-(3)*, Kp.$_4$ 175—178°, aus 2-Chlorthiazol u. Benzylcyanid. — *1-Phenyl-1-[pyridyl-(2')]-3-dimethylaminopropan*, Kp.$_8$ 166—169°, aus III u. Dimethylamin. — *1-Phenyl-1-[pyridyl-(2')]-3-morpholinopropan*, Kp.$_{10}$ 210—214° (*Maleat*, F. 137—138°), aus III u. Morpholin. — *1-Phenyl-1-[chinolyl-(2')]-3-morpholinopropan*, F. 112—113°. — *1-[p-Chlorphenyl]-1-[pyridyl-(2')]-3-dimethylaminopropan*, Kp.$_{0,25}$ 140—144° (*Maleat*, F. 129—130°), aus IV. — *1-Phenyl-1-[pyridyl-(2')]-3-dimethylaminopropan*, Kp.$_8$ 164—168° (*Maleat*, F. 105°). — *Antihistamine*. (**F. P. 1 160 995** vom 19/3. 1954, ausg. 18/8. 1958. D. Priorr. 19/3. u. 21/3. 1953.) S. BÖTTCHER. 4807

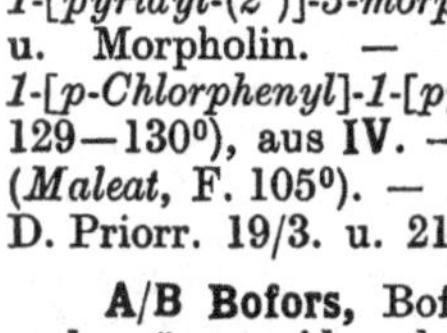

A/B Bofors, Bofors, Schweden, *Herstellung von neuen heterocyclischen Monocarbonsäureamiden* der allg. Formel I (R = N-Alkylpiperidyl bzw. -pyrrolidyl-(2); R_1 = H, Alkylgruppe mit höchstens 5 C-Atomen, Cl oder Alkoxygruppe; R_2 = Alkylgruppe mit höchstens 5 C-Atomen oder Cl; R_3 = H, OH, Alkylgruppe mit höchstens 5 C-Atomen oder Alkoxygruppe; R_1—R_3 können auch gleichzeitig H sein) durch Rk. einer wasserfreien Carbonsäure RCOOH oder deren Anhydrid, Ester oder Chlorid mit dem entsprechenden aromat. Amin oder einem dem Amin entsprechenden Isocyanat. — Durch Rk. von 175,5 (Teilen) N-Äthylnipecotinsäurechloridhydrochlorid mit 121 2.6-Dimethylanilin in Aceton < 35°, Abdest. des Acetons im Vakuum, Lösen in W., Einstellen auf p_H 5,5, Ausziehen von nicht umgesetzten Xylidin mit Ae., Bzl. oder Toluol u. Fällen der Base wird *N-Äthylnipecotinsäure-2.6-dimethylanilid* erhalten; ca. 85% (Ausbeute). — *N-[n-Butyl]-pyrrolidin-α-carbonsäure-2-chlor-6-methylanilid*, analog aus N-[n-Butyl]-pyrrolidin-α-carbonsäure u. 2-Chlor-6-methylphenylisocyanat bei 90—110°; ca. 65%. — *N-[n-Propyl]-pyrrolidin-α-carbonsäure-2-äthylanilid*, aus N-[n-Propyl]-pyrrolidin-α-carbonsäure u. Äthylanilin; ca. 55%. — *N-Methylnipecotinsäure-2.6-dimethyl-4-äthoxyanilid*, aus N-Methylnipecotinsäureanhydrid u. 2.6-Dimethyl-4-äthoxyanilin; ca. 75%. — *N-Methylisonipecotinsäureanilid*, aus N-Methylisonipecotinsäure u. Anilin; ca. 80%. — *N-Methylpipecolinsäure-2.6-dimethylanilid*, aus N-Methylpipecolinsäure; ca. 70%. — *Lokalanästhetica*. (**Oe. P. 195 427** vom 26/5. 1955, ausg. 10/2. 1958. Schwed. Prior. 29/5. 1954.) H.-J. NITZSCHKE. 4807

A/B Bofors, Bofors, Schweden, *Herstellung von neuen N-Alkylpiperidinmonocarbonsäureamiden* der allg. Formel I (R_1 = Alkylgruppe; R_2 = Alkylgruppe mit höchstens 5 C-Atomen oder Cl; R_3 = H, OH, Alkylgruppe mit nicht mehr als 5 C-Atomen oder Alkoxygruppe; R_4 = H, Cl, Alkoxygruppe oder Alkylgruppe mit höchstens 5 C-Atomen; R_2—R_4 können gleichzeitig H sein) durch Hydrieren des entsprechenden Pyridincarbonsäureamids u. Alkylierung. — *N-Äthylpipecolinsäure-2.6-dimethylanilid,* durch Rk. von picolinsaurem Na mit PCl_5 in Toluol, Zugabe von 180 (Gewichtsteilen) 2.6-Dimethylanilin zu 141,5 des Picolinsäurechlorids in Toluol, 1 std. Erwärmen bei 80°, Ausziehen mit 10%ig. HCl, Einstellen mit Alkali auf p_H 2,5, Lösen des erhaltenen *Picolinsäure-2.6-dimethylanilids* in Eisessig, Hydrierung in Ggw. von 4—5 PtO_2 bei 5 at u. 80°, Zugabe von konz. HCl zum Filtrat, Eindampfen im Vakuum, Lösen in W., Zugabe von Alkali, 3 std. Erhitzen von 10 des *Pipecolinsäure-2.6-dimethylanilids* mit 20 Diäthylsulfat auf 90—100° u. Zugabe von Ae.; ca. 70% (Ausbeute). — Alkylierung mit Dimethylsulfat statt Diäthylsulfat liefert *N-Methylpipecolinsäure-2.6-dimethylanilid*; ca. 90%. — *N-Äthylnipecotinsäure-[2-chlor-6-methylanilid]*, analog aus Nicotinsäurechlorid u. 2-Chlor-6-methylanilin über *Nicotinsäure-[2-chlor-6-methylanilid]* u. *Nipecotinsäure-[2-chlor-6-methylanilid]*; ca. 85%. — *N-[n-Butyl]-isonipecotinsäure-2-äthylanilid,* aus Isonicotinsäurechlorid u. 2-Äthylanilin über *Isonicotinsäure-* u. *Isonipecotinsäure-2-äthylanilid* durch dessen Alkylierung mit n-Butylbromid. — *Lokalanästhetica.* (**Oe. P. 195 428** vom 18/7. 1955, ausg. 10/2. 1958. Schwed. Prior. 21/7. 1954.)

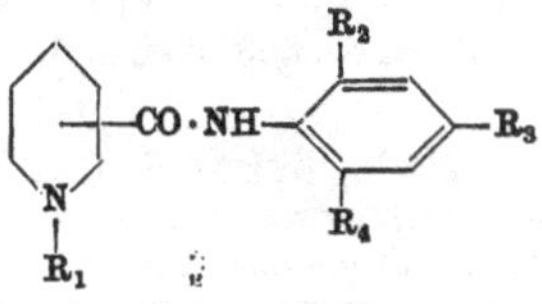

H.-J. NITZSCHKE. 4807

A/B Bofors, Bofors, Schweden, *Herstellung von neuen heterocyclischen Monocarbonsäureamiden* der allg. Formel I (R = N-Alkylpiperidyl- bzw. -pyrrolidyl-(2)-Rest; R_1 = Alkylgruppe mit nicht mehr als 5 C-Atomen oder Cl; R_2 = H, OH, Alkylgruppe mit höchstens 5 C-Atomen oder Alkoxygruppe; R_3 = H, Cl, Alkylgruppe mit höchstens 5 C-Atomen oder Alkoxygruppe; R_1—R_3 können auch H sein), dad. gek., daß Pyrrolidin-α- oder ein Piperidinmonocarbonsäurechlorid mit dem entsprechenden aromat. Amin umgesetzt u. anschließend alkyliert bzw. cycloalkyliert wird. — *N-[n-Butyl]-prolin-2-chlor-6-methylanilid,* durch ½ std. Kochen von 170 (Gewichtsteilen) Prolylchloridhydrochlorid mit 350 2-Chlor-6-methylanilin, in Aceton Lösen des *Prolin-2-chlor-6-methylanilidhydrochlorids* in W., Einstellen auf p_H 5,5, Waschen mit Ae., Fällen des freien Amids mit Alkali, Lösen von 10 in n-Butanol, 12 std. Rühren mit 5 K_2CO_3 u. 5 n-Butylbromid, Eindampfen des Filtrats, Lösen in HCl u. Fällen mit Alkali; ca. 70% (Ausbeute). — Ähnlich *N-Äthylpipecolinsäure-2.6-dimethylanilid* aus Pipecolinsäurechloridhydrochlorid u. 2.6-Dimethylanilin über *Pipecolinsäure-2.6-dimethylanilid* durch dessen Äthylierung mit Diäthylsulfat; ca. 75%. — *N-Methylpipecolinsäure-2.6-dimethylanilid,* mit wie vorst. Dimethylsulfat; ca. 85%. — *N-Cyclopentylpipecolinsäure-2.6-dimethylanilid,* mit Cyclopentylbromid; ca. 85%. — *N-Methylpipecolinsäure-2.6-dimethyl-4-[n-butoxy]-anilid,* aus 2.6-Dimethyl-4-[n-butoxy]-anilin über *Pipecolinsäure-2.6-dimethyl-4-[n-butoxy]-anilid*; ca. 70%. — *N-Isopropylnipecotinsäure-2-äthylanilid,* aus Nipecotinsäurechloridhydrochlorid u. 2-Äthylanilin über *Nipecotinsäure-2-äthylanilid* durch dessen Alkylierung mit Isopropylbromid; ca. 85%. — *N-Cyclohexylnipecotinsäure-2.6-dimethyl-4-hydroxyanilid,* aus 2.6-Dimethyl-4-hydroxyanilin über *Nipecotinsäure-2.6-dimethyl-4-hydroxyanilid*; Alkylierung mit Cyclohexylbromid. — *N-Methylisonipecotinsäureanilid,* aus Anilin u. Isonipecotinsäurechloridhydrochlorid über *Isonipecotinsäureanilid*; ca. 80%. — *Lokalanästhetica.* (**Oe. P. 195 429** vom 18/7. 1955, ausg. 10/2. 1958. Schwed. Prior. 6/4. 1955.)

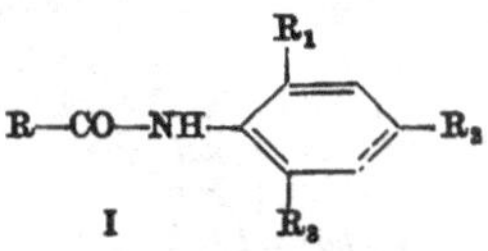

I

H.-J. NITZSCHKE. 4807

Stafford Allen & Sons Ltd., London, England (Erfinder: **William Mitchell**), *Substituierte Piperidine.* Man setzt N-Methylpiperidin-4-olhydrochlorid mit Tiglylchlorid um u. neutralisiert das entstandene Tiglat mit HBr zu *N-Methylpiperidin-4-yltiglathydrobromid,* F. 162—163° (korr.). — Analog: *N-Äthylpiperidin-4-yltiglathydrobromid,* F. 204—205° (korr.), *N-Methylpiperidin-4-ylcinnamathydrobromid,* F. 166 bis 167° (korr.) u. *N-Methylpiperidin-4-yl-α-methylbutyrathydrobromid,* F. 76—78° (korr.). — Verbb. mit *spasmolyt.* u. *antisympathet.* Eigenschaften. (**E. P. 758 002** vom 3/7., ausg. 26/9. 1956.) C. LÜTTGEN. 4807

Schering Corp., Bloomfield, N. J., V. St. A., *Herstellen von therapeutisch wirksamen Piperidylidenmethanderivaten,* dad. gek., daß man ein tert. Carbinol, z. B. Phenyl-(2-pyridyl)-(N-methyl-4′-piperidyl)-carbinol, mit einem Dehydratisierungsmittel, z. B.

H_2SO_4, behandelt u. die gebildete Piperidylidenverb. in ein quaternäres Salz umsetzt. — Man erhält z. B.: Diphenyl-(N-äthyl-4-piperidyliden)-methanhydrochlorid, F. 273 bis 274°; Phenyl-n-butyl-(N-isopropyl-4-piperidyliden)-methancitrat, F. 141—142°. (**Holl. P. 88 063** vom 4/12. 1951, ausg. 16/5. 1958. A. Prior. 5/12. 1950.)

K. DEMMLER. 4807

Irwin, Neisler & Co., Decatur, Ill., V. St. A., *Herstellung blutdruckerniedrigender asymmetrischer diquaternärer Ammoniumsalze.* Man stellt nach an sich bekannten Verff. Ammoniumsalze von α.ω-Diaminen von 3—12 C-Atome enthaltenden Alkanen her, deren eine quaternäre Ammoniumgruppe höchstens 10 C-Atome u. höchstens 1 N-heteromonocycl. Gruppe enthält, während die andere einen Benzopyridinkern enthält, der aus höchstens 3 kondensierten Ringen besteht u. am Pyridinkern höchstens 6 H-Atome besitzt. Der Benzopyridinkern soll über das N-Atom mit dem Alkylenrest verbunden sein. — Man kocht Isochinolin mit 6-Bromhexyltrimethylammoniumbromid in Acetonitril u. erhält *1-Isochinolinium-6-trimethylammoniumhexandibromid*, F. 199—201°. — Analog: *1-Isochinolinium-3-trimethylammoniumpropandibromid*, F. 218—219°. — *1-Isochinolinium-3-(N-methylpyrrolidinium)-propandibromid*, F. 137—144°. — *1-Isochinolinium-3-(N-methylmorpholinium)-propandibromid*, F. 162° (Zers.). — *1-Isochinolinium-3-pyridiniumpropandibromid*, F. 203—204°. — *1-(4-Acetylaminoisochinolinium)-3-(N-methylpyrrolidinium)-propandibromid*, F. 193—194°. — *1-(Methyl-1.2.3.4-tetrahydroisochinolinium)-3-trimethylammoniumpropandibromid*, F. 255—256°. — *1-(7-Hydroxychinolinium)-3-trimethylammoniumpropandibromid*, F. 234° (Gasentw.). — *1-(8-Methoxychinolinium)-3-trimethylammoniumpropandibromid*, F. 176,5° (Gasentw.). — *1-Phenantridinium-3-(N-methylpyrrolidinium)-propandibromid*, F. 237,5—238°. — *1-(Benzo-[f]-chinolinium)-3-(N-methylpyrrolidinium)-propandibromid*, F. 221—222°. — Beim gemeinsamen Erhitzen gleichmol. Mengen Naphthalsäureanhydrid u. Dimethylaminopropylamin auf 180° entsteht *N-Dimethylaminopropyl-1.8-naphthalimid* (**I**), F. 118 bis 120°, *Hydrochlorid*, F. 294° (Gasentw.), *Methyljodid*, F. 290° (Gasentw.); **I** wird mit $LiAlH_4$ in Tetrahydrofuran gekocht u. ergibt: *2-(3-Dimethylaminopropyl)-2.3-dihydro-1H-benzo-[de]-isochinolin* (**II**), $Kp._{0,5}$ 154—156°, n_D^{25} 1,5874, *Dihydrochlorid*, F. > 277° (Gasentw.); aus **II** durch Kochen mit CH_3J in A.: *2-Dimethylaminopropyl-2.3-dihydro-1H-benzo-[de]-isochinolindimethojodid*, F. > 241° (Gasentw.) — Analog: *1-Isochinolinium-3-diäthylmethylammoniumpropandibromid*, F. 140°. — *1-Isochinolinium-4-trimethylammonium-3-butandichlorid*, hygroskop. fester Stoff. — *1-Isochinolinium-5-trimethylammoniumpentandibromid*, F. 222—225°. — *1-(4-Bromisochinolinium)-3-trimethylammoniumpropandibromid*, F. 231—232°. — *1-(3-Methylisochinolinium)-3-trimethylammoniumpropandibromid*, F. 226—227°. — *1-Chinolinium-3-trimethylammoniumpropandibromid*, sehr hygroskopisch. — *1-(8-Hydroxychinolinium)-3-trimethylammoniumpropandibromid*, F. 201—202°. — *1-Phenantridinium-3-trimethylammoniumpropandibromid*, F. 235—236°. (**Holl. P. 88 486** vom 22/2. 1955, ausg. 16/6. 1958. A. Prior. 21/4. 1954.)

F. BÖHM. 4807

G. D. Searle & Co., Chicago, übert. von: **Kurt J. Rorig**, Evanston, und **Robert T. Nicholson**, Glenview, Ill., V. St. A., *Pyrimidinverbindungen* der allg. Formel I

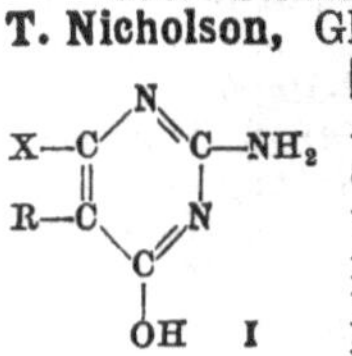

I

[X = Furyl-, Thienyl- oder Pyridylrest; R = niedermol. Alkyl- oder Alkenylrest] werden erhalten durch Kondensation von Verbb. der allg. Formel X—CO—CH(R)—COO—niedermol. Alkyl [X u. R = wie vorst.] mit Guanidinsalzen in geeigneten Lösungsmitteln, z. B. niedermol. Alkoholen, u. in Ggw. eines alkal. Kondensationsmittels, z. B. $NaCH_3$. Die erhaltenen Verbb. können mit anorgan. oder organ. Säuren in Salze übergeführt werden. — Beispiel: 600 (Teile) 2-(2'-Thenoyl)-propionsäureäthylester (hergestellt durch Rk. von Acetessigsäureäthylester mit Thenoylchlorid u. anschließende Methylierung mit CH_3J) u. 265 Guanidincarbonat werden in 1500 A. unter Rühren 8 Std. unter Rückfluß erhitzt. Nach Abkühlung wird mit festem CO_2 behandelt, der ausgefallene Nd. abgetrennt, mit heißem W. behandelt u. nach Kühlung abfiltriert → *2-Amino-5-methyl-6-(2'-thienyl)-4-hydroxypyrimidin*, F. 293 bis 294°. — Analog werden folgende *2-Amino-4-hydroxypyrimidinverbb.* hergestellt: *5-Allyl-6-(2'-thienyl)-*. — *5-Methallyl-6-(2'-thienyl)-*, *6-Furyl-*, F. 325° (Zers.). — *5-Methyl-6-(2'-furyl)-*, F. 290—291° (Zers.). — *5-n-Propyl-6-(2'-furyl)-*. — *5-Methyl-6-(2'-pyridyl)-*, F. 283—284° (Zers.). — *5-Methyl-6-(3'-pyridyl)-*, F. 282—284° (Zers.). — *5-Methyl-6-(4'-pyridyl)-*, F. 315—316° (Zers.). — *Herzheilmittel.* (**A. P. 2 710 867** vom 12/3. 1954, ausg. 14/6. 1955.)

H. BRÄUCKER. 4807

A/B Pharmacia, Uppsala, Schweden, *Herstellung von Barbitursäurederivaten* der Formel I. Man kondensiert Verbb. der Formel II mit solchen der Formel

$CH_2{=}CR_1{-}CH_2{-}Y$ (R = tert. Alkylgruppe mit 1—7 C-Atomen; R_1 = H oder Halogen; R_2 = H oder Alkylgruppe mit 1 bis 5 C-Atomen; X = NH oder O). Wenn X gleich NH, wird die erhaltene Verb. anschließend einer Hydrolyse unterworfen.

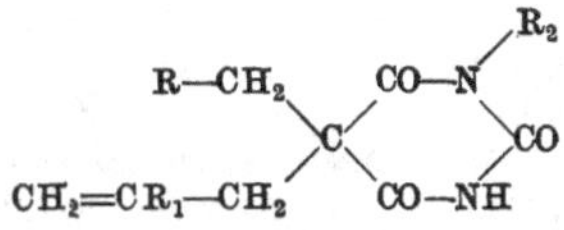

I

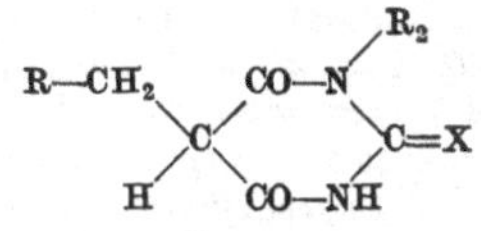

II

— Man löst Na, Harnstoff u. Neopentylmalonsäurediäthylester in Methanol, versetzt mit W., HCl u. Allylbromid u. rührt über Nacht: *Neopentylallylbarbitursäure*, F. 154°. — Man löst 1-Methyl-5-neopentylbarbitursäure in wss. NaOH, versetzt mit 2.3-Dibrompropen u. $CuSO_4$ u. rührt 24 Stunden. Der Nd. wird in wss. NaOH gelöst, mit Na-Methylendiamintetraacetat versetzt, mit Bzl. extrahiert u. mit HCl angesäuert: *1-Methyl-5-neopentyl-5-bromallylbarbitursäure*, F. 182—183°. — Analog: *1-Äthyl-5-neopentyl-5-bromallylbarbitursäure*, F. 146°. — *1-Isopropyl-5-neopentyl-5-bromallylbarbitursäure*, F. 178°. — *1-sek.-Butyl-5-neopentyl-5-bromallylbarbitursäure*, F. 166°. — *5-(β.β-Dimethylbutyl)-5-allylbarbitursäure*, F. 140°. — *1-Methyl-5-neopentyl-5-chlorallylbarbitursäure*, F. 180°. — *Pharmaceutica*. (**Holl. P. 89 556** vom 15/2. 1956, ausg. 15/11. 1958. Schwed. Prior. 15/2. 1955.) F. BÖHM. 4807

Soc. des Usines Chimiques Rhône-Poulenc, Paris (Erfinder: **Paul Gailliot**, Paris, **Jean Robert**, Gentilly, und **Jacques Gaudechon**, Thiais), *Phenthiazinderivate* der allg. Formel I [T = Mono- oder Dialkylaminorest oder Rest eines cycl., nichtaromat. Amins, z. B. Pyrrolidino-, Piperidino-, Morpholino-, Piperazino-, 4-Alkylpiperazino-, 4-Hydr-

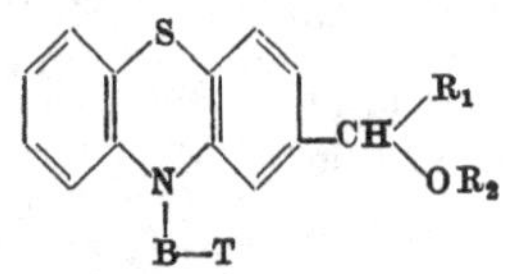

I

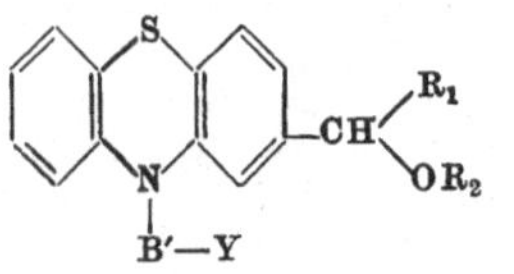

II

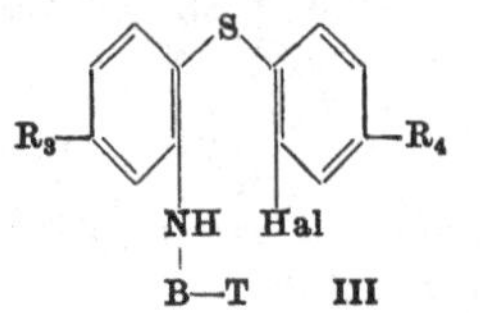

III

oxyalkylpiperazino- oder 4-Acyloxyalkylpiperazinorest, wobei die Alkylreste bis 4 C- u. die Acylreste bis 5 C-Atome enthalten; B = Alkylenkette 2—4 C, auch verzweigt, wobei B durch den Rest —A—T′ substituiert sein kann, worin A = Einfachbindung oder $-CH_2-$ u. T′ = T ist; R_1 = H oder Alkylrest bis 4 C; R_2 = Alkylrest bis 4 C] werden erhalten durch Alkylierung von 3-Hydroxyalkylphenthiazinverbb. (I; R_2 = H) oder durch Rk. von entsprechenden 3-Alkoxyalkylphenthiazinen mit Verbb. der allg. Formel Hal—B—T [Hal = Halogenatom; B u. T = wie vorst.] oder durch therm. Spaltung entsprechender 3-Alkoxyalkylphenthiazin-10-carbonsäureester oder durch Kondensation von Phenthiazinverbb. der allg. Formel II [Y = Rest eines reaktionsfähigen Esters, z. B. Halogenatom oder Rest eines Sulfonsäureesters; B′ = Alkylenrest 2—4 C, wobei B′ durch den Rest —A—T′ oder —A—Y′ substituiert sein kann u. Y′ = Y ist; R_1 u. R_2 = wie vorst.] mit einem Amin H—T [T = wie vorst.] oder durch Alkylierung von der allg. Formel I entsprechenden prim. oder sek. Aminen oder durch Cyclisierung von Verbb. der allg. Formel III [einer der Rest R_3 u. R_4 = H, der andere $-CH(R_1)(OR_2)$; Hal = Halogenatom; B, T, R_1 u. R_2 = wie vorst.] in niedermol., substituierten Fettsäureamiden als Lösungsmittel u. in Ggw. von alkal. Kondensationsmitteln u. eines Katalysators, z. B. Cu-Pulver, oder durch Acylierung von Verbb., in deren allg. Formel I T u./oder T′ 4-Hydroxyalkylpiperazinoreste bedeuten. — Beispiel: 12,15 g 3-Methoxymethylphenthiazin (F. 124°; durch Rk. des Na-Deriv. des 3-Hydroxymethylphenthiazins mit CH_3J) u. 2,4 g $NaNH_2$ werden in 150 cm³ wasserfreiem Xylol zum Sieden erhitzt, hierzu eine Lsg. von 7,5 g 1-Dimethylamino-3-chlorpropan in 30 cm³ Xylol allmählich zugegeben u. anschließend noch 3 Std. unter Rückfluß erhitzt. Das bas. Reaktionsprod. wird aus dem organ. Medium durch Ausziehen mittels wss. HCl u. hieraus nach Alkalisieren mittels Ae. in üblicher Weise isoliert → *3-Methoxymethyl-10-(3′-dimethylaminopropyl)-phenthiazin*, $Kp._{0,4}$ 205—215°, *Hydrochlorid*, F. 135°. — Ferner werden folgende *Phenthiazinverbb.* hergestellt: 3-(1″-Hydroxyäthyl)-10-(3′-dimethylaminopropyl)- + $SOCl_2$ → *3-(1″-Chloräthyl)-10-(3′-dimethylaminopropyl)-*, Hydrochlorid, F. 173—174°, → *3-(1″-Methoxyäthyl)-10-(3′-dimethylaminopropyl)-*, *Oxalat*, F. 193—194°. — *3-(1″-Äthoxyäthyl)-10-(3′-dimethylaminopropyl)-*, *Oxalat*, F. 165—166°. — *3-Methoxymethyl-10-{3′-[4″-methylpiperazinyl-(1″)]-propyl}-*, $Kp._{0,6}$ 248—252°, *Dihydrochlorid*, F. 192—194°. — *3-Methoxymethyl-10-(3′-dimethylamino-2′-methylpropyl)-*, $Kp._{0,5}$ 202—209°, *saures Oxalat*, F. 124°. — *3-Methoxymethyl-10-[2′.3′-bis-(dimethylamino)-propyl]-*, $Kp._{0,3}$ 210—218°, *saures Oxalat*, F. 199°, *saures Maleat*, F. 113°. — 3-Hydroxymethyl- (Na-Deriv.) → C_2H_5J → 3-Äthoxymethyl-, F. 120°, + $(CH_3)_2N{\cdot}CH_2{\cdot}CH_2{\cdot}CH_2{\cdot}Cl$ → *3-Äthoxymethyl-10-(3′-di-*

methylaminopropyl)-, Kp.$_{0,9}$ 205—211°, *saures Oxalat*, F. 139°. — *3-Methoxymethyl-10-(3'-diäthylaminopropyl)-, saures Oxalat*, F. 158°. — *3-Methoxymethyl-10-{3'-[4''-hydroxyäthylpiperazinyl-(1'')]-propyl}-, saures Dimaleat*, F. 172°. — *3-Methoxymethyl-10-{3'-[4''-β-acetoxyäthylpiperazinyl-(1'')]-propyl}-, saures Dimaleat*, F. 170—172°. — *Neuroleptica, Wirkungssteigerer* für Anästhetica u. Analgetica, *Antiemetica, Spasmolytica* u. *Antihistaminica*. (**D. A. S. 1 052 989** Kl. 12p vom 8/7. 1957, veröff. 19/3. 1959. F. Priorr. 19/7. 1956 u. 29/3. 1957.) H. BRÄUCKER. 4807

Soc. des Usines Chimiques Rhône-Poulenc, Paris (Erfinder: **Raymond Jacques Horclois,** Malakoff, Seine), Frankreich, *Herstellung von 10-[2'.4'-Bis-(dimethylamino)-butyl-(1')]-phenthiazin* (I), seiner *Salze* u. *Ammoniumderivate*. 10,3 g 10-[2'-Dimethylamino-4'-aminobutyl-(1')]-phenthiazin werden mit 10 cm³ 30%ig. HCHO u. 15 cm³ 98%ig. HCOOH 48 Std. gekocht, mit HCl (D. 1,19) wird angesäuert, eingedampft, in W. gelöst, ausgeäthert, die wss. Schicht alkalisiert u. mit Chlf. extrahiert: I, Kp.$_{0,5}$ 185 bis 188°. *Difumarat*, F. 176—177°. — *Spasmolyticum*. (**Oe. P. 194 397** vom 14/8. 1956, ausg. 10/1. 1958. F. Prior. 23/11. 1955.) H.-J. NITZSCHKE. 4807

Hans Jakob Brandenberger, Vevey, Schweiz, *2.4-Dihydroxy-5.6-dihydro-6-carboxy-1.3.5-triazin*, farblose Kristalle, die sich bei >280° zers., ohne zu schm., erhält man durch Hydrierung von 2.4-Dihydroxy-6-carboxy-1.3.5-triazin. — *Heilmittel* u. Zwischenprodukt. (**Schwz. P. 334 840** vom 29/3. 1955, ausg. 31/1. 1959.) A. BRÖSAMLE. 4807

Sandoz Soc. An., Schweiz, *Herstellung von Mutterkornalkaloidderivaten*, dad. gek., daß man Mutterkornalkaloide der Bestrahlung durch Sonnenlicht oder Quarzlampen aussetzt. — *Lumiergotamin*, $C_{33}H_{37}N_5O_6$, F. 247°; $[\alpha]_D^{20}$ +14° (c = 0,4); 2. Form, F. 192° (Einschluß von Aceton); $[\alpha]_D^{20}$ +2° (c = 0,6). — *Lumiergotaminin*, $C_{33}H_{37}N_5O_6$, F. 217°; $[\alpha]_D^{20}$ +68° (c = 0,4); 2. Form, F. 228°; $[\alpha]_D^{20}$ −12° (c = 0,6). — *Lumiergobasin*, $C_{19}H_{25}N_3O_3$, F. 156°; $[\alpha]_D^{20}$ −28° (c = 0,5; Pyridin); $[\alpha]_D^{20}$ −18° (c = 0,5; Methanol). — *Lumilysergsäurediäthylamid*, $C_{20}H_{27}N_3O_2$, F. 223°; $[\alpha]_D^{20}$ −29° (c = 0,3; Pyridin); $[\alpha]_D^{20}$ −23° (c = 0,4; Chlf.); 2. Form, F. 256°; $[\alpha]_D^{20}$ −75° (c = 0,2). — *Lumilysergsäurehydrazid*, $C_{16}H_{20}N_4O_2$, F. 241° (Zers.); $[\alpha]_D^{20}$ +2°. — *Lumiisolysergsäurehydrazid*, $C_{16}H_{20}N_4O_2$, F. 244° (Zers.); $[\alpha]_D^{20}$ +54°. — *Lumimethylergobasin*, $C_{20}H_{27}N_3O_3$, F. 195° (Zers.); $[\alpha]_D^{20}$ −32°. — *Lumiergosin*, $C_{30}H_{39}N_5O_6$, F. 205° (Zers.); $[\alpha]_D^{20}$ +30°. — *Lumiergocornin*, $C_{31}H_{41}N_5O_6$, F. 202° (Zers.); $[\alpha]_D^{20}$ +32°. — *Lumiergocristin*, $C_{35}H_{41}N_5O_6$, F. 195° (Zers.); $[\alpha]_D^{20}$ +18°. — *Lumiergocryptin*, $C_{32}H_{43}N_5O_6$, F. 201° (Zers.); $[\alpha]_D^{20}$ +39° (alle α-Werte in Pyridin). — *Heilmittel*. (**F. P. 1 163 384** vom 3/2. 1956, ausg. 25/9. 1958. Schwz. Prior. 4/2. 1955.) S. BÖTTCHER. 4807

Sandoz Soc. An., Schweiz, *Herstellung von Lysergsäure- und Isolysergsäurederivaten* der allg. Formel I, worin R eine der Gruppen $-CH_2-CH_2-$, $-CH_2-CH_2-CH_2-$, $-CH=CH-$ oder $-CH_2-O-CH_2-$ bedeutet, dad. gek., daß man Isolysergsäureazid mit Aminen umsetzt. — *Lysergsäure-* (II) u. *Isolysergsäure* (III)*-pyrrolidid*, FF. 181° (Äthylacetat) bzw. 202—203° (Aceton); $[\alpha]_D^{20}$ +25° (c = 1,2; Pyridin) bzw. $[\alpha]_D^{20}$ +193° (c = 0,5; Pyridin), durch 1 std. Erwärmen einer bei 0° bereiteten Lsg. von III-Azid in Pyrrolidin auf 60°, Aufarbeiten aus Chlf. u. chromatograph. Trennung. Die erstgenannte Verb. bildet ein *Bimaleat*, F. 204 bis 206°; $[\alpha]_D^{20}$ +35° (c = 0,5; W.). — II-*Piperidid*; $[\alpha]_D^{20}$ +18° (c = 0,5; Pyridin) [*d-Tartrat*, F. 145—150°; $[\alpha]_D^{20}$ +15° (c = 0,4; W.)], u. III-*Piperidid*, F. 137—140° (unter Einschluß von CH_3OH); $[\alpha]_D^{20}$ +190° (c = 0,5; Pyridin). — II-*Morpholid*, F. 116°; $[\alpha]_D^{20}$ +44° (c = 0,2; Chlf.) [*d-Tartrat*, F. 180°; $[\alpha]_D^{20}$ +23° (c = 0,3; W.); *Bimaleat*, F. 207°], u. III-*Morpholid*, F. 188°; $[\alpha]_D^{20}$ +213° (c = 0,2; Chlf.). — II-*Pyrrolinid*; $[\alpha]_D^{20}$ +57° (c = 0,6; Pyridin) [*Bimaleat*, F. 207—212°; $[\alpha]_D^{20}$ +39° (c = 0,5; 50%ig. A.)], u. III-*Pyrrolinid*. — *Therapeutica*. (**F. P. 1 163 381** vom 18/1. 1956, ausg. 25/9. 1958. Schwz. Priorr. 21/1. u. 7/12. 1955.) S. BÖTTCHER. 4807

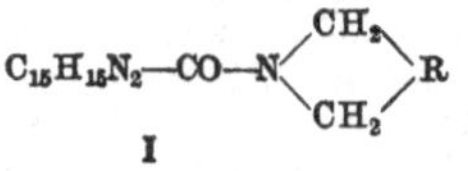

I

G. Analyse. Laboratorium.

John T. Stock, *Mechanisch betätigte Büretten*. Überblick über verschied. elektr. Bürettenventile u. motorgetriebene Kolbenbüretten sowie Beschreibung eines vom Vf. konstruierten Magnetventils. (Lab. Pract. **7**. 349—52. Juni 1958. Storrs, Conn., Univ., Dep. of Chem.) E. MOISAR. 5014

Elio Scarano, *Mikrofilter*. Beschreibung des Filters, bei dem als Filtermaterial ein Kunstharz verwendet wird. (Ricerca sci. **28**. 1919—20. Sept. 1958. Roma, Univ., Ist. di chim. anal.) C. GOTTFRIED. 5024

J. A. S. Hilditch, *Elektromagnetisches Pumpen von flüssigen Metallen*. Vf. beschreibt eine elektromagnet. Pumpe, speziell zum Pumpen von fl. Metallen in Kernreaktoren. (Atomics **9**. 42—45. Febr. 1958. Rugby, B. T. M. Labor.) C. GOTTFRIED. 5026

I. N. Plakssin und **M. L. Goldin,** *Messung der Dichte einer Trübe mit γ-Strahlen.* Zur Messung der D. der Trübe wurde ein kegelförmiger Krug bekannten Vol. verwendet, der nicht ganz bis zum Rande mit Trübe gefüllt wurde; danach wurde der Krug gewogen u. das Restvol. durch Nachfüllen mit W. aus einem Meßzylinder bestimmt. Derart war es möglich, die D. bis auf 0,5% genau zu bestimmen (bei einem Inhalt des Kruges von 1200 cm^3). — Zur Messung der D. mit γ-Strahlen mußte erst eine Abflußrinne besonderer Bauart hergestellt werden, die eine vollständige Füllung der Trübeleitung ermöglichte, die danach mit γ-Strahlen durchleuchtet wurde. Diese Rinne kann man auch für Dichtemessungen bei hoher D. verwenden. Die Trüben waren Mahlprodd. der Mühlen. (Горный Журнал [Berg-J.] **1959.** Nr. 1. 71—74. Jan. Berginst. der Akad. der Wiss. der UdSSR; Charkower Fabrik „KIP".) A. v. WILPERT. 5042

J. J. Neumayer, *Bestimmung von Molekulargewichten mit Thermistoren.* Es wird eine Meth. der Mol.-Gew.-Best. mittels Thermistoren beschrieben, die ein von HILL [1930] aufgezeigtes Prinzip ausnutzt, nach welchem eine Lsg., dem Dampf ihres Lösungsm. ausgesetzt, eine höhere Temp. annimmt, als sie das reine Lösungsm. annehmen würde. Das Verf. erlaubt Schnellbest. des Mol.-Gew. bei weniger als 5 mg Substanz mit einem Fehler von ca. 2% relativ bei Mol.-Geww. bis zu 3500. Als Lösungsm. wurden Bzl., Essigester u. Chlf. verwendet. Es werden Bestimmungen mit *Naphthalin, 1.2.4.5-Tetrachlorbenzol, Dibenzyl* u. *Cumarin* aufgeführt. (Analytica chim. Acta [Amsterdam] **20.** 519—23. 1959. St. Paul, Minn., Mining and Mfg. Co.) W. BETCKE. 5044

David F. Edwards, Robert W. Terhune und **Vito J. Lazazzera,** *Helium-Dewargefäß mit eingebauten Magnetpolspitzen.* Vff. beschreiben ein Devargefäß für fl. He zur Unters. des Einfl. großer magnet. Felder auf die Absorptionseigg. von Halbleitern, den sogenannten magnetoopt. Effekt. (Rev. sci. Instruments [N. S.] **29.** 1049. Nov. 1958. Ypsilanti, Mich., Univ. of Michigan, Willow Run Labor.) C. GOTTFRIED. 5046

Göran Schill, *Neue Arbeitsmethoden in der analytischen Chemie.* Fortschrittsbericht: Elementaranalyse; Titrationen; analyt. Extraktion; Gaschromatographie; IR-Photometrie. (Svensk farmac. Tidskr. **63.** 3—13. 10/1. 1959. Kungl. farmac. inst.) R. K. MÜLLER. 5050

Hugh J. McDonald, Luiz P. Ribeiro und **Leonard J. Banaszak,** *Die Zentrifugalkraft bei der Papierchromatographie und -elektrophorese.* Ein Ringchromatogramm rotiert während der Entw. in einem verschlossenen App. mit einer Tourenzahl zwischen 300 u. 1000 Touren/Minute. Die Entwicklungslsg. wird unter Druck aus einer Capillare in kontinuierlichem Strom zugeführt. Die Entwicklungszeit wird hierbei von einigen Std. auf 5—20 Min. herabgesetzt. Anwendung zur Trennung von Farbstoffen u. Aminosäuren. Durch Anlegen einer Spannung ist auch Elektrophorese möglich. Hierbei wird ein rechteckiges Papier verwendet. Teile dieser Verff. sind in der Literatur bereits beschrieben. (Analytic. Chem. **31.** 825—29. Mai 1959. Chicago, Ill., Graduate School; Loyola Univ., Stritch School of Med.) FRIEDRICH WOLF/Berlin. 5062

L. Roth, *Papierscheibensäulenchromatographie.* Ein Verf. zur aufsteigenden Chromatographie wird beschrieben, bei welchem die Säule aus Scheiben von Filtrierkarton besteht (Chromatographiekarton MACHEREY u. NAGEL, Nr. 866). Dies ermöglicht eine Veränderung der Säulenlänge während des Betriebes sowie die Entnahme einzelner Schichten u. deren getrennte Untersuchung. (Mikrochim. Acta [Wien] **1959.** 582—85. Karlsruhe, Kontroll-Labor. der Fa. Carl Roth.) FRIEDRICH WOLF/Berlin. 5062

G. G. Blake, *Impedanzmethode zur Zonenlokalisierung in der Papierchromatographie, die vorheriges Besprühen unnötig macht.* Das Chromatogramm wird zwischen 2 U-förmig gebogenen („verdoppelten") Elektroden durchgezogen, die in einen Radiofrequenzstromkreis eingeschaltet sind. Die Impedanz ändert sich mit dem Geh. des Papiers an elektr. leitenden Stoffen u. vermag deshalb Zonen von Elektrolyten anzuzeigen. Die Entw. der Chromatogramme wird auf diese Weise umgangen. Die Leitfähigkeit nimmt jedoch auch stark mit dem Wassergeh. des Papiers zu. Das Schaltbild u. Einzelheiten der Elektrodenanordnung werden angegeben (Anwendung für quantitative Best. vgl. C. **1959.** 8989). (Analytica chim. Acta [Amsterdam] **14.** 329—35. 1956. Sidney, Univ., Dep. of Chem.) F. UMLAND. 5062

Frank Eisenberg jr. und **Irwin G. Leder,** *Verbesserte Prüfapparatur für radioaktive Papierstreifen.* Ein verbesserter automat. Prüfapp. für Chromatogramme wird durch Kombination des gebräuchlichen GEIGER-MÜLLER-Gerätes mit dem FORRO-Gasstromzähler (VOLK RADIOCHEM. Co., Chicago) erhalten. (Analytic. Chem. **31.** 627—28. April 1959. Bethesda, Md., US Dep. of Health, Welfare and Educat., Nat. Inst. of Health, Nat. Inst. of Arthrit. and Metabol. Diseases.) E. DEHMLOW. 5062

W. H. Culver, *Der Maser. Ein Molekularverstärker für Mikrowellenstrahlung.* Bericht über physikal. Grundlagen des Maser (microwarve amplifications by stimulated emission of radiation) u. über die folgenden Ausführungsformen: Molekularstrahl (NH_3)-Maser, Festkörper-Maser mit zwei u. drei Niveaux, Maser mit opt. Pumpen. — 22 Zitate. (Science [Washington] **126.** 810—14. 25/10. 1957. Santa Monica, Calif., Rand-Corp.) H. C. WOLF. 5063

R. C. Williams, Raymond S. Ruffin und **L. A. Mounter,** *Ein registrierender Titrierapparat.* Ein einfacher, aber sehr genauer, selbstregistrierender, potentiometr. Titrierapp. wird beschrieben. (Analytic. Chem. **31.** 611—15. April 1959. Richmond, Va., Med. Coll. of Virginia, Dep. of Biophys.) E. DEHMLOW. 5066

Reynold T. Iwamoto, Ralph N. Adams und **Harry Lott,** *Tropfenchronopotentiometrie.* Vff. beschreiben eine chronopotentiometr. Anordnung, mit der es möglich ist, Lsgg. in Tropfenmenge zu analysieren. Sie besteht aus einer Pt- u. einer Hg-Elektrode in Verbindung mit einem „Leeds and Northrup p_H-Indicator" oder einem „Sargent-Malmstadt Automatic Titrator". Chronopotentiogramme werden aufgenommen von der Oxydation von $[Fe(CN)_6]^{4-}$ u. J^-, von der Red. von $[Fe(CN)_6]^{3-}$ u. von Zn^{2+}. Für die Analyse einer Jodidlsg. wurden 0,07 ml einer $5 \cdot 10^{-6}$mol. KJ-Lsg. in 1mol. H_2SO_4 ($= 3{,}5 \cdot 10^{10}$ Äquivalente J^--Ionen) benötigt. Eine Best. kann in 1—2 Min. ausgeführt werden. (Analytica chim. Acta **20.** 84—88. 1959. Lawrence, Kans., Univ., Dep. of Chem.) W. BETCKE. 5066

Nobuyuki Tanaka, Toshiko Koizumi, Teisuke Murayama, Mutsuo Kodama und **Yasuhiko Sakuma,** *Die Anwendung der rotierenden Quecksilberelektrode bei der polarographischen Analyse und der amperometrischen Titration mikromolarer Lösungen.* Die von STRICKS u. KOLTHOFF (C. **1956.** 13507) beschriebene rotierende Hg-Tropfelektrode wurde zur Aufnahme von Gleichstrom- u. Wechselstrompolarogrammen sowie zur Durchführung amperometr. Titrationen eingesetzt. Während die Anwendung der rotierenden Elektrode bei Wechselstrompolarogrammen keine Vorteile bot, ließ sich die Empfindlichkeit im Gleichstrompolarogramm dadurch vervielfachen. So konnten noch 10^{-4}% *Pb* in Reinstzink nachgewiesen werden. Eine amperometr. Titration von *Cu*, *Pb* u. *Cd* mit Äthylendiamintetraessigsäure ist gleichfalls an der rotierenden Tropfelektrode möglich, wobei die Konzz. der zu bestimmenden Ionen zwischen $5 \cdot 10^{-4}$- u. $5 \cdot 10^{-6}$mol. lagen. Ein Nachteil der rotierenden Tropfelektrode ist die große Amplitude der Tropfenoscillation, da die Strom–Zeit-Charakteristik des Einzeltropfens erheblich von der der unbewegten Tropfelektrode abweicht. (Analytica chim. Acta [Amsterdam] **18.** 97—103. Jan./Febr. 1958. Sendai, Tohoku Univ., Dep. of Chem.) E. MOISAR. 5066

I. M. Kolthoff und **Y. Okinaka,** *Die bei der quantitativen Polarographie an der rotierenden Quecksilbertropfelektrode zu berücksichtigenden Faktoren.* Strom–Spannungs-Kurven, die an der rotierenden Quecksilbertropfelektrode gewonnen wurden, zeigen in Abwesenheit oberflächenakt. Stoffe Maxima zweiter Art. Diese beruhen auf Strömungserscheinungen an der Grenzfläche Hg/Lsg., sind in der Nähe des elektrocapillaren Nullpunktes am größten u. werden durch die Rotation der Elektrode begünstigt. Die Maxima werden durch oberflächenakt. Verbb. unterdrückt. Diese Verbb. werden an der Hg-Oberfläche adsorbiert. Falls sie bei höheren Potentialwerten wieder desorbiert werden, hat dieses eine Desorptionsstufe im Polarogramm zur Folge. Im gesamten Potentialbereich bleiben *Gelatine* u. *Polyacrylamid* adsorbiert u. eignen sich daher bes. als Maximadämpfer. Eine früher (OKINAKA u. KOLTHOFF, C. **1958.** 2343) abgeleitete Beziehung zwischen dem Grenzstrom einerseits, der Konz. u. dem Diffusionskoeff. des Depolarisators, der Viscosität der Lsg. u. verschied. Elektrodencharakteristika andererseits wird diskutiert u. ihre Gültigkeit nachgewiesen. Infolge ihrer größeren Oberfläche u. der vermehrten Herandiffusion des Depolarisators ist die Empfindlichkeit der rotierenden Tropfelektrode in Lsgg., die Maximadämpfer enthalten, um eine Zehnerpotenz höher als die der unbewegten Tropfelektrode. Von geringen Abweichungen abgesehen, stimmen die Halbstufenpotentiale bei reversiblen Redox-Rkk. an beiden Elektrodensystemen überein. Auch die Stufensteilheit entspricht bei Verwendung der rotierenden Elektrode den theoret. erwarteten Werten u. läßt somit vermuten, daß die Gleichung der Strom–Spannungs-Kurve derjenigen der n. Polarographie entspricht. (Analytica chim. Acta [Amsterdam] **18.** 83—96. Jan./Febr. 1958. Minneapolis, Minn., Univ., School of Chem.) E. MOISAR. 5066

Bruno Sansoni, *Unlösliche Farbreagentien. Farbreagenspapiere aus Ionenaustauscherpapieren.* Vf. beschreibt die Verwendung von OH-Anionenaustauscherpapier, welches mit SCN^- (als Reagens auf Fe^{3+} u. Co^{2+}), J^- (für BrO_3^- u. JO_3^-), S^{2-} (für Hg^{2+}), MnO_4^- (für H_2O_2) u. Säure–Basen-Indicatoren beladen wurde. Unter günstigen Bedingungen können Stoffmengen bis herab zu 0,5 μg nachgewiesen werden. Die entstandenen Färbungen lassen sich unter gewissen Bedingungen photometr. auswerten. (Naturwissenschaften **46.** 228—29. 1. April-H. 1959. Marburg/Lahn, Univ., Chem. Inst.) E. MOISAR. 5068

Rudolf Botisk, *Analytische Methoden der Wasserbestimmung in Schweißelektrodenhüllen.* Nach einem Hinweis auf die schädigende Wrkg. von H im Schweißgut kalkbas. Elektroden wird die Best. von W. nach GAYLEY u. WOODING, nach JANNASCH, nach KARL FISCHER u. nach GORBACH beschrieben. (Schweisstechnik [Wien] **13.** 1—5. Jan. 1959. Mailand.) F. VIER. 5074

Ph. W. West, Buddhadev Sen und **Bharat R. Sant,** *Bestimmung der gesamten gasförmigen Verunreinigungen in der Atmosphäre.* Mit He als Trägergas u. einem 1 m langen U-förmigen Rohr von 5 mm Öffnung, welches an Stelle der n. Chromatographiersäule verwendet wird, werden die atmosphär. Verunreinigungen bestimmt. Einführung von fl. Proben erfolgt mit Injektionsspritze, von gasförmigen mit Gaspipette. Die Adsorptionstempp. lagen wenig unterhalb des Kp. der untersuchten Substanzen. Die Verteilung der Substanzen war symmetrisch. Die registrierte Menge für einen Stoff, einzeln oder in Mischungen, ist immer etwa gleich, 20% Fehler werden nicht überschritten. Für ein Alarmsyst. (Luftverunreinigung) ist dies ausreichend. Bei schnellem Durchleiten erfolgen Abweichungen von der GAUSSschen Verteilung. Die Probe kann für eine anschließende gaschromatograph. Unters. wieder benutzt werden. (Analytic. Chem. **31.** 399—401. März 1959. Baton Rouge, La., Louisiana State Univ., Coates Chem. Labors.) FRIEDRICH WOLF/Berlin. 5088

George R. Sanders und **H. L. Helwig,** *Vorrichtung zur Molekulardestillation organischer Schwebstoffteilchen in Luft.* Kurze Beschreibung einer zweiteiligen Kammer zur Molekulardestillation. Kapazität 1 mg bis 5 g. Durch verschied. Oberteile kann die Entfernung vom Kühlfinger bis zum Gefäß für die Substanz, der mittleren freien Weglänge entsprechend, verändert werden. Durch entsprechende Anordnung des Absaugstutzens u. der Quarzvorr. im Unterteil wird der Eintritt von Destillat in die Vakuumleitung verhindert. Arbeitsdruck $5 \cdot 10^{-6}$ mm Hg. (Analytic. Chem. **31.** 484—85. März 1959. Berkeley, Calif., California State Dep. of Public Health, Div. of Labors.) FRIEDRICH WOLF/Berlin. 5088

D. M. G. Lawrey und **C. C. Cerato,** *Bestimmung von Methanspuren in der Luft.* Die gaschromatograph. Best. von 1—6000 p.p.m. CH_4 in der Luft gelingt mit He als Trägergas an einer zweiteiligen Säule, die mit durch 1,5 Gew.-% Dinonylphthalat partiell desaktivierter Holzkohle beschickt ist. Im ersten, 2 feet langen Säulenteil erfolgt die Vortrennung von Luft u. CH_4. Jene gelangt durch ein Dreiwegventil in den Detektor, während das nachfolgende Luft–CH_4-Gemisch in dem 4 feet langen zweiten Säulenteil weiter chromatographiert wird. Die mittlere relative Abweichung bei 30 p.p.m. beträgt bei dem Verf. $\pm 7{,}9\%$. (Analytic. Chem. **31.** 1011—12. Juni 1959. Marcus Hook, Pa., Sun Oil Co., Res. and Engng. Dep.) E. DEHMLOW. 5088

G. E. Inglett und **J. P. Lodge,** *Vergleichende Phenoltüpfelproben. Anwendung auf Fraktionen abgesetzter Luftschwebestoffe.* 34 Phenole wurden einer Tüpfelprobe mit *4-Aminoantipyrin, diazotierter Sulfanilsäure, Formaldehyd–Schwefelsäure* u. MILLONs *Reagens* unterworfen. Aus den niedergeschlagenen Schwebestoffen von 11 Städten wurde eine in Bzl. lösl., schwach saure Fraktion gewonnen, die in einigen Fällen eine schwache Phenol-Rk. zeigte. Sicherer wurden Flavonoide nachgewiesen, die offenbar aus Pollenkörnern stammten. Folgende Verbb. wurden untersucht [Erfassungsgrenzen (γ) in obiger Reihenfolge der Reagentien]: *2.2'-Methylen-bis-[4-methyl-6-tert.-butylphenol]* (>100, 40, 10, >100), *2.6-Di-tert.-butylphenol* (>100, 20, 10, 10), *2.6-Di-tert.-butyl-4-methylphenol* (>100, 100, 10, >100), *3.4-Dimethylphenol* (>100, 20, 10, 10), *2.4-Dimethylphenol* (>100, 10, 10, 10), *2.6-Dimethylphenol* (50, 10, 10, 10), *2.5-Dimethylphenol* (10, 10, 10, 10), *3.5-Dimethylphenol* (10, 10, 10, 5), *p-tert.-Butylphenol* (50, 20, 10, 10), *p-Benzyloxyphenol* (50, 50, 20, 100), *p-Benzylphenol* (50, 40, 10, 100), *p-Phenylphenol* (50, 5, 10, 20), *α-Tocopherol* (>100, >100, 10, 50), *6-Hydroxy-2.2.5.7.8-pentamethylchroman* (>100, >100, 10, 50), *5-Hydroxy-2.4.6.7-tetramethylcumaran* (>100, 20, 10, 5), *Brenzcatechin* (10, 5, 1, 2), *Carvacrol* (50, 10, 1, 20), *Orcin* (10, 1, 1, 5), *Resorcin* (10, 1, 1, 1), *p-tert.-Butylbrenzcatechin* (5, 10, 1, 2), *p-Octylphenol* (>10, >10, 5, 20), *p-Nonylphenol* (>10, >10, 5, 20), *2.6-Diisopropylphenol* (>10, 5, 1, 1), *o-Kresol* (1, 1, 1, 10), *m-Kresol* (1, 1, 1, 10), *p-Kresol* (1, 5, 1, 10), *Thymol* (3, 5, 1, 20), *Guajacol* (2, 2, 1, 1), *p-Cumylphenol* (>10, >10, 1, 20), *Phenol* (0,5, 0,5, 1, 10), *Arbutin* (1, 1. 5 5), *Rutin* (1, 2, 0,5, 5), *Quercetin* (1, 2, 0,5, 5), *Quercitrin* (1, 2, 0,5, 5). (Analytic. Chem. **31.** 248—49. Febr. 1959. Cincinnati, Ohio, US Publ. Health Serv., R. A. Taft Sanitary Engng. Center.) E. DEHMLOW. 5088

a) Elemente und anorganische Verbindungen.

R. Cyprès und **R. Wollast,** *Spektrographische Bestimmung von Lithium in seinen Mineralen.* 0,2—10% LiO_2 in Silicaten u. 4—10% LiO_2 in Phosphaten können mit einer relativen Genauigkeit von 4—10% spektrograph. bestimmt werden. Um den Einfl. der verschied. Strukturen auszuschließen, müssen die Proben in etwa der 5fachen Menge Na_2CO_3 bei 800—1100° aufgeschmolzen werden. Verwendet wurde ein HILGER-Quarzspektrograph. Anregung 220 V, 8 A, Graphitelektroden. Spaltbreite 25 μ. Die Intensität der Li-Linie 3232 Å wurde gegen die der Ag-Linie 3280 Å ausgewertet. Röntgenstrukturunterss. an phosphathaltigen u. silicathaltigen Li-haltigen Mischungen wurden im Vgl. zu Mineralien, wie *Spodumen, Petalit, Lepidolit, Amblygonit* sowie Mischungen *Nephelin* mit Li_2CO_3 (auch mit Soda aufgeschmolzen) durchgeführt. LiO_2 bildet mit Nephelin bis zu einem Geh. von ca. 8% LiO_2 feste Lösungen. (Bull. Soc. chim. Belgique **67.** 171—84. Mai/Juni 1958. Bruxelles, Univ. libre, Labor. de Chim. Ind.) M.-G. MOSLÉ. G 273

Radim Palouš, Vladimír Pavelka und **Milan Mára,** *Dilitursäure als Reagens zur colorimetrischen Bestimmung von Kalium. Dilitursäure* (I), durch Nitrieren von Barbitursäure hergestellt, reagiert mit K^+ unter Bldg. eines weißen Niederschlages. Gibt man eine K-Lsg. zu der kanariengelb gefärbten I-Lsg., so entfärbt sich diese im Verhältnis zu der zugegebenen K-Menge. Die Abhängigkeit entspricht dem BEERschen Gesetz. Zur Best. von K sättigt man die I-Lsg. mit K-Diliturat, gibt diese Lsg. zu der K-Lsg., filtriert den Nd., mißt die Absorption des Filtrats bei 420 mμ u. wertet mit Hilfe von Vergleichswerten aus. Der durchschnittliche Fehler beträgt 0,01 mg K/ml, die Meßgrenze 0,05 mg K/ml. Die 100fache Na-Menge stört nicht. (Naturwissenschaften **45.** 627. 2. Dez.-H. 1958. Prag, Pädagog. Hochsch. u. Karls-Univ., Med. Fak., Labor. für spezielle med. Mikrobiol. u. Immunol.) H. PLUSKAL. G 275

P. D. Zemany, W. W. Welbon und **G. L. Gaines jr.,** *Bestimmung von Mikrogrammengen von Kalium durch Röntgenemissionsspektrographie von Ionenaustauschermembranen.* Vff. beschreiben die Best. kleiner K-Mengen (5—150 γ) durch Extraktion von wss. KCl-Lsgg. u. von Glimmeroberflächen, an denen sich K als austauschbares Ion befindet, durch Ionenaustauschermembranen (Nalfilm-1, NATIONAL ALUMINALE CORP.). Die Membranen werden der Röntgenemissionsspektrographie unterworfen. Die Genauigkeit beträgt $\pm$15%. (Analytic. Chem. **30.** 299—300. Febr. 1958. Schenectady, N. Y., Gen. Electric Res. Labor.) G. KRIEN. G 275

Uno T. Hill, *Photometrische Bestimmung von Beryllium.* Zur Best. kleiner Be-Konzz. in Al, Stählen, Cu, Pb, Ti u. gemischten Oxyden wird eine spezif. Schnellmeth. beschrieben, die keine vorangehenden chem. Trennoperationen erfordert. Be reagiert bei p_H 9,8 mit Eriochromcyanin R unter Bldg. einer roten Komplexverb., deren Absorptionsmaximum bei 512 mμ liegt. Durch Zusatz von Versenat u. Cyanid lassen sich störende Fremdionen maskieren. Der optimale Konzentrationsbereich liegt bei 0 bis 10 γ Be/25 bzw. 50 ml Lösung. Arbeitsvorschriften u. optimale Arbeitsbedingungen werden mitgeteilt. (Analytic. Chem. **30.** Nr. 4 [Part I]. 521—24. April 1958. Indiana Harbor, Ind., Inland Steel Co.) D. ERTEL. G 281

Miroslav Kett, *Bestimmung von Beryllium in hüttenmännischen Analysen.* Für die Best. des störenden Be, welches in den Elektrolytlaugen bei der Mn-Gewinnung in Mengen von 10^{-5} bis 10^{-5} g/Liter anwesend ist, wurde folgende Meth. ausgearbeitet: Eine geeignete Menge der Lauge (gewöhnlich 5·100 ml) wird in einem 250-ml Scheidetrichter mit 20 g Komplexon 2 versetzt, das p_H mit Ammoniak auf 9 eingestellt, 5 ml Acetylaceton zugefügt u. 2 Min. geschüttelt. Zur Extraktion werden dann 10 ml CCl_4 zugegeben u. 3 Min. extrahiert. Die Extraktion wird 3mal wiederholt, bis sich die CCl_4-Lsg. nicht mehr gelb färbt. Der organ. Phase wird das Be mit 30 ml HCl 1 : 1 entzogen, die saure Lsg. auf 3 ml eingedampft u. mit W. auf 50 ml verdünnt. — In einen 100-ml-Meßkolben werden 10 ml der Lsg. gebracht, 5 ml einer 10%ig. Komplexon 3-Lsg. u. 15 ml der Aluminonlsg. (125 g CH_4COONH_4 u. 40 ml Eisessig, 0,25 g Aluminon in 25 ml W., 2,5 g Gelatine in 100 ml warmem W. u. 5 ml Benzoesäure in 25 ml Methylalkohol werden auf 1 Liter verd. u. filtriert) zugefügt. Der Meßkolben wird 5 Min. in sd. W. erwärmt, abgekühlt, aufgefüllt u. in 10 Min. mit dem HILGER-Spektrophotometer u. gelbem Filter ILFORD 604 gemessen. — Die beschriebene Meth. eignet sich prakt. zu jeder Be-Best., bes. zur Be-Best. in Al-Bronzen. (Hutnické Listy **13.** 250—51. März 1958. Panenské Břežany, Výzk. ústav kovů.) H. TŮMA. G 281

Claude W. Sill und **Conrad P. Willis,** *Fluorimetrische Bestimmung von Submikrogrammengen von Beryllium.* Zur Best. kleiner Mengen von *Be* wird die Lsg. mit 8,2 mol. NaOH zur Fällung des $Be(OH)_2$ versetzt, darauf wird unter Zusatz von Chininsulfat als Indicator mit 72%ig. $HClO_4$ bis zur blauen Fluorescenz im UV-Licht neutralisiert, mit Triäthanolamin–EDTA-Lsg. (3 ml bzw. 5 g Dinatriumsalz in 95 ml W., zur Maskierung von Fe, Zn u. Ca) versetzt, mit 1 n NaOH bis zum Verschwinden der Fluorescenz behandelt, mit alkal. Stannitlsg. versetzt u. mit Piperidinpufferlsg. (10 g Hydrazinsulfat, 5 g EDTA in 30 ml W. u. 50 ml Piperidin, mit W. auf 100 bzw. 250 ml verd.)

gemischt. Nach Zusatz von Morinlsg. (7,8 mg in 25 ml A., 25 ml 8 mol. $NaClO_4$-Lsg. u. 2 Tropfen 10% ig. EDTA-Lsg. auf 100 ml verd.) wird bei konstanter Temp. ($\pm 0,1^0$) fluorimetr. gegen einen leicht herzustellenden Glasstandard (Uranglastropfen in Borosilicatglasstab eingeschmolzen) vermessen. Bei genauer Einhaltung der einzelnen Reaktionsbedingungen können noch 0,0004 γ in 11 ml erfaßt werden. Bei einem Geh. von 0,2 γ beträgt die Genauigkeit (95% ig. Sicherheit) 0,8%. — Bei diesem Verf. wird die Störung durch Instabilität alkal. Morin-Lsgg. in Ggw. von Cu^{2+} u. Luft durch den EDTA-Zusatz umgangen. 1-mg-Mengen von Ca-, Al-, Zn-, Cd-, Mg-, Ga-, In-, Pb-, As- u. B-Verbb. können gegenwärtig sein, dagegen stören Bi-, Ag-, Hg-, Au- u. Platinmetall (wegen Bldg. von Metallsuspensionen) u. Y-, Sc-, La-, Li-, Th- u. Zr-Verbb. (wegen Fluorescenzbldg.). Wegen dieser Schwierigkeit untersuchten Vff. die beschriebenen Verff. zur Be-Trennung bzw. Anreicherung u. geben genaue Anleitungen zur Isolierung von Be aus atmosphär. Staub, Knochen, Urin, Erzen u. Stahl. (Analytic. Chem. **31**. 598—608. April 1959. Idaho Falls, Id., US Atom. Energy Comm., Health and Safety Div.) E. DEHMLOW. G 281

J. Yofé und **R. Finkelstein,** *Beseitigung der Anionenstörung bei der flammenphotometrischen Bestimmung von Calcium in Gegenwart von Phosphat und Sulfat.* Die Emission der charakterist. Linien des Ca wird durch Phosphat- u. Sulfatanionen stark geschwächt. Vff. haben diesen Effekt untersucht u. gefunden, daß die Emission von Ca (in $CaCl_2$-Lsgg.) mit steigender PO_4^{3-}- oder SO_4^{2-}-Konz. fällt, bis das Verhältnis PO_4^{3-}/Ca^{2+} bzw. SO_4^{2-}/Ca^{2+} einen konstanten Wert erreicht. Auch die geschwächte Emission ist aber der Ca-Konz. proportional. Zusätze von La^{3+} oder Fe^{3+} verhindern diesen Anioneneffekt. Die Wrkg. der La- oder Fe-Zusätze ist aber von der Wellenlänge u. dem Konzentrationsverhältnis abhängig. Zur Erzielung der ursprünglichen Ca-Emission auch in Ggw. von Phosphat oder Sulfat sind höhere Fe- als Ca-Konzz. notwendig. Zusätze von Mg^{2+} oder Al^{3+} haben dagegen keinen Einfluß. Vff. diskutieren diese Beobachtungen im Zusammenhang mit möglichen Reaktionsmechanismen in der Flamme u. der relativen therm. Stabilität der in Frage kommenden Verbindungen. Die Wrkg. der La- bzw. Fe-Zusätze besteht demnach darin, daß die La- bzw. Fe-Phosphat- oder -Sulfatverbb. therm. stabiler als die entsprechenden Ca-Verbb. sind. Das Ca liegt dann, auch in Ggw. dieser Anionen, als Chlorid vor. (Analytica chim. Acta [Amsterdam] **19**. 166—73. Aug. 1958. Tel Aviv, Israel Atomic Energy Commission.) H.-U. WOELK. G 283

James E. Mathers, G. Victor Potter und **Nelson W. Shearer,** *Bestimmung von Calcium in Wolframiterz.* Vff. beschreiben eine neue schnelle Bestimmungsmeth. für Ca in Wolframiterz mit einem Ca-Geh. von 0,01—0,20%. Die übrigen Elemente (*W, Fe, Mn*; ferner *Ti, Cr, Mo*) werden durch Erhitzen auf 625—650° im trocknen *HCl*-Strom entfernt; der das Ca enthaltende Rückstand mit HCl (1 : 1) in Lsg. gebracht, ein gleiches Vol. *Äthylenglykolmonobutyläther* zugesetzt u. das Ca bei 422,7 mμ flammenphotometr. bestimmt. Eine Best. beansprucht ca. 2 Stunden. Vff. halten diese Meth. für zuverlässiger u. besser reproduzierbar als die bisher meist angewendete Oxalatmethode. (Analytic. Chem. **30**. 1412—13. Aug. 1958. Towanda, Pa., Sylvania Electric Prod., Inc.) H.-J. OSTMANN. G 283

Jeanine Debras und **Igor Voinovitch,** *Direkte flammenspektrophotometrische Bestimmung von Strontium in Gegenwart störender Elemente.* Vff. untersuchten den Einfl. verschied. Elemente auf die Intensität der Sr-Linie bei 4607,3 Å in der O_2–C_2H_2-Flamme. Bei Einführung wachsender Mengen einer 0,01 mol. Lsg. von Na-Aluminat wird eine konstante Emission von einem Aluminatgeh. ab, der der Bldg. von $SrAl_2O_4$ entspricht, beobachtet; die Emission ist prakt. Null. Bei Zugabe von 0,01 mol. $CaCl_2$-Lsg. wird ähnliches Verh. (meßbare konstante Emission) beobachtet. (In Lsgg. mit Sr u. Aluminat allein tritt nach einiger Zeit Niederschlagsbldg. ein, in Ggw. von Ca tritt der Nd. erst nach sehr viel längerer Zeit auf.) Durch Zugabe von $CaCl_2$ (1 g CaO/100 ml) zu der Sr-Lsg. (10 mg SrO/100 ml) konnte die Depression der Emission bis zu Al-Gehh. von 100 mg Al_2O_3/100 ml beseitigt werden (Verss. mit Triäthanolamin, Weinsäure u. Komplexon III hatten keinen Erfolg; durch Zugabe von $MgCl_2$ wird die Störung durch Al beträchtlich zurückgedrängt). Gute Ergebnisse bei der Sr-Best. nach Zugabe von $CaCl_2$ (1 g CaO/100 ml) wurden in Ggw. von Al_2O_3 (bis 1250 mg/Liter), Fe_2O_3, TiO_2, CaO, MgO, Na_2O, K_2O u. Li_2O erzielt. (C. R. hebd. Séances Acad. Sci. **248**. 77—80. 5/1. 1959. Labor. de la Soc. franç. de céram.) W. KARCHER. G 284

R. J. Grabowski und **R. C. Unice,** *Quantitative spektrochemische Bestimmung von Barium und Strontium.* Vff. schlagen eine quantitative spektrochem. Meth. zur Best. von *Ba* u. *Sr*, bes. in Gesteinsproben, vor. Zu diesem Zweck wird das feingepulverte

Material durch Schmelzen mit Soda aufgeschlossen u. durch HCl (1 : 1) in Lsg. gebracht. Die Analyse der erhaltenen Lsgg. erfolgt spektrophotometr. durch Anregung der Emissionslinien (analyt. verwendet werden die Linien 4554,0 des Ba u. 4077,5 u. 4215,5 Å des Sr) durch Starkstromfunken unter Verwendung einer rotierenden Elektrode. Als innerer Standard dient *In* (Linien 4511,3 u. 4101,8 Å). Es können bis zu 0,005% Ba bzw. Sr mit einer Genauigkeit von 5% bestimmt werden. Der störende Einfl. von *Al*, *Mg* u. *Ca* muß durch Auswahl entsprechender Vergleichsproben ausgeschaltet werden. *Fe* u. *K* stören nicht. (Analytic. Chem. **30**. 1374—79. Aug. 1958. Houston, Texas, Shell Developm. Co., Explorat. and Product. Res. Div.) K. FRENKLER. G 285

Harald Hovden, *Abtrennung des Hg(II) von Aktivkohle durch Extraktion mit EDTA.* Zur Best. von *Hg(II)* in Aktivkohlekatalysatoren, die zur Vinylchloridgewinnung verwendet werden, extrahiert man 20—30 mg feingemahlenen Katalysator in einem Zentrifugenröhrchen in Ggw. von 15 ml Pufferlsg. vom p_H 10 (70 g NH_4Cl + 610 ml 12n NH_3/Liter) unter mäßigem Schütteln mit 5 ml 0,1 mol. EDTA-Lösung. Nach 30 Min. zentrifugiert man den C ab, verd. 5 ml der überst. Fl. auf 100 ml u. verwendet einen aliquoten Anteil davon für die Hg-Best. mit Dithizon. (Acta chem. scand. **13**. 194. 1959. Porsgrunn, Norway, Norsk Hydros Forskningslabor.) H. PLUSKAL. G 290

G. Jagga Rao und **K. Bhaskarakao**, *Cerimetrische Bestimmung von Quecksilber (I).* Die Oxydation von Hg(I) durch Ce(IV) verläuft hinreichend schnell, wenn statt in schwefelsaurem in salzsaurem Medium gearbeitet wird. Die Reaktionsgeschwindigkeit nimmt mit steigender HCl-Konz. zu. JCl dient als Katalysator. Für die Direkttitration werden 2—5 ml einer 0,02 mol. JCl-Lsg. verwendet. Da das JCl in dieser Konz. die Endpunktsbest. mittels Redoxindicators erschwert, dient es in Verbindung mit einer CCl_4-Schicht selbst als „Extraktionsindicator". Die Best. kann bei Raumtemp. durchgeführt werden. (Z. analyt. Chem. **168**. 81—83. 1959. Bangalore, Indien, Aircraft Private Ltd., Sci. Off., Testlabor. Hindusthan.) W. BETCKE. G 290

Vinka Karas und **Tomislav Pinter**, *Über eine neue Methode zur photometrischen Bestimmung der Mikromengen der Quecksilber(II)-ionen in wässerigen Lösungen.* Vff. beschreiben eine Meth. zur Best. von Mikromengen Hg^{2+}-Ionen, die auf der in saurem Medium von Hg^{2+} katalysierten Zers. von Hexacyanoferrat(II)-ionen zu lösl. Berliner Blau beruht. In Ggw. von *α.α'-Dipyridyl* (I) oder *o-Phenanthrolin* (II) bilden sich dagegen die lösl. roten Komplexe von I u. II. Die Intensität der entstehenden Farbe u. damit die Konz. der Komplexe sind in der angegebenen Zeit (5 Min.) der vorhandenen Menge Hg^{2+} proportional. Die verwandte $K_4[Fe(CN)_6]$-Lsg. war $1 \cdot 10^{-4}$ mol., die **II**-Lsg. ist $8 \cdot 10^{-4}$ mol., die $HgCl_2$-Lsg. $1{,}33 \cdot 10^{-6}$- bis $17{,}28 \cdot 10^{-6}$ mol.; p_H-Einstellung erfolgt mit Acetatpuffer 3,0. Die Lsgg. wurden jede für sich im Thermostaten auf 60° temperiert, dann vermischt, die Mischung verblieb weitere 5 Min. im Thermostaten, u. dann wurde die Extinktion bei 490 mμ gemessen. Aus einer Eichkurve, Extinktion gegen log Hg^{2+}-Konz., erhält man die vorhandene Menge Hg. Der wahrscheinliche Fehler der Einzelmessung beträgt $E_i = E_{ber}$ 0,0309. (Arhiv. Kemiju [Arch. Chim.] **30**. 141—47. 1958. Zagreb, Inst. für Chem. der Med. Fak.) A.-M. FRETZDORFF. G 290

J. Lacy, *Eine einfache Apparatur zur Bestimmung von Quecksilber durch Amalgamierung mit Gold.* Um Fehler durch Verluste von Hg-Dampf bei der Meth. von ESCHKA zu vermeiden, wurde das Verf. auf einfache Weise modifiziert. Die Probe wird mit Fe-Pulver vermischt u. im Quarzkolben mit einer dünnen ZnO-Schicht bedeckt. An den Quarzkolben schließt eine Säule (10×0,6 cm) mit einer losen Packung von Goldfolie an. Der Kolben wird erhitzt (10 Min. mit kleiner Flamme u. 20 Min. mit voller Brennerhitze) u. nach Abkühlen aus der Gewichtszunahme der Au-Säule der Hg-Geh. der Probe ermittelt. Das Verf. wurde an $HgCl_2$-aktivierter Aktivkohle u. $HgCl_2$-Proben geprüft; die Abweichungen betragen < 1,34%. (Analytica chim. Acta [Amsterdam] **20**. 195—97. 1959. P. O. Northrand, Transvaal, African Explos. and Chem. Ind. Ltd., Res. Dep.) W. KARCHER. G 290

Boleslav Bieber und **Zdeněk Večeřa**, *Aluminiumbestimmung durch Elektrolyse an der Quecksilberkathode nach Abtrennung der störenden Elemente.* Prakt. Anleitungen zur direkten gravimetr. *Al*-Best. in techn. Fe, in Nichteisenmetallen u. in Bauxit nach Abtrennung der störenden Elemente. (Hutnické Listy **10**. 419—21. Juli 1955. Brno, Výzk. slévárenský, VÚMT.) E. ROTTER. G 294

Finn J. Langmyhr und **Hans Kristiansen**, *Indikrete EDTA-Titration von Aluminium mit Blei(II)-Lösungen und 4-[2-Pyridylazo]-resorcin (PAR) als Indicator.* Zur *Al*-Best. wird die Lsg. bei p_H 2 mit überschüssiger 0,05 mol. EDTA-Lsg. versetzt, wobei eine quantitative Umsetzung erfolgt. Anschließend wird das p_H mit NH_4OH auf 6,5—7 gebracht, u. unter Zusatz von 4-[Pyridyl-(2)-azo]-resorcin (PAR) wird gegen 0,05 mol.

$Pb(NO_3)_2$-Lsg. bis zum Umschlag von Rot nach Gelborange titriert. Da Pb^{2+} bei $p_H < 5$ mit PAR keine Färbung gibt u. da bei $p_H > 7$ ein Austausch von überschüssigem Pb^{2+} gegen Al-EDTA stattfindet, muß kurz vor Erreichung des Titrationsendpunktes weiteres NH_4OH zur Einhaltung von p_H 6,5—7 zugesetzt werden. Die Verwendung verschied. Puffer-Lsgg. erwies sich als unpraktisch. In Ggw. von viel NH_4Cl wird die Lsg. vor der Rücktitration kurz zum Sieden erhitzt. Viel $NaNO_3$ stört stärker. (Analytica chim. Acta [Amsterdam] **20.** 524—27. 1959. Blindern, Univ. of Oslo, Chem. Inst. A.)
E. DEHMLOW. G 294

R. H. A. Crawley, *Komplexometrische Titration von Gallium mit Fluorescenzindicator.* Die Ga enthaltende Lsg. wird auf 5 ml eingedampft, mit 5 ml 4% ig. K-Hydrogenphthalatlsg. versetzt u. mit 10% ig. KOH auf p_H 2,5—3,5 eingestellt. Nach Zusatz von 1 ml 20% ig. Hydroxylammoniumchloridlsg. u. 1 ml 0,05% ig. *Hydroxychinolin*-Lsg. (I) in 0,5% ig. Essigsäure wird bei fast völliger Dunkelheit mit 0,001 mol. Äthylendiamintetraessigsäure unter einer UV-Lampe titriert. Als Vgl. dient eine austitrierte Lösung. Die Meth. ist für 50—1000 μg Ga anwendbar. Bei geringeren Konzz. liegen die gefundenen Werte wesentlich zu hoch (85% bei 20 μg). Der Fehler wird verringert (15%) bei Zusatz von nur 2 Tropfen I. (Analytica chim. Acta [Amsterdam] **19.** 540—41. 1958. Rugby, Great Brittain, B.T-H Res. Labor.) M. LASER. G 295

Ramon F. Rolf und **Elmer Leininger,** *Reduktion von Thallium(III) zu Thallium(I) mit Metallreduktoren.* Zur Best. des gesamten *Tl* als Tl(I) wurde in einer Borosilicatglassäule Tl(III) mit metall. Cd, Bi oder Ag reduziert. Die Lsg. war schwefelsauer (0,1—0,01 n). Alle 3 Metalle reduzieren zufriedenstellend. Andere Reduktoren, wie Pb, Al, Zn sowie Amalgame von Zn, Cd, Pb oder Bi, arbeiten nicht befriedigend. Die Best. von Tl erfolgte dann durch Titration mit $KBrO_3$. Vom Ergebnis ist ein Blindwert abzuziehen, der für den Bi-Reduktor am kleinsten war. (Analytic. Chem. **31.** 425—26. März 1959. East Lansing, Mich., Michigan State Univ., Kedzie Chem. Labor.)
FRIEDRICH WOLF/Berlin. G 297

B. C. Purkayastha und **V. R. Pal Verneker,** *Untersuchung der Chemie des Scandiums im Tracer-Maßstab unter Verwendung von* ^{46}Sc. Die Mitfällung von Sc, Y u. Eu mit $Fe_2(SO_4)_3$ (I) wurde unter Verwendung von ^{46}Sc, ^{91}Y u. ^{152}Eu u. ^{154}Eu als Tracer-Ionen untersucht. Sc wird durch Bldg. von Mischkristallen mit **I** mitgefällt; Eu u. Y werden ebenfalls mitgerissen, die Ergebnisse sind in guter Übereinstimmung mit der FREUNDLICHschen Adsorptionsisotherme. Aus den Unterss. geht hervor, daß Sc eine größere Verwandtschaft gegenüber der Fe-Gruppe als den Seltenen Erden aufweist. (Analytic. Chem. **31.** 814—15. Mai 1959. Calcutta, India, Inst. of Nucl. Phys.) W. KARCHER. G 299

Karl S. Bergstresser, *Spektrophotometrische Bestimmung von Lanthan in Plutonium.* Zur Best. von *La* wird Pu in $HClO_4$ gelöst, wobei Pu in Pu(VI)-Verbb. übergeht. Darauf wird La mit HF gefällt, in rauchender $HClO_4$ gelöst u. mit 8-Hydroxychinolin wieder gefällt. Der in 0,1 n HCl gelöste Nd. wird bei 365 mμ photometr. bestimmt. Der Fehler einer Einzelbest. beträgt im Bereich 40—200 γ 3 γ. (Analytic. Chem. **30.** 1630—32. Okt. 1958. Los Alamos, Calif., Univ. of California, Los Alamos Sci. Labor.)
E. DEHMLOW. G 301

M. W. Lerner und **L. J. Pinto,** *Trennung der Seltenen Erden von Beryllium, Magnesium, Zirkonium, Titan, Uran und nichtrostendem Stahl.* Die spektrograph. Best. der *Seltenen Erden* (SE) in sehr geringen Mengen erfordert eine vorangehende Abtrennung. Be u. Mg werden in HCl gelöst, wobei ungelöste Oxyde filtriert u. durch Abrauchen mit konz. H_2SO_4 gelöst werden. Die SE werden nach Zusatz von Th^{4+} als Träger mit Oxalsäure gefällt. Nach Lösen in $HNO_3/HClO_4$, Abrauchen, Umfällen mit Oxalsäure u. Lösen wird in essigsaurer Lsg. (p_H 2,0) mit 8-Hydroxychinolin versetzt, auf p_H 4,2 gebracht u. mit demselben Reagens in Chlf. 5mal extrahiert, wodurch das Th entfernt wird. Unter Zusatz einer bekannten Menge La^{3+} als Träger u. innerem Standard für die anschließende spektrograph. Best. werden die SE mit NH_4OH als Oxinate gefällt u. zu den Oxyden verglüht. Die SE werden nach dieser Meth. zu 97% wiedergefunden. — Zr u. Ti werden in 48% ig. HF gelöst, $Th(NO_3)_2$ wird als Träger u. NH_4F zur Vervollständigung der Mitfällung der SE zugesetzt. Nach Zentrifugieren, Lösen in H_3BO_3 u. HNO_3 u. Fällen als Oxalate wird wie bei der Best. in Be u. Mg weiter verfahren. — U wird in 1 : 1 verd. HNO_3 gelöst, abgeraucht, in wenig W. aufgenommen u. mit HF wie bei Zr u. Ti weiterbehandelt. — Stahlproben werden in HCl-HNO_3 gelöst, mit $HClO_4$ erhitzt, filtriert u. mit HF wie zuvor weiterbehandelt. (Analytic. Chem. **31.** 549—51. April 1959. New Brunswick, N. J., US Atomic Energy Comm., Labor.)
E. DEHMLOW. G 303

Charles V. Banks, James A. Thompson und **Jerome W. O'Laughlin,** *Trennung und Bestimmung kleiner Mengen der Seltenen Erden in Uran.* Die Seltenen Erden bilden

mit *Arsenazo* (I) eine Färbung, die zur spektralphotometr. Best. benutzt werden kann. Während das Spektr. des I (Maximum bei 570 mμ) nur wenig vom p_H-Wert beeinflußt wird, zeigt das Spektr. des Komplexes eine deutliche p_H-Abhängigkeit. Bei p_H 7 besteht die maximale Empfindlichkeit. Die Lsgg. sind länger als 24 Std. stabil, die günstigste Reagenskonz. ist 0,15%. Schwermetalle, wie U(VI), Cu(II), V(IV), Th, Zr, Ti(IV), Fe(III), Cr(III) u. Al, bilden mit I ebenfalls gefärbte Verbindungen. Für eine Mikrobest. der Seltenen Erden in Uran kann dieses durch Anionenaustausch abgetrennt werden. Eine gleichzeitige Abtrennung des Fe(III) ist als Thiocyanatkomplex möglich. Die von Vff. entwickelte u. beschriebene Meth. erlaubt die Best. von 100—200 γ der Seltenen Erden bzw. eine Abtrennung von 5 mg von 1 g U. (Analytic. Chem. **30.** 1792—95. Nov. 1958. Ames, Iowa, State Coll., Inst. for Atomic Res. and Dep. of Chem.)
H.-U. WOELK. G 303

Farrel W. Lytle und **Howard H. Heady,** *Röntgenstrahlenemissionsspektralanalyse von sehr reinen Oxyden der Seltenen Erden.* Geringe Mengen seltener Erdmetalle (0,01 bis 1%) lassen sich in einem sehr reinen Oxyd eines seltenen Erdmetalls (z. B. CeO_2, Nd_2O_3, Sm_2O_3, J_2O_3, La_2O_3) durch Fluorescenzröntgenstrahlanalyse bestimmen. Vff. entwickeln eine verfeinerte Meth. zur Best. der Linienintensität über dem Untergrund. Die Vorbereitung der Proben u. der Vergleichssubstanzen, die Wahl der Analysenlinien sowie die Zweckmäßigkeit der Verwendung einer He-Atmosphäre zwecks Steigerung der Linienintensität werden diskutiert. Die Genauigkeit der Meth. wird an Testsubstanzen demonstriert. Die aus jeweils 5 Parallelbestimmungen erhaltenen Mittelwerte zeigen einen mittleren Fehler von ca. 10%. (Analytic. Chem. **31.** 809—11. Mai 1959. Reno, Nev., US Bur. of Min., Rare and Precious Metals Exp. Stat.) L. SCHWIEGK. G 303

Sachindra K. Datta, *Trichlorphenoxyessigsäure als Reagens für die Bestimmung von Thorium.* (Vgl. C. **1957.** 14080.) *2.4.5-Trichlorphenoxyessigsäure* (I) fällt Th quantitativ bei p_H 2 u. ist daher zur gravimetr. Th-Best. besser als 2.4-Dichlorphenoxyessigsäure (vgl. l. c.) geeignet. Ca, Ba, Sr, Zn, Co, Ni, U u. Ce stören nicht. Zr u. Fe werden mitgefällt. Zur Best. von Fe u. Th nebeneinander wird zunächst bei p_H 2,6 mit I u. $(NH_4)_2CO_3$ gefällt u. Th-Trichlorphenoxyacetat bzw. $Th(OH)_4$ mit $(NH_4)_2CO_3$-Lsg. als Carbonatokomplex gelöst. Das zurückbleibende Fe-Trichlorphenoxyacetat bzw. $Fe(OH)_3$ wird in verd. HCl gelöst, mit $(NH_4)_2CO_3$ gefällt u. gravimetr. bestimmt. Der Th-Carbonatokomplex wird gleichfalls durch Kochen mit konz. HCl zers. u. Th erneut als Trichlorphenoxyacetat gefällt u. gravimetr. als ThO_2 bestimmt. Auch eine direkte Wägung des bei 110° getrockneten Nd. von Th-Trichlorphenoxyacetats ist möglich. (Analytica chim. Acta [Amsterdam] **14.** 39—44. 1956. Darjeeling, India, Darjeeling Government Coll.) H. HOFMANN. G 324

J. D. Burton und **J. P. Riley,** *Die spektrophotometrische Bestimmung von Germanium mit Phenylfluoron.* Zur Best. von *Ge* wird der aufgeschlossenen Probe 14,3% ig. H_2SO_4, EDTA-Lsg., A., Gummi arabicum-Lsg. (I) u. Phenylfluoronlsg. (**II**, 0,05 g in 75 ml A. u. 5 ml 14,3% ig. H_2SO_4, verd. auf 100 ml mit A.) zugesetzt, u. nach 2 Std. wird bei 520 mμ vermessen. Das BEERsche Gesetz gilt bei 0,1—0,6 p.p.m. Durch Verwendung geringerer Konzz. an I u. **II** wird eine höhere Empfindlichkeit als bei früheren Verff. erreicht. Ggw. mindestens gleicher Mengen von Sb-, Hg-, Ga-, In-, Te-, Th- u. Sn-Verbb. sowie ein 50facher Überschuß an Fe^{3+} (2% Fehler) stören nicht. (Mikrochim. Acta [Wien] **1959.** 586—91. Liverpool, Univ., Oceanography Dep.) E. DEHMLOW. G 326

Elwood R. Shaw und **James F. Corwin,** *Bestimmung von Germanium nach der Heteropoly-Blau-Methode.* Die Ursache der bis zu 100% betragenden Unterschiede der Lichtabsorption von GeO_2-Proben, die nach der Heteropoly-Blau-Molybdat-Komplexmeth. analysiert wurden, führen Vff. auf die bei den verschied. Autoren unterschiedlichen Zeiten zwischen der Zugabe der Molybdatlsg. u. der des Reduktionsmittels zurück. Vff. untersuchen den Einfl. dieser Zeitdifferenz, der verschied. Säuren u. der Molybdatkonz. auf die Analysenmethode. Es ergibt sich folgende Vorschrift: Das gelöste u. gegebenenfalls durch Dest. von störenden Ionen abgetrennte Ge wird mit NH_4OH bzw. H_2SO_4 neutralisiert. Ein 0,1—0,3 mg Ge entsprechender Teil wird mit 2 ml 4n H_2SO_4 versetzt, dann wird mit W. auf 36 ml verd.; 8 ml 5% ig. $(NH_4)_6Mo_7O_{24} \cdot 4\,H_2O$-Lsg., die auf 100 ml 2,8 ml konz. H_2SO_4 enthält, werden zugesetzt. Nach 1,0 $\pm$ 0,2 Min. werden schnell 50 ml Reduktionslsg. (aus 5 ml einer 2% ig. $Fe(NH_4)_2(SO_4)_2 \cdot 6\,H_2O$-Lsg., die auf 250 ml 1 ml 4n H_2SO_4 enthält, u. 20 ml 4n H_2SO_4) zugegeben, dann wird auf 100 ml verdünnt. Nach 20—30 Min. wird bei 825 mμ photometriert. Fehler im Bereich von 0,05—0,25 mg Ge/100 ml Lsg. maximal 4,3%, bei 0,34 mg Ge bereits 11%. (Analytic. Chem. **30.** 1314—16. Aug. 1958. Yellow Springs, Ohio, Antioch Coll., Dep. of Chem.)
L. SCHWIEGK. G 326

Erich Ruf, *Photometrische Bestimmung von Zinn mit 5.7-Dibrom-8-hydroxychinolin und ihre Anwendung zur Ermittlung des nicht als 4-Oxyd vorliegenden Zinnanteils*

in Zinnoxyd. Das ausführlich beschriebene Verf. beruht auf der Extraktion der Sn(IV)–5.7-Dibrom-8-hydroxychinolin-Verb. (0—500 μg Sn/100 ml) mit *Isobutylalkohol* bei p_H 1,0 u. spektralphotometr. Best. der isobutylalkoh. Lsg. bei 410 mμ. Das Verf. eignet sich bes. zur Best. des nicht als SnO_2 vorliegenden Sn-Anteils in techn. SnO_2. Eine entsprechende Vorschrift ist angegeben. Bei Anwendung von 10%ig. *Thioharnstoff*-Lsg. (40 ml/100 ml Meßlsg.) kann die Sn-Best. bei gleichzeitiger Ggw. von je 1 mg *Fe, Sb, Bi, Cu, Al, As, Cd, Ni, Co, Pb* u. *Ca* durchgeführt werden. Sn(II) wird mit $KClO_3$ zu Sn(IV) oxydiert u. überschüssiges Cl_2 mit Hydroxylamin entfernt. — Weitere Belegversuche. (Z. analyt. Chem. **162.** 9—17. 1958. Essen, Th. Goldschmidt AG.)
H. HOFMANN. G 327

H. J. G. Challis und **J. T. Jones,** *Bestimmung kleiner Mengen Zinn in Kupfer und Kupferlegierungen.* Der Sn-Geh. Sn-haltiger Kupferlegierungen wird durch turbidimetr. Messungen mit einem „SPECKER-Absorptiometer" bestimmt. Die Lsgg. der Legierungen werden zur Trübungsbldg. mit *Phenylarsinsäure* (PA) bzw. deren 4-Hydroxy-3-nitroderiv. (4H-3N-PA) versetzt. Die PA-Meth. erlaubt Schnellbestimmungen bei einem Sn-Geh. von 0,01—0,4%, wobei der Fe-Geh. 0,06% nicht überschreiten darf, während die anderen üblicherweise in den Legierungen vorkommenden Elemente nicht stören. Das Reagens enthält 5 g PA auf 100 ml Wasser. Die Legierungsprobe (0,5 g) wird in 5 ml einer Lsg. von 32 ml HNO_3 (d = 1,42) u. 12 ml HCl (d = 1,18) auf 100 ml gelöst, auf 80° erhitzt, 10 ml des PA-Reagens dazugefügt u. auf 50 ml aufgefüllt. Nach ca. 30 Min. wird die opt. Dichte bestimmt. Bei Sn-Gehh. von mehr als 0,02% erfordert die Ausbldg. der Trübung eine längere Wartezeit. Die 4H-3N-PA-Meth. erlaubt Bestimmungen bei einem Sn-Geh. von minimal 0,001%, wobei Fe in weiten Grenzen nicht stört. Das Reagens enthält 2 g 4H-3N-PA in 30%ig. methanol. Lösung. Die Legierungsprobe wird in einer entsprechenden Menge einer Mischung von 50 ml HNO_3 (d = 1,42), 40 ml H_2SO_4 (d = 1,84) u. 110 ml W. gelöst, die HNO_3 abgeraucht, verd. u. die opt. Dichte bestimmt. Das Auftreten des 4H-3N-PA-Eisenkomplexes wird verhindert, wenn die H_2SO_4-Acidität der einer Mischung von 2 ml H_2SO_4/50 ml H_2O entspricht. Chloride stören. Die Best. erfolgt an Hand von Eichkurven, die mit Hilfe von Standardlsgg. hergestellt werden. 14 Proben mit Sn-Gehh. zwischen 0,001 u. 0,006% können in 6 Std. bestimmt werden. (Analytica chim. Acta [Amsterdam] **21.** 58—67. 1959. Witton, Birmingham, Imp. Chem. Ind. Ltd., Metals Div., Kynoch Works.)
W. BETCKE. G 327

James P. McKaveney und **Henry Freiser,** *Analytische Lösungsmittelextraktion von Vanadin mit Acetylaceton.* Vff. untersuchen die Extraktion von *V(V), V(IV)* u. *V(III)* aus wss. Lsgg. verschied. p_H-Werte mit *Acetylaceton–$CHCl_3$* (1:1; I). *V(III)* wird bei p_H >2 auch in Ggw. größerer Mengen Fe(II) spezif. u. quantitativ extrahiert; auf dieser Grundlage wird ein Schnellverf. zur Best. von V in Stählen entwickelt. Die V-Best. erfolgt nach der Extraktion photometr. nach der Peroxydmethode. Kleinere Konzz. mitextrahiertes Ti lassen sich durch NH_4F-Zusatz maskieren; in niederen Wertigkeitsstufen vorliegendes Mo wird aus wss. Lsgg. durch I nicht extrahiert. — Arbeitsvorschrift: Die Stahlprobe (ca. 1 g) wird in 50 ml HCl (1:1) gelöst, auf 25 ml eingeengt, mit 30%ig. H_2O_2 oxydiert, nach H_2SO_4-Zusatz zur Trockne abgeraucht, mit 25 ml W. aufgenommen u. mit Zn-Pulver in N_2- oder CO_2-Atmosphäre 30 Min. reduziert. Nach Abdekantieren von überschüssigem Zn wird mit konz. NH_4OH auf p_H 2,0 eingestellt u. zunächst mit I, dann mit $CHCl_3$ extrahiert, schließlich die organ. Phasen vereinigt u. auf ca. 10 ml eingeengt. Am Wasserbad wird das gesamte Lösungsm. abgedampft, mit 5 ml konz. H_2SO_4 u. 25 ml konz. HNO_3 aufgenommen u. abgeraucht. Nach dem Abkühlen mit 25 ml W. aufnehmen, 30%ig. H_2O_2 zusetzen, bis zur beginnenden O_2-Entw. erwärmen, dann abkühlen u. nach Verdünnen auf ein geeignetes Vol. bei 460 mμ gegen reines W. als Bezugssubstanz spektrophotometrieren; Konzentrationsbest. mittels Eichkurve. — Die Meth. ist zur Best. kleiner V-Gehh. in Stählen geeignet u. leistet bes. dann gute Dienste, wenn die V-Konz. für eine potentiometr. Best. zu gering ist. (Analytic. Chem. **30.** Nr. 4. [Part I.] 526—29. Pittsburgh, Pa., Univ. of Pittsburgh, Dep. of Chem.)
D. ERTEL. G 330

G. Leliaert, J. Hoste und **J. Eeckhaut,** *Aktivierungsanalyse von Vanadin in hoch legierten Stählen unter Verwendung von Mangan als innerem Standard.* Zur Best. von *V* in hochlegiertem Stahl verwendet man 2 Proben von ähnlichem Gewicht (a u. b g), vermischt eine davon mit einer bekannten Menge reiner NH_4VO_3-Lsg. u. aktiviert beide Proben in Plastikkapseln 10—60 Sek. durch Neutronenbeschuß, z. B. mit dem Amsterdam-Cyclotron. Dabei geht ^{51}V in ^{52}V, einen β-Strahler mit 3,75 Min. Halbwertszeit, über. Das einzige störende Element ist ^{56}Mn. Man verwendet es als inneren Standard zur Korrektur für Neutronenschwankungen. Man mißt die Strahlung mit einem MBLE-γ-Spektrometer u. stellt Spannung u. Schlitzweite auf 1,3—1,55 MeV ein. Die Auswertung erfolgt in 20-Sek.-Perioden für V u. nach dessen Zerfall in 200-Sek.-Perioden für Mn. Man zeichnet die Zerfallskurven auf halblog. Papier u. bestimmt die V- u. Mn-Aktivitäten. Die Berechnung des V-Geh. geschieht nach den Gleichungen: $S_{t_0(V)} = 1/c\,[A'_{t_0(V)} \cdot \alpha - b/a\, A_{t_0(V)}]$ u. $\%\ V_i = A_{t_0(V)} \cdot 100/a \cdot S_{t_0(V)}$. c = Gewicht des zugesetzten V-Geh., α = Verhältnis der Mn-Aktivitäten. $A_{t_0(V)}$ u. $A'_{t_0(V)}$ = V-Gesamtaktivität = Gesamtaktivität–Mn-Aktivität. $S_{t_0(V)}$ = spezif. Aktivität des V. (Analytica chim. Acta [Amsterdam] **19.** 100—07. Juli 1958. Ghent, Univ. of Ghent, Labor. for Analyt. Chem.) H. Pluskal. G 330

J. F. Scaife, *Colorimetrische Mikrobestimmung von Molybdän als Rhodanidkomplex.* Bei der colorimetr. Mikrobest. von *Mo* nach Perrin (New Zealand J. Sci. Technol., Sect. A **27.** [1946.] 396) können größere Mengen Fe(III), wie sie z. B. im Blut vorhanden sind, stören. Es wird empfohlen, die Luft vor der Extraktion mit Isoamylalkohol aus beiden Gefäßen durch CO_2 zu entfernen, ebenso vor Ablesung der opt. Dichte der Färbung. Außerdem müssen die Vergleichslsgg. durch Zugabe von Fe(II) oder Fe(III)-Salzen hergestellt werden. Es wurde eine 1%ig. $FeNH_4(SO_4)_2$-Salzlsg. in 0,2n-H_2SO_4 für $\leqq 50$ μg Mo verwendet, das in 5 ml Isoamylalkohol extrahiert werden soll. (Analytic. Chem. **28.** 1636. Okt. 1956. Wellington, New Zealand, Wallaceville Animal Res. Stat., Dep. of Agric.) H. Pluskal. G 336

P. J. Antikainen, *Trennung, qualitative und halbquantitative Bestimmung von Mikromengen Nickel und Kobalt durch die Weiß-Ring-Ofenmethode.* Vf. beschreibt Trennung u. Nachw. von Co u. Ni mit *Dimethylglyoxim* (I) auf Filterpapier nach der Ringofenmethode. Die Meth. gelingt auch bei größerem Überschuß des einen Metalls über das andere. Bei der Trennung wird Co mit NH_4OH extrahiert, Ni mit einer Mischung einer alkoh. I-Lsg. u. Bromwasser. Quantitative Best. durch Vgl. mit Eichproben; günstigste Bereiche: Ni: 0,1—100 μg; Co: 0,5—20 μg. (Mikrochim. Acta [Wien] **1959.** 558—61. Helsinki, Univ., Inst. of Chem.) Friedrich Wolf/Berlin. G 356

Yoshitaka Kobayashi, *Quantitatives Schnellverfahren für die Bestimmung geringer Nickelkonzentrationen durch Spürröhrchen.* Ein Spürröhrchen (20 cm lang 4,5 mm Durchmesser) wird mit Silicagelkörnern (60—80 Maschensieb), imprägniert mit 100 cm^3 einer 1%ig. Lsg. von *Dimethylglyoxim* (I) 100 Gel, gefüllt. 1 cm^3 der Probelsg. mit 0,01—3,0 mg Ni/cm^3 wird an einem Ende zugeführt u. die Länge des rot verfärbten Teils der Füllung nach einer Eichkurve in Konz. an Ni ausgewertet. Außerdem wird eine Temperaturkorrektionstabelle gegeben u. die Einfll. von I-Konz., Teilchengröße des Gels, Feuchtigkeit im Röhrchen, p_H, Vol. der Probelsg. u. von störenden Ionen (*Fe, Co, Cu, V, Pd* u. *Pt*) untersucht. (J. chem. Soc. Japan, ind. Chem. Sect. [Kōgyō Kagaku Zassi] **58.** 728—32. Okt. 1955. Yokohama, Nat. Univ. [Orig.: japan.]) L. Schuler. G 356

b) Organische Verbindungen.

Walter Radmacher und **Aloys Hoverath,** *Die direkte Bestimmung des Sauerstoffes organischer Substanzen.* Vff. beschreiben einige apparative Verbesserungen der *O*-Best. nach Schütze-Unterzaucher, wodurch bes. eine schnelle Überführung des entstandenen J_2 in das Absorptionsrohr erreicht wird. Bei gleichzeitiger gravimetr. CO_2-Best. u. titrimetr. J_2-Best. lassen auftretende Unterschiede durch störende Elemente verursachte Fehler erkennen. Die Störung durch S läßt sich durch Vorschalten eines Rohres mit Cu-Drahtstücken beseitigen. (Z. analyt. Chem. **167.** 336—42. 1959. Essen, Ruhrkohlenberatung GmbH., Brennstoffchem. Inst.) E. Dehmlow. 5352

R. Donald Strahm, *Reduktion organischer Fluorverbindungen mit Lithium und n-Propylamin bei der Mikrobestimmung von Fluor.* Organ. Fluorverbb. können durch 18—24std. Schütteln mit Li in n-Propylamin aufgeschlossen werden. Nach Verdampfen des Lösungsm. u. Zers. des überschüssigen Li mit Methanol wird das F^- in Polyäthylengefäßen aus perchlorsaurer Lsg. als H_2SiF_6 dampfdest. u. durch Rücktitration mit $Th(NO_3)_4$ im Nessler-Rohr bestimmt. (Analytic. Chem. **31.** 615—16. April 1959. Huntsville, Ala., Rohm & Haas Co., Redstone Arsenal Div.) E. Dehmlow. 5352

Chaim Eger und **Josef Lipke,** *Eine Halbmikromethode zur Bestimmung von Fluor und Phosphor in organischen Verbindungen, die diese beiden Elemente enthalten.* Zur Ausdehnung der *F*-Best. (vgl. Eger u. Yarden, C. **1956.** 13513) auf Verbb., die gleichzeitig *P* enthalten, wird die Substanz nach Aufschluß u. Lösen der Schmelze durch eine Kationen- (*Dowex-50X4*) u. eine Anionen- (*Amberlite IRA-400*)-austauschersäule geschickt. Anschließend wird das Fluorid aus der 2. Säule mit 0,25n NaOH eluiert, u. das Eluat wird durch eine weitere Kationenaustauschersäule geschickt u. anschließend in 0,25n NaOH aufgefangen, wobei die Lsg. stets alkal. sein muß. Die F-Best. erfolgt dann wie beschrieben. P kann entweder sofort in einem aliquoten Teil der gelösten Schmelze oder durch Elution des PO_4^{3-} aus der Amberlitesäule mit 1n NaOH colorimetr. nach BERNHART u. WREATH (C. **1956.** 1395) bestimmt werden. Br, Cl u. S können ebenfalls in aliquoten Teilen der gelösten Schmelze bestimmt werden. (Analytica chim. Acta [Amsterdam] **20.** 548—55. 1959. Tel-Aviv, Israel, Min. of Defence, Sci. Dep.) E. DEHMLOW. 5352

Thomas A. McKenna jr. und **John A. Idleman,** *Gaschromatographische Analyse von Kohlenwasserstoffgemischen aus der Butandehydrierung.* Durch eine Kombination von Gas–Feststoff- u. Gas–Fl.-Chromatographie gelingt die Analyse von Gasgemischen, die alle Prodd. ziwschen H_2 u. C_4-KW-stoffen enthalten. An Holzkohle niedriger Aktivität können H_2, O_2, N_2, CO u. CH_4 bestimmt werden. Die Trennung der C_4-Verbb. erfolgt am besten mit 30—40% *2.4-Dimethylsulfolan* auf Chromosorb bei Zimmertemp.; Vff. untersuchten verschied. Systeme u. Säulenmaße. (Analytic. Chem. **31.** 1021—23. Juni 1959. Orange, Texas, Firestone Tire and Rubber Co.) E. DEHMLOW. G 500

G. W. Warren, L. J. Priestley jr., J. F. Haskin und **V. A. Yarborough,** *Gaschromatographische Analyse verschiedener Gemische von chlorhaltigen Verbindungen.* Zur Reinheitsanalyse von *1.2-Dichloräthan* (I), *CCl_4*, *Chlf.* u. *n-Butylchlorid* (II) wurden folgende Versuchsanordnungen verwendet: I: 30% Paraffin auf Celite 545 als Säulenpackung, 90°, He-Strömungsgeschwindigkeit 200 ml/Min.; CCl_4: gleiche Säule, 70°, 125 ml He/Min.; Chlf.: gleiche Säule, 65°, 100 ml He/Min.; II: Didecylphthalat auf Celite 545, 85°, 100 ml He/Minute. Bei den Verunreinigungen von I waren die Erfassungsgrenzen (p.p.m.) u. Retentionszeiten (Min.): *trans-Dichloräthylen* 25, 3,2; *cis-Dichloräthylen* 25, 3,8; Chlf. 25, 4,3; I —, 5,4; CCl_4 75, 7,2; *1.2-Dichlorpropan* 100, 8,0; *Trichloräthylen* (III) 100, 9,2; *1.1.2-Trichloräthan* 300, 13,3; *Tetrachloräthylen* (IV) 500, 24,1; *1.1.2.2-Tetrachloräthan* 1000, 39,6. — Die entsprechenden Werte bei CCl_4: Chlf. 200, 7,0; CCl_4 —, 12,5; III 200, 16,0; IV 500, 44,5; u. bei Chlf.: Unidentifizierte Fraktion 25, 2,0: *Dichlormethan* 50, 4,0; *1.1-Dichloräthan* 200, 6,5; Chlf. —, 10,0; I 400, 11,5; CCl_4 200, 200, 17,5. Bei II waren die Retentionszeiten: *n-Butanol* 10,5, *sek.-Butanol* 6,5, *Isobutanol* 8,0, II 6,25, *2-Chlorbutan* 4,5, *1-Chlor-2-methylpropan* 4,5, *2-Chlor-2-methylpropan* 3,0. (Analytic. Chem. **31.** 1013—16. Juni 1959. South Charleston, W. Va., Union Carbide Chem. Co., Developm. Dep.) E. DEHMLOW. G 500

Ralph E. Dunbar und **Arnold E. Aaland,** *Organisch-chemische Mikroskopie.* 3. Mitt. *Semicarbazone als qualitative organische Derivate von Aldehyden und Ketonen.* (2. vgl. C. **1959.** 10356.) Für den Nachw. von Aldehyden u. Ketonen eignen sich bes. gut ihre entsprechenden Semicarbazone. Es werden die Mikrophotographien der charakterist. krist. Semicarbazone von 13 fl. u. 2 festen Aldehyden u. von 7 fl. u. 5 festen Ketonen gegeben. Darstellungsverf. für die Semicarbazone: 1 ml der in W. oder wss. A. gelösten Carbonylverb. behandelt man mit der Lsg. von 1 g Semicarbazidhydrochlorid u. 1,5 g Na-Acetat in 10 ml W., erwärmt u. kühlt wieder ab. Die erhaltenen krist. Derivv. werden aus wss. A. umkristallisiert. — 62 Literaturhinweise. (Microchem. J. **2.** 113—27. 1958. Fargo, N. D., North Dakota State Coll.) A.-M. FRETZDORFF. G 700

E. Sundt und **M. Winter,** *Papierchromatographie von 2.4-Dinitrophenylhydrazonen aromatischer Carbonylverbindungen.* Die papierchromatograph. Trennung von *2.4-Dinitrophenylhydrazonen aromat. Aldehyde u. Ketone* gelingt auf Papier, das zuvor in 50 Vol.-%ig. N.N-Dimethylformamid (I) in Aceton getaucht u. kurz an der Luft getrocknet wurde. Als mobile Phase dient Cyclohexan–Cyclohexen (II, 5:3 Vol.). Die Atmosphäre im Trog muß mit I u. II gesätt. sein. Nach dem Chromatographieren wird bei 50° getrocknet u. mit 10 %ig. NaOH besprüht. Auch die Trennung von Dinitrophenylhydrazonen einfacher aliphat. Carbonylverbb. gelingt nach diesem Verf., jedoch ist Dekalin als bewegliche Phase vorzuziehen. *2.4-Dinitrophenylhydrazin* selbst gibt 4 Flecke am Startpunkt u. bei den R_F-Werten 0,05, 0,32 u. 0,71.

V e r s u c h e: Die Dinitrophenylhydrazone nachst. Carbonylverbb. zeigten folgende R_F-Werte (Farbe mit 10%ig. NaOH): *Acetovanillon-* 0,05 (dunkelbraun), *p-Hydroxybenzaldehyd-* 0,05 (braun), *p-Hydroxyacetophenon-* 0,07 (braun), *Salicylaldehyd-* 0,15 (dunkelbraunviolett), *Acetoveratron-* 0,18 (gelbbraun), *Anisaldehyd-* 0,23 (braun), *Zimtaldehyd-* 0,34 (hellbraun), *Benzaldehyd-* 0,35 (hellbraun), *Acetophenon-* 0,42 (gelb), *p-Methylphenoxyacetaldehyd-* 0,43 (hellbraun), *3-Phenylpropionaldehyd-* 0,47 (braun), *1-Phenylbutanon-(3)-* 0,54 (gelb), *Cuminaldehyd-* 0,64 (gelb), *Menthon-* 0,84 (gelb), *Glykolaldehyd-* 0,06, *Formaldehyd-* 0,29, *Acetaldehyd-* 0,36, *Aceton-*, 0,44, *Hexen-(2)-al-(1)-* 0,61, *Hexanal-(1)-* 0,67.. (Analytic. Chem. **30.** 1620—22. Okt. 1958. Geneva, Firmenich & Cie., Res. Labor.) E. DEHMLOW. G 1150

Angelo Castiglioni, *Papierchromatographische Trennung von 1- und 2-Aminoanthrachinon.* Die Trennung von *1-* (I) u. *2-Aminoanthrachinon* (II) gelingt durch auf- oder absteigende Papierchromatographie mit Bzl./Eisessig 1:3 (R_F I: 0,88; II: 0,83) oder mit HCl-gesätt. Bzl. (R_F I: 0,96; II: bleibt am Startpunkt). I u. II werden in gesätt. alkoh. Lsg. angewandt. (Z. analyt. Chem. **168**. 35—37. 1959. Turin, Univ., Inst. für Warenkunde.) E. DEHMLOW. G 2800

Angelo Castiglioni, *Papierchromatographische Analyse von Oxin—Vioform-Mischungen.* Zur papierchromatograph. Trennung von *Oxin* (I) u. *Vioform* (*5-Chlor-7-jod-8-hydroxychinolin*, II) kann man aufsteigend mit Butanol/NH_4OH arbeiten, wobei II am Startpunkt bleibt u. I mit der Front wandert. Auch die papierelektrophoret. Trennung (0,5%ig. NaOH-Lsg., 2 mA/mm Breite, 3 Std.) ist erfolgreich. Dabei wandert II schneller. Die Erkennung und Trennung gelingt noch mit 2 μg je Komponente, wobei die Fluorescenz im UV als Erkennungsmittel dient. (Z. analyt. Chem. **168**. 33—34. 1959. Turin, Univ., Inst. für Warenkunde.) E. DEHMLOW. G 3231

Lester M. Reineke, *Papierchromatographie bei der Steroidbestimmung.* R_F-Wert folgender 121 Steroide wurden in 9 Lösungsmittelsystemen vom ZAFFARONI- u. BUSH-Typ bestimmt: *5α-Androstan-3.17-dion, Δ^4-Androsten-3.17-dion, $\Delta^{1.4}$-Androstadien-3.17-dion, $\Delta^{4.9,11}$-Androstadien-3.17-dion, Δ^5-3β-Hydroxyandrosten-17-on, Δ^5-3β-Acetoxyandrosten-17-on, Δ^4-17β-Hydroxyandrosten-3-on, Testololacton, Δ^4-Androsten-3.6.17-trion, Δ^4-Androsten-3.11.17-trion, Δ^4-6β-Hydroxyandrosten-3.17-dion, Δ^4-11α-Hydroxyandrosten-3.17-dion, Δ^4-11β-Hydroxyandrosten-3.17-dion, Δ^4-14α-Hydroxyandrosten-3.17-dion, Δ^4-15α-Hydroxyandrosten-3.17-dion. — Δ^4-17β-Hydroxy-androsten-3-on, $\Delta^{1.4}$-17β-Hydroxyandrostadien-3-on, Δ^4-17β-Acetoxyandrosten-3-on, Δ^4-17β-Propionoxyandrosten-3-on, Δ^4l17β-Cyclopentylpropionoxyandrosten-3-on, Δ^4-17α-Methyl-17β-hydroxyandrosten-3-on, Δ^4-17β-Äthinyl-17β-hydroxyandrosten-3-on, Δ^5-Androsten-3β.17β-diol, Δ^4-17β-Hydroxyandrosten3.-11-dion, Δ^4-17α-Methyl-17β-hydroxyandrosten-3.11-dion, Δ^4-6β.17β-Dihydroxyandrosten-3-on, Δ^4-11α.17β-Dihydroxyandrosten-3-on, Δ^4-17α-Methyl-11α.17β-dihydroxyandrosten-3-on, Δ^4-11β.17β-dihydroxyandrosten-3-on, Δ^4-14α.17β-Dihydroxyandrosten-3-on. — Δ^4-Östren-3.17-dion, Östron, Δ^4-17β-Hydroxyöstren-3-on, Östradiol, Δ^4-11α-Hydroxyöstren-3.17-dion, Δ^4-10ξ.17β-Dihydroxyöstren-3-on, Δ^4-11α.17β-Dihydroxyöstren-3-on. — 5α-Pregnan-3.20-dion, 5β-Pregnan-3.20-dion, Δ^4-Pregnen-3.20-dion, $\Delta^{1.4}$-Pregnadien-3.20-dion, $\Delta^{4.6}$-Pregnadien-3.20-dion, $\Delta^{4.9,11}$-Pregnadien-3.20-dion, $\Delta^{4.16}$-Pregnadien-3.20-dion, 3α-Hydroxy-5β-pregnan-20-on, 3β-Hydroxy-5α-pregnan-20-on, Δ^5-3β-Hydroxypregnen-20-on, $\Delta^{5.16}$-3β-Hydroxypregnadien-20-on, 5α-Pregnan-3.11.20-trion, 5β-Pregnan-3.11.20-trion, Δ^4-Pregnen-3.11.20-trion, 3α-Hydroxy-5β-pregnan-11.20-dion, 3β-Hydroxy-5α-pregnan-11.20-dion, 3β-Hydroxy-5β-pregnan-11.20-dion, 11α-Hydroxy-5α-pregnan-3.20-dion, 11α-Hydroxy-5β-pregnan-3.20-dion, 11β-Hydroxy-5β-pregnan-3.20-dion, Δ^4-6β-Hydroxypregnen-3.20-dion, Δ^4-11α-Hydroxypregnen-3.20-dion, $\Delta^{4.16}$-11α-Hydroxypregnadien-3.20-dion, Δ^4-11α-Acetoxypregnen-3.20-dion, Δ^4-11β-Hydroxypregnen-3.20-dion, Δ^4-14α-Hydroxypregnen-3.20-dion, Δ^4-15α-Hydroxypregnen-3.20-dion, Δ^4-15β-Hydroxypregnen-3.20-dion, Δ^4-16α-Hydroxypregnen-3.20-dion, Δ^4-17α-Hydroxypregnen-3.20-dion, Δ^4-21-Hydroxypregnen-3.20-dion, $\Delta^{4.17,20}$-3.11-Diketo-cis-pregnadien-21-säuremethylester, 3α.11α-Dihydroxy-5β-pregnan-20-on, 3β.11α-Dihydroxy-5α-pregnan-20-on, $\Delta^{4.17,20}$-11β.21-Dihydroxypregnadien-3-on, $\Delta^{4.17,20}$-21-Acetoxy-11β-hydroxypregnadien-3-on, Δ^4-6β-Hydroxypregnen-3.11.20-trion, 17α-Hydroxy-5β-pregnan-3.11.20-trion, Δ^4-17α-Hydroxypregnen-3.11.20-trion, 6β.11α-Dihydroxy-5β-pregnan-3.20-dion, 3α.17α-Dihydroxy-5β-pregnan-11.20-dion, Δ^4-6β.11α-Dihydroxypregnen-3.20-dion, Δ^4-6β.17α-Dihydroxypregnen-3.20-dion, Δ^4-11α.17α-Dihydroxypregnen-3.20-dion, Δ^4-11β.17α-Dihydroxypregnen-3.20-dion. — Δ^4-21-Hydroxypregnen-3.20-dion, Δ^4-21-Acetoxy-pregnen-3.20-dion, $\Delta^{4.16}$-21-Acetoxypregnadien-3.20-dion, Δ^4-21-Hydroxypregnen-3.11.20-trion, Δ^4-21-Acetoxypregnen-3.11.20-trion, Δ^4-6β.21-Dihydroxypregnen-3.20-dion, Δ^4-11α.21-Dihydroxypregnen-3.20-dion, Δ^4-11β.21-Dihydroxypregnen-3.20-dion, Δ^4-14α.21-Dihydroxypregnen-3.20-dion, 15α.21-Dihydroxypregnen-3.20-dion, Δ^4-17α.21-Dihydroxypregnen-3.20-dion, Δ^4-17α-Hydroxymethyl-17aα-hydroxy-D-homoandrosten-3.17-dion („D-Homocompound S“), Δ^4-21-Acetoxy-11β-hydroxypregnen-3.20-dion, Δ^4-21-Acetoxy-15α-hydroxypregnen-3.20-dion, Δ^4-21-Acetoxy-17α-hydroxypregnen-3.20-dion, 17α.21-Dihydroxy-5β-pregnan-3.11.20-trion, Δ^4-17α.21-Dihydroxypregnen-3.11.20-trion, $\Delta^{1.4}$-17α.21-Dihydroxypregnadien-3.11.20-trion, 21-Acetoxy-17α-hydroxy-5β-pregnan-3.11.20-trion, Δ^4-21-Acetoxy-17α-hydroxypregnen-3.11.20-trion, $\Delta^{1.4}$-21-Acetoxy-17α-hydroxypregnadien-3.11.20-trion, Δ^4-6β.17α.21-Trihydroxypregnen-3.20-dion, Δ^4-11α.17α.21-Trihydroxypregnen-3.20-dion, Δ^4-11β.17α.21-Trihydroxypregnen-3.20-dion, $\Delta^{1.4}$-11β.17α.21-Trihydroxypregnadien-3.20-dion, 21-Acetoxy-3α.17α-dihydroxy-5β-pregnan-11.20-dion, 21-Acetoxy-3β.17α-dihydroxy-5α-pregnan-11.20-dion, Δ^4-21-Acetoxy-11β.17α-dihydroxypregnen-3.20-dion, $\Delta^{1.4}$-21-Acetoxy-11β.17α-dihydroxypregnadien-3.20-dion, Δ^4-11β.17α.20α.21-Tetrahydroxypregnen-3-on, Δ^4-11β.17α.-20β.21-Tetrahydroxypregnen-3-on, Δ^4-21-Acetoxy-11β.17α.20α-trihydroxypregnen-3-on, 21-Acetoxy-4β-brom-17α-hydroxy-5β-pregnan-3.11.20-trion, Δ^4-2-Methyl-11β.17α.21-tri-*

hydroxypregnen-3.20-dion, Δ^4-21-Acetoxy-9α-fluor-11β.17α-dihydroxypregnen-3.20-dion, Δ^4-2-Methyl-21-acetoxy-11β.17α-dihydroxypregnen-3.20-dion, 17α.21-Dihydroxy-5β-pregnan-3.11.20-trion-3.20-äthylenglykoldiketal, Δ^5-17α.21-Dihydroxypregnen-3.11.20-trion-3.20-äthylenglykoldiketal, Δ^5-11β.17α.21-Trihydroxypregnen-3.20-dion-3.20-äthylenglykoldiketal, Δ^4-2-Methyl-9α-fluor-11β.17α.21-trihydroxypregnen-3.20-dion, Δ^4-2-Methyl-21-acetoxy-9α-fluor-11β.17α-dihydroxypregnen-3.20-dion. Die Lösungsmittelsysteme waren: Methylcyclohexan–Diäthylenglykolmonoäther, Toluol–Propylenglykol, Toluol–Propylenglykol + CH_3OH (1:1), Cyclohexan + Bzl. (1:1)–Formamid, Bzl.–Formamid; Skellysolve C (gesätt. KW-stoff vom Kp. 86—100°)–CH_3OH–W. (5:4:1), Toluol–Skellysolve C–CH_3OH–W. (5:5:7:3), Bzl.–Skellysolve C–CH_3OH–W. (333:667:800:200), Bzl.–CH_3OH–W. (2:1:1). — R_F-Werte, UV-Absorption u. chem. Teste (mit 2.4-Dinitrophenylhydrazin, TOLLENS-Reagens, Phosphormolybdänsäurereagens) ermöglichen die Identifizierung von Steroiden. Zur Best. von *Progesteron* u. *11-Hydroxyprogesteron* wurde eine quantitative Meth. ausgearbeitet, welche auf der UV-Absorption bei 224 u. 242 mμ beruht. (Analytic. Chem. **28.** 1853—58. Dez. 1956. Kalamazoo, Mich., The Upjohn Co., Res. Labor.) K. F. MÜLLER. G 3750

d) Medizinische und toxikologische Analyse.

Kunal Saha und **S. N. Chaudhuri,** *Hochfrequenztitration von Normalserum.* Die Best. bas. Gruppen im Kaninchenserum wird durch Hochfrequenztitration durchgeführt. Die erhaltenen Ergebnisse werden mit denen potentiometr. Titrationen verglichen. (Naturwissenschaften **45.** 466. 1. Okt.-H. 1958. Calcutta, Indian Inst. for Biochem. and Exp. Med.) E. MOISAR. 5728

H. Spitzy, M. Reese und **H. Skrube,** *Eine neue, einfache Jodbestimmung im Blutserum unter Anwendung der Isothermdiffusion.* Es wird eine Meth. für die Best. des Gesamt u. eiweißgebundenen J in 0,5 ml Blutserum beschrieben. Die zu untersuchende Probe wird mit H_2SO_4–Chromsäure verascht, die entstandene Jodsäure mit H_3PO_3 red. u. das J aus der Veraschungslsg. durch isotherme Diffusion in NaOH abgestrennt. Die quantitative Best. des J erfolgt colorimetr. durch die katalyt. Wrkg. auf die Entfärbung von Ce(IV)-sulfat durch $HAsO_2$. Alle Operationen des Verf. werden in einer eigens für diesen Zweck entwickelten App. (Skizze) durchgeführt. Es werden die für die Veraschung u. die isotherme Diffusion günstigsten Bedingungen ermittelt, um vorgegebenes J nach der beschriebenen Meth. zu 100% wiederzufinden. (Mikrochim. Acta [Wien] **1958.** 488—509. Bad Hall, Chem. Abt. des Paracelsus Inst.; Graz, Univ., Med.-chem. Inst. u. Pregl Labor.) A.-M. FRETZDORFF. 5728

A. E. Teeri und **P. G. Sesin,** *Kaliumbestimmung im Blutserum.* Die hier beschriebene Meth. zur K-Best. in Blutserum modifiziert das Verf. von JANČIĆ (Glasnik Drushtva Hemicara N. R. Bosne i Hercegovine **3.** [1955.] 37). Arbeitsweise: 1 ml Serum, 8 ml dest. W. u. 1 ml 10%ig. Trichloressigsäure werden gemischt u. der entstandene Nd. abzentrifugiert oder abfiltriert. 1 ml des eiweißfreien Filtrates wird in ein Colorimeterröhrchen pipettiert u. mit 4 ml dest. W. u. 1 ml 3%ig. gepufferter Triphenylbor-Na-Lsg. (I) vermischt (3 g I werden in 20 ml Pufferlsg., p_H 8 gelöst). Die Herst. der Pufferlsg. erfolgt, indem 19,45 ml 0,2 mol. Na_2HPO_4-Lsg. u. 0,55 ml 0,1 mol. Citronensäure gemischt u. mit dest. W. auf 100 ml aufgefüllt werden. Die Lsg. wird 1 Min. auf 70° erwärmt u. filtriert u. ist mindestens 1 Monat haltbar. Die Trübung bleibt über 30 Min. konstant. Die Lichtabsorption wird in einem photoelektr. Colorimeter mit einem Filter, dessen spektrale Durchlässigkeit bei ca. 540 mμ liegt, gemessen. Die Analyseergebnisse werden an Hand einer geradlinigen Eichkurve errechnet, die mit 1 ml K_2SO_4-Lsg. entsprechend 10, 15, 20, 25 u. 30 μg K/ml, 4 ml dest. W. u. 1 ml gepufferter I-Lsg. aufgestellt wird. Die Ergebnisse stimmen mit solchen nach der Meth. von BARRY (C. **1953.** 7620) gut überein. (Amer. J. clin. Pathol. **29.** 86—89. Jan. 1958. Durham, N. H., Univ., Dep. Agric. and Biol. Chem.) H. LIESE. 5728

Susumu Shibata und **Wataru Mizuta,** *Verfahren zur direkten Ultramikrobestimmung von Zucker im Blutserum mit o-Aminodiphenyl.* 0,03 cm^3 Blutserum werden mit 0,2 cm^3 H_2O verd., mit 2,5 cm^3 *o-Aminodiphenyl*-Lsg. (0,5 g in 100 cm^3 Eisessig) gemischt u. 35 Min. auf dem Wasserbad erhitzt. 1 Std. später kann die Extinktion mit Elektrophotocolorimeter (KLETT-SUMMERSON; Rotfilter 660 mμ) bestimmt werden. Bei einer *Glucose*-Konz. zwischen 50—600 mg/100 cm^3 Blut stimmten die so erhaltenen Werte gut mit denen nach dem Verf. von SOMOGYI-NELSON überein. (Med. and Biol. [Tokyo] **48.** 236—40. 20/9. 1958. Yamaguchi Kenritsu Ika-Daigaku, Rinshō Byōrigakukyōshitsu. [Orig.: japan.]) F. MOSSNER. 5728

G. I. Kisselew, *Die Anwendung von vergälltem Alkohol bei der Carotinbestimmung im Blutserum.* Zur Best. von *Carotin* im Blutserum von Tieren werden 100 ml vergällter A. mit 10 g geglühtem $CuSO_4$-Pulver versetzt, 2 Tage unter period. Umschütteln im Dunkeln stehen gelassen, danach der vergällte A. in ein Gefäß mit einer neuen $CuSO_4$-Portion gegossen u. dieses Verf. bis zum Verschwinden der Blaufärbung wiederholt. Es werden Carotinwerte erhalten, die sich mit den unter Anwendung von rektifiziertem A. erhaltenen fast oder vollständig decken. (Ветеринария [Tierheilkunde] **36.** Nr. 3. 74–75. März 1959. Charkow, Veterinär-Inst.) OTTO MAIER. 5728

Hal E. Fielding und **Paul E. Langley,** *Eine einfache Methode zur Messung von Hämoglobin in Serum und Urin.* Es wird eine einfache u. zuverlässige Meth. zur *Hämoglobinbest.* in Serum u. Urin beschrieben. Sie beruht auf der Anwendung einer einzelnen Reagenstablette, in welcher *o-Toluidin, Strontiumperoxyd, Weinsäure* u. *Ca-Acetat* enthalten sind. (Amer. J. clin. Pathol. **30.** 528–29. Dez. 1958. Santa Fe, N. Mex., St. Vincent Hosp.) H. STRUCK. 5728

H. Angewandte Chemie.

I. Allgemeine chemische Technologie.

Taghi J. Mirsepassi, *Wärmeübertragungsrechentafeln für zeitvariable Grenzbedingungen — halbbeständige feste Körper.* Es werden 3 Rechentafeln aufgestellt für die Wärmeübertragung bei variabler Oberflächentemp., halbbeständigen festen Körpern u. dimensionslosen Zeiten, die 1. für den Bereich 0,02···0,80, die 2. für den Bereich 0,2 bis 0,8 u. die 3. für 2,0···8,0; eine 4. für variablen Oberflächenströmung, für die Einheitsfläche, die Einheitszeit u. halbbeständige feste Körper. Die den Aufstellungen zugrundeliegenden Formeln werden angegeben u. Beispiele berechnet. (Brit. chem. Engng. **4.** 130–36. März 1959.) H. MIETHING. 5816

W. Stenzel und **Gg. R. Schultze,** *Verdampfungskühlung.* 1. Mitt. *Verfahren zur nicht stationären Messung des Wärmeüberganges.* Die Verdampfungskühlung wird an einem Metallzylinder meistens aus Ag, der einem meist fl. Abkühlungsstrom ausgesetzt wird, festgestellt. Der Ag-Zylinder von 8 mm Durchmesser wird im Vakuum gegossen; Eisen u. Konstantandrähte als Thermoelement werden gleich mit eingegossen. Als Fl. kommen z. B. Härteöle in Betracht. Die Temp. bei der Abkühlung wird von einem Schleifen- oder Kathodenstrahloscillographen registriert oder direkt photograph. aufgenommen. Die Abkühlung wird bei ruhender u. strömender Fl. gemessen. (Chemie-Ing.-Techn. **30.** 643–47. Okt. 1958. Hannover, Inst. für Erdölforsch.) H. MIETHING. 5816

R. Brenner und **A. Vidmajer,** *Zur Kinetik der Mahlprozesse.* Unter Verwendung kontinuierlicher Korngrößen-Häufigkeitsverteilungen werden die allg. Rückstandsgleichungen für Mahlprozesse 1. u. 2. Ordnung aufgestellt u. im Hinblick auf ihren allg. mathemat. Charakter diskutiert. Es wird dabei gezeigt, daß Mahlprozesse mit einer allgemeineren exponentiellen Zeitabhängigkeit der Rückstände als spezielle Mahlungen 2. Ordnung interpretiert werden können. (Kolloid-Z. **143.** 154–61. Okt. 1955. Hanau, Vacuumschmelze A. G. Lab.) E. ÜHLEIN. 5822

R.-M.-G. Boucher, *Zusammenballen industrieller Aerosole durch Ultraschall.* Überblick über Bedingungen u. Arbeitsweise der Staubabscheidung durch Schall- u. Ultraschallwellen u. den Einfl. der Teilchenschwingung, des Strahlungsdrucks, der Wirbel- u. elektr. Kräfte, der Wandungen, der Schwingungsfrequenz u. -stärke, von Staubkonz., Temp. u. Zeit. Betrieb bei hoher Temp., hoher Wirkungsgrad, absol. Sicherheit gegen Brände u. Unabhängigkeit von den elektr. Eigg. der Staubteilchen sind die Vorzüge des Verfahrens. Neuere „stat." Schallerzeuger bieten eine wirtschaftliche Lsg. der Übertragung. Zahlreiche prakt. Verss. u. Betriebsanlagen werden beschrieben, mit denen z. B. bei geringem Kraftbedarf (3,9 kWh für 1000 m^3 Gas/Std. mit 0,5–1,0 g Staub/m^3) eine Verbesserung der Staubabscheidung von 57,5% ohne auf 85,5% mit Ultraschall erreicht wurde. — 57 Literaturangaben, 6 Skizzen, 5 Abb., 6 Diagramme, 3 Tabellen. (Génie chim. **77.** 163–73. Juni. **78.** 14–28. Juli 1957.) H. MÜHLMEISTER. 5850

Antal Poócza, *Beitrag zur Theorie des Dünnschichtverdampfers.* Es werden die Gleichungen für Dünnschichtverdampfer, bei bin. Gemisch, die aus der Literatur mit vereinfachenden Annahmen bekannt sind, verallgemeinert, u. mit den neuen Gleichungen wird ein Beispiel berechnet. (Chemie-Ing.-Techn. **30.** 648–50. Okt. 1958. Burghausen, Wackerchemie.) H. MIETHING. 5864

W. A. Maljussow, N. N. Umnik und **N. M. Shaworonkow,** *Massenumsatz beim Prozeß der Filmrektifikation. Der turbulente Dampfstrom.* Unter Verwendung eines Sonderkolonnenapp. wurden Verss. mit Alkohol–W.-Gemischen durchgeführt. Im Anschluß an eine frühere Arbeit von MALJUSSOW u. Mitarbeitern (vgl. C. **1957.** 11117) über laminare Dampfströmung wurde gefunden, daß eigentlich keine grundlegenden Differenzen bei verschied. Autoren bestehen, sofern Apparate mit berieselten Wänden verwendet werden u. der bis jetzt nicht untersuchte Einfl. des Kanaldurchmessers d berücksichtigt wird. Dann ergibt sich für die Massenübertragung h der Berechnungswert $h = 11{,}1\ d^{0,64}\ Re^{-0,23}\ Pr_g^{0,67}$ (Re = REYNOLDS-, Pr = PRANDTL-Zahl). Für d = 6,5—10—22 mm u. Re_g = 1000—15000 ergab die Formel der Vff. gute Übereinstimmung mit dem Experiment. (Доклады Академии Наук СССР [Ber. Akad. Wiss. UdSSR] **105.** 1057—59. 11/12. 1955. Wiss. Physikal.-Chem. Karpow Forsch.-Inst.) A. v. WILPERT. 5864

S. Landa, O. Weisser und **J. Mostecký,** *Über die Eigenschaften sulfidischer Katalysatoren.* 6. Mitt. *Die dehydratisierenden und dehydrierenden Eigenschaften von Molybdän- und Wolframdisulfid.* (Collect. czechoslov. chem. Commun. **24.** 1036—44. April 1959 [Orig.: deutsch]. — C. **1959.** 2248.) W. BARZ. 5904

Ján Beňa, *Das gleichmäßige Wirbelschichtverfahren von kugelförmigen Teilchen.* Es wurden die dynam. Gleichungen beim gleichmäßigen Wirbelschichtverf. von kugelförmigen Teilchen untersucht. Es wurde erkannt, daß beim Fließen von einer Fl. in einer gleichmäßigen Wirbelschicht, die obere Grenze des Laminargebietes nicht durch die REYNOLDSsche Zahl Re, sondern durch folgende Gleichung: $Re_k = [(Ar + 34)/199{,}6]^{1/1,747}$ charakterisiert wird (Ar = archimed. Zahl; Re_k = krit. REYNOLDSsche-Zahl). (Chem. Průmysl **8** (**33**). 516—23. Okt. 1958. Bratislava, Slovenská vysoká škola techniká.) J. SCHNEIDER. 5904

Lucien Dautrebande, Brüssel, Belgien, *Erzeugung eines Aerosols* in einem mit Einbauten versehenen Gefäß, wobei durch Einleiten von Druckgas eine am Boden stehende Lsg. mittels einer Düse zerstäubt wird, dad. gek., daß der Sprühnebel (I) unmittelbar nach seiner Bldg. u. die gesamte mitgerissene Fl. (II) mehrmals im Gleichstrom miteinander in Berührung gebracht u. dabei die Größe der Berührungsoberfläche zwischen I u. II u. die Berührungszeit so groß gewählt werden, daß alle Teilchen $>5 \cdot 10^{-4}$ mm von II festgehalten werden. — Vorr., Zeichnungen. (**D. A. S. 1 027 189** Kl. 12g vom 10/8. 1953, veröff. 3/4. 1958.) H. KOBS. 5825

Permutit Co. Ltd. (Erfinder: **George Stefan Solt**), *Regenerierung von Ionenaustauschern.* Der Flüssigkeitsstrom der zu behandelnden Fl. wird period. unterbrochen; während dieser Unterbrechung wird dem Austauscherbett ein Stoß versetzt, so daß der Stromfluß in entgegengesetzter Richtung verläuft bzw. jetzt dem zu behandelnden Flüssigkeitsstrom der Teil des Austauscherbettes zugekehrt ist, der noch die frischeren bzw. regenerierten Teile enthält. Man verwendet dabei zweckmäßig zwei Behälter, mit Austauschmaterial gefüllt. Das ausgebrauchte Ionenaustauschermaterial gibt man auf die Spitze eines 2. Behälters u. leitet von unten durch dieses Bett zuerst das Regeneriermittel u. dann Waschwasser. Während die Austauscher in dem 2. Behälter regeneriert werden, benutzt man zur Behandlung der aufzuarbeitenden Fl. den 1. Behälter u. umgekehrt. — Zeichnung. (**Aust. P. 206 290** vom 6/4. 1956, ausg. 14/3. 1957. E. Prior. 7/4. 1955.) H. NEBELSIEK. 5827

Heinrich Zürcher, Zürich, Schweiz, *Ölfilter.* Als *Filtermaterial* werden Putzfäden (I) verwendet, die in einem zylinderförmigen Behälter (II) zwischen dessen Wandungen (III) u. einem zentralliegenden Ablaßrohr (IV) angeordnet sind. Das zu reinigende Öl tritt durch die III in den II ein, fließt durch die I u. wird durch das IV, das von einem engmaschigen Gewebesack zum Zurückhalten von I umgeben ist, abgeleitet. Der Deckel des II ist an Stäben verschraubt, die am Boden des II befestigt sind u. sich durch an der II befestigte Hülsen erstrecken. Die verschmutzten I werden nach Öffnen des Deckels entfernt u. durch frische I ersetzt. — Zeichnung. (**Schwz. P. 313 993** vom 22/7. 1953, ausg. 14/7. 1956.) E. REICHELT. 5831

John Thompson Industrial Constructions Ltd. (Erfinder: **Arthur Taylor Shaw**), *Abtrennen von Staub aus Luft oder Gasen.* Das mit Staub beladene Gas wird in einem Filtergefäß von oben nach unten geleitet u. das so von einem Teil des Staubes befreite Gas durch mehrere Keramikfilterelemente geführt, die durch Rückfluß des Gases vom angesetzten Staub gereinigt werden können. — Vorrichtung. (**Aust. P. 205 597** vom 16/11. 1954, ausg. 21/2. 1957.) K. DEMMLER. 5851

Silvano Wehmeyer, Turin, Italien, *Herstellung von wärmehärtenden Kunstharzen.* Zu It. P. 482 123 ist nachzutragen, daß man die Gemische nach der H_2SO_4-Behandlung mit KOH oder anderen Alkalien waschen u., sofern sie Phenole enthalten, mit CH_2O behandeln kann u. daß sich die Harze nach Zusatz von Asbestflocken zur *Herst. von Bremsbelägen* eignen. (**It. P. 492 042** vom 18/8. 1951. **Zusatz zu It. P. 482 123; C. 1958. 2582.**) K. KOEBKE. 5893

Werner Heidinger, Leuna, und **Karl Wimmer**, Schlotheim/Thür., *Verhinderung des Rutschens von Treibriemen* aus Polyamidfasergeweben durch Imprägnieren des Gewebes mit einer Kunstharzmischung, die aus einem Harnstoff-Formaldehydharz, einem Ketonformaldehydharz sowie einem Kondensationsprod. eines Carbaminsäureesters eines aliphat. oder cycloaliphat. Alkohols mit Formaldehyd besteht. — Der Kunstharzmischung kann gegebenenfalls ein Polyester einer Dicarbonsäure u. eines mehrwertigen aliphat. Alkohols sowie gegebenenfalls noch eine geringe Menge eines Esters einer Dicarbonsäure mit einem Monoalkohol zugesetzt werden. (**D. P.** [**DDR**] **13 887** Kl. 47d vom 12/7. 1955, ausg. 26/9. 1957 [Wirtschaftspatent].) M. F. MÜLLER. 5893

Atomic Energy of Canada Ltd., Ottawa (Erfinder: **Philip Robert Tunnicliffe, Ernest Siddall, Melville Douglas Berry** und **Stanley James Whittaker**, Deep River), Ontario, Canada, *Kernreaktor* mit einem Reaktorgefäß für den von einem fl. Moderator umspülten Kernbrennstoff u. einer darunter angeordneten Vorratskammer für den Moderator. Ein vom Boden des Reaktorgefäßes in die Vorratskammer führender Überlauffallkanal mit großem Querschnitt endet so in der Vorratskammer, daß sich in ihm eine freie Oberfläche des fl. Moderators bildet. In der Vorratskammer wird ein Gasdruck aufrechterhalten, der höher ist als der im Reaktorgefäß u. durch den dort das Niveau des fl. Moderators prakt. auf gleicher Höhe gehalten wird. (**D. A. S. 1 055 707** Kl. 21g vom 3/8. 1956, veröff. 23/4. 1959. **F. P. 1 166 803** vom 30/7. 1956, ausg. 17/11. 1958. **E. P. 792 972** vom 30/7. 1956, ausg. 9/4. 1958. Alle Can. Priorr. 6/8. 1955 u. 2/3. 1956.) H. KESSEL. 5895

N. V. Philips' Gloeilampenfabrieken, Eindhoven, Holland, *Bestrahlungsgerät mit radioaktiver Strahlenquelle*. Diese umgibt als geschlossener Ring oder in Form von mindestens 4 getrennten Teilstrahlern ein ringförmiges Vol. u. ist von einer strahlenabsorbierenden M. umgeben, die im 1. Fall durch einen Spalt von konstanter Breite u. im 2. Fall durch Kanäle von gleicher Weite auf einen Punkt der Achse des ringförmigen Vol. gerichtet ist, wobei die Strahlenquelle gegenüber dieser Achse in Ruhe ist. (**F. P. 1 170 178** vom 19/9. 1956, ausg. 12/1. 1959. Holl. Prior. 21/9. 1955.) H. KESSEL. 5895

C. A. Parsons & Co. Ltd., Newcastle-upon-Tyne, Northumberland, England (Erfinder: **Andrew Thompson Bowden** und **Ernest Smart**), *Reaktorsteuerung*. Ein den Reaktor durchsetzendes Röhrensyst. enthält ein neutronenabsorbierendes Medium. Im Fall eines Gases kann dessen D., im Fall einer Fl. deren Standhöhe zum Zwecke der Steuerung geändert werden. Das Röhrensyst. kann auch von dem neutronenabsorbierenden Medium durchströmt werden, wobei dessen D. oder Geh. an neutronenabsorbierender Substanz (z. B. einem Cd-Salz) zum Zwecke der Steuerung geändert werden kann. (**E. P. 803 701** vom 11/8. 1955, ausg. 29/10. 1958.) H. KESSEL. 5895

Union Carbide Corp., New York, N. Y., V. St. A. (Erfinder: **Robert Abdon Gustison**), *Reaktorkühlmittel* besteht aus fl. NbF_5. (**E. P. 802 938** vom 29/6. 1956, ausg. 15/10. 1958. A. Prior. 1/7. 1955.) H. KESSEL. 5895

Commissariat à l'Énergie Atomique, Paris (Erfinder: **Maurice Pierre André Moulin**, Gif-sur-Yvette), Frankreich, *Kernreaktorbeschickungsvorrichtung*. Ein Verschlußstück enthält einen Hohlkörper, an den Verklinkungsteile angelegt sind, die normalerweise von ihrer eingezogenen Stellung aus aus dem Hohlkörper herausgedrückt werden. Ein gleitender Teil kann in der Längsrichtung gegenüber dem Hohlkörper zwischen 2 Grenzstellungen frei gleiten u. trägt Reibungsglieder, die aus dem Hohlkörper herausgedrückt werden. Ein bes. Abschnitt verriegelt bei der Verstellung des gleitenden Teils gegenüber dem Hohlkörper in einer Richtung die Verklinkungsteile in der eingezogenen Stellung u. entriegelt sie bei seiner Verstellung gegenüber dem Hohlkörper in der entgegengesetzten Richtung. (**D. A. S. 1 055 142** Kl. 21g vom 25/6. 1958, veröff. 16/4. 1959. F. Prior. 28/6. 1957. **F. P. 1 176 893** vom 28/6. 1957, ausg. 16/4. 1959.) H. KESSEL. 5895

Vereinigte Kesselwerke Akt.-Ges., Düsseldorf, *Wärmeaustauscher für gasgekühlte Kernreaktoren* mit 2 oder mehr parallelgeschalteten u. je für sich abschaltbaren Rohrsystemen, die von dem im Kreislauf durch den Reaktor geführten Gas beheizt werden. Beim Absperren eines Rohrsyst. werden die Rohrschlangen dieses Syst. durch das unter vollständiger oder partieller Umgehung des Reaktors im Kreislauf geführte Gas von außen gekühlt. (**D. A. S. 1 053 683** Kl. 21g vom 19/9. 1957, veröff. 26/3. 1959.) H. KESSEL. 5895

United Kingdom Atomic Energy Authority (Erfinder: **Harry Morris** und **Herbert Chilvers Knights**), London, England, *Kabelanordnung für das Anheben und Absenken eines ummantelten Kernbrennstoffelementes*, das mit einem Thermoelement ausgerüstet ist, dessen Zuführungskabel (Thermoelementkabel) durch eine biegsame Traghülle hindurchführt u. sich über deren beide Enden hinaus erstreckt. Das eine Ende der Traghülle ist mit einer Kupplungsvorr. zum Ergreifen der Brennstoffelemente versehen, das andere mit einem hohlen, biegsamen Kabel lösbar verbunden, in dem das Thermoelementkabel verläuft. Das Kabel steht mit seinem anderen Ende in lösbarer Verb. mit einem Hubkabel, das mit einer Seiltrommel zum Aufwickeln der gesamten Kabelanordnung verbunden ist. (**D. A. S. 1 058 165** Kl. 21g vom 8/6. 1957, veröff. 27/5. 1959. E. Prior. 23/6. 1956. **E. P. 804 395** vom 23/6. 1956, ausg. 12/11. 1958.) H. KESSEL. 5895

Socony Mobil Oil Co., Inc., New York, N. Y., übert. von: **Eric V. Bergstrom,** Short Hills, und **Edward R. J. Sorf,** New Brunswick, N. J., V. St. A., *Abziehen von feinen Teilchen aus einem Fließbett.* Kontaktteilchen werden im Kreislauf durch eine Reaktionszone u. einer Regenerierzone geleitet. Durch diese Zone fließen die Teilchen als kompakte Säule. Die Kontaktteilchen werden in eine Klassifizierungszone mit großem Querschnitt eingebracht. Der Hauptstrom der Teilchen wird unten durch eine Röhre mit einem kleineren Quersenitt als die Zone abgezogen. Der Rest der Teilchen wird durch mehrere Leitungen aus der Klassifizierungszone abgezogen. Die abgetrennten Seitenströme, welche eine höhere Konzentration an feinen Teilchen aufweisen als der Hauptstrom, werden zu einem einzigen Strom vereinigt. Der Fluß durch den Seitenstrom wird kontrolliert u. so eingestellt, daß dieser nur einen Bruchteil des Hauptstromes ausmacht, denn die Strömungsgeschwindigkeit des Hauptstromes ist 5—800 mal so groß als die des Seitenstroms. Der Seitenstrom wird durch eine Zone geführt, in der die feinen Teilchen abgetrennt werden. Anschließend wird der von den feinen Teilchen gebildete Strom zu dem Hauptstrom geleitet. — Vorr., Zeichnungen. (**A. P. 2 772 223** vom 22/6. 1951, ausg. 27/11. 1956.) E. KAHLES. 5905

III. Elektrotechnik.

Siemens & Halske Akt.-Ges., Berlin und München (Erfinder: **Theodor Rummel,** München), *Schmelztiegel.* Zum Schmelzen von Si oder anderen Stoffen, die als *Grundmaterial für Halbleiter* geeignet sind, werden Tiegel mit einer Innenschicht aus SiO_2 verwendet, daß durch eine Rk. von Si-Halogen- oder Si-Wasserstoffverbb. erzeugt wird. — Z. B. wird die SiO_2-Schicht durch Hydrolyse von Si-Halogenverbb. hergestellt; die Innenschicht wird oxydierend festgebrannt. In den so behandelten Tiegeln können Si-Schmelzen von höchster Reinheit erhalten werden. (**D. A. S. 1 049 288** Kl. 80b vom 18/4. 1955, veröff. 22/1. 1959.) F. REINHART. 5953

Aktiebolaget Kanthal, Hallstahammar, Schweden, *Widerstände für elektrische und elektronische Geräte* bestehen aus 10—30 (%) Cr, 1,25—6 Si, 0,4—6 Mn, Rest Ni, mit der Maßgabe, daß die Gehh. von Si u. Mn nach der Gleichung Si% = 0,4 Mn% + B gewählt werden, wobei B zwischen 0,6 u. 4,8 liegt u. die höheren Werte höheren Cr-Gehh. entsprechen u. umgekehrt. (**E. P. 766 392** vom 15/10. 1954, ausg. 23/1. 1957. Schwed. Prior. 12/11. 1953.) C. GÖTZE. 5955

Nippon Denshin Denwa Kosha (Erfinder: **Toyotaro Shiramatsu** und **Tsuneo Tamada,** Tokyo), Japan, *Herstellung eines elektrisch isolierenden Harzes* durch Polymerisation von 10—80 (%) Styrol, 10—80 Gummi u. 0,5—20 Divinylbenzol sowie von 1 bis 20 (Teilen) Maleinsäureanhydrid pro 100 Styrol + Gummi u. einer kleinen Menge eines organ. Peroxydkatalysators. Man polymerisiert z. B. einen Ansatz aus 70 (Teilen) Styrol, 30 Rohkautschuk, 10 Divinylbenzol u. 1,5 Benzoylperoxyd mit 2,5, 5, 10 u. 20 Maleinsäureanhydrid, die bei 70° in 120, 60, 30 u. 20 Min. sowie bei 60° in 16 Min. in Gele umgewandelt sind, die noch in ½ Std. auf 120° erhitzt u. 1 Std. gehalten werden. (**Jap. A. S. 295/1958** vom 15/8. 1955, veröff. 23/1. 1958.) M. PANKOW. 5957

Comp. Française Thomson-Houston, Frankreich (Erfinder: **Paul Otis Nicodemus),** *Isoliermaterial.* Faserasbest ist mit einer Emulsion eines Siliconharzes (I) in einem Bentonitgel (II) imprägniert; Beispiel: 80—95 (%) I, 4—16 II, 0,25—2 Weichmacher. (**F. P. 1 148 318** vom 2/5. 1956, ausg. 6/12. 1957. A. Prior. 5/5. 1955.) H. KESSEL. 5957

Dow Corning Corp. (Erfinder: **Charles Fleming Kohl jr.**), Midland, Mich., V. St. A., *Drahtisolierung.* Der Draht wird mit einem Acylglycerid- oder Acylpentaerythritstruktureinheiten enthaltenden Lack eines Alkydharzes überzogen, in dem der Acylrest aus Terephthal-, Isophthal-, Stilbendicarbon-, Diphensäure oder Dibenzyldicarbonsäure besteht u. das Alkydharz durch SiOC-Bindungen mit den Acylglycerid- oder Acylpentaerythriteinheiten verknüpfte Struktureinheiten der Zus. $R_mSiO_{4-m/2}$ enthält, wo R ein Alkyl-, Aryl-, Alkoxy- oder Aroxyrest ist u. m zwischen 0 u. 3 liegt. (**D. B. P. 953 182** Kl. 21c vom 25/5. 1952, ausg. 29/11. 1956. Anmeldung bekanntgemacht 30/5. 1956. A. Prior. 31/5. 1951.) H. KESSEL. 5957

Vacuumschmelze Akt.-Ges. (Erfinder: **Hans Lehnert**), Hanau, *Hitze- und korrosionsbeständige Leiterisolierung.* Das Leitermetall wird benetzbar gemacht (z. B. durch die Einw. eines Halogens, bes. Br) u. in demselben oder einem darauffolgenden Arbeitsgang mit einer wss. Lsg. behandelt, die aus mindestens einem Alkalihydroxyd, mindestens einem Alkalipermanganat u. mindestens einem Phosphat besteht. Dann wird geglüht. (**D. B. P. 972 000** Kl. 21c vom 24/1. 1953, ausg. 6/5. 1959. Anmeldung bekanntgemacht 21/7. 1955.) H. KESSEL. 5957

Radio Corp. of America, Del., übert. von: **Clarence K. Morehouse,** Princeton, und **Richard Glicksman,** Highland Park, N. J., V. St. A., *Galvanisches Primärelement.* Als Lösungselektrode dient Mg, als Depolarisator eine M. aus S-Pulver, Acetylenruß u. Graphitpulver u. als Elektrolyt eine wss. Lsg. von $MgBr_2$. (**A. P. 2 759 986** vom 20/11. 1953, ausg. 21/8. 1956.) F. LAASS. 5971

Union Carbide & Carbon Corp., New York, N. Y., übert. von: **George T. Jobe,** Cleveland, Ohio, V. St. A., *Elektrolyt für galvanische Elemente.* Für Zn–Kohle–MnO_2-Elemente, die zum Gebrauch bei tiefer Temp. bestimmt sind, wird eine wss. Lsg. mit 20 (%) $ZnCl_2$, 3 NH_4Cl, 23—32 $CaCl_2$ u. 0,5—7 LiBr als Elektrolyt verwendet. (**A. P. 2 773 786** vom 12/6. 1953, ausg. 11/12. 1956.) F. LAASS. 5971

Westinghouse Electric Corp., East Pittsburgh, Pa., übert. von: **Rudolph Nagy,** Upper Montclair, N. J., V. St. A., *Herstellung von Leuchtschirmen auf Glas, besonders für Röntgenstrahlen.* Vor dem Auftragen der Leuchtmasse läßt man ca. 5 Min. lang eine 6 bis 8% ig. Lsg. von 30—40° auf die Glasoberfläche einwirken, wäscht dann mit verd. HCl u. zum Schluß mit Wasser. (**A. P. 2 763 567** vom 23/7. 1952, ausg. 18/9. 1956.) A. KALIX. 5975

Comp. Française Thomson-Houston (Erfinder: **Shannon Jones** und **Mary V. Hoffman**), Frankreich, *Auftragen von Fluorescenzstoffen auf die Glasoberfläche von elektrischen Entladungslampen.* Man verwendet eine Suspension des Fluorescenzstoffes in einer wss. Lsg. eines in W. lösl. Cellulosederiv., bes. des NH_4-Salzes der Carboxymethylcellulose. (**F. P. 1 134 396** vom 18/5. 1955, ausg. 10/4. 1957. A. Prior. 24/5. 1954.) M. F. MÜLLER. 5975

IV. Wasser. Abwasser.

Jan Van Tilburg, *Behandeln von Wasser mit Gasen wie Sauerstoff, Chlor, Luft oder Gemischen davon.* Dem Gas wird z. B. durch Komprimieren eine so große kinet. Energie verliehen, daß es unter Bewirken von Cavitationserscheinungen mit dem W. reagiert. Anwendung: Sterilisieren von Trinkwasser, Reinigen von W. für Schwimmbecken, Aufarbeiten von Abwasser. (**Aust. P. 205 911** vom 7/3. 1955, ausg. 7/3. 1957. Holl. Prior. 9/3. 1954.) K. DEMMLER. 6017

Sulzer Freres, Soc. An., Winterthur, Schweiz, *Beeinflussung der Salzablagerung in den Rohrsystemen von Dampferzeugern.* Bei unter mindestens krit. Verhältnissen betriebenen Zwangsdurchlauferhitzern wird das Speisewasser wie üblich total entsalzt, worauf durch zusätzlichen Ionenaustausch die Kationen des Restsalzgeh. durch K ersetzt werden. Im gleichen Sinne werden im Kondensat einer Dampfkraftanlage Salzrückstände durch Kationenaustausch in K-Salze konvertiert, wobei die hierfür benutzte Austauschmasse mit einem K-Salz regeneriert wird. — Vgl. auch E. P. 787 143; C. **1959.** 10031. (**E. P. 787 103** vom 7/11. 1955, ausg. 4/12. 1957. Schwz. Prior. 30/11. 1954.) E. LINDEMANN. 6021

Henkel & Cie. G. m. b. H. (Erfinder: **Helmut v. Freyhold**), Düsseldorf, *Reinigung von Trink-, Gebrauchs- und Abwässern* durch Flockung mit Salze des Fe oder Al enthaltenden SiO_2-Solen, deren $p_H \leqq 3{,}5$ ist. Derart saure Sole sind bes. stabil; sie halten sich 1 Woche oder länger u. verursachen keine Verstopfung der Apparaturen. Die Sole werden hergestellt durch Zugabe von Alkalisilicat-Lsgg. zu Lsgg. von Salzen des Fe oder Al mit starken Säuren, wie HCl oder H_2SO_4. Zur Herst. von Solen mit bes. hohem SiO_2-Geh. wird die Metallsalzlsg. vorher angesäuert. Der SiO_2-Geh. der Sole soll zwischen 1 u. 5 (Gew.-%), ihr Geh. an Fe oder Al zwischen 10 u. 20 liegen. (**D. B. P. 971 180** Kl. 85b vom 3/10. 1951, ausg. 18/12. 1958. Anmeldung bekanntgemacht 24/6. 1954.) E. LINDEMANN. 6025

Chemische Werke Hüls Akt.-Ges. (Erfinder: **Fritz Wetter, Wilhelm Dietrich** und **Joachim Amende**), Marl, Kr. Recklinghausen, *Antischaummittel* für wss. Lsgg. von Gefrierschutzmitteln auf Basis mehrwertiger Alkohole, wie Glykolen oder Glycerin, bestehend aus Kondensationsprodd. aus Alkylenoxyden mit organ. Verbb., die reaktionsfähige H-Atome besitzen. Tabellen über die Wrkg. von Kondensaten aus Propylen- oder Äthylenoxyd u. β-Naphthol, o-Oxytoluol, Phenol oder Octylphenol. Diese Prodd. sollen in mehrwertigen Alkoholen lösl. u. in W. unlösl. sein. (**D. A. S. 1 053 248** Kl. 46c vom 20/11. 1957, veröff. 19/3. 1959.) H. SCHINDLER. 6031

Denis Lashford Griffin, *Reinigung von Kloakenwasser und industriellen Abwässern.* Man leitet die Fl. aufwärts in einen Sedimentationstank, in dem sich eine zusammenhängende Schicht befindet, die unter Verwendung eines Koagulationsmittels hergestellt worden ist. — Es wird z. B. eine $Al_2(SO_4)_3$-Lsg. mit Na-Aluminat versetzt, wobei sich $Al(OH)_3$ als gelatinöse M. bildet, die in dem Tank verwendet wird. — Zeichnung. (**Aust. P. 211 528** vom 3/8. 1956, ausg. 12/12. 1957. E. Prior. 4/8. 1955.) J. MÜHLEISEN. 6043

V. Anorganische Industrie.

W. B. Ioffe und **L. Ss. Saglodin,** *Gewinnung von Wasserstoff durch kontinuierliche thermische Spaltung von Kohlenwasserstoffgasen.* Es wird eine Anlage zur therm. Spaltung gasförmiger KW-stoffe beschrieben, wobei diese einem festen Wärmeträger (WT) entgegenströmen. Wenn der auf 1350—1400° vorgeheizte WT Al_2O_3 ist, wird als Trägergas Luft verwendet, bei Koks als WT Wasserdampf. Aus Al_2O_3 wird der abgeschiedene C zur Regenerierung ausgebrannt. Der WT kühlt sich im Reaktionsraum auf 500° ab. Der Energieaufwand bei diesem Spaltverf. ist geringer als bei der Konversion. (Химия и Технология Топлива и Масел [Chem. Technol. Brennstoffe Öle] **1957.** Nr. 12. 52—56. Dez. Lengiprogas.) R. K. MÜLLER. H 238

Suekichi Abe und **Taijirō Okabe,** *Über die Reinigung von Natriumcyanat mit flüssigem Ammoniak.* Vff. bestimmen die Löslichkeit von *NaCNO* bei 0—30° in fl. NH_3 u. in Lsgg. von NH_4NO_3 bzw. NH_4Cl in fl. NH_3 bei verschied. Konzz. der NH_4-Salze. Sie beträgt z. B. 0,3450 g NaCNO in 14,099 g fl. NH_3 in Ggw. von 0,4999 g NH_4-Salz. Daraus wird folgendes Reinigungsverf. abgeleitet: rohes 35—40%ig. NaCNO wird bei 0° so rasch wie möglich mit einer Lsg. von 20 g NH_4NO_3 in 100 g NH_3 ausgezogen, mit CH_3OH u. dann mit NH_3 gewaschen, wodurch sich in 77—81% Ausbeute NaCNO von 99—100% Reinheit $D.^{20}{}_4$ 1,893 gewinnen läßt. Die Geschwindigkeit der Umwandlung von NaCNO in Harnstoff in NH_4Cl- bzw. NH_4NO_3-Lsgg. in NH_3 bei 0—30° deutet auf eine Rk. 2. Ordnung, wobei die Reaktionsgeschwindigkeit proportional dem Prod. der Konzz. von NaCNO u. NH_4-Salz ist. (J. chem. Soc. Japan, ind. Chem. Sect. [Kōgyō Kagaku Zassi] **58.** 242—47. April 1955. Sendai, Tohoku Univ. [Orig.: japan.]) L. SCHULER. H 260

R. Dumon, *Die Phosphorsäureester; ihre Anwendungen.* Zusammenfassender Überblick. — 26 Literaturhinweise. (Ind. chimique **45.** 142—47. Mai 1958.) M. WINIKER. H 264

Taizō Kume und **Masaru Okada,** *Elektrolyse von verdünnter Natriumchloridlösung nach dem Diaphragma–Amalgam-Verfahren.* 3%ig. *NaCl*-Lsg. wird nach dem Diaphragma–Amalgam-Verf. elektrolysiert, u. zwar mit einer Hg-Kathode, C-Anode, einem porösen Tondiaphragma u. Na-Amalgam, mit u. ohne Spannung zwischen Anode u. Amalgam. Bei 25° nimmt die NaOH-Konz. bei verschied. Stromdichten (1,25—7,5 A/dm²) linear mit der Dauer (1—4 Std.) zu. Die Stromausbeute bei konstanter Stromdichte zeigt bei 25—60° je nach Elektrolysedauer ähnliche Änderungen, während der Potentialabfall bei höherer Stromdichte ganz deutlich wird. Daher wird die Elektrolyse bei höherer Temp. bevorzugt. Bei Potentialen von 0,5—5,0 V zwischen Anode u. Amalgam erreicht die NaOH-Konz. einen konstanten Wert (ca. 0,15 n), in kürzerer Zeit bei den höheren Potentialwerten. (J. chem. Soc. Japan, ind. Chem. Sect. [Kōgyō Kagaku Zassi] **58.** 248—50. April 1955. Tokushima Univ. [Orig.: japan.]) L. SCHULER. H 274

Jaroslav Sucharda und **Jiří Stamberg,** *Die Abtrennung von Calcium aus technischen Salzsolen mittels Sorption an Kationenaustauscherharzen.* Es wurde die Möglichkeit der Reinigung von techn. Salzsolen mittels Sorption von Ca an *Phenolsulfon-* u. *Phenolcarboxylkatex* im Laboratoriumsmaßstab untersucht. Die optimalen Bedingungen wurden festgestellt. Weiter wurde die Beseitigung von Mg u. Fe untersucht. (Chem. Průmysl 9 (**34**). 113—17. März 1959. Ústí n. L., Spolek pro chem., a hutní výrobu n. p.; Pardubice, Výzkumný ústav synth. pryskyřic a laků.) J. SCHMEIDER. H 274

N. P. Tabunschtschikow, *Einige Probleme der Gasbewegung in Schachtöfen.* (Vgl. C. **1957.** 3101.) Die Bewegung der Gase wird in einem mit stückigem Gut beschickten Schachtofen bei seitlicher Gaseinführung durch Windformen oder gleichzeitiger Einführung über den ganzen Querschnitt von unten her untersucht. Die Wanderungsgeschwindigkeit der Gase ist prakt. an der Wand immer größer als in der Ofenachse. Beim Blasen mit O_2 oder an O_2 angereicherter Luft wird das Gas zweckmäßig nicht durch seitliche Formen, sondern im Kern eingeführt. Die Bedingungen lassen sich so einstellen, daß an der Ofenwand eine Luftschicht entsteht, die die Wand gegenüber den hohen Temppp. im Kern abschirmt. (Журнал Прикладной Химии [J. angew. Chem.] **30.** 710—16. Mai 1957.) R. K. MÜLLER. H 283

Vladimir G. Logomerac, *Technische Ausfällung von Uran durch Ammoniumsulfid.* Aus den Lsgg., die man durch H_2SO_4-Aufschluß von U-Erzen gewinnt, kann man nach stufenweisem Abpuffern mit CaO (bis p_H 3,5—4) u. NaOH oder NH_3 (bis p_H 5,6—5,8) u. Entfernen der dabei ausfallenden Ca-Salze u. Hydroxyde das U mit $(NH_4)_2S$ als UO_2S ausfällen. (Гласник Хемиског Дриштва Београд [Ber. chem. Ges. Belgrad] **21.** 251—54. 1956. Sisak, Eisen- u. Stahlwerk.) H. HUBER-EMDEN. H 339

K. Ss. Achmedow und **N. N. Spiwak,** *Adsorptionsaktivität des Collaktivits aus Lignin und Gusa-Paja.* Zur Herst. von Collaktivit wurden 25 g lufttrocknes Lignin oder zerkleinerte GUSA-Paja mit der 5fachen Menge H_2SO_4 u. 4,5% (vom Rohtrockengewicht) $FeSO_4$ bei 160—170° verrührt. Unter Aufschäumen bildet sich eine schwarze M., die man durch Dekantieren von der Säure bis auf 1% befreit; bei feinerer Mahlung u. mehr H_2SO_4 (7,5fache Menge) ist sie noch aktiver, sie absorbiert Farbstoffe (Methylenrot, Indigocarmin, Eosin) zu 95—100% aus Lsgg., fast so vollständig wie die akt. Kohle „Norit B", bei p_H 0,2—4,1 (bei höherem p_H schlechter), u. zwar bei Zimmertemp. (22°) in 6 Tagen, bei 65° in 15 Min. (wobei der Adsorptionsgrad nur von 95 auf 93,3% sinkt). Man trocknet die M. im Vakuumexsiccator (bei 105° sinkt die Aktivität). Collaktivit entfernt die gefärbten Stoffe aus Baumwollkapselhydrolysaten. (Известия Академии Наук УзССР, Серия Химических Наук [Nachr. Akad. Wiss. UsbekSSR, Ser. chem. Wiss.] **1957.** 67—71.) A. v. WILPERT. 6158

C. I. S. E. Centro Informazioni Studi Esper. e Cesare Marchetti, Mailand, Italien, *Anreichern von Wasser mit Deuterium* (**I**), durch gegebenenfalls katalysierten Isotopenaustausch zwischen **I**-haltigem W. u. **I**-haltigem Wasserstoff (**II**), dad. gek., daß man zuerst bei 400—800° **II** mit **I** anreichert, dann bei 70—140° mit diesem angereicherten **II** ein W. mit höherem **I**-Geh. als das in 1. Stufe angewandte, zum Isotopenaustausch bringt. Das W. kann sich ganz oder teilweise im Dampfzustand befinden. Der Druck kann vom n. Druck abweichen. (**It. P. 493 492** vom 31/7. 1952.) K. KOEBKE. H 240

Vetrocoke S. p. A., Turin, Italien, *Gewinnung von Wasserstoff–Stickstoff-Gemischen zur NH_3-Synthese.* Das aus H_2, N_2, CO sowie CH_4 u. sonstigen KW-stoffen bestehende gasförmige Gemisch wird bei niedrigen Temppp. fraktioniert. Das sich am Ende der Fraktionierung ergebende, aus H_2 u. N_2 bestehende, durch CO u. CH_4 verunreinigte Gemisch wird mit fl. N_2 geringer Reinheit vorgewaschen u. anschließend mit reinem fl. N_2 nachgewaschen. Der zum Endwaschen verwendete reine fl. N_2 wird zweckmäßig in einem von der Fraktioniervorr. gesonderten Kreislauf durch Abkühlen bis zur Kondenstemp. des in an sich bekannter Weise durch Verbrennung von Luft mit H_2-Überschuß entstehenden Gases gewonnen. — 2 Anlageschemata. (**Oe. P. 188 700** vom 8/1. 1954, ausg. 11/2. 1957. It. Prior. 10/1. 1953.) W. WITTHOLZ. H 243

Vetrocoke S. p. A., Turin, Italien, *Herstellung von Wasserstoff- und Stickstoff-Gemischen zur Ammoniaksynthese* u. Vorrichtung. Das aus H_2, N_2, CO, CH_4 u. sonstigen Gasen bestehende Gemisch wird bis zur CH_4-Verflüssigungstemp. abgekühlt u. in einer Fraktioniervorr. einer Reinigungskolonne zugeführt, in deren oberen Teil ein Rückfluß einer hauptsächlich aus CO u. N_2 bestehenden Fl. erzeugt wird, welche CH_4 löst u. bis zu den letzten Spuren aus dem Gasgemisch entfernt. Dieses so völlig von CH_4 befreite Gemisch wird durch reinen fl. N_2 gewaschen, wobei die übliche, gasförmige H_2–N_2-Fraktion u. eine erste CH_4-freie fl. CO–N_2-Fraktion anfällt. Die Rück-Fl. der Reinigungskolonne wird einer Rektifikationskolonne bei herabgesetztem Druck zugeführt, hierdurch wird eine zweite CH_4-freie CO–N_2-Fraktion in gasförmigem Zustand erhalten, die zusammen mit der ersten CH_4-freien Fraktion in ein H_2–N_2-Gemisch umgewandelt u. für die NH_3-Synth. nutzbar gemacht wird. — 3 Anlageschemata. (**Oe. P. 193 403** vom 7/1. 1954, ausg. 25/11. 1957. It. Prior. 10/1. 1953.) W. WITTHOLZ. H 243

Texas Co., New York, N. Y., übert. von: **Du Bois Eastman,** Whittier, Calif., V. St. A., *Ammoniaksynthesegas.* Durch Luftzerlegung gewonnener O_2 wird bei 2000° F mit einem (bes. gasförmigen) KW-stoff zu einem CO–H_2-Gemisch (**I**) umgesetzt, dann wird in **I** fl. W. eingespritzt, die Temp. dadurch auf $<$600° F erniedrigt, das mit Wasserdampf gesätt. **I** konvertiert, CO_2 entfernt u. der verbleibende H_2 mit N_2 aus der Luftzerlegung gemischt. — Zeichnung. (**A. P. 2 795 558** vom 15/1. 1953, ausg. 11/6. 1957.) H. KOBS. H 243

Farbwerke Hoechst Akt.-Ges., vormals Meister Lucius & Brüning, Frankfurt/M. (Erfinder: **Alfred Heymann, Frankfurt/M., Karl-Heinz Klaska,** Castrop-Rauxel, **Josef**

Schücker, Dortmund, und **Waldemar Ziemer,** Frankfurt/M.), *Zelle in filterpressenartiger Bauweise* zur elektrolyt. Zerlegung von wss. HCl, dad. gek., daß die eine Anode u. Kathode benachbarter Elektrolysenräume enthaltenden Rahmen eine gas- u. flüssigkeitsundurchlässige, den elektr. Strom nicht leitende, den gesamten freien Raum der Rahmen überbrückende Füllung aus Kunststoffmaterial oder aus mittels vulkanisiertem Gummi oder Kunststoff geschützten Gußeisen- oder Stahlmaterial besitzen. — Zeichnungen. (**D. A. S. 1 054 430** Kl. 12i vom 28/3. 1957, veröff. 9/4. 1959.) K. DEMMLER. H 247

Farbwerke Hoechst Akt.-Ges., vormals Meister Lucius & Brüning (Erfinder: **Rudolf Hirschberg** und **Helmut Hund**), Frankfurt/M., *Herstellung von Alkali- und Erdalkalichloriten* durch Red. von wss. ClO_2-Lsgg. mittels Alkali- oder Erdalkaliamalgamen, dad. gek., daß der Lsg. kontinuierlich oder diskontinuierlich verd. Säure, z. B. 0,1—5,0n HNO_3, zugefügt wird, u. zwar in solcher Menge, daß die Aufrechterhaltung eines zwischen ca. 7,0 u. ca. 9,0 liegenden p_H-Wertes gewährleistet ist. (**D. A. S. 1 059 891** Kl. 12i vom 10/1. 1958, veröff. 25/6. 1959.) K. DEMMLER. H 247

Imperial Chemical Industries Ltd., London, England (Erfinder: **George Clarkson Vincent**), *Vanadiumhaltige Glasskelettkatalysatoren.* Man schm. ein Gemisch aus einer V-Verb. (V_2O_5), SiO_2, B_2O_3 u. einer Alkaliverb. (z. B. K_2SO_4, K_2CO_3) zu einem Glas, erhitzt das Glas bis zur Phasentrennung u. löst einen Teil wenigstens einer lösl. Phase mit einem Extraktionsmittel (z. B. verd. HCl oder gepufferter Natronlauge) heraus. — Verwendung zur *SO_2-Oxydation.* (**E. P. 779 494** vom 25/8. 1954, ausg. 24/7. 1957.) H. KOBS. H 253

Deutsche Gold- & Silberscheideanstalt vormals Roessler, Frankfurt/M. (Erfinder: **Ernst Wagner, Helmut Brünner** und **Albert Sangenfeld,** Rheinfelden), *Regelung des Kristallwassergehaltes von Alkaliperborat* bei seiner kontinuierlichen Gewinnung durch Rk. von Alkalimetaborat mit H_2O_2, dad. gek., daß zur Bldg. von Tetrahydrat auf je 1 (Mol) akt. O_2 u. Alkali mehr als 1 B in Form von B-Verbb., bes. Na-Tetraborat, u. zur Bldg. von Trihydrat auf 1 B bzw. Na-Meta- oder -Tetraborat mehr als 1 akt. O_2 u. Alkali in Form von Alkalihydroxyd oder in Lsg. solches bildenden Verbb. in den Kristallisationskreislauf eingespeist werden. Die Kristallisation für die Herst. von Tetrahydrat wird zwischen 5 u. 30° u. für die Gewinnung von Trihydrat zwischen 20 u. 50° durchgeführt. Die zugespeisten Komponenten werden in einem Überschuß von 5—10% angewendet. (**D. A. S. 1 057 586** Kl. 12i vom 28/6. 1957, veröff. 21/5. 1959.) K. DEMMLER. H 258

Josef Kunz, Wien, Österreich, *Beeinflussen der Aktivität von CO_2-Kernen,* bes. um die Verteilung des CO_2 in der Atmosphäre zu verändern, dad. gek., daß man bestrahlt, z. B. mit Lichtstrahlen bestimmter Wellenlänge u./oder die relative Feuchtigkeit u./oder die Temp. verändert u./oder daß man Stoffe zugibt, wie NH_3, $(NH_4)_2CO_3$, Halogene, ungesätt. KW-stoffe. Das Verf. ist geeignet zur Korrektur der bioklimat. Lebensbedingungen oder atmosphär. Ndd. oder für techn. Zwecke, z. B. Beeinflussung der Verbrennung von Gasgemischen. (**It. P. 493 229** vom 18/8. 1952.) K. KOEBKE. H 260

W. C. Heraeus G. m. b. H., Hanau (Erfinder: **Harald Schäfer,** Münster), *Reinigung von Silicium,* dad. gek., daß ein gegebenenfalls vorgereinigtes Si in einer SiJ_4-Atmosphäre mit einem Druck von höchstens 100, bes. 50 mm Hg, auf $>1000°$, bes. 1250—1300°, erhitzt wird, u. zwar in einem Raum, der mit Stellen niederer Temp. (500—800°) in Verb. steht. (**D. A. S. 1 059 415** Kl. 12i vom 5/11. 1955, veröff. 18/6. 1959.) A. GRADL. H 261

E. I. du Pont de Nemours & Co., übert. von: **Remo Angelo Pellin,** Wilmington, Del., V. St. A., *Reinigung flüssiger Siliciumhalogenide,* dad. gek., daß durch Vermengen mit einer anorgan. Säure, die mit dem Halogenid nicht mischbar ist, die Verunreinigungen extrahiert werden. Als anorgan. Säure kommen H_2SO_4 u. H_3PO_4 in Betracht. (**A. P. 2 844 441** vom 26/11. 1954, ausg. 22/7. 1958.) A. GRADL. H 261

Chemische Fabrik Kalk G. m. b. H. (Erfinder: **Karl Geiersberger**), Köln, *Herstellung von kondensierten Phosphaten,* bes. Alkalipolyphosphaten, aus H_3PO_4 u. Alkalisalzen flüchtiger Säuren, dad. gek., daß eine wss. Lsg. bzw. Paste einer H_3PO_4 hinreichender Reinheit mit Alkalisalzen flüchtiger Säuren im Mol-Verhältnis $Mo_2O:P_2O_5$ = 1:1—2:1, bes. 1,66:1, vermischt u. die Mischung in Form einer wasserhaltigen Paste oder, gegebenenfalls nach Zusatz einer zur Auflsg. entstandenen Bodenkörper ausreichenden Menge W., in Form einer wss. Lsg. in einem in Gegen- oder Gleichstrom geführten Heißgasstrom von 250—600°, bes. 450—500°, versprüht wird. (**D. A. S. 1 059 894** Kl. 12i vom 25/9. 1957, veröff. 25/6. 1959.) A. GRADL. H 264

VI. Silicatchemie. Baustoffe.

Martin Blanke, *Herstellung von schmelzflüssig gegossenen Wannensteinen.* Nach einer Beschreibung der Eigg. gibt der Vf. eine Übersicht über die derzeit in den verschied. Ländern im Handel befindlichen, schmelzfl. gegossenen Wannensteine. In einer Versuchsdrehwanne, die aus einem Kranz von Probesteinen der verschied. Sorten besteht, wurde deren Verh. gegenüber schm. Glas, bes. Sulfatglas, untersucht. Bei einem Thonberger Wannenstein, der mit in die Drehwanne eingebaut wurde, war die Auswaschung um ein Vielfaches größer, als bei den schmelzfl. gegossenen Steinen. Die besten Ergebnisse wurden mit Steinen erzielt, die 80—100% Tonerde enthielten. Um die Vorgänge, die sich beim Abkühlen u. Aufheizen der schmelzfl. gegossenen Steine abspielen, zu untersuchen, wurde eine App. aufgebaut, die es erlaubt, die Ausdehnung der Steine bis in das hochfeuerfeste Gebiet (2000°) hinein u. damit Rekristallisation u. Phasenumwandlung zu verfolgen. Auf der Basis Al_2O_3-SiO_2, mit einem Tonerdegeh. von 80—100%, wurden Probesteine hergestellt, die sich sowohl in Versuchsglaswannen, als auch in industriellen Glaswannen sehr gut bewährten. (Silikattechnik **9.** 492—94. Nov. 1958. Inst. für angewandte Silicatforschung der Dtsch. Akad. der Wiss. zu Berlin.)
H.-O. MULFINGER. 6172

V. Garino Canina, *Glasiges Germaniumoxyd. Quarzglas. Absorptionsspektren und physiko-chemische Schmelzbedingungen. Experimentelle Ergebnisse. Deutungsversuch.* Absorptionsmessungen an glasigem Ge zeigen zwei Absorptionsbanden bei 2050 Å u. 2450 Å. Beim Erhitzen verschwindet die Bande bei 2450 Å, während die erste bei 2050 Å nahezu unverändert bleibt. Durch Zugabe von Al tritt der gleiche Effekt ein. Es wird angenommen, daß durch Erhitzen bzw. durch das Al Anionenlücken entstehen, welche eine Verringerung der Absorptionszentren bei 2450 Å bedingen. Möglicherweise kann auch ein Valenzwechsel des Ge eine Rolle spielen. Ähnlich liegen die Verhältnisse bei Quarzglas, wo als Verunreinigung Ge eingeführt wurde. Die Zentren bei 2420 Å können unter der Einw. eines elektr. Feldes oder unter oxydierenden Bedingungen bei erhöhter Temp. wandern oder ganz verschwinden. (Verres et Réfractaires **12.** 313—23. Nov./Dez. 1958.) H. SAALFELD. 6200

Paul Rahlfs und **Gerhard Vieth,** *Über die zeitlichen Längenänderungen von Jenaer Glas 16^{III} zwischen 400 und 560°.* Es wurde bereits festgestellt, daß sich das strukturelle Gleichgewicht (bei konstanten Tempp. zwischen 500 u. 540°) nach einer raschen Längenänderung infolge Temperaturänderung in zwei deutlich unterscheidbaren Stufen einstellt. In der vorliegenden Arbeit werden für diese beiden Stufen die Aktivierungsenergien berechnet. Während zwischen 500 u. 560° die nach den früher gefundenen Gesetzmäßigkeiten berechneten zeitlichen Längenänderungen gut mit den gemessenen Werten übereinstimmen, zeigte sich, daß eine Extrapolation dieser Gesetzmäßigkeiten auf den Temperaturbereich zwischen 400 u. 500° zu Abweichungen der berechneten von den gemessenen Werten führt. Es wird festgestellt, daß die Strukturänderung in der ersten Relaxationsstufe zwischen 400 u. 500° anfänglich gehemmt, die Längenänderung also kleiner als erwartet ist. Unter Berücksichtigung dieser Hemmung wird auf der Grundlage der bisherigen Ergebnisse ein Diagramm der Temperaturabhängigkeit der Relaxationsänderungen aufgestellt, welches Kurven gleicher Zeit für die zwischen 410 u. 520° gemessenen oder berechneten Längenänderungen enthält. Die Ermittlung optimaler Alterungsbedingungen wird an Hand der Kurven gleicher Zeit diskutiert. (Glastechn. Ber. **32.** 9—14. Jan. 1959. Physikal.-Techn. Bundesanst. Braunschweig.) H.-O. MULFINGER. 6200

Hans Vetter, *Carbonate und Sulfate als keramische Rohstoffe.* An Hand zahlreicher Tabellen u. Mikrophotos wird eine Übersicht über Carbonat- u. Sulfatmineralien bzgl. der Verwendung in der keram. Industrie gegeben. Es werden Nomenklatur, chem. Eigg., Mineralstruktur u. erforderlicher Reinheitsgrad behandelt. (Euro-Ceramic [Düsseldorf] **8.** 280—88. Nov. 1958.) N. PETERS. 6208

Gebhard Bierbrauer, *Glasurversuche mit Chromoxyd.* (Interceram [Lübeck] Nr. **7.** 18—25. 1958. — C. **1959.** 5930.) P. ECKERT. 6212

Rudolf Bárta, *Unsere neuen Forschungen über Porzellan.* Kurzer Überblick über Forschungsarbeiten (1957—58) auf dem Porzellangebiet. (Sklář a Keramik **9.** 80—81. März 1959. Praha, katedra technolog. silikátů.) E. L. SCHMELING. 6214

Chihiro Kawashima und **Yorihiro Murata,** *Grundlegende Untersuchung über Sprühtrocknung und Halbtrockenpressen von keramischen Massen.* 4. Mitt. *Über Fließgeschwindigkeit kugeliger Feinteilchen aus keramischem Tonschluff (beziehungsweise Schlicker).* (3. vgl. J. ceram. Assoc., Japan [Yogyo Kyokai Shi] **62.** [1954.] 237.) Durch Sprühtrocknen von keram. Tonschlicker (bzw. -schluff) werden kugelige Feinteilchen von 48—88 μ Durchmesser erhalten. Für das freie Fließen solcher Teilchen wird die Beziehung abgeleitet: Gleichgewichtsfließgeschwindigkeit $Ve = Kd^2 (d_p - d_0)$, worin d_p Teilchengröße, d_0 Düsendurchmesser u. K = Konstante, nur durch die physikal. Eigg. der Teilchen definiert (= sogenannter Koeff. des freien Fließens kugeliger Feinteilchen), d_0 ist ein Durchmesser des kleinsten für den freien Fluß nötigen Teilchens. Für nichtkugelige Teilchen u. Mischpulver gilt obige Beziehung annähernd. — 7 Schaubilder. (J. ceram. Assoc., Japan [Yogyo Kyokai Shi] **63.** 88—91. 1955. [Orig.: japan.; Auszug: engl.]) L. SCHULER. 6216

Chihiro Kawashima und **Yorihiro Murata,** *Grundlegende Untersuchung über Sprühtrocknung und Halbtrockenpressen von keramischen Massen.* 5. Mitt. *Über den Druckverfestigungsvorgang keramischer Pulver und physikochemische Eigenschaften der ungebrannten Körper (Green body).* (4. vgl. vorst. Ref.) Für das Anfangsstadium des Verfestigens unter stat. Druck von *keram. Pulvern* wird folgende Beziehung abgeleitet: $P = c(w^{-1} - w_0^{-1}) \delta^2$, worin P der angewandte Druck, δ die Verdrängung (Verschiebung), w Gewicht des eingebrachten Pulvers, c u. w_0 durch die Eigg. des Pulvers bestimmte Konstanten. Das Ansteigen von δ gegen Ende des anfänglichen Verfestigungszustands wird durch die völlige Zerstörung der „Brückenstruktur" erklärt. Die Änderung der Permeabilität in der Druckrichtung beim Rohkörper bildet im Falle kugeliger Pulver in der Kurve einen Inflexionspunkt. Im allg. lassen sich experimentell die Formeln von SMITH u. KIEFFER für Metallpulver nicht realisieren. — 12 Schaubilder. (J. ceram. Assoc., Japan [Yogyo Kyokai Shi] **63.** 91—96. 1955. [Orig.: japan.; Auszug: engl.]) L. SCHULER. 6216

Chihiro Kawashima und **Yorihiro Murata,** *Grundlegende Untersuchung über Sprühtrocknung und Halbtrockenpressen von keramischen Massen.* 6. Mitt. *Über die Härteverteilung und die Pulverbewegung im ungebrannten Körper.* (5. vgl. vorst. Ref.) Die Bewegung der Pulvermasse wird durch Photographieren nach der Schichtmeth. untersucht u. läßt sich als ein parabol. Oberflächenfließen erkennen, dessen Hauptkrümmung mit dem angewandten Druck zunimmt, zusammen mit der Reibung zwischen Pulver u. Matrizenwand. Der Härtegrad R^{-1}, durch eine Bohrung mit kon. Kopf ermittelt, folgt der Gleichung $R^{-1} = 2\,kt/p\ (\varepsilon)$, worin p der an der angebohrten Kante angewandte Druck, t die Weite der Bohrzähne u. k die Konstante der elast. Verformung des Rohkörpers ist. Die Mängel des fertigen Körpers, wie Lamination u. Abblättern, zeigen sich entlang obiger Fließoberflächen. (J. ceram. Assoc., Japan [Yogyo Kyokai Sci] **63.** 133—37. 1955. [Orig.: japan.; Auszug: engl.]) L. SCHULER. 6216

Chihiro Kawashima und **Yorihiro Murata,** *Grundlegende Untersuchung über Sprühtrocknung und Halbtrockenpressen von keramischen Massen.* 7. Mitt. *Wirkung des angewandten Drucks auf die Härteverteilung in der ungebrannten Masse.* (6. vgl. vorst. Ref.) Die Härten an verschied. Stellen der Oberfläche u. Unterfläche eines Preßzylinders in verschied. Abständen von der Zylinderachse werden bestimmt (O_1 bzw. U_1 im Mittelpunkt des Oberflächen- bzw. Unterflächenkreises, O_3 bzw. U_3 jeweils an der Peripherie). Es ändert sich die Pulverhärte von $O_3 > O_1 > U_1 > U_3$ bei zunehmendem Druck nach $O_3 > U_1 > O_1 > U_3$. (J. ceram. Assoc., Japan [Yogyo Kyokai Shi] **63.** 138—41. 1955. [Orig.: japan.; Auszug: engl.]) L. SCHULER. 6216

Roland Dallendörfer, *Licht- und elektronenmikroskopische Oberflächenuntersuchungen an keramischen Werkstoffen.* Der Vf. gibt einen Überblick über die verschied. mkr. Methoden, die zur Unters. der Oberflächen keram. Werkstoffe angewandt werden. An Hand von Beispielen (12 Bilder) weist er auf die Überlegenheit der Abdruckmeth., bes. in Verb. mit dem Phasenkontrast gegenüber der Auflichtphotographie hin u. zeigt die vielfältige Anwendungsmöglichkeit dieser Meth. in der Forschung u. bei der Betriebskontrolle auf. (Silikattechnik **9.** 510—13. Nov. 1958. Labor. für Grundlagenforschung des VEB Keram. Werke Hermsdorf, Thüringen.) H.-O. MULFINGER. 6216

E. Eipeltauer, N. Skalla und **A. More,** *Über das Verhalten von Dicalciumsilicat, Forsterit und Monticellit in reduzierender Atmosphäre.* Zur Klärung der Vorgänge der industriellen Herst. von Schmelzmagnesit aus Sintermagnesit sind Dicalciumsilicat, Forsterit u. Monticellit mit 1—3 Mol C zwischen 1350 u. 1700° im Vakuum erhitzt worden. Unterhalb des F. verhalten sich die drei Verbb. bzgl. Reaktionsbeginn u. Reaktionsgeschwindigkeit ähnlich. Die Silicatschmelzen reagieren nicht mit C. Der bei der Magnesitschmelze ablaufende Reinigungsprozeß wird auf Rk. mit elementarem C im festen Zustand zurückgeführt. Der größte Reinigungseffekt wird mit der Dicalciumsilicatmöllerung erzielt. (Radex-Rdsch. **1958.** 92—104. März.) H. SAALFELD. 6218

A. L. Roberts, *Zur Mineralogie der feuerfesten Tone: Der Livesit.* Die mineralog. Unters. von Formsanden u. feuerfesten Tonen ergab ein kaolinit. Mineral der Reihe Kaolinit–Fireclay-Halloysit mit ganz bestimmten Eigenschaften. Es wird daher für dieses Mineral der Name „*Livesit*" vorgeschlagen (nach Prof. LIVESEY der Univ. Leeds). Der Unterschied zum Kaolinit liegt a) in der äußerst feinen Teilchengröße, b) in einem isomorphem Ersatz des Al durch Mg u. Fe in der Oktaederschicht, c) in einem wesentlich höheren Basenaustauschvermögen (42 mval/100 g) als Kaolinit. (Bull. Soc. franç. Céram. **1958**. 41. 29—32. Okt.—Dez.) H. SAALFELD. 6218

W. W. Gontscharow, *Zur Frage der Synthese von Mullit durch Zusammensintern von Ton mit technischer Tonerde.* 5 Gemische von Ton u. techn. Tonerde, in denen das Gesamtverhältnis $Al_2O_3:SiO_2$ von 2,74 über 3,12—4,74—4,80 bis 7,58:2 anstieg, wurden bei einer Korngröße von $<2\,\mu$ des überwiegenden Anteils der Tonerde (maximale Abweichung der Einzelkörner bis 12 μ) 1½ Std. bei 1650° gebrannt, wonach der in HF unlösl. Anteil analysiert wurde. Es ergab sich, daß bei steigendem Verhältnis $Al_2O_3:SiO_2$ die Mullitmenge von 89,9 auf 25,6% fiel, die Korundmenge von 10,1 auf 74,4% anstieg. Damit wird das früher gefundene günstige Verhältnis 3:2 (für $Al_2O_3:SiO_2$) bestätigt. (Доклады Академии Наук СССР [Ber. Akad. Wiss. UdSSR] **105**. 323—25. 11/11. 1955. Leningrad, Inst. für feuerfeste Stoffe.) A. v. WILPERT. 6218

H. O'Daniel, *Die Kristallstrukturuntersuchung im Dienst der Zementforschung.* Besprechung einiger Kristallstrukturen von Silicaten u. Aluminaten des Ca u. deren Hydraten. (Zement-Kalk-Gips **10**. [46.] 166—73. Mai 1957.) P. NEY. 6222

Bo Nikander, *Gesichtspunkte zur Haltbarkeit des Futters in Zementdrehöfen.* Bes. nachteilig für die Haltbarkeit des Ofenfutters sind Temperaturschwankungen, vor allem zu rasche Abkühlung beim Außerbetriebsetzen des Ofens. Günstig ist eine nicht zu starke Ansatzbldg., die durch äußere Kühlung gefördert werden kann. Der Verbrauch an Magnesitsteinen in kg pro Tonne Klinker kann in gleichen Öfen bei gleichem Rohschlamm um 5—30% differieren; bei verschied. Öfen u. verschied. Rohmaterial liegt er zwischen 0,23 u. 1,25. Die günstigsten Werte liegen bei niedrigem Silicatmodul. Der Verbrauch an kg Schamotte pro Tonne Klinker liegt zwischen 0,37 u. 1,01, jedoch ist hier kein Zusammenhang mit dem Silicatmodul erkennbar. (Radex-Rdsch. **1957**. 861—67. Dez. Pargas/Finnland.) P. NEY. 6222

Hugo Neese, *Einflüsse der Zementbeschaffenheit auf das Verhalten von Zement bei der Dampfhärtung.* Die Verfestigung der Zemente bei der Dampfhärtung des Betons wird beeinträchtigt durch einen Geh. an freiem CaO u. durch zu geringes Alter des verwendeten Zementes. Hohe Mahlfeinheit kann diese ungünstigen Einfll. vermindern. Der Kochvers. nach DIN 1164 ist zur Eignungsprüfung von Zementen für Dampfhärtung unzureichend. (Betonstein-Ztg. **24**. 349—50. Sept. 1958. Alt-Garge/Kreis Lüneburg.) P. NEY. 6222

Ju. Ss. Malinin und **M. M. Kapkin,** *Messung des Erhärtungsprozesses von Zement nach der Kontraktionsmethode beim Durchdämpfen.* Die Ergebnisse der Unterss. zeigen, daß die Hydratation des Zements beim Durchdämpfen während des 4std. Anstieges der Temp. auf 80° am stärksten ist. Wenn die Temp. von 80° erreicht ist u. konstant gehalten wird, beginnen die Hydratationsprodd. des Klinkers in den krist. Zustand überzugehen. Der Kristallisationsgrad ist unmittelbar von der Dauer der isotherm. Erwärmung abhängig. Die Veränderung der Menge des chem. gebundenen W. zeigt, daß die gesamte Hydratation in den ersten 8 Std. des Durchdämpfens der Zementmasse stattfindet. (Цемннт [Zement] **24**. Nr. 6. 23—26. Nov./Dez. 1958.) D. ROST. 6222

Shoichiro Nagai, Sadao Ueda und **Yoshimichi Irokawa,** *Kalk-Schlacken-Zement (eine Art von Mischbinder).* 1. Mitt. 50—60 Gewichtsteile granulierte Hochofenschlacke, 10—20 Gewichtsteile Kalkhydrat oder Kalkteig, 20—30 Gewichtsteile SiO_2-reiches Material (Schiefermehl, Rückstände der S-Gewinnung, Flugasche aus Kohlenstaubkesseln) werden gemischt u. mit verd. Natronlauge geknetet, so daß die Mischung 1—10% NaOH enthält. Mischungen dieses Bindemittels mit Sand (1:2) zeigen beträchtliche Festigkeiten (z. B. über 300 kg/cm² nach 28 Tagen). Für die Wrkg. des NaOH-Zusatzes werden folgende Reaktionsgleichungen angegeben: $Si(OH)_4 + 2NaOH = Na_2SiO_3 + 3H_2O$; $Na_2SiO_3 + xCa(OH)_2 + yH_2O = xCaO \cdot SiO_2 \cdot yH_2O + 2NaOH + (x-1)H_2O$; $2Al(OH)_3 + 2NaOH = 2NaAlO_2 + 4H_2O$; $2\ NaAlO_2 + pCa(OH)_2 + qH_2O = 2NaOH + pH_2O + pCaO \cdot Al_2O_3 \cdot qH_2O$. (Gypsum & Lime [Tokyo] **1958**. Nr. 35. 5—10. Yokohama Nat. Univ., Fac. of Engng.) P. NEY. 6222

Shoichiro Nagai und **Yoshimichi Irokawa,** *Kalkschlackenzement (eine Art von Mischbinder).* 2. Mitt. (1. vgl. vorst. Ref.) Das Verh. der in der 1. Mitt. der Arbeit beschriebenen Bindemittel in Mörteln wird mit dem des Portlandzementes verglichen. Während die 28-Tage-Druckfestigkeiten (Feuchtluftlagerung) der NaOH-freien Mörtel zwischen 53 u. 90 kg/cm² liegen, erreichen die Proben mit 1% NaOH Druckfestigkeiten von 120—156 kg/cm². Bei den Proben mit 3% NaOH fallen fast stets die Festigkeiten wieder merklich ab. (Gypsum & Lime [Tokyo] **1958**. Nr. 37. 18—22. Nov. Yokohama Nat. Univ., Fac. of Engng. [Orig.: japan.; Auszug: engl.]) P. NEY. 6222

C. Maus, *Zur Herstellung hochverdichteter Zementleimschichten.* Die Betongüte kann durch Rütteln bei Frequenzen von 12,6—22,3 kHz so weit verbessert werden, daß

Zementleime mit Wasserzementwerten zwischen 0,3 u. 0,9 verdichtet werden u. bessere Festigkeitswerte (ca. 1600 kg/cm²) erreicht werden. (Zement-Kalk-Gips **11** (47). 444—51. Okt. 1958.) N. PETERS. 6222

Alfred Schlögl, *Aschengasbeton aus Filterasche von Böhlen.* Aus Braunkohlenaschen u. Generatoraschen werden ohne Zement als Bindemittel in sehr wirtschaftlicher Weise großformatige Wandbauelemente für den Innenausbau hergestellt (Festigkeit 75 kg/cm²; Rohwichte 1,2 kg/dm). (Silikattechnik **9**. 463. Okt. 1958.) G. PRETZSCHNER. 6224

A. Nykänen und **S. Pihlajavaara,** *Die Erhärtung des Betons unter den Bedingungen des Betonierens im Winter.* Bei allen Tempp. wird die Abbindezeit von Beton durch die Zugabe von ca. 2% $CaCl_2$ stark verkürzt. Die Zunahme der Erhärtungsgeschwindigkeit wird stets mit einer Abnahme der Festigkeit erkauft, wenn man die Festigkeit eines bei 20° erhärteten, $CaCl_2$-freien Betons dem Vgl. zugrunde legt. Die Zugabe von $CaCl_2$ wird nur für Ausnahmefälle empfohlen. (Valtion tekn. Tutkimuslaitos, Julkaisu [State Inst. techn. Res., Publ.] **1958**. Nr. 35. 1—160. Helsinki, State Inst. for Technol. Res.) P. NEY. 6224

Hans Lehmann, Josef Wuhrer und **Walter Lahl,** *Das Brennverhalten von Kalksteinen aus verschiedenen geologischen Formationen.* Es wurde festgestellt, daß nicht das geolog. Alter, sondern die Kristallgröße u. das Porengefüge von Einfl. sind. Große Calcitkristalle führen zum Zerfall während des Brennens, während Kristallform u. -bindung kaum eine Wrkg. zeigen. Beimengungen beschleunigen das Wachstum der CaO-Kristalle bei 800—1100°, bewirken durch sperrige Lagerung Dehnung, Verminderung der Leitfähigkeit u. damit Verlängerung der Zersetzungszeit. Bei Proben, die schwinden, erhöht sich die Zersetzungstemp., wobei der CO_2-Druck steigt. (Tonind.-Ztg. keram. Rdsch. **82**. 434—40. 20/10. 486—89. 10/11. 542—46. 20/12. 1958. Bergakad. Clausthal, Inst. für Steine u. Erden u. Kalksteinwerke in Wülfrath, Forschungslabor.) G. FRIKELL. 6226

Cesare Brisi und **Fedele Abbattista,** *Temperaturerhöhung beim Abbinden von Mörtelgemischen unter adiabatischen Verhältnissen.* Vff. untersuchen Portlandzement/Hochofenschlacke- (I) bzw. Portlandzement/Puzzolan-Gemische (II) unterschiedlicher Zus. bei sonst gleichen, wohldefinierten Versuchsbedingungen im Hinblick auf die beim Hydratationsprozeß frei werdende Wärmemenge (bis 200 Std.) im adiabat. Calorimeter. Aus den ermittelten Zeit–Temp.-Kurven geht stets eindeutig hervor, daß die Erhöhung des Schlacken- bzw. Puzzolananteils, bei gleichzeitiger Verminderung der Portlandzementkomponente, zu einer Verminderung der Hydratationswärme (III) führt. Für I wird grundsätzlich, bei vergleichbaren Mischungsverhältnissen, eine höhere III ermittelt als für II. Die mit verschied. Zusätzen durchgeführten Unterss. zeigen eine starke Abhängigkeit der III von den verwendeten Materialien. (Ind. ital. Cemento **29**. 31—36. Febr. 1959.) W. ANIKA. 6226

F. D. Beresford, *Schwinden und Quellen von Gips unter dem Einfluß von Feuchtigkeit.* Das Schwinden u. Quellen von Probekörpern aus Gips in Abhängigkeit von der Feuchtigkeit wurde an 6 Arten von handelsüblichem Gips untersucht. Die größte Volumenänderung wurde bei solchem Gips festgestellt, der mit den geringsten Mengen W. angerührt wurde. Die Probekörper wurden 5 period. Veränderungen der relativen Feuchtigkeit von 80—25% ausgesetzt; 5 dieser Körper zeigten noch nach dieser Behandlung eine weitere Schwindung, sie wird jedoch nicht als Grund für die Rißbldg. angenommen. (Zement-Kalk-Gips **11** (47). 442—44. Okt. 1958.) N. PETERS. 6226

Yujiro Sugawara, Yoshibumi Noshi und **Zenko Komatsu,** *Verfahren zur Verringerung der Blasen in Gipsformen.* Die Neigung zur Bldg. von Blasen nimmt im sauren Bereich, bereits dicht unter p_H 7 stark zu. Durch Beimischung von $CaCO_3$- oder $Ca(OH)_2$-Pulver zum Halbhydrat kann diese Erscheinung ohne Qualitätsverschlechterung verringert werden. (Gypsum & Lime [Tokyo] **1959**. Nr. 38. 250—54. Jan. [Orig.: japan.; Auszug: engl.]) G. FRIKELL. 6226

R. C. Chirnside, *Silicatanalyse: Ein Überblick.* Die Arbeit gibt einen umfassenden Überblick über die Methoden der Silicatanalyse, wie sie in den letzten ca. 30 Jahren veröffentlicht u. angewandt wurden. Neben der analyt. Best. von SiO_2 wird auch auf die der wichtigsten Bestandteile natürlicher u. künstlicher Silicate ausführlich eingegangen. Vorunterss., der sogenannte klass. Analysengang u. seine Modifizierungen werden beschrieben, neuere Methoden u. sogenannte Schnellanalysengänge, die sich der Colorimetrie, der Flammenphotometrie, der Spektrographie u. anderer Methoden bedienen, werden eingehend unter den Gesichtspunkten der Genauigkeit, des Zeitbedarfs u. des Anwendungszweckes verglichen. — 27 Literaturstellen. (J. Soc. Glass Technol. **43**. Trans. 5—29. Febr. 1959. Wembley, England, General Electric Comp. Ltd., Res. Labor.) H.-O. MULFINGER. 6240

H. Bennett, *Eine gravimetrische Methode zur SiO_2-Bestimmung.* Es wird ein Verf. zur Best. von SiO_2 als Chinolin–Silico-Molybdat beschrieben. Die Probe wird mit NaOH geschmolzen u. die erhaltene Schmelze in HCl gelöst. Nach Zusatz von Ammoniummolybdat in schwach saurer Lsg. bildet sich Silicomolybdänsäure, welche mit Chinolin versetzt einen Nd. von Chinolin–Silico–Molybdat gibt. Der Vorteil dieser Meth. liegt darin, daß SiO_2 nur ca. $^1/_{40}$ des Gewichtes des Nd. ausmacht. Die Best. kann in Ggw. von Borat, Fluorid, von Ca, Mg, Al oder Alkali vorgenommen werden. Eisen sollte nicht mehr als 5% vorhanden sein. Phosphat, Vanadat u. Pb stören. Fehlergrenze ca. $\pm 0{,}25\%$. (J. Soc. Glass Technol. **43.** Trans. 59—61. Febr. 1959.) H.-O. MULFINGER. 6240

Rosemary Sales, *Die Schnellanalyse von Gläsern und Rohmaterialien unter Verwendung von EDTA.* Die Anwendung von EDTA auf die Best. von CaO in Kalksteinen, von CaO u. MgO in einfachen Natron–Kalk–Kieselsäure-Gläsern u. von PbO u. Al_2O_3 in Bleikristallgläsern wird beschrieben. Verschied. Methoden u. mehrere Indicatoren werden hierbei angewandt u. die Resultate verglichen. Die Herst. der Reagens-Lsgg. u. die Einstellung der EDTA-Lsg. werden angegeben. Die Genauigkeit dieser Best. entspricht derjenigen der „klass. Meth.", der Vorteil liegt darin, daß die Schnelligkeit dieser Bestimmungen sehr vergrößert wird, weil keine Trennungen durchgeführt werden müssen. Allerdings muß die qualitative Zus. der Probe bekannt sein. (J. Soc. Glass. Technol. **43.** Trans. 37—53. Febr. 1959. Sheffield, England, Brit. Glass Ind. Res., Assoc.) H.-O. MULFINGER. 6242

R. J. Powell und **Janet Todd,** *Die Anwendung von Flammenphotometer und Spektrograph zur Analyse eines Natron–Kalk–Kieselsäureglases.* Die Genauigkeit u. Reproduzierbarkeit der flammenphotometr. Best. von Na, K u. Ca u. der spektrograph. Best. von Ca, Al u. Mg wird untersucht. Die Verss. werden ausgeführt mit dem S.G.T. Bezugsglas Nr. 1 u. mit dem G.E.C. X8-Glühlampenglas. Die Verss. ergeben, daß flammenphotometr. Methoden mit genügender Genauigkeit für die Best. der Alkalimetalle zu Kontrollzwecken angewandt werden können, sofern Sorgfalt darauf verwandt wird, daß Vergleichs- u. Analysen-Lsgg. einander so ähnlich wie möglich sind. Die Best. von Ca liefert zwar (unabhängig von der Art der Pufferzusätze) gut reproduzierbare Ergebnisse, wenn sie mehrere Male mit derselben Analysenlsg. vorgenommen wird (Abweichung der Bestimmungen ca. 0,04% CaO für das Glas X 8 u. ca. 0,06% CaO für das S.G.T-Glas), werden aber von demselben Glas mehrere Analysen-Lsgg. hergestellt, so werden Abweichungen erhalten. Die funkenspektrograph. Best. von Mg, Al u. Ca ergibt für das Mg Resultate, die bei beiden Gläsern mit denen der chem. Analyse gut übereinstimmen. Die Werte, die für Al u. Ca gefunden werden liegen — trotz ähnlich guter Reproduzierbarkeit wie bei den Mg-Werten — etwas niedriger, als die chem. bestimmten Werte. (J. Soc. Glass Technol. **43.** Trans. 73—85. Febr. 1959. Wembley, England, General Electric Comp. Ltd., Communicat. from the Staff of the Res. Labors.) H.-O. MULFINGER. 6242

Gerhard Dümecke, Horst Gersöne und **Joachim Wiegmann,** *Über ein spektrochemisches Analysenverfahren für Silicate und verwandte oxydische Materialien.* Das beschriebene Verf. ist für sehr verschied. Silicate oder analoge oxyd. Materialien anwendbar. Es beruht darauf, daß die Proben durch Aufschluß mit einem Li_2CO_3–$PbCO_3$–B_2O_3-Gemisch in einen glasähnlichen Zustand gebracht werden, um Auswirkungen der Unterschiede der Ausgangsmaterialien zu vermeiden. Der fein zerriebene Schmelzkuchen wird mit Kohle u. Ni-Pulver vermischt u. im wärmegezündeten Wechselstrombogen vollständig verdampft. An Hand von festliegenden, mit Hilfe von Oxydmischungen hergestellten Eichproben wird die ungefähre Zus. ermittelt. Mit Hilfe der ungefähren Gehh. werden zwei Rahmenteste gemischt. Die Mittelwerte der Intensitätsverhältnisse aus je acht Spektren der Analysen- u. Rahmensubstanz werden für die Auswertung verwandt. Durch lineare Interpolation werden die genauen Werte für die Probe bestimmt. Für Gehh. über 20% beträgt die Genauigkeit $\pm 3\%$ vom Wert, für kleinere Gehh. steigt der Fehler bis zu $\pm 5\%$ vom Wert. (Silikattechnik **9.** 488—91. Nov. 1958. Berlin, Dtsch. Akad. der Wiss., Inst. für angewandte Silicatforschung.) H.-O. MULFINGER. 6242

Friedrich Hegemann, Wolfgang Schmidt und **Walter Hert,** *Über den Einfluß von Fremdionen auf die flammenspektrometrische Natrium- und Kaliumbestimmung bei der Glasanalyse.* Ausgehend von der möglichen Zus. einer Analysenlsg., wie sie nach dem Glasaufschluß mit Flußsäure/Oxalsäure vorliegen kann, werden die Störeinfll. von Al, Fe, Mg u. Li auf die flammenspektrometr. Best. von Na u. K untersucht. Es wird angegeben, in welchem Konzentrationsbereich u. bei welchen Konzentrationsverhältnissen die Störeinww. durch $BaCl_2$- u. $AlCl_3$-Zusätze zu Eich- u. Probe-Lsgg. so weit vermindert werden können, daß Na- u. K-Bestimmungen mit einer Fehlerbreite von $\pm 0{,}5\%$ des jeweiligen Gehaltswertes möglich sind. Die Verss. ergeben, daß Al u. Fe bes. die K-Best. empfindlich stören. Bei steigender Konz., aber gleichbleibendem Verhältnis von Alkali-

zu Fremdelementmengen, nimmt das Ausmaß der Störung zu. Während die Beeinflussung der Na- u. K-Best. durch Fe u. Li durch Zusatz von $BaCl_2$ zu Eich- u. Probe-Lsgg. weitgehend verringert werden kann, läßt sich der störende Einfl. von Al durch einen in Eich- u. Probelsg. gleichen Überschuß von $AlCl_3$ umgehen. Die Anwesenheit von Mg führt bei den gegebenen Konzz. zu keiner Störung. Die durch die gleichzeitige Anwesenheit von Al, Fe u. Mg hervorgerufene Störung unterscheidet sich nur unwesentlich von der, die von den einzelnen Störelementen verursacht wird. Eine ungleiche Wasserstoffionenkonz. in Eich- u. Probe-Lsgg. führt zu starken Fehlern bei der Na- u. K-Bestimmung. Ferner werden Verss. beschrieben, die Störeinww. mehrwertiger Ionen auf die Na-Best. durch Anlegen eines elektr. Feldes an die Brennerflamme zu vermindern. (Glastechn. Ber. **32.** 15—19. Jan. 1959. München, TH, Staatl. Forschungsinst. für Angewandte Mineralogie Regensburg.) H.-O. MULFINGER. 6242

S. Maneschi, *Die polarographische Analyse zur Bestimmung von Tonerde in feuerfesten Silicasteinen.* Die Werte der polarograph. Best. der Tonerde in feuerfesten Steinen erweisen sich als erheblich genauer als die entsprechenden gravimetr. Werte. Hierbei wird SiO_2 durch HF gelöst u. der Rückstand mit Na_2CO_3 + Borax geschmolzen. Die Schmelze wird dann in W. gelöst, mit Überchlorsäure angesäuert u. beim p_H 4,5 mit 0,05%-Lsg. von Pontochromviolett in einen Komplex übergeführt. Die polarograph. Analyse wird zwischen —0,1 bis —0,8 V mit der gesätt. Kalomelelektrode durchgeführt. Der relative Fehler der Best. beträgt bei einem Maximalgeh. von 2 Gew.-% Al_2O_3 ca. 2%. (Bull. Soc. franç. Céram. **1958.** Nr. 41. 21—28. Okt./Dez.) H. SAALFELD. 6256

Bert Cool, Oegstgeest, Holland, *Herstellung keramischer Massen.* Man setzt diesen aus bekannten Gründen Borax (I) u. außerdem gelöschten oder ungelöschten Kalk zu, wodurch die Bldg. größerer I-Kristalle verhindert wird. Das Mol. Verhältnis Kalk : I soll ca. 1 : 2 betragen. (**Holl. P. 87 718** vom 19/10. 1955, ausg. 15/3. 1958.) F. BÖHM. 6207

Heinrich Hock (Erfinder: **Heinrich Hock** und **Otto Abel**), Clausthal-Zellerfeld, *Tauch- oder Anstrichmassen für gebrannte Dolomitkörper.* Die Tauch- oder Anstrichmasse besteht aus Steinkohlenteer oder -pech u. enthält prakt. keine unter 300° sd. Anteile u. nur geringe Mengen an Bestandteilen, die in einem Gemisch von 2 (Teilen) $CH_3 \cdot OH$ u. 1 W. lösl. sind. Durch die Anwendung solcher Massen wird die Haltbarkeit von gebrannten Dolomitkörpern gegen atmosphär. Einww. verbessert. (**D. A. S. 1 051 186** Kl. 80b vom 31/1. 1956, veröff. 19/2. 1959.) F. REINHART. 6221

Institut für Holztechnologie und Faserbaustoffe im Bereich des Ministeriums für Leichtindustrie der Deutschen Demokratischen Republik (Erfinder: **Karl Matejko**), Dresden, *Herstellung von Gipsbaukörpern.* Glasfaserschleier werden mit Leimpaste, die als Füllmittel $CaSO_4 \cdot 2\,H_2O$ enthält, verklebt. Durch Erhitzen auf 130—170° entsteht daraus $CaSO_4 \cdot \frac{1}{2}\,H_2O$, worauf die so erhaltenen Bahnen gefeuchtet u. schichtweise unter Druck verbunden werden. Die Platten sind fest, steinartig u. fast porenfrei. (**D. A. S. 1 048 531** Kl. 80b vom 6/11. 1956, veröff. 8/1. 1959.) G. FRIKELL. 6227

American Cyanamid Co., New York, N. Y., übert. von: **James G. Affleck,** Darien, Conn., V. St. A., *Wasserdichtmachen von Beton- und Mauerwerkoberflächen.* Die Poren werden mit einem durch Mischpolymerisation einer überwiegenden Menge eines monofunktionellen Monomeren mit einem Acryl (I)- oder Methacryl (II)-Rest u. einer Löslichkeit in W. von mindestens 3% mit 0,5—0,25% vom Gesamtgewicht eines polyfunktionellen Monomeren mit mindestens 2 Resten, wie I u. II, u. 0,25% Löslichkeit in W. gebildetem Gel gefüllt. — Beispiel: 25 (Gew.-% Acrylamid, 5 N.N'-Methylen-bis-acrylamid, 6 tert. Butylhydroperoxyd, 894 Wasser. (**A. P. 2 827 397** vom 23/8. 1954, ausg. 18/3. 1958.) G. FRIKELL. 6229

Tile Council of America, Inc., New York, N. Y., übert. von: **Herman B. Wagner,** Blooming Glen, Pa., V. St. A., *Fugenverstreichmasse* für Ziegelsteinmauern. Zus.: ca. 90 (Gew.-%) Portlandzement, 0,25—2,2 Methylcellulose, die in 2%ig. Lsg. eine Viscosität von 80—6000 Centipoise aufweist, ca. 1,5—2,5 $CaCl_2$ u. 30—40 W. (bezogen auf das Gesamtgewicht der Mischung). Die M. erfordert kein Annässen der Ziegel u. erhärtet in 2—3 Std. zu einer festhaftenden, nichtschwindenden Schicht. — Beispiel: 97,75 (Gew.-%) Portlandzement; 0,75 Methylcellulose; 1,5 $CaCl_2$; 0 01 Al-Pulver u. 35 Wasser. (**A. P. 2 838 411** vom 15/11. 1955, ausg. 10/6. 1958.) G. FRIKELL. 6229

Union Carbide Corp., übert. von: **Thomas F. Hart,** Eggertsville, N. Y., und **Ronald S. Wishart jr.,** Lakewood, Ohio, V. St. A., *Wasserabweisende Asbestzementformkörper,* wie ausblühfreie Dachziegel, werden hergestellt durch Aufbringen von 20—40 g/114 $foot^2$ eines durch Hydrolyse u. Kondensation gebildeten Copolymeren von Amyltrichlorsilan (I) u. Methyltrichlorsilan (Mol Verhältnis 1:1) oder I u. Tetraäthylsilicat (6,5:1). (**A. P. 2833673** vom 25/3. 1954, ausg. 6/5. 1958.) G. FRIKELL. 6229

La Vermiculite, Émile André Montaux und **Jean Prost,** Seine, Frankreich, *Wasserdichter und wärmeisolierender Überzug* auf Rohren, Fußböden, Dächern usw., bestehend aus einer Mischung von z. B. 3 (Teilen) Isolierstoff, wie Blähvermiculit, Perlit, Puzzolane, zerkleinertem Zellbeton, Bimsstein usw., u. 1 wasserundurchlässigem Bindemittel, wie Asphalt oder Bitumen (Erweichungspunkt 40—200°) bzw. Kunst- oder Naturharz, das die Isolierkörper umhüllt. Die Bindung erfolgt durch Erwärmen der Mischung. (**F. P. 1 125 552** vom 2/5. 1955, ausg. 2/11. 1956.) O. KAYSER. 6229

United States of America, übert. von: **Thomas F. Clark,** Peoria, Ill., V. St. A., *Schleifmaterial aus Abfällen von landwirtschaftlichen Produkten,* wie Nuß- oder Obstkernschalen, Getreidehülsen oder bes. Maiskolben, in chem. unveränderter, körniger u. scharfkantiger Form mit einer 20—30 Maschen-Teilchengröße (Mischungsverhältnis von gröberem zu feinem Korn = 1:1 bis 10:1). Diese körnig zerkleinerten Abfälle werden zu mindestens 65% im Gemisch mit Harzen (Kautschuk, Polyamid- oder Phenolharzen) bes. zur Herst. von Schleifscheiben oder Scheuersteinen verwendet. (**A. P. 2 733 138** vom 14/6. 1950, ausg. 31/1. 1956.) W. GRÄGER. 6239

VII. Agrikulturchemie. Schädlingsbekämpfung.

Semon Kuczyski, *Das Zusammenbacken von Mischdüngern und seine Bekämpfung.* Zur Verhinderung des Zusammenbackens von Mischdüngern wird empfohlen, beim Mischen mit W. zu spritzen, 2% Rohphosphat zuzusetzen u. frisches Superphosphat zu verwenden. (Agric. Chemicals **14.** Nr. 3. 28—29. 118. März. **4.** 36—37. April 1959. São Paulo, Quimbrasil S. A.) W. WESLY. 6290

Shoichiro Nagai und **Yasuo Arai,** *Beziehung zwischen mineralogischer Zusammensetzung und säurelöslichen Bestandteilen sowie Untersuchung der praktischen Herstellungsbedingungen von calcinierten Magnesium-Calciumsilicat-Düngemitteln.* 3. Mitt. *über calcinierte Magnesium-Calciumsilicat-Düngemittel.* (2. vgl. Gypsum & Lime [Tokyo] **1958.** Nr. 34. 7.) Mittels Röntgenanalyse von bei 700—1400° erstellten Proben wurden die optimalen Brennbedingungen für Schacht- u. Drehrohröfen ermittelt unter Variation der Kristallgröße u. des Kohlezusatzes. Es wurde festgestellt, daß das schwerlösl. Syst. $MgO-SiO_2$ durch die Wrkg. des aus Kalkstein oder Dolomit stammenden akt. CaO unter Bldg. der leichtlösl. Gruppen $2\,CaO \cdot SiO_2$ u. $3\,CaO \cdot MgO \cdot 2\,SiO_2$ zers. wird. Fe-Oxyd erniedrigt dabei den F. u. beschleunigt die Bldg. lösl. Silicate. Die durch Sintern bei niedrigen Tempp. hergestellten Düngemittel enthalten das Syst. $2\,Ca \cdot SiO_2-3\,CaO \cdot MgO \cdot 2\,SiO_2-MgO$ u. sind frei von Al_2O_3. (Gypsum & Lime [Tokyo] **1959.** Nr. 38. 239—46. Jan. Univ. Nihon, Japan. [Orig.: japan.; Auszug: engl.]) G. FRIKELL. 6290

Isao Nakamoto und **Yoshio Masuyama,** *Verwendbarkeit von Ferromangan-schlacken als Calciumsilicatdünger.* Je 8 Proben von *Schlacke* von C-reichem *Fe-Mn* u. von *Si-Fe-Mn* wurden bis zu einer Feinheit von 30—150 (meist < 80) Maschen (TYLER-Sieb) gepulvert u. die Löslichkeit von CaO in 0,5n HCl u. von $CaO \cdot SiO_2$ u. MnO in 2%ig. Citronensäure bestimmt. Ergebnisse in Diagrammen (in Abhängigkeit von CaO/SiO_2 bzw. Al_2O_3). Schlacken mit $CaO/SiO_2 > 1{,}0$ werden als für *Ca-Silicatdünger* verwendbar erachtet u. Mahlen bis 80 Maschen empfohlen. — 6 Diagramme. (J. chem. Soc. Japan, ind. Chem. Sect. [Kōgyō Kagaku Zassi] **58.** 97—99. Febr. 1955. Takaoka, Azuma Kako AG. [Orig.: japan.]) L. SCHULER. 6290

Hans F. K. Dittmar, *Untersuchungen an Kakaofruchtschalen.* Auf Grund der Ergebnisse seiner Unterss. an *Fruchtschalen* (**a**) von Bahia-Kakao vertritt Vf. die Ansicht, daß dieselben zur Düngung der Kakaoplantagen eingesetzt werden können (Behebung des *K*-Mangels der Böden). Es ist jedoch zu empfehlen, die **a** vorher mit Kalk oder einem Fungicid zu behandeln, um die Gefahr einer Infektion durch Phytophtera palmivora zu vermindern. (Gordian **58.** Nr. 1387. 48—49. 10/9. 1958. Salvador-Bahia.) M. WINIKER. 6294

B. E. Butler, *Die Unterschiedlichkeit der Auffassungen des Begriffs Boden.* Vgl. der edaph., pedolog. u. geograph. Betrachtungsweise. — 10 Literaturhinweise. (J. Austral. Inst. agric. Sci. **24.** 14—20. März 1958. Canberra, C.S.I.R.O., Div. of Soils.) M. WINIKER. 6300

Ichiro Kanno, *Ein Schema zur Bodenklassifizierung von Reisfeldern in Japan unter besonderer Berücksichtigung der mineralischen Reisböden.* Zur Kennzeichnung der entsprechenden Böden werden folgende Kriterien benutzt: a) Bodenfamilie: Einstufung erfolgt nach hydromorpholog. Merkmalen, b) Bodengruppe: Einstufung auf Grund des Ausgangsgesteins sowie Art, Mächtigkeit u. Anordnung der Horizonte, c) Bodentyp: Einstufung nach der Textur, d) Bodenphase: Einstufung nach Tief- bzw. Flachgründigkeit, Feuchtigkeit u. Steingehalt. Eine genaue Nomenklatur ist angegeben. (Soil Plant Food [Tokyo] **2**. 148—57. Jan. 1957. Chikugo, Fukuoka Pref., Kyushu Agric. Exp. Stat.) WILFRIED WERNER. 6300

Erwin Frei, *Untersuchung über den Zusammenhang zwischen Bodentyp, Klima und Vegetation in Ecuador.* Es werden 9 wichtige Bodentypen von Ecuador beschrieben, die sich in Gruppen der Wüstenböden, der schwarzen u. braunen Tonböden, der Latosole u. der dunklen Gebirgsböden einreihen lassen. Als wesentliche Ursache für das Vork. derart unterschiedlicher Böden wurden klimat. Einfll. festgestellt. (Plant and Soil [The Hague] **9**. 215—36. März 1958. Zürich, Eidg. Landw. Versuchsanst.) M. WINIKER. 6300

M. V. Jayaraman und **C. Balasubramanian**, *Eine Bemerkung zu den Variationen der Bodentemperatur in Coimbatore.* Messungen der Oberflächentemp. bei einer Schwarzerde, einer Roterde u. einem Schluffboden ergaben, daß die Eigenfarbe von Böden nicht der bestimmende Faktor für die Aufnahme bzw. Wiederabgabe der Sonnerenergie ist. (Madras agric. J. **43**. 510—13. Okt. 1956. Coimbatore, Agric. Meteorol. Sect.) M. WINIKER. 6302

Georg Priehäusser, *Über die Gefährdung der Bodenfruchtbarkeit in der Donauebene um Straubing.* Vf. vertritt die Ansicht, daß die Bodenfruchtbarkeit der Lößlandschaft des „Gäubodens", eines Teils der ausgedehnten Donauebene um Straubing, durch die zunehmende Verdichtung der heute degradierten Schwarzerde aus der Allerödzeit u. dem feucht-kühlen Klima der Nachwärmezeit von Natur aus gefährdet ist. Durch die Intensivwirtschaft mit reichlicher Mineraldüngerverwendung wird der Verdichtungsvorgang noch beschleunigt. Eine Aufschließung der bereits eingetretenen Verdichtungen in der degradierten Schwarzerde kann nicht mechan., sondern nur auf biol. Wege erreicht werden. (Bayer. landwirtsch. Jb. **35**. 617—26. 1958. Zwiesel.) M. WINIKER. 6304

Georg Schmid, *Entwicklungszustand der Böden des niederbayerischen Ackergäugebietes und Möglichkeiten zur Verbesserung ihrer geschwächten, natürlichen Bodenfruchtbarkeit.* Im Gegensatz zu der Auffassung von PRIEHÄUSER (vgl. vorst. Ref.) vertritt Vf. folgende Ansicht: Echte Schwarzerden u. Schwarzerdeunterlagen fossiler u. subfossiler Entstehung kommen im Gäugebiet nicht vor. Fast alle Bodenbildungen desselben gehören in die Gruppe der Parabraunerden. Die Staublehmdecke ist nicht geolog., sondern genet. bedingt. Zur Verbesserung der Bodenfruchtbarkeit ist eine Kombination biol. u. mechan. Maßnahmen erforderlich. Eine Einschränkung der Mineraldüngung ist unzweckmäßig. (Bayer. landwirtsch. Jb. **36**. 198—209. 1959. München, Landesanst. für Pflanzenbau u. Pflanzenschutz.) M. WINIKER. 6304

Jiro Kosaka und **Chikabumi Honda**, *Uronsäure in Humus.* Zur Uronsäure (I)-Best. wurden die Bodenproben ($<$0,1 g C) zunächst 1 Std. mit 1% ig. HCl gekocht, um das adsorbierte CO_2 sowie den Carbonat-C zu entfernen. Nach Zugabe von 75 ml konz. HCl wurde anschließend 5 Std. auf dem Ölbad bei 140—145° gekocht, wobei eine Decarboxylierung der Carboxylgruppe von I erfolgt. Durch Auffangen des entwichenen CO_2 in Natronkalk u. gravimetr. Best. erhält man demnach $^1/_6$ des Gesamt-C von I. — In Hochlandböden wurde das Verhältnis I-C : Gesamt-C (C_u/C_T) mit zunehmendem Humifizierungsgrad geringer: Bei einem ansteigenden Gesamt-C-Geh. von 1,45 auf 15,52% nahm der prozentuale Anteil an I-C von 19,3 auf 3,7% ab. Mit Ausnahme der nassen Forstböden wurde bei allen Bodentypen das C_u/C_T-Verhältnis in den tieferen Schichten des Profils höher. Dies ist darauf zurückzuführen, daß der Geh. an Fulvinsäuren mit der Tiefe zunimmt u. daß Fulvinsäuren mehr I enthalten als Huminsäuren. — In Niederungsböden war das Verhältnis bei Torf am niedrigsten u. schien mit fortschreitender Drainierung der Böden anzusteigen. In tieferen Profilschichten nahm das Verhältnis bei einem anmoorigen Boden ab, bieb bei einem Wiesenboden unverändert u. nahm bei einem grauen Niederungsboden zu. — Bei der Unters. von Huminsäureextrakten von verschied. Böden zeigte deren C_u/C_T-Verhältnis die gleiche Tendenz wie in den entsprechenden Böden. (Soil Plant Food [Tokyo] **2**. 142—47. Jan. 1957. Tokio, Nat. Inst. of Agric. Sci., Sect. of Soil and Fertilizers.) WILFRIED WERNER. 6304

Hideaki Saeki und **Masao Okamoto**, *Phosphatfixierung durch Bentonit.* 3 Bentonittone wurden nach unterschiedlicher Vorbehandlung mit H_3PO_4-Lsgg. versetzt u. die PO_4-Fixierung in Abhängigkeit von der Art der Vorbehandlung, dem p_H-Wert u. der Einwirkungszeit untersucht. — Die PO_4-Bindung an Bentonit verläuft relativ schnell: Schon nach 1 Tag stellt sich ein Gleichgewicht ein. Es besteht eine negative Korrelation zwischen dem relativen Anteil des fixierten P vom zugesetzten P u. der zugefügten P-Menge, d. h. bei geringem P-Zusatz wurde ein höherer %-Satz fixiert als bei der Zugabe größerer P-Mengen. Die absol. Menge des fixierten P nahm jedoch bei verminderter P-Zufuhr ab. Der p_H-Bereich, in welchem maximale P-Fixierung erfolgte, wurde mit steigender P-Zugabe nach der alkal. Seite verschoben. Im natürlichen, unbehandelten Bentonit wies die P-Adsorptionskurve ein Maximum bei p_H 3 auf, in einem Bentonit, der vor der P-Zugabe mit 0,2n HCl ausgewaschen war, konnte ein zweites Maximum bei p_H 6 festgestellt werden. Auf Grund von Modellverss. wird vermutet, daß diese beiden Maxima auf die P-Bindung an Fe bzw. Al zurückzuführen sind. Ein weiteres Maximum, das im natürlichen Bentonit bei p_H 9 auftritt, läßt sich durch die Anwesenheit von Ca-Ionen erklären. (Soil Plant Food [Tokyo] **2.** 164—70. Jan. 1957. Sasayama, Hyogo Pref., Japan, Hyogo Univ. of Agric., Labor. of Soil Sci. [Orig: engl.]) WILFRIED WERNER. 6304

Anatol Listowski, *Einige Ergebnisse von Versuchen mit hohen Mineraldüngergaben.* Übersicht über Auswrkgg. hoher P-, K- u. bes. N-Gaben auf den Ertrag bei Getreide, Mais u. Zuckerrüben in Deutschland sowie Österreich u. Vgl. mit entsprechenden in Polen erzielten Ergebnissen. (Postępy Nauk Rolniczych **6** (**11**). Nr. 1. 3—12. Jan./Febr. 1959. Puławy.) F. URBAN. 6304

Vergnes, *Über einen Düngungsversuch an Reben.* Vf. berichtet über erfolgreiche Verss. zur Ertragssteigerung bei Reben durch *N*-Düngung. (Progr. agric. viticole **76** 214—19. 15/5. 1959.) M. WINIKER. 6304

K. V. Ahamed Bavappa und **K. Hanumantha Row,** *Das Ansprechen von Reis auf Kalk- und Kalidüngung in Süd-Kanara.* Bericht über erfolgreiche Verss. zur Ertragssteigerung von Reis durch kleine Zugaben von *Kalk* u. *Kali* zur *NP*-Düngung. (Madras agric. J. **43.** 505—09. Okt. 1956. Mangalore, Paddy Breeding Stat.) M. WINIKER. 6304

E. G. Bollard, *Die Einwirkung einer ständigen Rasendecke auf die Apfelausbeute in den ersten Jahren nach der Begrünung.* Apfelbäume, die unter einer Rasendecke stehen, zeigen in den ersten 6 Jahren eine Verminderung des Ertrags. N-Gaben erhöhen den Ertrag von Bäumen, die unter einer Rasendecke oder nicht unter einer Rasendecke stehen; jedoch ist der Ertrag von Bäumen unter dem Rasen mit N nicht so hoch wie der von Bäumen, die nicht unter einem Rasen stehen u. keinen N erhalten. Durch Fortlassen von Phosphat wird der Ertrag in keinem Falle geschmälert. (New Zealand J. Sci. Technol., Sect. A **38.** 527—32. Febr. 1957. Auckland, Fruit Res. Stat., Dep. of Sci. and Ind. Res.) W. WESLY. 6304

Miklós Dvoracsek, *Wirkung verschiedener organischer Stoffe auf die Böden des Lößrückens im Komitat Fejér.* Die Erhaltung u. Erhöhung der Produktivität des Bodens hängt hauptsächlich von den in den Boden gelangenden organ. Stoffen, dem aus diesen gebildeten Humus u. der durch dieselben auf die Krümelung ausgeübten Wrkg. ab. Diese Wrkg. wurde mit zwei für den Lößrücken charakterist. Böden in Gefäßverss. untersucht. Einer der Böden war an Humus ziemlich reich, der andere ein lockerer, durch Erosion zerstörter, carbonat. Boden mit niedrigem Humusgehalt. Die Böden wurden mit je 5% zerkleinertem Stallmist, Schneckenkleemehl, Kleewurzel, Schneckenkleewurzel, Graswurzel, Stroh sowie K, P u. N enthaltendem Kunstdünger vermischt. Die zugegebene organ. Substanz war einer Stallmistmenge von 6600 dz/ha äquivalent. Die Verss. wurden gleichzeitig unter aeroben u. anaeroben Bedingungen sowie unter Bedingungen extremer Zers. ein Jahr lang durchgeführt. Es wurden die Änderung des C- u. N-Geh. sowie der Krümelbeständigkeit bestimmt. Im humusreichen Boden nahm die Humusmenge trotz der großen Menge organ. Stoffe ab, im humusarmen Boden war dagegen ein großer Anstieg wahrnehmbar. Dieser Befund kann mit der Eig. des Bodens erklärt werden, daß jeder Boden einen seinen chem. u. physikal. Eigg. entsprechenden Humusgeh. anstrebt, der humusarme Boden häufte daher organ. Stoffe an, um einen Gleichgewichtszustand zu erreichen. Unter aeroben Verhältnissen wirkte sich die Art der zugemischten organ. Stoffe am stärksten aus. Der meiste Humus wurde aus Stallmist u. Stroh gebildet, der wenigste aus dem Schneckenkleemehl, doch kam unter anaeroben Verhältnissen auch dieses zur Geltung. Im N-Geh. war keine merkliche Änderung feststellbar. Eine mechan. Krümelbldg. konnte sich bei den Verss. nicht zeigen, da die organ. Stoffe in Pulverform angewendet wurden, der Anstieg der wasserfesten Krümel im humusreichen Boden deutet jedoch auf frische Humusbldg., bes. unter aeroben Verhältnissen. Stallmist bewährte sich in diesem Fall nicht, ein neuer Beweis, daß zu wasserfesten Bindungen nur im Boden frisch gebildete Humusstoffe geeignet sind. (Agrokémia és Talajtan **6.** 1—28. Mai 1957. Martonvásár, Landwirtsch. Forschungsinst.) J. PLANK. 6304

O. K. Dobroljubski, *Die Samenbehandlung und das Besprühen der Aussaaten mit Lösungen von Spurenelementen.* (Vgl. C. **1959.** 857.) Vf. teilt die Ergebnisse langjähriger Verss. über die Wrkg. von Spurenelementen auf die Erträge verschied. Getreidesorten mit. Es wurden gute Erfolge durch Behandlung von Getreidesamen mit 0,05% ig. $ZnSO_4$- oder $MnSO_4$-Lsgg. einige Tage vor der Aussaat erzielt. In einigen Verss. wurden 0,005% ig. $CoSO_4$-Lsg. u. 0,008% ig. $CuSO_4$-Lsg. erfolgreich angewandt. Der Ertrag an Hirse konnte durch Behandlung der Samen mit $ZnSO_4$-Lsg. (5 g in 10 Liter/ha) um 1—2,8 dz/ha gesteigert werden. Der Ertrag an Wintergerste konnte durch Behandlung der Samen mit $ZnSO_4$-Lsg. um 5 dz/ha, der von Winterroggen um 2,5 dz/ha gesteigert werden. Auch durch Mn konnten die Erträge gesteigert werden. Die Maiserträge wurden durch Behandlung der Samen mit Zn-, Cu-, Mn- u. $CoSO_4$-Lsgg. von 29,9 auf 38,4 dz/ha bzw. von 24,6 auf 27,8 u. von 60 auf 65 dz/ha erhöht. Auch die Qualität der Körner wird durch die Behandlung der Samen mit Spurenelementen verbessert. Bei Anwendung von Mn, Co u. Zn stieg im Mais der Stärkegeh. um 1—5% (von Trockensubstanz). Durch Besprühen der Aussaat mit Lsgg. von 250 g $ZnSO_4$ + 150 g Borax in 300 Liter/ha konnte der Ertrag an Winterweizen um 4, der von Mais um 3,7—5,8 dz/ha gesteigert werden. Der Ertrag an Gerste stieg durch Samenbehandlung mit $ZnSO_4$ von 32,6 auf 36,2 dz/ha, bei Verbindung der Samenbehandlung mit der Besprühung auf 40 dz/ha. Bei Mais stieg er von 31,6 auf 32,8 u. 34,1 dz/ha. Zur Besprühung wurden folgende Konzz. angewandt: $ZnSO_4$ 0,05—1; $MnSO_4$ 0,1—1; H_3BO_3 0,5—2; $CuSO_4$ 0,1—2; $CoSO_4$ 0,005—0,1 g/Liter. (Земледелие [Ackerbau] **7**. Nr. 2. 65—69. Febr. 1959. Odessa, Landwirtsch. Inst.) OTTO MAIER. 6304

Azuma Okuda, Masuro Yamaguchi und **Shuro Kamata,** *Stickstoffbindende Mikroorganismen in Reisböden.* 3. Mitt. *Verteilung von „Nicht-Schwefel"-Purpurbakterien in Reisböden.* (2. vgl. Soil Plant Food [Tokyo] **2**. [1956.] 4.) Insgesamt 57 Proben von verschied. Böden (Waldböden, Reisböden, sonstige landwirtschaftlich genutzte Böden sowie Böden von der Sohle von Gräben u. vom Grund der Seen u. des Meeres) wurden auf die Anwesenheit von autotrophen Athiorhodaceen untersucht. Es zeigte sich, daß diese Mikroorganismen häufig in Grabenböden, Böden vom Meeresgrund u. Reisböden anzutreffen sind, nicht dagegen in gewöhnlichen landwirtschaftlich genutzten Böden. Als häufigste Species in Reisböden wurde *Rhodopseudomonas palustris* identifiziert. Es wird angenommen, daß diese Organismen von Wichtigkeit für die N-Fixierung in Reisböden sind. (Soil Plant Food [Tokyo] **2**. 131—33. Jan. 1957. Kyoto Univ., Fac. of Agric. [Orig.: engl.]) WILFRIED WERNER. 6306

G. Jagnow, *Untersuchungen über Keimzahl und biologische Aktivität von Wiesenböden.* Vf. untersuchte 10 verschied. Grünlandstandorte innerhalb des Hauptwurzelbereichs fluorescenzmkr. auf ihren Keimgeh. u. gelangte hierbei im wesentlichen zu folgenden Feststellungen: Innerhalb des Reaktionsbereichs von p_H 4,8—7 wird die Keimzahl mehr durch Bodenart u. Humusgeh. als durch die Pflanzengesellschaft bestimmt. Der Actinomycetengeh. kann bis zu einer Tiefe von 15 cm zunehmen. Bei geringer Bodenfeuchtigkeit findet Sporenbldg. nur bis zu einer Tiefe von 15 cm in reichlichem Maße statt. Die Bodenatmung nahm im allg. bis zu 10 cm, in einem schweren Boden schon bis zu 5 cm um ca. die Hälfte ab. Je nach Standort kann die Atmung der oberflächlich sterilisierten Wurzeln 10—70% der gesamten Bodenatmung ausmachen. Mit zunehmender Tiefe nimmt die Fermentaktivität der Saccharose u. β-Glucosidase rasch ab. Sie wird mehr durch die Bodenart als durch den Pflanzenbestand bestimmt. (Z. Pflanzenernähr., Düng., Bodenkunde **82** (**127**). 50—67. 1958. Gießen, Univ., Inst. für Grünlandwirtschaft u. Futterbau.) M. WINIKER. 6306

S. Bergner-Rabinowitz, *Die Überlebensrate von Colibakterien, Streptococcus faecalis und Salmonella tennessee im Boden und Klima Israels.* Es wird die Überlebensrate pathogener Bakterien aus Abwässern bei dessen Verwertung auf einem Ca-haltigen u. organ. substanzarmen Roterdeboden unter verschied. klimat. Bedingungen untersucht. — Bei Bewässerung im Sommer verschwand Salmonella tennessee aus der Krume nach 15 Tagen, aus dem Unterboden nach 11 Tagen. Die Anzahl der Colibakterien u. Streptococci faecalis nahm ebenfalls schnell ab; bei Versuchsende (38 Tage) waren aber beide Keime noch in geringer Zahl nachzuweisen. Im Verlaufe des Winters verschwanden die mit dem Abwasser aufgebrachten Salmonellen in der Krume nach 46 Tagen, im Unterboden nach 70 Tagen. Die Coli-Population nahm zunächst ebenfalls schnell ab, nach einer gewissen Zeit stellte sich aber eine relativ stabile Überlebensrate ein, die im Unterboden größer als in der Krume war. Bei der Aufbewahrung des Abwassers in Tanks überlebten Salmonellen länger als im Boden. (Appl. Microbiol. **4**. 101—06. März 1956. Jerusalem, Israel, Min. of Health, Central Labors., Sewage Res. Labor.) WILFRIED WERNER. 6306

N. I. Gwosdew, *Chemische Maßnahmen zur Unkrautbekämpfung.* Spritzen mit *2M-4Ch* (*2-Methyl-4-chlorphenoxyessigsäure*) bzw. *UT-10* in Mengen von 0,5—0,6 kg/ha im warmen u. trockenen Sommer 1956 verminderte die Verunkrautung (Chenopodium album L., Hederich, Ackerhellerkraut, Hohlzahn, Distel, Schafgarbe) in Leinsaaten wesentlich. Bei höheren Dosen trat jedoch eine Verkrümmung der Leinstengel am Wurzelhals ein, die bis zur Ernte bestehen blieb u. eine Verminderung der Ausbeute an

Langfasern sowie deren Qualität verursachte. In kälteren u. feuchteren Jahren beobachtete man auch bei höheren Dosen keine negative Wrkg. der Herbicide. UT-10 wirkte besser als 2M-4Ch. (Лён и Конопля [Flachs u. Hanf] **3** (**20**). Nr. 4. 38—39. April 1958.)
M. GORDIENKO. 6312

I. P. Derjugin, *Die Anwendung von Herbiciden bei Leinsaaten.* Als empfindlich in bezug auf *2M-4Ch* (*2-Methyl-4-chlorphenoxyessigsäure*) u. *2.4-D-TA* (*2.4-Dichlorphenoxyessigsäuretriäthanolamin*) erwiesen sich in Leinsaaten Equisetum arvense L., Chenopodium album L. u. Cirsium arvense, als weniger empfindlich dagegen Galeopsis u. Polygonum aviculare L. Einzelne, durch Herbicide beschädigte Unkräuter starben nicht ab, jedoch stellten sie ihr Wachstum völlig ein u. brachten es nicht zur Blüte. 2.4-D-TA wirkte besser als 2M-4Ch. *DNOC* (*Dinitro-o-kresol*), vermengt mit 2M-4Ch, ergab keine günstigen Resultate. In den Versuchsvarianten verteilten sich die Leinfaser- u. Samenerträge (in dz/ha) wie folgt: auf den mit 2M-4Ch in Mengen von 0,75 kg/ha behandelten Parzellen entsprechend 5,4 bzw. 3,7; bei 1,0 kg/ha 6,5 bzw. 4,1; auf den mit 0,75 kg/ha 2.4-D-TA behandelten Parzellen 5,6 bzw. 3,4; in der Kontrolle 2,8 bzw. 1,3. — Lein reagierte auf die untersuchten Herbicide mit einem Zusammenrollen der Blätter u. einer Stengelverkrümmung. Die letztere verschwand nach einiger Zeit vollständig; die Stengellänge blieb schließlich unbeeinflußt. (Лён и Конопля [Flachs u. Hanf] **3** (**20**). 36—38. April 1958.)
M. GORDIENKO. 6312

P. Grisvard, *Neuorientierung der Fungicidbehandlungen im Obstbau.* Allg. Ausführungen bzgl. der Einsatzmöglichkeiten neuerer Fungicide, wie *Chinolinderivv.*, *Captan, Zineb, Ferbam, Karathane*, im Obstbau. (Produits pharmac. **13**. 248—53. Mai 1958. Paris, École d'Arboriculture Fruitié du Luxembourg.) M. WINIKER. 6312

M. H. Moore, *Vorkommen und Bekämpfung von Elsinoë veneta* (*Burkh.*) *Jenk. bei Loganbeeren.* Bei Bekämpfungsverss. wurden mit *Cu*-Mitteln (Bordeauxbrühe, Cu-Oxychlorid-Sprays) gewisse Erfolge erzielt. (J. horticult. Sci. **33**. 96—107. April 1958. Kent, East Malling Res. Stat.) I. KEINERT. 6312

G. Rangaswamy, *Die Antibiotica in der Landwirtschaft.* (Vortrag.) Zusammenfassender Überblick über die derzeitigen Möglichkeiten eines Einsatzes von Antibioticis im Pflanzenschutz. (Madras agric. J. **46**. 77—87. März. 117—26. April 1959. Annamalai Nagar, Annamalai Univ., Dep. of Agric.) M. WINIKER. 6312

E. Burgess, *Fortschritte in der Erzeugung von körnigen Insektenvertilgungsmitteln.* Die Erzielung einer bestimmten Körnung von Insektenvertilgungsmitteln hängt von der Wahl eines passenden Trägers ab, weil jene selbst keine körnige Beschaffenheit haben. Übersicht über Arten, Eigg. u. Anwendung. (Agric. Chemicals **14**. Nr. 3. 30—31. 115. 117. März 1959. Beltsville, Md., US Dep. of Agric., Agric. Res. Serv., Entomology Res. Div.) W. WESLY. 6312

A. Linnasalmi, *Pflanzengiftigkeit von Holzschutzmitteln und Möglichkeiten ihrer Verwendung in Gewächshäusern und Holzbauteilen.* Wasserlösl. Holzschutzmittel, nämlich *Bolidensalz* [**I**, bestehend aus (in %) 27,3 H_3AsO_3, 23,8 Na_3AsO_4, 18,1 $Na_2Cr_2O_7$, 30,8 $ZnSO_4$], *Wolmansalz* (**II**, bestehend aus 25 NaF, 25 Na_3AsO_4, 37,5 $Na_2Cr_2O_7$, 12,5 Dinitrophenol), *Celcure* (bestehend aus 45 $CuSO_4$, 5 Chromacetat, 50 $Na_2Cr_2O_7$), *Lahontuho K 33* (bestehend aus 35 As_2O_5, 27,42 Cr_2O_3, 15,27 CuO), schädigten die Pflanzen weder durch den Boden noch durch die Luft, **I** u. **II** nur beim Tropfen ihrer wss. Lsgg. auf die Schößlinge. Ölige, öllösl. Substanzen u. Lösungsmittel riefen keine Schäden hervor, wenn die behandelten Holzteile ganz mit Erde bedeckt waren. Dämpfe von *Kreosot* u. *Pentachlorphenol* in der Luft schädigten die Pflanzen teilweise bis zum Absterben. Empfindlichere Pflanzen zeigten noch im 3. Jahre (wenn auch leichte) Schäden, die durch Lackieren der behandelten Holzteile vermieden werden konnten. *Holzteer* u. *Petroleum* verursachten in einzelnen Fällen leichte Blattschäden, *Cu-Naphthenat* u. *Terpentin* schädigten überhaupt nicht. Die Versuchspflanzen waren unterschiedlich anfällig. — 23 Literaturangaben. (Valtion Maatalouskoetoiminnan, Julkaisuja **1958**. Nr. 166. 1—40. Tikkurila, Agric. Res. Centre, Dep. of Plant Pathology.)
FRITZ MÜLLER/Ludwigshafen. 6312

J. C. Keller und **Harry K. Gouck,** *Kleinräumige Versuche zur Sandflohbekämpfung.* Gegen Eutrombicula alfreddugesi OUD. wirkten von 19 geprüften Substanzen am besten *Toxaphen* (**I**)-Emulsion (2,24 kg/ha) 14 Wochen lang, **I**-Staub (5,6 kg/ha) 8 Wochen u. *Dieldrin* (**II**; 1,12 kg/ha) 11 Wochen lang. — Gegen Trombicula splendens EWING zeitigte von 14 Mitteln *Endrin* die besten Ergebnisse, **II**-Emulsion wirkte 8, **II**-Netzpulver u. *Lindan* (**III**)-Emulsion (alle 1,12 kg/ha) 4 Wochen. *BHC* (36% γ) kam in der Wrkg. **III** gleich. (J. econ. Entomol. **50**. 141—43. April 1957.)
FRITZ MÜLLER/Ludwigshafen. 6312

A. W. Hunt, *Pybuthrine für den Nahrungsmittelerzeuger.* Kurzer Überblick über die Einsatzmöglichkeiten der *Pybuthrine* (Kombinationspräpp. von *Piperonylbutoxyd*

u. *Pyrethrinen*) in der Schädlingsbekämpfung. (Food Technol Australia **10**. 545—47. Okt. 1958. Sydney, William Cooper & Nephews (Australia) Pty. Ltd.)
M. WINIKER. 6312

E. Primost, *Die Bedeutung der morphologischen Ertragsanalyse für die Auswertung von Düngungsversuchen.* An Hand der Ergebnisse von N-Düngungsverss. zu Weizen, Roggen u. Sommergerste wird die Bedeutung der morpholog. Ertragsanalyse für die Auswertung von Düngungsverss. eingehend diskutiert. — 19 Literaturhinweise. (Z. Pflanzenernähr., Düng., Bodenkunde 82 (**127**). 1—10. 1958. Steyr, Landw. Versuchsstat. der Biol. Forschungsabt. der Österreich. Stickstoffwerke A.-G.) M. WINIKER. 6320

Fernand Chodat und **André Chastain,** *Untersuchungen über das algologische Potential von Böden.* Mit Hilfe einer im einzelnen beschriebenen Vorr., die das algolog. Potential von Böden angibt (Vervielfältigung der Keime von verschied. Algengruppen), werden die Nährstoffe eines Bodens biol. geschätzt. Wenig entwickelte Böden zeigen im allg. ein schwaches algolog. Potential; huminreiche Böden entwickeln eine reiche u. verschiedenartige Mikroflora. Phosphate beschränken diese Entwicklung. (Bull. Soc. bot. France **104**. 437—51. Okt./Nov. 1957. Genève, Univ., Inst. de Botanique générale.)
W. WESLY. 6324

Georg Lenhard, *Die Dehydrogenaseaktivität des Bodens als Maß für die Menge an mikrobiell abbaubaren Humusstoffen.* Am Beispiel verschied. norddeutscher u. südafrikan., tropenartiger Böden wird gezeigt, inwieweit aus der Größe der Dehydrogenaseaktivität auf die im Boden befindlichen, natürlichen, abbaubaren Verbb. (Nährhumusstoffe) Rückschlüsse gezogen werden können. (Z. Pflanzenernähr., Düng., Bodenkunde 77 (**122**). 193—98. 1957. Berlin-Dahlem, Inst. für Pflanzenernährung, Bodenchem. u. Bodenbiol. der Techn. Univ. Berlin.) M. WINIKER. 6324

R. Linder und **W. Lötschert,** *Eine neue Elektrode zur Bestimmung der physiologisch wirksamen Bodenfeuchtigkeit.* Beschreibung der Elektrode (Abb.) u. ihrer Handhabung. (Z. Pflanzenernähr., Düng., Bodenkunde **82**. (**127**). 33—37. 1958. Frankfurt/M., Univ., Botan. Inst.) M. WINIKER. 6324

Hermann Wolkewitz, *Rißbilder trocknender Tone und ihre Deutung.* Eingehende Beschreibung einer Meth. zur Best. von Rißbildern, die beim Eintrocknen von Schlickern entstehen. Mittels dieser Meth. können, wie an Beispielen demonstriert wurde, Unterschiede im physikal. Verh. von Tonen in Abhängigkeit von der Kationenbelegung sowie von Zusätzen [$CaCO_3$, $Fe(OH)_3$, CO_2, Huminsäure u. Kapokril] erkannt werden. (Z. Pflanzenernähr., Düng., Bodenkunde **82** (**127**). 17—33. 1958. Gießen, Justus-Liebig-Univ., Inst. für Bodenkunde u. Bodenerhaltung.) M. WINIKER. 6324

Giuseppina Merli, *Der im Boden in labiler Bindung vorliegende Stickstoff.* (Ann. Sperimentaz. agrar. [N. S.] **9**. LXVII—LXXV. 1955. — C. **1959**. 14862.)
E. VEVERA. 6324

Kabar Zoltán, *Quantitative Bestimmung der Torfhuminsäuren.* Vf. bestimmte den Huminsäuregeh. von Torf mit den bekannten gravimetr., volumetr. u. colorimetr. Verff. u. empfiehlt als verläßlichste Meth. die gravimetr. in folgender abgeänderter Form: Eine Torfmenge, die 1 g Trockensubstanz entspricht, wird mit 40 ml W. u. 10 ml 0,2%ig. HCl übergossen, nach 48 Std. filtriert u. mit W. ausgewaschen. Die vom Filter zurückgespritzte Substanz wird mit 50 ml 1%ig. NaOH 5 Std. auf dem Wasserbad erhitzt, dann filtriert u. mit schwach alkal. W. so lange gewaschen, bis die abtropfende Lsg. beinahe farblos ist. Das Filtrat wird mit 5 ml konz. HCl versetzt, der ausfallende Nd. zentrifugiert, bei 105° getrocknet u. auf Trockensubstanz bezogen angegeben. (Agrokémia és Talajtan **6**. 189—92. Sept. 1957.) J. PLANK. 6324

H. Bohne, P. Gröpler und **M. Dittmer,** *Beitrag zur Bestimmung der Gesamtphosphorsäure des Bodens mit Überchlorsäure.* Für die Best. der Gesamtphosphorsäure in Böden mittels der Vanadat-Molybdat-Meth. empfehlen Vff. als Aufschlußmittel 70%ig. Überchlorsäure. Genaue Arbeitsvorschrift. (Z. Pflanzenernähr., Düng., Bodenkunde **82** (**127**). 42—46. 1958. Bad Godesberg, Agrikult. chem. Labor.)
M. WINIKER. 6324

E. Rautenberg und **H. Ossenberg-Neuhaus,** *Phosphorsäurebestimmung nach der Molybdänblaumethode mit Ascorbinsäure als Reduktionsmittel.* Vff. empfehlen, bei der Best. der in Böden nach der Molybdänblaumeth. an Stelle von Stannochlorid Ascorbinsäure zu verwenden. Das Verf. hat sich bes. bei der Best. von Phosphorsäure in Bodenauszügen mit Ca-Lactat bewährt. (Z. Pflanzenernähr., Düng., Bodenkunde **82** (**127**). 46—49. 1958. Berlin, Techn. Univ., Inst. für Pflanzenernähr., Bodenchem. u. Bodenbiol.)
M. WINIKER. 6324

P. Schachtschabel und **U. Schwertmann,** *Der Einfluß von Alkohol bei der flammenspektrometrischen Bestimmung des pflanzenverfügbaren Magnesiums im Boden.* Bei der flammenspektrometr. Best. von *Mg* in Bodenextrakten mit n/40 $CaCl_2$-Lsg. kann durch Zusatz von 10% *Isopropylalkohol* eine wesentliche Emissionsverstärkung erzielt werden. Beschreibung der Methodik. (Z. Pflanzenernähr., Düng., Bodenkunde **82** (**127**). 38—42. 1958. Hannover.) M. WINIKER. 6324

H. C. Hodgson, *Papierchromatographie der falschen Pyrethrine.* Die bei der Hydrolyse von Pyrethrumextrakten erhaltenen Säuren, die bei der Pyrethrin II-Best. titriert werden, sich aber nicht von diesem ableiten, wurden untersucht. Die papierchromatograph. Unters. der ätherlösl. Fraktion ergab die Ggw. von wenigstens 5, z. T. schwachen Säuren. Dieses Verf. eignet sich bes. zur Unters. der Säurelsg. nach Bromierung. Mit Bromkresolpurpur erhält man den R_F-Wert 0,27 für Chrysanthemumdicarbonsäure, 1 Säure bleibt am Startpunkt, eine weitere ergibt R_F 0,12, mindestens 2 weitere R_F 0,64 bis 0,73. (J. Sci. Food Agric. **8**. 347—50. Juni 1957; Pyrethrum Post **4**. Nr. 3. 13—15. April 1958. Nairobi, Kenya, Scott Agric. Labor., Dep. of Agric.) PH. FRESENIUS. 6328

D. Harvey und **G. E. Penketh,** *Bestimmung kleiner Mengen von o-Phenylphenol.* Zur Best. des als *Pilzschutzmittel* an Citrusfrüchten, Bauholz, Papier, Leinen u. a. verwendeten *o-Phenylphenols* (I) werden a) UV-spektrophotometr., b) colorimetr. u. c) fluorescenzanalyt. Verff. benutzt. Die Probenmenge soll je nach dem zu untersuchenden Stoff so bemessen sein, daß die Endlsg. zwischen 5 u. 25 μg I enthält. — Im allg. werden 5 g Probe in reinstem *Cyclohexan* gelöst u. auf 100 ml verd.; wss. Lgg. werden angesäuert u. 5mal mit je 10 ml Cyclohexan extrahiert. Manchmal ist vor der Best. noch eine Extraktion mit 3%ig. NaOH erforderlich. — Die Verff. a) u. b) sind schnell durchführbar, empfindlich u. ausreichend spezif.; zur Meth. b) wird als günstigster Indicator „*Brentamin tiefrot GG*" empfohlen, der mit I eine intensive Erdbeerrotfärbung (Absorptionsmaximum bei 494 mμ) liefert. Die Rk. erfolgt in starker Na-Acetatlsg., die Farbbldg. nach Zusatz von Na_2CO_3. Auf Zugabe von Akaziengummi hält sich die Färbung 24 Std. lang u. kann absorptiometr. oder visuell gegen Vergleichs-Lsgg. bestimmt werden. Die Meth. b) ist im allg. gegen störende Einfll. weniger empfindlich u. bes. geeignet zur I-Best. in imprägniertem Bauholz. — Das Verf. c) ist zwar spezif. u. empfindlich, unterliegt aber mehreren Störungen, ist daher nur für qualitative Zwecke verwendbar. (Analyst **82**. 498—503. Juli 1957. Billingham, C. Durham, I.C.I. Ltd.) H. ECKSTEIN. 6328

Smith-Douglass Co., Inc., übert. von: **Dale Clarke Kieffer, Russell Davis** und **Herman Goldsborough Powers,** Norfolk, Va., V. St. A., *Herstellung von gekörnten Stickstoffdüngemitteln.* Konz. NH_4NO_3-Lsgg. oder -Schmelzen werden bei ca. 70—93° unter starkem Rühren mit feingemahlenen anderen Ammonsalzen, z. B. $(NH_4)_2SO_4$, oder mit KCl, K_2SO_4, Superphosphaten, H_3PO_4, Dolomitmehl, NH_3 u. dgl. zu einer fl. Dispersion oder einem Brei innig vermischt. Die ca. 7—12% W. enthaltende M. wird in Granuliertrommeln mit der ca. 7—12fachen Menge Rückgut granuliert, bis der Wassergeh. ca. 1,5—2% beträgt, worauf die gekörnte M. in Trockentrommeln bis auf einen Wassergeh. von ca. 0,5% getrocknet u. anschließend gesiebt wird. Das Feingut u. das zerkleinerte Grobgut werden in das Verf. zurückgeführt. Man erhält nichthygroskop. Kügelchen oder Granalien von einheitlicher Korngröße. — Vorrichtung. (**A. P. 2 798 801** vom 30/12. 1953, ausg. 9/7. 1957.) H. KARST. 6285

Chemische Fabrik Kalk G. m. b. H. (Erfinder: **Alfred Dolde** und **Franz Augusiak**), Köln, *Herstellung von Mehrnährstoffdüngemitteln* durch kontinuierliches Aufschließen von Rohphosphaten mit 60—82%ig. H_2SO_4 zusammen mit 50—65%ig. HNO_3 bis zum $CaH_4(PO_4)_2$ bzw. bis zur freien H_3PO_4 durch gleichzeitiges Eintragen einander entsprechender Mengen an Reaktionskomponenten in ein in einer geeigneten Mischvorr. befindliches, aus fertigem Aufschlußgemisch bestehendes Vorlagevol., weitere Ausbldg. des Verf. nach D. A. S. 1 046 636, dad. gek., daß zur Erzielung gut fließender u. damit gut verarbeitbarer Aufschlußgemische NH_3 zwecks Bldg. von NH_4NO_3 gleichzeitig mit dem Rohphosphat u. den genannten Aufschlußsäuren in das Vorlagevol. kontinuierlich unter Rühren oder dgl. eingeführt wird, mit der Maßgabe, daß sich mindestens 0,5 (Mol) NH_4NO_3 auf 1 P_2O_5 im Rohphosphat bilden u. daß ein Wassergeh. von 15—25 (%), bes. 17—22, in dem Aufschlußgemisch ständig aufrechterhalten wird, worauf das Aufschlußgemisch bis auf ein p_H von ca. 6,0—6,7 ammonisiert u. das erhaltene Ammonisierungsgemisch, das gegebenenfalls während oder nach Beendigung des Ammonisierungsvorgangs mit K-Salzen vermischt wird, granuliert u. getrocknet wird. Es werden keine zusätzlichen Wassermengen in das Aufschlußgemisch eingeführt. (**D. A. S. 1 051 872** Kl. 16 vom 30/4. 1957, veröff. 5/3. 1959. **Zusatz zu D. A. S. 1 046 636; C. 1959. 7600.**) H. KARST. 6291

Ruhrchemie Akt.-Ges. (Erfinder: **Karl Büchner, Walter Schuff,** Oberhausen, und **Heinrich Tramm,** Mülheim/Ruhr), *Herstellung von spurenelementhaltigen Volldüngemitteln* mit $>$14 (%) N_2, 14 P_2O_5 u. 20 K_2O aus Superphosphat, dad. gek., daß man in einer 1. Stufe des Verf. techn. Superphosphat mit $(NH_4)_2SO_4$-Lsgg. unter mehrstd. Rühren bei 50—60° auslaugt, das hierbei ausgefällte $CaSO_4$ mit NH_3 u. CO_2 zu $(NH_4)_2SO_4$-Lsg. u. $CaCO_3$ umsetzt u. diese $(NH_4)_2SO_4$-Lsg. teilweise in den Kreislauf des Verf. zurückführt u. teilweise auf $(NH_4)_2SO_4$ oder Ammonsulfatsalpeter verarbeitet, worauf man die abgetrennte $NH_4H_2PO_4$-Lsg. in einer 2. Stufe des Verf. mit Spurenelemente enthaltendem K_2SO_4 u. dem in der 1. Stufe erhaltenen $CaCO_3$ bei Siedetemp. umsetzt, die Reaktionsmasse zur Trockne eindampft u. mit NH_4NO_3 oder $(NH_4)_2SO_4$ vermischt, wobei man die durch Erhitzung frei werdende CO_2 zur Umsetzung des in der 1. Stufe erhaltenen $CaSO_4$ verwendet. Das in der 2. Stufe verwendete, Spurenelemente enthaltende K_2SO_4 wird durch chlorierende Abröstung von Schwefelkiesabbränden mit Hilfe von KCl nach dem Verf. des D. B. P. 942 090 gewonnen. Das in der 2. Stufe verwendete $CaCO_3$ kann durch Dolomit oder Magnesit ersetzt werden. Den spurenelementhaltigen Volldüngemitteln werden zusätzlich noch B-Verbb. zugemischt. Nach dem Verf. werden lagerbeständige u. streufähige Volldüngemittel erhalten, wobei weder Abfallaugen noch sonst unverwertbare Prodd. entstehen. (**D. A. S. 1 049 881** Kl. 16 vom 19/7. 1957, veröff. 5/2. 1959.) H. KARST. 6291

Wacker-Chemie G. m. b. H. (Erfinder: **Karl Milles**), München, *Düngemittel*, die herbicide Stoffe enthalten, bestehend aus bekannten anorgan. oder organ. Düngemitteln oder Mischdüngern, die für sich keine herbiciden Eigg. aufweisen, u. geringen Mengen anorgan. oder organ. F-Verbb. in Kombination mit Phenolen u./oder aryloxyaliphat. Säuren. An Stelle der Phenole können die Düngemittel Kresole oder Mischungen aus Phenolen u. Kresolen enthalten. Fungicide u. insekticide Wirkstoffe, Spurenelemente, Bodenverbesserungs-, Haft- oder Netzmittel sowie staubbindende Mittel können den Düngemitteln noch zugesetzt werden. Zur Verhinderung der Bldg. von CaF_2 weisen die Düngemittel Umhüllungen mit Schutzstoffen oder Zugaben von Zusatzstoffen auf. Synerget. Effekte. (**D. A. S. 1 051 874** Kl. 16 vom 30/12. 1957, veröff. 5/3. 1959.) H. KARST. 6293

Frederick C. Steward, Ithaca, und **Samuel M. Caplin,** Rochester, N. Y., V. St. A., *Mittel zur Stimulierung des Pflanzenwachstums.* Synthet. Pflanzenwuchsstoffe mit Pflanzenhormonwrkg., z. B. 2.4-Dichlorphenoxy-, 2.4.5-Trichlorphenoxyessigsäure, α-(2.4.5-Trichlorphenoxy)-propionsäure, 2-Methyl-4-chlorphenoxyessigsäure, α-(2-Naphthoxy)-propionsäure, 2-Naphthoxyessigsäure, ihre Salze, Ester, Nitrile u. Amide, werden mit ca. 1% Cocosnußmilch vermischt. Auf 1 Liter Nährsalzlsg. der üblichen Zus. werden ca. 0,3 mg des Gemischs verwendet. Synergist. Wrkgg., bes. auf das Wachstum von Kartoffeln. (**A. P. 2 763 540** vom 3/12. 1954, ausg. 18/9. 1956.) H. KARST. 6297

E. I. du Pont de Nemours & Co., Wilmington, Del., V. St. A., *Unkrautvertilgungsmittel,* das auch als Schädlingsbekämpfungsmittel wirkt, enthält eine Verb. der Formel $(CH_3)_2{=}N{-}CO{-}NR{-}C_6H_{5-n}{-}(X, Y)_n$ (R = Alkyl mit 1—2 C-Atomen; X = Halogen; Y = H oder Alkyl mit 1—4 C-Atomen; n = 1—3; der aromat. Ring hat mindestens eine freie o-Stelle), z. B. *1-(p-Chlorphenyl)-1.3.3-trimethylharnstoff* oder *1-(p-Chlorphenyl)-1-äthyl-1.1-dimethylharnstoff.* (**Holl. P. 87 658** vom 11/5. 1954, ausg. 15/3. 1958. **Zusatz zu Holl. P. 82 012; C. 1959. 5613.**) F. BÖHM. 6313

Badische Anilin- & Soda-Fabrik Akt.-Ges., Ludwigshafen/Rh. (Erfinder: **Gustav Steinbrunn,** Schwegenheim, **Adolf Fischer,** Mutterstadt, und **Herbert Stummeyer,** Mannheim), *Unkrautbekämpfungsmittel,* enthaltend Wirkstoffe der allg. Formel $(CH_2)_n \cdot CH{-}N(Y){-}CO{-}N{<}^{R_1}_{R_2}$ (n = 5, 6 oder 7), in der Y einen gesätt. oder ungesätt. aliphat. Rest mit mindestens 1 OH-Gruppe bedeutet, die durch Alkylenoxyde in Hydroxyalkyläthergruppen umgewandelt sein kann, u. in der R_1 u. R_2 niedermol. Alkylreste, bes. CH_3-Reste, oder zusammen Alkylenreste bedeuten. — Man erhält diese Harnstoffderivv. z. B. durch Rk. von N-Hydroxyäthylcyclohexylamin mit Dimethylcarbaminsäurechlorid in Ggw. eines säurebindenden Mittels, wie Dimethylanilin, unter Rühren bei 50—55°. Nach dem Versetzen mit verd. HCl u. Auswaschen der organ. Phase, erhält man z. B. *N-Hydroxyäthyl-N-cyclohexyl-N'.N'-dimethylharnstoff,* weitere Beispiele: *N-2-Hydroxypropyl-N-cyclohexyl-, N-2-Hydroxypropyl-N-cyclooctyl-, N-Hydroxyäthyl-N-cyclooctyl-N'.N'-dimethylharnstoff.* Man kann die Mittel in dispergierter oder gelöster Form anwenden. Sie sind lösl. in organ. Lösungsmitteln, in Ölen u. KW-stoffen, wie Heizöl oder Petroleum, u. sie sind im Gemüseanbau, im Erdbeer- u. Hackfruchtanbau bei Anwendung vor dem Aufgehen der Pflanzen sehr wertvoll. (**D. A. S. 1 055 287** Kl. 451 vom 5/12. 1957, veröff. 16/4. 1959.) H. NEBELSIEK. 6313

Farbenfabriken Bayer Akt.-Ges., Leverkusen (Erfinder: **Richard Wegler,** Leverkusen, **Erik Regel** und **Ferdinand Grewe,** Köln), *Bekämpfung von durch Pilze hervor-*

gerufenen Pflanzenkrankheiten durch Verwendung von p-Chlor-ω-rhodanacetylbenzol (I). Man erhält I durch Rk. von p-Chlor-ω-chloracetophenon mit einem Rhodanid. (**D. A. S. 1053857** Kl. 451 vom 29/1. 1957, veröff. 26/3. 1959.) H. NEBELSIEK. 6313

Farbenfabriken Bayer Akt.-Ges., Leverkusen (Erfinder: **Otto Pauli**, Krefeld), *Herstellung von fungicid wirksamen löslichen Zubereitungen von Metalloxychinolaten.* Man läßt Ester oder Amide von organ. Sulfonsäuren (I) bei erhöhter Temp. auf die Oxychinolate einwirken. Dabei kann man diese während der Einw. der Ester oder Amide aus Hydroxychinolin u. geeigneten Metallverbb., z. B. Oxyden, Hydroxyden oder Carbonaten, entstehen lassen. — Beispiele für I: Alkylsulfonsäurealkylester, Alkylsulfonsäurearylester, Alkylsulfonsäureamide, Arylsulfonsäureester u. -amide. (**D. A. S. 1 052 160** Kl. 451 vom 29/3. 1957, veröff. 5/3. 1959.) H. NEBELSIEK. 6313

E. Merck Akt.-Ges. (Erfinder: **Ernst Jacobi, Siegmund Lust**, Darmstadt, und **Albert van Schoor**, Traisa), *Nematocide Mittel*, gek. durch einen Geh. an substituierten Thiolcarbaminsäureestern der allg. Formel $\genfrac{}{}{0pt}{}{R_1}{CH_3}\!\!>\!N{-}CO{-}S{-}R_2$, worin R_1 für CH_3 oder H u. R_2 für niedermol. Alkyl stehen. — Man erhält die Ester durch Kondensation von prim. oder sek. Aminen mit entsprechenden Chlorthiolameisensäureestern oder durch Addition von Mercaptanen an Isocyanate. — Die Ester können entweder selbst oder nach Streckung mit inerten Füllstoffen in den Boden eingearbeitet werden. (**D.A.S. 1 052 159** Kl. 451 vom 18/5. 1957, veröff. 5/3. 1959.) H. NEBELSIEK. 6313

Farbenfabriken Bayer Akt.-Ges. (Erfinder: **Richard Wegler**, Leverkusen, **Klaus Sassa**, Köln, und **Günter Unterstenhöfer**, Opladen), *Acaricide Mittel*, enthaltend *N-(4-Chlorphenyl)-N'-carbäthoxythioharnstoff* (I), F. 132°, mit Zusätzen eines anderen insekticiden oder acariciden Wirkstoffs, z. B. aus der Klasse der Phosphorsäureester, u./oder eines fungicid u./oder bakericid wirksamen Stoffs in Verbindung mit fl. oder festen, inerten Trägerstoffen, Netz-, Emulgier- u. Haftmitteln. — Man erhält z. B. I durch Rk. von Carbäthoxyisothiocyanat mit 4-Chloranilin. — Durch die gute ovicide Wrkg. der Mittel werden die behandelten Pflanzen nach einer gewissen Zeit prakt. vollständig befallsfrei. Konzz. von 0,1% wirken auf die Eier der Milben 100%ig. (**D. A. S. 1 054 777** Kl. 451 vom 24/6. 1957, veröff. 9/4. 1959.) H. NEBELSIEK. 6313

Ruhrchemie Akt.-Ges., Oberhausen (Erfinder: **Hans Feichtinger** und **Siegfried Puschhof**, Duisburg), *2.2.4.6.6-Pentachlor-3-hexen-5-on-1-säureester* erhält man durch Erhitzen von 2.4.4.6.6-Pentachlorcyclo-1-hexen-3.5-dion mit niedermol., mittelmol. oder höhermol. ein- oder mehrwertigen aliphat. oder cycloaliphat. Alkoholen u. Dest. der entstandenen Ester im Vakuum. Zu Holl. P. 85 453; C. **1959**. 4949 ist nachzutragen: n-Dodecylalkohol → *2.2.4.6.6-Pentachlor-3-hexen-5-on-1-säure-n-dodecylester*, $Kp._{0,1}$ 160 bis 170°; n_D^{20} 1,4975; Ausbeute 42%. — *n-Butylester*, $Kp._{1,5}$ 150—160°. — *n-Hexylester*, $Kp._{0,15}$ 130—140°. — *n-Octylester*, $Kp._{0,3}$ 160—170°. — *Cyclohexylester*, $Kp._{0,2}$ 130 bis 140°. — Glycerin → *Monoester*, hochviscoses Öl; n_D^{20} 1,5600; OH-Zahl 286. — *Insekticide*, Wrkg. an der *Hausfliege* vgl. Tabelle. (**D. A. S. 1 056 119** Kl. 12o vom 19/7. 1955, veröff. 30/4. 1959.) G. KRAUSS. 6313

Farbenfabriken Bayer Akt.-Ges., Leverkusen (Erfinder: **Gerhard Schrader**, Wuppertal-Cronenberg), *Insekticid wirksame Thiomethylale* der allg. Formel I (R = Cycloalkyl oder gegebenenfalls chlorsubstituiertes Alkyl mit 1—12 C-Atomen) erhält man durch Rk. von α-Chlormethyl-(4-chlorphenyl)-thioäther oder α-Chlormethyl-(3.4-dichlorphenyl)-thioäther mit aliphat. oder cycloaliphat. Mercaptanen oder von aliphat. oder cycloaliphat. α-Chlormethylthioäthern mit 4-Chlor- bzw. 3.4-Dichlorphenylmercaptan in bekannter Weise, gegebenenfalls in Ggw. eines säurebindenden Mittels. — Aus α-Chlormethyl-(4-chlorphenyl)-thioäther u. Dodecylmercaptan in Ggw. von Na-Äthylat in wasserfreiem A. zuerst unter Selbsterwärmung bei 65°, dann bei 60° → *p-Chlorphenyldodecylthiomethylal*, $(p)ClC_6H_4SCH_2SC_{12}H_{25}$, $Kp._{0,01}$ 167°. 0,1%ig. Lsgg. töten *Blattläuse* (B), *Spinnmilben* u. *Raupen* (R) 100%ig. — α-Chlormethyldodecylthioäther, $Kp._1$ 135°, + 3.4-Dichlorphenylmercaptan → *3.4-Dichlorphenyldodecylthiomethylal*, $Kp._{0,1}$ 170°; 0,1%ig. Lsgg. töten B 100%ig. — α-Chlormethylisopropylthioäther, $Kp._{15}$ 45°, + p-Chlorphenylmercaptan → *p-Chlorphenylisopropylthiomethylal*, $Kp._{0,01}$ 95°; Ausbeute 85%; 0,1%ig. Lsgg. töten R 100%ig. — $(3.4)Cl_2C_6H_3SCH_2SCH(CH_3)_2$, $Kp._{0,01}$ 108°. — $(3.4)Cl_2C_6H_3SCH_2SCH(C_2H_5)CH_3$, $Kp._{0,01}$ 115°. — $(p)ClC_6H_4SCH_2SCH(C_2H_5)CH_3$, $Kp._{0,01}$ 100°; 0,1%ig. Lsgg. töten R 80%ig. — $(p)ClC_6H_4SCH_2SCH_2CH_2Cl$, $Kp._{0,01}$ 110°; 0,1%ig. Lsgg. töten *Küchenschaben* 100%ig. — $(3.4)Cl_2C_6H_3SCH_2SC_6H_{11}$ (Cyclohexyl), $Kp._{0,01}$ 137°; 0,1%ig. Lsgg. töten B 50%ig. — $(p)ClC_6H_4SCH_2SC_6H_{11}$, $Kp._{0,01}$ 120°; 0,1%ig. Lsgg. töten B 60%ig. — $(p)ClC_6H_4SCH_2\cdot SC_6H_{13}$, $Kp._{0,01}$ 115°; 0,1%ig. Lsgg. töten B 100%ig. u. sind gegen Eier der Roten

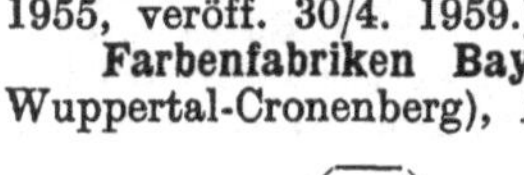

I

Spinne wirksam. — *(3.4)*$Cl_2C_6H_3SCH_2SC_6H_{13}$, Kp.$_{0,01}$ 130°; 0,1%ig. Lsgg. töten R 50%ig. — *Insekticide* mit *acaricider* Wirkung. (**D. A. S. 1 056 122** Kl. 12o vom 1/3. 1957, veröff. 30/4. 1959.) G. KRAUSS. 6313

Farbenfabriken Bayer Akt.-Ges., Leverkusen (Erfinder: **Gerhard Schrader,** Wuppertal), *Herstellung von β-Alkoxyvinyldithiophosphonsäureestern* der Formel RO—CH=CH—P(S)(OR_1)(SR_2), worin R u. R_1 Alkylreste bedeuten u. R_2 einen gegebenenfalls substituierten aliphat., cycloaliphat., aromat. oder aliphat.-aromat. Rest darstellt, dad. gek., daß β-Alkoxyvinylthionophosphonsäurealkylesterchloride der Formel RO—CH=CH—P(S)(OR_1)Cl, worin R u. R_1 die obige Bedeutung haben, mit gegebenenfalls substituierten aliphat., cycloaliphat., aromat. oder aliphat.-aromat. Mercaptanen in Ggw. von Säurebindemitteln zur Rk. gebracht werden. — β-Äthylmercaptoäthylmercaptan in A. gelöst, wird mit Na-Äthylatlsg. verrührt, worauf man bei 30° β-Äthoxyvinylthionophosphonsäureäthylesterchlorid zutropfen läßt. Das Prod. wird in W. gegeben u. das Öl in Bzl. aufgenommen, mit W. gewaschen. Nach Trocknen der Lsg. wird Bzl. abdest., der Rückstand fraktioniert, wobei man $C_2H_5O-CH=CH-P(S)(OC_2H_5)\cdot(SCH_2CH_2SC_2H_5)$, Kp.$_{0,01}$ 118°, als schwachgelbes Öl erhält. Analog erhält man die folgenden Verbb. [$C_2H_5O-CH=CH-P(S)$] = I: I-(OC_2H_5)(SC_2H_5), farbloses Öl, Kp.$_{0,01}$ 90°; I-(OC_2H_5)(S-n-C_6H_{13}), farbloses Öl, Kp.$_{0,01}$ 105°; I-(OC_2H_5) (S-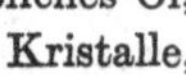) gelbliches Öl, Kp.$_{0,01}$ 120°; I-(OC_2H_5)(SC_6H_5), Kp.$_{0,01}$ 130°; I-(OC_2H_5)(S-p-H_4—Cl), farblose Kristalle, F. 50°; I-(OC_2H_5)(S—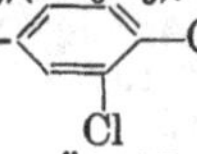—Cl), farbloses kristallines Pulver, F. 68°; I-(OC_2H_5)·($SCH_2SC_2H_5$), farbloses Öl, Kp.$_{0,01}$ 115°; I-(OC_2H_5)(S—p-H_4—CH_3), auch im Hochvakuum nicht destillierbar; I-(OC_2H_5)[$SCH_2CH_2N(C_2H_5)_2$], gelbes Öl, auch im Hochvakuum nicht destillierbar; I-(OCH_3)(S—p-C_6H_4—Cl), schwachgelbes Öl; I-(OCH_3)·(S-n-C_6H_{13}), farbloses Öl, Kp.$_{0,01}$ 98°; I-(OCH_3) (S-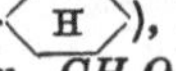), Kp.$_{0,01}$ 105°; $CH_3O-CH=CH-P(S)(OC_2H_5)(SCH_2CH_2SC_2H_5)$, Kp.$_{0,01}$ 94°, u. $CH_3O-CH=CH-P(S)(OC_2H_5)-(SCH_2SC_2H_5)$, farbloses Öl, Kp.$_{0,01}$ 90°. — *Insekticide.* (**D. A. S. 1 051 851** Kl. 12o vom 5/6. 1957, veröff. 5/3. 1959.) J. MÜHLEISEN. 6313

VIII. Metallurgie. Korrosion.

J. G. Ball, *Metallurgische Forschung in der Erzeugung von Kernenergie.* Übersicht über die für die Erzeugung von Kernenergie bedeutsamen Metalle, der Aufbau der Reaktoren u. die damit zusammenhängenden metallurg. Fragen: Strahlungs- u. Wärmefestigkeit, Gehäusewerkstoffe, Korrosion, Gewinnung, Legierungs- u. physikal. Eigenschaften. — Diskussion. (J. Inst. Metals **84.** 239—50. März. Diskussion: 475—82. Aug. 1956; J. Amer. Soc. Naval Engr. Inc. **68.** 767—80. Nov. 1956. Harwell, Berks., Atomic Energy Res. Establ., Metallurgy Div.) W. WESLY. 6350

R. A. U. Huddle und **J. M. Wyatt,** *Erste metallurgische Überlegungen.* Metallurg. Überlegungen für die Wahl der Baustoffe, Brennstoffe, Moderatoren u. Kühlmittel für einen Atomreaktor. (Metal Ind. [London] **89.** 491—92. 14/12. 1956.) W. WESLY. 6350

H. K. Hardy, *Metallurgische Forschung und Entwicklung in der Kernenergie.* Beschreibung von 2 Kernkraftwerken u. der verwendeten Brennstoffe u. Erörterung der Notwendigkeit von Langzeituntersuchungen. — Diskussion. (J. Inst. Metals **84.** 229—38. März. Diskussion: 475—82. Aug. 1956; J. Amer. Soc. Naval Engr., Inc. **68.** 677—86. Nov. 1956. Springfield, Lancs., U. K. Atomic Energy Authority, Ind. Group, Springfields Labor.) W. WESLY. 6350

L. Grainger und **A. B. McIntosh,** *Metallurgische Entwicklungen.* Erörterung der metallurg. Erwägungen beim Bau eines Kernreaktors. (Metal Ind. [London] **89.** 492—94. 14/12. 1956.) W. WESLY. 6350

A. B. McIntosh und **K. Q. Bagley,** *Auswahl von Mantelwerkstoffen für Reaktoren, die durch Natrium–Kalium und Kohlendioxyd gekühlt werden.* Theoret. u. prakt. Unterss. über die Auswahl von Mantelstoffen für Reaktoren, die durch Na + K u. CO_2 gekühlt werden, zeigen, daß *Be, Zr, Nb, V, W* u. *Mo* eine bedeutende Rolle in der Reaktortechnologie zu spielen geeignet sind, sofern die Schwierigkeiten bei ihrer Gewinnung gemeistert werden können. (J. Inst. Metals **84.** 251—70. März. Diskussion: 475—82. Aug. 1956. Culcheth, Lancs., U. K. Atomic Energy Authority, Ind. Group, Labors.) W. WESLY. 6388

Charles Hirst, *In der Vanguard-Rakete verwendete Metalle.* Die Wand der 1. Stufe der Vanguard besteht aus der *Al*-Legierung ***6061-T6***, die der 2. Stufe aus *rostfreiem Stahl*

u. der *Mg–Th*-Legierung *HK 31*, die der 3. Stufe ebenfalls aus *HK 31*. Der Satellit hat eine mit *Au* plattierte *Mg*-Deckschicht. Für die Raketenspitze ist *Ti* verwendet. (Metal Progr. **75**. Nr. 3. 73—76. März 1959. Baltimore, Md., Martin Co.) F. VIER. 6388

G. Husson und **P. Leroy**, *Ausrüstung an Meßgeräten in Stahlwerken. Überblick über die Meßgeräte in Siemens-Martin- und in Thomas-Stahlwerken.* Inhaltlich ident. mit der C. **1957**. 10324 referierten Arbeit. (Rev. Métallurgie **53**. 554—65. Juli 1956. Diskussion: **54**. 650—51. Aug. 1957.) H. HOCHSTEIN. 6390

Elmar Starke, *Das Messen der Eisentemperatur beim Abstechen und Vergießen.* (Giessereitechnik **5**. 237—40. Aug. 1959. Forschungsinst. für technolog. Entw. u. Wärmetechnik der Metallurgie.) M. GEHLEN-KELLER. 6390

Georg von Struve und **Rolf Ebert**, *Die Erzeugung von Roheisen im Niederschaftofen. Die Anlage bei Calbe in Ostdeutschland.* Inhaltlich ident. mit der C. **1959**. 8695 referierten Arbeit. (Iron Coal Trades Rev. **177**. 911—17. 17/10. 1958.) H. HOCHSTEIN. 6400

J. Goswami, **A. B. Chatterjea** und **B. R. Nijhawan**, *Die Verwendung von geschmolzener Soda zur Entschwefelung von minderwertigem Roheisen.* Unterss. über die Entschwefelung von minderwertigem Roheisen mit 0,06—0,10% *S* mit geschmolzenem Na_2CO_3 zeigen: Die Entschwefelung in Gießkellen mit saurem Futter ist unregelmäßig wegen der Einw. von *FeS* u./oder *MnS* aus dem Futter. Die Wirksamkeit der Entschwefelung in Gießkellen mit bas. Futter fällt mit dem Anfangs-S-Gehalt. Ein Na_2CO_3-Überschuß fördert die Entschwefelung nicht. (J. sci. ind. Res. [New Delhi], Sect. A **16**. 522—26. Nov. 1957. Jamohedpur, Nat. Metallurg. Labor.) W. WESLY. 6400

K. E. L. Nicholas und **I. C. H. Hughes**, *Einige die Lunkerung und Porosität von Grauguß beeinflussende physikalische Faktoren.* Der Einfl. der Festigkeit der Form, der Gießtemp. u. der Impfzusätze wird erörtert. Bei Naßguß besteht die Möglichkeit einer bedeutenden Volumenvergrößerung, wodurch ein erhöhter Ausschuß eintreten kann. Bes. bei Werkstücken aus Gußeisen mit Kugelgraphit ist die Maßhaltigkeit nicht immer gewahrt. Bei Verwendung von nach dem CO_2- u. dem Zementsandformverf. hergestellten Formen, die eine hinreichende Festigkeit besitzen, werden gesunde Gußstücke erzielt. Auch hohe Gießtempp. verursachen bei Grünsandformen mit geringer Festigkeit Ausschuß. Von Bedeutung für die Entstehung von Ausschuß ist ferner der Zusatz graphitisierender Impfmittel, weil ein vermehrter Zusatz derartiger Mittel beim Erstarren die Anzahl der Keime erhöht u. dadurch einen erhöhten Ausschuß verursacht. Durch Maßnahmen hingegen, die auf eine Verminderung der Anzahl der Keime abzielen, entstehen gesunde Gußstücke. — 16 Schrifttumsstellen. (Brit. Foundryman **51**. 428—35. Sept. 1958.) K. HILLINGER. 6402

H. Th. Brandi, *Das Phoenix-Lanzen-Stahlerzeugungsverfahren.* Beschrieben wird das von Phoenix-Rheinrohr entwickelte Lanzen-Stahlschmelzverf. (PL-Prozeß), bei dem im THOMAS-Konverter Roheisen mit hohem P-Geh. durch Aufblasen von O_2 mittels einer Lanze von oben gefrischt u. ein Stahl in SIEMENS-MARTIN-Stahlgüte erschmolzen wird. Die Vorteile des Verf. liegen in der vorzeitigen P-Entfernung u. dem niedrigen N-Geh. des Fertigstahls. (J. Metals **11**. 118. Febr. 1959. Düsseldorf, Phoenix-Rheinrohr AG.) H. HOCHSTEIN. 6408

Heishiro Morikawa, **Shinsaku Onodera** und **Yutaka Arakida**, *Untersuchungen über die Erstarrung und Seigerung von größeren Stahlbarren.* 1. Mitt. *Unmittelbare Messung der Erstarrungsgeschwindigkeit mittels des Stab-Test-Verfahrens.* Best. der senkrechten Erstarrungsgeschwindigkeit (EG) von konkaven u. achteckigen Barren aus über 40 beruhigten Stählen nach dem Stabprüfverf., Einfl. der Zus. auf die EG, Beziehung zwischen EG u. Barrengröße, Einfl. der Temp. im Gießkopf usw. (Tetsu to Hagane [J. Iron Steel Inst. Japan] **44**. 9—14. Jan. 1958. [Orig.: japan.; Auszug: engl.]) W. WESLY. 6408

L. J. McGeady, *Das Verhalten von Stählen für Druckgefäße bei der Umwandlungstemperatur.* An Blechen aus schwach gekohltem *A 7-*, *A 283-*, *A 285-*, *A 201-* u. *A 212-*Stahl bei +32 bis −50° F ausgeführte Unterss. zeigen, daß die Umwandlungstemp. abhängt von C-Geh., Ferritkorngröße, *P-*, *Si-* u. *Mn*-Geh. u. in weiterem Sinne von der Betriebsweise des SIEMENS-MARTIN-Ofens u. dem Walzverfahren. — 55 Literaturangaben. (Welding J. **34**. Nr. 1. Welding Res. Council Engng. Foundat. 1s—11s. Jan. 1955. Easton, Pa., Lafayette Coll., Dep. of Metallurgy.) W. WESLY. 6408

G. A. Nelson und **R. T. Effinger**, *Blasenbildung und Sprödigkeit von Stählen für Druckgefäße durch Wasserstoff.* Die Art der Schädigung von C-, 3 u. 5(%) *Cr-*, 1,3 Cr bis 0,5 *Mo-*, 18 Cr bis 8 *Ni*-Stählen für Druckgefäße durch H hängt von der Temp. u. anderen Faktoren (korrodierenden Stoffen) ab. Bei hoher Temp. u. hohem Druck verursacht atomarer H Entkohlung u. interkristalline Risse. Bei niedriger Temp. führt die Diffusion von atomarem H zu Blasenbldg. u. Rissen. (Welding J. **34**. Nr. 1. Welding Res. Council

Engng. Foundat. 12s—21s. Jan. 1955. Emeryville, Calif., Shell Development Co.; New York, N. Y., Shell Oil Co.) W. WESLY. 6408

Friedrich Erdmann-Jesnitzer, *Untersuchungen zu kaltverfestigten, niedriggekohlten, manganhaltigen Baustählen nach Anlaßglühungen.* 3. Mitt. *Metallphysikalische Deutung der Gittervorgänge bei der Versprödung nach Anlaßglühungen kaltverformter Stähle.* (1. u. 2. vgl. C. **1959.** 5943.) Die im Last–Dehnungs-Diagramm der Baustähle auftretenden Anomalien werden als mit der Temp. reversible Vorgänge ermittelt. Bei $\leqq 300^0$ treten Last–Dehnungs-Schwankungen auf, die $>300^0$ verschwinden u. $<300^0$ wieder erscheinen. Die röntgenograph. Rückstrahlbefunde ergeben für den krit. Reckgrad ein anomales Verh., für das eine metallphysikal. Deutung unter Verwendung des Begriffes „Entlastungsdiffusion" u. der Struktur gitternaher Korngrenzenbereiche gegeben wird. Die Versprödung bei der Reckalterung erfolgt im Mischkristall; sie wird mit der Laugensprödigkeit verglichen u. auf Kornvolumen- (C-, N-, H-Einfl.) gegenüber Korngrenzenversprödung (N-Einfl.) zurückgeführt. Eine elektronentheoret. Arbeitshypothese deutet den Einfl. von *Al* u. *Si* auf die Verminderung der Neigung zur Reckalterung ohne Bldg. von 2. Phasen. — 25 Literaturangaben. (Neue Hütte **1.** 555—60. Nov. 1956. Freiberg/Sachsen, Bergakad., Inst. für Metallkunde u. Materialprüfung.) W. WESLY. 6410

B. M. Hamilton, *Werkzeugstähle.* Übersicht über Zus. u. Eigg. von (Werkzeug-) Stählen, ihre Legierungselemente, deren Wirksamkeit u. die Einteilung, Wahl u. Anwendung der legierten Werkzeugstähle. (Canad. Metals **18.** Nr. 8. 39—41. Juli. Nr. 9. 52—54. 59. Aug. 1955. Welland, Ontario, Canada, Atlas Steels.) W. WESLY. 6410

Naomichi Yamanaka und **Kunio Kusaka,** *Einfluß von Kohlenstoff, Nickel, Kobalt, Wolfram und Molybdän auf die Eigenschaften von warmbearbeitetem Werkzeug-Chromstahl mit 9,5% Wolfram.* Unterss. über den Einfl. mehrerer Elemente auf die Eigg. von warmbearbeitetem Stahl mit 0,3(%) *C*, 9,5 *W*, 2,5 *Cr* u. 0,4 *V* zeigen: *Ni*-Zusätze setzen den krit. Punkt herab, steigern die Härtbarkeit u. vermindern die Ferritmenge bei hoher Temperatur. Co erhöht den krit. u. den Martensitpunkt u. verbessert die Zugfestigkeit u. den Schlagwert bei erhöhter Temperatur u. höherer Abschrecktemperatur. Mit zunehmendem C-Geh. steigen Härtbarkeit u. Zugfestigkeit, Martensitpunkt u. Schlagzahl werden niedriger. Mo steigert die Ferritmenge u. vermindert die Härtbarkeit. (Tetsu to Hagané [J. Iron Steel Inst. Japan] **44.** 46—52. Jan. 1958. Orig.: japan.; Auszug engl.]) W. WESLY. 6410

Sadao Koshiba und **Sukeo Nagashima,** *Einwirkung von Nickel auf kohlenstoff- und chromreichen Schneidstahl.* Unterss. über die Einw. von Ni auf die Härteeigg. von Schneidstählen mit 2,13—2,15(%) *C*, 0,16—0,18 *Si*, 0,49—0,60 *Mn*, 0,025—0,028 *P*, 0,005—0,006 *Si*, 0,12—1,58 *Ni*, 13,51—13,63 *Cr* zeigen, daß die zur Erzielung gleicher Abschreckhärte nötige Abschrecktemp. möglichst niedrig sein muß. Ein Zusatz von ca. 0,5% Ni ist am wirksamsten. (Tetsu to Hagane [J. Iron Steel Inst. Japan] **44.** 43—46. Jan. 1958. [Orig. japan.; Auszug: engl.]) W. WESLY. 6410

A. M. Isstomina, *Eigenschaften des Stahls SchCh 15 bei tiefen Temperaturen in Abhängigkeit von der Art der Wärmebehandlung.* (Доповіді Академії Наук Українськоï РСР [Ber. Akad. Wiss. UkrainSSR] **1957.** 489—93. Akad. der Wiss. der UkrainSSR, Inst. für Baumechan. — C. **1958.** 5203.) R. K. MÜLLER. 6410

Rudolf Strubl und **Oldřich Sedláček,** *Ferromangan.* Vgl. einiger Erzeugungsverff. für *metall. Mn* u. *Ferromangan* mit mittlerem u. niedrigem *C*-Gehalt. Wirtschaftlicher Vgl. zwischen elektrotherm. aluminotherm. u. elektrolyt. Verff.; unter Annahme eines einheitlichen Erzes mit 50% Mn ist letzteres am vorteilhaftesten. (Hutnické Listy **10.** 462—69. Aug. 1955.) E. ROTTER. 6418

Ferdinand Kadlec, *Reduktionsschmelzen von Zinnkonzentraten.* In einem Laboratoriumsflammofen steigt beim Reduktionsschmelzen eines Sn-Konzentrates mit 56(%) *Sn* u. 10 *Fe* die Sn-Ausbeute durch Holzkohlenzusatz zu einem Optimum, das durch Erhöhung des Kohlezusatzes nicht verbessert werden kann (Diagramm). Kamin- u. Schlackenverluste in Abhängigkeit von angewandter Holzkohle. (Hutnické Listy **10.** 706—09. Dez. 1955. Panenské Břežany, Výzk. úst. kovů.) E. ROTTER. 6428

Emilian Iwanciw und **Jan Golonka,** *Schmelzen von Kupfer im Vakuum.* Aus thermodynam. Berechnungen u. prakt. Schmelzverss. folgt, daß durch Schmelzen von Elektrolyt-Cu im Vakuum bei 10^{-2} Torr gasfreies Cu erhalten wird. Chem. gebundener O läßt sich durch Behandlung im Vakuum nicht entfernen, da die Dissoziation von Cu_2O temperaturabhängig ist u. auch bei Hochvakuum stets noch eine dem Gleichgewicht entsprechende Cu_2O-Konz. im Metall verbleibt. Das Verdampfen von Cu verläuft schneller als die Dissoziation von Cu_2O. Dagegen gelingt die Desoxydation bei Anwendung eines Graphittiegels als Schmelzgefäß bei 1 Torr Druck. (Arch. Hutnictwa **2.** 93—123. 1957. Kraków, PAN, Zakł. Metali, Inst. podstaw. problem. techn.; Akad. Górn.-Hutn., Kat. Metal. Metal inieżel Inst. Metalurg.-Metali nieżel.) F. URBAN. 6432

Yōtaro Murakami und **Takehiko Itō,** *Über die Überwachung der Korngröße in 70-30-Messing.* 1. Mitt. *Einwirkung von Eisen und Phosphor auf die Korngröße von sehr reinem 70-30-Messing.* Unterss. über die Einw. kleiner Mengen Fe u. P auf die Korngröße von sehr reinem, 1 Std. (kurzzeitig) bei 450—600 (700—850°) geglühtem, kalt bearbeitetem 70-30-Messing zeigen: Im Falle des gewöhnlichen Glühens bestimmt Fe in Mengen von 0,044% u. höher das Kornwachstum. Der optimale P-Geh. für die Beschränkung des Wachstums beträgt 0,0066%. In Ggw. von Fe u. P liegt eine schädliche Wrkg. bei Tempp. bis 550° vor. Bei kurzzeitigen, höheren Glühtempp. ist die einschränkende Wrkg. der Verunreinigungen geringer. (Suiyokwai-Shi [Trans. Mining metallurg. Alumni Assoc.] **13.** 341—46. Dez. 1957. [Orig.: japan.; Auszug: engl.]) W. WESLY. 6432

Claude Mascré und **André Lefèbvre,** *Die Gasaufnahme aus der Luft und aus den Verbrennungsgasen beim Schmelzen von Leichtmetallegierungen.* Nach Unterss. an in ölgefeuerten Öfen in Graphittiegeln erschmolzenen *Al–Si–Cu*-Legierungen ist die Gasaufnahme bes. von der Temp. u. der Aufheizgeschwindigkeit abhängig. Je höher die Aufheizgeschwindigkeit, um so niedriger die scheinbare Temp., bei der verstärkte Gasaufnahme eintritt. Anscheinend liegt die untere Grenze der Temp. für die Gasaufnahme bei 940° für die die Schmelze umgebende Oxydhaut. Durch erhöhten Wassergeh. der Luft oder der Verbrennungsgase sowie durch höhere Temp. der Oxydhaut wird die Gasaufnahme beschleunigt. Abstehen der Schmelze vor dem Vergießen bei niederer Temp. bewirkt Entgasen. (Giesserei **46.** 153—59. 26/3. 1959. Paris, Centre Techn. des Industries de la Fonderie.) F. VIER. 6442

Marius Protopopescu, *Zur Frage der Verfestigung von technischem Aluminium durch Zusatz geringer Mengen von Legierungselementen.* Untersucht wird der Einfl. geringer Zusätze von Legierungselementen (*Zn, Mg, Cu, Mn*) auf den spezif. elektr. Widerstand u. die BRINELL-Härte von techn. Al mit einem Reinheitsgrad von 99,75%. Hierbei wird gefunden, daß der spezif. elektr. Widerstand für niedrige Zusätze angenähert bis 1 At.-% linear zunimmt, unabhängig davon, ob das Legierungselement im metall. Zustand eine größere elektr. Leitfähigkeit hat als Al (z. B. bei Cu). Für höhere Gehh. an Legierungselementen nähert sich die Kurve der Parabel. Die größte Wrkg. zeigt *Mn*. Untersucht wird ferner der Fall einer komplexen Verfestigung in der tern. Al–Mg–Si-Legierung vom Typ *Aldrey*. Hierbei wird die Veränderung der elektr. u. mechan. Kennwerte ermittelt u. ihre Abhängigkeit vom Abnahmegrad beim Ziehen, von der Alterungstemp. der abgeschreckten, jedoch nicht verformten Proben, von der Alterungstemp. der abgeschreckten u. mit verschied. Abnahmegraden verformten Proben sowie von der Haltedauer bei der Alterungstemp. festgestellt. Hierbei zeigt sich, daß man zur Erreichung einer Kombination eines möglichst hohen elektr. Widerstandes gleichzeitig mit hohen mechan. Eigg. die vorerwähnten Faktoren variiert werden müssen. Die mengenmäßige Ausscheidung der Phase Mg_2Si aus dem Mischkristall gewährleistet einen elektr. Widerstand der Proben, der dem des unlegierten Al angenähert gleich ist. Um jedoch erhöhte mechan. Eigg. zu erlangen, ist es erforderlich, daß die ausgeschiedenen Teilchen sich in einem fast koll. Zustand befinden. (Studii Cercetări Metalurgie **2.** 425—46. 1957.) H. HOCHSTEIN. 6446

O. D. Sherby, T. A. Trozera und **J. E. Dorn,** *Wirkungen der Kriechbelastungsvorgeschichte bei hohen Temperaturen auf das Kriechen von Aluminiumlegierungen.* Strukturwechsel, die das Kriechen bei hohen Tempp. u. hohen Belastungen begleiten, sind abhängig von den vorhergehenden Kriechspannungen. Ergebnisse von Verss. an Al-Mischkristallegierungen zeigen, daß beginnende plast. Verformung unter Anwendung einer konstanten Belastung die Kriechfestigkeit herabsetzt, während Beanspruchungen während des Kriechens die Kriechfestigkeit erhöht. Bei niedrigen Belastungen sind die Strukturwechsel beim Kriechen geringer. — 13 Literaturangaben; Diskussion. (Proc. Amer. Soc. Testing Mater. **56.** 789—806. 1956. Berkeley, Calif., Univ. of California.) F. VIER. 6446

Miroslav Brzobohatý, *Die Erzeugung und einige Eigenschaften von Blechen aus Al–Mn-Legierung.* Platten von korrosionsfesten Al–Mn-Legierungen (1,0—1,6% Mn) zur Herst. von Blechen werden halbkontinuierlich gegossen; als Nachteil bei dieser Herstellungsmeth. erscheint eine Kornvergröberung. Dieser Nachteil kann durch Zulegieren von *Fe* u. *Mn* beseitigt werden; dies ist jedoch technolog. unvorteilhaft. Vf. empfiehlt deswegen zur Kornverfeinerung ein sehr rasches Erhitzen im Salzbad (50 bis 60°/Sek.). (Hutnické Listy **13.** Nr. 9. 769—78. Sept. 1958. Praha, Spoj. kovchutě, združ. podniků pro výrobu a zprac. neželez. kovů.) H. TŮMA. 6446

M. S. Hunter und **Wm. G. Fricke jr.**, *Fortpflanzung von Ermüdungsrissen in Aluminiumlegierungen.* Die metallograph. Unters. von Ermüdungsrissen in Al-Legierungen von ihrem Auftreten bis zum vollständigen Bruch der Probe ergaben Aufschluß über die Art, wie der Riß sich bildet, fortpflanzt u. zu Ende geht. Es wurde festgestellt, daß die Länge des Ermüdungsrisses exponentiell abhängig ist von der Zahl der Lastwechsel u. die Geschwindigkeit der Fortpflanzung in ähnlicher Weise von der Höhe der Belastung. Anfangende Ermüdungsrisse pflanzen sich bei Belastungen unter der Dauerstandfestigkeit fort bei Geschwindigkeiten, die sich durch Extrapolieren der oberhalb der Dauerstandfestigkeit beobachteten ergeben. — Diskussion. (Proc. Amer. Soc. Testing Mater. **56.** 1038—50. 1956. New Kensington, Pa., Aluminum Co. of America.) F. VIER. 6446

W. H. Johnson und **H. F. Bishop**, *Wirkung der Form der Teile auf die Eigenschaften von C4A-T6- und SG70A-T6-Aluminiumgußlegierungen.* Wie aus Verss. hervorgeht, sind die Zugeigg. von Al-Gußlegierungen von der Dicke u. der Form der Proben abhängig. — Diskussion. (Proc. Amer. Soc. Testing Mater. **56.** 724—37. 1956. Washington, D. C., Naval Res. Labor. F. VIER. 6448

Paul D. Frost, *Titanlegierungen von heute.* Überblick. (Metal Progr. **75.** Nr. 3. 95—98. März 1959.) Columbus. Ohio., Battelle Mem. Inst. F. VIER. 6448

F. H. Spedding, *Fortschritte in der Chemie der Seltenen Erden.* (Vortrag.) Nach kurzem geschichtlichem Rückblick werden moderne Verff. zur techn. Darst. der *Seltenen Erden* sowie neuere Anwendungen derselben skizziert. (Prakt. Chem. Wien **9.** 393—94. 396. 399—400. 402. Nov. 1958. Ames, Iowa, Iowa State Coll.) M. WINIKER. 6448

A. Flaschenberg, J. Lavi und **J. Tulipman**, *Die Reduktion von Uran in phosphorsaurer Lösung.* Die elektrolyt. Red. von U in H_3PO_4-Lsg. [Elektroden aus Fe, Cu (Legierungen), rostfreiem Stahl u. Pt] nach der Gleichung: $UO_2^{2+} + 2\,Fe^{2+} + 4\,H^+ = U^{4+} + 2\,Fe^{3+} + 2\,H_2O$ bringt gegenüber der Red. mit Schrott Einsparungen an Rohstoffen u. Werkstoffen für die Anlage mit sich. (Chem. Process Engng. **39.** 365—66. Okt. 1958. Israel Atomic Energy Commiss.) W. WESLY. 6448

M. I. Kljaschtorny, *Über die Gewinnung von metallischem Kalium und von K-Na-Legierungen nach der Reaktion KOH + Na = NaOH + K.* Für die Gewinnung von metall. K u. von K-Na-Legierungen nach der Rk. KOH + Na = NaOH + K wird eine App. mit Zwischenentnahme der Legierungen beschrieben. Die Vorteile dieses Prozesses werden durch Gegenüberstellung des gewöhnlichen Gegenstromprozesses u. des Gegenstromprozesses mit Zwischenentnahme der Legierung in Apparaten vom Kolonnentyp bei 400—450° gezeigt. Bei KOH/Na = 2,5 sind zur Gewinnung von 99%ig. K theoret. nur 3 Böden erforderlich. Um prakt. metall. K zu gewinnen, müssen bei einem Verhältnis KOH/Na = 2,5 u. bei Anwendung von techn. KOH mit 98,5% KOH im App. 30—32 Böden aufgestellt werden, wobei KOH nur zu ca. 35—40% verwertet wird. Bei der kombinierten Gewinnung von metall. K u. K-Na-Legierungen mit Hilfe einer Zwischenentnahme der Legierungen kann KOH bis zu 90% verwertet werden. (Журнал Прикладной Химии [J. angew. Chem.] **31.** 684—89. Mai 1958.) OTTO MAIER. 6448

G. Dan, O. Stefan und **A. Protopopescu**, *Untersuchung von Gleitlagern aus porösem Eisen mit verbesserten verschleißfesten Eigenschaften.* Zur Verbesserung der Verschleißfestigkeit von Lagern aus porösem Fe wird ein Vers. zur Veränderung der Struktur der metall. M. durch Einführung verschied., eine neue Phasenbldg. ermöglichender Elemente auf dem Wege der Diffusion unternommen. Durch Sinterung in CH_4 wird die Bldg. einer perlit. M. nach Möglichkeit auch neben Bldg. von lamellarem Graphit angestrebt. Durch Zementation mit S in Gasphase gegen Ende der Sinterperiode wird die Bldg. eines Skeletts von Sulfiden rings um die Poren beabsichtigt. Die Unters. des Feingefüges, der Härte u. Verschleißfestigkeit solcher poröser Lager ergibt, daß aus pulverförmigen Oxyden Materialien für die Herst. von Gleitlagern mit einer solchen Verschleißfestigkeit erhalten werden können, die mit der von aus pulverförmigem elektrolyt. Fe hergestellten Lagern vergleichbar ist. Die Zementation mit S führt zu einer Verbesserung der Verschleißfestigkeit. (Studii Cercetări Metalurgie **2.** 465—81. 1957.) H. HOCHSTEIN. 6474

Frank W. Glaser, *Fortschrittsbericht über Cermets.* Berichtet wird über die bei Arbeitstempp. bis zu 2100° F brauchbaren Cermets aus *Ni-Aluminiden, Ti-Carbiden* mit metall. Binder u. die *Boride* von *Cr-Mo.* (Metal Progr. **67.** Nr. 4. 77—82. 138. April 1955. Yonkers, N. Y., American Electro Metal Corp.) F. VIER. 6476

W. L. Kennicott, *Befestigung und Verbindung von Carbiden.* Übersicht über die Eigg. von (*W-* u. *Ti-*) *Carbiden* u. Grundzüge, Ausführung u. Zubehör der Verff. zu ihrer

Aneinanderfügung durch Hartlötung, Kleben u. mechan. Befestigung. (Machine Design **28**. Nr. 6. 122—31. 22/3. 1956. Latrobe, Pa., Kennametal, Inc.) W. WESLY. 6476

William H. Herz, *Cermets. Zwei neue Formen.* Gute Festigkeit gegen Verschleiß u. Oxydation bei hoher Temp. gewähren die mit der Flamme verspritzten, aus *NiAl* u. *MoAl*$_2$ bestehenden Überzüge neben *MoSi*$_2$, *Cr-Carbid* mit u. ohne *Ni*, *Cr*$_2$*NiB*$_4$, *W–C*- u. *W–B*-Verbindungen. (Materials Design Engng. **49**. Nr. 4. 98—99. April 1959. American Electro Metal Div., Firth Sterling, Inc.) W. WESLY. 6476

F. Pühler und **R. Wagner,** *Oxydkeramische Schneidstoffe bei der Feinbearbeitung — Beispiele aus der Produktion.* Anwendung von oxydkeram. Schneidstoffen zur Feinbearbeitung von Lagerwerkstoffen. (Industrie-Anz. **80**. 673—76. 13/6. 1958. Köln.) W. WESLY. 6476

R. Fleck und **M. Gappisch,** *Gefüge und Standzeitverhalten keramischer Schneidstoffe.* Unterss. über das Verh. von oxydkeram. Schneidstoffen mit 89—99% Al_2O_3, Rest SiO_2, MgO, Cr_2O_3 oder NiO, die bei $\geq 1700^0$ gesintert worden sind, zeigen, daß Schneidstoffe mit feinkörnigem Gefüge bei gleicher oder ähnlicher Zus. eine höhere u. bessere Standzeit als Proben mit grobem Korn aufweisen. (Industrie-Anz. **80**. 689—92. 13/6. 1958. Aachen, TH, Labor. für Werkzeugmaschinen u. Betriebslehre.) W. WESLY. 6476

Karlheinz Ganser, *Hartmetallbearbeitung durch funkenerosives Senken.* Unterss. über die Hartmetallbearbeitung mit Funkenerosionsmaschinen zeigen, daß auf Grund der unterschiedlichen Abtragwrkg. von Hartmetall gegenüber gehärteten Stählen eine bessere Oberflächenbeschaffenheit u. geringerer Randzonenausbldg. auftritt. Ein nachteiliger Einfl. der Umwandlungszone funkenerosiv bearbeiteter Werkzeugteile ist nicht festgestellt worden. (Industrie-Anz. **80**. 677—80. 13/6. 1958. Aachen, TH, Labor. für Werkzeugmaschinen u. Betriebslehre.) W. WESLY. 6476

W. J. McGonnagle und **W. N. Beck,** *Ultraschall-Prüf- und Registriersystem.* Beschreibung eines Prüf- u. Registriersyst. für die Ultraschallprüfung von Metallblechen. — Diskussion. (Proc. Amer. Soc. Testing Mater. **56**. 1415—24. 1956. Lemont, Ill., Argonne Nat. Labor.) F. VIER. 6480

M. A. Kotkiss, *Induktionsmethode zur Bestimmung der Tiefe der gehärteten Schicht.* Mit einem zu diesem Zwecke gebauten Induktionsapp. wird bei 400 Oe die Differenz von gehärtetem u. nichtgehärtetem Stahl gemessen. Aus dieser Differenz u. der Differenz eines gehärteten Musters von bekannter Tiefe der Härteschicht u. dem ungehärteten desselben Stahls wird die Tiefe der Härteschicht des zu prüfenden Musters berechnet. Die Resultate stimmen gut mit denen der metallograph. Meth. überein. (Заводская Лаборатория [Betriebs-Lab.] **23**. 819—21. 1957. Gorki, Molotow-Automobilfabrik.) J. v. SCHROEDER. 6480

Stanislav Burda und **Michal Bakala,** *Industrielle Ausnützung der Kenntnisse über die Innenrißbildung in großen Schmiedestücken.* Vff. erörtern die verschied. Ansichten über die Gründe der Innenrißbldg. bei großen Werkstücken u. verweisen auf die Ultraschallmeth. zur Auffindung der Risse. Rechtzeitig entdeckte Risse können durch Schmieden entfernt werden. (Hutnické Listy **13**. Nr. 9. 786—95. Sept. 1958. Plzeň, Závody V. I. Lenina.) H. TŮMA. 6480

Raymond W. Fenn jr. und **Robert B. Clapper,** *Bewertung der Prüfvariablen bei der Bestimmung der Scherfestigkeit.* Alle untersuchten Verff. zur Best. der Scherfestigkeit zeigen in ihren Ergebnissen eine deutliche Abhängigkeit von der Größe der Proben. Eine größere scheinbare Scherfestigkeit wurde mit abnehmender Größe der Probe beobachtet. Ebenso ist die Form der Probe nicht ohne Einfl. auf das Ergebnis. — Diskussion. (Proc. Amer. Soc. Testing Mater. **56**. 842—58. 1956. Midland, Mich., Dow Chemical Co.) F. VIER. 6480

Georges Vidal, *Über periodisches Fließen warmfester Legierungen.* Die Einw. einer cycl. Wechselbelastung auf einen metall. Werkstoff kann unter bestimmten Bedingungen einen Bruch durch ein period. Kriechen auslösen u. nicht eine Metallermüdung im üblichen Sinne hervorrufen. Berechnet werden drei Nomogramme, mit deren Hilfe es möglich ist, aus den durch Verss. unter konstanter Belastung ermittelten Kriechwerten die wirksame Last zu berechnen, deren Auswrkg. theoret. ident. ist mit einer gegebenen Wechsellast. Die drei Nomogramme entsprechen Belastungen, die in Abhängigkeit von der Zeit nach sinusförmigen, rechteckigen oder dreieckigen Gesetzmäßigkeiten verlaufen. Bei 800^0 wurden an einer hitzebeständigen *Nimonic-90*-Legierung Verss. durchgeführt. Diese Legierung wird als Werkstoff zur Herst. von Turbinenlaufschaufeln für Düsentriebwerke verwendet. Die Versuchsergebnisse bestätigen die Verwendbarkeit der errechneten Nomogramme bei rechteckigen Kurven sehr tiefer Frequenz u. bei sinusförmigen Kurven mittlerer Frequenz. (Rev. Métallurgie **53**. 485 bis 496. Juli 1956.) H. HOCHSTEIN. 6480

H. F. Hall und **R. W. Nichols,** *Das Fließverhalten von Metallen bei niedrigen Temperaturen unter besonderer Berücksichtigung einiger unlegierter und niedriglegierter Stähle.* Diskussion zu der C. **1956.** 11285 referierten Arbeit. (J. Iron Steel Inst. **184.** 452—56. Dez. 1956.) H. Hochstein. 6480

R. Weber, *Lagerwerkstoffprüfung.* Teil II. (Teil I vgl. C. **1959.** 14549.) Die Beurteilung von Lagerwerkstoffen auf Grund von Verss. bei Gleitbeanspruchung wird besprochen, die Grenzen der Beurteilungsmöglichkeit des Lauf- u. Verschleißverh. auf Grund von Volumeneigg. werden aufgezeigt. Die Wahl der Prüfmeth. wird erörtert. (Metall **12.** 725—32. Aug. 1958. Frankfurt/M.) F. Vier. 6480

M. Ss. Tschaadajewa, *Metallographische Untersuchung der Carbidphasen in Schnellschneidstählen.* Zur Best. des Carbidtypus verwendet Vf. die Ätzung mit 2 Mitteln, die in verschied. Weise einwirken. 4%ig. NaOH mit gesätt. $KMnO_4$ (I) u. 1%ig. $K_2Cr_2O_7$ (II). I färbt Carbide Me_6C dunkel, MeC u. $Me_{23}C_6$ bleiben hell. Mit II wird 3—5 Sek. elektrolyt. angeätzt bei 3 V, dabei werden Carbide MeC dunkel gefärbt, die anderen bleiben hell. Von I u. II nicht angegriffene Carbide sind $Me_{23}C_6$. (Заводская Лаборатория [Betriebs-Lab.] **23.** 811—13. 1957.) J. v. Schroeder. 6482

Mayumi Someno und **Masuo Kawakami,** *Ein neues Verfahren zum Nachweis von Austenitkorngrenzen durch korrodierende Gase.* Das Verf. beruht darauf, ein *HCl* oder Cl_2 enthaltendes inertes Gas bei hoher Temp. auf eine polierte Stahlprobe einwirken zu lassen, so daß deren Oberfläche an den Korngrenzen geätzt wird u. Austenitkörner in wenigen Min. erscheinen. (Tetsu to Hagané [J. Iron Steel Inst. Japan] **44.** 33—37. Jan. 1958. [Orig.: japan.; Auszug: engl.]) W. Wesly. 6482

W. G. Worobjew, *Klassifikation der Besonderheiten der polyedrischen Struktur der Metalle und Legierungen, die unter dem Mikroskop beobachtet werden.* Vf. schlägt die Einteilung in 4 Gruppen nach folgenden Faktoren vor: 1. Korngröße, 2. Grenze–Kontakt zweier Körner, 3. die Erhebungen, 4. Zusammenfluß, Fugen einzelner Körner. (Заводская Лаборатория [Betriebs-Lab.] **23.** 808—11. 1957.) J. v. Schroeder. 6482

N. W. Chimtschenko, *Färbemethode der Defektoskopie.* Die Empfindlichkeit der Defektoskopie wurde durch folgende Meth. verbessert: die zu untersuchende Oberfläche wird 3—4mal mit der Farblsg. [10 g Sudan 3/Liter, 80 (%) Petroleum, 15 Transformatorenöl u. 5 Terpentinöl) reichlich benetzt (15 Min.), dann mit 5%ig. Sodalsg. gewaschen u. getrocknet. Die Fläche wird mit Kaolin (600—700 g/Liter W.) bestäubt u. getrocknet. Die defekten Stellen färben Kaolin rot an. Die Fläche wird nach 3—5 u. nach 20—30 Min. betrachtet, da die feinsten Defekte erst später sichtbar werden. Durch diese Meth. können noch Risse von 0,005 mm Breite u. 0,4—0,5 mm Tiefe festgestellt werden, sie ist empfindlicher als die Magnetmethode. (Заводская Лаборатория [Betriebs-Lab.] **23.** 803—06. 1957. Allunions Wiss. Forschungsinst. u. Konstruktionsinst. des chem. Maschinenbaus.) J. v. Schroeder. 6482

Ss. I. Kalaschnikow und **N. P. Kitschin,** Die verbesserte Meth. der Färbedefektoskopie besteht in der Anwendung von 1 g fettlösl. Sudan IV, gelöst in 95 cm^3 Bzl. u. 5 g Öl MK-8, anwendbar bei Tempp. $>5^0$. Bei Tempp. $<5^0$ nimmt man 1 g Sudan IV in 80 cm^3 Heizöl T-1 u. 20 cm^3 Benzol. Nach Abwaschen u. Trocknen wird die Fläche mit folgender weißer Farbe bestäubt: 70 cm^3 Kollodium (4 g Kolloxylin, 76 g Ae., 20 g A.), 10 cm^3 Aceton, 20 cm^3 Bzl. u. 5 g Zinkweiß M-O. Risse von 0,012 bis 0,014 mm Tiefe u. 0,0005—0,001 mm Breite lassen sich noch nachweisen. (Заводская Лаборатория [Betriebs-Lab.] **23.** 806—08. 1957.) J. v. Schroeder. 6482

Osei Yamamoto und **G. Nishida,** *Ätzfiguren von Aluminiumfolie und ein photographisches Verfahren bei gleichzeitiger Einwirkung durchscheinender und reflektierter Strahlen.* Ein Photo, das gleichzeitig auf demselben Film durch Reflexion u. schwaches Durchscheinen aufgenommen wurde, konnte Ätzfiguren in den Einzelheiten deutlich wiedergeben. *Al*-Folie wird leicht in der Richtung des Walzens geätzt u. auch die Körnungsgrenze wird bevorzugt angeätzt. (Kagaku [Science] **25.** 91. 1955. Kumamoto Univ. [Orig.: japan.]) L. Schuler. 6482

T. G. Porochowa, *Auklärung der Mikrostruktur von Metallen mit Hilfe des Ultraviolettmikroskops.* Mit der Meth. der UV-Mikroskopie erhält man farbige Abbildungen von Schliffen infolge der verschied. Absorption u. Reflexion von Strahlen verschied. Wellenlänge von UV bis IR, die auf einem fluorescierenden Schirm aufgefangen oder photographiert werden, wobei die Diapositive im Chromoskop beobachtet werden. Bes. deutlich treten die Oberflächenfarben von *Ag* u. *Si*, etwas schwächer die von *Sb*, *Cr* u. *Cu* hervor. In den meisten Fällen ist noch eine Ätzung mit speziellen Lsgg. erforderlich. (Заводская Лаборатория [Betriebs-Lab.] **23.** 813—17. 1957.) J. v. Schroeder. 6482

J.-J. Trillat, *Kinetische Untersuchung von Strukturumwandlungen und Oxydationserscheinungen durch Elektronenbeugung. Vorteile der Anwendung veränderlicher Drucke.* Bei Elektronenbeugungsunterss. wird mittels fortlaufender Aufzeichnungen der Verlauf einer großen Anzahl von Strukturumwandlungen in Abhängigkeit von der Temp. verfolgt. Wenn bei diesen Unterss. wechselnde Gasdrucke zwischen 10^{-3} u. 10^{-5} mm Hg angewendet werden, ist es ferner möglich, das Verh. der Metalle in Abhängigkeit vom Sauerstoffgeh. zu untersuchen u. so die Oxydations-Rkk. von reinen Metallen oder von Legierungen zu verfolgen. Durch Unterss. an *Co, Al, Sn, Ni, Fe, Ti, Cu, Zn, Bi, U, Ge* wird die Anwendbarkeit des Elektronenbeugungsprüfverf. für Strukturumwandlung nachgewiesen. — Diskussion. (Rev. Métallurgie **53**. 497—502. Juli 1956.) H. HOCHSTEIN. 6482

Adolph Vlcek jr., *Verarbeitung von Metallblech für den Flugzeugbau.* Die hohen Anforderungen an die Festigkeit von Blechen für Ultraschallflugzeuge haben zu neuen Verarbeitungsmaßnahmen für die Formung dieser Bleche geführt, die beschrieben werden. (Metal Progr. **75**. Nr. 3. 77—79. März 1959. Baltimore, Md., Martin Co.) F. VIER. 6490

R. D. Edwards, *Streckziehen von Nichteisenmetallen.* Übersicht über Grundzüge, Ausführung u. Zubehör (Maschinen) der Verff. zum Streckziehen von *Al*-Legierungen (für den Flugzeugbau). — Diskussion. (J. Inst. Metals **84**. 199—209. März. 483—500. Aug. 1956. Weybridge, Surrey, Vickers-Armstrongs (Aircraft) Ltd., Product. Developm.) W. WESLY. 6490

H. Obrig, *Einflußgrößen bei der funkenerosiven Bearbeitung von Warmarbeitsstählen.* Die elektr. Kennwerte der Entladung u. die therm. Vorgänge bestimmen den Abtrag durch Funkenerosion. Die Anodenfläche wird durch Aufkohlung u. Gefügeumwandlungen beeinflußt. Durch die Wahl richtiger Einstellbedingungen, bes. gleichmäßige Zufuhr der Spül-Fl. an die Arbeitsstelle u. Einteilung der Arbeitsstufen, lassen sich günstige Ergebnisse erzielen. (Industrie-Anz. **80**. 681—84. 13/6. 1958. Aachen, TH, Labor. für Werkzeugmaschinen u. Betriebslehre.) W. WESLY. 6490

Hideo Nishimura, Sōzaburo Yamazaki, Sadao Tanabe und **Yoshikazu Okamoto,** *Untersuchung über die Oberflächenhärtung von Stahl mit Hochfrequenzinduktion.* Messungen der Erwärmungs- u. Abkühlungsgeschwindigkeit u. mkr. Unterss. von oberflächengehärtetem Stahl mit 0,45% C (Hochfrequenz-Induktions-Erwärmung) zeigen: Bei Anwendung einer stationären Heizspule genügt eine Erwärmung der Oberfläche auf 850° zur Erzielung der höchsten Härte. Eine bewegte Spule erfordert zu diesem Zwecke eine Temp. von ca. 1000°. Im Gefüge der gehärteten Schicht geht die α + Perlit-Struktur des inneren Teils an der Oberfläche in Martensit über, der aber wegen der unvollständigen Diffusion im γ-Zustand ungleichförmig ist. (Suiyokwai-Shi [Trans. Mining metallurg. Alumni Assoc.] **13**. 335—40. Dez. 1957. [Orig.: japan.; Auszug: engl.]) W. WESLY. 6492

Yutaka Yabuki, *Einfaches Verfahren zur Verhinderung der Entkohlung von hochgekohltem Bandstahl.* Durch Best. des *C*-Geh. in heiß gewalztem *Stahlband* u. der Zus. der CO–CO_2-Atmosphäre wird bewiesen, daß sich bei Behandlung durch „Topfanlassen" mit Holzkohlengas bei 720—740° die Entkohlung vermeiden läßt. (Tetsu to Hagane [J. Iron Steel Inst. Japan] **41**. 351—52. März 1955. Waseda Univ. [Orig.: japan.]) L. SCHULER. 6492

C. N. Scott, *Schweißen und Warmbehandlung von Raketengehäusen.* Die Gehäuse für Raketenantriebe aus Legierungsstählen müssen sehr sorgfältig geschweißt werden, nachdem sie zur Erreichung hoher Festigkeit wärmebehandelt sind. Sie werden von der Temp. der Austenitbldg. im Salzbad bei 350° F abgeschreckt, um Verziehen zu verhindern. (Metal Progr. **75**. Nr. 3. 99—102. März 1959. Akron, Ohio, Goodyear Aircraft Corp.) F. VIER. 6506

Idris J. Thomas, *Entwicklungen beim Putzen von Stahlguß.* Überblick über das Abtrennen von Trichtern u. Steigern' mittels Brennschneider sowie das Pulverreinigen, bei dem in die Sauerstoffflamme fein verteiltes Fe-Pulver eingeblasen wird. (Brit. Foundryman **51**. 416—20. Sept. 1958.) K. HILLINGER. 6510

W. F. Jankewitsch, *Einfluß eines Impulsstromes von Gasen hoher Temperatur auf die Oberflächenschicht von Stahl.* Wenn ein Impulsstrom komprimierter Gase hoher Temp. durch eine Öffnung auf Stahl auftrifft, tritt infolge rascher Härtung eine Verfestigung der Oberflächenschicht ein, es entsteht eine weiße Schicht großer Härte (Mikrohärte 750—775 kg/mm^2, Austenit–Martensit-Struktur), auch ein Polieren der Metalloberfläche. Man kann die Meth. zur thermomechan. Bearbeitung der Wände kleiner Öffnungen benutzen, wobei die erzielten guten mechan. Eigg., die Reinheit der bearbeiteten Oberfläche u. die Schnelligkeit des Prozesses als Vorteile anzusprechen sind. (Доповіді Академії Наук Української РСР [Ber. Akad. Wiss. UkrainSSR] **1957**. 480 bis 484. Inst. für Baumechanik der Akad. der Wiss. der UkrainSSR.) R. K. MÜLLER. 6510

A. Kenneth Graham, *Galvanotechnik — gestern — heute — morgen.* Überblick. Diskussion. (Plating **46.** 150—53. Febr. 1959. Jenkintown, Pa., Savage & Associates, Inc.) F. VIER. 6514

B. E. Conway und **J. O'M. Bockris,** *Einführung zu einer grundsätzlichen Untersuchung über den Mechanismus der elektrolytischen Abscheidung der Metalle.* Nach einem allg. Überblick über die beim elektrolyt. Abscheiden von Metallen auftretenden Erscheinungen wird an dem Beispiel der an der Grenzfläche *Cu/CuSO₄* auftretenden Zwischenschicht der Mechanismus der Metallabscheidung erörtert. Die bei der Elektrolyse verwendeten Begriffe werden definiert. — 36 Schrifttumsstellen. (Plating **46.** 371—83. April 1959. Ottawa, Canada, Univ. of Ottawa; Philadelphia, Pa., Univ. of Pennsylvania.) F. VIER. 6516

William H. Safranek und **Luther E. Vaaler,** *Fortschritt in der elektrolytischen Herstellung von Legierungsüberzügen.* 1. Mitt. *Wolfram- und Molybdänlegierungen.* Überblick. — 60 Schrifttumsstellen. (Plating **46.** 133—43. Febr. 1959. Columbus, Ohio, Battelle Mem. Inst.; Niagara Falls, N. Y., Nat. Carbon Co.) F. VIER. 6516

H. K. DeLong, *Elektrolytische Herstellung von Überzügen auf Magnesium.* Entscheidend für die Güte der elektrolyt. aufgebrachten Metallüberzüge auf Mg ist die gute Haftfestigkeit der durch Tauchen in ein stromloses Bad aufgebrachten *Zn*-Zwischenschicht. Vor dem Aufbringen der Zwischenschicht wird die Oberfläche mit einer Pyrophosphat u. Fluorid enthaltenden Lsg. aktiviert. Die Elektrolyt-Lsgg. zum Aufbringen von Ni-, Cu- u. Cr-Überzügen werden beschrieben. (Metal Progr. **67.** Nr. 4. 102—08. April 1955. Midland, Mich., Dow Chemical Co.) F. VIER. 6516

Francis A. Heiser und **James E. Hyde,** *Elektrolytisches Verbleien von Anoden für Chromelektrolysebäder.* Zur Erhöhung der Lebensdauer wurden die Anoden aus Cu-Stangen für das elektrolyt. Verchromen der Seele von Geschützrohren bisher schmelzfl. verbleit. Es wird ein kontinuierliches Verf. zum elektrolyt. Verbleien der Anodenstangen unter Verwendung einer *Pb–Fluoborat*-Lsg. als Elektrolyt entwickelt, das dem schmelzfl. Verbleien überlegen ist. Die Vorrichtungen werden beschrieben. (Plating **46.** 385—88. April 1959. Watervliet, N. Y., Watervliet Arsenal.) F. VIER. 6518

E. J. Seyb und **W. H. Rowan,** *Elektrolytische Herstellung dickerer Chromschichten zur Erhöhung der Korrosionsbeständigkeit.* Die Korrosionsbeständigkeit von *Ni–Cr*- oder *Cu–Ni–Cr*-Schichten auf Gußteilen aus *Stahl* oder *Zn*-Legierungen kann durch Steigern der Dicke der letzten Cr-Schicht erheblich verbessert werden. Dickere Cr-Schichten können erhalten werden bei längerer Dauer der Elektrolyse oder mit hohen Stromausbeuten, verbesserter Streufähigkeit oder erhöhter Stromdichte. (Plating **46.** 144 bis 149. Febr. 1959. Detroit, Mich., Metal and Thermit Corp.) F. VIER. 6518

J. Ducey und **G. McKinley,** *Bemerkungen zur Sulfatbestimmung in Elektrolyten für die Abscheidung von Chrom.* Die Wrkg. der Temp. auf die Konz. von gelöstem Sulfat in Cr-Elektrolysebädern mit einem Verhältnis von 100 : 1 von $CrO_3 : SO_4$ wurde untersucht. Kühlen des Elektrolyten unter die Arbeitstemp. ergab Verlust an lösl. Sulfat. Wiedererhitzen des Elektrolyten führte zum Inlösunggehen des abgeschiedenen Sulfats. Die Geschwindigkeit dieser Wiederauflsg. ist jedoch gering. Die Wrkg. dieser Erscheinung auf die Sulfatbest. wird erörtert. (Plating **46.** 384. April 1959. Olean, N. Y., Van der Horst Corp. of America.) F. VIER. 6518

H. C. Castell, *Elektrolytische Niederschläge aus Nickel und Nickellegierungen.* Übersicht über die Verff. zur elektrolyt. Abscheidung von Überzügen aus Ni (-Legierungen) u. Erörterung der Einfll. der Arbeitsbedingungen auf die mechan. Eigg. der Überzüge. (Metal Ind. [London] **89.** 536—40. 28/12. 1956. Mond Nickel Co. Ltd.) W. WESLY. 6520

W. Machu und **S. El-Gendi,** *Einfluß von Schwermetallsalzen auf den Glanz und die Abscheidungsgeschwindigkeit bei der stromlosen Abscheidung von Nickel sowie ein Beitrag zum Reaktionsmechanismus der stromlosen Nickelabscheidung.* Der Einfl. des p_H u. die Wrkg. von Zusätzen von *Co*- u. *U-Acetat,* von $ZnSO_4$ u. $CdSO_4$ im stromlos arbeitenden Ni-Bad auf das Schichtgewicht u. den Glanz des Ni-Nd. auf *Al*-Blechen wurden untersucht. Mit zunehmendem Co-Acetat steigen Glanz u. Schichtgewicht an. Steigender Zusatz von $ZnSO_4$ führt zu einem Maximum im Glanz wie im Schichtgewicht. $CdSO_4$ ergibt nur in einem kleinen Konzentrationsbereich Nd. mit stark vermindertem Schichtgewicht. Hohe Cd-Gehh. führen zur Korrosion der Al-Bleche in Rk. mit schwammig abgeschiedenem Cd. Steigende Zusätze von U-Acetat vermindern das Schichtgewicht u. verbessern den Glanz. Mit sinkendem p_H nimmt das Schichtwachstum ab. Die Wrkg. der Metallsalze wird auf ihre Inhibitoreig. zurückgeführt. (Metalloberfläche **13.** 97—103. April 1959. Kairo, Nat. Forschungsinst.) F. VIER. 6520

W. L. Aves, *Überzug für den Wiedereintritt in die Atmosphäre.* Flugkörper müssen für den Wiedereintritt in die Atmosphäre mit einem gegen hohe Tempp. beständigen Schutzüberzug gegen Korrosion u. Erosion ausgerüstet sein. Abwechselnde Schichten von *Mo* u. Al_2O_3 geben einen bes. wirksamen Schutz für das Raketenausströmdüse bei 4500° F. Die Eigg. der Schutzschicht werden beschrieben. (Metal Progr. **75.** Nr.3. 90—94. 189. 190. März 1959. Dallas, Texas, Chance Vought Aircraft, Inc.) F. VIER. 6528

Henri Richaud, *Der Einfluß der Gießart auf die Verteilung der Verunreinigungen und das Aussehen von Aluminium nach anodischer Oxydation.* Unterss. über die Ursachen der an anod. oxydierten Al-Blechen auftretenden, mit Netzbldg. bezeichneten Fehler zeigen, daß dafür das Gefüge des gegossenen Metalls verantwortlich ist. An gleichartigen Metallen sind die Netzlinien deutlicher, wenn die Bleche in eisernen Formen gegossen worden sind, als wenn sie aus kontinuierlichem Guß stammen. Die Verunreinigungen verteilen sich besser durch intermediäre Strangpressung oder durch Kornfeinung mittels Ti oder B. (Rev. de l'Aluminium **33.** 1039—43. Nov. 1956. Chambéry, Comp. Pechiney, Serv. des Rech. et Essais Phys.) W. WESLY. 6530

—, *Korrosion durch Salpetersäure.* Es wurde die durch HNO_3 hervorgerufene Korrosion an Rektifikationsgefäßen aus rostfreiem Stahl in 2 Fällen untersucht: 1. Bei 40—50%ig. HNO_3 (275° F) wird Korrosion bes. an den Schweißnähten des Gefäßes festgestellt, die feine Haarrisse enthielten. 2. Bei 1jähriger Einw. einer 11mol. HNO_3 (300° F) wird der korrosionsfördernde Einfl. von Cr^{6+} als wesentlicher Faktor für möglich gehalten. Weitere Verss.: Korrosion an Luftvorerhitzern der HNO_3-Herst., an Apparaturen, die Mischungen von HNO_3 u. H_2SO_4 enthalten, Al-Schweißen in sd. 98%ig. HNO_3, Dampfkorrosion über HNO_3-Lsgg., Einfl. von *Chloriden* bei der HNO_3-Korrosion u. Ggw. von Ferrit in austenit. rostfreien Stählen. Die Ursache von Explosionen durch *Ti*- u. *Zr*-haltige Legierungen in roter, rauchender HNO_3 konnte nicht geklärt werden. (Corrosion [Houston] **12.** Nr. 6. 65—68. Juni 1956.) P. FAHRNLAENDER. 6538

N. D. Tomaschow, *Verfahren zur Erhöhung der Korrosionsfestigkeit von Metalllegierungen.* (Vgl. C. **1958.** 12314.) Erörterung der Gesetze zur Erhöhung der Korrosionsfestigkeit metall. Systeme durch Einführung geeigneter Legierungskomponenten. Kinet. Erläuterung der Entstehung u. Wrkg. von Korrosionszellen; der Einfl. der strukturellen Heterogenität auf die Korrosionsbeschleunigung oder -verzögerung durch Einführung bestimmter kathod. Bestandteile in das Metall; Bedingungen zur Entw. der Metallpassivität. — Vf. stellte u. a. fest, daß die Passivität verschied. Metalle in belüfteter 0,5n NaCl-Lsg. in folgender Reihe abnimmt: Ti, Al, Cr, Be, Mo, Mg, Ni, Co, Fe, Mn, Zn, Cd, Sn, Pb, Cu. Ferner wird gezeigt, daß 18/8-Cr–Ni-Stähle u. Stähle mit 27 (%) Cr nach Legierung mit 1,2 *Cu*, 0,1—1 *Pd* oder 0,1—0,5 *Pt* in kalter oder heißer H_2SO_4 verschied. Konzz. wesentlich widerstandsfähiger sind als ohne die Legierungszusätze. — 56 Literaturhinweise. (Corrosion [Houston] **14.** Nr. 5. 39—46. Mai 1958. Moskau, Inst. of Physic. Chem. of the USSR.) H. ECKSTEIN. 6538

A. K. Ssemenowa und **P. W. Geld,** *Einfluß von Chrom auf die sulfidische Korrosion seiner Legierungen mit Eisen.* Es wurde die Korrosion von Cr-Stählen [0—12 (%) Cr, < 0,1 C] in S-Dämpfen von 50 mm Hg-Druck u. Tempp. zwischen 500 u. 800° untersucht. Dabei wurde festgestellt, daß die Korrosion in S-Dämpfen ähnlich der Korrosion in O_2 (Luft) verläuft; mit steigendem Cr-Geh. steigt die Widerstandsfähigkeit rasch an, so daß Stähle mit ca. 4 Cr 1,5—2mal, mit > 12 Br 10—20mal widerstandsfähiger sind als solche ohne Cr. Gleichzeitig steigt die Korrosion mit der Temperatur. — Die äußere Schicht des Zunders zeigt einen verringerten Cr-Geh., die innere dagegen eine Anreicherung von Cr in Form des Spinells $FeCr_2S_4$ (bes. bei Stählen mit > 12 Cr). Diese Spinellschicht erschwert die weitere Diffusion von Cr u. S u. macht somit den Stahl widerstandsfähiger; die Korrosion wird um so kleiner sein, je schneller die legierenden Elemente die Spinellschutzschicht bilden können. (Журнал Физической Химии [J. physik. Chem.] **32.** 1087—94. Mai 1958. Swerdlowsk, Uraler Polytechn. Kirow-Inst.) H. TŮMA. 6538

Peter K. Bloch, *Bestimmung innerer Korrosionen durch Ultraschall von außen.* Beschreibung von zwei Grundgeräten zur Dickenmessung von Rohr- u. Kesselwänden mittels Ultraschall. Korrosionsschäden werden bei den Resonanzmessungen durch unterschiedliche Dicken der Wandungen der entsprechenden Gefäße angezeigt. (Amer. Gas J. **186.** Nr. 3. 20—21. März 1959. Stamford, Conn., Branson Instruments, Inc.) WOLFGANG SIMON. 6540

E. Pouillard, H. Coriou und **M. Grall,** *Gerät zu Untersuchung der Korrosion von nicht oxydierbaren Legierungen in wässeriger Lösung bei hoher Temperatur.* Beschreibung von Bau u. Anwendung von Mikroautoklaven zur Unters. der Oberflächen- u. der Spannungskorrosion von nicht oxydierbaren Legierungen (legierten Stählen) in wss.

Lsg. bei hoher Temperatur. — Beispiele. (Métaux **34.** 20—35. Jan. 1959. Commentry et Neuves Maisons, Co. des Forges de Châtillon; Saclay, Centre d'Études Nucléaires, Dép. de Métallurgie et de Chim. appl.) W. WESLY. 6540

N. D. Tomaschow und **A. A. Lokotilow,** *Bestimmung der Dicke des Feuchtigkeitsfilmes auf Metallen bei der atmosphärischen Korrosion.* Beschreibung einer Adsorptionsvorr. u. einer Desorptionsvorr. zur Best. der Dicke des Feuchtigkeitsfilmes auf Metallen. Die Best. kann bei beliebiger Temp. u. Wassergeh. der Luft durchgeführt werden. Auf glatter Oberfläche von Fe steigt die Adsorptionsschicht von 15 mol. Schichten bei 55% Feuchtigkeit auf 92 bei ca. 100% Feuchtigkeit. Für Cu u. Zn weichen die Werte von den Fe-Werten etwas ab. Ein Vgl. der Isothermen der Adsorptionsfeuchtigkeit mit den Kurven der Veränderungen des Korrosionsstromes aus den elektrochem. Unterss. der atmosphär. Korrosion zeigt, daß die Dicke der Adsorptionsschicht der Feuchtigkeit, genauso wie die Größe des Korrosionsstromes, symbat. mit der relativen Feuchtigkeit zunimmt. (Заводская Лаборатория [Betriebs-Lab.] **24.** 425—27. 1958. Moskau, Inst. für Stahl, Phys.-chem. Inst. der Akad. der Wiss. der UdSSR.) OTTO MAIER. 6540

G. I. Fuks und **L. W. Timofejewa,** *Methode zur Beurteilung der Korrosionsaggressivität von Schmierölen bei mäßigen Temperaturen.* Nach GOST (Normen der UdSSR) dauert die Prüfung der Korrosionsaggressivität von Schmierölen, die bei Zimmertemp. erfolgt, 30 Tage. Nach den vorgeschlagenen 2 Variationen erfolgt die Prüfung bei 80 bis 100°, wodurch die Best. sehr beschleunigt wird. Die zylindr. Proben aus *Stahl U10A* u. *Messing LS 59-1,* die an den Enden u. Seiten poliert sind, werden aufeinander senkrecht gepreßt u. in das zu untersuchende Schmieröl getaucht. Es zeigte sich, daß die Korrosion von Messing in der Regel früher beginnt als die von Stahl. Bei Berührung von Messing u. Stahl wird der Beginn der Korrosion von Messing beschleunigt. Eine Temperaturerhöhung beschleunigt die Korrosion um so mehr, je aggressiver das Schmieröl ist. Mit zunehmender Feuchtigkeit u. Acidität wird die beginnende Korrosion stark beschleunigt, später jedoch stabilisiert. Es läßt sich nach dieser Meth. der Einfl. auf die Korrosion schon bei 0,01% W. im Schmieröl nachweisen, der nach GOST nicht nachweisbar ist. Die Prüfdauer wird auf $^1/_{10}$ der bisherigen Dauer vermindert. (Заводская Лаборатория [Betriebs-Lab.] **24.** 427—29. 1958. Wiss. Forschungsinst. der Uhrenind.) OTTO MAIER. 6540

L. A. Glikman, L. A. Ssuprun und **Je. N. Kosstrow,** *Prüfmethode auf Korrosionsermüdung an Proben mit einem Durchmesser von 60 mm.* (Vgl. C. **1958.** 13095.) Das verwendete Prüfgerät (Abb.) zur Prüfung von Proben von 60 mm Durchmesser auf Korrosionsermüdung (KE) beruht auf der Unters. der Biegefestigkeit im symm. Cyclus mit der Frequenz 1200—2200 min^{-1}. Die so ermittelte KE-Festigkeit nimmt mit steigender Zahl der Cyclen ab. Gegenüber Unterss. an Proben mit 7 mm Durchmesser ist die KE um ca. 15% kleiner, gegenüber Proben mit 9 mm Durchmesser bei $20 \cdot 10^6$ Cyclen um ca. 25%. Die Abnahme der KE mit steigender Zahl der Cyclen ist in 3% ig. NaCl-Lsg. erheblich stärker als an der Luft. Die Unterss. werden an C-Stahl mit 0,4 (%) C, 0,26 Si u. 0,57 Mn durchgeführt. Der stärkere Einfl. des Maßstabfaktors wird darauf zurückgeführt, daß bei genügend aggressiven Medien die Lebensdauer der Probe von der Dauer der Periode der Rißentw. bestimmt wird, die hier ca. 90% der Cyclenzahl bis zur Zerstörung beträgt, bei gewöhnlicher Ermüdung 10—30%. (Заводская Лаборатория [Betriebs-Lab.] **23.** 343—45. 1957.) R. K. MÜLLER. 6540

Titan Co. A/S, Fredrikstad, Norwegen, *Flotation von titanhaltigen Erzkonzentraten.* Zum Flotationsbad werden 0,0025 (Gewichtsteile) *Na-Alkylhexametaphosphat* als Schaumbildner, ferner 0,025 *Ölsäure,* 0,013 *Heizöl* u. 0,02 *NaF* zugesetzt. Das p_H der Bad-Fl. beträgt 6,8. (**N. P. 87 717** vom 9/10. 1953, ausg. 23/7. 1956. A. Prior. 11/10. 1952.) K. H. KÄHLER. 6363

Ford Motor Co. of Canada Ltd. (Erfinder: **Julius M. Bleuenstein**), *Herstellung von Formsand für Gießereizwecke.* Sand wird zusammen mit einem natürlichen oder synthet. Harz, das fähig ist, mit Hexamethylentetramin (I) zu reagieren, u. bei der Erhitzungstemp. von 300—500° F schm., z. B. „*Vinsol*" (= hartes, dunkles Kiefernharz, das unlösl. in Petroleum-KW-stoffen ist u. 3—7% Methoxygeh. hat), erhitzt u. I zugefügt, worauf der so überzogene Sand mit einer weiteren Schicht von Phenol-Aldehyd-Harz überzogen wird. (**Aust. P. 210 590** vom 29/9. 1955, ausg. 31/10. 1957.) K. DEMMLER. 6383

Commonwealth Industrial Gases Ltd. (Erfinder: **James Anthony Charles**), *Gleichzeitiges Verringern des Silicium- und Phosphorgehaltes in geschmolzenem Eisen.* Die Schmelze wird in Ggw. z. B. von Soda bei 1250—1350° mit O_2 behandelt, wobei O_2 in solchen Abständen zugegeben wird, daß eine Temp. von 1250—1350° erhalten bleibt.

Das Endprod. enthält nur noch 0,01 (%) *Si* u. 0,40 *P*. (**Aust. P. 210 911** vom 29/11. 1955, ausg. 14/11. 1957. E. Prior. 2/12. 1954.) K. DEMMLER. 6401

Manufactures de Produits Chimiques du Nord (Établissements Kuhlmann), Soc. An., Paris (Erfinder: **Pierre Blanc**, Versailles), Frankreich, *Legierungen zum Desoxydieren von Eisenlegierungen* bestehen aus 25—45 (%) *Ti*, 5—10 *Al*, Rest 55—60 *Mn*. Ihr bedeutender Vorteil liegt darin, daß sie durch gleichzeitige Oxydation des Ti u. des Mn eine leicht abgießbare Schlacke bilden u. so fast vollständig die Bldg. von TiO_2 im Innern des Metalls ausschließen. (**D. B. P. 964 444** Kl. 40b vom 27/6. 1954, ausg. 23/5. 1957. Anmeldung bekanntgemacht 29/11. 1956. F. Prior. 5/4. 1954.) C. GÖTZE. 6401

William Jessop & Sons Ltd. (Erfinder: **Geoffrey Thomas Harris** und **Henry Cave Child**), Sheffield, England, *Eisen-Chrom-Nickel-Kobalt*-Legierung nach E. P. 746 472 ist dad. gek., daß sie als Zusatz noch bis zu 1 (%) *Ce* enthält. Zweckmäßig besteht die Legierung aus 0,15—0,45 *C*, 0,5—1,5 *Mn*, 0,15—0,75 *Si*, 15—23 *Cr*, 13—28 *Ni*, 22 bis 28 *Co*, mit der Maßgabe, daß der Gesamtgeh. an Ni u. Co 45% nicht übersteigt, 0,002 bis 0,04 *B*, 0,5—3,5 *Ti*, 0,5—3,5 *Mo*, 0,5—3,5 *W*, wobei der Gesamtgeh. zwischen 5 u. 10% liegen u. der Ti-Geh. auch fehlen kann, bis 1 *Ce*, Rest *Fe* mit den üblichen Verunreinigungen. Ce wird bes. als Ferrocer, Mischmetall oder als ein aus Seltenen Erdmetalloxyden u. einem geeigneten Desoxydationsmittel bestehendes Gemisch zugesetzt. (**E. P. 795 377** vom 22/4. 1954, ausg. 21/5. 1958. **Zusatz zu E. P. 746 472; C. 1958. 850.**) H. HOCHSTEIN. 6411

Metallgesellschaft Akt.-Ges., Frankfurt/M. (Erfinder: **Werner Schwartz**), *Gewinnung von Blei nach dem Röstreaktionsverfahren*. Einem durch Röstung des sulfid. Ausgangsmaterials auf dem Sinterband hergestellten Pb-reichen Sinter, der mindestens 2 Mol chem. gebundenen O je Mol PbS enthält, wird die für die Erhitzung auf Reaktionstemp. notwendige Wärmemenge durch Induktion zugeführt. (**D. A. S. 1 031 523** Kl. 40a vom 23/12. 1953, veröff. 4/6. 1958. **Zusatz zu D. A. S. 1 023 589; C. 1959. 8386.**) M. NECKERMANN. 6431

International Business Machines Corp., New York, N. Y., V. St. A., *Kupferlegierungen* bestehen aus mehr als 5 u. bis 15 (%) *Ni*, 0,1—2 *Si*, 0,1—6 *Al* u./oder 0,1—2 *Mg*, Rest *Cu*. Die Legierungen werden bei 750—1000° F 15 Min. bis 4 Std. veredelt u. eignen sich bes. für stromführende Federkontakte. (**E. P. 761 110** vom 12/7. 1954, ausg. 7/11. 1956. A. Prior. 15/7. 1953.) C. GÖTZE. 6433

Isabellen-Hütte Heusler K.-G., Dillenburg (Erfinder: **Konrad Thielmann**, Wissenbach), *Verwendung von Drähten oder Bändern aus Kupfer-Mangan-Nickel-Legierungen* mit einem Geh. an 1—35 (%) *Mn*, 1—9 *Ni* u. 0,01—0,3 *Mg*, Rest *Cu* als elektr. Widerstandsmaterial. — Abbildung. (**D. A. S. 1 033 423** Kl. 40b vom 29/12. 1953, veröff. 3/7. 1958.) H. HOCHSTEIN. 6433

Institut Dr. Ing. Reinhard Straumann Akt.-Ges., Waldenburg, Schweiz, *Nichtrostende Nickel-Kupfer-Mangan-Kobalt-Legierung für unmagnetische Teile von Uhren und dergleichen* besteht aus 30—34, bes. 32 (%), *Ni*, 30—34, bes. 32, *Cu*, 30—34, bes. 32, *Mn*, 1—8, bes. 3,5, *Co* u. 0,01—4, bes. 0,5, *Se*. Zweckmäßig wird die Legierung bei 700—1000° geglüht, abgeschreckt, kaltverarbeitet u. auf 300—500° rückgeglüht. (**E. P. 796 429** vom 18/10. 1955, ausg. 11/6. 1958. Schwz. Prior. 18/10. 1954.) H. HOCHSTEIN. 6435

Heinrich Herbst, Jena, *Verwendung einer Leichtmetallegierung*, bes. Al- oder Mg-Legierung, die neben Al bzw. Mg noch 3—45 Vol.-%, bes. 10—30 Vol.-%, eines oder mehrere der fertig gebildeten Hartmetall-*Carbide*, -*Silicide*, -*Boride*, -*Nitride* folgender Metalle: *Ti*, *Zr*, *Hf*, *Th*, *V*, *Nb*, *Ta*, *Cr*, *Mo*, *W* oder *Mn*, zugesetzt enthält, für die Herst. von Kolben für Brennkraftmaschinen. Auch können die Hartmetallcarbide ganz oder teilweise durch Siliciumcarbid oder Borcarbid ersetzt sein. (**D. B. P. 970 904** Kl. 40b vom 22/6. 1943, ausg. 13/11. 1958. Anmeldung bekanntgemacht 18/6. 1953.) H. HOCHSTEIN. 6443

I. G. Farbenindustrie Akt.-Ges. in Abwicklung, Frankfurt/M. (Erfinder: **Gustav Siebel**, Singen, und **Paul Zimmermann**, Meschede), *Erhöhung der Festigkeit von Gußstücken aus Magnesiumlegierungen*, dad. gek., daß nach der üblichen Reinigung der Schmelze u. dem Abkrammen der verbrauchten Flußmittel vor dem Vergießen im Innern derselben bei Tempp. von ca. 800°, zweckmäßig nahe am Tiegelboden, 0,1—2% wasserfreies $MgCl_2$ oder wasserfreier *Carnallit* zum Schmelzen gebracht werden. (**D. A. S. 1 037 148** Kl. 40b vom 5/2. 1943, veröff. 21/8. 1958.) H. HOCHSTEIN. 6445

Magnesium Elektron Ltd., übert. von: **Derek J. Whitehead**, Manchester, England, *Magnesiumlegierungen mit guten mechanischen Eigenschaften, besonders Dauerstandfestigkeit, bei erhöhten Temperaturen*, ist dad. gek., daß sie aus 1—6 (%) *Th*, 0,2 bis

0,9 *Zr*, 0,1—1,0 *In*, 0,5—5,0 *Zn*, Rest *Mg* besteht, mit der Maßgabe, daß der Th-Geh. zwischen $^9/_{10}$ u. dem 3fachen Zn-Geh. liegt, jedoch $^9/_{10}$ des Zn-Geh. nicht mehr als $^1/_2$ u. $^3/_4$ übersteigt u. daß der Th- u. Zn-Geh. zusammen 10% nicht übersteigt. Die Legierung kann außerdem noch bis 0,002 *Be*, bis 0,2 *Ca*, bis 3 *Hg*, bis 1 *Pb*, bis 1 *Tl*, bis 3 *Li*, bis 0,1 *Te* u. bis 1 *Ag* enthalten. (**A. P. 2 823 115** vom 9/9. 1955, ausg. 11/2. 1958. E. Prior. 25/10. 1954.) H. HOCHSTEIN. 6445

William F. Jobbins, Inc. (Erfinder: **Charles B. Willmore**), Aurora, Ill., V. St. A., *Verwendung einer Aluminium-Magnesium-Legierung* aus 1—9 (%) *Mg*, 0,001—0,4 *Ti*, 0,001 bis unter 0,01 *B*, 0,001—1,2 *Be*, Rest *Al* für Kokillenguß. Die für diesen Zweck zu verwendende Legierung kann außerdem noch bis 0,5, bes. 0,15—0,5, Cr sowie bis 1,5, vorzugsweise 0,01—0,6, *Mn* enthalten. — Abbildungen. (**D. B. P. 970 393** Kl. 40b vom 6/8. 1950, ausg. 18/9. 1958. Anmeldung bekanntgemacht 22/11. 1951. A. Prior. 14/1. 1949.) H. HOCHSTEIN. 6447

Istituto Sperimentale Metalli Leggeri (Erfinder: **Carlo Panseri**), Mailand, Italien, *Aluminiumlegierung* besteht aus 2,5—6 (%) *Cu*, 0,2—2 *Zn*, 0,2—1 *Mg*, 0,2—0,9 *Pb*, 0,2—0,9 *Cd*, bis 0,5 *Fe*, bis 0,5 *Si*, bis 0,3 *Ti*, bis 0,3 *Ni*, Rest *Al*. Zweckmäßig wird diese Legierung zur Erzielung einer guten, unter Bldg. kleiner Späne erfolgenden Zerspanbarkeit während höchstens 20 Std. bei einer Temp. zwischen 490 u. 530° geglüht, dann abgeschreckt u. nachfolgend einer Alterung, u. zwar während einiger Tage bei Raumtemp. oder 1—24 Std. bei 120—220°, unterworfen. (**Schwz. P. 328 150** vom 2/6. 1954, ausg. 15/4. 1958. It. Prior. 5/6. 1953.) H. HOCHSTEIN. 6447

United States of America, übert. von: **Harley A. Wilhelm** und **Donald H. Ahmann,** Ames, Iowa, V. St. A., *Elektrolytisches Abscheiden von Uran* aus einem schmelzfl. Bad, das U-Halogenide in Ggw. eines U-Carbides enthält. Beispiel: 100 (g) *UC*, 5 UF_4, 337 $CaCl_2$ u. 163 *NaCl* werden auf 800° erhitzt. Nach 2½ Std. bei ca. 4 V u. 0,4 A/cm² hat sich ca. 1 g U auf einer rostfreien Stahlkathode niedergeschlagen. (**A. P. 2 781 304** vom 15/8. 1946, ausg. 12/2. 1957.) H. HÄNLE. 6449

United States of America, übert. von: **Alan U. Seybolt,** Scotia, N. Y., V. St. A., *Binäre Uranlegierung* besteht aus 0,1—10 (%) *Zr*, *Nb* oder *Mo*, Rest *U*. Zweckmäßig wird die U-Legierung bei ca. 900° 24 Std. geglüht, dann in W. abgeschreckt, auf 300—400° nochmals erhitzt, auf dieser Temp. 2 Std. gehalten u. darauf nochmals in W. abgeschreckt. Die Legierung ist als Werkstoff für Neutronenreaktoren geeignet. (**A. P. 2 830 896** vom 7/6. 1948, ausg. 15/4. 1958.) H. HOCHSTEIN. 6449

United States of America, übert. von: **Frank H. Spedding** und **Harley A. Wilhelm,** Ames, Iowa, V. St. A., *Legierung für Kernspaltungen* besteht aus wenigstens 0,7% ^{235}U, aus *Th* in einer Menge, die zu einer erhöhten Verarbeitbarkeit der Legierung ausreicht u. einen Höchstgeh. von 50% der Legierung ausmacht, sowie aus *Be* als Rest. — Abbildungen. (**A. P. 2 826 495** vom 17/7. 1946, ausg. 11/3. 1958.) H. HOCHSTEIN. 6449

William Jessop & Sons Ltd. (Erfinder: **Geoffrey Thomas Harris** und **Henry Cave Child**), Sheffield, England, *Titanlegierungen mit einer Kriechfestigkeit über* 20 t/sq.in. *bei 400°* sind dad. gek., daß sie aus 2—10 (%) *Al*, 1—10 *Mo*, 0,1—2 *Si*, Rest mindestens 80 *Ti* mit den üblichen Verunreinigungen bestehen. Diese Legierungen können außerdem α-Bildner, wie *Sn* u. *Zr*, u. zwar bis zu 8 Sn u. bis 10 Zr sowie eines oder mehrere der β-Bildungselemente, wie *V*, *Nb* u. *Ta*, in Gehh. bis zu je 10% enthalten. (**E. P. 796 781** vom 11/2. 1954, ausg. 18/6. 1958.) H. HOCHSTEIN. 6449

Hans Vogt, Erlau bei Passau, *Herstellung poröser Sinterkörper*. Als Träger für das Metallpulver wird die zu füllende Sinterform verwendet, die in einem Beruhigungsraum aufgestellt ist, in dem sich mit gleichbleibender Menge zerstäubend aufgewirbeltes Metallpulver absetzt u. die Sinterform drucklos füllt. Das Verf. ist bes. für die kontinuierliche Herst. von foliendünnen Sintergerüstelektroden für alkal. Akkumulatoren geeignet. — Apparatur. (**Schwz. P. 318 248** vom 3/10. 1953, ausg. 15/2. 1957. D. Prior. 7/10. 1952.) C. GÖTZE. 6475

IX. Organische Industrie.

Zofia Błaszkowska und **Wojchiech Wiśniewski,** *Reinigung von Methanol von Aminen mit der Ionenaustauschermethode.* Die Abscheidung von Aminen aus Methanol (I) mit Ionenaustauschern, untersucht am Beispiel des techn. Äthylamins, verläuft nur langsam (24—120 Std.). Geeignet sind deshalb nur stark saure Austauscher auf Polystyrolbasis (Amberlit IRC-120). Phenol-Formaldehyd-Austauscher werden von **I** angegriffen, Carboxylgruppen enthaltende Austauscher (Amberlit IRC-50) reagieren zu langsam. Auch Wofatit P adsorbiert unvollständig. (Przemysł chem. **37.** 598—602. Sept. 1958. Warszawa, Inst. Chem. ogóln., Zakł. Fizykochem.) F. URBAN. H 560

A. A. Pertschenko, *Über die Ausbeute an Säuren bei der Oxydation von Paraffin in Gegenwart von Kaliumpermanganat und Mangandioxyd.* Aus Verss. folgt, daß bei der Oxydation von Paraffinen zwecks Gewinnung von synthet. Säuren gleicher Zus. Anfall an Rückstand u. anderen Säurefraktionen stets der gleiche ist, unabhängig davon, ob als Katalysator $KMnO_4$ oder MnO_2 angewandt wurde. Die erheblichen Schwankungen in den Ausbeuten, die bei der Oxydation von Paraffinen verschied. Herkunft auftreten, sind durch die unterschiedliche Zus. der Paraffine bedingt. Mit zunehmendem Geh. an hochmol. Paraffinen steigt die Ausbeute des Rückstandes. Dieser Anfall kann dadurch verringert werden, daß nur Paraffine oxydiert werden, die keine hochmol. Fraktionen, bes. über 450°, enthalten. (Маслобойно-Жировая Промышленность [Öl- u. Fett-Ind.] **24.** Nr. 9. 24—28. 1958. Allunions-Wiss. Forschungsinst. für Fette.)
OTTO MAIER. H 810

P. W. Sherwood, *Petrochemisches Phthalsäureanhydrid.* 2. Mitt. *Herstellung.* (1. vgl. C. **1959.** 10394.) Die techn. Herst. von Phthalsäureanhydrid durch direkte Luftoxydation von Naphthalin u. o-Xylol wird beschrieben. Die Rk. findet in Ggw. eines geeigneten Katalysators, der als akt. Prinzip V_2O_5 enthält, zwischen 350 u. 450° statt. Die Herst. des Katalysators, der Fe_2O_3-frei sein muß, u. die mit ihm erzielten Ausbeuten werden erörtert. (Chem. Age **74.** 1177—79. 26/5. 1956.) F. GROH. H 1220

Peter W. Sherwood, *Die Herstellung von Phthalsäureanhydrid aus Erdöl. Rohstoffe und Herstellungsmethoden.* Inhaltlich ident. mit der C. **1959.** 10394 u. der vorst. referierten Arbeit. (Erdöl u. Kohle **9.** 683—90. Okt. 1956.) F. GROH. H 1220

K. P. Grinewitsch und **W. A. Saitzew,** *Eine neue Methode zur Synthese von Mesityloxyd und Methylisobutylketon.* Durch Kondensation von Aceton mit NH_3 werden unter optimalen Bedingungen (70—85°, 8—10 at, 45—60 Min.) 72—74% *2.2.4.4.6-Pentamethyl-2.3.4.5-tetrahydropyrimidin* (I) erhalten; nach Abkühlung auf 35—40° wird die Rk. bei 25—30° in 2—4 Std. vollendet; ein NH_3-Überschuß beeinflußt die I-Ausbeute nicht wesentlich. I hat $Kp._{760}$ 174°, $Kp._{12}$ 56°, $D.^{20}{}_4$ 0,8850, Viscosität (20°) 4 cSt. Die Hydrolyse von I zu *Mesityloxyd* (II) erfolgt bei 95° (I: W. = 1:4 Mol) in 2 Std. zu >80%, bei 86° (1:2) in 2—5 Std. zu ca. 60%. Nach beendeter NH_3-Entw. wird **II** in 96—98% Reinheit gewonnen; Kp. 129,5—131°, $D._4{}^{20}$ 0,854, $n_D{}^{20}$ 1,4445. Durch Hydrieren von **II** über RANEY-Ni bei 3 at u. 140° oder bei gewöhnlichem Druck bei 22—24° (45 Min. bzw. 6½ Std.) erhält man *Methylisobutylketon* (**III**) in 91,5—94,7%ig. Ausbeute, Kp. 114 bis 115°, $D._4{}^{20}$ 0,8014, $n_D{}^{20}$ 1,3959. Die besten **III**-Ausbeuten liefert bei druckloser Hydrierung RANEY-Ni, das bei 105—107° ausgelaugt wurde. (Химическая Промышленность [Chem. Ind.] **1958.** 276—79. Juli/Aug.) R. K. MÜLLER. H 1960

Deutsche Erdöl-Aktiengesellschaft, Hamburg (Erfinder: **Herbert Pietsch,** Hemmingstedt/Holst.), *Herstellung ungesättigter Kohlenwasserstoffe durch thermische Spaltung von gesättigten Kohlenwasserstoffen unter gleichzeitiger Gewinnung von mechanischer Energie in einem Verbrennungsmotor* durch Verbrennen eines Kraftstoff–Luft- bzw. O_2-Gemisches, dad. gek., daß das Kraftstoffgemisch mit überschüssiger Luft bzw. überschüssigem O_2 verbrannt u. während oder nach der Verbrennung des Kraftstoffes ein KW-stoff oder ein KW-stoffgemisch in den Zylinderkopf des Motors eingespritzt wird. Die Spalttemp. kann durch Mischungen aus O_2 u. Wasserdampf geändert werden. — Aus Leichtbenzin erhält man ein Auspuffgas mit 6—12% *Äthylen.* (**D. A. S. 1 061 317** Kl. 12o vom 20/3. 1957, veröff. 16/7. 1959.) G. KRAUSS. H 510

Cellulose-Polymères & Dérivés „Cepede" (Soc. An.), Belgien, und **Red-G. m. b. H., Technik und Produkte: Cellulose, Chemie und Chemie der Kunststoffe,** Deutschland (Erfinder: **John Elian** und **Marcel Lepingle**), *Herstellung von 1.4-Dibrombutan,* dad. gek., daß man Butadien in 2—5%ig. Überschuß mit Br_2 u. einem Lösungsm. umsetzt unter Bldg. eines Gemisches von 1.4- u. 1.2-Dibrombuten. Letzteres wird in einer Kolonne abgetrennt u. kehrt in den Kreislauf zurück, während das 1.4-Isomere hydriert wird. — Schema der Anlage. (**F. P. 1 168 789** vom 4/3. 1957, ausg. 16/12. 1958.)
S. BÖTTCHER. H 510

E. I. du Pont de Nemours & Co., V. St. A., *Stabilisierung chlorierter Kohlenwasserstoffe* (*Trichlor-, Perchloräthylen*) durch Zusatz von 0,01—5 (%) eines Epoxyds (Propylen-, Butylen-, Amylenepoxyd, Epichlorhydrin oder Chlorpropylenoxyd) u./oder 0,1—1 eines Esters (Methyl-, Äthyl-, Propylacetat oder -propionat) u./oder 0,001—0,2 eines Amins (Pyridin, Picoline, Triäthylamin). (**F. P. 1 161 469** vom 17/9. 1956, ausg. 1/9. 1958.) S. BÖTTCHER. H 520

Soc. d'Électro-Chimie, d'Électro-Métallurgie et des Aciéries Électriques d'Ugine, Frankreich, *Herstellung von Tri- und Tetrachloräthylen,* dad. gek., daß man Cl_2 u. Dichloräthylen, gegebenenfalls mit Tetra- u. Pentachloräthan, bei 350—450°, bes. 370 bis 400°, über eine Wirbelschicht aus mit $BaCl_2$ u. $CuCl_2$ imprägnierter Aktivkohle leitet. (**F. P. 1 166 211** vom 8/2. 1957, ausg. 4/11. 1958.) S. Böttcher. H 520

Distillers Co. Ltd. (Erfinder: **Frederick James Bellringer**), Edinburgh, Schottland, *Herstellung von Chloropren* durch Erhitzen von 3.4-Dichlorbuten-(1) in einer wss. Alkalilsg. in Ggw. des entsprechenden Alkalisalzes der Pikrinsäure, bes. in einer Konz. von 0,1—1,0%, der zweckmäßig 10—20%ig. Alkali- (NaOH-) Lsg. zugesetzt werden, bis über den Kp. des Chloroprens (I; ca. 60°), so daß das gebildete I abdestilliert. Durch die Ggw. des Pikrats werden höhere Ausbeuten an I erzielt. (**E. P. 798 205** vom 26/5. 1956, ausg. 16/7. 1958.) W. Gräger. H 520

Chemische Werke Hüls Akt.-Ges. (Erfinder: **Alfred Schmidt, Herbert Schmidt** und **Walter Jahnentz**), Marl, *Thermische Spaltung flüssiger Kohlenwasserstoffe.* Die zum Spalten notwendige Wärmemenge wird in den zu spaltenden KW-stoffen durch Verbrennen eines Teiles der KW-stoffe mit O_2 oder diesen enthaltender Gasen derart erzeugt, daß die Zufuhr des O_2 oder diesen enthaltenden Gase in den Spaltraum über die Oberfläche der fl. KW-stoffe erfolgt u. so auf die Oberfläche gerichtet ist, daß durch die bei der Zündung entstehende Flamme ein Teil der an der Oberfläche befindlichen fl. KW-stoffe verbrennt. O_2 u. fl. KW-stoffe können vorerhitzt werden. In dem zugeführten überschüssigen O_2, dem auch Wasserdampf oder N_2 zugesetzt werden kann, läßt man ein brennbares Gas (H_2 oder Methan) oder an dessen Einleitungsstelle eine Zündflamme brennen. Die nicht gespaltenen KW-stoffe werden von den Spaltgasen abgetrennt u. in den Spaltraum zurückgeführt. Die Spaltung ist bei n., Unter- oder Überdruck durchführbar. — Aus Dieselöl, Kp. 200—325°, entsteht bei 105° eine Mischung aus 5,8 (%) *Acetylen,* 6,6 *Äthylen,* 40,1 CO, 32,8 H_2 neben höhermol. Acetylenen, Olefinen u. andere Verbindungen. — Vorr., Zeichnung. (**D. A. S. 1 052 978** Kl. 12o vom 27/8. 1957, veröff. 19/3. 1959.) G. Krauss. H 530

Escambia Chemical Corp., Pace, Fla., übert. von: **Albert di Nardo,** Jamaica Plain, **James H. Gardner,** Cambridge, und **Nat C. Robertson,** Wellesley, Mass., V. St. A., *Glykoläther,* bes. Monoäther des Propylenglykols, erhält man bei der Oxydation von Olefinen, gelöst in OH-haltigen organ. Verbb. (aliphat. Alkohole), in Ggw. oder Abwesenheit eines inerten organ. Lösungsm. mit O_2-enthaltenden Gasen bei 125° u. 300 lbs./sq.in., gegebenenfalls in Ggw. eines Katalysators, vorteilhaft Mn-Propionat. Die OH-Verbb. sollen im Überschuß angewendet werden. Zweckmäßig wird im wasserfreien Medium gearbeitet. (**A. P. 2 816 932** vom 12/8. 1953, ausg. 17/12. 1957.) G. König. H 550

Distillers Co. Ltd., Edinburgh, England (Erfinder: **James Lipp Brown Benton** und **George William Godin**), *Gewinnung von Hydroperoxyden* erfolgt durch Extraktion der durch Oxydation der entsprechenden KW-stoffe erhaltenen Oxydationsmischung mit einer Mischung aus 10—80% eines niedermol. Alkanols u. einer 5—40%ig. wss. Alkalihydroxydlösung. — Es werden extrahiert: *Decan-, Methylundecan-, m-Diisopropylbenzol-; 1.4-Diäthyl-1.2.3.4-tetrahydronaphthalin-; 1-Äthyl-1.2.3.4-tetrahydronaphthalin-; 1-Methyl-3-phenylindan-* u. *3-Phenylpentanmonohydroperoxyd.* Aus der wss. alkoh. alkal. Lsg. werden die Peroxyde nach dem Neutralisieren, z. B. mit CO_2, durch Extraktion mit Bzl., Toluol, Methylisobutylketon, Chlf. oder CCl_4 rein gewonnen. (**E. P. 786 340** vom 18/8. 1954, ausg. 13/11. 1957.) G. Krauss. H 550

Union Carbide & Carbon Corp., übert. von: **Clare Allan Carter,** New York, N. Y., V. St. A., *Nichtionogene oberflächenaktive Verbindungen* erhält man bei der Rk. von 0,2—4 (Mol) Äthylenoxyd auf 1 eines prim. oder sek. Alkohols mit 10—17 C-Atomen in Ggw. eines sauer wirkenden Katalysators bei 0—80° u. anschließende Gewinnung der Monoalkyläther des Äthylen- u. Polyäthylenglykols aus der neutralisierten Reaktionslösung. Die erhaltenen Glykoläther werden in Ggw. eines alkal. wirkenden Katalysators mit weiterem Äthylenoxyd bei 80—200° umgesetzt, wobei eine 0,5 Gew.-%ig. wss. Lsg. einen Trübungspunkt von 10—100° aufweisen soll. Man erhält als Zwischenprodd. *Mono-2.6.8-trimethyl-4-nonyläther des Glykols,* $Kp._{50}$ 171°; *Mono-(2-methyl-7-äthyl-4-undecyl)-äther des Äthylenglykols,* $Kp._{10}$ 158°. (**E. P. 767 851** vom 9/8. 1954, ausg. 6/2. 1957. A. Prior. 11/8. 1953.) G. König. H 570

Heyden Newport Chemical Corp., New York, N. Y., übert. von: **Roy T. Gottesman,** Clifton, und **Kenneth T. Sloan,** Garfield, N. J., V. St. A., *Trimethyloläthan* (**I**), erhalten bei der Rk. von CH_2O u. Propionaldehyd in Ggw. eines starken Alkalis, wird aus der vorteilhaft neutralisierten wss. Reaktionslsg. mit einem Lösungsm. extrahiert, wobei geringe Mengen an Verunreinigungen mitextrahiert werden. Als Lösungsm. verwendet man Amylalkohole, n-Butanol oder deren Mischungen. Man extrahiert I mittels W. aus der Lsg., konz. u. erhält durch Kühlung krist. I. Die Mutterlauge u. das Lösungsm. werden wieder verwendet. Man kann auch die wss. Reaktionslsg. zur Trockne eindampfen u. mittels Äthylacetat I, vorteilhaft bei 50—77° extrahieren. Das Extraktionsmittel wird abdest. u. gelangt in den Kreislauf. — Skizze. (**A. PP. 2 806 889** u. **2 806 890** vom 20/5. 1954, ausg. 17/9. 1957.) G. KÖNIG. H 580

Farbenfabriken Bayer Akt.-Ges., Leverkusen (Erfinder: **Harry Welz**, Krefeld), *Aufarbeiten von sauren Gemischen aus Oximen, Alkoholen und Aldehyden beziehungsweise Ketonen*, die bei der Red. von aliphat. oder cycloaliphat. Nitro-KW-stoffen entstehen, durch Neutralisieren, Abtrennen der kristallin ausgefallenen Hauptmenge des Oxims u. Extrahieren der zurückbleibenden wss. Lsg. mit einem organ. Lösungsm., dad. gek., daß man dem organ. Extrakt das restliche Oxim durch eine wss. Säure entzieht, die wss. Schicht von der organ. Schicht abtrennt u. sie einem frischen Ansatz zur reduktiven Überführung von Nitroverbb. in Oxime wieder zusetzt, während man aus der organ. Schicht gegebenenfalls das Lösungsm. verdampfen läßt u. das zurückbleibende Gemisch aus A. u. Keton nunmehr fraktioniert destilliert. In Abänderung des Verf. läßt man an dem organ. Extrakt zunächst das Lösungsm. verdampfen u. behandelt den dabei anfallenden Rückstand mit einer verd. wss. Säure. — Beispiel: 1-Nitrohexan → *Capronaldoxim*. (**D. B. P. 970 809** Kl. 12o vom 22/8. 1952, ausg. 30/10. 1958. Anmeldung bekanntgemacht 5/1. 1955.) F. KREIS. H 650

Pechiney Comp. de Produits Chimiques et Électrométallurgiques, Frankreich, *Herstellung von Carbonsäuren*, dad. gek., daß man eine Alkyl-Al-Verb. rein oder in einem inerten Lösungsm. bei —10 bis +100° mit CO_2 umsetzt u. das Reaktionsprod. hydrolysiert, gegebenenfalls kann letzteres vor der Hydrolyse mit O_2 oder S behandelt werden, so daß neben Säuren Alkohole bzw. Mercaptane entstehen. — In einem Autoklaven werden 150 (Teile) einer Erdölfraktion u. 180 CO_2 bei 40 kg/cm² u. 25° während 1 Std. u. unter N_2-Druck mit 42 Triäthyl-Al in 100 des gleichen Lösungsm. versetzt, 1 Std. wird bei 25° u. 2 Std. bei 80° gerührt. Man gibt vorsichtig in überschüssige 10%ig. NaOH u. erhält nach Aufarbeiten aus Ae. 12 *Propionsäure*. — Beschrieben wird ferner die Herst. von *Isovaleriansäure* (*3-Methylbuttersäure*) aus Triisobutyl-Al, *3.6-Dimethylheptansäure* aus Tris-(2.5-dimethylhexyl)-Al, u. eines Fettsäuregemisches aus Tri-n-hexyl-Al. (**F. P. 1 165 757** vom 31/1. 1957, ausg. 29/10. 1958.) S. BÖTTCHER. H 810

Knapsack-Griesheim Akt.-Ges., Knapsack bei Köln (Erfinder: **Karl-Heinz Steil**, Knapsack bei Köln, **Arthur Wolfram**, Frankfurt/M., und **Artur Agunte**, Lechenich bei Köln), *α.β-Ungesättigte Carbonsäuren, deren Nitrile, Amide* u. *Ester*. Zu F. P. 1 106 462; C. **1958**. 4029 ist nachzutragen: R_4 u. R_5 der allg. Formel = H, Methyl oder Äthyl. Die Ausgangsstoffe entsprechen der allg. Formel $R_1CH(R_2)CH(OH)R_7$ [R_1 u. R_2 = H, Alkyl; R_7 = —COOH, —CN, —$COOR_6$, —$CON(R_4)R_5$; R_6 = Alkyl mit 1—4 C-Atomen]. Als Katalysatoren dienen: H_3PO_4, Pyro-, Meta- oder Polyphosphorsäure mit höchstens 6 P-Atomen, HCl, HBr oder deren Mischungen, saure Phosphate, die auch auf Träger (SiO_2, Quarz, Ca- oder Al-Phosphat) aufgebracht sein können. Die Verweilzeit ist kurz, z. B. $^1/_{10}$—$^1/_2$ Sekunde. Die Wasserabspaltung erfolgt zweckmäßig in Ggw. von N_2 oder Wasserdampf als Verdünnungsmittel u. im Vakuum. Die Ausgangsstoffe werden zweckmäßig in den Reaktionsraum eingesprüht. — Vorrichtungen, Zeichnungen. (**D. A. S. 1 033 656** Kl. 12o vom 12/8. 1953, veröff. 10/7. 1958. **A. P. 2 790 822** vom 10/8. 1954, ausg. 30/4. 1957. D. Prior. 12/8. 1953. **Belg. P. 531 097** vom 12/8. 1954, ausg. 8/11. 1957. **E. P. 792 572** vom 6/8. 1954, ausg. 2/4. 1958. Beide D. Priorr. 12/8. 1953 u. 24/5. 1954.) G. KRAUSS. H 810

Inventa Akt.-Ges. für Forschung und Patentverwertung, Luzern (Erfinder: **Henri Casimir Silberman, Johann Giesen**, Chur, und **Fritz Conradin**, Tamins), Schweiz, *Herstellung von Lävulinsäure* durch Erhitzen von Hexosen oder Stoffen, die mindestens teilweise aus diesen aufgebaut sind, z. B. von Glucose, deren wss. Lsgg. oder cellulosehaltigen Prodd., mit wss. Mineralsäuren, bes. H_2SO_4, HCl oder HBr, dad. gek., daß man eine Temp. von 170—250° bei einer Reaktionsdauer von höchstens 30 Min., eine Temp. von 180—200° bei 1—30 Min. Reaktionsdauer u. von 200—250° bei 1 Sek. bis 10 Min. einhält. Ausbeuten 52—70,2%. — Vorr., Zeichnung. (**D. A. S. 1 049 371** Kl. 12o vom 25/11. 1957, veröff. 29/1. 1959. Schwz. Prior. 24/1. 1957.)
O. MÜLLER-MEININGEN. H 870

Kabushiki Kaisha Kagakukenkyusho (Erfinder: **Tatsuo Yamanaka** und **Heinosuke Yasuda**), Tokyo, Japan, *Herstellung von O-Lävulinylglykolsäureestern als Plastiziermittel*. Man kondensiert Alkalisalze der Lävulinsäure mit Monohalogenessigsäureestern in aliphat. 1- oder 2wertigen niederen Alkoholen. — 14,2 g K-Lävulinat u. 10 g $ClCH_2 \cdot COOCH_3$ werden 7 Std. in 70 cm³ CH_3OH gekocht, filtriert, bei n. Druck konz., u.

bei Unterdruck wird das Reaktionsprod. dest.: *O-Lävulinoylglykolsäuremethylester*, Kp.$_9$ 124—133°; D.$^{25}{}_4$ 0,8926; n_D^{25} 1,4336; *Semicarbazon* (**S**), F. 119—120°. — *Äthylester*, Kp.$_5$ 120—128°; D.$^{25}{}_4$ 0,9114; n_D^{25} 1,4340. *2.4-Dinitrophenylhydrazon* (**H**), F. 118—119°, gelbe Kristallnadeln. — *n-Propylester*, Kp.$_7$ 132—140°; D.$^{25}{}_4$ 0,9335; n_D^{35} 1,4338. **H**, F. 77—78°, orangegelbe Kristallnadeln. — *Isopropylester*, Kp.$_7$ 127—136°; D.$^{25}{}_4$ 0,9568; n_D^{25} 1,4296. **H**, F. 85—86°, orangegelbe Kristalle. — *n-Butylester*, Kp.$_7$ 146 bis 155°; D.$^{25}{}_4$ 0,9542; n_D^{25} 1,4374. **S**, F. 96—97°, schuppenförmige Kristalle. — *Isobutylester*, Kp.$_5$ 138—144°; D.$^{25}{}_4$ 0,9805; n_D^{25} 1,4338. **S**, F. 112—113°. — *Isoamylester*, Kp.$_5$ 145—153°; D.$^{25}{}_4$ 0,9673; n_D^{25} 1,4362. **S**, F. 108—109°, schuppenförmige Kristalle. — *n-Octylester*, Kp.$_9$ 148—159°; D.$^{25}{}_4$ 1,0817; n_D^{25} 1,4418. **S**, F. 100—101°. — *Benzylester*, Kp.$_6$ 176—188°; D.$^{25}{}_4$ 0,9477, n_D^{25} 1,4942. **S**, F. 115,5—116,5°, Kristallnadeln. — *Cyclohexylester*, Kp.$_{6-9}$ 192—208°; D.$^{25}{}_4$ 0,8654; n_D^{25} 1,4508. **H**, F. 95—96, gelbe Kristallnadeln. — *Furfurylester*, Kp.$_{6-9}$ 182—194°; D.$^{25}{}_4$ 0²8842; n_D^{25} 1,4826. **H**, F. 87—88°, gelbe Kristallnadeln. — *Tetrahydrofurfurylester*, Kp.$_{6-9}$ 96—97°; D.$^{25}{}_4$ 0,8948, n_D^{25} 1,4902. (**Jap. A. S. 272/1958** vom 29/7. 1955, veröff. 23/1. 1958.) M. PANKOW. H 870

Toyo Koatsu Industries, Inc., Japan, *Herstellung von Blausäure.* Man verbrennt ein Gasgemisch, das auf 1 Mol KW-stoff (1 C-Atom) 6 Mol NH_3 u. auf 1,5 Mol KW-stoff 0,5 Mol O_2 enthält, mit einem geringen Überschuß an O_2, so daß Selbstzündung des Gemisches eintritt u. erhalten bleibt. Der gebildete HCN wird abgetrennt u. das Restgasgemisch kann zu anderen Synthesen (Methanol, Ammoniak) Verwendung finden. (**F. P. 1 128 785** vom 2/8. 1955, ausg. 10/1. 1957.) W. WITTHOLZ. H 890

Ciba Akt.-Ges., Basel (Erfinder: **Arthur Maeder**, Therwil), Schweiz, *Herstellung neuer organischer Phosphorverbindungen* der allg. Formel $(R_1Z)(R_2Z)P(:Z)-N(R)-CH(OH)-CCl_3$, worin R_1 u. R_2 einen gegebenenfalls chlorsubstituierten aliphat., cycloaliphat., araliphat. oder aromat. Rest, R H oder einen niedermol. Alkylrest u. Z O oder S bedeuten, dad. gek., daß man an ein Amid des 5wertigen P der allg. Formel $(R_1Z)(R_2Z)\cdot P(:Z)-NH(R)$, worin R_1, R_2 u. Z die obige Bedeutung haben, Chloral (**I**) anlagert. — Durch Rk. von O.O'-Bis-(β-chloräthyl)-amidophosphat mit **I** in Ggw. von Triäthylamin bei 65—75° erhält man nach Aufarbeitung $(ClCH_2CH_2O)_2P(:O)\cdot NH\cdot CH(OH)\cdot CCl_3$, Kristalle von F. 91—92° (aus CCl_4). — Weitere Verbb.: $(C_2H_5O)_2P(:O)NH\cdot CH(OH)\cdot CCl_3$, farblose Kristalle vom F. 96—97° (aus Ae. oder Cyclohexan); $(p\text{-}Cl\cdot C_6H_4O)_2P(:O)\cdot NH-CH(OH)\cdot CCl_3$, Nadeln, F. 142—143° (aus CH_2Cl_2). — Schädlingsbekämpfungs-, Flammschutz-, Textilhilfsmittel, Weichmacher u. Schmiermittelzusätze. (**D. A. S. 1 052 984** Kl. 12o vom 8/2. 1958, veröff. 19/3. 1959. Schwz. Prior. 15/2. 1957.) J. MÜHLEISEN. H 980

Standard Oil Co., Chicago, übert. von: **Gordon D. McLeod**, Lansing, Ill., V. St. A., *Organothioarsenite* u. *-thioantimonite* erhält man durch Rk. von As u. Sb mit einem Disulfid R—S—S—R' (R u. R' = gleiches oder verschied. Alkyl, Aryl, Alkaryl, Aralkyl, Cycloalkyl) bei 175—200°, auch in Ggw. eines Lösungsm. (Butylbenzol, Octylbenzol, Decan, Kerosin, Toluol, Mesitylen, Naphthalin, Methyldekalin) bei n. oder erhöhtem Druck. — Aus 25 g As u. 100 g Diäthyldisulfid nach 3 Std. bei 190° → *Triäthyltrithioarsenit*, Kp.$_1$ 90°; n_D 1,607; As-Geh. 28%. — Di-n-butyldisulfid → *Tri-n-butyltrithioantimonit*, Kp.$_{0,5}$ 118°; n_D 1,5985; unlösl. in kaltem W., lösl. in üblichen KW-stoffen. Zur Rk. sind verwendbar: *Dimethyl-*, *Methyläthyl-*, *Di-n-propyl-*, *Äthylisopropyl-*, *Didodecyl-*, *Methylhexyl-*, *Diphenyl-*, *Dinaphthyl-*, *Dicyclohexyl-*, *Amylphenyldisulfid*. Mit Bi erfolgt vermutlich keine Reaktion. — *Oxydationsverhinderer* in *gecrackten Petroleumölen; verhindern Verfärbung* in *Leichtgasölen. Schädlingsbekämpfungsmittel*; Ergebnisse an der Hausfliege vgl. Tabelle. (**A. P. 2 768 192** vom 6/8.1953, ausg. 23/10. 1956.) G. KRAUSS. H 980

Farbenfabriken Bayer Akt.-Ges., Leverkusen (Erfinder: **Erich Eimers**, Krefeld), *Herstellung von gemischten Anhydriden aus Dicarbonsäuren und teilveresterter antimoniger Säure*, dad. gek., daß man Antimonigsäuretriester mit cycl. Dicarbonsäureanhydriden (Malein-, Bernsteinsäureanhydrid usw.) umsetzt. Man arbeitet vorzugsweise unter Ausschluß von Feuchtigkeit u. in einem Schutzgas. Reaktionstemp. bis 50°. Die Prodd. stellen dickfl., klare, gegebenenfalls gelblich- oder bräunlichgefärbte Öle oder feste Stoffe dar. — Zwischenprodd. für Arzneimittel u. Schädlingsbekämpfungsmittel. (**D. A. S. 1 053 486** Kl. 12o vom 20/7. 1957, veröff. 26/3. 1959.) G. KÖNIG. H 980

Soc. des Usines Chimiques Rhône-Poulenc, Frankreich (Erfinder: **Henri Normant** und **Patrice Perrin**), *Herstellung von Methylmagnesiumverbindungen*, dad. gek., daß man Mg in Tetrahydrofuran oder -pyran $<25°$ in N_2-Atmosphäre mit Dimethylsulfat umsetzt, wobei 60—66 (%) $CH_3MgSO_4CH_3$ u. 34—40 $Mg(CH_3)_2$ entstehen. (**F. P. 1 163 209** vom 6/12. 1956, ausg. 23/9. 1958.) S. BÖTTCHER. H 980

Standard Oil Co., Chicago, übert. von: **Charles R. Greene**, Park Forest, Ill., V. St. A., *Extraktive Destillation von Kohlenwasserstoffgemischen.* Ein Gemisch von isomeren C_8-KW-stoffen, einschließlich *o-Xylol*, wird mit einem Lösungsm. extrahiert. Dieses besteht hauptsächlich aus einer KW-stoffsulfonsäure, welche >5 Gew.-% W. enthält. Es wird bei >70° u. unterhalb der Zersetzungstemp. der Sulfonsäure gearbeitet. Die Raffinat- u. die Extraktphase werden voneinander getrennt. Aus der Extraktphase wird ein Konzentrat von o-Xylol gewonnen, welches reicher an diesem ist als das Ausgangsgemisch. — Zeichnung. (**A. P. 2 804 486** vom 17/8. 1953, ausg. 27/8. 1957.) E. KAHLES. H 1010

Allied Chemical & Dye Corp., New York, N. Y., übert. von: **William D. Griffin**, Convent Station, N. J., V. St. A., *Di-α-cumylperoxyd*, $(C_6H_5(CH_3)_2CO)_2$, F. 39—40°, erhält man durch Oxydation von Cumol in fl. Zustand mit O_2, bes. Luft, bei 80—130° in Ggw. von wenigstens 0,1, bes. 0,1—5 (%) MnO_2; Ausbeute 44,4; als Nebenprodd. entstehen 13,8 Acetophenon, 2,3 α-Methylstyrol, 1,8 Phenol u. 6,6 Dimethylphenylcarbinol. (**A. P. 2 802 036** vom 12/1. 1954, ausg. 6/8. 1957.) G. KRAUSS. H 1050

Monsanto Chemicals Ltd., London, England (Erfinder: **John Wise Pennington**), *Ammoniumpentachlorphenolat.* Man verdampft Pentachlorphenol (I) in einen NH_3-Strom, der gegebenenfalls mit N_2 verd. ist, zieht die Dämpfe ab u. kondensiert sie. Man kann so arbeiten, daß man NH_3 durch geschmolzenes I bläst, das auf 200° gehalten wird. — Völlig wasserlösl. NH_4-Pentachlorphenolat. (**E. P. 799 338** vom 25/1. 1956, ausg. 6/8. 1958.) R. SCHWECHTEN. H 1060

Allied Chemical & Dye Corp., New York, N. Y., übert. von: **Everett E. Gilbert**, Morris Township, und **Benjamin Veldhuis**, Morristown, N. J., V. St. A., *Neutralisieren langkettiger Alkylarylsulfonsäuren*, die 0,5—15 Gew.-% Anhydride dieser Sulfonsäuren, z. B. der Formel $(RSO_2)_2O$ (R = Alkyl, Aryl), enthalten, erfolgt mit wss. Alkalihydroxyd bei ca. 60° in Ggw. von 0,1—10% eines Amins (Morpholin, Dimethylamin, Äthylendiamin, Propylendiamin, Hexamethylendiamin, Aminoäthyläthanolamin, Benzylamin, 1.3-Diamino-2-propanol, Diäthanolamin, Hexamethylentetramin, Triäthanolamin, Chinolin, Isopropylamin, Acetamid, Diäthylentriamin, 2-Aminopyridin, Tetraäthanolammoniumhydroxyd, 1.3-Diaminobutan, Dimethylanilin, Piperidin, Cyclohexylamin, Phenyldiäthanolamin), wodurch die Anhydride rasch hydrolysiert werden. — Dodecylbenzol wird mit SO_3 u. Luft in *Dodecylbenzolsulfonsäure* übergeführt, die dann mit NaOH in Ggw. von Pyridin, Triäthylamin oder Triäthanolamin neutralisiert wird. (**A. P. 2 805 249** vom 14/9. 1954, ausg. 3/9. 1957.) G. KRAUSS. H 1090

Heinz Ohle, Berlin-Adlershof, *Herstellung von Tetrabromphthalsäureanhydrid* durch Bromierung von Phthalsäureanhydrid (I), dad. gek., daß Chlorsulfonsäure (II) als Lösungsm. u. S bzw. dessen Br-Verb. als Katalysator verwendet werden. Es wird eine gegen Kühlwassereinbruch geschützte App., die die Rückführung leichtflüchtiger Stoffe (Br_2) in das Reaktionsgefäß ermöglicht, verwendet. — Lösen von 0,2 (kg) S, dann von 2 I in 17,9 II unter Anheizen bis auf 90° Innentemp., Eintropfen von ca. 10 Br_2 bei dieser Temp. innerhalb 30 Std., Erhöhung der Innentemp. innerhalb 6 Std. auf 145° unter Rückführung des kondensierenden Destillats, welches wieder eingetropft wird, u. Durchleiten von Trockenluft liefert nach Waschen 90—95% analysenreines Endprodukt. — Zeichnung. (**D. P. [DDR] 14 750** Kl. 12o vom 9/8. 1955, ausg. 14/5. 1958 [Wirtschaftspatent].) H.-J. NITZSCHKE. H 1220

Henkel & Cie. G. m. b. H. (Erfinder: **Bruna Blaser, Werner Stein** und **Hartwig Schütt**), Düsseldorf, *Herstellung von Terephthalsäure oder deren Gemischen mit p-Sulfobenzoesäure*, dad. gek., daß man das K-Salz der Benzolsulfonsäure in Ggw. von CO_2 u. säurebindenden Stoffen (Alkalicarbonate) auf mehr als 200°, bes. 300—450°, gegebenenfalls unter erhöhtem Druck u. in Ggw. von anorgan. Cd-Salzen erhitzt u. die Reaktionsprodd. in die freien Säuren oder deren Derivv. überführt. (**D. A. S. 1 051 841** Kl. 12o vom 2/7. 1956, veröff. 5/3. 1959.) L. STADELMANN. H 1220

E. I. du Pont de Nemours & Co., übert. von: **Frederic Wurl Swamer**, Wilmington, Del., und **Carl Francis Irwin**, New Castle, V. St. A., *Kontinuierliche Herstellung aromatischer Isocyanate* (I), dad. gek., daß man ein in einer inerten Fl. mit höherem Kp. als des zu bildenden I gelöstes oder suspendiertes aromat. Amin mit $COCl_2$ zur Rk. bringt, u. zwar bei einer Temp. oberhalb des Kp. des gebildeten I sowie des Zersetzungspunktes des als Zwischprod. gebildeten Carbamylchlorids, jedoch unterhalb des Kp. der inerten Fl., u. daß man das gebildete I im Maße seiner Bldg. abdestilliert. Die Rk. wird vorzugsweise bei 130—300° durchgeführt. Als Lösungsm. dienen höhersd. naphthen. oder aromat. oder chlorierte aromat. KW-stoffe. (**D. A. S. 1 015 428** Kl. 12o vom 13/8. 1953, veröff. 12/9. 1957. **Schwz. P. 323 905** vom 14/8. 1953, ausg. 15/10. 1957. Beide A. Priorr. 14/8. 1952 u. 19/3. 1953.) F. KREIS. H 1290

Timbrol Ltd. (Erfinder: **Felix Kaufler** und **Robert John Peake**), *Herstellung von o-Aminophenol*, indem o-Chlorphenol mit NH_3 oder NH_3 liefernden Stoffen unter Druck

in Ggw. eines Cu oder Cu-Verbb. enthaltenden Katalysators auf 130—250° erhitzt wird, wobei das Mol-Verhältnis von NH_3: o-Chlorphenol 1,5:1 bis 8:1 beträgt u. in Abwesenheit von O_2 gearbeitet wird. (**Aust. P. 205 525** vom 12/8. 1955, ausg. 14/2. 1957.)
K. DEMMLER. H 1320

Aurelio Romeo, Rom, Italien, *Herstellung von Monochlor- oder Monobromacetyl-4-aminobenzaldehyd,* dad. gek., daß man die Säureanhydride von $ClCH_2COOH$ oder $Br \cdot CH_2COOH$, auch $ClCH_2COCl$ oder $BrCH_2COBr$ auf p-Aminobenzaldehyd einwirken läßt. $C_9H_8BrNO_2$, F. 171°; $C_9H_8ClNO_2$, F. 184°. (**It. P. 492 619** vom 3/12. 1951.)
K. KOEBKE. H 1330

Sterling Drug, Inc. (Erfinder: **Aubrey Arnold Larsen**), *Herstellung von 3-Acetamido-5-formamido-2.4.6-trijodbenzoesäure.* Die entsprechende 5-Amino-3-acetamidobenzoesäure wird mit einem Jodierungsmittel, wie Kaliumjoddichlorid, in bas. Milieu behandelt u. die freie Aminogruppe des trijodierten Prod. mit Ameisensäure umgesetzt. (**Aust. P. 205 584** vom 6/10. 1954, ausg. 21/2. 1957. A. Prior. 19/2. 1954.)
K. DEMMLER. H 1350

Allied Chemical & Dye Corp., New York, N. Y., übert. von: **George G. Joris,** Madison, N. J., V. St. A., *Arylvinylverbindungen* der allg. Formel $Ar-C(X)=CH_2$ (Ar = Aryl, das durch Alkyl, Aralkyl, Halogenalkyl substituiert sein kann; X = H, Methyl, Aryl) erhält man durch Wasserabspaltung aus Methylarylcarbinolen derFormel $Ar-C(OH)(X)CH_3$ in fl. Zustand in Ggw. von gelöstem SO_2. — Aus einer Mischung aus 90% Dimethylphenylcarbinol, 7% Acetophenon u. 3% Cumol (erhalten durch Luftoxydation von Cumol in Ggw. von PbO_2) bei 110° unter Zusatz von 0,2% SO_2 → *α-Methylstyrol.* Weitere Ausgangsstoffe sind: Dimethyl-p-methylphenylcarbinol, Dimethylchlorphenylcarbinol u. Dimethyldichlorphenylcarbinol. (**A. P. 2 756 262** vom 14/2. 1952, ausg. 24/7. 1956.) G. KRAUSS. H 1410

American Cyanamid Co., New York, N. Y., V. St. A., *ω-[1'.2'-Dithiolanyl-(3')]-alkancarbonsäuren, deren Salze und Ester* der allg. Formel **I,** in der n eine Zahl von 2—6 bedeutet, erhält man durch Oxydation einer Verb. der allg. Formel $CH_2(SH)-CH_2-CH(SH)-(CH_2)_n-COOH$ mit wss. J_2—KJ-Lösung. — Die Ausgangsverbb. erhält man wie folgt: ein Estersäurehalogenid $ROOC-(CH_2)_n-COX$ (X = Halogen, n = 2—6) R = Alkyl) wird mit Äthylen in Ggw. eines Metallhalogenids, bes. wasserfreiem $AlCl_3$, u. gegebenenfalls eines Lösungsm. bei n. oder etwas erhöhter Temp. behandelt, das erhaltene Prod. der allg. Formel $ROOC-(CH_2)_n-CO-CH_2-CH_2X$ (R, X u. n besitzen dieselbe Bedeutung) erhitzt (Abspaltung von HX), der ungesätt. Ketoester der allg. Formel $ROOC-(CH_2)_n-CO-CH=CH_2$, z. B. *6-Ketoocten-(7)-säureäthylester,* $Kp._{1,5}$ 116—118°, mit Thioessigsäure behandelt, die erhaltene Verb. der allg. Formel $ROOC-(CH_2)_n-CO-(CH_2)_2-SOC-CH_3$ mit einem Metallhydrid, z. B. $NaBH_4$ oder $LiAlH_4$, in Methanol oder A. red., mit Alkali hydrolysiert u. die gebildete Thiolhydroxysäure der allg. Formel $HOOC-(CH_2)_n-CH(OH)-CH_2-CH_2SH$, z. B. *8-Mercapto-6-hydroxyoctansäure,* $Kp._{0,05}$ 164° (lactonisiert teilweise bei der Dest.) mit überschüssigem Thioharnstoff in Ggw. von Halogenwasserstoff (48%ig. HBr, 50%ig. HJ) unter Rückfluß erhitzt u. die gebildeten Thiuroniumsalze mit z. B. 40%ig. KOH hydrolysiert. — Man erhält dann Dithiolsäuren der allg. Formel $HOOC-(CH_2)_n-CH(SH)-CH_2-CH_2SH$, z. B. *6.8-Dimercaptooctansäure,* hellgelbes Öl. — Durch Oxydation mit J_2—KJ erhält man daraus die *ω-[1'.2'-Dithiolanyl-(3')]-valeriansäure,* F. (aus Chlf.-Ligroin) 57,6—58,5°. — An Stelle von J_2—KJ kann auch Luft-O_2 in Ggw. von Fe(III)-Salzen verwendet werden. — *Antioxydationsmittel,* die auch wachstumsfördernde Eigg. gegenüber *Str. faecalis, Tetrahymena geleii* u. einigen *Corynebacterium*-Arten besitzen. (**E. P. 762 575** vom 9/4. 1953, ausg. 28/11. 1956. **D. A. S. 1 029 007** Kl. 12q vom 23/4. 1953, veröff. 30/4. 1958. **Holl. P. 85 093** vom 22/4. 1953, ausg. 15/5. 1957. Alle A. Prior. 24/4. 1952.) R. LINK. H 3112

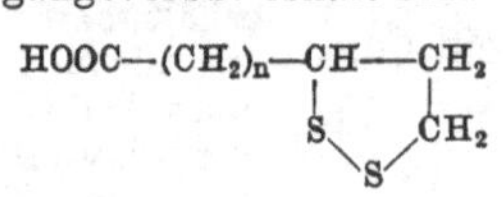

Farbenfabriken Bayer Akt.-Ges., Leverkusen (Erfinder: **Werner Schäfer,** Köln, **Gerhard Domagk,** Wuppertal-Elberfeld, und **Richard Wegler,** Leverkusen), *Pyridinaldehydthiosemicarbazone* lassen sich aus α- oder γ-Picolin durch 2—4½std. Erhitzen mit S u. Thiosemicarbazid auf 130—145° darstellen. — 93 g γ-Picolin + 96 S (auf 150° erhitzt) + 91 Thiosemicarbazid (auf 135—145°) → *4-Pyridinaldehydthiosemicarbazon,* F. 224—226° (Zers.) aus A. oder Dimethylformamid. Nebenprod. ist eine geringe Menge einer Verb. vom F. 244°. — Analog aus 186 g α-Picolin: 96,5 g *2-Pyridinaldehydthiosemicarbazon,* F. 209—211°. — Durch zu langes Erhitzen wird ein cycl. Dehydrierungsprod., F. 255—258°, unlösl. in NaOH gebildet. — *Zwischenprodukte.* — (**D. A. S. 1 053 509** Kl. 12p vom 2/3. 1955, veröff. 26/3. 1959.) K. GÄBELEIN. H 3231

Ciba Ltd. (Erfinder: **Karl Hoffmann** und **Ernst Sury**), *Piperidinverbindungen* der allg. Formel **I,** worin R H oder ein niedriges Alkyl u. R' ein niedriges Alkyl u. das

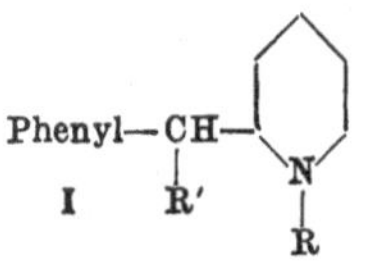

I

Phenyl nicht oder mit einem niedrigen Alkyl oder einer Alkoxygruppe oder Halogen substituiert sein kann. — Beispiele: 2-(1'-Phenyläthyl)-piperidin, $Kp._{12}$ 135—136°, 2-(1'-Phenyläthyl)-1-methylpiperidin, $Kp._{12}$ 139—140°, 2-(1'-Phenylpropyl)-piperidin, $Kp._{12}$ 138—140°. Hergestellt werden die Piperidine aus den entsprechenden Pyridinen durch katalyt. Hydrierung. (**Aust. P. 205 971** vom 15/9. 1955, ausg. 7/3. 1957. Schwz. Prior. 22/9. 1954.) K. DEMMLER. H 3231

Midland Silicones Ltd., London, England, *Cyclische Diorganosiloxane* erhält man aus cycl. Diorganosiloxanen (I) anderen Aufbaus oder aus nichtcycl. I durch Erhitzen in Ggw. von mindestens 20 Gew.-% eines inerten, >250° sd. Lösungsm. (II) mit einem Alkalimetallhydroxyd oder einem Alkalisilanolat auf Tempp., bei denen das II nicht abdest., wobei die Prodd. laufend aus der Reaktionszone entfernt werden. II sind z. B. hochsd. Petroleumöle, Diphenyl, Anthracen, Cyclohexybenzol, chloriertes Biphenyl (III), Diphenyläther (IV) u. Biphenyläther. — 707,5 g Oktamethylcyclotetrasiloxan (V), 247 g eines Gemisches von 25% III u. 75% IV u. 0,6 g $KO[(CH_3)_2SiO]_3K$ werden auf 226—253° in einem mit einer Fraktioniersäule (VI) versehenen Gefäß erhitzt, wobei der Kopf der VI dauernd auf 134—150° gehalten wird; dadurch wird laufend *Hexamethylcyclotrisiloxan* (VII) entfernt, während das verdunstete V in das Reaktionsgefäß zurückgeführt wird. Ausbeute an VII nach 21 Std. 66,5%. (**E. P. 799 917** vom 12/12. 1956, ausg. 13/8. 1958. A. Prior. 26/4. 1956.) J. MÜHLEISEN. H 3354

Whifen & Sons Ltd., London, England (Erfinder: **Peter Francis Pascoe**), *Herstellung von Lactamen* durch Rk. von cycloaliphat. Ketonen bes. Cyclopentanon, Cyclohexanon (I), Methylcyclohexanon oder Methylcyclopentanon, mit einem Metallnitrit, bes. $NaNO_2$, u. Hydrazin, bes. als Hydrat oder Salz, in wss. saurer Lsg., bes. konz. HCl oder H_2SO_4. Beispiel: Herst. von *ε-Caprolactam* aus I. (**E. P. 781 380** vom 17/9. 1954, ausg. 21/8. 1957.) C. LÜTTGEN. H 3370

Thomas Hedley & Co. Ltd., Newcastle-Upon-Tyne, England, *Fettsäureester* (I) *von Oligosacchariden* (II), die bes. nicht reduzierend wirken, bes. von Rohrzucker, erhält man durch Rk. von I von prim. Alkanolen $C_1—C_{16}$ oder Polyoxyverbb. mit nicht >3 C, bes. Glycerin, in Ggw. eines Umesterungskatalysators u. eines Amids der allg. Zus. III (X = O oder CH_2, R = Formyl-, Acetyl- oder Propionylrest) bei 20—150, bes. 80—150°. Als III dienen bes. Formylpiperidin, Formylmorpholin oder Acetylmorpholin. (**E. P. 804 197** vom 13/3. 1957, ausg. 12/11. 1958.) O. MÜLLER-MEININGEN. H 3400

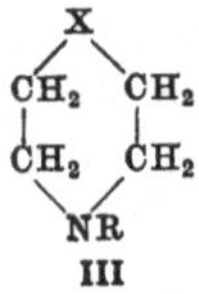

III

Merck & Co., Inc., Rahway, N. J., V. St. A., *Isomorphinanderivate.* 3-Methoxy-4-alkoxy-N-methyl-$Δ^6$-dehydroisomorphinan (II) gibt mit verd. wss. H_2SO_4 β-Dihydrothebainoläther (III), aus denen durch Verseifen mit Alkali β-Dihydrothebainol u. daraus

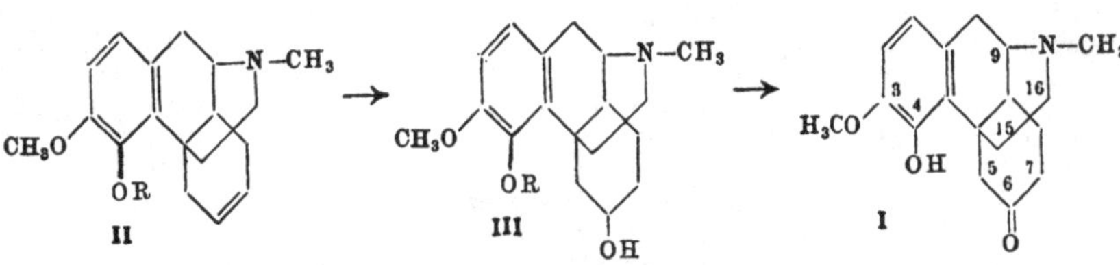

durch Oxydation *β-Dihydrothebainon* (I) entsteht. Man kann auch statt der Racemate die opt.-akt. Verbb. verwenden, die man aus dem Racemat mit Dibenzoylweinsäure erhält. — Aus d-β-$Δ^6$-Dihydrodesoxycodeinmethyläther, F. 55,5—57° mit 25% ig. H_2SO_4 auf dem Wasserbad nach 24 Std. → *β-Dihydrothebainolmethyläther*, F. 152—153°, *Methojodid*, F. 243—244°; daraus mit 85% ig. Hydrazinhydrat in Ggw. von KOH in Diäthylenglykol bei 200—210° → *β-Dihydrothebainol*, F. 165,5—166,5°, *Methojodid*, F. 266—268°; daraus mit K-tert.-Butylat in wasserfreiem Bzl. u. Zusatz von Benzophenon nach 2½ Std. → *β-Dihydrothebainon*, schwachgelbes Glas; *Perchlorat*, F. 265—268°; *Oxim*, F. 223—226°. — N-Methyl-$Δ^6$-dehydroisomorphinan → *N-Methyl-6-hydroxyisomorphinan*, F. 50—55°; *Hydrobromid*, F. 175—190°. (**E. P. 761 974** vom 17/2. 1953, ausg. 21/11. 1956. A. Prior. 18/2. 1952.) G. KRAUSS. H 3500

Food Machinery & Chemical Corp., San José, Calif., übert. von: **Seymour M. Linder**, Eggertsville, und **Frank P. Greenspan**, Buffalo, N. Y., V. St. A., *1-Carvon* erhält man durch Rk. von α-Limonenglykol mit einem Oxydationsmittel, wie Chromsäure, Chromtrioxyd u. niedere tert. Alkylchromate, wobei 1-Hydroxyhydrocarvon entsteht, das man mit einem Carbonylreagens (I) zu einem Substitutionsprod. umsetzt, das dann stark angesäuert u. einer Wasserdampfdest. unterworfen wird, wobei Dehydratisierung u. Hydrolyse zu 1-Carvon erfolgt. I sind z. B. Hydroxylamin, Hydrazin u. deren Substitutionsprodd., sowie Semicarbazid. (**A. P. 2 837 570** vom 21/3. 1956, ausg. 3/6. 1958.) J. Mühleisen. H 3600

Upjohn Co., übert. von: **John W. Greiner** und **Glen A. Fevig,** Kalamazoo, Mich., V. St. A., *Gegenstromextraktion von Steroiden.* Man extrahiert ein aus Stigmasterin (I) u. Sitosterin (II) bestehendes Gemisch im Gegenstrom u. bes. unter Anwendung mehrerer Anreicherungs- u. Abstreifstufen mit organ. Lösungsmitteln, welche II stärker lösen als I, bes. mit Chlf. u. Hexankohlenwasserstoffen (Skellysolve B), trennt die an I angereicherte feste Phase ab u. arbeitet auf. Als Ausgangsprodd. dienen bes. die aus Sojabohnen gewonnenen Steringemische. (**A. P. 2 839 544** vom 4/9. 1956, ausg. 17/6. 1958.) U. Sievers. H 3700

E. Merck Akt.-Ges. (Erfinder: **Klaus Brückner**), Darmstadt, *1.4.6-Trienketosteroide.* Man kocht z. B. Cortison-3-äthylenoläther in Essigester mit Chloranil in Ggw. von Palladiumkohle 6 Std. unter Rückfluß u. erhält nach der Aufarbeitung *1.4.6-Pregnatrien-3.11.20-trion-17α.21-diol-21-acetat,* F. 225—226°; $[\alpha]_D$ 270,3°. — Analog lassen sich die 3-Alkylenoläther von anderen Δ^4-3-Ketosteroiden mit Chinonen, bes. Chloranil, dehydrieren. So erhält man aus Reichsteins-S-acetat-3-enoläther das *1.4.6-Pregnatrien-3.20-dion-17α.21-diol-21-acetat,* F. 207—209°; $[\alpha]_D$ 79°; aus Epihydrocortison-21-acetat-3-enoläther entsprechend das *1.4.6-Pregnatrien-3.20-dion-11α.17α.21-triol-21-acetat,* welches bei der Acetylierung ein *11.21-Diacetat* vom F. 230—232°; $[\alpha]_D^{20}$ 93°, liefert. (**D. A. S. 1 044 077** Kl. 12o vom 1/8. 1957, veröff. 20/11. 1958.) U. Sievers. H 3700

Merck & Co., Inc., Rahway, N. J., V. St. A., *Herstellung von 20-Keto-3-hydroxypregnanverbindungen.* Man läßt eine 5.6-Dichlor-3.20-dihydroxypregnanverb. mit einem Oxydationsmittel reagieren, z. B. mit Cl_2, N-Halogenamiden oder Hypohalogeniten, wie tert.-Butylhypochlorit. — 5.6-Dichlorpregnan-3β.-17α.20-triol (F. 198—199°) wird bei n. Temp. 24 Std. mit einer Lsg. von Cl_2 u. Na-Acetat in Eisessig behandelt → *5.6-Dichlorpregnandiol-(3β.17α)-on-(20),* F. 203—206°. — Analog *5.6-Dichlorpregnanol-(3β)-on-(20),* F. 153—154°. — 3.17α.20-Trihydroxy-5.6-dichlorpregnan, gelöst in Methanol/Chlf. (3:1) u. versetzt mit Pyridin u. N-Bromacetamid (gelöst in wss. Methanol), ergibt in 4 Tagen bei n. Temp. → *3.17α-Dihydroxy-5.6-dichlor-20-ketopregnan,* F. 201 bis 202°. — *Zwischenprodd.* für organ. Synthesen. (**Holl. P. 89 553** vom 9/2. 1956, ausg. 15/11. 1958. A. Prior. 10/2. 1955.) F. Böhm. H 3750

X. Färberei. Organische Farbstoffe.

Farbenfabriken Bayer Akt.-Ges. (Erfinder: **Peter Schmitz, Johannes Eibl,** Köln, und **Heinz-Adolf Dortmann**), Leverkusen, *Erzeugung von Färbungen auf Fasermaterialien.* Man bringt auf die Fasern, z. B. durch Klotzen oder Bedrucken, gegebenenfalls substituierte *2-Amino-5-iminopyrrolenine* u. Verbb. der Formel I, sowie Metallverbb., Lösungs- u. Reduktionsmittel auf u. entwickelt die Farbstoffe durch neutrales oder saures Dämpfen oder eine trockene Wärmebehandlung (R = Bestandteil eines 5- oder 6gliedrigen carbocycl. oder heterocycl., gegebenenfalls substituierten Ringes). — Eine Druckpaste enthält z. B. 10 (g) 1.2-Diphenyl-3.5-dioxopyrazolidin, 30 1-Amino-3-iminoisoindolenin, 150 Formamid, 36 Triisopropanolamin, 30 Thiodiglykol, 35 Diglykol, 10 Arylpolyglykoläther, 500 Weizenstärke-Traganth-Verdickung, 40 $CuCl_2 \cdot 2\,H_2O$-Lsg. (12% ig.), 40 Ammoniumlactat-lsg. (60% ig.), 124 Wasser. (**D. A. S. 1 051 242** Kl. 8m vom 6/4. 1957, veröff. 26/2. 1959.) F. Böhm. 7021

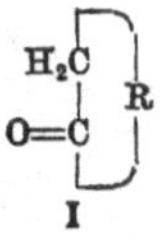

I

Farbenfabriken Bayer Akt.-Ges., Leverkusen (Erfinder: **Mathieu Quaedvlieg,** Leverkusen, **Rudolf Heusch** und **Walter Hees,** Köln), *Färben von Gebilden aus Polyestern oder Cellulosetriacetat* mit Dispersionsfarbstoffen. Man färbt in Ggw. von 1—5 g/Liter einer Phenoxycarbonsäure oder Phenoxythiocarbonsäure, wie Phenoxyameisensäuremethylester (I), 2.4-Dichlor-I, 2.4.6-Trichlor-I, 2.4.5-Trichlorphenoxyameisensäureäthylester oder 4-Nitrophenoxythioameisensäuremethylester. Die Verbb. fördern die Farbstoffaufnahme stärker als die bekannten Carrier. (**D. A. S. 1 052 944** Kl. 8m vom 30/10. 1957, veröff. 19/3. 1959.) F. Böhm. 7021

Farbwerke Hoechst Akt.-Ges., vormals Meister Lucius & Brüning (Erfinder: **Johann Wenghöfer,** East Greenwich, R. I., V. St. A., **Herbert Bestian, Johannes Heyna** und **Alfred Rückert**), Frankfurt/M., *Bedrucken von Fasermaterial und Flächengebilden mit Pigmenten.* Als Bindemittel verwendet man wss. Lsgg. von Johannisbrotkernmehl (I) zusammen mit polyfunktionellen Verbb., deren funktionelle Gruppen ein N-enthaltendes 3gliedriges Ringsyst. besitzen. Die Drucke werden durch Dämpfen oder

Trocknen bei erhöhter Temp. fixiert. — Eine Druckfarbe enthält z. B. neben I u. üblichen Zusätzen das Umsetzungsprod. von 1 (Mol) $POCl_3$, $PSCl_3$ oder Cyanurchlorid mit 3 Äthylenimin. (**D. A. S. 1 044 028** Kl. 8n vom 16/6. 1956, veröff. 20/11. 1958.)

F. BÖHM. 7023

Badische Anilin- & Soda-Fabrik Akt.-Ges., Deutschland, *Kobalthaltige Azofarbstoffe.* Diazotierte Aminobenzole der allg. Formel I (X = Alkyl, Alkoxy oder Halogen; Y u. Z = H, Alkyl oder Aryl) werden mit in o-Stellung zu einer OH-Gruppe kuppelnden Komponenten der Benzol-, Naphthalin- oder Chinolinreihe gekuppelt u. die erhaltenen Farbstoffe in Co-Komplexverbb. derart übergeführt, daß 2 Mol Farbstoff ein Mol Co enthalten. — Die Herst. von Co-Komplexverbb. folgender Farbstoffe (Farbtöne auf Wolle u. Polyamiden) ist beschrieben: 1-Methox-y-2amino-4-methylbenzol-5-sulfonmethylamid (**II**) → 1-Hydroxy-4-isobutylbenzol; bordeauxrot. — 1.4-Dimethoxy-2-aminobenzol-5-sulfonamid → 1-Carbomethoxyamino-7-naphthol; blau. — Mischung von II → 1-Acetamido-7-naphthol u. 1-Methoxy-2-aminobenzol-4-sulfonmethylamid → 1-Phenyl-3-methylpyrazolon-(5); braun. — Vgl. D. A. S. 1 005 213; C. **1959. 4637.** (**F. P. 1 126 105** vom 13/6. 1955, ausg. 15/11. 1956. **E. P. 775 163** vom 15/6. 1955, ausg. 22/5. 1957. Beide D. Prior. 16/6. 1954.)

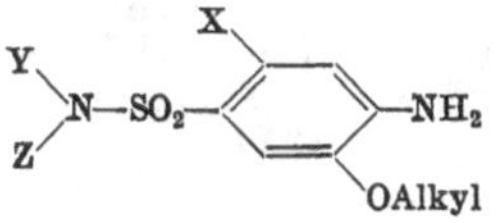

G. HOPPE. 7053

Ciba Akt.-Ges. (Erfinder: **Eduard Mörgeli** und **Maurice Grélat**), Basel, Schweiz, *Anthrachinonküpenfarbstoffe.* Man läßt auf Prodd., die durch Behandlung von 1-Aminoanthrachinonen, die in 4-Stellung ein H-Atom enthalten, mit Sauerstoff abgebenden Mitteln, wie MnO_2, CrO_3 oder einem Alkalibichromat oder daraus durch Red. der $>C=N$-Gruppierungen erhalten worden sind, carbazolierende Mittel, bes. $AlCl_3$, in Ggw. einer tert. Base einwirken, wobei man gegebenenfalls nach der Oxydation, aber vor der Carbazolierung, die Prodd. acyliert oder mit Verbb. umsetzt, die ein austauschbares Halogenatom enthalten. — Die erhaltenen Farbstoffe von unbekannter Konstitution färben bes. cellulosehaltige Fasern in gut licht- u. chlorechten grauen Tönen, sind auch als Pigmente verwendbar u. lassen sich in die Leukoestersalze überführen. — 44,6 (Gewichtsteile) 1-Aminoanthrachinon (**I**) gelöst in 816 96%ig. H_2SO_4 trägt man unter gutem Rühren u. Kühlen tropfenweise in 1184 W. ein, gibt zu der erhaltenen feinen I-Dispersion bei 18° unter kräftigem Rühren eine Suspension von 27 feingepulvertem 82,5% MnO_2 enthaltendem Pyrolusit (**Ia**) in 152 40%ig. H_2SO_4, rührt 60 Std. bei 20—25°, saugt ab, wäscht mit 40%ig. H_2SO_4 u. dann mit W. u. trocknet. Man erhält ein feinkristallines schwarzes Pulver (**II**), das aus Monoaminopolyanthrimiden besteht, die wahrscheinlich mindestens teilweise in der chinoiden Form vorliegen. 5 **II** trägt man in eine Schmelze aus 25 $AlCl_3$ u. 60 Pyridin (**III**), erhöht die Temp. auf 145°, wobei **III** abdest., rührt weitere 6 Std., trägt die Schmelze dann unter kräftigem Rühren in 1000 4%ig. NaOH ein, verküpt durch Zugabe von 5 Na-Hydrosulfit bei 60—65° u. fällt durch Einw. von Luft aus der filtrierten Küpe den Farbstoff, ein schwarzes Pulver, aus. Es löst sich in konz. H_2SO_4 schwarzbraun u. färbt Baumwolle (**A**) aus brauner Küpe kräftig grau. Wird **II** nach dem 60std. Verrühren bei 20—25° nicht abgetrennt, sondern das schwarze Gemisch mit einer Lsg. von 40 $SnCl_2 \cdot 2\,H_2O$ in 150 konz. HCl versetzt, das Ganze 4 Std. verrührt u. das erhaltene Reduktionsprod. abfiltriert, neutral gewaschen u. getrocknet, so erhält man in guter Ausbeute ein fein kristallines schwarzes Pulver (**IV**), das wahrscheinlich ein Gemisch linearer Monoaminopolyanthrimide ist. Durch Carbazolierung wird aus **IV** ein ähnlicher grauer Küpenfarbstoff erhalten, wie aus **II**. In ähnlicher Weise wie **IV** erhält man aus 1-Amino-8-chloranthrachinon ein schwarzes Pulver, das carbazoliert **A** aus brauner Küpe grau färbt. 4-Chloranthrachinon-1(N).2-1'.2'(N)-benzacridon gibt einen Farbstoff, der sich in konz. H_2SO_4 schwarzbraun löst u. **A** aus orangebrauner Küpe grau färbt. Wird **IV** mit Benzoylchlorid benzoyliert u. dann carbazoliert, so erhält man ein dunkles Pulver, in H_2SO_4 oliv lösl., das **A** aus orangebrauner Küpe violettgrau färbt. Durch Rk. von 1-Chloranthrachinon (**V**) mit **IV** erhält man ein Prod., das carbazoliert ein dunkles Pulver liefert, daß in H_2SO_4 schwarzbraun lösl. ist u. **A** aus orangebrauner Küpe neutralgrau färbt. Wird I mit 64%ig. **Ia** behandelt u. nicht red. mit **V** umgesetzt u. dann carbazoliert, so erhält man ein dunkles Pulver, in H_2SO_4 schwarzbraun lösl., das **A** aus orangebrauner Küpe grau färbt. Trägt man eine Lsg. von 44,6 I in 816 96%ig. H_2SO_4 tropfenweise bei 15—20° in 1184 W. ein u. gibt dann tropfenweise bei 20—25° in 4 Std. eine Lsg. von 20,4 K-Bichromat in 140 25%ig. H_2SO_4 hinzu u. carbazoliert das Reaktionsprod. (**VI**), so färbt das erhaltene schwarze Pulver **A** aus brauner Küpe kräftig oliv bis grau. Wird nur mit 15,4 K-Bichromat oxydiert, so färbt der erhaltene Farbstoff etwas braunstichiger oliv. Durch Oxydation des I-Sulfats mit K-Bichromat u. Carbazolierung des Reaktionsprod. (**VII**) wird ein ähnlicher Farbstoff erhalten. Das Reaktionsprod. aus **II** u. Bz 1-Brombenzanthron gibt carbazoliert in guter Ausbeute einen Farbstoff, der **A** u. Viscosekunstseide gut naß- u. lichtecht grau färbt. Setzt man **VI** mit **V** um u. carbazoliert, erhält man olive Färbungen aus brauner Küpe, ebenso, wenn **VII** mit $SnCl_2 \cdot 2 H_2O$ red., mit **V** umgesetzt u. carbazoliert wird. Olive Färbungen braunstichig, grünstichig bis violettstichig getönt, erhält man auch aus brauner Küpe durch Rk. von **VII** mit 2.7-Dibromanthron, Bz 1.6-Dibrombenzanthron, 1.1-Dichloracedianthron, 1.5- oder 2.6-Dichloranthrachinon, 2-Chloranthrachinon oder Dibromdibenzpyrenchinon u. Carbazolierung der Zwischenprodukte. Auch aus **II** u. Tetrabrompyranthron u. Carbazolierung des erhaltenen dunklen Pulvers, das eine rote Küpe gibt u. von H_2SO_4 blau lösl. ist, erhält man einen Farbstoff, der **A** aus brauner Küpe oliv färbt. Wird **VII** benzoyliert u. dann carbazoliert, gibt der erhaltene Farbstoff kräftige chlorechte violettstichiggraue Töne. — Färbebeispiel. (**E. P. 794 849** vom 14/12. 1955, ausg. 14/5. 1958. Schwz. Prior. 16/12. 1954. **Schwz. P. 332 488** vom 16/12. 1954, ausg. 31/10. 1958.) O. ROICK. 7059

Comp. Française des Matières Colorantes, Paris, übert. von: **Robert Frederic Michel Sureau,** Enghien-les-Bains, und **Georges Raymond Henry Mingasson,** Paris, Frankreich, *Nitrosoderivate* der allg. Zus. I worin X in der einen Stellung —CH oder —C-Halogen u. in der anderen ein N-Atom u. Y u. Z H oder Halogen bedeutet, geben mit Ferrosalzen grüne Komplexverbb., die in wss. oder schwach organ. saurem Medium genügend lösl. sind, um das Färben von Wolle (**B**), Seide, Leder, Polyamiden (**N**) oder Polyurethanen ohne die Verwendung eines Dispergierungs- oder löslichmachenden Mittels zu erlauben. Man erhält bei ausgezeichneter Affinität sehr echte grüne bis olivgrüne Töne. — Man erhält I durch Einw. von HNO_2 auf die entsprechenden Oxyindazole u. die Fe-Komplexverbb. durch Behandlung von I mit Ferrosalzen. Durch Rk. der Komplexverbb. mit Aminen, wie substituierten Derivv. des Guanidins, Cyclohexylamins oder der Butylamine, erhält man Salze, die in W. unlösl. aber in organ. Lösungsmitteln, wie ein- oder mehrwertigen Alkoholen, Estern oder Ketonen, lösl. sind. — 13,4 (Gewichtsteile) 6-Oxyindazol löst man in 100 Raumteilen n-Na_2CO_3-Lsg., gibt 7 $NaNO_2$ gelöst in 10 W. hinzu, rührt, kühlt auf 0—2° u. führt in 2 Std. unter die Oberfläche der Fl. 240 Raumteile n-H_2SO_4 ein, rührt dann bei Vorhandensein eines geringen Überschusses an Nitrat 16 Std. u. läßt dabei die Temp. wieder auf Raumtemp. ansteigen. Man gibt dann 14 Raumteile einer 10n NaOH u. dann innerhalb einer halben Std. eine Lsg. von 14 $FeSO_4$-Hydrat in 100 W. hinzu. Die filtrierte u. getrocknete Komplexverb., 19,5 Teile, besitzt eine Löslichkeit von 12—14 g pro Liter bei 85—90° u. färbt **B** u. **N** aus schwach essigsaurem Bad sehr echt leuchtend grün. In ähnlicher Weise kann umgesetzt werden: 5-Oxyindazol, olivstichiges Grün; 3-Chlor-6-oxyindazol (F. 210°, erhältlich aus dem 6-Nitroprod. durch Red. zur Aminoverb. u. 5—6std. Behandlung dieser mit 10%ig. H_2SO_4 im Autoklav bei 180—190°), löslicher als die vorhergehenden Prodd. u. blaustichiger grün; 3-Brom-6-oxyindazol (F. 215°); 5-Chlor-6-oxyindazol (**II**; F. 229—230°, erhältlich durch Behandlung von 5-Chlor-4-nitro-2-aminotoluol in Eisessig mit einer 50%ig. Na-Nitritlsg. bei 15° u. 20std. Stehenlassen, Red. des erhaltenen 5-Chlor-6-nitroindazol, feine hellgelbe Nadeln aus A., F. 194°, mit Fe u. verd. Essigsäure zum 5-Chlor-6-aminoindazol, F. 219° u. Überführung dieser Verb. in **II**), färbt in einem mehr gelbstichigem Grün. Werden 11 der Ferrokomplexverb. von 3-Chlor-7-nitroso-6-oxyindazol (**III**) bei 95° in 200 Raumteilen A. u. 50 W. gelöst, in die filtrierte Lsg. unter Rühren eine Lsg. von 12 Di-o-tolylguanidin (**IV**) in 100 W. u. 50 Raumteilen n-HCl bei 30° eingetragen, das Reaktionsgemisch einige Min. auf 60° erwärmt, abgekühlt, filtriert, gründlich gewaschen u. der Nd. bei 100° getrocknet, so erhält man das grüne Di-o-tolylguanidinsalz, das in Alkoholen u. Estern lösl., zum Färben von Lacken u. zur Bereitung von Drucktinten geeignet ist. Mit **III** u. Cyclohexylamin an Stelle von **IV** wird ebenfalls ein grüner Farbstoff mit ähnlichen Eigg. erhalten. — Vgl. E. P. 775 829; C. **1958**. 5218. (**A. P. 2 787 515** vom 16/9. 1955, ausg. 2/4. 1957. F. Prior. 17/9. 1954.)

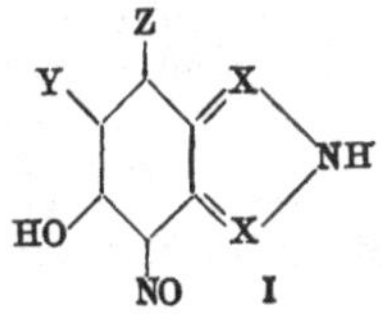

I

O. ROICK. 7063

E. I. du Pont de Nemours & Co., Wilmington, Del., übert. von: **Harvey I. Stryker,** Carney's Point, N. J., **Addison H. Williamson,** Louisville, Ky., und **Peter F. Gross,** Woodstown, N. J., V. St. A., *Polychlor-Cu-phthalocyaninpigmente* erhält man in feinster Verteilung, geeignet für Lacke u. lithograph. Zwecke, wenn man eine wasserfreie Reaktionsmasse, die Polychlor-Cu-phthalocyanin (**I**) im Gemisch mit einem Metallhalogenid (**II**), wie $AlCl_3$, $AlBr_3$ oder $FeCl_3$, enthält, z. B. die bei der Chlorierung von Cu-Phthalocyanin in der $AlCl_3$-NaCl-Schmelze erhaltene Reaktionsmasse, wobei das Verhältnis von **II** zum Pigment in Mol nicht geringer ist als 2:1, mit W. u. einer inerten, mit W. nicht mischbaren organ. Fl., wie Bzl., Toluol, Xylol, Mono-, Di-, Trichlor- oder Nitrobenzole oder p-Chlortoluol, welche fähig sind, W. von der Oberfläche der festen Phthalocyaninpigmentteilchen zu verdrängen, verrührt, wobei das Verhältnis der organ. Fl. zum Pigment mengenmäßig nicht geringer ist als 0,3:1, u. dann das Pigment aus der wss. Lsg. abtrennt. Die feuchte Pigmentmasse kann dann mit der mit W. nicht mischbaren Fl. in einer so großen Menge versetzt werden, daß das restliche W. vollständig eliminiert wird, worauf dann die organ. Fl., z. B. durch Wasserdampfdest. in Ggw. von Alkali entfernt wird u. eine wss. Phase des Pigments erhalten wird. (**A. P. 2 833 782** vom 12/4. 1954, ausg. 6/5. 1958.) O. ROICK. 7073

Francis Tayeau und **Jack Masquelier,** Frankreich, *Extraktion des Leukoanthocyans aus Erdnüssen,* dad. gek., daß man diese in der 5fachen Gewichtsmenge A. bei 80° suspendiert, 1 Std. erwärmt, unter vermindertem Druck abdest., den Sirup in der 5fachen Menge W. aufnimmt, das krist. Phlobaphen abfiltriert, mit NaCl sättigt, erneut filtriert, die Lsg. mehrmals mit Butanol, dann mit Bzl. u. schließlich mit W. rührt. Die wss. Lsg. wird ausgeäthert u. die Ae.-Lsg. mit warmer HCl versetzt. (**F. P. 68 951** vom 21/11. 1950, ausg. 26/8. 1958. **Zusatz zu F. P. 968 589; C. 1951. II. 1362.**) S. BÖTTCHER. 7083

XIa. Farben. Anstriche. Lacke. Naturharze.

Alfons Krause, Maksymilian Kranz und **Anna Witkowska,** *Der Einfluß von Spurenelementen auf die Farbe und die Struktur gelber Eisenhydroxyde.* $FeSO_4$ wird bei p_H 4 in Ggw. von Spuren H_2O_2 u. 0,25—0,5% eines Metallsalzes (As, Sb, Hg, Bi, Sn) mit Luft-O_2 bei 50—60° in reingelbe Pigmente überführt. Die Wrkg. der Metalle ist spezif., neben der Verbesserung der Farbe (Verminderng der blauen Komponente) werden auch die koll. Struktur u. die Dispersion des Fe-Hydroxyds verbessert u. sein Fe_2O_3-Geh. erhöht. Die Pigmente sind feucht gegen SO_2 u. trocken gegen H_2S beständiger als ebensolche ohne Metallzusatz. (Przemysł chem. **37.** 580—82. Sept. 1958. Poznań, Uniw., Kat. Chem. nieorgan.) F. URBAN. 7092

R. Boyer, M. Naudet und **P. Desnuelle,** *Einfluß der Phosphatide auf die Glycerolyse von Leinölen.* Die zur Erzeugung von Monoglyceriden für Alkydharze angewandte Glycerolyse wird durch die Ggw. von Phospholipiden verzögert, wobei die Inhibitorwrkg. gegenüber dem Katalysator nicht mit Sicherheit einer chem. Verb. zugeschrieben werden kann. Bei gleichem P-Geh. verzögern Cephaline die Glycerolyse viel stärker als Lecithine. Durch Erhöhung des Alkali-(Seifen)zusatzes kann die n. Verseifungsgeschwindigkeit wieder hergestellt werden. (Peintures, Pigments, Vernis **34.** 303—08. Juli 1958. Marseille, Fac. des Sciences, Labor. Nat. des Matières Grasses TERG.) B. SCHEIFELE. 7096

Felix Liberti, *Zur Kenntnis des Aufbaus von Polyvinylacetatemulsionen.* 3. Mitt. *über Polyvinylacetat.* (2. vgl. C. **1958.** 12538.) Bei Polyvinylacetatdispersionen wird die Entflockung von TiO_2 u. Füllstoffen durch Zugabe von K-Tripolyphosphat (0,25—0,50%) bewirkt. Geeignete Netzmittel sind Polyäthylenglykolkondensate, geeignete Füllstoffe $CaCO_3$ u. Ca-Metasilicat. Wichtig ist die Reihenfolge der Zugabe. Dispergiermittel sind dem W. vor den Pigmenten zuzusetzen. Copolymere besitzen höhere Pigmentverträglichkeit als Homopolymere. Auftrag der Dispersionsfarbe auf porösen Untergrund bei Tempp. über 10°. (Canad. Paint Varnish **31.** Nr. 2. 20—23. 54. Febr. 1957. Plainfield, N. J., Nat. Starch Prod., Inc., Resin Coatings Labor.) B. SCHEIFELE. 7096

L. D. Glusman und **L. P. Stoljarenko,** *Der Einfluß der Komponenten eines Steinkohlenlackes auf dessen Eigenschaften.* Je weniger α-Fraktion ein Steinkohlenpech enthält, desto geringer ist die Festigkeit eines mit dem Pech hergestellten Lackfilms. Gute Lacke werden aus einem Pech mit 20—23% in Toluol unlösl. Anteilen (im Lack 12—13%) erhalten. Als Lösungsm. sind bes. Pyridin u. Anilin geeignet. Anthracenöl ist ein zuverlässiger Stabilisator; sein Zusatz ist nicht erforderlich, wenn ein Schwerbenzol mit 30—40% ungesätt. Verbb. als Lösungsm. dient. Man erhält aber einen guten Lack bei Verwendung von 6—10% Anthracenöl u. 30—34% Schwerbenzol oder Phenolöl. (Кокс и Химия [Koks u. Chem.] **1957.** Nr. 10. 47—51.) R. K. MÜLLER. 7106

Masao Gotoda und **Yasushi Sato,** *Mit Kathodenschutz gleichzeitig anwendbare Anstrichmittel für Metallkonstruktionen unter Süßwasser.* An Stahlproben, die der Einw. von Süßwasser ausgesetzt u. mit Kathodenschutz versehen sind, wird das Verh. einer großen Zahl von Anstrichmitteln untersucht. Aus den Ergebnissen (Diagramme) folgt, daß die Gleichmäßigkeit der Potentialverteilung auf der Oberfläche der mit Anstrichen versehenen Proben (Mg-Anoden) von den Eigg. des Anstrichmittels abhängt. Man kann einen befriedigenden Kathodenschutz von Metallen auch in Süßwasser mit niedriger Leitfähigkeit durch gleichzeitige Verwendung von Anstrichmitteln erzielen. (J. electrochem. Soc. Japan **25.** 208—13. April 1957. Tokyo, Japan. Nat. Railways, Railway Techn. Res. Inst. [Orig.: japan.; Auszug: engl.]) W. WESLY. 7106

Karl-Heinz Preller, *Probleme der Spielwarenlackierung.* Behandelt wird die Lackierung von Spielwaren aus Holz, Blech u. Metall, Glas, Kunststoff u. Gummi. (Ind.-Lackier-Betr. **27.** 29—34. Febr. 1959. Gartenberg/Obb.) M. WINIKER. 7106

D. Taylor, *Optische Eigenschaften von Pigmenten im nahen Infrarot.* Vf. berichtet über Methoden zur Messung der opt. Eigg. von Pigmenten innerhalb 700—900 mμ. (J. Oil Colour Chemists' Assoc. **41.** 707—29. Okt. 1958. Blackley, Manchester, Imp. Chem. Ind. Ltd.) L. KEMPF. 7152

Emil Beyeler und **Guido Singer,** *Einfache Methoden zur Prüfung von Anstrichstoffen.* Vff. geben einen Überblick über einfache Methoden für Prüfungen am fl. Anstrichstoff, beim Übergang vom fl. zum festen Film sowie am festen Film selbst. (Ind.-Lackier-Betr. **27.** 6—12. Jan. 47—50. Febr. 1959. Killwangen/Schweiz.) M. WINIKER. 7158

VEB Berliner Glühlampen-Werk (Erfinder: **Klaus-Thomas Wilke** und **Rita Mannheim**), Berlin, *Herstellung von Leuchtstoffen auf Fluoroaluminatbasis,* dad. gek., daß Fluoride des Li, Na, K, Be, Mg, Ca, Sr, Ba, Zn, Cd im Gemisch mit AlF_3 u. Aktivatoren, welche als Metallsalze, bes. als Fluoride, Oxyde oder Carbonate von Pb, Ti, Ce u. anderen Seltenen Erden, U, Mn, sowie als Mischungen dieser Aktivatoren zugegeben sind bei erhöhter Temp. an der Luft oder in einem inerten Gas zur Rk. gebracht werden. — Z. B. wird eine Grundsubstanz, bestehend aus 73,65 (%) CaF_2 u. 26,35 AlF_3, mit 5—15 Ce als Oxalat u. 2—6 Mn als Carbonat versetzt u. nach 1-std. Mahlen 10—30 Min. bei 800—1000° an der Luft oder in einem inerten Gasstrom geglüht. Das Reaktionsprod. ($Ca_3[AlF_6]_2 \cdot Ce_4Mn$) emittiert bei Anregung mit 2537 Å im gelbgrünen Spektralbereich. (**D. P. [DDR] 16 289** Kl. 22f vom 17/5. 1957, ausg. 30/1. 1959 [Wirtschaftspatent].) T. OPPERMANN. 7093a

McGean Chemical Co., Cleveland, übert. von: **Albert V. Collins** und **Lorenz C. Leopold,** Fairview Park, Ohio, V. St. A., *Als Sikkative dienende phosphathaltige Seifen* (I) erhält man durch Verseifung einer Monocarbonsäure (II) mit mindestens 4 C-Atomen, bes. einer Fett-, Harz- oder Naphthensäure, mit wss. Alkali in der Hitze u. in Ggw. eines wasserlösl. anorgan. Phosphates (III), Poly- oder Pyrophosphates, prim. oder sek. Alkali- oder NH_4-Phosphates, bei einem p_H nicht >8 u. anschließende Zugabe eines wasserlösl. Salzes eines Trocknermetalls, wie Co oder Mn. Man kann auch II u. III vor der Verseifung miteinander mischen. I entwässert man in Schmelze bei $>212^0$ F. (**A. P. 2 793 962** vom 10/9. 1952, ausg. 28/5. 1957.) O. MÜLLER-MEININGEN. 7097

Hardman & Holden Ltd., Manchester, England, und **Jacobus Rinse,** Bernardsville, N. J., V. St. A., *Aluminiumalkoholatverbindungen* erhält man aus Al-Alkoholaten von n- oder einwertigen Isoalkoholen mit 3—10 C u. Monoalkylenglykolen mit mindestens 6 C oder mit Polyalkylenglykolen mit 3—4 C in der Alkylengruppe bei 70—150°, wobei abgespaltener Alkohol abdestilliert. Die Anzahl der Alkylengruppen soll zwischen 2—10 liegen u. das Glykol soll eine höhere C Zahl aufweisen als der Alkohol des Alkoholats besitzt. Viscose oder feste *harzartige Massen.* Zur *Herst. von Lacken, Harzen, Linoleum, Tinten, Quellungsmittel oder Trocknungsmittel für Alkydharze.* (**E. P. 772 144** vom 15/11. 1954, ausg. 10/4. 1957. A. Priorr. 11/1. u. 31/3. 1954.) G. KÖNIG. 7097

Daimler-Benz Akt.-Ges., Stuttgart, *Elektrostatisches Aufspritzen von Farben.* Die Farbe wird z. B. mittels einer Pumpe aus dem Behälter in Umfluß gehalten u. zu der Sprühvorr. geführt, von wo aus sie durch einen langen schmalen Spalt versprüht wird. Die überschüssige Farbe läuft in den Behälter zurück. (**E. P. 792 607** vom 9/2. 1956, ausg. 2/4. 1958. D. Prior. 9/2. 1955.) P. KRUG. 7107

Ford Motor Co. of Canada Ltd. (Erfinder: **Alfred Daniel Slatkin**), *Elektrostatisches Überziehen von Gegenständen mit feinzerteilten Materialien,* wie Fll., *Sikkativen, Farben* u. dgl., indem man mittels einer Sprühvorr., die mit einer elektr. Stromquelle verbunden ist, einen Strom von fein zerteilten, elektr. geladenenTeilchen der Überzugsmasse erzeugt, den zu überziehenden Gegenstand in den Bereich dieses Stromes bringt u. den Weg u. die Richtung der geladenen Teilchen durch eine neben"dem Strom angebrachte, ebenfalls elektr. geladene Platte beeinflußt. (**Aust. P. 205 557** vom 29/2. 1956, ausg. 14/2. 1957. A. Prior. 7/3. 1955.) K. DEMMLER. 7107

Annunziato Caruso, Genua, Italien, *Herstellung von Anstreich- und Stukkatiermitteln.* Man verwendet das beim Mahlen von Stein oder Glas anfallende Pulver, mischt es mit W., Leim, Bleiweiß, Öl, Lack, Zement, Gips u. Farbpigmenten. (**It. P. 494 413** vom 5/8. 1952.) K. KOEBKE. 7107

Montecatini Soc. Gen. per l'Industria Mineraria e Chimica (Erfinder: **Enzo Di Giulio** und **Paolo Parrini**), Mailand, Italien, *Herstellung von Filmen* durch Aufbringen einer Lsg. des filmbildenden Stoffes auf eine geheizte Oberfläche. Man verwendet kristallisiertes, lineares hochpolymeres Polypropylen mit einer Grenzviscosität von 0,5—7 (in

Tetrahydronaphthalin von 135°), zweckmäßig unter Zusatz eines Stabilisators. — Man gießt eine 30 Gew.-%ig. Lsg. von Polypropylen (Grenzviscosität 4,3) in einer Petroleumfraktion vom Kp. 200—210°, die 0,5% Diphenyläthylphosphit als Stabilisator enthält, auf eine Fläche von 175°, zieht nach 25 Min. ab, spült mit W. u. zieht den Film durch ein Bad von Äthylenglykol von 135°, in welchem er längs u. quer gestreckt wird. (**Oe. P. 201 287** vom 25/3. 1957, ausg. 27/12. 1958. It. Prior. 30/3. 1956.) M. PANKOW. 7107

Imperial Chemical Industries Ltd., London, England (Erfinder: **Henryk Zenftman** und **Stanley Fordham**), *Schutz von Eisenoberflächen gegen atmosphärische Korrosion.* Auf die eisernen Gegenstände wird zunächst eine Öl-in-W.-Emulsion aufgebracht, die in der Ölphase gelöst saure Alkylarylphosphate (weniger als 8 C-Atome in der Alkylgruppe) oder die entsprechenden Alkyl-Mischester mit 1—4 C-Atomen im Alkylrest) enthalten, u. dann die behandelte Oberfläche getrocknet. Die Ester (z. B. p-tert. Octylphenylmethylphosphat) werden in einer Menge von 1—5%, bezogen auf das Gewicht des Öls, angewendet. (**E. P. 775 571** vom 9/4. 1954, ausg. 29/5. 1957.) P. KRUG. 7107

British Celanese Ltd., London, England (Erfinder: **Leslie John Moncrieff**), *Aufbringen von Schutzbelägen* aus thermoplast. Material. Dünne, schichtförmige thermoplast. Materialien werden in hitzeerweichtem Zustand durch Vakuum fest auf dem zu überziehenden Gegenstand verankert. Es lassen sich auch gebogene Gegenstände überziehen; bes. günstige Resultate werden beim Aufbringen auf rauhe Oberflächen erhalten. (**E. P. 784 503** vom 28/8. 1953, ausg. 9/10. 1957.) P. KRUG. 7107

General Electric Co., Schenectady, N. Y., V. St. A., *Mit einem Schutzüberzug versehene Gegenstände aus Polyäthylen.* Zum weiteren Schutz von mit energiereichen Elektronen behandelten Polyäthylengegenständen (z. B. Folien oder Umhüllungen), die dadurch temperatur- u. lösungsmittelbeständiger gemacht wurden, werden harzhaltige Lsgg. (I) aufgebracht, die Überzüge getrocknet u. in üblicher Weise ausgehärtet. Geeignete I: Lacke auf der Grundlage von Phenolharzen bzw. deren Kombinationen mit Alkydharzen, Äthoxylinharzen u. modifizierten Alkydharzen). Trocknungsbeschleuniger können den I zugesetzt werden. (**E. P. 785 505** vom 27/10. 1955, ausg. 30/10. 1957. A. Prior. 3/11. 1954.) P. KRUG. 7107

Minnesota Mining & Mfg. Co., St. Paul, Minn., übert. von: **George H. Crawford jr.**, Staten Island, N. Y., V. St. A., *Mischpolymerisate von Fluoropren.* Die Monomerenmischung aus 5—95% Fluoropren u. 95—5% 2-Trifluormethyl-1.3-butadien wird bei —20 bis +100° in Ggw. einer Peroxydverb. polymerisiert. Das Prod. ist vulkanisierbar, in organ. Lösungsm. lösl. u. wegen seiner hohen chem. Widerstandsfähigkeit bes. als *Überzugsmasse* geeignet. (**A. P. 2 836 583** vom 1/6. 1956, ausg. 27/5. 1958.) L. STADELMANN. 7107

Joseph Holmes Martin and **W. M. Morgans**, A. glossary of pigments, varnish and lacquer constituents New York; Chemical Pub. Co. 1959. (111 S.) 8°. $ 3,50.

XIb. Plaste (Kunstharze. Plastische Massen).

Stanisław Porejko und **Zbigniew Brzozowski**, *Anwendung der Kernstrahlung auf dem Kunststoffgebiet.* (Vgl. C. **1959**. 7973.) Übersicht über Arten der Strahlung u. ihre Wrkg. auf Monomere u. Polymere. — 37 Literaturangaben. (Przemysł chem. **37**. 8—11. Jan. 1958. Warszawa, Politechn., Zakł. Technolog. Tworzyw Organ.) F. URBAN. 7170

K. Thinius und **G. Grosse**, *Studien zur Haftfestigkeit von Plasten.* 1. Mitt. (*Die Grundlagen der Adhäsion auf Plasten und ihre praktischen Folgerungen.* Es werden die allg. thermodynam. Grundlagen beim Haften von Klebstoffen an dem zu verklebenden Gegenstand dargelegt. Bisher in der Literatur veröffentlichte Ergebnisse über den Einfl. des Trocknungsvorgangs, der Polarität von Bindemittel u. Plastwerkstoff sowie der Kohäsionsenergiedichte werden krit. erörtert. Vff. kommen dabei zu der Schlußfolgerung, daß die Haftung im Fall der Polymeren auf die verschied. Arten der zwischenmol. Kräfte zurückzuführen u. in erster Linie eine Funktion der Polarität ist, daß diese sich aber nach den vorliegenden Ergebnissen weder durch das Dipolmoment noch durch die Kohäsionsenergiedichte so definieren läßt, daß eine konkrete formelmäßige Beziehung zwischen der Haftfestigkeit u. diesen Größen abgeleitet werden kann. Es werden anwendungstechn. Hinweise für die prakt. Durchführung des Verklebens von Duro- u. Thermoplasten aus diesen theoret. Betrachtungen abgeleitet. (Plaste u. Kautschuk **5**. 418—21. Nov. 1958. Leipzig, Inst. für Chemie u. Technologie der Plaste.) H. SONTAG. 7170

J. A. Carr und **B. B. Williams**, *Elastische Schaumstoffe — Gegenwart und Zukunft.* Vff. besprechen die Eigg. von Schaumgummilatex u. Schäumer aus Vinyl- u. Methacryl- u. anderen Harzen. Schäume können chem. durch Entweichen entstehender oder beigefügter Gase oder mechan. durch Rühren hergestellt werden. Vff. beschreiben die verschied. Verff. u. vergleichen sie miteinander. Schaumgummi hat einen geringen Widerstand gegenüber Lösungsmitteln u. Ölen, *Vinyl-* u. *Polyester*-Schäume sind darin besser, ausgenommen gegenüber Ketonen, chlorierten u. aromat. KW-stoffen u. niedermol. Estern. (Mod. Plastics **33.** Nr. 1. 114—17. Sept. 1955.) F. SCHIPKE. 7170

Per Gustavson, *Niederdruckpolyäthylen.* Übersicht über die theoret. Grundlagen u. die prakt. Ausführung der Gewinnung von Niederdruckpolyäthylen u. die Eigg. u. Anwendungsmöglichkeiten der Produkte. (Nafta [Zagreb] **8.** 83—88. März 1957. Zagreb.) R. K. MÜLLER. 7172

K. Thinius und **K. Billig,** *Über die Herstellung und Thermostabilität verdünnter Lösungen von Polyvinylchloriden in Cyclohexanon für viscosimetrische Messungen.* Die Viscosität von mehreren handelsüblichen PVC-Sorten, die bei verschied. Tempp. u. während verschied. langer Zeitdauer in Cyclohexanon in Lsg. gebracht worden waren, wurde gemessen. Ausführliche Beschreibung der experimentellen Durchführung der Messungen. Die Ergebnisse bei allen untersuchten PVC-Sorten zeigten, daß sowohl das Lösen bei erhöhter Temp. als auch das längere Zeit benötigte Lösen bei Zimmertemp. zu einwandfreien Lsgg. u. gleichen Ergebnissen führt, so daß grundsätzlich beide Methoden zum Lösen von PVC in Cyclohexanon geeignet sind. Weder das Lösen bei erhöhten Tempp. (bis zu 100°), noch längeres Stehen der Lsgg. (2 Monate) bei Zimmertemp. verursachte einen Abbau der Polymeren. (Plaste u. Kautschuk **5.** 434—35. Nov. 1958. Leipzig, Inst. für Chemie u. Technologie der Plaste.) H. SONTAG. 7172

Włodzimierz Łaskawski, *Untersuchung von Polyvinylpasten.* 1. Mitt. *Allgemeine Eigenschaften von PVC-Pasten.* Übersicht über chem. u. technolog. Eigenschaften. — 40 Literaturangaben. (Przemysł chem. **37.** 606—07. Sept. 1958. Wrocław, Politechn., Kat. Techn. Tworzyw sztucz.) F. URBAN. 7172

W. N. Zwetkow und **Je. M. Alexandrowa,** *Koagulation von Polystyrollatex bei mechanischem Vermischen.* Für die Beziehung zwischen der zur Koagulation eines Polystyrollatex aus 100 (Gewichtsteilen) Styrol (I), 175 dest. W., 0,4—1,2 Na-Ricinoleat (II) u. 0,3 $K_2S_2O_8$ erforderlichen Rührdauer τ (sec), der I-Konz. C (%), der Umdrehungszahl n ($Min.^{-1}$), der vorhandenen bzw. zugesetzten Koagulatmenge C_{PK} (% von I) werden folgende empir. Gleichungen ermittelt: $\tau = K_1 \cdot C^{-a}$ (a = 3,80—4,45, je nach II Menge); $\tau = K_2 \cdot n^{-b}$ (b vom Latex abhängiger Exponent); $\tau = T \cdot e^{-\beta C_{PK}}$ ($T = \tau$ bei $C_{PK} = 0$, $\beta = 0{,}0804$ bei n = 3000, 0,0421 bei n = 9000). Der Sättigungsgrad an II (α) ergibt sich aus der anfänglichen (m_0), angewandten (m_i) u. zur Sättigung erforderlichen Menge II (m_s) zu $\alpha = 100 \cdot (m_0 + m_i)/(m_0 + m_s)$. Die Koagulation beim Rühren hat autokalyt. Charakter. Die Festigkeit des Latex erreicht ein Maximum bei α = 85—90% (abhängig von m_i). Bei α = 90—100% nimmt τ mit zunehmendem Dispersitätsgrad der Latexteilchen linear ab, zunehmend langsamer bei Verwendung von Na-n-Octylnaphthalinsulfonat, -Stearat, -Oleat, K- u. NH_4-Oleat statt II. (Химическая Промышленность [Chem. Ind.] **1958.** 280—84. Juli/Aug.) R. K. MÜLLER. 7172

B. P. Golub und **N. F. Kurnikowa,** *Ein Versuch zur Herstellung von Bakelitefilmen aus wasserlöslichem Harz.* Die Vff. berichten über den technolog. Prozeß der Herst. vom wasserlösl. Phenolformaldehydharz als Imprägniermasse zur industriellen Erzeugung von Furnieren, bei 3 at hergestellt. Die Kondensationsbedingung: In dem Gasmantel wird zuerst ein Dampf von 40—50° zur Vorwärmung des Reaktors eingeleitet. Dann wird der Reaktor aus der Rohrleitung mit geschmolzenem Phenol (I) beschickt. Damit das I in der Rohrleitung nicht auskristallisiert, wird es mit einer Dampfleitung versorgt. Darauf wird der Rührer angesetzt u. 40% ig. NaOH (II) in das Reaktionsgefäß eingeführt. Dabei wird die Temp. des Gefäßes um 40—50° gehalten. Durch die Reaktionswärme steigt die Temp. auf 70°. Bei dieser Temp. wird 40% ig. Formaldehydlsg. (III) in kontinuierlichem Strom in gleichmäßiger Geschwindigkeit in den Reaktor 60—70 Min. lang eingeleitet. Infolge der exotherm. Rk. steigt die Temp. im Reaktionsgefäß auf 95—100°. Bei dieser Temp. verläuft eine Reifung des Harzes, bis es die gewünschte Viscosität hat. Das erhaltene Harz wird auf 25° abgekühlt. Man läßt es darauf unter eigenem Druck in den mit einem Kühler versehenen Aufbewahrungsbehälter einströmen. Das Harz wird als Marke S-50 bezeichnet. Es hat folgende chem. u. physikal. Eigg.: Trockenrest in % nicht weniger als 50,0 Viscosität nach ENGLER nicht weniger als 40—70, bromierungsfähige Anteile nicht weniger als 16, berechnet auf I, Alkalität (berechnet auf II) nicht mehr als 2,7; die Festigkeit des daraus hergestellten Furniers (3 mm) in kg/cm^2 nicht weniger als 20; dieselbe nach 1-std. Kochen im H_2O nicht weniger als 18. Die Vff. berichten dann über den Fertigungsprozeß der Filme mit Hinweis auf die Beschaffenheit des zu imprägnierenden Papiers, auf Trocknungsbedingungen der Filme u. ihr Aufrollen in Ballen. Der fertige Bakelite-film wird als Marke BPW bezeichnet. (Деревообрабатывающая Промышленность [Holzverarb. Ind.] **7.** Nr. 8. 17—19. Aug. 1958. Murom, Fournier-Fabrik.) K. WEKUA. 7176

J. F. Kohlwey und **C. Maters,** *Polyamide auf Basis von ε-Caprolactam.* Vff. besprechen die Verwendbarkeit u. die Unterschiede der Nylontypen N 66 (I) u. N 6 (II), die ihres geringen Preises wegen von den Polyamiden am meisten verwendet werden. I wird hergestellt aus *Adipinsäure* u. *Hexamethylentetramin* u. in den USA am meisten verwendet, da das zur Herst. von II erforderliche *α-Caprolactam* wenig zur Verfügung steht. I, F. über 500° F, ROCKWELL-Härte 90, E-Modul 87000; II, F. um 420° F, ROCKWELL-Härte 110, E-Modul 200000 kg·cm². Die Eigg. von II können durch die Preßbedingungen verändert werden, die Verwendbarkeit ist allgemeiner als von I. Vff. gehen dann auf die Bedingungen beim Spritz- u. Strangpressen sowie beim Gießen ein. (Mod. Plastics **33.** Nr. 1. 158—64. Sept. 1955. Arnhem, Holland, Algemeen Kunstzijde Unie N. K.) F. SCHIPKE. 7180

M. Lenzini, *Verstärkte Polyesterkunststoffe ohne Verwendung von Glasfasern.* Die Verwendung von Fasern aus *Sisal, Wolle* oder *Jute,* jeweils in Verb. mit *Cellulose,* an Stelle der gebräuchlichen Glasfasern bei der Herst. von Gegenständen aus verstärkten Polyesterkunststoffen (I), wird dann von Vorteil sein, wenn es weniger auf die mechan. Eigg. der Gegenstände ankommt, als auf ihre geringeren Herstellungskosten, da Ausgangsmaterial billiger, geringere D. des Gegenstandes u. keine Abfälle. (Preisliche Gegenüberstellungen u. Vergleiche der mechan. Eigg.) Die Bereitung der Rohformen aus einem wss. Cellulosebrei u. dem betreffenden Fasermaterial wird beschrieben. Weitere Bearbeitung wie bei den glasfaserverstärkten I. — Tabellen, Abbildungen. (Materie plast. **23.** 755—58. Sept. 1957.) G. PIEKARSKI. 7204

Bernard Bossu und **Juan Coves,** *Härtung von Schichtstoffen und Polyenestermischungen. Einfluß der Formbedingungen.* (Rev. Plásticos **9.** 153—57. Mai/Juni 1958. — C. **1959.** 8725.) R. K. MÜLLER. 7204

W. I. Ssedliss und **Sch. L. Leltschuk,** *Verfahren zur Bestimmung von Kennzahlen physikalisch-mechanischer Eigenschaften weichgemachter Polyvinylchloridgemische durch Berechnung.* Die mechan. Eigg. von *Polyvinylchlorid* (I) mit Zusatz von Weichmachern (WM) lassen sich aus seinem Geh. n (Mol-%) an WM u. den entsprechenden Eigg. des I ohne WM (Index $_c$), wenn man den Wirkungsgrad E, auf n bezogen: $\Delta T_{cn} = (0{,}55\,n + 3{,}5)\cdot E$ (T_c = Erstarrungspunkt), des WM berücksichtigt. E ist für Trikresylphosphat 9,4 (°C), Äthyl- 9,8, Butyl- 10,6, Octylphthalat 11,9, Butyl- 12,4, Octyladipinat 13,1, Butyl- 13,8, Octylsebacinat 15,1. Dann gilt für die Zugfestigkeit $\sigma = \sigma_0/0{,}3\,n\cdot(0{,}3\,E - 1{,}84)$ kg/cm², Zerreißdehnung $\Delta L = \Delta L_0\,(3{,}4\,n-8{,}4)\cdot(0{,}19\,E-0{,}7)$ % (σ_0 = 550 kg/cm², ΔL = 10%), Elastizitätsmodul bei 100% Dehnung $e_{100} = e_0/(n-2{,}3)\,(13{,}76\,E - 108{,}24)$ kg/cm² (e_0 = 32000 kg/cm²), Warmfestigkeit $T = T_0, - nE$ (T_0 = 78° nach MARTENS, 108° nach WICK), elektr. Volumenwiderstand $\varrho_V = \varrho_{V0}\cdot(-0{,}119\,E + 1{,}800)/3\,(n-2{,}5)\;\Omega\cdot$cm bei 20° ($\varrho_{V0} = 10^{15}\,\Omega\cdot$cm) Wasserdurchlässigkeitskonstante $P = P_0\cdot(0{,}9\,n-1{,}7)\cdot(0{,}265\,E-2{,}126)$ g/cm·Std./mm Hg ($P_0 = 0{,}5\cdot10^{-8}$). (Заводская Лаборатория [Betriebs-Lab.] **23.** 329—32. 1957. Wiss. Forsch.-Inst. für Polymerisationsplastmassen.) R. K. MÜLLER. 7210

W. Späth, *Schlagversuche an glasfaserverstärkten Kunststoffen.* Französ. Übersetzung der C. **1958.** 9918 referierten Arbeit. (Gummi u. Asbest **10.** 204—08. 1/4. 1957.) M. WINIKER. 7210

R. Thater, *Über die Wasserdurchlässigkeit von Duroplasten.* Vf. beschreibt eine neue, von ihm entwickelte Meth. zur Best. der Wasserdurchlässigkeit von Duroplasten u. leitet eine Formel zur Best. des Permeationskoeff. ab, in der die Meßwerte dieser Meth. eingehen. Ein Vgl., der auf diese Weise bestimmten Permeationskoeffizienten von 5 verschied., füllstoffhaltigen Preßmassen (Phenoplast- u. Melaminharzmassen) mit dem von HOUWINK für füllstofffreies, ausgehärtetes Phenolgießharz angegebenen Wert, zeigt eine Erhöhung der Wasserdurchlässigkeit durch Füllung mit Holzmehl oder Cellulose. Vf. folgert aus seinen Untersuchungsergebnissen, daß der Einsatz füllstoffhaltiger Duroplaste an Stelle von Metallen für Teile, die eine absol. Wasserdichtigkeit bedingen, nur nach entsprechender Oberflächenpräparierung vorgenommen werden soll. (Plaste u. Kautschuk **5.** 422—23. Nov. 1958. Leipzig, Inst. für Chemie n. Technologie der Plaste.) H. SONTAG. 7210

Hercules Powder Co., V. St. A., *Herstellung von Monoperoxyacetalen,* dad. gek., daß man einen Vinyläther in Ggw. eines sauren Katalysators mit einem Hydroxyperoxyd umsetzt. — Beschrieben wird die Rk. von Dihydroterpinylvinyläther mit Cumolhydroperoxyd in Bzl. in Ggw. von BF_3 (Gas) >28° unter Bldg. von *α-Dihydroterpinyläthyl-α-cumylperoxyd;* von Vinyläthyläther mit Cumolhydroperoxyd (I) von Vinylisobutyläther (II) mit p-Menthanhydroperoxyd u. von I mit II. — Analog können verwendet werden: Cymol-, Diisopropylbenzol-, Phenylcyclohexan-, Isopropylnaphthalin-, Pinan-, tert.-Butyl- u. tert.-Amylhydroperoxyd; Bornyl-, Isobornyl-, Fenchyl-, Dehydroabietyl-, Cyclohexyl-, 1-Methylcyclohexyl-, Methyl-, n-Propyl-, Isopropyl-, n-Butyl-, tert.-Butyl- u. Stearylvinyläther. — *Polymerisationskatalysatoren.* (**F. P. 1 163 383** vom 23/1. 1956, ausg. 25/9. 1958.) S. BÖTTCHER. 7171

California Research Corp., San Francisco, übert. von: **Gordon E. Langlois,** El Cerrito, und **Edward D. Noble,** San Rafael, Calif., V. St. A., *Umwandlung von Kohlenwasserstoffen,* z. B. bei der Polymerisierung von fl. Propylen enthaltenden KW-stoffen in Ggw. eines Katalysators. Der Katalysator wird vor dem Einsatz vorbehandelt, indem er mindestens 5 Min. bei 100—700° F mit einer Mineralsäure (Phosphorsäure) in Kontakt gebracht wird. (**A. P. 2 843 640** vom 30/9. 1955, ausg. 15/7. 1958.) E. KAHLES. 7173

Wacker-Chemie G. m. b. H., München (Erfinder: **Hans Bauer, Eduard Bergmeister, Eduard Enk** und **Joseph Heckmaier,** Burghausen), *Radikalpolymerisation polymerisierbarer, ungesättigter organischer Verbindungen in wässeriger Suspension oder Emulsion.* Man verwendet dabei als Dispergiermittel gegebenenfalls noch estergruppenhaltige Mischpolymerisate von Vinylalkohol mit alkylierten Vinylalkoholen, die durch Suspensionspolymerisation entsprechender Vinylestergemische u. saure Verseifung der erhaltenen Mischpolymerisate gewonnen worden sind. Diese Polymerisate enthalten 5—40, bes. 5—20 (%), alkylierten Vinylalkohol, bes. Isopropenylalkohol oder andere niedere Alkenole. Die Menge des Dispergiermittels beträgt bei Suspensionspolymerisationen, bezogen auf die wss. Phase, 0,02—0,5, bes. 0,05—0,2, u. bei Emulsionspolymerisationen 2—10. — Verwendung für *Holzverleimung, Spachtelmassen* u. *Farbbinder.* (**D. A. S. 1 026 074** Kl. 39c vom 6/4. 1955, veröff. 13/3. 1958.) H. NEBELSIEK. 7173

Farbwerke Hoechst Akt.-Ges., vormals Meister Lucius & Brüning (Erfinder: **Claus Beermann** und **Herbert Bestian**), Frankfurt/M., *Polymerisation von Olefinen* ohne Druck oder unter Anwendung von geringem Druck unter Verwendung von Methyltitantrihalogeniden als Katalysator, welche noch geringe Mengen an aluminiumorgan. Verbb. enthalten, bei Tempp. $<100°$ in Ggw. eines Dispersionsmediums, wie aliphat. KW-stoffgemische mit einem Kp.-Bereich von 180—220°. — Beispiele von Polyäthylen mit der red. Viscosität μspez./c = 1,16 bzw. 1,99 (gemessen in Tetrahydronaphthalin bei 120°). (**D. A. S. 1 026 964** Kl. 39c vom 16/12. 1955, veröff. 27/3. 1958.) H. NEBELSIEK. 7173

Gerhard Geiseler, Leuna, und **Wolfgang Knothe,** Merseburg, *Katalytische Polymerisation von Olefinen,* bes. α-Olefinen, mit Al-Trialkylätheraten von Alkylaryläthern zusammen mit Metallverbb., wie $TiCl_4$, $ZrCl_4$ u. dergleichen. — 3,2 Liter wasserfreies Leichtbenzin, 8 g Al-Triäthylanisolätherat u. 5 g $TiCl_4$ werden unter Einleiten von Äthylen zusammengebracht; Temperaturanstieg bis 75°; bei dieser Temp. wurde 6 Std. Äthylen eingeleitet: Polymeres vom F. 130—135°. (**D. P. [DDR] 16 574** Kl. 39c vom 14/5. 1957, ausg. 19/3. 1959 [Wirtschaftspatent].) M. PANKOW. 7173

Mitsubishi Rayon Kabushiki Kaisha, Tokyo (Erfinder: **Eiishiro Hara** und **Takashi Asami**), Japan, *Emulsionspolymerisation von Vinylverbindungen.* Man beseitigt das Verkleben der suspendierten Polymerisatteilchen bei der Polymerisation, indem man Methacryl- oder Acrylsäurederivv., Vinylacetat, Styrol u. andere Vinylverbb. allein oder in Mischung in wss. Dispersion in Ggw. organ. oder anorgan. Stabilisierungsmittel (polymethacrylsaure Salze, Gelatine, $MgCO_3$, $CaCO_3$, Ca-Phosphat) u. öllösl. Polymerisationskatalysatoren (Benzoylperoxyd, Azo-bis-isonitril, Azo-bis-valeronitril) zusätzlich mit 0,01—2,5% (des wss. Dispersionsmediums) H_2O_2 polymerisiert — 100 (Teile) Methylmethacrylat, 200 W., 2 K-Methacrylat — Methacrylsäureestermischpolymerisat oder 1,8 $MgCO_3$-Pulver, 1 H_2O_2, 1 Benzoylperoxyd werden im Reaktionsgefäß mit einer Temp. von 90° im Heizmantel bei einer Umdrehungszahl von 130 r.p.m. gerührt, wobei die Innentemp. bis 120° steigt; man rührt noch $^1/_2$ Std. u. erhält nach Abkühlen ein Polymeres, das nicht am Rührgefäß haftet im Gegensatz zum Arbeiten ohne H_2O_2. (**Jap. A. S. 947/1958** vom 15/3. 1956, veröff. 15/2. 1958.) M. PANKOW. 7173

Kurt Thinius, Hans Walther und **Heidi Bergheer,** Leipzig, *Stabilisieren von Polymerisationsprodukten des Vinylchlorids* mit Sn-organ. Verbb. der Formel **A** (R u. R_1 = gleiche oder verschied. Alkyl-, Aryl- oder Aralkylreste; m u. m_1 = gleiche oder verschied. Zahlen von 1—8 u. p = 1 oder 2), z. B. Dibutyl- oder Butylphenyl-Sn-thiodipropionat, Diphenyl-Sn-thiodibutyrat, Dioctyl-Sn-3-thiabutan-1.4-dicarbonat. (**D. P. [DDR] 16 800** Kl. 39c vom 15/5. 1957, ausg. 8/4. 1959 [Wirtschaftspatent].) M. PANKOW. 7173

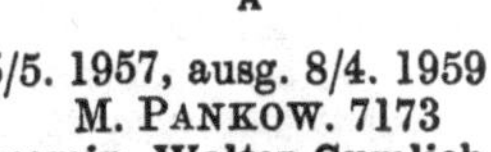

A

Chemische Werke Hüls Akt.-Ges. (Erfinder: **Werner Jacquemin, Walter Gumlich** und **Gottfried Sprock**), Marl, *Erhöhung der Lagerfähigkeit von ungesättigten Polyesterharzmassen.* Den Gemischen aus ungesätt. Polyestern u. daran anpolymerisierbaren monomeren Verbb. mit der Gruppierung $H_2C{=}C\langle$ (Styrol) wird eine N-haltige Verb. (I) der allg. Formel $R_1{-}X{-}CR_2 = CR_3{-}R_4$ (R_1 u. R_2 bedeuten H oder Alkylrest, X N-haltiges heterocycl. Ringsyst. R_3 H oder Methylrest u. R_4 einen aromat. oder heterocycl. Rest), bes. in Mengen von 0,001—0,1% der M. zugesetzt. Die I sind z. B. in Ggw. von W. abspaltenden Mitteln (Essigsäureanhydrid u. $ZnCl_2$) hergestellte Kondensationsprodd. aus in α- oder γ-Stellung eine Alkylgruppe mit reaktionsfähigem H-Atom tragenden Pyridinen (α-Picolin, γ-Picolin, 2.5-Lutidin, 2-Propyl-5-äthylpyridin u. Chinaldin) u. aus Carbonylverbb. (Salicylaldehyd, Benzaldehyd, Furfurol u. Methyl-(α-furyl)-keton. Diese stören beim Aushärten der M. nach Zusatz der üblichen Katalysatoren nicht. (**D. A. S. 1 051 494** Kl. 39b vom 23/7. 1957, veröff. 26/2. 1959.) G. TEWES. 7177

Friedrich Andreas, Werner Heidinger und **Fritz Seiter,** Leuna, und **Adolf Zanger,** Naumburg, *Herstellung von Epoxydharzen* mit hohem F. aus mehrwertigen Phenolen in Ggw. von Alkalilauge mit einem 1.2-Epichlorhydrin, das an dem am Epoxydring beteiligten C-Atom statt eines H-Atoms eine Alkylgruppe trägt; man kann in Ggw. eines Dispergierungsmittels arbeiten. Solche Alkylprodd. erhält man, wenn man Isobutylen oder Äthylpropylen u. ähnliche verzweigte Olefine unter Erhaltung der Doppelbindung substituierend chloriert, die erhaltenen Chloride mit HOCl in die Dichlorhydrine u. diese mit Alkalien in die Alkylepichlorhydrine umwandelt. Als Dispergierungsmittel nimmt man Tylose, Na-Polymetaphosphat, $Na_4P_2O_7$ oder Alkylsulfonat. Das Harz fällt hiermit als leicht auswaschbares, gut verpackbares u. mischbares Pulver an, das zur Herst. von Überzügen nach dem Wirbelsinterverf., bei Verkittungen u. als Bindemittel leicht verarbeitet werden kann. — 693 (Gewichtsteile) 4.4'-Dihydroxydiphenyldimethylmethan, 735 Methylepichlorhydrin (aus Isobutylen; Kp. 116—125°), 247 NaOH u. 1880 W. werden $^1/_4$ Std. bei 60°, $^1/_2$ Std. bei 70° u. $^1/_2$ Std. bei 80° gehalten; Harz vom F. 143°. 100 des Harzes werden mit 30 Phthalsäureanhydrid bei 130° vergossen u. 30 Std. bei 130° gehalten. (**D. P. [DDR] 16 384** Kl. 39c vom 21/1. 1955, ausg. 16/2. 1959 [Wirtschaftspatent].) M. PANKOW. 7177

Harvel Research Corp., übert. von: **Mortimer T. Harvey,** South Orange, N. J., V. St. A., *Verformbare Massen,* bestehend aus einem Aldehyd (I) u. einem bei 100° fl. organ. Reaktionsprod., das durch partielle Hydrierung von Monofurfurylidenketonen, Difurylidenketonen bzw. ähnlichen Reaktionsprodd. oder deren Destillationsrückständen hergestellt ist sowie gegebenenfalls natürlichem oder synthet. Kautschuk. Die Massen werden unlösl. u. unschmelzbar, wenn sie mit A. u. p-Toluolsulfonsäure in der Wärme 24 Std. behandelt werden. I ist bes. Furfurol. — Verwendung vielseitig, z. B. als Verguß-, Isolier-, Überzugs-, Klebmasse, Imprägniermittel. (**A. P. 2 776 266** vom 3/12. 1952, ausg. 1/1. 1957.) K. FABEL. 7177

E. I. du Pont de Nemours & Co., Wilmington, übert. von: **Earl L. Muetterties,** Hockessin, Del., V. St. A., *Feste Polymere* erhält man durch Polymerisation von Tetrahydrofuran (I) mit 0,01—45 Gew.-% PF_5, berechnet auf I. Bes. wird eine durch Sättigung von I mit PF_5 bei 0° u. Sublimation des Prod. erhaltene Komplexverb. verwendet. — Verwendung für Filme, Fasern, Preßmassen. (**A. P. 2 856 370** vom 9/9. 1953, ausg. 14/10. 1958.) J. MÜHLEISEN. 7177

Farbenfabriken Bayer Akt.-Ges., Leverkusen (Erfinder: **Otto Bayer** und **Hugo Wilms,** Leverkusen, und **Helmut Kleiner,** Köln), *Herstellung von polymeren Aminen* bzw. *deren Salzen und quaternären Ammoniumverbindungen* aus Monoolefin–CO-Mischpolymerisaten, dad. gek., daß diese mit CH_2O u. NH_3- oder Aminsalzen, die mindestens 1 N-gebundenes austauschbares H tragen, umgesetzt u. die erhaltenen Polyamine gegebenenfalls in die quaternären NH_4-Verbb. übergeführt werden. Nach einem Beispiel wird ein Äthylen–CO-Mischpolymerisat in Butanol heiß gelöst u. nach Zusatz von salzsaurem Piperidin, Paraformaldehyd u. HCl am Rückfluß erhitzt. Das Reaktionsprod. ist eine in W. leicht lösl. spröde gefärbte M. aus der sich nach Behandeln eine in W. unlösl., zäh viscose Base abscheidet. — Überzüge, Weichmacher, Textilhilfsmittel. (**D. A. S. 1 055 810** Kl. 39c vom 15/5. 1954, veröff. 23/4. 1959. **A. P. 2 846 406** vom 6/5. 1955, ausg. 5/8. 1958. D. Prior. 15/5. 1954.) H. SCHINDLER. 7181

Badische Anilin- & Soda-Fabrik Akt.-Ges. (Erfinder: **Georg Rössler** und **Johann Lenz),** Ludwigshafen/Rh., *Herstellung pulverförmiger, mit Alkoholen verätherter Melamin–Formaldehyd-Harze* (I), dad. gek., daß man den Lsgg. der I geringe Mengen eines weitkondensierten, aber noch wasserlösl. Harnstoff–CH_2O-Harzes (II) zufügt u. das Gemisch anschließend trocknet. Bes. wird ein II verwendet, das wasserlösl. machende Gruppen einkondensiert enthält. — Z. B. werden zu einer Harzlsg. vom p_H 7,8, die durch Kondensation von 245 (Teilen) Melamin mit 600 30%ig. CH_2O in 100 Methanol hergestellt wurde, u. die sich nicht durch Versprühen in ein verwendbares Pulver überführen läßt, 340 einer 53%ig. Harnstoffharzlsg. gegeben, die durch Erwärmen von 500 einer bis zur D. 1,33 konz., 12 $NaHSO_3$ enthaltenden Kondensatlsg. vom p_H 7,2 aus 1 (Mol)

Harnstoff u. 2 CH_2O hergestellt wurde. Durch Zerstäubungstrocknung erhält man ein Pulver mit einem Wassergeh. von 1%, das völlig lagerbeständig ist. (**D. A. S. 1 048 406** Kl. 39b vom 31/12. 1956, veröff. 8/1. 1959.) H. V. SCHILLER. 7181

Imperial Chemical Industries Ltd., England, *Verbesserte organische Thermoplastmischungen.* Geringe Mengen von Zusatzstoffen, wie antistat. Mittel oder Gleitmittel, werden mit indifferenten Trägerstoffen (Talkum, SiO_2, Al-Silicat, $BaSO_4$, Ton, α-Cellulose, Ruß usw.) gemischt. Die Mischung wird auf die Oberfläche von Körnern aus den Thermoplasten aufgebracht. Außer Vinyl-, Acrylharzen, Butadienmischpolymerisaten kann man auch Phenol- u. Harnstoff-CH_2O-Harze in dieser Form mischen. — Man mischt 6 (Teile) SiO_2-Pulver Hisil mit 1,5 eines Kondensationsprod. aus 1 Mol Dodecanol u. 9,5 Mol Äthylenoxyd (Antistaticum) u. 7,5 dieser Mischung mit 2000 Polyäthylenkörnern, die dann nach dem Spritzgußverf. verarbeitet werden können. (**F. P. 1 135 918** vom 26/8. 1955, ausg. 6/5. 1957. E. Priorr. 26/8. u. 30/9. 1954 u. 10/8. 1955.) M. PANKOW. 7205

XIII. Ätherische Öle. Parfümerie. Kosmetik.

M. F. Carroll und **W. D. Fordham,** *Analyse reiner Riechstoffe.* (Soap, Perfum. Cosmet. **28.** 178—80. Febr. 1955. London, A. Boake, Roberts & Co., Ltd., Res. Dep. — C. **1956.** 5144.) H. P. FIEDLER. 7262

Alfons Burger, *Curcumawurzel und ihre ätherischen Öle.* Es wird über die äther. Öle u. ihre Zus. berichtet. (Perfum. essent. Oil Rec. **49.** 801—02. Dez. 1958.) E. BOYE. 7262

M. I. Gorjajew, T. Je. Sserkebajewa, L. A. Ignatowa und **I. M. Schabanow,** *Untersuchung der ätherischen Öle einiger Arten von Artemisia.* Untersucht werden die mittels Wasserdampfdest. aus *Artemisia Lessingiana Bess* (**I**; 7,69% Feuchtigkeit), in der Blütezeit gesammelter *Artemisia persica Boiss* (**II**; 12% Feuchtigkeit) u. aus *Artemisia arenaria D. C.* (**III**; 44% Feuchtigkeit) in 0,46, 0,35 bzw. 0,14%ig. Ausbeute (bezogen auf lufttrockenes **I** u. **II**, bzw. absolut trockenes **III**) erhaltenen äther. Öle. Aus **I** werden 43,8% *Campher* (**IV**) u. 15,6% fl. Verbb. isoliert, die zu $>$50% mit Phthalsäureanhydrid unter Verharzung reagieren u. demzufolge aus Aldehyden bestehen. Der dabei nicht verharzende Anteil ist vermutlich *2-Methylhepten-(2)-on-(6)*. In dem von Carbonylverbb. freien Öl weisen Vff. wenig Alkohole nach, die nicht näher untersucht werden. Das aus **II** gewonnene Öl reagiert positiv mit $FeCl_3$ auf Phenole u. mit fuchsinschwefliger Säure auf Aldehyde, nicht aber mit 50%ig. Resorcin auf Cineol u. enthält 7,2% *d-α-Pinen*, 18,3% *Borneol* (**V**), 25,5% *Bornylester* (hauptsächlich *Bornylcapronat*), 14% *Camphon* (**VI**) u. 1,43% Phenole (hauptsächlich *m-Kresol*). Das aus dem **III** isolierte Öl reagiert mit fuchsinschwefliger Säure u. mit Na positiv. Da das Öl mit Br_2 in Chlf. die für azulenbildende Sesquiterpene charakterist. Farb-Rk. gibt, vermuten Vff. in demselben azulenbildende Sesquiterpene. Die Isolierung derselben durch Red. des Öles mit Se wurde nicht erreicht. Vff. erhielten nach dem Verf. von WALLACH [1887] *α-Terpinennitrosit* (?), F. 157° (Zers.), von dem sie auf vorhandenes *α-Terpinen* schließen. (Известия Академии Наук Казахской ССР, Серия Химическая [Nachr. Akad. Wiss. KasachSSR, Ser. Chem.] **1956.** Nr. 9. 50—54.) W. KURTZMANN. 7262

Friederich Porsch, *Die Acetale in der Parfümerie.* Herkunft, Eigg. u. Verwendungsmöglichkeiten der für die Parfümerie wichtigsten *Acetale* werden besprochen. (Riv. ital. Essenze, Profumi, Piante officin., Olii veget., Saponi **40.** 457—58. 15/10. 1958.) H. P. FIEDLER. 7276

Otto Leberl, *Die Silicone in der kosmetischen und dermatologischen Rezeptur.* Überblick über die Anwendung der Silicone in reiner Form, in Salben u. Salbengrundlagen, als Lotionen in alkoh. Lsg. u. als Emulsionen u. ihre hierfür wichtigen Eigg. u. Zusätze. — 4 Tabellen. Bes. werden Mittel zur Haarbehandlung u. -pflege, Schminkmittel, Lippenstifte, Sonnenschutz- u. Rasiermittel, Puder, Nagellacke, Zahnpflegemittel, Kaugummi, Mittel zur Hautbehandlung u. Parfümherst. eingehend mit zahlreichen Beispielen u. Rezepten besprochen. Die Verträglichkeit, Mischbarkeit u. Löslichkeit mit 68 in der Kosmetik verwendeten Ingredientien wird in Tabellen gezeigt. — 88 Literaturangaben. (Kosmetik-Parfum-Drogen Rdsch. [Innsbruck] **4.** 57—62. 85—86. 88—90. 113—19. 147—53. 1957.) H. MÜHLMEISTER. 7284

Samuel Prussin und **H. R. Shepherd,** *Die Rolle des Glycerins in Aerosolen.* Übersicht über die Verwendung von Glycerin (**I**) in Aerosolrasiercremes, pinsellosen Rasiercremes, Handcremes, Frisiercremes, Desodorantien u. Zahnpasten. Die Vorteile der Verwendung von **I** liegen in der Veränderung der rheolog. Eigg., der Erhöhung der D. des Präp., in der Erhöhung des Glanzeffektes, der Änderung der Löslichkeit von Gasen, erhöhter Stabilität, besserer Löslichkeit von Geschmacks- u. Farbstoffen in Nahrungsmitteln u. besserer Stabilisierung. (Soap chem. Specialties **34**. Nr. 10. 87—93. Okt. 1958. Bridgeport, Conn., Aerosol Techn., Inc.) J. BÖSS. 7284

Herbert C. Janowitz, *Keine Runzeln mehr?* (Parfümerie u. Kosmet. **37**. 243. Mai 1956. Tel Aviv. — C. **1958**. 1716.) H. SPOHN. 7284

A. Zenisek und **J. A. Kral,** *Urocaninsäure im menschlichen Schweiß und ihr Beitrag zum Hautschutz.* Nach Erläuterung der im menschlichen Schweiß nachgewiesenen Bestandteile u. ihrer vermutlichen Bldg. werden die C. **1950/54**. 394 S, **1957**. 14151, **1958**. 2205 u. 13374 referierten Tatsachen über die Urocaninsäure besprochen. (Kosmetik-Parfum-Drogen Rdsch. [Innsbruck] **4**. 83—84. 1957.) J. MÜHLMEISTER. 7284

Paul Mannheim, *Perlmutterglanz in Kosmetika.* Vf. berichtet über seine Erfahrungen hinsichtlich Herst. u. Unters. von schäumenden Rasierseifen u. weichen Seifen mit Perlmuttglanz. Die Unterschiede in der chem. Zus. der kristallartig ausgeschiedenen feinen Blättchen zu der des transparenten Seifenkörpers werden dargelegt u. daraus prakt. Hinweise für die Zusammenstellung der Komponenten solcher Seifen gefolgert. Die Bedeutung der physikal. Bedingungen (Verhältnis von Kernbildungs- zu Kernwachstumsgeschwindigkeit, Oberflächeneigg., Zusatz von Elektrolyten, Außentemp.) für die Entstehung des Perlmuttglanzes wird dargelegt. Vf. geht ausführlich auf die allg. physikal.-chem. Grundlagen der Ausbldg. grob- u. feinkoll. Zustände sowie disperser Systeme, der Solvatation u. des Kondensationsmechanismus ein u. zeigt die Bedeutung dieser Faktoren für Ausbldg. u. Wachstum von Kristallen in Gelen. Die Anwendung dieser Erkenntnisse auf die Herst. von Vanishing Creme mit Perlmuttglanz wird durch die Beschreibung der stufenweisen Entw. der Rezeptur u. Arbeitsvorschrift zur Herst. einer solchen Creme aufgezeigt. (Soap, Perfum. Cosmet. **31**. 765—69. Aug. 861—62. 866. Sept. 1958.) H. SONTAG. 7284

Hoffmann-La Roche, Inc., Nutley, übert. von: **Walter Kimel,** Highland Park, N. J., V. St. A., *6-Phenyl-5-hepten-2-on* (I) erhält man durch Rk. von 2,46 (Mol) 2-Phenylbuten-(3)-ol-(2) in 365 cm^3 PAe. mit 2,81 Diketen in Ggw. von 5 cm^3 Pyridin u. 5 cm^3 Essigsäure bei 25—30°, Waschen mit 15%ig. H_2SO_4, dann mit gesätt. wss. $NaHCO_3$ u. Entfernen des Lösungsm. über das 2-Phenylbuten-(3)-yl-(2)-acetoacetat, n_D^{25} 1,5120, das beim Erhitzen zuerst auf 110—125°, dann 130—140° unter CO_2-Abspaltung **I** liefert, $Kp._{0,4}$ 98—99°; n_D^{25} 1,5389; $D.^{25}$ 0,9898; riecht nach wilden Erdbeeren. — Verwendung für *Parfüms, Riechstoffe, Lippenstifte* u. *Liköre.* (**A. P. 2 812 353** vom 19/8. 1955, ausg. 5/11. 1957.) G. KRAUSS. 7277

Adolf Christian Josef Opfermann, Bergisch-Gladbach, *Mittel zur Pflege der Haut und der Mundschleimhaut,* gek. durch den Geh. an 0,3—3,0% eines Acetals aus Pyridin-2-, -3- oder -4-aldehyd oder -2.6-dialdehyd, der durch Halogenatome oder Alkyl-, Hydroxyl-, Alkoxy-, Aldehyd- oder Carboxylgruppen substituiert sein kann, u. einem Alkohol mit 1—10 C-Atomen. Es können auch die quaternären Derivv. der genannten Acetale verwendet werden. Hinsichtlich der Beispiele wird auf die D. A. S. 1 019 054; C. **1958**. 11387 verwiesen, die z. T. mit diesem Patent übereinstimmt. (**E. P. 804 230** vom 1/1. 1957, ausg. 12/1. 1958.) E. PETERSEN. 7285

DEHYDAG Deutsche Hydrierwerke G. m. b. H., Düsseldorf, *Haarwaschmittelkonzentrate mit perlenartigem Aussehen.* Zu Haarwaschmittelkonzentraten, die z. B. Seife, Fettalkoholsulfate oder nichtionogene, waschakt. Substanzen, z. B. Äthylenoxydaddukte, in wss. Lsg. enthalten, fügt man höhermol. Fettsäuren (**I**), z. B. Stearinsäure u. ein wasserlösl. Salz eines Erdalkalimetalls bzw. von Al oder Zn, z. B. $ZnSO_4$, u. darauf eine alkal. Substanz, z. B. NaOH oder Triäthanolamin, hinzu, wobei sich das wasserunlösl. Salz aus **I** u. dem Metallion des zugesetzten Salzes bildet. (**E. P. 797 625** vom 24/4. 1956, ausg. 2/7. 1958. D. Prior. 25/4. 1955.) E. PETERSEN. 7285

XIV. Zucker. Kohlenhydrate. Stärke.

O. Heinisch, *Die Untersuchung der Keimfähigkeit von Rübensamen mit Hilfe des topographischen Tetrazoliumverfahrens.* Das Tetrazoliumverf. wurde zuerst für Getreidefrüchte wie Weizen, Roggen, Gerste, Hafer u. Mais entwickelt. Vf. zeigt, daß die Meth. nach geringer Abänderung auch bei Best. der Keimfähigkeit von Rübensamen sowohl von einzelfrüchtigem Samen als auch von Knäuelsaat mit gutem Erfolg angewandt werden kann. (Z. Zuckerind. **8** (**83**). 487—89. 20/10. 1958.) G. HOFER. 7406

H. Lüdecke und **I. Feyerabend,** *Beiträge zum Oxalsäuregehalt der Zuckerrübe.* Während der Vegetationsperioden 1953 u. 1955 wurde der Oxalsäure (I)-Geh. in Kraut u. Wurzel der Zuckerrübe monatlich bestimmt. Nach starkem Abfall bis zum August blieb er prakt. konstant. Zuckerbldg. u. Krautertrag verlaufen dem I-Geh. entgegengesetzt. Zwischen Ca u. I-Geh. wurde eine gewisse, wenn auch nicht strenge Parallelität festgestellt. Der Nährstoffsteigerungsvers. ergab einen niedrigeren I-Geh. im Kraut bei gesteigerter Gesamtdüngung, eine höhere I-Bldg. bei Mangel- u. schwach bis n. gedüngtem Land. K allein beeinflußte die I-Bldg. kaum. Weder die Zuchtrichtungen, noch die untersuchten Zuckerrübensorten wiesen hinsichtlich des I-Geh. charakterist. Unterschiede auf. Zur Best. der I wurde die Meth. von BAKER abgewandelt: 2,4 g Trockensubstanz, 15 cm^3 6n HCl, 60 cm^3 W. u. 2—4 Tropfen Octylalkohol wurden 15 Min. gekocht u. über Nacht stehengelassen, auf 100 cm^3 aufgefüllt, dann filtriert. 50 cm^3 des Filtrates bleiben nach Zusatz von 10 cm^3 Phosphorwolframsäurereagens 5 Std. in einem verschlossenen Zentrifugenglas stehen u. werden dann zentrifugiert. 50 cm^3 des Zentrifugates werden mit Ammoniak alkal. gemacht, mit 10 cm^3 $CaCl_2$-Pufferlsg. versetzt u. über Nacht bei 5—7° stehengelassen. Der Nd. wird abzentrifugiert, gewaschen u. in 10 cm^3 3,5n H_2SO_4 gelöst, erhitzt u. mit $^1/_{50}$n $KMnO_4$ titriert. Der Titrationswert entspricht 1 g Trockensubstanz. (Zucker **9.** 569—75. 1/12. 1956. Göttingen, Inst. für Zuckerrübenforschung.) R. RUTKOWSKI. 7406

G. A. Paparelle, *Entkalkung von verdünnter Zuckerlösung. Ergebnisse aus dem Betrieb einer technischen Anlage.* Der kationenakt. Ionenaustauscher „*Kastel C 300*“ (I); SOC. MONTECATINI) wird in einer techn. Anlage, bestehend aus 3 Türmen mit je 5600 Liter zur Entkalkung von Zucker-Lsgg. (II) bei 80—85° verwendet. Im allg. sollen ca. 10 Vol. II je Vol. I/Std. von oben nach unten durchgesetzt werden, obwohl auch bei Durchsätzen bis zu 15 Vol. keine schlechteren Ergebnisse erzielt wurden. Die Härte wird von 15—20 französ. Härtegraden auf 5—6 Grade (organ. Ca-Verbb.) herabgesetzt. Zugleich mit der Enthärtung wird ein gewisser Entfärbungseffekt u. eine Abtrennung von nicht zuckerhaltigem Material beobachtet. Weitere Vorteile, die sich aus dem herabgesetzten Ca-Geh. der II für die Weiterverarbeitung ergeben, werden beschrieben. (Materie plast. **24.** 213—17. März 1958.) G. PIEKARSKI. 7412

M. J. Visscher, *Die Anwendung von Aktivkohle in der Glucoseindustrie.* Nach eingehender Beschreibung der Herst. von *Aktivkohle* (I) u. verschied. Aktivierungsverff. geht Vf. auf die zweckmäßigste Art der Verwendung der I in der *Glucose* (II)-Industrie zur Filtration u. Reinigung von II-Dicksaft, II-Dünnsaft sowie neutralisiertem Konvertersaft ein. Die Bedingungen für die Erzielung optimaler Effekte werden diskutiert. Abschließend wird auf die Eiweißentfernung aus dem Stärkehydrolysat hingewiesen u. auf das Verhältnis von Entfärbungsharzen zu I eingegangen. (Stärke **10.** 187—94. Okt. 1958. Amsterdam.) M. ULMANN. 7442

W. Kempf, *Ein Beitrag zur Siebung der Rohstärkemilch in der Kartoffelstärkeindustrie.* Der Strahlauswascher hat sich bei Anwendung als Strahlsieb bei der Siebung von Rohstärkemilch in der Kartoffelstärkeindustrie nicht nur ausgezeichnet bewährt, sondern übertrifft auch in seiner Leistung die üblichen Schüttelsiebe. (Stärke **10.** 273—77. Dez. 1958. Detmold, Bundesforsch.-Anst. für Getreideverb.) M. ULMANN. 7448

Roy L. Whistler, W. W. Spencer, J. L. Goatley und **Z. Nikuni,** *Wirkung des Trocknens auf die Gegenwart von Hohlräumen in Maisstärkekörnern.* Vff. untersucht elektronenmkr. die Bldg. von Hohlräumen (I) in Maisstärkekörnern, die in Luft bei Zimmertemp., 45° u. 60° getrocknet wurden. Mit fallendem Feuchtigkeitsgeh. der Stärkekörner stieg die Bldg. von I. Mit höherer Trocknungstemp. werden mehr I gebildet. Serienschnitte an Stärkekörnern zeigten, daß die I die Oberfläche der Stärkekörner stets an der gleichen Stelle durchbrechen. (Cereal Chem. **35.** 331—36. Sept. 1958. West Lafayette, Ind., Purdue Univ.) H. HAEVECKER. 7448

M. Ulmann, *Der diastatische Abbau von Dextrinen im Vergleich zum Stärkeabbau.* Ident. mit der C. **1958.** 13919 referierten Arbeit. (Stärke **10.** 161—69. Okt. 1958. Potsdam-Rehbrücke, Inst. für Ernährung.) M. ULMANN. 7448

Elżbieta Niepokojczycka, *Bestimmung der Bakterienmengen in den Wässern und Säften der Zuckerindustrie.* Übersicht über Methodik mikrobiol. Unterss. psychrophiler, mesophiler u. thermophiler Mikroorganismen. (Gaz. Cukrownicza **60.** 340—42. Nov. 1958. Inst. Przem. Cukrow.) F. URBAN. 7470

Helena Zaorska, *Anwendung des Flammenphotometers zur Bestimmung des Calciumsalzgehaltes im fließenden Saft nach der zweiten Saturation.* Die Best. von Ca im Zuckersaft nach der Saturation kann mit Hilfe eines Flammenphotometers kontinuierlich mit höchstens 2% Fehler erfolgen. Der K- u. Na-Salzgeh. der Lsg. ist ohne Einfl. auf die Bestimmung. Der Zuckergeh. u. die Viscosität der Lsg. haben einen größeren Einfl. auf die Messung, doch läßt sich der Fehler durch Einführung einer Korrektur beheben, da die Konzentrationsschwankungen im Saft nicht groß sind. (Roczniki Technol. Chem. Żywności **1.** 27—34. 1957. Łódź, Politechn., Kat. Cukr., Techn. Środków spoż.) F. URBAN. 7474

E. Maes und **F. P. Pietermaat,** *Hochfrequenztrocknung von Stärkeprodukten.* (Rev. Fermentat. Ind. aliment. **11.** 106—10. April 1956. Louvain, Univ. Cathol., Labor. Electro-thermique. — C. **1957.** 283.) A. GRADL. 7490

XV. Gärungsindustrie.

K. R. Dietrich, *Wirtschaftlich wertvolle Gärsysteme mit unbekanntem Reaktionsablauf.* Allg. Betrachtungen über die verschied. ungelösten Probleme, bes. enzymat. Vorgänge u. die Bldg. von Intermediärprodd. bei der Biosynthese, vor allem der Vitamine, Antibiotica u. Gibberelline. (Branntweinwirtschaft **80.** 208—11. 10/5. 1958.) W. KREIPE. 7500

Hubert Olbrich, *Infektionsbekämpfung in Getreidemaischen mittels Antibiotica.* Inhaltlich ident. mit der C. **1959.** 5649 referierten Arbeit. (Brauerei **12.** 158—59. 164—65. 31/3. 1958.) W. KREIPE. 7504

B. Drews, H. Specht und **R. Wiesenack,** *Über die Schwefelwasserstoffbildung bei der alkoholischen Gärung, im besonderen bei der Vergärung von Roggenmaischen.* Mit zellfreien Gärungen konnte bewiesen werden, daß auch außerhalb der Zelle bei der alkoh. Gärung durch Enzyme der Hefe H_2S entsteht. Bei Gärverss. mit synthet. Nährlsgg. zeigte sich die Abhängigkeit der H_2S-Bldg.von der Phosphatgabe u. der N-Quelle, die auch für die S-Assimilation der Hefe von Bedeutung war. Wurde die Gesamtmenge an entbundenem H_2S im Hinblick auf die S-Assimilation auf den angewandten S bezogen, so brachten sowohl niedrige S-Assimilation mit $(NH_4)_2HPO_4$, Glutaminsäure, Glykokoll u. Cystein als N-Quelle, als auch hohe S-Assimilation mit Asparaginsäure hohe H_2S-Werte, dagegen hohe S-Assimilation mit Asparagin, Leucin u. Pepton niedrige H_2S-Werte. Der bei der alkoh. Gärung anfallende H_2S wird als ein Stoffwechselprod. der Hefe angesehen, wobei für die H_2S-Bldg. das Redoxpotential eine wichtige Rolle spielt. Substanzen, wie z. B. Cystein, die das Redoxpotential einer Nährlsg. erniedrigen, begünstigten die H_2S-Entwicklung. Jodacetat, Na_2F_2 u. o-Phenanthrolin hemmten sowohl die alkoh. Gärung als auch die H_2S-Entw., während NaN_3 nur die H_2S-Bldg., dagegen nicht die Gärung inhibierte. In gärenden Roggenmaischen wurde beträchtlich weniger H_2S gebildet (15 mg H_2S/hl) als in gärenden Melassemaischen (44 mg H_2S/hl). Verzuckerungsmittel u. Hefeeinsaat beeinflußten nur den H_2S im Gärgas, während sich der Gesamt-H_2S nur wenig änderte, dagegen waren beide bei niedrigem p_H erhöht. Mit Milchsäurehefe angestellte Maischen vergoren unter größerer H_2S-Bldg. als mit Schwefelsäurehefe angestellte. In Getreiderohspriten wurden wechselnde Mengen H_2S gefunden. Beim Abbrennen der reifen Maische konnte der größte Teil der H_2S ausgetrieben werden. — 11 Literaturangaben. (Branntweinwirtschaft **80.** 117—23. 25/3. 1958. Berlin, Techn. Univ., Fakultät für Landbau, Inst. für Gärungsgewerbe.) W. KREIPE. 7510

L. A. Polewoi, *Ein halbkontinuierliches Verfahren zur Vergärung von stärkehaltigen Maischen.* Ausführliche Beschreibung eines halbkontinuierlichen Verf. zur Vergärung von stärkehaltigen Maischen. Im Gärungsprozeß werden die Entnahmen der Gärmasse nicht period. mit H_2SO_4 gereinigt, sondern es wird nach bestimmten Zeiträumen in den Kopfgärbottich neue Hefe eingeführt, die auf entnommener Süßmaische wie üblich hergestellt wird. So werden 5—6mal weniger Hefe verbraucht als beim period. Verfahren. (Спиртовая Промышленность [Spirituosen-Ind.] **24.** Nr. 8. 11—14. 1958.) OTTO MAIER. 7536

H. Van Cauwenberge, *Der Einfluß der Zusammensetzung der Gerste und der enzymatischen Aktivität beim Mälzen auf die Ausbeute an Malzextrakt.* Vf. untersuchte einige Sorten, bes. Australie Chevallier, Queensland u. Plata, auf ihre Bestandteile, ihre diastat. Aktivität beim Mälzen, auf die Zus. ihrer Malze sowie deren Löslichkeitsgrad. Er verglich die in der Praxis erhaltenen mit den theoret. vorausgesagten Ausbeuten an Malzextrakt. (Bull. Assoc. anciens Étudiants Brasserie Univ. Louvain **54.** 217—47. Dez. 1958. Louvain, Brasseries Artois.) K. SCHAUERTE. 7540

K. Kärnbach und **P. Diedering,** *Malzuntersuchungen im 3. Quartal 1955.* Analysendaten von Gerstenmalzen vorwiegend Pilsener Typs. (Brauerei, wiss. Beilage **8.** 160—61. Dez. 1955. Berlin u. Köln, Versuchs- u. Lehranst. für Brauerei, Analyt. Labor.) M. WINIKER. 7540

J. De Clerck und **J. Jerumanis,** *Untersuchungen über die Konservierung und Verbesserung von nach dem Weinerschen Verfahrem behandelten Hopfen.* Bereits verpackter u. stark gepreßter Hopfen wird mehrfach einige Min. lang prakt. absol. Vakuum ausgesetzt u. zur Aufbewahrung mit CO_2 getränkt. Hierdurch wird die Konservierung beträchtlich verbessert, bes. bei Tropentransport. Außerdem wird das Aroma des Hopfens verfeinert, der Bitterwert erhöht u. der Geh. an Isohumulonen in Würzen u. Bieren gesteigert. (Brauwelt, Ausg. B **99**. 125—31. 30/1. 1959. Löwen, Belgien, Univ.) K. SCHAUERTE. 7540

R. H. Hopkins, *Das Brauen in Großbritannien: Gegenwärtige und zukünftige Entwicklungen.* Vf. erläutert die zur Zeit in Großbritannien gebräuchlichen Verff. des Maischens, der Gärung u. Nachgärung u. bespricht die Möglichkeiten einer kontinuierlichen Führung dieser Prozesse sowie die Heißabfüllung des Bieres in Flaschen. (Brewer's J. Hop Malt Trades' Rev. **94**. 539—43. 17/12. 1958.) K. SCHAUERTE. 7544

L. Chapon, *Studien über die Kältetrübung.* In Kältetrübung wurde mit Hilfe einer colorimetr. Meth. 0,032—1,3% Cu u. 0,075—0,42% Fe gefunden. Cu ist teilweise in Komplexen gebunden, deren katalyt. Aktivität auf die Oxydation von Ascorbinsäure geringer ist als die der Ionen. Auch Fe ist komplex gebunden. Die Kältetrübung ist trocken nicht, in Lsg. jedoch luftempfindlich. Ihr Bildungsmechanismus wird diskutiert. (Brasserie **13**. 293—97. Nov. 1958. Nancy, École de Brasserie, Labor. de Rech.) K. SCHAUERTE. 7550

I. Mareca Cortés und **M. de Campos Salcedo,** *Veränderungen in der Zusammensetzung der Weine während der Alterung.* Der Geh. der Weine an SO_4, Acetaldehyd u. Gesamt-SO_2 wächst während der Alterung. Die Veränderungen sind das Ergebnis von Oxydationsreaktionen. Die langwierige Acetaldehydbest. läßt sich vermeiden, weil der Acetaldehydgeh. aus dem Gesamt-SO_2-Geh. abgeleitet werden kann, da sich beide parallel verhalten. (Rev. Ci. apl. **11**. 320—26. Juli/Aug. 1957. Madrid, Patronato Juan de la Cierva, Dep. de Fermentaciones Industriales.) R. USÓN. 7554

Karl Schoedler, *Erzeugung von Gärungsbutanol und -aceton aus Rüben- und Rohrmelasse.* Das Gärverf. für die Vergärung von Melasse zu *Butanol* (I) u. *Aceton* (II) wird eingehend beschrieben, wobei bes. darauf hingewiesen wird, daß auch ohne Zugabe von Acetat zur Hauptgärung Höchstausbeuten zu erzielen sind, wenn nur den Vorgärungen Acetate zugesetzt werden. Man erhält gärkräftige Aussaatkulturen u. spart viel Acetat. Die vielseitigen Verwendungsmöglichkeiten von I u. II werden durch zwei Schemen veranschaulicht. (Branntweinwirtschaft **80**. 297—302. 25/7. 1958.) W. KREIPE. 7578

András Tsuk, *Beiträge zu den Bakteriophagenepidemien in der Butanol–Aceton-Gärung.* Die zeitweise auftretende Bakteriophagenepidemie, die die Maische unbrauchbar macht u. großen Stärkeverlust verursacht, konnte noch nicht geklärt werden. Elektronenmkr. konnte festgestellt werden, daß das Phag einen runden Kopf der Größenordnung 0,1 μ mit Schweif hat u. an der Bakterienhaut adsorbiert auffindbar ist. Das Phag ist wahrscheinlich immer vorhanden, vermehrt sich aber aus unerklärlichem Grund so sehr, daß die n. Gärung aufhört. Die physikal.-chem. Eigg. des Nährbodens erleiden eine Änderung, ebenso auch die Morphologie der Bakterien. Jüngere Bakterienkulturen sind empfindlicher als ältere. (Élelmezési Ipar [Verpflegungs-Ind.] **11**. 95—98. Juni/Juli 1957.) J. PLANK. 7578

Ch. Ja. Lewitman und **N. M. Wladykina,** *Die photocolorimetrische Bestimmung der Aktivität der Kohle.* 0,5—0,6 g bei 105° getrocknete Kohlen werden in 100 ml 0,05mol. Lsg. von J_2 in 2%ig. KJ-Lsg. eingetragen, 20 Min. leicht geschüttelt, danach die J_2-Lsg. in ein Photocolorimeter dekantiert u. die absorbierte J_2-Menge mit Orange- oder Gelbfilter bestimmt. Die Ergebnisse decken sich prakt. mit den bei den Spiritusbrennereien üblichen titrimetr. Werten. Zur colorimetr. Best. der Aktivität der Kohle kann auch Methylenblau verwendet werden. (Спиртовая Промышленность [Spirituosen-Ind.] **24**. Nr. 8. 28—29. 1958.) OTTO MAIER. 7590

M. W. Brenner, J. Siebenberg und **F. Zientara,** *Vereinfachte Methode zur Messung der Schaumstabilität.* Vff. beschreiben eine Meth., bei der ohne Recarbonisierung aus einer Bierprobe Schaum erzeugt u. dessen Zusammenfallen gemessen wird. Mit bescheidener Ausrüstung können 6 Doppelbestimmungen pro Std. durchgeführt werden. Die Resultate sind reproduzierbar u. stehen in direkter Beziehung zur Schaumstabilität. (Amer. Brewer **91**. Nr. 12. 42—49. Dez. 1958. Mount Vernon, N. Y., Schwarz Labors., Inc.) K. SCHAUERTE. 7600

E. Kielhöfer, Neue Erkenntnisse über die Wirkung der schwefligen Säure im Wein und die Möglichkeit ihres Ersatzes durch Ascorbinsäure. Frankfurt/M.; Verlag Sigurd Horn. 1959. (80 S. m. Tab. u. Abb.) Keine Preisang.

XVI. Nahrungs-, Genuß- und Futtermittel.

E. G. Hall, *Bemerkungen zur gemeinsamen Lagerung von (verschiedenartigen) Lebensmitteln.* Bei der gemeinsamen Lagerung verschiedenartiger Lebensmittel besteht die Gefahr gegenseitiger Beeinflussung im Sinne einer Qualitätsverminderung, z. B.

durch Annahme eines Fremdgeruchs. Die Möglichkeiten, derartige Beeinflussungen zu verhüten, werden kurz umrissen. (Food Technol. Australia **10.** 537. 539. 541. Okt. 1958. Homebush, N. S. W., C.S.I.R.O., Div. of Food Preservation.) M. Winiker. 7634

Robert Clément, *Verteidigung und Propagierung der Konserven.* Vf. legt an Hand der Ergebnisse neuerer Unterss. (32 Literaturhinweise) dar, daß Konserven als vollwertige Nahrungsmittel anzusehen sind. (Ind. Conserve **33.** 95—101. April/Juni 1958.) M. Winiker. 7634

R. A. Canham und **S. A. Ebbert,** *Behandlung der Abwässer einer Konservenfabrik durch Belüftung. Untersuchung von Abwässern von Erbsen, Erbsen und Gelbrüben und Gelbrüben in einer Versuchsanlage V 1957.* Durch Belüftung der Abwässer, die in Konservenfabriken beim Eindosen von Erbsen u./oder Gelbrüben anfallen, wird der biochem. O_2-Bedarf so weit gesenkt, daß die Abwässer mit den häuslichen Abwässern vereinigt werden können. (Proc. techn. Sessions annu. Convent. nat. Canners Assoc. **1958.** Nr. 1—58. 1—14. Dez. Washington, D. C., Nat. Canners Assoc.) W. Wesly. 7634

—, *Die Unbedenklichkeit der Verwendung von Polyoxyäthylen-(8)-stearat für Lebensmittel.* Zusammenfassender Bericht des Food Protection Committee über bisher vorliegende Forschungsergebnisse, demzufolge ein Geh. von bis zu 0,05% *Polyoxyäthylen-(8)-stearat* in Lebensmitteln als unbedenklich anzusehen ist. — 53 Literaturhinweise. (Nat. Acad. Sci.-Nat. Res. Council, Publ. Nr. **646.** 1—19. Dez. 1958. Washington, D. C.) M. Winiker. 7642

Nancy Turner, *Vitamine, Mineralstoffe und in Spuren vorkommende Substanzen in der menschlichen Ernährung — neueste Entwicklungen.* Vortrag über die derzeitigen Möglichkeiten der Nahrungsmittelanreicherung mit Vitaminen sowie Makro- u. Mikronährstoffen. (Food Technol. Australia **10.** 531. 533. 535. Okt. 591. 593. 595. Nov. 671—73. Dez. 1958. **11.** 13. 15. 17. Jan. 1959.) M. Winiker. 7642

G. Hilgetag, A. Rieche und **A. Martini,** *Beiträge zur mikrobiologisch-technischen Zellsubstanzsynthese.* 1. Mitt. *Über den Einfluß der „Hefe"-Konzentration auf die maximal mögliche Durchsatzgeschwindigkeit von Melasselösungen bei vollkontinuierlicher Arbeitsweise.* Die Arbeit beschäftigt sich mit der kontinuierlichen Züchtung von Torulahefe (T. utilis) auf Melasselösungen. Es wird die Zeit des größtmöglichen Durchsatzes der Substrate bei weitgehender Nährstoffausnutzung gemessen. Die Verweilzeit der Hefen beträgt bei einem Zuckergeh. der Würzen von 3% ca. 2,5 Stunden. Sie liegt damit in der Größenordnung der Generationszeit dieser Hefen von 2 Stunden. Bei geringerem Zuckergeh. der Würzen (0,75%) war ein Durchsatz bis zu 6 Liter/Std. möglich (Verweildauer 0,85 Std.), wenn die Hefekonz. durch Heferückführung künstlich um ca. 8% erhöht wurde. (Acta biol. med. german. [Berlin] **1.** 565—76. 1958. Berlin-Adlershof, Dtsch. Akad. der Wiss., Inst. für organ. Chem.) H. Schimassek. 7646

P. F. Pelshenke und **Anita Menger,** *Entwicklung und Ergebnisse der Getreideforschung.* Allg. Ausführungen unter besonderer Berücksichtigung der Dauerbackwaren. (Gordian **58.** Nr. 1387. 148. 150—51. 10/9. 1958. Detmold, Bundesforschungsanst. für Getreideverarbeitung.) M. Winiker. 7674

Heinz Königshofer, *Betrachtungen über Waffelblätter, Mängel und Fehler bei Waffeln.* Allg. Ausführungen. (Gordian **58.** Nr. 1387. 144—45. 10/9. 1958.) M. Winiker. 7674

Gerd Graefe, *Hochverzuckerter Stärkesirup.* Überblick über Herst. u. Eigg. hochverzuckerter Stärkesirupe im Hinblick auf ihren Einsatz in der Süßwarenindustrie. — 23 Literaturhinweise. (Gordian **58.** Nr. 1387. 151—53. 10/9. Nr. 1388. 21—24. 30/9. 1958.) M. Winiker. 7704

Ss. A. Rappoport, *Die Anwendung von Kälte in der Karamelindustrie.* Durch Betriebsverss. wird festgestellt, daß für die wirksame Kühlung der Karamelprodd. Kaltluft von 12—15° mit höchstens 50—55% Wassergeh. verwendet werden muß, deren Geschwindigkeit 5 m/Sek. nicht übersteigen soll. (Хлебопекарная и Кондиторская Промышленность [Brot- u. Konditorei-Ind.] **3.** Nr. 1. 19—23. Jan. 1959. Allunions Wiss. Forsch.-Inst. für Konditorei-Ind.) G. Wolf. 7704

Heinz Schade, *Sorbinsäure als Konservierungsmittel für Süßwaren.* Allg. Ausführungen. (Gordian **58.** Nr. 1387. 104—06. 10/9. 1958.) M. Winiker. 7704

J. M. Kinsey, *Natürlicher und künstlicher Geruch.* Vortrag, der einen generellen Überblick über Herst. bzw. Gewinnung natürlicher u. künstlicher Geruchstoffe sowie ihre Verwendung, bes. in der Nahrungsmittelindustrie, vermittelt. (Food Technol. Australia **10.** 467. 469. 471. Sept. 551. 553. Okt. 1958. Victoria, W. J. Bush & Co. (Aust.) Pty. Ltd.) M. Winiker. 7714

N. Buchner, *Die Alterung von geröstetem Bohnenkaffee.* Zusammenfassender Überblick an Hand der Literatur (32 Hinweise). (Gordian **58.** 20—24. 27/4. 1959. München, Inst. für Lebensmitteltechnol. u. Verpackung.) M. Winiker. 7720

Heinrich Fincke, *Kakao- und Schokoladenwarmgetränke und ihre Zubereitungs- und Trinkgefäße in alter und neuer Zeit.* Zusammenfassender Überblick. — 22 Abbildungen. (Gordian **58.** Nr. 1387. 81—89. 10/9. 1958.) M. WINIKER. 7726

Reinhold Parlow, *Lecithinhaltige Emulsionen.* Vf. behandelt die Bedeutung von *Nurupan* (Sojabohnenerzeugnis) für die Pralinenherstellung. (Gordian **58.** Nr. 1387. 138—40. 10/9. 1958.) M. WINIKER. 7726

Stanley Newman, Philip J. Schaible und **L. E. Dawson,** *Wirkung von Gewürzen im Futter auf den Geschmack von Geflügelfleisch.* Von den dem Futter zugesetzten Gewürzen Knoblauch (**a**), Gewürznelke, Selleriesamen, Salbei konnte nach dem Kochen nur **a** im Muskelfleisch nachgewiesen werden. Dienöstroldiacetatzugabe zum Futter schien den **a**-Geschmack herabzudrücken. Hoher Gewürzgeh. im Futter erniedrigte den Futterverbrauch. (Michigan State Univ., Agric. appl. Sci., agric. Exp. Stat., quart. Bull. **40.** 747—53. Mai 1958.) J. KEINERT. 7750

W. Kaufmann, *Über die ungesättigten Fettsäuren in Ölsaatrückständen.* Die Best. der ungesätt Fettsäuren in Ölkuchen erfolgt nach HILDITCH, PATEL u. RILEY (C. **1955.** 3213), der gesätt. nach MICHEEL u. SCHWEPPE (C. **1950/54.** 2020 S). Nach den Ergebnissen kann man die Ölkuchen in 2 Gruppen einteilen: Sojaschrot u. Erdnußexpeller mit viel ungesätt. Säuren ohne die kürzerkettigen gesätt. Säuren u. Cocos- u. Palmkernölkuchen mit kaum ungesätt., aber mit niedrigen gesätt. Fettsäuren (Myristin- bis Caprylsäure). Es wird auf den Zusammenhang zwischen Steigerung des Milchfettgeh. u. der Verfütterung von Ölkuchen der letzteren Gruppe bei schlechtem Grundfutter hingewiesen. Die Biosynth. der Fette wird diskutiert. Die ungesätt. Fettsäuren des Futters müssen in der Hauptsache auf einem direkten Weg resorbiert werden. (Landwirtsch. Forsch., Sonderh. Nr. **9.** 155—57. 1957. Kiel, Bundesforschungsanst. für Milchwirtschaft.) PH. FRESENIUS. 7756

J. G. Murray, *Die Haltbarkeit einzelner Farmmilchanlieferungen nach der Pasteurisierung.* Vf. berichtet über Unterss. an Milchproben verschied. Farmen, deren Ergebnisse darauf hindeuten, daß die Haltbarkeit von Milch nach der Pasteurisation beeinträchtigt ist, wenn zur Zeit des Melkens Tempp. $>$ 15,5° (im Schatten) herrschen. (Res. exp. Rec. Ministry Agric. Northern Ireland **5.** 74—81. 1957.) PH. FRESENIUS. 7756

Heinrich Thomsen, *Über Verfahren und Apparate zur Herstellung eingedickter und getrockneter Milch.* Zusammenfassender Überblick. — 14 Abbildungen. (Gordian **58.** Nr. 1389. 26—29. 20/10. Nr. 1390. 29—30. 28/10. 1958.) M. WINIKER. 7756

Hermann Fink, Ilse Schlie und **Ursula Rüge,** *Über ernährungsphysiologische Veränderungen der Milch beim technischen Trocknen.* Die Verfütterung einer Diät mit 10% Protein, davon 92% als Magermilchtrockenpulver, führte bei den meisten Ratten zwischen dem 30. u. 60. Versuchstage zum Tode an alimentärer Lebernekrose Bei Verwendung frischer Magermilch in derselben Menge überlebten alle Tiere den 120tägigen Aufzuchtsversuch. Es muß ein schädigender Trocknungseffekt angenommen werden; die Entstehung einer akut wirkenden Noxe ist unwahrscheinlich, es handelt sich um eine „Mangelhaftigkeit". Aus 5 Milchtrocknungswerken wurden Magermilchproben von Walzen- u. Sprühtrocknern vergleichend geprüft. Danach muß die Sprühtrocknung, als ganzes Verf. gesehen, als der eindeutig schonendere Weg angesehen werden. (Z. Naturforsch. **13b.** 610—16. Sept. 1958. Köln, Univ., Inst. für Gärungswiss. z. Enzymchem.) I. WEINMANN. 7756

Hans Lagoni und **Karl-Heinz Peters,** *Makroskopische Strukturänderungen in eingefrorenem Rahm.* Vff. demonstrieren an Hand von Abbildungen die makroskop. erkennbaren Strukturveränderungen in Gefrierrahmgebinden u. weisen auf das Ausmaß der mit dem Gefrieren einhergehenden irreversiblen Entmischung hin. (Milchwissenschaft **14.** 19—21. Jan. 1959. Kiel, Bundesforschungsanst. für Milchwirtschaft, Physikal. Inst.) M. WINIKER. 7756

Walter Haab, *Untersuchungen über die Rolle von Milchphospholipoiden bei der Autoxydation von Butterfett.* Die aus dem Einschmelzrückstand von *Butterfett* (**a**) gewonnenen Phospholipoide wurden chromatograph. in *Lecithin* (**I**)-, *Kephalin* (**II**)- u. *Sphingomyelin* (**III**)-*Cerebrosid-Fraktionen* getrennt u. auf ihre antioxygene Wrkg. bei n. u. gebleichtem *Butteröl* (**b**) untersucht. Starke antioxydative Wrkg. hatte **II**, während **I** nur leicht antioxydativ wirkte u. **III** sich neutral verhielt. Die Prüfung einzelner Komponenten der Milchphospholipoide u. des Unverseifbaren auf ihre antioxydative Einzel- u. Wechselwrkg. bei **a** ergab, daß **II** u. *α-Tocopherol* (**IV**) zusammen die größte positive Synergie entfalten. In gebleichtem **b** (frei von Unverseifbarem) hatte **IV** eine antioxydative u. β-Carotin eine prooxydative Wirkung. (Milchwissenschaft **14.** 16—18. Jan. 1959. Zürich, ETH, Milchtechn. Inst.) M. WINIKER. 7758

Jaroslav Mašek, *Studium einiger Faktoren, die die Durchflußreifung des Rahms beeinflussen.* Bericht über Verss. zur Durchflußreifung von Rahm im Laboratoriumskultivator, aus deren Ergebnissen geschlossen wird, daß die kontinuierliche Rahmreifung im Prinzip möglich ist. (Milchwissenschaft **14.** 204—05. Mai 1959. Prag, Forsch.-Inst. für Milch u. Eier.) M. WINIKER. 7758

Paolo Renko und **Amedeo Gallone**, *Untersuchungen über die Erzeugung von Acetylmethylcarbinol und Diacetyl in den Kulturen für die Säuerung des Rahmes und über ihre Bedeutung für das Butteraroma.* Ausführlicher Bericht über die mikrobiol. Unters. von für die Rahmsäuerung bestimmten handelsüblichen Säureweckern sowie über mit diesen durchgeführte Butterungsversuche. Die beste Butter wurde mit einem Säurewecker erzielt, der nur 8 mg *Acetylmethylcarbinol* + *Diacetyl*/50 cm³ Kultur erzeugte. (Ann. Microbiologia **6.** 242—59. 1955. Mailand, Univ., Ist. di Microbiol. Gener. e Tec.) O. POLLAK V. EMHOFEN. 7758

J. M. De Man, *Erfahrungen mit der kontinuierlichen Butterherstellung nach Cherry-Burrell.* Zusammenfassender Überblick. — 14 Literaturhinweise. (Milchwissenschaft **14.** 2—5. Jan. 1959. Edmonton, Canada, Univ. of Alberta.) M. WINIKER. 7758

Atonín Mašek und **Jaroslav Mašek**, *Der tschechoslowakische Beitrag zur kontinuierlichen Butterherstellung.* Beschreibung einer Maschine zur kontinuierlichen mechan. Butterung von Süßrahm. — 2 Abbildungen. (Milchwissenschaft **14.** 13—15. Jan. 1959. Prag.) M. WINIKER. 7758

Ruben v. Konow, *Der Einfluß der Wasserstoffbindungen auf die Koagulation von Proteinen.* Im Hinblick auf den Mechanismus der Käsebldg. entwickelt Vf. bzgl. des Einfl. der *Wasserstoffbindungen* (**a**) auf die Koagulation von Proteinen folgende Auffassung: Die Strukturen der Eiweißstoffe, d. h. die spiralförmigen Polypeptidketten u. deren Agglomerate, sind abhängig von den intramol. **a.** Wird Eiweiß in W. gelöst, so werden diese Strukturen vom W. angegriffen. Die destruktive Wrkg. der **a** des W. u. die konstruktive Wrkg. der **a** im Eiweiß sind somit von gleicher Art. Alle Veränderungen, die auf die **a** einwirken, beeinflussen also den Denaturierungsprozeß der Eiweißstoffe. (Milchwissenschaft **14.** 22—24. Jan. 1959.) M. WINIKER. 7760

K. Drepper, *Eiweißbausteinanalyse in Wiesenpflanzen.* Eiweißbausteinanalysen von Rotklee, Weißklee, Wiesenrispe, Lieschgras, Rohrglanzgras, Schafgarbe, Hahnenfuß u. Löwenzahn nach dem 2. Schnitt bei Düngung mit Mikronährstoffen, Volldüngung oder Stallmistdüngung ergaben Schwankungen der Aminosäurekonzz. des Rohproteins derselben Pflanzenarten nach Standort u. Jahr, jedoch zeigt sich keine Abhängigkeit von der Art der Düngung. (Landwirtsch. Forsch., Sonderh. Nr. **9.** 150—51. 1957. München, Univ., Inst. für Physiol. u. Ernährung der Tiere.) PH. FRESENIUS. 7782

R. F. Davis, G. W. Trimberger, K. L. Turk und **J. K. Loosli**, *Fütterungswert und Verdaulichkeit von Futtermitteln auf Basis Rohrzuckermelasse für Färsen.* In Wachstumsverss. wird festgestellt, daß die gesamtverdaulichen Nährstoffe von Melasse für das Wachstum von Färsen genauso wirksam sind wie die Nährstoffe von Mais, wenn die Rationen viel Eiweiß enthalten u. aus einer guten Heuqualität u. Maissilage bestehen. Bei den Verss. wurden bis zu 6 lbs. Melasse als Ersatz für 4 lbs. Mais täglich gefüttert. Futterergänzung mit Spurenelementen ergab keine Vorteile. Viel Melasse verringerte die Verdaulichkeit des Proteins. Verdauter N aus den Rationen mit viel Melasse schien etwas geringeren Nährwert zu besitzen als aus Rationen mit Maismehl. Melasse ist gegenüber Maismehl eine geringere Energiequelle zur Nutzbarmachung von Harnstoff-N, am besten scheint für diese Funktion eine Kombination beider Kohlenhydrate zu sein. (Cornell Univ., agric. Exp. Stat., Bull. Nr. **914.** 5—27. Juli 1955.) PH. FRESENIUS. 7786

Amihud Kramer und **Bernard A. Twigg**, *Qualitätsprüfung in Konservenfabriken und Tiefkühlanlagen. Grundlagen und Geräte.* Übersicht über Grundzüge u. Geräte zur Überwachung der in Konservenfabriken u. Tiefkühlanlagen verarbeiten Prodd. (Best. der Farbe). (Canner and Freezer **123.** Nr. 2. 16—19. 37. 23/7. Nr. 4. 11—13. 37. 20/8. Nr. 6. 21—22. 17/9. 1956.) W. WESLY. 7790

J. R. Fraser und **D. C. Holmes**, *Die angenäherte Analyse von Weizenmehlkohlenhydraten.* 3. Mitt. *Die Bestimmung der Hemicellulosefraktion.* (2. vgl. C. **1959.** 10426.) Die Zus. der *Hemicellulose* (I)-Fraktionen von voll u. zu ca. 70% ausgemahlenem Weizenmehl wird nach *Anhydroarabinose-*, *Xylose-* (II) u. *Uronsäure*-Einheiten bestimmt. Es wird gezeigt, daß sich die I bei der Dest. mit HCl wie ein äquimol. Gemisch von Arabinose u. II verhalten. II ist ein geeigneter Standard für den Destillationsvorgang u. das „II-Äquivalent" einer Weizenfraktion, multipliziert mit 0,97, ist ein quantitativer Maßstab für die vorhandenen I, vorausgesetzt, daß der Geh. nicht unter 1,8% liegt. (J. Sci. Food Agric. **8.** 715—21. Dez. 1957.) PH. FRESENIUS. 7798

J. Kleinert, *Die Messung der Oxydationszahl an Kakaobutter, Speisefetten und fetthaltigen Produkten.* Nach kurzer Erläuterung der verschied. Arten von Fettverderb werden die derzeit wichtigsten Methoden zum Nachw. oxydativ bedingter Fettveränderungen, nämlich KREIS-Test, Thiobarbitursäuretest, LEA-Test, spektrophotometr. Peroxydbest., Dichlordihydroxyphenylendiamintest u. *Ferrithiocyanattest* (**a**), abgehandelt. **a** ist nach Ansicht des Vf. der Vorzug zu geben, was eingehend begründet wird. Für **a** wird eine eingehende Beschreibung gegeben, die neben den Reaktionsverhältnissen auch die diversen Chemikalien u. Reagentien sowie Beispiele zum Ansetzen der Verdünnungsreihen, die zur Herst. der verschied. Standard- u. Meß-Lsgg. benötigt werden, die zur Erstellung der Eichkurve erforderlich sind, umfaßt. Abschließend wird die Leistungsfähigkeit u. Bedeutung der Meth. an einigen Beispielen (Unters. der künstlichen Alterung von Kakaobutter sowie des Einfl. der Alterung in bezug auf die Oxydation des Fetts in Milchpulver, Oxydationsmessungen an Milchschokoladen) demonstriert. — 35 Literaturhinweise. (Gordian **58.** Nr. 1387. 106—09. 10/9. Nr. 1388. 17—19. 30/9. Nr. 1389. 18—21. 20/10. 1958. Nr. 1397. 20—23. 10/2. Nr. 1399. 21—24. 13/3. Nr. 1400. 14—17. 25/3. Nr. 1401. 15—17. 11/4. 1959. Kilchberg bei Zürich, Lindt & Sprüngli Akt.-Ges., Labor.) M. WINIKER. 7832

J. Koch, *Ein neues und einfaches, besonders für Schokoladenmassen konstruiertes Viscosimeter.* Inhaltlich ident. mit der C. **1959.** 14905 referierten Arbeit. (Gordian **58.** Nr. 1387. 140—41. 10/9. 1958.) M. WINIKER. 7832

E. Benk, *Über Erfahrungen und Beobachtungen bei der Untersuchung von Zuckerwaren und Schokoladen.* Vf. berichtet über einige Fälle aus der Praxis der Unters. von Zuckerwaren u. Schokoladen. (Gordian **58.** Nr. 1387. 101—03. 10/9. 1958. Reutlingen, Chem. Landesuntersuchungsanst.) M. WINIKER. 7832

K. Olschanowa, W. Kopylowa und **A. Bat-Otschir,** *Eine chromatographische Methode zur Bestimmung des Chloridgehaltes im Fleisch.* Die Best. der Chloride durch Fällungschromatographie beruht auf der Umsetzung mit $Hg_2(NO_3)_2$ zu Hg_2Cl_2 (Bldg. einer violettblauen Verb. aus Diphenylcarbazon in Ggw. von Hg_2Cl_2). Zur Bereitung der Kolonne werden je 10 g Träger (wasserfreier Al_2O_3, das durch Behandlung mit HNO_3 in Anionform übergeführt wurde) mit 2 ml 1n $Hg_2(NO_3)_2$ gemischt u. luftgetrocknet oder bei 40 im Thermostaten. Zur Best. der Chloride in Konservenfleisch, Wurst oder anderen Prodd. werden 3—5 g zerkleinert, mit 100 ml dest. W. gut gemischt (zur Isolierung der Chloride), filtriert u. 1 ml vom Filtrat in eine vorbereitete Kolonne gebracht (3—4 Parallelbestimmungen). Nach 4—5 Min. wird die Länge der Zone gemessen u. der Chloridgeh. mit Hilfe einer Eichkurve bestimmt. Die Ergebnisse sind durchaus befriedigend. (Мясная Индустрия СССР [Fleisch-Ind. UdSSR] **29.** Nr. 5. 51—53. 1958. Moskau, Technol. Inst. der Fleisch- u. Milchind.) OTTO MAIER. 7850

I. Gipr und **M. Lukeschowa,** *Eine Schnellmethode zur Bestimmung des Gehaltes an Fett in Fleischprodukten.* 50 g zerkleinertes Fleischprod. werden im Homogenisator mit 10 g Gips u. 100 ml Trichloräthylen versetzt, 1,5 Min. homogenisiert u. durch ein Drahtsieb durchgelassen. Der erhaltene Extrakt wird mit weiteren 10 g Gips gemischt, filtriert u. bei 20° stehengelassen. Im Extrakt wird der Fettgeh. mit einem Spezialareometer, dessen Skalenteile die Fettmenge in 100 ml Trichloräthylen anzeigen, abgelesen. Dauer der Best. $<$ 15 Min., Abweichungen 1%. (Мясная Индустрия СССР [Fleisch-Ind. UdSSR] **29.** Nr. 5. 53—54. 1958. Brno, ČSR, Wiss. Forsch.-Inst. der Fleisch- u. Fisch-Ind.) OTTO MAIER. 7850

W. Kurko, *Eine Schnellbestimmung des Eindringens von Phenolen des Rauches in die Wurst.* Zur Best. des Eindringens von Phenolen des Rauches in die Wurst beim Räuchern werden Filtrierpapierstreifen für 20—30 Sek. in einer 1%ig. $Na_2Cr_4O_7$-Lsg. getaucht, danach luftgetrocknet u. aufbewahrt. Vor Gebrauch wird der Streifen mit einer Entwicklerlsg. (1 g 2.6-Dichlorchinonchlorimid in 60 ml 96%ig. A.) gespritzt, an einen frischen Wurstschnitt fest angedrückt, nach 20—30 Sek. entfernt u. 3—5 Min. luftgetrocknet. Infolge der Rk. der Phenolstoffe mit der Entwicklerlsg. färbt sich der Streifen blau. Der Ablauf des Räucherprozesses kann nach den verschied. Farbtönen bewertet werden. (Мясная Индустрия СССР [Fleisch-Ind. UdSSR] **30.** Nr. 1. 17—18. 1959. Allunions Wiss. Forsch.-Inst. der Fleischind.) OTTO MAIER. 7850

Richard Schober, Walter Christ und **Dorothea Enkelmann,** *Zum Chemismus der Reifung von Limburger Käse.* Als Beitrag zum Chemismus der Reifungsvorgänge bei Limburger Käse wird die bilanzmäßige Charakterisierung proteolyt. Spaltprodd. in verschied. Reifungsstadien sowie eine Meth. zur Auftrennung dieser Proteinabkömmlinge, soweit sie noch das Charakteristikum der spezif. Aminosäure- bzw. Peptid-Rk. mit Ninhydrin besitzen, beschrieben. (Milchwissenschaft **14.** 206—08. Mai 1959. Wangen/Allg. Staatl. Milchw. Lehr- u. Forschungsanst.) M. WINIKER. 7860

Farbwerke Hoechst Akt.-Ges., vormals Meister Lucius & Brüning, Frankfurt/M (Erfinder: **Hilda Friedrich,** Gendorf), *Feuchthalten von schwer netzbaren Tabaken,* bes. Orienttabaken, mittels zweiwertiger Alkohole (I), dad. gek., daß man vor dem Zusatz der zweiwertigen I den Rohtabak bei geeigneter Temp. u. Luftfeuchtigkeit auf einen Wassergeh. von mindestens 14—18% einstellt. (**D. A. S. 1 056 990** Kl. 79c vom 4/2. 1958, veröff. 6/5. 1959.) K. KOEBKE. 7735

Rud. A. Hartmann Akt.-Ges., Berlin, *Gewinnung von Fischmehl* unter Abtrennung des Fischöls aus dem nach dem Kochen des Aufbereitungsgutes abgepreßten, aus Öl u. Leimwasser bestehenden Flüssigkeitsgemisch u. Wiederzufügen von Preßwasser zu dem Preßkuchen bei der weiteren Trocknung zu Fischmehl, dad. gek., daß die beim Abpressen u. anschließenden Separieren pro Zeiteinheit anfallende Gesamtmenge entölten Leimwassers zusammen mit dem angefallenen feuchten Preßkuchen ohne Rücklauf einem period. arbeitenden Rührwerkstrockner zugeführt u. das Gemisch unter Vakuum vollständig getrocknet wird. Ohne Anwendung hoher Tempp. werden Fischmehle von heller Farbe u. hochwertiger Qualität gewonnen. (**D. A. S. 1 057 432** Kl. 53g vom 11/1. 1956, veröff. 14/5. 1959.) H. KARST. 7787

Hansa-Mühle Akt.-Ges. (Erfinder: **Gerhard Steinkopf**), Hamburg, *Herstellung eines Mischfuttermittels*, dad. gek., daß einem vollwertigen Mischfuttermittel ca. 1—10% einer abgebauten Fischmasse zugemischt werden, welche aus ganzen Fischen oder deren Abfällen durch Silierung, gegebenenfalls unter Zusatz von Bakterien u./oder weiterer Enzyme, gewonnen u. entölt wurde. Das tier. Protein des Mischfutters wird ganz oder teilweise durch abgebaute Fischmasse ersetzt. Man erhält transportable, absackfähige u. haltbare Mischfuttermittel, in denen weder freies NH_3 noch freier H_2S nachgewiesen werden konnte. Zunahme des Durchschnittsgewichtes um ca. 16 (%) u. Verbesserung de Nährstoffverwertung um ca. 15 bei Küken. (**D. A. S. 1 057 433** Kl. 53g vom 13/3. 1958r veröff. 14/5. 1959.) H. KARST. 7787

—, Jahresbericht 1957—1958. Berlin, Detmold; Bundesforschungsanstalt für Getreideverarbeitung. 1959. (77 S. m. Abb. u. Tab.) Keine Preisang.)

XVII. Fette. Seifen. Wasch- u. Reinigungsmittel. Wachse. Bohnermassen usw.

M. K. Jakubow, *Die Umesterung und ihre Bedeutung für die Verarbeitung von Fetten.* Theoret. Betrachtungen an Hand derLiteratur. — 9 Literaturangaben. (Маслобойно-Жировая Промышленность [Öl- u. Fett-Ind.] **25.** Nr. 3. 19—22. 1959. Charkow, Polytechn. Lenin-Inst.) G. HEDER. 7870

J. E. W. Coenen, *Katalyse in der Fettchemie.* An Hand von drei Abb. erläutert Vf. ausführlich seine Auffassung über den inneren Bau der bei der Hydrierung von Fetten verwendeten Beschleuniger. Es handelt sich um Ni-Beschleuniger. (Chem. pharmac. Techniek **14.** 59—61. 1/11. 1958.) F. ROSENDAHL. 7880

F. Blasi, *Einfluß der inneren Auskleidung von Metallgefäßen auf die Charakteristik gelagerter Öle.* (Olii minerali, Grassi Saponi, Colori Vernici **35.** 338—40. Sept. 1958. — C. **1959.** 6665.) P. ECKERT. 7894

Chirraranjan Mitra, *Ein Bericht über die chemische Prüfung des Öles von Calophyllum inophyllum Linn.* Das dunkle, unangenehm riechende, bitter schmeckende Öl ($D.^{25}$ 0,9306, n_D^{25} 1,4760, JZ. [WIJS] 84,6, SZ. 13,1 VZ. 198,2) wurde wiederholt mit A. kalt extrahiert. Neben 0,8% *Calophyllolid* u. 0,4% *Calophyllsäure* enthält ca. 0,2% einer vorläufig *Inophyllsäure* benannten, hochungesätt., langkettigen Säure, die einen Benzolring enthält ($C_{17}H_{20}O_3$, F. 132°, $[\alpha]_D^{33}$ —126° [in A.]. *Methyl-* [F. 128—130°] u. *Äthylester* [F. 104—106°]), UV-Maxima bei 318 mμ (log ε = 3,85), eine Schulter bei 370 mμ (log ε = 3,51), Minima bei 275 mμ (log ε = 3,39). Das IR-Spektr. zeigt starke u. mittlere Banden bei 3,42, 5,85, 6,09, 6,33, 6,90, 7,71, 8,31 u. 10,09 μ. Gelbe Farbe mit Tetranitromethan. Bei Hydrierung mit Pt-Schwarz-Katalysator bei Raumtemp. wurden fast 3 Moll. H_2 absorbiert. Alkal. Permanganatoxydation (des Äthyl- oder Methylesters) gab Benzoesäure, Oxalsäure u. eine Dicarbonsäure (I), entsprechend dem Fluorescenztest mit Resorcin u. H_2SO_4. R_F-Werte von I entsprachen der Bernstein- u. Glutarsäure bei papierchromatograph. Unterss. mit Butanol–Essigsäure-W. u. Bromkresolgrün als Besprühungsmittel. Außerdem wurde eine Wasserdampf flüchtige grüngelbe Fl. isoliert ($C_9H_{16}O$, Kp.$_8$ 60°, n_D^{25} 1,4540, UV-Maxima bei 274 mμ) u. 3% Stearinsäure. (J. sci. ind. Res. [New Delhi], Sect. B **14.** 481—82. Sept. 1955. Poona, Nat. Chem. Labor. of India, Div. of Organ. Chem.) H. BENISCHKE. 7894

H. Hofmann und **G. Bolland,** *Waschaktive Substanzen.* 3. Mitt. *Experimentelle Untersuchungen zur Frage der Verträglichkeit einiger synthetischer waschaktiver Substanzen.* (2. vgl. C. **1958.** 14477.) Die waschakt. Substanzen des CHEMIEWERKES LEUNA *Mersolat D* (**I**; Alkylsulfonat), *Emulgator E 30* (**II**; salzarmes, ölfreies Alkylmonosulfonat) u. *Un* *verseifbares* aus I (III; Gemisch verschied. KW-stoffe) wurden im Hinblick auf ihre kosmet. Anwendung in Menschen- u. Tierverss. unter weitgehender Variation der Bedingungen auf Hautschädigung, allergisierende u. depilator. Wrkg. (Papillenschädigung) u. Toxizität (oral) untersucht u. die Grenzkonzz. festgestellt (bei I $>$ 5%, bei II $>$ 0,5%, III völlig unschädlich). Festigkeit, Elastizität u. Nachwaschen der Haare werden im Bereich prakt. Gebrauchskonzz. nicht geschädigt; die Toxizität ist bei I u. II gering, bei III=0. — 16 Literaturnachweise. (Pharmazie **10.** 515—24. Sept. 1955. Jena, Univ., Inst. für Pharmakologie.) W. SCHULENBURG. 7912

A. V. Few und **R. H. Ottewill,** *Eine spektrophotometrische Methode zur Bestimmung kationischer Detergentien.* Kation. Detergentien (Octyl-, Dodecyl-, Cetylammoniumbromid, Dodecylpyridiniumbromid) werden in Konzz. von 10^{-5} Mol durch Schütteln von 4 ml der wss. Lsg. + 1 ml einer Lsg. von Orange II [p-(β-Naphtholazo)-benzolsulfonsäure] in 0,1 n NaCl-Lsg. mit 5 ml Chlf. u. Spektrophotometrie von 4 ml des nach 15maligem Schütteln erhaltenen Extrakts bei 485 mμ bestimmt. Schichtdicke 1 cm, Genauigkeit $\pm$2—5%. (J. Colloid Sci. **11.** 34—38. Febr. 1956. Cambridge, England, Univ., Dep. of Colloid Sci.) PH. FRESENIUS. 7942

Tetsuya Harada und **Wasaburô Kimura,** *Analyse der oberflächenaktiven Mittel.* 2. Mitt. *Eine neue komplexometrische Bestimmung von oberflächenaktiven Mitteln im Halbmikromaßstab.* (1. vgl. C. **1959.** 2649.) Es wird eine neue komplexometr. Halbmikrometh. zur Best. von anion. oberflächenakt. Stoffen sowie der beigemischten anorgan. Sulfate beschrieben, wobei die Probelsg. nach dem kation. Austausch durch H^+ zuerst mit $^1/_{100}$mol. $BaCl_2$ oder $Ba(ClO_4)_2$ (I) unter Zusatz von 5 Tropfen HCl (1 : 1) versetzt, dann nach Neutralisieren mit 1 n NaOH in Ggw. von Phthaleinkomplexon u. Naphtholgrün B in Triäthanolamin u. Zusatz von konz. NH_4OH mit $^1/_{100}$mol. Äthylendiamintetraessigsäure (II) titriert (geringer Überschuß) u. dann mit $^1/_{100}$mol. $BaCl_2$ oder $^1/_{100}$mol. $Ba(ClO_4)_2$ unter Zusatz von Isopropanol zurücktitriert wird. Die Menge der anorgan. Sulfate wird aus der Differenz zwischen den zum Titrieren verbrauchten Mengen von I u. II bestimmt, während totale SZ. wie üblich bestimmt werden kann. (J. Oil Chemists' Soc. Japan **7.** Nr. 3. 142—49. April 1958. Nagoya, Univ., Techn. Fak. [Orig.: japan.]) E. MAEKAWA. 7942

Mirosław Graliński, *Das Problem der Analytik oberflächenaktiver Mittel.* Übersicht über die Arten der handelsüblichen, oberflächenakt. Substanzen, ihre Verunreinigungen u. Zusatzstoffe sowie die analyt. Methoden zu ihrer Bestimmung. (Przegląd włókienniczy **12.** 440—44. Sept. 1958.) E. PASCHKE. 7942

Chemische Werke Hüls Akt.-Ges., Marl (Erfinder: **Joachim Amende,** Marl, und **Erich Kawka,** Gelsenkirchen-Buer), *Verbesserung der Wasserlöslichkeit von Alkalisalzen der Tetrapropylenbenzolsulfonsäure* erfolgt durch Zusatz von Salzen wasserlösl. geradkettiger oder cycl. Urethane, z. B. der allg. Formeln NH_2—COOR bzw.

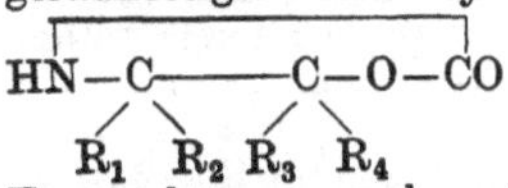 (R, R_1, R_2, R_3 u. R_4 = H oder Alkyl mit 1—3 C-Atomen).

Ferner können noch andere hydrotrop wirkende Verbb., wie Toluolsulfonat, Glykolcarbonat, oder nichtionogene Waschrohstoffe, Soda oder Diäthanolamin zugesetzt werden. Durch den Zusatz von z. B. 5% Äthylurethan oder 10% Oxazolidon wird das Auskristallisieren der konz. Lsgg. bei tieferen Tempp. verhindert bzw. bei Pasten die Viscosität herabgesetzt. — Verwendung zur Herst. von bes. *fl.* u. *pastenförmigen Waschmitteln.* (**D. A. S. 1 056 120** Kl. 12o vom 22/1. 1958, veröff. 30/4. 1959.) G. KRAUSS. 7913

Henkel & Cie. G. m. b. H. (Erfinder: **Herbert Sinner** und **Walter Fries**), Düsseldorf, *Gefärbte Wasch- oder Waschhilfsmittel* (I), die O_2-abgebende Stoffe enthalten, gek. durch einen Geh. an Farbstoffen, die bei der üblichen Anwendung der I durch Oxydation zumindest teilweise entfärbt werden, z. B. „Naphtholgrün B", Indigodisulfonat oder Indigotetrasulfonat. (**D. A. S. 1 054 198** Kl. 23e vom 28/6. 1956, veröff. 2/4. 1959.) C. LÜTTGEN. 7913

Minnesota Mining & Mfg. Co., St. Paul, übert. von: **Harvey A. Brown,** Oakdale Township, Minn., V. St. A., *Fluorcarbonsäuren* der allg. Formel R_F—SO_2—N(R')—R—COOH, bzw. deren Säurechloride, Metall- u. NH_4-Salze, Ester oder Amide, in der R_F eine Perfluoralkylgruppe mit 4—12 C-Atomen, R eine Alkylengruppe mit 1—18 C-Atomen u. R' = H oder eine Alkylgruppe mit 1—6 C-Atomen bedeutet, werden hergestellt durch Umsetzen eines Perfluoralkansulfonylfluorids der allg. Formel R_F—SO_2F (vgl. A. P. 2 732 398; C. **1959.** 8719) mit einem prim. Amin R'—NH_2 $\rightarrow$ $R_FSO_2N(R')H$, Bldg. des Na-Salzes, Verestern mit einer Verb. der allg. Formel Cl—R—$COOC_2H_5$ $\rightarrow$ R_F—SO_2·N(R')R—$COOC_2H_5$, Verseifen mit NaOH u. Bldg. der freien Säure durch Versetzen mit

H_2SO_4. — Beispiel: Aus Perfluoroctansulfonylfluorid (I; $C_8F_{17}SO_2F$, F. 307—316° F), Äthylamin in Diisopropyläther bei ca. 75° F u. Äthylchloracetat → *N-Äthyl-N-perfluoroctansulfonylglycin*, F. 162°; *-säurechlorid*, F. 67—69° (II); *-säureamid*, F. 158°. *-β-dimethylaminopropylamid* (III), F. 83—84°. Durch Umsetzen von II mit 2-Äthylbutanol in Ggw. von p-Toluolsulfonsäure als Katalysator bildet sich der *Ester*, $C_8F_{17}SO_2N(C_2H_5)-CH_2-COOCH_2-CH(C_2H_5)_2$, F. 32—52°, Kp. 302°; u. von III mit Äthylbromid das quaternäre Salz der Formel IV, F. 144 bis 147°. Analog aus I u. Allylamin → *N-Perfluoroctansulfonylglycin*, F. 190 bis 191,5°; genannt werden weiter *-propionsäure*, F. 167—169°; *N-Perfluorpentansulfonylglycin*, F. 165—166°; *N-Perfluordecansulfonylglycin*, F. 193°; *N-Methyl-N-perfluoroctansulfonylundecylsäure*, F. 97—98°, sowie die analoge *-stearinsäure* (kein F.). Die Verbb. dienen als *oberflächenakt. Mittel* (bzw. Zwischenprodd.) *zur Behandlung von hydrophilen Materialien*, wie Papier, Tuch, Leder, Metalle, lithograph. Material, Keramik u. Glas. (**A. P. 2809990** vom 29/12. 1955, ausg. 15/10. 1957.) W. HEYER. 7913

$$\left[C_8F_{17}SO_2N(C_2H_5)CH_2-CO-NH(CH_2)_3-N\begin{matrix}CH_3\\CH_3\\C_2H_5\end{matrix}\right]Br$$

IV

Sinnova ou Sadic (Soc. An. d'Innovations Chimiques), Seine, Frankreich, *Reinigungsmittel auf Fettalkoholbasis*. Es besteht aus einem Gemisch von sulfatierten u. neutralisierten Fettalkoholen, u. zwar 50—90% sulfatierten u. neutralisierten C_{12}—C_{14}- u. 50—10% C_{16}—C_{18}-Alkoholen. Der Feuchtigkeitsgeh. beträgt höchstens 7%. — Z. B. sulfatiert man ein Gemisch von 50 (%) Dodecanol, 25 Tetradecanol, 10 Hexadecanol u. 15 Octadecanol, neutralisiert u. verarbeitet es auf in der Seifenindustrie übliche Weise zu Flocken, Bändern, Schnitzeln, Stücken. (**F. P. 1 111 670** vom 21/9. 1954, ausg. 2/3. 1956.) T. OPPERMANN. 7917

Claude Laurent Zundel, Frankreich, *Reinigungsmittel für Autolackierungen* auf Cellulosederivatbasis, enthaltend ein Campherderiv., z. B. Camphersäure, ihr Anhydrid oder ein Salz, oder Camphersulfonsäure u. Salze davon, oder Camphocarbonsäure u. Salze davon. Ferner sind enthalten: Ein Absorptionspulver, z. B. SiO_2-Pulver oder ein oder mehrere Silicate, ferner ein Netz- u. Emulgierungsmittel, z. B. ein Polyoxyäthylen. — Beispiel: 3 (g) Na-Camphorat, 200 Kieselgur, 37 SiO_2 „240", 10 SiO_2 „Degussa" extra leicht, 40 „Cecalite„ u. 40 Reinigungsmittel „Teepol" oder „Omo". Das Prod. wird in Form einer wss. Suspension mittels eines mit W. befeuchteten Schwammes aufgetragen u. soll 15 Min. einwirken. Danach wird der Schwamm mit W. reichlich durchtränkt u. damit das Reinigungsmittel abgewaschen. (**F. P. 1 111 748** vom 27/9. 1954, ausg. 5/3. 1956.) M. F. MÜLLER. 7917

Farbwerke Hoechst Akt.-Ges., vormals Meister Lucius & Brüning, Frankfurt/M. (Erfinder: **Josef Kaupp, Guido von Rosenberg**, Gersthofen, **Günter Koenig**, Suzano-São-Paulo, Brasilien, **Heinrich Träger**, Gersthofen, und **Albert Thalhofer**, München), *Herstellung von Estern mit den Eigenschaften von Hartwachsen*, dad. gek., daß man gesätt. Fett- oder Wachssäuren mit mehr als 18 C-Atomen, bes. die in gebleichten Montanwachsen enthaltenen Carbonsäuren, mit Oxyalkylierungsprodd. von aromat. Verbb. der allg. Zus. $R\{X-[CH_2-CH_2-O-)_nH]_m\}_z$ ($X = O$ oder N, $n = 1-8$, $m = 1$, wenn $X = O$ oder 1 oder 2, wenn $X = N$ u. z eine ganze Zahl > 1) u./oder ihre Reduktionsprodd. allein oder als Gemische mit aliphat. Glykolen u./oder aromat. Di- u./oder Polymethylolverbb. umsetzt. Die in den erhaltenen Prodd. gegebenenfalls vorhandene restliche freie Säure kann man ganz oder teilweise in ein Salz oder Salzgemisch überführen. Außerdem verwendet man bes. mindestens 20 Mol.-% an Oxäthylierungskomponente, berechnet auf das Alkoholgemisch. (**D. A. S. 1 050 754** Kl. 12o vom 22/8. 1957, veröff. 19/2. 1959.) O. MÜLLER-MEININGEN. 7925

Bernard Hachette und **Guy de Longevialle**, Seine, Frankreich, übert. von: **Chemicals [East Africa] Ltd.**, *Raffinieren von rohem Sisalwachs*. Man behandelt das Wachs bei 80—120° mit konz. HNO_3 in Ggw. einer geringen Menge eines Silicons (Schaumbldg. verhütendes Mittel). Nach Abtrennung der Säure wäscht man das Harz mit W. bis zu p_H 4—5 u. danach mit 10% ig. Oxalsäurelsg., vorzugsweise unter Zusatz eines Äthylenoxydpolykondensats (Emulsionen zerstörendes Mittel). Man kann auch dem Waschwasser das Polykondensat zusetzen u. die Raffination des Wachses mit einem Gemisch von HNO_3 u. H_2SO_4 vornehmen. (**F. P. 1 138 230** vom 27/12. 1955, ausg. 11/6. 1957. E. Prior. 11/1. 1955.) T. OPPERMANN. 7925

XVIIIa. Holz. Cellulose. Zellstoff. Papier. Papierdruck. Celluloid. Linoleum.

A. J. Watson, H. E. Dadswell und **C. M. Stewart**, *Der Prozeß der Faserabtrennung*. 2. Mitt. *Kalter Natronzellstoff von Eucalyptus regnans*. (1. vgl. C. **1959**. 13349.) Die Hackschnitzel wurden mit NaOH vorbehandelt, im BAUER-Defibrator defibriert, von dem Stoff Handblätter hergestellt u. deren Eigg. bestimmt. Die Hackschnitzelgröße hat keinen Einfl., nur Größen unter 6 mm werden nicht einwandfrei defibriert. Eine alkal. Vorbehandlung ist immer erforderlich, aus anderen Stoffen lassen sich keine Blätter fertigen. Vorquellen der Hackschnitzel mit W. oder erhöhte Tempp. verkürzen die Zeit beim alkal. Aufschluß, haben aber kaum Einfl. auf die Stoffqualität. Der Ligningeh. u. die Ausbeute werden durch Holzart u. Art der alkal. Behandlung nicht beeinflußt; der Pentosangeh. ist bei Stoffen aus Markholz höher als aus Kernholz. Sämtliche Stoffe reagieren auf Mahlen, am besten die aus vollkommen durchtränkten Hackschnitzeln erhaltenen; der Einfl. ist aber geringer als bei chem. Stoffen. Vff. glauben, daß die Zwischenfaserkräfte durch das Alkali chem. aufgesprengt werden, so daß die Fasern dann ohne größere Zerstörung mechan. abgetrennt werden können. (APPITA-J. Austral. Pulp Paper Ind. **11.** 145—55. Mai 1958. C.S.I.R.O., Div. of Forest Prods.) H. BECKER. 7958

Horst Schmidt und **Günter Weigt,** *Der gegenwärtige Stand der NSSC-Ablaugenregenerierung.* Vier der wichtigsten Verff. zur Regenerierung der NSSC-Ablauge, die sämtlich auf der Grundlage der Ablaugeverbrennung basieren, werden an Hand eigener Verss. der Vff. diskutiert. Als bestes Carbonierungsverf. wird das einstufig-kontinuierliche, drucklose Verf. von MEAD bezeichnet. Die Meth. der fraktionierten Auflsg. der Schmelze beruht auf der Schwerlöslichkeit von Na_2CO_3 in konz. Sulfid-Lsgg. u. erlaubt eine 95%ig. Trennung der Schmelzkomponenten. Die Luftoxydation des trockenen Schmelzpulvers erweist sich stark vom Zerteilungsgrad der Schmelze abhängig u. besitzt ein enges optimales Arbeitstemperaturintervall. Ihre Wirtschaftlichkeit sinkt mit steigendem Umfang des vorhandenen Sodaballastes, es empfiehlt sich also eine Komponententrennung nach Art der fraktionierten Auflsg. vorauszuschicken. Die bei dem Verf. der direkten Sulfitierung der Schmelze störend auftretende $Na_2S_2O_3$-Bldg. läßt sich nach angestellten Verss. neben Erhöhung der Temp. u. Red. des Druckes weitgehend durch eine Feinstverteilung des einzuführenden SO_2-Gasstromes vermeiden, wobei ein Stufenverf. zur Senkung der Anlagekosten vorgeschlagen wird. (Zellstoff u. Papier **8.** 49—56. Febr. 1959. Heidenau, Inst. für Zellstoff u. Papier.) R. SCHÖLLHORN. 7962

J. S. Dryden und **R. J. Meakins,** *Ein Vergleich von Wollfett und Vaseline als Imprägnierung für Papierkondensatoren.* Durch Verwenden von Wollfett anstatt Vaseline steigt die Kapazität um mehr als 10% ohne nennenswerte Verringerung der Durchschlagspannung u. des Isolationswiderstandes oder Anstieges der dielektr. Verluste. (Proc. Instn. Radio Engr., Australia **19.** 551—53. Okt. 1958. — Sep. — Sidney, C.S.I.R.O., Div. of Electrotechnol.) H. BECKER. 7986

Domenico Borruso, *Das Röntgendiffraktometer und seine Anwendung auf dem Cellulose- und Papiergebiet.* Nach grundlegenden Ausführungen über die Anwendungsmöglichkeiten u. Arbeitsweise der Röntgenstrukturanalyse (**R**), berichtet Vf. über die Einsatzmöglichkeiten der **R** auf dem Gebiet der Cellulose- u. Papierfabrikation im Rahmen der Überwachung der Fertigung, ihrer Rohstoffe, Zwischen- u. Endprodukte. Auf Grund eigener Unterss. u. Arbeiten von SEGAL u. CONRAD wird gezeigt, daß es nach Lage u. Intensität der Beugungsmaxima möglich ist, analyt. qualitative u. quantitative Bestimmungen durchzuführen. Auch Strukturunterss. werden durchgeführt, wobei nach Bedarf die direkte oder indirekte (Fluorescenzanalyse) gewählt wird. Schnell u. sicher lassen sich in der Papierindustrie Verunreinigungen u. Oberflächenbeschaffenheit ermitteln. Darst. der Ergebnisse in Diffraktogrammen. (Cellulosa e Carta **10.** Nr. 3. 5—15. März 1959.) W. ANIKA. 8010

A. W. Myers, C. E. Rogers, V. Stannett und **M. Szwarc,** *Untersuchungen zur Gas- und Wasserdampfdurchlässigkeit von Kunststoffolien und beschichteten Papieren.* 5. Mitt. *Der Einfluß der Kristallinität.* (4. vgl. C. **1958.** 14202.) Bei verschied Polyäthylen (I)-Folien nimmt die Gas- u. Wasserdampfdurchlässigkeit bei zunehmender Kristallinität ab. Es werden zu diesem Verh. theoret. Erläuterungen gegeben. Der Einfl. der Temp. auf die Gasdurchlässigkeit von I wurde in Abhängigkeit von dem F. der krist. Anteile untersucht. Die Diffusionskonstante von O_2 u. CO_2 für verschied. I ist angegeben. Die Durchlässigkeit von drei verschied. I gegen Methylbromid u. die Abhängigkeit der Diffusionskonstanten von der Temp. wurden gemessen u. die Ergebnisse in Tabellen u. Kurven angegeben. (Tappi **41.** 716—20. Nov. 1958. Syracuse, N. Y., State Univ., Coll. of Forestry.) H. MEYER. 8010

Kymin Osakeyhtiö Kymmene Aktiebolag (Erfinder: **Runar Mauritz Rafaelsson Örnhjelm**), Kuusankoski, Finnland, *Herstellung von Peroxydlösungen zum Bleichen von Cellulose.* Zur Erzeugung der aus einer Mischung von Na_2O_2 u. H_2O_2 bestehenden Bleichlsg. wird H_3PO_4 durch Rk. von P enthaltenden Ausgangsmaterialien, wie Phosphorit u. Apatit, mit H_2SO_4 gewonnen, während H_2O_2 aus Na_2O_2 mittels der erhaltenen H_3PO_4 u. Dest. der Reaktionsmischung erzeugt wird. Der Destillationsrückstand dient zur

Wiedergewinnung von Na_2HPO_4. Die H_3PO_4 kann als Zwischenprod. bei der Herst. von Alkaliphosphat u. Calciumphosphat gewonnen werden. Das Na_2O_2 kann durch Red. von selbstoxydierenden organ. Verbb., wie z. B. Azobenzol, Azotoluol usw. hergestellt werden. (**Oe. P. 194 240** vom 5/11. 1955, ausg. 27/12. 1957. Finn. Prior. 5/11. 1954.)
R. GLAFEY. 7955

Marino Bertolini, Plinio Pierobon und **Aldo Casale,** Padua, Italien, *Regenerieren von erschöpften Laugen beim sauren Celluloseaufschluß*. Bei dem Verf. nach It. P. 484 080 kann man die Lauge vor dem Verseifen auch mit nichtaktivierten Halogenen, z. B. gasförmigem Cl_2, behandeln. (**It. P. 489 214** vom 24/3. 1952. **Zusatz zu It. P. 484 080; C. 1959. 7668.**)
K. KOEBKE. 7963

Sterling Drug, Inc., V. St. A., *Aufarbeitung der Schwarzlaugen von der Kraftzellstoffkochung*. Die Lauge, welche NaOH, Na_2S, Na_2SO_4, Na_2CO_3 enthält, wird mit O_2 $> 250^0$ oxydiert, um die organ. Stoffe zu zerstören u. die Na-Salze in Na_2SO_4 u. Na_2CO_3 überzuführen. Nach der Oxydation wird die Fl. mit $Ca(OH)_2$ behandelt, um NaOH u. $CaCO_3$ zu bilden. Letzteres wird abfiltriert u. die erhaltene alkal. Lsg. mit einer der darin vorhandenen Menge Na_2SO_4 äquivalenten Menge BaS versetzt. Nach dem Abfiltrieren des $BaSO_4$ erhält man ein Filtrat, welches reich an Na-Sulfid u. NaOH ist. Die Lsg. wird zum Kochen von Kraftzellstoff verwendet. (**F. P. 1 132 369** vom 21/3. 1955, ausg. 11/3. 1957.)
M. F. MÜLLER. 7967

Udic Soc. An. Lausanne, Vevey, Schweiz (Erfinder: **Alfons Apel,** Mannheim), *Zweistufiges Hydrolyseverfahren* mit HCl für *pflanzliche Kohlenhydrate* nach D. A. S. 1 034 560, dad. gek., daß das Hydrolysiermittel der 1. Stufe in wasserfreier Form angewandt wird (wasserfreie HCl in CH_3OH). (**D. A. S. 1 039 960** Kl. 89i vom 1/4. 1957, veröff. 25/9. 1958. Schwz. Prior. 14/2. 1957. **Zusatz zu D. A. S. 1 034 560; C. 1959. 7669.**)
A. GRADL. 7969

Werner Petzold, Rodleben b. Roßlau, Elbe, und **Artur Rivier,** Dessau, *Verbesserung der Verträglichkeit von Cellulosetriacetaten*, bes. Fasercellulosetriacetat u. anderen schwerlösl. Acetaten, mit Weichmachern durch Zusatz von z. B. 10% (des Weichmachers) einer mehrfach acylierten Cellulose, die mindestens einen Acylrest enthält, der höher mol. als CH_3COOH ist. — Eine Lsg. von 100 (Gewichtsteilen) Cellulosetriacetat mit 6,51% CH_3COOH-Geh. in 1000 einer Mischung von 90% CH_2Cl_2 u. 10% CH_3OH wird mit einer Auflsg. von 5 Celluloseacetofettsäureester einer synthet. Fettsäure mit bes. 16 bis 18 C-Atomen in 25 Trikresylphosphat versetzt. — Auch solche Mischester der Cellulose können verwendet werden, die mit 2- u. mehrbas. Carbonsäuren partiell vernetzt sind; man kondensiert z. B. Cellulosediacetat in Eisessig-Na-Acetat mit Phthalsäureanhydrid u. verestert den Phthalsäurehalbester mit techn. Octylalkohol: Farbloses, wachsartiges Prod. mit einer gewissen Weichmacherwirkung. (**D. P. [DDR] 16 230** Kl. 39b vom 10/4. 1957, ausg. 9/1. 1959 [Wirtschaftspatent].)
M. PANKOW. 7971

Universal Oil Products Co., Des Plaines (Erfinder: **Carl Barnes Linn,** Riverside), Ill., V. St. A., *Herstellung von Umsetzungsprodukten der Alginsäure* durch Rk. mit alkylierten, aromat. KW-stoffen in Ggw. von katalyt. Mengen H_2F_2 bei -40^0 bis $+100^0$, z. B. Rk. mit Toluol oder o-Xylol. — Zwischenprodd., Weichmacher, Gelierungsmittel für KW-stoffe. (**D. A. S. 1 053 488** Kl. 12o vom 15/12. 1955, veröff. 26/3. 1959.)
K. FABEL. 7971

Tyrrell Hawley Werner, William Hynes Marra und **Warren Bertrand Gilman,** V. St. A., *Leimen und Beschweren von Papier*. Dem Papierstoffbrei wird eine Dispersion von $CaCO_3$, Ton oder TiO_2 in einem dimeren aliphat. Keten, das einen KW-stoffrest mit 6—20 C-Atomen enthält, zugesetzt. (**F. PP. 1 137 506** vom 20/8. 1955, ausg. 29/5. 1957. A. Prior. 23/8. 1954 u. **1 139590** vom 4/8. 1955, ausg. 2/7. 1957. A. Prior. 11/8. 1954.)
M. F. MÜLLER. 7979

Karl Petrik, Mödling bei Wien, Österreich, *Herstellung von als Verpackung von Eisen und dessen Legierungen dienenden Materialien*, bes. von Papier bzw. papierähnlichen Faserstoffen, welche mit Lsgg. von Nitriten u. gegebenenfalls Carbonaten imprägniert werden, dad. gek., daß den Lsgg. von Nitriten u. gegebenenfalls Carbonaten noch Sulfate, bes. der Alkalien u. Erdalkalien, zugesetzt werden. (**D. B. P. 970 669** Kl. 55f vom 21/5. 1955, ausg. 16/10. 1958. Anmeldung bekanntgemacht 4/10. 1956.)
P. MAYER. 7987

Structural Paper Co., Immanuel Lichtenstein und **Abraham Goldstein,** V. St. A., *Wasserdicht- und Unbrennbarmachen von Papier* durch Imprägnieren mit einer NH_4- oder K-Alaunlsg., u. zwar mit einer NH_4-Alaunlsg. der D. 1,452—1,455 bei 108—109^0 oder mit einer K-Alaunlsg. der D. 1,440—1,505 bei 103—104^0. Die Gewichtszunahme des Papiers beträgt mindestens 50% bis ca. 190—210^0. — Vgl. A. PP. 2 710 264 u. 2 710 265; beide C. **1956.** 6274. (**F. P. 1 132 513** vom 8/6. 1955, ausg. 12/3. 1957.)
M. F. MÜLLER. 7987

Michelangelo de Domenico und **Giovan Battista Riccardo de Domenico**, Frankreich, *Wasserfestmachen von Papier*, Karton u. Gegenständen aus Papierstoff durch Imprägnieren mit einer Lsg. eines N-Hydroxymethyl- oder -Alkoxymethylpolyharnstoffs (aus 1.3-Diureidopropan, 1.4-Diureidobutan, 1.5-Diureidopentan, 1.6-Diureidohexan, 1.10-Diureidodecan, 1.2-Diureidopropan, 1.3-Diureidobutan, 1.6-Diureido-4-methoxyhexan, 1.3.5-Triureidoheptan, 4.4'-Diureidobiphenyl, 1.4-Diureidohexahydropyrazin). (**F. P. 1134393** vom 20/5. 1955, ausg. 10/4. 1957.) M. F. MÜLLER. 7987

Dr. Otto C. Strecker K.-G., Pfungstadt bei Darmstadt (Erfinder: **Toni Mayr** geb. **Peters**, Darmstadt), *Grundier- und Vorwaschmittel für Druckplatten und Bildträger* aus Metall, Kunststoff, Glas oder präpariertem Papier oder damit überzogene Oberflächen für die photomechan. oder manuelle Übertragung von Bildern u. Zeichnungselementen, dad. gek., daß es einen Gerbstoff oder Gerbstoffgemische enthält, als Gerbstoff Tannin verwendet wird u. neben Gerbstoffen Säuren, bes. niedere aliphat. Säuren oder saure Salze, Netzmittel, niedere Alkohole in ihm enthalten sind. (**D. A. S. 1 053 533** Kl. 151 vom 15/4. 1958, veröff. 26/3. 1959.) K. KITTLER. 7989

Attilio Mercati, Italien, *Herstellung von Bitumenpapier und -pappe.* Der Papierstoff wird mit einer beständigen koll. Bitumendispersion mehrere Std. (3 Std.) verrührt. Darauf wird durch Zusatz von Säure, z. B. H_2SO_4, HCl oder HNO_3, das Bitumen auf das Fasermaterial niedergeschlagen u. 1 Std. stehengelassen. Die daraus hergestellten Papier- u. Pappenbahnen werden bei 160—170° getrocknet. (**F. P. 1 149 751** vom 9/5. 1956, ausg. 31/12. 1957. It. Prior. 11/6. 1955.) M. F. MÜLLER. 7993

XVIIIb. Textilfasern.

J. A. Legkun, *Lichtreflexion von gefärbten Geweben.* Es wird die Abhängigkeit der Lichtreflexion von der Wellenlänge bei mit verschied. Blaufarbstoffen gefärbter Viscosezellwolle untersucht. Alle Gewebe zeigen charakterist., aber ähnliche Kurven für die Reflexion bei verschied. Wellenlänge mit je einem Minimum im UV-Gebiet u. im sichtbaren Bereich. Färbungen mit dem Fixiermittel DCM zeigen eine Verschiebung der Minima zu kürzeren Wellen u. einer verringerte Reflexion. Im Rotgebiet steigt für alle Proben die Reflexion stark an. Im Minimum bei 570 mμ fällt die Reflexion mit steigender Menge Farbstoff auf der Faser, ohne Verschiebung des Reflexionsminimums. (Przegląd włókienniczy **12.** 149—51. März 1958. Lwow.) E. PASCHKE. 8074

J. A. Legkun, *Die Lichtabsorption durch gefärbte und mit Sonnenlicht bestrahlte Gewebe.* 1. Mitt. (Vgl. vorst. Ref.) Blau eingefärbte Gewebe aus Viscose werden unter definierten Bedingungen (130 Tage, Mai—September) einer gemessenen Sonnenlichtmenge ausgesetzt u. danach die Reflexion u. die Haltbarkeit untersucht. Sonnenbelichtete u. nichtsonnenbelichtete Gewebe zeigen ähnliche Reflexion bei verschied. Wellenlänge, Minima bei 560—590 u. < 300 mμ. Im Gebiet 340—360 mμ steigt die Reflexion durch Sonnenbelichtung stark an, was mit erhöhter Reflexion durch photochem. Zerfallsprodd. der Cellulose erklärt wird. Die Sonnenbelichtung bewirkt außerdem einen scharfen Abfall der Faserhaltbarkeit. Die Abnahme der Haltbarkeit verlangsamt sich mit zunehmender Belichtungsdauer, was mit einem Faserschutz durch photochem. Zerfallsprodd. der Cellulose gedeutet wird. (Przegląd włókienniczy **12.** 548—51. Nov. 1958.) E. PASCHKE. 8074

J. A. Legkun, *Lichtabsorption durch gefärbte und mit Sonnenlicht bestrahlte Gewebe.* 2. Mitt. (1. vgl. vorst. Ref.) Die Änderung der Reflexionskurven von Gewebeproben gefärbt mit 0,5—4% Blaufarbstoff u. lichtstabilisiert mit Lichtstabilisator DCM nach Bestrahlung mit verschied. Mengen Sonnenlicht wird untersucht. Die Entfärbung u. die Änderung der Reflexionskurven wird mit der Entstehung photochem. Abbauprodd. des Farbstoffes u. der Cellulose gedeutet. Für den Lichtstabilisator wird eine Komplexbldg. Farbstoff–Lichtstabilisator angenommen. Die Lichtbeständigkeit der Färbungen wird durch den Lichtstabilisator DCM auf das 2—3fache erhöht. (Przegląd włókienniczy **12.** 596—600. Dez. 1958.) E. PASCHKE. 8074

Sumio Sakka, *Der Einfluß des Wiedererhitzens auf die Zerreißfestigkeit von Glasfasern.* Glasfasern einer Zus.: SiO_2 67; B_2O_3 12; BaO 2; K_2P 9; Na_2O 9,5; Al_2O_3 0,5 Gew.-%, bei verschied. Tempp. zwischen Raum- u. Schmelztemp. des Glases erhitzt u. anschließend mit HF oberflächlich angeätzt, zeigten, daß die Zerreißfestigkeit durch Erhitzen u. Abkühlung stark verringert wird. Durch anschließende Oberflächenbehandlung mittels HF kann der ursprüngliche Wert der Zerreißfestigkeit wieder erreicht werden. (Bull. Inst. chem. Res., Kyoto Univ. [Kagaku Kenkyusho Hokoku] **34.** 316—20. Nov. 1956. [Orig.: engl.]) G. PRETZSCHNER. 8082

Iván Králik und **Béla Mihalik,** *Neue textilchemische Anwendungsgebiete der Polarographie.* Der Vorgang des Stärkeaufschlusses (Schlichte für Textilien) kann polarograph. gut verfolgt werden. Bei Verwendung verschied. oxydierender Aufschlußreagentien wird infolge des fortschreitenden Aufschlusses das O_2-Maximum in 0,001 n KCl-Lsg. immer stärker unterdrückt, erreicht ein Minimum u. verliert nach Verbrauch der Aufschlußreagentien infolge Aggregation langsam die Aktivität. Prakt. Erfahrungen ergaben, daß mit der Meth. der Unterdrückung des O_2-Maximums die Wrkg. veränderter Einfll. auf den Abbau der Stärke kontrolliert werden kann. In ähnlicher Weise kann obiges Verf. zur Unters. des Verlaufes der Carbamid–Formaldehyd-Polykondensation verwendet werden, da die Ausgangsstoffe vom Standpunkt der Unterdrückung des polarograph. Maximums inakt. sind, die bei der Kondensation gebildeten wasserlösl. Makromoll. jedoch das Maximum stark vermindern Es ist daher möglich, die Abhängigkeit der Vor- u. Polykondensation von Temp., Katalysator, p_H u. Zeit zu bestimmen u. die optimalen Verhältnisse für die Industrie festzulegen. Vf. beobachtete, daß die durch einzelne oberflächenakt. Stoffe verursachte Maximumunterdrückung außer der Konz. der Stoffe auch von deren Mol.-Gew. u. Mol.-Dimension abhängig ist. Wurde als Grundlage das in großer Reinheit herstellbare Rhodamin B benützt, konnten die Mol.-Geww. anderer Farbstoffe polarograph. bestimmt werden. Polarograph. können in Nachbehandlungsbädern, Spinnöl usw., Metallspuren nachgewiesen u. bestimmt werden, ebenso die Konz. von Farbstoffen. (Magyar Textiltechn. **10.** 60—62. Febr. 1958.) J. PLANK. 8098

Badische Anilin- & Soda-Fabrik Akt.-Ges., Ludwigshafen/Rh. (Erfinder: **Hans Scheuermann,** Ludwigshafen/Rh., und **Alfred Woerner,** Limburgerhof, Pfalz), *Herstellung von Estern aus Methylolverbindungen cyclischer Harnstoffderivate,* dad. gek., daß man Äther aus Methylolverbb. cycl. Harnstoffderivv. u. gesätt. Alkoholen zusammen mit einwertigen organ. Säuren erhitzt u. gegebenenfalls dabei gebildete Nebenprodd. u. überschüssige Säure abdestilliert. — Beispiele: der Tetramethyläther des Tetramethylolglyoxaldiureins (I) wird mit Stearinsäure (II) umgesetzt → wachsartiges Prod. mit SZ. 8,8; der Tetraäthyläther von I gleichfalls mit II; der Isopropyläther von I mit Buttersäure; der Tetraisopropyläther von I mit Propionsäure. — Verwendung der meist wachsartigen Prodd. z. B. zum *Hydrophobieren* von *Geweben.* (**D. A. S. 1061324** Kl. 12p vom 28/12. 1957, veröff. 16/7. 1959.) A. BRÖSAMLE. 8037

Courtaulds Ltd., V. St. A., *Herstellung und Verwendung eines Harzvorkondensates,* wie man es durch Rk. eines harzbildenden Stoffes mit wenigstens 2 Aminogruppen im Mol. u. dem Rest $>NC(:X)N<$ ($X = O$ oder N), wie Harnstoff, Melamin, Guanidin u./oder Dicyandiamid, mit einem Epihalogenhydrin u. CH_2O oder einer CH_2O bildenden Verb. erhält. Vermutlich entstehen dabei Mischungen oder Verbb. aus den Komponenten $HOCH_2NH\cdot CO\cdot NHCH_2CH(OH)CH_2Cl$ u. $HOCH_2NH\cdot CO\cdot NHCH_2\underbrace{CH\cdot CH_2}_{O}$. Diese Prodd. sind wasserlösl., u. die Lsgg. können bei p_H 7 lange lagern. Das Verhältnis Harnstoff: Epichlorhydrin: CH_2O = 1 : 1—0,1 : 1,5—2. Die Vorkondensationsprodd. dienen zur *Imprägnierung von Textilmaterial* aller Art, beim Erhitzen wird das Harz unlöslich. Die Feuchtigkeitsfestigkeit, Abrieb- u. Scheuerfestigkeit u. Schrumpffestigkeit sind verbessert. — In 60 g Harnstoff, 25 cm³ W. u. 120 g einer 40% ig. neutralen CH_2O-Lsg. tropft man 30,9 cm³ Epichlorhydrin, hält 1 Std. bei 70° u. neutralisiert mit NaOH. Die beim Abkühlen sich bildende Paste kann aus A. umkrist. werden: F. ca. 116° (29,3% N: 1,02% Cl). Man gibt das Reaktionsprod. in eine 0,15% Na-Oleat u. 0,15% Ölsäure enthaltende wss. Lsg. u. bringt die Lsg. aus Viscosereyon, preßt ab u. trocknet 1 Std. bei 110°: weiches, helles Produkt. — 29 Beispiele. (**F. P. 1 148 813** vom 22/2. 1956, ausg. 16/12. 1957. E. Prior. 22/2. 1955.) M. PANKOW. 8037

Alginate Industries Ltd., England (Erfinder: **James Leo Boyle),** *Herstellung von Aminderivaten der Alginsäure* (I), dad. gek., daß man die Säure direkt mit einem Amin in CCl_4 umsetzt. — Beschrieben wird die Rk. von 50% W. enthaltender I mit „Primen 81-R" (Amingemisch mit 12—24 C-Atomen) in CCl_4 in einem WERNER-PFLEIDERER-Mischer, ferner die Herst. von *Di-2-äthylhexyl-* u. *Tri-n-octylaminalginat,* lösl. in A., unlösl. in Wasser. — *Bleichmittel, Isolationsmaterialien, Imprägnierungsmittel.* (**F. P. 1 162 641** vom 29/9. 1956, ausg. 16/9. 1958. E. Prior. 30/9. 1955.) S. BÖTTCHER. 8037

N. V. Novivlas (Erfinder: **Franciscus Leopoldus Johannes van Lamoen**), Delft, Holland, *Herstellung von direkt verwebbarem Garn aus grünem, mechanisch gebrochenem Bastfasermaterial, wie Flachs.* Man verspinnt das Material erst zu einem Vorgarn u. behandelt dieses mit NaOH u. dann mit $NaClO_2$-Lösung. Anschließend wird zu einem Feingarn versponnen, das ohne zusätzliche Schlichtung verwebt werden kann, da die im rohen Material anwesenden Pektine u. Hemicellulosen als natürliches Stärkemittel wirken. (**D. A. S. 1 049 529** Kl. 29b vom 29/1. 1955, veröff. 29/1. 1959. Holl. Prior. 2/2. 1954.) F. BÖHM. 8051

Mo och Domsjö Aktiebolag, Schweden, *Herstellung von Regeneratcellulose.* In einem beliebigen Stadium der Herst. setzt man Verbb. der Formel $RNA(C_zH_{2z}N)_{x-1} \cdot C_zH_{2z}NH_2$ [R = KW-stoffrest mit wenigstens 6 C-Atomen; A = $-(C_nH_{2n}O)_{y-1} \cdot C_nH_{2n}OH$; n, x, y u. z sind ganze Zahlen = 1], deren quaternäre Verbb. oder Kondensationsprodd. mit CH_2O u. Essigsäureanhydrid zu. — Man kondensiert 1 Mol Dodecylchlorid mit 5 Mol Tetraäthylenpentamin 5 Std. bei 150°, trennt die untere Schicht mit Tetraäthylenpentaminhydrochlorid ab, dest. die obere Schicht u. gewinnt das *Dodecyltetraäthylenpentamin.* 1 Mol des Stoffes kondensiert man in bekannter Weise mit 12 Mol Äthylenoxyd. Hiervon vermehren 0,2 g/Liter Viscose deren Filtriereigenschaften. — Man kondensiert ähnlich 1 Mol Dodecylchlorid mit 5 Mol Diäthylentriamin u. erhält *N'-Dodecyldiäthylentriamin,* $Kp._2$ 170—180°. Gutes *Imprägnierungsmittel.* 1 Mol davon kann mit 2 Mol CH_2O 3 Std. bei 85° kondensiert werden u. wirkt auf der Rayonfaser als *Weichmacher.* (**F. P. 1 145 356** vom 17/1. 1956, ausg. 25/10. 1957. Schwed. Prior. 20/1. 1955.) M. PANKOW. 8075

Johnson & Johnson, V. St. A., *Stabilisieren von Regeneratcellulose.* Um ihre Verfärbung beim Erwärmen zu unterdrücken, behandelt man sie mit Salzen der Metalle der Gruppe Ia mit einer Atomzahl von wenigstens 11 oder der Gruppe IIa mit einer Atomzahl von 20 u. mehr des Period. Systems. — Man führt z. B. Cellophan durch eine Salzlsg., in die das Cellophan 3mal je 5—10 Sek. eintaucht u. die aus 2n Na_2SO_4, p_H 6, n-Na-Acetat, p_H 6, n-NaCl, p_H 7, oder $Ba(NO_3)_2$ besteht. (**F. P. 1 148 947** vom 28/3. 1956, ausg. 18/12. 1957.) M. PANKOW. 8075

Erinoid Ltd., England, *Herstellung von rohem Casein* (I), das zur *Herst. plast. Massen, Fasern* usw. dient. Vor oder nach der Fällung des I setzt man der I-haltigen Fl., z. B. Milch, Netzmittel, bes. nichtion. Netzmittel, zu u. wäscht das Koagulat abwechselnd mit warmem u. kaltem Wasser. Hierdurch werden färbende Verunreinigungen aus dem Material entfernt. — In 72 Liter Milchrahm rührt man bei 31° 190 mm^3 Lissapol NXA in 1 Liter W., setzt 38 mm^3 Lab in 200 mm^3 W. zu, läßt ½ Std. bei 31° stehen, erhitzt in 18 Min. auf 49° u. trennt I ab, wäscht je 20 Min. mit W. von 60°, dann von 15°, von 60° u. erneut von 15° u. zentrifugiert. (**F. P. 1 149 330** vom 12/4. 1956, ausg. 24/12. 1957. E. Priorr. 13/4. 1955 u. 9/4. 1956.) M. PANKOW. 8079

United States of America, übert. von: **Wilson A. Reeves** und **John D. Guthrie,** New Orleans, La., V. St. A., *Phosphorhaltige Proteine und Polypeptide* erhält man durch Rk. eines Proteins oder Polypeptids in W. mit Tetrakis- (hydroxymethyl)-phosphoniumchlorid (THPC) oder Tris-(hydroxymethyl)-phosphinoxyd (THPO), deren Mischungen u. deren Derivv., die an P gebundene Methylolgruppen enthalten, bei p_H 1—10 u. 0—80, bes. 20—80°. — Aus 5 (Teilen) Eieiweiß u. 0,5 THPC in 3 W. erhält man nach 30 Min. ein klares Gel, das mit W. gewaschen u. bei 110° getrocknet wird, P-Geh. 1,52%. Ferner können mit *THPC* u. *THPO* umgesetzt werden: *Erdnuß-, Sojabohnen-, Mais-, Baumwollsamen-, Flachs-* u. *Weizenproteine, Casein, Milchproteine, Eialbumin,* lösl. gemachte *Keratine* aus Federn u. Wolle, *Seidenproteine, Blutalbumine* u. *-globuline, Gelatine,* Proteinabbauprodd., enzymat. wirkende Proteine, wie *Pepsin, Trypsin, Papain, Protamine,* wie *Clupein* u. *Salmin,* synthet. Polypeptide, wie *Polyhexamethylenadipamid* u. solche, die *Lysin-, Serin-* u. *Tryptophan*-Reste enthalten, u. Reaktionsprodd. aus Polypeptiden mit Aldehyden. Die P-haltigen Peptide können zur Erhöhung des N-Geh. noch mit NH_3 umgesetzt werden. — Verwendung für *Spinnfasern.* — Vgl. A. P. 2 668 096; C. **1955.** 1874. (**A. P. 2 768 997** vom 18/11. 1953, ausg. 30/10. 1956.) G. KRAUSS. 8079

Imperial Chemical Industries Ltd., England, *Herstellung von Kunstfäden und -fasern aus Proteinen.* Man spinnt die Proteinlsg. in ein Koagulationsbad, das ein Härtungsmittel enthält, wäscht salzfrei, imprägniert die Fäden mit CH_2O, streckt sie, erwärmt in gestreckter Form u. trocknet, so daß die Fäden keine Schrumpfneigung zeigen, macht durch langes u. hohes Erhitzen unlösl., imprägniert mit einer CH_2O-Lsg., trocknet u. erhitzt die entspannten Fäden genügend lange, so daß sie nicht mehr merklich schrumpfen, wenn man sie trocknet, nachdem sie in einem Bad aus 0,1 (%) H_2SO_4 u. 0,25 Na_2SO_4 90 Min. bei 97° erhitzt wurden. — Alkal. Arachisproteinlsg. wird in ein Bad mit 2 (%) H_2SO_4 u. 24 Na_2SO_4 von 30° gesponnen, das koagulierte Fadenbündel in einem gleichen Bad zu 400% gestreckt, in einem Bad mit 22 Na_2SO_4 u. 2,5 NaCl u. p_H 8—9 5 Min. bei 25° entspannt, in einem Bad mit 20 Na_2SO_4, 2,5 NaCl u. 1,5 CH_2O (p_H 5) 7 Min. bei 50° gehärtet, gewaschen u. bei 80° getrocknet. Man imprägniert mit einer 10% ig. CH_2O-Lsg. (p_H 1,5), streckt um 200% in Luft u. trocknet gestreckt bei 80°, hält entspannt 30 Min. bei 160° u. imprägniert dann mit 10% ig. CH_2O bei p_H 10, trocknet. bei 120° u. heizt 30 Min. auf 160°. (**F. P. 1 134 048** vom 5/7. 1955, ausg. 4/4. 1957. E. Priorr. 9/7. 1954 u. 6/4. 1955.) M. PANKOW. 8079

Naphtol-Chemie Offenbach, Offenbach, *Herstellung von gefärbten Fäden oder Folien aus Polyacrylnitril* (I) oder Mischpolymerisaten mit überwiegendem Geh. an I. Man versetzt die Lsg. des I mit einer Kupplungskomponente u. einer diazotierten Verb. u. bewirkt die Ausbldg. des Farbstoffs nach der Verformung des I zu Fäden oder Folien durch Einw. von Licht u./oder Säure u./oder Wärme. — Z. B. werden 0,197 (Teile) diazotiertes 1-Amino-2-methyl-4-chlorbenzol u. Diäthylamin (Stabilisator) mit 0,277 2.3-Hydroxynaphthyl-1-amino-2-methylbenzol u. 5 I in 75 Dimethylformamid gelöst, zu Fäden versponnen u. durch Licht- u. Säurebehandlung fertiggestellt. — Vgl. D. B. P. 906 622; C. **1954.** 9427. (**It. P. 491 137** vom 28/7. 1952. D. Prior. 28/7. 1951.) K. KOEBKE. 8081

E. I. du Pont de Nemours & Co., übert. von: **Tod W. Campbell,** Wilmington, Del., V. St. A., *Herstellung eines verspinnbaren Polymerisats aus 4-Methyl-1-penten.* Zunächst wird der Ausgangsstoff in Ggw. von LiAl-Tetradecyl u. $TiCl_4$ in Cyclohexan polymerisiert. Da das Prod. wegen hoher Viscosität nicht ohne weiteres verspinnbar ist, wird es vor der Verarbeitung einer Art Crackprozeß unterworfen, wobei es auf 250—310° im Vakuum unter 1 mm Hg erhitzt wird. Durch Herauslösen der Anteile mit sehr niedriger Viscosität, z. B. mit kaltem Cyclohexan, kann das Polymerisat vor dem Cracken noch verbessert werden. — Beispiele, Tabellen. — *Fasern* mit guten mechan. Eigenschaften. (**A. P. 2 842 532** vom 23/10. 1956, ausg. 8/7. 1958.) H. SCHINDLER. 8081

British Industrial Plastics Ltd., England, *Polyesterharzmischung, ihre Herstellung und Anwendung.* Eine Mischung, die kristallines u. amorphes ungesätt. Polyesterharz u. mischpolymerisierbares Monomeres enthält, ist thixotrop u. eignet sich bes. zum *Imprägnieren von Fasermassen.* — Ein amorphes Harz M erhält man durch Erhitzen von 502 (Gewichtsteilen) Propylenglykol, 464 Fumarsäure u. 296 Phthalsäureanhydrid unter CO_2 auf 200° bis zur SZ. 40—45. Man gibt 13,6 Pentaerythrit zu u. erhitzt noch 2 Std., setzt 0,13 Hydrochinon zu u. verd. mit der Hälfte des Polyestergewichts an Styrol (I). Ein kristallines Harz C 3 erhält man durch Erhitzen von 373 Äthylenglykol, 580 Fumarsäure u. 202 Sebacinsäure in CO_2, u. zwar 10 Std. bei 160°, 5 Std. bei 180° u. 7 Std. bei 200°; SZ. 46,2. Man setzt 0,235 Hydrochinon zu u. mischt 4 des Harzes bei 80° mit 1 I. Man erhitzt 150 C 3 so lange $>$F., bis es zu einer trüben Fl. geschmolzen ist, rührt langsam unter Senkung der Temp. bis ca. 35° 250 M, danach langsam 50 I zu u. kühlt in 2—3 Std. auf Raumtemperatur. Zu 100 dieser thixotropen M. gibt man 2 einer 60% ig. Methyläthylketonperoxydlsg. in Dimethylphthalat u. 0,8 einer Co-Naphthenatlsg. in Mineralspiritus (1% ig. Lsg. auf Co berechnet). Die Mischung kann zum *Überziehen von Glasplatten,* zur *Herst. von Platten* u. zum *Imprägnieren von Glasfasermassen* verwendet werden. Sie härtet bei 60° in 3 Stunden. (**F. P. 1 148 479** vom 27/12. 1955, ausg. 10/12. 1957. E. Priorr. 29/12. 1954 u. 19/12. 1955.) M. PANKOW. 8083

XIX. Brennstoffe. Erdöl. Mineralöle.

G. Gruson, *Zur Klassifikation der Steinkohlen.* Nach einer Zusammenstellung der Forderungen an die Kohle, die zur Verkokung eingesetzt werden soll, gibt Vf. einen Überblick über die Klassifikation der Brennstoffe in den verschied. Ländern. Ausführlich wird die Klassifikation nach den in Genf festgelegten Richtlinien behandelt. Die zur Aufstellung der verschied. Parameter erforderlichen Untersuchungsmethoden werden wiedergegeben u. auf die Anwendung auf das Klassifikationssyst. eingegangen. Bes. eingehend werden die Best. des Backvermögens u. des Kokungsvermögens behandelt. — 44 Schrifttumsstellen. (Bergbautechnik **6.** 534—43. Okt. 592—95. Nov. 1956. Freiberg.) F. ROSENDAHL. 8126

I. G. C. Dryden, *Untersuchung über die Konstitution der Kohlen: ihr Zweck und gegenwärtiger Stand.* Überblick. — 67 Literaturangaben. (Гласник Хемиског Друштва Београд [Ber. chem. Ges. Belgrad] **21.** 229—50. 1956. Leatherhead, England, Brit. Kohlenverwertungs-Forschungsges.) H. HUBER-EMDEN. 8126

Henryk Zieliński, *Strukturänderungen der Steinkohlen während des Entgasungsvorganges.* Eine Anzahl poln. Steinkohlenarten wurden bis zu verschied. Endtempp. entgast, wonach die Inkohlungsziffer „N", sowie die D. der aschenlosen Substanz der erhaltenen Halbkokse u. Kokse bestimmt wurden. Auf Grund der Kenntnisse über die Struktur der Kohle wurden aus diesen Bestimmungen Schlußfolgerungen gezogen. Die Entgasungstemp. von 500°, unterhalb derer nur eine unbedeutende Aromatisierung stattfindet, begünstigt die Entstehung eines KW-Skeletts aus 10 Ringen. Oberhalb 500° erfolgt ein gewaltsames Anwachsen der Aromatisierung, was sich u. a. durch ein Abnehmen des elektr. Widerstandes ausdrückt. Es besteht eine funktionelle Abhängigkeit der D. des festen Entgasungsrückstandes von dessen therm. Leitfähigkeit. Die Kokskohlen sind geneigter zur Aromatisierung bei denselben Entgasungstemperaturen. Diese Behauptung bestätigen die Isothermen der Inkohlungskennziffer „N" u. der D. der aschefreien Substanz. (Koks-Smoła-Gaz **1.** 128—33. Okt./Dez. 1956.) A. BABCZYŃSKI. 8126

Erich Stach, *Radioaktive Inkohlung.* Um Zirkonkristalle in kohligen Tonsteinen treten radioakt. Höfe auf, in denen die Flammkohle durch Bestrahlung mit α-Teilchen aus im Zirkonium enthaltenen Th bis zum Magerkohlen- u. Anthrazitstadium inkohlt ist. Härte u. Reflexion entsprechen der Magerkohle. Der Mechanismus dieses Prozesses, der sämtliche Macerale erfaßt hat, ist analog der n. Inkohlung durch Temp. u. Druck: H- u. O-Brücken werden zerstört, die stabileren Aromatgruppen bleiben erhalten. Auf die Möglichkeiten, aus der radioakt. Inkohlung Rückschlüsse auf die Kohlenstruktur u. den Inkohlungsvorgang zu ziehen, wird hingewiesen. (Brennstoff-Chem. **39.** 329—31. 12/11. 1958. Geolog. Landesamt Nordrhein-Westfalen.) K. O. MÜLLER. 8126

Takao Iwasaki, *Untersuchungen über die Grundeigenschaften von Kohle und ihre Anwendungen.* Übersicht über die sich aus den von ausländ. Kohlen abweichenden Eigg. ergebenden besonderen Behandlungsverfahren. Während früher die japan. Kohlen vorwiegend als Brennstoffe benutzt wurden, hat man durch petrograph., physikal. u. chem. Unterss. nach dem Kriege die Möglichkeiten der Heranziehung japan. Kohlen als chem. Rohstoffe geprüft. (J. Fuel Soc. Japan **37.** 242—47. April 1958. [Orig.: japan.; Auszug: engl.]) F. SCHUSTER. 8126

L. D. Ahuja, J. N. Sharma, K. A. Kini und **A. Lahiri,** *Umwandlung von nichtkokender Kohle in Kokskohle durch Teilhydrierung.* Vff. untersuchten die Hydrierung der Jambad-Bowlah-Kohle bei verschied. Drucken u. Tempp., mit u. ohne Beschleuniger. Ohne Beschleuniger konnte bei 200 at u. 375° eine deutliche Änderung der Kohle herbeigeführt werden. Wurde die Kohle mit einem Eisenoxyd–Chromsäure–Ammoniummolybdat-Beschleuniger getränkt, so genügte bereits ein Druck von 30 at, um zu einem guten Ergebnis zu kommen. Der aus dieser behandelten Kohle gewonnene Koks entsprach allen Ansprüchen u. war demnach genau so gut wie der aus Kokskohle gewonnene. Nur die Ausbeute war geringer. Dafür ergab die Kohle aber eine höhere Teerausbeute. Vff. führen das auf die Entfernung der O-Gruppen in der Kohle durch die Hydrierung zurück. (J. sci. ind. Res. [New Delhi], Sect. A **17.** 27—29. Jan. 1958. Jealgor, Bihar, Centr. Fuel Res. Inst.) F. ROSENDAHL. 8126

Paul P. Mader, Joseph Gliksman, Marcel Eye und **Leslie A. Chambers,** *Photochemische Bildung von Luftverunreinigungen aus Kraftwagenauspuffgasen. Einfluß verschiedener Motortreibstoffe.* Mit 2 Kraftwagentreibstoffen wurden in einem Viertaktmotor vergleichende Verss. über die Zus. der Auspuffgase durchgeführt. Die 2 Treibstoffe, eine Mischung aus 6 Gasolinen u. ein katalyt. reformiertes Gasolin enthielten 51 (%) bzw. 67 Paraffine u. Naphthene, 27 bzw. 32 aromat. Verbb. u. 23,5 bzw. < 1 Olefine. Die Auspuffgase jedes Taktes wurden getrennt aufgefangen u. auf Augenreizung, Aldehyde, Formaldehyd, organ. Peroxyde, O_3 u. KW-stoffe nach Zusatz von 1 Vol.-% Stickstoffoxyden u. 1 std. Bestrahlung mit Sonnenlicht u. zusätzlichen Hg-Dampflampen analysiert. Die Auspuffgase der 4 Takte zeigten übereinstimmend, wenn auch im einzelnen verschieden (6 Diagramme, 1 Tabelle), eine stärkere Augenreizung u. eine größere „smog"-Bldg. bei dem olefinhaltigen Kraftstoff, so daß Olefine als die Ursache derselben angesehen werden müssen, nachdem alle übrigen Versuchsbedingungen gleich gehalten wurden. (Ind. Engng. Chem. **50.** 1173—74. Aug. 1958. Los Angeles, Calif., County of Los Angeles, Air Poll. Contr. Distr.) H. MÜHLMEISTER. 8128

R. Döring, *Über die Bestimmung der Luftfeuchtigkeit und des Taupunktes in Braunkohlenbrikettfabriken durch psychrometrische Messungen.* Ausgehend von der Best. u. der Berechnung der Luftfeuchtigkeit werden die gebräuchlichen Psychrometerformeln angeführt, von denen die von HARTMANN u. BRAUN die am besten geeignetsten sind. Um die Messungen einheitlich zu gestalten, müssen alle schädlichen Einfll. (Luftbewegung, Thermometer, Hülle, W., Staub, Wärmestrahlung usw.) ausgeschaltet werden. (Bergbautechnik **6.** 584—91. Nov. 648—52. Dez. 1956. Nachterstedt.) F. ROSENDAHL. 8136

Jerzy Szuba, *Die Analyse des Verlaufs der Abscheidung flüchtiger Produkte aus Rohgas bei Entgasung der Kohle bei hohen Temperaturen.* 2. Mitt. *Vorkühler* (*Luft- und Röhrenwasserkühler*). (1. vgl. Koks-Smoła-Gaz **1.** [1956.] 28.) Vf. analysiert die Arbeit der Luft- u. Röhrenwasserkühler für Kokereigas in Anlehnung an die Betriebsergebnisse, wobei er ihre Material- u. Wärmebilanz unter n. Bedingungen in Erwägung zieht. (Koks-Smoła-Gaz **1.** 60—67. April/Juni 1956.) A. BABCZYŃSKI. 8142

Jerzy Szuba, *Die Analyse des Verlaufs der Abscheidung flüchtiger Produkte aus Rohgas bei Entgasung der Kohle bei hohen Temperaturen.* 3. Mitt. *Sättiger.* (2. vgl. vorst. Ref.) In Anlehnung an die Betriebsdaten einer Kokerei sowie an manche in der Literatur zitierte Werte führt Vf. die Material- u. Wärmebilanz des Sättigers unter n. Bedingungen durch. (Koks-Smoła-Gaz **1.** 152—60. Okt./Dez. 1956.) A. BABCZYŃSKI. 8142

Jerzy Szuba, *Analyse des Verlaufes der Abscheidung flüchtiger Produkte aus Rohgas bei Hochtemperaturkohlenentgasung.* 4. Mitt. *Endkühler.* (3. vgl. vorst. Ref.) Auf Grund betrieblicher Angaben von Kokereien sowie einiger Werte aus der Literatur gibt Vf. eine Material- u. Wärmebilanz des Endkühlers. (Koks-Smoła-Gaz **2.** 195—200. Sept./Okt. 1957.) A. BABCZYŃSKI. 8142

George W. LeMaire, *Einschlägige Forschungsprobleme an der Bergbauschule in Colorado.* Kurze Angaben über die Entfernung von S aus Koks durch Extraktion mit Lösungsmitteln u. Unters. von Asphalten durch Chromatographie. Ebenso werden Angaben über V-Porphyrine gemacht. (Quart. Colorado School Mines **53.** Nr. 4. 25—31. Okt. 1958.) F. ROSENDAHL. 8144

P. Ss. Kutjumow, *Zur Frage der Auswahl eines rationellen Schemas der Verarbeitung von Gas und Kondensat des Karadag-Vorkommens.* Das Gas der Karadag-Lagerstätten enthält 94,57 (Vol.-%) Methan, 3,41 Äthan, 0,92 Propan, 0,49 Butan u. 0,61 höhere Homologe. Die Verarbeitung dieses Vork. nach dem Verf. der Tieftemperaturseparation oder durch fraktionierende Absorption unter Anwendung eines schweren u. eines leichten Absorbens gewährleistet keine vollkommene Ausbeute der Propan–Butan-Fraktion. Unter Berücksichtigung der Erfahrungen in Absorptionsanlagen für Betriebsgase u. der Erfahrungen bei der Anwendung fraktionierender Absorber wird vom Autor ein Schema zur Verarbeitung des Karadag-Gas- u. -Kondensatvork. vorgeschlagen. Es gewährleistet eine hohe Ausbeute der Propan–Butan-Fraktion sowie eine vollkommene Demethan- u. Deäthanisierung. Die Propanausbringung erreicht 70—80%. Nach diesem Verf. kann zusätzlich eine konz. Äthanfraktion gewonnen werden. (Азербайджанское Нефтяное Хозяйство [Erdöl-Wirtsch. Aserbaidshan] **38.** Nr. 3. 30—32. März 1959.) A. REIMER. 8186

George W. LeMaire, *Untersuchungen über die Struktur von Molekularkomplexen in schweren Erdölfraktionen.* Vf. gibt einen Überblick über die im Schrifttum besprochenen Strukturen von hochmol. Stoffen, die im Erdöl vorkommen: Porphyrine, Chlorophyll, Carotinoide u. erörtert eine Struktur des Rußes. (Quart. Colorado School Mines **53.** Nr. 4. 1—23. Okt. 1958.) F. ROSENDAHL. 8188

J. P. Powell, *Ergebnisse von Wasserflutungen in Kansas Oelsanden, die viscose Rohöle enthalten.* Die verschied. Verff. verschied. Firmen werden krit. Betrachtungen unterworfen. (U. S. Dep. Interior, Bur. Mines, Inform. Circ. **1959.** Nr. 7873. 1—45.) F. ROSENDAHL. 8190

P. J. Lucchesi, B. L. Tarmy, R. B. Long, D. L. Baeder und **J. P. Longwell,** *Hochtemperaturbestrahlungschemie von Kohlenwasserstoffen.* Die Unters. der in Ggw. von Kernstrahlung hervorgerufenen Crackung von KW-stoffen ergab die Bedeutung der Temp., der Zus. des Ausgangsmaterials u. der Phase. Durch Vgl. der ^{60}Co-Strahlung mit der gemischten Strahlung des Brookhaven-Atomreaktors wurde der Einfl. der Strahlungsintensität untersucht. (Ind. Engng. Chem. **50.** 879—84. Juni 1958. Linden, N. J., Esso Res. and Engng. Co., Process Res. Div.) K. F. MÜLLER. 8196

B. I. Lossew, „*Festes Benzin*". Im Verfolg seiner 1949 begonnenen Arbeiten zur Verfestigung fl. KW-stoffe der Reihen C_nH_{2n+2}, C_nH_{2n}, C_nH_{2n-6} u. a. mit Hilfe von synthet. wasserlösl. Harzen hat Vf. eine Meth. zur Brikettierung von Bzn. ausgearbeitet. Das Verf. besteht aus der Herst. einer hochkonz. Emulsion des KW-stoffs in einer mit ihm nicht mischbaren Fl. entgegengesetzter Polarität u. der Stabilisierung dieser Emulsion sowie einer nachfolgenden Plastifizierung u. Formgebung. Die äußerst unbeständige Emulsion wird durch Zufügen eines Stoffes stabilisiert, der um die emulgierten Teilchen Schutzhüllen bildet, die auch bei sehr hoher Konz. des emulgierten Stoffes die Koagulation verhindern u. deren strukturmechan. Eigg. widerstandsfähig gegen Deformieren u. Zerreißen machen. Als Stabilisatoren werden natürliche oder synthet. hochpolymere Stoffe verwendet, die in den emulgierten KW-stoffen nicht lösl. sind, wie Eiweißstoffe (Gelatine) oder Polyvinylalkohole u. wasserlösl. Harnstoff–Formaldehyd-Harze. — Es lassen sich auf diese Weise Emulsionen mit 90—98% dispergierter Phase herstellen, die die Eigg. von festen Stoffen aufweisen. Die nachfolgende Plastifizierung erhöht die Dehnbarkeit u. Festigkeit der Hüllschichten gegenüber äußeren Kräften u. wird im allg. bewirkt durch niedrigmol. Verbb., die mit den zu plastifizierenden hochmol. Verbb. feste Lsgg. bilden. Abschließend werden die Hüllschichten einer Gerbung durch verschied. organ. Stoffe unterworfen. Das Verhältnis des Vol. des hochmol. Stabilisators zum Vol.

der fl. KW-stoffe kann 1 : 20 u. mehr sein. Je größer es ist, desto geringer sind die Verluste bei Transport u. Aufbewahrung. Unverpackte Briketts aus Autobenzin oder Dieseltreibstoff vom Verhältnis 1 : 8 u. 1 : 10 verändern bei Fahrten von 5000 km im Eisenbahnwagen ihre Form nicht. Am Verbrauchsort geschieht die Überführung in fl. Treibstoff durch Zerdrücken der Briketts u. Auspressen auf einer Schneckenpresse, wobei ca. 2—3% Verlust entstehen. Hingewiesen wird auf die geringe Feuergefährlichkeit im Vgl. zu fl. Treibstoffen u. die Möglichkeit der Anlegung beliebig großer Vorratslager ohne Erstellung von Spezialbehältern. (Вестник Академии Наук СССР [Nachr. Akad. Wiss. UdSSR] **28.** Nr. 1. 65—68. Jan. 1958.) F. BERNDT. 8200

T. S. Heines, O. A. Larson und **J. J. Martin,** *Trennung von Benzol und n-Heptan in ununterbrochen betriebenen thermischen Diffusionskolonnen.* Wissenschaftliche Grundlagen des Verfahrens. Die benutzte Kolonne wird schemat. wiedergegeben u. ihre Arbeitsweise genau beschrieben. Die Versuchsergebnisse werden in einer Tabelle dargestellt. Die Trennung von Bzl. u. n-Heptan in therm. Kolonnen entspricht voll u. ganz der Theorie. Im Falle des vollkommenen Rückflusses erscheint der therm. Diffusionskoeff. als eine Funktion des Kolonnenraumes u. ist nicht eine alleinige Funktion des fl. Gemisches. Für die von Vff. benutzte Kolonne war der Trennfaktor umgekehrt proportional zum Durchschnittsraum, dagegen nicht, wie es die Theorie verlangte. Die von Vff. gemachten Beobachtungen wurden auch von anderer Seite bestätigt. Aus den Verss. geht hervor, daß die bei totalem Rücklauf mögliche Trennung der Komponenten unabhängig ist von der in der Kolonne herrschenden Temperatur. Die hier aufgestellten Theorien u. gemachten experimentellen Beobachtungen können auch auf alle Flüssigkeitssysteme ähnlicher Art übertragen werden. (Ind. Engng. Chem. **49.** 1911—20. Nov. 1957. Ann Arbor, Mich., Univ., Dep. Chem. Metallurg. Engng.) F. ROSENDAHL. 8202

A. K. Sselesnew, *Die Anwendung von Äthyläthern der Chlorhydrine von Amylenen in Mischung mit Dichloriden für die Entparaffinierung von Flugzeugöl.* Das Gemisch aus 51,6% Chloräther u. 48,4% Dichlorid vom F. 126—156°, das aus der Pentaamylenfraktion (F. 30—40°) von Crackprodd. erhalten wird, eignet sich für die Entparaffinierung von Flugzeugöl, wenn die 4fache Menge Lösungsm. angewandt wird. Das Gemisch wird auf 60° erwärmt, auf —25° abgekühlt u. filtriert. Die Ausbeute beträgt 76,6%, der E. —16,0° gegenüber 73,6% u. —18,5° mit Bzl.-Dichloräthan-Gemisch. (Журнал Прикладной Химии [J. angew. Chem.] **30.** 965—66. Juni 1957.) E. v. PEZOLD. 8204

I. F. Radsewentschuk, *Die Anwendung der Reaktion von Gustavson-Friedel-Crafts für die Gewinnung von Schmierölen aus Extrakten.* Die Erforschung der Alkylierung von in der Sowjetunion gewonnenen Extrakten aus Autol 6 u. 18 sowie aus deren Destillaten mit chloriertem Paraffin (I) in Ggw. von $AlCl_3$ zeigte, daß derartig behandelte Extrakte zu Öl verarbeitet werden können. Es wurde festgestellt, daß der Viscositätsindex (VI) der erhaltenen Öle mit Erhöhung des I-Geh. steigt: Autol-6 ergab bei Alkylierung mit 23% I 65% Öl mit VI 44,6, bei 37% Cl-P stieg dieser auf 101. Bei hochviscosen Extrakten ist es zweckmäßiger, nicht den Extrakt selbst, sondern seine mit Dampf übergetriebene Fraktion zu alkylieren; so wurde aus Autol-18 ein Öl mit VI 44,7 gewonnen. (Журнал Прикладной Химии [J. angew. Chem.] **30.** 966—71. Juni 1957.) E. v. PEZOLD. 8220

A. W. Sisko, *Das Fließen von Abschmierfetten.* Vf. prüft in einem modifizierten ASTM-Viscosimeter, das mit Spezialcapillaren ausgerüstet war, das Fließen von Abschmierfetten. Die erhaltenen Ergebnisse liegen auf einer leicht geneigten Kurve u. entsprechen einer neu aufgestellten Gleichung, die erläutert wird. Die frühere BUCKINGHAM- u. die auf 3 Parametern beruhende REE-EYRING-Gleichung sind nach Auffassung des V. nicht geeignet, das Fließen von Abschmierfetten zu erläutern. Die neue Gleichung eignet sich, den Druckabfall beim Fließen durch Rohre zu errechnen. Ableitungen u. Kurven im Original. Die Konstanten der Gleichung sind zur Charakterisierung von Abschmierfetten u. zum Ausarbeiten von Spezifikationen geeignet. (Ind. Engng. Chem. **50.** 1789—92. Dez. 1958. Whiting Ind. Standard Oil Co. (Indiana), Res. and Developm. Dep.) K. O. MÜLLER. 8222

A. Dyson, L. J. Richards und **K. R. Williams,** *Schmierstoffe für Dieselmotoren: Auswahl und Verwendung unter besonderer Berücksichtigung der Alkalität.* Bei vielen schweren Ölen kann die Alkalität (I) als Kriterium für die Wrkg. von Additiven herangezogen werden. Die I fällt während der Verwendung u. muß über einem Minimum gehalten werden. Die Änderung der I während der Verwendung des Öles kann annähernd vorausgesagt werden. Die hierzu erforderlichen Werte sind: Brennstoff- u. Ölverbrauch, Geh. des Brennstoffs an S u. die Ölzugabe. Der wichtigste Faktor, der die I beeinflußt, ist der S-Gehalt. Wenn aber die Maschine eine Zeitlang gelaufen ist, dann hängt die I vom Ölverbrauch ab. Zweitakt- u. Viertaktmaschinen mit Vorkammer ergaben eine schnellere Neutralisation als Viertaktmaschinen mit unmittelbarer Öleinspritzung. Die Neutralisation steigt mit steigendem Verbrennungskammerstrudel. Bei der Unters. von mittleren u. hochtourigen Maschinen unter Verwendung von Destillatbrennstoffen wurde ein ähnliches Verh. festgestellt, als wenn Brennstoffe mit einem hohen Geh. an Rückständen zur Anwendung kommen. Vff. weisen darauf hin, daß die auf Grund ihrer Analysen angeordneten Ölwechsel mit den allg. Erfahrungen übereinstimmen. Mit Hilfe der von Vff. beschriebenen Meth. ist es möglich, unter Berücksichtigung aller durch die Maschine gegebenen besonderen Umstände, einen sehr wirtschaftlichen Einsatz von Mineralölen zu erzielen. (Proc. Instn. mechan. Engr. **171.** 717—40. 1957. Thornton, Chester, Shell-Res. Ltd.) F. ROSENDAHL. 8222

L. E. Reed, *Bestimmung der Dunkelheit von Rauch durch visuelle Methoden.* Verss. haben ergeben, daß die Best. der Dunkelheit des Rauches aus Schornsteinen nach RINGELMANN vielen Irrtümern unterworfen ist, so daß ein Rauch, der unter verschied. Bedingungen von einem Beobachter oder von verschied. Beobachtern unter gleichen Bedingungen untersucht wird, ganz verschied. Werte erhalten. Es wurde daher ein neuer App., „*Telesmoke*" genannt, entwickelt, mit dem die gleichen Werte erzielt wurden wie bei der vorher genannten Methode. Doch wird der neue App. leichter gehandhabt u. ergab weniger Irrtümer, wenn eine Reihe von Beobachtungen durchgeführt werden müssen. (J. Inst. Fuel **32.** 3—9. Jan. 1959. Fuel Res. Stat.) F. ROSENDAHL. 8242

Helmut Heller, *Die petrographische Analyse nach Kohlenarten in der praktischen Kohlenuntersuchung.* Das Verf. ist in solchen Fällen, wo die üblichen Untersuchungsmethoden keine befriedigende Aussage über das Kohlenverh. erlauben, von großem Wert, u. zwar bes. bei der Unters. einzelner Kokskohlen auf einheitliche Beschaffenheit, bei der Überwachung des Mischereibetriebes u. bei der Unters. der Siebfraktion der Füllkohlen. Als Zusatzanalyse kann das Verf. bei Widersprüchen, die etwa zu Ergebnissen anderer Verff. stehen, zur Klärung beitragen. (Glückauf **92.** 47—50. 7/1. 1956. Alsdorf, Eschweiler Bergwerksverein, Hauptlabor.) E. BOYE. 8246

W. W. Ssinitzyn, *Bestimmung des spezifischen Gewichtes konsistenter Schmiermittel.* Ein geeichtes Röhrchen von 50—70 mm Länge u. 10—15 mm Durchmesser wird mit dem Schmiermittel gefüllt, die Enden werden mit Gummikappen verschlossen u. so 1 Std. im Thermostaten gehalten. Darnach werden die Kappen abgenommen, der Überschuß des Schmiermittels an den Enden des Röhrchens entfernt u. letzteres gewogen. Die Fehlergrenze liegt innerhalb 0,7%. (Заводская Лаборатория [Betriebs-Lab.] **23.** 828—29. 1957. Wiss. Forschungsinst. für Schmiermaterialien.) J. V. SCHROEDER. 8258

K. K. Papok, B. Ss. Sussewa und **W. P. Danilin,** *Die Abschätzung der fraktionellen Zusammensetzung von Schmierölen nach der Methode der Dünnschichtverdampfung.* Die Meth. der Dünnschichtverdampfung wird wie folgt beschrieben: In Al-Schalen werden die Ölproben (0,2 g) mittels einer Heizplatte kontinuierlich erhitzt. Die Temp. soll in 3 Min. um 10° ansteigen. Nach selbstgewählten Zeiten wird jeweils eine Schale von der Platte genommen, gekühlt u. gewogen. Je nach der gewünschten Anzahl der Meßpunkte auf der Verdampfungskurve werden 6—13 Schalen (1,2—2,6 g) bei einer Analysendauer von 36—78 Min. benötigt. Die mittlere Abweichung beträgt 3—4%. Da die Verdampfung ca. 100—160° unterhalb des Kp.$_{760}$ erfolgt, ist kaum Zers. des Öles zu befürchten. Zusätze, wie Polyisobutylen, haben in geringer Menge keinen Einfl. auf den Charakter der Verdampfungskurven. Erst wenn der Zusatz als Komponente zu werten ist (20—50%), ändert sich der Kurvenverlauf. Mit dieser Meth. wurden die Markenöle SAE-5w/20, SAE-5w/30, SAE-10w/20 u. SAE-10w/30 u. a. untersucht. Hierbei stellten Vff. fest, daß die erstgenannten trotz verschied. Viscosität bei 98,9° der gleichen Fraktion entnommen waren u. nur verschied. Zusätze enthielten. Mit Hilfe der beschriebenen Meth. ist eine Beurteilung der Zus. von Schmierölen möglich. (Химия и Технология Топлива и Масел [Chem. Technol. Brennstoffe Öle] **1957.** Nr. 3. 48 bis 57. März.) CH. WEISKE. 8258

Imperial Chemical Industries Ltd., London, England (Erfinder: **Kenneth Urmston Holker**), *Herstellung von Gasgemischen.* Dem zu entgasenden Ausgangsstoff wird unter Pressen zu Pillen ein Stoff beigemischt, welcher beim Erhitzen in gasförmige Prodd. zerfällt, wie Alkali- oder Ammoniumnitrate, Guanidinnitrat oder Nitroguanidin u. $MgCO_3$, wie Magnesit oder Dolomit. (**E. P. 805 113** vom 13/8. 1956, ausg. 26/11. 1958.) E. KAHLES. 8149

Heinrich Koppers G. m. b. H. (Erfinder: **Friedrich Totzek**), Essen, *Kontinuierliche Erzeugung von Wassergas* durch Umsetzung feinverteilter KW-stofföle (I) mit O_2 u. gegebenenfalls Wasserdampf in einem von Einbauten freien Reaktionsraum, dad. gek., daß I aus einem beheizbaren Vorratsbehälter in gut pumpfähigem Zustand entnommen u. im Kreislauf über einen der Vergasungseinrichtung (V) vorgeschalteten Hochbehälter (H) geführt wird u. daß von dessen Boden laufend eine Menge des I abgezogen wird, die größer ist als die im n. Vergasungsbetrieb verbrauchte Menge, wobei die überschüssige Menge an I durch die gleiche Förderpumpe, die das laufend verbrauchte I zur V fördert, in den H an dessen Kopf zurückgeführt wird. — Zeichnung. (**D. A. S. 1 023 746** Kl. 12i vom 27/10. 1955, veröff. 6/2. 1958.) H. KOBS. 8153

Texaco Development Corp., New York, übert. von: **Clifford G. Ludeman**, Eastchester, N. Y., V. St. A., *Unterdrückung der Rußbildung* in heißem *Synthesegas* (I). Zusatz von mindestens 20 Mol-% CO_2 u./oder Wasserdampf zum I unmittelbar nach dessen Austritt aus dem Synthesegaserzeuger unterdrückt die Rußbldg. im krit. Temperaturbereich (ca. 1600—600° F). — Zeichnung. (**A. P. 2 800 402** vom 22/3. 1946, ausg. 23/7. 1957.) H. KOBS. 8155

Socony Mobil Oil Co., Inc., New York, N. Y., übert. von: **Frederick E. Ray**, Glen Rock, N. J., V. St. A., *Zugabe von flüssiger Charge zu einem Kohlenwasserstoffreaktor.* Aus einem Sammelbehälter, welcher mit der Kontaktzone in Verbindung steht, wird auf der einen Seite ein Teil der Charge zur Kontaktzone geführt. Auf der anderen Seite des Sammelbehälters wird ein 2. Strom fl. Charge abgezogen u. gekühlt. Nach erfolgter Kühlung wird dieser 2. Strom der Sammelzone wieder zugeleitet u. hierdurch in dieser Zone die Temp. unterhalb der Temp. gehalten, bei der die KW-stoffe unter Koksbldg. zerfallen würden. — Vorr., Zeichnungen. (**A. P. 2 771 406** vom 25/5. 1953, ausg. 20/11. 1956.) E. KAHLES. 8163

Pan American Petroleum Corp., übert. von: **Paul D. Behning, Eugene D. Glass** und **Michael J. Rzasa**, Tulsa, Okla., V. St. A., *Erdölgewinnung* aus Formationen mit einer Porosität von 12—25% unter unterird. Verbrennung eines Teiles des Öles. Mittels geophysikal. Methoden wird zunächst eine Übersicht der die Erdölformation überlagernden Schichten gewonnen. Die Zündung des Öles erfolgt an der Basis der Einpreßbohrung mittels eines oxydierenden Gases. Die Flammenfront wird durch geophysikal. Messungen wiederholt exakt bestimmt. Hierzu kann man sich seismograph. Messungen bedienen. (**A. P. 2 803 305** vom 14/5. 1953, ausg. 20/8. 1957.) W. HAUSWALD. 8191

Dow Chemical Co., Midland, Mich., übert. von: **Paul H. Cardwell** und **Louis H. Eilers**, Tulsa, Okla., V. St. A., *Ansäuern von Erdölbohrungen.* Man führt in die Erdformation durch die Bohrung eine 2—25%ig. HCl-Lsg. ein, in der 0,1—1% wasserlösl. Gummiharze, wie Karaya, Irisch Moos, Alginate, Tragacanth, Pershir u. Shiraz, enthalten. Die Gummiharze werden vor ihrer Dispergierung in der Säurelsg. mit einer Erdölfraktion (zwischen Kerosen u. Schmieröl liegend) benetzt. (**A. P. 2 824 834** vom 11/5. 1953, ausg. 25/2. 1958.) W. HAUSWALD. 8191

Socony Mobil Oil Co., Inc., übert. von: **Robert L. Koch**, Dallas, Texas, V. St. A., *Erdölgewinnung.* Durch eine Einpreßbohrung wird Druckluft eingeführt u. gleichzeitig Wärme durch elektr. Erhitzung dem Ölvork. zugeführt. Die Zufuhr von Luft zwecks Verbrennung eines Teiles des Öles wird dann eine Zeitlang aufrechterhalten. Bis zum Abfall des Mengen–Druck-Verhältnisses der Luft wird Wärme kontinuierlich zugeführt. Hierauf erfolgt eine diskontinuierliche Wärmezufuhr zur Öllagerstätte bis zum Ansteigen des Mengen–Druck-Verhältnisses; dann wird die elektr. Wärmezufuhr kontinuierlich bis zum Fallen des Mengen–Druck-Verhältnisses fertgesetzt u. schließlich abwechselnd diskontinuierlich u. kontinuierlich Wärme mit Wechsel der Mengen–Druck-Verhältnisse von Luft, bis die kontinuierlich ablaufende Verbrennung vollendet ist. (**A. P. 2 818 117** vom 9/3. 1953, ausg. 31/12. 1957.) W. HAUSWALD. 8191

Tanexco, Inc., V. St. A. (Erfinder: **Adolf Schubert**), *Zusatzmittel für Bohrschlämme,* welche beim Bohren auf Erdöl verwendet werden. Um diese Mittel zu erhalten, decarboxyliert man Gerbstoffe enthaltende Extrakte von Hölzern, Rinden, Blättern oder Gemische solcher Extrakte in wss., alkal. oder neutraler Lsg. bei ca. 145—155° u. neutralisiert die Reaktionsprodukte. Man kann auch ein Gemisch von Holz, Rinde u./oder Blättern der Eiche oder Kastanie in einem Reaktionsgefäß oder in einem Autoklaven mit einer alkal. Lsg. auf 145—155° erhitzen. Die Zusatzmittel erhöhen die Wirksamkeit der Bohrschlämme. (**F. P. 1 122 602** vom 4/1. 1955, ausg. 11/9. 1956. A. Prior. 27/10. 1954.) T. OPPERMANN. 8191

Monsanto Chemical Co. (Erfinder: **Ross Melvill Hedrick** und **David Thomas Mowry**), *Bohrflüssigkeit für Erdöl- und Erdgasbohrungen.* Man setzt den üblichen Bohrfll. Isobutylen–Maleinsäureanhydrid-Mischpolymerisate zu, um den Verlust an Fl. durch Abfließen in das Erdreich zu verringern. Eine Erhöhung der Viscosität, so daß die M. nicht mehr pumpfähig ist, findet durch den Zusatz nicht statt. (**Aust. P. 205 463** vom 20/9. 1954, ausg. 14/2. 1957. A. Prior. 22/9. 1953.) C. LÜTTGEN. 8191

Dorr-Oliver, Inc., Stamford, Conn., V. St. A., *Kontinuierliche Entfernung von Wasser, Feststoffen, wachs- und gummiartigen Verunreinigungen aus Kohlenwasserstoffen,* bei welcher diese aufwärts durch eine, in ein Wasserbad getauchte horizontale Schicht eines Packungsmaterials dispergiert werden, wobei sich die leichter absetzbaren Verunreinigungen am Boden des Wasserbades absetzen, während die teilweise gereinigten KW-stoffe nach dem Durchgang durch das Wasserbad filtriert werden, um die noch mitgeführten Verunreinigungen zu entfernen u. alle etwaigen mitgeführten Wassertröpfchen zu koagulieren. Das Verf. ist dad. gek., daß zwischen dem Waschvorgang im Wasserbad u. der anschließenden Filtrierung eine Zwischenabsetzstufe eingeschaltet wird u. daß die Aufwärtsgeschwindigkeit des KW-stoffes bei seinem Weg vom Wasserbad zur Zwischenabsetzkammer allmählich gesteigert wird, ehe er seitlich nach außen u. vorzugsweise leicht abwärts in die Zwischenabsetzkammer geführt wird. — 12 Abbildungen. (**Oe. P. 200 693** vom 14/2. 1956, ausg. 25/11. 1958. A. Prior. 15/2. 1955.) T. OPPERMANN. 8195

Standard Oil Co. (Erfinder: **Wilford J. Zimmerschied,** Crown Point, Ind., und **Paul N. Rylander**), Chicago, Ill., V. St. A., *Herstellung eines Katalysators für die hydrierende Entschwefelung eines Kohlenwasserstofföles.* Man calciniert ein inniges Gemisch einer CoO-liefernden Verb. mit einer ZrO_2-liefernden Verb., in dem 1—4 Mol Co auf 1 Mol Zr treffen bei 760—1095°, bes. bei 870—1095°, 1—24 Std. oder länger. Das Calcinationsprod. wird auf einem Träger ausgebreitet. (**D. A. S. 1 052 037** Kl. 23b vom 18/2. 1957, veröff. 5/3. 1959. A. Prior. 28/3. 1956.) P. UNGER. 8195

Standard Oil Co., Chicago, Ill., V. St. A., übert. von: **Paul N. Rylander** und **Wilford J. Zimmerschied,** *Entschwefelung von Kohlenwasserstofföl und Katalysator dafür.* Man behandelt z. B. Erdölbenzin in Ggw. von H_2 bei 600—1000° F mit einem Katalysator, dessen Hauptbestandteil Co-Ferrit ist. Zur Herst. des Katalysators erhitzt man mindestens 1 Std. eine innige Mischung von Co- u. Fe-Verbb., die beim Erhitzen die Oxyde ergeben, auf 1000—2000° F. (**E. P. 801 428** vom 5/4. 1957, ausg. 10/9. 1958.) P. UNGER. 8195

Socony Mobil Oil Co., Inc., New York, N. Y., übert. von: **Louis P. Evans,** Woodbury, N. J., V. St. A., *Aufrechterhaltung der konstanten Aktivität eines Reformierungskatalysators in einem Festbett.* In einen mit dem Katalysator gefüllten Reaktor werden vorerhitzte KW-stoffdämpfe geführt, wobei durch die Umwandlung derselben am Katalysator auf diesen Koks niedergeschlagen wird, der nachfolgend abgebrannt wird. Dieser Vorgang wird so lange wiederholt, bis die Aktivität des Katalysators nachläßt. Ein Teil des Katalysators wird nun abgezogen u. durch die gleiche Menge frischen Katalysator ersetzt. — Zeichnungen. (**A. P. 2 791 543** vom 24/7. 1952, ausg. 7/5. 1957.) E. KAHLES. 8201

Phillips Petroleum Co., übert. von: **Harold J. Hepp,** Bartlesville, Okla., V. St. A., *Umwandlung von Kohlenwasserstoffen. Isobutan* wird in einer Crackzone bei 1200 bis 1350° F u. 150—300 lbs./sq.in. während 0,2—12 Sek. u. einem Umwandlungsgrad von 25—55 Mol-% gecrackt. Das gesamte Crackprod. soll das Isobutan gegenüber dem Butylen u. Propylen in einem solchen Verhältnis aufweisen, daß eine Alkylierung mit dem Gemisch durchführbar ist. Aus der Crackzone gelangt das gesamte Crackprod. unter Beibehaltung des Druckes der Crackzone in eine Trennzone, in der das Äthan abgetrennt wird. Das von Äthan freie Crackprod. wird einer Alkylierungszone zugeführt u. dort unter Alkylierungsbedingungen alkyliert u. fl. Prodd. vom *Leichtbenzinsiedebereich* erhalten. — Zeichnungen. (**A. P. 2 816 150** vom 14/12. 1953, ausg. 10/12. 1957.) E. KAHLES. 8201

Wolfgang Langenbeck, Rostock, **Hermann Kaufmann,** Leuna, und **Jürgen Welker,** Halle, *Katalytische Reformierung von Benzinen,* gegebenenfalls in Ggw. von H_2 bei 200 bis oberhalb 500° u. n. oder erhöhtem Druck, dad. gek., daß als Katalysatoren Gemische aus metall. Ni mit 20, bes. 50—95%, Oxyden der Elemente der 2. Gruppe des Period. Syst. (z. B. ZnO, MgO) verwendet werden. Diese Katalysatoren können mit zusätzlichen Trägern, wie SiO_2, Al_2O_3, Al-Silicat, synthet. oder natürlichen Erden u. dgl., versetzt werden, welche gegebenenfalls mit Halogenwasserstoffsäuren behandelt wurden. (**D. P. [DDR] 16 735** Kl. 23b vom 8/6. 1957, ausg. 31/3. 1959 [Wirtschaftspatent].) T. OPPERMANN. 8201e

Socony Mobil Oil Co., Inc., New York, N. Y., übert. von: **Carlos L. Gutzeit,** Woodbury, und **William H. Lang,** Wenonah, N. J., V. St. A., *Herstellung von Reformierungskatalysatoren.* Ein aus 20—40 Gew.-% Chromoxyd, 50—80 Gew.-% Tonerde u. 0,2 bis

10 Gew.-% P_2O_5 bestehender Katalysator, bei dem das Chromoxyd u. die Tonerde ein Mischgel bilden u. mit der P-Komponente imprägniert sind, wird hergestellt, indem ein Mischgel aus Tonerde u. Chromoxyd hergestellt wird. Dieses Mischgel wird calciniert u. dann mit H_2 reduziert. Dann wird das red. Mischgel mit einer Lsg. einer lösl. Phosphorverb. in Kontakt gebracht. Nach dem Imprägnieren wird der Träger getrocknet u. calciniert, wobei eine O_2-freie Atmosphäre angewandt wird. Dann wird unter allmählichem Erhitzen das Gel in einem H_2-Strom mit einer Temperatursteigerung von 10° F je Min. auf eine Temp. unter 1000° F erhitzt. — Zeichnungen. (**A. P. 2 773 837** vom 30/9. 1953, ausg. 11/12. 1956.) E. KAHLES. 8201e

M. W. Kellogg Co., Jersey City, übert. von: **Philip A. Lefrancois**, Cranford, N. J., V. St. A., *Herstellung eines MoO_3-Katalysators auf Tonerdeträger.* Ein feinteiliges Gemisch von Tonerde u. einem Molybdänoxyd niedrigerer Wertigkeitsstufe (z. B. MoO_2, Mo_2O_3) wird mit einem O_2-haltigen Gas bei 1000—1700° F in einer Wirbelschicht zu MoO_3 oxydiert, welches sich auf dem Al_2O_3 absetzt. Der Katalysator ist bes. zur *Umwandlung* von *KW-stoffen* geeignet. (**A. P. 2 794 005** vom 15/4. 1952, ausg. 28/5. 1957.) H. KOBS. 8201

Gottfried Bischoff Bau kompl. Gasreinigungs- und Wasserrückkühlanlagen K.-G. (Erfinder: **Eberhard Dovermann**), Essen, *Benzolgewinnung aus für Fernleitungszwecke bestimmten Destillationsgasen,* die dazu auf 6—10 atü komprimiert u. nachfolgend gekühlt u. getrocknet werden, dad. gek., daß die als Waschmittel in der letzten Kühlstufe eingesetzte Fraktion mit den dort aufgenommenen leichtsd. Anteilen verdampft, die schwersd. dagegen zur Kondensation gebracht werden. — Zeichnung. (**D. A. S. 1 053 709** Kl. 26a vom 9/7. 1957, veröff. 26/3. 1959. **Zusatz zu D. A. S. 1 046 242; C. 1959. 7679.**) E. KAHLES. 8203

Ethyl Corp., New York, N. Y., übert. von: **Jerome E. Brown, Hymin Shapiro,** Detroit, und **Earl G. De Witt,** Royal Oak, Mich., V. St. A., *Cyclopentadienylmangantricarbonyle,* in denen der Cyclopentadienylrest 5—17 C-Atome enthalten u. auch Teil von polycycl. KW-stoffresten, z. B. Indenyl- oder Fluorenylreste, sein kann, erhält man 1. durch Rk. einer Cyclopentadienyl-Alkali, -Mg-Halogen- oder -Zn-Halogenverb. mit einer Mn-Verb. u. Rk. der erhaltenen Cyclopentadienyl-Mn-Verb. mit CO-liefernden Verbb. entweder in fl. Phase bei n. Druck oder in der Gasphase bei erhöhtem Druck; 2. durch Rk. von Mn, Cyclopentadien-KW-stoff u. CO in Ggw. eines akt. Metallkatalysators; 3. durch Rk. von metall. Mn oder einer Mn-Verb. mit CO u. Rk. des erhaltenen Mn-Carbonyls mit einer Cyclopentadienyl-Alkali- oder -Mg-Halogenverbindung. — Z. B. dispergiert man 23 (Teile) Na in 23 Mineralöl u. 400 Tetrahydrofuran kühlt das mit N_2 ausgespülte Reaktionsgefäß auf 10° ab, fügt 66,7 frisch dest. Cyclopentadien in kleinen Anteilen zu, läßt das Gemisch 2 Std. stehen, setzt 63 wasserfreies $MnCl_2$ zu, erhitzt das Gemisch 20 Std. unter Rückfluß, dest. das Lösungsm. im Vakuum ab u. erhält nach Sublimation des Rückstandes bei 2 mm Hg u. 130° 48,64 *Di-(cyclopentadienyl)-mangan* (= 52,5%ig. Ausbeute), glänzende, braunschwarze Kristalle. — Dieses wird mit 88 Ae. in einen mit N_2 ausgespülten Autoklaven gegeben, CO bei 26° bis zu einem Druck von 1975 lbs./sq.in. aufgepreßt u. die Temp. langsam auf 158° gesteigert. Nach üblicher Aufarbeitung erhält man als gelbes, luftbeständiges, wasserunlösl. Prod. in 75,4%ig. Ausbeute *Cyclopentadienylmangantricarbonyl,* F. 77°. — Analog: *Methylcyclopentadienylmangantricarbonyl,* gelborange Fl., $Kp._{12}$ 106,5°; F. —0,75°; n_D^{20} 1,5873; $D.^{20}{}_4$ 1,3942; 84,3% (Ausbeute). — *Äthylcyclopentadienylmangantricarbonyl,* $Kp._{0,3}$ 48—49°; n_D^{20} 1,5760. — *Allylcyclopentadienylmangantricarbonyl.* — *Phenylcyclopentadienylmangantricarbonyl.* — *Indenylmangantricarbonyl,* orangefarbene Kristalle, F. 50—51°. — *1.2.3.4.5-Pentamethylcyclopentadienylmangantricarbonyl.* — *Octylcyclopentadienylmangantricarbonyl.* — *1-Naphthyl-2-äthylcyclopentadienylmangantricarbonyl.* — *1.3.4.7-Tetramethylindenylmangantricarbonyl.* — *3-Cyclohexylindenylmangantricarbonyl.* — *4.5.6.7-Tetrahydroindenylmangantricarbonyl.* — *1.2.3.4.5.6.7.8-Octahydrofluorenylmangantricarbonyl.* — *1.8-Diäthylfluorenylmangantricarbonyl.* — *Fluorenylmangantricarbonyl.* — An Stelle von $MnCl_2$ sind auch z. B. MnO, MnO_2, Mn_2O_3, MnS, MnS_2, $MnCO_3$, Mn-Benzoat, -Acetat, -Oxalat, -Lactat, -Nitrat, -Phosphat, -Sulfat, -Fluorid, -Bromid, -Jodid u. Mn-Salze von Diketonen, wie Tris-(2.4-hexandion)-Mn, oder Mn-Äthylacetoacetat verwendbar. — *Antiklopfmittel,* anwendbar in Mengen von 0,015—3,0 g Mn/Gallone Treibstoff, gegebenenfalls zusammen mit $(C_2H_5)_4Pb$. Die Verbb. sind z. B. 5mal wirksamer als $Fe(CO)_5$. Die erzielbaren Octanzahlen liegen $>$100. Die Verbb. können auch S-haltigen Treibstoffen zugesetzt werden. (**A. P. 2 818 417** vom 11/7. 1955, ausg. 31/12. 1957.) R. LINK. 8209

Ethyl Corp., New York, N. Y., V. St. A., *Cyclopentadienylmetallverbindungen* der allg. Formel I, in der R_1—R_5 gleich oder verschieden sein können u. H oder KW-stoff-

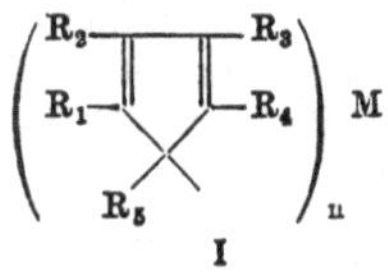

I

reste bedeuten u. die Reste R_1 u. R_2 u./oder R_3 u. R_4 auch zusammen einen gegebenenfalls hydrierten u. gegebenenfalls durch KW-stoffreste substituierten Benzolkern bilden können, M ein Metallatom u. n = 1—4 bedeuten, erhält man durch Rk. einer entsprechenden Cyclopentadienylalkaliverb. mit dem Halogenid des gewünschten Metalls. — Es wird z. B. die Herst. von *Di-(cyclopentadienyl)-*, *Di-(indenyl)-* u. *Di-(fluorenyl)-Fe* bzw. *-Ni* u. deren Alkyl- oder Arylderivv. beschrieben. Als Metalle sind außerdem verwendbar: Cu, Ag, Au, Be, Mg, Ca, Sr, Ba, Ra, Zn, Cd, Hg, Al, Ga, In, Tl, Sc, Y, La u. Lanthaniden, Ac, Ge, Sn, Pb, Ti, Zr, Hf, As, Sb, Bi, V, Nb, Ta, Po, Cr, Mo, W, Mn, Ma, Re, Ru, Os, Co, Rh, Ir, Pd u. Pt. — *Antiklopfmittel.* (**E. P. 786 626** vom 30/6. 1953, ausg. 20/11. 1957. A. Prior. 5/7. 1952.) R. LINK. 8209

Esso Standard (Soc. An. Française), Paris (Erfinder: **Jean Baptiste Signouret, Robert Tirtlaux** und **André van Langermeersch,** Notre Dames-de-Grafenchon), Frankreich, *Dieselöl-und Heizölzusatz,* bestehend aus einem öllösl. Mischpolymeren eines Alkoxymischesters, der von einer teilweise veresterten, mit einem Alkylenoxyd umgesetzten, ungesätt. Dicarbonsäure abstammt, mit einem ungesätt. Ester. — Beispiel: Mischpolymerisat, hergestellt durch Teilveresterung von 1 (Mol) Maleinsäure mit 1,6 C_9-Oxoalkohol, Kondensation des Teilesters (I) mit Alkylenoxyd (II), Mischpolymerisation des erhaltenen Prod. (**III**), das mit 8 Gew.-%, bezogen auf **I** an **II**, reagiert hat u. die SZ. 6 hat, mit Vinylacetat (**IV**) in Mengen von 80 (g) **III** zu 20 **IV**. (**D. A. S. 1 047 525** Kl. 46a[6] vom 6/3. 1957, veröff. 24/12. 1958. F. Prior. 5/4. 1956. **Zusatz zu D. A. S. 1 037 630; C. 1959. 7344. E. P. 797 981** vom 22/2. 1957, ausg. 9/7. 1958. F. Prior. 5/4. 1956. **Zusatz zu E. P. 788 129; C. 1959. 7344.**) E. DREWS. 8217

Standard Oil Co., Chicago, Ill., übert. von: **Melvern C. Hoff, Roger W. Watson,** Highland, Ind., und **Ellis K. Fields,** Chicago, Ill., V. St. A., *Mineralschmieröl.* Dasselbe enthält als Hochdruckzusatz ein bei 25—200° F erhaltenes Reaktionsprod. aus H_2O_2 (I), Mo- u. V-Verbb. (II), die unter den Reaktionsbedingungen Oxyde bilden, u. einem nicht neutralisierten phosphorsulfurierten KW-stoff (**III**) in Mengen von 0,5 bis 4 (Teilen) **I**: 1 **II**: 1—40 **III**. — Beispiel: Prod., erhalten durch Rk. von 50 (Teilen) eines P_2S_5-Polybutylenreaktionsprod. (aus 1100 Polybutylen u. 330 P_2S_5) mit 16 MoS_2 u. 6,8 H_2O_2 (30% ig.) in 75 Bzl., Zugabe von 200 cm³ Hexan (**IV**) nach 4 Std., Filtrieren u. Abdampfen von **IV**. — Analyse des dunkelgrünen viscosen öllösl. Prod.: 0,84(%) Mo, 2,27 P. (**A. P. 2 758 089** vom 30/12. 1952, ausg. 7/8. 1956.) E. DREWS. 8221

Esso Research and Engineering Co., Elizabeth, N. J., V. St. A., übert. von: **Peter Joseph Vermont James Agius** und **Peter Reginald Morris,** *Schmierölzusammensetzung.* Man sulfuriert gecrackte Paraffinfraktionen ganz oder teilweise nicht unter 175°, aber unterhalb der Spalttemp. der KW-stoffe genügend lange, damit ein Teil, des S, der sich sonst mit den KW-stoffen verbinden würde, unwirksam gemacht wird. Dabei entsteht ein Prod., welches Schmierölen Detergenteigg. verleiht. Dieses Prod. verschneidet man mit einem Mineralschmieröl. (**E. P. 804 307** vom 8/1. 1957, ausg. 12/11. 1958.) P. UNGER. 8221

Hall Stewart, Danville, übert. von: **Thaddeus W. Culmer,** Robinson, Ill., V. St. A., *Molybdänverbindungen* der allg. Formel MoRn, worin R gegebenenfalls alkylsubstituierte Phenyl- oder Naphthylreste sind u. n 2—4 bedeutet, erhält man durch Rk. der entsprechenden Aryl-GRIGNARD-Verbb. mit Mo-Halogenid, das 2—4 Halogenatome enthält. Durch Rk. von C_6H_5MgBr mit $MoCl_3$ u. Zers. des Reaktionsprod. mit W. erhält man $Mo(C_6H_5)_3$ als festen Stoff. — Die Verbb. werden in einer Menge von 0,02 bis 0,10 Gew. % KW-stoffölen zur *Verbesserung der Schmierwrkg.* zugesetzt. (**A. P. 2 843 547** vom 19/1. 1955, ausg. 15/7. 1958.) J. MÜHLEISEN. 8221

Gerhard Kühnhanß, Johannes Teubel, Rehmsdorf, und **Kurt Drescher,** Aue-Zeitz, *Oxydationsinhibitor für Schmieröle,* bes. solcher für *Verbrennungskraftmaschinen,* hergestellt durch Umsetzung von Alkoholen mit P_2S_5 u. Bldg. öllösl. Erdalkalisalze nach D. P. [DDR] 14 864, dad. gek., daß man nach Umsetzung der Alkohole mit P_2S_5 die Lsg. mit trockenem gelöschten Kalk ohne Ölzugabe neutralisiert. (**D. P. [DDR] 16 641** Kl. 23c vom 16/5. 1957, ausg. 26/3. 1959 [Wirtschaftspatent]. **Zusatz zu D. P. [DDR] 14 864; C. 1959. 7344.**) T. OPPERMANN. 8221

Geigy Chemical Corp., Del., übert. von: **John D. Spivack,** Cranston, und **Harry Kroll,** Warwick, R. I., V. St. A., *Rostschutzmittel für Schmieröle* sind Aminodicarbonsäuren der allg. Formel I u. Aminodicarbonsäureamide der allg. Formel **II**, in denen R für einen aliphat. C_{8-24}-Säurerest, n u. m für 1 oder 2 u. X für salzbildende Grup-

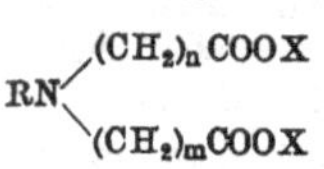

I

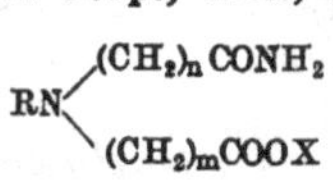

II

pen, z. B. NH_4, Metalle, organ. Amine oder H steht. Zusatzmenge unter 1 Gew.-%. — Beispiele: N-Oleyl-, N-Lauroyliminodiessigsäure, N-Stearoyl-N-(carbamoylmethyl)-glycin. (**A. PP. 2 790 778** u. **2 790 780** vom 27/7. 1953, ausg. 30/4. 1957.)
E. DREWS. 8221

Monsanto Chemical Co., St. Louis, Mo., übert. von: **Elijah P. Cunningham**, Webster Groves, und **David W. Dinsmore**, Affton, Mo., V. St. A., *Mineralschmieröl.* Dasselbe enthält als Rostschutzmittel a) 0,001—50 (Gew.-%) eines Reaktionsprod. (I) aus einer aliphat. C_{10-30}-Monocarbonsäure (II), einem Alkylenpolyamin der allg. Formel $H_2N\cdot(C_2H_4NH)_zH$ (z = 2—6) mit einem C_{8-18}-Alkylenbernsteinsäureanhydrid, u. b) eine durch Kondensation einer ungesätt. aliphat. C_{16-18}-Monocarbonsäure erhaltene dimere Säure (III) in Mengen von 0,001—15. — Beispiele für II: Öl-, Propion-, Benzoesäure. — Herst. von I: Man setzt 564 (g) Ölsäure mit 219 Triäthylentetramin um. 225,7 dieses Prod. werden mit 285,7 Tetrapropenylbernsteinsäureanhydrid (erhalten aus Maleinsäureanhydrid u. Propylentetrameren) umgesetzt. III erhält man z. B. durch Dimerisieren von Öl- u. Octadecadienonsäuren. (**A. P. 2 794 782** vom 2/8. 1954, ausg. 4/6. 1957.)
E. DREWS. 8221

Badische Anilin- & Soda-Fabrik Akt.-Ges., Ludwigshafen/Rh. (Erfinder: **Willy Wolf, Franz Jantsch**, Ludwigshafen/Rh., und **Hans Engel**, Heidelberg), *Schmiermittel* auf der Basis von mineral., vegetabil., animal., synthet. oder gemischten Schmierölen mit einem Zusatz von festen schmierwirksamen Metallsulfiden, -seleniden oder -telluriden, gek. durch einen Geh. an Dispergiermitteln für Schmierölverunreinigungen (Schmieröldetergents) auf der Basis von öllösl. Metallverbb., die eine oleophile, Mineralöllöslichkeit bewirkende Gruppe enthalten u. in denen das Metall an einen organ. Rest von saurem Charakter gebunden ist. — Beispiele: Metallalkylphenolate, Salze von Alkylarylsulfonsäuren, Alkylphenolsulfide, in denen eine OH-Gruppe durch den Rest einer Carbon- oder Sulfonsäure ersetzt ist. (**D. A. S. 1 049 521** Kl. 23c vom 25/2. 1956, veröff. 29/1. 1959.)
E. DREWS. 8223

Socony Mobil Oil Co., Inc., New York, N. Y. (Erfinder: **Ellwood Martin Johnson**, Pitman, N. J.), V. St. A., *Schmiermittel für mit Schwerölen mit 1 bis 5% Schwefelgehalt betriebenen Schiffsdieselmaschinen*, bestehend aus einer Mineralölbasis mit einem Geh. an gelöstem sulfuriertem Erdalkalialkylphenolat. Beispiel: Zusatz von sulfuriertem Ca-Alkylphenolat, wobei der Ca-Geh. des Gesamtschmiermittels 1,1—1,7 Gew.-% beträgt. (**D. A. S. 1 052 040** Kl. 23c vom 19/8. 1957, veröff. 5/3. 1959. A. Prior. 20/6. 1957.)
E. DREWS. 8223

Henkel & Cie. G. m. b. H. (Erfinder: **Hans Waldmann** und **Werner Stein**), Düsseldorf, *Herstellung von esterartigen Anlagerungsprodukten von Formaldehyd* (I) *an ungesättigte Fettstoffe*, dad. gek., daß man die Rk. in Ggw. eines Carbonsäureanhydrids, bes. von Acetanhydrid, u. in Ggw. eines sauren Katalysators bes. von BF_3 durchführt. Man erhält viscose Öle, die als *Schmiermittel* u. *hydraul. Fll.* dienen. — Beispiele für die Rk. von I mit Ölsäuremethylester, Sojaöl, Sojafettsäuremethylester, Oleylalkohol, Baumwollsamenfettsäure (II), II-Methyl-, II-Methylcyclohexyl-, II-n-Butyl- u. II-2-Äthylbutylester. (**D. A. S. 1 054 444** Kl. 12o vom 29/5. 1956, veröff. 9/4. 1959.)
O. MÜLLER-MEININGEN. 8223

Daimler-Benz Akt.-Ges. (Erfinder: **Max Eitel**, Eßlingen, und **Wilhelm Sibert**), Stuttgart, *Schmiermittel* auf der Basis eines Gemisches von Sulfiden u. Lacken, Kunst- oder Naturharzen, dad. gek., daß die Sulfide solche der Metalle der II. Gruppe des Period. Syst. (Ba, Cd, Ca, Mg, Sr oder Zn) sind. Erhöhung der Bruchbelastbarkeit gegenüber der Verwendung von MoS_2. (**D. A. S. 1 057 269** Kl. 23c vom 21/9. 1953, veröff. 14/5. 1959.)
E. DREWS. 8223

Standard Oil Co., übert. von: **Ellis K. Fields**, Chicago, Ill., V. St. A., *Schmiermittelzusätze.* Sie bestehen aus Umsetzungsprodd. von H_2O_2 (I), Mo- oder V-Oxyden (II) u. -Sulfiden oder Salzen der Mo- oder V-Säure mit schwachen Basen (Dissoziationskonstante bis $1\cdot10^{-3}$), die unter den Reaktionsbedingungen Oxyde bilden, u. öllösl. Reaktionsprodd. (III) phosphorsulfurierter KW-stoffe mit Alkoholen, Phenolen, Mercaptanen u. Thiophenolen in Mengen von 1 (Teil) II: 1—40 III : 0,05—4 I. — Beispiel: Ein Isobutylenpolymeres vom Mol.-Gew. 330 wird mit 30% P_2S_5 in N_2-Atmosphäre behandelt. 108 (Teile) des erhaltenen Prod. werden mit 51 Amylalkohol umgesetzt. 45 dieses Zwischenprod. werden mit 7,2 MoO_3 verrührt u. 16 Gewichtsteile H_2O_2 zugegeben. Aus Hexanlsg. erhält man ein öllösl., dunkelgrünes Prod.; Analyse: S = 4,06, P = 5,27, Mo = 7,04 Gew.-%. (**A. P. 2 753 306** vom 30/12. 1952, ausg. 3/7. 1956.)
E. DREWS. 8223

Lubrizol Corp., Wickliffe, übert. von: **Herbert F. Wiese** und **Emil T. Wierber**, South Euclid, Ohio, V. St. A., *Schmiermittelzusätze*, bestehend aus öllösl. Ba- oder

Alkalisalzen, die durch Rk. von neutralen, aliphat. Ketonen (mindestens 13 C-Atome) u. einwertigen Alkoholen vom Mol.-Gew. <150, die keinen homocycl. benzoiden Ring enthalten, mit einer bas. Ba- oder Li-Verb. vom $p_H > 7$ in wss. Lsg. im 1,5fachen Überschuß über die äquivalenten Mengen Keton erhalten werden. — Beispiel: Man oxydiert 6500 (g) Eicosan im Luftstrom, fügt 400 KOH u. 4000 cm³ A. zu, erhitzt 5 Std. u. erhält 5424 eines fl. Prod. der SZ. 0,66, VZ. 1,0%, Hydroxylzahl 0,65%, Carbonylzahl 1,3. Dieses Prod. wird weiter mit BaO u. CH_3OH umgesetzt. (**A. P. 2 798 852** vom 15/2. 1954, ausg. 9/7. 1957.) E. DREWS. 8223

Geigy Chemical Corp., Del., übert. von: **John D. Spivack,** Cranston, **Robert M. Pines,** Providence, und **Harry Kroll,** Warwick, R. I., V. St. A., *Rostschutzmittel für Schmiermittel* sind Aminomonocarbonsäuren der allg. Formel $R_1R_2N-CH(R_3)-(CH_2)_n-COOX$, in welcher R_1 für einen aliphat. C_{8-24}-Säurerest, R_2 für H, Alkyl-, Hydroxyalkyl- u. Phenylreste, R_3 für H, Alkyl- u. Carboxyalkylreste, X für H oder salzbildende Gruppen, wie NH_4, organ. Amine, Metalle, n für 0 oder 1 steht. Zusatzmenge: ca. 1 Gew.-%. — Beispiel: N-Stearoylglycin, -sarcosin, -alanin. (**A. P. 2 790 779** vom 27/7. 1953, ausg. 30/4. 1957.) E. DREWS. 8223

British Petroleum Co. Ltd., London (Erfinder: **Alan Collier,** Sunbury-on-Thames, Middlesex), England, *Abtrennung von geradkettigen Kohlenwasserstoffen* eines KW-stoffausgangsmaterials (I) von solchen mit nichtgerader Kette mittels Harnstoff unter Adduktbldg. aus Harnstoff u. geradkettigen KW-stoffen bei erhöhten Tempp., Abtrennung u. Zers. des gebildeten Adduktes. I ist ein einstufig aus Lösungsmitteln umkrist. Brightstock-Paraffingatsch. Die Adduktbldg. wird in einem Waschlösungsm. (Xylol, Mischungen von Xylol u. Isohexylalkohol u./oder Isoamylalkohol) vorgenommen, in dem Harnstoff nahezu oder völlig unlösl. ist u. das einen Kp. nicht $<110^0$ hat. Das Addukt wird aus der Lsg. des nichtaddierten Wachsanteils abgetrennt u. durch Erhitzen zers. u. abfiltriert. Darauf wird der addierte (harte) u. der nichtaddierte (flexible) Wachsanteil jeweils aus seiner Lsg. gewonnen. (**D. A. S. 1 055 731** Kl. 23b vom 13/8. 1957, veröff. 23/4. 1959. E. Priorr. 16/8. u. 20/12. 1956.) P. UNGER. 8227

XX. Schieß- und Sprengstoffe. Zündmittel.

Soc. de Prospection Électrique Procédés Schlumberger (Erfinder: **Boris Schneersohn** und **Jacques Delacour**), Paris, Frankreich, *Hohlladung für Durchlochungszwecke* mit kon. Hohlraummetallauskleidung, dad. gek., daß die Auskleidung aus 2 innig miteinander verbundenen Metallschichten besteht, wobei die am Sprengstoff anliegende äußere Schicht aus einem leicht verdampfbaren Metall, wie Zn, u. die innere Schicht aus einem Metall, wie Cu, besteht. (**D. A. S. 1 055 418** Kl. 78e vom 4/6. 1956, veröff. 16/4. 1959. F. Prior. 10/6. 1955.) A. GRADL. 8299

Albert Augustin Alexandre Darche, Bondy, Seine, Frankreich, *Oberflächenbehandlung von Röhrenpulvern* mit einem oder mehreren Kanälen durch Eintauchen in eine Behandlungs-Fl., dad. gek., daß die Viscosität (oder Temp. u. Konz.) der Fl. so gewählt wird, daß beim Umrühren der Fl. diese sich an den Außenseiten des Pulvers, nicht aber in den Kanälen, bewegen kann. Die Fl. kann eine Lsg. oder eine koll. Dispersion sein (z. B. Zentralit in W.). (**D. A. S. 1 057 513** Kl. 78c vom 6/6. 1956, veröff. 14/5. 1959. Belg. Prior. 7/6. 1955.) A. GRADL. 8301

Wasag-Chemie Akt.-Ges., Essen (Erfinder: **Erwin Herrmann,** Wittenberg), *Herstellung von Rohmasse für rauchschwache Pulver* durch Vermischen von Nitrocellulose (I) mit Sprengöl u./oder fl. oder schmelzbaren Nitrokörpern u. sonstigen Zusätzen (Stabilisatoren, Gelatinatoren), dad. gek., daß die feuchte I in einer gegebenenfalls beheizten Mischvorr. mit Zerkleinerungswrkg. bearbeitet wird, wobei gleichzeitig das Sprengöl u. dgl. in feinster Form aufgedüst wird. (**D. A. S. 1 053 373** Kl. 78c vom 29/7. 1943, veröff. 19/3. 1959.) A. GRADL. 8301

Wasag-Chemie Akt.-Ges., Essen (Erfinder: **Erwin Herrmann,** Wittenberg), *Gelatinieren der Rohmasse von Pulver* ohne Lösungsm., dad. gek., daß die ganz oder teilweise entwässerten Rohmassen einem intensiven Knetprozeß in bekannten Knetmaschinen unterworfen werden. Vorteilhaft erfolgt der Knetprozeß u. die vorgeschaltete Rohmassenherst. in ein u. demselben Kneter. (**D. A. S. 1 053 994** Kl. 78c vom 8/4. 1944, veröff. 26/3. 1959.) A. GRADL. 8301

E. I. du Pont de Nemours & Co., Wilmington, Del. (Erfinder: **Jesse Edward Hughes,** Bridgeport, **Leroy Edwin Layton, Raymond Lozier** und **Edmond Joseph Nolan,** Woodbury, N. J.), V. St. A., *Wasserbeständiger, körniger Sprengstoff auf der Basis von anorganischen Nitraten,* wobei die einzelnen Körner mit Nitrocellulose oder mit einem wasserbeständigen Kunstharz überzogen sind, dad. gek., daß die Körner eine symm. Gestalt mit einem kleinsten Durchmesser von mindestens 6 mm haben u. daß, im Falle des Nitrocelluloseüberzuges, dieser eine Dicke von mindestens 0,127 mm hat u. nicht mehr als 15% des Gesamtgewichts ausmacht, u. daß, im Falle des Kunstharzüberzuges, dieser eine Dicke von mindestens 0,076 mm hat u. nicht mehr als 10% des Gesamtgewichts ausmacht. (**D. A. SS. 1 055 414** Kl. 78c vom 15/5. 1957, veröff. 16/4. 1959. A. Prior. 19/7. 1956 u. **1 055 415** Kl. 78c vom 11/6. 1957, veröff. 16/4. 1959. A. Prior. 11/6. 1956.) A. GRADL. 8305

E. I. du Pont de Nemours & Co., Wilmington, Del. (Erfinder: **Cyril James Breza**, Thorofare, N. J.), V. St. A., *Gegossene Sprengstoffmischung* mit hoher D. auf der Basis NH_4NO_3, $NaNO_3$, Di- u. Trinitrotoluol, dad. gek., daß sie aus 15—20(%) NH_4NO_3, 45—55 $NaNO_3$, 15—20 Ferrosilicium, 12—17 TNT, 2—5 DNT, 0—35 Stearinsäure besteht. Bedingung ist, daß die Komponenten folgende Feinheiten haben: NH_4NO_3: $>$90% feiner als ein Sieb mit 25,6 (Maschen/cm Sieblänge), $>$60% feiner als 39,4; $NaNO_3$: $>$98% feiner als 3,9, $>$90% gröber als 7,9; FeSi: $>$95% feiner als 31,5, $>$45% feiner als 78,7. Die gegossene Mischung hat bei 19 cm^2 Querschnittsfläche eine D. von 1,8 g/cm^3. (**D. A. S. 1 056 519** Kl. 78c vom 24/6. 1958, veröff. 30/4. 1959.) A. GRADL. 8305

Aerojet-General Corp., Azusa, übert. von: **Milton B. Frankel**, Pasadena, und **Karl Klager**, Monrovia, Calif., V. St. A., *N-(Carboxyalkyl)-dinitrolactame* der allg. Formel I erhält man durch Kondensation einer Aminosäure der allg. Formel II mit einem Hydroxydinitroester der allg. Formel III (hergestellt nach J. org. Chemistry **16.**

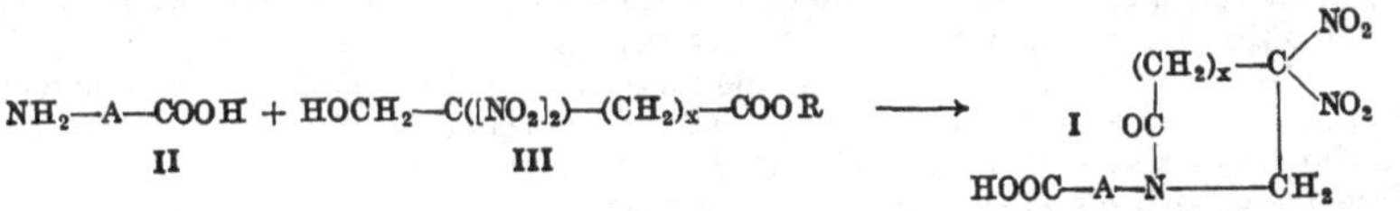

[1951.] 161) bei p_H 7—10 (A = Alkylen; x = 1 oder 2; R = Alkyl). — Aus 7,5 g Glycin, 4 g NaOH, 50 cm^3 W. u. 22,2 g 5-Hydroxy-4.4-dinitrovaleriansäuremethylester bei 38°, dann nach Stehen über Nacht Ansäuern mit verd. H_2SO_4 → *5.5-Dinitro-2-piperidon-N-essigsäure*, aus Methanol–W. u. Ae. F. 128—130°. — Aus β-Aminopropionsäure. α-Aminobuttersäure oder δ-Aminovaleriansäure u. 4-Hydroxy-3.3-dinitrobuttersäureester → *β-(4.4-Dinitro-2-pyrrolidon)-N-propionsäure*; *α-(4.4-Dinitro-2-pyrrolidon)-N-buttersäure*; *δ-(4.4-Dinitro-2-pyrrolidon)-N-valeriansäure*; *β-(5.5-Dinitro-2-piperidon)-N-propionsäure*; *α-(5.5-Dinitro-2-piperidon)-N-buttersäure*; *δ-(5.5-Dinitro-2-piperidon)-N-valeriansäure*. — *Sprengstoffe*; vgl. A. P. 2 470 162. (**A. P. 2 836 599** vom 7/3. 1957, ausg. 27/5. 1958.) G. KRAUSS. 8305

Imperial Chemical Industries Ltd. (Erfinder: **Owen Allen John Gurton** und **Idwall Owen Lewis**), London, England, *Gaslos abbrennender elektrischer Verzögerungszünder*, dad. gek., daß die Bohrung des Verzögerungssatzstückes $<$ 0,1 in. ist u. daß unterhalb des Verzögerungssatzes ein Primärsatz in dieser Bohrung untergebracht ist, der seinerseits durch einen Luftspalt vom Primärsatz des Zünders getrennt ist. Die Menge Primärsatz in der Bohrung beträgt 30—60 mg. Gegebenenfalls kann dieser Primärsatz mit einem sek. Sprengstoff oder mit inertem Material abgedeckt sein. (**E. P. 787 346** vom 24/1. 1955, ausg. 4/12. 1957.) A. GRADL. 8309

XXI. Leder. Gerbstoffe.

Remigiusz Dzieża, *Zum Problem der Anwendung des Beizens in der Lederindustrie.* Übersicht über Wrkg. u. Überwachung der Technologie des Beizens. — 17 Literaturangaben. (Przegląd Skórzany **13.** 192—97. Aug. 1958.) F. URBAN. 8332

O. Th. Schmidt, *Zur Chemie der natürlichen Gerbstoffe.* Gekürzte Fassung der C. **1959.** 4352 referierten Übersicht. (Z. Pflanzenernähr., Düng., Bodenkunde **69 (114).** 15—25. 1955. Heidelberg, Univ., Chem. Inst.) GERH. MÜLLER. 8336

K. H. Gustavson, *Die Reaktion von Thiocyanat–Chromat-Komplexen mit Kollagen.* 2. Mitt. *Chromrhodanid–Anilin-Komplexe.* (1. vgl. C. **1959.** 671.) Mit Aceton entwässerte, isoelektr. eingestellte Kalbsblöße sowie modifiziertes Kollagen (acetyliert, desaminiert usw.) wurden 14—28 Tage in je 30 ml einer Lsg. von 3 g eines Chromrhodanid–Anilin-Komplexes ($[Cr(CNS)_4(C_6H_5NH_2)_2NH_4]$ u. $[Cr(CNS)_4(C_6H_5NH_2)^-C_6H_5NH_3 + \cdot C_6H_5NH_2]$ in CH_3OH gegerbt. Hierbei wurde eine deutliche Erhöhung der Schrumpfungstemp. (15 bis 20°) beobachtet. Bzgl. der Rk. zwischen Cr-Komplex u. Kollagen wird angenommen, daß derselbe bevorzugt an den Peptidgruppen (CO—NH) u. zu einem geringeren Teil an den bas. Gruppen des Kollagens fixiert wird. (J. Amer. Leather Chemists Assoc. **53.** 372—83. Juli 1958. Stockholm, Garverinäringens Forskningsinst.) H. G. FRÖHLICH. 8336

A. Brill, *Herstellung von Leder unter Verwendung nichtwässeriger Lösungssysteme. (Ein Fortschrittsbericht über das Secotanverfahren.)* An Hand von 8 Abb. wird das Secotan-Verf. (vgl. USHAKOFF, C. **1959.** 4103), ein Gerbprozeß zur Herst. chrompflanzlich gegerbten Oberleders, beschrieben. Nach einer kurzen Gerbung unter Verwendung von CH_2O, Chromgerbstoff u. Quebracho wird auf der Secotan-Maschine mit Aceton entwässert, imprägniert, gefettet, gefärbt u. zum Schluß zwischen erwärmten Oberflächen getrocknet. Die erhaltenen Leder sind weniger kompakt u. weicher. Dafür soll die Qualität entschieden verbessert sein, so daß die Leder im Durchschnitt mehr als 1 Klasse höher eingestuft werden können. Die Herst. von Rindoberleder soll sich durch das Secotan-Verf. um ca. 8—12 Tage abkürzen lassen. (Leder **9.** 209—13. Aug. 1958.)
H. G. FRÖHLICH. 8336

Stanisław Perkowski, *Mechanische und chemische Reinigung von Gerbereiabwässern.* Übersicht; biol. Reinigungsmethoden sind für Gerbereiabwässer noch ungenügend ausgearbeitet. (Przegląd Skórzany **13.** 241—45. Okt. 1958.) F. URBAN. 8336

A. Küntzel und **Th. Nungesser,** *Über die Tranoxydationsprodukte, die unter den Bedingungen der Sämischgerbung entstehen.* 3. Mitt. *Theorie der Trangerbung.* (2. vgl. C. **1957.** 6035.) Im Anschluß an die prakt. Unterss. der Prozesse der Sämischgerbung wird der gegenwärtige Stand der Kenntnisse über die Sämischgerbung dargestellt. Es handelt sich dabei um eine Kombination von 2 Gerbeffekten: Der eine besteht in der Gerbung durch die autoxydativ entstandenen Aldehyde, der andere wird durch die Bldg. eines feinen Filmes von ebenfalls autoxydativ polymerisierten Tranen auf der Kollagenfaseroberfläche ausgelöst. Durch die Sodabehandlung des tranbeladenen, abgelagerten u. abgelüfteten Materials wird der überschüssige Tran emulgiert u. herausgewaschen, während die alkal. Rk. erst die eigentliche Aldehydgerbung ermöglicht. Der Theorie der Sämischgerbung wird ein wesentlicher Teil der Arbeit gewidmet, in dem die hauptsächlichen Vorstellungen über den Mechanismus der Entstehung der gerbenden Aldehyde u. der gebildeten u. vom Kollagen gebundenen Fette diskutiert werden. (Leder **7.** 298—305. Dez. 1956. Darmstadt, TH, Inst. für Gerbereichemie.) P. STADLER. 8338

Marian Chojnowski, *Salzflecken auf Rohleder und ihr Einfluß auf die Sortierung von Rohleder und zugerichteten Ledern.* Übersicht über Bldg., Einfl. auf die Lederqualität u. Verhütung. (Przegląd Skórzany **13.** 211—13. Sept. 1958.) F. URBAN. 8340

George H. von Fuchs, *Dauerhafte Lederschmierung und Wasserdichtmachung mit öllöslichen, wasserunlöslichen alkylierten Bernsteinsäuren.* Zur Lederimprägnierung wird die Verwendung von in Petroleum-Naphthalin gelösten, wasserunlösl. alkylierten Bernsteinsäuren empfohlen. Auf diese Weise genügen bereits 1% Fett, um eine geringe Benetzbarkeit, eine sehr gute Reißfestigkeit u. Luftdurchlässigkeit zu erzielen. Schleifbarkeit u. Haftung der Deckfarbe sind besser als bei gelickerten Ledern. Auch gegenüber einer Behandlung mit Siliconen soll die Imprägnierung mit den Bernsteinsäureestern Vorzüge haben. Die guten Eigg. der Imprägnierung mit den wasserunlösl. alkylierten Bernsteinsäuren wird auf die Rk. der COOH-Gruppen der Bernsteinsäure mit den NH_2-Gruppen der Hautsubstanz zurückgeführt. (Leather Manufacturer **75.** Nr. 12. 24—28. 30—32. 36. 38—39. Dez. 1958.) H. G. FRÖHLICH. 8340

Irena Mazgajska und **Krystyna Parać,** *Volumetrische Bestimmung von Sulfaten mit Benzidin.* Die Sulfatbest. in Ggw. von K, NH_4^-, Cr, Al, Fe, Co u. Ni erfolgt durch Fällung mit Benzidinhydrochlorid u. alkalimetr. Titration des Nd. schnell u. genauer als durch Fällung als $BaSO_4$. Die Meth. ist auch bei sulfithaltigen Chromlaugen anwendbar. (Przegląd Skórzany **13.** 203—05. Aug. 1958.) F. URBAN. 8364

D. A. Williams-Wynn, *Zirkoniumgerbung.* 1. Mitt. *Eine colorimetrische Methode zur Bestimmung des Zirkoniumgehaltes im Leder.* Zwecks Best. des Geh. an Zr im Leder wird eine Probe von etwa 0,3 g mit einem Gemisch aus 10—15 ml $HClO_4/H_2SO_4$ (2 + 1) u. 15 ml HNO_3 hydrolysiert. Das Zr wird dann im Hydrolysat als roter Komplex unter Verwendung von Na-Alizarinsulfonat u. Na-Tartrat colorimetr. bestimmt. Die Ggw. von Ti, Fe, Al, Cr^{III} stört nicht, Cr^{VI} muß dagegen vorher red. werden. Die colorimetr. Meth. sowie der Aufschluß des Leders sind ausführlich beschrieben. (J. Soc. Leather Trades' Chemists **42.** 360—68. Nov. 1958. Grahamstown/Südafrika, Rohdes Univ., Leather Ind. Res. Inst.) H. G. FRÖHLICH. 8368

Rohm & Haas Co., übert. von: **Paul W. McWherter, Hugo A. Alps,** Philadelphia, und **Benjamin B. Kine,** Levittown, Pa., V. St. A., *Wässerige Dispersionen zum Überziehen von Leder.* Diese enthalten ein in W. unlösl. Linearpolymerisat aus 1. 70—97 (Gew.-%) eines Alkylesters der Acryl-, Methacryl- oder Itaconsäure (1—8 C-Atome im Alkylrest) u. 2. 3—30 einer monomeren Verb. der Formel $CH_2{=}CH{-}A{-}R{-}OH$, worin bedeuten: A = O, S; R = gerad- oder verzweigtkettiger Alkylrest mit 2—10 C-Atomen, z. B.

$-C_2H_4AC_2H_4-$, $-C_2H_4N(R')C_2H_4-$ oder $-C_2H_4N(R^2)(R^3)(X)C_2H_4-$, wobei $R' = H, CH_3, C_2H_5$ u. C_2H_4OH; R^2 u. $R^3 = CH_3, C_2H_5, C_2H_4OH$; $X = OH$, Cl, Br, I, CH_3SO_4 u. Tolylsulfonat. Die gegebenenfalls pigmentierten Überzüge dienen als Grundierung, auf die nach dem Trocknen Lacke aufgebracht werden können. (**A. P. 2 828 220** vom 21/3. 1955, ausg. 25/3. 1958.) P. KRUG. 8339

Böhme Fettchemie G. m. b. H. (Erfinder: **Jürgen Plapper** und **Rudi Heyden**), Düsseldorf, *Imprägnieren von Leder.* Bei der Verwendung organ. Komplexverbb. zum Imprägnieren von Leder nach D. A. S. 1 037 062 wird das Leder mit wasserlösl. bzw. in W. dispergierbaren komplexakt. Verbb. aus lipophile Reste enthaltenden Derivv. von 3- oder mehrbas. anorgan. oder organ. Säuren oder deren Salzen vorbehandelt. Beispiele: saures Dodecylphosphat, saures Octadecenylphosphat, Hexadecylborat, Octadecenylarseniat, saures Hexadecylcitrat, saures Dodecylsulfophthalat, Citronensäuremononaphthenylamid, Citronensäuremonooctadecylamid oder deren Salze, bes. NH_4-Salze. Bes. geeignet sind die Ester dieser Säuren mit höhermol. äthoxylierten Fettalkoholen mit 1—10 Mol Äthylenoxyd. Verbesserung der Wasserdichtigkeit. (**D. A. S. 1 053 716** Kl. 28a vom 28/6. 1957, veröff. 26/3. 1959. **Zusatz zu D. A. S. 1 037 062; C. 1959. 8388.**) W. GRÄGER. 8341

XXII. Leim. Klebstoffe usw.

R. M. McClintock und **M. J. Hiza,** *Epoxydharze als kryogene Klebemittel für Konstruktionszwecke.* Verschied. Eigg. eines mit Al_2O_3 oder Asbest gefüllten Epoxydharzes (mit Diäthylaminopropylamin als Härter) bei Tempp. bis herab zu 20°K werden angegeben. — Zug- u. Scherfestigkeit von Cu–Cu-Verklebungen wurden unter verschied. Bedingungen (Temp. u. Klebeschichtdicke) ermittelt u. die Schlagfestigkeit der gehärteten Klebemasse bei 300 u. 76°K bestimmt. Die Wärmeausdehnung dieser Masse wurde zwischen 76 u. 300°K gemessen. Die Schlagfestigkeit der Klebemasse ist bei Raumtemp. niedrig u. nimmt noch weiter ab bis 76°K. Tempp. über der Aushärtungstemp. verursachen schadhafte Klebeverbunde (geringere Zug- u. Schlagfestigkeit). Schneller Temperaturwechsel zwischen 76°K u. Raumtemp. vor der Prüfung bei Raumtemp. führen zu verminderter Scherfestigkeit bei nahezu konstanter Zugfestigkeit. Klebeschichten zwischen 10 u. 30/1000 Zoll haben keinen Einfl. auf die Festigkeit. (Mod. Plastics **35.** Nr. 10. 172—76. 237. Juni 1958. Nat. Bureau of Standards, Cryogen. Engng. Labor.) R. SCHÄFF. 8388

R. K. Humke, *Wahl und Anwendung von Klebstoffen auf Kautschukgrundlage.* Übersicht über Art, Eigg. u. Anwendung von thermo- u. duroplast. Klebstoffen auf Kautschukgrundlage u. Einw. von Zusätzen auf die Klebeigenschaften. (Machine design **31.** Nr. 1. 128—32. 8/1. 1959. Detroit, Mich., Minnesota Mining and Mfg. Co., Adhesives Coatings and Sealers Div., Techn. Serv. Dep.) W. WESLY. 8388

T. Yamato, N. Shirahama und **S. Hara,** *Über die Verbindung von Gummi mit Metallen.* 14. Mitt. *Einfluß der Dicke chlorierter Kautschukschichten auf die Haftfestigkeit.* (12. vgl. C. **1950/54.** 4368 S.) An Klebeverbindungen zwischen Kautschuk u. Metall wurde der Einfl. der Dicke der chlorierten Kautschukschicht auf die Bindefestigkeit untersucht. Im allg. wurde kein Zusammenhang gefunden. Dieser Befund wird unter dem Gesichtspunkt der Beziehung zwischen Mol.-Dimension u. Chlorierungsgrad des chlorierten Kautschuks u. der Bindefestigkeit erörtert. (J. Soc. Rubber Ind. Japan **30.** 842—47. 1957. [Orig.: japan.; Auszug: engl. S. 900.]) R. SCHÄFF. 8388

H. Doll, *Die wissenschaftlichen Prüfmethoden für die Qualität von Klebstoffen.* Zusammenfassender Überblick. (Allg. Papier-Rdsch. **1955.** 930—32. 5/11. 985—86. 21/11. Rosenheim.) M. WINIKER. 8416

Josef Baranyi, Bretten (Bad.), *Leim,* bestehend aus Stärke, eingedickter Sulfitablauge mit einem Festgeh. von 50% NaOH, Polyvinylharz, das Weichmacher enthalten kann, Harnstoffharzleim u. Glyoxal oder CH_2O. (**D. A. S. 1 047 350** Kl. 22i vom 2/2. 1956, veröff. 24/12. 1958.) C. LÜTTGEN. 8385

Diamond Alkali Co., Cleveland, übert. von: **John E. Dereich,** Painesville, Ohio, V. St. A., *Klebstoff,* bestehend aus Wasserglas mit einem Verhältnis $Na_2O:SiO_2 = 1:2,5$ bis 4 u. 0,1—1% eines Mn-, Cu-, Co-, Ce-, Pb-, Zn-, Ca-, Sn- oder Al-Salzes einer gesätt. aliphat., alicycl. oder aromat. Säure mit 6—12 C-Atomen, bes. Cu-Naphthenat. Das Prod. eignet sich bes. zum Verkleben von cellulosehaltigem Material; es weist geringe Adhäsion zu metall. Oberflächen auf. (**A. P. 2 842 448** vom 13/5. 1953, ausg. 8/7. 1958.) C. LÜTTGEN. 8389

United States Rubber Co., New York, N. Y. (Erfinder: **Conleth Edward Kiernan,** Naugatuck, und **Walter Kent Clark,** Woodbury, Conn.), V. St. A., *Klebstoff* zum

Verbinden von elektrolyt. verzinktem Stahl mit Filmen aus Polyvinylchlorid oder dessen Mischpolymerisaten, dad. gek., daß er aus 10—50 (%) eines Mischpolymerisates aus 40—80 Butadien, 10—50 Acrylsäurenitril u. 2—25 einer ungesätt. Monoäthylenmonocarbonsäure, bes. Acrylsäure, u. 90—50 eines Mischpolymerisats aus 5—20 Vinylacetat, 80—95 Vinylchlorid u. 0,5—5 einer α.β-ungesätt. Carbonsäure oder deren Anhydrid, bes. Maleinsäure, besteht. Ein weiterer Zusatz von heißhärtbarem Phenolharz ist möglich. (**D. A. S. 1 039 167** Kl. 22i vom 19/6. 1957, veröff. 18/9. 1958. A. Prior. 20/7. 1956.) C. LÜTTGEN. 8389

B. B. Chemical Co., Boston (Erfinder: **Walter Herbert Wedger,** Wellesley Hills, und **William Russel Battersby,** Lexington), Mass., V. St. A., *Thermoplastischer Klebstoff in Form von dünnen Bändern und Strängen,* bestehend aus mindestens 15 (%) Polyäthylen (I) vom Mol.-Gew. 7000—21 000, 20—60 eines im wesentlichen aus KW-stoffen zusammengesetzten Harzes, das einen F. von $\geqq 85^0$ u. in erhitztem Zustand ein beschränktes Lösevermögen für I aufweist, bes. Polyterpenharz, u. 10—35 eines kautschukähnlichen Prod., bes. Butylkautschuk. Die M. enthält 5—50 Füller, bes. Ton. — Zeichnung. (**D. A. S. 1 050 475** Kl. 22i vom 15/1. 1957, veröff. 12/2. 1959. A. Prior. 26/1. 1956.) C. LÜTTGEN. 8389

P. Beiersdorf & Co. Akt.-Ges. (Erfinder: **Kurt Riecke** und **Martin Riedel**), Hamburg, *Herstellung von Klebeband* mit einem ganz oder z. T. aus Polyesterfilm (I) bestehendem Träger, dad. gek., daß der I vor dem Aufbringen der Klebschicht oder vor der Kaschierung zu einem Verbundstoff mit einer Grundierung aus Polyesterharzen versehen wird, die Zusätze von Di- oder Polyisocyanaten enthält. (**D. B. P. 969 253** Kl. 22i vom 3/1. 1956, ausg. 14/5. 1958. Anmeldung bekanntgemacht 6/9. 1956.)
C. LÜTTGEN. 8389

XXIV. Photographie.

Agfa Akt.-Ges. für Photofabrikation (Erfinder: **Oskar Riester**), Leverkusen, *Sensibilisatoren,* bes. zur Erhöhung der Eigenempfindlichkeit von AgCl/Br-Gemischen, sind Isocyanine, die einen Pyrrolin- oder Pyrrolidinring enthalten u. die allg. Formel I besitzen. In dieser sind R_1 u. R_2 Alkyl-, Alkylen-, Aryl-, Aralkyl-, Acyl-, Acylester-, Oxyalkyl- oder Alkoxyalkylgruppen, R_3—R_8 H-Atome, Alkyl-, Alkylen-, Aryl-, Aralkylgruppen oder N-freie Heterocyclen, z. B. Furyl- oder Thienylgruppen; ferner können R_1 u. R_3 durch nichtmetall. Atome zu einem 5- oder 6-Ring verbunden sein; Z ist ein Benzolring, der durch Halogenatome, Alkyl-, Aralkyl-, Acyl-, Aryl-, Furyl-, Thienyl- oder Alkylcarbonsäuregruppen, sowie durch anellierte Benzol- oder Naphthalinringe substituiert sein kann, wobei die letzteren wiederum auch Alkyl-, Aryl-, Oxyalkyl-, Mercaptoalkyl- oder NH_2-Gruppen enthalten können; X ist ein Anion. Beispiel: II, Sensibilisierungsmaximum für AgCl: 478 mμ. — 7 weitere, nur durch Strukturformeln gek. Beispiele. Diese Verbb. zeichnen sich durch nur sehr schwache Eigenfarbe aus u. sind dadurch bes. zur Sensibilisierung von Halogensilberemulsionen auf Papier geeignet. (**D. B. P. 971 388** Kl. 57b vom 10/5. 1944, ausg. 22/1. 1959. Anmeldung bekanntgemacht 10/2. 1955.) A. KALIX. 8605

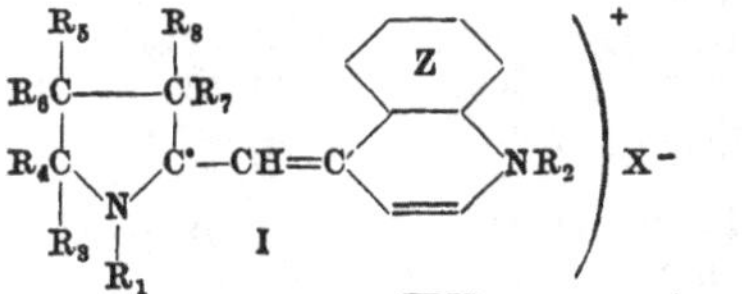

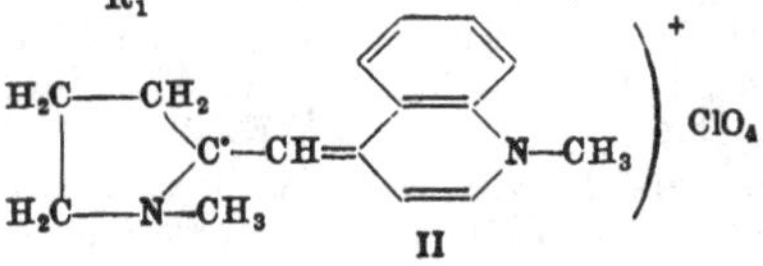

Kodak-Pathé (Erfinder: **Roy Arthur Jeffreys**), Frankreich, *Herstellung von Verbindungen mit einem 4.5-Diaryloxazolring* der allg. Formel I als *Zwischenprodd.* für die Darst. von *opt. Sensibilisatoren* (R = Alkyl- oder Arylrest, R_1 u. R_2 = Arylreste). Man kondensiert eine Verb. II mit Thiophosgen bei -20^0 bis 40^0 in Ggw. von inerten Lösungsmitteln, wie Chlf., Ae., 1.4-Dioxan oder Bzl., gegebenenfalls auch Alkohole. — 10 (g) N-n-Butyldesylaminhydrochlorid u. 5,6 KOH werden in 20 cm^3 A. u. 4 cm^3 W. mit 3,8 $CSCl_2$ versetzt. Man läßt ½ Std. stehen u. fällt mit W. *3-[n-Butyl]-4.5-diphenyl-2-thionooxazolin,* $C_{19}H_{19}NOS$, F. 140^0, Blättchen aus Ligroin. — 3,09 vorst. Verb. u. Dimethylsulfat (IV) werden 20 Min. auf dem Dampfbad erhitzt: *3-[n-Butyl]-2-methylmercapto-4.5-diphenyloxazoliummethylsulfat.* Dieses wird mit 2,19 3-Äthoxycarbonylmethylrhodanin u. 1,4 cm^3 Triäthylamin (III) in 25 cm^3 A. 10 Min. lang

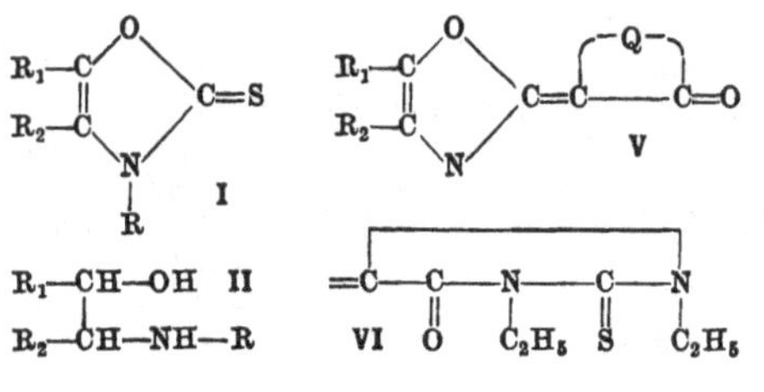

erhitzt: *5-[3-(n-Butyl)-4.5-diphenyloxazolinyliden-(2)]-3-äthoxycarbonylmethyl-2-thiothiazolidon-(4)*, $C_{28}H_{28}N_2O_4S_2$, gelbe Nadeln aus PAe.–Bzl.-Gemisch, F. 139°. Der Farbstoff sensibilisiert eine Chlorsilberemulsion bis zu 490 mμ mit einem Maximum bei 450 mμ u. eine Chlorbromsilberemulsion bis zu 510 mμ mit einem Maximum bei 480 mμ. — 11 N-Äthyldesylaminhydrochlorid werden in das freie Amin übergeführt; zu der Chloroformlsg. gibt man 4,6 g $CSCl_2$ u. kühlt mit Eis: *3-Äthyl-4.5-diphenyl-2-thionooxazolin*, $C_{17}H_{15}NOS$, F. 163°. Beim Erhitzen mit **IV** entsteht *3-Äthyl-2-methylmercapto-4.5-diphenyloxazoliummethylsulfat* (**VII**). — 2,65 4-[p-Methoxyphenyl]-2-methyl-5-phenyloxazol u. 2,1 g p-Toluolsulfonsäureäthylester werden 2 Std. bei 140° erhitzt; danach werden 4,07 **VII** u. 1,4 cm³ **III** in 20 cm³ A. zugegeben u. 1/4 Std. erhitzt; danach wird eine wss. $NaClO_4$-Lsg. zugesetzt: *[3-Äthyl-4-(p-methoxyphenyl)-5-phenyl-2-oxazol]-[3-äthyl-4.5-diphenyl-2-oxazol]-methincyaninperchlorat*, $C_{36}H_{33}ClN_2O_7$, F. 277° (Pyridin + W.); cremefarben. — **VII** wird mit 3-Äthyl-2-thionooxazolidon-(4) u. **III** in A. 15 Min. erhitzt: *3-Äthyl-5-[3-äthyl-4.5-diphenyloxazolinyliden-(2)]-2-thiooxazolidon-(4)*, $C_{22}H_{20}N_2O_3S$, F. 177°; (Bzl. + PAe.); sensibilisiert eine Chlorsilberemulsion bis zu 440 mμ mit einem Maximum bei 400 mμ. — **VII** wird mit 3-Äthylrhodanin in Ggw. von **III** in A. 15 Min. erhitzt: *3-Äthyl-5-[3-äthyl-4.5-diphenyloxazolinyliden-(2)]-2-thionothiazolidon-(4)*, $C_{22}H_{20}\cdot N_2O_2S_2$, gelbes Pulver, F. 179°; sensibilisiert eine Chlorsilberemulsion bis zu 495 mμ mit einem Maximum bei 450 mμ u. eine Chlorbromsilberemulsion bis zu 500 mμ mit einem Maximum bei 485 mμ. — **VII** wird mit 1.3-Diäthyl-2-thiohydantoin u. **III** in A. 10 Min. erhitzt: *1.3-Diäthyl-5-[3-äthyl-4.5-diphenyloxazolinyliden-(2)]-2-thiohydantoin*, $C_{24}H_{25}N_3O_2S$, citronengelbe Nadeln, F. 182°. Die Verb. entspricht der allg. Formel V, worin R eine Äthylgruppe, R_1 u. R_2 Phenylreste u. Q die zur Bldg. des Ringes VI erforderlichen Atome sind. Sensibilisierung für eine Chlorsilberemulsion bis zu 445 mμ mit einem Maximum bei 420 mμ. — Ein Gemisch aus 2-Methyl-4.5-diphenyloxazol u. Äthyltoluolsulfonat wird 2 Std. bei 140° erhitzt. Nach Zusatz von **III** in A. erhält man *Bis-[3-äthyl-4.5-diphenyl-2-oxazol]-methincyanin*; *Perchlorat*, $C_{35}H_{31}ClN_2O_6$, hellgrüne Blättchen, F. 281°. — In analoger Weise wird aus **VII** u. 3-Carboxymethylrhodanin + **III** *3-Carboxymethyl-5-[3-äthyl-4.5-diphenyloxazolinyliden-(2)]-2-thionothiazolidon-(4)*, $C_{22}H_{18}\cdot N_2O_4S_2$, erhalten; gelbe Blättchen, F. 257°; sensibilisiert eine Chlorsilberemulsion bis zu 510 mμ mit einem Maximum bei 480 mμ u. eine Chlorbromsilberemulsion bis zu 500 mμ mit einem Maximum bei 460 mμ. — Weiterhin sind beschrieben: *3.4.5-Triphenyl-2-thionooxazolin*, $C_{21}H_{15}NOS$, F. 216°. — *3-Äthoxycarbonylmethyl-5-[3.4.5-triphenyloxazolinyliden-(2)]-2-thionothiazolidon-(4)*, $C_{28}H_{22}N_2O_4S_2$, F. 331°. — *3-Äthyl-4-[p-methoxyphenyl]-5-phenyl-2-thionooxazolin*, $C_{18}H_{17}NO_2S$, F. 154°. — *3-Äthyl-4-[p-methoxyphenyl]-5-phenyl-2-thionooxazolin*, F. 180°. (**F. P. 1 149 149** vom 8/11. 1955, ausg. 20/12. 1957. A. Prior. 10/11. 1954.) M. F. MÜLLER. 8605

Battelle Development Co., Columbus, übert. von: **Osmar A. Ullrich jr.**, Worthington, Ohio, V. St. A., *Ausschließlich für Röntgenstrahlen empfindliche xerographische Schicht.* Auf eine leitfähige Unterlage, z. B. aus Cu oder Messing, wird Se bei einem Vakuum von 0,5—1 μ Hg u. einer Temp. von 25—35° in einer Dicke von 20—50 μ aufgedampft. Bei genauer Einhaltung der Arbeitsbedingungen ist die Schicht unempfindlich gegen sichtbare Strahlung. (**A. P. 2 804 396** vom 19/8. 1952, ausg. 27/8. 1957.) A. KALIX. 8613

Gerard Leméac-Vigneau, übert. von: **André Kurt Schwerin,** Montreal, Canada, *Mehrfarbige Röntgenaufnahmen.* Zur Aufnahme wird ein lichtempfindliches Material verwendet, das übereinander 3 Halogensilberschichten enthält, die für Rot, Grün u. Blau sensibilisiert sind u. die entsprechenden komplementären Farbkuppler enthalten. Auf die rotempfindliche Schicht wird während der Bestrahlung ein rot fluorescierender Leuchtschirm gelegt, z. B. ein solcher, der Cd-Borat enthält, auf die blauempfindliche Schicht ein blau fluorescierender, der z. B. Ca-Wolframat enthält. (**A. P. 2 807 725** vom 27/1. 1954, ausg. 24/9. 1957.) A. KALIX. 8613

Radio Corp. of America, übert. von: **George S. Briggs** und **Daniel J. Donahne,** Lancaster, Pa., V. St. A., *Herstellung von Leuchtschirmen.* Bei Verwendung von Leuchtstoffen, die bei Einw. von höheren Tempp. (350—400°) an Leuchtkraft verlieren, bes. ZnSe oder Zn/CdSe, wird das „Ausbrennen" des Bindemittels (Äthyl- oder Nitrocellulose usw.) so durchgeführt, daß 8—30 Min. lang ein auf ca. 350° erwärmter „sehr starker" Luftstrom (zahlenmäßige Angaben fehlen, d. Ref.) über die Leuchtschicht hinweggeführt wird. Dann wird diese in der üblichen Weise metallisiert u. mit einer Schutzschicht aus Na- oder K-Silicat versehen. (**A. P. 2 757 103** vom 22/10. 1953, ausg. 31/7. 1956.) A. KALIX. 8615

Karl Heinz Schmitz, Düsseldorf, *Ultrafeinkornausgleichentwickler.* Der gemäß D. B. P. 952 318 hergestellte Entwickler aus Hydrochinon, KHS_2O_5 u. NaOH erhält

einen Zusatz von 0,001—0,003 $SnCl_2$ oder anderen, stark reduzierend wirkenden u. mit der Entwicklerlsg. verträglichen Sn-Verbb., wodurch eine bessere Entw. der Schattendetails erreicht wird. (**D. B. P. 956 557** Kl. 57b vom 3/2. 1954, ausg. 17/1. 1957. Anmeldung bekanntgemacht 12/7. 1956. **Zusatz zu D. B. P. 952 318; C. 1959. 5679.**)
A. Kalix. 8619

Harold C. Purdy, Akron, Ohio, und **Ellis H. Phillips**, Bradford, Pa., übert. von: **Harold C. Purdy**, Friendship, N. Y., V. St. A., *Kopierverfahren.* Als Kopiermaterial wird eine auf einem Film befindliche Auskopierschicht benutzt. Das zu vervielfältigende (meist gedruckte) Original wird im Direkt- oder Reflexkopierverf. darauf übertragen. Die Kopie wird dann mit einer wss. Lsg. überzogen, die eines der bekannten Tonungs- u. Fixiermittel, sowie ein schichtbildendes Koll. (Gummi arabicum, Stärke, Traganth usw.) enthält. (**A. P. 2 733 994** vom 7/3. 1947, ausg. 7/2. 1956.) A. Kalix. 8625

Farbenfabriken Bayer Akt.-Ges., Deutschland, *Herstellung von photographischem Reproduktionspapier.* Auf die Papierbahn wird eine Wachsschicht aufgetragen, welche ein Gemisch von Farbstoffbildnern enthält, das in organ. Lösungsmitteln, z. B. in A., lösl. ist. Das Gemisch besteht aus stabilisierten Diazoverbb. u. sek. Aminen. Als Wachs kommt Carnaubawachs im Gemisch mit Polyäthylenoxydwachs in Betracht. — Beispiel: Das Wachsgemisch enthält 670 (Gewichtsteile) Wollfett, 244 eines hochmol. Fettsäureesters, 43 Montanwachs, 43 Carnaubawachs, mit Zusatz von 10 Triäthanolamin bei 130—140°. — 400 (Gewichtsteile) des Gemisches werden bei 30—50° homogenisiert u. mit 600 eines Gemisches versetzt, das aus äquivalenten Mengen von diazotiertem 1-Amino-4-benzoylamino-2.5-diäthoxybenzol u. von 1-[2'.3'-Hydroxynaphthoylamino]-2-äthoxybenzol (I) als Kupplungskomponente mit Diäthanolamin als Stabilisator besteht. Durch Verrühren mit der doppelten Menge Bzl. oder eines anderen KW-stoffes erhält man eine Paste, die auf Papier aufgetragen einen blau gefärbten Druck ergibt. — Wird I durch 1-[2'.3'-Hydroxynaphthoylamino]-2.6-diäthyl-3-chlorbenzol ersetzt, so erhält man einen tiefblauen Druck. — Bei Verwendung der Diazoaminoverb. aus diazotiertem 1-Amino-2-methyl-5-chlorbenzol u. o-Carboxyphenylglycinäthylester erhält man im Gemisch mit äquivalenten Mengen I einen lichtbeständigen roten Druck. (**F. P. 1 138 221** vom 27/12. 1955, ausg. 11/6. 1957. D. Prior. 31/12. 1954.) M. F. Müller. 8625

General Aniline & Film Corp., New York, übert. von: **Joseph A. Sprung**, Binghamton, N. Y., V. St. A., *Ausbleichung von Filterschichten im farbenphotographischem Material.* Zur Ausbleichung von Azofarbstoffen in Filterschichten unter gleichzeitiger absol. Schonung der Azomethin- u. Chinoniminfarbstoffe in den Bildschichten wird eine alkal. wss. Lsg. verwendet, die ein starkes Reduktionsmittel (z. B. CH_2O, $Na_2S_2O_4$, Na_2SnO_2 usw.) u. in Mengen von 0,005—0,1 (Teil) auf 100 Lsg. ein Dipyridyliumsalz der allg. Formel I enthält. Hierin ist X ein Säureanion u. R eine Alkyl- oder Aralkylgruppe mit höchstens 8 C-Atomen. Bevorzugt verwendet werden N.N'-Dimethyl- u. N.N'-Dibenzyl-4.4'-dipyridyliumdichlorid. (**A. P. 2 752 244** vom 23/2. 1955, ausg. 26/6. 1956.)
A. Kalix. 8631

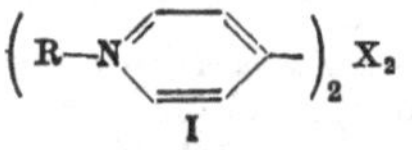

I

Redaktionsschluss: 11. September 1959.

Herausgeber: Prof. Dr. Heinrich Bertsch, Berlin, u. Prof. Dr. Dr. h. c. Wilhelm Klemm, Münster. Chefredakteure und verantwortlich für den Inhalt: Dr. Eugen Klever, Berlin SW 61, Dessauer Straße 28—31, Fernsprecher: 66 54 21, u. Dr. Heinz Walter, Berlin N 4, Schiffbauerdamm 19, Fernsprecher: 42 55 71.

©

Verlag: Akademie-Verlag GmbH, Berlin W 1, Leipziger Str. 3-4 (Fernsprecher: 22 04 41, Postscheckkonto Berlin 350 21), und Verlag Chemie, GmbH, Weinheim/Bergstr. (Fernsprecher: Weinheim 36 35 [Sammelnummer]; Fernschreiber: 04 655 16 chemieverl wnh; Postscheckkonten: Frankfurt/M. 145314 u. Berlin [West] 7430). Bestellnummer: 1007/130. Das Chemische Zentralblatt erscheint wöchentlich. Preis des Jahrganges einschl. Autoren-, Patent-, Sach- u. Formelregister: DM 960,—; einseitig bedruckte Ausgabe: DM 1050,—. Abgabe der Zeitschrift nur mit sämtlichen Registern. Abbestellungen nur bis spätestens 6 Wochen vor Ablauf des Kalenderjahres.

Satz u. Druck: VEB Leipziger Druckhaus, Leipzig, III/18/203. XI. 59.
Veröffentlicht unter der Lizenznummer ZLN 5002 des Ministeriums für Kultur, Hauptverwaltung Verlagswesen.
Printed in Germany.

Fortsetzung s. umstehend

FSC
www.fsc.org
MIX
Papier | Fördert
gute Waldnutzung
FSC® C083411

Kolibri 360 GmbH
Ferdinand-Jühlke-Straße 7
99095 Erfurt, Deutschland
produktsicherheit@kolibri360.de